ŒUVRES

COMPLÉTES

DE · BUFFON

—

TOME VI

IMPRIMERIE
JULES CLAYE ET Cᵒ
Rue Saint-Benoît, 7.

ŒUVRES

COMPLÈTES

DE BUFFON

AVEC LA NOMENCLATURE LINNÉENNE ET LA CLASSIFICATION DE CUVIER

Revues sur l'édition in-4° de l'Imprimerie Royale

ET ANNOTÉES

PAR

M. FLOURENS

SECRÉTAIRE PERPÉTUEL DE L'ACADÉMIE DES SCIENCES, MEMBRE DE L'ACADÉMIE FRANÇAISE
PROFESSEUR AU MUSÉUM D'HISTOIRE NATURELLE, ETC.

TOME SIXIÈME

LES OISEAUX

PARIS

GARNIER FRÈRES, LIBRAIRES

6, RUE DES SAINTS-PÈRES

MDCCCLIV

HISTOIRE NATURELLE

DES OISEAUX.

AVERTISSEMENT.[1]

J'en étais au seizième volume de mon ouvrage sur l'histoire naturelle, lorsqu'une maladie grave et longue a interrompu pendant près de deux ans le cours de mes travaux. Cette abréviation de ma vie[2], déjà fort avancée[3], en produit une dans mes ouvrages. J'aurais pu donner, dans les deux ans que j'ai perdus, deux ou trois autres volumes de l'histoire des oiseaux, sans renoncer pour cela au projet de l'histoire des minéraux, dont je m'occupe depuis plusieurs années. Mais me trouvant aujourd'hui dans la nécessité d'opter entre ces deux objets, j'ai préféré le dernier comme m'étant plus familier, quoique plus difficile, et comme étant plus analogue à mon goût par les belles découvertes et les grandes vues[4] dont il est susceptible. Et, pour ne pas priver le public de ce qu'il est en droit d'attendre au sujet des oiseaux, j'ai engagé l'un de mes meilleurs amis, M. Gueneau de Montbeillard, que je regarde comme l'homme du monde dont la façon de voir, de juger et d'écrire a plus de rapport avec la mienne, je l'ai engagé, dis-je, à se charger de la plus grande partie des oiseaux ; je lui ai remis tous mes papiers à ce sujet : nomenclature, extraits, observations, correspondances ; je ne me suis réservé que quelques matières générales et un petit nombre d'articles particuliers déjà faits en entier ou fort avancés. Il a fait de ces matériaux informes un prompt et bon usage, qui justifie bien le témoignage que je viens de rendre à ses talents ; car, ayant voulu se faire juger du public sans se faire connaître, il a imprimé, sous mon nom, tous les chapitres de sa

---

1. Cet *Avertissement* ouvre le IIIe volume de l'*Histoire des oiseaux* (édition in-4º de l'Imprimerie royale), volume publié en 1775.

2. *Cette abréviation de ma vie* (mot remarquable). Buffon ne compte sa vie que par le travail.

3. Il était alors dans sa 68e année.

4. Ces *belles découvertes* et ces *grandes vues* brillent surtout dans les *Époques de la nature.*

composition, depuis l'autruche jusqu'à la caille [1], sans que le public ait paru s'apercevoir du changement de main ; et, parmi les morceaux de sa façon, il en est, tel que celui du paon [2], qui ont été vivement applaudis et par le public et par les juges les plus sévères. Il ne m'appartient donc en propre dans le second volume de l'histoire des oiseaux que les articles du pigeon, du ramier et des tourterelles [3] ; tout le reste, à quelques pages près de l'histoire du coq, a été écrit et composé par M. de Montbeillard. Après cette déclaration, qui est aussi juste qu'elle était nécessaire, je dois encore avertir que pour la suite de l'histoire des oiseaux, et peut-être de celle des végétaux [4], sur laquelle j'ai aussi quelques avances, nous mettrons, M. de Montbeillard et moi, chacun notre nom [5] aux articles qui seront de notre composition. On va loin sans doute avec de semblables aides [6] ; mais le champ de la nature est si vaste qu'il semble s'agrandir à mesure qu'on le parcourt ; et la vie d'un, deux et trois hommes est si courte, qu'en la comparant avec cette immense étendue on sentira qu'il n'était pas possible d'y faire de plus grands progrès en aussi peu de temps [7].

Un nouveau secours qui vient de m'arriver, et que je m'empresse d'annoncer au public, c'est la communication aussi franche que généreuse des lumières et des observations d'un illustre voyageur, M. le chevalier James Bruce de Kinnaird, qui, revenant de Nubie et du fond de l'Abyssinie, s'est arrêté chez moi plusieurs jours et m'a fait part des connaissances qu'il a acquises dans ce voyage, aussi pénible que périlleux. J'ai été vraiment émerveillé en parcourant l'immense collection de dessins qu'il a faits et coloriés lui-même : les animaux, les oiseaux, les poissons, les plantes, les édifices, les monuments, les habillements, les armes, etc., des différents peuples, tous les objets, en un mot, dignes de nos connaissances ont été décrits et parfaitement représentés ; rien ne paraît avoir échappé à sa curiosité, et ses talents ont tout saisi. Il nous reste à désirer de jouir pleinement de cet ouvrage précieux. Le gouvernement d'Angleterre en ordonnera sans doute la publication : cette respectable nation, qui précède toutes les autres en fait de découvertes, ne peut qu'ajouter à sa gloire en communiquant

1. Voyez la note de la p. 229 du Ve volume.
2. Voyez la note de la p. 406 du Ve volume.
3. Voyez les notes des pages 488, 508 et 514 du Ve volume.
4. Cette *histoire des végétaux* n'a point été faite. (Voyez la note de la p. 123 du 1er vol.)
5. Dans l'édition actuelle, la table des chapitres séparera, à l'avenir, les articles des deux auteurs.
6. On a vu, dans ma note de la p. 406 du Ve volume, mon opinion sur la manière d'écrire de Gueneau de Montbeillard. Le style de Buffon est fort, consistant, solide, parce qu'il est plein d'idées originales et propres. Le style de Gueneau de Montbeillard est faible et sans consistance, quoiqu'il ne manque ni d'art ni d'éclat, parce qu'il ne vit que d'idées empruntées. Là où nous ne trouvons plus ni vues ni pensées nouvelles, il n'y a plus place à nos notes.
7. Buffon a bien le droit de se rendre cette justice. Il était impossible de faire de plus *grands progrès* en aussi peu de temps.

promptement à l'univers celles de cet excellent voyageur, qui ne s'est pas contenté de bien décrire la nature, mais a fait encore des observations très-importantes sur la culture de différentes espèces de grains, sur la navigation de la mer Rouge, sur le cours du Nil, depuis son embouchure jusqu'à ses sources, qu'il a découvertes le premier, et sur plusieurs autres points de géographie et de moyens de communication qui peuvent devenir très-utiles au commerce et à l'agriculture : grands arts peu connus, mal cultivés chez nous, et desquels néanmoins dépend et dépendra toujours la supériorité d'un peuple sur les autres.

L'OISEAU DE PARADIS. *

Cette espèce est plus célèbre par les qualités fausses et imaginaires qui lui ont été attribuées, que par ses propriétés réelles et vraiment remarquables. Le nom d'*oiseau de Paradis* fait naître encore dans la plupart des têtes l'idée d'un oiseau qui n'a point de pieds, qui vole toujours, même en dormant, ou se suspend tout au plus pour quelques instants aux branches des arbres, par le moyen des longs filets de sa queue [a]; qui vole en s'accouplant, comme font certains insectes, et de plus en pondant et en couvant ses œufs [b], ce qui n'a point d'exemple dans la nature; qui ne vit que de vapeurs et de rosée; qui a la cavité de l'*abdomen* uniquement remplie de graisse au lieu d'estomac et d'intestins [c], lesquels lui seraient en effet inutiles par la supposition, puisque, ne mangeant rien, il n'aurait rien à digérer ni à évacuer; en un mot, qui n'a d'autre existence que le mouvement, d'autre élément que l'air, qui s'y soutient toujours tant qu'il respire, comme les poissons se soutiennent dans l'eau, et qui ne touche la terre qu'après sa mort [d].

Ce tissu d'erreurs grossières n'est qu'une chaîne de conséquences assez bien tirées de la première erreur, qui suppose que l'oiseau de Paradis n'a point de pieds, quoiqu'il en ait d'assez gros [e]; et cette erreur primitive

a. Voyez Acosta, *Hist. naturelle et morale des Indes orientales et occidentales*, p. 196.

b. On a cru rendre la chose plus vraisemblable en disant que le mâle avait sur le dos une cavité dans laquelle la femelle déposait ses œufs, et les couvait au moyen d'une autre cavité correspondante qu'elle avait dans l'*abdomen*, et que, pour assurer la situation de la couveuse, ils s'entrelaçaient par leurs longs filets. D'autres ont dit qu'ils nichaient dans le Paradis terrestre, d'où leur est venu le nom d'*oiseaux de Paradis*. Voyez *Musæum Wormianum*, p. 294.

c. Voyez Aldrovande, *Ornithologia*, t. I, pag. 820.

d. Les Indiens disent qu'on les trouve toujours le bec fiché en terre... *Navigations aux terres Australes*, t. II, p. 252. Et en effet, conformés comme ils sont, ils doivent toujours tomber le bec le premier.

e. M. Barrère, qui semble ne parler que par conjectures sur cet article, avance que les oiseaux

* *Paradisæa apoda* (Linn.). — *L'oiseau de Paradis émeraude* (Cuv.). — Ordre *id.*, famille des *Conirostres*, genre *Oiseaux de Paradis* (Cuv.).

vient elle-même [a] de ce que les marchands indiens qui font le commerce des plumes de cet oiseau, ou les chasseurs qui les leur vendent, sont dans l'usage, soit pour les conserver et les transporter plus commodément, ou peut-être afin d'accréditer une erreur qui leur est utile, de faire sécher l'oiseau même en plumes, après lui avoir arraché les cuisses et les entrailles; et comme on a été fort longtemps sans en voir qui ne fussent ainsi préparés, le préjugé s'est fortifié au point qu'on a traité de menteurs les premiers qui ont dit la vérité, comme c'est l'ordinaire [b].

Au reste, si quelque chose pouvait donner une apparence de probabilité à la fable du vol perpétuel de l'oiseau de Paradis, c'est sa grande légèreté, produite par la quantité et l'étendue considérable de ses plumes ; car outre celles qu'ont ordinairement les oiseaux, il en a beaucoup d'autres, et de très-longues, qui prennent naissance de chaque côté, dans les flancs, entre l'aile et la cuisse, et qui, se prolongeant bien au delà de la queue véritable, et se confondant pour ainsi dire avec elle, lui font une espèce de fausse queue à laquelle plusieurs observateurs se sont mépris. Ces plumes *subalaires* [c] sont de celles que les naturalistes nomment décomposées ; elles sont très-légères en elles-mêmes, et forment par leur réunion un tout encore plus léger, un volume presque sans masse et comme aérien, très-capable d'augmenter la grosseur apparente de l'oiseau [d], de diminuer sa pesanteur spécifique, et de l'aider à se soutenir dans l'air, mais qui doit aussi quelquefois mettre obstacle à la vitesse du vol et nuire à sa direction, pour peu que le vent soit contraire : aussi a-t-on remarqué que les oiseaux de Paradis cherchent à se mettre à l'abri des grands vents [e], et choisissent pour leur séjour ordinaire les contrées qui y sont le moins exposées.

Ces plumes sont au nombre de quarante ou cinquante de chaque côté,

de Paradis ont les pieds si courts, et tellement garnis de plumes jusqu'aux doigts, qu'on pourrait croire qu'ils n'en ont point du tout. C'est ainsi qu'en voulant expliquer une erreur, il est tombé dans une autre.

a. Les habitants des îles d'Arou croient que ces oiseaux naissent à la vérité avec des pieds, mais qu'ils sont sujets à les perdre, soit par maladie, soit par vieillesse. Si le fait était vrai, il serait la cause de l'erreur et son excuse. (Voyez les Observations de J. Otton Helbigius, dans la *Collection académique*, partie étrangère, t. III, p. 448.) Et s'il était vrai, comme le dit Olaüs Vormius (*Musœum*, p. 295), que chacun des doigts de cet oiseau eût trois articulations, ce serait une singularité de plus; car l'on sait que dans presque tous les oiseaux le nombre des articulations est différent dans chaque doigt, le doigt postérieur n'en ayant que deux, compris celle de l'ongle, et parmi les antérieurs l'interne en ayant trois, celui du milieu quatre et l'externe cinq.

b. « Antonius Pigafetta pedes illis palmum unum longos falsissimè tribuit. » Aldrovande, t. I, pag. 807.

c. Je les nomme ainsi parce qu'elles naissent *sub ala*.

d. Aussi dit-on qu'il a la grosseur apparente du pigeon, quoiqu'il soit en effet moins gros que le merle.

e. Les îles d'Arou sont divisées en cinq îles : il n'y a que celles du milieu où l'on trouve ces oiseaux; ils ne paraissent jamais dans les autres, parce qu'étant d'une nature très-faible, ils ne peuvent pas supporter les grands vents. Helbigius, *loco citato*.

et de longueurs inégales ; la plus grande partie passe sous la véritable queue, et d'autres passent par-dessus sans la cacher, parce que leurs barbes effilées et séparées composent par leurs entrelacements divers un tissu à larges mailles, et pour ainsi dire transparent : effet très-difficile à bien rendre dans une enluminure.

On fait grand cas de ces plumes dans les Indes, et elles y sont fort re-cherchées : il n'y a guère qu'un siècle qu'on les employait aussi, en Europe, aux mêmes usages que celles d'autruche, et il faut convenir qu'elles sont très-propres, soit par leur légèreté, soit par leur éclat, à l'ornement et à la parure ; mais les prêtres du pays leur attribuent je ne sais quelles vertus miraculeuses qui leur donnent un nouveau prix aux yeux du vulgaire, et qui ont valu à l'oiseau auquel elles appartiennent le nom d'*oiseau de Dieu*.

Ce qu'il y a de plus remarquable après cela dans l'oiseau de Paradis, ce sont les deux longs filets qui naissent au-dessus de la queue véritable, et qui s'étendent plus d'un pied au delà de la fausse queue formée par les plumes *subalaires*. Ces filets ne sont effectivement des filets que dans leur partie intermédiaire : encore cette partie elle-même est-elle garnie de petites barbes très-courtes, ou plutôt de naissances de barbes, au lieu que ces mêmes filets sont revêtus, vers leur origine et vers leur extrémité, de barbes d'une longueur ordinaire. Celles de l'extrémité sont plus courtes dans la femelle ; et c'est, suivant M. Brisson, la seule différence qui la dis-tingue du mâle [a].

La tête et la gorge sont couvertes d'une espèce de velours formé par de petites plumes droites, courtes, fermes et serrées ; celles de la poitrine et du dos sont plus longues, mais toujours soyeuses et douces au toucher. Toutes ces plumes sont de diverses couleurs, comme on le voit dans la figure [1], et ces couleurs sont changeantes et donnent différents reflets, selon les différentes incidences de la lumière : ce que la figure ne peut exprimer.

La tête est fort petite à proportion du corps ; les yeux sont encore plus petits et placés très-près de l'ouverture du bec, lequel devrait être plus long et plus arqué dans la planche enluminée : enfin, Clusius assure qu'il n'y a que dix pennes à la queue, mais sans doute il ne les avait pas comptées sur un sujet vivant, et il est douteux que ceux qui nous viennent de si loin aient le nombre de leurs plumes bien complet, d'autant que cette espèce est sujette à une mue considérable et qui dure plusieurs mois chaque année. Ils se cachent pendant ce temps-là, qui est la saison des pluies pour le pays qu'ils habitent ; mais au commencement du mois d'août, c'est-à-dire après

---

a. *Ornithologie*, t. II, p. 135. Les habitants du pays disent que les femelles sont plus petites que les mâles, selon J. Otton Helbigius.

1. *Planches enluminées* de Buffon.

la ponte, leurs plumes reviennent, et pendant les mois de septembre et d'octobre, qui sont un temps de calme, ils vont par troupes comme font les étourneaux en Europe [a].

Ce bel oiseau n'est pas fort répandu : on ne le trouve guère que dans la partie de l'Asie où croissent les épiceries, et particulièrement dans les îles d'Arou ; il n'est point inconnu dans la partie de la Nouvelle-Guinée [1] qui est voisine de ces îles, puisqu'il y a un nom ; mais ce nom même, qui est *burung-arou,* semble porter l'empreinte du pays originaire.

L'attachement exclusif de l'oiseau de Paradis pour les contrées où croissent les épiceries donne lieu de croire qu'il rencontre sur ces arbres aromatiques la nourriture qui lui convient le mieux [b] ; du moins est-il certain qu'il ne vit pas uniquement de la rosée. J. Otton Helbigius, qui a voyagé aux Indes, nous apprend qu'il se nourrit de baies rouges que produit un arbre fort élevé ; Linnæus dit qu'il fait sa proie des grands papillons [c] ; et Bontius [2] qu'il donne quelquefois la chasse aux petits oiseaux et les mange [d]. Les bois sont sa demeure ordinaire ; il se perche sur les arbres, où les Indiens l'attendent cachés dans des huttes légères qu'ils savent attacher aux branches, et d'où ils le tirent avec leurs flèches de roseau [e]. Son vol ressemble à celui de l'hirondelle, ce qui lui a fait donner le nom d'*hirondelle de Ternate* [f] ; d'autres disent qu'il a en effet la forme de l'hirondelle, mais qu'il a le vol plus élevé, et qu'on le voit toujours au haut de l'air [g].

Quoique Marcgrave place la description de cet oiseau parmi les descriptions des oiseaux du Brésil [h], on ne doit point croire qu'il existe en Amérique, à moins que les vaisseaux européens ne l'y aient transporté ; et je fonde mon assertion non-seulement sur ce que Marcgrave n'indique point son nom brésilien comme il a coutume de faire à l'égard de tous les oiseaux du Brésil, et sur le silence de tous les voyageurs qui ont parcouru le nouveau continent et les îles adjacentes, mais encore sur la loi du climat. Cette

---

a. J. Helbigius, dans la *Collection académique,* partie étrangère, t. III, p. 448.

b. Tavernier remarque que l'oiseau de Paradis est en effet très-friand de noix muscades, qu'il ne manque pas de venir s'en rassasier dans la saison ; qu'il en passe des troupes comme nous voyons des volées de grives pendant les vendanges, et que cette noix, qui est forte, les enivre et les fait tomber. *Voyage des Indes,* t. III, p. 369.

c. Systema Naturæ, édit. X, p. 110.

d. Bontius, *Historia nat. et medic. Indiæ orient.,* lib. v, cap. xii.

e. Il y en a qui leur ouvrent le ventre avec un couteau dès qu'ils sont tombés à terre, et ayant enlevé les entrailles avec une partie de la chair, ils introduisent dans la cavité un fer rouge, après quoi on les fait sécher à la cheminée, et on les vend à vil prix à des marchands. J. Helbigius, *loco citato.*

f. Voyez Bontius, *loco citato.*

g. Navigations aux Terres australes, t. II, p. 252.

h. Historia naturalis Brasiliæ, p. 219.

1. « Ces oiseaux (les *oiseaux de Paradis*) sont originaires de la Nouvelle-Guinée et des îles « voisines. » (Cuvier.)

2. Voyez la note précédente.

loi, ayant été établie d'abord pour les quadrupèdes, s'est ensuite appliquée d'elle-même à plusieurs espèces d'oiseaux[1], et s'applique particulièrement à celle-ci, comme habitant les contrées voisines de l'équateur, d'où la traversée est beaucoup plus difficile, et comme n'ayant pas l'aile assez forte relativement au volume de ses plumes ; car la légèreté seule ne suffit point pour faire une telle traversée, elle est même un obstacle dans le cas des vents contraires, ainsi que je l'ai dit : d'ailleurs, comment ces oiseaux se seraientils exposés à franchir des mers immenses pour gagner le nouveau continent, tandis que même dans l'ancien ils se sont resserrés volontairement dans un espace assez étroit, et qu'ils n'ont point cherché à se répandre dans des contrées contiguës qui semblaient leur offrir la même température, les mêmes commodités et les mêmes ressources ?

Il ne paraît pas que les anciens aient connu l'oiseau de Paradis : les caractères si frappants et si singuliers qui le distinguent de tous les autres oiseaux, ces longues plumes subalaires, ces longs filets de la queue, ce velours naturel dont la tête est revêtue, etc., ne sont nulle part indiqués dans leurs ouvrages ; et c'est sans fondement que Belon a prétendu y retrouver le phénix[2] des anciens d'après une faible analogie qu'il a cru apercevoir, moins entre les propriétés de ces deux oiseaux qu'entre les fables qu'on a débitées de l'un et de l'autre [a] : d'ailleurs on ne peut nier que leur climat propre ne soit absolument différent, puisque le phénix se trouvait en Arabie et quelquefois en Égypte, au lieu que l'oiseau de Paradis ne s'y montre jamais, et qu'il paraît attaché, comme nous venons de le voir, à la partie orientale de l'Asie, laquelle était fort peu connue des anciens.

Clusius rapporte, sur le témoignage de quelques marins, lesquels n'étaient instruits eux-mêmes qne par des ouï-dire, qu'il y a deux espèces d'oiseaux de Paradis, l'une constamment plus belle et plus grande, attachée à l'île d'Arou ; l'autre, plus petite et moins belle, attachée à la partie de la terre des Papoux, qui est voisine de Gilolo [b]. Helbigius, qui a ouï dire la même chose dans les îles d'Arou, ajoute que les oiseaux de Paradis de la Nouvelle-Guinée, ou de la terre des Papoux, diffèrent de ceux de l'île d'Arou, nonseulement par la taille, mais encore par les couleurs du plumage, qui est blanc et jaunâtre : malgré ces deux autorités, dont l'une est trop suspecte et l'autre trop vague pour qu'on puisse en rien tirer de précis, il me paraît que tout ce qu'on peut dire de raisonnable, d'après les faits les plus avérés, c'est que les oiseaux de Paradis qui nous viennent des Indes ne sont pas

---

a. « Auri fulgore circa colla, cœtera purpureus, » dit Pline, en parlant du phénix, puis il ajoute.... « neminem extitisse qui viderit vescentem, » lib. x. cap. ii.

b. Clusius, *Exotic. in Auctuario*, p. 359. J. Otton Helbigius parle de l'espèce qui se trouve à la Nouvelle-Guinée comme n'ayant point à la queue les deux longs filets qu'a l'espèce de l'île d'Arou.

1. Voyez la note 2 de la page 6 du Ve volume.
2. Voyez la nomenclature de la page 422 du Ve volume.

tous également conservés, ni tous parfaitement semblables; qu'on trouve
en effet de ces oiseaux plus petits ou plus grands; d'autres qui ont les
plumes subalaires et les filets de la queue plus ou moins longs, plus ou
moins nombreux; d'autres qui ont ces filets différemment posés, différemment conformés, ou qui n'en ont point du tout; d'autres, enfin, qui diffèrent entre eux par les couleurs du plumage, par des huppes ou touffes de
plumes, etc.; mais que dans le vrai il est difficile parmi ces différences
aperçues dans des individus presque tous mutilés, défigurés, ou du moins
mal desséchés, de déterminer précisément celles qui peuvent constituer des
espèces diverses, et celles qui ne sont que des variétés d'âge, de sexe, de
saison, de climat, d'accident, etc.

D'ailleurs, il faut remarquer que les oiseaux de Paradis étant fort chers
comme marchandise, à raison de leur célébrité, on tâche de faire passer
sous ce nom plusieurs oiseaux à longue queue et à beau plumage, auxquels on retranche les pieds et les cuisses pour en augmenter la valeur.
Nous en avons vu ci-dessus un exemple dans le rollier de Paradis, cité par
M. Edwards, planche CXII, et auquel on avait accordé les honneurs de la
mutilation : j'ai vu moi-même des perruches, des promérops, d'autres
oiseaux qu'on avait ainsi traités, et l'on en peut voir plusieurs autres exemples dans Aldrovande et dans Seba [a]. On trouve même assez communément
de véritables oiseaux de Paradis qu'on a tâché de rendre plus singuliers et
plus chers en les défigurant de différentes façons. Je me contenterai donc
d'indiquer, à la suite des deux espèces principales, les oiseaux qui m'ont
paru avoir assez de traits de conformité avec elles pour y être rapportés, et
assez de traits de dissemblance pour en être distingués, sans oser décider,
faute d'observations suffisantes, s'ils appartiennent à l'une ou à l'autre, ou
s'ils forment des espèces séparées de toutes les deux.

a. La seconde espèce de manucodiata d'Aldrovande (tome I, pages 811 et 812), n'a ni les
filets de la queue, ni les plumes subalaires, ni la calotte de velours, ni le bec, ni la langue
des oiseaux de Paradis; la différence est si marquée que M. Brisson s'est cru fondé à faire de
cet oiseau un guêpier : cependant on l'avait mutilé comme un oiseau de Paradis. A l'égard de
la cinquième espèce du même Aldrovande, qui est certainement un oiseau de Paradis, c'est
tout aussi certainement un individu non-seulement mutilé, mais défiguré. — Des dix oiseaux
représentés et décrits par Seba sous le nom d'oiseaux de Paradis, il n'y en a que quatre qui
puissent être rapportés à ce genre; savoir, ceux des planches XXXVIII, fig. 5; LX, fig. 1, et
LXIII, fig. 1 et 2. Celui de la planche XXX, fig. 5, n'est point oiseau de Paradis, et n'a aucun
de ses attributs distinctifs, non plus que ceux des planches XLVI et LII : ce dernier est la vardiole
dont j'ai parlé à l'article des pies. Ces trois espèces ont à la queue deux pennes excédantes
très-longues, mais qui étant emplumées dans toute leur longueur ressemblent peu aux filets des
oiseaux de Paradis. Les deux de la planche LX, fig. 2 et 3, ont aussi les deux longues pennes
excédantes et garnies de barbes dans toute leur longueur; et, de plus, ils ont le bec de perroquet; ce qui n'a pas empêché qu'on ne leur ait arraché les pieds comme à des oiseaux de
Paradis : enfin, celui de la planche LXVI, non-seulement n'est point un oiseau de Paradis, mais
n'est pas même du pays de ces oiseaux, puisqu'il était venu à Seba des îles Barbades.

LE MANUCODE. *

Le manucode, que je nomme ainsi d'après son nom indien ou plutôt superstitieux, *manucodiata*, qui signifie *oiseau de Dieu*, est appelé communément le *roi des oiseaux de Paradis;* mais c'est par un préjugé qui tient aux fables dont on a chargé l'histoire de cet oiseau. Les marins dont Clusius tira ses principales informations, avaient ouï dire dans le pays que chacune des deux espèces d'oiseaux de Paradis avait son roi, à qui tous les autres paraissaient obéir avec beaucoup de soumission et de fidélité; que ce roi volait toujours au-dessus de la troupe et planait sur ses sujets; que de là il leur donnait ses ordres pour aller reconnaître les fontaines où on pouvait aller boire sans danger, pour en faire l'épreuve sur eux-mêmes, etc. [a]; et cette fable, conservée par Clusius, quoique non moins absurde qu'aucune autre, était la seule chose qui consolât Nieremberg de toutes celles dont Clusius avait purgé l'histoire des oiseaux de Paradis [b] : ce qui, pour le dire en passant, doit fixer le degré de confiance que nous pouvons avoir en la critique de ce compilateur. Quoi qu'il en soit, ce prétendu *roi* a plusieurs traits de ressemblance avec l'oiseau de Paradis et il s'en distingue aussi par plusieurs différences.

Il a, comme lui, la tête petite et couverte d'une espèce de velours; les yeux encore plus petits, situés au-dessus de l'angle de l'ouverture du bec; les pieds assez longs et assez forts; les couleurs du plumage changeantes; deux filets à la queue à peu près semblables, excepté qu'ils sont plus courts, que leur extrémité, qui est garnie de barbes, fait la boucle en se roulant sur elle-même, et qu'elle est ornée de miroirs semblables en petit à ceux du paon [c]. Il a aussi sous l'aile, de chaque côté, un paquet de sept ou huit plumes plus longues que dans la plupart des oiseaux, mais moins longues et d'une autre forme que dans l'oiseau de Paradis, puisqu'elles sont garnies dans toute leur longueur de barbes adhérentes entre elles. On a disposé la figure [1] de manière que ces plumes subalaires peuvent être aperçues. Les autres différences sont que le manucode est plus petit, qu'il a le bec blanc et plus long à proportion, les ailes aussi plus longues, la queue plus courte et les narines couvertes de plumes.

Clusius n'a compté que treize pennes à chaque aile et sept ou huit à la queue, mais il n'a vu que des individus desséchés et qui pouvaient n'avoir

a. Voyez Clusius, *Exotic. in Auctuario,* p. 359. Cela a rapport à la manière dont les Indiens se rendent quelquefois maîtres de toute une volée de ces oiseaux, en empoisonnant les fontaines où ils vont boire.

b. Voyez Nieremberg, p. 212.

c. *Collection académique,* t. III, partie étrangère, p. 449.

* *Paradisæa regia* (Linn.). Le *manucode* (Cuv.).

1. *Planches enluminées* de Buffon.

pas toutes leurs plumes. Ce même auteur remarque comme une singularité que dans quelques sujets les deux filets de la queue se croisent[a]; mais cela doit arriver souvent et très-naturellement dans le même individu à deux filets longs, flexibles et posés à côté l'un de l'autre.

LE MAGNIFIQUE DE LA NOUVELLE-GUINÉE,

OU LE MANUCODE A BOUQUETS. [b] *

Les deux bouquets, dont j'ai fait le caractère distinctif de cet oiseau, se trouvent derrière le cou et à sa naissance. Le premier est composé de plusieurs plumes étroites, de couleur jaunâtre, marquées près de la pointe d'une petite tache noire, et qui, au lieu d'être couchées comme à l'ordinaire, se relèvent sur leur base, les plus proches de la tête jusqu'à l'angle droit, et les suivantes de moins en moins.

Au-dessous de ce premier bouquet, on en voit un second plus considérable, mais moins relevé et plus incliné en arrière. Il est formé de longues barbes détachées qui naissent de tuyaux fort courts, et dont quinze ou vingt se réunissent ensemble pour former des espèces de plumes couleur de paille : ces plumes semblent avoir été coupées carrément par le bout, et font des angles plus ou moins aigus avec le plan des épaules.

Ce second bouquet est accompagné, de droite et de gauche, de plumes ordinaires, variées de brun et d'orangé, et il est terminé en arrière, je veux dire du côté du dos, par une tache d'un brun rougeâtre et luisant, de forme triangulaire, dont la pointe ou le sommet est tourné vers la queue, et dont les plumes sont décomposées comme celles du second bouquet.

Un autre trait caractéristique de cet oiseau, ce sont les deux filets de la queue : ils sont longs d'environ un pied, larges d'une ligne, d'un bleu changeant en vert éclatant, et prennent naissance au-dessus du croupion. Dans tout cela ils ressemblent fort aux filets de l'espèce précédente, mais ils en diffèrent par leur forme, car ils se terminent en pointe, et n'ont de barbes que sur la partie moyenne du côté intérieur seulement.

Le milieu du cou et de la poitrine est marqué, depuis la gorge, par une rangée de plumes très-courtes, présentant une suite de petites lignes transversales, qui sont alternativement d'un beau vert clair changeant en bleu, et d'un vert canard foncé.

a. Voyez Clusius, p. 362. — Edwards, planche iii.

b. Cet oiseau a du rapport avec le *manucodiata cirrata* d'Aldrovande, t. I, p. 811 et 814. Ce dernier a un bouquet pareil, formé pareillement de plumes effilées, de même couleur et posées de même ; mais il paraît plus grand, et il a le bec et la queue beaucoup plus longs.

* *Paradisæa magnifica* (Linn.). — Le *magnifique* (Cuvier.)

Le brun est la couleur dominante du bas-ventre, du croupion et de la
queue ; le jaune roussâtre est celle des pennes des ailes et de leurs couvertures ; mais les pennes ont de plus une tache brune à leur extrémité : du
moins telles sont celles qui restent à l'individu que l'on voit au Cabinet du
Roi ; car il est bon d'avertir qu'on lui avait arraché les plus longues pennes
des ailes, ainsi que les pieds[a].

Au reste, ce manucode est un peu plus gros que celui dont nous venons
de parler à l'article précédent ; il a le bec de même, et les plumes du front
s'étendent sur les narines, qu'elles recouvrent en partie : ce qui est une
contravention assez marquée au caractère établi pour ces sortes d'oiseaux
par l'un de nos ornithologistes les plus habiles[b] ; mais les ornithologistes à
méthode doivent être accoutumés à voir la nature toujours libre dans sa
marche, toujours variée dans ses procédés, échapper à leurs entraves et se
jouer de leurs lois.

Les plumes de la tête sont courtes, droites, serrées et fort douces au
toucher : c'est une espèce de velours de couleur changeante, comme dans
presque tous les oiseaux de Paradis, et le fond de cette couleur est un mordoré brun ; la gorge est aussi revêtue de plumes veloutées, mais celles-ci
sont noires, avec des reflets vert-dorés.

LE MANUCODE NOIR DE LA NOUVELLE-GUINÉE,

DIT LE SUPERBE.[*]

Le noir est en effet la principale couleur qui règne sur le plumage de
cet oiseau, mais c'est un noir riche et velouté, relevé sous le cou et en
plusieurs autres endroits par des reflets d'un violet foncé. On voit briller
sur la tête, la poitrine et la face postérieure du cou, les nuances variables
qui composent ce qu'on appelle un beau vert changeant ; tout le reste est
noir, sans en excepter le bec.

Je mets cet oiseau à la suite des oiseaux de Paradis, quoiqu'il n'ait point
de filets à la queue ; mais on peut supposer que la mue ou d'autres accidents ont fait tomber ces filets : d'ailleurs, il se rapproche de ces sortes
d'oiseaux, non-seulement par sa forme totale et celle de son bec, mais
encore par l'identité de climat, par la richesse de ses couleurs et par une

---

a. Je ne sais si l'individu observé par Aldrovande avait le nombre des pennes de l'aile bien
complet ; mais cet auteur dit que ces pennes étaient de couleur noirâtre.

b. Les plumes de la base du bec tournées en arrière, et laissant les narines à découvert.
Ornithologie de Brisson, t. II, p. 130.

* *Paradisæa superba* (Linn.). — Le *superbe* (Cuv.).

certaine surabondance, ou, si l'on veut, par un certain luxe de plumes qui est, comme on sait, propre aux oiseaux de Paradis. Ce luxe de plumes se marque dans celui-ci, en premier lieu, par deux petits bouquets de plumes noires qui recouvrent les deux narines; en second lieu, par deux autres paquets de plumes de même couleur, mais beaucoup plus longues et dirigées en sens contraire. Ces plumes prennent naissance des épaules, et, se relevant plus ou moins sur le dos, mais toujours inclinées en arrière, forment à l'oiseau des espèces de fausses ailes qui s'étendent presque jusqu'au bout des véritables, lorsque celles-ci sont dans leur situation de repos.

Il faut ajouter que ces plumes sont de longueurs inégales, et que celles de la face antérieure du cou et des côtés de la poitrine sont longues et étroites.

LE SIFILET OU MANUCODE A SIX FILETS.*

Si l'on prend les filets pour le caractère spécifique des manucodes, celui-ci est le manucode par excellence; car au lieu de deux filets il en a six, et de ces six il n'en sort pas un seul du dos, mais tous prennent naissance de la tête, trois de chaque côté; ils sont longs d'un demi-pied et se dirigent en arrière; ils n'ont de barbes qu'à leur extrémité, sur une étendue d'environ six lignes : ces barbes sont noires et assez longues.

Indépendamment de ces filets, l'oiseau dont il s'agit dans cet article a encore deux autres attributs qui, comme nous l'avons dit, semblent propres aux oiseaux de Paradis, le luxe des plumes et la richesse des couleurs.

Le luxe des plumes consiste, dans le sifilet : 1° en une sorte de huppe, composée de plumes raides et étroites, laquelle s'élève sur la base du bec supérieur; 2° dans la longueur des plumes du ventre et du bas-ventre, lesquelles ont jusqu'à quatre pouces et plus : une partie de ces plumes s'étendant directement, cache le dessous de la queue, tandis qu'une autre partie, se relevant obliquement de chaque côté, recouvre la face supérieure de cette même queue jusqu'au tiers de sa longueur, et toutes répondent aux plumes subalaires de l'oiseau de Paradis et du manucode.

A l'égard du plumage, les couleurs les plus éclatantes brillent sur son cou : par derrière le vert doré et le violet bronzé; par devant, l'or de la topaze, avec des reflets qui se jouent dans toutes les nuances du vert, et ces couleurs tirent un nouvel éclat de leur opposition avec les teintes rembrunies des parties voisines; car la tête est d'un noir changeant en violet

* *Paradisœa aurea* (Linn.). — *Paradisœa sexsetacea* (Shaw). — Le *sifilet* (Cuv.).

foncé, et tout le reste du corps est d'un brun presque noirâtre, avec des reflets du même violet foncé.

Le bec de cet oiseau est le même, à peu près, que celui des oiseaux de Paradis; la seule différence, c'est que son arête supérieure est anguleuse' et tranchante, au lieu qu'elle est arrondie dans la plupart des autres espèces.

On ne peut rien dire des pieds ni des ailes, parce qu'on les avait arrachés à l'individu qui a servi de sujet à cette description, suivant la coutume des chasseurs ou marchands indiens; tout ce monde ayant intérêt, comme nous avons dit, de supprimer ce qui augmente inutilement le poids ou le volume, et bien plus encore ce qui peut offusquer les belles couleurs de ces oiseaux [1].

LE CALYBÉ DE LA NOUVELLE-GUINÉE. [a]*

Nous retrouvons ici, sinon le luxe et l'abondance des plumes, au moins les belles couleurs et le plumage velouté des oiseaux de Paradis.

Le velours de la tête est d'un beau bleu changeant en vert, dont les reflets imitent ceux de l'aigue-marine; le velours du cou a le poil un peu plus long, mais il brille des mêmes couleurs, excepté que chaque plume étant d'un noir lustré dans son milieu, et d'un vert changeant en bleu seulement sur les bords, il en résulte des nuances ondoyantes qui ont beaucoup plus de jeu que celles de la tête. Le dos, le croupion, la queue et le ventre sont d'un bleu d'acier poli, égayé par des reflets très-brillants.

Les petites plumes veloutées du front se prolongent en avant jusque sur une partie des narines, lesquelles sont plus profondes que dans les espèces précédentes. Le bec est aussi plus grand et plus gros; mais il est de même forme, et ses bords sont pareillement échancrés vers la pointe. Pour la queue, on n'y a compté que six pennes, mais probablement elle n'était pas entière.

L'individu qui a servi de sujet à cette description, ainsi que ceux qui ont servi de sujets aux trois descriptions précédentes [b], est enfilé dans toute sa

---

a. C'est le nom que **M.** Daubenton le jeune a donné à cet oiseau pour exprimer la principale couleur de son plumage, qui est celle de l'acier bronzé; et c'est au même **M.** Daubenton que je dois tous les éléments des descriptions de ces quatre espèces nouvelles.

b. Ces quatre oiseaux font partie de la belle suite d'animaux et autres objets d'histoire naturelle, rapportée des Indes depuis fort peu de temps, et remise au Cabinet du Roi par M. Son-

1. Il faut ajouter ici, selon Cuvier, le *paradisœa aurœa* de Shaw (*orangé* de Cuvier). D'autres font de ce même oiseau un *loriot* (*oriolus aureus* Gmel.). Voyez la nomenclature ** de la p. 391 du Ve volume.

* *Paradisœa viridis* (Gmel.). — Le *calybé de Paradis* (Cuv.). — Ordre *id.*, famille des *Dentirostres*, genre *Cassicans*, sous-genre *Calybés* (Cuv.).

longueur d'une baguette qui sort par le bec, et le déborde de deux ou trois
pouces. C'est de cette manière très-simple, et en retranchant les plumes de
mauvais effet, que les Indiens savent se faire sur-le-champ une aigrette ou
une espèce de panache, tout à fait agréable, avec le premier petit oiseau à
beau plumage qu'ils trouvent sous la main ; mais aussi c'est une manière
sûre de déformer ces oiseaux et de les rendre méconnaissables, soit en leur
allongeant le cou outre mesure, soit en altérant toutes leurs autres proportions ; et c'est par cette raison qu'on a eu beaucoup de peine à retrouver dans le calybé l'insertion des ailes qui lui avaient été arrachées aux
Indes, en sorte qu'avec un peu de crédulité on n'eût pas manqué de dire
que cet oiseau joignait à la singularité d'être né sans pieds la singularité
bien plus grande d'être né sans ailes.

Le calybé s'éloigne plus des manucodes que les trois espèces précédentes ;
c'est pourquoi je l'ai renvoyé à la dernière place, et lui ai donné un nom
particulier.

LE PIQUE-BŒUF. *

M. Brisson est le premier qui ait décrit et fait connaître ce petit oiseau,
envoyé du Sénégal par M. Adanson. Il a environ quatorze pouces de vol et
n'est guère plus gros qu'une alouette huppée : son plumage n'a rien de distingué ; en général, le gris brun domine sur la partie supérieure du corps,
et le gris jaunâtre sur la partie inférieure. Le bec n'est pas d'une couleur
constante, dans quelques individus ; il est tout brun, dans d'autres : rouge à
la pointe et jaune à la base ; dans tous, il est de forme presque quadrangulaire, et ses deux pièces sont renflées par le bout en sens contraire. La
queue est étagée et on y remarque une petite singularité, c'est que les
douze pennes dont elle est composée sont toutes fort pointues. Enfin, pour
ne rien oublier de ce que la figure ne peut dire aux yeux, la première phalange du doigt extérieur est étroitement unie avec celle du doigt du milieu.

Cet oiseau est très-friand de certains vers ou larves d'insectes qui éclosent
sous l'épiderme des bœufs et y vivent jusqu'à leur métamorphose : il a l'habitude de se poser sur le dos de ces animaux et de leur entamer le cuir à
coups de bec pour en tirer ces vers ; c'est de là que lui vient son nom de
pique-bœuf [a].

nerat, correspondant de ce même Cabinet. Il serait à souhaiter que tous les correspondants
eussent le même zèle et le même goût pour l'histoire naturelle que M. Sonnerat, et que celui-ci,
renchérissant encore sur lui-même, se mît en état de joindre à la peau de chaque animal une
notice exacte de ses habitudes et de ses mœurs.

a. Voyez l'*Ornithologie* de M. Brisson, t. II, p. 436. Il le nomme en latin *buphagus*.

* *Buphaga africana* (Linn.). — Ordre *id.*, famille des *Conirostres*, genre *Pique-Bœufs*
(Cuvier).

L'ÉTOURNEAU. [a] [*]

Il est peu d'oiseaux aussi généralement connus que celui-ci, surtout dans nos climats tempérés; car, outre qu'il passe toute l'année dans le canton qui l'a vu naître sans jamais voyager au loin [b], la facilité qu'on trouve à le priver et à lui donner une sorte d'éducation fait qu'on en nourrit beaucoup en cage, et qu'on est dans le cas de les voir souvent et de fort près, en sorte qu'on a des occasions sans nombre d'observer leurs habitudes et d'étudier leurs mœurs dans l'état de domesticité comme dans l'état de nature.

Les merles sont de tous les oiseaux ceux avec qui l'étourneau a le plus de rapport; les jeunes de l'une et de l'autre espèce se ressemblent même si parfaitement qu'on a peine à les distinguer [c]. Mais lorsque avec le temps ils ont pris chacun leur forme décidée, leurs traits caractéristiques, on reconnaît que l'étourneau diffère du merle par les mouchetures et les reflets de son plumage, par la conformation de son bec plus obtus, plus plat et sans échancrure vers la pointe [d], par celle de sa tête aussi plus aplatie, etc. Mais une autre différence fort remarquable, et qui tient à une cause plus profonde, c'est que l'espèce de l'étourneau est une espèce isolée dans notre Europe, au lieu que les espèces des merles y paraissent fort multipliées.

Les uns et les autres se ressemblent encore, en ce qu'ils ne changent point de domicile pendant l'hiver [1] : seulement ils choisissent dans le canton où ils sont établis, les endroits les mieux exposés [e], et qui sont le plus à portée des fontaines chaudes; mais avec cette différence que les merles vivent alors solitairement, ou plutôt qu'ils continuent de vivre seuls ou

a. Polydore Virgile prétend que cet oiseau, appelé *sterlyng* en anglais, a donné son nom à la livre numéraire anglaise, dite *sterling* : il aurait pu faire venir tout aussi naturellement du mot français *étourneau,* notre livre *tournois;* mais il est constant que ce mot tournois est formé du mot Tours, nom d'une ville de France, et il est probable que le mot sterling est formé du nom d'une ville d'Écosse, appelée *Stirling.*

b. Il paraît que dans les climats plus froids, tels que la Suède et la Suisse, ils sont moins sédentaires et deviennent oiseaux de passage : « Discedit post mediam æstatem in Scaniam campestrem, » dit M. Linnæus, *Fauna Suecica,* p. 70. « Cùm abeunt e nostrà regione, » dit Gessner, p. 745, *de Avibus.*

c. Voyez Belon, p. 322, *Nature des Oiseaux.* — Cette ressemblance entre les jeunes merles et les jeunes étourneaux est telle, que j'ai vu un procès véritable, une instance juridique entre deux particuliers, dont l'un réclamait un étourneau ou sansonnet qu'il prétendait avoir mis en pension chez l'autre pour lui apprendre à parler, siffler, chanter, etc., et l'autre représentait un merle fort bien élevé, et réclamait son salaire, prétendant en effet n'avoir reçu qu'un merle.

d. M. Barrère dit que l'étourneau a le bec quadrangulaire, *Ornithologiæ specimen novum,* p. 39. Il conviendra au moins que les angles en sont fort arrondis.

e. C'est apparemment ce qui a fait dire à Aristote que l'étourneau se tient caché pendant l'hiver.

[*] *Sturnus vulgaris* (Linn.). — L'*étourneau commun* — Ordre et famille *id.,* genre *Étourneaux* (Cuv.).

1. « L'*étourneau* nous quitte en hiver. » (Cuvier).

presque seuls, comme ils font le reste de l'année ; au lieu que les étourneaux n'ont pas plus tôt fini leur couvée qu'ils se rassemblent en troupes très-nombreuses. Ces troupes ont une manière de voler qui leur est propre, et semble soumise à une tactique uniforme et régulière, telle que serait celle d'une troupe disciplinée obéissant avec précision à la voix d'un seul chef : c'est à la voix de l'instinct que les étourneaux obéissent, et leur instinct les porte à se rapprocher toujours du centre du peloton, tandis que la rapidité de leur vol les emporte sans cesse au delà, en sorte que cette multitude d'oiseaux, ainsi réunis par une tendance commune vers le même point, allant et venant sans cesse, circulant et se croisant en tous sens, forme une espèce de tourbillon fort agité, dont la masse entière, sans suivre de direction bien certaine, paraît avoir un mouvement général de révolution sur elle-même, résultant des mouvements particuliers de circulation propres à chacune de ses parties, et dans lequel le centre tendant perpétuellement à se développer, mais sans cesse pressé, repoussé par l'effort contraire des lignes environnantes qui pèsent sur lui, est constamment plus serré qu'aucune de ces lignes, lesquelles le sont elles-mêmes d'autant plus qu'elles sont plus voisines du centre.

Cette manière de voler a ses avantages et ses inconvénients : elle a ses avantages contre les entreprises de l'oiseau de proie, qui se trouvant embarrassé par le nombre de ces faibles adversaires, inquiété par leurs battements d'ailes, étourdi par leurs cris, déconcerté par leur ordre de bataille, enfin ne se jugeant pas assez fort pour enfoncer des lignes si serrées, que la peur concentre encore de plus en plus, se voit contraint fort souvent d'abandonner une si riche proie sans avoir pu s'en approprier la moindre partie.

Mais, d'autre côté, un inconvénient de cette façon de voler des étourneaux, c'est la facilité qu'elle offre aux oiseleurs d'en prendre un grand nombre à la fois, en lâchant à la rencontre d'une de ces volées un ou deux oiseaux de la même espèce, ayant à chaque patte une ficelle engluée : ceux-ci ne manquent pas de se mêler dans la troupe, et au moyen de leurs allées et venues perpétuelles d'en embarrasser un grand nombre dans la ficelle perfide, et de tomber bientôt avec eux aux pieds de l'oiseleur.

C'est surtout le soir que les étourneaux se réunissent en grand nombre, comme pour se mettre en force et se garantir des dangers de la nuit : ils la passent ordinairement tout entière, ainsi rassemblés, dans les roseaux où ils se jettent vers la fin du jour avec grand fracas [a]. Ils jasent beaucoup le soir et le matin avant de se séparer, mais beaucoup moins le reste de la journée, et point du tout pendant la nuit.

Les étourneaux sont tellement nés pour la société qu'ils ne vont pas

[a] « Auventando ben spesso con tanta furia, che è per la moltitudine e per l'impeto con che vanno, nel giugnere si sente ender l'aria con un strepito horribile non dissimile alla gragnuola. » Olina, *Uccellaria*, p. 18.

seulement de compagnie avec ceux de leur espèce, mais avec des espèces différentes. Quelquefois au printemps et en automne, c'est-à-dire avant et après la saison des couvées, on les voit se mêler et vivre avec les corneilles et les choucas, comme aussi avec les litornes et les mauvis, et même avec les pigeons.

Le temps des amours commence pour eux sur la fin de mars; c'est alors que chaque paire s'assortit; mais, ici comme ailleurs, ces unions si douces sont préparées par la guerre et décidées par la force; les femelles n'ont pas le droit de faire un choix; les mâles, peut-être plus nombreux et toujours plus pressés, surtout au commencement, se les disputent à coups de bec, et elles appartiennent au vainqueur. Leurs amours sont presque aussi bruyants que leurs combats; on les entend alors gazouiller continuellement : chanter et jouir c'est toute leur occupation, et leur ramage est même si vif qu'ils semblent ne pas connaître la longueur des intervalles.

Après qu'ils ont satisfait au plus pressant des besoins, ils songent à pourvoir à ceux de la future couvée, sans cependant y prendre beaucoup de peine, car souvent ils s'emparent d'un nid de pivert, comme le pivert s'empare quelquefois du leur; lorsqu'ils veulent le construire eux-mêmes, toute la façon consiste à amasser quelques feuilles sèches, quelques brins d'herbe et de mousse au fond d'un trou d'arbre ou de muraille : c'est sur ce matelas fait sans art que la femelle dépose cinq ou six œufs d'un cendré verdâtre et qu'elle les couve l'espace de dix-huit à vingt jours; quelquefois elle fait sa ponte dans les colombiers, au-dessus des entablements des maisons, et même dans des trous de rochers sur les côtes de la mer, comme on le voit dans l'île de Wight et ailleurs [a]. On m'a quelquefois apporté dans le mois de mai de prétendus nids d'étourneaux qu'on avait trouvés, disait-on, sur des arbres; mais comme deux de ces nids, entre autres, ressemblaient tout à fait à des nids de grives, j'ai soupçonné quelque supercherie de la part de ceux qui me les avaient apportés, à moins qu'on ne veuille imputer la supercherie aux étourneaux eux-mêmes, et supposer qu'ils s'emparent quelquefois des nids de grives et d'autres oiseaux, comme nous avons vu qu'ils s'emparaient souvent des trous des piverts. Je ne nie pas cependant que dans certaines circonstances ces oiseaux ne fassent leurs nids eux-mêmes, un habile observateur m'ayant assuré avoir vu plusieurs de ces nids sur le même arbre. Quoi qu'il en soit, les jeunes étourneaux restent fort longtemps sous la mère, et par cette raison je douterais que cette espèce fit jusqu'à trois couvées par an, comme l'assurent quelques auteurs [b], si ce n'est dans les pays chauds où l'incubation, l'éducation, et toutes les périodes du développement animal, sont abrégées en raison du degré de chaleur.

En général, les plumes des étourneaux sont longues et étroites, comme

a. *British Zoology*, p. 93.
b. « Cova... due o tre volte l'anno, con quattro o cinque uccelli per covata. » Olina, *Uccellaria*.

dit Belon[a]; leur couleur est dans le premier âge un brun noirâtre, uniforme, sans mouchetures comme sans reflets. Les mouchetures ne commencent à paraître qu'après la première mue, d'abord sur la partie inférieure du corps, vers la fin de juillet; puis sur la tête, et, enfin, sur la partie supérieure du corps aux environs du 20 d'août. Je parle toujours des jeunes étourneaux qui étaient éclos au commencement de mai.

J'ai observé que, dans cette première mue, les plumes qui environnent la base du bec tombèrent presque toutes à la fois, en sorte que cette partie fut chauve pendant le mois de juillet[b], comme elle l'est habituellement dans la frayonne pendant toute l'année. Je remarquai aussi que le bec était presque tout jaune le 15 de mai; cette couleur se changea bientôt en couleur de corne, et Belon assure qu'avec le temps elle devient orangée.

Dans les mâles, les yeux sont plus bruns, ou d'un brun plus uniforme[c], les mouchetures du plumage plus tranchées, plus jaunâtres, et la couleur rembrunie des plumes qui n'ont point de mouchetures est égayée par des reflets plus vifs qui varient entre le pourpre et le vert foncé. Outre cela le mâle est plus gros, il pèse environ trois onces et demie. M. Salerne ajoute une autre différence entre les deux sexes, c'est que la langue est pointue dans le mâle et fourchue dans la femelle : il semble en effet que M. Linnæus ait vu cette partie pointue en certains individus, et fourchue en d'autres[d] : pour moi, je l'ai vue fourchue dans les sujets que j'ai eu occasion d'observer.

Les étourneaux vivent de limaces, de vermisseaux, de scarabées, surtout de ces jolis scarabées d'un beau vert bronzé luisant, avec des reflets rougeâtres, qu'on trouve au mois de juin sur les fleurs, et principalement sur les roses; ils se nourrissent aussi de blé, de sarrasin, de mil, de panis, de chènevis, de graine de sureau, d'olives, de cerises, de raisins, etc. On prétend que cette dernière nourriture est celle qui corrige le mieux l'amertume naturelle de leur chair[e], et que les cerises sont celle pour laquelle ils montrent un appétit de préférence : aussi s'en sert-on comme d'un appât infaillible pour les attirer dans des nasses d'osier que l'on tend parmi

<hr>

a. *Nature des Oiseaux*, p. 321.

b. Je ne sais pourquoi Pline a dit, en parlant des étourneaux : « Sed hi plumam non amittunt. » Pline, lib. x, cap. xxiv.

c. « La femina ha nel chiaro del occhio una maglietta, havendo lo maschio tutto nero bene. » Olina, p. 18. Cette espèce de taie que les femelles ont sur les yeux selon Olina, est apparemment ce que Willughby veut exprimer, en disant : « Oculorum irides avellaneæ, supernâ parte albidiores, » p. 145, et il faut supposer que ce dernier parle ici de la femelle.

d. « Linguâ acutâ. » *Syst. nat.*, édit. X, p. 167. « Linguâ bifidâ. » *Fauna Suecica*, p. 70.

e. Voyez Schwenckfeld, M. Salerne, etc. Cardan dit que, pour bonifier la chair des étourneaux, il ne s'agit que de leur couper la tête sitôt qu'ils sont tués; Albin, qu'il faut leur enlever la peau; d'autres, que les étourneaux de montagne valent mieux que les autres; mais tout cela doit s'entendre des jeunes, car, malgré les montagnes et les précautions, la chair des vieux sera toujours sèche, amère et un très-mauvais manger.

les roseaux où ils ont coutume de se retirer tous les soirs, et l'on en prend de cette manière jusqu'à cent dans une seule nuit ; mais cette chasse n'a plus lieu lorsque la saison des cerises est passée.

Ils suivent volontiers les bœufs et autre gros bétail, paissant dans les prairies, attirés, dit-on, par les insectes qui voltigent autour d'eux, ou peut-être par ceux qui fourmillent dans leur fiente, et en général dans toutes les prairies. C'est de cette habitude que leur est venu le nom allemand *rinder-staren*. On les accuse encore de se nourrir de la chair des cadavres exposés sur les fourches patibulaires [a] ; mais ils n'y vont apparemment que parce qu'ils y trouvent des insectes. Pour moi, j'ai fait élever de ces oiseaux, et j'ai remarqué que lorsqu'on leur présentait de petits morceaux de viande crue, ils se jetaient dessus avec avidité et les mangeaient de même ; si c'était un calice d'œillet contenant de la graine formée, ils ne le saisissaient pas sous leurs pieds, comme font les geais, pour l'éplucher avec le bec, mais le tenant dans le bec, ils le secouaient souvent et le frappaient à plusieurs reprises contre les bâtons ou le fond de la cage, jusqu'à ce que le calice s'ouvrît et laissât paraître et sortir la graine. J'ai aussi remarqué qu'ils buvaient à peu près comme les gallinacés, et qu'ils prenaient grand plaisir à se baigner : selon toute apparence, l'un de ceux que je faisais élever est mort de refroidissement pour s'être trop baigné pendant l'hiver.

Ces oiseaux vivent sept ou huit ans, et même plus, dans l'état de domesticité. Les sauvages ne se prennent point à la pipée, parce qu'ils n'accourent point à l'appeau, c'est-à-dire au cri de la chouette ; mais outre la ressource des ficelles engluées et des nasses dont j'ai parlé plus haut, on a trouvé le moyen d'en prendre des couvées entières à la fois en attachant aux murailles, et sur les arbres où ils ont coutume de nicher, des pots de terre cuite d'une forme commode, et que ces oiseaux préfèrent souvent aux trous d'arbres et de murailles pour y faire leur ponte [b]. On en prend aussi beaucoup au lacet et à la pantière ; en quelques endroits de l'Italie on se sert de belettes apprivoisées pour les tirer de leurs nids, ou plutôt de leurs trous ; car le grand art de l'homme est de se servir d'une espèce esclave pour étendre son empire sur les autres.

Les étourneaux ont une paupière interne, les narines à demi recouvertes par une membrane, les pieds d'un brun rougeâtre [c], le doigt extérieur uni à celui du milieu jusqu'à la première phalange, l'ongle postérieur plus fort qu'aucun autre, le gésier peu charnu, précédé d'une dilatation de l'œsophage, et contenant quelquefois de petites pierres dans sa cavité ; le tube intestinal, long de vingt pouces d'un orifice à l'autre, la vésicule du fiel à

a. Aldrovande, t. II, p. 642.

b. Olina, *Uccellaria*, p. 18. Schwenckfeld, *Aviarium Silesiæ*, p. 352.

c. Je ne sais pourquoi Willughby a dit : « Tibiæ ad articulos usque plumosæ. » *Ornithologia*, p. 145. Je n'ai rien vu de pareil dans tous les étourneaux qui m'ont passé sous les yeux.

l'ordinaire, les *cœcums* fort petits, et plus près de l'anus qu'ils ne sont ordinairement dans les oiseaux.

En disséquant un jeune étourneau de ceux qui avaient été élevés chez moi, j'ai remarqué que les matières contenues dans le gésier et les intestins étaient absolument noires, quoique cet oiseau eût été nourri uniquement avec de la mie de pain et du lait : cela suppose une grande abondance de bile noire, et rend en même temps raison de l'amertume de la chair de ces oiseaux, et de l'usage qu'on a fait de leurs excréments dans les cosmétiques.

Un étourneau peut apprendre à parler indifféremment français, allemand, latin, grec, etc. [a], et à prononcer de suite des phrases un peu longues : son gosier souple se prête à toutes les inflexions, à tous les accents. Il articule franchement la lettre R [b], et soutient très-bien son nom de sansonnet ou plutôt de *chansonnet* par la douceur de son ramage acquis, beaucoup plus agréable que son ramage naturel [c].

Cet oiseau est fort répandu dans l'ancien continent : on le trouve en Suède, en Allemagne, en France, en Italie, dans l'île de Malte, au cap de Bonne-Espérance [d], et partout à peu près le même ; au lieu que les oiseaux d'Amérique auxquels on a donné le nom d'étourneaux forment des espèces assez multipliées, comme nous le verrons bientôt.

Variétés de l'étourneau. [1].

Quoique l'empreinte du moule primitif ait été assez ferme dans l'espèce de notre étourneau pour empêcher que ses races diverses, s'éloignant à un certain point, formassent enfin des espèces distinctes et séparées, elle n'a pu cependant rendre absolument nulle la tendance perpétuelle qui porte la nature à la variété, tendance qui se manifeste ici d'une manière fort marquée, puisqu'on trouve des étourneaux noirs (ce sont les jeunes), d'autres tout blancs, d'autres blancs et noirs, enfin d'autres gris, c'est-à-dire, dont le noir s'est fondu dans le blanc.

Il faut remarquer que souvent on a trouvé ces variétés dans les nids des étourneaux ordinaires, en sorte qu'on ne peut les considérer que comme des variétés individuelles ou purement éphémères, que la nature semble

---

a. « Habebant et Cæsares juvenes item sturnum, luscinias græco atque latino sermone dociles; præterea meditantes in diem et assiduè nova loquentes longiore etiam contextu. » Pline, lib. x, cap. xlii.

b. Scaliger, *Exercit.*

c. « Sturnus pisitat ore, isitat, pisistrat. » C'est ainsi que les Latins exprimaient le cri de l'étourneau. Voyez *Autor Philomelæ*, etc.

d. Voyez Kolbe, t. III, p. 159.

1. Les trois *étourneaux*, énumérés ici : le *blanc*, le *noir et blanc* et le *gris cendré*, ne sont en effet, que des variétés de l'*étourneau commun*.

produire en se jouant sur la superficie, qu'elle anéantit à chaque génération pour les renouveler et les détruire encore, mais qui, ne pouvant ni se perpétuer, ni pénétrer jusqu'au type spécifique, ne peuvent conséquemment donner aucune atteinte à sa pureté, à son unité. Telles sont les variétés suivantes dont parlent les auteurs :

I. L'étourneau blanc d'Aldrovande[a] aux pieds couleur de chair et au bec jaune rougeâtre, tel qu'il est dans nos étourneaux devenus vieux. Aldrovande remarque que celui-ci avait été pris avec des étourneaux ordinaires, et Rzaczynski assure que, dans un certain canton de la Pologne[b], on voyait souvent sortir du même nid un étourneau noir et un blanc. Willughby parle aussi de deux étourneaux de cette dernière couleur, qu'il avait vus dans le Cumberland.

II. L'étourneau noir et blanc. Je rapporte à cette variété : 1° l'étourneau à tête blanche d'Aldrovande[b] : cet oiseau avait en effet la tête blanche, ainsi que le bec, le cou, tout le dessous du corps, les couvertures des ailes et les deux pennes extérieures de la queue; les autres pennes de la queue et toutes celles des ailes étaient comme dans l'étourneau ordinaire; le blanc de la tête était relevé par deux petites taches noires, situées au-dessus des yeux, et le blanc du dessous du corps était varié par de petites taches bleuâtres; 2° l'étourneau-pie de Schwenckfeld, qui avait le sommet de la tête, la moitié du bec du côté de la base, le cou, les pennes des ailes et de la queue noirs, et tout le reste blanc[d]; 3° l'étourneau à tête noire, vu par Willughby[e], ayant tout le reste du corps blanc.

III. L'étourneau gris-cendré d'Aldrovande[f]. Cet auteur est le seul qui en ait vu de cette couleur, laquelle n'est autre chose, comme nous l'avons dit, que le blanc fondu avec le noir. On conçoit aisément combien ces variétés peuvent être multipliées, soit par les différentes distributions du noir et du blanc, soit par les différentes nuances de gris, résultant des différentes proportions de ces couleurs fondues ensemble.

a. Tome II, page 631.
b. Prope Coronoviam.
c. Tome II, page 637.
d. *Aviarium Silesiæ*, pag. 353.
e. *Ornithologia*, pag. 145.
f. Pages 638 et 639.

OISEAUX ÉTRANGERS
QUI ONT RAPPORT A L'ÉTOURNEAU.

I. — L'ÉTOURNEAU DU CAP DE BONNE-ESPÉRANCE,
OU L'ÉTOURNEAU-PIE. *

J'ai donné à cet oiseau d'Afrique le nom d'étourneau-pie, parce qu'il m'a paru avoir plus de rapports, quant à sa forme totale, avec notre étourneau qu'avec aucune autre espèce, et parce que le noir et le blanc, qui sont les seules couleurs de son plumage, y sont distribuées à peu près comme dans le plumage de la pie.

S'il n'avait pas le bec plus gros et plus long que notre étourneau d'Europe, on pourrait le regarder comme une de ses variétés, d'autant plus que notre étourneau se retrouve au cap de Bonne-Espérance ; cette variété se rapporterait naturellement à celle dont j'ai fait mention ci-dessus, et où le noir et le blanc sont distribués par grandes taches. La plus remarquable et celle qui caractérise le plus la physionomie de cet oiseau, c'est une tache blanche fort grande, de forme ronde, située de chaque côté de la tête, sur laquelle l'œil paraît placé presque en entier, et qui, se prolongeant en pointe par devant jusqu'à la base du bec, a par derrière une espèce d'appendice varié de noir qui descend le long du cou.

Cet oiseau est le même que l'étourneau noir et blanc des Indes, d'Edwards, pl. CLXXXVII ; que le *contra* de Bengale, d'Albin, t. III, pl. 21 ; que l'étourneau du cap de Bonne-Espérance de M. Brisson, t. II, page 446 ; et même que son neuvième troupiale, t. II, page 94. Il a avoué et rectifié ce double emploi page 54 de son Supplément, et il est en vérité bien excusable au milieu de ce chaos de descriptions incomplètes, de figures tronquées et d'indications équivoques qui embarrassent et surchargent l'histoire naturelle. Cela fait voir combien il est essentiel, lorsqu'on fait l'histoire d'un oiseau, de le reconnaitre dans les diverses descriptions que les auteurs en ont faites, et d'indiquer les différents noms qu'on lui a donnés en différents temps et en différents lieux, seul moyen d'éviter ou de rectifier la stérile multiplication des espèces purement nominales.

II. — L'ÉTOURNEAU DE LA LOUISIANE OU LE STOURNE. **

Ce mot de stourne est formé du latin *sturnus* ; je l'ai appliqué à un oiseau d'Amérique assez différent de notre étourneau pour mériter un nom dis-

---

* *Sturnus capensis* et *sturnus contra* (Gmel.). — « Le *sturnus capensis* ne diffère pas du « *sturnus contra*, mais il est des Indes et non du Cap. » (Cuvier.)

** *Sturnus ludovicianus* (Gmel.). — « Le *sturnus ludovicianus* est le même que l'*alauda* « *magna* de Catesby et le *stournelle à collier* de Vieillot. » (Cuvier.)

tinct, mais qui a assez de rapports avec lui pour mériter un nom analogue. Il a le dessus du corps d'un gris varié de brun, et le dessous du corps jaune. Les marques les plus distinctives de cet oiseau, en fait de couleur, sont : 1° une plaque noirâtre variée de gris, située au bas du cou et se détachant très-bien du fond, qui, comme nous venons de le dire, est de couleur jaune ; 2° trois bandes blanches qu'il a sur la tête, toutes les trois partant de la base du bec supérieur, et s'étendant jusqu'à l'*occiput;* l'une tient le sommet ou le milieu de la tête, les deux autres, qui sont parallèles à cette première, passent de chaque côté au-dessus des yeux. En général, cet oiseau se rapproche de notre étourneau d'Europe par les proportions relatives des ailes et de la queue, et en ce que ses couleurs sont disposées par petites taches : il a aussi la tête plate, mais son bec est plus allongé.

Un correspondant du Cabinet nous assure que la Louisiane est fort incommodée par des nuées d'étourneaux, ce qui indiquerait quelque conformité dans la manière de voler des étourneaux de la Louisiane avec celle de nos étourneaux d'Europe; mais il n'est pas bien sûr que le correspondant veuille parler de l'espèce dont il s'agit ici.

III. — LE TOLCANA. [a] *

La courte notice que Fernandez nous donne de cet oiseau est non-seulement incomplète, mais elle est faite très-négligemment; car, après avoir dit que le tolcana est semblable à l'étourneau pour la forme et pour la grosseur, il ajoute tout de suite qu'il est un peu plus petit; cependant c'est le seul auteur original qu'on puisse citer sur cet oiseau, et c'est d'après son témoignage que M. Brisson l'a rangé parmi les étourneaux. Il me semble néanmoins que ces deux auteurs caractérisent le genre de l'étourneau par des attributs très-différents : M. Brisson, par exemple, établit pour l'un de ses attributs caractéristiques le bec droit, obtus et convexe; et Fernandez, parlant d'un oiseau du genre du *tzanatl* ou étourneau [b], dit qu'il est court, épais et un peu courbé, et, dans un autre endroit [c], il rapporte un même oiseau, nommé *cacalototl,* au genre du corbeau (qui se nomme en effet *cacalotl* en mexicain, chap. CLXXXIV), et à celui de l'étourneau [d]; en sorte

a. Nom formé du nom mexicain *Tolocatzanatl,* et qui signifie étourneau des roseaux. Fernandez, *Hist. avium novæ Hispaniæ,* cap. XXXVI. C'est le troisième étourneau de M. Brisson, tome II, page 448.

b. Fernandez, chap. XXXVII.

c. *Ibid.,* chap. CXXXII.

d. « Cacalototl seu avis corvina ad sturnorum tzanatlve genus videtur pertinere. » — Cet oiseau a, selon Fernandez, le plumage noir tirant au bleu, le bec tout à fait noir, l'iris orangé, la queue longue, la chair mauvaise à manger, et point de chant. Il se plaît dans les pays tempérés et les pays chauds. Il est difficile, d'après cette notice tronquée, de dire si l'oiseau dont il s'agit est un corbeau ou un étourneau.

* *Sturnus obscurus* et *mexicanus* (Gmel.). — Voyez, ci-après, la nomenclature du *cacastol*

que l'identité des noms employés par ces deux écrivains ne garantit nullement l'identité de l'espèce dénommée, et c'est ce qui m'a déterminé à conserver à l'oiseau de cet article son nom mexicain, sans assurer ni nier qu'il soit un étourneau.

Le tolcana se plaît, comme nos étourneaux d'Europe, dans les joncs et les plantes aquatiques. Sa tête est brune, et tout le reste de son plumage est noir. Cet oiseau n'a point de chant, mais seulement un cri, et il a cela de commun avec beaucoup d'autres oiseaux d'Amérique, qui sont en général plus recommandables par l'éclat de leurs couleurs que par l'agrément de leur ramage.

IV. — LE CACASTOL. [a] *

Je ne mets cet oiseau étranger à la suite de l'étourneau que sur la foi très-suspecte de Fernandez, et aussi d'après l'un de ses noms mexicains, qui indique quelque analogie avec l'étourneau. D'ailleurs, je ne vois pas trop à quel autre oiseau d'Europe on pourrait le rapporter. M. Brisson, qui a voulu en faire un cottinga [b], a été obligé, pour l'y amener, de retrancher de la description de Fernandez, déjà trop courte, les mots qui indiquaient la forme allongée et pointue du bec, cette forme de bec étant en effet plus de l'étourneau que du cottinga. Outre cela, le cacastol est à peu près de la grosseur de l'étourneau ; il a la tête petite comme lui, et n'est pas un meilleur manger ; enfin, il se tient dans les pays tempérés et les pays chauds. Il est vrai qu'il chante mal, mais nous avons vu que le ramage naturel de l'étourneau d'Europe n'était pas fort agréable, et il est à présumer que s'il passait en Amérique, où presque tous les oiseaux chantent mal, il chanterait bientôt tout aussi mal, par la facilité qu'il a d'apprendre, c'est-à-dire, d'imiter le chant d'autrui.

V. — LE PIMALOT. [c] **

Le bec large de cet oiseau pourrait faire douter qu'il appartînt au genre de l'étourneau ; mais s'il était vrai, comme le dit Fernandez, qu'il eût la nature et les mœurs des autres étourneaux, on ne pourrait s'empêcher de le regarder comme une espèce analogue, d'autant plus qu'il se tient ordinaire-

a. Nom formé du nom mexicain *Caxcaxtototl.* Fernandez, chap. CLVIII. On lui donne encore dans la Nouvelle-Espagne le nom de *Hueitzanatl,* et nous avons vu que le mot mexicain *Tzanatl* répondait à notre mot étourneau.

b. Brisson, tome II, page 347.

c. Mot formé du nom mexicain de cet oiseau *Pitzmalotl.*

* *Sturnus mexicanus* (Gmel.). — Le *cacastol* et le *tolcana* paraissent être des *troupiales.*

** Espèce douteuse.

ment sur les côtes de la mer du Sud, apparemment parmi les plantes aquatiques, de même que notre étourneau d'Europe se plaît dans les roseaux, comme nous avons vu. Le pimalot est un peu plus gros.

VI. — L'ÉTOURNEAU DES TERRES MAGELLANIQUES
OU LE BLANCHE-RAIE. *

Je donne à cette espèce nouvelle, apportée par M. de Bougainville, le nom de blanche-raie, à cause d'une longue raie blanche qui, de chaque côté, prenant naissance près de la commissure des deux pièces du bec, semble passer par-dessous l'œil, puis reparaît au delà pour descendre le long du cou. Cette raie blanche fait d'autant plus d'effet, qu'elle est environnée, au-dessus et au-dessous, de couleurs très-rembrunies : ces couleurs sombres dominent sur la partie supérieure du corps ; seulement les pennes des ailes et leurs couvertures sont bordées de fauve. La queue est d'un noir décidé, fourchue de plus, et ne s'étend pas beaucoup au delà des ailes, qui sont fort longues. Le dessous du corps, y compris la gorge, est d'un beau rouge cramoisi, moucheté de noir sur les côtés ; la partie antérieure de l'aile est du même cramoisi, sans mouchetures, et cette couleur se retrouve encore autour des yeux et dans l'espace qui est entre l'œil et le bec. Ce bec, quoique obtus comme celui des étourneaux, et moins pointu que celui des troupiales, m'a paru cependant, à tout prendre, avoir plus de rapport avec celui des troupiales ; et, si l'on ajoute à cela que le blanche-raie a beaucoup de la physionomie de ces derniers, on ne fera pas difficulté de le regarder comme faisant la nuance entre ces deux espèces, qui d'ailleurs ont beaucoup de rapports entre elles.

LES TROUPIALES.

Ces oiseaux ont, comme je viens de dire, beaucoup de rapports avec nos étourneaux d'Europe ; et ce qui le prouve, c'est que souvent le peuple et les naturalistes ont confondu ces deux genres et ont donné le nom d'étourneau à plus d'un troupiale : ceux-ci pourraient donc être regardés, à bien des égards, comme les représentants de nos étourneaux en Amérique, concurremment avec les étourneaux américains dont je viens de parler, quoique cependant ils aient des habitudes très-différentes, ne fût-ce que dans la manière de construire leurs nids.

* *Sturnus militaris* (Gmel.).

Le nouveau continent est la vraie patrie, la patrie originaire des troupiales et de tous les autres oiseaux qu'on a rapportés à ce genre, tels que les cassiques, les baltimores et les carouges ; et si l'on en cite quelques-uns, soi-disant de l'ancien continent, c'est parce qu'ils y avaient été transportés originairement d'Amérique : tels sont probablement le troupiale du Sénégal, appelé *cap-more* [1], le carouge du cap de Bonne-Espérance [2], et tous les prétendus troupiales de Madras, auxquels on a donné ce nom sans les avoir bien connus.

Je retrancherai donc du genre des troupiales : 1° les quatre espèces venant de Madras, et que M. Brisson a empruntées de M. Ray [a], parce que la raison du climat ne permet pas de les regarder comme de vrais troupiales ; que d'ailleurs je ne vois rien de caractéristique dans les descriptions originales, et que les figures des oiseaux décrits sont trop négligées pour qu'on puisse en tirer des marques distinctives qui les constituent troupiales plutôt que pies, geais, merles, loriots, gobe-mouches, etc. Un habile ornithologiste (M. Edwards) croit que le geai jaune et le geai-bouffe de Petiver, dont M. Brisson a fait son sixième et son quatrième troupiales, ne sont autre chose que le loriot mâle et sa femelle [b] ; que le geai bigarré de Madras, du même Petiver, dont M. Brisson a fait son cinquième troupiale, est son étourneau jaune des Indes [c] ; et, enfin, que le troupiale huppé de Madras, dont M. Brisson a fait sa septième espèce [d], est le même oiseau que le gobe-mouche huppé du cap de Bonne-Espérance du même M. Brisson [e].

2° Je retrancherai le troupiale de Bengale, qui est le neuvième de M. Brisson [f], puisque cet auteur s'est aperçu lui-même que c'était sa seconde espèce d'étourneau.

3° Je retrancherai encore le troupiale à queue fourchue, qui est le seizième de M. Brisson [g], et la grive noire de Seba [h] : tout ce qu'en dit ce dernier, c'est qu'il surpasse de beaucoup la grive en grosseur, que son plumage est noir, qu'il a le bec jaune, le dessous de la queue blanc, le dessus, ainsi que le dos, comme voilé par une légère teinte de bleu, et une queue longue,

---

a. Voyez l'*Ornithologie* de M. Brisson, t. II, pages 90 et suiv., et le *Synopsis avium* de Ray, pages 194 et suiv.

b. Voyez *les Oiseaux d'Edwards*, planche 185.

c. *Ibidem*, planche 186.

d. *Ornithologie*, tome II, page 92.

e. *Ibidem*, page 418, le mâle ; et 414, la femelle : il ajoute que si les deux longues pennes de la queue manquaient dans ces deux individus, c'est, ou parce qu'elles n'étaient pas encore venues, ou parce que la mue ou quelque autre accident les avait fait tomber. Voyez *Edwards*, planche 325.

f. Tome II, page 94.

g. *Ibidem*, page 105.

h. Tome I, page 102.

1. *Oriolus textor* (Gmel.). — C'est un *tisserin*.

2. *Oriolus capensis* (Gmel.). — Il est de la Louisiane et non du Cap.

large et fourchue; enfin, qu'à la différence près dans la forme de la queue et dans la grosseur du corps, il avait beaucoup de rapport à notre grive d'Europe : or, je ne vois rien dans tout cela qui ressemble à un troupiale, et la figure donnée par Seba, et que M. Brisson trouve très-mauvaise, ne ressemble pas plus à un troupiale qu'à une grive.

4° Je retrancherai le carouge bleu de Madras [a], parce que, d'une part, il m'est fort suspect à raison du climat; que, de l'autre, la figure ni la description de M. Ray n'ont absolument rien qui caractérise un carouge, et que même il n'en a pas le plumage : il a, selon cet auteur, la tête, la queue et les ailes de couleur bleue, mais la queue d'une teinte plus claire ; le reste du plumage est noir ou cendré, excepté cependant le bec et les pieds, qui sont roussâtres.

5° Enfin, je retrancherai le troupiale des Indes [b], non-seulement à cause de la différence du climat, mais encore pour d'autres raisons tout aussi fortes qui me l'ont fait placer ci-dessus entre les rolliers et les oiseaux de Paradis.

Au reste, quoiqu'on ait réuni dans un même genre avec les troupiales, comme je l'ai dit plus haut, les cassiques, les baltimores et les carouges, il ne faut pas croire que ces divers oiseaux n'aient pas des différences, et même assez caractérisées, pour constituer de petits genres subordonnés [1], puisqu'ils en ont eu assez pour qu'on leur donnât des noms différents. En général, je suis en état d'assurer, d'après la comparaison faite d'un assez grand nombre de ces oiseaux, que les cassiques ont le bec plus fort, ensuite les troupiales, puis les carouges. A l'égard des baltimores, ils ont le bec non-seulement plus petit que tous les autres, mais encore plus droit et d'une forme particulière, comme nous le verrons plus bas. Ils paraissent d'ailleurs avoir d'autres mœurs et d'autres allures, ce qui suffit, ce me semble, pour m'autoriser à leur conserver leurs noms particuliers, et à traiter à part chacune de ces familles étrangères.

Les caractères communs que leur assigne M. Brisson, ce sont les narines découvertes, et le bec en cône allongé, droit et très-pointu. J'ai aussi remarqué que la base du bec supérieur se prolonge sur le crâne, en sorte que le toupet, au lieu de faire la pointe, fait au contraire un angle rentrant assez considérable ; disposition qui se retrouve à la vérité dans quelques autres espèces, mais qui est plus marquée dans celles-ci.

---

a. M. Brisson, t. II, p. 125. M. Ray lui donne, d'après Petiver, le nom de petit geai bleu, petite pie de Madras; en langue du pays, *Peach caye*. Voyez *Synopsis avium*, pag. 195.

b. Brisson, tome VI, page 37.

1. *Petits genres subordonnés*. Première idée de nos *sous-genres*.

LE TROUPIALE. [a] [*]

Ce qu'il y a de plus remarquable dans l'extérieur de cet oiseau, c'est son long bec pointu, les plumes étroites de sa gorge et la grande variété de son plumage : on n'y compte cependant que trois couleurs, le jaune orangé, le noir et le blanc ; mais ces couleurs semblent se multiplier par leurs interruptions réciproques et par l'art de leur distribution : le noir est répandu sur la tête, la partie antérieure du cou, le milieu du dos, la queue et les ailes ; le jaune orangé occupe les intervalles et tout le dessous du corps ; il reparaît encore dans l'iris [b] et sur la partie antérieure des ailes ; le noir qui règne sur le reste est interrompu par deux taches blanches oblongues, dont l'une est située à l'endroit des couvertures de ces mêmes ailes, et l'autre à l'endroit de leurs pennes moyennes.

Les pieds et les ongles sont tantôt noirs et tantôt plombés ; le bec ne paraît pas non plus avoir de couleur constante ; car il a été observé gris blanc dans les uns [c], brun cendré dessus et bleu dessous dans les autres [d] ; et, enfin, dans d'autres, noir dessus et brun dessous [e].

Cet oiseau, qui a neuf à dix pouces de longueur de la pointe du bec au bout de la queue, en a quatorze d'envergure, et la tête fort petite, selon Marcgrave. Il se trouve répandu depuis la Caroline jusqu'au Brésil, et dans les îles Caraïbes. Il a la grosseur du merle ; il sautille comme la pie et a beaucoup de ses allures, suivant M. Sloane ; il en a même le cri, selon Marcgrave ; mais Albin assure qu'il ressemble dans toutes ses actions à l'étourneau, et il ajoute qu'on en voit quelquefois quatre ou cinq s'associer pour donner la chasse à un autre oiseau plus gros, et que, lorsqu'ils l'ont tué, ils dévorent leur proie avec ordre, chacun mangeant à son rang ; cependant M. Sloane, qui est un auteur digne de foi, dit que les troupiales vivent d'insectes. Au reste, cela n'est pas absolument contradictoire ; car tout animal qui se nourrit d'autres animaux vivants, quoique très-petits, est un animal de proie, et en dévorera à coup sûr de plus grands, s'il trouve l'occasion de

a. C'est le *troupiale* de M. Brisson, t. II, p. 86. Il le nomme en latin *icterus* (l'un des noms latins du loriot, et qui ne peut convenir aux troupiales noirs) ; d'autres, *pica, cissa, picus, turdus, xanthornus, coracias* ; les sauvages du Brésil, *guira tangeima* ; ceux de la Guyane, *yapou* ; nos colons, *cul-jaune* ; les Anglais lui ont donné dans leur langue une partie des noms ci-dessus ; Albin, celui d'*oiseau de Banana*.

b. Albin ajoute que l'œil est entouré d'une large bande de bleu ; mais il est le seul qui l'ait vue, c'est apparemment une variété accidentelle.

c. Brisson, *Ornithologie*, t. II, p. 88.

d. Albin, t. II, p. 27.

e. Sloane, *Jamaïca* ; et Marcgrave, *Hist. Brasil.*, p. 192.

* *Oriolus icterus* (Linn.). — C'est, pour Cuvier, un *carouge*, sous-genre détaché de celui des *troupiales*. « Les carouges ne diffèrent des *troupiales* que par leur bec tout à fait droit. » (Cuvier.)

le faire avec sûreté, par exemple, en s'associant comme les troupiales d'Albin.

Ces oiseaux doivent avoir les mœurs très-sociales, puisque l'amour qui divise tant d'autres sociétés semble au contraire resserrer les liens de la leur : bien loin de se séparer deux à deux pour s'apparier et remplir sans témoin les vues de la nature sur la multiplication de l'espèce, on en voit quelquefois un très-grand nombre de paires sur un seul arbre, et presque toujours sur un arbre fort élevé et voisin des habitations, construisant leur nid, pondant leurs œufs, les couvant et soignant leur famille naissante.

Ces nids sont de forme cylindrique, suspendus à l'extrémité des hautes branches et flottants librement dans l'air; en sorte que les petits nouvellement éclos y sont bercés continuellement. Mais des gens, qui se croient bien au fait des intentions des oiseaux, assurent que c'est par une sage défiance que les père et mère suspendent ainsi leur nid, et pour mettre la couvée en sûreté contre certains animaux terrestres, et surtout contre les serpents.

On met encore sur la liste des vertus du troupiale la docilité, c'est-à-dire la disposition naturelle à subir l'esclavage domestique; disposition qui se rencontre presque toujours avec les mœurs sociales.

L'ACOLCHI DE SEBA. [a]*

Seba a pris ce nom dans Fernandez [b], et l'ayant appliqué arbitrairement, selon son usage, à un oiseau tout différent de celui dont parle cet auteur, au moins quant au plumage, il a encore appliqué à ce même oiseau ce qu'a dit Fernandez du véritable acolchi, savoir, que les Espagnols l'appellent *tordo*, c'est-à-dire étourneau.

Ce faux acolchi de Seba a un long bec jaune sortant d'une tête toute noire; la gorge de cette dernière couleur, la queue noirâtre ainsi que les ailes; celles-ci ont pour ornement de petites plumes couleur d'or qui font un bon effet sur ce fond rembruni.

Seba donne son acolchi pour un oiseau d'Amérique; et j'ignore pourquoi M. Brisson, qui ne cite d'autre autorité que celle de Seba, ajoute qu'on le trouve surtout au Mexique [c]. Il est vrai que le mot acolchi est mexicain, mais on ne peut assurer la même chose de l'oiseau auquel Seba a trouvé bon de l'appliquer.

a. Le vrai nom est *alcochichi* que j'ai raccourci pour le rendre d'une prononciation moins désagréable. Voyez *Seba*, t. I, p. 90, et planche LV, fig. 4.

b. *De Avibus novæ Hispaniæ*, cap. IV, p. 14.

c. Voyez son *Ornithologie*, t. II, p. 88. Il lui a donné en conséquence le nom de *troupiale du Mexique*.

* *Oriolus novæ Hispaniæ* (Gmel.). — Le même, probablement, que le *costotol*. Voyez, ci-après, la nomenclature de celui-ci.

L'ARC-EN-QUEUE. [a]*

Fernandez donne le nom d'*oziniscan* [b] à deux oiseaux qui ne se ressemblent point du tout [c], et Seba a pris la licence d'appliquer ce même nom à un troisième oiseau, qui diffère entièrement des deux autres [d], excepté pour la grosseur, car ils sont dits tous trois avoir la grosseur d'un pigeon.

Ce troisième *oziniscan*, c'est l'arc-en-queue dont il s'agit dans cet article. Je le nomme ainsi à cause d'un arc ou croissant noir qui parait et se dessine très-bien sur la queue lorsqu'elle est épanouie, d'autant qu'elle est d'une belle couleur jaune, ainsi que le bec et le corps entier, tant dessus que dessous; la tête et le cou sont noirs, et les ailes de la même couleur, avec une légère teinte de jaune.

J'oubliais de dire que le croissant de la queue a sa concavité tournée du côté du corps de l'oiseau.

Seba ajoute qu'il a reçu d'Amérique plusieurs de ces oiseaux, et qu'ils passent dans le pays pour des espèces d'oiseaux de proie; peut-être ont-ils les mêmes habitudes que notre premier troupiale : d'ailleurs, la figure que donne Seba présente un bec un peu crochu vers la pointe.

LE JAPACANI. [e]**

Je sais que M. Sloane a cru que son *petit gobe-mouche jaune et brun* [f], était le même que le japacani de Marcgrave; cependant, indépendamment des différences de plumage, le japacani est huit fois plus gros, masse pour masse, toutes ses dimensions étant doubles de celles de l'oiseau de M. Sloane; car celui-ci n'a que quatre pouces de longueur et sept pouces de vol, tandis que, selon Marcgrave, le japacani est de la grosseur du bemtère [1], et le bemtère de celle de l'étourneau [g]; or l'étourneau a plus de huit

a. C'est le *troupiale à queue annelée* de Brisson.
b. Tome II, p. 89. La véritable orthographe sauvage ou brésilienne de ce mot, est *otzinitzcan*.
c. *De Avibus novæ Hispaniæ*, cap. LXXXVI et CLVI.
d. Seba, t. I, p. 97, planche LXI, fig. 3.
e. C'est le nom brésilien de cet oiseau. Marcgrave, *Hist. Brasil.*, p. 212. Je n'y change rien parce qu'il peut être prononcé par un gosier européen. M. Klein lui a donné le nom de *rossignol jaune et brun. Ordo Avium*, p. 75, n° XIII. En allemand, *gell-braun-grasmuke*.
f. *Natural History of Jamaica*, p. 309, n° XLIII.
g. *Hist. Brasiliæ*, p. 216.

* *Oriolus annulatus* (Gmel.). Espèce douteuse.
** *Oriolus japacani* (Gmel.).
1. Le *bentaveo* ou *tyran à bec en cuiller* (*lanius pitangua* (Gmel.).

pouces de longueur et plus de quatorze pouces de vol. Il est difficile de rapporter à la même espèce deux oiseaux, et surtout deux oiseaux sauvages de tailles si différentes.

Le japacani a le bec noir, long, pointu, un peu courbé, la tête noirâtre, l'iris couleur d'or, la partie postérieure du cou, le dos, les ailes et le croupion, variés de noir et de brun clair; la queue noirâtre par-dessus, marquée de blanc par-dessous, la poitrine, le ventre, les jambes, variés de jaune et de blanc avec des lignes transversales de couleur noirâtre, les pieds bruns, les ongles noirs et pointus [a].

Le petit oiseau de M. Sloane a le bec rond, presque droit, long d'un demi-pouce; la tête et le dos d'un brun clair avec quelques taches noires; la queue longue de dix-huit lignes et de couleur brune, ainsi que les ailes, qui ont un peu de blanc à leur extrémité; le tour des yeux, la gorge, les côtés du cou et les couvertures de la queue jaunes; la poitrine de même couleur, mais avec des marques brunes; le ventre blanc; les pieds bruns, longs de quinze lignes, et du jaune dans les doigts.

Cet oiseau est commun aux environs de San-Iago, capitale de la Jamaïque : il se tient ordinairement dans les buissons. Son estomac est très-musculeux, et doublé, comme sont tous les gésiers, d'une membrane mince, insensible et sans adhérence. M. Sloane n'a rien trouvé dans le gésier de l'individu qu'il a disséqué, mais il a observé que ses intestins faisaient un grand nombre de circonvolutions.

Le même auteur fait mention d'une variété d'espèce qui ne diffère de son petit oiseau qu'en ce qu'elle a moins de jaune dans son plumage.

Cet oiseau sera, si l'on veut, un troupiale à cause de la forme de son bec, mais ce sera certainement un troupiale autre que le japacani.

LE XOCHITOL ET LE COSTOTOL. [*]

M. Brisson fait sa dixième espèce, ou son *troupiale de la Nouvelle-Espagne* [b], du *xochitol* de Fernandez, chap. cxxii, que celui-ci dit n'être autre chose que le *costotol* adulte. Or, il fait mention de deux costotols, l'un au chap. xxviii, l'autre au chap. cxliii, et tous deux se ressemblent assez; mais s'ils différaient à un certain point, il faudrait nécessairement appliquer ce que dit ici Fernandez au costotol du chap. xxviii, puisque c'est au chap. cxxii qu'il en parle comme d'un oiseau dont il a déjà été question, et que l'autre costotol est, comme nous l'avons dit, du chap. cxliii.

a. Voyez Marcgrave, *loco citato.*
b. *Ornithologie*, t. II, p. 95.

* *Oriolus novæ Hispaniæ* (Gmel.). — *Icterus costotol* (Daudin.)

Maintenant, si l'on compare la description du xochitol du chap. cxxii à celle du costotol du chap. xxviii, on y trouvera des contradictions qui ne seront pas faciles à concilier : en effet, comment le costotol, qui, étant déjà assez formé pour avoir son chant, n'est alors que de la grosseur d'un serin de Canarie, peut-il parvenir dans la suite à celle de l'étourneau? Comment cet oiseau, qui étant encore jeune, ou si l'on veut n'étant encore que costotol, a le ramage agréable du chardonneret, peut-il, étant devenu xochitol, n'avoir plus que le cri rebutant de la pie, sans parler de la grande et trop grande différence qui se trouve entre les plumages; car le costotol a la tête et le dessous du corps jaunes, et le xochitol du chap. cxxii a ces mêmes parties noires; celui-là a les ailes jaunes terminées de noir, celui-ci les a variées de noir et de blanc par-dessus et cendrées par-dessous, sans une seule plume jaune.

Or, toutes ces contradictions s'évanouissent si, au xochitol du chap. cxxii, on substitue le xochitol ou l'oiseau fleuri du chap. cxxv. Les grosseurs se rapprochent, puisqu'il n'est que de celle d'un moineau; il a le ramage agréable comme le costotol; le jaune de celui-ci se trouve mêlé avec les autres couleurs qui varient le plumage de celui-là; ils sont tous deux un bon manger, et de plus le xochitol présente deux traits de conformité avec les troupiales, car il vit comme eux d'insectes et de graines, et il suspend son nid à l'extrémité des petites branches. La seule différence qu'on peut remarquer entre le xochitol du chap. cxxv et le costotol, c'est que celui-ci se trouve dans les pays chauds, au lieu que l'autre habite indifféremment tous les climats; mais n'est-il pas naturel de penser que les xochitols viennent nicher dans les pays chauds, où par conséquent leurs petits, c'est-à-dire les jeunes costotols, restent jusqu'à ce qu'étant devenus plus grands, c'est-à-dire xochitols, ils soient en état de suivre leurs père et mère dans des pays plus froids. Le costotol a le plumage jaune avec le bout des ailes noir, comme j'ai dit; et le xochitol du chap. cxxv a le plumage varié de jaune pâle, de brun, de blanc et de noirâtre.

Il est vrai que M. Brisson a fait de ce dernier son premier carouge; mais comme il suspend son nid précisément à la manière des troupiales, c'est une raison décisive de le ranger avec ceux-ci, sauf à faire un autre troupiale du xochitol du chap. cxxii de Fernandez, lequel a la grosseur de l'étourneau, la poitrine, le ventre et la queue couleur de safran, variée d'un peu de noir; les ailes variées de noir et de blanc par-dessus, et cendrées par-dessous; la tête et le reste du corps noirs, le chant de la pie, et la chair bonne à manger.

C'est, ce me semble, tout ce qu'on peut dire d'oiseaux si peu connus et si imparfaitement décrits.

LE TOCOLIN. [a] *

Fernandez regardait cet oiseau comme un pic à cause de son bec long et pointu, mais ce caractère convient aussi aux troupiales, et je ne vois d'ailleurs dans la description de Fernandez aucun des autres caractères des pics; je le laisserai donc avec les troupiales, où l'a mis M. Brisson.

Il est de la grosseur de l'étourneau; il se tient dans les bois et niche sur les arbres; son plumage est agréablement varié de jaune et de noir, excepté le dos, le ventre et les pieds, qui sont cendrés.

Le tocolin n'a point de ramage, mais sa chair est un bon manger : on le trouve au Mexique.

LE COMMANDEUR. **

C'est ici le véritable acolchi de Fernandez [b] : il doit son nom de commandeur à la belle marque rouge qu'il a sur la partie antérieure de l'aile, et qui semble avoir quelque rapport avec la marque d'un ordre de chevalerie; elle fait ici d'autant plus d'effet, qu'elle se trouve comme jetée sur un fond d'un noir brillant et lustré, car le noir est la couleur générale non-seulement du plumage, mais du bec, des pieds et des ongles; il y a cependant de légères exceptions à faire ; l'iris des yeux est blanc, et la base du bec est bordée d'un cercle rouge fort étroit; le bec est aussi quelquefois plutôt brun que noir, suivant Albin. Au reste, la vraie couleur de la marque des ailes n'est pas un rouge décidé, selon Fernandez, mais un rouge affaibli par une teinte de roux qui prévaut avec le temps, et devient à la fin la couleur dominante de cette tache : quelquefois même ces deux couleurs se séparent, de manière que le rouge occupe la partie antérieure et la plus élevée de la tache, et le jaune la partie postérieure et la plus basse [c]. Mais cela est-il vrai de tous les individus, et n'aura-t-on pas attribué à l'espèce entière ce qui ne convient qu'aux femelles? On sait qu'en effet, dans celles-ci, la marque des ailes est d'un rouge moins vif : outre cela, le noir de leur plumage est mêlé de gris [d], et elles sont aussi plus petites.

a. Son vrai nom c'est l'*ococolin*, Fernandez, p. 54, cap. ccxi; mais, comme j'ai déjà appliqué ce nom à un autre oiseau (tome V, p. 488), je l'ai changé ici en y ajoutant la première lettre du mot *troupiale*. C'est le *troupiale gris* de M. Brisson, t. II, p. 96.

b. *Historia avium novæ Hispaniæ*, cap. iv.

c. Albin, tome I, p. 33.

d. Brisson, tome II, p. 98.

* *Oriolus griseus* (Gmel.). — Espèce douteuse.

** *Oriolus phœniceus* (Linn.). — Sous-genre *Carouges* (Cuv.). — Voyez la nomenclature de la page 28.

Le commandeur est à peu près de la grosseur et de la forme de l'étourneau : il a environ huit à neuf pouces de longueur de la pointe du bec au bout de la queue, et treize à quatorze pouces de vol; il pèse trois onces et demie.

Ces oiseaux sont répandus dans les pays froids comme dans les pays chauds : on les trouve dans la Virginie, la Caroline, la Louisiane, le Mexique, etc. Ils sont propres et particuliers au Nouveau-Monde, quoiqu'on en ait tué un dans les environs de Londres; mais c'était sans doute un oiseau privé qui s'était échappé de sa prison : ils se privent en effet très-facilement, apprennent à parler, et se plaisent à chanter et à jouer, soit qu'on les tienne en cage, soit qu'on les laisse courir dans la maison; car ce sont des oiseaux très-familiers et fort actifs.

L'estomac de celui qui fut tué près de Londres ayant été ouvert, on y trouva des débris de scarabées, de cerfs-volants et de ces petits vers qui s'engendrent dans les chairs; cependant leur nourriture de préférence, en Amérique, c'est le froment, le maïs, etc., et ils en consomment beaucoup: ces redoutables consommateurs vont ordinairement par troupes nombreuses; et se joignant, comme font nos étourneaux d'Europe, à d'autres oiseaux non moins nombreux et non moins destructeurs, tels que les pies de la Jamaïque, malheur aux moissons, aux terres nouvellement ensemencées, sur lesquelles tombent ces essaims affamés! Mais ils ne font nulle part tant de dommages que dans les pays chauds et sur les côtes de la mer.

Quand on tire sur ces volées combinées, il tombe ordinairement des oiseaux de plusieurs espèces, et, avant qu'on ait rechargé, il en revient autant qu'auparavant.

Catesby assure qu'ils font leur ponte, dans la Caroline et la Virginie, toujours parmi les joncs. Ils savent en entrelacer les pointes pour faire une espèce de comble ou d'abri sous lequel ils établissent leur nid à une hauteur si juste et si bien mesurée, qu'il se trouve toujours au-dessus des marées les plus hautes. Cette construction de nid est bien différente de celle de notre premier troupiale, et annonce un instinct, une organisation, et par conséquent une espèce différente.

Fernandez prétend qu'ils nichent sur les arbres, à portée des lieux habités : cette espèce aurait-elle des usages différents selon les différents pays où elle se trouve?

Les commandeurs ne paraissent à la Louisiane que l'hiver, mais en si grand nombre, qu'on en prend quelquefois trois cents d'un seul coup de filet. On se sert pour cette chasse d'un filet de soie très-long et très-étroit, en deux parties, comme le filet d'alouette. « Lorsqu'on veut le tendre, dit « M. Lepage Duprats, on va nettoyer un endroit près du bois, on fait une « espèce de sentier dont la terre soit bien battue, bien unie; on tend les « deux parties du filet des deux côtés du sentier, sur lequel on fait une

« trainée de riz ou d'autre graine, et l'on va de là se mettre en embuscade
« derrière une broussaille où répond la corde du tirage ; quand les volées
« de commandeurs passent au-dessus, leur vue perçante découvre l'appât :
« fondre dessus et se trouver pris n'est l'affaire que d'un instant ; on est
« contraint de les assommer, sans quoi il serait impossible d'en ramasser
« un si grand nombre [a]. » Au reste, on ne leur fait la guerre que comme
à des oiseaux nuisibles, car, quoiqu'ils prennent quelquefois beaucoup de
graisse, dans aucun cas leur chair n'est un bon manger : nouveau trait de
conformité avec nos étourneaux d'Europe.

J'ai vu chez M. l'abbé Aubri une variété de cette espèce, qui avait la tête
et le haut du cou d'un fauve clair : tout le reste du plumage était à l'ordinaire. Cette première variété semble indiquer que l'oiseau représenté dans
nos planches enluminées, n° 343, sous le nom de *carouge de Cayenne*, en
est une seconde, laquelle ne diffère de la première que par la privation des
marques rouges des ailes ; car elle a tout le reste du plumage de même : à
peu près même grosseur, mêmes proportions ; et la différence des climats
n'est pas si grande qu'on ne puisse aisément supposer que le même oiseau
peut s'habituer également dans tous les deux.

Il ne faut que jeter un coup d'œil de comparaison sur les planches enluminées, n° 402 [1] et n° 236, fig. 2 [2], pour se persuader que l'oiseau représenté
dans cette dernière, sous le nom de *troupiale de Cayenne*, n'est qu'une
seconde variété de l'espèce représentée, n° 402, sous le nom de *troupiale à
ailes rouges de la Louisiane*, qui est notre commandeur : c'est à peu près la
même grosseur, la même forme, les mêmes proportions, les mêmes couleurs distribuées de même, excepté que dans le n° 236 le rouge colore non-
seulement la partie antérieure des ailes, mais la gorge, le devant du cou,
une partie du ventre et même l'iris.

Si l'on compare ensuite cet oiseau du n° 236 avec celui représenté n° 536 [3],
sous le nom de *troupiale de la Guiane* [b], on jugera tout aussi sûrement que
le dernier est une variété d'âge ou de sexe du premier, dont il ne diffère que
comme la femelle troupiale diffère du mâle, c'est-à-dire par des couleurs
plus faibles : toutes ses plumes rouges sont bordées de blanc, et les noires,
ou plutôt les noirâtres, sont bordées de gris clair, en sorte que le contour
de chaque plume se dessine très-nettement, et que l'oiseau paraît comme

a. Lepage Duprats, *Histoire de la Louisiane*, t. II, p. 134.

b. Voyez Brisson, tome II, p. 107.

1. *Oriolus phœniceus* (Linn.).

2. *Oriolus americanus* (Linn.).

3. *Oriolus guianensis* (Linn.), dont l'*oriolus melancholicus* est le jeune. — Ces trois *troupiales* de Buffon appartiennent au sous-genre des *Carouges* de Cuvier. (Voyez la nomenclature
de la page 28.)

N. B. Toutes les planches, citées dans le texte, appartiennent aux *planches enluminées* de
Buffon. J'en fais ici la remarque générale, pour n'avoir plus à fatiguer le lecteur par des
renvois trop multipliés.

s'il était couvert d'écailles ; c'est d'ailleurs la même distribution de couleurs,
même grosseur, même climat, etc. Il est impossible de trouver des rapports
aussi détaillés entre deux oiseaux d'espèces différentes.

J'ai appris que ceux-ci fréquentaient ordinairement les savanes dans l'île
de Cayenne, qu'ils se tenaient volontiers sur les arbustes, et que quelques-
uns leur donnaient le nom de *cardinal*.

LE TROUPIALE NOIR. *

Le plumage noir de cet oiseau lui a valu les noms de corneille, de merle
et de choucas ; cependant il n'est pas aussi profondément noir, d'un noir
aussi uniforme qu'on l'a dit ; car, à certains jours, ce noir paraît changeant
et jette des reflets verdâtres, principalement sur la tête et sur la partie supérieure du corps, de la queue et des ailes.

Ce troupiale est environ de la groseur du merle, ayant dix pouces de
longueur *a* et quinze à seize pouces de vol ; les ailes, dans leur état de
repos, vont à la moitié de la queue, qui a quatre pouces et demi de long,
est étagée et composée de douze pennes. Le bec a plus d'un pouce, et le
doigt du milieu est plus long que le pied ou plutôt que le tarse.

Cet oiseau se plait à Saint-Domingue, et il est fort commun en certains
endroits de la Jamaïque, particulièrement entre Spanish-Town et Passage-
Fort. Il a l'estomac musculeux, et on le trouve ordinairement rempli de
débris de scarabées et d'autres insectes.

LE PETIT TROUPIALE NOIR. **

J'ai vu un autre troupiale noir venant d'Amérique, mais beaucoup plus
petit, plus petit même que le mauvis ; il n'avait que six à sept pouces de
longueur, et sa queue, qui était carrée, n'avait que deux pouces six lignes :
elle débordait les ailes d'un pouce.

Le plumage était tout noir sans exception, mais ce noir était plus lustré
et rendait des reflets bleuâtres sur la tête et les parties environnantes. On
dit que cet oiseau s'apprivoise aisément et qu'il s'accoutume à vivre fami-
lièrement dans la maison.

a. J'entends toujours la longueur prise de la pointe du bec au bout de la queue.

* *Oriolus niger, oriolus oryzivorus , corvus surinamensis* (Gmel.). — *Le mangeur de riz,
petit choucas de Surinam, de la Jamaïque , cassique noir* , etc. — Genre *Moineaux*, sous-
genre *Tisserins* (Cuv.).

** *Oriolus minor* (Gmel.).

L'oiseau représenté, n° 606 [1], fig. 1, *de nos planches enluminées*, est vrai-semblablement la femelle de ce petit troupiale, car il est partout de couleur noire ou noirâtre, excepté sur la tête et le cou, qui sont d'une teinte plus claire ou si l'on veut plus faible, comme cela a lieu dans toutes les femelles d'oiseau. On retrouve encore dans le plumage de celle-ci les reflets bleus qu'on a remarqués dans le plumage du mâle ; mais au lieu d'être sur les plumes de la tête, comme dans le mâle, ils se trouvent sur celles de la queue et des ailes.

Aucun naturaliste, que je sache, n'a fait mention de cette espèce.

LE TROUPIALE A CALOTTE NOIRE. *

Cet oiseau me paraît être absolument de la même espèce que le troupiale brun de la Nouvelle-Espagne de M. Brisson [a]. Pour se former une idée juste de son plumage, qu'on se représente un oiseau d'un beau jaune avec une calotte et un manteau noir. La queue est de la même couleur sans aucune tache, mais le noir des ailes est un peu égayé par du blanc qui borde les couvertures et qui reparaît à l'extrémité des pennes.

Cet oiseau a le bec gris clair avec une teinte orangée et les pieds mar-rons. Il se trouve au Mexique et dans l'île de Cayenne.

LE TROUPIALE TACHETÉ DE CAYENNE. **

Les taches de ce petit troupiale résultent de ce que presque toutes ses plumes, qui ont du brun ou du noirâtre dans leur milieu, sont bordées tout autour d'un jaune plus ou moins orangé sur les ailes, la queue et la partie inférieure du corps, et d'un jaune plus ou moins rembruni sur le dos et toute la partie supérieure du corps. La gorge est sans tache et de couleur blanche : un trait de même couleur, qui passe immédiatement sur l'œil, se prolonge en arrière entre deux traits noirs parallèles, dont l'un accompagne le trait blanc par-dessus, et l'autre embrasse l'œil par-dessous ; l'iris est

a. Tome II, page 105.

1. « La figure donnée (*planches enluminées* de Buffon. n° 710) pour celle d'un *tangara*, « dont on a fait le *tanagra bonariensis*, représente réellement le petit *troupiale noir*. L'oi-« seau de la *planche* 606, que l'on donne mal à propos à cette espèce pour femelle, est tout « différent. » (Cuvier.)

* *Oriolus mexicanus* (Gmel.).

** *Oriolus melancholicus* (Gmel.). — L'adulte est l'*oriolus guianensis*. (Voyez la note 3 de la page 35.)

d'un orangé vif et presque rouge ; tout cela donne du jeu et de l'expression à la physionomie du mâle , je dis du mâle, car la femelle n'a aucune physionomie, quoiqu'elle ait aussi l'iris orangé : à l'égard de son plumage, c'est du jaune lavé qui, se brouillant avec du blanc sale, produit la plus fade uniformité.

Ces oiseaux ont le bec épais et pointu des troupiales, et d'un cendré bleuâtre ; leurs pieds sont couleur de chair. On jugera des proportions de leur forme par la figure indiquée ci-dessus.

Le carouge tacheté de M. Brisson [a], qui a plusieurs traits de ressemblance avec le troupiale de cet article, en diffère cependant à beaucoup d'égards, non-seulement parce qu'il est plus de moitié plus petit, mais parce qu'il a l'ongle postérieur plus long, l'iris noisette, le bec couleur de chair, la gorge noire ainsi que les côtés du cou; enfin le ventre, les jambes, les couvertures du dessus et du dessous de la queue sans aucunes taches.

M. Edwards hésitait à laquelle des deux espèces il fallait le rapporter, celle de la grive ou de l'ortolan; M. Klein [b] décide assez lestement que ce n'est ni à l'une ni à l'autre, mais à celle du pinson : malgré sa décision, la forme du bec et l'identité de climat me déterminent pour l'opinion de M. Brisson, qui en fait un carouge [1].

LE TROUPIALE OLIVE DE CAYENNE. *

Cet oiseau n'a que six à sept pouces de longueur ; il doit son nom à la couleur olivâtre qui règne sur la partie postérieure du cou, sur le dos, la queue, le ventre et les couvertures des ailes; mais cette couleur n'est point partout la même : plus sombre sur le cou, le dos et les couvertures des ailes les plus voisines, un peu moins sur la queue, elle devient beaucoup plus claire sous le ventre, comme aussi sur la plus grande partie des couvertures des ailes les plus éloignées du dos, avec cette différence entre les grandes et les petites, que celles-ci sont sans mélange d'autre couleur, au lieu que les grandes sont variées de brun. La tête, la gorge, le devant du cou et la poitrine, sont d'un brun mordoré, plus foncé sous la gorge et tirant à l'orangé sur la poitrine où le mordoré se fond avec la couleur olivâtre du

a. Tome II, page 126.

b. Page 98. Je ne sais pourquoi M. Klein caractérise cette espèce par sa queue relevée, « caudâ superbiens, » si ce n'est d'après la figure de M. Edwards, planche 85 ; mais on sait qu'un dessinateur ne représente qu'un moment, qu'une attitude, et qu'il choisit ordinairement le moment le plus beau, l'attitude la plus pittoresque. D'ailleurs M. Edwards ne dit rien du port habituel de la queue de cet oiseau qu'il appelle *schomburger*.

1. C'est ce qui est en effet. *L'oriolus melancholicus* est compté par Cuvier parmi les *carouges*. *Oriolus olivaceus* (Gmel.).

dessous du corps. Le bec et les pieds sont noirs ; les pennes de l'aile et quelques-unes de ses grandes couvertures les plus proches du bord extérieur sont de la même couleur, mais bordées de blanc.

Au reste, la forme du bec est celle des troupiales, la queue est assez longue, et les ailes, dans leur situation de repos, ne s'étendent pas au tiers de sa longueur.

LE CAP-MORE. *

Les deux individus, représentés dans les planches 375 et 376, ont été apportés par un capitaine de vaisseau qui avait ramassé une quarantaine d'oiseaux de différents pays, entre autres du Sénégal, de Madagascar, etc., et qui avait nommé ceux-ci pinsons du Sénégal. Je leur ai donné le nom de cap-more à cause de leur capuchon mordoré, et j'ai substitué ce nom, qui exprime l'accident le plus remarquable de leur plumage, à la dénomination impropre de troupiales du Sénégal : elle m'a paru impropre, cette dénomination, soit à raison du climat indiqué, qui n'est point celui des troupiales, soit à raison même de l'espèce désignée ; car le cap-more s'éloigne assez de l'espèce des troupiales et par les proportions du bec, de la queue et des ailes, et par la manière dont il travaille son nid, pour qu'on doive l'en distinguer par un nom particulier ; et il pourrait se faire que, sans être un véritable troupiale, il fût en Afrique le représentant de cette espèce américaine. Les deux dont il s'agit ici ont appartenu à une personne d'un haut rang, qui nous a permis de les faire dessiner chez elle ; et cette personne ayant jeté un coup d'œil sur leurs façons de faire, et ayant bien voulu nous communiquer ce qu'elle avait vu, elle nous a appris sur l'histoire de cette espèce étrangère et nouvelle tout ce que nous en savons.

Le plus vieux avait une sorte de capuchon brun qui paraissait mordoré au soleil : ce capuchon s'effaça à la mue de l'arrière-saison, laissant à la tête une couleur jaune ; mais il reparut au printemps, ce qui se renouvela constamment les années suivantes. La couleur principale du reste du corps était le jaune plus ou moins orangé ; cette couleur régnait sur le dos comme sur la partie inférieure du corps, et elle bordait les couvertures des ailes, leurs pennes et celles de la queue, lesquelles avaient toutes le fond noirâtre.

Le jeune fut deux ans sans avoir le capuchon, et même sans changer de couleurs, ce qui fut cause qu'on le prit d'abord pour une femelle, et qu'on le dessina sous cette dénomination, n° 376. La méprise était excusable, puisque dans la plupart des animaux le premier âge fait presque disparaître

* *Oriolus textor* (Gmel.). — C'est un *tisserin*. (Voyez la note 1 de la page 26.)

les différences qui distinguent les mâles des femelles, et qu'un des principaux caractères de ces dernières consiste à conserver très-longtemps les attributs de la jeunesse; mais, enfin, lorsqu'au bout de deux ans le jeune troupiale eut pris le capuchon mordoré et toutes les couleurs du vieux on ne put s'empêcher de le reconnaître pour un mâle.

Avant ce changement de couleurs, le jaune de son plumage était d'une teinte plus faible que dans le vieux : il régnait sur la gorge, le cou, la poitrine, et bordait, comme dans le vieux, toutes les plumes de la queue et des ailes. Le dos était d'un brun olivâtre, qui s'étendait derrière le cou et jusque sur la tête. Dans l'un et l'autre, l'iris des yeux était orangé, le bec couleur de corne, plus épais et moins long que celui du troupiale, et les pieds rougeâtres.

Ces deux oiseaux vécurent d'abord en assez bonne intelligence dans la même cage; le plus jeune était ordinairement sur le bâton le plus bas, ayant le bec fort près de l'autre; il lui répondait toujours en battant des ailes et avec l'air de la subordination.

Comme on s'aperçut dans l'été qu'ils entrelaçaient des tiges de mouron dans la grille de leur cage, on prit cela pour l'indice d'une disposition prochaine à nicher, et on leur donna de petits brins de joncs dont ils eurent bientôt construit un nid, lequel avait assez de capacité pour que l'un des deux y fût caché tout entier. L'année suivante ils recommencèrent, mais alors le vieux chassa le jeune qui prenait déjà la livrée de son sexe, et celui-ci fut obligé de travailler à part à l'autre bout de la cage. Nonobstant une conduite si soumise, il était souvent battu et quelquefois si rudement qu'il restait sur la place : on fut obligé de les séparer tout à fait, et depuis ce temps ils ont travaillé chacun de leur côté, mais sans suite; l'ouvrage du jour était ordinairement défait le lendemain : un nid n'est pas l'ouvrage d'un seul.

Ils avaient tous deux un chant singulier, un peu aigre, mais fort gai : le plus vieux est mort subitement, et le plus jeune à la suite de quelques attaques d'épilepsie. Leur grosseur était un peu au-dessous de celle de notre premier troupiale; ils avaient aussi les ailes et la queue un peu plus courtes à proportion.

LE SIFFLEUR. *

Je ne sais pourquoi M. Brisson a fait un baltimore de cet oiseau ᵃ, car il me semble que, soit par la forme du bec, soit par les proportions du tarse,

a. C'est le *baltimore vert* de M. Brisson, t. II, p. 113.

* *Oriolus viridis* (Gmel.).

il est plutôt troupiale que baltimore. Au reste, je laisse la question indécise en plaçant le siffleur entre les baltimores et les troupiales sous le nom vulgaire qu'on lui donne à Saint-Domingue, nom qu'il doit sans doute aux sons aigus et perçants de sa voix.

En général, cet oiseau est brun par-dessus, excepté les environs du croupion et les petites couvertures des ailes qui sont d'un jaune verdâtre, comme tout le dessous du corps ; mais cette dernière couleur est plus rembrunie sous la gorge, et elle est variée de roux sur le cou et la poitrine ; les grandes couvertures et les pennes des ailes, ainsi que les douze pennes de la queue, sont bordées de jaune : mais pour avoir une idée juste du plumage du siffleur, il faut supposer une teinte olive plus ou moins forte, répandue sur toutes ses différentes couleurs sans exception ; d'où il résulte, que pour caractériser cet oiseau par la couleur dominante de son plumage, il eût fallu choisir l'olive et non pas le vert, comme a fait M. Brisson.

Le siffleur est de la grosseur du pinson ; il a environ sept pouces de longueur et dix à onze pouces de vol ; la queue, qui est étagée, a trois pouces, et le bec neuf à dix lignes.

LE BALTIMORE. [a] [*]

Cet oiseau d'Amérique a pris son nom de quelque rapport aperçu entre les couleurs de son plumage ou leur distribution, et les armoiries de milord Baltimore. C'est un petit oiseau de la grosseur d'un moineau franc, pesant un peu plus d'une once, qui a six à sept pouces de longueur, onze à douze de vol, la queue composée de douze pennes, longue de deux à trois pouces, et dépassant les ailes en repos presque de la moitié de sa longueur. Une sorte de capuchon d'un beau noir lui couvre la tête et descend par devant sur la gorge, et par derrière jusque sur les épaules ; les grandes couvertures et les pennes des ailes sont pareillement noires, ainsi que les pennes de la queue ; mais les premières sont bordées de blanc, et les dernières ont de l'orangé à leur extrémité, et d'autant plus qu'elles s'éloignent davantage des deux pennes du milieu, qui n'en ont point du tout ; le reste du plumage est d'un très-bel orangé : enfin le bec et les pieds sont de couleur de plomb.

La femelle, que j'ai observée dans le Cabinet du Roi, avait toute la partie antérieure d'un beau noir, comme le mâle, la queue de la même couleur, les grandes couvertures et les pennes des ailes noirâtres, le tout sans aucun

a. C'est le *baltimore* de M. Brisson, qui en a fait son dix-neuvième troupiale, t. II, p. 109 ; et le *baltimore-bird* de Catesby, tome I, page et planche 48.

* *Oriolus baltimore* (Gmel.).

mélange d'autre couleur[a]; et tout ce qui est d'un si bel orangé dans le mâle, elle l'avait d'un rouge terne.

J'ai dit plus haut que le bec des baltimores était non-seulement plus court à proportion et plus droit que celui des carouges, des troupiales et des cassiques, mais d'une forme particulière : c'est celle d'une pyramide à cinq pans, dont deux pour le bec supérieur, et trois pour le bec inférieur. J'ajoute qu'ils ont le pied ou plutôt le tarse plus grêle que les carouges et les troupiales.

Les baltimores disparaissent l'hiver, du moins en Virginie et dans le Maryland, où Catesby les a observés. Ils se trouvent aussi dans le Canada, mais Catesby n'en a point vu dans la Caroline.

Ils font leurs nids sur les plus grands arbres, tels que peupliers, tulipiers, etc. ; ils l'attachent à l'extrémité d'une grosse branche, et il est ordinairement soutenu par deux petits rejetons qui entrent dans ses bords : en quoi les nids des baltimores me paraissent avoir du rapport avec celui de nos loriots.

LE BALTIMORE BATARD. *

On a sans doute appelé cet oiseau ainsi parce que les couleurs de son plumage sont moins vives que celles du baltimore, et qu'à cet égard on l'a considéré comme une espèce abâtardie : et en effet, lorsqu'on s'est assuré par une comparaison exacte que ces deux oiseaux sont ressemblants presque en tout[b], excepté pour les couleurs; qu'ils ne diffèrent, à vrai dire, que par les teintes des mêmes couleurs, distribuées presque absolument de même, on ne peut guère se dispenser d'en conclure que le baltimore bâtard n'est qu'une variété de l'espèce franche, variété dégénérée, soit par l'influence du climat, soit par quelque autre cause. Le noir de la tête est un peu marbré, celui de la gorge est pur; la partie du coqueluchon qui tombe par derrière est d'un gris olivâtre qui se fonce de plus en plus en approchant du dos. Presque tout ce qui est d'un orangé si brillant dans l'autre est, dans celui-ci, d'un jaune tirant sur l'orangé, plus vif sur la poitrine et sur les couvertures de la queue que partout ailleurs. Les ailes sont brunes, mais leurs grandes couvertures et leurs pennes sont bordées de blanc sale. Des douze pennes de la queue, les deux du milieu sont noirâtres dans leur partie moyenne, olivâtres à leur naissance, et marquées de jaune à leur

a. M. Brisson remarque que l'oiseau donné par Catesby pour la femelle du baltimore bâtard, paraît être plutôt celle du baltimore véritable.

b. Le bâtard a les ailes un peu plus courtes.

* *Oriolus spurius* (Gmel.). — Le jeune âge du *baltimore*.

extrémité : la suivante, de chaque côté, présente les deux premières couleurs mêlées confusément, et dans les quatre pennes suivantes les deux dernières couleurs sont fondues ensemble.

En un mot, le baltimore franc est au baltimore bâtard, par rapport aux couleurs du plumage, à peu près ce que celui-ci est à sa femelle : or cette femelle a les couleurs du dessus du corps et de la queue plus ternes, et le dessous du corps d'un blanc jaunâtre.

LE CASSIQUE JAUNE DU BRÉSIL OU L'YAPOU. [a][*]

En comparant les cassiques aux troupiales, aux carouges et aux baltimores, avec lesquels ils ont beaucoup de choses communes, on s'apercevra qu'ils sont plus gros, qu'ils ont le bec plus fort et les pieds plus courts à proportion, sans parler du caractère de leur physionomie, aussi facile à saisir par le coup d'œil, ou même à exprimer dans une figure, que difficile à rendre avec le seul pinceau de la parole.

Plusieurs auteurs ont donné la description et la figure du cassique jaune sous différents noms, et il y a à peine deux de ces figures ou de ces descriptions qui s'accordent parfaitement. Mais, avant d'entrer dans le détail de ces variétés, il est bon d'écarter tout à fait un oiseau qui me paraît avoir des différences trop caractérisées pour appartenir, même de loin, à l'espèce de l'yapou : c'est la pie de Perse d'Aldrovande [b]; ce naturaliste ne l'a décrite que d'après un dessin qui lui avait été envoyé de Venise ; il la juge de la grosseur de notre pie; sa couleur dominante n'est pas le noir, elle est seulement rembrunie (*subfuscum*) : elle a le bec fort épais, un peu court (*breviusculum*) et blanchâtre, les yeux blancs et les ongles petits; tandis que notre yapou n'est guère plus gros que le merle, que tout ce qui est noir dans son plumage est d'un noir décidé, que son bec est assez long et de couleur de soufre, l'iris de ses yeux couleur de saphir, et ses ongles assez forts, selon M. Edwards, et même bien forts et crochus, selon Belon. On ne peut guère douter que des oiseaux si différents n'appartiennent à des espèces différentes, surtout si celui d'Aldrovande était réellement ori-

---

a. C'est un oiseau fort approchant du *cassique jaune* de M. Brisson, t. II, p. 100, et de la pie du Brésil de Belon, *Nature des Oiseaux*, p. 292. On lui a donné plusieurs noms latins : *pica, picus minor, cissa nigra,* etc. En italien, *gazza* ou *zalla di terra nuova.* En anglais, *black and yellow daw of Brasil.* En français, *cul-jaune.* Barrère ajoute, *de la petite espèce* (*France équinoxiale*, p. 142); mais il est évident que ce sont ceux dont j'ai parlé ci-dessus qui sont les petits culs-jaunes, ayant à peu près la grosseur de l'alouette.

b. Tome I, page 793.

[*] *Oriolus persicus* (Gmel.). — *Cassicus persicus* (Daud.). — Genre *Cassiques*, sous-genre *Cassiques proprement dits* (Cuv.). — Il n'est pas de Perse, mais d'Amérique, comme les autres.

ginaire de Perse, comme on le lui avait dit, car l'yapou est certainement d'Amérique [1].

Les couleurs principales de ce dernier sont constamment le noir et le jaune, mais la distribution de ces couleurs n'est pas la même dans tous les individus observés : par exemple, dans celui que nous avons fait dessiner tout est noir, excepté le bec et l'iris des yeux, comme nous venons de le dire, et encore les grandes couvertures des ailes les plus voisines du corps, qui sont jaunes, ainsi que toute la partie postérieure du corps, tant dessus que dessous, depuis et compris les cuisses jusque et par delà la moitié de la queue.

Dans un autre individu venant de Cayenne, qui est au Cabinet du Roi, et qui est plus gros que le précédent, il y a moins de jaune sur les ailes, et point du tout au bas de la jambe ; enfin les pieds paraissent plus forts à proportion : ce peut être le mâle.

Dans la pie noire et jaune de M. Edwards, qui est évidemment le même oiseau que le nôtre, il y a sur quatre ou cinq des couvertures jaunes des ailes une tache noire près de leur extrémité : outre cela, le noir du plumage a des reflets couleur de pourpre, et l'oiseau parait être un peu plus gros.

Dans l'yapou ou le jupujuba de Marcgrave [a], la queue n'est mi-partie de noir et de jaune que par-dessous, car sa face supérieure est toute noire, excepté la penne la plus extérieure de chaque côté, qui est jaune jusqu'à la moitié de sa longueur.

Il suit de toutes ces diversités que les couleurs du plumage ne sont rien moins que fixes et constantes dans cette espèce, et c'est ce qui me ferait pencher à croire avec Marcgrave que l'oiseau appelé par M. Brisson *cassique rouge* est encore une variété dans cette espèce [b] : j'en dirai les raisons plus bas.

VARIÉTÉ DE L'YAPOU.

LE CASSIQUE ROUGE DU BRÉSIL OU LE JUPUBA. [c] [*]

Ce nom est l'un de ceux que Marcgrave donne à l'yapou, et je l'applique au cassique rouge de M. Brisson, parce qu'il lui ressemble exactement dans

a. Historia Brasiliæ, pag. 193.

b. « Vidi quoque totaliter nigras, dorso sanguinei coloris. » Marcgrave, *loco citato.*

c. Voyez l'*Ornithologie* de Brisson, t. II, p. 98.

1. Voyez la nomenclature précédente.

* *Oriolus hæmorrhous* (Gmel.). — *Cassicus hæmorrhous* (Daud.). — Genre *Cassiques*, sous-genre *Cassiques proprement dits* (Cuv.).

les points essentiels : mêmes proportions, même grosseur, même physionomie, même bec, mêmes pieds, même noir foncé sur la plus grande partie
du plumage ; il est vrai que la moitié inférieure du dos est rouge au lieu
d'être jaune, et que le dessous du corps et de la queue est noir en entier ;
mais cette différence ne peut guère être un caractère spécifique dans une
espèce surtout où les couleurs sont très-variables, comme nous avons eu
occasion de le remarquer plus haut ; d'ailleurs, le jaune et le rouge sont des
couleurs voisines, analogues, sujettes à se mêler, à se fondre ensemble dans
l'orangé, qui est la couleur intermédiaire, ou à se remplacer réciproquement, et cela par la seule différence du sexe, de l'âge, du climat ou de la
saison.

Ces oiseaux ont environ douze pouces de longueur, dix-sept pouces de vol,
la langue fourchue et bleuâtre, les deux pièces du bec recourbées également
en bas, la première phalange du doigt extérieur de chaque pied unie et
comme soudée à celle du doigt du milieu, la queue composée de douze
pennes, et le fond des plumes blanc, tant sous le noir que sous le jaune du
plumage.

Ils construisent leurs nids de feuilles de gramen entrelacées avec des crins
de cheval et des soies de cochon, ou avec des productions végétales qu'on
a prises pour des crins d'animaux ; ils leur donnent la forme d'une cucur-
bite étroite surmontée de son alambic : ces nids sont bruns en dehors, leur
longueur totale est d'environ dix-huit pouces, mais la cavité intérieure
n'est que d'un pied ; la partie supérieure est pleine et massive sur la longueur d'un demi-pied, et c'est par là que ces oiseaux les suspendent à l'extrémité des petites branches. On a vu quelquefois quatre cents de ces nids
sur un seul arbre, de ceux que les Brésiliens appellent *uti ;* et comme les
yapous pondent trois fois l'année, on peut juger de leur prodigieuse multiplication. Cette habitude de nicher ainsi en société sur un même arbre est
un trait de conformité qu'ils ont avec nos choucas.

LE CASSIQUE VERT DE CAYENNE. *

Je n'aurai point à comparer ou à concilier les témoignages des auteurs
au sujet de ce cassique, car aucun n'en a parlé. Aussi ne pourrais-je rien
dire moi-même de ses mœurs et de ses habitudes. Il est plus gros que les
précédents, il a le bec plus épais à sa base et plus long ; il paraît avoir aussi
les pieds plus forts, mais également courts. On l'a très-bien nommé cassique
vert, car toute la partie antérieure, tant dessus que dessous, et compris les
couvertures des ailes, est de cette couleur ; la partie postérieure est marron,

---

* *Oriolus cristatus* (Gmel.). — Genre et sous-genre *id.* (Cuv.).

les pennes des ailes sont noires, celles de la queue en partie noires et en partie jaunes; les pieds tout à fait noirs, et le bec rouge dans toute son étendue.

Ce cassique a environ quatorze pouces de longueur et dix-huit à dix-neuf de vol.

LE CASSIQUE HUPPÉ DE CAYENNE. *

C'est encore ici une espèce nouvelle, et la plus grande de celles qui sont parvenues à notre connaissance ; elle a le bec plus long et plus fort à proportion que toutes les autres, mais ses ailes sont plus courtes; la longueur totale de l'oiseau est d'environ dix-huit pouces, celle de la queue de cinq pouces, et celle du bec de deux pouces; il est outre cela distingué des espèces précédentes par de petites plumes qu'il hérisse à volonté sur le sommet de sa tête, et qui lui font une espèce de huppe mobile. Toute la partie antérieure de ce cassique, tant dessus que dessous, compris les ailes et les pieds, est noire; toute la partie postérieure est marron foncé. La queue, qui est étagée, a les deux pennes du milieu noires comme celles des ailes, mais toutes les latérales sont jaunes; le bec est de cette dernière couleur.

J'ai vu au Cabinet du Roi un individu dont les dimensions étaient un peu plus faibles, et qui avait la queue entièrement jaune ; mais je n'oserais assurer que les deux pennes intermédiaires n'eussent point été arrachées, car il n'y avait que huit pennes en tout.

LE CASSIQUE DE LA LOUISIANE. **

Le blanc et le violet changeant, tantôt mêlés ensemble et tantôt séparés, composent toutes les couleurs de cet oiseau. Il a la tête blanche ainsi que le cou, le ventre et le croupion; les pennes des ailes et de la queue sont d'un violet changeant et bordées de blanc; tout le reste du plumage est mêlé de ces deux couleurs.

C'est une espèce nouvelle, tout récemment arrivée de la Louisiane; on peut ajouter que c'est le plus petit des cassiques connus : il n'a que dix pouces de longueur totale, et ses ailes, dans leur état de repos, ne s'étendent que jusqu'au milieu de la queue, qui est un peu étagée.

* *Oriolus cristatus* (Gmel.). — Simple variété du précédent.
** *Oriolus ludovicianus* (Gmel.). — Simple variété albine du troupiale noir. (Voyez la nomenclature * de la page 36.)

LE CAROUGE. [a][*]

En général, les carouges sont moins gros et ont le bec moins fort à proportion que les troupiales[1]; celui de cet article a le plumage peint de trois
couleurs, distribuées par grandes masses. Ces couleurs sont : 1° le brun
rougeâtre qui règne sur toute la partie antérieure de l'oiseau, c'est-à-dire
la tête, le cou et la poitrine; 2° le noir plus ou moins velouté sur le dos, les
pennes de la queue, celles des ailes et sur leurs grandes couvertures, et
même sur le bec et les pieds ; 3° enfin l'orangé foncé sur les petites couvertures des ailes, le croupion et les couvertures de la queue. Toutes ces couleurs sont plus ternes dans la femelle.

La longueur du carouge est de sept pouces; celle du bec de dix lignes,
celle de la queue de trois pouces et plus; le vol de onze pouces, et les ailes
dans leur état de repos s'étendent jusqu'à la moitié de la queue et par delà.
Cet oiseau a été envoyé de la Martinique; celui de Cayenne[2], représenté
planche 607, fig. 1, en diffère parce qu'il est plus petit; que l'espèce de
coqueluchon qui couvre la tête, le cou, etc., est noir, égayé par quelques
taches blanches sur les côtés du cou, et par de petites mouchetures rougeâtres sur le dos; enfin, parce que les grandes couvertures et les pennes
moyennes des ailes sont bordées de blanc ; mais ces différences ne sont pas,
à mon avis, si considérables qu'on ne puisse regarder le carouge de Cayenne
comme une variété dans l'espèce de la Martinique. On sait que celle-ci construit des nids tout à fait singuliers. Si l'on coupe un globe creux en quatre
tranches égales, la forme de l'une de ces tranches sera celle du nid des
carouges; ils savent le coudre sous une feuille de bananier qui lui sert
d'abri, et qui fait elle-même partie du nid; le reste est composé de petites
fibres de feuilles[b].

Il est difficile de reconnaître dans ce qui vient d'être dit le rossignol
d'Espagne de M. Sloane[c][3], car cet oiseau est plus petit que le carouge selon
toutes ses dimensions, n'ayant que six pouces anglais de longueur et neuf

a. En latin, *icterus minor, turdus minor varius, xanthornus minor*; en français, *carouge:*
quelques-uns lui ont donné le nom d'*oiseau de Banana*, comme au troupiale. M. Brisson le
regarde, t. II, p. 116, comme le même oiseau que le *xochitol altera* de Fernandez, cap. cxxv,
dont j'ai parlé plus haut; cependant il construit son nid différemment dans le même pays,
et d'ailleurs le plumage n'est point du tout le même, ce qui aurait dû être pour M. Brisson
une raison décisive de ne point rapporter ces deux oiseaux à la même espèce.

b. Voyez l'*Ornithologie* de M. Brisson, t. II, p 117.

c. *Nat. History of Jamaica*, p. 299, n°s 16 et 17. En anglais, *spanish nightingale, watchy
picket, american hang-nest.*

* *Oriolus bonana* (Gmel.). — Genre *Carouges* (Cuv.).

1. Voyez la nomenclature de la page 28 .

2. *Oriolus varius* (Gmel.).

3. *Oriolus nidipendulus* (Gmel.). — Variété du *bonana.*

de vol ; il a le plumage différent et il construit son nid sur un tout autre
modèle ; ce sont des espèces de sacs suspendus à l'extrémité des petites
branches par un fil que ces oiseaux savent filer eux-mêmes avec une matière
qu'ils tirent d'une plante parasite nommée *barbe de vieillard* [1] ; fil que bien
des gens ont pris mal à propos pour du crin de cheval. L'oiseau de M. Sloane
avait la base du bec blanchâtre et entourée d'un filet noir ; le sommet de la
tête, le cou, le dos et la queue d'un brun clair ou plutôt d'un gris rougeâtre ; les ailes d'un brun plus foncé, varié de quelques plumes blanches ;
la partie inférieure du cou marquée dans son milieu d'une ligne noire ; les
côtés du cou, la poitrine et le ventre de couleur feuille morte.

M. Sloane fait mention d'une variété d'âge ou de sexe qui ne différait de
l'oiseau précédent que parce que le dos était plus jaune, la poitrine et le
ventre d'un jaune plus vif, et qu'il y avait plus de noir sous le bec.

Ces oiseaux habitent les bois et chantent assez agréablement. Il se nourrissent d'insectes et de vermisseaux, car on en a trouvé des débris dans leur
estomac ou gésier, qui n'est point fort musculeux. Leur foie est partagé en
un grand nombre de lobes et de couleur noirâtre.

J'ai vu une variété des carouges de Saint-Domingue, autrement des culs-
jaunes de Cayenne, dont je vais parler, laquelle approchait fort de la femelle
du carouge de la Martinique, excepté qu'elle avait la tête et le cou plus
noirs. Cela me confirme dans l'idée que la plupart de ces espèces sont fort
voisines, et que, malgré notre attention continuelle à en réduire le nombre,
nous pourrions encore mériter le reproche de les avoir trop multipliées,
surtout à l'égard des oiseaux étrangers, qui sont si peu observés et si peu
connus.

LE PETIT CUL-JAUNE DE CAYENNE. [a] *

C'est le nom que l'on donne dans cette île à l'oiseau représenté dans les
planches enluminées n° 5, fig. 1, sous le nom de carouge du Mexique, et
fig. 2, sous le nom de carouge de Saint-Domingue [2] : c'est le mâle et la
femelle. Ils ont un jargon à peu près semblable à celui de notre loriot et
pénétrant comme celui de la pie.

a. On leur donne à Saint-Domingue le nom de *demoiselle;* et M. Edwards celui de *bonanna.*
M. Brisson, t. II, p. 118 et 121, croit que c'est l'*ayoquantototl* de Fernandez, cap. ccvii ; et la
vérité est que l'*ayoquantototl* est à peu près de même grosseur, et qu'en général il a dans son
plumage du noir, du jaune et du blanc, comme nos *culs-jaunes;* mais Fernandez ne dit rien de
la distribution de ces couleurs, ni de ce qui pourrait caractériser l'espèce.

1. *Tillandsia usneoïdes.*

* *Oriolus xanthornus* (Gmel.).

2. *Oriolus dominicensis* (Gmel.). — Ce sont deux espèces différentes, et non le mâle et la
femelle de la même espèce.

Ils suspendent leurs nids en forme de bourses à l'extrémité des petites branches, comme les troupiales ; mais on m'assure que c'est aux branches longues, et dépourvues de rameaux, des arbres qui ont la tête mal faite et qui sont penchés sur une rivière ; on ajoute que, dans chacun de ces nids, il y a de petites séparations où sont autant de nichées, ce qui n'a point été observé dans les nids des troupiales.

Ces oiseaux sont extrêmement rusés et difficiles à surprendre ; ils sont à peu près de la grosseur de l'alouette, ils ont huit pouces de longueur, douze à treize pouces de vol, la queue étagée, longue de trois à quatre pouces, dépassant de plus de la moitié de sa longueur l'extrémité des ailes en repos. Les couleurs principales des deux individus représentés au n° 5 sont le jaune et le noir : dans la figure 1, le noir règne sur la gorge, le bec, l'espace compris entre le bec et l'œil, les grandes couvertures et les pennes des ailes, les pennes de la queue et les pieds ; le jaune sur tout le reste ; mais il faut remarquer que les pennes moyennes et les grandes couvertures de l'aile sont bordées de blanc, et que les dernières sont quelquefois toutes blanches [a]. Dans la figure 2, une partie des petites couvertures des ailes, les jambes et le ventre jusqu'à la queue sont jaunes ; tout le reste est noir.

On peut rapporter à cette espèce comme variété : 1° le carouge à tête jaune d'Amérique [1] de M. Brisson [b], qui a, en effet, le sommet de la tête, les petites couvertures de la queue, celles des ailes et le bas de la jambes, jaune, et tout le reste noir ou noirâtre ; il a environ huit pouces de longueur, douze pouces de vol, la queue étagée, composée de douze pennes et longue de près de quatre pouces ; 2° le carouge de l'île Saint-Thomas [c][2], qui a aussi le plumage noir, à la réserve d'une tache jaune jetée sur les petites couvertures des ailes ; il a la queue composée de douze pennes, étagée comme dans les culs-jaunes, mais un peu plus longue. M. Edwards a dessiné un individu de la même espèce, planche cccxxii, qui avait un enfoncement remarquable à la base du bec supérieur ; 3° le jamac [3] de Marcgrave [d], qui n'en diffère que très-peu quant à la grosseur, et dont les couleurs sont les mêmes et à peu près distribuées de la même manière que dans la figure 1, excepté que la tête est noire, que le blanc des ailes est rassemblé dans une seule tache, et que le dos est traversé d'une aile à l'autre par une ligne noire.

a. Voyez Edwards, planche 243.

b. Tome VI, page 38.

c. C'est le *carouge de Cayenne* de M. Brisson, t. II, p. 123.

d. *Histor. Brasilæ*, p. 198. C'est le *carouge du Brésil* de M. Brisson, t. II, p. 120.

1. *Oriolus chrysocephalus* (Gmel.).

2. *Oriolus cayennensis* (Gmel.).

3. *Oriolus jamacaii* (Gmel.).

LES COIFFES-JAUNES. *a* *

Ce sont des carouges de Cayenne qui ont le plumage noir et une espèce
de coiffe jaune qui recouvre la tête et une partie du cou, mais qui descend
plus bas par devant que par derrière. On aurait dû faire sentir dans la
figure un trait noir qui va des narines aux yeux et tourne autour du bec..
L'individu représenté dans la planche 343 paraît notablement plus grand
qu'un autre individu que j'ai vu au Cabinet du Roi : est-ce une variété
d'âge ou de sexe, ou de climat, ou bien un vice de la préparation? je
l'ignore; mais c'est d'après cette variété que M. Brisson a fait sa description :
sa grosseur est celle d'un pinson d'Ardennes; il a environ sept pouces de
longueur et onze pouces de vol.

LE CAROUGE OLIVE DE LA LOUISIANE. **

C'est l'oiseau représenté dans les planches enluminées, n° 607, fig. 2,
sous le nom de carouge du cap de Bonne-Espérance *b*. J'avais soupçonné
depuis longtemps que ce carouge, quoique apporté peut-être du cap de
Bonne-Espérance en Europe, n'était point originaire d'Afrique, et mes soup-
çons viennent d'être justifiés par l'arrivée récente (en octobre 1773) d'un
carouge de la Louisiane, qui est visiblement de la même espèce et qui n'en
diffère absolument que par la couleur de la gorge, laquelle est noire dans
celui-ci et orangée dans celui-là. Je suis persuadé qu'il en sera de même
de tous les prétendus carouges et troupiales de l'ancien continent, et que
l'on reconnaîtra tôt ou tard ou que ce sont des oiseaux d'une autre espèce,
ou que leur patrie véritable, leur climat originaire est l'Amérique[1].

Le carouge olive de la Louisiane a, en effet, beaucoup d'olivâtre dans son
plumage, principalement sur la partie supérieure du corps; mais cette couleur n'a pas la même teinte partout : sur le sommet de la tête elle est fon-
due avec du gris; derrière le cou, sur le dos, les épaules, les ailes et la
queue, avec du brun; sur le croupion et l'origine de la queue, avec un brun
plus clair; sur les flancs et les jambes, avec du jaune ; enfin, elle borde les
grandes couvertures et les pennes des ailes, dont le fond est brun. Tout le

a. C'est le *carouge à tête jaune* de M. Brisson, t. II, p. 124, et l'*étourneau à tête jaune* de
M. Edwards, planche 323.

b. M. Brisson l'a donné sous le même nom de *carouge du Cap*, t. II, p. 128.

  * *Oriolus icterocephalus* (Gmel.).

  ** *Oriolus capensis* (Gmel.). — Il est de la Louisiane et non du Cap. (Voyez la note 2 de la
page 26.)

  1. Voyez la nomenclature de la page 43.

dessous du corps est jaune, excepté la gorge, qui est orangée ; le bec et les pieds sont d'un brun cendré.

Cet oiseau a à peu près la grosseur du moineau-franc, six à sept pouces de longueur et dix à onze pouces de vol. Le bec a près d'un pouce, et la queue deux pouces et plus ; celle-ci est carrée et composée de douze pennes. Dans l'aile, c'est la première penne qui est la plus courte, et ce sont les troisième et quatrième qui sont les plus longues.

LE KINK.*

Cette nouvelle espèce, arrivée dernièrement de la Chine, nous a paru avoir assez de rapport avec le carouge d'une part, et de l'autre avec le merle, pour faire la nuance entre les deux ; il a le bec comprimé par les côtés comme le merle, mais les bords en sont sans échancrures comme dans celui du carouge, et c'est avec raison que M. Daubenton le jeune lui a donné un nom particulier, comme à une espèce distincte et séparée des deux autres espèces qu'elle semble réunir par un chaînon commun.

Le kink est plus petit que notre merle ; il a la tête, le cou, le commencement du dos et de la poitrine d'un gris cendré, et cette couleur se fonce davantage aux approches du dos : tout le reste du corps, tant dessus que dessous, est blanc, ainsi que les couvertures des ailes, dont les pennes sont d'une couleur d'acier poli, luisante, avec des reflets qui jouent entre le verdâtre et le violet. La queue est courte, étagée et mi-partie de cette même couleur d'acier poli et de blanc, de manière que sur les deux pennes du milieu le blanc ne consiste qu'en une petite tache à leur extrémité ; cette tache blanche s'étend d'autant plus haut sur les pennes suivantes qu'elles s'éloignent davantage des deux pennes du milieu, et la couleur d'acier poli, se retirant toujours devant le blanc qui gagne du terrain, se réduit enfin sur les deux pennes les plus extérieures à une petite tache près de leur origine.

LE LORIOT.**

On a dit des petits de cet oiseau qu'ils naissaient en détail et par parties séparées, mais que le premier soin des père et mère était de rejoindre ces

* *Oriolus sinensis* (Gmel.). — Espèce mal déterminée.
** *Oriolus galbula* (Linn.). — Le *loriot d'Europe*. — Ordre *id.*, famille des *Dentirostres*, genre *Loriots* (Cuv.).

parties et d'en former un tout vivant par la vertu d'une certaine herbe. La difficulté de cette merveilleuse réunion n'est peut-être pas plus grande que celle de séparer avec ordre les noms anciens que les modernes ont appliqués confusément à cette espèce, de lui conserver tous ceux qui lui conviennent en effet, et de rapporter les autres aux espèces que les anciens ont eues réellement en vue, tant ceux-ci ont décrit superficiellement des objets trop connus, et tant les modernes se sont déterminés légèrement dans l'application des noms imposés par les anciens. Je me contenterai donc de dire ici que, selon toute apparence, Aristote n'a connu le loriot que par ouï-dire : quelque répandu que soit cet oiseau, il y a des pays qu'il semble éviter.; on ne le trouve ni en Suède, ni en Angleterre, ni dans les montagnes du Bugey, ni même à la hauteur de Nantua, quoiqu'il se montre régulièrement en Suisse deux fois l'année. Belon ne paraît pas l'avoir aperçu dans ses voyages de Grèce; et d'ailleurs comment supposer qu'Aristote ait connu par luimême cet oiseau sans connaître la singulière construction de son nid, ou que, la connaissant, il n'en ait point parlé !

Pline, qui a fait mention du *chlorion* d'après Aristote [a], mais qui ne s'est pas toujours mis en peine de comparer ce qu'il empruntait des Grecs avec ce qu'il trouvait dans ses mémoires, a parlé du loriot sous quatre dénominations différentes [b], sans avertir que c'était le même oiseau que le *chlorion* [1]. Quoi qu'il en soit, le loriot est un oiseau très-peu sédentaire, qui change continuellement de contrées et semble ne s'arrêter dans les nôtres que pour faire l'amour, ou plutôt pour accomplir la loi imposée par la nature à tous les êtres vivants de transmettre à une génération nouvelle l'existence qu'ils ont reçue d'une génération précédente, car l'amour n'est que cela dans la langue des naturalistes. Les loriots suivent cette loi avec beaucoup de zèle et de fidélité. Dans nos climats, c'est vers le milieu du printemps que le mâle et la femelle se recherchent, c'est-à-dire presque à leur arrivée. Ils font leur nid sur des arbres élevés, quoique souvent à une hauteur fort médiocre; ils le façonnent avec une singulière industrie et bien différem-

---

a. Hist. nat., lib. **x**, cap. **xxix**.

b. « Picorum aliquis suspendit in surculo (*nidum*) primis in ramis cyathi modo. » Plin. lib. **x**, cap. **xxxiii**. « Jam publicum quidem omnium est (*galgulos*) tabulata ramorum sustinendo nido providè eligere, cameràque ab imbri aut fronde protegere densà. » *Ibidem.* — La construction du nid du *picus* et du *galgulus*, étant à peu près la même et fort ressemblante à celle du loriot, on en peut conclure que dans ces deux passages il s'agit de notre loriot sous deux noms différents; mais que le *galgulus* soit le même oiseau que l'*avis icterus* et que l'*ales luridus*, c'est ce qui est démontré par les deux passages suivants. « Avis icterus vocatur a colore, quæ, si spectetur, sanari id malum (*regium*) tradunt, et avem mori; hanc puto latinè vocari galgulum, » lib. **xxx**, cap. **xi**. « Icterias (*lapis*) aliti lurido similis, ideo existimatur salubris contra regios morbos, » lib. **xxxvii**, cap. **x**. D'ailleurs ce que Pline dit de son *galgulus*, lib. **x**, cap. **xxv**, « cum fœtum eduxere abeunt, » convient tout à fait à notre loriot.

1. « Le *chlorion* est le *loriot*, dont le nom français n'est même qu'une altération du grec. » (Cuvier.)

ment de ce que font les merles, quoiqu'on ait placé ces deux espèces dans le même genre. Ils l'attachent ordinairement à la bifurcation d'une petite branche, et ils enlacent autour des deux rameaux qui forment cette bifurcation de longs brins de paille ou de chanvre, dont les uns, allant droit d'un rameau à l'autre, forment le bord du nid par devant, et les autres, pénétrant dans le tissu du nid ou passant par-dessous et revenant se rouler sur le rameau opposé, donnent la solidité à l'ouvrage. Ces longs brins de chanvre ou de paille qui prennent le nid par-dessous en sont l'enveloppe extérieure; le matelas intérieur, destiné à recevoir les œufs, est tissu de petites tiges de *gramen*, dont les épis sont ramenés sur la partie convexe et paraissent si peu dans la partie concave qu'on a pris plus d'une fois ces tiges pour des fibres de racines; enfin, entre le matelas intérieur et l'enveloppe extérieure il y a une quantité assez considérable de mousse, de lichen et d'autres matières semblables qui servent, pour ainsi dire, d'ouate intermédiaire et rendent le nid plus impénétrable au dehors, et tout à la fois plus mollet au dedans. Ce nid étant ainsi préparé, la femelle y dépose quatre ou cinq œufs, dont le fond blanc sale est semé de quelques petites taches bien tranchées d'un brun presque noir et plus fréquentes sur le gros bout que partout ailleurs; elle les couve avec assiduité l'espace d'environ trois semaines, et lorsque les petits sont éclos, non-seulement elle leur continue ses soins affectionnés pendant très-longtemps [a], mais elle les défend contre leurs ennemis et même contre l'homme, avec plus d'intrépidité qu'on n'en attendrait d'un si petit oiseau. On a vu le père et la mère s'élancer courageusement sur ceux qui leur enlevaient leur couvée; et, ce qui est encore plus rare, on a vu la mère, prise avec le nid, continuer de couver en cage et mourir sur ses œufs.

Dès que les petits sont élevés, la famille se met en marche pour voyager; c'est ordinairement vers la fin d'août ou le commencement de septembre; ils ne se réunissent jamais en troupes nombreuses, ils ne restent pas même assemblés en famille, car on n'en trouve guère plus de deux ou trois ensemble. Quoiqu'ils volent peu légèrement et en battant des ailes, comme le merle, il est probable qu'ils vont passer leur quartier d'hiver en Afrique; car, d'une part, M. le chevalier Desmazy, commandeur de l'ordre de Malte, m'assure qu'ils passent à Malte dans le mois de septembre et qu'ils repassent au printemps; et, d'autre part, Thévenot dit qu'ils passent en Égypte au mois de mai et qu'ils repassent en septembre [b]. Il ajoute qu'au mois de mai ils sont très-gras, et alors leur chair est un bon manger. Aldrovande s'étonne de ce qu'en France on n'en sert pas sur nos tables [c].

a. Les petits (*loriots*) suivent longtemps leurs père et mère, dit Belon, jusqu'à ce qu'ils aient bien appris à se pourchasser eux-mêmes. » *Nature des Oiseaux*, p. 293.

b. *Voyage du Levant*, tome I, page 493.

c. *Ornithologie*, tome I, page 861.

Le loriot est à peu près de la grosseur du merle; il a neuf à dix pouces de longueur, seize pouces de vol, la queue d'environ trois pouces et demi, et le bec de quatorze lignes. Le mâle est d'un beau jaune sur tout le corps, le cou et la tête, à l'exception d'un trait noir qui va de l'œil à l'angle de l'ouverture du bec. Les ailes sont noires, à quelques taches jaunes près qui terminent la plupart des grandes pennes et quelques-unes de leurs couvertures; la queue est aussi mi-partie de jaune et de noir, de façon que le noir règne sur ce qui paraît des deux pennes du milieu, et que le jaune gagne toujours de plus en plus sur les pennes latérales, à commencer de l'extrémité de celles qui suivent immédiatement les deux du milieu; mais il s'en faut bien que le plumage soit le même dans les deux sexes : presque tout ce qui est d'un noir décidé dans le mâle n'est que brun dans la femelle, avec une teinte verdâtre; et presque tout ce qui est d'un si beau jaune dans celui-là est dans celle-ci olivâtre ou jaune pâle, ou blanc ; olivâtre sur la tête et le dessus du corps, blanc sale varié de traits bruns sous le corps, blanc à l'extrémité de la plupart des pennes des ailes, et jaune pâle à l'extrémité de leurs couvertures; il n'y a de vrai jaune qu'au bout de la queue et sur ses couvertures inférieures. J'ai observé de plus dans une femelle un petit espace derrière l'œil qui était sans plumes et de couleur ardoisée claire.

Les jeunes mâles ressemblent d'autant plus à la femelle pour le plumage qu'ils sont plus jeunes : dans les premiers temps, ils sont mouchetés encore plus que la femelle, ils le sont même sur la partie supérieure du corps; mais, dès le mois d'août, le jaune commence déjà à paraître sous le corps; ils ont aussi un cri différent de celui des vieux; ceux-ci disent *yo, yo, yo,* qu'ils font suivre quelquefois d'une sorte de miaulement comme celui du chat; mais indépendamment de ce cri, que chacun entend à sa manière[a], ils ont encore une espèce de sifflement, surtout lorsqu'il doit pleuvoir[b], si toutefois ce sifflement est autre chose que le miaulement dont je viens de parler.

Ces oiseaux ont l'iris des yeux rouge, le bec rouge-brun, le dedans du bec rougeâtre, les bords du bec inférieur un peu arqués sur leur longueur, la langue fourchue et comme frangée par le bout, le gésier musculeux, précédé d'une poche formée par la dilatation de l'œsophage, la vésicule du fiel verte, des *cæcums* très-petits et très-courts, enfin la première phalange du doigt extérieur soudée à celle du doigt du milieu.

Lorsqu'ils arrivent au printemps, ils font la guerre aux insectes et vivent de scarabées, de chenilles, de vermisseaux, en un mot de ce qu'ils peuvent

---

a. Gessner dit qu'ils prononcent *oriot* ou *loriot;* Belon, qu'ils semblent dire : *compère loriot ;* d'autres ont cru entendre : *lousot bonnes merises,* etc. Voyez l'*Histoire nat. des Oiseaux* de M. Salerne, page 186.

b. « Aliquando instar fistulæ canit, præsertim imminente pluvià.» Gessner, *de Avibus,* p. 714.

attraper ; mais leur nourriture de choix, celle dont ils sont le plus avides, ce sont les cerises, les figues [a], les baies de sorbier, les pois, etc. Il ne faut que deux de ces oiseaux pour dévaster en un jour un cerisier bien garni, parce qu'ils ne font que becqueter les cerises les unes après les autres et n'entament que la partie la plus mûre.

Les loriots ne sont point faciles à élever ni à apprivoiser. On les prend à la pipée, à l'abreuvoir et avec différentes sortes de filets.

Ces oiseaux se sont répandus quelquefois jusqu'à l'extrémité du continent, sans subir aucune altération dans leur forme extérieure ni dans leur plumage, car on a vu des loriots de Bengale et même de la Chine parfaitement semblables aux nôtres ; mais aussi on en a vu d'autres, venant à peu près des mêmes pays, qui ont quelques différences dans les couleurs et que l'on peut regarder pour la plupart comme des variétés de climat jusqu'à ce que des observations faites avec soin sur les allures et les mœurs de ces espèces étrangères, sur la forme de leur nid, etc., éclairent ou rectifient nos conjectures.

VARIÉTÉS DU LORIOT.

I. — LE COULAVAN. [b] [*]

Cet oiseau de la Cochinchine est peut-être un tant soit peu plus gros que notre loriot ; il a aussi le bec plus fort à proportion ; les couleurs du plumage sont absolument les mêmes et distribuées de la même manière partout, excepté sur les couvertures des ailes, qui sont entièrement jaunes, et sur la tête, où l'on voit une espèce de fer à cheval noir ; la partie convexe de ce fer à cheval borde l'occiput, et ses branches vont en passant sur l'œil aboutir aux coins de l'ouverture du bec : c'est le trait de dissemblance le plus caractérisé du coulavan, encore retrouve-t-on dans le loriot une tache noire entre l'œil et le bec, qui semble être la naissance de ce fer à cheval.

J'ai vu quelques individus coulavans qui avaient le dessus du corps d'un jaune rembruni. Tous ont le bec jaunâtre et les pieds noirs.

a. C'est de là qu'on leur a donné en certains pays les noms de becfigues, de συκοφάγος, etc., et c'est peut-être cette nourriture qui rend leur chair si bonne à manger. On sait que les figues produisent le même effet sur la chair des merles et d'autres oiseaux.

b. Les Cochinchinois le nomment *couliavan*. C'est le cinquante-neuvième merle de M. Brisson, tome II, pag. 326.

Oriolus chinensis (Gmel.). — Ajoutez ici le *loriot prince régent*. « Les Indes produisent « quelques espèces de *loriots* assez semblables à la nôtre, mais on doit surtout distinguer, « dans le nombre, le *loriot prince régent* (*oriolus regens*), du plus beau noir soyeux, avec « des plumes veloutées d'un beau jaune orangé sur la tête et le cou, et une grande tache de « même couleur à l'aile. » (Cuvier.)

II. — LE LORIOT DE LA CHINE. [a] *

Il est un peu moins gros que le nôtre; mais c'est la même forme, les mêmes proportions et les mêmes couleurs, quoique disposées différemment. La tête, la gorge et la partie antérieure du cou sont entièrement noires [b], et dans toute la queue il n'y a de noir qu'une large bande qui traverse les deux pennes intermédiaires près de leur extrémité, et deux taches situées aussi près de l'extrémité des deux pennes suivantes. La plupart des couvertures des ailes sont jaunes; les autres sont mi-parties de noir et de jaune; les plus grandes pennes sont noires dans ce qui paraît au dehors, l'aile étant dans son repos, et les autres sont bordées ou terminées de jaune; tout le reste du plumage est de cette dernière couleur et de la plus belle teinte.

La femelle [c] est différente, car elle a le front ou l'espace entre l'œil et le bec d'un jaune vif, la gorge et le devant du cou d'une couleur claire plus ou moins jaunâtre avec des mouchetures brunes, le reste du dessous du corps d'un jaune plus foncé, le dessus d'un jaune brillant, toutes les ailes variées de brun et de jaune, la queue jaune aussi, excepté les deux pennes du milieu, qui sont brunes : encore ont-elles un œil jaunâtre et sont-elles terminées de jaune.

III. — LE LORIOT DES INDES. [d] **

C'est le plus jaune des loriots, car il est en entier de cette couleur, excepté : 1° un fer à cheval qui embrasse le sommet de la tête et aboutit des deux côtés à l'angle de l'ouverture du bec; 2° quelques taches longitudinales sur les couvertures des ailes; 3° une bande qui traverse la queue vers le milieu de sa longueur, le tout de couleur azurée, mais le bec et les pieds sont d'un rouge éclatant.

a. C'est le *loriot de Bengale* de M. Brisson, t. II, p. 329, et le *black-headed indian icterus* de M. Edwards, planche 77.

b. L'espèce de pièce noire qui couvre la gorge et le devant du cou a, dans la figure d'Edwards, une échancrure de chaque côté, vers le milieu de sa longueur.

c. C'est l'*yellow indian starling* d'Edwards, planche 186; et d'Albin, t. II, p. 38. **M.** Edwards lui aurait donné le nom de loriot tacheté, *spotted icterus*, s'il n'avait cru plus à propos de conserver le nom d'Albin. Il pense que ce pourrait bien être le *mottled jay* de Madras, et par conséquent le cinquième troupiale de M. Brisson.

d. C'est le nom que lui donnent Aldrovande, t. I, p. 862, et M. Brisson, qui en a fait son soixantième merle. Voyez le tome II, p. 328.

* *Oriolus melanocephalus* (Gmel.).
** *Oriolus indicus* (Gmel.).

LE LORIOT RAYÉ. [a]*

Cet oiseau ayant été regardé par les uns comme un merle et par les autres comme un loriot, sa vraie place semble marquée entre les loriots et les merles ; et comme d'ailleurs il paraît autrement proportionné que l'une ou l'autre de ces deux espèces, je suis porté à le regarder plutôt comme une espèce voisine et mitoyenne que comme une simple variété.

Le loriot rayé est moins gros qu'un merle et modelé sur des proportions plus légères ; il a le bec, la queue et les pieds plus courts, mais les doigts plus longs ; sa tête est brune, finement rayée de blanc ; les pennes des ailes sont brunes aussi et bordées de blanc ; tout le corps est d'un bel orangé, plus foncé sur la partie supérieure que sur l'inférieure ; le bec et les ongles sont à peu près de la même couleur, et les pieds sont jaunes.

LES GRIVES. **

La famille des grives a sans doute beaucoup de rapports avec celle des merles [b], mais pas assez néanmoins pour qu'on doive les confondre toutes deux sous une même dénomination, comme ont fait plusieurs naturalistes ; et, en cela, le commun des hommes me paraît avoir agi plus sagement en donnant des noms distincts à des choses vraiment distinctes : on a appelé grives ceux de ces oiseaux dont le plumage était grivelé [c], ou marqué sur la poitrine de petites mouchetures disposées avec une sorte de régularité [d] ; au contraire, on a appelé merles ceux dont le plumage était uniforme ou varié seulement par de grandes parties. Nous adoptons cette distinction de noms d'autant plus volontiers que la différence du plumage n'est pas la seule qui se trouve entre ces oiseaux ; et, réservant les merles pour un autre article,

a. C'est le loriot à tête rayée de **M.** Brisson, t. II, p. 332, et le *merula bicolor* d'Aldrovande, t II, p. 623 et 624. Je ne sais pourquoi ce dernier auteur lui applique l'épithète de *bicolor*, vu que, selon sa description même, il entre trois ou quatre couleurs dans le plumage de cet oiseau : du brun, du blanc, et de l'orangé de deux nuances.

b. « Merulæ et turdi amicæ sunt aves, » dit Pline : on ne peut guère douter que les merles et les grives n'aillent de compagnie, puisqu'on les prend communément dans les mêmes piéges.

c. Ce mot *grivelé* est formé visiblement du mot *grive*, et celui-ci paraît l'être d'après le cri de la plupart de ces oiseaux.

d. Quoique les anciens ne fissent guère la description des oiseaux très-connus, cependant un trait échappé à Aristote suppose que tous les oiseaux compris sous le nom grec κίχλαι, qui répond à notre mot français *grives*, étaient mouchetés, puisqu'en parlant du *turdus iliacus*, qui est notre mauvis, il dit que c'est l'espèce qui a le moins de ces mouchetures. Voyez *Historia animalium*, lib. ix, cap. xx.

* *Oriolus radiatus* (Gmel.).

** Ordre *id.*, famille des *Dentirostres*, genre *Merles* (Cuv.).

nous nous bornons dans celui-ci à parler uniquement des grives. Nous en distinguons quatre espèces principales vivant dans notre climat, à chacune desquelles nous rapporterons, selon notre usage, ses variétés, et, autant qu'il sera possible, les espèces étrangères analogues.

La première espèce sera la grive proprement dite [1], représentée dans les planches enluminées, n° 406, sous le nom de *litorne ;* je rapporte à cette espèce, comme variétés, la *grive à tête blanche* d'Aldrovande et la *grive huppée* de Schwenckfeld ; et, comme espèces étrangères analogues, la *grive de la Guiane* [2], représentée dans les planches enluminées, n° 398, fig. 1, et la *grivette* d'Amérique, dont parle Catesby [a].

La seconde espèce sera la *draine* [3] de nos planches enluminées, n° 489 ; qui est le *turdus viscivorus* des anciens, et à laquelle je rapporte comme variété la *draine blanche.*

La troisième espèce sera la *litorne* [4], représentée dans les planches enluminées, n° 490, sous le nom de *calandrote.* C'est le *turdus pilaris* des anciens; j'y rapporte comme variétés la *litorne tachetée* de Klein, la *litorne à tête blanche* de M. Brisson ; et comme espèces étrangères analogues, la *litorne de la Caroline* de Catesby [b], dont M. Brisson a fait sa huitième grive, et la *litorne de Canada* du même Catesby [c], dont M. Brisson a fait sa neuvième grive.

La quatrième espèce sera le *mauvis* [5] de nos planches enluminées, n° 51, qui est le *turdus iliacus* des anciens et notre véritable *calandrote* de Bourgogne.

Enfin, je placerai à la suite de ces quatre espèces principales quelques grives étrangères qui ne sont point assez connues pour pouvoir les rapporter à l'une plutôt qu'à l'autre, telles que la *grive verte de Barbarie* du docteur Shaw [d], et le *hoami* de la Chine de M. Brisson [e], que j'admets parmi les grives sur la parole de ce naturaliste, quoiqu'il me paraisse différer des grives non-seulement par son plumage, qui n'est point grivelé, mais encore par les proportions du corps.

Des quatre espèces principales appartenant à notre climat, les deux premières, qui sont la grive et la draine, ont de l'analogie entre elles: toutes deux paraissent moins assujetties à la nécessité de changer de lieu,

---

a. Tome I, page 31.
b. *Ibid.*, page 28.
c. *Ibid.*, page 29.
d. *Travels*, page 253.
e. C'est sa septième grive. Voyez tome II, p. 221.

1. *Turdus musicus* (Linn.).
2. *Turdus cayennensis* (Gmel.).
3. *Turdus viscivorus* (Linn.).
4. *Turdus pilaris* (Linn.).
5. *Turdus iliacus* (Linn.).

puisqu'elles font souvent leur ponte en France, en Allemagne, en Italie, en un mot dans le pays où elles ont passé l'hiver; toutes deux chantent très-bien et sont du petit nombre des oiseaux dont le ramage est composé de différentes phrases; toutes deux paraissent d'un naturel sauvage et moins social, car elles voyagent seules, selon quelques observateurs. M. Frisch reconnaît encore entre ces deux espèces d'autres traits de conformité dans les couleurs du plumage et l'ordre de leur distribution, etc. [a].

Les deux autres espèces, je veux dire la litorne et le mauvis, se ressemblent aussi de leur côté en ce qu'elles vont par bandes nombreuses, qu'elles sont plus passagères, qu'elles ne nichent presque jamais dans notre pays, et que par cette raison elles n'y chantent l'une et l'autre que très-rarement [b], en sorte que leur chant est inconnu non-seulement au plus grand nombre des naturalistes, mais encore à la plupart des chasseurs. Elles ont plutôt un gazouillement qu'un chant, et quelquefois, lorsqu'elles se trouvent une vingtaine sur un peuplier, elles babillent toutes à la fois et font un très-grand bruit et très-peu mélodieux.

En général, parmi les grives, les mâles et les femelles sont à peu près de même grosseur et également sujets à changer de couleur d'une saison à l'autre [c]: toutes ont la première phalange du doigt extérieur unie à celle du doigt du milieu, les bords du bec échancrés vers la pointe, et aucune ne vit de grains, soit qu'ils ne conviennent point à leur appétit, soit qu'elles aient le bec ou l'estomac trop faible pour les broyer ou les digérer. Les baies sont le fond de leur nourriture, d'où leur est venue la dénomination de *bac-civores*: elles mangent aussi des insectes, des vers, et c'est pour attraper ceux qui sortent de terre après les pluies qu'on les voit courir alors dans les champs et gratter la terre, surtout les draines et les litornes; elles font la même chose l'hiver dans les endroits bien exposés où la terre est dégelée.

Leur chair est un très-bon manger, surtout celle de nos première et quatrième espèces, qui sont la grive proprement dite et le mauvis; mais les anciens Romains en faisaient encore plus de cas que nous [d] et ils conservaient ces oiseaux toute l'année dans des espèces de volières qui méritent d'être connues.

Chaque volière contenait plusieurs milliers de grives et de merles, sans compter d'autres oiseaux bons à manger, comme ortolans, cailles, etc., et il y avait une si grande quantité de ces volières aux environs de Rome, sur-

a. Voyez Frisch, planche 27.

b. Frish, planche 28. — « In æstate apud nos, dit Turner, aut rarò aut nunquam videtur turdus pilaris, in hieme verò tanta copia est ut nullius avis major sit. »

c. « Alius eis hieme color, alius æstate. » Aristot.

d.   Inter aves turdus....
        Inter quadrupedes gloria prima lepus.
           MARTIAL.

tout au pays des Sabins, que la fiente de grives était employée comme engrais pour fertiliser les terres, et, ce qui est à remarquer, on s'en servait encore pour engraisser les bœufs et les cochons[a].

Les grives avaient moins de liberté dans ces volières que nos pigeons fuyards n'en ont dans nos colombiers, car on ne les en laissait jamais sortir : aussi n'y pondaient-elles point ; mais comme elles y trouvaient une nourriture abondante et choisie, elles y engraissaient, au grand avantage du propriétaire[b]. Les individus semblaient prendre leur servitude en gré ; mais l'espèce restait libre. Ces sortes de *grivières* étaient des pavillons voûtés, garnis en dedans d'une quantité de juchoirs, vu que la grive est du nombre des oiseaux qui se perchent ; la porte en était très-basse ; ils avaient peu de fenêtres et tournées de manière qu'elles ne laissaient voir aux grives prisonnières ni la campagne, ni les bois, ni les oiseaux sauvages voltigeant en liberté, ni rien de tout ce qui aurait pu renouveler leurs regrets et les empêcher d'engraisser. Il ne faut pas que des esclaves voient trop clair : on ne leur laissait de jour que pour distinguer les choses destinées à satisfaire leurs principaux besoins. On les nourrissait de millet et d'une espèce de pâtée faite avec des figues broyées et de la farine, et outre cela de baies de lentisque, de myrte, de lierre, en un mot de tout ce qui pouvait rendre leur chair succulente et de bon goût. On les abreuvait avec un filet d'eau courante qui traversait la volière. Vingt jours avant de les prendre pour les manger, on augmentait leur ordinaire et on le rendait meilleur ; on poussait l'attention jusqu'à faire passer doucement dans un petit réduit qui communiquait à la volière les grives grasses et bonnes à prendre, et on ne les prenait en effet qu'après avoir bien refermé la communication, afin d'éviter tout ce qui aurait pu inquiéter et faire maigrir celles qui restaient ; on tâchait même de leur faire illusion en tapissant la volière de ramée et de verdure souvent renouvelées, afin qu'elles pussent se croire encore au milieu des bois ; en un mot, c'étaient des esclaves bien traités parce que le propriétaire entendait ses intérêts. Celles qui étaient nouvellement prises se gardaient quelque temps dans de petites volières séparées avec plusieurs de celles qui avaient déjà l'habitude de la prison[c], et moyennant tous ces soins on venait à bout de les accoutumer un peu à l'esclavage ; mais presque jamais on n'a pu en faire des oiseaux vraiment privés.

On remarque encore aujourd'hui quelques traces de cet usage des anciens,

a. « Ego arbitror præstare (stercus) ex aviariis turdorum ac merularum, quod non solùm ad agrum utile, sed etiam ad cibum, ita bubus et suibus ut fiant pingues. » Varro, *de Re Rustica*, lib. i, cap. xxxviii.

b. Chaque grive grasse se vendait, hors des temps du passage, jusqu'à trois deniers romains, qui reviennent à environ trente sous de notre monnaie, et, lor qu'il y avait un triomphe ou quelque festin public, ce genre de commerce rendait jusqu'à douze cents pour cent. Voyez Columelle, *de Re Rustica*, lib. viii, cap. x. — Varron, lib. iii, cap. v.

c. Voyez Columelle et Varron, *locis citatis.*

perfectionné par les modernes, dans celui où l'on est en certaines provinces
de France d'attacher au haut des arbres fréquentés par les grives des pots
où elles puissent trouver un abri commode et sûr sans perdre la liberté et
où elles ne manquent guère de pondre leurs œufs [a], de les couver et d'élever
leurs petits ; tout cela se fait plus sûrement dans ces espèces de nids artifi-
ciels que dans ceux qu'elles auraient faits elles-mêmes, ce qui contribue
doublement à la multiplication de l'espèce, soit par la conservation de la
couvée, soit parce que, perdant moins de temps à arranger leurs nids, elles
peuvent faire aisément deux pontes chaque année [b]. Lorsqu'elles ne trouvent point de pots préparés, elles font leurs nids sur les arbres et même
dans les buissons, et les font avec beaucoup d'art ; elles les revêtissent par
dehors de mousse, de paille, de feuilles sèches, etc., mais le dedans est fait
d'une sorte de carton assez ferme, composé avec de la boue mouillée,
gâchée et battue, fortifiée avec des brins de paille et de petites racines ;
c'est sur ce carton que la plupart des grives déposent leurs œufs à cru et
sans aucun matelas, au contraire de ce que font les pies et les merles.

Ces nids sont des hémisphères creux, d'environ quatre pouces de diamètre. La couleur des œufs varie, selon les diverses espèces, du bleu au
vert, avec quelques petites taches obscures, plus fréquentes au gros bout
que partout ailleurs. Chaque espèce a aussi son cri différent, quelquefois
même on est venu à bout de leur apprendre à parler [c], ce qui doit s'entendre de la grive proprement dite ou de la draine, qui paraissent avoir les
organes de la voix plus perfectionnés.

On prétend que les grives, avalant les graines entières du genièvre, du
gui, du lierre, etc., les rendent souvent assez bien conservées pour pouvoir
germer et produire lorsqu'elles tombent en terrain convenable [d] ; cependant
Aldrovande assure avoir fait avaler à ces oiseaux des raisins de vigne sauvage et des baies de gui, sans avoir jamais retrouvé dans leurs excréments
aucune de ces graines qui eût conservé sa forme [e].

Les grives ont le ventricule plus ou moins musculeux, point de jabot, ni
même de dilatation de l'œsophage qui puisse en tenir lieu, et presque point
de *cœcum ;* mais toutes ont une vésicule du fiel, le bout de la langue divisé
en deux ou plusieurs filets, dix-huit pennes à chaque aile et douze à la
queue.

a. Voyez Belon, *Nature des oiseaux*, p. 326.

b. Il paraît même qu'elles font quelquefois trois couvées, car M. Salerne a trouvé au commencement de septembre un nid de grives de vigne où il y avait trois œufs qui n'étaient point
encore éclos, ce qui avait bien l'air d'une troisième ponte. Voyez son *Histoire naturelle des
Oiseaux*, p. 169.

c. « Agrippinà conjux Cl. Cæsaris turdum habuit, quod nunquam ante, imitantem sermones
hominum. » Plin., lib. x, cap. xlii. Voyez aussi le *Traité du Rossignol*, p. 93.

d. « Disseminator visci, ilicis... juniperi. » Linnæus, *Syst. nat.*, édit. X, p. 168.

e. Ornithologia, t. II, p. 585.

Ce sont des oiseaux tristes, mélancoliques, et, comme c'est l'ordinaire, d'autant plus amoureux de leur liberté ; on ne les voit guère se jouer ni même se battre ensemble, encore moins se plier à la domesticité ; mais, s'ils ont un grand amour pour leur liberté, il s'en faut bien qu'ils aient autant de ressources pour la conserver ni pour se conserver eux-mêmes : l'inégalité d'un vol oblique et tortueux est presque le seul moyen qu'ils aient pour échapper au plomb du chasseur [a] et à la serre de l'oiseau carnassier : s'ils peuvent gagner un arbre touffu, ils s'y tiennent immobiles de peur, et on ne les fait partir que difficilement [b]. On en prend par milliers dans les piéges ; mais la grive proprement dite et le mauvis sont les deux espèces qui se prennent le plus aisément au lacet, et presque les seules qui se prennent à la pipée.

Les lacets ne sont autre chose que deux ou trois crins de cheval tortillés ensemble et qui font un nœud coulant ; on les place autour des genièvres, sous les aliziers, dans le voisinage d'une fontaine ou d'une mare, et quand l'endroit est bien choisi et les lacets bien tendus dans un espace de cent arpents, on prend plusieurs centaines de grives par jour.

Il résulte des observations faites en différents pays, que lorsque les grives paraissent en Europe, vers le commencement de l'automne, elles viennent des climats septentrionaux avec ces volées innombrables d'oiseaux de toute espèce qu'on voit aux approches de l'hiver traverser la mer Baltique, et passer de la Laponie, de la Sibérie, de la Livonie, en Pologne, en Prusse, et de là dans les pays plus méridionaux. L'abondance des grives est telle alors sur la côte méridionale de la Baltique, que, selon le calcul de M. Klein, la seule ville de Dantzick en consomme chaque année quatre-vingt-dix mille paires [c] ; il n'est pas moins certain que lorsque celles qui ont échappé aux dangers de la route repassent après l'hiver, c'est pour retourner dans le nord. Au reste, elles n'arrivent pas toutes à la fois : en Bourgogne, c'est la grive qui paraît la première, vers la fin de septembre ; ensuite le mauvis, puis la litorne avec la draine ; mais cette dernière espèce est beaucoup moins nombreuse [d] que les trois autres, et elle doit le paraître moins en effet, ne fût-ce que parce qu'elle est plus dispersée.

Il ne faut pas croire non plus que toutes les espèces de grives passent toujours en même quantité : quelquefois elles sont en très-petit nombre, soit que le temps ait été contraire à leur multiplication, ou qu'il soit con-

a. D'habiles chasseurs m'ont assuré que les grives étaient fort difficiles à tirer, et plus difficiles que les bécassines.

b. C'est peut-être ce qui a fait dire qu'ils étaient sourds, et qui a fait passer leur surdité en proverbe, κωφότερος κίχλης ; mais c'est une vieille erreur : tous les chasseurs savent que la grive a l'ouïe fort bonne.

c. *Ordo Avium*, p. 178.

d. Klein, *loco citato*.

traire à leur passage [a]; d'autres fois elles arrivent en grand nombre, et un observateur très-instruit [b] m'a dit avoir vu des nuées prodigieuses de grives de toute espèce, mais principalement de mauvis et de litornes, tomber au mois de mars dans la Brie et couvrir, pour ainsi dire, un espace d'environ sept ou huit lieues; cette passée, qui n'avait point d'exemple, dura près d'un mois, et on remarqua que le froid avait été fort long cet hiver.

Les anciens disaient que les grives venaient tous les ans en Italie de delà les mers, vers l'équinoxe d'automne, qu'elles s'en retournaient vers l'équinoxe du printemps (ce qui n'est pas généralement vrai de toutes les espèces, du moins pour notre Bourgogne), et que, soit en allant, soit en venant, elles se rassemblaient et se reposaient dans les îles de Pontia, Palmaria et Pandataria, voisines des côtes d'Italie [c]. Elles se reposent aussi dans l'île de Malte, où elles arrivent en octobre et novembre; le vent de nord-ouest y en amène quelques volées, celui de sud ou de sud-ouest les fait quelquefois disparaître; mais elles n'y vont pas toujours avec des vents déterminés, et leur apparition dépend souvent plus de la température de l'air que de son mouvement; car, si dans un temps serein le ciel se charge tout à coup avec apparence d'orage, la terre se trouve alors couverte de grives [d].

Au reste, il paraît que l'île de Malte n'est point le terme de la migration des grives du côté du midi, vu la proximité des côtes de l'Afrique, et qu'il s'en trouve dans l'intérieur de ce continent, d'où elles passent, dit-on, tous les ans en Espagne [e].

Celles qui restent en Europe se tiennent l'été dans les bois en montagnes; aux approches de l'hiver elles quittent l'intérieur des bois où elles ne trouvent plus de fruits ni d'insectes, et elles s'établissent sur les lisières des

a. On m'assure qu'il y a des années où les mauvis sont très-rares en Provence; et la même chose est vraie des contrées plus septentrionales.

b. M. Hébert, receveur général de l'extraordinaire des guerres, qui a fait de nombreuses et très-bonnes observations sur la partie la plus obscure de l'ornithologie, je veux dire les mœurs et les habitudes naturelles des oiseaux.

c. Varro, *de Re Rusticâ*, lib. iii, cap. v. Ces îles sont situées au midi de la ville de Rome, tirant un peu à l'est. On croit que l'île de *Pandataria* est celle qui est connue aujourd'hui sous le nom de Ventotene.

d. Voyez *Lettres de M. le commandeur Godeheu de Riville*, tome I, pages 91 et 92, des Mémoires présentés à l'Académie royale des Sciences par les savants étrangers.

e. « Etant en Espagne en 1707, dit le traducteur d'Edwards, dans le royaume de Valence, « sur les côtes de la mer, à deux pas de Castillon de la Plane, je vis en octobre de grandes « troupes d'oiseaux qui venaient d'Afrique en ligne directe. On en tua quelques-uns qui se « trouvèrent être des grives, mais si sèches et si maigres qu'elles n'avaient ni substance ni « goût : les habitants de la campagne m'assurèrent que tous les ans, en pareille saison, elles « venaient par troupes chez eux, mais que la plupart allaient encore plus loin. » Voyez Edwards, *Préface du tome I*, page xxvij. En admettant le fait, je me crois fondé à douter que ces grives, qui arrivaient en Espagne au mois d'octobre, vinssent en effet d'Afrique, parce que la marche ordinaire de ces oiseaux est toute contraire, et que d'ailleurs la direction de leur route, au moment de leur arrivée, ne prouve rien, cette direction pouvant varier dans un trajet un peu long, par mille causes différentes.

forêts ou dans les plaines qui leur sont contiguës : c'est sans doute dans le mouvement de cette migration que l'on en prend une si grande quantité au commencement de novembre dans la forêt de Compiègne. Il est rare, suivant Belon, que les différentes espèces se trouvent en grand nombre en même temps dans les mêmes endroits [a].

Toutes, ou presque toutes, ont les bords du bec supérieur échancrés vers la pointe, l'intérieur du bec jaune, sa base accompagnée de quelques poils ou soies noires dirigées en avant, la première phalange du doigt extérieur unie à celle du doigt du milieu, la partie supérieure du corps d'une couleur plus rembrunie, et la partie inférieure d'une couleur plus claire et grivelée ; enfin, dans toutes, ou presque toutes, la queue est à peu près le tiers de la longueur totale de l'oiseau, laquelle varie, dans ces différentes espèces, entre huit et onze pouces, et n'est elle-même que les deux tiers du vol ; les ailes, dans leur situation de repos, s'étendent au moins jusqu'à la moitié de la queue, et le poids de l'individu varie d'une espèce à l'autre de deux onces et demie à quatre onces et demie.

M. Klein prétend être bien informé que la partie septentrionale de l'Inde a aussi ses grives, mais qui diffèrent des nôtres, en ce qu'elles ne changent point de climat [b].

LA GRIVE. [c] *

Cette espèce, que je place ici la première parce qu'elle a donné son nom au genre, n'est que la troisième dans l'ordre de la grandeur : elle est fort commune en certains cantons de Bourgogne, où les gens de la campagne la connaissent sous les noms de *grivette* et de *mauviette;* elle arrive ordinairement, chaque année, à peu près au temps des vendanges; elle semble être attirée par la maturité des raisins, et c'est pour cela ,

a. Voyez Belon, *Nature des Oiseaux*, p. 326.

b. *De Avibus*, p. 170.

c. M. Salerne, voyant que cette grive s'appelait *mavis* en anglais et *mauvis* en français, dans la Brie et quelques autres provinces, s'est persuadé qu'elle devait être le mauvis des naturalistes, et en conséquence il lui a appliqué tous les noms donnés par Belon au véritable mauvis. (Voyez *Nature des Oiseaux*, p. 327.) Mais un coup d'œil de comparaison sur ces oiseaux, ou même sur leurs descriptions, lui eût fait connaître que le mauvis de Belon a le dessous et le pli de l'aile orangé, en quoi il ressemble à la *grive rouge* dont M. Salerne a fait sa quatrième espèce, et non à sa seconde espèce qu'il nomme *petite grive de gui*, laquelle est celle de cet article et a le dessous de l'aile roussâtre tirant un peu au citron. Voyez son *Histoire des Oiseaux*, p. 168. Un Hollandais, qui avait voyagé, m'a assuré que notre grive ordinaire, qui est la plus commune en Hollande, y était connue, ainsi qu'à Riga et ailleurs, sous le nom de litorne. C'est la *petite grive* de M. Brisson et sa deuxième espèce, tome II, p. 205.

* *Turdus musicus* (Linn). — La *grive proprement dite* (Cuv.).

sans doute, qu'on lui a donné le nom de *grive de vigne ;* elle disparaît aux gelées et se remontre aux mois de mars ou d'avril, pour disparaître encore au mois de mai. Chemin faisant, la troupe perd toujours quelques traîneurs, qui ne peuvent suivre, ou qui, plus pressés que les autres par les douces influences du printemps, s'arrêtent dans les forêts qui se trouvent sur leur passage pour y faire leur ponte[a]. C'est par cette raison qu'il reste toujours quelques grives dans nos bois, où elles font leur nid sur les pommiers et les poiriers sauvages, et même sur les genévriers et dans les buissons, comme on l'a observé en Silésie[b] et en Angleterre[c]. Quelquefois elles l'attachent contre le tronc d'un gros arbre, à dix ou douze pieds de hauteur, et dans sa construction elles emploient par préférence le bois pourri et vermoulu.

Elles s'apparient ordinairement sur la fin de l'hiver, et forment des unions durables : elles ont coutume de faire deux pontes par an, et quelquefois une troisième, lorsque les premières ne sont pas venues à bien. La première ponte est de cinq ou six œufs d'un bleu foncé avec des taches noires plus fréquentes sur le gros bout que partout ailleurs, et dans les pontes suivantes le nombre des œufs va toujours en diminuant. Il est difficile, dans cette espèce, de distinguer les mâles des femelles, soit par la grosseur, qui est égale dans les deux sexes, soit par le plumage, dont les couleurs sont variables, comme je l'ai dit. Aldrovande avait vu et fait dessiner trois de ces grives, prises en des saisons différentes, et qui différaient toutes trois par la couleur du bec, des pieds et des plumes : dans l'une, les mouchetures de la poitrine étaient fort peu apparentes[d]. M. Frisch prétend néanmoins que les vieux mâles ont une raie blanche au-dessus des yeux, et M. Linnæus fait de ces sourcils blancs un des caractères de l'espèce ; presque tous les autres naturalistes s'accordent à dire que les jeunes mâles ne se font guère reconnaître qu'en s'essayant de bonne heure à chanter ; car cette espèce de grive chante très-bien, surtout dans le printemps[e], dont elle annonce le retour, et l'année a plus d'un printemps pour elle, puisqu'elle fait plusieurs pontes ; aussi dit-on qu'elle chante les trois quarts de l'an-

a. M. le docteur Lottinger m'assure qu'elles arrivent aux mois de mars et d'avril dans les montagnes de la Lorraine, et qu'elles s'en retournent aux mois de septembre et d'octobre ; d'où il s'ensuivrait que c'est dans ces montagnes, ou plutôt dans les bois dont elles sont couvertes, qu'elles passent l'été, et que c'est de là qu'elles nous viennent en automne ; mais ce que dit M. Lottinger doit-il s'appliquer à toute l'espèce, ou seulement à un certain nombre de familles qui s'arrêtent en passant dans les forêts de la Lorraine, comme elles font dans les nôtres ? C'est ce qui ne peut être décidé que par de nouvelles observations.

b. Voyez Frisch, planche 27.

c. British Zoology, p. 91.

d. Ornithologia, t. II, p. 581 et 601.

e. Dans les premiers jours de son arrivée, sur la fin de l'hiver, elle ne fait entendre qu'un petit sifflement, la nuit comme le jour, de même que les ortolans, ce que les chasseurs provençaux appellent *pister.*

née : elle a coutume pour chanter de se mettre tout au haut des grands
arbres, et elle s'y tient des heures entières; son ramage est composé de
plusieurs couplets différents, comme celui de la draine, mais il est encore
plus varié et plus agréable, ce qui lui a fait donner en plusieurs pays la
dénomination de *grive chanteuse* : au reste, ce chant n'est pas sans intention, et l'on ne peut en douter, puisqu'il ne faut que savoir le contrefaire,
même imparfaitement, pour attirer ces oiseaux.

Chaque couvée va séparément sous la conduite des père et mère; quelquefois plusieurs couvées se rencontrant dans les bois, on pourrait penser,
à les voir ainsi rassemblées, qu'elles vont par troupes nombreuses ; mais
leurs réunions sont fortuites, momentanées ; bientôt on les voit se diviser
en autant de petits pelotons qu'il y avait de familles réunies [a], et même se
disperser absolument lorsque les petits sont assez forts pour aller seuls [b].

Ces oiseaux se trouvent ou plutôt voyagent en Italie, en France, en Lorraine, en Allemagne, en Angleterre, en Écosse, en Suède, où ils se tiennent dans les bois qui abondent en érables [c]; ils passent de Suède en
Pologne quinze jours avant la Saint-Michel et quinze jours après, lorsqu'il
fait chaud et que le ciel est serein.

Quoique la grive ait l'œil perçant, et qu'elle sache fort bien se sauver de
ses ennemis déclarés et se garantir des dangers manifestes, elle est peu
rusée au fond, et n'est point en garde contre les dangers moins apparents :
elle se prend facilement, soit à la pipée, soit au lacet, mais moins cependant
que le mauvis. Il y a des cantons en Pologne où on en prend une si grande
quantité qu'on en exporte de petits bateaux chargés [d]. C'est un oiseau des
bois, et c'est dans les bois qu'on peut lui tendre des piéges avec succès : on
le trouve très-rarement dans les plaines; et, lors même que ces grives se
jettent aux vignes, elles se retirent habituellement dans les taillis voisins le
soir et dans le chaud du jour, en sorte que, pour faire de bonnes chasses,
il faut choisir son temps, c'est-à-dire le matin à la sortie, le soir à la ren-
trée, et encore l'heure de la journée où la chaleur est la plus forte. Quelquefois elles s'enivrent à manger des raisins mûrs, et c'est alors que tous
les piéges sont bons.

Willughby, qui nous apprend que cette espèce niche en Angleterre et
qu'elle y passe toute l'année, ajoute que sa chair est d'un goût excellent;
mais en général la qualité du gibier dépend beaucoup de sa nourriture :
celle de notre grive, en automne, consiste dans les baies, la faîne, les
raisins, les figues, la graine de lierre, le genièvre, l'alize et plusieurs autres

a. Frisch, article relatif à la planche 27. M. le docteur Lottinger dit aussi que quoiqu'elles
ne voyagent pas en troupes, on en trouve plusieurs ensemble ou peu éloignées les unes des
autres.

b. On m'assure cependant qu'elles aiment la compagnie des calandres.

c. Linnæus, *Fauna Suecica*, p. 72.

d. Rzaczynski, *Auctuarium*, p. 425.

fruits. On ne sait pas si bien de quoi elle subsiste au printemps ; on la trouve alors le plus communément à terre dans les bois, aux endroits humides et le long des buissons qui bordent les prairies où l'eau s'est répandue : on pourrait croire qu'elle cherche les vers de terre, les limaces, etc. S'il survient au printemps de fortes gelées, les grives, au lieu de quitter le pays et de passer dans des climats plus doux dont elles savent le chemin, se retirent vers les fontaines, où elles maigrissent et deviennent étiques ; il en périt même un grand nombre si ces secondes gelées durent trop : d'où l'on pourrait conclure que le froid n'est point la cause, du moins la seule cause déterminante de leurs migrations, mais que leur route est tracée indépendamment des températures de l'atmosphère, et qu'elles ont chaque année un certain cercle à parcourir dans un certain espace de temps. On dit que les pommes de Grenade sont un poison pour elles. Dans le Bugey, on recherche les nids de ces grives, ou plutôt leurs petits, dont on fait de fort bons mets.

Je croirais que cette espèce n'était point connue des anciens, car Aristote n'en compte que trois toutes différentes de celle-ci [a], et dont il sera question dans les articles suivants : et l'on ne peut pas dire non plus, ce me semble, que Pline l'ait eue en vue en parlant de l'espèce nouvelle qui parut en Italie dans le temps de la guerre entre Othon et Vitellius ; car cet oiseau était presque de la grosseur du pigeon [b], et par conséquent quatre fois plus gros que la grive proprement dite, qui ne pèse que trois onces.

J'ai observé dans une de ces grives, que j'ai eue quelque temps vivante, que, lorsqu'elle était en colère, elle faisait craquer son bec et mordait à vide. J'ai aussi remarqué que son bec supérieur était mobile, quoique beaucoup moins que l'inférieur. Ajoutez à cela que cette espèce a la queue un peu fourchue, ce que la figure n'indique pas assez clairement.

VARIÉTÉS DE LA GRIVE PROPREMENT DITE.

I. — LA GRIVE BLANCHE.

Elle n'en diffère que par la blancheur de son plumage : on attribue communément cette blancheur à l'influence des climats du Nord, quoiqu'elle puisse être produite par des causes particulières sous les climats les plus tempérés, comme nous l'avons vu dans l'histoire du corbeau. Au reste, cette couleur n'est ni pure, ni universelle ; elle est presque toujours semée, à l'endroit du cou et de la poitrine, de ces mouchetures qui sont propres aux grives, mais qui sont ici plus faibles et moins tranchées ;

a. *Historia animalium*, lib. ix, cap. xx.
b. Pline, lib. x, cap. xlix.

quelquefois elle est obscurcie sur le dos par un mélange de brun plus ou moins foncé, altérée sur la poitrine par une teinte de roux, comme dans celles que Frisch a représentées sans les décrire, pl. xxxiii. Quelquefois il n'y a, dans toute la partie supérieure, que le sommet de la tête qui soit blanc, comme dans l'individu que décrit Aldrovande[a] : d'autres fois c'est la partie postérieure du cou, qui a une bande transversale blanche en manière de demi-collier ; et l'on ne doit pas douter que cette couleur ne se combine de beaucoup d'autres manières en différents individus, avec les couleurs propres à l'espèce ; mais on doit aussi se souvenir que ces différentes combinaisons, loin de constituer des races diverses, ne constituent pas même des variétés constantes.

II. — La *grive huppée*, dont parle Schwenckfeld[b], doit être aussi regardée comme variété de cette espèce, non-seulement parce qu'elle en a la grosseur et le plumage, à l'exception de son aigrette blanchâtre, faite comme celle de l'alouette huppée, et de son collier blanc, mais encore parce qu'elle est très-rare : on peut même dire qu'elle est unique jusqu'ici, puisque Schwenckfeld est le seul qui l'ait vue, et qu'il ne l'a vue qu'une seule fois ; elle avait été prise, en 1599, dans les forêts du duché de Lignitz. Il est bon de remarquer que les oiseaux acquièrent quelquefois, en se desséchant, une huppe par une certaine contraction des muscles de la peau qui recouvrent la tête.

OISEAUX ÉTRANGERS

QUI ONT RAPPORT A LA GRIVE PROPREMENT DITE.

I. — LA GRIVE DE LA GUIANE. *

La figure enluminée dit de ce petit oiseau à peu près tout ce que nous en savons : on voit qu'il a la queue plus longue et les ailes plus courtes à proportion que la grive, mais ce sont presque les mêmes couleurs : seulement les mouchetures sont répandues jusque sur les dernières couvertures inférieures de la queue.

Comme la grive proprement dite fréquente les pays du Nord, et que d'ailleurs elle aime à changer de lieu, elle a pu très-bien passer dans l'Amérique septentrionale et de là se répandre dans les parties du Midi, où elle aura éprouvé les altérations que doit produire le changement de climat et de nourriture.

a. *Ornithologia*, t. II, p. 601.
b. *Aviarium Silesiæ*, p. 362.

* *Turdus guianensis* (Gmel.). — « La *grive de la Guiane* (*turdus guianensis*) des *planches enluminées* de Buffon est une femelle du *tanagra dominica*. » (Cuvier.)

II. — LA GRIVETTE D'AMÉRIQUE. [a][*]

Cette grive se trouve non-seulement au Canada, mais encore dans la Pensylvanie, la Caroline, et jusqu'à la Jamaïque, avec cette différence qu'elle ne passe que l'été seulement en Pensylvanie, en Canada et autres pays septentrionaux où les hivers sont trop rudes, au lieu qu'elle passe l'année entière dans les contrées plus méridionales, comme la Jamaïque[b], et même la Caroline[c], et que dans cette dernière province elle choisit pour le lieu de sa retraite les bois les plus épais aux environs des marécages, tandis qu'à la Jamaïque, qui est un pays plus chaud, c'est toujours dans les bois qu'elle habite, mais dans les bois qui se trouvent sur les montagnes.

Les individus décrits ou représentés par les divers naturalistes diffèrent entre eux par la couleur des plumes, du bec et des pieds, ce qui donne lieu de croire (si tous ces individus appartiennent à la même espèce), que le plumage des grives d'Amérique n'est pas moins variable que celui de nos grives d'Europe, et qu'elles sortent toutes d'une souche commune. Cette conjecture est fortifiée par le grand nombre de rapports qu'a l'oiseau dont il s'agit ici avec nos grives et dans sa forme, et dans son port, et dans son habitude de voyager, et dans celle de se nourrir de baies, et dans la couleur jaune de ses parties intérieures, observée par M. Sloane, et dans les mouchetures de la poitrine; mais il paraît avoir des rapports encore plus particuliers avec la grive proprement dite et le mauvis qu'avec les autres, et ce n'est qu'en comparant les traits de conformité que l'on peut déterminer à laquelle de ces deux espèces elle doit être spécialement rapportée.

Cet oiseau est plus petit qu'aucune de nos grives, comme sont en général tous les oiseaux d'Amérique relativement à ceux de l'ancien continent; il ne chante point, non plus que le mauvis; il a moins de mouchetures que le mauvis, qui en a moins qu'aucune de nos quatre espèces; enfin sa chair est, comme celle du mauvis, un très-bon manger. Tels sont les rapports de la grive de Canada avec notre mauvis; mais elle en a davantage, et, à mon avis, de beaucoup plus décisifs, avec notre grive proprement dite, à laquelle elle ressemble par les barbes qu'elle a autour du bec, par une espèce de

a. C'est le *mauvis* de la Caroline de M. Brisson, t. II, p. 212. La *petite grive* d'Edwards, planche 296. La *petite grive* de Catesby, t. I, p. 31. Le *merula fusca* de M. Hans Sloane, *Jamaica*, t. II, p. 305. Je ne sais pourquoi plusieurs naturalistes ont confondu cette grive avec le *tamatia* de Marcgrave, p. 208, lequel ayant le bec et la tête d'une grandeur disproportionnée, et manquant absolument de queue, paraît être un oiseau tout différent des grives.

b. M. Sloane, qui parle des endroits où habite cette grive, ne dit point que ce soit un oiseau de passage, d'où l'on peut présumer qu'il ne la regardait point comme telle.

c. Voyez Catesby, *loco citato*.

[*] *Turdus minor* (Gmel.).

plaque jaunâtre qu'on lui voit sur la poitrine, par sa facilité à devenir sédentaire dans tout pays où elle trouve sa subsistance, par son cri assez semblable au cri d'hiver de la grive, et par conséquent fort peu agréable, comme sont ordinairement les cris de tous les oiseaux de ces contrées sau-vages habitées par des sauvages; et si l'on ajoute à tous ces rapports l'induction résultante de ce que la grive et non le mauvis se trouve en Suède [a], d'où elle aura pu facilement passer en Amérique, il semble qu'on sera en droit de conclure que la grive de Canada doit être rapportée à notre grive proprement dite.

Cette grive, qui, comme je l'ai dit, est passagère dans le nord de l'Amérique, arrive en Pensylvanie au mois d'avril; elle y reste tout l'été, pendant lequel temps elle fait sa ponte et élève ses petits. Catesby nous apprend qu'on voit peu de ces grives à la Caroline, soit parce qu'il n'y en reste qu'une partie de celles qui y arrivent, ou parce que, comme on l'a vu plus haut, elles se tiennent cachées dans les bois; elles se nourrissent de baies de houx, d'aubépine, etc.

Les sujets décrits par M. Sloane avaient les ouvertures des narines plus amples et les pieds plus longs que ceux décrits par Catesby et M. Brisson; ils n'avaient pas non plus le même plumage; et, si ces différences étaient permanentes, on serait fondé à les regarder comme les caractères d'une autre race, ou, si l'on veut, d'une variété constante dans l'espèce dont il s'agit ici.

LA ROUSSEROLLE. [b][*]

On a donné à cet oiseau le nom de rossignol de rivière, parce que le mâle chante la nuit comme le jour, tandis que la femelle couve, et parce qu'il se plaît dans les endroits humides; mais il s'en faut bien que son chant soit aussi agréable que celui du rossignol, quoiqu'il ait plus d'étendue : il l'accompagne ordinairement d'une action très-vive et d'un trémoussement de

---

a. M. Brisson prend pour le mauvis le *turdus alis subtus ferrugineis,* etc., n° 189 de la *Fauna Suecica;* mais il paraît que c'est une méprise, puisque M. Linnæus le donne pour un oiseau qui chante très-bien et pour le même que le *turdus viscivorus minor,* que le *turdus simpliciter dictus* de M. Ray, et que le *turdus musicus,* lequel est la quatrième grive du *Syst. nat.,* p. 169, et certainement notre grive proprement dite.

b. C'est la sixième *grive* de M. Brisson, t. II, p. 219. Belon a cru mal à propos que c'était l'*alcyon vocal* d'Aristote; car cet alcyon a le dos bleu ; on lui a donné le nom de *rousserolle,* à cause de la couleur rousse de son plumage, d'autres celui de *roucherolle,* parce qu'elle se tient parmi les *rouches,* c'est-à-dire parmi les joncs; d'autres celui de *tire-arrache,* à cause de son cri : selon Belon elle prononce distinctement ces syllabes : *toro, tret, fuys, huy, tret.*

[*] *Turdus arundinaceus* (Linn.). — *Sylvia turdoides,* le *rossignol de rivière,* etc. — C'e une *fauvette.* — Ordre et famille *id.,* genre *Becs-fins* (Cuv.).

tout son corps ; il grimpe le long des roseaux et des saules peu élevés, comme font les grimpereaux, et il vit des insectes qu'il y trouve.

L'habitude qu'a la rousserolle de fréquenter les marécages semble l'éloigner de la classe des grives, mais elle s'en rapproche tellement par sa forme extérieure que M. Klein, qui l'a vue presque vivante, puisqu'on en tua une en sa présence, doute qu'on puisse la rapporter à un autre genre. Il nous apprend que ces oiseaux se tiennent dans les îles de l'embouchure de la Vistule, qu'ils font leur nid à terre sur le penchant des petits tertres couverts de mousse [a]. Enfin, il soupçonne qu'ils passent l'hiver dans les bois épais et marécageux [b] : il ajoute qu'ils ont toute la partie supérieure du corps d'un brun roux, la partie inférieure d'un blanc sale, avec quelques taches cendrées ; le bec noir, le dedans de la bouche orangé comme les grives, et les pieds plombés [c].

Un habile observateur m'a assuré qu'il connaissait en Brie une petite rousserolle, nommée vulgairement *effarvatte* [1], laquelle babille aussi continuellement, et se tient dans les roseaux comme la grande. Cela explique la contrariété des opinions sur la taille de la rousserolle que M. Klein a vue grosse comme une grive, et M. Brisson seulement comme une alouette. C'est un oiseau qui vole pesamment et en battant des ailes : les plumes qu'il a sur la tête sont plus longues que les autres, et lui font une espèce de huppe assez peu marquée.

M. Sonnerat a rapporté des Philippines une véritable rousserolle, parfaitement semblable à celle du n° 513.

LA DRAINE. [d][*]

Cette grive se distingue de toutes les autres par sa grandeur, et cependant il s'en faut bien qu'elle soit aussi grosse que la pie, comme on le fait

a. Ils le font entre les cannes et rouches, avec de petites pailles de roseaux, suivant Belon, et ils pondent cinq à six œufs, p. 224.

b. Belon, qui avait d'abord regardé la rousserolle comme oiseau de passage, assure que depuis il avait connu le contraire.

c. Voyez *Ordo Avium*, p. 179.

d. On l'appelle, en différentes provinces de France, *ciserre*, *jocasse* ou *jacode*, *grive de brou*, *grive provençale*, *gillonière* (du mot *gillon*, qui signifie *gui* en savoyard), *trie*, *trage*, *truie*, *treiche*, *treine*, *tric-trac*, etc. : le tout, selon M. Salerne, qui applique mal à propos à la draine (page 168) les noms de *cha-cha*, *chia-chia*, *gia-gia*, lesquels expriment évidemment le cri de la litorne. Belon prétend que c'est par erreur qu'on l'appelle à Paris une *calandre* (*Nature des oiseaux*, p. 324) ; nous avons vu en effet que c'était le nom de la grosse alouette, et il ne faut pas donner le même nom à des espèces différentes. La draine s'appelle aussi *haute grive* en Lorraine, et *verquete* en Bugey où le gui se nomme *verquet*.

1. Encore une *fauvette* (*motacilla arundinacea* Gmel.).

* *Turdus viscivorus* (Linn.).

dire à Aristote [a], peut-être par une erreur de copiste, car la pie a presque le double de masse, à moins que les grives ne soient plus grosses en Grèce qu'ici, où la draine, qui est certainement la plus grosse de toutes, ne pèse guère que cinq onces.

Les Grecs et les Romains regardaient les grives comme oiseaux de passage [b], et ils n'avaient point excepté la draine, qu'ils connaissaient parfaitement sous le nom de grive *viscivore*, ou *mangeuse de gui*.

En Bourgogne, les draines arrivent en troupes au mois d'octobre et de novembre, venant, selon toute apparence, des montagnes de Lorraine [c]; une partie continue sa route et s'en va, toujours par bandes, dès le commencement de l'hiver, tandis qu'une autre partie demeure jusqu'au mois de mars et même plus longtemps; car il en reste toujours beauooup pendant l'été, tant en Bourgogne qu'en plusieurs autres provinces de France et d'Allemagne, de Pologne, etc. [d]. Il en reste même une si grande quantité en Italie et en Angleterre, qu'Aldrovande a vu les jeunes de l'année se vendre dans les marchés [e], et qu'Albin ne regarde point du tout les draines comme oiseaux de passage [f]: Celles qui restent pondent, comme on voit, et couvent avec succès : elles établissent leur nid tantôt sur des arbres de hauteur médiocre, tantôt sur la cime des plus grands arbres, préférant ceux qui sont les plus garnis de mousse; elles le construisent tant en dehors qu'en dedans avec des herbes, des feuilles et de la mousse, mais surtout de la mousse blanche, et ce nid ressemble moins à ceux des autres grives qu'à celui du merle, ne fût-ce qu'en ce qu'il est matelassé en dedans. Elles produisent à chaque ponte quatre ou cinq œufs gris tachetés [g], et nourrissent

a. *Historia animalium,* lib. ix, cap. xx.

b. Voyez Aristot., *Historia animalium,* lib. viii, cap. xvi. — Pline, lib. x, cap. xxiv. — Varro, *de Re Rusticâ,* lib. iii, cap. v.

c. M. le docteur Lottinger, de Sarbourg, m'assure que celles de ces grives qui s'éloignent des montagnes de Lorraine aux approches de l'hiver partent en septembre et en octobre, qu'elles reviennent aux mois de mars et d'avril, qu'elles nichent dans les forêts dont ces montagnes sont couvertes, etc. Tout cela s'accorde fort bien avec ce que nous avons dit d'après nos connaissances particulières; mais je ne dois pas dissimuler la contrariété qui se trouve entre une autre observation que le même M. Lottinger m'a communiquée et celle d'un ornithologiste très-habile : celui-ci (M. Hébert) prétend qu'en Brie les grives ne se réunissent dans aucun temps de l'année, et M. Lottinger assure qu'en Lorraine elles volent toujours par troupes, soit au printemps, soit en automne, et en effet nous les voyons arriver par bandes aux environs de Montbard, comme je l'ai remarqué; leurs allures seraient-elles différentes en des pays ou en des temps différents? Cela n'est pas sans exemple; et je crois devoir ajouter ici, d'après une observation plus détaillée, que le passage du mois de novembre étant fini, celles qui restent l'hiver dans nos cantons vivent séparément et continuent de vivre ainsi jusqu'après la couvée; en sorte que les assertions des deux observateurs se trouvent vraies, pourvu qu'on leur ôte leur trop grande généralité et qu'on les restreigne à un certain temps et à de certains lieux.

d. Rzacyznski, *Auctuarium,* p. 423.

e. *Ornithologia,* t. II, p. 5.

f. Albin, t. I, p. 28. Les auteurs de la *Zoologie Britannique* ne disent point non plus que ce soit un oiseau de passage.

g. « Ces oiseaux, dit Albin, ne pondent guère plus de quatre ou cinq œufs; ils en couvent

leurs petits avec des chenilles, des vermisseaux, des limaces, et même des
limaçons, dont elles cassent la coquille. Pour elles, elles mangent toutes
sortes de baies pendant la bonne saison, des cerises, des cornouilles, des
raisins, des alizes, des olives, etc.; pendant l'hiver, des graines de genièvre,
de houx, de lierre et de nerprun, des prunelles, des senelles, de la faîne et
surtout du gui[a]. Leur cri d'inquiétude est *tré, tré, tré, tré*, d'où paraît
formé leur nom bourguignon *draine*, et même quelques-uns de leurs noms
anglais; au printemps les femelles n'ont pas un cri différent, mais les mâles
chantent alors fort agréablement, se plaçant à la cime des arbres, et leur
ramage est coupé par phrases différentes qui ne se succèdent jamais deux
fois dans le même ordre : l'hiver on ne les entend plus. Le mâle ne diffère
extérieurement de la femelle que parce qu'il a plus de noir dans son plumage.

Ces oiseaux sont tout à fait pacifiques : on ne les voit jamais se battre
entre eux, et avec cette douceur de mœurs ils n'en sont pas moins attentifs
à leur conservation; ils sont même plus méfiants que les merles, qui passent
pour l'être beaucoup, car on prend nombre de ceux-ci à la pipée, et l'on
n'y prend jamais de draines : mais comme il est difficile d'éviter tous les
piéges, elle se prend quelquefois au lacet, moins cependant que la grive
proprement dite et le mauvis.

Belon assure que la chair de la draine, qu'il appelle grande grive, est de
meilleur goût que celle des trois autres espèces[b]; mais cela est contredit
par tous les autres naturalistes et par notre propre expérience. Il est vrai
que nos draines ne vivent pas d'olives, ni nos petites grives de gui, comme
celles dont il parle, et l'on sait jusqu'à quel point la différence de nourriture
peut influer sur la qualité et le fumet du gibier.

VARIÉTÉ DE LA DRAINE.

La seule variété que je trouve dans cette espèce, c'est la draine blanchâtre observée par Aldrovande[c] : elle avait les pennes de la queue et des
ailes d'une couleur faible et presque blanchâtre, et la tête cendrée, ainsi
que tout le dessus du corps.

Il faut remarquer dans cette variété l'altération de la couleur des pennes

trois, et n'ont jamais plus de quatre petits. » Je ne rapporte ce passage que pour faire voir avec
quelle négligence cet ouvrage a été traduit, et combien on doit être en garde contre les fautes
que cette traduction a ajoutées à celles de l'original.

a. Suivant Belon, elles mangent l'été le gui des sapins, et l'hiver celui des arbres fruitiers.
Nature des Oiseaux, p. 326.

b. Belon, *Nature des Oiseaux*, p. 326.

c. Tome II, p. 594.

des ailes et de la queue, lesquelles on regarde ordinairement comme moins sujettes au changement et comme étant, pour ainsi dire, de meilleur teint que toutes les autres plumes.

Je dois ajouter ici qu'il y a toujours des draines qui nichent au Jardin du Roi sur les arbres effeuillés : elles paraissent très-friandes de la graine de l'if et en mangent tant que leur fiente en est rouge ; elles sont aussi fort avides de la graine de micocoulier.

En Provence, on a une sorte d'appeau avec lequel on imite en automne le chant que les draines et les grives font entendre au printemps ; on se cache dans une loge de verdure, d'où l'on peut découvrir par une petite fenêtre une perche que l'on a attachée sur un arbre à portée ; l'appeau attire les grives sur cette perche, où elles accourent croyant trouver leurs semblables : elles n'y trouvent que les embûches de l'homme et la mort ; on les tue de la loge à coups de fusil.

LA LITORNE. *

Cette grive est la plus grosse après la draine , et ne se prend guère plus qu'elle à la pipée, mais elle se prend comme elle au lacet : elle diffère des autres grives par son bec jaunâtre, par ses pieds d'un brun plus foncé, et par la couleur cendrée, quelquefois variée de noir, qui règne sur sa tête, derrière son cou et sur son croupion.

Le mâle et la femelle ont le même cri, et peuvent également servir pour attirer les litornes sauvages dans le temps du passage [a] ; mais la femelle se distingue du mâle par la couleur de son bec, laquelle est beaucoup plus obscure. Ces oiseaux, qui nichent en Pologne et dans la Basse-Autriche [b], ne nichent point dans notre pays : ils y arrivent en troupes, après les mauvis, vers le commencement de décembre, et crient beaucoup en volant [c] ; ils se tiennent alors dans les friches où croît le genièvre, et lorsqu'ils reparaissent au printemps [d], ils préfèrent le séjour des prairies humides, et en général ils fréquentent beaucoup moins les bois que les deux espèces précédentes. Quelquefois ils font, dès le commencement de l'automne, une première et courte apparition dans le moment de la maturité des alizes, dont ils sont très-avides, et ils n'en reviennent pas moins au temps accoutumé. Il n'est pas rare de voir les litornes se rassembler au nombre de

[a]. Voyez Frisch, planche 26.

[b]. Klein, *de Avibus*, p. 178. — Kramer, *Elenchus.* p. 361.

[c]. Voyez Rzaczynski, *Auctuarium, etc.* p. 424.

[d]. Elles arrivent en Angleterre vers le commencement d'octobre et elles s'en vont au mois de mars. Voyez la *Zoologie Britannique*, p. 90.

* *Turdus pilaris* (Linn.).

deux ou trois mille dans un endroit où il y a des alizes mûres, et elles les
mangent si avidement qu'elles en jettent la moitié par terre. On les voit
aussi fort souvent, après les pluies, courir dans les sillons pour attraper les
vers et les limaces. Dans les fortes gelées, elles vivent de gui, du fruit de
l'épine blanche et d'autres baies[a].

On peut conclure, de ce qui vient d'être dit, que les litornes ont les
mœurs différentes de celles de la grive ou de la draine, et beaucoup plus
sociales. Elles vont quelquefois seules, mais le plus souvent elles forment,
comme je l'ai remarqué, des bandes très-nombreuses, et, lorsqu'elles se sont
ainsi réunies, elles voyagent et se répandent dans les prairies sans se séparer ; elles se jettent aussi toutes ensemble sur un même arbre à certaines
heures du jour, ou lorsqu'on les approche de trop près.

M. Linnæus parle d'une litorne qui, ayant été élevée chez un marchand
de vin, se rendit si familière qu'elle courait sur la table et allait boire du
vin dans les verres ; elle en but tant qu'elle devint chauve ; mais ayant
été renfermée pendant un an dans une cage, sans boire de vin, elle reprit
ses plumes[b]. Cette petite anecdote nous offre deux choses à remarquer :
l'effet du vin sur les plumes des oiseaux, et l'exemple d'une litorne appri-
voisée, ce qui est assez rare, les grives, comme je l'ai dit plus haut, ne se
privant pas aisément.

Plus le temps est froid, plus les litornes abondent : il semble même qu'elles
en pressentent la cessation, car les chasseurs et les habitants de la campagne sont dans l'opinion que, tant qu'elles se font entendre, l'hiver n'est pas
encore passé. Elles se retirent l'été dans les pays du Nord, où elles font leur
ponte, et où elles trouvent du genièvre en abondance ; Frisch attribue à
cette nourriture le bon goût qu'il reconnaît dans leur chair[c]. J'avoue qu'il
ne faut point disputer des goûts, mais au moins puis-je dire qu'en Bourgogne cette grive passe pour un manger assez médiocre, et qu'en général
le fumet que communique le genièvre est mêlé de quelque amertume.
D'autres prétendent que la chair de la litorne n'est jamais meilleure ni plus
succulente que dans le temps où elle se nourrit de vers et d'insectes.

La litorne a été connue des anciens sous le nom de *turdus pilaris*, non
point parce que de tout temps elle s'est prise au lacet, comme le dit
M. Salerne[d], car cette propriété ne l'aurait point distinguée des autres
espèces, qui toutes se prennent de même, mais parce qu'elle a autour du
bec des espèces de poils ou de barbes noires qui reviennent en avant, et
qui sont plus longues que dans la grive et la draine. Il faut ajouter qu'elle
a la serre très-forte, comme l'ont remarqué les auteurs de la *Zoologie*

a. M. le docteur Lottinger.
b. *Fauna Suecica*, p. 71.
c. Frisch, article relatif à la planche 26.
d. *Histoire naturelle des Oiseaux*, p. 171.

britannique. Frisch rapporte que, lorsqu'on met les petits de la draine dans le lit de la litorne, celle-ci les adopte, les nourrit et les élève comme siens; mais je ne conclurais point de cela seul, comme fait M. Frisch, qu'on peut espérer de tirer des mulets du mélange de ces deux espèces; car on ne s'attend pas, sans doute, à voir éclore une race nouvelle du mélange de la poule et du canard, quoiqu'on ait vu souvent des couvées entières de canetons menées et élevées par une poule.

VARIÉTÉ DE LA LITORNE.

LA LITORNE PIE OU TACHETÉE.[a]

Elle est en effet variée de blanc, de noir et de plusieurs autres couleurs distribuées de manière qu'excepté la téte et le cou, qui sont blanc tacheté de noir, et la queue, qui est toute noire, les couleurs sombres règnent sur la partie supérieure du corps avec des taches blanches, et au contraire les couleurs claires, et surtout le blanc sur la partie inférieure avec des mouchetures noires, dont la plupart ont la forme de petits croissants. Cette litorne est de la grosseur de l'espèce ordinaire.

On doit rapporter à cette variété la litorne à tête blanche de M. Brisson[b]: elle a, comme elle, la tête blanche, ainsi qu'une partie du cou, mais sans mouchetures noires, et elle ne diffère de la litorne commune que par cette tête blanche, en sorte qu'on peut la regarder comme la nuance entre la litorne commune et la litorne pie. Il est même assez naturel de croire que la variation du plumage commence par la tête, le plumage de cette partie étant en effet sujet à varier dans cette espèce d'un individu à l'autre, comme je l'ai indiqué dans l'article précédent.

OISEAUX ÉTRANGERS

QUI ONT RAPPORT A LA LITORNE.

I. — LA LITORNE DE CAYENNE. *

Je rapporte cette grive à la litorne, parce qu'elle me paraît avoir plus de rapport à cette espèce qu'à toute autre par la couleur du dessus du corps et

a. Voyez Albin, t. II, p. 24. — Klein, *Ordo Avium*, p. 67, n° x. — Brisson, *Ornithologie*, t. II, p. 218.
b. Tome II, page 217.

* *Turdus cayennensis* (Linn.). — « La *litorne* ou *grive de Cayenne* (*turdus cayennensis*) des « *planches enluminées* de Buffon est une femelle de *cotinga*. » (Cuvier.)

par celle des pieds : au reste, elle diffère de toutes ces grives, en ce qu'elle
n'a pas, à beaucoup près, les grivelures de la poitrine et du dessous du
corps aussi marquées, en ce que son plumage est varié plus universellement, quoique d'une autre manière, presque toutes les plumes du dessus
et du dessous du corps ayant un bord de couleur plus claire, qui dessine
nettement leur contour ; en ce que la gorge est de couleur cendrée, sans
mouchetures ; enfin en ce qu'elle a les bords du bec inférieur échancrés
vers le bout, ce qui m'autorise à en faire une espèce différente, jusqu'à ce
que l'on connaisse mieux sa nature, ses mœurs et ses habitudes.

II. — LA LITORNE DE CANADA. [a] *

C'est ainsi que Catesby appelle la grive qu'il a décrite et fait représenter
dans son *Histoire de la Caroline* [b], et j'adopte cette dénomination d'autant
plus volontiers que la litorne se trouvant en Suède, du moins une partie
de l'année, elle a bien pu passer de notre continent dans l'autre et y produire des races nouvelles.

La litorne de Canada a le tour de l'œil blanc, une marque de cette même
couleur entre l'œil et le bec, le dessus du corps rembruni, le dessous orangé
dans sa partie antérieure, et varié dans sa partie postérieure de blanc sale
et d'un brun roux, voilé d'une teinte verdâtre ; elle a aussi quelques mouchetures sous la gorge dont le fond est blanc. Pendant l'hiver elle passe
par troupes nombreuses du nord de l'Amérique à la Virginie et à la Caroline, et s'en retourne au printemps comme fait notre litorne ; mais elle
chante mieux [c]. M. Catesby dit qu'elle a la voix perçante comme la grive de
Guy, qui est notre draine. Ce même auteur nous apprend qu'une de ces
litornes de Canada, ayant fait là découverte du premier alaterne qui eût été
planté dans la Virginie, prit tant de goût à son fruit qu'elle resta tout l'été
pour en manger. On a assuré à Catesby que ces oiseaux nichaient dans le
Maryland et y demeuraient toute l'année.

a. C'est la neuvième grive de M. Brisson, et qu'il nomme *grive de Canada*, t. II, p. 225.
Le nom de *fieldfare*, que lui donne M. Catesby, est celui qui en anglais désigne particulièrement la litorne. Voyez Willughby, p. 138 ; et *British Zoology*, p. 90.

b. Tome I, page 29.

c. Il faut toujours se rappeler qu'on ne sait point comment chante un oiseau quand on ne
l'a pas entendu chanter au temps de l'amour, et que la litorne ne niche point dans nos contrées.

* *Turdus migratorius* (Linn.).

LE MAUVIS. [a] *

Il ne faut pas confondre le mauvis avec les mauviettes qu'on sert sur les tables à Paris pendant l'hiver, et qui ne sont autre chose que des alouettes ou d'autres petits oiseaux tout différents du mauvis. Cette petite grive est la plus intéressante de toutes, parce qu'elle est la meilleure à manger, du moins dans notre Bourgogne, et que sa chair est d'un goût très-fin [b]. D'ailleurs, elle se prend plus fréquemment au lacet qu'aucune autre [c] : ainsi c'est une espèce précieuse et par la qualité et par la quantité. Elle paraît ordinairement la seconde, c'est-à-dire après la grive et avant la litorne; elle arrive en grandes bandes au mois de novembre et repart avant Noël; elle fait sa ponte dans les bois qui sont aux environs de Dantzick [d]; elle ne niche presque jamais dans nos cantons, non plus qu'en Lorraine, où elle arrive en avril et qu'elle abandonne sur la fin de ce même mois pour ne reparaître qu'en automne, quoiqu'elle pût trouver dans les vastes forêts de cette province une nourriture abondante et convenable; mais du moins elle y séjourne quelque temps, au lieu qu'elle ne fait que passer en certains endroits de l'Allemagne, selon M. Frisch. Sa nourriture ordinaire, ce sont les baies et les vermisseaux, qu'elle sait fort bien trouver en grattant la terre. On la reconnaît à ce qu'elle a les plumes plus lustrées, plus polies que les autres grives, et à ce qu'elle a le bec et les yeux plus noirs que la grive proprement dite, dont elle approche pour la grosseur, et qu'elle a moins de mouchetures sur la poitrine : elle se distingue encore par la couleur orangée du dessous de l'aile, raison pourquoi on la nomme en plusieurs langues *grive à ailes rouges*.

Son cri ordinaire est *tan, tan, kan, kan*, et lorsqu'elle a aperçu un renard, son ennemi naturel, elle le conduit fort loin, comme font aussi les merles, en répétant toujours le même cri. La plupart des naturalistes remarquent qu'elle ne chante point : cela me semble trop absolu ; il faut dire qu'on ne l'entend guère chanter dans les pays où elle ne se trouve pas dans la saison de l'amour, comme en France, en Angleterre, etc. Cette restriction est d'autant plus nécessaire qu'un très-bon observateur (M. Hébert) m'a assuré

---

a. Les paysans de Brie lui donnent le nom de *can* ou *quan*, qui paraît évidemment formé de son cri. Nos paysans des environs de Montbard lui donnent celui de *boute-quelon* et celui de *calandrote*, qui, dans nos planches enluminées, a été donné mal à propos à la litorne, n° 490.

b. M. Linnæus dit le contraire, *Syst. nat.*, p. 169. Cette différence d'un pays à l'autre dépend apparemment de celle de la nourriture ou peut-être de celle des goûts.

c. M. Frisch et les oiseleurs assurent qu'elle ne se prend pas aisément aux lacets, quand ils sont faits de crin blanc ou de crin noir; et il est vrai qu'en Bourgogne l'usage est de les faire de crins noirs et de crins blancs tortillés ensemble. Voyez **Frisch**, article de la planche 28.

d. Klein, *Ordo Avium*, p. 178.

* *Turdus iliacus* (Linn.).

en avoir entendu chanter dans la Brie au printemps ; elles étaient au nombre
de douze ou quinze sur un arbre, et gazouillaient à peu près comme des
linottes. Un autre observateur, habitant la Provence méridionale, m'assure
que le mauvis ne fait que siffler, et qu'il siffle toujours ; d'où l'on peut
conclure qu'il ne niche pas dans ce pays.

Aristote en a parlé sous le nom de *turdus Iliacus*, comme de la plus
petite grive et la moins tachetée [a]. Ce nom de *turdus Iliacus* semble indiquer qu'elle passait en Grèce des côtes d'Asie où se trouve la ville d'*Ilium*.

L'analogie que j'ai établie entre cette espèce et la litorne, se fonde sur ce
qu'elles sont l'une et l'autre étrangères à notre climat, où on ne les voit que
deux fois l'année [b], sur ce qu'elles se réunissent en troupes nombreuses à
certaines heures, pour gazouiller toutes ensemble, et encore sur une certaine conformité dans la grivelure de la poitrine ; mais cette analogie n'est
point exclusive, et on doit avouer que le mauvis a aussi quelque chose de
commun avec la grive proprement dite ; sa chair n'est pas moins délicate ;
il a le dessous de l'aile jaune, mais à la vérité d'une teinte orangée et beaucoup plus vive ; on le trouve quelquefois seul dans les bois, et il se jette aux
vignes comme la grive, avec laquelle M. Lottinger a observé qu'il voyage
souvent de compagnie, surtout au printemps. Il résulte de tout cela que
cette espèce a les moyens de subsister des deux autres, et qu'à bien des
égards on peut la regarder comme faisant la nuance entre la grive et la
litorne.

OISEAUX ÉTRANGERS

QUI ONT RAPPORT AUX GRIVES ET AUX MERLES.

I. — LA GRIVE BASSETTE DE BARBARIE. [c] *

J'appelle ainsi cet oiseau à cause de ses pieds courts : il ressemble aux
grives par sa forme totale, par son bec, par les mouchetures de la poitrine,
semées régulièrement sur un fond blanc , en un mot, par tous les caractères
extérieurs, excepté les pieds et le plumage ; ses pieds sont non-seulement
plus courts, mais plus forts, en quoi il est directement opposé à l'hoamy, et
semble se rapprocher un peu de la draine, qui a les pieds plus courts à

a. Aristot., *Hist. animalium*, lib. IX, cap. XX.

b. En histoire naturelle, comme en bien d'autres matières, il ne faut rien prendre trop absolument. Quoiqu'il soit très-vrai en général que le mauvis ne passe point l'hiver dans notre
pays, cependant M. Hébert m'assure qu'il en a tué une année, par un froid rigoureux, plusieurs douzaines sur une aubépine qui était encore chargée de ses fruits rouges.

c. Thomas Shaw lui donne le nom de *green thrush*.

* *Turdus barbaricus* (Gmel.). — Espèce douteuse. Le *loriot femelle*, selon M. Vieillot.

proportion que nos trois autres grives. A l'égard du plumage, il est d'une grande beauté : la couleur dominante du dessus du corps, compris la tête et le cou, est un vert clair et brillant, le croupion est teint d'un beau jaune, ainsi que l'extrémité des couvertures de la queue et des ailes, dont les pennes sont d'une couleur moins vive ; mais il s'en faut bien que cette énumération de couleurs, fût-elle plus détaillée, pût donner une idée juste de l'effet qu'elles produisent dans l'oiseau même : pour rendre ces sortes d'effets il faut un pinceau et non pas des paroles. M. Shaw, qui a observé cette grive dans son pays natal, en compare le plumage à celui des plus beaux oiseaux d'Amérique [a] ; il ajoute qu'elle n'est pas fort commune, et qu'elle ne paraît qu'en été au temps de la maturité des figues , ce qui suppose que ces fruits ont quelque influence sur l'ordre de sa marche ; et dans ce seul fait j'aperçois deux nouvelles analogies entre cet oiseau et les grives, qui sont pareillement des oiseaux de passage, et qui aiment beaucoup les figues [b].

II. — LE TILLY OU LA GRIVE CENDRÉE D'AMÉRIQUE. [c]*

Tout le dessus du corps, de la tête et du cou est d'un cendré foncé dans l'oiseau dont il s'agit ici : cette couleur s'étend sur les petites couvertures des ailes, et, passant sous le corps, remonte d'une part jusqu'à la gorge exclusivement, et descend d'autre part, mais en se dégradant, jusqu'au bas-ventre, qui est de couleur blanche, ainsi que les couvertures du dessous de la queue : la gorge est blanche aussi, mais grivelée de noir ; les pennes et les grandes couvertures des ailes sont noirâtres et bordées extérieurement de cendré ; les douze pennes de la queue sont étagées et noirâtres comme celles de l'aile, mais les trois latérales de chaque côté sont terminées par une marque blanche d'autant plus grande dans chaque penne que cette penne est plus extérieure. L'iris, le tour des yeux, le bec et les pieds sont rouges ; l'espace entre l'œil et le bec est noir, et le palais est teint d'un orangé fort vif.

La longueur totale du tilly est d'environ dix pouces, son vol de près de quatorze, sa queue de quatre ; son pied de dix-huit lignes, son bec de douze, et son poids de deux onces et demie ; enfin ses ailes, dans leur repos, ne vont pas jusqu'à la moitié de la queue.

a. Thomas Shaw's Travels, p. 253.

b. Nous avons vu plus haut que c'était la nourriture que les anciens recommandaient de donner aux grives qu'on voulait engraisser pour la table ; et nous verrons plus bas qu'elle rend la chair des merles plus délicate.

c. C'est le *red leg'd trush* qu la *grive aux pieds rouges* de Catesby (t. I, p. 30) et le *turdus viscivorus plumbeus* de Klein, *Ordo Avium*, gen. v, sp. xxii, enfin la *quarantième grive* de M. Brisson , t. II, p. 288.

* *Turdus plumbeus* (Linn.).

Cette espèce est sujette à des variétés, car l'individu observé par Catesby avait le bec et la gorge noirs; cette différence de couleurs ne tiendrait-elle pas à celle du sexe? Catesby se contente de dire que la femelle est d'un tiers plus petite que le mâle; il ajoute que ces oiseaux mangent les baies de l'arbre qui donne la gomme élemi.

Ils se trouvent à la Caroline, et sont très-communs dans les îles d'Andros et d'Ilathera, suivant M. Brisson.

III. — LA PETITE GRIVE DES PHILIPPINES. *

On peut rapporter au genre des grives cette nouvelle espèce, dont nous sommes redevables à M. Sonnerat : elle a le devant du cou et la gorge grivelés de blanc sur un fond roux ; le reste du dessous du corps d'un blanc sale tirant au jaune, et le dessus du corps d'un brun fondu avec une teinte olivâtre.

La grosseur de cette grive étrangère est au-dessous de celle du mauvis : on ne peut rien dire de l'étendue de son vol, parce que le nombre des pennes des ailes n'était point complet dans le sujet qui a été observé.

IV. — L'HOAMY DE LA CHINE. **

M. Brisson est le premier qui ait décrit cet oiseau, ou plutôt la femelle de cet oiseau a. Cette femelle est un peu moins grosse que le mauvis; elle lui ressemble, ainsi qu'à la grive proprement dite, et bien plus encore à la grivette de Canada, en ce qu'elle a les pieds plus longs proportionnellement que les autres grives; ils sont jaunâtres de même que le bec; le dessus du corps est d'un brun tirant sur le roux, le dessous d'un roux clair, uniforme; la tête et le cou sont rayés longitudinalement de brun; la queue l'est aussi de la même couleur, mais transversalement.

Voilà à peu près ce qu'on dit de l'extérieur de cet oiseau étranger; mais on ne nous apprend rien de ses mœurs et de ses habitudes. Si c'est en effet une grive, comme on le dit, il faut avouer cependant qu'elle n'a point de grivelures sur la poitrine, non plus que la rousserolle.

V. — LA GRIVELETTE DE SAINT-DOMINGUE. ***

Cette grive est voisine pour la petitesse de la grivette d'Amérique, et elle est encore plus petite ; elle a la tête ornée d'une espèce de couronne ou de calotte d'un orangé vif et presque rouge.

a. Voyez son *Ornithologie*, t. II, p. 221.

* *Turdus philippensis* (Linn.).

** *Turdus sinensis* (Linn.).

*** *Turdus aurocapillus* (Lath.). « (*Motacilla aurocapilla* Linn.). » — « C'est un vrai *bec-fin* « à placer avec les *fauvettes*. » (Cuvier.)

L'individu qu'a dessiné M. Edwards (pl. cclii) diffère du nôtre, en ce qu'il n'est point du tout grivelé sous le ventre : il avait été pris au mois de novembre 1751, sur mer, à huit ou dix lieues de l'île de Saint-Domingue, ce qui donna l'idée à M. Edvards que c'était un de ces oiseaux de passage qui quittent chaque année le continent de l'Amérique septentrionale aux approches de l'hiver, et partent du cap de la Floride pour aller passer cette saison dans des climats plus doux. Cette conjecture a été justifiée par l'observation ; car M. Bartram a mandé ensuite à M. Edwards que ces oiseaux arrivaient en Pensylvanie au mois d'avril, et qu'ils y demeuraient tout l'été ; il ajoute que la femelle bâtit son nid à terre, ou plutôt dans des tas de feuilles sèches, où elle fait une espèce d'excavation en manière de four ; qu'elle le matelasse avec de l'herbe, qu'elle l'établit toujours sur le penchant d'une montagne, à l'exposition du midi, et qu'elle y pond cinq œufs blancs mouchetés de brun. Cette différence dans la couleur des œufs, dans celle du plumage, dans la manière de nicher, à terre et non sur les arbres, quoique les arbres ne manquent point, semble indiquer une nature fort différente de celle de nos grives d'Europe.

VI. — LE PETIT MERLE HUPPÉ DE LA CHINE. *

Je place encore cet oiseau entre les grives et les merles parce qu'il a le port et le fond des couleurs des grives sans en avoir les grivelures, que l'on regarde généralement comme le caractère distinctif de ce genre. Les plumes du sommet de la tête sont plus longues que les autres, et l'oiseau peut, en les relevant, s'en former une huppe. Il a une marque couleur de rose derrière l'œil ; il en a une plus considérable de même couleur, mais moins vive sous la queue, et ses pieds sont d'un brun rougeâtre ; en sorte que ce sera, si l'on veut, dans l'espèce des grives, le pendant du merle couleur de rose. Sa grosseur est à peu près celle de l'alouette, et les ailes, qui, déployées, lui font une envergure d'environ dix pouces, ne s'étendent guère, dans leur repos, qu'à la moitié de la queue. Cette queue est composée de douze pennes étagées. Le brun plus ou moins foncé est la couleur dominante du dessus du corps, compris les ailes, la huppe et la tête ; mais les quatre pennes latérales de chaque côté de la queue sont terminées de blanc ; le dessous du corps est de cette dernière couleur, avec quelques teintes de brun au-dessus de la poitrine : je ne dois point omettre deux traits noirâtres qui, partant des coins du bec, et se prolongeant en arrière sur un fond blanc, font à cet oiseau une espèce de moustache dont l'effet est marqué.

* *Turdus jocosus* (Linn.). — *Lanius jocosus.* — Cuvier rapproche cette espèce des *pies-grièches.*

LES MOQUEURS.

Un oiseau remarquable par quelque endroit a toujours beaucoup de
noms, et lorsque cet oiseau est étranger, cette multitude embarrassante de
noms, qui est un abus en soi, donne lieu à un autre abus plus fâcheux
encore, celui de la multiplication des espèces purement nominales, et par
conséquent imaginaires, dont l'extinction n'importe pas moins à l'histoire
naturelle que la découverte de nouvelles espèces véritables : c'est ce qui
est arrivé à l'égard des moqueurs d'Amérique. En effet, il est aisé de reconnaître, en comparant le moqueur de M. Brisson [a] et le merle cendré de
Saint-Domingue [1], que ces deux oiseaux appartiennent à la même espèce, et
qu'ils ne diffèrent entre eux que par la couleur du dessous du corps, qui
est un peu moins grise dans le merle cendré de Saint-Domingue que dans
le moqueur : on reconnaîtra pareillement, et par la même voie de comparaison, que le merle de Saint-Domingue de M. Brisson [b] est encore le même
oiseau, ne différant du moqueur que par quelques teintes plus ou moins
foncées dans les couleurs du plumage, et parce que les pennes de sa queue
ne sont point ou presque point étagées. On se convaincra de la même manière que le tzonpan de Fernandez [c] est ou la femelle du *cencontlatolli*,
c'est-à-dire du moqueur, comme le soupçonne Fernandez lui-même, ou
tout au plus une variété constante dans cette même espèce. Il est vrai que
son plumage est moins uniforme, étant mêlé par-dessus de blanc, de noir
et de brun, et par-dessous de blanc, de noir et de cendré ; mais le fond en
est absolument le même, ainsi que la taille, la forme totale, le ramage et
le climat. On en doit dire autant du *tetzonpan* et du *centzonpantli* de Fernandez [d] ; car la courte notice qu'en donne cet auteur ne présente que
traits de ressemblance pour la grosseur, les couleurs, le chant, et pas un
seul trait de disparité ; si l'on joint à cela la conformité des noms, *tzonpan*,
tetzonpan, *centzonpantli*, on sera fondé à croire que tous ces noms ne désignent qu'une seule espèce réelle qui aura produit plusieurs espèces nominales, soit par l'erreur des copistes, soit par la diversité des dialectes mexicains. Enfin, l'on ne pourra s'empêcher d'admettre aussi dans l'espèce du
moqueur l'oiseau appelé *grand moqueur* par M. Brisson [e], et qu'il dit être
le même que le moqueur de M. Sloane, quoique selon les dimensions qu'en

a. *Ornithologie*, t. II, p. 262.
b. *Ibid.* tome II, page 284.
c. *Historia Avium novæ Hispaniæ*, cap. xxx. — Nieremberg l'appelle *tzanpan*, *Hist. nat.*,
lib. x, cap. lxxvii ; et M. Edwards, *tzaupan*, page 78.
d. *Historia Avium novæ Hispaniæ*, cap. cxv.
e. Tome II, page 266.
1. Représenté dans les *planches enluminées* de Buffon, n° 558.

a données M. Sloane, il soit le plus petit des moqueurs connus : d'ailleurs, M. Sloane le regarde comme étant de la même espèce que le *cenconllatolli* de Fernandez, dont M. Brisson a fait son moqueur simplement dit. Mais il y a plus, et M. Brisson lui-même a reconnu, sans s'en apercevoir, cette identité d'espèce que je prétends établir ; car M. Ray ayant parlé du moqueur, pages 64 et 65, et en ayant renvoyé la description à l'*appendix*, page 159, M. Brisson a rapporté la première citation au grand moqueur, et la dernière au petit, quoique dans l'intention de M. Ray elles se rapportassent évidemment toutes deux au même oiseau. Les seules différences qui distinguent le prétendu grand moqueur de l'autre, c'est que son plumage est un peu plus rembruni, qu'il semble avoir les pieds plus longs [a], et que les descripteurs n'ont pas dit qu'il eût la queue étagée.

Cette réduction ainsi faite, il ne nous restera que deux espèces de moqueurs , savoir, le moqueur français et le moqueur proprement dit. Je vais parler de ces deux espèces dans l'ordre où je les ai nommées, parce que c'est à peu près l'ordre de leur ressemblance avec les grives.

LE MOQUEUR FRANÇAIS. [b] *

Parmi les oiseaux d'Amérique appelés *moqueurs*, c'est celui-ci qui ressemble le plus à nos grives par les grivelures ou mouchetures de la poitrine ; mais il en diffère d'une manière assez marquée par les proportions relatives de la queue et des ailes, celles-ci, dans leur état de repos, finissant presque où la queue commence. La queue a plus de quatre pouces de longueur, c'est-à-dire plus du tiers de la longueur totale de l'oiseau, qui n'est que de onze pouces. Sa grosseur est moyenne entre celle de la draine et de la litorne. Il a les yeux jaunes, le bec noirâtre, les pieds bruns et tout le dessus du corps du même roux que le poil du renard, cependant avec quelque mélange de brun : ces deux couleurs règnent aussi sur les pennes des ailes, mais séparément, savoir, le roux sur les barbes extérieures, et le brun sur les intérieures. Les grandes et les moyennes couvertures des ailes sont terminées de blanc, ce qui forme deux traits de cette couleur qui traversent obliquement les ailes.

a. L'expression de M. Sloane a quelque chose d'équivoque : il dit que les jambes et les pieds ont un pouce trois quarts de long ; mais que doit-on entendre par les jambes et les pieds ? Est-ce la jambe véritable avec le tarse ? ou bien le tarse avec les doigts ? M. Brisson l'a entendu du tarse seul.

b. Voyez Catesby, *Hist. nat. de la Caroline*, p. 28. Il lui a donné les noms de *grive rousse*, en anglais, *fox coloured-thrush, french-mock-bird*. M. Brisson en fait sa huitième grive, sous le nom de *grive de la Caroline. Ornithologie*, t. II, p. 223.

* *Turdus rufus* (Gmel.).

Le dessous du corps est blanc sale, tacheté de brun obscur ; mais les taches sont plus clair-semées que dans le plumage de nos grives : la queue est étagée, un peu tombante et entièrement rousse. Le ramage du moqueur français a quelque variété, mais il n'est pas comparable à celui du moqueur proprement dit.

Il se nourrit ordinairement du fruit d'une sorte de cerisier noir fort différent de nos cerisiers d'Europe, puisque ses fruits sont disposés en grappes. Il reste toute l'année à la Caroline et à la Virginie, et par conséquent il n'est pas, au moins pour ces contrées, un oiseau de passage : nouveau trait de dissemblance avec nos grives.

LE MOQUEUR. [a][*]

Nous trouvons dans cet oiseau singulier une exception frappante à une observation générale faite sur les oiseaux du Nouveau-Monde. Presque tous les voyageurs s'accordent à dire qu'autant les couleurs de leur plumage sont vives, riches, éclatantes, autant le son de leur voix est aigre, rauque, monotone, en un mot, désagréable. Celui-ci est au contraire, si l'on en croit Fernandez, Nieremberg et les Américains, le chantre le plus excellent parmi tous les volatiles de l'univers, sans même en excepter le rossignol : car il charme, comme lui, par les accents flatteurs de son ramage, et de plus il amuse par le talent inné qu'il a de contrefaire le chant ou plutôt le cri des autres oiseaux ; et c'est de là, sans doute, que lui est venu le nom de *moqueur* : cependant, bien loin de rendre ridicules ces chants étrangers qu'il répète, il paraît ne les imiter que pour les embelllir ; on croirait qu'en s'appropriant ainsi tous les sons qui frappent ses oreilles il ne cherche qu'à enrichir et perfectionner son propre chant, et qu'à exercer de toutes les manières possibles son infatigable gosier. Aussi les sauvages lui ont-ils donné le nom de *cencontlatolli,* qui veut dire quatre cents langues, et les savants celui de *polyglotte,* qui signifie à peu près la même chose. Non-seulement le moqueur chante bien et avec goût, mais il chante avec action, avec âme, ou plutôt son chant n'est que l'expression de ses affections intérieures ; il s'anime à sa propre voix, et l'accompagne par des mouvements cadencés, toujours assortis à l'inépuisable variété de ses phrases naturelles et acquises. Son prélude ordinaire est de s'élever d'abord peu à peu, les ailes étendues, de retomber ensuite la tête en bas au même point d'où il

---

a. Ce sont les trois *moqueurs* de M. Brisson, t. II, p. 262, 265 et 266, et son *merle de Saint-Domingue,* p. 284. Des voyageurs ont pris pour moqueurs certaines espèces de troupiales. Voyez *Essay on Hist. nat. of Guiana,* p. 178.

[*] *Turdus polyglottus* (Linn.)

était parti ; et ce n'est qu'après avoir continué quelque temps ce bizarre exercice que commence l'accord de ses mouvements divers, ou, si l'on veut, de sa danse, avec les différents caractères de son chant : exécute-t-il avec sa voix des roulements vifs et légers, son vol décrit en même temps dans l'air une multitude de cercles qui se croisent ; on le voit suivre, en serpentant, les tours et retours d'une ligne tortueuse sur laquelle il monte, descend et remonte sans cesse. Son gosier forme-t-il une cadence brillante et bien battue, il l'accompagne d'un battement d'ailes également vif et précipité. Se livre-t-il à la volubilité des arpéges et des batteries, il les exécute une seconde fois par les bonds multipliés d'un vol inégal et sautillant. Donne-t-il essor à sa voix dans ces tenues si expressives où les sons, d'abord pleins et éclatants, se dégradent ensuite par nuances, et semblent enfin s'éteindre tout à fait et se perdre dans un silence qui a son charme comme la plus belle mélodie, on le voit en même temps planer moelleusement au-dessus de son arbre, ralentir encore par degrés les ondulations imperceptibles de ses ailes, et rester enfin immobile, et comme suspendu au milieu des airs.

Il s'en faut bien que le plumage de ce rossignol d'Amérique réponde à la beauté de son chant ; les couleurs en sont très-communes, et n'ont ni éclat ni variété ; le dessus du corps est gris-brun plus ou moins foncé ; le dessus des ailes et de la queue est encore plus brun : seulement ce brun est égayé, 1° sur les ailes, par une marque blanche qui les traverse obliquement vers le milieu de leur longueur, et quelquefois par de petites mouchetures blanches qui se trouvent à la partie antérieure ; 2° sur la queue, par une bordure de même couleur blanche ; enfin, sur la tête, par un cercle encore de même couleur, qui lui forme une espèce de couronne [a], et qui, se prolongeant sur les yeux, lui dessine comme deux sourcils assez marqués [b]. Le dessous du corps est blanc depuis la gorge jusqu'au bout de la queue : on aperçoit dans le sujet représenté par M. Edwards quelques grivelures, les unes sur les côtés du cou, et les autres sur le blanc des grandes couvertures des ailes.

Le moqueur approche du mauvis pour la grosseur ; il a la queue un peu étagée [c], les pieds noirâtres, le bec de la même couleur, accompagné de longues barbes qui naissent au-dessus des angles de son ouverture ; enfin il a les ailes plus courtes que nos grives, mais cependant moins courtes que le moqueur français.

Il se trouve à la Caroline, à la Jamaïque, à la Nouvelle-Espagne, etc. En général, il se plaît dans les pays chauds et subsiste dans les tempérés : à la

a. Voyez Fernandez, *loco citato.*
b. Tel est l'individu représenté par M. Edwards, planche 78.
c. Cela ne paraît point du tout dans la figure de M. Sloane, et il n'en est point question dans la description.

Jamaïque il est fort commun dans les savanes des contrées où il y a beaucoup de bois [a] : il se perche sur les plus hautes branches, et c'est de là qu'il fait entendre sa voix. Il niche souvent sur les ébéniers. Ses œufs sont tachetés de brun. Il vit de cerises, de baies d'aubépine et de cornouiller, et même d'insectes ; sa chair passe pour un fort bon manger. Il n'est pas facile de l'élever en cage, cependant on en vient à bout lorsqu'on sait s'y prendre, et l'on jouit une partie de l'année de l'agrément de son ramage ; mais il faut pour cela se conformer à ses goûts, à son instinct, à ses besoins, il faut, à force de bons traitements, lui faire oublier son esclavage ou plutôt la liberté. Au demeurant, c'est un oiseau assez familier qui semble aimer l'homme, s'approche des habitations, et vient se percher jusque sur les cheminées.

Celui qu'a ouvert M. Sloane avait le ventricule peu musculeux, le foie blanchâtre et les intestins roulés et repliés en un grand nombre de circonvolutions.

LE MERLE. *

Le mâle adulte, dans cette espèce, est encore plus noir que le corbeau ; il est d'un noir plus décidé, plus pur, moins altéré par des reflets : excepté le bec, le tour des yeux, le talon et la plante du pied, qu'il a plus ou moins jaune, il est noir partout et dans tous les aspects ; aussi les Anglais l'appellent-ils l'oiseau noir par excellence. La femelle, au contraire, n'a point de noir décidé dans tout son plumage, mais différentes nuances de brun mêlées de roux et de gris ; son bec ne jaunit que rarement, elle ne chante pas non plus comme le mâle, et tout cela a donné lieu de la prendre pour un oiseau d'une autre espèce [b].

Les merles ne s'éloignent pas seulement du genre des grives par la couleur du plumage, et par la différente livrée du mâle et de la femelle, mais encore par leur cri que tout le monde connaît, et par quelques-unes de leurs habitudes : ils ne voyagent ni ne vont en troupes comme les grives, et néanmoins, quoique plus sauvages entre eux, ils le sont moins à l'égard de l'homme ; car nous les apprivoisons plus aisément que les grives, et ils ne se tiennent pas si loin des lieux habités ; au reste, ils passent communément pour être très-fins, parce qu'ayant la vue perçante ils découvrent les chasseurs de fort loin et se laissent approcher difficilement ; mais, en les

a. *Jamaïca*, p. 305, planche 256, fig. 3.
b. Frisch, planche 29. Je soupçonne que c'est à cette femelle qu'on donne en certains pays le nom de *merle-grive*.

* *Turdus merula* (Linn.). — *Le merle commun* (Cuv.).

étudiant de plus près, on reconnaît qu'ils sont plus inquiets que rusés, plus peureux que défiants, puisqu'ils se laissent prendre aux gluaux, aux lacets, et à toutes sortes de piéges, pourvu que la main qui les a tendus sache se rendre invisible.

Lorsqu'ils sont renfermés avec d'autres oiseaux plus faibles, leur inquiétude naturelle se change en pétulance; ils poursuivent, ils tourmentent continuellement leurs compagnons d'esclavage, et, par cette raison, on ne doit pas les admettre dans les volières où l'on veut rassembler et conserver plusieurs espèces de petits oiseaux.

On peut, si l'on veut, en élever à part à cause de leur chant; non pas de leur chant naturel, qui n'est guère supportable qu'en pleine campagne, mais à cause de la facilité qu'ils ont de le perfectionner, de retenir les airs qu'on leur apprend, d'imiter différents bruits, différents sons d'instruments [a], et même de contrefaire la voix humaine [b].

Comme les merles entrent de bonne heure en amour, et presque aussitôt que les grives, ils commencent aussi à chanter de bonne heure; et comme ils ne font pas une seule ponte, ils continuent de chanter bien avant dans la belle saison; ils chantent donc lorsque la plupart des autres chantres des bois se taisent et éprouvent la maladie périodique de la mue, ce qui a pu faire croire à plusieurs que le merle n'était point sujet à cette maladie [c]; mais cela n'est ni vrai, ni même vraisemblable : pour peu qu'on fréquente les bois, on voit ces oiseaux en mue sur la fin de l'été; on en trouve même quelquefois qui ont la tête entièrement chauve; aussi Olina, et les auteurs de la *Zoologie britannique*, disent-ils que le merle se tait comme les autres oiseaux dans le temps de la mue [d], et les zoologues ajoutent qu'il recommence quelquefois à chanter au commencement de l'hiver; mais le plus souvent dans cette saison il n'a qu'un cri enroué et désagréable.

Les anciens prétendaient que pendant cette même saison son plumage changeait de couleur et prenait du roux [e], et Olina, l'un des modernes qui a le mieux connu les oiseaux dont il a parlé, dit que cela arrive en automne, soit que ce changement de couleur soit un effet de la mue, soit que les femelles et les jeunes merles, qui sont en effet plus roux que noirs, soient en plus grand nombre, et se montrent alors plus fréquemment que les mâles adultes.

Ces oiseaux font leur première ponte sur la fin de l'hiver; elle est de cinq ou six œufs d'un vert bleuâtre avec des taches couleur de rouille fréquentes et peu distinctes. Il est rare que cette première ponte réussisse, à cause de

---

a. Olina, *Uccellaria*, p. 29.
b. Olina, *Ibidem*. — Philostrat., *Vita Apollonii*, lib. vii. — Gessner, *de Avibus*, p. 606.
c. « Merulæ, turdique et sturni plumam non amittunt. » Pline, lib. x, cap. xxiv.
d. Olina, *Ibidem*. — *British Zoology*, p. 92.
e. « Merula ex nigrâ rufescit. » Pline, lib. x, cap. xxix.

l'intempérie de la saison; mais la seconde va mieux, et n'est que de quatre
ou cinq œufs. Le nid des merles est construit à peu près comme celui des
grives, excepté qu'il est matelassé en dedans : ils le font ordinairement
dans les buissons ou sur des arbres de hauteur médiocre; il semble même
qu'ils soient portés naturellement à le placer près de terre, et que ce n'est
que par l'expérience des inconvénients qu'ils apprennent à le mettre plus
haut [a]. On m'en a apporté un, une seule fois, qui avait été pris dans le
tronc d'un pommier creux.

De la mousse, qui ne manque jamais sur le tronc des arbres, du limon,
qu'ils trouvent au pied ou dans les environs, sont les matériaux dont ils
font le corps du nid; des brins d'herbe et de petites racines sont la matière
d'un tissu plus mollet dont ils le revêtent intérieurement, et ils travaillent
avec une telle assiduité qu'il ne leur faut que huit jours pour finir l'ouvrage.
Le nid achevé, la femelle se met à pondre, et ensuite à couver ses œufs;
elle les couve seule, et le mâle ne prend part à cette opération qu'en pourvoyant à la subsistance de la couveuse [b]. L'auteur du *Traité du rossignol*
assure avoir vu un jeune merle de l'année, mais déjà fort, se charger volontiers de nourrir des petits de son espèce nouvellement dénichés; mais cet
auteur ne dit point de quel sexe était ce jeune merle.

J'ai observé que les petits éprouvaient plus d'une mue dans la première
année, et qu'à chaque mue le plumage des mâles devient plus noir, et le
bec plus jaune, à commencer par la base. A l'égard des femelles, elles conservent, comme j'ai dit, les couleurs du premier âge, comme elles en conservent aussi la plupart des attributs : elles ont cependant le dedans de la
bouche et du gosier du même jaune que les mâles, et l'on peut aussi remarquer dans les uns et les autres un mouvement assez fréquent de la queue de

a. « Nidum hujusce modi.... in cespitibus spinosis prope terram repertum diligenter consi-
deravi. » Gessner. — Un merle, voyant qu'un chat lui avait mangé ses deux premières couvées
dans le nid, fait au pied d'une haie, en fit une troisième sur un pommier, à huit pieds de
hauteur. *Hist. nat. des Oiseaux* de M. Salerne, p. 176.

b. M. Salerne entre sur tout cela dans des détails qui lui ont été fournis par un curieux
observateur, mais dont quelques-uns lui sont suspects à lui-même, et qui pour la plupart me
paraissent sans vraisemblance. Suivant ce curieux observateur, un mâle et sa femelle ayant
été renfermés au temps de la ponte dans une grande volière, commencèrent par poser de la
mousse pour base du nid, ensuite ils répandirent sur cette mousse de la poussière dont ils
avaient rempli leur gosier, et piétinant dans l'eau pour se mouiller les pieds, ils détrempèrent
cette poussière et continuèrent ainsi couche par couche ... Les petits éclos, ils les nourrissaient
de vers de terre coupés par morceaux, et se nourrissaient eux-mêmes en partie de la fiente que
rendaient leurs petits après avoir reçu la béquée.... Enfin de quatre couvées qu'ils firent de
suite dans cette volière, ils mangèrent les deux dernières, ce qui explique, dit-on, pourquoi
les merles, qui sont si féconds, sont néanmoins si peu multipliés en comparaison des grives et
des alouettes. Voyez l'*Hist. nat. des Oiseaux* de M. Salerne, p. 176. Mais avant de tirer des
conséquences de pareils faits il faut attendre que de nouvelles observations les aient confirmés,
et fussent-ils confirmés en effet, il faudrait encore distinguer soigneusement les faits généraux
qui appartiennent à l'histoire de l'espèce, des actions particulières et propres à quelques
individus.

haut en bas, qu'ils accompagnent d'un léger trémoussement d'ailes et d'un petit cri bref et coupé.

Ces oiseaux ne changent point de contrée pendant l'hiver [a], mais ils choisissent dans la contrée qu'ils habitent l'asile qui leur convient le mieux pendant cette saison rigoureuse ; ce sont ordinairement les bois les plus épais, surtout ceux où il y a des fontaines chaudes et qui sont peuplés d'arbres toujours verts, tels que piceas, sapins, lauriers, myrtes, cyprès, genèvriers, sur lesquels ils trouvent plus de ressources, soit pour se mettre à l'abri des frimas, soit pour vivre ; aussi viennent-ils quelquefois les chercher jusque dans nos jardins, et l'on pourrait soupçonner que les pays où on ne voit point de merles en hiver sont ceux où il ne se trouve point de ces sortes d'arbres, ni de fontaines chaudes.

Les merles sauvages se nourrissent, outre cela, de toute sorte de baies, de fruits et d'insectes ; et comme il n'est point de pays si dépourvu qui ne présente quelqu'une de ces nourritures, et que d'ailleurs le merle est un oiseau qui s'accommode à tous les climats, il n'est non plus guère de pays où cet oiseau ne se trouve, au nord et au midi, dans le vieux et dans le nouveau continent, mais plus ou moins différent de lui-même, selon qu'il a reçu plus ou moins fortement l'empreinte du climat où il s'est fixé.

Ceux que l'on tient en cage mangent aussi de la viande cuite ou hachée, du pain, etc. ; mais on prétend que les pepins de pommes de grenade sont un poison pour eux comme pour les grives : quoi qu'il en soit, ils aiment beaucoup à se baigner, et il ne faut pas leur épargner l'eau dans les volières. Leur chair est un fort bon manger, et ne le cède point à celle de la draine ou de la litorne ; il paraît même qu'elle est préférée à celle de la grive et du mauvis dans les pays où ils se nourrissent d'olives, qui la rendent succulente, et de baies de myrte qui la parfument. Les oiseaux de proie en sont aussi avides que les hommes, et leur font une guerre presque aussi destructive ; sans cela ils se multiplieraient à l'excès. Olina fixe la durée de leur vie à sept ou huit ans.

J'ai disséqué une femelle qui avait été prise sur ses œufs vers le 15 de mai et qui pesait deux onces deux gros : elle avait la grappe de l'ovaire garnie d'un grand nombre d'œufs de grosseurs inégales ; les plus gros avaient près de deux lignes de diamètre et étaient de couleur orangée ; les

---

a. Bien des gens prétendent qu'ils quittent la Corse vers le 15 février, et qu'ils n'y reviennent que sur la fin d'octobre ; mais M. Artier, professeur royal de philosophie à Bastia, doute du fait, et il se fonde sur ce qu'en toute saison ils peuvent trouver dans cette île la température qui leur convient : pendant les froids, qui sont toujours très-modérés dans les plaines, et pendant les chaleurs, sur les montagnes. M. Artier ajoute qu'ils y trouvent aussi une abondante nourriture en tout temps, des fruits sauvages de toute espèce, des raisins, et surtout des olives qui, dans l'île de Corse, ne sont cueillies totalement que sur la fin d'avril. M. Lottinger croit que les mâles passent l'hiver en Lorraine, mais que les femelles s'en éloignent un peu dans les temps les plus rudes.

plus petits étaient d'une couleur plus claire, d'une substance moins opaque et n'avaient guère qu'un tiers de ligne de diamètre. Elle avait le bec absolument jaune, ainsi que la langue et tout le dedans de la bouche, le tube intestinal long de dix-sept à dix-huit pouces, le gésier très-musculeux, précédé d'une poche formée par la dilatation de l'œsophage, la vésicule du fiel oblongue et point de *cœcum*.

<hr>

VARIÉTÉS DU MERLE.

LES MERLES BLANCS ET TACHETÉS DE BLANC.

Quoique le merle ordinaire soit l'oiseau noir par excellence et plus noir que le corbeau, cependant on ne peut nier que son plumage ne prenne quelquefois du blanc et que même il ne change en entier du noir au blanc, comme il arrive dans l'espèce du corbeau et dans celles des corneilles, des choucas et de presque tous les autres oiseaux, tantôt par l'influence du climat, tantôt par d'autres causes plus particulières et moins connues. En effet, la couleur blanche semble être, dans la plupart des animaux comme dans les fleurs d'un grand nombre de plantes, la couleur dans laquelle dégénèrent toutes les autres, y compris le noir, et cela brusquement et sans passer par les nuances intermédiaires ; rien cependant de si opposé en apparence que le noir et le blanc : celui-là résulte de la privation ou de l'absorption totale des rayons colorés ; et le blanc, au contraire, de leur réunion la plus complète ; mais en physique on trouve à chaque pas que les extrèmes se rapprochent, et que les choses qui, dans l'ordre de nos idées et même de nos sensations, paraissent les plus contraires, ont dans l'ordre de la nature des analogies secrètes qui se déclarent souvent par des effets inattendus.

Entre tous les merles blancs ou tachetés de blanc qui ont été décrits, les seuls qui me paraissent devoir se rapporter à l'espèce du merle ordinaire sont : 1° le merle blanc, qui avait été envoyé de Rome à Aldrovande, et 2° celui à tête blanche du même auteur, lesquels ayant tous deux le bec et les pieds jaunes[a], comme le merle ordinaire, sont censés appartenir à cette espèce. Il n'en est pas de même de quelques autres en plus grand nombre et plus généralement connus, dont je ferai mention dans l'article suivant.

a. Voyez *Aldrovandi Ornithologia*, t. II, p. 606 et 609.

LE MERLE A PLASTRON BLANC. *

J'ai changé la dénomination de merle à collier que plusieurs avaient jugé à propos d'appliquer à cet oiseau, et je lui ai substitué celle de merle à plastron blanc, comme ayant plus de justesse et même comme étant nécessaire pour distinguer cette race de celle du véritable merle à collier dont je parlerai plus bas.

Dans l'espèce dont il s'agit ici, le mâle a en effet au-dessus de la poitrine une sorte de plastron blanc très-remarquable ; je dis le mâle, car le plastron de la femelle est d'un blanc plus terne, plus mêlé de roux ; et comme d'ailleurs le plumage de cette femelle est d'un brun roux, son plastron tranche beaucoup moins sur ce fond presque de même couleur et cesse quelquefois tout à fait d'être apparent [a] ; c'est sans doute ce qui a donné lieu à quelques nomenclateurs de faire de cette femelle une espèce particulière sous le nom de *merle de montagne*, espèce purement nominale, qui a les mêmes mœurs que le merle à plastron blanc et qui en diffère moins, soit en grosseur, soit en couleur, que les femelles ne diffèrent de leurs mâles dans la plupart des espèces.

Ce merle a beaucoup de rapports avec le merle ordinaire : il a, comme lui, le fond du plumage noir, les coins et l'intérieur du bec jaunes et à peu près la même taille, le même port ; mais il s'en distingue par son plastron, par le blanc dont son plumage est émaillé, principalement sur la poitrine, le ventre et les ailes [b] ; par son bec plus court et moins jaune ; par la forme des pennes moyennes des ailes, qui sont carrées par le bout avec une petite pointe saillante au milieu, formée par l'extrémité de la côte ; enfin il en diffère par son cri [c], ainsi que par ses habitudes et par ses mœurs. C'est un véritable oiseau de passage, mais qui parcourt chaque année la circonférence d'un cercle dont tous les points ne sont pas encore bien connus. On sait seulement qu'en général il suit les chaînes des montagnes, sans néanmoins tenir de route bien certaine [d]. On n'en voit guère paraître aux environs de Montbard que dans les premiers jours d'octobre ; ils arrivent alors

---

a. Voyez Willughby, *Ornithologia*, p. 144.

b. M. Willughby a vu à Rome un de ces oiseaux qui avait le plastron gris, et toutes les plumes bordées de cette même couleur ; il jugea que c'était un jeune oiseau ou une femelle. *Ornithologia*, p. 143.

c. Ce cri est en automne, *crr, crr, crr;* mais un homme digne de foi avait assuré à Gessner qu'il avait entendu chanter ce merle au printemps, et d'une manière fort agréable. *De Avibus*, p. 607.

d. Il ne se montre pas tous les ans en Silésie, selon Schwenckfeld (*Aviar. Silesiæ,* p. 302), et c'est la même chose en certains cantons de la Bourgogne.

* *Turdus torquatus* (Linn.).

par petits pelotons de douze ou quinze, et jamais en grand nombre : il semble
que ce soit quelques familles égarées qui ont quitté le gros de la troupe ; ils
restent rarement plus de deux ou trois semaines, et la moindre gelée suffit
alors pour les faire disparaître ; cependant je ne dois point dissimuler que
M. Klein nous apprend qu'on lui a apporté de ces oiseaux vivants pendant
l'hiver[a]. Ils repassent vers le mois d'avril ou de mai, du moins en Bourgogne, en Brie[b], et même dans la Silésie et la Frise, selon Gessner.

Il est très-rare que ces merles habitent les plaines dans la partie tempé-
rée de l'Europe : néanmoins M. Salerne assure qu'on a trouvé de leurs nids
en Sologne et dans la forêt d'Orléans ; que ces nids étaient faits comme ceux
du merle ordinaire ; qu'ils contenaient cinq œufs de même grosseur, de
même couleur, et (ce qui s'éloigne des habitudes du merle) que ces oiseaux
nichent contre terre, au pied des buissons, d'où leur vient apparemment le
nom de *merles terriers* ou *buissonniers*. Ce qui paraît sûr, c'est qu'ils sont
très-communs en certains temps de l'année sur les hautes montagnes de la
Suède, de l'Écosse, de l'Auvergne, de la Savoie, de la Suisse, de la
Grèce, etc. Il y a même apparence qu'ils sont répandus en Asie, en Afrique
et jusqu'aux Açores ; car c'est à cette espèce voyageuse, sociale, ayant du
blanc dans son plumage et se tenant sur les montagnes que s'applique naturellement ce que dit Tavernier des volées de merles qui passent de temps en
temps sur les frontières de la Médie et de l'Arménie, et délivrent le pays
des sauterelles[c], comme aussi ce que dit M. Adanson de ces merles noirs
tachetés de blanc qu'il a vus sur les sommets des montagnes de l'île Fayal,
se tenant par compagnies sur les arbouziers, dont ils mangeaient le fruit
en jasant continuellement[d].

Ceux qui voyagent en Europe se nourrissent aussi de baies. M. Willughby
a trouvé dans leur estomac des débris d'insectes et des baies semblables à
celles du groseillier ; mais ils aiment de préférence celles de lierre et les
raisins : c'est dans le temps de la vendange qu'ils sont ordinairement le
plus gras et que leur chair devient à la fois savoureuse et succulente.

Quelques chasseurs prétendent que ces merles attirent les grives, et que,
lorsqu'on peut en avoir de vivants, on fait de très-bonnes chasses de grives
au lacet ; on a aussi remarqué qu'ils se laissent plus aisément approcher
que nos merles communs, quoiqu'ils soient plus difficiles à prendre dans
les piéges.

J'ai trouvé, en les disséquant, la vésicule du fiel oblongue, fort petite et

a. *De Avibus erraticis*, p. 180.

b. M. Hébert m'assure qu'en Brie, où il a beaucoup chassé en toute saison, il a tué grand
nombre de ces merles dans les mois d'avril et de mai, et qu'il ne lui est jamais arrivé d'en
rencontrer au mois d'octobre. En Bourgogne, au contraire, ils semblent être moins rares en
automne qu'au printemps.

c. Tavernier, t. II de ses *Voyages*, p. 24.

d. *Voyage au Sénégal*, p. 186.

par conséquent fort différente de ce que dit Willughby [a]; mais l'on sait combien la forme et la situation des parties molles sont sujettes à varier dans l'intérieur des animaux ; le ventricule était musculeux, sa membrane interne ridée à l'ordinaire et sans adhérence : dans cette membrane je vis des débris de grains de genièvre et rien autre chose ; le canal intestinal, mesuré entre ses deux orifices extrêmes, avait environ vingt pouces ; le ventricule ou gésier se trouvait placé entre le quart et le cinquième de sa longueur ; enfin j'aperçus quelques vestiges de *cœcums*, dont l'un paraissait double.

VARIÉTÉS DU MERLE A PLASTRON BLANC.

I. — LES MERLES BLANCS OU TACHETÉS DE BLANC.

J'ai dit que la plupart de ces variétés devaient se rapporter à l'espèce du plastron blanc ; et en effet, Aristote, qui connaissait les merles blancs, en fait une espèce distincte du merle ordinaire, quoique ayant la même grosseur et le même cri ; mais il savait bien qu'ils n'avaient pas les mêmes habitudes, et qu'ils se plaisaient dans les pays montueux [b]. Belon ne reconnaît non plus d'autres différences entre les deux espèces que celle du plumage et celle de l'instinct, qui attache le merle blanc aux montagnes [c]. On le trouve, en effet, non-seulement sur celles d'Arcadie, de Savoie et d'Auvergne, mais encore sur celles de Silésie, sur les Alpes, l'Apennin, etc. [d]. Or, cette disparité d'instinct par laquelle le merle blanc s'éloigne de la nature du merle ordinaire est un trait de conformité par lequel il se rapproche de celle du merle à plastron blanc. D'ailleurs il est oiseau de passage comme lui, et passe dans le même temps ; enfin n'est-il pas évident que la nature du merle à plastron blanc a plus de tendance au blanc, et n'est-il pas naturel de croire que la couleur blanche qui existe dans son plumage peut s'étendre avec plus de facilité sur les plumes voisines, que le plumage du merle ordinaire ne peut changer en entier du noir au blanc ? Ces raisons m'ont paru suffisantes pour m'autoriser à regarder la plupart des merles blancs, ou tachetés de blanc, comme des variétés dans l'espèce du merle à plastron blanc. Le merle blanc que j'ai observé, avait les pennes des ailes et de la queue plus blanches que tout le reste, et le dessus du

---

a. « Cystis fellea magna. » *Ornithologia*, p. 143.

b. « Circa Cyllenem Arcadiæ familiare, nec usquam alibi nascens. » *Hist. animal.*, lib. ix, cap. xix.

c. Voyez *Nature des Oiseaux*, p. 317, où Belon dit expressément que ce merle ne descend jamais des montagnes.

d. Willughby, *Ornithologia*, p. 140.

corps, excepté le sommet de la tête. d'un gris plus clair que le dessous du
corps. Le bec était brun, avec un peu de jaune sur les bords ; il y avait
aussi du jaune sous la gorge et sur la poitrine, et les pieds étaient d'un
gris brun foncé. On l'avait pris aux environs de Montbard dans les premiers
jours de novembre, avant qu'il eût encore gelé, c'est-à-dire au temps juste
du passage des merles à plastron blanc, puisque peu de jours auparavant
on m'en avait apporté deux de cette dernière espèce.

Parmi les merles tachetés de blanc, cette dernière couleur se combine
diversement avec le noir ; quelquefois elle se répand exclusivement sur les
pennes de la queue et des ailes, que cependant l'on dit être moins sujettes
aux variations de couleur [a], tandis que toutes les autres plumes, que l'on
regarde comme étant d'une couleur moins fixe, conservent leur noir dans
toute sa pureté ; d'autres fois elle forme un véritable collier qui tourne tout
autour du cou de l'oiseau, et qui est moins large que le plastron blanc du
merle précédent. Cette variété n'a point échappé à Belon , qui dit avoir vu
en Grèce, en Savoie et dans la vallée de Maurienne une grande quantité de
merles au collier, ainsi nommés parce qu'ils ont une ligne blanche qui
leur tourne tout le cou [b]. M. Lottinger, qui a eu occasion d'étudier ces
oiseaux dans les montagnes de la Lorraine, où ils font quelquefois leur
ponte, m'assure qu'ils y nichent de très-bonne heure, qu'ils construisent et
posent leur nid à peu près comme la grive, que l'éducation de leurs petits
se trouve achevée dès la fin de juin, qu'ils font un voyage tous les ans,
mais que leur départ n'est rien moins qu'à jour nommé : il commence sur
la fin de juillet et dure tout le mois d'août, pendant lequel temps on ne
voit pas un seul de ces oiseaux dans la plaine, quel qu'en soit le nombre,
ce qui prouve bien qu'ils suivent la montagne. On ignore le lieu où ils se
retirent. M. Lottinger ajoute que cet oiseau, qui était autrefois fort commun dans les Vosges, y est devenu assez rare.

II. — LE GRAND MERLE DE MONTAGNE.

Il est tacheté de blanc, mais n'a point de plastron, et il est plus gros que
la draine. Il passe en Lorraine tout à la fin de l'automne, et il est alors
singulièrement chargé de graisse. Les oiseleurs n'en prennent que très-
rarement ; il fait la guerre aux limaçons, et sait casser adroitement leur
coquille sur un rocher pour se nourrir de leur chair ; à défaut de limaçons
il se rabat sur la graine de lierre : cet oiseau est un fort bon gibier, mais
il dégénère des merles quant à la voix, qu'il a fort aigre et fort triste [c].

a. Voyez Aldrovande, *Ornithologia*, t. II, p. 606.
b. *Observations*, fol. 11, verso.
c. Je tiens ces faits de M. le docteur Lottinger.

LE MERLE COULEUR DE ROSE.[*]

Tous les ornithologistes qui ont fait mention de ce merle n'en ont parlé que comme d'un oiseau rare, étranger, peu connu, que l'on ne voyait qu'à son passage, et dont on ignorait la véritable patrie[1]. M. Linnæus est le seul qui nous apprenne qu'il habite la Laponie et la Suisse[b], mais il ne nous dit rien de ce qu'il y fait, de ses amours, de son nid, de sa ponte, de sa nourriture, de ses voyages, etc. Aldrovande, qui a parlé le premier des merles couleur de rose, dit seulement qu'ils paraissent quelquefois dans les campagnes des environs de Bologne, où ils sont connus des oiseleurs sous le nom d'*étourneaux de mer*, qu'ils se posent sur les tas de fumier[c], qu'ils prennent beaucoup de graisse, et que leur chair est un bon manger; on en a vu deux en Angleterre que M. Edwards suppose y avoir été portés par quelque coup de vent[d] : nous en avons observé plusieurs en Bourgogne, lesquels avaient été pris dans le temps du passage, et il est probable qu'ils poussent leurs excursions jusqu'en Espagne, s'il est vrai, comme le dit M. Klein, qu'ils aient un nom dans la langue espagnole[e].

Le plumage du mâle est distingué : il a la tête, le cou, les pennes des ailes et de la queue noires avec des reflets brillants qui jouent entre le vert et le pourpre; la poitrine, le ventre, le dos, le croupion et les petites couvertures des ailes sont d'une couleur de rose de deux teintes, l'une plus claire et l'autre plus foncée, avec quelques taches noires répandues çà et là sur cette espèce de scapulaire qui descend par-dessus jusqu'à la queue, et par-dessous jusqu'au bas-ventre exclusivement : outre cela, la tête a pour ornement une espèce de huppe qui se jette en arrière comme celle du jaseur, et qui doit faire un bel effet lorsque l'oiseau la relève.

Le bas-ventre, les couvertures inférieures de la queue et les jambes, sont d'une couleur rembrunie ; le tarse et les doigts d'un orangé terne; le bec mi-partie de noir et de couleur de chair; mais la distribution de ces couleurs semble n'être point fixe en cette partie, car dans les individus que nous avons observés et dans ceux d'Aldrovande, la base du bec était

a. En latin, *turdus roseus, merula rosea, avis incognita.* Les oiseleurs des environs de Bologne l'appellent *storno marino;* en espagnol, *tordos;* en anglais, *the roze or carnation-coloured-ouzel;* en allemand, *haarkopfige-drossel.* M. Brisson en a fait sa vingtième grive, tome II, p. 250.

b. *Syst. nat.*, édit. X, pag. 170.

c. *Ornithologia*, t. II, pag. 626 et 627.

d. Voyez son *Histoire des oiseaux*, ı^{re} partie, planche 20; et les additions, ıv^e partie, p. 222.

e. *Ordo Avium*, pag. 71, n° 37.

[*] *Turdus roseus* (Linn.). — *Pastor roseus* (Meyer). — *Merula rosea* (Nauman). — Ordre et famille *id.*, genre *Martins* (Cuv.).

1. « Des pays chauds de l'ancien continent, où il rend de véritables services en détruisant les « sauterelles… » (Cuvier.)

noirâtre et tout le reste couleur de chair; au lieu que dans les individus observés par M. Edwards c'était la pointe du bec qui était noire, et ce noir se changeait par nuances en un orangé terne qui était la couleur de la base du bec et celle des pieds. Le dessous de la queue paraît comme marbré, effet produit par la couleur de ses couvertures inférieures, qui sont noirâtres et terminées de blanc.

La femelle a la tête noire comme le mâle, mais non pas le cou ni les pennes de la queue et des ailes, qui sont d'une teinte moins foncée; les couleurs du scapulaire sont aussi moins vives.

Cet oiseau est plus petit que notre merle ordinaire, il a le bec, les ailes, les pieds et les doigts plus longs à proportion; il a beaucoup plus de rapports de grandeur, de conformation et même d'instinct avec le merle à plastron blanc, car il est voyageur comme lui; cependant il faut avouer que l'un des merles couleur de rose qui a été tué en Angleterre allait de compagnie avec des merles à bec jaune. Sa longueur, prise de la pointe du bec jusqu'au bout de la queue, est de sept pouces trois quarts, et, jusqu'au bout des ongles, de sept pouces et demi; il en a treize à quatorze de vol, et ses ailes, dans leur repos, atteignent presque l'extrémité de la queue [a].

LE MERLE DE ROCHE. [b][*]

Le nom qu'on a donné à cet oiseau indique assez les lieux où il faut le chercher : il habite les rochers et les montagnes; on le trouve sur celles du Bugey et dans les endroits les plus sauvages; il se pose ordinairement sur les grosses pierres et toujours à découvert; il est très-rare qu'il se laisse approcher à la portée du fusil. Dès qu'on s'avance un peu trop, il part et va

a. Voici ses autres dimensions : la queue a 3 pouces, le bec environ 13 lignes, le pied 14, et le doigt du milieu de 14 à 15.

b. C'est la treizième et la quatorzième grive de M. Brisson, t. II, p. 238 et 240. Les différences de ces deux oiseaux ne m'ont pas paru suffisantes pour constituer deux espèces. M. Linnæus, qui avait fait de cet oiseau une grive dans sa *Fauna Suecica,* n° 187, en fait un corbeau dans son *Systema Naturæ,* édit. X, p. 107. En général l'histoire du *merle de roche* est fort mêlée avec celle du *merle bleu* et du *merle solitaire.* Dans les montagnes du Bugey on lui donne le nom de *passereau solitaire,* etc. Cet oiseau n'a point de nom grec, car celui de Πετροκόσσυφος appartient au *merle bleu,* qui n'est point du tout le *merle de roche.* Voyez Belon, *Nature des Oiseaux,* p. 316. En latin, *turdus seu merula, seu rubecula, seu rubicilla major, saxatilis, sylvia pectore rubro;* en italien, *codirosso maggiore, corossolo, crosserone, tordo marino;* en allemand, *stein-roetele, stein-trostel, stein-reitling, blau-koepfiger, otheamsel, grosse-rothewüstlich;* en anglais, *greater-red start;* en suédois, *lappskata, olycksfogel,* si toutefois l'oiseau qui porte ce nom en Suède est le même que notre merle de roche : il paraît avoir des mœurs différentes, car M. Linnæus le représente comme un oiseau hardi, vorace, et qui, bien loin de fuir l'homme, vient enlever les viandes jusque sur sa table.

[*] *Turdus saxatilis* (Linn.).

se poser à une juste distance, sur une autre pierre située de manière qu'il puisse dominer ce qui l'environne. Il semble qu'il n'est sauvage que par défiance, et qu'il connaît tous les dangers du voisinage de l'homme : ce voisinage a cependant moins de dangers pour lui que pour bien d'autres oiseaux ; il ne risque guère que sa liberté, car comme il chante bien naturellement, et qu'il est susceptible d'apprendre à chanter encore mieux, on le recherche bien moins pour le manger, quoiqu'il soit un fort bon morceau, que pour jouir de son chant, qui est doux, varié et fort approchant de celui de la fauvette : d'ailleurs il a bientôt fait de s'approprier le ramage des autres oiseaux, et même celui de notre musique. Il commence tous les jours à se faire entendre un peu avant l'aurore qu'il annonce par quelques sons éclatants, et il fait de même au coucher du soleil. Lorsqu'on s'approche de sa cage au milieu de la nuit avec une lumière, il se met aussitôt à chanter, et pendant la journée, lorsqu'il ne chante point, il semble s'exercer à demi-voix et préparer de nouveaux airs.

Par une suite de leur caractère défiant, ces oiseaux cachent leurs nids avec grand soin, et l'établissent dans des trous de rocher, près du plafond des cavernes les plus inaccessibles ; ce n'est qu'avec beaucoup de risque et de peine qu'on peut grimper jusqu'à leur couvée, et ils la défendent avec courage contre les ravisseurs en tâchant de leur crever les yeux.

Chaque ponte est de trois ou quatre œufs : lorsque leurs petits sont éclos, ils les nourrissent de vers et d'insectes, c'est-à-dire des aliments dont ils vivent eux-mêmes ; cependant ils peuvent s'accommoder d'une autre nourriture, et lorsqu'on les élève en cage on leur donne avec succès la même pâtée qu'aux rossignols ; mais, pour pouvoir les élever, il faut les prendre dans le nid, car dès qu'ils ont fait usage de leurs ailes et qu'ils ont pris possession de l'air, ils ne se laissent attraper à aucune sorte de piéges, et quand on viendrait à bout de les surprendre, ce serait toujours à pure perte : ils ne survivraient pas à leur liberté [a].

Les merles de roche se trouvent en quelques endroits de l'Allemagne, dans les Alpes, les montagnes du Tyrol, du Bugey, etc. On m'a apporté une femelle de cette espèce, prise le 12 mai sur ses œufs ; elle avait établi son nid sur un rocher dans les environs de Montbard, où ces oiseaux sont fort rares et tout à fait inconnus ; ses couleurs avaient moins d'éclat que celles du mâle. Celui-ci est un peu moins gros que le merle ordinaire et proportionné tout différemment : ses ailes sont très-longues et telles qu'il convient à un oiseau qui niche au plafond des cavernes ; elles forment, étant déployées, une envergure de treize à quatorze pouces, et elles s'étendent, étant repliées, presque jusqu'au bout de la queue, qui n'a pas trois pouces de long ; le bec a environ un pouce.

a. Voyez Frisch, planche 32.

A l'égard du plumage, la tête et le cou sont comme recouverts d'un coqueluchon cendré, varié de petites taches rousses ; le dos est rembruni près du cou et d'une couleur plus claire près de la queue. Les dix pennes latérales de celle-ci sont rousses et les deux intermédiaires brunes. Les pennes des ailes et leurs couvertures sont d'une couleur obscure et bordées d'une couleur plus claire ; enfin la poitrine et tout le dessous du corps sont orangés, variés par de petites mouchetures, les unes blanches et les autres brunes ; le bec et les pieds sont noirâtres.

LE MERLE BLEU. [a] [*]

On retrouve dans ce merle le même fond de couleur que dans le merle de roche, c'est-à-dire le cendré bleu (mais sans aucun mélange d'orangé) ; la même taille, à peu près les mêmes proportions, le goût des mêmes nourritures, le même ramage, la même habitude de se tenir sur les sommets des montagnes et de poser son nid sur les rochers les plus escarpés, en sorte qu'on serait tenté de le regarder comme une race appartenant à la même espèce que le merle de roche : aussi plusieurs ornithologistes les ont pris l'un pour l'autre. Les couleurs de son plumage varient un peu dans les descriptions et sont probablement sujettes à des variations réelles d'un individu à l'autre, selon l'âge, le sexe, le climat, etc. Le mâle que M. Edwards a représenté planche xviii n'était pas d'un bleu uniforme partout ; la teinte de la partie supérieure du corps était plus foncée que la teinte de la partie inférieure ; il avait les pennes de la queue noirâtres, celles des ailes brunes, ainsi que leurs grandes couvertures, et celles-ci terminées de blanc ; les yeux entourés d'un cercle jaune, le dedans de la bouche orangé, le bec et les pieds d'un brun presque noir. Il paraît qu'il y a plus d'uniformité dans le plumage de la femelle.

Belon, qui a vu de ces oiseaux à Raguse, en Dalmatie, nous dit qu'il y en a aussi dans les îles de Négrepont, de Candie, de Zante, de Corfou, etc., et qu'on les recherche beaucoup à cause de leur chant ; mais il ajoute qu'il ne s'en trouve point naturellement en France, ni en Italie ; cependant le bras

a. C'est la *trente-septième grive* de M. Brisson, t. II, p. 282. Je doute fort que ce soit le Κυανός d'Aristote (*Hist. anim.*, lib. ix, cap. xxi), qui avait le bec long, le pied grand et le tarse court, ce qui ne convient guère au *merle bleu* · en grec moderne, Πετροκόσσυφος ; en latin, *cyanus*, *cœruleus*, etc.; en italien, *merlo biavo*; en allemand, *blau-vogel*, *blau-stein-amsel*, *klein blau-zimmer*. On lui a aussi appliqué les noms qui conviennent au *merle de roche*, et même ceux de *moineau* ou *passereau solitaire*.

* *Turdus cyanus* (Linn.). — « Les hautes montagnes du midi de l'Europe nourrissent deux « espèces, le *merle de roche* (*turdus saxatilis*), et le *merle bleu* (*turdus cyanus*), dont le « *merle solitaire* (*turdus solitarius*) ne diffère point. » (Cuvier.)

de mer qui sépare la Dalmatie de l'Italie n'est point une barrière insurmontable, surtout pour ces oiseaux, qui, suivant Belon lui-même, volent beaucoup mieux que le merle ordinaire, et qui, au pis-aller, pourraient faire le tour et pénétrer en Italie en passant par l'État de Venise. D'ailleurs, c'est un fait que ces merles se trouvent en Italie; celui que M. Brisson a décrit et celui que nous avons fait représenter n° 250 ont été tous deux envoyés de ce pays. M. Edwards avait appris par la voix publique qu'ils y nichaient sur les rochers inaccessibles ou dans les vieilles tours abandonnées[a], et de plus il en a vu quelques-uns qui avaient été tués aux environs de Gibraltar, d'où il conclut avec assez de fondement qu'ils sont répandus dans tout le midi de l'Europe; mais cela doit s'entendre seulement des montagnes, car il est rare qu'on rencontre de ces oiseaux dans la plaine; leur ponte est ordinairement de quatre ou cinq œufs, et leur chair, surtout celle des jeunes, passe pour un fort bon manger[b].

LE MERLE SOLITAIRE.[c][*]

Voici encore un merle habitant des montagnes et renommé pour sa belle voix. On sait que le roi François Iᵉʳ prenait un singulier plaisir à l'entendre, et qu'aujourd'hui même un mâle apprivoisé de cette espèce se vend fort cher à Genève et à Milan[d], et beaucoup plus cher encore à Smyrne et à Constantinople[e]. Le ramage naturel du merle solitaire est en effet très-doux, très-flûté, mais un peu triste, comme doit être le chant de tout oiseau vivant en solitude; celui-ci se tient toujours seul, excepté dans la saison de l'amour. A cette époque, non-seulement le mâle et la femelle se recherchent, mais

a. M. Lottinger me parle d'un merle plombé qui passe dans les montagnes de Lorraine aux mois de septembre et d'octobre, qui est alors beaucoup plus gras et de meilleur goût que nos merles ordinaires, mais qui ne ressemble ni au mâle ni à la femelle de cette dernière espèce. Comme la notice que j'ai reçue de cet oiseau n'était point accompagnée de description, je ne puis décider s'il doit être rapporté comme variété à l'espèce du merle bleu dont il semble se rapprocher par le plumage et par les mœurs.

b. Belon, *Nature des Oiseaux*, p. 317.

c. C'est la *trentième grive* de M. Brisson, t. II, p. 268. Il est probable que c'est ici le Κόσσυφος βαιὸς ou petit merle, dont Aristote dit, liv. ix, cap. xix de son *Histoire des Animaux*, qu'il est semblable au merle noir, excepté que son plumage est brun, que son bec n'est point jaune, et qu'il a coutume de se tenir sur les rochers ou sur les toits : je ne sache que le solitaire à qui tout cela puisse convenir; d'ailleurs, cet oiseau se trouve dans les îles de l'Archipel, et par conséquent ne put être inconnu à Aristote ou à ses correspondants.

d. Voyez Olina, *Uccellaria*, p. 14. Gessner, p. 608. Willughby, p. 140. « Si mas fuerit et cicur, et canere noverit, nummo aureo venit. »

e. « Venditur Constantinopoli et Smyrnæ interdum a 50 ad 100 piastris. » Hasselquist *in Actis Upsal. annorum* 1744-1750.

* *Turdus solitarius* (Linn.). — Voyez la nomenclature précédente.

souvent ils quittent de compagnie les sommets agrestes et déserts où jusque-là ils avaient fort bien vécu séparément, pour venir dans les lieux habités et se rapprocher de l'homme. Ils sentent le besoin de la société dans le moment où la plupart des animaux qui ont coutume d'y vivre se passeraient de tout l'univers : on dirait qu'ils veulent avoir des témoins de leur bonheur, afin d'en jouir de toutes les manières possibles. A la vérité, ils savent se garantir des inconvénients de la foule, et se faire une solitude au milieu de la société, en s'élevant à une hauteur où les importunités ne peuvent atteindre que difficilement. Ils ont coutume de poser leur nid fait de brins d'herbe et de plumes, tout au haut d'une cheminée isolée ou sur le comble d'un vieux château, ou sur la cime d'un grand arbre, et presque toujours à portée d'un clocher ou d'une tour élevée ; c'est sur le coq de ce clocher, ou sur la girouette de cette tour que le mâle se tient des heures et des journées entières sans cesse occupé de sa compagne tandis qu'elle couve, et s'efforçant de charmer les ennuis de sa situation par un chant continuel : ce chant, tout pathétique qu'il est, ne suffit pas à l'expression du sentiment dont il est plein ; un oiseau solitaire sent plus, et plus profondément qu'un autre ; on voit quelquefois celui-ci s'élever en chantant, battre des ailes, étaler les plumes de sa queue, relever celles de sa tête et décrire en piaffant plusieurs cercles dont sa femelle chérie est le centre unique.

Si quelque bruit extraordinaire ou la présence de quelque objet nouveau donne de l'inquiétude à la couveuse, elle se réfugie dans son fort, c'est-à-dire sur le clocher ou sur la tour habitée par son mâle, et bientôt elle revient à sa couvée, qu'elle ne renonce jamais.

Dès que les petits sont éclos, le mâle cesse de chanter, mais il ne cesse pas d'aimer : au contraire, il ne se tait que pour donner à celle qu'il aime une nouvelle preuve de son amour et partager avec elle le soin de porter la becquée à leurs petits ; car dans les animaux l'ardeur de l'amour n'annonce pas seulement une plus grande fidélité au vœu de la nature pour la génération des êtres, mais encore un zèle plus vif et plus soutenu pour leur conservation.

Ces oiseaux pondent ordinairement cinq ou six œufs ; ils nourrissent leurs petits d'insectes et ils s'en nourrissent eux-mêmes, ainsi que de raisins et d'autres fruits [a]. On les voit arriver au mois d'avril dans les pays où ils ont coutume de passer l'été ; ils s'en vont à la fin d'août et reviennent constamment chaque année au même endroit où ils ont en premier lieu fixé leur domicile. Il est rare qu'on en voie deux paires établies dans le même canton [b].

Les jeunes, pris dans le nid, sont capables d'instruction : la souplesse de

<hr>

a. Voyez Willughby, Belon, etc.

b. Il y en a tous les ans une paire sur le clocher de Sainte-Reine, petite ville de mon voisinage, située à mi-côte d'une montagne passablement élevée.

leur gosier se prête à tout, soit aux airs, soit aux paroles; car ils apprennent aussi à parler, et ils se mettent à chanter au milieu de la nuit, sitôt qu'ils voient la lumière d'une chandelle. Ils peuvent vivre en cage jusqu'à huit ou dix ans, lorsqu'ils sont bien gouvernés. On en trouve sur les montagnes de France et d'Italie [a], dans presque toutes les îles de l'Archipel, surtout dans celles de Zira et de Nia, où l'on dit qu'ils nichent parmi des tas de pierres [b], et dans l'île de Corse, où ils ne sont point regardés comme oiseaux de passage [c]. Cependant en Bourgogne il est inouï que ceux que nous voyons arriver au printemps et nicher sur les cheminées ou sur le comble des églises y passent l'hiver; mais il est possible de concilier tout cela : le merle solitaire peut très-bien ne point quitter l'île de Corse et néanmoins passer d'un canton à l'autre et changer de domicile suivant les saisons, à peu près comme il fait en France.

Les habitudes singulières de cet oiseau et la beauté de sa voix ont inspiré au peuple une sorte de vénération pour lui. Je connais des pays où il passe pour un oiseau de bon augure, où l'on souffrirait impatiemment qu'il fût troublé dans sa ponte, et où sa mort serait presque regardée comme un malheur public.

Le merle solitaire est un peu moins gros que le merle ordinaire, mais il a le bec plus fort et plus crochu par le bout [d], et les pieds plus courts à proportion. Son plumage est d'un brun plus ou moins foncé et moucheté de blanc partout, excepté sur le croupion et sur les pennes des ailes et de la queue; outre cela, le cou, la gorge, la poitrine et les couvertures des ailes ont dans le mâle une teinte de bleu et des reflets pourpres qui manquent absolument dans le plumage de la femelle; celle-ci est d'un brun plus uniforme et ses mouchetures sont jaunâtres. L'un et l'autre ont l'iris d'un jaune orangé, l'ouverture des narines assez grande, les bords du bec échancrés près de la pointe, comme dans presque tous les merles et toutes les grives; l'intérieur de la bouche jaune, la langue divisée par le bout en trois filets, dont celui du milieu est le plus long; douze pennes à la queue, dix-neuf à chaque aile, dont la première est très-courte; enfin la première phalange du doigt extérieur unie à celle du doigt du milieu. La longueur totale de ces oiseaux est de huit à neuf pouces, leur vol de douze à treize, leur queue de trois, leur pied de treize lignes et leur bec de quinze; les ailes repliées s'étendent au delà du milieu de la queue.

a. Belon dit « qu'ils font leur demeure quelque temps de l'année sous les tuiles creuses qu'on « nomme *imbricées*, par les châteaux situés en haut lieu entre les montagnes d'Auvergne. »

b. Voyez *Acta Upsal.*, ann. 1744-1750.

c. C'est ce que j'apprends par M. Artier, professeur d'histoire naturelle à Bastia, que j'ai déjà eu occasion de citer.

d. Cela seul aurait dû le faire exclure du genre des merles dans toute distribution méthodique où l'on a établi pour l'un des caractères de ce genre : *le bout de la mandibule supérieure presque droit.*

OISEAUX ÉTRANGERS

QUI ONT RAPPORT AU MERLE SOLITAIRE.

I. — LE MERLE SOLITAIRE DE MANILLE. [*]

Cette espèce paraît faire la nuance entre notre merle solitaire et notre merle de roche ; elle a les couleurs de celui-ci et distribuées en partie dans le même ordre, mais elle n'a pas les ailes si longues, quoiqu'elles s'étendent dans leur repos jusqu'aux deux tiers de la queue. Son plumage est d'un bleu d'ardoise, uniforme sur la tête, la face postérieure du cou et le dos ; presque entièrement bleu sur le croupion ; moucheté de jaune sur la gorge, la face antérieure du cou et le haut de la poitrine ; plus foncé sur les couvertures des ailes avec des mouchetures semblables, mais beaucoup plus clair-semées, et quelques taches blanches encore moins nombreuses ; le reste du dessous du corps est orangé, moucheté de bleu et blanc ; les grandes pennes des ailes et de la queue sont noirâtres, et les dernières bordées de roux ; enfin le bec est brun et les pieds presque noirs.

Ce solitaire approche de la grosseur de notre merle de roche ; sa longueur totale est d'environ huit pouces, son vol de douze ou treize, sa queue de trois et son bec d'un seul pouce.

La femelle n'a point de bleu ni d'orangé dans son plumage, mais deux ou trois nuances de brun qui forment entre elles des mouchetures assez régulières sur la tête, le dos et tout le dessous du corps. Ces deux oiseaux faisaient partie de l'envoi de M. Sonnerat.

II. — LE MERLE SOLITAIRE DES PHILIPPINES. [a] [**]

On retrouve dans cet oiseau la figure, le port et le bec des solitaires, et quelque chose du plumage de celui de Manille ; mais il est un peu plus petit ; chaque plume du dessous du corps est d'un roux plus ou moins clair bordé de brun ; celles du dessus du corps sont brunes et ont un double bord, le plus intérieur noirâtre et le plus extérieur blanc sale ; les petites couvertures des ailes ont une teinte de cendré, et celles du croupion et de la queue sont absolument cendrées ; la tête est d'un olive tirant au jaune, le tour des yeux blanchâtre, les pennes de la queue et des ailes brunes bordées de gris, le bec et les pieds bruns.

La longueur totale de ce solitaire est d'environ sept pouces et demi ; il a

a. C'est la *trente-deuxième grive* de M. Brisson, t. II, p. 272.

[*] *Turdus manillensis* (Gmel.).

[**] *Turdus eremita* (Linn.).

plus de douze pouces de vol, et ses ailes repliées vont jusqu'aux trois quarts de la queue, qui est composée de douze pennes et n'a que deux pouces deux tiers de long.

Cet oiseau, qui a été envoyé par M. Poivre, a tant de rapports avec le solitaire de Manille, que je serais peu surpris qu'il fût reconnu dans la suite pour n'être qu'une simple variété d'âge dans cette espèce, d'autant qu'il vient des mêmes contrées, qu'il est plus petit et que ses couleurs sont, pour ainsi dire, moyennes entre celles du mâle et celles de la femelle.

OISEAUX ÉTRANGERS

QUI ONT RAPPORT AUX MERLES D'EUROPE.

I. — LE JAUNOIR DU CAP DE BONNE-ESPÉRANCE. [a] *

Ce merle d'Afrique a l'uniforme de nos merles d'Europe, du noir et du jaune, et de là son nom de *jaunoir*; mais le noir de son plumage est plus brillant et il a des reflets qui lui donnent à certains jours un œil verdâtre; on ne voit du jaune, ou plutôt du roux, que sur les grandes pennes des ailes, dont les trois premières sont terminées de brun et les suivantes de ce noir brillant dont j'ai parlé; ce même noir brillant et à reflets se retrouve sur les deux pennes intermédiaires de la queue et sur ce qui paraît au dehors des pennes moyennes des ailes; tout ce qui est caché de ces pennes moyennes et toutes les pennes latérales de la queue en entier sont d'un noir pur; le bec est de ce même noir, mais les pieds sont bruns.

Le jaunoir est un peu plus gros que notre merle ordinaire; sa longueur est de onze pouces, son vol de quinze et demi, sa queue de quatre; son bec, qui est gros et fort, de quinze lignes, et son pied de quatorze; ses ailes, dans leur repos, ne vont qu'à la moitié de la queue.

II. — LE MERLE HUPPÉ DE LA CHINE. [b] **

Quoique cet oiseau soit un peu plus gros que le merle, il a le bec et les pieds plus courts et la queue beaucoup plus courte; presque tout son plu-

---

a. C'est le *merle du cap de Bonne-Espérance*, et la *cinquante-deuxième grive* de M. Brisson, qui a le premier décrit cette espèce, t. II, p. 309.

b. C'est la *vingt-et-unième grive* de M. Brisson, t. II, p. 253, et la *gracula cristatela* de M. Linnæus. M. Edwards lui donne aussi le nom d'*étourneau de la Chine*, et, selon lui, les matelots anglais l'appellent improprement a *martin*, c'est-à-dire, en français martinet. Voyez Edwards, pl. 19. Les voyageurs parlent d'un merle noir de Madagascar qui a une huppe posée précisément comme celle du merle de cet article. Voyez les *Voyages de François Cauch.*

* *Turdus morio* (Linn.).

** *Gracula cristatella* (Linn.). — Ordre et famille *id.*, genre *Martins* (Cuv.).

mage est noirâtre avec une teinte obscure de bleu, mais sans aucun reflet ; on voit au milieu des ailes une tache blanche appartenant aux grandes pennes de ces mêmes ailes, et un peu de blanc à l'extrémité des pennes latérales de la queue ; le bec et les pieds sont jaunes, et l'iris d'un bel orangé. Ce merle a sur le front une petite touffe de plumes longuettes qu'il hérisse quand il veut ; mais malgré cette marque distinctive, et la différence remarquée dans ses proportions, je ne sais si l'on ne pourrait pas le regarder comme une variété de climat dans l'espèce de notre merle à bec jaune : il a comme lui une grande facilité pour apprendre à siffler des airs et articuler des paroles. On le transporte difficilement en vie de la Chine en Europe. Sa longueur est de huit pouces et demi, ses ailes, dans leur repos, s'étendent à la moitié de la queue, qui n'a que deux pouces et demi de long, et qui est composée de douze pennes à peu près égales.

III. — LE PODOBÉ DU SÉNÉGAL. *

Nous sommes redevables à M. Adanson de cette espèce étrangère et nouvelle qui a le bec brun, les ailes et les pieds de couleur rousse, les ailes courtes, la queue longue, étagée, marquée de blanc à l'extrémité de ses pennes latérales et de ses couvertures inférieures. Dans tout le reste, le podobé est noir comme nos merles, et leur ressemble pour la grosseur comme pour la forme du bec, qui cependant n'est point jaune.

IV. — LE MERLE DE LA CHINE. **

Ce merle est plus grand que le nôtre ; il a les pieds beaucoup plus forts, la queue plus longue et d'une autre forme, puisqu'elle est étagée : l'accident le plus remarquable de son plumage, c'est comme une paire de lunettes qui parait posée sur la base de son bec, et qui s'étend de part et d'autre sur ses yeux : les côtés de ces lunettes sont de figure à peu près ovale et de couleur noire, en sorte qu'ils tranchent sur le plumage gris de la tête et du cou. Cette même couleur grise, mêlée d'une teinte verdâtre, règne sur tout le dessus du corps, compris les ailes et les pennes intermédiaires de la queue ; les pennes latérales sont beaucoup plus rembrunies, une partie de la poitrine et le ventre sont d'un blanc sale un peu jaune, jusqu'aux couvertures inférieures de la queue, qui sont rousses. Les ailes, dans leur repos, ne s'étendent pas fort au delà de l'origine de la queue.

* *Turdus erythropterus* (Linn.).
** *Turdus perspicillatus* (Linn.).

V. — LE VERT-DORÉ OU MERLE A LONGUE QUEUE DU SÉNÉGAL. [a][*]

La queue de ce merle est en effet très-longue, puisque la longueur de l'oiseau entier, qui est d'environ sept pouces, mesurée de la pointe du bec à l'extrémité du corps, ne fait pas les deux tiers de la longueur de cette queue : l'étendue de son vol ne répond pas, à beaucoup près, à cette dimension excessive; elle est même bien moindre à proportion, puisqu'elle surpasse à peine celle du merle, qui est un oiseau plus petit; le vert-doré a aussi le bec plus court proportionnellement, mais il a les pieds plus longs [b]. La couleur générale de cet oiseau est ce beau vert éclatant que l'on voit briller sur le plumage des canards, et elle ne varie que par différentes teintes, par différents reflets qu'elle prend en différents endroits : sur la tête, c'est une teinte noirâtre à travers laquelle perce la couleur d'or; sur le croupion et les deux longues pennes intermédiaires de la queue, ce sont des reflets pourpres; sur le ventre et les jambes, c'est un vert changeant en une couleur de cuivre de rosette; dans presque tout le reste, c'est un beau vert doré, comme l'indique le nom que j'ai donné à cet oiseau, en attendant que l'on sache celui sous lequel il est connu dans son pays.

Il y a au Cabinet du Roi un oiseau tout à fait ressemblant à celui-ci [c], excepté qu'il n'a pas la queue si longue à beaucoup près. Il est probable que c'est un vert-doré qui aura été pris au temps de la mue, temps où cet oiseau peut perdre sa longue queue comme la veuve perd la sienne.

VI. — LE FER-A-CHEVAL OU MERLE A COLLIER D'AMÉRIQUE. [d][**]

Une marque noire en forme de fer à cheval, qui descend sur la poitrine de cet oiseau, et une bande de même couleur, sortant de chaque côté de dessous son œil pour se jeter en arrière, sont tout ce qu'il y a de noir dans son plumage; et la première de ces taches, par sa forme déterminée, m'a paru ce qu'il y avait de plus propre à caractériser cette espèce, c'est-

---

a. C'est le *merle vert à longue queue* de M. Brisson, qui en a fait sa *cinquante-quatrième grive*, et a le premier décrit cette espèce, t. II, p. 313.

b. Voici ses mesures précises suivant M. Brisson : longueur totale 18 pouces; longueur prise de la pointe du bec au bout des ongles 10 ½; vol 14 ½; queue 11 ; bec 13 lignes, pied 18.

c. Cet oiseau est étiqueté, *merle vert du Sénégal.*

d. C'est la *quinzième grive* de M. Brisson, t. II, p. 242; le *large lark* ou la *grande alouette de Virginie* de Catesby, p. 33 ; le *dubbel-lerche* de Klein, p. 72; en latin, *alauda magna.*

[*] *Turdus æneus* (Linn.).

[**] *Sturnus ludovicianus et alauda magna* (Gmel.). — *Stournelle à collier* (Vieill.). — Ordre id., famille des *Conirostres*, genre *Étourneaux* (Cuv.).

à-dire, à la distinguer des autres merles à collier. Ce fer à cheval se dessine sur un fond jaune, qui est la couleur de la gorge et de tout le dessous du corps, et qui reparaît encore entre le bec et les yeux : le brun règne sur la tête et derrière le cou, et le gris clair sur les côtés; outre cela, le sommet de la tête est marqué d'une raie blanchâtre; tout le dessus du corps est gris-de-perdrix; les pennes des ailes et de la queue sont brunes, avec quelques taches roussâtres [a], les pieds sont bruns et fort longs, et le bec, qui est presque noir, a la forme de celui de nos merles : cet oiseau a encore cela de commun avec eux, qu'il chante très-bien au printemps, quoique son chant ait peu d'étendue. Il ne se nourrit presque que de menues graines qu'il trouve sur la terre [b], en quoi il ressemble aux alouettes; mais il est beaucoup plus gros, plus gros même que notre merle, et il n'a point l'ongle postérieur allongé comme les alouettes. Il se perche sur la cime des arbrisseaux, et l'on a remarqué qu'il avait dans la queue un mouvement fort brusque de bas en haut. A vrai dire, ce n'est ni une alouette ni un merle; mais de tous les oiseaux d'Europe, celui avec qui il semble avoir plus de rapports, c'est notre merle ordinaire. Il se trouve non-seulement dans la Virginie et dans la Caroline, mais dans presque tout le continent de l'Amérique [c].

Le sujet qu'a observé Catesby pesait trois onces et un quart : il avait dix pouces de la pointe du bec au bout des ongles, le bec long de quinze lignes et les pieds de dix-huit; ses ailes, dans leur repos, s'étendaient à la moitié de la queue.

VII. — LE MERLE VERT D'ANGOLA.[*]

Le dessus du corps, de la tête, du cou, de la queue et des ailes est, dans cet oiseau, d'un vert olivâtre; mais on aperçoit sur les ailes des taches rembrunies, et le croupion est bleu; on voit aussi sur le dos, comme devant le cou, quelque mélange de bleu avec le vert; le bleu se retrouve pur sur la partie supérieure de la gorge; le violet règne sur la poitrine, le ventre, les jambes et les plumes qui recouvrent l'oreille; enfin, les couvertures inférieures de la queue sont d'un jaune olivâtre, le bec et les pieds d'un noir décidé.

Cet oiseau est de la même grosseur que celui auquel M. Brisson a donné le même nom [d], et il lui ressemble aussi par les proportions du corps; mais

---

a. M. Linnæus dit que les trois pennes latérales de la queue sont blanches en partie. *Syst. nat.*, édit. X, p. 167.

b. Par exemple, celle de l'*ornithogalum* à fleurs jaunes.

c. M. Linnæus prétend qu'il se trouve aussi en Afrique, *loco citato*.

d. C'est sa *cinquante-troisième grive*, t. II, p. 311.

* *Turdus nitens* (Linn.).

le plumage de ce dernier est différent; c'est partout un beau vert canard,
avec une tache de violet d'acier poli sur la partie antérieure de l'aile.

La grosseur de ces oiseaux est à peu près celle de notre merle, leur longueur d'environ neuf pouces, leur vol de douze un quart et leur bec de
onze à douze lignes; leurs ailes, dans leur repos, vont à la moitié de la
queue, qui est composée de douze pennes égales.

Il est probable que ces deux oiseaux appartiennent à la même espèce,
mais j'ignore quel est celui des deux qui représente la tige primitive, et
quel est celui qui doit n'être regardé que comme une branche collatérale,
ou si l'on veut comme une simple variété.

VIII. — LE MERLE VIOLET DU ROYAUME DE JUIDA. *

Le plumage de cet oiseau est peint des mêmes couleurs que celui du précédent; c'est toujours du violet, du vert et du bleu, mais distribués différemment : le violet pur règne sur la tête, le cou et tout le dessous du corps;
le bleu sur la queue et ses couvertures supérieures, le vert enfin sur les
ailes; mais celles-ci ont une bande bleue près de leur bord intérieur.

Ce merle est encore de la même taille que notre merle vert d'Angola; il
paraît avoir le même port, et comme il vient aussi des mêmes climats, je
serais fort tenté de le rapporter à la même espèce, s'il n'avait les ailes plus
longues, ce qui suppose d'autres allures et d'autres habitudes; mais comme
le plus ou moins de longueur des ailes dans les oiseaux desséchés dépend
en grande partie de la manière dont ils ont été préparés, on ne peut guère
établir là-dessus une différence spécifique, et il est sage de rester dans le
doute en attendant des observations plus décisives.

IX. — LE PLASTRON-NOIR DE CEYLAN. [a] **

Je donne un nom particulier à cet oiseau, parce que ceux qui l'ont vu ne
sont pas d'accord sur l'espèce à laquelle il appartient; M. Brisson en a fait
un merle et M. Edwards une pie, ou une pie-grièche[b]; pour moi j'en fais
un plastron-noir en attendant que ses mœurs et ses habitudes mieux connues me mettent en état de le rapporter à ses véritables analogues européens. Il est plus petit que le merle, et il a le bec plus fort à proportion :
sa longueur totale est d'environ sept pouces et demi, son vol de onze, sa
queue de trois et demi, son bec de douze à treize lignes, et son pied de

a. C'est le *merle à collier du cap de Bonne-Espérance*, et la *quarante-sixième grive* de
M. Brisson qui a le premier décrit cette espèce, t. II, p. 299.

b. *Histoire des oiseaux rares*, pl. 321.

* *Turdus auratus* (Linn.).

** *Turdus ceylonus* (Linn.). — C'est une des espèces que Cuvier rapproche des *pies-grièches*.

quatorze ; ses ailes, dans leur repos, vont au delà du milieu de la queue,
qui est un peu étagée.

Le plastron noir, par lequel cet oiseau est caractérisé, fait d'autant plus
d'effet qu'il est contigu par en haut et par en bas à une couleur plus claire ;
car la gorge et tout le dessous du corps sont d'un jaune assez vif. Des deux
extrémités du bord supérieur de ce plastron partent comme deux cordons
de même couleur, qui, d'abord s'élevant de chaque côté vers la tête, servent de cadre à la belle plaque jaune orangé de la gorge, et qui, se courbant
ensuite pour passer au-dessous des yeux, vont se terminer et en quelque
manière s'implanter à la base du bec. Deux sourcils jaunes, qui prennent
naissance tout proche des narines, embrassent l'œil par-dessus, et se trouvant en opposition avec les espèces de cordons noirs qui l'embrassent par
dessous, donnent encore du caractère à la physionomie. Toute la partie
supérieure de cet oiseau est olivâtre ; mais cette couleur semble ternie par
un mélange de cendré sur le sommet de la tête, et elle est au contraire plus
éclatante sur le croupion et sur le bord extérieur des pennes de l'aile : les
plus grandes de ces pennes sont terminées de brun ; les deux intermédiaires de la queue sont d'un vert olive, comme tout le dessus du corps, et
les dix latérales sont noires, terminées de jaune.

La femelle n'a ni la plaque noire de la poitrine, ni les cordons de même
couleur qui semblent lui servir d'attaches : elle a la gorge grise, la poitrine
et le ventre d'un jaune verdâtre, et tout le dessus du corps de la même
couleur, mais plus foncée. En général, cette femelle ne diffère pas beaucoup de l'oiseau représenté dans les planches enluminées, n° 358, sous le
nom de *merle à ventre orangé du Sénégal.*

M. Brisson a donné le plastron-noir dont il s'agit dans cet article comme
venant du cap de Bonne-Espérance, et il en venait certainement, puisqu'il
en avait été rapporté par M. l'abbé de la Caille ; mais, s'il en faut croire
M. Edwards, il venait encore de plus loin, et son véritable climat est l'île de
Ceylan. M. Edwards a été à portée de prendre des informations exactes à
ce sujet de M. Jean Gédéon Loten, qui avait été gouverneur de Ceylan, et
qui à son retour des Indes fit présent à la Société royale de plusieurs
oiseaux de ce pays, parmi lesquels était un plastron-noir. M. Edwards ajoute
une réflexion très-juste que j'ai déjà prévenue dans les volumes précédents
et qu'il ne sera pas inutile de répéter ici, c'est que le cap de Bonne-Espérance étant un point de partage où les vaisseaux abordent de toutes parts,
on doit y trouver des marchandises, par conséquent des oiseaux de tous les
pays, et que très-souvent on se trompe en supposant que tous ceux qui
viennent de cette côte en sont originaires. Cela explique assez bien pourquoi il y a dans les Cabinets un si grand nombre d'oiseaux et d'autres
animaux soi-disant du cap de Bonne-Espérance.

X. — L'ORANVERT OU MERLE A VENTRE ORANGÉ DU SÉNÉGAL. [c] [*]

J'ai appliqué à cette nouvelle espèce le nom d'*oranvert*, parce qu'il rappelle l'idée des deux principales couleurs de l'oiseau : un beau vert foncé enrichi par des reflets qui se jouent entre différentes nuances de jaune, règne sur tout le dessus du corps, compris la queue, les ailes, la tête et même la gorge; mais il est moins foncé sur la queue que partout ailleurs ; le reste du dessous du corps, depuis la gorge, est d'un orangé brillant; outre cela on aperçoit sur les ailes repliées un trait blanc qui appartient au bord extérieur de quelques-unes des grandes pennes. Le bec est brun ainsi que les pieds. Cet oiseau est plus petit que le merle; sa longueur et d'environ huit pouces, son vol de onze et demi, sa queue de deux et deux tiers, et son bec de onze à douze lignes.

Variété de l'Oranvert. — L'Oranbleu. [**]

J'ai dit que l'oranvert avait beaucoup de rapports avec la femelle du plastron-noir, mais il n'en a pas moins avec un autre oiseau représenté dans nos planches enluminées, n° 221, sous le nom de *merle du cap de Bonne-Espérance*, et que j'appelle *oranbleu*, parce qu'il a tout le dessous du corps orangé, depuis la gorge jusqu'au bas-ventre inclusivement, et que le bleu domine sur la partie supérieure depuis la base du bec jusqu'au bout de la queue; ce bleu est de deux teintes, et la plus foncée borde chaque plume, d'où résulte une variété douce, régulière et de bon effet. Le bec et les pieds sont noirs, ainsi que les pennes des ailes, mais plusieurs des moyennes sont bordées de gris blanc; enfin les pennes de la queue sont de toutes les plumes du corps celles dont la couleur paraît le plus uniforme.

XI. — LE MERLE BRUN DU CAP DE BONNE-ESPÉRANCE. [a] [***]

C'est une espèce nouvelle dont nous sommes redevables à M. Sonnerat : elle est à peu près de la grosseur du merle; sa longueur totale est de dix pouces, et ses ailes s'étendent un peu au delà du milieu de la queue. Presque tout son plumage est d'un brun changeant et jette des reflets d'un vert sombre; le ventre et le croupion sont blancs.

a. Cet oiseau a été envoyé au Cabinet du Roi par M. Adanson.

a. Il ne faut pas le confondre avec un autre merle brun du Cap, dont je parlerai bientôt sous le nom de *brunet*, et qui est beaucoup plus petit.

[*] *Turdus chrysogaster* (Gmel.).

[**] Variété du précédent.

[***] *Turdus bicolor* (Gmel.).

XII. — LE BANIAHBOU DE BENGALE. [a] [*]

Le plumage brun partout, mais plus foncé sur la partie supérieure du corps, plus clair sur la partie inférieure, comme aussi sur le bord des couvertures et des pennes des ailes, le bec et les pieds jaunes, la queue étagée, longue d'environ trois pouces, et dépassant les ailes repliées d'environ la moitié de sa longueur, voilà les principaux traits qui caractérisent cet oiseau étranger, dont la grosseur surpasse un peu celle de la grive.

M. Linnæus nous apprend, d'après les naturalistes suédois qui ont voyagé en Asie, que ce même oiseau se retrouve à la Chine; mais il paraît y avoir subi l'influence du climat, car les baniahbous de ce pays sont gris par-dessus, de couleur de rouille par-dessous, et ils ont un trait blanc de chaque côté de la tête. La dénomination d'oiseaux chanteurs que leur applique M. Linnæus [b], sans doute sur de bons mémoires, suppose que ces merles étrangers ont le ramage agréable.

XIII. — L'OUROVANG OU MERLE CENDRÉ DE MADAGASCAR. [c] [**]

La dénomination de merle cendré donne en général une idée fort juste de la couleur qui règne dans le plumage de cet oiseau; mais il ne faut pas croire que cette couleur soit partout du même ton : elle est très-foncée et presque noirâtre, avec une légère teinte de vert sur les plumes longues et étroites qui couvrent la tête; elle est moins foncée, mais sans mélange d'aucune autre teinte, sur les pennes de la queue et des ailes et sur les grandes couvertures de celles-ci; elle a un œil olive sur la partie supérieure du corps, les petites couvertures des ailes, le cou, la gorge et la poitrine; enfin elle est plus claire sous le corps, et prend à l'endroit du bas-ventre une légère teinte de jaune.

Ce merle est à peu près de la grosseur de notre mauvis, mais il a la queue un peu plus longue, les ailes un peu plus courtes, et les pieds beaucoup plus courts [d]. Il a le bec jaune comme nos merles, marqué vers le bout

a. Voyez l'*Histoire naturelle des oiseaux* d'Albin, t. III, n° XIX; c'est la *grive brune des Indes* d'Edwards, pl. 184; le *merle de Bengale* de M. Brisson, et sa *vingt-cinquième grive*, t. II, p. 260; et t. VI, p. 43; en allemand, *braungelber mistler*, quelques-uns l'ont nommé *beniahbou*.

b. « Canorus. Turdus griseus, subtus ferrugineus, lineâ albâ ad latera capitis. » *Syst. nat.*, édit. X, page 169.

c. C'est la *quarante-unième grive* de M. Brisson, t. II, p. 291.

d. La longueur totale de l'oiseau est de 8 pouces ½, son vol de 12, sa queue de 3 ½, son bec de 12 lignes, et son pied de 8 ou 9.

* *Turdus canorus* (Linn.).

** *Turdus ourovang* (Lath.).

d'une raie brune, et accompagné de quelques barbes autour de sa base; la queue composée de douze pennes égales, et les pieds d'un brun clair.

XIV. — LE MERLE DES COLOMBIERS. *

On l'appelle aux Philippines l'*étourneau des colombiers,* parce qu'il est familier par instinct, qu'il semble rechercher l'homme, ou plutôt ses propres commodités dans les habitations de l'homme, et qu'il vient nicher jusque dans les colombiers ; mais il a plus de rapports avec notre merle ordinaire qu'avec notre étourneau, soit par la forme du bec et des pieds, soit par les proportions des ailes, qui ne vont qu'à la moitié de la queue, etc. Sa grosseur est à peu près celle du mauvis, et la couleur de son plumage est une, mais il s'en faut bien qu'elle soit uniforme et monotone : c'est un vert changeant qui présente sans cesse des nuances différentes, et qui se multiplie par les reflets. Cette espèce est nouvelle, et nous en sommes redevables à M. Sonnerat : on trouve aussi, dans sa collection, des individus venant du cap de Bonne-Espérance, lesquels appartiennent visiblement à la même espèce, mais qui en diffèrent en ce qu'ils ont le croupion blanc tant dessus que dessous, et qu'ils sont plus petits : est-ce une variété de climat, ou seulement une variété d'âge ?

XV. — LE MERLE OLIVE DU CAP DE BONNE-ESPÉRANCE. a **

Le dessus du corps de cet oiseau, compris tout ce qui paraît des pennes de la queue et des ailes, lorsqu'elles sont en repos, est d'un brun olivâtre ; la gorge est d'un brun fauve, moucheté de brun décidé ; le cou et la poitrine sont de la même couleur que la gorge, mais sans mouchetures ; tout le reste du dessous du corps est d'un beau fauve ; enfin le bec est brun, ainsi que les pieds et le côté intérieur des pennes des ailes et des pennes latérales de la queue.

Ce merle est de la grosseur du mauvis ; il a près de treize pouces de vol, et huit un quart de longueur totale ; le bec a dix lignes, le pied quatorze ; la queue, qui est composée de douze pennes égales, a trois pouces, et les ailes repliées ne vont qu'à la moitié de sa longueur.

a. M. Brisson, qui a décrit le premier cet oiseau, en a fait sa *quarante-troisième grive,* t. II, page 294.

* *Turdus columbinus* (Lath.). — C'est, pour quelques naturalistes, le *stourne des colombiers* (*lamprotornis columbinus.*)

** *Turdus olivaceus* (Gmel.).

XVI. — LE MERLE A GORGE NOIRE DE SAINT-DOMINGUE. *

L'espèce de pièce noire qui recouvre la gorge de cet oiseau s'étend, d'une part, jusque sous l'œil et même sur le petit espace qui est entre l'œil et le bec, et, de l'autre, elle descend sur le cou et jusque sur la poitrine; de plus, elle est bordée d'une large bande d'un roux plus ou moins rembruni, qui se prolonge sur les yeux et sur la partie antérieure du sommet de la tête : le reste de la tête, la face postérieure du cou, le dos et les petites couvertures des ailes sont d'un gris brun, varié légèrement de quelques teintes plus brunes; les grandes couvertures des ailes sont, ainsi que les pennes, d'un brun noirâtre bordé de gris clair, et séparées des petites couvertures par une ligne jaune olivâtre appartenant à ces petites couvertures. Ce même jaune olivâtre règne sur le croupion et tout le dessous du corps, mais sous le corps il est varié par quelques taches noires assez grandes et clair-semées dans tout l'espace compris entre la pièce noire de la gorge et les jambes. La queue est du même gris que le dessus du corps, mais dans son milieu seulement, les pennes latérales étant bordées extérieurement de noirâtre : le bec et les pieds sont noirs.

Cet oiseau, qui n'avait pas encore été décrit, est à peu près de la grosseur du mauvis : sa longueur totale est d'environ sept pouces et demi, le bec d'un pouce, la queue de trois, et les ailes, qui sont fort courtes, ne vont guère qu'au quart de la longueur de la queue.

XVII. — LE MERLE DE CANADA. [a] **

Celui de tous nos merles dont semble approcher le plus l'oiseau dont il s'agit ici, c'est le merle de montagne, qui n'est qu'une variété du plastron blanc. Le merle de Canada est moins gros, mais ses ailes sont proportionnées de même, relativement à la queue, ne s'étendant pas dans leur repos au delà du milieu de sa longueur, et les couleurs du plumage, qui ne sont pas fort différentes, sont à peu près distribuées de la même manière : c'est toujours un fond rembruni, varié d'une couleur plus claire partout, excepté sur les pennes de la queue et des ailes, qui sont d'un brun noirâtre et uniforme; les couvertures des ailes ont des reflets d'un vert foncé, mais brillant; toutes les autres plumes sont noirâtres et terminées de roux, ce

---

a. C'est la *dix-septième grive* de M. Brisson , qui a le premier décrit cette espèce étrangère , t. II , page 232.

* *Turdus ater* (Gmel.). — Espèce mal déterminée : c'est un *troupiale* pour quelques-uns; un *carouge,* pour d'autres.

** *Pendulinus ater* (Vieill.). — Le *carouge noir,* dans son plumage d'automne, selon Vieillot.

qui, les détachant les unes des autres, produit une variété régulière, et fait que l'on peut compter le nombre des plumes par le nombre des marques rousses.

XVIII. — LE MERLE OLIVE DES INDES. [a] [*]

Toute la partie supérieure de cet oiseau, compris les pennes de la queue et ce qui paraît des pennes de l'aile, est d'un vert d'olive foncé; toute la partie inférieure est du même fond de couleur, mais d'une teinte plus claire et tirant sur le jaune; les barbes intérieures des pennes de l'aile sont brunes, bordées en partie de jaunâtre; le bec et les pieds sont presque noirs. Cet oiseau est moins gros que le mauvis; sa longueur totale est de huit pouces, son vol de douze et demi, sa queue de trois et demi, son bec de treize lignes, son pied de neuf, et ses ailes, dans leur repos, vont à la moitié de la queue.

XIX. — LE MERLE CENDRÉ DES INDES. [b] [**]

La couleur cendrée du dessus du corps est plus foncée que celle du dessous; les grandes couvertures et les pennes des ailes sont bordées de gris-blanc en dehors, mais les pennes moyennes ont ce bord plus large, et de plus elles ont un autre bord de même couleur en dedans, depuis leur origine jusqu'aux deux tiers de leur longueur; des douze pennes de la queue, les deux du milieu sont du même cendré que le dessus du corps; les deux suivantes sont en partie de la même couleur, mais leur côté intérieur est noir; les huit autres sont entièrement noires comme le bec, les pieds et les ongles; le bec est accompagné de quelques barbes noirâtres près des angles de son ouverture.

Cet oiseau est plus petit que le mauvis : il a sept pouces trois quarts de longueur totale, douze deux tiers de vol, la queue de trois pouces, le bec de onze lignes et le pied de dix.

XX. — LE MERLE BRUN DU SÉNÉGAL. [c] [***]

Rien de plus uniforme et de plus commun que le plumage de cet oiseau; mais aussi rien de plus facile à décrire : du gris-brun sur la partie supé-

a. C'est la *quarante-cinquième grive* de M. Brisson, qui a le premier décrit cette espèce, t. II, page 298.

b. C'est la *trente-neuvième grive* de M. Brisson, qui a le premier décrit cette espèce, t. II, page 286.

c. C'est la *vingt-sixième grive* de M. Brisson, qui a le premier décrit cet oiseau étranger, t. II, page 261.

* *Turdus indicus* (Lath.).

** *Turdus cinereus* (Gmel.).

*** *Turdus senegalensis* (Gmel.).

rieure et sur l'antérieure, du blanc sale sur la partie inférieure, du brun
sur les pennes des ailes et de la queue, comme sur le bec et les pieds, voilà
son signalement fait en trois coups de crayon. Il n'égale pas le mauvis en
grosseur, mais il a la queue plus longue et le bec plus court. Sa longueur
totale, suivant M. Brisson, est de huit pouces, son vol de onze et demi, sa
queue de trois et demi, son bec de neuf lignes et son pied de onze; ajoutez
à cela que les ailes, dans leur repos, ne vont qu'à la moitié de la queue,
qui est composée de douze pennes égales.

XXI. — LE TANAOMBÉ OU MERLE DE MADAGASCAR. [a] [*]

Je conserve à cet oiseau le nom qu'il a dans sa patrie, et il serait à souhaiter que les voyageurs nous apportassent ainsi les vrais noms des oiseaux
étrangers : ce serait le seul moyen de nous mettre en état d'employer avec
succès toutes les observations faites sur chaque espèce et de les appliquer
sans erreur à leur véritable objet.

Le tanaombé est un peu moins gros que le mauvis : son plumage, en
général, est très-rembruni sur la tête, le cou et tout le dessus du corps;
mais les couvertures de la queue et des ailes ont une teinte de vert; la
queue est vert doré, bordée de blanc ainsi que les ailes, qui ont, outre cela,
du violet changeant en vert à l'extrémité des grandes pennes, une couleur
d'acier poli sur les pennes moyennes et les grandes couvertures, et une
marque oblongue d'un beau jaune doré sur ces mêmes pennes moyennes;
la poitrine est d'un brun roux, le reste du dessous du corps blanc; le bec
et les pieds sont noirs, et le tarse est fort court; la queue est un peu fourchue; les ailes, dans leur repos, ne vont qu'à la moitié de sa longueur;
néanmoins ce merle a le vol plus étendu à proportion que le mauvis [b]. Il
est à remarquer que, dans un individu que j'ai eu occasion de voir, le bec
était plus crochu vers la pointe qu'il ne paraît dans la figure enluminée, et
qu'à cet égard le tanaombé semble se rapprocher du merle solitaire.

XXII. — LE MERLE DE MINDANAO. [**]

La couleur d'acier poli qui se trouve sur une partie des ailes du tanaombé
est répandue dans le merle de cet article, sur la tête, la gorge, le cou, la

----

a. C'est la *trente-troisième grive* de M. Brisson, t. II, p. 274.

b. Voici ses dimensions précises d'après M. Brisson : longueur totale 7 pouces $\frac{1}{2}$, vol 12 $\frac{1}{2}$,
queue 2 $\frac{1}{2}$, bec 11 lignes, pied 9.

* *Turdus madagascariensis* (Gmel.).

** *Turdus mindanensis* (Gmel.). — C'est une *pie-grièche*. « J'y place encore (parmi les *pies-
« grièches*) l'oiseau si ballotté par les naturalistes, *merle de Mindanao* de Buffon, *turdus min-
« danensis* de Gmelin et Latham, le même que leur *gracula saularis*, *petite pie des Indes*, ou
« *dialbird*, etc. » (Cuvier.)

poitrine et tout le dessus du corps jusqu'au bout de la queue; les ailes ont une bande blanche près du bord extérieur, et le reste du dessous du corps est blanc.

La longueur totale de l'oiseau n'est que de sept pouces, et ses ailes ne vont pas jusqu'à la moitié de la queue, qui est un peu étagée. C'est une espèce nouvelle apportée par M. Sonnerat.

M. Daubenton le jeune a observé un autre individu de la même espèce qui avait les extrémités des longues pennes des ailes et de la queue d'un vert foncé et changeant, et plusieurs taches de violet changeant sur le corps, mais principalement derrière la tête. C'est peut-être une femelle ou même un jeune mâle.

XXIII. — LE MERLE VERT DE L'ILE DE FRANCE. *

Le plumage de cet oiseau est de la plus grande uniformité : c'est partout à l'extérieur un vert bleuâtre rembruni; mais son bec et ses pieds sont cendrés. Il est au-dessous du mauvis pour la grosseur ; sa longueur totale est d'environ sept pouces, son vol de dix et demi, son bec de dix lignes, et ses ailes, dans leur repos, vont au tiers de sa queue, qui n'a que deux pouces et demi. Les plumes qui recouvrent la tête et le cou sont longues et étroites. C'est une espèce nouvelle.

XXIV. — LE CASQUE-NOIR OU MERLE A TÊTE NOIRE
DU CAP DE BONNE-ESPÉRANCE. [a] **

Quoique au premier coup d'œil le casque-noir ressemble par le plumage à l'espèce suivante, qui est le *brunet,* et surtout au *merle à cul jaune du Sénégal,* que je regarde comme une variété de cette même espèce, cependant, si l'on veut prendre la peine de comparer ces oiseaux en détail, on trouvera des différences assez marquées dans les couleurs et de plus considérables encore dans les proportions des membres. Le casque-noir est moins gros que le mauvis; sa longueur totale est de neuf pouces, son vol de neuf et demi, sa queue de trois et deux tiers, son bec de treize lignes et son pied de quatorze, d'où il suit qu'il a le vol moins étendu, et au contraire le bec, la queue et les pieds proportionnellement plus longs que le brunet; il a aussi la queue autrement faite et composée de douze pennes étagées; chaque aile en a dix-neuf, dont les plus longues sont la cinquième et la sixième.

a. C'est la *soixante-sixième grive* de M. Brisson, qui a le premier fait connaître cette espèce, t. VI, *Supplément,* p. 47.

  * *Turdus mauritianus* (Gmel.).
** *Turdus atricapillus* Gmel.).

A l'égard du plumage, il ressemble par la couleur brune de la partie
supérieure du corps, mais il diffère par la couleur du casque, qui est un
noir brillant, par la couleur rousse du croupion et dès couvertures supérieures de la queue, par la couleur roussâtre de la gorge et de tout le dessous du corps jusques et compris les couvertures inférieures de la queue,
par la petite rayure brune des flancs, par la petite tache blanche qui paraît
sur les ailes et qui appartient aux grandes pennes, par la couleur noirâtre
des pennes de la queue, et enfin par la marque blanche qui termine les
latérales et qui est d'autant plus grande que la penne est plus extérieure.

XXV. — LE BRUNET DU CAP DE BONNE-ESPÉRANCE. [a][*]

La couleur dominante du plumage de cet oiseau est le brun foncé : elle
règne sur la tête, le cou, tout le dessus du corps, la queue et les ailes; elle
s'éclaircit un peu sur la poitrine et les côtés, elle prend un œil jaunâtre
sur le ventre et les jambes, et elle disparaît enfin sur les couvertures inférieures de la queue pour faire place à un beau jaune. Cette tache jaune fait
d'autant plus d'effet qu'elle tranche avec la couleur des pennes de la queue,
lesquelles sont d'un brun encore plus foncé par-dessous que par-dessus.
Le bec et les pieds sont tout à fait noirs.

Ce merle n'est pas plus gros qu'une alouette : il a dix pouces et demi de
vol; ses ailes ne vont guère qu'au tiers de la queue, qui a près de trois
pouces de long et qui est composée de douze pennes égales.

Variété du brunet du Cap.

L'oiseau représenté dans nos planches enluminées, n° 317, sous le nom
de *merle à cul jaune du Sénégal*[b], a beaucoup de rapport avec le brunet;
seulement il est un peu plus gros et il a la tête et la gorge noires; dans
tout le reste ce sont les mêmes couleurs et à peu près les mêmes proportions, ce qui m'avait fait croire d'abord que c'était une simple variété d'âge
ou de sexe; mais ayant eu dans la suite occasion de remarquer que, parmi
un grand nombre d'oiseaux envoyés par M. Sonnerat, il s'en était trouvé
plusieurs étiquetés *merles du Cap*, lesquels étaient parfaitement semblables
au sujet décrit par M. Brisson, et pas un seul individu à tête et gorge noires,
il me paraît plus vraisemblable que l'oiseau du n° 317 représente une variété

---

a. C'est la *vingt-quatrième grive* de M. Brisson, à qui l'on est redevable de la première description qui ait été faite de ce merle étranger : il le nomme *merle brun du Cap*, t. II, p. 259 ;
mais j'ai changé ce nom en celui de *brunet* pour le distinguer d'un autre merle brun du Cap,
dont j'ai parlé ci-dessus.

b. Le dessus du corps est moins jaunâtre et plus brun, dans un individu que j'ai observé,
qu'il ne le paraît dans la pl. 317.

* *Turdus capensis* (Gmel.). — C'est encore une des espèces que Cuvier rapproche des *pies-
grièches*.

de climat. Le bec de cet oiseau est plus large à sa base et plus courbe que celui du merle ordinaire.

XXVI. — LE MERLE BRUN DE LA JAMAÏQUE. [a] [*]

Le brun foncé règne en effet sur la tête, le dessus du corps, les ailes et la queue de cet oiseau ; un brun plus clair sur le devant de la poitrine et du cou, un blanc sale sur le ventre et le reste du dessous du corps : ce qu'il y a de plus remarquable dans ce merle c'est sa gorge blanche, son bec et ses pieds orangés. Il a les ouvertures des narines fort grandes. Sa lon gueur totale est d'environ six pouces quatre lignes, son vol de neuf pouces quelques lignes, sa queue de deux pouces huit ou neuf lignes, son pied de deux pouces un quart, son bec de onze lignes, le tout réduction faite de la mesure anglaise à la nôtre. On peut juger par ces dimensions qu'il est moins gros que notre mauvis. Il se tient ordinairement dans les bois en montagne et passe pour un bon gibier. Tout ce que M. Sloane nous apprend de l'intérieur de cet oiseau, c'est que sa graisse est d'un jaune orangé.

XXVII. — LE MERLE A CRAVATE DE CAYENNE. [**]

La cravate de ce merle est fort ample et d'un beau noir bordé de blanc ; elle s'étend depuis la base du bec inférieur, et même depuis l'espace compris entre le bec supérieur et l'œil jusque sur la partie moyenne de la poitrine, où la bordure blanche, qui s'élargit en cet endroit, est rayée transversalement de noir ; elle couvre les côtés de la tête jusqu'aux yeux et elle embrasse les trois quarts de la circonférence du cou. Les petites et les grandes couvertures des ailes sont du même noir que la cravate, mais les petites sont terminées de blanc, ce qui produit des mouchetures de cette couleur, et les deux rangs des grandes couvertures sont terminés par une bordure fauve. Le reste du plumage est cannelle, mais le bec et les pieds sont noirs.

Ce merle est plus petit que notre mauvis, et il a la pointe du bec crochue comme les solitaires ; sa longueur totale est d'environ sept pouces, sa queue de deux et demi, son bec de onze lignes, et ses ailes, qui sont courtes, dépassent fort peu l'origine de la queue.

---

a. **M.** Sloane à qui nous devons la connaissance de cet oiseau, le nomme *thrush* en anglais. Voyez *Jamaïca*, p. 305, pl. 256, n° xxxiii. C'est le *merle de la Jamaïque* de M. Brisson et sa *trente-quatrième grive*, t. II, p. 277.

* *Turdus leucogenus* (Lath.).
** *Turdus cinnamomeus* (Gmel.).

XXVIII. — LE MERLE HUPPÉ DU CAP DE BONNE-ESPÉRANCE. [a] *

La huppe de cet oiseau n'est point une huppe permanente, mais ce sont des plumes longues et étroites qui dans les moments de parfaite tranquillité se couchent naturellement sur le sommet de la tête, et que l'oiseau hérisse quand il veut. La couleur de cette huppe, du reste de la tête et de la gorge, est un beau noir avec des reflets violets; le devant du cou et la poitrine ont les mêmes reflets sur un fond brun. Cette dernière couleur brune domine sur tout le dessus du corps et s'étend sur le cou, sur les couvertures des ailes, sur une partie des pennes de la queue, et même sous le corps où elle forme une espèce de large ceinture qui passe au-dessus du ventre ; mais dans tous ces endroits elle est égayée par une couleur blanchâtre qui borde et dessine le contour de chaque plume à peu près comme dans le merle à plastron blanc. Celui de cet article a les couvertures inférieures de la queue rouges, les supérieures blanches, le bas-ventre de cette dernière couleur; enfin, le bec et les pieds noirs ; les angles de l'ouverture du bec sont accompagnés de longues barbes noires dirigées en avant : ce merle n'est guère plus gros que l'alouette huppée. Il a onze à douze pouces de vol; ses ailes, dans leur situation de repos, ne s'étendent pas jusqu'à la moitié de la queue ; leurs pennes les plus longues sont la quatrième et la cinquième, et la première est la plus courte de toutes.

XXIX. — LE MERLE D'AMBOINE. [b] **

Je laisse cet oiseau parmi les merles, où M. Brisson l'a placé, sans être bien sûr qu'il appartienne à ce genre plutôt qu'à un autre. Seba, qui le premier nous l'a fait connaître, nous dit qu'on le met au rang des rossignols à cause de la beauté de son chant; non-seulement il chante ses amours au printemps, mais il relève alors sa longue et belle queue, et la ramène sur son dos d'une manière remarquable. Il a tout le dessus du corps d'un brun rougeâtre, compris la queue et les ailes, excepté que celles-ci sont marquées d'une tache jaune ; tout le dessous du corps est de cette dernière couleur, mais le dessous des pennes de la queue est doré. Ces pennes sont au nombre de douze et régulièrement étagées.

a. C'est la *vingt-troisième grive* de M. Brisson, qui l'a décrite le premier. Cet oiseau a environ 8 pouces de la pointe du bec jusqu'au bout de la queue, 6 ½ jusqu'au bout des ongles; la queue a 3 pouces ¼, le bec 12 lignes, le pied autant, le doigt du milieu 9 lignes. Voyez l'*Ornithologie*, t. II, p. 257.

b. C'est le petit oiseau d'Amboine au chant mélodieux (*avicula Amboinensis canora*) de Seba, t. I, p. 99 ; et la *seizième grive* de M. Brisson, t. II, p. 244.

* *Turdus cafer* (Gmel.). — C'est une *pie-grièche*, et qui diffère très-peu du *lanius jocosus*. (Voyez la nomenclature de la p. 82.)

** *Turdus amboinensis* (Lath.).

XXX. — LE MERLE DE L'ILE DE BOURBON. [a] *

La grosseur de ce petit oiseau est à peu près celle de l'alouette huppée : il a sept pouces trois quarts de longueur totale, et onze un tiers de vol ; son bec a dix à onze lignes, son pied autant, et ses ailes, dans leur repos, ne vont pas jusqu'à la moitié de la queue, qui a trois pouces et demi, et fait par conséquent elle seule presque la moitié de la longueur totale de l'oiseau.

Le sommet de la tête est recouvert d'une espèce de calotte noire ; tout le reste du dessus du corps, les petites couvertures des ailes, le cou en entier et la poitrine sont d'un cendré olivâtre ; le reste du dessous du corps est d'un olivâtre tirant au jaune, à l'exception du milieu du ventre qui est blanchâtre. Les grandes couvertures des ailes sont brunes avec quelque mélange de roux ; les pennes des ailes mi-parties de ces deux mêmes couleurs, de manière que le brun est en dedans et par-dessous, et le roux en dehors ; il faut cependant excepter les trois pennes du milieu, qui sont entièrement brunes : celles de la queue sont brunes aussi , et traversées vers leur extrémité par deux bandes de deux bruns différents et fort peu apparentes, étant sur un fond brun ; le bec et les pieds sont jaunâtres [b].

XXXI. — LE MERLE DOMINIQUAIN DES PHILIPPINES. **

La longueur des ailes est un des attributs les plus remarquables de cette nouvelle espèce : elles s'étendent dans leur repos presque jusqu'au bout de la queue. Leur couleur, ainsi que celle du dessus du corps, est un fond brun sur lequel on voit quelques taches irrégulières d'acier poli ou plutôt de violet changeant [c] : ce fond brun prend un œil violet à l'origine de la queue, et un œil verdâtre à son extrémité ; il s'éclaircit du côté du cou et devient blanchâtre sur la tête et sur toute la partie inférieure du corps. Le bec et les pieds sont d'un brun clair.

Cet oiseau n'a guère que six pouces de longueur : c'est une nouvelle espèce dont on est redevable à M. Sonnerat.

a. C'est la *quarante deuxième grive* de M. Brisson, qui le premier a donné la description de cet oiseau , envoyé par M. de la Nux.

b. Voyez l'*Ornithologie* de M. Brisson, t. II, p. 293.

c. Ces taches violettes irrégulièrement semées sur le dessus du corps ont fait soupçonner à M. Daubenton le jeune que cet individu avait été tué sur la fin de la mue , et avant que les vraies couleurs du plumage eussent pris consistance.

* *Turdus borbonicus* (Lath.).

** *Turdus dominicanus* (Lath.).

XXXII. — LE MERLE VERT DE LA CAROLINE. [a]*

Catesby, qui a observé cet oiseau dans son pays natal, nous apprend qu'il n'est guère plus gros qu'une alouette, qu'il en a à peu près la figure, qu'il est fort sauvage, qu'il se cache très-bien, qu'il fréquente les bords des grandes rivières, à deux ou trois cents milles de la mer, qu'il vole les pieds étendus en arrière (comme font ceux de nos oiseaux qui ont la queue très-courte), et qu'il a un ramage éclatant. Il y a apparence qu'il se nourrit de la graine de *solanum* à fleur couleur de pourpre.

Ce merle a tout le dessus du corps d'un vert obscur, l'œil presque entouré de blanc, la mâchoire inférieure bordée finement de la même couleur, la queue brune, le dessous du corps jaune, excepté le bas-ventre qui est blanchâtre, le bec et les pieds noirs; les pennes des ailes ne dépassent pas de beaucoup l'origine de la queue.

La longueur totale de l'oiseau est d'environ sept pouces un quart, sa queue de trois, son pied de douze lignes, son bec de dix.

XXXIII. — LE TÉRAT-BOULAN OU LE MERLE DES INDES. [b]**

Ce qui caractérise cette espèce, c'est un bec, un pied et des doigts plus courts à proportion que dans les autres merles, et une queue étagée, mais autrement que de coutume; les six pennes du milieu sont d'égale longueur, et ce sont proprement les trois pennes latérales de chaque côté qui sont étagées. Ce merle a le dessus du corps, du cou, de la tête et de la queue noir, le croupion cendré et les trois pennes latérales de chaque côté terminées de blanc. Cette même couleur blanche règne sur tout le dessous du corps et de la queue, sur le devant du cou, sur la gorge, et s'étend de part et d'autre jusqu'au-dessus des yeux; mais il y a de chaque côté un petit trait noir qui part de la base du bec, semble passer par-dessous l'œil et reparaît au delà : les grandes pennes de l'aile sont noirâtres, bordées de blanc du côté intérieur jusqu'à la moitié de leur longueur; les pennes moyennes, ainsi que leurs grandes couvertures, sont aussi bordées de blanc, mais sur le côté extérieur dans toute sa longueur.

a. C'est le *cul-blanc à poitrine jaune* de Catesby ; en anglais, *yellow-brested chat;* en latin, *œnante americana*, etc. *Hist. nat. de la Caroline*, t. I, p. 50. M. Linnæus le nomme *turdus virens*, etc. (*Syst. nat.*, p. 171, édit. X). M. Brisson en a fait sa *cinquante-cinquième grive*, t. II, page 315.

b. C'est la *dix-neuvième grive* de M. Brisson, qui le premier a fait connaître cette espèce, t. II, page 248.

* *Muscicapa viridis* (Lath.). — *Ictérie dumicole* (Vicill.).

** *Turdus orientalis* (Lath.). — « Le *térat-boulan* se rapproche des *pies-grièches* à bec « droit. » (Cuvier.)

Cet oiseau est un peu plus gros que l'alouette : il a dix pouces et demi de vol, et ses ailes, étant dans leur repos, s'étendent un peu au delà du milieu de la queue ; sa longueur, mesurée de la pointe du bec jusqu'au bout de la queue, est de six pouces et demi, et jusqu'au bout des ongles de cinq et demi ; la queue en a deux et demi, le bec huit lignes et demie, le pied neuf, et le doigt du milieu sept.

XXXIV. — LE SAUI-JALA OU LE MERLE DORÉ DE MADAGASCAR. [a] [*]

Cette espèce, qui appartient à l'ancien continent, ne s'écarte pas absolument de l'uniforme de nos merles : elle a le bec, les pieds et les ongles noirâtres ; une sorte de collier d'un beau velours noir qui passe sous la gorge et ne s'étend qu'un peu au delà des yeux ; les pennes de la queue et des ailes, et les plumes du reste du corps toujours noires, mais bordées de citron, comme elles sont bordées de gris dans le merle à plastron blanc, en sorte que le contour de chaque plume se dessine agréablement sur les plumes voisines qu'elle recouvre.

Cet oiseau est à peu près de la grosseur de l'alouette ; il a neuf pouces et demi de vol, et la queue plus courte que nos merles, relativement à la longueur totale de l'oiseau, qui est de cinq pouces trois quarts, et relativement à la longueur de ses ailes, qui s'étendent presque aux deux tiers de la queue lorsqu'elles sont dans leur repos. Le bec a dix lignes, la queue seize, le pied onze et le doigt du milieu dix.

XXXV. — LE MERLE DE SURINAM. [b] [**]

Nous retrouvons dans ce merle d'Amérique le même fond de couleur qui règne dans le plumage de notre merle ordinaire ; il est presque partout d'un noir brillant, mais ce noir est égayé par d'autres couleurs : sur le sommet de la tête par une plaque d'un fauve jaunâtre ; sur la poitrine par deux marques de cette même couleur, mais d'une teinte plus claire ; sur le croupion par une tache de cette même teinte ; sur les ailes par une ligne blanche qui les borde depuis leur origine jusqu'au pli du poignet ou de la troisième articulation ; et, enfin, sous les ailes par le blanc qui règne sur toutes leurs couvertures inférieures ; en sorte qu'en volant cet oiseau montre autant de blanc que de noir. Ajoutez à cela que les pieds sont

a. C'est la *dix-huitième grive* de M. Brisson, qui a le premier décrit cet oiseau et nous a appris son nom madagascarien, t. II, p. 247.

b. C'est la *soixante-cinquième grive* de M. Brisson, qui a le premier décrit cette espèce, t. VI, *Supplément*, page 47.

[*] *Turdus saui-jala* et *turdus nigerrimus* (Gmel.).

[**] *Turdus surinamus* (Lath.).

bruns, que le bec n'est que noirâtre, ainsi que les pennes de l'aile, et que toutes ces pennes, excepté les deux premières et la dernière, sont d'un fauve jaunâtre à leur origine, mais du côté intérieur seulement.

Le merle de Surinam n'est pas plus gros qu'une alouette; sa longueur totale est de six pouces et demi, son vol de neuf et demi, sa queue de trois à peu près, son bec de huit lignes, et son pied de sept à huit; enfin ses ailes, dans leur repos, vont au delà du milieu de la queue.

XXXVI. — LE PALMISTE. [a] [*]

L'habitude qu'a cet oiseau de se tenir et de nicher sur les palmiers, où sans doute il trouve la nourriture qui lui convient, lui a fait donner le nom de palmiste. Sa grosseur égale celle de l'alouette; sa longueur est de six pouces et demi, son vol de dix un tiers, sa queue de deux et demi, et son bec de dix lignes.

Ce qui se fait remarquer d'abord dans son plumage c'est une espèce de large calotte noire qui lui descend de part et d'autre plus bas que les oreilles, et qui de chaque côté a trois marques blanches, l'une près du front, une autre au-dessus de l'œil, et la troisième au-dessous : le cou est cendré par derrière dans tout ce qui n'est pas recouvert par cette calotte noire; il est blanc par devant, ainsi que la gorge; la poitrine est cendrée et le reste du dessous du corps gris blanc. Le dessus du corps, compris les petites couvertures des ailes et les douze pennes de la queue, est d'un beau vert olive; ce qui paraît des pennes des ailes est à peu près de la même couleur et le reste est brun; ces pennes dans leur repos s'étendent un peu au delà du milieu de la queue; le bec et les pieds sont cendrés.

L'oiseau dont M. Brisson a fait une autre espèce de palmiste [b] ne diffère absolument du précédent que parce que sa calotte, au lieu d'être noire en entier, a une bande de cendré sur le sommet de la tête et qu'il a un peu moins de blanc sous le corps; mais comme, à cela près, il a exactement les mêmes couleurs, que dans tout le reste il lui ressemble si parfaitement que la description de l'un peut convenir à l'autre sans y changer un mot, et qu'il vit dans le même pays, je ne puis m'empêcher de regarder ces deux individus comme appartenant à la même espèce, et je suis tenté de regarder le premier comme le mâle et le second comme la femelle.

a. C'est la *quarante-huitième grive* de M. Brisson, qui a le premier décrit cette espèce, t. II, page 303.

b. T. II, page 301. C'est sa *quarante-septième grive.*

[*] *Turdus palmarum* (Lath.). — C'est un *tangara.* « Le *palmiste* de Buffon y appartient « également (à la division des *tangaras cardinals*) : l'échancrure de son bec est à peine « sensible, et elle disparaît entièrement dans une espèce voisine dont M. Vieillot a fait son « genre *icteria* (*icteria dumicola*). Cette espèce conduit aux *tisserins.* » (Cuvier.) — Voyez la nomenclature [*] de la p. 121.

XXXVII. — LE MERLE VIOLET A VENTRE BLANC DE JUIDA. *

La dénomination de ce merle est une description presque complète de son plumage ; il faut ajouter seulement qu'il a les grandes pennes des ailes noirâtres, le bec de même couleur et les pieds cendrés. A l'égard de ses dimensions, il est un peu moins gros qu'une alouette : sa longueur est d'environ six pouces et demi, son vol de dix et demi, sa queue de seize lignes, son bec de huit, son pied de neuf ; les ailes, dans leur repos, vont aux trois quarts de la queue.

XXXVIII. — LE MERLE ROUX DE CAYENNE. **

Il a la partie antérieure et les côtés de la tête, la gorge, tout le devant du cou et le ventre roux ; le sommet de la tête et tout le dessus du corps, compris les couvertures supérieures de la queue et les pennes des ailes, bruns ; les couvertures supérieures des ailes noires, bordées d'un jaune vif qui tranche avec la couleur du fond et termine chaque rang de ces couvertures par une ligne ondoyante ; les couvertures inférieures de la queue sont blanches ; la queue, le bec et les pieds cendrés.

Cet oiseau est plus petit que l'alouette ; il n'a que six pouces et demi de longueur totale. Je n'ai pu mesurer son vol ; mais il ne doit pas être fort étendu, car les ailes, dans leur repos, ne vont pas au delà des couvertures de la queue. Le bec et le pied ont chacun onze ou douze lignes.

XXXIX. — LE PETIT MERLE BRUN A GORGE ROUSSE DE CAYENNE. ***

Avoir nommé ce petit oiseau, c'est presque l'avoir décrit : j'ajoute, pour tout commentaire, que la couleur rousse de la gorge s'étend sur le cou et sur la poitrine, que le bec est d'un cendré noir et les pieds d'un jaune verdâtre. Ce merle est à peu près de la grosseur du chardonneret ; sa longueur totale n'est guère que de cinq pouces, le bec de sept ou huit lignes, le pied de huit ou neuf, et les ailes repliées vont au moins à la moitié de la longueur de la queue, laquelle n'est en tout que de dix-huit lignes.

XL. — LE MERLE OLIVE DE SAINT-DOMINGUE. *a* ****

Ce petit oiseau a le dessus du corps olivâtre et le dessous d'un gris mêlé confusément de cette même couleur d'olive ; les barbes intérieures des

---

a. M. Brisson est le premier qui ait décrit cette espèce, dont il a fait sa *quarante-quatrième grive*, t. II , page 296.

   * *Turdus leucogaster* (Lath.).
   ** *Turdus rufifrons* (Lath.).
   *** *Turdus pectoralis* (Lath.).
   **** *Turdus hispaniolensis* (Lath.).

pennes de la queue, des pennes des ailes et des grandes couvertures de celles-ci, sont brunes, bordées de blanc ou de blanchâtre; le bec et les pieds sont gris-bruns.

Cet oiseau n'est guère plus gros qu'une fauvette : sa longueur totale est de six pouces, son vol de huit trois quarts, sa queue de deux, son bec de neuf lignes, son pied de même longueur; ses ailes, dans leur repos, vont plus loin que la moitié de la queue, et celle-ci est composée de douze pennes égales.

On doit regarder le *merle olive de Cayenne*, représenté dans nos planches enluminées, n° 558, comme une variété de celui-ci, dont il ne diffère qu'en ce que le dessus du corps est d'un vert plus brun et le dessous d'un gris plus clair; les pieds sont aussi plus noirâtres [a].

XLI. — LE MERLE OLIVATRE DE BARBARIE. [*]

M. le chevalier Bruce a vu en Barbarie un merle plus gros que la draine, qui avait tout le dessus du corps d'un jaune olivâtre, les petites couvertures des ailes de la même couleur avec une teinte de brun, les grandes couvertures et les pennes noires, les pennes de la queue noirâtres, terminées de jaune et toutes de longueur égale; le dessous du corps d'un blanc sale, le bec brun-rougeâtre, les pieds courts et plombés; les ailes, dans leur état de repos, n'allaient qu'à la moitié de la queue. Ce merle a beaucoup de rapport avec la grive bassette de Barbarie dont il a été question ci-dessus [b]; mais il n'a point, comme elle, de grivelures sur la poitrine; et d'ailleurs on peut s'assurer, en comparant les descriptions, qu'il en diffère assez pour que l'on doive regarder ces deux oiseaux comme appartenant à deux espèces distinctes.

XLII. — LE MOLOXITA OU LA RELIGIEUSE D'ABYSSINIE. [**]

Non-seulement cet oiseau a la figure et la grosseur du merle, mais il est, comme lui, un habitant des bois et vit de baies et de fruits; son instinct,

---

a. Au moment où l'on finit d'imprimer cet article des merles, un illustre Anglais (M. le chevalier Bruce) a la bonté de me communiquer les figures peintes d'après nature de plusieurs oiseaux d'Afrique, parmi lesquels sont quatre nouvelles espèces de merles. Je ne perds pas un instant pour donner au public la description de ces espèces nouvelles, et j'y joins ce que M. le chevalier Bruce a bien voulu m'apprendre de leurs habitudes, en attendant que des affaires plus importantes permettent à ce célèbre voyageur de publier le corps immense de ses belles observations sur toutes les parties des sciences et des arts.

b. Page 79 de ce volume. J'aurais placé ce *merle olivâtre* à la suite de la *grive bassette*, si je l'eusse connu assez tôt.

[*] *Turdus tripolitanus* (Lath.).
[**] *Turdus monacha* (Lath.).

ou peut-être son expérience, le porte à se tenir sur les arbres qui sont au bord des précipices, en sorte qu'il est difficile à tirer et souvent plus difficile encore à trouver lorsqu'on l'a tué. Il est remarquable par un grand coqueluchon noir qui embrasse la tête et la gorge et qui descend sur la poitrine en forme de pièce pointue; c'est sans doute à cause de ce coqueluchon qu'on lui a donné le nom de *religieuse*. Il a tout le dessus du corps d'un jaune plus ou moins brun, les couvertures des ailes et les pennes de la queue brunes bordées de jaune, les pennes des ailes d'un noirâtre plus ou moins foncé, bordé de gris clair ou de blanc, tout le dessous du corps et les jambes d'un jaune clair, les pieds cendrés et le bec rougeâtre.

XLIII. — LE MERLE NOIR ET BLANC D'ABYSSINIE. *

Le noir règne sur toute la partie supérieure, depuis et compris le bec jusqu'au bout de la queue, à l'exception néanmoins des ailes, sur lesquelles on aperçoit une bande transversale blanche qui tranche sur ce fond noir; le blanc règne sur la partie inférieure, et les pieds sont noirâtres. Cet oiseau est à peu près de la grosseur du mauvis, mais d'une forme un peu plus arrondie; il a la queue ronde et carrée par le bout, et les ailes si courtes qu'elles ne s'étendent guère au delà de l'origine de la queue; il chante à peu près comme le coucou, ou plutôt comme ces horloges de bois qui imitent le chant du coucou.

Il se tient dans les bois les plus épais, où il serait souvent difficile de le découvrir s'il n'était décelé par son chant, ce qui peut faire douter qu'en se cachant si soigneusement dans les feuillages il ait l'intention de se dérober au chasseur; car avec une pareille intention il se garderait bien d'élever la voix : l'instinct, qui est toujours conséquent, lui eût appris que souvent ce n'est point assez de se cacher dans l'obscurité pour vivre heureux, mais qu'il faut encore savoir garder le silence.

Cet oiseau vit de fruits et de baies, comme nos merles et nos grives.

XLIV. — LE MERLE BRUN D'ABYSSINIE. **

Les anciens ont parlé d'un olivier d'Éthiopie qui ne porte jamais de fruit : le merle de cet article se nourrit en partie de la fleur de cette espèce d'olivier; et, s'il s'en tenait là, on pourrait dire qu'il est du très-petit nombre qui ne vit pas aux dépens d'autrui; mais il aime aussi les raisins, et dans la saison il en mange beaucoup. Ce merle est à peu près de la grosseur du mauvis; il a tout le dessus de la tête et du corps brun; les cou-

---

* *Turdus æthiopicus* (Lath.). — C'est une **pie-grièche** (*lanius æthiopicus* Vieill.).
** *Turdus abyssinicus* (Lath.).

vertures des ailes de même couleur ; les pennes des ailes et de la queue d'un brun foncé, bordé d'un brun plus clair, la gorge d'un brun clair, tout le dessous du corps d'un jaune fauve, et les pieds noirs.

LE GRISIN DE CAYENNE. *

Le sommet.de la tête est noirâtre, la gorge noire, et ce noir s'étend depuis les yeux jusqu'au bas de la poitrine : les yeux sont surmontés par des espèces de sourcils blancs qui tranchent avec ces couleurs rembrunies et qui semblent tenir l'un à l'autre par une ligne blanche, laquelle borde la base du bec supérieur ; tout le dessus du corps est d'un gris cendré ; la queue est plus foncée et terminée de blanc, ses couvertures inférieures sont de cette dernière couleur, ainsi que le bas-ventre ; les couvertures des ailes sont noirâtres, et leur contour est exactement dessiné par une bordure blanche ; les pennes des ailes sont bordées extérieurement de gris clair, et terminées de blanchâtre ; le bec est noir et les pieds cendrés.

Cet oiseau n'est pas plus gros qu'une fauvette : sa longueur est d'environ quatre pouces et demi, son bec de sept lignes, ses pieds de même ; et ses ailes, dans leur repos, vont à la moitié de la queue, qui est un peu étagée.

La femelle du grisin a le dessus du corps plus cendré que le mâle : ce qui est noir dans celui-ci n'est en elle que noirâtre, et par cette raison le bord des couvertures des ailes tranche moins avec le fond.

LE VERDIN DE LA COCHINCHINE. **

Le nom de cet oiseau indique assez la couleur principale et dominante de son plumage, qui est le vert : ce vert est mêlé d'une teinte de bleu plus ou moins forte sur la queue, sur le bord extérieur des grandes pennes des ailes et sur les petites couvertures qui avoisinent le dos ; la gorge est d'un noir de velours, à l'exception de deux petites taches bleues qui se trouvent, de part et d'autre, à la base du bec inférieur : le noir de la gorge s'étend derrière les coins de la bouche, et remonte sur le bec supérieur, où il

---

* *Turdus griseus* (Lath.). — *Motacilla grisea* (Gmel.). — *Sylvia grisea*, le *batara grisin*, etc. — C'est un *batara*.

* *Turdus cochinchinensis* (Lath.). — Le *philédon verdin*. — « Je place encore parmi les « *philédons* le *verdin de la Cochinchine* de Buffon, qui est le deuxième *turdus malabaricus* de « Gmelin... » (Cuvier.)

occupe l'espace qui est entre sa base et l'œil, et par en bas il est environné d'une espèce de hausse-col jaune qui tombe sur la poitrine; le ventre est vert, le bec noir et les pieds noirâtres. Cet oiseau est à peu près de la grosseur du chardonneret; je n'ai pu mesurer sa longueur totale, parce que les pennes de la queue n'avaient pas pris tout leur accroissement lorsque l'oiseau a été tué, et qu'on les voit encore engagées dans le tuyau : aussi ne dépassent-elles point l'extrémité des ailes repliées.

Le bec a environ dix lignes, et paraît formé sur le modèle de celui des merles; ses bords sont échancrés près de la pointe. Ce petit merle vient certainement de la Cochinchine, car il s'est trouvé dans la même caisse que l'animal porte-musc envoyé en droiture de ce pays.

L'AZURIN.*

Cet oiseau n'est certainement pas un merle : il n'en a ni le port, ni la physionomie, ni les proportions; cependant comme il en a quelque chose dans la forme du bec, des pieds, etc., on lui a donné le nom de *merle de la Guyane* [1], en attendant que des voyageurs zélés pour le progrès de l'histoire naturelle nous instruisent de son vrai nom, et surtout de ses mœurs. A en juger par le peu qu'on en sait, c'est-à-dire par l'extérieur, je le placerais entre les geais et les merles.

Trois larges bandes d'un beau noir velouté, séparées par deux bandes plus étroites d'un jaune orangé, occupent en entier le dessus et les côtés de la tête et du cou ; la gorge est d'un jaune pur, la poitrine est décorée d'une grande plaque bleue; tout le reste du dessous du corps, compris les couvertures inférieures de la queue, est rayé transversalement de ces deux dernières couleurs, et le bleu règne seul sur les pennes de la queue, qui sont étagées. Le dessus du corps depuis la naissance du cou, et les couvertures des ailes les plus voisines, sont d'un brun rougeâtre ; les couvertures les plus éloignées sont noires, ainsi que les pennes des ailes; mais quelques-unes des premières ont de plus une tache blanche, d'où résulte une bande de cette couleur dentelée profondément, et qui court presque parallèlement au bord de l'aile repliée. Le bec et les pieds sont bruns.

Cet oiseau est un peu plus gros qu'un merle : sa longueur totale est de huit pouces et demi, sa queue de deux et demi, son bec de douze lignes, et ses pieds de dix-huit. Les ailes, dans leur repos, vont presque à la moitié de la queue.

* *Turdus cyanurus* (Lath.). — *Corvus cyanurus*, *myothera cyanura*, etc. C'est un four-millier.

1. L'*azurin* n'est pas de la Guiane, mais des Indes orientales.

LES BRÈVES. *

Je n'ai pu m'empêcher de séparer ces oiseaux d'avec les merles, voyant les différences de conformation extérieure par lesquelles la nature elle-même les a distingués : en effet, les brèves ont la queue beaucoup plus courte que nos merles, le bec plus fort et les pieds plus longs, sans parler des autres différences que celles-là supposent dans le port, dans les habitudes, peut-être même dans les mœurs.

Nous ne connaissons que quatre oiseaux de cette espèce : je dis de cette espèce, à la lettre et dans la rigueur du terme, car ils se ressemblent tellement entre eux, et pour la forme totale, et pour les principales couleurs, et pour leur distribution, qu'on ne peut guère les regarder que comme représentant les variétés d'une seule et même espèce. Tous quatre ont le cou, la tête et la queue noirs, en tout ou en partie ; tous quatre ont le dessus du corps d'un vert plus ou moins foncé ; tous quatre ont les couvertures supérieures des ailes et de la queue, peintes d'une belle couleur d'aigue-marine, et une tache blanche ou blanchâtre sur les grandes pennes de l'aile ; enfin presque tous, excepté notre brève des Philippines [a], ont du jaune sur la partie inférieure du corps.

I. — Cette brève des Philippines [1] a la tête et le cou recouverts d'une sorte de coqueluchon totalement noir, la queue de même couleur ; le dessus du corps, compris les couvertures et les petites pennes des ailes les plus proches du dos, d'un vert foncé ; la poitrine et le haut du ventre d'un vert plus clair ; le bas-ventre et les couvertures de la queue couleur de rose ; les grandes pennes des ailes noires à leur origine et à leur extrémité, et marquées d'une tache blanche entre deux ; le bec brun-jaunâtre et les pieds orangés.

La longueur totale de l'oiseau n'est que de six pouces un quart à cause de sa courte queue ; mais il a plus de huit pouces, étant mesuré de la pointe du bec au bout des pieds, et il est à très-peu près de la grosseur de notre merle ; ses ailes, qui forment, étant déployées, une envergure de douze pouces, s'étendent dans leur repos au delà de la queue, qui n'a que douze lignes ; les pieds en ont dix-huit.

II. — La brève que M. Edwards a représentée planche cccxxiv [b], sous le

a. C'est le même oiseau que celui que M. Brisson nomme *merle vert à tête noire des Moluques*, et dont il a fait sa *cinquante-septième grive*, t. II, p. 319.

b. Cette brève parait être le même oiseau que la *pie ordinaire des Indes* de M. Ray, et qui

* Ordre et famille *id.*, genre *Fourmilliers* (Cuv.). — Cuvier réserve le nom de *brèves* aux *fourmilliers* de l'ancien continent.

1. « La *brève des Philippines* n'est point, comme on l'a dit, celle d'*Angole* à qui on aurait mis une tête de merle, nous l'avons eu nature. » (Cuvier.)

nom de *pie à courte queue des Indes orientales*[1], n'a pas la tête entièrement
noire ; elle a seulement trois bandes de cette couleur partant de la base du
bec, l'une passant sur le sommet de la tête et derrière le cou, et chacune
des deux autres passant sous l'œil et descendant sur les côtés du cou ; ces
deux dernières bandes sont séparées de celle du milieu par une autre bande
mi-partie, suivant sa longueur, de jaune et de blanc, le jaune avoisinant
cette même bande du milieu, et le blanc avoisinant la bande noire latérale.
De plus, cet oiseau a le dessous de la queue et le bas-ventre couleur de
rose, comme le précédent ; mais tout le reste du dessous du corps jaune, la
gorge blanche et la queue bordée de vert par le bout. Il venait de l'île de
Ceylan.

III. — Notre brève de Bengale [a][2] a, comme la première, la tête et le cou
enveloppés d'un coqueluchon noir, mais sur lequel se dessinent deux grands
sourcils orangés ; tout le dessous du corps est jaune, et ce qui est noir dans
les grandes pennes de l'aile des deux oiseaux précédents est dans celui-ci
d'un vert foncé, comme le dos. Cette brève est un peu plus grande que la
première et de la grosseur du merle ordinaire.

IV. — Notre brève de Madagascar [b][3] a encore le plumage de la tête différent de tout ce qu'on vient de voir ; le sommet est d'un brun noirâtre
qui prend un peu de jaune par derrière et sur les côtés ; le tout est encadré
par un demi-collier noir qui embrasse le cou par derrière à sa naissance
et par deux bandes de même couleur qui, s'élevant des extrémités de ce
demi-collier, passent au-dessous des yeux et vont se terminer à la base du
bec tant supérieur qu'inférieur ; la queue est bordée par le bout d'un vert
d'aigue-marine. Les ailes sont comme dans notre première brève ; la gorge
est mêlée de blanc et de jaune, et le dessous du corps est d'un jaune brun.

s'appelle aux Indes *ponnunky pitta*, et *ponnanduky*. Voyez *Synopsis Avium*, p. 195 ; en
anglais, *the madrass-jay*. M. Edwards la nomme *short-tailed pye* ; Albin, *caille de Bengale*,
t. I, n° xxxi ; en allemand, *caap-wachtel*. Klein, *Ordo Avium*, p. 115.

    a. C'est le *merle vert des Moluques* de M. Brisson, qui en a fait sa *cinquante-sixième grive*.
Voyez t. II, p. 316.

    b. Elle est représentée dans nos planches enluminées, n° 257, sous le nom de **merle des**
Moluques.

    1. *Myothera brachyura* (Illig.).
    2. *Corvus brachyurus* (Gmel.).
    3. *Myothera velata* (Temm.).

LE MAINATE DES INDES ORIENTALES. *a* *

Il suffit de jeter un coup d'œil de comparaison sur cet oiseau étranger pour sentir qu'on doit le séparer du genre des merles, des grives, des étourneaux et des choucas, avec lesquels il a été trop légèrement associé, pour le rapprocher du goulin des Philippines et surtout du martin, lesquels sont de même pays, ont le bec de même, et des parties nues à la tête comme lui. Cet oiseau n'est guère plus gros qu'un merle ordinaire ; son plumage est noir partout, mais d'un noir plus lustré sur la partie supérieure du corps, sur la gorge, les ailes, la queue, et dont les reflets jouent entre le vert et le violet. Ce que cet oiseau a de plus remarquable, c'est une double crête jaune, irrégulièrement découpée, qui prend naissance de chaque côté de la tête derrière l'œil ; ces deux crêtes tombent en arrière en se rapprochant l'une de l'autre, et ne sont séparées sur l'*occiput* que par une bande de plumes longues et étroites qui part de la base du bec ; les autres plumes du sommet de la tête sont comme une espèce de velours noir. Le bec, qui a dix-huit lignes de long, est jaune, mais il prend une teinte rougeâtre près de la base ; enfin les pieds sont d'un jaune orangé. Cet oiseau a la queue plus courte et les ailes plus longues que notre merle ; celles-ci, qui, étant repliées, s'étendent à un demi-pouce près de l'extrémité de la queue, forment, étant déployées, une envergure de dix-huit à vingt pouces. La queue est composée de douze pennes ; et parmi celles de l'aile, c'est la première qui est la plus courte et la troisième qui est la plus longue.

Tel était le mainate que nous avons fait représenter dans nos planches enluminées, nº 268 ; mais il ne faut pas dissimuler que cette espèce est fort variable, non-seulement dans ses couleurs, mais dans sa taille et dans la

a. C'est la *cinquantième grive* de M. Brisson, t. II, p. 305. M. Edwards croit que son vrai nom indien est *minor* ou *mino.* On lui a donné les noms de *choucas*, de *pie*, d'*étourneau*, de *merle.* Voyez Bontius, *Hist. nat. Indiæ. or.*, p. 67. Klein, *Ordo avium*, p. 60, nº 12, etc. C'est la *quarante-neuvième grive* de M. Brisson, t. II, p. 305. Les Anglais l'appellent *indian stare*; M. Linnæus, *gracula religiosa* ; M. Osbeck, *corvus javanensis.* C'est selon toute apparence le *merula persica* de Joseph-George Camel. (*Transact. philosoph.*, nº 285, art. III, p. 1397). « Canora et garrula avis, dit cet auteur, atra, sed circa oculos depilis ut illing, « minùs tamen. » Cet *illing* paraît quelques lignes plus bas sous le nom d'*iting*, et c'est notre *goulin.*

* *Gracula religiosa* (Linn.). — *Eulabes religiosus* (Cuv.). — Ordre et famille *id.*, genre *Mainates* ou *Eulabes* (Cuv.). — « Linné a confondu deux espèces sous le nom de *gracula* « *religiosa* : l'espèce des *Indes* (*eulabes indicus*), et l'espèce de *Java* (*eulabes javanicus*). La « première est l'oiseau décrit par Buffon ; la seconde a le bec plus large, plus fendu, plus « crochu au bout et sans échancrure. On devrait en conséquence la placer à la suite des *rolles*; « mais elle ressemble entièrement à l'autre par tout le reste, et surtout par les lambeaux nus « de la tête. — Rien ne doit être plus désespérant pour les méthodistes que cette différence de « bec dans deux oiseaux si semblables. — On dit que c'est de tous les oiseaux celui qui imite le « mieux le langage de l'homme. » (Cuvier.)

forme même de cette double crête qui la caractérise, et qu'on peut compter presque autant de variétés qu'il y a eu de descriptions. Avant d'entrer dans le détail de ces variétés, je dois ajouter que le mainate a beaucoup de talent pour siffler, pour chanter et pour parler, qu'il a même la prononciation plus franche que le perroquet, nommé l'oiseau parleur par excellence, et qu'il se plaît à exercer son talent jusqu'à l'importunité.

VARIÉTÉS DU MAINATE.

I. — Le mainate de M. Brisson [a] diffère du nôtre en ce qu'il a sur le milieu des premières pennes de l'aile une tache blanche qui ne paraît pas dans notre figure enluminée, soit qu'elle n'existât point en effet dans le sujet qui a servi de modèle, soit qu'étant cachée sous les autres pennes elle ait échappé au dessinateur. On peut remarquer que la côte de ces premières pennes est noire, même à l'endroit de la tache blanche qui les traverse.

II. — Le mainate de Bontius [b] avait le plumage bleu de plusieurs teintes, et par conséquent un peu différent du plumage du nôtre, qui est noir avec des reflets bleus, verts, violets, etc. : une autre différence très-remarquable, c'est que ce fond bleu était semé de mouchetures semblables à celles de l'étourneau, quant à leur forme et à leur distribution, mais non quant à la couleur, car Bontius ajoute qu'elles sont d'un gris cendré.

III. — Le petit mainate de M. Edwards [c] avait sur les ailes la tache blanche de celui de M. Brisson ; mais ce qui le différencie d'une manière assez marquée, c'est que ses deux crêtes, s'unissant derrière l'*occiput*, lui formaient une demi-couronne qui embrassait le derrière de la tête d'un œil à l'autre. M. Edwards en a disséqué un qui se trouva femelle ; il laisse à décider si, malgré la disporportion de la taille, on doit le regarder comme la femelle du suivant.

IV. — Le grand mainate de M. Edwards [d] a la même conformation de crête que son petit mainate, dont il ne diffère que par la taille et par de très-légères variétés de couleurs. Il est à peu près de la grosseur du geai, par conséquent double du précédent, et le jaune du bec et des pieds est franc sans aucune teinte de rougeâtre. On ne dit pas que la crête de tous ces mainates soit sujette à changer de couleur, selon les différentes saisons de l'année et selon les différents mouvements dont ils sont agités.

a. *Ornithologie*, t. II , page 305.
b. *Hist. nat. Indiæ or.*, page 67.
c. Planche 17.
d. *Ibidem.*

LE GOULIN. [a]*

Il y a au Cabinet du Roi deux individus de cette espèce : tous deux ont le dessus du corps d'un gris clair argenté, la queue et les ailes plus rembrunies, les yeux environnés d'une peau absolument nue, formant un ovale irrégulier couché sur son côté, et dont l'œil occupe le foyer intérieur; enfin, sur le sommet de la tête, une ligne de plumes noirâtres qui court entre ces deux pièces de peau nue; mais l'un de ces oiseaux est beaucoup plus grand que l'autre. Le plus grand est à peu près de la grosseur de notre merle ; il a le dessous du corps brun, varié de quelques taches blanches, la peau nue qui environne les yeux couleur de chair, le bec, les pieds et les ongles noirs. Le plus petit a le dessous du corps d'un brun jaunâtre, les parties chauves de la tête jaunes, ainsi que les pieds, les ongles et la moitié antérieure du bec. M. Poivre nous apprend que cette peau nue, tantôt jaune, tantôt couleur de chair, qui environne les yeux, se peint d'un rouge décidé lorsque l'oiseau est en colère, ce qui doit encore avoir lieu, selon toute apparence, lorsque au printemps il est animé d'un sentiment aussi vif et plus doux. Je conserve à cet oiseau le nom de *goulin*, sous lequel il est connu aux Philippines, parce qu'il s'éloigne beaucoup de l'espèce du merle non-seulement par la nudité d'une partie de la tête, mais encore par la forme et la grosseur du bec.

M. Sonnerat a rapporté des Philippines un oiseau chauve qui a beaucoup de rapport avec celui représenté dans nos planches enluminées, n° 200, mais qui en diffère par sa grandeur et par son plumage. Il a près d'un pied de longueur totale; les deux pièces de peau nue qui environnent ses yeux sont couleur de chair, et séparées sur le sommet de la tête par une ligne de plumes noires qui court entre deux. Toutes les autres plumes qui entourent cette peau nue sont pareillement d'un beau noir, ainsi que le dessous du corps, les ailes et la queue : le dessus du corps est gris, mais cette couleur

a. C'est le *merle chauve des Philippines* de M. Brisson, t. II, p. 280, et sa *trente-sixième grive*. M. Brisson dit qu'il s'appelle *coulin* aux Philippines; comme il ne cite point d'autorités, j'ai cru devoir déférer à celle de Joseph-George Camel, qui a donné ses observations sur les oiseaux des Philippines dans les *Transactions philosophiques*, n° 285. Il dit que le *goulin* est connu dans ces îles sous les noms d'*iting*, ou d'*illing* et de *tabaduru :* il ajoute que c'est une espèce de *palalaca*, et son *palalaca* est un *grand pic*. Il peut se tromper dans cette dernière assertion, mais on ne peut guère douter que son *gulin* ou *goulin* ne soit le même oiseau dont il s'agit ici. Voici la description qu'il en donne : « il est de la grosseur de l'étourneau ; il a le « bec, les ailes, la queue et les pieds noirs, le reste est comme argenté; la tête est nue à « l'exception d'une ligne de plumes noires qui court sur son sommet; c'est un oiseau chanteur « et qui babille beaucoup. » Il ne faut pas confondre avec ce merle chauve l'oiseau que quelques-uns ont nommé *merle chauve de Cayenne*, et qui est notre *colnud*. Voyez, p. 559 du Ve volume.

* *Gracula calva* (Gmel.). — Le *goulin gris*. — Ordre et famille *id.*, genre *Goulins* (Cuv.).

est plus claire sur le croupion et le cou, plus foncée sur le dos et les flancs. Le bec est noirâtre ; les ailes sont très-courtes et excèdent à peine l'origine de la queue. Si les deux merles chauves qui sont au Cabinet du Roi appartiennent à la même espèce, il faut regarder le plus grand comme un jeune individu qui n'avait pas encore pris son entier accroissement ni ses véritables couleurs, et le plus petit comme un individu encore plus jeune.

Ces oiseaux nichent ordinairement dans des trous d'arbres, surtout de l'arbre qui porte les cocos ; ils vivent de fruits et sont très-voraces, ce qui a donné lieu à l'opinion vulgaire qu'ils n'ont qu'un seul intestin, lequel s'étend en droite ligne de l'orifice de l'estomac jusqu'à l'anus, et par où la nourriture ne fait que passer.

LE MARTIN. [a][*]

Cet oiseau est un destructeur d'insectes, et d'autant plus grand destructeur qu'il est d'un appétit très-glouton : il donne la chasse aux mouches, aux papillons, aux scarabées : il va, comme nos corneilles et nos pies, chercher dans le poil des chevaux, des bœufs et des cochons, la vermine qui les tourmente quelquefois jusqu'à leur causer la maigreur et la mort. Ces animaux, qui se trouvent soulagés, souffrent volontiers leurs libérateurs sur leur dos, et souvent au nombre de dix ou douze à la fois ; mais il ne faut pas qu'ils aient le cuir entamé par quelque plaie, car les martins, qui s'accommodent de tout, becqueteraient la chair vive et leur feraient beaucoup plus de mal que toute la vermine dont ils les débarrassent : ce sont, à vrai dire, des oiseaux carnasssiers, mais qui, sachant mesurer leurs forces, ne veulent qu'une proie facile, et n'attaquent de front que des animaux petits et faibles ; on a vu un de ces oiseaux, qui était encore jeune, saisir un rat long de plus de deux pouces, non compris la queue, le battre sans relâche contre le plancher de sa cage, lui briser les os, et réduire tous ses membres à l'état de souplesse et de flexibilité qui convenait à ses vues, puis le prendre par la tête et l'avaler presque en un instant ; il en fut quitte pour une espèce d'indigestion qui ne dura qu'un quart d'heure, pendant lequel il eut les ailes traînantes et l'air souffrant ; mais, ce mauvais quart d'heure passé, il courait par la maison avec sa gaieté ordinaire ; et environ une heure après, ayant trouvé un autre rat, il l'avala comme le premier et avec aussi peu d'inconvénient.

a. C'est le *merle des Philippines* de M. Br.sson, t. II , p. 278.

[*] *Paradisœa tristis* (Linn.) — *Gracula tristis* (Lath.). — *Gracula gryllivora* (Daud.). — Ordre et famille *id.* , genre *Martins* (Cuv.). — « Il est difficile de comprendre comment Linné en avait fait un *oiseau de Paradis.* » (Cuvier.)

Les sauterelles sont encore une des proies favorites du martin : il en détruit beaucoup, et par là il est devenu un oiseau précieux pour les pays affligés de ce fléau, et il a mérité que son histoire se liât à celle de l'homme. Il se trouve dans l'Inde et les Philippines, et probablement dans les contrées intermédiaires; mais il a été longtemps étranger à l'île de Bourbon. Il n'y a guère plus de vingt ans que M. Desforges-Boucher, gouverneur général, et M. Poivre, intendant, voyant cette île désolée par les sauterelles[a], songèrent à faire sérieusement la guerre à ces insectes, et pour cela ils tirèrent des Indes quelques paires de martins, dans l'intention de les multiplier et de les opposer comme auxiliaires à leurs redoutables ennemis. Ce plan eut d'abord un commencement de succès, et l'on s'en promettait les plus grands avantages lorsque des colons, ayant vu ces oiseaux fouiller avec avidité dans des terres nouvellement ensemencées, s'imaginèrent qn'ils en voulaient au grain; ils prirent aussitôt l'alarme, la répandirent dans toute l'île et dénoncèrent le martin comme un animal nuisible; on lui fit son procès dans les formes; ses défenseurs soutinrent que, s'il fouillait la terre fraîchement remuée, c'était pour y chercher non le grain, mais les insectes ennemis du grain, en quoi il se rendait le bienfaiteur des colons; malgré tout cela il fut proscrit par le conseil, et deux heures après l'arrêt qui les condamnait il n'en restait pas une seule paire dans l'île. Cette prompte exécution fut suivie d'un prompt repentir : les sauterelles s'étant multipliées sans obstacle causèrent de nouveaux dégâts, et le peuple, qui ne voit jamais que le présent, se mit à regretter les martins comme la seule digue qu'on pût opposer au fléau des sauterelles. M. de Morave, se prêtant aux idées du peuple, fit venir ou apporta quatre de ces oiseaux huit ans après leur proscription : ceux-ci furent reçus avec des transports de joie; on fit une affaire d'État de leur conservation et de leur multiplication, on les mit sous la protection des lois et même sous une sauvegarde encore plus sacrée; les médecins, de leur côté, décidèrent que leur chair était une nourriture malsaine. Tant de moyens si puissants, si bien combinés, ne furent pas sans effet : les martins, depuis cette époque, se sont prodigieusement multipliés et ont entièrement détruit les sauterelles; mais de cette destruction même il est résulté un nouvel inconvénient, car ce fonds de subsistance leur ayant manqué tout d'un coup, et le nombre des oiseaux augmentant toujours, ils ont été contraints de se jeter sur les fruits, principalement sur les mûres, les raisins et les dattes; ils en sont venus même à déplanter les blés, le riz, le maïs, les fèves, et à pénétrer jusque dans les colombiers pour y tuer les jeunes pigeons et en faire leur proie; de sorte qu'après avoir délivré ces colonies des ravages des saute-

---

a. Ces sauterelles avaient été apportées de Madagascar, et voici comment : on avait fait venir de cette île des plants dans de la terre, et il s'était trouvé malheureusement dans cette terre des œufs de sauterelles.

relles, ils sont devenus eux-mêmes un fléau plus redoutable [a] et plus difficile à extirper, si ce n'est peut-être par la multiplication d'oiseaux de proie plus forts; mais ce remède aurait à coup sûr d'autres inconvénients. Le grand secret serait d'entretenir en tout temps un nombre suffisant de martins pour servir au besoin contre les insectes nuisibles, et de se rendre maître jusqu'à un certain point de leur multiplication. Peut-être aussi qu'en étudiant l'histoire des sauterelles, leurs mœurs, leurs habitudes, etc., on trouverait le moyen de s'en défaire sans avoir recours à ces auxiliaires de trop grande dépense.

Ces oiseaux ne sont pas fort peureux, et les coups de fusil les écartent à peine. Ils adoptent ordinairement certains arbres, ou même certaines allées d'arbres, souvent fort voisines des habitations, pour y passer la nuit, et ils y tombent le soir par nuées si prodigieuses que les branches en sont entièrement couvertes, et qu'on n'en voit plus les feuilles. Lorsqu'ils sont ainsi rassemblés, ils commencent par babiller tous à la fois, et d'une manière très-incommode pour les voisins. Ils ont cependant un ramage naturel fort agréable, très-varié et très-étendu. Le matin ils se dispersent dans les campagnes, tantôt par petits pelotons, tantôt par paires, suivant la saison.

Ils font deux pontes consécutives chaque année, la première vers le milieu du printemps, et ces pontes réussissent ordinairement fort bien, pourvu que la saison ne soit pas pluvieuse; leurs nids sont de construction grossière, et ils ne prennent aucune précaution pour empêcher la pluie d'y pénétrer; ils les attachent dans les aisselles des feuilles du palmier-latanier où d'autres arbres : ils les font quelquefois dans les greniers, c'est-à-dire toutes les fois qu'ils le peuvent. Les femelles pondent ordinairement quatre œufs à chaque couvée, et les couvent pendant le temps ordinaire. Ces oiseaux sont fort attachés à leurs petits : si l'on entreprend de les leur enlever, ils voltigent çà et là en faisant entendre une espèce de croassement, qui est chez eux le cri de la colère, puis fondent sur le ravisseur à coups de bec, et, si leurs efforts sont inutiles, ils ne se rebutent point pour cela, mais ils suivent de l'œil leur géniture, et si on la place sur une fenêtre ou dans quelque lieu ouvert qui donne un libre accès aux père et mère, ils se chargent l'un et l'autre de lui apporter à manger, sans que la vue de l'homme ni aucune inquiétude pour eux-mêmes, ou, si l'on veut, aucun intérêt personnel puisse les détourner de cette intéressante fonction.

Les jeunes martins s'apprivoisent fort vite; ils apprennent facilement à parler; tenus dans une basse-cour, ils contrefont d'eux-mêmes les cris de tous les animaux domestiques : poules, coqs, oies, petits chiens, mou-

---

a. Ils se rendent encore nuisibles en détruisant des insectes utiles, tels que la demoiselle, dont la larve connue sous le nom de *petit lion*, fait une guerre continuelle aux pucerons cotonneux qui causent tant de dommage aux caliers.

tons, etc., et ils accompagnent leur babil de certains accents et de certains gestes qui sont remplis de gentillesse.

Ces oiseaux sont un peu plus gros que les merles : ils ont le bec et les pieds jaunes comme eux, mais plus longs et la queue plus courte, la tête et le cou noirâtres ; derrière l'œil une peau nue et rougeâtre, de forme triangulaire, le bas de la poitrine et tout le dessus du corps, compris les couvertures des ailes et de la queue, d'un brun marron, le ventre blanc, les douze pennes de la queue et les pennes moyennes des ailes brunes, les grandes noirâtres depuis leur extrémité jusqu'au milieu de leur longueur, et de là, blanches jusqu'à leur origine, ce qui produit une tache oblongue de cette couleur près du bord de chaque aile lorsqu'elle est pliée ; les ailes, ainsi pliées, s'étendent aux deux tiers de la queue.

On a peine à distinguer la femelle du mâle par aucun attribut extérieur [a].

LE JASEUR. [b] *

L'attribut caractéristique qui distingue cet oiseau de tout autre, ce sont de petits appendices rouges qui terminent plusieurs des pennes moyennes

[a]. Les principaux faits de l'histoire de cet oiseau sont dus à M. Sonnerat et à M. de la Nux, correspondants du Cabinet d'histoire naturelle.

[b]. C'est la *soixante troisième grive* de M. Brisson, t. II, p. 334, le Γνάφαλος d'Aristote, (lib. IX, cap. XVI) ; ce mot grec signifie une espèce de matelas ou d'oreiller, et fait allusion aux plumes soyeuses du *jaseur*. C'est l'*ampelis* d'Aldrovande qui lui a appliqué cette dénomination, non d'après Aristote, comme l'a dit M. Brisson, mais d'après le poëte Callimaque, comme nous l'apprend Aldrovande lui-même (t. I, p. 796), et sans être bien sûr que son *ampelis*, et celle du poëte grec, fussent un seul et même oiseau. D'ailleurs ce nom d'*ampelis* ayant été donné plus anciennement à d'autres petits oiseaux, tels que le bec-figue (Gessner, p. 385) qui se nourrit de raisins comme le jaseur, Aldrovande ni M. Linnæus n'auraient pas dû l'appliquer à celui-ci. C'est le *garrulus bohemicus* de Gessner, p. 703 ; le *bombycilla* de Schwenckfeld, p. 229 ; le *micro-phenix* ; le *galerita varia* de Fabricio de Padoue ; le *lanius remigibus secundariis, apice membranaceo colorato* de M. Linnæus, g. 43, sp. 10 ; le *turdus cristatus* de Klein, p. 70, et de Frisch, pl. 32. Quelques-uns l'ont pris très-mal à propos pour le *merops* d'Aristote, c'est-à-dire pour notre *guêpier* ; d'autres pour l'*avis incendiaria* des anciens, et par corruption *incineraria*, ou pour l'oiseau de la forêt Hercinienne dont parle Pline, quoique ses plumes ne jettent point de feu pendant la nuit, comme on dit que faisaient celles de cet oiseau, si ce n'est peut-être un feu allégorique, car le *jaseur* a l'iris des yeux et les larmes des ailes couleur de feu. On a encore nommé cet oiseau *avis bohemica, adepellus, pteroclia, fullo, gallulus sylvestris, zinzirella*, et par corruption *zincirella*, d'après son cri ordinaire qui est *zi, zi, ri* ; en allemand, *zinzerelle*, formé du précédent, *boehmer, boeheimle, boehmische drostel, hauben drostel, pest-vogel, krieg vogel, wipstertz, seideschwantz, schnee-lesch, schnee-vogel* ; le nom de *beemerle* attribué au jaseur par M. Brisson ne lui appartient point, mais à un petit oiseau de la grosseur du *chardonneret*, ainsi appelé aux environs de Nuremberg, et qui n'a de commun avec le jaseur que d'être regardé par le peuple comme un précurseur de la peste. — On trouve dans la liste qu'a donnée M. Brisson des synonymes du *jaseur*

* *Ampelis garrulus* (Linn.). — Ordre et famille *id.*, genre *Cotingas*, sous-genre *Jaseurs* Cuvier).

de ses ailes ; ces appendices ne sont autre chose qu'un prolongement de
la côte au delà des barbes, lequel prolongement s'aplatit en s'élargissant
en forme de petite palette, et prend une couleur rouge : on compte quelquefois jusqu'à huit pennes de chaque côté, lesquelles ont de ces appendices ; quelques-uns ont dit que les mâles en avaient sept et les femelles
cinq, d'autres que les femelles n'en avaient point du tout *a* ; pour moi, j'ai
observé des individus qui en avaient sept à l'une des ailes et cinq à l'autre,
quelques-uns qui n'en avaient que trois, et d'autres qui n'en avaient pas
une seule, et qui avaient encore d'autres différences de plumage ; enfin j'ai
remarqué que ces appendices se partagent quelquefois longitudinalement
en deux branches à peu près égales, au lieu de former de petites palettes
d'une seule pièce comme à l'ordinaire.

C'est avec grande raison que M. Linnæus a séparé cet oiseau des grives
et des merles, ayant très-bien remarqué qu'indépendamment des petits
appendices rouges qui le distinguent, il était modelé sur des proportions
différentes, qu'il avait le bec plus court, plus crochu, armé d'une double
dent ou échancrure qui se trouve près de sa pointe, dans la pièce inférieure
comme dans la supérieure, etc. *b* ; mais il est difficile de comprendre comment il a pu l'associer avec les pies-grièches, en avouant qu'il se nourrit de
baies, et qu'il n'est point oiseau carnassier : à la vérité, il a plusieurs traits
de conformité avec les pies-grièches et les écorcheurs, soit dans la distribution des couleurs, principalement de celles de la tête, soit dans la forme
du bec, etc. ; mais la différence de l'instinct, qui est la plus réelle, n'en est
que mieux prouvée, puisque avec tant de rapports extérieurs et de moyens
semblables, le jaseur se nourrit et se conduit si différemment.

Ce n'est pas chose aisée de déterminer le climat propre de cet oiseau [1] ;
on se tromperait fort si, d'après les noms de geai de Bohême, de jaseur de
Bohême, d'oiseau de Bohême, que Gessner, M. Brisson et plusieurs autres
lui ont donné, on se persuadait que la Bohême fût son pays natal, ou même
son principal domicile : il ne fait qu'y passer comme dans beaucoup d'au-

le *xomotl* de Seba, bien différent du *xomotl* de Fernandez, cap. 124, qui à la vérité est huppé,
mais qui a le dos et les ailes noires, et la poitrine brune, qui de plus est palmipède, et dont
les Mexicains emploient les plumes pour en former ces singuliers tissus qui font partie de leur
luxe sauvage; or le *xomotl* de Seba est presque aussi différent du *jaseur de Bohême*, au
moins quant aux couleurs du plumage, que du *xomotl* de Fernandez, car il a la tête rouge,
du rouge sur le dos et la poitrine, du rouge sur la queue, du rouge sous les ailes, et le bec
jaune.

a. Edwards.

b. Le docteur Lister prétend avoir observé dans un de ces oiseaux, que les bords du bec
supérieur n'étaient point échancrés près de la pointe, ce qui ne pourrait être regardé que comme
une singularité individuelle très-rare; mais cette observation vraie ou fausse a corrigé le docteur Lister d'une erreur où il était tombé d'abord en associant, comme a fait M. Linnæus, le
jaseur aux pies-grièches.

1. « On croit qu'il niche dans le fond du Nord. » (Cuvier.)

tres contrées[a] ; en Autriche on croit que c'est un oiseau de Bohême et de Styrie, parce qu'on le voit en effet venir de ces côtés-là ; mais en Bohême on serait tout aussi fondé à le regarder comme un oiseau de la Saxe, et en Saxe comme un oiseau du Danemark ou des autres pays que baigne la mer Baltique. Les commerçants anglais assurèrent au docteur Lister, il y a près de cent ans, que les jaseurs étaient fort communs dans la Prusse ; Rzaczynski nous apprend qu'ils passent dans la grande et petite Pologne et dans la Lithuanie[b] : on a mandé de Dresde à M. de Réaumur qu'ils nichaient dans les environs de Pétersbourg ; M. Linnæus a avancé, apparemment sur de bons mémoires, qu'ils passent l'été et par conséquent font leur ponte dans les pays qui sont au delà de la Suède, mais ses correspondants ne lui ont appris aucun détail sur cette ponte et ses circonstances ; enfin M. de Strahlemberg a dit à Frisch qu'il en avait trouvé en Tartarie dans des trous de rochers : c'est sans doute dans ces trous qu'ils font leurs nids. Au reste, quel que soit le domicile de choix des jaseurs, je veux dire celui où rencontrant une température convenable, une nourriture abondante et facile, et toutes les commodités relatives à leur façon de vivre, ils jouissent de l'existence et se sentent pressés de la transmettre à une nouvelle génération, toujours est-il vrai qu'ils ne sont rien moins que sédentaires, et qu'ils font des excursions dans toute l'Europe : ils se montrent quelquefois au nord de l'Angleterre[c], en France[d], en Italie[e], et sans doute en Espagne ; mais sur ce dernier article nous en sommes réduits aux simples conjectures, car il faut avouer que l'histoire naturelle de ce beau royaume, si riche, si voisin de nous, habité par une nation si renommée à tant d'autres égards, ne nous est guère plus connue que celle de la Californie et du Japon[f].

Les migrations des jaseurs sont assez régulières dans chaque pays quant à la saison ; mais s'ils voyagent tous les ans, comme Aldrovande l'avait ouï dire, il s'en faut bien qu'ils tiennent constamment la même route. Le jeune prince Adam d'Aversperg, chambellan de leurs Majestés Impériales, l'un des seigneurs de Bohême qui a les plus belles chasses et qui en fait le plus

a. Frisch assure, d'après les habitants du pays, que les jaseurs ne nichent pas dans la Bohème et qu'ils viennent de plus loin, pl. 32.

b. *Auctuarium*, etc., pag. 382.

c. Le sujet représenté dans la *Zoologie Britannique*, pl. CI, avait été tiré sur les marais de Flamborough, dans la province d'York, et les deux qu'a vus le docteur Lister avaient été tués aux environs de la capitale de cette même province. Voyez la lettre de ce docteur à M. Ray, dans les *Transactions philosophiques*, n° 175, art. 3.

d. Il y a quelques années qu'il fut tué un jaseur à Marcilly près la Ferté-Lowendhal : depuis peu on en a pris quatre dans la Beauce au fort de l'hiver, lesquels s'étaient réfugiés dans un colombier. Voyez Salerne, *Hist. nat. des oiseaux*, p. 253.

e. *Aldrovandi Ornithologia*, p. 796.

f. Il paraît que Gessner n'avait point vu le jaseur, et il dit qu'il est rare presque partout, d'où l'on peut conclure qu'il est rare au moins en Suisse. *De Avibus*, p. 520 et 703.

noble usage, puisqu'il les fait contribuer au progrès de l'histoire naturelle,
nous apprend, dans un Mémoire adressé à M. de Buffon[a], que cet oiseau
passe tous les trois ou quatre ans[b] des montagnes de Bohême et de Styrie
dans l'Autriche au commencement de l'automne, qu'il s'en retourne sur la
fin de cette saison, et que même en Bohême on n'en voit pas un seul pendant l'hiver; cependant on dit qu'en Silésie c'est en hiver qu'il se trouve
de ces oiseaux sur les montagnes : ceux qui se sont égarés en France et en
Angleterre y ont paru dans le fort de l'hiver, et toujours en petit nombre[c],
ce qui donnerait lieu de croire que ce n'était en effet que des égarés qui
avaient été séparés du gros de la troupe par quelque accident et qui étaient
ou trop fatigués pour rejoindre leurs camarades, ou trop jeunes pour retrouver leur chemin. On pourrait encore inférer de ces faits que la France
et l'Angleterre, de même que la Suisse, ne sont jamais sur la route que
suivent les colonnes principales; mais on n'en peut pas dire autant de
l'Italie, car on a vu plusieurs fois ces oiseaux y arriver en très-grand
nombre, notamment en l'année 1571, au mois de décembre : il n'était pas
rare d'y en voir des volées de cent et plus, et on en prenait souvent jusqu'à
quarante à la fois. La même chose avait eu lieu au mois de février 1530[d],
dans le temps que Charles-Quint se faisait couronner à Bologne; car, dans
les pays où ces oiseaux ne se montrent que de loin en loin, leurs apparitions
font époque dans l'histoire politique, et d'autant plus que lorsqu'elles sont
très-nombreuses elles passent, on ne sait trop pourquoi, dans l'esprit des
peuples pour annoncer la peste, la guerre ou d'autres malheurs; cependant il faut excepter de ces malheurs au moins les tremblements de terre,
car dans l'apparition de 1551 on remarqua que les jaseurs qui se répandirent dans le Modenois, le Plaisantin et dans presque toutes les parties de
l'Italie[e], évitèrent constamment d'entrer dans le Ferrarais, comme s'ils
eussent pressenti le tremblement de terre qui s'y fit peu de temps après et
qui mit en fuite les oiseaux même du pays[f].

a. Ce prince a accompagné son Mémoire d'un jaseur empaillé qu'il conservait dans sa collection et dont il a fait présent au Cabinet du Roi.

b. D'autres disent tous les cinq ans, d'autres tous les sept ans. Voyez Gessner, p. 703.
Frisch, pl. 32.

c. Les deux dont parle le docteur Lister furent tués près d'York sur la fin de janvier; les
quatre dont parle Salerne furent trouvés dans un colombier de la Beauce au fort de l'hiver.
On avait dit à Gessner que cet oiseau ne paraissait que rarement, et presque toujours en temps
d'hiver, p. 520; mais dans le langage ordinaire le mot hiver peut bien signifier la fin de l'automne, qui est souvent la saison des frimas.

d. Comme l'Italie est un pays plus chaud que l'Allemagne, ils peuvent s'y trouver encore
plus tard, et je ne doute pas que dans des pays plus septentrionaux ils ne restassent une grande
partie de l'hiver dans les années où cette saison ne serait pas rigoureuse.

e. Voyez *Aldrovandi Ornithologia*, t. I, p. 800. Il est vrai que cet auteur ne parle à l'endroit cité que du Plaisantin et du Modenois, mais il avait dit plus haut qu'on lui avait envoyé
des jaseurs sous différents noms de presque tous les cantons d'Italie, p. 796.

f. *Ibidem*, t. I, page 800.

On ne sait pas précisément quelle est la cause qui les détermine à quitter ainsi leur résidence ordinaire pour voyager au loin : ce ne sont pas les grands froids, puisqu'ils se mettent en marche dès le commencement de l'automne, comme nous l'avons vu, et que d'ailleurs ils ne voyagent que tous les trois ou quatre ans, ou même que tous les six ou sept ans, et quelquefois en si grand nombre que le soleil en est obscurci [a] : serait-ce une excessive multiplication qui produirait ces émigrations prodigieuses, ces sortes de débordements, comme il arrive dans l'espèce des sauterelles, dans celle de ces rats du Nord, appelés *lemings*, et comme il est arrivé même à l'espèce humaine dans les temps où elle était moins civilisée, par conséquent plus forte, plus indépendante de l'équilibre qui s'établit à la longue entre toutes les puissances de la nature [b]? ou bien les jaseurs seraient-ils chassés de temps en temps de leurs demeures par des disettes locales qui les forcent d'aller chercher ailleurs une nourriture qu'ils ne trouvent point chez eux? On prétend que, lorsqu'ils s'en retournent, ils vont fort loin dans les pays septentrionaux, et cela est confirmé par le témoignage de M. le comte de Strahlemberg, qui, comme nous l'avons dit plus haut, en a vu dans la Tartarie [c].

La nourriture qui plaît le plus à cet oiseau lorsqu'il se trouve dans un pays de vignes, ce sont les raisins, d'où Aldrovande a pris occasion de lui donner le nom d'*ampelis*, qu'on peut rendre en français par celui de *vinette*. Après les raisins, il préfère, dit-on, les baies de troëne, ensuite celles de rosier sauvage, de genièvre, de laurier, les pignons, les amandes, les pommes, les sorbes, les groseilles sauvages, les figues, et en général tous les fruits fondants et qui abondent en suc : celui qu'Aldrovande a nourri pendant près de trois mois ne mangeait des baies de lierre et de la chair crue qu'à toute extrémité, et il n'a jamais touché aux grains; il buvait souvent et à huit ou dix reprises à chaque fois [d]. On donnait à celui qu'on a tâché d'élever dans la ménagerie de Vienne de la mie de pain blanc, des carottes hachées, du chènevis concassé et des grains de genièvre, pour lequel il montrait un appétit de préférence [e]; mais, malgré tous les soins qu'on a pris pour le conserver, il n'a vécu que cinq ou six jours : ce n'est pas que le jaseur soit difficile à apprivoiser et qu'il ne se façonne en peu de temps à l'esclavage; mais un oiseau accoutumé à la liberté, et par conséquent à pourvoir lui-même à tous ses besoins, trouvera toujours mieux ce qui lui convient en pleine campagne que dans la volière la mieux adminis-

---

a. « Anno 1552, inter Moguntiam et Bingam juxta Rhenum, maximis examinibus appa-
« ruerunt in tantâ copiâ ut subitò quà transvolabant, ex umbrâ earum veluti nox appareret. »
Gessner, p. 703.

b. Voyez l'*Hist. nat. générale et particulière*, t. VI, p. 147.

c. Frisch, planche 32.

d. Aldrovande, page 800.

e. Mémoire du prince d'Aversperg.

trée. M. de Réaumur a observé que les jaseurs aiment la propreté et que ceux qu'on tient dans les volières font constamment leurs ordures dans le même endroit [a].

Ces oiseaux sont d'un caractère tout à fait social : ils vont ordinairement par grandes troupes et quelquefois ils forment des volées innombrables ; mais outre ce goût général qu'ils ont pour la société, ils paraissent capables entre eux d'un attachement de choix et d'un sentiment particulier de bienveillance, indépendant même de l'attrait réciproque des sexes ; car nonseulement le mâle et la femelle se caressent mutuellement et se donnent tour à tour à manger, mais on a observé les mêmes marques de bonne intelligence et d'amitié de mâle à mâle, comme de femelle à femelle. Cette disposition à aimer, qui est une qualité si agréable pour les autres, est souvent sujette à de grands inconvénients pour celui qui en est doué ; elle suppose toujours en lui plus de douceur que d'activité, plus de confiance que de discernement, plus de simplicité que de prudence, plus de sensibilité que d'énergie, et le précipite dans les piéges que des êtres moins aimants et plus dominés par l'intérêt personnel multiplient sous ses pas : aussi ces oiseaux passent-ils pour être des plus stupides, et ils sont de ceux que l'on prend en plus grand nombre. On les prend ordinairement avec les grives qui passent en même temps, et leur chair est à peu près de même goût [b], ce qui est assez naturel vu qu'ils vivent à peu près des mêmes choses ; j'ajoute qu'on en tue beaucoup à la fois parce qu'ils se posent fort près les uns des autres [c].

Ils ont coutume de faire entendre leur cri lorsqu'ils partent ; ce cri est *zi, zi, ri* : selon Frisch et tous ceux qui les ont vus vivants, c'est plutôt un gazouillement qu'un chant [d], et le nom de *jaseur* qui leur a été donné indique assez que, dans les lieux où on les a nommés ainsi, on ne leur connaissait ni le talent de chanter, ni celui de parler qu'ont les merles ; car jaser n'est ni chanter, ni parler. M. de Réaumur va même jusqu'à leur disputer le titre de jaseurs [e] ; néanmoins le prince Aversperg dit que leur chant est très-agréable. Cela se peut concilier : il est très-possible que le jaseur ait un chant agréable dans le temps de l'amour, qu'il se fasse entendre dans les pays où il perpétue son espèce, que partout ailleurs il ne fasse que gazouiller et que jaser, lors même qu'il est en liberté ; enfin que dans des cages étroites il ne dise rien du tout.

a. Voyez *Hist. nat. des oiseaux* de Salerne, page 253.

b. Gessner nous dit que c'est un gibier délicat qu'on sert sur les meilleures tables, et dont le foie surtout est fort estimé. Le prince d'Aversperg assure que la chair du jaseur est d'un goût préférable à celle de la grive et du merle ; et d'autre côté Schwenckfeld avance que c'est un manger médiocre et peu sain ; et tout cela dépend beaucoup de la qualité des choses dont l'oiseau s'est nourri.

c. Frisch, pl. 32.

d. *Idem, Ibidem.*

e. *Oiseaux* de Salerne, page 253.

Son plumage est agréable dans l'état de repos ; mais pour en avoir une idée complète, il faut le voir lorsque l'oiseau déploie ses ailes, épanouit sa queue et relève sa huppe, en un mot lorsqu'il étale toutes ses beautés, c'est-à-dire qu'il faut le voir voler, mais le voir d'un peu près. Ses yeux, qui sont d'un beau rouge, brillent d'un éclat singulier au milieu de la bande noire sur laquelle ils sont placés ; ce noir s'étend sous la gorge et tout autour du bec ; la couleur vineuse plus ou moins foncée de la tête, du cou, du dos et de la poitrine, et la couleur cendrée du croupion sont entourées d'un cadre émaillé de blanc, de jaune et de rouge, formé par les différentes taches des ailes et de la queue ; celle-ci est cendrée à son origine, noirâtre dans sa partie moyenne et jaune à son extrémité ; les pennes des ailes sont noirâtres, les troisième et quatrième marquées de blanc vers la pointe, les cinq suivantes marquées de jaune, toutes les moyennes de blanc, et la plupart de celles-ci terminées par ces larmes plates de couleur rouge dont j'ai parlé au commencement de cet article. Le bec et les pieds sont noirs et plus courts à proportion que dans le merle. La longueur totale de l'oiseau est, selon M. Brisson, de sept pouces un quart, sa queue de deux un quart, son bec de neuf lignes, ainsi que son pied, et son vol de treize pouces. Pour moi, j'en ai observé un qui avait toutes les dimensions plus fortes : peut-être que cette différence de grandeur n'indique qu'une variété d'âge ou de sexe, ou peut-être une simple variété individuelle.

J'ignore quelle est la livrée des jeunes, mais Aldrovande nous apprend que le bord de la queue est d'un jaune moins vif dans les femelles, et qu'elles ont sur les pennes moyennes des ailes des marques blanchâtres et non pas jaunes comme elles sont dans les mâles : il ajoute une chose difficile à croire, quoiqu'il l'atteste d'après sa propre observation, c'est que dans les femelles la queue est composée de douze pennes, au lieu que, selon lui, elle n'en a que dix dans les mâles. Il est plus aisé, plus naturel de croire que le mâle ou les mâles observés par Aldrovande avaient perdu deux de ces pennes.

Variété du Jaseur.

On a dû remarquer, en comparant les dimensions relatives du jaseur, qu'il avait beaucoup plus de vol à proportion que notre merle et nos grives. De plus, Aldrovande [a] a observé qu'il avait le *sternum* conformé de la manière la plus avantageuse pour fendre l'air et seconder l'action des ailes ; on ne doit donc pas être surpris s'il entreprend quelquefois de si longs voyages dans notre Europe ; et comme d'ailleurs il passe l'été dans les pays septentrionaux, on doit naturellement s'attendre à le retrouver en Amé-

a. *Ornithologia*, t. I, p. 800.

rique : aussi l'y a-t-on trouvé en effet. Il en était venu plusieurs à M. de Réaumur de Canada [1], où on lui a donné le nom de *récollet* [a], à cause de quelque similitude observée entre sa huppe et le froc d'un moine [b]. Du Canada il a pu facilement se répandre et il s'est répandu du côté du sud. Catesby l'a décrit parmi les oiseaux de la Caroline; Fernandez l'a vu dans le Mexique aux environs de Tescuco [c], et j'en ai observé un qui avait été envoyé de Cayenne. Cet oiseau ne pèse qu'une once selon Catesby; il a une huppe pyramidale lorsqu'elle est relevée, le bec noir et à large ouverture, les yeux placés sur une bande de même couleur, séparée du fond par deux traits blancs, l'extrémité de la queue bordée d'un jaune éclatant; le dessus de la tête, la gorge, le cou et le dos d'une couleur de noisette vineuse plus ou moins foncée; les couvertures et les pennes des ailes, le bas du dos, le croupion et une grande partie de la queue de différentes teintes de cendré, la poitrine blanchâtre ainsi que les couvertures inférieures de la queue; le le ventre et les flancs d'un jaune pâle [d]. Il paraît, d'après cette description et d'après les mesures prises, que ce jaseur américain est un peu plus petit que celui d'Europe, qu'il a les ailes moins émaillées et d'une couleur un peu plus rembrunie, enfin que ces mêmes ailes ne s'étendent pas aussi loin par rapport à la queue; mais c'est évidemment le même oiseau que notre jaseur, et il a comme lui sept ou huit des pennes moyennes de l'aile terminées par ces petits appendices rouges qui caractérisent cette espèce. M. Brooke, chirurgien dans le Maryland, a assuré à M. Edwards que les femelles étaient privées de ces appendices, et qu'elles n'avaient pas les couleurs du plumage aussi brillantes que les mâles; le jaseur de Cayenne que j'ai observé n'avait pas, en effet, ces mêmes appendices, et j'ai aussi remarqué quelques légères différences dans son plumage, dont les couleurs étaient un peu moins vives, comme c'est l'ordinaire dans les femelles.

a. C'est le *chaterer* de Catesby (pl. 46) et d'Edwards (pl. 242), le *caquantototl* de Fernandez (cap. ccxv); en allemand, *grauer seiden-schwantz.*

b. Oiseaux de Salerne, page 253.

c. Il dit qu'il se plaît dans les montagnes, qu'il vit de petites graines, que son chant n'a rien de remarquable, et que sa chair est un manger médiocre.

d. Voyez l'*Ornithologie* de M. Brisson, t. II, page 337.

1. « L'Amérique en a une espèce extrèmement semblable, mais un peu plus petite (*ampelis « garrulus, b.* Linn.), *ampelis americana* Wils. , *bombycilla cedrorum* Vieill. — Il y en a « une au Japon (*bombycilla phœnicoptera* Temm.), qui n'a point d'appendices aux ailes, et « dont le bout de la queue et des petites couvertures de l'aile est rouge. » (Cuvier.)

LE GROS-BEC. [a] [*]

Le gros-bec est un oiseau qui appartient à notre climat tempéré, depuis l'Espagne et l'Italie jusqu'en Suède. L'espèce, quoique assez sédentaire, n'est pas nombreuse; on voit toute l'année cet oiseau dans quelques-unes de nos provinces de France, où il ne disparaît que pour très-peu de temps pendant les hivers les plus rudes [b]; l'été il habite ordinairement les bois, quelquefois les vergers, et vient autour des hameaux et des fermes en hiver. C'est un animal silencieux dont on entend très-rarement la voix, et qui n'a ni chant ni même aucun ramage décidé [c]; il semble qu'il n'ait pas l'organe de l'ouïe aussi parfait que les autres oiseaux, et qu'il n'ait guère plus d'oreille que de voix, car il ne vient point à l'appeau, et, quoique habitant des bois, on n'en prend pas à la pipée. Gessner, et la plupart des naturalistes après lui, ont dit que la chair de cet oiseau est bonne à manger; j'en ai voulu goûter et je ne l'ai trouvée ni savoureuse ni succulente.

J'ai remarqué qu'en Bourgogne il y a moins de ces oiseaux en hiver qu'en été, et qu'il en arrive un assez grand nombre vers le 10 d'avril; ils volent par petites troupes et vont en arrivant se percher dans les taillis; ils nichent sur les arbres et établissent ordinairement leur nid [d] à dix ou

a. Le gros-bec, ainsi nommé parce que son bec est plus gros que son corps ne paraît le comporter. On l'appelle aussi *pinson à gros bec* et *mangeur de noyaux*; dans le Maine, *pinson royal;* en Picardie, *grosse-tête;* en Sologne, *malouasse* ou *amalouasse gare,* *pinson maillé* ou *ébourgeonneux,* de même que le bouvreuil, en Champagne, *casse-rognon, casse-noix* ou *casse-noyaux;* en Saintonge, *gros pinson* ou *pinson d'Espagne;* en Périgord, *durbec;* le tout selon M. Salerne. En quelques endroits, *geai de bataille, coche-pierre;* suivant Gessner, qui a appliqué à cet oiseau le nom grec et latin, « coccothraustes, quod rostro suo coccos et inte- « riora grana sive ossicula cerasorum confringere soleat ut nucleis vescatur. » Ce nom néanmoins pouvait appartenir à tout autre oiseau qui a ces mêmes habitudes; car Hesychius et Varron, qui sont les seuls auteurs anciens où l'on trouve le nom des *coccothraustes,* ne le désignent en aucune façon et disent seulement, « coccothraustes avis quædam est. »

b. On aurait peine à concilier cette observation dont je crois être sûr, avec ce que disent les auteurs de la *Zoologie Britannique,* qu'on le voit rarement en Angleterre, et qu'il n'y paraît jamais qu'en hiver; à moins de supposer que comme il y a peu de bois en Angleterre il y a aussi très-peu de ces oiseaux qui ne se plaisent que dans les bois, et que comme ils n'approchent des lieux habités que pendant l'hiver, les observateurs n'en auront vu que dans cette saison.

c. M. Salerne dit que cet oiseau ne chante pas d'une manière désagréable, et un peu plus bas il ajoute que Belon a raison de dire qu'on le garde rarement en cage, parce qu'il ne dit mot ou qu'il chante mal. Il faut écrire avec bien peu de soin pour dire ainsi deux choses contradictoires dans la même page; ce que je puis dire moi-même, c'est que je n'ai jamais entendu chanter ou siffler aucun de ces oiseaux, que j'ai gardés longtemps dans des volières, et que les gens les plus accoutumés à fréquenter les bois m'ont assuré n'avoir que rarement entendu leur voix. Le mâle l'a néanmoins plus forte et plus fréquente que la femelle, qui ne rend qu'un son unique, un peu traîné et enroué, qu'elle répète de temps en temps.

d. Nid de gros-bec trouvé le 24 avril 1774, sur un prunier à 10 ou 12 pieds de hauteur, dans une bifurcation de branche, de forme ronde hémisphérique, composé en dehors de petites

* *Loxia coccothraustes* (Linn.). — Le *gros-bec commun.* — Ordre *id.,* famille des *Conirostres,* genre *Gros-Becs* (Cuv.).

douze pieds de hauteur à l'insertion des grosses branches contre le tronc ;
ils le composent comme les tourterelles avec des bûchettes de bois sec et
quelques petites racines pour les entrelacer; ils pondent communément
cinq œufs bleuâtres tachetés de brun. On peut croire qu'ils ne produisent
qu'une fois l'année, puisque l'espèce en est si peu nombreuse ; ils nourrissent leurs petits d'insectes, de chrysalides, etc., et, lorsqu'on veut les déni-
cher, ils les défendent courageusement et mordent bien serré ; leur bec épais
et fort leur sert à briser les noyaux et autres corps durs; et, quoiqu'ils soient
granivores, ils mangent aussi beaucoup d'insectes : j'en ai nourri longtemps dans des volières, ils refusent la viande, mais mangent de tout le
reste assez volontiers ; il faut les tenir dans une cage particulière, car
sans paraître hargneux, et sans mot dire, ils tuent les oiseaux (plus faibles
qu'eux) avec lesquels ils se trouvent enfermés; ils les attaquent non en les
frappant de la pointe du bec, mais en pinçant la peau et emportant la
pièce. En liberté ils vivent de toutes sortes de grains, de noyaux ou plutôt
d'amandes de fruits ; les loriots mangent la chair des cerises et les gros-becs
cassent les noyaux et en mangent l'amande. Ils vivent aussi de graines de
sapins, de pins, de hêtres, etc.

Cet oiseau solitaire et sauvage, silencieux , dur d'oreille et moins fécond
que la plupart des autres oiseaux, a toutes ses qualités plus concentrées en
lui-même, et n'est sujet à aucune des variétés qui, presque toutes, proviennent de la surabondance de la nature. Le mâle et la femelle sont de la
même grosseur et se ressemblent assez [a]. Il n'y a dans notre climat aucune

racines et d'un peu de lichen ; en dedans de petites racines plus menues et plus fines; contenant
quatre œufs de forme ovoïde un peu pointue : grand diamètre 9 à 10 lignes; petit diamètre 6
lignes : taches d'un brun olivâtre, et des traits irréguliers noirâtres peu marqués sur un fond
vert-clair-bleuâtre. Note communiquée par M. Gueneau de Montbeillard.

[a]. Quelqu'un qui n'aurait pas comparé ces oiseaux en nature, et qui s'en rapporterait à la
description de M. Brisson, croirait qu'il y a de grandes différences entre la femelle et le mâle,
d'autant que cet auteur dit positivement que « la femelle diffère du mâle par ses couleurs qui,
« outre qu'elles ne sont pas si vives , sont différentes en quelques endroits, » et il ajoute à cela
une page et demie d'écriture pour l'énumération de ces prétendues différences ; mais, dans le
vrai et en peu de mots, toutes ces différences se réduisent, comme il le dit lui-même, à un peu
moins de vivacité dans les couleurs de la femelle et en ce qu'elle a du gris-blanc au lieu de noir
depuis l'œil jusqu'à la base du bec; au reste il y a peu d'oiseaux dans lesquels la différence
des sexes en produise moins que dans celui-ci. — La première penne de l'aile n'est pas la plus
longue de toutes, et elle a une tache blanche sur son côté intérieur comme la seconde et les
suivantes où M. Brisson l'a vue sans parler de la première penne (t. III, p. 222). Cet oiseau
a le vol un peu plus étendu que ne le dit M. Brisson ; le bec supérieur cendré, mais d'une
teinte plus claire près de la base; le bec inférieur cendré sur les bords qui se resserrent , en
sorte qu'ils s'emboîtent dans le bec supérieur ; le dessous est couleur de chair avec une teinte
cendrée. La langue est charnue, petite et pointue; le gésier très-musculeux, précédé d'une
poche contenant en été des grains de chènevis concassés , des chenilles vertes presque entières,
de très-petites pierres , etc. Dans un sujet que j'ai disséqué dernièrement, le tube intestinal du
pharynx au jabot avait 3 pouces ½ de longueur, du gésier à l'anus environ un pied. Il n'y avait
point de *cœcum*, ni de vésicule de fiel. Observations communiquées par M. Gueneau de Montbeillard , le 22 avril 1774.

race différente, aucune variété de l'espèce, mais il y a beaucoup d'espèces étrangères qui paraissent en approcher plus ou moins, et dont nous allons faire l'énumération dans l'article suivant.

LE BEC-CROISÉ. *

L'espèce du bec-croisé est très-voisine de celle du gros-bec : ce sont des oiseaux de même grandeur, de même figure, ayant tous deux le même naturel, les mêmes appétits[a], et ne différant l'un de l'autre que par une espèce de difformité qui se trouve dans le bec; et cette difformité du bec-croisé, qui seule distingue cet oiseau du gros-bec, le sépare aussi de tous les autres oiseaux, car il est l'unique qui ait ce caractère ou plutôt ce défaut : et la preuve que c'est plutôt un défaut, une erreur de nature, qu'un de ses traits constants, c'est que le type en est variable, tandis qu'en tout il est fixe, et que toutes ses productions suivent une loi déterminée dans leur développement et une règle invariable dans leur position, au lieu que le bec de cet oiseau se trouve croisé, tantôt à gauche et tantôt à droite, dans différents individus. Et comme nous ne devons supposer à la nature que des vues fixes et des projets certains, invariables dans leur exécution, j'aime mieux attribuer cette différence de position à l'usage que cet oiseau fait de son bec, qui serait toujours croisé du même côté si de certains individus ne se donnaient pas l'habitude de prendre leur nourriture à gauche au lieu de la prendre à droite, comme dans l'espèce humaine on voit des personnes se servir de la main gauche de préférence à la droite. L'ambiguité de position dans le bec de cet oiseau est encore accompagnée d'un autre défaut qui ne peut que lui être très-incommode : c'est un excès d'accroissement dans chaque mandibule du bec ; les deux pointes ne pouvant se rencontrer, l'oiseau ne peut ni becqueter, ni prendre de petits grains, ni saisir sa nourriture autrement que de côté ; et c'est par cette raison que s'il a commencé à la prendre à droite, le bec se trouve croisé à gauche, *et vice versâ.*

Mais comme il n'existe rien qui n'ait des rapports et ne puisse par conséquent avoir quelque usage[1], et que tout être sentant tire parti même de

---

a. L'espèce du bec-croisé a paru à M. Frisch si voisine de celle du gros-bec, qu'il dit expressément qu'on pourrait les apparier ensemble pour en tirer des mulets, mais que comme tous deux ne chantent pas ou chantent mal, ils ne méritent pas qu'on prenne cette peine. Frisch, t. I, pl. 2, art. 6.

* *Loxia curvirostra* (Linn.). — Ordre et famille *id.*, genre *Becs-Croisés* (Cuvier).

1. *Rien qui n'ait des rapports, et ne puisse avoir des usages.* Mais que devient donc l'opposition systématique aux *causes finales?* — Je fais ici cette remarque, parce que l'article du *bec-croisé* (ainsi que celui du *gros-bec*) est de Buffon. — Voyez toutes mes notes précédentes sur les *causes finales.*

ses défauts, ce bec difforme, crochu en haut et en bas, courbé par ses extrémités en deux sens opposés, paraît fait exprès[1] pour détacher et enlever les écailles des pommes de pin et tirer la graine qui se trouve placée sous chaque écaille : c'est de ces graines dont cet oiseau fait sa principale nourriture ; il place le crochet inférieur de son bec au-dessous de l'écaille pour la soulever, et il la sépare avec le crochet supérieur ; on lui verra exécuter cette manœuvre en suspendant dans sa cage une pomme de pin mûre[a]. Ce bec crochu est encore utile à l'oiseau pour grimper : on le voit s'en servir avec adresse lorsqu'il est en cage pour monter jusqu'au haut des juchoirs ; il monte aussi tout autour de la cage, à peu près comme le perroquet, ce qui, joint à la beauté de ses couleurs, l'a fait appeler par quelques-uns *perroquet d'Allemagne.*

Le bec-croisé n'habite que les climats froids ou les montagnes dans les pays tempérés. On le trouve en Suède, en Pologne, en Allemagne, en Suisse, dans nos Alpes et dans nos Pyrénées. Il est absolument sédentaire dans les contrées qu'il habite et y demeure toute l'année ; néanmoins ils arrivent quelquefois comme par hasard et en grandes troupes dans d'autres pays ; ils ont paru en 1756 et 1757 dans le voisinage de Londres en grande quantité ; ils ne viennent point régulièrement et constamment à des saisons marquées, mais plutôt accidentellement par des causes inconnues[b] ; on est souvent plusieurs années sans en voir. Le casse-noix et quelques autres oiseaux sont sujets à ces mêmes migrations irrégulières et qui n'arrivent qu'une fois en vingt ou trente ans. La seule cause qu'on puisse s'imaginer, c'est quelque intempérie dans le climat qu'habitent ces oiseaux, qui, dans de certaines années, aurait détruit ou fait avorter les fruits et les graines dont ils se nourrissent ; ou bien quelque orage, quelque ouragan subit qui les aura tous chassés du même côté, car ils arrivent en si grand nombre et en même temps si fatigués, si battus, qu'ils n'ont plus de souci de leur conservation, et qu'on les prend, pour ainsi dire, à la main sans qu'ils fuient.

Il est à présumer que l'espèce du bec-croisé, qui habite les climats froids de préférence, se trouve dans le nord du nouveau continent, comme dans celui de l'ancien ; cependant aucun voyageur en Amérique n'en fait mention ; mais ce qui me porte à croire qu'on doit l'y trouver, c'est qu'indépendamment de la présomption générale toujours avérée, confirmée par le fait, que tous les animaux qui ne craignent pas le froid ont passé d'un continent à l'autre et sont communs à tous deux[2], le bec-croisé se trouve

---

a. Frisch, planche 3, art. 6.

b. Edwards, *Glanures,* page 197.

1. *Paraît fait exprès.* Voyez la note précédente.

2. Cas particulier, et très-vrai, de la loi générale des climats. — Voyez mes notes précédentes sur la *distribution géographique* des animaux.

en Groenland, d'où il a été apporté à M. Edwards par des pêcheurs de baleines [a], et ce naturaliste, plus versé que personne dans la connaissance des oiseaux, remarque avec raison que les oiseaux, tant aquatiques que terrestres, qui fréquentent les hautes latitudes du Nord, se répandent indifféremment dans les parties moins septentrionales de l'Amérique et de l'Europe [b].

Le bec-croisé est l'un des oiseaux dont les couleurs sont les plus sujettes à varier : à peine trouve-t-on, dans un grand nombre, deux individus semblables, car non-seulement les couleurs varient par les teintes, mais encore par leur position, et dans le même individu, pour ainsi dire, dans toutes les saisons et dans tous les âges. M. Edwards, qui a vu un très-grand nombre de ces oiseaux, et qui a cherché les extrêmes de ces variations, peint le mâle d'un rouge couleur de rose, et la femelle d'un vert jaunâtre ; mais, dans l'un et dans l'autre, le bec, les yeux, les jambes et les pieds sont absolument de la même forme et des mêmes couleurs. Gessner dit avoir nourri un de ces oiseaux, qui était noirâtre au mois de septembre, et qui prit du rouge dès le mois d'octobre [c] ; il ajoute que les parties où lo rouge commence à paraître sont le dessous du cou, la poitrine et le ventre, qu'ensuite le rouge devient jaune, que c'est surtout pendant l'hiver que les couleurs changent, et qu'on prétend qu'en différents temps elles tirent sur le rouge, sur le jaune, sur le vert et sur le gris cendré. Il ne faut donc pas faire une espèce ou une variété particulière, comme l'ont fait nos nomenclateurs modernes [d], d'un *bec-croisé verdâtre* trouvé dans les Pyrénées, puisqu'il se trouve également ailleurs, et que dans certaines saisons il y en a partout de cette couleur. Selon Frisch, qui connaissait parfaitement ces oiseaux, qui sont communs en Allemagne, la couleur du mâle adulte est rougeâtre ou d'un vert mêlé de rouge ; mais ils perdent ce rouge, comme les linottes, lorsqu'on les tient en cage, et ne conservent que le vert, qui est la couleur la plus fixe, tant dans les jeunes que dans les vieux ; c'est par cette raison qu'on l'appelle en quelques endroits de l'Allemagne *krinis* ou *grünitz*, comme qui dirait oiseau verdâtre. Ainsi les deux extrêmes de couleur n'ont pas été bien saisis par M. Edwards : il n'est pas à présumer, comme ses figures coloriées l'indiquent, que le mâle soit rouge et la femelle verte, et tout porte à croire que, dans la même saison et au même âge, la femelle ne diffère du mâle qu'en ce qu'elle a les couleurs plus faibles.

Cet oiseau, qui a tant de rapport au gros-bec, lui ressemble encore par

<hr>

a. Edwards, *Glanures*, page 197.
b. *Idem*, *ibidem*.
c. Gessner, *Avi.*, pag. 591.
   d. « Loxia pyrenaïca, et sub rufo nigricans ; cervice et capite coccineis. » Barrère, *Ornithol.*, cl. 3, gen. 18, sp. 2. — *Loxia rufescens*. Le bec-croisé roussâtre. Brisson, *Ornithol.*, p. 332.

son peu de génie; il est plus bête que les autres oiseaux, on l'approche
aisément, on le tire sans qu'il fuie, on le prend quelquefois à la main; et
comme il est aussi peu agile que peu défiant, il est la victime de tous les
oiseaux de proie : il est muet pendant l'été, et sa voix, qui est fort peu de
chose, ne se fait entendre qu'en hiver [a]; il n'a nulle impatience dans la captivité, il vit longtemps en cage; on le nourrit avec du chènevis écrasé,
mais cette nourriture contribue à lui faire perdre plus promptement son
rouge [c]. Au reste, on prétend qu'en été sa chair est assez bonne à manger [b].

Ces oiseaux ne se plaisent que dans les forêts noires de pins et de sapins;
ils semblent craindre le beau jour et ils n'obéissent point à la douce
influence des saisons : ce n'est pas au printemps mais au fort de l'hiver que
commencent leurs amours; ils font leurs nids dès le mois de janvier, et
leurs petits sont déjà grands lorsque les autres oiseaux ne commencent qu'à
pondre; ils établissent le nid sous les grosses branches des pins et l'y attachent avec la résine de ces arbres; ils l'enduisent de cette matière, en sorte
que l'humidité de la neige ou des pluies ne peut guère y pénétrer; les jeunes
ont, comme les autres oiseaux, le bec, ou plutôt les coins de l'ouverture
du bec jaunes, et ils le tiennent toujours ouvert tant qu'ils sont dans l'âge
de recevoir la becquée. On ne dit pas combien ils font d'œufs, mais on peut
présumer par leur grandeur, leur taille et leurs autres rapports avec les
gros-becs, qu'ils en pondent quatre ou cinq, et qu'ils ne produisent qu'une
seule fois dans l'année.

OISEAUX ÉTRANGERS QUI ONT RAPPORT AU GROS-BEC.

I. — L'oiseau des Indes orientales [1], représenté dans les planches enluminées, sous le nom de *gros-bec de Coromandel*, nº 101, fig. 1, et auquel
nous conservons cette dénomination, parce qu'il nous paraît être de la
même espèce que le gros-bec d'Europe, ayant la même forme, la même
grosseur, le même bec, la même longueur de queue, et n'en différant que
par les couleurs, qui même sont, en général, distribuées dans le même
ordre; en sorte que cette différence de couleur peut être attribuée à l'influence du climat, et comme elle est la seule qu'il y ait entre cet oiseau de
Coromandel et le gros-bec d'Europe, on peut, avec grande vraisemblance,
ne le regarder que comme une seule et même espèce, dans laquelle se
trouve cette belle variété dont aucun naturaliste n'a fait mention.

a. Gessner, *loco citato*.
b. *Idem, ibidem*.
c. Gessner et Frisch, *loco citato*.
1. *Loxia capensis* (Linn.).

II. — L'oiseau d'Amérique [1] représenté dans les planches enluminées, n° 154, sous la dénomination de *gros-bec bleu d'Amérique* [a], et auquel nous ne donnerons pas un nom particulier, parce que nous ne sommes pas sûrs que ce soit une espèce particulière et différente de celle d'Europe; car cet oiseau d'Amérique est de la même grosseur et de la même taille que notre gros-bec; il n'en diffère que par la couleur du bec, qu'il a plus rouge, et du plumage qu'il a plus bleu; et s'il n'avait pas la queue plus longue, on ne pourrait pas douter qu'il ne fût une simple variété produite par la différence du climat. Aucun naturaliste n'a fait mention de cette variété ou espèce nouvelle, qu'il ne faut pas confondre avec l'oiseau de la Caroline, auquel Catesby a donné le même nom de *gros-bec bleu.*

III. — LE DUR-BEC. [b] [*]

L'oiseau du Canada, représenté dans les planches enluminées, n° 135, fig. 1, sous la dénomination de *gros-bec de Canada*, et auquel nous avons donné le nom de *dur-bec*, parce qu'il paraît avoir le bec plus dur, plus court et plus fort à proportion que les autres gros-becs : il lui fallait nécessairement un nom particulier, parce que l'espèce est certainement différente, non-seulement de celle du gros-bec d'Europe, mais encore de toutes celles des gros-becs d'Amérique ou des autres climats. C'est un bel oiseau rouge de la grosseur de notre gros-bec, avec une plus longue queue, et qu'il sera toujours aisé de distinguer de tous les autres oiseaux par la seule inspection de sa figure coloriée. La femelle a seulement un peu de rougeâtre sur la tête et le croupion, et une légère teinte couleur de rose sur la partie inférieure du corps. Salerne dit [c] qu'au Canada on appelle cet oiseau *bouvreuil*. Ce nom n'a pas été mal appliqué, car il a peut-être plus d'affinité avec les bouvreuils qu'avec les gros-becs; les habitants de cette partie de l'Amérique pourraient nous en instruire par une observation bien simple, c'est de remarquer si cet oiseau siffle comme le bouvreuil presque continuellement, ou s'il est presque muet comme le gros-bec.

a. M. Brisson a décrit cette espèce dans son supplément, t VI, p. 89.

b. Le gros-bec de Canada, Brisson, *Ornithol.*, t. III, p. 250, avec une figure du mâle, pl. 12, fig. 3; et supplément, p. 87. La grosse pivoine d'Edwards, pl. 123 le mâle, et 124 la femelle. Le loxia « lineâ alarum duplici albâ, rectricibus totis nigricantibus. » *Enucleator* de Linnæus, édit. X. M. Brisson croit que cet oiseau prend ses belles couleurs rouges avec l'âge (t. VI, p. 87), et M. Linnæus dit au contraire qu'il est rouge dans le premier âge et qu'il devient jaune en vieillissant (*Syst. nat.*, p. 171).

c. Ornithologie, page 272.

1. *Loxia grossa* (Linn.). — Genre *Moineaux*, sous-genre *Pitylus* (Cuv.).

* *Loxia enucleator* (Linn.). — Genre *Dur-Becs* ou *Corythus* (Cuv.).

IV. — LE CARDINAL HUPPÉ. [a] [*]

L'oiseau des climats tempérés de l'Amérique, représenté dans les planches enluminées, n° 37, sous la dénomination de *gros-bec de Virginie*, appelé aussi *cardinal huppé*, et auquel nous conserverons ce dernier nom, parce qu'il exprime en même temps deux caractères, savoir : la couleur et la huppe. Cette espèce approche assez de la précédente, c'est-à-dire de celle du dur-bec ; il est de la même grosseur et en grande partie de la même couleur ; il a le bec aussi fort, la queue de la même longueur, et il est à peu près du même climat. On pourrait donc, s'il n'avait pas une huppe, le regarder comme une variété dans cette belle espèce. Le mâle a les couleurs beaucoup plus vives que la femelle, dont le plumage n'est pas rouge, mais seulement d'un brun rougeâtre ; son bec est aussi d'un rouge bien plus pâle, mais tous deux ont la huppe. Ils peuvent la remuer à volonté et la remuent très-souvent. Je placerais volontiers cet oiseau avec les bouvreuils ou avec les pinsons plutôt qu'avec les gros-becs, parce qu'il chante très-bien, au lieu que les gros-becs ne chantent pas [b]. M. Salerne dit que le ramage du cardinal huppé est délicieux, que son chant ressemble à celui du rossignol, qu'on lui apprend aussi à siffler comme aux serins de Canarie, et il ajoute que cet oiseau, qu'il a observé vivant, est hardi, fort et vigoureux, qu'on le nourrissait de graines et surtout de millet, et qu'il s'apprivoise aisément.

Les quatre oiseaux étrangers que nous venons d'indiquer sont tous de la même grosseur à peu près que le gros-bec d'Europe ; mais il y a plusieurs autres espèces moyennes et plus petites que nous allons donner par ordre de grandeur et de climat, et qui, quoique toutes différentes entre elles, ne peuvent être mieux comparées qu'avec les gros-becs, et sont plutôt du genre de ces oiseaux que d'aucun autre genre auquel on voudrait les rapporter. On leur a même donné les noms de *moyens gros-becs, petits gros-becs*, parce qu'en effet leur bec est proportionnellement de la même forme et de la même grandeur que celui des gros-becs d'Europe.

V. — LE ROSE-GORGE. [*]

La première de ces espèces, de moyenne grandeur, est celle qui est représentée dans les planches enluminées, n° 153, fig. 2, sous la dénomination

a. *Coccothraustes indica cristata*, Aldrov., *Avi*, t. II, p. 647. — *Rouge gros-bec* ou *rossignol de Virginie*, Albin, t. I, p. 51, avec la figure du mâle, pl. 57 ; et celle de la femelle, t. III, pl. 61. — *Cardinal*, Catesby, *Histoire naturelle de la Caroline*, t. I, p. 38, avec une très-bonne figure coloriée. — « Enucleator indicus; Luscinia virginiana; Coccothraustes cristata, » Frisch, tab. 4, avec une bonne figure. — *Gros-bec de Virgine*, Brisson, t. III, p. 253.

b. Salerne, *Ornithologie*, page 255.

* *Loxia cardinalis* (Linn.). — Sous-genre *Gros-Becs* (Cuv.).

** *Loxia ludoviciana* (Linn.). — Sous-genre *Gros-Becs* (Cuv.).

de *gros-bec de la Louisiane*, auquel nous donnons le nom de *rose-gorge*, parce qu'il est très-remarquable par ce caractère, ayant la gorge d'un beau rouge-rose, et parce qu'il diffère assez de toutes les autres espèces du même genre pour qu'il doive être distingué par un nom particulier. M. Brisson a indiqué le premier cet oiseau et en a donné une assez bonne figure[a]; mais il ne dit rien de ses habitudes naturelles : nos habitants de la Louisiane pourraient nous en instruire.

VI. — LE GRIVELIN.[*]

La seconde espèce de ces moyens gros-becs est l'oiseau représenté dans les planches enluminées, n° 309, fig. 1, sous la dénomination de *gros-bec du Brésil*, auquel nous avons donné le nom de *grivelin*, parce qu'il a tout le dessous du corps tacheté comme le sont les grives : c'est un oiseau très-joli et qui, ne ressemblant à aucun autre, mérite un nom particulier. Il paraît avoir beaucoup de rapport avec l'oiseau indiqué par Marcgrave[b] et qu s'appelle au Brésil *guira-tirica*. Cependant, comme la courte description qu'en donne cet auteur ne convient pas parfaitement à notre grivelin, nous ne pouvons pas prononcer sur l'identité de ces deux espèces.

Au reste, ces espèces de moyenne grandeur et les plus petites encore desquelles nous allons faire mention approchent beaucoup plus du moineau que du gros-bec, tant par la grandeur que par la forme du corps; mais nous avons cru devoir les laisser avec les gros-becs, parce que leur bec est comme celui de ces oiseaux, beaucoup plus large à la base que n'est celui des moineaux.

VII. — LE ROUGE-NOIR.[**]

La troisième espèce de ces gros-becs de moyenne grandeur est l'oiseau représenté dans les planches enluminées, n° 309, fig. 2, sous le nom de *gros-bec de Cayenne*, et auquel nous donnons le nom de *rouge-noir*, parce qu'il a tout le corps rouge et la poitrine et le ventre noirs. Cet oiseau, qui nous est venu de Cayenne, n'a été indiqué par aucun naturaliste; mais comme nous ne l'avons pas eu vivant, nous ne pouvons rien dire de ses habitudes naturelles. Nos habitants de la Guiane pourront nous en instruire.

---

a. Brisson, *Ornithol.*, t. III, p. 247, pl. xii, fig. 2.

b. Marcgrav., *Hist. nat. Bras.*, p. 211. C'est le gros-bec du Brésil de Brisson, t. III, p. 246.

[*] *Loxia brasiliana* (Linn.). — *Coccothraustes erythrocephala* (Vieill.). — Sous-genre Gros-Becs (Cuv.). Il est d'Afrique.

[**] Le même probablement que le *loxia orix*. — Il est d'Afrique et non de Cayenne.

VIII. — LE FLAVERT. *

La quatrième espèce de ces moyens gros-becs étrangers est l'oiseau représenté dans les planches enluminées, n° 152, fig. 2, sous la dénomination
de *gros-bec de Cayenne*, auquel nous avons donné le nom de *flavert*, parce
qu'il est jaune et vert; il diffère donc du précédent presque autant qu'il est
possible par les couleurs; cependant, comme il est de la même grosseur, de
la même forme, tant de corps que de bec, et qu'il est aussi du même climat,
on doit le regarder comme étant d'une espèce très-voisine du rouge-noir,
si même ce n'est pas une simple variété d'âge ou de sexe dans cette même
espèce. M. Brisson a le premier indiqué cet oiseau [a].

IX. — LA QUEUE EN ÉVENTAIL. **

La cinquième espèce de ces gros-becs étrangers, de moyenne grosseur,
est l'oiseau représenté dans les planches enluminées, n° 380, sous cette
dénomination de *queue en éventail de Virginie;* il nous est venu de cette partie de l'Amérique et n'a été indiqué par aucun auteur avant nous. La figure
supérieure dans notre planche, n° 380, représente probablement le mâle,
et la figure inférieure représente la femelle, parce qu'elle a les couleurs
moins fortes. Nous avons vu ces deux oiseaux vivants; mais n'ayant pu les
conserver, nous ne sommes pas sûrs que ce soient en effet le mâle et la femelle, et ce pourrait être une variété de l'âge. Au reste, ces oiseaux sont
si remarquables par la forme de leur queue épanouie horizontalement que
ce caractère seul suffit pour ne les pas confondre avec les autres du même
genre.

X. — LE PADDA OU L'OISEAU DE RIZ. ***

La sixième espèce de ces moyens gros-becs étrangers est l'oiseau de la
Chine, décrit et dessiné par M. Edwards [b], et qu'il nous indique sous ce nom
de *padda* ou *oiseau de riz*, parce que l'on appelle en chinois *padda* le riz qui
est encore en gousse et que c'est de ces gousses de riz dont il se nourrit. Cet
auteur a donné la figure de deux de ces oiseaux, et il suppose avec toute
apparence de raison que celle de sa planche xLI représente le mâle, et celle

a. Brisson , *Ornithol.*, t. III, p. 229, avec une figure, planche xi, fig. 3.

a. Edwards, *Hist. of Birds*, pl. 41 et 42. C'est le gros-bec cendré de la Chine de Brisson,
t. III, page 244.

  * *Loxia canadensis* (Linn.). — Sous-genre *Pitylus* (Cuv.).

  ** *Loxia flabellifera* (Linn.).

  *** *Loxia oryzivora* (Linn.). — Sous-genre *Gros-Becs* (Cuv.).

de la planche XLII la femelle. Nous avons eu un mâle de cette espèce, qui est représenté dans nos planches enluminées, n° 152, fig. 1. C'est un très-bel oiseau, car, indépendamment de l'agrément des couleurs, son plumage est si parfaitement arrangé qu'une plume ne passe pas l'autre et qu'elles paraissent duvetées, ou plutôt couvertes partout d'une espèce de fleur comme on voit sur les prunes, ce qui leur donne un reflet très-agréable. M. Edwards ajoute peu de chose à la description de cet oiseau, quoiqu'il l'ait vu vivant. Il dit seulement qu'il détruit beaucoup les plantations de riz; que les voyageurs qui font le commerce des Indes orientales, l'appellent *moineau de Java* ou *moineau indien;* que cela paraîtrait indiquer qu'il se trouve aussi bien dans les Indes qu'à la Chine, mais qu'il croit plutôt que dans le commerce qui se fait par les Européens entre la Chine et Java on a apporté souvent ces beaux oiseaux, et que c'est de là qu'on les a nommés *moineaux de Java, moineaux indiens;* et enfin que ce qui prouve qu'ils sont naturels aux pays de la Chine, c'est qu'on en trouve la figure sur les papiers peints et sur les étoffes chinoises [a].

Les espèces dont nous allons parler sont encore plus petites que les précédentes, et par conséquent diffèrent si fort de notre gros-bec par la grosseur qu'on aurait tort de les rapporter à ce genre, si la forme du bec, la figure du corps et même l'ordre et la position des couleurs n'indiquaient pas que ces oiseaux, sans être précisément des gros-becs, appartiennent néanmoins plus à ce genre qu'à aucun autre.

XI. — LE TOUCNAM-COURVI. [*]

Le premier de ces petites espèces de gros-becs étrangers est le toucnam-courvi des Philippines, dont M. Brisson a donné la description [b] avec la figure du mâle, sous le nom de *gros-bec des Philippines*, et dont nous avons fait représenter le mâle dans nos planches enluminées, n° 135, fig. 2, sous cette même dénomination, mais auquel nous conservons ici le nom qu'il porte dans son pays, parce qu'il est d'une espèce différente de toutes les autres. La femelle est de la même grosseur que le mâle, mais les couleurs ne sont pas les mêmes; elle a la tête brune, ainsi que le dessus du cou, tandis que le mâle l'a jaune, etc. M. Brisson donne aussi la description et la figure du nid de ces oiseaux [c].

a. Edwards, *Hist. of Birds*, pl. 41 et 42.

b. Brisson, *Ornithol.*, t. III, p. 232, pl. XII, fig. 1, le mâle.

c. Ces oiseaux font leur nid d'une forme tout à fait singulière: il est composé de petites fibres de feuilles entrelacées les unes dans les autres et qui forment une espèce de petit sac dont l'ouverture est placée à un des côtés; à cette ouverture, est adapté un long canal composé de mêmes fibres des feuilles, tourné vers le bas et dont l'ouverture est en dessous, de sorte

* *Loxia philippina* (Linn.). — C'est un *tisserin*. — Genre *Moineaux*, sous-genre *Tisserins* (Cuv.).

XII. — L'ORCHEF. *

Le second de ces petits gros-becs étrangers est l'oiseau des Indes orientales, représenté dans les planches enluminées, n° 393, fig. 2, sous la dénomination de *gros-bec des Indes*, et auquel nous donnons ici le nom d'*orchef,* parce qu'il a le dessus de la tête d'un beau jaune, et qu'étant d'une espèce différente de toutes les autres, il lui faut un nom particulier. Cette espèce est nouvelle et n'a été présentée par aucun auteur avant nous.

XIII. — LE GROS-BEC NONETTE. **

La troisième de ces petites espèces est l'oiseau représenté dans les planches enluminées, n° 393, fig. 3, sous la dénomination de *gros-bec*, appelé la *nonette*, et auquel nous avons donné ce nom, parce qu'il a une sorte de béguin noir sur la tête. C'est encore une espèce nouvelle, mais sur laquelle nous ne pouvons rien dire de plus, n'ayant pas même connaissance des pays où on la trouve[1]. Cet oiseau nous a été vendu par un marchand oiseleur qui n'a pu nous en informer.

XIV. — LE GRISALBIN. ***

La quatrième espèce de ces petits gros-becs étrangers, aussi nouvelle et aussi peu connue que les deux précédentes, est l'oiseau représenté dans les planches enluminées, n° 393, fig. 1, sous la dénomination de *gros-bec de Virginie,* auquel nous donnons ici le nom de *grisalbin*, parce qu'il a le cou blanc, aussi bien qu'une partie de la tête, et tout le reste du corps gris; et comme l'espèce diffère de toutes les autres, elle doit avoir un nom particulier.

XV. — LE QUADRICOLOR. ****

Le cinquième de ces petits gros-becs étrangers est l'oiseau donné par Albin [a] sous le nom de *moineau de la Chine,* et ensuite par M. Brisson [b],

que la vraie entrée du nid ne paraît point du tout. Ces nids sont attachés par leur partie supérieure au bout des petites branches des arbres. Brisson, *Ornithologie*, t. III, p. 234 et 235.

a. Moineau de la Chine, Albin, t. II, p. 34, avec une figure du mâle, pl. 53.

b. Le gros-bec de Java. Brisson, *Ornithol.*, t. III, p. 237, avec une figure du mâle, pl. xiii, fig. 1. La femelle, dit cet auteur, diffère du mâle en ce qu'elle a les jambes d'un marron clair et que la couleur de sa queue n'est pas aussi vive ni aussi brillante. *Idem*, p. 238 et 239.

* *Loxia bengalensis* (Linn.). — *Coccothraustes chrysocephala* (Vieill.).

** *Loxia collaria* (Linn.). — Sous-genre *Bouvreuils* (Cuv.).

1. Elle est de l'Inde.

*** *Loxia grisea* (Linn.). — *Coccothraustes grisea* (Vieill.).

**** *Emberiza quadricolor* (Linn.). — *Loxia quadricolor* (Cuv.). — Sous-genre *Gros-Becs* (Cuv.).

sous celui de *gros-bec de Java*, représenté dans nos planches enluminées,
n° 101, fig. 2, sous cette même dénomination, *gros-bec de Java*, et auquel
nous donnons ici le nom de *quadricolor*, qui suffira pour le distinguer de
tous les autres, et qui lui convient très-bien, parce que c'est un bel oiseau,
peint de quatre couleurs vives, également éclatantes : ayant la tête et le
cou bleus, le dos, les ailes et le bout de la queue verts; une large bande
rouge en forme de sangle sous le ventre et sur le milieu de la queue; et,
enfin, le reste de la poitrine et du ventre d'un brun clair ou couleur de
noisette. Nous ne savons rien de ses habitudes naturelles.

XVI. — LA JACOBIN* ET LE DOMINO. **

La sixième espèce de ces petits gros-becs étrangers est l'oiseau connu des
curieux sous le nom de *jacobin*, et auquel nous conserverons ce nom distinctif et assez bien appliqué; nous l'avons fait représenter dans nos planches enluminées, n° 139, fig. 3, sous la dénomination de *gros-bec de Java*,
dit le *jacobin*, et nous croyons que celui de la même pl. enluminée, fig. 1,
qu'on nous a donné sous le nom de *gros-bec des Moluques*, est de la même
espèce, et probablement la femelle du premier. Nous avons vu ces oiseaux
vivants, et on les nourrit comme les serins. M. Edwards en a donné la
description et la figure sous le nom de *gowry*, pl. XL; et par la signification de ce mot, il présume que l'oiseau est des Indes[1] et non pas de la Chine[a].
Nous eussions adopté ce nom *gowry*, qu'il porte dans son pays natal, si
celui de *jacobin* n'eût pas déjà prévalu par l'usage. On voit dans notre
même planche enluminée n° 139, fig. 2, et dans la planche n° 153, fig. 1,
la représentation de deux autres oiseaux que les curieux appellent *dominos*,
et qu'ils distinguent des jacobins; ils en diffèrent en effet en ce qu'ils
sont plus petits, mais on doit les considérer comme variétés dans la même
espèce. Les mâles sont probablement ceux qui ont le ventre tacheté, et
les femelles l'ont d'un gris blanc uniforme. On peut voir la description
de ces oiseaux dans l'ouvrage de M. Brisson, depuis la page 239 jusqu'à
la page 244; mais il n'y a pas un mot de leurs habitudes naturelles.

XVII. — LE BAGLAFECHT. ***

C'est un oiseau d'Abyssinie qui a beaucoup de rapport avec le toucnam-
courvi : seulement il en diffère par quelques nuances ou par quelque dis-

----

a. On l'appelle oiseau *coury*, parce que son prix ordinaire ne passe pas un *coury*, c'est-à-
dire la valeur d'une de ces petites coquilles qui servent comme monnaie dans les Indes : or
cette monnaie n'a point cours à la Chine.

* *Loxia malacca* (Linn.). — Sous-genre *Gros-Becs* (Cuv.).
** *Loxia molucca* (Linn.). — Sous-genre *id.*
1. Il est, en effet, des Indes.
*** *Loxia abyssinica* (Linn.). — C'est un *tisserin. Ploceus baglafecht* (Cuv.).

tribution de couleurs. La tache noire qui est des deux côtés de la tête s'élève dans le baglafecht jusque au-dessus des yeux : la marbrure jaune et brune de la partie supérieure du corps est moins marquée, et les grandes couvertures des ailes, ainsi que les pennes de ces mêmes ailes et celles de la queue, sont d'un brun verdâtre bordées de jaune. Cet oiseau a l'iris jaunâtre, et ses ailes, dans leur état de repos, vont à peu près au milieu de la queue.

Le baglafecht se rapproche encore du toucnam-courvi par les précautions industrieuses qu'il prend pour garantir ses œufs de la pluie et de tout autre danger; mais il donne à son nid une forme différente, il le roule en spirale à peu près comme un nautile, il le suspend, comme le toucnam-courvi, à l'extrémité d'une petite branche, presque toujours au-dessus d'une eau dormante, et son ouverture est constamment tournée du côté de l'est, c'est-à-dire du côté opposé à la pluie. De cette manière, le nid est non-seulement fortifié avec intelligence contre l'humidité, mais il est encore défendu contre les différentes espèces d'animaux qui cherchent les œufs du baglafecht pour s'en nourrir.

XVIII. — GROS-BEC D'ABYSSINIE.*

Je rapporte encore aux gros-becs cet oiseau d'Abyssinie, qui leur ressemble par le trait caractéristique, je veux dire par la grosseur de son bec, comme aussi par la grosseur totale de son corps. Il a l'iris rouge, le bec noir, ainsi que le dessus et les côtés de la tête, la gorge et la poitrine; le reste du dessous du corps, les jambes et la partie supérieure du corps d'un jaune clair, mais qui prend une teinte de brun à l'endroit où il s'approche du noir de la partie antérieure, comme si dans ces endroits ces deux couleurs se fondaient en une seule; les plumes scapulaires sont noirâtres, les couvertures des ailes brunes, bordées de gris, les pennes des ailes et de la queue brunes, bordées de jaune, et les pieds d'un gris rougeâtre.

Ce que l'histoire du gros-bec d'Abyssinie offre de plus singulier, c'est la construction de son nid et l'espèce de prévoyance qu'elle suppose dans cet oiseau, et qui lui est commune avec le toucnam-courvi et le baglafecht. La forme de ce nid est à peu près pyramidale, et l'oiseau a l'attention de le suspendre toujours au-dessus de l'eau, à l'extrémité d'une petite branche : l'ouverture est sur l'une des faces de la pyramide, ordinairement tournée à l'est; la cavité de cette pyramide est séparée en deux par une cloison, ce qui forme, pour ainsi dire, deux chambres : la première, où est l'entrée du nid, est une espèce de vestibule où l'oiseau s'introduit d'abord, ensuite il grimpe le long de la cloison intermédiaire, puis il redescend jusqu'au fond de la seconde chambre, où sont les œufs. Par l'artifice assez compliqué de

---

* *Ploceus melanocephalus* (Vieill.). — C'est un *tisserin.*

cette construction, les œufs sont à couvert de la pluie de quelque côté que souffle le vent, et il faut remarquer qu'en Abyssinie la saison des pluies dure six mois; car c'est une observation générale que les inconvénients exaltent l'industrie, à moins qu'étant excessifs, ils ne la rendent inutile et ne l'étouffent entièrement [1]. Ici il y avait à se garantir non-seulement de la pluie, mais des singes, des écureuils, des serpents, etc. L'oiseau semble avoir prévu tous ces dangers, et, par des précautions raisonnées, les avoir écartés de sa géniture. Cette espèce est nouvelle, et nous devons tout ce que nous en avons dit à M. le chevalier Bruce.

XIX. — LE GUIFSO BALITO. [a][*]

Il n'est point d'espèce européenne avec laquelle cet oiseau étranger ait plus de rapport que celle de nos gros-becs : comme eux, il fuit les lieux habités et vit retiré dans les bois solitaires; comme eux, il est assez peu sensible aux plaisirs de l'amour, puisqu'il ne connaît pas le plaisir de chanter; comme eux enfin il ne se fait guère entendre que par les coups de bec réitérés dont il perce les noyaux pour en tirer l'amande; mais il diffère des gros-becs par deux traits assez marqués : premièrement, son bec est dentelé sur les bords; en second lieu, ses pieds n'ont que trois doigts, deux en avant et un en arrière : disposition remarquable, et qui n'a lieu que dans un petit nombre d'espèces. Ces deux traits de dissemblance m'ont paru assez décisifs pour que je dusse distinguer cet oiseau par un nom particulier, et je lui ai conservé celui sous lequel il est connu dans son pays natal.

La tête, la gorge et le devant du cou sont d'un beau rouge, qui se prolonge en une bande assez étroite sous le corps, jusqu'aux couvertures inférieures de la queue; il a tout le reste du dessous du corps, la partie supérieure du cou, le dos et la queue noirs, les couvertures supérieures des ailes brunes bordées de blanc, les pennes des ailes brunes bordées de verdâtre, et les pieds d'un rouge très-obscur. Les ailes, dans leur situation de repos, ne vont qu'au milieu de la longueur de la queue.

XX. — GROS-BEC TACHETÉ DU CAP DE BONNE-ESPÉRANCE. [**]

L'oiseau que nous avons fait représenter sous ce nom dans nos planches enluminées, n° 659, fig. 1, quoique différent de nos gros-becs d'Europe par les couleurs et la distribution des taches, nous paraît néanmoins assez voi-

---

a. Le nom entier de cet oiseau, tel qu'il se trouve sur les figures de M. le chevalier Bruce, est *guifso batito dimmo-won jerck.*

1. Remarque juste de tous points. *Les inconvénients exaltent l'industrie :* les *inconvénients excessifs* l'étouffent.

* *Loxia trydactila* (Gmel.). — *Phytotoma trydactila* (Lath., Vieill.).

** Femelle ou mâle, dans son plumage de mauvaise saison, du *gros-bec de Coromandel,* selon Vieillot. — Voyez la nomenclature de la p. 150.

sin de cette espèce pour qu'on puisse le regarder comme une variété produite par le climat, et par cette raison nous ne lui donnons pas un nom particulier. D'ailleurs, M. Sonnerat nous a assuré très-positivement que cet oiseau est le même que celui de l'article premier, représenté dans la planche 101, figure 1 ; et il observe que ce qui fait paraître ces oiseaux différents les uns des autres, c'est qu'ils changent de couleurs tous les ans.

XXI. — LE GRIVELIN A CRAVATE.*

L'oiseau que nous avons fait représenter dans nos planches enluminées, nº 659, fig. 2, sous la dénomination de gros-bec d'Angola, parce qu'il nous est venu de cette province de l'Afrique, nous paraît approcher de l'espèce du grivelin ; et comme il a tout le cou et le dessous de la gorge revêtus et environnés d'une espèce de cravate blonde qui même s'étend jusqu'au-dessus du bec, nous avons cru pouvoir lui donner le nom de grivelin à cravate. Nous ne connaissons rien de ses habitudes naturelles.

LE MOINEAU. **

Autant l'espèce du moineau est abondante en individus, autant le genre de ces oiseaux paraît d'abord nombreux en espèces. Un de nos nomenclateurs en compte jusqu'à soixante-sept espèces différentes et neuf variétés, ce qui fait en tout soixante et seize oiseaux[a] dont il compose ou plutôt charge bien gratuitement ce genre, dans lequel on est étonné de trouver les linottes, les pinsons, les serins, les verdiers, les bengalis, les sénégalis, les mayas, les cardinaux, les veuves et quantité d'autres oiseaux étrangers qu'on ne doit point appeler moineaux et qui demandent chacun un nom particulier. Pour nous reconnaître au milieu de cette troupe confuse, nous écarterons d'abord de notre moineau, qui nous est bien connu, tous les oiseaux que nous venons de nommer et qui nous sont de même assez connus pour assurer qu'ils ne sont pas des moineaux. Suivant donc ici notre plan général, nous ferons une espèce principale de chacun de ces oiseaux de notre climat, à laquelle nous rapporterons les espèces étrangères[1] qui

a. Brisson, *Ornithol.*, t. III, depuis la p. 72 jusqu'à 218.

* Variété du *loxia collaria*. (Voyez la nomenclature ** de la p. 156.)

** *Fringilla domestica* (Linn.). Ordre *id.*, famille des *Conirostres*, genre *Moineaux*, sous-genre *Moineaux proprement dits* (Cuv.).

1. Voilà le *plan* de Buffon, et c'est celui de la *méthode naturelle*. « La marche de la « *méthode naturelle* consiste à chercher des espèces à formes tranchées : ces espèces sont « comme des *types*; à grouper autour de ces types toutes les espèces que l'ensemble de leur « organisation en rapproche : ces groupes sont les *genres* ; à lier ensuite les genres les uns aux « autres, comme on a lié les espèces entre elles; et ces genres ainsi rapprochés, ce sont les « *familles*. » (Voyez mon *Histoire des travaux de Cuvier*, 2e édit., p. 132.) — L'article du *moineau* est de Buffon.

nous paraîtront en différer moins que toutes les autres espèces; ainsi nous ferons un article pour le moineau, un autre pour la linotte, un troisième pour le pinson, un quatrième pour le serin, un cinquième pour le verdier, etc.

Nous séparerons encore du moineau proprement dit deux autres oiseaux qui en sont encore plus voisins qu'aucun des précédents, qui sont également de notre climat, et dont l'un porte le nom de *moineau de campagne* et l'autre de *moineau de bois*. Nous leur donnerons ou plutôt nous leur conserverons les noms de *friquet* et de *soulcie*, qui sont leurs anciens et vrais noms, parce qu'en effet ce ne sont pas de francs moineaux et qu'ils en diffèrent par la forme et par les mœurs. Nous ferons donc encore un article particulier pour chacun de ces deux oiseaux. C'est là le seul moyen d'éviter la confusion des idées; car toutes les fois que dans une méthode l'on nous présente, comme ici, soixante ou quatre-vingts espèces sous le même genre[1] et sous une dénomination commune, il n'en faut pas davantage pour juger nonseulement de la très-grande imperfection de cette méthode, mais encore de son mauvais effet, puisqu'elle confond les choses au lieu de les démêler, et que bien loin de porter la lumière sur les objets, elle rassemble à l'entour des nuages et des ténèbres.

Notre moineau est assez connu de tout le monde pour n'avoir pas besoin de description; cependant nous l'avons fait représenter dans les planches enluminées, n°s 6 et 55, pour faire voir les différences de l'âge. Le n° 6, fig. 1, représente le moineau adulte qui a subi ses mues; et le n° 55, fig. 1, le jeune moineau avant sa première mue. Ce changement de couleur dans le plumage et dans les coins de l'ouverture du bec est général et constant; mais il y a dans cette même espèce des variétés particulières et accidentelles; car on trouve quelquefois des moineaux blancs, d'autres variés de brun et de blanc, d'autres presque tout noirs[a], et d'autres jaunes[b]. Les femelles ne diffèrent des mâles qu'en ce qu'elles sont un peu plus petites et que leurs couleurs sont plus faibles.

Indépendamment de ces premières variétés, dont les unes sont générales et les autres particulières, et qui se trouvent toutes dans nos climats, il y en a d'autres dans des climats plus éloignés qui semblent prouver que l'espèce est répandue du nord au midi dans notre continent depuis la Suède[c]

---

[a]. Il se trouve en Lorraine des moineaux noirs, mais ce sont certainement des moineaux ordinaires, lesquels, se tenant habituellement dans les halles des verreries qui sont répandues en grand nombre au pied des montagnes, s'y font enfumés. M. le docteur Lottinger se trouvant dans une de ces verreries, vit une troupe de moineaux ordinaires parmi lesquels il y en avait de plus ou moins noirs; un ancien du lieu lui dit qu'ils le devenaient quelquefois dans les halles de cette verrerie au point d'être tout à fait méconnaissables.

[b]. Aldrovande, *Avi.*, t. II, p. 556 et 557.

[c]. Linnæus, *Fauna Suecica*, n° 212.

1. Ces grands *genres*, quand ils sont *naturels* (c'est-à-dire quand ils ne rapprochent que des *espèces* à organisation conforme), sont ce que nous appelons aujourd'hui des *familles*.

jusqu'en Égypte[a], au Sénégal, etc. Nous ferons mention de ces variétés à l'article des oiseaux étrangers qui ont rapport à notre moineau.

Mais, dans quelque contrée qu'il habite, on ne le trouve jamais dans les lieux déserts ni même dans ceux qui sont éloignés du séjour de l'homme ; les moineaux sont, comme les rats, attachés à nos habitations ; ils ne se plaisent ni dans les bois ni dans les vastes campagnes : on a même remarqué qu'il y en a plus dans les villes que dans les villages, et qu'on n'en voit point dans les hameaux et dans les fermes qui sont au milieu des forêts ; ils suivent la société pour vivre à ses dépens : comme ils sont paresseux et gourmands, c'est sur des provisions toutes faites, c'est-à-dire sur le bien d'autrui qu'ils prennent leur subsistance ; nos granges et nos greniers, nos basses-cours, nos colombiers, tous les lieux, en un mot, où nous rassemblons ou distribuons des grains sont les lieux qu'ils fréquentent de préférence ; et comme ils sont aussi voraces que nombreux, ils ne laissent pas de faire plus de tort que leur espèce ne vaut, car leur plume ne sert à rien, leur chair n'est pas bonne à manger, leur voix blesse l'oreille, leur familiarité est incommode, leur pétulance grossière est à charge ; ce sont de ces gens que l'on trouve partout et dont on n'a que faire, si propres à donner de l'humeur que dans certains endroits on les a frappés de proscription en mettant à prix leur vie[b].

Et ce qui les rendra éternellement incommodes, c'est non-seulement leur très-nombreuse multiplication, mais encore leur défiance, leur finesse, leurs ruses et leur opiniâtreté à ne pas désemparer les lieux qui leur conviennent ; ils sont fins, peu craintifs, difficiles à tromper ; ils reconnaissent aisément les piéges qu'on leur tend, ils impatientent ceux qui veulent se donner la peine de les prendre ; il faut pour cela tendre un filet d'avance et attendre plusieurs heures, souvent en vain ; et il n'y a guère que dans les saisons de disette et dans les temps de neige où cette chasse puisse avoir du succès, ce qui néanmoins ne peut faire une diminution sensible sur une espèce qui se multiplie trois fois par an : leur nid est composé de foin au dehors et de plumes en dedans ; si vous le détruisez, en vingt-quatre heures ils en font un autre ; si vous jetez leurs œufs, qui sont communément au nombre de cinq ou six, et souvent davantage[c], huit ou dix jours après ils en pondent de nouveaux ; si vous les tirez sur les arbres ou sur les toits, ils ne s'en recèlent que mieux dans vos greniers ; il faut à peu près vingt livres de blé par an pour nourrir une couple de moineaux ; des personnes qui en avaient gardé dans des cages m'en ont assuré ; que l'on juge par leur nombre de la déprédation que ces oiseaux font de nos grains, car,

<hr>

a. Prosper Alpin, *Ægypti*, t. I, page 197.

b. En Allemagne, dans beaucoup de villages, on oblige les paysans à apporter chaque année un certain nombre de têtes de moineau. Frisch, t. I, art. 7.

c. Olina dit qu'ils font jusqu'à huit œufs, et jamais moins de quatre.

quoiqu'ils nourrissent leurs petits d'insectes dans le premier âge, et qu'ils en mangent eux-mêmes en assez grande quantité, leur principale nourriture est notre meilleur grain; ils suivent le laboureur dans le temps des semailles, les moissonneurs pendant celui de la récolte, les batteurs dans les granges, la fermière lorsqu'elle jette le grain à ses volailles; ils le cherchent dans les colombiers et jusque dans le jabot des jeunes pigeons qu'ils percent pour l'en tirer; ils mangent aussi les mouches à miel, et détruisent ainsi de préférence les seuls insectes qui nous soient utiles; enfin, ils sont si malfaisants, si incommodes, qu'il serait à désirer qu'on trouvât quelque moyen de les détruire. On m'avait assuré qu'en faisant fumer du soufre sous les arbres où ils se rassemblent en certaines saisons et s'endorment le soir, cette fumée les suffoquerait et les ferait tomber; j'en ai fait l'épreuve sans succès, et cependant je l'avais faite avec précaution et même avec intérêt, parce que l'on ne pouvait leur faire quitter le voisinage de mes volières, et que je m'étais aperçu que non-seulement ils troublaient le chant de mes oiseaux par leur vilaine voix, mais que même, à force de répéter leur désagréable *tui tui*, ils altéraient le chant des serins, des tarins, des linottes, etc. Je fis donc mettre sur un mur, couvert par de grands marronniers d'Inde, dans lesquels les moineaux s'assemblaient le soir en très-grand nombre, je fis mettre, dis-je, plusieurs terrines remplies de soufre mêlé d'un peu de charbon et de résine; ces matières, en s'enflammant, produisirent une épaisse fumée qui ne fit d'autre effet que d'éveiller les moineaux; à mesure que la fumée les gagnait, ils s'élevaient au haut des arbres, et enfin ils en désemparèrent pour gagner les toits voisins, mais aucun ne tomba; je remarquai seulement qu'il se passa trois jours sans qu'ils se rassemblassent en nombre sur ces arbres enfumés, mais ensuite ils reprirent leur première habitude.

Comme ces oiseaux sont robustes, on les élève facilement dans des cages; ils vivent plusieurs années, surtout s'ils y sont sans femelles, car on prétend que l'usage immodéré qu'ils en font abrége beaucoup leur vie [a]. Lorsqu'ils sont pris jeunes, ils ont assez de docilité pour obéir à la voix, s'instruire et retenir quelque chose du chant des oiseaux auprès desquels on les met; naturellement familiers, ils le deviennent encore davantage dans la captivité : cependant ce naturel familier ne les porte pas à vivre ensemble dans l'état de liberté; ils sont assez solitaires, et c'est peut-être là l'origine de leur nom [b]. Comme ils ne quittent jamais notre climat et qu'ils sont toujours autour de nos maisons, il est aisé de les observer et de reconnaître qu'ils vont ordinairement seuls ou par couple; il y a cepen-

---

a. « Sunt qui passerum mares anno diutius durare non posse arbitrantur, argumento quod « veris initio, nulli mentum habere nigrum spectantur, sed postea, tanquam nullus anni « superioris servetur; fœminas vero hoc in genere esse vivaciores volunt, capi enim has cum « novellis, cognoscique labrorum callo asseverant. » Arist., *Hist. animal.*, lib. x, cap. vi.

b. *Monos*, moine, moineau.

dant deux temps dans l'année où ils se rassemblent, non pas pour voler en troupe, mais pour se réunir et piailler tous ensemble, l'automne sur les saules le long des rivières, et le printemps sur les épicéas et autres arbres verts; c'est le soir qu'ils s'assemblent, et dans la bonne saison ils passent la nuit sur les arbres, mais en hiver ils sont souvent seuls ou avec leurs femelles dans un trou de muraille ou sous les tuiles de nos toits, et ce n'est que quand le froid est très-violent qu'on en trouve quelquefois cinq ou six dans le même gîte, où probablement ils ne se mettent ensemble que pour se tenir chaud.

Les mâles se battent à outrance pour avoir des femelles, et le combat est si violent qu'ils tombent souvent à terre. Il y a peu d'oiseaux si ardents, si puissants en amour. On en a vu se joindre jusqu'à vingt fois de suite, toujours avec le même empressement, les mêmes trépidations, les mêmes expressions de plaisir; et ce qu'il y a de singulier, c'est que la femelle paraît s'impatienter la première d'un jeu qui doit moins la fatiguer que le mâle, mais qui peut lui plaire aussi beaucoup moins, parce qu'il n'y a nul préliminaire, nulles caresses, nul assortissement à la chose; beaucoup de pétulance sans tendresse, toujours des mouvements précipités qui n'indiquent que le besoin pour soi-même. Comparez les amours du pigeon à celles du moineau, vous y verrez presque toutes les nuances du physique au moral.

Ces oiseaux nichent ordinairement sous les tuiles, dans les chéneaux, dans les trous de muraille ou dans les pots qu'on leur offre, et souvent aussi dans les puits et sur les tablettes des fenêtres dont les vitrages sont défendus par des persiennes à claire-voie : néanmoins il y en a quelques-uns qui font leur nid sur les arbres; l'on m'a apporté de ces nids de moineaux pris sur de grands noyers et sur des saules très-élevés; ils les placent au sommet de ces arbres et les construisent avec les mêmes matériaux, c'est-à-dire avec du foin en dehors et de la plume en dedans; mais ce qu'il y a de singulier, c'est qu'ils y ajoutent une espèce de calotte par-dessus qui couvre le nid, en sorte que l'eau de la pluie ne peut y pénétrer, et ils laissent une ouverture pour entrer au-dessous de cette calotte, tandis que, quand ils établissent leur nid dans des trous ou dans des lieux couverts, ils se dispensent avec raison de faire cette calotte, qui devient inutile puisqu'il est à couvert. L'instinct se manifeste donc ici par un sentiment presque raisonné et qui suppose au moins la comparaison de deux petites idées. Il se trouve aussi des moineaux plus paresseux, mais en même temps plus hardis que les autres, qui ne se donnent pas la peine de construire un nid, et qui chassent du leur les hirondelles à cul blanc ; quelquefois ils battent les pigeons, les font sortir de leur boulin et s'y établissent à leur place; il y a, comme l'on voit, dans ce petit peuple, diversité de mœurs, et par conséquent un instinct plus varié, plus perfectionné que dans la plupart des

autres oiseaux, et cela vient sans doute de ce qu'ils fréquentent la société ;
ils sont à demi domestiques, sans être assujettis ni moins indépendants ; ils
en tirent tout ce qui leur convient sans y mettre rien du leur, et ils y
acquièrent cette finesse, cette circonspection, cette perfection d'instinct qui
se marque par la variété de leurs habitudes relatives aux situations, aux
temps et aux autres circonstances.

OISEAUX ÉTRANGERS

QUI ONT RAPPORT AU MOINEAU.

I. — L'oiseau [1] représenté dans nos planches enluminées, n° 223, fig. 1,
sous la dénomination de *moineau du Sénégal*, et auquel nous ne donnerons pas d'autre nom parce qu'il nous paraît être de la même espèce
que notre moineau d'Europe, dont il ne diffère que par la couleur du
bec, le sommet de la tête et les parties inférieures du corps, qu'il a
rougeâtres, tandis que dans le moineau d'Europe le bec est brun, le
sommet de la tête et les parties inférieures du corps sont grises ; mais
comme la grandeur, la forme, la position du corps, du bec, de la queue,
des pieds, tout le reste, en un mot, nous a paru semblable, nous ne pouvons guère douter de l'identité de l'espèce de cet oiseau du Sénégal avec
notre moineau d'Europe, et nous regardons la différence de couleur comme
une variété produite par l'influence du climat.

L'oiseau dont le mâle et la femelle sont représentés, fig. 1 et 2, dans
nos planches enluminées, n° 665, ne nous paraît être qu'une variété de
celui-ci.

II. — Il en est de même de l'oiseau [2] représenté dans les planches enluminées, n° 183, fig. 2, sous la dénomination de *moineau à bec rouge du
Sénégal*, et auquel nous ne donnerons pas d'autre nom, parce qu'il ne
nous paraît être qu'une variété, peut-être, d'âge ou de sexe du précédent,
d'autant qu'il est du même climat ; ainsi ces deux oiseaux d'Afrique doivent
être regardés comme de simples variétés dans l'espèce du moineau d'Eu-
rope.

III. — LE PÈRE NOIR. [*]

Voici maintenant des oiseaux étrangers dont l'espèce, quoique voisine
de celle de notre moineau, nous paraît néanmoins en différer assez pour

---

1. *Fringilla quelea* (Linn.). — *Emberiza quelea* (Vieill.).
2. Variété du précédent.
* *Fringilla noctis* (Linn.).

leur donner des noms particuliers. Par exemple, l'oiseau d'Amérique auquel les habitants de nos îles ont donné le nom de *père noir*, que nous lui conservons, n'est pas précisément un moineau. Cet oiseau est représenté dans nos planches enluminées, n° 201, fig. 1; il paraît qu'on le trouve non-seulement dans nos îles, mais aussi dans la terre ferme du continent méridional de l'Amérique, comme au Mexique ; car il a été indiqué par Fernandez sous le nom mexicain *yohual tototl*[a], et donné par Hans Sloane comme oiseau de la Jamaïque[b]. Nous présumons aussi que les trois oiseaux représentés dans nos planches enluminées, n° 224, pourraient bien n'être que des variétés de celui-ci ; la seule chose qui s'oppose à cette présomption, c'est qu'ils se trouvent dans des climats très-éloignés les uns des autres. Ils ont été nommés au bas de nos planches : I. Moineau de *Macao*[1]; II. Moineau de *Java*[2]; III. Moineau de *Cayenne*[3]; néanmoins ils ne nous paraissent faire que le même oiseau et n'être que des variétés de l'espèce du père noir ; car quoique ces noms de climats aient été donnés par les voyageurs qui ont apporté ces oiseaux en France, je ne sais s'ils méritent toute confiance. D'ailleurs il se pourrait aussi que cette espèce d'oiseau noir se trouvât également dans les climats chauds des deux continents.

Indépendamment de ces trois oiseaux, qu'on peut rapporter à l'espèce de père noir, il y en a encore d'autres qui ne nous paraissent être aussi que des variétés de cette même espèce. L'oiseau que nous avons fait représenter dans nos planches, n° 291, fig. 1, le mâle, et fig. 2, la femelle, sous le nom de *moineau du Brésil*[4], ressemble si fort au père noir, qu'on ne peut guère douter qu'il ne soit de son espèce ; à la vérité, cette ressemblance presque parfaite ne se trouve que dans le mâle ; les couleurs de la femelle sont fort différentes, mais cela même nous apprend combien peu l'on doit compter sur la différence des couleurs pour constituer celle des espèces.

Enfin, il y a encore une espèce voisine de notre moineau, et qu'on ne pourrait se dispenser de rapporter immédiatement à celle du père noir, s'il n'y avait pas une grande différence dans la longueur de la queue : c'est l'oiseau représenté dans nos planches enluminées, n° 183, fig. 1, sous la dénomination de *moineau du royaume de Juda*[5]. Nous l'appellerons *père noir à longue queue*, parce qu'il nous paraît être de la même espèce que le père noir, et n'en différer que par sa queue, qui est plus longue, et composée de plumes de grandeur inégale[c]. Si les noms des climats nous ont été fidèle-

a. *Yohual tototl*, Fernandez. *Hist. nov. Hisp.*, p. 49.
b. « Passer niger punctis croceis notatus. » Sloane, *Jamaïc.*, p. 311.
c. M. le chevalier Bruce, après avoir attentivement examiné cet oiseau, l'a reconnu pour être

1. *Fringilla melanictera* (Lath.).
2. *Fringilla melanoleuca* (Lath.).
3. *Tanagra jacarina* (Linn.). — *Emberiza jacarina* (Vieill.).
4. *Fringilla nitens* (Gmel. et Lath.). — Il est d'Afrique et non du Brésil.
5. *Fringilla macroura* (Linn.).

ment transmis, on voit que l'espèce du père noir se trouve aux îles Antilles, à la Jamaïque, au Mexique, à Cayenne, au Brésil, au royaume de Juda, ensuite en Abyssinie, à Java et jusqu'à Macao, c'est-à-dire dans toutes les contrées méridionales de l'ancien et du nouveau continent.

IV. — LE DATTIER OU MOINEAU DE DATTE. [*]

M. Shaw a parlé de cet oiseau dans ses Voyages, sous le nom de *moineau de Capsa*, et M. le chevalier Bruce m'en a fait voir le portrait en miniature, d'après lequel j'ai fait la description suivante.

Le moineau de datte a le bec court, épais à sa base, et accompagné de quelques moustaches près des angles de son ouverture, la pièce supérieure noire, l'inférieure jaunâtre ainsi que les pieds, les ongles noirs, la partie antérieure de la tête et la gorge blanches, le reste de la tête, le cou, le dessus du corps, et même le dessous, d'un gris plus ou moins rougeâtre; mais la teinte est plus forte sur la poitrine[a] et les petites couvertures supérieures des ailes; les pennes des ailes et de la queue sont noires; la queue est un tant soit peu fourchue, assez longue, et dépasse l'extrémité des ailes repliées des deux tiers de sa longueur.

Cet oiseau vole en troupes : il est familier et vient chercher les grains jusqu'aux portes des granges. Il est aussi commun dans la partie de la Barbarie située au sud du royaume de Tunis, que les moineaux le sont en France, mais il chante beaucoup mieux, s'il est vrai, comme l'avance M. Shaw, que son ramage soit préférable à celui des serins et des rossignols[b]. C'est dommage qu'il soit trop délicat pour être transporté loin de son pays natal : du moins, toutes les tentatives qu'on a faites jusqu'ici pour nous l'amener vivant ont été infructueuses.

le même que le mascalouf d'Abyssinie. On l'y nomme aussi *oiseau de la croix*, parce qu'il arrive ordinairement le jour de l'Exaltation de la Sainte-Croix dans cette contrée où il annonce la fin des pluies. M. Bruce ajoute qu'on voit aux sources du Nil, dans le même temps de la cessation des pluies, un oiseau qui ressemble en tout au mascalouf, excepté par la queue qu'il a beaucoup plus courte.

a. M. Shaw parle de quelques reflets qu'il a aperçus sur la poitrine. *Travels*, p. 253.

b. J'aurais été tenté à cause du joli ramage de cet oiseau de le ranger avec les serins, mais M. le chevalier Bruce qui l'a beaucoup vu, et à qui j'ai fait part de mon idée, a persisté dans l'opinion où il était qu'on devait le rapporter aux moineaux.

[*] *Fringilla capsa* (Lath.).

LE FRIQUET. *a

Cet oiseau est certainement d'une espèce différente de celle du moineau,
et par conséquent ne doit pas en porter le nom. Quoique habitants du
même climat et des mêmes terres, ils ne se mêlent point ensemble, et la
plupart de leurs habitudes naturelles sont toutes différentes. Le moineau ne
quitte pas nos maisons, se pose sur nos murailles et sur nos toits, y niche
et s'y nourrit. Le friquet ne s'en approche guère, se tient à la campagne,
fréquente les bords des chemins, se pose sur les arbustes et les plantes
basses, et établit son nid dans des crevasses, dans des trous à peu de distance de terre : on prétend qu'il niche aussi dans les bois et dans les creux
d'arbres, cependant je n'en ai jamais vu dans les bois qu'en passant; ce sont
les campagnes ouvertes et les plaines qu'ils habitent de préférence. Le
moineau a le vol pesant et toujours assez court; il ne peut aussi marcher
qu'en sautillant assez lentement et de mauvaise grâce, au lieu que le friquet
se tourne plus lestement et marche mieux. L'espèce en est beaucoup moins
nombreuse que celle du moineau, et il y a toute apparence que leur ponte,
qui n'est que de quatre ou cinq œufs, ne se répète pas et se borne à une
seule couvée, car les friquets se rassemblent en grande troupe dès la fin de
l'été et demeurent ensemble pendant tout l'hiver; il est aisé, dans cette
saison, d'en prendre un grand nombre sur les buissons où ils gîtent.

Cet oiseau, lorsqu'il est posé, ne cesse de se remuer, de se tourner, de
frétiller, de hausser et baisser sa queue; et c'est de tous ces mouvements,
qu'il fait d'assez bonne grâce, que lui est venu le nom de *friquet :* quoique
moins hardi que le moineau il ne fuit pas l'homme, souvent même il accompagne les voyageurs et les suit sans crainte; il vole en tournant et toujours
assez bas, car on ne le voit point se percher sur de grands arbres, et ceux
qui lui ont donné le nom de moineau de noyer ont confondu le friquet
avec la soulcie, qui se tient en effet sur les arbres élevés, et particulièrement sur les noyers.

Cette espèce est sujette à varier : plusieurs naturalistes ont donné le moineau de *montagne*, le moineau *à collier* et le moineau *fou* des Italiens,
comme des espèces différentes de celle du friquet : cependant le moineau
fou et le friquet sont absolument le même oiseau, et les deux autres espèces

a. Friquet, Belon, *Hist. des oiseaux*, p. 363... — Moineau à tête rouge, Albin, t. III,
p. 28, avec une figure, pl. 65... Moineau de montagne, *idem, ib.*, pl. 66. — La figure, pl. 65,
représente le mâle; et la figure, pl. 66, nous paraît représenter ou la femelle ou une variété
et non pas une espèce différente. — *Passer silvestris*, Frisch, pl. 7, avec une bonne figure coloriée. — Le moineau de campagne ou le friquet, Brisson, t. III, p. 82... Le moineau à collier,
idem, ibid., p. 85... Le moineau de montague, *idem, ibid.*, p. 79.

* *Fringilla montana* (Linn.):

n'en sont que de très-légères variétés : après avoir comparé les descriptions, les figures et les oiseaux en nature, il nous a paru que tous quatre
n'étaient dans le fond que le même oiseau, et que ces quatre espèces nominales doivent se réduire à une seule espèce réelle, qui est celle du friquet[a].

La preuve que le *passera mattugia* ou moineau fou des Italiens[b] est le
friquet même, ou tout au plus une simple variété de cette espèce, dont il
ne diffère que par la distribution des couleurs, c'est qu'Olina[c], qui en
donne la description et la figure, dit positivement qu'on l'a nommé *passera
mattugia*, moineau fou, parce qu'il ne peut rester un seul moment sans
remuer[d]; et c'est à ce même mouvement continuel qu'on doit, comme je
l'ai dit, attribuer l'origine de son nom français. Ne serait-il pas plus singulier que cet oiseau, si peu rare en France, ne se trouvât point en Italie,
comme l'ont écrit nos nomenclateurs modernes qui n'ont pas reconnu que
le moineau fou d'Italie était notre friquet? Il paraît au contraire qu'il y a
plus de variétés de cette espèce en Italie qu'en France : elle s'est donc répandue des pays tempérés dans les pays plus chauds, et non pas dans les
climats froids, car on ne la trouve point en Suède ; mais je suis surpris que
M. Salerne dise que cet oiseau ne se voit ni en Allemagne ni en Angleterre,
puisque les naturalistes allemands et anglais en ont donné des descriptions
et la figure. M. Frisch prétend même que le friquet et le serin de Canarie
peuvent s'unir et produire ensemble une race bâtarde, et qu'on en a fait
l'épreuve en Allemagne[e].

Au reste, le friquet quoique plus remuant, est cependant moins pétulant,
moins familier, moins gourmand que le moineau ; c'est un oiseau plus
innocent et qui ne fait pas grand tort aux grains ; il préfère les fruits, les
graines sauvages, telles que celles des chardons, sur lesquels il se pose
volontiers, et mange aussi des insectes ; il fuit le séjour et la rencontre du
moineau, qui est plus fort et plus méchant que lui. On peut l'élever en cage
et l'y nourrir comme le chardonneret, il y vit cinq ou six ans : son chant
est assez peu de chose, mais tout différent de la voix désagréable du moineau. On a observé que, quoiqu'il soit plus doux que le moineau, il n'est
cependant pas aussi docile, et cela vient de son naturel, qui l'éloigne de
l'homme, et qui, pour être un peu plus sauvage, n'en est peut-être que
meilleur.

a. Le moineau de montagne et le moineau à collier sont le même oiseau, et ils ne diffèrent
du friquet que par un collier blanc ou blanchâtre qu'ils portent au haut du cou.

b. *Passera mattugia*. Olina, p. 46, avec une figure. — *Passer stultus Bonnoniensium*.
Aldrov., *Avi*, t. II, p. 563.

c. *Passera montanina*. Olina, p. 48, avec figure.

d. *Passer silvestris*. Aldrov., t. II, p. 561... *Passer pusillus in juglandibus degens*. *Idem*,
il'd, p. 563.

e. Frisch, à l'article *passer silvestris*, pl. 7.

OISEAUX ÉTRANGERS

QUI ONT RAPPORT AU FRIQUET.

L'oiseau qu'on appelle le *passereau sauvage* en Provence nous paraît être une simple variété du friquet. Son chant (dit M. Guys) ne finit point comme il commence, et n'est pas le même que celui du moineau. Il ajoute que cet oiseau très-farouche cache sa tête entre des pierres, laissant le reste du corps à découvert, et croit se mettre à l'abri des attaques par cette précaution. Il se nourrit de graines à la campagne, et il y a des années où il est très-rare en Provence.

Mais outre cet oiseau et les autres variétés de cette espèce qui se trouvent dans nos climats, et que nous avons indiquées d'après les nomenclateurs, sous les noms de *moineau de montagne, moineau à collier* et *moineau fou*, il s'en trouve d'autres dans des climats éloignés.

I. — LE PASSE-VERT. *

Le premier de ces oiseaux étrangers, qu'on peut rapporter au friquet comme variété, ou du moins comme espèce très-voisine de la sienne, est celui qui est représenté dans nos planches enluminées, n° 201, fig. 2, sous la dénomination de *moineau à tête rouge de Cayenne*, et auquel nous donnons ici le nom de *passe-vert,* comme qui dirait *passereau vert*, parce qu'il a tout le dessus du corps verdâtre ; mais quoiqu'il diffère presque autant qu'il est possible du friquet par les couleurs, c'est néanmoins de tous les oiseaux de notre climat celui dont il approche le plus.

II. — LE PASSE-BLEU. **

Il en est de même de l'oiseau représenté dans nos planches enluminées, n° 203, fig. 2, sous la dénomination de *moineau bleu de Cayenne*, et auquel nous donnons ici le nom de *passe-bleu* ou *passereau bleu*, parce qu'il est presque entièrement bleu, et que du reste il approche plus de l'espèce du friquet que d'aucune espèce de notre climat. Au reste, le passe-vert et le passe-bleu étant tous deux du même climat de Cayenne, on ne peut guère décider si ce sont deux espèces distinctes et séparées, ou s'ils sont d'une seule et même espèce.

---

* *Tanagra cayana* (Linn.). — Ordre *id.*, famille des *Dentirostres ,* genre *Tangaras,* sous-genre *Tangaras proprement dits* (Cuv.).

** *Tanagra cærulea* (Lath. et Gmel.). — *Emberiza cæruleo.* (Kuhl.).

III. — LES FOUDIS. *

Une autre espèce, qu'on peut rapporter à celle du friquet, c'est celle de l'oiseau appelé à Madagascar *foudi lehémené*, auquel je conserve ici partie de ce nom. M. Brisson l'a indiqué le premier sous la dénomination de *cardinal de Madagascar* [a] ; il est représenté dans nos planches enluminées, n° 134, fig. 2, sous le nom de *moineau de Madagascar*.

Il y a deux autres oiseaux, dont l'un représenté dans nos planches enluminées, n° 6, fig. 2, sous la dénomination de *cardinal du cap de Bonne-Espérance*, et l'autre, n° 134, fig. 1, sous celle de *moineau du cap de Bonne-Espérance* [1], me paraissent être, le premier le mâle, et le second la femelle, d'une variété dans l'espèce du foudi ; car ils n'en diffèrent qu'en ce qu'ils ont le dessous du corps noir ; et par ce caractère nous les appellerons *foudis à ventre noir* [2], pour les distinguer du foudi, qui a le ventre rouge. Mais comme ils se ressemblent pour tout le reste, nous croyons qu'étant du même climat ils sont de la même espèce.

IV. — LE FRIQUET HUPPÉ. **

Une autre espèce étrangère, qui nous paraît encore voisine de celle du friquet par la grandeur et par la forme, quoiqu'elle en diffère beaucoup par les couleurs, c'est l'oiseau représenté dans les planches enluminées, n° 181, fig. 1 et fig. 2, sous les dénominations de *moineau de Cayenne* et de *moineau de la Caroline*, qui se ressemblent assez pour nous porter à croire qu'étant de pays tempérés et chauds du même continent, l'un (fig. 1) est le mâle, et l'autre (fig. 2) la femelle: Nous lui donnons le nom de *friquet huppé*, pour le distinguer de tous les autres oiseaux du même genre.

V. — LE BEAU MARQUET. ***

Enfin nous croyons que l'on peut rapporter à l'espèce du friquet plutôt qu'à aucune autre le bel oiseau représenté dans nos planches enluminées, n° 203, fig. 1, sous la dénomination de *moineau de la côte d'Afrique*, parce qu'il a été envoyé de ces contrées, et nous l'appellerons *beau marquet*, parce qu'étant d'une espèce différente de celle du friquet et de toutes les

---

a. Brisson, *Ornithol.*, t. III, p. 112, pl. vɪ, fig. 2. *Idem*, p. 114, pl. vɪ, fig. 3.

* *Loxia madagascariensis* (Lath.).

1. *Fringilla orix* (Linn.). — *Loxia orix* (Cuv.).

2. *Fringilla ignicolor* (Vieill.). — *Loxia ignicolor* (Cuv.).

** Ce sont deux espèces confondues en une : le *fringilla cristata*, et le *fringilla carolinensis*.

*** *Fringilla elegans* (Gmel.).

autres que nous venons d'indiquer, il mérite un nom particulier, et celui de beau marquet désigne qu'il est beau et bien marqué sous le ventre. Ce nom, et un coup d'œil sur la figure coloriée, suffiront pour le faire reconnaître et distinguer de tous les autres oiseaux.

LA SOULCIE. *

On a souvent confondu cet oiseau, ainsi que le friquet, avec notre moineau ; cependant il est d'une autre espèce, et il diffère de l'un et de l'autre en ce qu'il est plus grand, qu'il a le bec plus fort, plutôt rouge que noir, et qu'il n'a, pour ainsi dire, aucune habitude naturelle qui lui soit commune avec le moineau : celui-ci demeure dans les villes, la soulcie ne se plaît que dans les bois, et c'est ce qui lui a fait donner, par la plupart des naturalistes, le nom de *moineau de bois;* il y niche dans des creux d'arbres, ne produit qu'une fois l'année quatre ou cinq œufs : ils se rassemblent en troupes dès que les petits sont assez forts pour accompagner les vieux, c'est-à-dire vers la fin de juillet. Les soulcies se réunissent donc six semaines plus tôt que les friquets ; leurs troupes sont aussi plus nombreuses, et ils vivent constamment ensemble jusqu'au retour de la saison des amours, où chacun se sépare pour suivre sa femelle. Quoique ces oiseaux restent également et constamment dans notre climat pendant toute l'année, il paraît néanmoins qu'ils craignent le froid des pays plus septentrionaux, car Linnæus n'en parle pas dans son énumération des oiseaux de Suède. Ils ne sont que de passage en Allemagne [b] ; ils ne s'y réunissent pas en troupes, et y arrivent un à un [c]. Enfin ce qui paraît confirmer ce que nous venons de présumer, c'est qu'on trouve assez souvent de ces oiseaux morts de froid dans des creux d'arbres lorsque l'hiver est rigoureux. Ils vivent non-seulement de grains et graines de toute espèce, mais encore de mouches et d'autres insectes ; ils aiment la société de leurs semblables et les appellent dès qu'ils trouvent abondance de nourriture, et comme ils sont presque toujours en grandes bandes, ils ne laissent pas de faire beaucoup de tort dans les terres nouvellement ensemencées : on a de la peine à les chasser ou à

a. La soulcie. — Moineau à la soulcie ou au collier jaune. Belon, *Histoire des oiseaux,* p. 362 ; et *Portraits d'oiseaux,* p. 93 , a. — *Passer torquatus,* Aldrov., *Avi,* t. II, p. 563... *Oenanthe congener.,* id. ibid. , p. 764. — *Fringilla subcana , maculâ luteâ in pectore.* Frisch, pl. 3 , avec une figure coloriée. — Le moineau des bois. Brisson, *Ornithol.,* t. III, p. 88 , avec une figure, pl. v, fig. 1.

b. Cet oiseau n'était point ou presque point connu ci-devant en Lorraine ; mais depuis quelques années il y est devenu très-commun. Note communiquée par M. Lottinger.

c. Frisch , à l'article de la planche 3.

* *Fringilla petronia* (Linn.). — Sous-genre *Gros-Becs* (Cuv.).

les détruire, car ils participent de l'instinct et de la défiance du moineau domestique; ils reconnaissent les piéges, les gluaux, les trébuchets, mais on les prend en grand nombre avec des filets.

OISEAUX ÉTRANGERS
QUI ONT RAPPORT A LA SOULCIE.

I. — LE SOULCIET. *

La première espèce étrangère qui nous paraît voisine de celle de la soulcie, au point de n'en être qu'une variété, s'il est possible que cet oiseau ait passé d'un continent à l'autre, c'est celui qui est représenté dans nos planches enluminées, n° 223, fig. 2, sous la dénomination de *moineau du Canada* [a], et que nous avons appelé le *soulciet* parce qu'il est un peu plus petit que la soulcie, comme tous les autres animaux du nouveau continent qui sont, dans la même espèce, moins grands que ceux de l'ancien.

II. — LE PAROARE. **

Un autre bel oiseau des contrées méridionales de l'Amérique, qui nous paraît voisin de la soulcie, c'est celui que Marcgrave a indiqué sous le nom brasilien *tije guacu paroara* [b]; et comme *guacu* n'est qu'un adjectif qui veut dire *grand*, et *tije* un nom générique, nous avons adopté celui de *paroare* comme dénomination spécifique, d'autant qu'il faut conserver le plus qu'il est possible, à chaque espèce d'animal, le nom de son pays, et c'est par cette raison que nous préférons ici le nom de *paroare*, que cet oiseau porte au Brésil, dans son pays natal, à celui de *cardinal dominiquain*, que M. Brisson a adopté, parce qu'il a la tête rouge, et le corps noir et blanc [c]. La femelle diffère du mâle en ce que le devant de sa tête n'est pas rouge, mais d'un jaune orangé semé de points rougeâtres.

Nous appellerons aussi paroare huppé un oiseau des mêmes continents, qui ne nous paraît être qu'une variété du paroare, et qui en diffère par une huppe ou aigrette qu'il porte sur la tête. Ce bel oiseau est représenté dans

a. M. Brisson a indiqué le premier cet oiseau sous cette même dénomination de *moineau do Canada. Ornithologie*, t. III, p. 102.

b. Tije guacu paroara Brasiliensibus. Marcgrave, *Hist. nat. Brasil.*, p. 214.

c. Le cardinal dominiquain. Brisson, *Ornithol.*, t. III, p. 116, avec une figure, pl. VI, fig. 4. — On a suivi dans l'inscription de notre planche enluminée, n° 55, fig. 2, cette même dénomination.

* *Fringilla canadensis* (Gmel.).

** *Loxia dominicana* (Linn.). — *Fringilla dominicana* (Illig.).

nos planches enluminées, n° 103, sous la dénomination de *cardinal dominiquain huppé de la Louisiane*[1], parce qu'il nous a été envoyé de cette contrée de l'Amérique sous ce nom.

III. — LE CROISSANT. *

La troisième espèce étrangère qu'on doit rapporter à celle de la soulcie est l'oiseau représenté dans nos planches enluminées, n° 230, fig. 1, sous la dénomination de *moineau du cap de Bonne-Espérance*, qui lui a été donnée par M. Brisson[a], et que nous appelons ici le *croissant*, parce qu'étant d'une espèce et d'un climat différents des autres, il lui faut un nom particulier tiré de quelques-uns de ses attributs ; or cet oiseau qui, par la distribution des couleurs ne s'éloigne pas de notre soulcie, porte un croissant blanc qui s'étend depuis l'œil jusque dessous le cou : ce caractère unique nous a paru suffisant pour le dénommer et le faire reconnaître.

LE SERIN DES CANARIES. [b] **

Si le rossignol est le chantre des bois, le serin est le musicien de la chambre ; le premier tient tout de la nature, le second participe à nos arts ; avec moins de force d'organe, moins d'étendue dans la voix, moins de variété dans les sons, le serin a plus d'oreille, plus de facilité d'imitation[c], plus de mémoire ; et comme la différence du caractère (surtout dans les animaux) tient de très-près à celle qui se trouve entre leurs sens, le serin, dont l'ouïe est plus attentive, plus susceptible de recevoir et de conserver les impressions étrangères, devient aussi plus social, plus doux, plus

---

a. Le *moineau du cap de Bonne-Espérance*. Brisson , *Ornithol.*, t. III, p. 104, avec une figure, pl. v, fig. 3.

b. Le serin des îles Canaries, *passer canarius*. Aldrov., *Avi*, t. II , p. 814 ; la figure n'est pas bonne. — *Passera di Canaria*. Olina, p. 7 ; la figure est assez bonne. — Serin des Canaries. Albin, t. I, p. 57; la figure est mal coloriée. — *Passer canariensis, canarie-vogel*, Frisch, tab. xii ; les figures de cet oiseau et de quelques-unes de ses variétés sont exactes et assez bien coloriées. — « Passer in toto corpore citrinus , remigibus, rectricibusque lateralibus « interiùs et subtus albis..... » *Serinus canariensis*, le serin des Canaries. Brisson, *Ornithol.*, t. III, p. 184. — Voyez nos planches enluminées, n° 202 , fig. 1.

c. Le serin apprend à parler et il nomme plusieurs petites choses très-distinctement..... Au moyen d'un flageolet il apprend deux ou trois airs qu'il chante dans leur ton naturel en gardant toujours la mesure, etc. *Traité des serins des Canaries* , par M. Hervieux , in-12. Paris 1718, pages 3 et 4. — Un serin, placé encore jeune fort près de mon bureau, y avait pris un singulier ramage ; il contrefaisait le bruit que l'on fait en comptant des écus. Note communiquée par M. Héhert, receveur général à Dijon.

1. *Loxia cucullata* (Lath.). — *Fringilla cucullata* (Illig.).

* *Fringilla arcuata* (Lath.).

** *Fringilla canaria* (Linn.). — Genre *Moineaux*, sous-genre *Serins* ou *Tarins* (Cuv.).

familier; il est capable de connaissance et même d attachement[a]; ses caresses sont aimables, ses petits dépits innocents, et sa colère ne blesse ni n'offense : ses habitudes naturelles le rapprochent encore de nous, il se nourrit de graines comme nos autres oiseaux domestiques; on l'élève plus aisément que le rossignol, qui ne vit que de chair ou d'insectes, et qu'on ne peut nourrir que de mets préparés. Son éducation, plus facile, est aussi plus heureuse : on l'élève avec plaisir, parce qu'on l'instruit avec succès ; il quitte la mélodie de son chant naturel pour se prêter à l'harmonie de nos voix et de nos instruments; il applaudit, il accompagne, et nous rend au delà de ce qu'on peut lui donner. Le rossignol, plus fier de son talent, semble vouloir le conserver dans toute sa pureté : au moins paraît-il faire assez peu de cas des nôtres; çe n'est qu'avec peine qu'on lui apprend à répéter quelques-unes de nos chansons. Le serin peut parler et siffler, le rossignol méprise la parole autant que le sifflet, et revient sans cesse à son brillant ramage. Son gosier, toujours nouveau, est un chef-d'œuvre de la nature, auquel l'art humain ne peut rien changer, rien ajouter; celui du serin est un modèle de grâces d'une trempe moins ferme que nous pouvons modifier. L'un a donc bien plus de part que l'autre aux agréments de la société; le serin chante en tout temps, il nous récrée dans les jours les plus sombres, il contribue même à notre bonheur, car il fait l'amusement de toutes les jeunes personnes, les délices des recluses; il charme au moins les ennuis du cloître, porte de la gaieté dans les âmes innocentes et captives; et ses petites amours, qu'on peut considérer de près en le faisant nicher, ont rappelé mille et mille fois à la tendresse des cœurs sacrifiés; c'est faire autant de bien que nos vautours savent faire de mal.

C'est dans le climat heureux des Hespérides que cet oiseau charmant semble avoir pris naissance ou du moins avoir acquis toutes ses perfections; car nous connaissons en Italie[b] une espèce de serin plus petite que celle des Canaries, et en Provence une autre espèce presque aussi grande[c], toutes deux plus agrestes, et qu'on peut regarder comme les tiges sauvages d'une

---

a. Il devient si familier, si caressant qu'il vient baiser et becqueter mille et mille fois son maître, et qu'il ne manque pas de revenir à sa voix lorsqu'il l'appelle. *Traité des serins*, par M. Hervieux, page 3.

b. Citrinella. Gessner, *Avium*, p. 260; avec une assez bonne figure. — *Vercellino.* Olina, p. 15 ; avec une bonne figure. — « Passer supernè ex viridi-flavicante varius ; infernè luteo-« virescens; remigibus rectricibusque nigricantibus, oris exterioribus viridescentibus... » *Serinus Italicus,* le serin d'Italie. Brisson, *Ornithol.*, t. III, p. 182. — Voyez nos planches enluminées, n° 658, fig. 2.

c. Serinus. Gessner, *Avium*, p. 260 ; avec une mauvaise figure. — *Serin.* Belon, *Hist. nat. des oiseaux*, p. 354; avec une figure peu exacte. — Serin. *Senicle, cerisin, cinit, cedrin.* Belon, *Portraits d'oiseaux*, p. 90, recto; avec la même figure peu exacte. — « Passer supernè « ex fusco viridi-flavicante varius, inferne luteo virescens, lateribus maculis fuscis longitu-« dinalibus variis, tæniâ in alis viridi-flavicante; remigibus, rectricibusque supernè fuscis, « oris exterioribus griseo-viridibus, apicis margine albicante... » *Serinus*, le serin. Brisson, *Ornithol.*, t. III, p. 79. — Voyez nos planches enluminées, n° 658, fig. 1.

race civilisée : ces trois oiseaux peuvent se mêler ensemble dans l'état de captivité, mais dans l'état de nature ils paraissent se propager sans mélange chacun dans leur climat; ils forment donc trois variétés constantes qu'il serait bon de désigner chacune par un nom différent afin de ne les pas confondre. Le plus grand s'appelait *cinit* ou *cini* dès le temps de Belon (il y a plus de deux cents ans) ; en Provence on le nomme encore aujourd'hui *cini* ou *cigni*, et l'on appelle *venturon* celui d'Italie. Le canari, le venturon et le cini sont les noms propres que nous adopterons pour désigner ces trois variétés, et le serin sera le nom de l'espèce générique.

Le venturon ou serin d'Italie [1] se trouve non-seulement dans toute l'Italie, mais en Grèce [a], en Turquie, en Autriche, en Provence, en Languedoc, en Catalogne, et probablement dans tous les climats de cette température. Néanmoins il y a des années où il est fort rare dans nos provinces méridionales, et particulièrement à Marseille. Son chant est agréable et varié; la femelle est inférieure au mâle et par le chant et par le plumage [b]. La forme, la couleur, la voix, et la nourriture du venturon et du canari sont à peu près les mêmes, à la différence seulement que le venturon a le corps sensiblement plus petit, et que son chant n'est ni si beau ni si clair [c].

Le cini ou serin vert de Provence [2], plus grand que le venturon, a aussi la voix bien plus grande; il est remarquable par ses belles couleurs, par la force de son chant et par la variété des sons qu'il fait entendre. La femelle, un peu plus grosse que le mâle et moins chargée de plumes jaunes, ne chante pas comme lui et ne répond, pour ainsi dire, que par monosyllabes; il se nourrit des plus petites graines qu'il trouve à la campagne; il vit longtemps en cage, et semble se plaire à côté du chardonneret; il parait l'écouter et en emprunter des accents qu'il emploie agréablement pour varier son ramage [d]. Il se trouve non-seulement en Provence, mais encore en Dauphiné, dans le Lyonnais [e], en Bugey, à Genève, en Suisse, en Alle-

---

a. Les anciens Grecs appelaient cet oiseau Τραυπὶς; les Grecs modernes, Σπίνιδυα (suivant Belon). Les Turcs le nomment *sare ;* les Catalans, *gaffaru ;* dans quelques endroits de l'Italie, *luguarinera, beagana, raverin;* aux environs de Rome, *verzellino;* dans le Boulonais, *vidarino;* à Naples, *lequilla;* à Gênes, *scarino;* dans le Trentin, *citrinella;* en Allemagne, *citrynle* ou *zitrynle;* à Vienne, *citril.*

b. Extrait d'un mémoire qui accompagnait un envoi considérable d'oiseaux qui m'a été fait par M. Guys, de l'Académie de Marseille, homme de lettres, connu par plusieurs bons ouvrages et particulièrement par son *Voyage en Grèce.*

c. Voyez les *Amusements innocents, ou le Parfait oiseleur,* p. 42.

d. Extrait du Mémoire précédent de M. Guys.

e. J'ai vu dans la campagne, en Bugey et aux environs de Lyon, des oiseaux assez semblables à des serins de Canarie : on les y appelait *signis* ou *cignis;* j'en ai vu aussi à Genève dans des cages, et leur ramage ne me parut pas fort agréable; je crois qu'on les appelle, à Paris, *serins de Suisse.* Note donnée par M. Hébert, receveur général à Dijon.

« L'on vante beaucoup (dit *le Parfait oiseleur,* p. 47) les serins d'Allemagne; ils surpas-

1. *Fringilla citrinella* (Linn.). — C'est une espèce propre.
2. *Fringilla serinus* (Linn.). — C'est une espèce propre.

magne, en Italie, en Espagne. C'est le même oiseau qu'on connaît en Bourgogne sous le nom de *serin;* il fait son nid sur les osiers plantés le long des rivières, et ce nid est composé de crin et de poil à l'intérieur, et de mousse au dehors. Cet oiseau, qui est assez commun aux environs de Marseille et dans nos provinces méridionales jusqu'en Bourgogne, est rare dans nos provinces septentrionales. M. Lottinger dit qu'il n'est que de passage en Lorraine.

La couleur dominante du venturon, comme du cini, est d'un vert jaune sur le dessus du corps et d'un jaune vert sur le ventre; mais le cini, plus grand que le venturon, en diffère encore par une couleur brune qui se trouve par taches longitudinales sur les côtés du corps, et par ondes au-dessus [a]; au lieu que dans notre climat la couleur ordinaire du canari est uniforme, d'un jaune citron sur tout le corps et même sur le ventre. Ce n'est cependant qu'à leur extrémité que les plumes sont teintes de cette

« sent ceux de Canarie par leur beauté et leur chant. Ils ne sont jamais sujets à s'engraisser,
« la grande vigueur et la longueur de leur ramage étant, à ce qu'on prétend, un obstacle à ce
« qu'ils deviennent gras. On les élève dans des cages ou dans des chambres préparées et expo-
« sées au levant; ils y couvent trois fois l'année, depuis le mois d'avril jusqu'au mois d'août. »
Ceci n'est pas exact en tout, car le chant de ces serins d'Allemagne qui sont les mêmes que
ceux de Suisse ou de Provence, quoique fort et perçant, n'approche pas pour la douceur et
l'agrément de celui des serins de Canarie.

a. Voici une bonne description du cini qui m'a été envoyée par M. Hébert. « Cet oiseau est
« un peu plus petit qu'un serin de Canarie, auquel il ressemble beaucoup. Il a précisément le
« même plumage qu'une sorte de serin, qu'on appelle *serin gris*, et qui est peut-être le serin
« naturel et sans altération; les variétés sont dues à la domesticité.

« Le devant de la tête, le tour des yeux, le dessous de la tête, une sorte de collier, la poi-
« trine et le ventre, jusqu'aux pattes, sont de couleur jonquille avec une teinte de vert. Les
« côtés de la tête, le haut des ailes, sont mêlés de vert, de jonquille et de noir. Le dos et le
« reste des ailes ont du vert, du gris et du noir. Le croupion est jonquille. La poitrine, quoique
« d'une seule couleur (jonquille) est cependant ondée. Les taches dont le plumage du cini sont
« parsemées, ne sont point tranchées et distinctes, mais comme fondues les unes dans les
« autres par petites ondes. Celles de la tête sont beaucoup plus fines et comme pointillées. Il
« y a aux deux côtés de la poitrine et sous le ventre, le long des ailes, des taches ou des traits
« noirs.

« La queue est fourchue composée de douze plumes, les ailes sont de même couleur que le
« dos, l'extrémité des plumes qui recouvrent la naissance des grandes pennes est légèrement
« bordée d'une sorte de jaune peu apparent; les grandes pennes et la queue sont pareilles et
« d'un brun tirant sur le noir avec un léger bordé de gris, la queue est plus courte que celle
« du serin de Canarie.

« En général cet oiseau est par-dessous jonquille, sur le dos varié de différentes couleurs où
« le vert domine, sans qu'on puisse dire laquelle sert de fond aux autres. Il n'a pas sur le dos
« une seule plume qui ne soit variée de plusieurs couleurs.

« Le bec est assez semblable à celui d'un canari, un peu plus court, un peu plus petit. La
« pièce supérieure est horizontale avec le sommet de la tête, fort peu concave, plus large à sa
« base, échancrée près de sa naissance. La pièce inférieure est plus concave, posée diagonale-
« ment sous la supérieure dans laquelle elle s'emboîte.

« Ce cini n'avait que 2 pouces 7 lignes depuis le sommet de la tête jusqu'à la naissance de
« la queue, qui avait 1 pouce 10 lignes; les ailes tombent au tiers de la queue, les pattes sont
« très-menues, le tarse avait 6 lignes de long, et les doigts à peu près autant. Les ongles ne
« sont pas exactement crochus. »

belle couleur, elles sont blanches dans tout le reste de leur étendue. La femelle est d'un jaune plus pâle que le mâle; mais cette couleur citron tirant plus ou moins sur le blanc, que le canari prend dans notre climat, n'est pas la couleur qu'il porte dans son pays natal, et elle varie suivant les différentes températures. « J'ai remarqué, dit un de nos plus habiles « naturalistes [a], que le serin des Canaries, qui devient tout blanc en France, « est à Ténériffe d'un gris presque aussi foncé que la linotte; ce change-« ment de couleur provient vraisemblablement de la froideur de notre cli-« mat : » la couleur peut varier aussi par la diversité des aliments, par la captivité, et surtout par les assortiments des différentes races ; dès le commencement de ce siècle les oiseleurs comptaient déjà, dans la seule espèce des canaris, vingt-neuf variétés toutes assez reconnaissables pour être bien indiquées [b]. La tige primitive de ces vingt-neuf variétés, c'est-à-dire celle du pays natal ou du climat des Canaries, est le serin gris commun. Tous ceux qui sont d'autres couleurs uniformes les tiennent de la différence des cli-

a. M. Adanson, *Voyage du Sénégal*, page 13.

b. Nous les allons tous désigner en commençant par les plus communes et finissant par les plus rares.

1. Le serin gris commun.
2. Le serin gris, aux duvets et aux pattes blanches, qu'on appelle *race de panachés.*
3. Le serin gris à queue blanche, *race de panachés.*
4. Le serin blond commun.
5. Le serin blond aux yeux rouges.
6. Le serin blond doré.
7. Le serin blond aux duvets, *race de panachés.*
8. Le serin blond à queue blanche, *race de panachés.*
9. Le serin jaune commun.
10. Le serin jaune aux duvets, *race de panachés.*
11. Le serin jaune à queue blanche, *race de panachés.*
12. Le serin agate commun.
13. Le serin agate aux yeux rouges.
14. Le serin agate à queue blanche, *race de panachés.*
15. Le serin agate aux duvets, *race de panachés.*
16. Le serin isabelle commun.
17. Le serin isabelle aux yeux rouges.
18. Le serin isabelle doré.
19. Le serin isabelle aux duvets, *race de panachés.*
20. Le serin blanc aux yeux rouges.
21. Le serin panaché commun.
22. Le serin panaché aux yeux rouges.
23. Le serin panaché de blond.
24. Le serin panaché de blond aux yeux rouges.
25. Le serin panaché de noir.
26. Le serin panaché de noir jonquille aux yeux rouges.
27. Le serin panaché de noir jonquille et régulier.
28. Le serin plein (c'est à dire, pleinement et entièrement jaune jonquille), qui est le plus rare.
29. Le serin à huppe (ou plutôt à couronne); c'est un des plus beaux.

Voyez le *Traité des serins de Canarie*, par M. Hervieux, seconde édition. Paris, 1718, p. 10 et suivantes.

mats ; ceux qui ont les yeux rouges tendent plus ou moins à la couleur absolument blanche, et les panachés sont des variétés plutôt factices que naturelles [a].

Indépendamment de ces différences qui paraissent être les premières variétés de l'espèce pure du serin des Canaries transporté dans différents climats, indépendamment de quelques races nouvelles qui ont paru depuis, il y a d'autres variétés, encore plus apparentes, qui proviennent du mélange du canari avec le venturon et avec le cini ; car non-seulement ces trois oiseaux peuvent s'unir et produire ensemble, mais les petits qui en résultent et qu'on met au rang des mulets stériles sont des métis féconds dont les races se propagent. Il en est de même du mélange des canaris avec les tarins, les chardonnerets, les linottes, les bruants, les pinsons ; on prétend même qu'ils peuvent produire avec le moineau [b]. Ces espèces d'oiseaux, quoique très-différentes, et en apparence assez éloignées de celle des canaris, ne laissent pas de s'unir et de produire ensemble lorsqu'on prend les précautions et les soins nécessaires pour les apparier. La première attention est de séparer les canaris de tous ceux de leur espèce ; et la seconde d'employer à ces essais la femelle plutôt que le mâle : on s'est assuré que la serine de Canarie produit avec tous les oiseaux que nous venons de nommer, mais il n'est pas également certain que le mâle canari puisse produire avec les femelles de tous ces mêmes oiseaux [c]. Le tarin et le chardonneret sont les seuls sur lesquels il me paraît que la production de la femelle avec le mâle canari soit bien constatée. Voici ce que m'a écrit à ce sujet un de mes amis, homme aussi expérimenté que véridique [d].

« Il y a trente ans que j'élève un grand nombre de ces petits oiseaux, et « je me suis particulièrement attaché à leur éducation : ainsi c'est d'après

a. Les nuances et les dispositions des couleurs varient beaucoup dans les serins panachés : il y en a qui ont du noir sur la tête, d'autres qui n'en ont point, quelques-uns sont tachés irrégulièrement, et d'autres le sont très-régulièrement. Les différences de couleur ne se marquent ordinairement que sur la partie supérieure de l'oiseau ; elles consistent en deux grandes plaques noires sur chaque aile, l'une en avant et l'autre en arrière, en un large croissant de même couleur posé sur le dos, tournant sa concavité vers la tête, et se joignant par ses deux cornes aux deux plaques noires antérieures des ailes. Enfin le cou est environné par derrière d'un demi-collier d'un gris qui paraît être une couleur composée, résultant du noir et du jaune fondus ensemble. La queue et ses couvertures sont presque blanches. *Description des couleurs d'un canari panaché*, observé avec M. de Montbeillard.

b. M. d'Arnault a assuré à M. Salerne avoir vu à Orléans une serine grise, qui s'était échappée de la volière, s'accoupler avec un moineau et faire, dans un pot *à passereau*, sa couvée qu'elle amena à bien. *Amusements innocents, ou le Parfait oiseleur;* in-12. Paris, 1774, p. 40 et 41.

c. Gessner rapporte qu'un oiseleur suisse ayant voulu apparier un mâle canari avec une femelle *scarzerine* (cini), il vint bien des œufs, mais que ces œufs furent inféconds. Gessner, *de Avibus*, p. 260 et 261.

d. Le R. P. Bougot, alors gardien des capucins de Châtillon-sur-Seine, et aujourd'hui gardien des capucins de Semur en Auxois.

« plusieurs expériences et observations que je puis assurer les faits sui-
« vants. Lorsqu'on veut apparier des canaris avec des chardonnerets, il
« faut prendre dans le nid de jeunes chardonnerets de dix à douze jours,
« et les mettre dans des nids de canaris du même âge ; les nourrir ensemble
« et les laisser dans la même volière, en accoutumant le chardonneret à la
« même nourriture du canari. On met pour l'ordinaire des chardonnerets
« mâles avec des canaris femelles ; ils s'accouplent beaucoup plus facilement
« et réussissent aussi beaucoup mieux que quand on donne aux serins
« mâles des chardonnerets femelles. Il faut cependant remarquer que la
« première progéniture est plus tardive, parce que le chardonneret n'entre
« pas si tôt en *pariage* que le canari. Au contraire, lorsqu'on unit la femelle
« chardonneret avec le mâle canari, le *pariage* se fait plus tôt[a]. Pour
« qu'il réussisse il ne faut jamais lâcher le canari mâle dans des volières où
« il y a des canaris femelles, parce qu'ils préféreraient alors ces dernières à
« celles du chardonneret.

« A l'égard de l'union du canari mâle avec la femelle tarin, je puis
« assurer qu'elle réussit très-bien : j'ai depuis neuf ans dans ma volière une
« femelle tarin qui n'a pas manqué de faire trois pontes tous les ans, qui
« ont assez bien réussi les cinq premières années ; mais elle n'a fait que
« deux pontes par an dans les quatre dernières. J'ai d'autres oiseaux de
« cette même espèce du tarin qui ont produit avec les canaris sans avoir
« été élevés ni placés séparément. On lâche pour cela simplement le tarin
« mâle ou femelle dans une chambre avec un bon nombre de canaris ; on
« les verra s'apparier dans cette chambre dans le même temps que les
« canaris entre eux, au lieu que les chardonnerets ne s'apparient qu'en
« cage avec le canari, et qu'il faut encore qu'il n'y ait aucun oiseau de leur
« espèce. Le tarin vit autant de temps que le canari : il s'accoutume et
« mange la même nourriture avec bien moins de répugnance que le char-
« donneret.

« J'ai encore mis ensemble des linottes avec des canaris, mais il faut que
« ce soit une linotte mâle avec un canari femelle, autrement il arrive très-
« rarement qu'ils réussissent, la linotte même ne faisant pas son nid et
« pondant seulement quelques œufs dans le panier, lesquels, pour l'or-
« dinaire, sont clairs. J'en ai vu l'expérience parce que j'ai fait couver
« ces œufs par des femelles canaris, et à plusieurs, fois sans aucun pro-
« duit.

« Les pinsons et les bruants sont très-difficiles à unir avec les canaris :
« j'ai laissé trois ans une femelle bruant avec un mâle canari, elle n'a
« pondu que des œufs clairs ; il en est de même de la femelle pinson ; mais

---

a. Ceci prouve (comme nous le dirons dans la suite) que la femelle est moins déterminée
par la nature au sentiment d'amour que par les désirs et les émotions que lui communique
le mâle.

« le pinson et le bruant mâles avec la femelle canari ont produit quelques
« œufs féconds. »

Il résulte de ces faits, et de quelques autres que j'ai recueillis, qu'il n'y a
dans tous ces oiseaux que le tarin dont le mâle et la femelle produisent également avec le mâle ou la femelle du serin des Canaries ; cette femelle produit aussi assez facilement avec le chardonneret, un peu moins aisément
avec le mâle linotte ; enfin elle peut produire, quoique plus difficilement,
avec les mâles pinsons, bruants et moineaux, tandis que le serin mâle ne
peut féconder aucune de ces dernières femelles. La nature est donc plus
aimbiguë et moins constante, et le type de l'espèce moins ferme dans la
femelle que dans le mâle : celui-ci en est le vrai modèle, la trempe en est
beaucoup plus forte que celle de la femelle qui se prête à des modifications
diverses, et même subit des altérations par le mélange des espèces étrangères. Dans le petit nombre d'expériences que j'ai pu faire sur le mélange
de quelques espèces voisines d'animaux quadrupèdes, j'ai vu que la brebis
produit aisément avec le bouc, et que le bélier ne produit point avec la
chèvre : on m'a assuré qu'il y avait exemple de la production du cerf avec
la vache, tandis que le taureau ne s'est jamais joint à la biche ; la jument
produit plus aisément avec l'âne que le cheval avec l'ânesse[1]. Et, en général,
les races tiennent toujours plus du mâle que de la femelle. Ces faits s'accordent avec ceux que nous venons de rapporter au sujet du mélange des
oiseaux. On voit que la femelle canari peut produire avec le venturon, le
cini, le tarin, le chardonneret, la linotte, le pinson, le bruant et le moineau ; tandis que le mâle canari ne produit aisément qu'avec la femelle du
tarin, difficilement avec celle du chardonneret, et point avec les autres. On
peut donc en conclure que la femelle appartient moins rigoureusement à
son espèce que le mâle, et qu'en général c'est par les femelles que se tiennent de plus près les espèces voisines. Il est bien évident que la serine
approche beaucoup plus que le serin de l'espèce du bruant, de la linotte,
du pinson et du moineau, puisqu'elle s'unit et produit avec tous, tandis que
son mâle ne veut s'unir ni produire avec aucune femelle de ces mêmes
espèces. Je dis ne veut, car ici la volonté peut faire beaucoup plus qu'on ne
pense, et peut-être n'est-ce que faute d'une volonté ferme que les femelles
se laissent subjuguer et souffrent des recherches étrangères et des unions
disparates. Quoi qu'il en soit, on peut, en examinant les résultats du mélange
de ces différents oiseaux, tirer des inductions qui s'accordent avec tout ce
que j'ai dit au sujet de la génération des animaux et de leur développement : comme cet objet est important, j'ai cru devoir donner ici les principaux résultats du mélange des canaris, soit entre eux, soit avec les espèces
que nous venons de citer.

---

1. Voyez mes notes précédentes sur la formation des *métis*.

La première variété, qui paraît constituer deux races distinctes dans l'espèce du canari, est composée des canaris panachés et de ceux qui ne le sont pas. Les blancs he sont jamais panachés non plus que les jaunes citron : seulement lorsque ces derniers ont quatre ou cinq ans, l'extrémité des ailes et la queue deviennent blanches. Les gris ne sont pas d'une seule couleur grise; il y a sur le même oiseau des plumes plus ou moins grises, et dans un nombre de ces oiseaux gris il s'en trouve d'un gris plus clair, plus foncé, plus brun et plus noir. Les agates sont de couleur uniforme, seulement il y en a dont la couleur agate est plus claire ou plus foncée. Les isabelles sont plus semblables; leur couleur ventre de biche est constante et toujours uniforme, soit sur le même oiseau, soit dans plusieurs individus. Dans les panachés, les jaunes jonquille sont papachés de noirâtre; ils ont ordinairement du noir sur la tête. Il y a des canaris panachés dans toutes les couleurs simples que nous avons indiquées; mais ce sont les jaunes jonquille qui sont le plus panachés de noir.

Lorsque l'on apparie des canaris de couleur uniforme, les petits qui en proviennent sont de la même couleur : un mâle gris et une femelle grise ne produiront ordinairement que des oiseaux gris; il en est de même des isabelles, des blonds, des blancs, des jaunes, des agates; tous produisent leurs semblables en couleur; mais si l'on mêle ces différentes couleurs en donnant, par exemple, une femelle blonde à un mâle gris ou une femelle grise à un mâle blond, et ainsi dans toutes les autres combinaisons, on aura des oiseaux qui seront plus beaux que ceux des races de même couleur; et comme ce nombre de combinaisons de races que l'on peut croiser est presque inépuisable, on peut encore tous les jours amener à la lumière des nuances et des variétés qui n'ont pas encore paru. Les mélanges qu'on peut faire des canaris panachés avec ceux de couleur uniforme augmentent encore de plusieurs milliers de combinaisons les résultats que l'on doit en attendre; et les variétés de l'espèce peuvent être multipliées, pour ainsi dire, à l'infini. Il arrive même assez souvent que, sans employer des oiseaux panachés, on a de très-beaux petits oiseaux bien panachés qui ne doivent leur beauté qu'au mélange des couleurs différentes de leurs pères et mères, ou à leurs ascendants, dont quelques-uns du côté paternel ou maternel étaient panachés [a].

A l'égard du mélange des autres espèces avec celle du canari, voici les observations que j'ai pu recueillir : de tous les serins, le cini ou serin vert est celui qui a la voix la plus forte et qui paraît être le plus vigoureux, le

---

a. Pour avoir de très-beaux oiseaux, il faut assortir un mâle panaché de blond avec une femelle jaune, queue blanche; ou bien un mâle panaché avec une femelle blonde, queue blanche ou autre, excepté seulement la femelle grise, queue blanche. Et lorsqu'on veut se procurer un beau jonquille, il faut mettre un mâle panaché de noir avec une femelle jaune, queue blanche. *Amusements innocents*, p. 51.

plus ardent pour la propagation ; il peut suffire à trois femelles canaris , il leur porte à manger sur leurs nids ainsi qu'à leurs petits. Le tarin et le chardonneret ne sont ni si vigoureux ni si vigilants , et une seule femelle canari suffit à leurs besoins.

Les oiseaux qui proviennent des mélanges du cini , du tarin , et du chardonneret avec une serine, sont ordinairement plus forts que les canaris ; ils chantent plus longtemps, et leur voix, très-sonore, est plus forte, mais ils apprennent plus difficilement ; la plupart ne sifflent jamais qu'imparfaitement, et il est rare d'en trouver qui puissent répéter un seul air sans y manquer.

Lorsqu'on veut se procurer des oiseaux par le mélange du chardonneret avec la serine de Canarie, il faut que le chardonneret ait deux ans et la serine un an, parce qu'elle est plus précoce, et pour l'ordinaire ils réussissent mieux quand on a pris la précaution de les élever ensemble ; néanmoins cela n'est pas absolument nécessaire, et l'auteur du *Traité des Serins*[a] se trompe en assurant qu'il ne faut pas que la serine se soit auparavant accouplée avec un mâle de son espèce, que cela l'empêcherait de recevoir les mâles d'une autre espèce. Voici un fait tout opposé : « Il m'est « arrivé (dit le P. Bougot) de mettre ensemble douze canaris, quatre mâles « et huit femelles ; du mouron de mauvaise qualité fit mourir trois de ces « mâles, et toutes les femelles perdirent leur première ponte. Je m'avisai « de substituer aux trois mâles morts trois chardonnerets mâles pris dans « un battant, je les lâchai dans la volière au commencement de mai. Sur « la fin de juillet, j'eus deux nids de petits mulets qui réussirent on ne peut « pas mieux, et l'année suivante j'ai eu trois pontes de chaque chardon- « neret mâle avec les femelles canaris. Les femelles canaris ne produisent « ordinairement avec le chardonneret que depuis l'âge d'un an jusqu'à « quatre, tandis qu'avec leurs mâles naturels elles produisent jusqu'à huit « ou neuf ans d'âge : il n'y a que la femelle commune panachée qui pro- « duise au delà de l'âge de quatre ans avec le chardonneret. Au reste, il « ne faut jamais lâcher le chardonneret dans une volière, parce qu'il dé- « truit les nids et casse les œufs des autres oiseaux. » On voit que les serines, quoique accoutumées aux mâles de leur espèce, ne laissent pas de se prêter à la recherche des chardonnerets, et ne s'en unissent pas moins avec eux. Leur union est même aussi féconde qu'avec leurs mâles naturels, puisqu'elles font trois pontes dans un an avec le chardonneret ; il n'en est pas de même de l'union du mâle linotte avec la serine : il n'y a, pour l'ordinaire, qu'une seule ponte, et très-rarement deux dans l'année.

Ces oiseaux bâtards, qui proviennent du mélange des canaris avec les tarins, les chardonnerets, etc., ne sont pas des mulets stériles, mais des

----

a. Traité des serins des Canaries, p. 263.

métis féconds qui peuvent s'unir et produire non-seulement avec leurs races maternelle ou paternelle, mais même reproduire entre eux des individus féconds dont les variétés peuvent aussi se mêler et se perpétuer [a]. Mais il faut convenir que le produit de la génération dans ces métis n'est pas aussi certain ni aussi nombreux, à beaucoup près, que dans les espèces pures ; ces métis ne font ordinairement qu'une ponte par an, et rarement deux ; souvent les œufs sont clairs, et la production réelle dépend de plusieurs petites circonstances qu'il n'est pas possible de reconnaître et moins encore d'indiquer précisément. On prétend que parmi ces métis il se trouve toujours beaucoup plus de mâles que de femelles [1]. « Une femelle de canari et « un chardonneret (dit le P. Bougot) m'ont, dans la même année, produit « en trois pontes dix-neuf œufs qui tous ont réussi ; dans ces dix-neuf « petits mulets il n'y avait que trois femelles sur seize mâles. » Il serait bon de constater ce fait par des observations réitérées. Dans les espèces pures de plusieurs oiseaux, comme dans celle de la perdrix, on a remarqué qu'il y a aussi plus de mâles que de femelles. La même observation a été faite sur l'espèce humaine : il naît environ dix-sept garçons sur seize filles dans nos climats ; on ignore quelle est la proportion du nombre des mâles et de celui des femelles dans l'espèce de la perdrix, on sait seulement que les mâles sont en plus grand nombre, parce qu'il y a toujours des *bourdons* vacants dans le temps du *pariage :* mais il n'est pas à présumer que dans aucune espèce pure le nombre des mâles excède celui des femelles autant que seize excède trois, c'est-à-dire autant que dans l'espèce mêlée de la serine et du chardonneret. J'ai ouï dire seulement qu'il se trouvait de même plus de femelles que de mâles dans le nombre des mulets qui proviennent de l'âne et de la jument ; mais je n'ai pu me procurer sur cela des informations assez exactes pour qu'on doive y compter. Il s'agirait donc (et cela serait assez facile) de déterminer par des observations combien il naît de mâles, et combien de femelles dans l'espèce pure du canari, et voir ensuite si le nombre des mâles est encore beaucoup plus grand dans les métis qui proviennent des espèces mêlées du chardonneret et de la serine. La raison qui me porte à le croire, c'est qu'en général le mâle influe plus que la femelle sur la force et la qualité des races. Au reste, ces oiseaux métis, qui sont plus forts et qui ont la voix plus perçante, l'haleine plus longue que les canaris de l'espèce pure, vivent aussi plus longtemps. Mais il y a une observation constante qui porte sur les uns et sur les autres, c'est que,

a. M. Sprengel a fait plusieurs observations sur les canaris mulets, et a suivi à cet effet très-exactement la multiplication des oiseaux qui provenaient de l'accouplement des serins avec les chardonnerets, et cet oiseleur assure que les mulets provenus de ces oiseaux ont multiplié entre eux et avec leurs races paternelle et maternelle ; les preuves qu'il en donne ne laissent même rien à désirer à ce sujet, quoiqu'on ait toujours regardé avant lui les serins mulets comme stériles. *Amusements innocents*, p. 45.

1. Voyez la note de la page 200 du IVe volume.

plus ils travaillent à la propagation et plus ils abrégent leur vie. Un serin mâle, élevé seul et sans communication avec une femelle, vivra communément treize ou quatorze ans; un métis provenant du chardonneret, traité de même, vit dix-huit et même dix-neuf ans. Un métis provenant du tarin, et également privé de femelles, vivra quinze ou seize ans, tandis que le serin mâle, auquel on donne une femelle ou plusieurs, ne vit guère que dix ou onze ans, le métis tarin onze ou douze ans, et le métis chardonneret quatorze ou quinze : encore faut-il avoir l'attention de les séparer tous de leurs femelles après les pontes, c'est-à-dire depuis le mois d'août jusqu'au mois de mars : sans cela, leur passion les use et leur vie se raccourcit encore de deux ou trois années.

A ces remarques particulières, qui toutes sont intéressantes, je dois ajouter une observation générale plus importante et qui peut encore donner quelques lumières sur la génération des animaux et sur le développement de leurs différentes parties. L'on a constamment observé en mêlant les canaris, soit entre eux, soit avec des oiseaux étrangers, que les métis provenus de ces mélanges ressemblent à leur père par la tête, la queue, les jambes, et à leur mère par le reste du corps; on peut faire la même observation sur les mulets quadrupèdes : ceux qui viennent de l'âne et de la jument ont le corps aussi gros que leur mère, et tiennent du père les oreilles, la queue, la sécheresse des jambes; il paraît donc que dans le mélange des deux liqueurs séminales, quelque intime qu'on doive le supposer pour l'accomplissement de la génération, les molécules organiques fournies par la femelle occupent le centre de cette sphère vivante qui s'accroît dans toutes les dimensions, et que les molécules données par le mâle environnent celles de la femelle, de manière que l'enveloppe et les extrémités du corps appartiennent plus au père qu'à la mère. La peau, le poil et les couleurs, qu'on doit aussi regarder comme faisant partie extérieure du corps, tiennent plus du côté paternel que du côté maternel. Plusieurs métis que j'ai obtenus, en donnant un bouc à des brebis, avaient tous, au lieu de laine, le poil rude de leur père. Dans l'espèce humaine on peut de même remarquer que communément le fils ressemble plus à son père qu'à sa mère par les jambes, les pieds, les mains, l'écriture, la quantité et la couleur des cheveux, la qualité de la peau, la grosseur de la tête; et dans les mulâtres qui proviennent d'un blanc et d'une négresse, la teinte de noir est plus diminuée que dans ceux qui viennent d'un nègre et d'une blanche : tout cela semble prouver que dans l'établissement local des molécules organiques fournies par les deux sexes, celles du mâle surmontent et enveloppent celles de la femelle, lesquelles forment le premier point d'appui et, pour ainsi dire, le noyau de l'être qui s'organise; et que, malgré la pénétration et le mélange intime de ces molécules, il en reste plus de masculines à la surface et plus de féminines à l'intérieur, ce qui paraît naturel, puisque ce sont les premières qui vont chercher les secondes : d'où il résulte que, dans le développement du corps, les membres doivent tenir plus du père que de la mère, et le corps doit tenir plus de la mère que du père.

Et comme, en général, la beauté des espèces ne se perfectionne et ne peut même se maintenir qu'en croisant les races, et qu'en même temps la noblesse de la figure, la force et la vigueur du corps dépendent presque en entier de la bonne proportion des membres, ce n'est que par les mâles qu'on peut ennoblir ou relever les races dans l'homme et dans les animaux : de grandes et belles juments avec de vilains petits chevaux ne produiront jamais que des poulains mal faits; tandis qu'un beau cheval avec une jument, quoique laide, produira de très-beaux chevaux, et d'autant plus beaux, que les races du père et de la mère seront plus éloignées, plus étrangères l'une à l'autre. Il en est de même des moutons, ce n'est qu'avec des béliers étrangers qu'on peut en relever les races, et jamais une belle brebis avec un petit bélier commun ne produira que des agneaux tout aussi communs. Il me resterait plusieurs choses à dire sur cette matière importante, mais ici ce serait se trop écarter de notre sujet, dont néanmoins l'objet le plus intéressant, le plus utile pour l'histoire de la nature, serait l'exposition de toutes les observations qu'on a déjà faites et que l'on pourrait faire encore sur le mélange des animaux. Comme beaucoup de gens s'occupent ou s'amusent de la multiplication des serins, et qu'elle se fait en peu de temps, on peut aisément tenter un grand nombre d'expériences sur leurs mélanges avec des oiseaux différents, ainsi que sur les produits ultérieurs de ces mélanges : je suis persuadé que par la réunion de toutes ces observations et leur comparaison avec celles qui ont été faites sur les animaux et sur l'homme, on parviendrait à déterminer peut-être assez précisément l'influence, la puissance effective du mâle dans la génération, relativement à celle de la femelle, et par conséquent désigner les rapports généraux par lesquels on pourrait présumer que tel mâle convient ou disconvient à telle ou telle femelle, etc.

Néanmoins il est vrai que dans les animaux comme dans l'homme, et même dans nos petits oiseaux, la disconvenance du caractère, ou si l'on veut la différence des qualités morales, nuit souvent à la convenance des qualités physiques. Si quelque chose peut prouver que le caractère est une impression bonne ou mauvaise donnée par la nature, et dont l'éducation ne peut changer les traits, c'est l'exemple de nos serins : « Ils sont presque « tous (dit M. Hervieux) différents les uns des autres par leurs inclinations; « il y a des mâles d'un tempérament toujours triste, rêveurs, pour ainsi « dire, et presque toujours bouffis, chantant rarement, et ne chantant que « d'un ton lugubre..... ; qui sont des temps infinis à apprendre, et ne « savent jamais que très-imparfaitement ce qu'on leur a montré, et le peu « qu'ils savent ils l'oublient aisément..... Ces mêmes serins sont souvent

« d'un naturel si malpropre qu'ils ont toujours les pattes et la queue sales ;
« ils ne peuvent plaire à leur femelle, qu'ils ne réjouissent jamais par leur
« chant, même dans le temps que ses petits viennent d'éclore, et d'ordi-
« naire ces petits ne valent pas mieux que leur père..... Il y a d'autres
« serins qui sont si mauvais qu'ils tuent la femelle qu'on leur donne, et
« qu'il n'y a d'autre moyen de les dompter qu'en leur en donnant deux ;
« elles se réuniront pour leur défense commune, et l'ayant d'abord vaincu
« par la force, elles le vaincront ensuite par l'amour [a]. Il y en a d'autres
« d'une inclination si barbare qu'ils cassent et mangent les œufs lorsque la
« femelle les a pondus, ou si ce père dénaturé les laisse couver, à peine
« les petits sont-ils éclos qu'il les saisit avec le bec, les traîne dans la cabane
« et les tue [b]. » D'autres, qui sont sauvages, farouches, indépendants, qui
ne veulent être ni touchés ni caressés, qu'il faut laisser tranquilles, et qu'on
ne peut gouverner ni traiter comme les autres : pour peu qu'on se mêle de
leur ménage, ils refusent de produire ; il ne faut ni toucher à leur cabane,
ni ôter les œufs, et ce n'est qu'en les laissant vivre à leur fantaisie qu'ils
s'uniront et produiront. Il y en a d'autres enfin qui sont très-paresseux :
par exemple, les gris ne font presque jamais de nid, il faut que celui qui
les soigne fasse leur nid pour eux, etc. Tous ces caractères sont, comme

a. Il arrive quelquefois que ces mauvais mâles ont d'ailleurs d'autres qualités qui réparent
en quelque sorte ce défaut, comme par exemple d'avoir un chant fort mélodieux, un beau
plumage et d'être fort familiers ; si vous voulez donc les garder pour les faire nicher, vous
prendrez deux femelles bien fortes et d'un an plus vieilles que ce mauvais mâle que vous
voulez leur donner ; vous mettrez ces deux femelles quelques mois ensemble dans la même
cage, afin qu'elles se connaissent bien et n'étant pas jalouses l'une de l'autre, lorsqu'elles
n'auront qu'un même mâle elles ne se battront pas. Un mois devant le temps qu'on les met
couver vous les lâcherez toutes deux dans une même cabane, et quand le temps de les accoupler sera venu vous mettrez ce mâle avec les deux femelles ; il ne manquera pas de vouloir les
battre, surtout les premiers jours qu'il sera avec elles ; mais les femelles se mettant toutes
deux en défense contre lui, elles prendront certainement par la suite un empire absolu sur lui,
en sorte que ne pouvant rien gagner par la force, il s'apprivoisera si bien en peu de temps
avec ces deux femelles qu'il les vaincra enfin par la douceur. Ces sortes de mariages forcés
réussissent souvent mieux que d'autres dont on attendait beaucoup et qui souvent ne produisent
rien. Pour conserver la couvée, il faut dans ce cas ôter le premier œuf que la femelle aura
pondu et en mettre un d'ivoire à la place ; le lendemain vous ferez de même, ôtant toujours
l'œuf dans le même instant que la femelle vient de le pondre pour que le mâle n'ait pas le
temps de le casser ; lorsqu'elle aura pondu son dernier œuf, elle n'aura plus besoin de son
mâle que vous enfermerez dans une cage séparée, laissant couver les œufs à la femelle. Le
mâle restera dans sa cage au milieu de la cabane pendant tout le temps que la femelle couvera
ses œufs et qu'elle nourrira ses petits, mais aussitôt qu'on aura ôté les petits pour les élever à
la brochette, vous lâcherez le prisonnier et le rendrez à la femelle. *Traité des serins des Cana-*
ries, p. 117 et suivantes.

b. Il y a des mâles d'un tempérament faible, indifférents pour les femelles, toujours malades
après la nichée ; il ne faut pas les apparier, car j'ai remarqué que les petits leur ressemblent.
Il y en a d'autres si pétulants qu'ils battent leur femelle pour la faire sortir du nid, et l'empêchent de couver : ceux-ci sont les plus robustes, les meilleurs pour le chant, et souvent les
plus beaux pour le plumage et les plus familiers ; d'autres cassent les œufs et tuent leurs petits
pour jouir plus tôt de leur femelle, d'autres ont une sympathie singulière qui a l'air du choix et
d'une préférence marquée. Un mâle, mis avec vingt femelles, en choisit une ou deux qu'il suit

l'on voit, très-distincts entre eux et très-différents de celui de nos serins favoris, toujours gais, toujours chantants, si familiers, si aimables, si bons maris, si bons pères, et en tout d'un caractère si doux, d'un naturel si heureux, qu'ils sont susceptibles de toutes les bonnes impressions et doués des meilleures inclinations ; ils récréent sans cesse leur femelle par leur chant ; ils la soulagent dans la pénible assiduité de couver ; ils l'invitent à changer de situation, à leur céder la place, et couvent eux-mêmes tous les jours pendant quelques heures ; ils nourrissent aussi leurs petits, et enfin ils apprennent tout ce qu'on peut leur montrer. C'est par ceux-ci seuls qu'on doit juger l'espèce, et je n'ai fait mention des autres que pour démontrer que le caractère, même dans les animaux, vient de la nature, et n'appartient pas à l'éducation.

Au reste, le mauvais naturel apparent qui leur fait casser les œufs et tuer leurs petits vient souvent de leur tempérament et de leur trop grande pétulance en amour ; c'est pour jouir de leur femelle plus pleinement et plus souvent qu'ils la chassent du nid et lui ravissent les plus chers objets de son affection : aussi, la meilleure manière de faire nicher ces oiseaux n'est pas de les séparer et de les mettre en cabane ; il vaut beaucoup mieux leur donner une chambre bien exposée au soleil, et au levant d'hiver ; ils s'y plaisent davantage et y multiplient mieux ; car s'ils sont en cage ou en cabane avec une seule femelle, ils lui casseront ses œufs pour en jouir de nouveau ; dans la chambre, au contraire, où il doit y avoir plus de femelles que de mâles, ils en chercheront une autre et laisseront la première couver tranquillement. D'ailleurs les mâles, par jalousie, ne laissent pas de se donner entre eux de fortes distractions, et lorsqu'ils en voient un trop ardent tourmenter sa femelle et vouloir casser les œufs, ils le battent assez pour amortir ses désirs.

On leur donnera, pour faire les nids, de la charpie de linge fin, de la bourre de vache ou de cerf qui n'ait pas été employée à d'autres usages, de la mousse et du petit foin sec et très-menu. Les chardonnerets et les tarins qu'on met avec les serines, lorsqu'on veut se procurer des métis, emploient le petit foin et la mousse de préférence, mais les serins se servent plutôt de la bourre et de la charpie ; il faut qu'elle soit bien hachée,

partout, qu'il *embecque* et auxquelles il demeure constamment attaché sans se soucier des autres. Ceux-ci sont de bon naturel et le communiquent à leur progéniture. D'autres ne sympathisent avec aucune femelle et demeurent inactifs et stériles. On trouve dans les femelles comme dans les mâles la même différence pour le caractère et pour le tempérament. Les femelles jonquilles sont les plus douces ; les agates sont remplies de fantaisies et souvent quittent leurs petits pour se donner au mâle ; les femelles panachées sont assidues sur leurs œufs et bonnes à leurs petits, mais les mâles panachés étant les plus ardents de tous les canaris, ont besoin de deux et même de trois femelles, si l'on veut les empêcher de les chasser du nid et de casser les œufs. Ceux qui sont entièrement jonquilles ont à peu près la même pétulance et il leur faut aussi deux ou trois femelles. Les mâles agate sont les plus faibles, et les femelles de cette race meurent assez souvent sur les œufs. (Note communiquée par le R. P. Bougot.)

crainte qu'ils n'enlèvent les œufs avec cette espèce de filasse qui s'embarrasserait dans leurs pieds.

Pour les nourrir, on établit dans la chambre une trémie percée tout à l'entour, de manière qu'ils puissent y passer la tête. On mettra dans cette trémie une portion du mélange suivant : trois pintes de navette, deux d'avoine, deux de millet, et enfin une pinte de chènevis, et tous les douze ou treize jours on regarnira la trémie, prenant garde que toutes ces graines soient bien nettes et bien vannées. Voilà leur nourriture tant qu'ils n'ont que des œufs, mais la veille que les petits doivent éclore on leur donnera un échaudé sec et pétri sans sel, qu'on leur laissera jusqu'à ce qu'il soit mangé, après quoi on leur donnera des œufs cuits durs ; un seul œuf dur, s'il n'y a que deux mâles et quatre femelles ; deux œufs, s'il y a quatre mâles et huit femelles, et ainsi à proportion du nombre : on ne leur donnera ni salade ni verdure pendant qu'ils nourrissent, cela affaiblirait beaucoup les petits ; mais pour varier un peu leurs aliments et les réjouir par un nouveau mets, vous leur donnerez tous les trois jours sur une assiette, au lieu de l'échaudé, un morceau de pain blanc trempé dans l'eau et pressé dans la main ; ce pain, qu'on ne leur donnera qu'un seul jour sur trois, étant pour ces oiseaux une nourriture moins substantielle que l'échaudé, les empêchera de devenir trop gras pendant leur ponte : on fera bien aussi de leur fournir dans le même temps quelques graines d'alpiste, et seulement tous les deux jours, crainte de les trop échauffer ; le biscuit sucré produit ordinairement cet effet, qui est suivi d'un autre encore plus préjudiciable, c'est qu'étant nourris de biscuit ils font souvent des œufs clairs ou des petits faibles et trop délicats. Lorsqu'ils auront des petits on leur fera tous les jours bouillir de la navette afin d'en ôter l'âcreté. « Une longue expérience, « dit le P. Bougot, m'a appris que cette nourriture est celle qui leur con- « vient le mieux, quoi qu'en disent tous les auteurs qui ont écrit sur les « canaris. »

Après leur ponte, il faut leur donner du plantain et de la graine de laitue pour les purger, mais il faut en même temps ôter tous les jeunes oiseaux, qui s'affaibliraient beaucoup par cette nourriture, qu'on ne doit fournir que pendant deux jours aux pères et mères. Quand vous voudrez élever des serins à la brochette, il ne faudra pas, comme le conseillent la plupart des oiseleurs, les laisser à leur mère jusqu'au onzième ou douzième jour, il vaut mieux lui ôter ses petits dès le huitième jour ; on les enlèvera avec le nid et on ne lui laissera que le panier. On préparera d'avance la nourriture de ces petits ; c'est une pâtée composée de navette bouillie, d'un jaune d'œuf et de mie d'échaudé, mêlée et pétrie avec un peu d'eau, dont on leur donnera des becquées toutes les deux heures ; il ne faut pas que cette pâtée soit trop liquide, et l'on doit, crainte qu'elle ne s'aigrisse, la renouveler chaque jour jusqu'à ce que les petits mangent seuls.

Dans ces oiseaux captifs la production n'est pas aussi constante, mais paraît néanmoins plus nombreuse qu'elle ne le serait probablement dans leur état de liberté; car il y a quelques femelles qui font quatre et même cinq pontes par an, chacune de quatre, cinq, six et quelquefois sept œufs : communément elles font trois pontes, et la mue les empêche d'en faire davantage [a]. Il y a néanmoins des femelles qui couvent pendant la mue, pourvu que leur ponte soit commencée avant ce temps. Les oiseaux de la même nichée ne muent pas tous en même temps. Les plus faibles sont les premiers qui subissent ce changement d'état; les plus forts ne muent souvent que plus d'un mois après. La mue des serins jonquilles est plus longue et ordinairement plus funeste que celle des autres. Ces femelles jonquilles ne font que trois pontes de trois œufs chacune; les blonds, mâles et femelles, sont trop délicats, et leur nichée réussit rarement; les isabelles ont quelque répugnance à s'apparier ensemble, le mâle prend rarement, dans une grande volière, une femelle isabelle, et ce n'est qu'en les mettant tous deux en cage qu'ils se déterminent à s'unir. Les blancs, en général, sont bons à tout, ils couvent, nichent et produisent aussi bien et mieux qu'aucun des autres, et les blancs panachés sont aussi les plus forts de tous.

Malgré ces différences dans le naturel, le tempérament, et dans le nombre de la production de ces oiseaux, le temps de l'incubation est le même : tous couvent également treize jours, et lorsqu'il y a un jour de plus ou de moins, cela paraît venir de quelque circonstance particulière; le froid retarde l'éclosion des petits et le chaud l'accélère; aussi arrive-t-il souvent que la première couvée, qui se trouve au mois d'avril, dure treize jours et demi ou quatorze jours au lieu de treize, si l'air est alors plus froid que tempéré; et au contraire, dans la troisième couvée, qui se fait pendant les grandes chaleurs du mois de juillet ou d'août, il arrive quelquefois que les petits sortent de l'œuf au bout de douze jours et demi ou même douze jours. On fera bien de séparer les mauvais œufs des bons, mais pour les reconnaître d'une manière sûre, il faut attendre qu'ils aient été couvés pendant huit ou neuf jours; on prend doucement chaque œuf par les deux bouts, crainte de les

a. Il y a des femelles qui ne pondent point du tout et qu'on appelle *bréhaignes*, d'autres qui ne font qu'une ponte ou deux pendant toute l'année; encore après avoir pondu leur premier œuf, elles sont souvent le lendemain à se reposer, ne faisant leur second œuf que deux ou trois jours après; il y en a d'autres qui ne font que trois pontes, lesquelles sont pour ainsi dire réglées, ayant trois œufs à chacune de leur couvée tout de suite, c'est-à-dire, sans intervalle de jours. Il y en a d'une quatrième espèce, que l'on peut appeler *commune*, parce qu'elles sont en grand nombre ; elles font quatre pontes et à chacune des pontes elles font quatre à cinq œufs, leurs pontes ne sont pas toujours réglées. Il y en a enfin d'autres plus œuvées que toutes celles dont je viens de parler, elles font cinq pontes et en feraient davantage si on les laissait faire; chacune de leurs pontes est souvent de six à sept œufs. Lorsque cette espèce de serins nourrissent bien, ils sont parfaits, l'on ne les saurait trop ménager; leur valeur doit surpasser le prix de six autres communs. *Traité des serins des Canaries*, p. 171 et suiv.

casser, on les mire au grand jour ou à la lumière d'une chandelle, et l'on rejette tous ceux qui sont clairs; ils ne feraient que fatiguer la femelle si on les lui laissait; en triant ainsi les œufs clairs, on peut assez souvent de trois couvées n'en faire que deux; la troisième femelle se trouvera libre et travaillera bientôt à une seconde nichée *a*. Une pratique fort recommandée par les oiseleurs, c'est d'enlever les œufs à la femelle à mesure qu'elle les pond et de leur substituer des œufs d'ivoire, afin que tous les œufs puissent éclore en même temps; on attend le dernier œuf avant de rendre les autres à la femelle et de lui ôter ceux d'ivoire. D'ordinaire le moment de la ponte est à six ou sept heures du matin; on prétend que, quand elle retarde seulement d'une heure, c'est que la femelle est malade : la ponte se fait ainsi successivement *b*; il est donc aisé de se saisir des œufs à mesure qu'ils sont produits. Néanmoins cette pratique, qui est plutôt relative à la commodité de l'homme qu'à celle de l'oiseau, est contraire au procédé de la nature; elle fait subir à la mère une plus grande déperdition de chaleur et la surcharge tout à la fois de cinq ou six petits qui, venant tous ensemble, l'inquiétent plus qu'ils ne la réjouissent, tandis qu'en les voyant éclore successivement les uns après les autres, ses plaisirs se multiplient et soutiennent ses forces et son courage : aussi des oiseleurs très-intelligents m'ont assuré qu'en n'ôtant pas les œufs à la femelle et les laissant éclore successivement, ils avaient toujours mieux réussi que par cette substitution des œufs d'ivoire.

Au reste, nous devons dire qu'en général les pratiques trop recherchées et les soins scrupuleux que nos écrivains conseillent de donner à l'éducation de ces oiseaux sont plus nuisibles qu'utiles; il faut, autant qu'il est possible, se rapprocher en tout de la nature. Dans leur pays natal, les serins se tiennent sur les bords des petits ruisseaux ou des ravines humides *c*; il ne faut donc jamais les laisser manquer d'eau tant pour boire que pour se baigner. Comme ils sont originaires d'un climat très-doux, il faut les mettre à l'abri de la rigueur de l'hiver; il paraît même qu'étant déjà assez ancien-

a. Lorsqu'on distribue les œufs d'une femelle à d'autres, il faut qu'ils soient tous bons; les femelles panachées auxquelles on donnerait des œufs clairs ou mauvais, ne manqueraient pas de les jeter elles-mêmes hors du nid au lieu de les couver; et lorsque le nid est trop profond pour qu'elles puissent les faire couler à terre, elles ne cessent de les becqueter jusqu'à ce qu'ils soient cassés, ce qui gâte les autres œufs et souvent infecte le nid et fait avorter la couvée entière; les femelles d'autres couleurs couvent les œufs clairs qu'on leur donne. (Note du R. P. Bougot.)

b. La ponte se fait toujours à la même heure, si la femelle est dans le même état de santé; cependant il faut faire une exception pour le dernier œuf, qui est ordinairement retardé de quelques heures et quelquefois d'un jour. Ce dernier œuf est constamment plus petit que les autres, et l'on m'a assuré que le petit qui provient de ce dernier œuf est toujours un mâle : il serait bon de constater ce fait singulier.

c. Les serins de Canarie qu'on apporte en Angleterre, sont nés dans les *barancos* ou les ravins que l'eau forme en descendant des montagnes. *Histoire générale des voyages*, t. II, page 241.

nement naturalisés en France, ils se sont habitués au froid de notre pays, car on peut les conserver en les logeant dans une chambre sans feu, dont il n'est pas même nécessaire que la fenêtre soit vitrée : une grille maillée pour les empêcher de fuir suffira; je connais plusieurs oiseleurs qui m'ont assuré qu'en les traitant ainsi on en perd moins que quand on les tient dans des chambres échauffées par le feu. Il en est de même de la nourriture, on pourrait la rendre plus simple, et peut-être ils ne s'en porteraient que mieux [a]. Une attention qui paraît plus nécessaire qu'aucune autre, c'est de ne jamais presser le temps de la première nichée; on a coutume de permettre à ces oiseaux de s'unir vers le 20 ou le 25 de mars, et l'on ferait mieux d'attendre le 12 ou le 15 d'avril; car lorsqu'on les met ensemble dans un temps encore froid, ils se dégoûtent souvent l'un de l'autre, et si par hasard les femelles font des œufs, elles les abandonnent, à moins que la saison ne devienne plus chaude; on perd donc une nichée tout entière en voulant avancer le temps de la première.

Les jeunes serins sont différents des vieux, tant par les couleurs du plumage, que par quelques autres caractères. « Un jeune serin de l'année, « observé le 13 septembre 1772 [b] avait la tête, le cou, le dos et les pennes « des ailes noirâtres, excepté les quatre premières pennes de l'aile gauche, « et les six premières pennes de l'aile droite, qui étaient blanchâtres; le « croupion, les couvertures des ailes, la queue, qui n'était pas encore en- « tièrement formée, et le dessous du corps, étaient aussi de couleur blan- « châtre, et il n'y avait pas encore de plumes sur le ventre depuis le *ster-* « *num* jusqu'à l'*anus.* Ce jeune oiseau avait le bec inférieur rentrant dans « le bec supérieur, qui était assez gros et un peu crochu. » A mesure que l'oiseau avance en âge, la disposition et les nuances de couleur changent : on distingue les vieux des jeunes par la force, la couleur et le chant; les vieux ont constamment les couleurs plus foncées et plus vives que les jeunes; leurs pattes sont plus rudes et tirant sur le noir s'ils sont de la race grise; ils ont aussi les ongles plus gros et plus longs que les jeunes [c]. La femelle ressemble quelquefois si fort au mâle, qu'il n'est pas aisé de les

a. J'ai souvent éprouvé par moi-même et par d'autres qui se piquaient de suivre à la lettre et dans toute leur étendue les pratiques prescrites par les auteurs, que souvent le trop de soins et d'attentions fait périr ces oiseaux : une nourriture réglée de navette et de millet; de l'eau d'un jour à l'autre en hiver, et d'une ou deux fois par jour en été; du seneçon, lorsqu'il en est, une fois le mois; du mouron dans le temps de la mue; au lieu de sucre, de l'avoine battue et du blé de Turquie, et surtout une grande propreté; c'est à quoi je me réduis depuis la fatale expérience que j'ai faite des leçons des autres. *Petit Traité de la nichée des canaris*, communiqué par M. Batteau, avocat à Dijon. — Je crois qu'il pourrait y avoir ici une petite erreur : tous les oiseleurs que j'ai consultés m'ont dit qu'il fallait bien se garder de donner aux serins du mouron dans la mue, et que cette nourriture trop rafraîchissante prolongeait la durée de ce mauvais état de santé. Les autres conseils que donne ici M. Batteau me paraissent bien fondés.

b. Note communiquée par M. Guéneau de Montbeillard.

c. *Amusements innocents*, pages 61 et 62.

distinguer au premier coup d'œil ; cependant le mâle a toujours les couleurs plus fortes que la femelle, la tête un peu plus grosse et plus longue, les tempes d'un jaune plus orangé, et sous le bec une espèce de flamme jaune qui descend plus bas que sous le bec de la femelle ; il a aussi les jambes plus longues ; enfin il commence à gazouiller presque aussitôt qu'il mange seul. Il est vrai qu'il y a des femelles qui, dans ce premier âge, gazouillent aussi fort que les mâles. Mais en rassemblant ces différents indices on pourra distinguer, même avant la première mue, les serins mâles et les femelles. Après ce temps il n'y a plus d'incertitude à cet égard, car les mâles commencent dès lors à déclarer leur sexe par le chant.

Toute expression subite de la voix est, dans les animaux, un indice vif de passion ; et comme l'amour est, de toutes les émotions intérieures, celle qui les remue le plus souvent et qui les transporte le plus puissamment, ils ne manquent guère de manifester leur ardeur. Les oiseaux par leur chant, le taureau par son mugissement, le cheval par le hennissement, l'ours par son gros murmure, etc., annoncent tous un seul et même désir. L'ardeur de ce désir n'est pas, à beaucoup près, aussi grande, aussi vive dans la femelle que dans le mâle, aussi ne l'exprime-t-elle que rarement par la voix ; celle de la serine n'est tout au plus qu'un petit ton de tendre satisfaction, un signe de consentement qui n'échappe qu'après avoir écouté longtemps, et après s'être laissé pénétrer de la prière ardente du mâle, qui s'efforce d'exciter ses désirs en lui transmettant les siens. Néanmoins cette femelle a, comme toutes les autres, grand besoin de l'usage de l'amour dès qu'elle est une fois excitée, car elle tombe malade et meurt, lorsque étant séparés, celui qui a fait naître sa passion ne peut la satisfaire.

Il est rare que les serins élevés en chambre tombent malades avant la ponte ; il y a seulement quelques mâles qui s'excèdent et meurent d'épuisement : si la femelle devient malade pendant la couvée, il faut lui ôter ses œufs et les donner à une autre, car quand même elle se rétablirait promptement elle ne les couverait plus. Le premier symptôme de la maladie, surtout dans le mâle, est la tristesse ; dès qu'on ne lui voit pas sa gaieté ordinaire, il faut le mettre seul dans une cage et le placer au soleil dans la chambre où réside sa femelle. S'il devient bouffi, on regardera s'il n'a pas un bouton au-dessus de la queue ; lorsque ce bouton est mûr et blanc, l'oiseau le perce souvent lui-même avec le bec, mais si la suppuration tarde trop on pourra ouvrir le bouton avec une grosse aiguille, et ensuite étuver la plaie avec de la salive sans y mêler de sel, ce qui la rendrait trop cuisante sur la plaie. Le lendemain on lâchera l'oiseau malade, et l'on reconnaîtra par son maintien et son empressement auprès de sa femelle s'il est guéri ou non. Dans ce dernier cas, il faut le reprendre, lui souffler avec un petit tuyau de plume du vin blanc sous les ailes, le remettre au soleil, et reconnaître en le lâchant le lendemain l'état de sa santé : si la tristesse et le dégoût continuent après ces petits remèdes, on ne peut guère espérer de le sauver; il faudra dès lors le remettre en cage séparée et donner à sa femelle un autre mâle ressemblant à celui qu'elle perd, ou, si cela ne se peut, on tâchera de lui donner un mâle de la même espèce qu'elle; il y a ordinairement plus de sympathie entre ceux qui se ressemblent qu'avec les autres, à l'exception des serins isabelles, qui donnent la préférence à des femelles d'autre couleur. Mais il faut que ce nouveau mâle, qu'on veut substituer au premier, ne soit point un novice en amour, et que par conséquent il ait déjà niché. Si la femelle tombe malade, on lui fera le même traitement qu'au mâle.

La cause la plus ordinaire des maladies, est la trop abondante ou la trop bonne nourriture : lorsqu'on fait nicher ces oiseaux en cage ou en cabane, souvent ils mangent trop ou prennent de préférence les aliments succulents destinés aux petits; et la plupart tombent malades de réplétion ou d'inflammation. En les tenant en chambre, on prévient en grande partie cet inconvénient, parce qu'étant en nombre ils s'empêchent réciproquement de s'excéder. Un mâle qui mange longtemps est sûr d'être battu par les autres mâles; il en est de même des femelles; ces débats leur donnent du mouvement, des distractions et de la tempérance par nécessité; c'est principalement pour cette raison qu'ils ne sont presque jamais malades en chambre pendant le temps de la nichée; ce n'est qu'après celui de la couvée que les infirmités et les maux se déclarent : la plupart ont d'abord le bouton dont nous venons de parler; ensuite tous sont sujets à la mue; les uns soutiennent assez bien ce changement d'état et ne laissent pas de chanter un peu chaque jour, mais la plupart perdent la voix, et quelques-uns dépérissent et meurent. Dès que les femelles ont atteint l'âge de six ou sept ans, il en périt beaucoup dans la mue; les mâles supportent plus aisément cette espèce de maladie, et subsistent trois ou quatre années de plus. Cependant, comme la mue est un effet dans l'ordre de la nature plutôt qu'une maladie accidentelle, ces oiseaux n'auraient pas besoin de remèdes, ou les trouveraient eux-mêmes s'ils étaient élevés par leurs pères et mères dans l'état de nature et de liberté; mais étant contraints, nourris par nous, et devenus plus délicats, la mue, qui, pour les oiseaux libres, n'est qu'une indisposition, un état de santé moins parfaite, devient pour ces captifs une maladie grave et très-souvent funeste, à laquelle même il y a peu de remèdes [a]. Au reste, la mue est d'autant moins dangereuse qu'elle arrive plus tôt, c'est-à-dire en meilleure saison. Les jeunes serins muent dès la première année,

[a]. Pour la mue il faut un morceau d'acier, et non de fer, dans leur eau, vous la changerez trois fois par semaine; ne leur donnez point d'autres remèdes, quoique M. Hervieux nous en indique de plusieurs sortes; il faut seulement mettre un peu plus de chènevis dans leur nourriture ordinaire pendant ce temps critique. (Note communiquée par le R. P. Bougot.) Observez que l'on ne recommande ici l'acier au lieu de fer, que pour être sûr qu'on ne mettra pas dans l'eau du fer rouillé qui ferait plus de mal que de bien.

six semaines après qu'ils sont nés : ils deviennent tristes, paraissent bouffis et mettent la tête dans leurs plumes; leur duvet tombe dans cette première mue; et à la seconde, c'est-à-dire l'année suivante, les grosses plumes, même celles des ailes et de la queue, tombent aussi. Les jeunes oiseaux des dernières couvées, qui ne sont nés qu'en septembre ou plus tard, souffrent donc beaucoup plus de la mue que ceux qui sont nés au printemps : le froid est très-contraire à cet état, et ils périraient tous si on n'avait soin de les tenir alors dans un lieu tempéré et même sensiblement chaud. Tant que dure la mue, c'est-à-dire pendant six semaines ou deux mois, la nature travaille à produire des plumes nouvelles, et les molécules organiques, qui étaient précédemment employées à faire le fond de la liqueur séminale, se trouvent absorbées pour cette autre production : c'est par cette raison que, dans ce même temps de mue, les oiseaux ne se cherchent ni ne s'accouplent et qu'ils cessent de produire, car ils manquent alors de ce surplus de vie dont tout être a besoin pour pouvoir la communiquer à d'autres.

La maladie la plus funeste et la plus ordinaire, surtout aux jeunes serins, est celle qu'on appelle l'*avalure;* il semble en effet que leurs boyaux soient alors *avalés* et descendus jusqu'à l'extrémité de leur corps. On voit les intestins à travers la peau du ventre dans un état d'inflammation, de rougeur et de distension; les plumes de cette partie cessent de croître et tombent, l'oiseau maigrit, ne mange plus, et cependant se tient toujours dans la mangeoire, enfin, il meurt en peu de jours; la cause du mal est la trop grande quantité ou la qualité trop succulente de la nourriture qu'on leur a donnée. Tous les remèdes sont inutiles; il n'y a que par la diète qu'on peut sauver quelques-uns de ces malades dans un très-grand nombre. On met l'oiseau dans une cage séparée, on ne lui donne que de l'eau et de la graine de laitue; ces aliments rafraîchissants et purgatifs tempèrent l'ardeur qui le consume, et opèrent quelquefois des évacuations qui lui sauvent la vie. Au reste, cette maladie ne vient pas de la nature, mais de l'art que nous mettons à élever ces oiseaux, car il est très-rare que ceux qu'on laisse nourrir par leurs pères et mères en soient atteints. On doit donc avoir la plus grande attention à ne leur donner que très-peu de chose en les élevant à la brochette : de la navette bouillie, un peu de mouron et point du tout de sucre ni de biscuit, et en tout plutôt moins que trop de nourriture.

Lorsque le serin fait un petit cri fréquent, qui paraît sortir du fond de la poitrine, on dit qu'il est asthmatique : il est encore sujet à une certaine extinction de voix, surtout après la mue; on guérit cette espèce d'asthme en lui donnant de la graine de plantain et du biscuit dur trempé dans du vin blanc, et on fait cesser l'extinction de voix en lui fournissant de bonnes nourritures, comme du jaune d'œufs haché avec de la mie de pain, et pour boisson de la tisane de réglisse, c'est-à-dire de l'eau où l'on fera tremper et bouillir de cette racine.

Les serins ont quelquefois une espèce de chancre qui leur vient dans le bec; cette maladie provient des mêmes causes que celle de l'avalure; les nourritures trop abondantes ou trop substantielles que nous leur fournissons produisent quelquefois une inflammation qui se porte à la gorge et au palais, au lieu de tomber sur les intestins; aussi guérit-on cette espèce de chancre comme l'avalure par la diète et par des rafraîchissants. On leur donne de la graine de laitue, et on met dans leur eau quelques semences de melon concassées [a].

Les mites et la gale dont ces petits oiseaux sont souvent infectés, ne leur viennent ordinairement que de la malpropreté dans laquelle on les tient; il faut avoir soin de les bien nettoyer, de leur donner de l'eau pour se baigner, de ne jamais les mettre dans des cages ou des cabanes de vieux ou de mauvais bois, de ne les couvrir qu'avec des étoffes neuves et propres où les teignes n'aient point travaillé; il faut bien vanner, bien laver les graines et les herbes qu'on leur fournit. On leur doit ces petits soins, si l'on veut qu'ils soient propres et sains; ils le seraient s'ils avaient leur liberté, mais, captifs et souvent mal soignés, ils sont comme tous les prisonniers sujets aux maux de la misère. De tous ceux que nous venons d'exposer, aucun ne paraît donc leur être naturel, à l'exception de la mue. Il y a même plusieurs de ces oiseaux qui, dans ce malheureux état de captivité, ne sont jamais malades, et dans lesquels l'habitude semble avoir formé une seconde nature. En général, leur tempérament ne pèche que par trop de chaleur; ils ont toujours besoin d'eau : dans leur état de liberté, on les trouve près des ruisseaux ou dans des ravines humides; le bain leur est très-nécessaire, même en toute saison ; car si l'on met dans leur cabane ou dans leur volière un plat chargé de neige; ils se coucheront dedans et s'y tourneront plusieurs fois avec une expression de plaisir, et cela dans le temps même des plus grands froids; ce fait prouve assez qu'il est plus nuisible qu'utile de les tenir dans des endroits bien chauds [b].

Mais il y a encore une maladie à laquelle les serins, comme plusieurs autres oiseaux [c], paraissent être sujets, surtout dans l'état de captivité : c'est l'épilepsie. Les serins jaunes, en particulier, tombent plus souvent que les autres de ce mal caduc, qui les saisit tout à coup et dans le temps même qu'ils chantent le plus fort : on prétend qu'il ne faut pas les toucher ni les prendre dans le moment qu'ils viennent de tomber, qu'on doit regarder seulement s'ils ont jeté une goutte de sang par le bec, que dans ce cas on

a. *Traité des serins de Canarie*, p. 245 et suivantes.

b. Ces oiseaux n'ont pas besoin d'être dans un endroit chaud, comme plusieurs le prétendent : dans les grands et les plus grands froids, ils se baignent et se vautrent dans la neige lorsqu'on leur en donne dans un plat; pour moi, je les laisse dans une chambre l'hiver avec un seul grillage de fer sans fermer les fenêtres, ils y chantent à merveille et il ne m'en périt point. (Note communiquée par le R. P. Bougot.)

c. Les geais, les chardonnerets, tous les perroquets, même les plus gros aras, etc.

peut les prendre, qu'ils reviennent d'eux-mêmes, et reprennent en peu de temps leurs sens et la vie; qu'il faut donc attendre de la nature cet effort salutaire qui leur fait jeter une goutte de sang; qu'enfin si on les prenait auparavant, le mouvement qu'on leur communiquerait leur ferait jeter trop tôt cette goutte de sang et leur causerait la mort[a]; il serait bon de constater cette observation, dont quelques faits me paraissent douteux; ce qu'il y a de certain, c'est que quand ils ne périssent pas du premier accident, c'est-à-dire dans le premier accès de cette espèce d'épilepsie, ils ne laissent pas de vivre longtemps et quelquefois autant que ceux qui ne sont pas atteints de cette maladie; je crois néanmoins qu'on pourrait les guérir tous en leur faisant une petite blessure aux pattes, car c'est ainsi que l'on guérit les perroquets de l'épilepsie.

Que de maux à la suite de l'esclavage! Ces oiseaux en liberté seraient-ils asthmatiques, galeux, épileptiques, auraient-ils des inflammations, des abcès, des chancres? et la plus triste des maladies, celle qui a pour cause l'amour non satisfait, n'est-elle pas commune à tous les êtres captifs? les femelles surtout, plus profondément tendres, plus délicatement susceptibles, y sont plus sujettes que les mâles. On a remarqué[b] qu'assez souvent la serine tombe malade au commencement du printemps : avant qu'on l'ait appariée, elle se dessèche, languit et meurt en peu de jours. Les émotions vaines et les désirs vides sont la cause de la langueur qui la saisit subitement lorsqu'elle entend plusieurs mâles chanter à ses côtés, et qu'elle ne peut s'approcher d'aucun. Le mâle, quoique premier moteur du désir, quoique plus ardent en apparence, résiste mieux que la femelle au mal du célibat; il meurt rarement de privation, mais fréquemment d'excès.

Au reste, le physique du tempérament dans la serine est le même que dans les femelles des autres oiseaux; elle peut, comme les poules, produire des œufs sans communication avec le mâle. L'œuf en lui-même, comme nous l'avons dit, n'est qu'une matrice[c] que l'oiseau femelle jette au dehors; cette matrice[1] demeure inféconde si elle n'a pas auparavant été imprégnée de la semence du mâle, et la chaleur de l'incubation corrompt l'œuf au lieu de le vivifier. On a de plus observé, dans les femelles privées de mâles, qu'elles ne font que rarement des œufs, si elles sont absolument séquestrées, c'est-à-dire si elles ne peuvent les voir ni les entendre; qu'elles en font plus souvent et en plus grand nombre lorsqu'elles sont à portée d'être excitées par l'oreille ou la vue, c'est-à-dire par la présence du mâle ou par son chant, tant les objets, même de loin, émeuvent les puissances dans

---

a. Note communiquée par le R. P. Bougot.

b. Traité des serins de Canarie, p. 231 et 232.

c. Voyez, dans le premier volume de cette Histoire naturelle, le chapitre cinquième où il est traité de la formation et du développement des œufs.

1. Voyez la note 2 de la page 582 du Ier volume.

tous les êtres sensibles! tant le feu de l'amour a de routes pour se communiquer ! [a].

Nous ne pouvons mieux terminer cette histoire des serins que par l'extrait d'une lettre de M. Daines Barrington, vice-président de la Société royale, sur le chant des oiseaux, à M. Maty.

« La plupart de ceux qui ont des *serins des Canaries* ne savent pas que
« ces oiseaux[b] chantent ou comme la *farlouse*, ou comme le rossignol;
« cependant rien n'est plus marqué que ce trait du chant du rossignol que
« les Anglais appellent *jug*, et que la plupart des *serins du Tyrol* expriment
« dans leur chant, aussi bien que quelques autres phrases de la chanson du
« rossignol.

« Je fais mention de la supériorité des habitants de Londres dans ce
« genre de connaissances, parce que je suis convaincu que si l'on en con-
« sulte d'autres sur le chant des oiseaux, leur réponse ne pourra que jeter
« dans l'erreur. »

OISEAUX ÉTRANGERS

QUI ONT RAPPORT AUX SERINS.

Les oiseaux étrangers qu'on pourrait rapporter à l'espèce du serin sont en assez petit nombre : nous n'en connaissons que trois espèces. La première est celle qui nous a été envoyée des côtes orientales de l'Afrique sous le nom de serin de Mozambique[1], qui nous parait faire la nuance entre les

a. Nous ajouterons ici deux petits faits dont nous avons été témoins. Une femelle chantait si bien qu'on la prit pour un mâle, et on l'avait appariée avec une autre femelle : mieux reconnue on lui donna un mâle qui lui apprit les véritables fonctions de son sexe; elle pondit et ne chanta plus. L'autre fait est celui d'une femelle actuellement vivante, qui chante ou plutôt qui siffle un air, quoiqu'elle ait pondu deux œufs dans sa cage, qui se sont trouvés clairs comme tous les œufs que les oiseaux femelles produisent sans la communication du mâle.

b. J'ai vu deux de ces oiseaux des îles Canaries qui ne chantaient point du tout, et j'ai su que dernièrement un vaisseau apporta une grande quantité de ces oiseaux qui ne chantaient pas davantage ; la plupart de ceux qui viennent du Tyrol ont été instruits par leurs père et mère, et ceux-ci par leurs père et mère, et ainsi de suite jusqu'à celui qui est le tronc de cette race, et qui avait été instruit par un *rossignol*. Ceux d'Angleterre chantent pour l'ordinaire comme la *farlouse*.

Le trafic de ces oiseaux fait un petit article de commerce; le seul Tyrol nous en fournit 1,600 par an, et quoique les marchands qui nous les fournissent les apportent sur leur dos l'espace de plus de 330 lieues, ils ne les vendent que 5 schelings la pièce. La principale ville où l'on élève des *serins*, est celle d'Inspruck, en y comprenant ses environs : c'est de là que le commerce les répand à Constantinople et dans toute l'Europe.

Je tiens d'un négociant du Tyrol, que la ville de Constantinople était, de toutes les villes, celle qui tirait le plus de serins des Canaries. *Trans. philos.*, vol. LXIII, part. II, 10 janvier 1773

1. Simple variété.

serins et les tarins ; nous l'avons fait représenter dans nos planches enluminées, n° 364, fig. 1 et 2 ; le jaune est la couleur dominante de la partie
inférieure du corps de l'oiseau, et le brun celle de la partie supérieure,
excepté que le croupion et les couvertures de la queue sont jaunes ; ces couvertures, ainsi que celles des ailes et leurs pennes, sont bordées de blanc
ou de blanchâtre. Le même jaune et le même brun se trouvent sur la tête,
distribués par bandes alternatives ; celle qui court sur le sommet de la tête
est brune, ensuite deux jaunes qui surmontent les yeux, puis deux brunes
qui prennent naissance derrière les yeux, puis deux jaunes, et enfin deux
brunes qui partent des coins du bec. Ce serin est un peu plus petit que
celui des Canaries ; la longueur de la pointe du bec à l'extrémité de la
queue (que j'appelle constamment *longueur totale*), est d'environ quatre
pouces et demi, celle de la queue n'est que d'environ un pouce. La femelle
est très-peu différente du mâle, soit par la grandeur, soit pour les couleurs. Cet oiseau est peut-être le même que celui de Madagascar, indiqué
par Flacourt sous le nom de *mangoiche*, qu'il dit être une espèce de
serin.

Il se pourrait que ce serin qui, par les couleurs, a beaucoup de rapport
avec nos serins panachés, fût la tige primitive de cette race d'oiseaux panachés, et que l'espèce entière n'appartînt qu'à l'ancien continent et aux îles
Canaries, qu'on doit regarder comme parties adjacentes à ce continent ; car
celui dont parle M. Brisson sous le nom de *serin de la Jamaïque* [1], et duquel
Sloane et Ray ont donné une courte description[a], me paraît un oiseau d'une
espèce différente et même assez éloignée de celle de nos serins, lesquels
sont tout à fait étrangers à l'Amérique. Les historiens et les voyageurs nous
apprennent qu'il n'y en avait point au Pérou, que le premier serin y fut
porté dans l'année 1556 [b], et que la multiplication de ces oiseaux en Amérique, et notamment dans les îles Antilles, est bien postérieure à cette
époque. Le P. Dutertre rapporte que M. du Parquet acheta en l'année 1637,
d'un marchand qui avait abordé dans ces îles, un grand nombre de serins
des Canaries auxquels il donna la liberté ; que, depuis ce temps, on les
entendait ramager autour de son habitation, en sorte qu'il y a apparence

---

a. « Serino affinis avis è cinereo, luteo et fusco varia. » Ray, *Synopsis*, p. 188. — Le serin
de la Jamaïque. Brisson, t. III, p. 189. — Cet oiseau a 8 pouces de longueur totale, c'est-à-
dire, de la pointe du bec à l'extrémité de la queue ; 12 pouces de vol, bec court et fort ; $\frac{3}{4}$ de
pouce de longueur (ou $\frac{1}{3}$ de pouce selon Ray) ; queue 1 pouce, jambe et pied 1 pouce $\frac{1}{4}$.
(M. Brisson a jugé que Sloane s'est trompé à l'égard de ces dimensions, ne trouvant pas que les
proportions fussent gardées.) Le bec supérieur est d'un brun tirant au bleu, le bec inférieur
d'une couleur plus claire ; la tête et la gorge grises ; la partie supérieure du corps jaune brun,
les ailes et la queue d'un brun foncé rayé de blanc, la poitrine et le ventre jaunes, le dessous
de la queue blanc, les pieds bleuâtres, les ongles bruns, crochus et fort courts. Traduit de
Sloane's Jamaïca, p. 311, n. 49.

b. *Histoire des Incas*, t. II, p. 329.

1. *Fringilla cana* (Lath.).

qu'ils se sont multipliés dans cette contrée[a]. Si l'on trouve de vrais serins
à la Jamaïque, ils pourraient bien venir originairement de ces serins transportés et naturalisés aux Antilles dès l'année 1657. Néanmoins l'oiseau
décrit par MM. Sloane, Ray et Brisson, sous le nom de *serin de la Jamaïque*,
nous paraît être trop différent du serin des Canaries pour qu'on puisse le
regarder comme provenant de ces serins transportés aux Antilles.

Tandis qu'on finissait l'impression de cet article, il nous est arrivé plusieurs serins du cap de Bonne-Espérance, parmi lesquels j'ai cru reconnaître trois mâles, une femelle et un jeune oiseau de l'année. Ce sont tous
des serins panachés, mais dont le plumage est émaillé de couleurs plus distinctes et plus vives dans les mâles que dans les femelles. Ces mâles approchent beaucoup de la femelle de notre serin vert de Provence : ils en diffèrent en ce qu'ils sont un peu plus grands, qu'ils ont le bec plus gros à
proportion ; leurs ailes sont aussi mieux panachées, les pennes de la queue
sont bordées d'un jaune décidé, et ils n'ont point de jaune sur le croupion.

Dans le jeune serin, les couleurs étaient encore plus faibles et moins tranchées que dans la femelle.

Mais quoi qu'il en soit de ces petites différences, il me paraît prouvé de
plus en plus que les serins panachés du Cap, de Mozambique[b], de Provence,
d'Italie, dérivent tous d'une souche commune, et qu'ils appartiennent à
une seule et même espèce, laquelle s'est répandue et fixée dans tous les
climats de l'ancien continent dont elle a pu s'accommoder, depuis la Provence et l'Italie jusqu'au cap de Bonne-Espérance et aux îles voisines :
seulement cet oiseau a pris plus de vert en Provence, plus de gris en Italie,
plus de brun ou plus de panaché en Afrique, et semble présenter sur son
plumage différemment varié l'influence des différents climats.

II. — LE WORABÉE. *

La seconde espèce, qui nous paraît avoir plus de rapport avec les serins
qu'avec aucun autre genre, est un petit oiseau d'Abyssinie dont nous avons
vu la figure bien dessinée et coloriée dans les portefeuilles de M. le chevalier Bruce, sous le nom de worabée d'Abyssinie.

a. Histoire générale des Antilles, par le P. Dutertre, in-4, t. II, page 262.

b. Il paraît que le serin de Mozambique n'est pas tellement propre à cette contrée, qu'il ne
se rencontre ailleurs. J'ai trouvé, parmi les dessins de M. Commerson, le dessin colorié de ce
serin bien caractérisé : M. Commerson l'appelle canari du Cap, et il nous apprend qu'il avait
été transporté à l'île de France, où il s'était naturalisé et même beaucoup trop multiplié, et où
il est connu sous le nom vulgaire d'oiseau du Cap. On peut s'attendre pareillement à retrouver,
à Mozambique et dans quelques autres pays de l'Afrique, les serins panachés du Cap, peut-
être même ceux des Canaries, et, suivant toute apparence, plusieurs autres variétés de cette
espèce.

* *Fringilla abyssinica* (Lath.).

On retrouve, dans ce petit oiseau, non-seulement les couleurs de certaines variétés appartenant à l'espèce des serins, le jaune et le noir, mais la même grandeur, à peu près la même forme totale, seulement un peu plus arrondie, le même bec et un appétit de préférence pour une graine huileuse comme le serin en a pour le mil et le panis. Mais le worabée a un goût exclusif pour la plante qui porte la graine dont je viens de parler, et qui s'appelle nuk [a] en abyssin ; il ne s'éloigne jamais beaucoup de cette plante, et ne la perd que rarement de vue.

Le worabée a les côtés de la tête jusqu'au-dessus des yeux, la gorge, le devant du cou, la poitrine et le haut du ventre jusqu'aux jambes, noir, le dessus de la tête et de tout le corps et le bas-ventre jaunes, à l'exception d'une espèce de collier noir qui embrasse le cou par-derrière, et qui tranche avec le jaune. Les couvertures et les pennes des ailes sont noires, bordées d'une couleur plus claire ; les pennes de la queue sont pareillement noires, mais bordées d'un jaune verdâtre ; le bec est encore noir et les pieds d'un brun clair. Cet oiseau va par troupes, et nous ne savons rien de plus sur ses habitudes naturelles.

III. — L'OUTRE-MER. *

La troisième espèce de ces oiseaux étrangers, qui ont rapport au serin, ne nous est connue de même que par les dessins de M. Bruce. J'appelle outre-mer cet oiseau d'Abyssinie, parce que son plumage est d'un beau bleu foncé. Dans la première année cette belle couleur n'existe pas, et le plumage est gris comme celui de l'alouette, et cette couleur grise est celle de la femelle dans tous les âges ; mais les mâles prennent cette belle couleur bleue dès la seconde année, avant l'équinoxe du printemps.

Ces oiseaux ont le bec blanc et les pieds rouges. Ils sont communs en Abyssinie, et ne passent point d'une contrée à l'autre. Leur grosseur est à peu près celle des canaris ; mais ils ont la tête plus ronde ; leurs ailes vont un peu au delà de la moitié de la queue. Leur ramage est fort agréable, et ce dernier rapport semble les rapprocher encore du genre de nos serins.

a. La fleur de cette plante est jaune, et de la forme d'une crescente ou maricolde ; sa tige ne s'élève que de deux ou trois pieds : on tire de sa graine une huile dont les moines du pays font grand usage.

* *Fringilla ultramarina* (Lath.).

L'HABESCH DE SYRIE. [a][*]

M. le chevalier Bruce regarde cet oiseau comme une espèce de linotte, et je dois cet égard à un si bon observateur de ne point m'écarter de son opinion; mais M. Bruce ayant représenté cet oiseau avec un bec épais et court, fort semblable à celui des serins, j'ai cru devoir le placer entre les serins et les linottes.

Il a le dessus de la tête d'un beau rouge vif; les joues, la gorge et le dessus du cou d'un brun noirâtre mêlé; le reste du cou, la poitrine, le dessus du corps et les petites couvertures des ailes variées de brun, de jaune et de noirâtre; les grandes couvertures des ailes d'un cendré foncé, bordées d'une couleur plus claire; les pennes de la queue et les grandes pennes des ailes du même cendré, bordées extérieurement d'un orangé vif; le ventre et le dessous de la queue d'un blanc sale, avec des taches peu apparentes de jaunâtre et de noirâtre; le bec et les pieds de couleur plombée. Les ailes vont presque jusqu'au milieu de la longueur de la queue, qui est fourchue.

L'habesch est plus gros que notre linotte; il a aussi le corps plus plein et il chante joliment : c'est un oiseau de passage, mais M. Bruce ignore sa marche, et il assure que dans le cours de ses voyages il ne l'a point vu ailleurs qu'à Tripoli, en Syrie.

LA LINOTTE. [**]

C'est la nature elle-même qui semble avoir marqué la place de ces oiseaux immédiatement après les serins, puisque c'est en vertu des rapports établis par elle entre ces deux espèces que leur mélange réussit mieux que celui de l'une des deux avec toute autre espèce voisine; et, ce qui annonce encore une plus grande analogie, les individus qui résultent de ce mélange sont féconds [b], surtout lorsqu'on a eu soin de former la première union entre le linot mâle et la femelle canari.

a. M. le chevalier Bruce écrit *habesh* suivant l'orthographe anglaise.

b. Cette observation m'a été donnée par M. Daubenton le jeune; M. Frisch assure qu'en appariant un linot de vignes avec une femelle canari blanche, accoutumée à sortir tous les jours, et à revenir au gîte, celle-ci fera son nid et sa ponte dans un buisson voisin, et que, lorsque ses petits seront éclos, elle les rapportera à la fenêtre de la maison. Il ajoute que ces mulets auront le plumage blanc de la mère, et les marques rouges du père, principalement sur la tête.

[*] *Fringilla syriaca* (Lath.).

[**] *Fringilla cannabina* (Linn.). — La *grande linotte* (Cuv.). — Ordre, famille et genre *id.*, sous-genre *Linottes* et *Chardonnerets* (Cuv.).

Il est peu d'oiseaux aussi communs que la linotte, mais il en est peut-être encore moins qui réunissent autant de qualités : ramage agréable, couleurs distinguées, naturel docile et susceptible d'attachement, tout lui a été donné, tout ce qui peut attirer l'attention de l'homme et contribuer à ses plaisirs : il était difficile avec cela que cet oiseau conservât sa liberté ; mais il était encore plus difficile qu'au sein de la servitude où nous l'avons réduit il conservât ses avantages naturels dans toute leur pureté. En effet, la belle couleur rouge dont la nature a décoré sa tête et sa poitrine, et qui, dans l'état de liberté, brille d'un éclat durable, s'efface par degrés et s'éteint bientôt dans nos cages et nos volières. Il en reste à peine quelques vestiges obscurs après la première mue [a].

A l'égard de son chant, nous le dénaturons, nous substituons aux modulations libres et variées que lui inspirent le printemps et l'amour les phrases contraintes d'un chant apprêté qu'il ne répète qu'imparfaitement, et où l'on ne retrouve ni les agréments de l'art ni le charme de la nature. On est parvenu aussi à lui apprendre à parler différentes langues, c'est-à-dire à siffler quelques mots italiens [b], français, anglais, etc., quelquefois même à les prononcer assez franchement [c]. Plusieurs curieux ont fait exprès le voyage de Londres à Kensington pour avoir la satisfaction d'entendre la linotte d'un apothicaire qui articulait ces mots *pretty boy ;* c'était tout son ramage, et même tout son cri, parce qu'ayant été enlevée du nid deux ou trois jours après qu'elle était éclose, elle n'avait pas eu le temps d'écouter, de retenir le chant de ses père et mère, et que dans le moment où elle commençait à donner de l'attention aux sons, les sons articulés de *pretty boy* furent apparemment les seuls qui frappèrent son oreille, les seuls qu'elle apprit à imiter : ce fait, joint à plusieurs autres [d], prouve assez bien,

a. Le rouge de la tête se change en un roux-brun varié de noirâtre, et celui de la poitrine se change à peu près de même ; mais la teinte des nouvelles couleurs est moins rembrunie. Un amateur m'a assuré qu'il avait élevé de ces linottes qui avaient gardé leur rouge ; c'est un fait unique jusqu'à présent.

b. Lodato Dio. Benedetto Dio. Prie Dieu, prie Dieu, etc.

c. Voyez l'*Aedologie*, page 93.

d. Un chardonneret qui avait été enlevé du nid deux ou trois jours après être éclos, ayant été mis près d'une fenêtre donnant sur un jardin où fréquentaient des roitelets, chantait exactement la chanson du roitelet, et pas une seule note de celle du chardonneret.

Un moineau enlevé du nid lorsque ses ailes commençaient à être formées, ayant été mis avec un linot, et ayant eu dans le même temps occasion d'entendre un chardonneret, il se fit un chant qui était un mélange de celui de la linotte et du chardonneret.

Une gorge-rouge ayant été mise sous la leçon d'un rossignol excellent chanteur, mais qui cessa de chanter en moins de quinze jours, eut les trois quarts du chant du rossignol, et le reste de son ramage ne ressemblait à rien.

Enfin M. Barrington ajoute que les serins du Tyrol, à en juger par leur ramage, descendent d'un père commun, qui avait appris à chanter d'un rossignol, comme le premier père des serins d'Angleterre paraît avoir appris à chanter d'une farlouse. *Trans. philos.,* vol. LXIII, 10 janvier 1773. Si on élève un jeune linot avec un pinson ou un rossignol, dit Gessner, il apprendra à chanter comme eux, et surtout cette partie du chant du pinson, comme sous le nom de boute-selle : *Reiterzu.* P. 591.

ce me semble, l'opinion de M. Daines Barrington, que les oiseaux n'ont point de chant inné, et que le ramage propre aux diverses espèces d'oiseaux et ses variétés ont eu à peu près la même origine que les langues des différents peuples, et leurs dialectes divers [a]. M. Barrington avertit que, dans les expériences de ce genre, il s'est servi par préférence du jeune linot mâle, âgé d'environ trois semaines et commençant à avoir des ailes, nonseulement à cause de sa grande docilité et de son talent pour l'imitation, mais encore à cause de la facilité de distinguer, dans cette espèce, le jeune mâle de la jeune femelle; le mâle ayant le côté extérieur de quelques-unes des pennes de l'aile blanc jusqu'à la côte, et la femelle l'ayant seulement bordé de cette couleur.

Il résulte des expériences de ce savant que les jeunes linots élevés par différentes espèces d'alouettes, et même par une linotte d'Afrique, appelée *vengoline,* dont nous parlerons bientôt, avaient pris non le chant de leur père, mais celui de leur institutrice : seulement quelques-uns d'eux avaient conservé ce qu'il nomme le petit cri d'appel propre à leur espèce, et commun au mâle et à la femelle, qu'ils avaient pu entendre de leurs pères et mères avant d'en être séparés.

Il est plus que douteux que notre linotte ordinaire, nommée par quelques-uns *linotte grise,* soit une espèce différente de celle qui est connue sous le nom de *linotte de vignes* ou de *linotte rouge,* car : 1° les taches rouges qui distinguent les mâles de cette dernière linotte ne sont rien moins qu'un caractère constant, puisqu'elles s'effacent dans la cage, comme nous l'avons vu plus haut [b]; 2° elles ne sont pas même un caractère exclusif, puisqu'on en reconnaît des vestiges dans l'oiseau décrit comme le mâle de la linotte

[a]. La mort du père, dans le moment critique de l'instruction, aura occasionné quelque variété dans le chant des jeunes, qui, privés des leçons paternelles, auront fait attention au chant d'un autre oiseau et l'auront imité, ou qui, le modifiant selon la conformation plus ou moins parfaite de leur organe, auront créé de nouvelles tournures de chant qui seront imitées par leurs petits, et deviendront héréditaires, jusqu'à ce que de nouvelles circonstances du même genre amènent de nouvelles variétés. Si l'on y prend bien garde, il n'y a pas deux oiseaux de la même espèce qui chantent exactement la même chanson, mais cependant ces variétés sont renfermées dans certaines limites, etc. *Ibidem,* tiré de l'*Annual Register,* ann. 1773.

[b]. De quatre linottes mâles, et par conséquent rouges, qui me furent apportées le 12 juillet, j'en fis mettre une au grand air, et trois dans la chambre, dont deux dans la même cage. Le rouge de la tête de celles-ci commençait à s'effacer le 28 août, ainsi que celui du bas de la poitrine. Le 8 septembre, une des deux fut trouvée morte dans la cage : elle avait la tête toute déplumée, et même un peu blessée. Je m'étais aperçu que l'un des oiseaux battait l'autre depuis la mue, comme s'ils se fussent méconnus à cause du changement de couleur. Le rouge de la tête de la linotte battue n'existait plus, puisque toutes les plumes étaient tombées, et celui de la poitrine était plus qu'à demi effacé.

La troisième de celles qui étaient renfermées a mué fort tard, et a conservé son rouge jusqu'à la mue. Celle qui avait été tenue à l'air s'est échappée au bout de trois mois, et elle avait déjà perdu tout son rouge. Il résulte de cette petite expérience, ou que le grand air accélère la perte du rouge, en accélérant la mue, ou que la privation du grand air a moins de part à l'altération du plumage de ces linottes que la privation de la liberté.

grise [a], lequel mâle a les plumes de la poitrine d'un rouge obscur dans leur partie moyenne ; 3° la mue ternit et fait presque disparaître pour un temps ce rouge, qui ne reprend son éclat qu'à la belle saison, mais qui, dès la fin du mois de septembre, colore la partie moyenne des plumes de la poitrine, comme dans l'individu que M. Brisson donne pour le mâle de la linotte ordinaire ; 4° Gessner [b] à Turin, Olina [c] à Rome, M. Linnæus [d] à Stockholm, Belon [e] en France, et plusieurs autres, n'ont connu dans leurs pays respectifs que des linottes rouges ; 5° des oiseleurs expérimentés de notre pays, qui ont suivi les petites chasses des oiseaux pendant plus de trente ans, n'ont jamais pris un seul linot mâle qui n'eût cette livrée rouge au degré que comportait la saison, et il est à remarquer que, dans ce même pays, on voit beaucoup de linottes grises en cage ; 6° ceux même qui admettent l'existence des linottes grises conviennent que l'on ne prend presque jamais de ces linottes, surtout en été, ce qu'ils attribuent à leur naturel défiant [f] ; 7° ajoutez que les linottes rouges et grises se ressemblent singulièrement quant au reste du plumage, à la taille, aux proportions et à la forme des parties, au ramage, aux habitudes, et il sera facile de conclure que s'il existe des linottes grises, ce sont : 1° toutes les femelles ; 2° tous les jeunes mâles de l'année avant le mois d'octobre, qui est le temps où ils commencent à marquer ; 3° celles qui, ayant été élevées à la brochette, n'ont pu prendre de rouge dans l'état de captivité ; 4° celles qui, l'ayant pris dans l'état de nature, l'ont perdu dans la cage [g] ; 5° enfin, celles en qui cette belle couleur est presque effacée par la mue, ou les maladies, ou par quelque cause que ce soit.

` D'après cela, on sera peu surpris que je rapporte ces deux linottes à une seule et même espèce [1], et que je regarde la grise comme une variété accidentelle, que les hommes ont créée en partie, et qui ensuite a été méconnue par ses auteurs.

La linotte fait souvent son nid dans les vignes, c'est de là que lui est venu

[a]. Voyez l'*Ornithologie* de M. Brisson, t. III , p. 133.

[b]. Page 591.

[c]. Page 45.

[d]. Il n'est fait aucune mention de la linotte grise dans la *Fauna Suecica;* M. Klein parle d'un M. Zorn, auteur d'une lettre sur les oiseaux d'Allemagne, où il veut prouver qu'il n'y a qu'une seule espèce de linotte. J'ai entendu dire la même chose à plusieurs oiseleurs qui certainement n'avaient pas lu cette lettre, et M. Hébert, qui est fait pour la juger, est du même avis.

[e]. *Nature des oiseaux*, page 35.

[f]. Aldrovande, t. II , page 825.

[g]. Il faut remarquer que ces oiseaux, qui ont eu des marques rouges, et qui les ont perdues, conservent aux mêmes endroits une couleur rousse approchant du rouge, que n'ont pas les jeunes élevés à la brochette, et qui par conséquent n'ont jamais eu de rouge.

1. « Gueneau de Montbeillard a le premier prouvé l'identité des *fringilla linota* et *cannabina*, c'est-à-dire des linottes grise et rouge, laquelle est maintenant reconnue. » (*Dict. des sci. nat.*, art. *linottes.*)

le nom de *linotte de vignes* ; quelquefois elle le pose à terre, mais plus fréquemment elle l'attache entre deux perches ou au cep même; elle le fait
aussi sur les genévriers, les groseilliers, les noisetiers, dans les jeunes
taillis, etc. On m'a apporté un grand nombre de ces nids dans le mois de
mai, quelques-uns dans le mois de juillet, et un seul dans le mois de septembre : ils sont tous composés de petites racines, de petites feuilles et de
mousse au dehors, d'un peu de plumes, de crins et de beaucoup de laine
au dedans. Je n'y ai jamais trouvé plus de six œufs : celui du 4 septembre
n'en avait que trois. Ils sont d'un blanc sale, tachetés de rouge brun au
gros bout. Les linottes ne font ordinairement que deux pontes, à moins
qu'on ne leur enlève leurs œufs, ou qu'on ne les oblige de les renoncer;
dans ce cas elles font jusqu'à quatre pontes : la mère, pour nourrir ses
petits, leur dégorge dans le bec les aliments qu'elle leur a préparés en les
avalant et les digérant à demi dans son jabot.

Lorsque les couvées sont finies et la famille élevée, les linottes vont par
troupes nombreuses; ces troupes commencent à se former dès la fin d'août,
temps auquel le chènevis parvient à sa maturité : on en a pris, à cette
époque, jusqu'à soixante d'un seul coup de filet [a], et parmi ces soixante il
y avait quarante mâles. Elles continuent de vivre ainsi en société pendant
tout l'hiver; elles volent très-serrées, s'abattent et se lèvent toutes ensemble,
se posent sur les mêmes arbres, et vers le commencement du printemps on
les entend chanter toutes à la fois : leur asile pour la nuit, ce sont des
chênes, des charmes, dont les feuilles, quoique sèches, ne sont point encore
tombées. On les a vues sur des tilleuls, des peupliers, dont elles piquaient
les boutons; elles vivent encore de toutes sortes de petites graines, notamment de celle de chardons, etc. : aussi les trouve-t-on indifféremment dans
les terres en friche et dans les champs cultivés. Elles marchent en sautillant; mais leur vol est suivi et ne va point par élans répétés comme celui
du moineau.

Le chant de la linotte s'annonce par une espèce de prélude. En Italie, on
préfère les linottes de l'Abbruzze ultérieure et de la Marche d'Ancône pour
leur apprendre à chanter [b]. On croit communément en France que le ramage
de la linotte rouge est meilleur que celui de la linotte grise; cela est dans
l'ordre; car l'oiseau qui a formé son chant au sein de la liberté, et d'après
les impressions intérieures du sentiment, doit avoir des accents plus touchants, plus expressifs que l'oiseau qui chante sans objet et seulement pour
se désennuyer, ou par la nécessité d'exercer ses organes.

Les femelles ne chantent ni n'apprennent à chanter : les mâles adultes,

a. On peut y employer le filet d'alouette, mais moins grand, et à mailles plus serrées; il faut
avoir un ou deux linots mâles pour servir d'appeaux ou de chanterelles. On prend souvent avec
les linottes des pinsons, et d'autres petits oiseaux.

b. Olina, page 8.

pris au filet ou autrement, ne profiteraient point non plus des leçons qu'on pourrait leur donner ; les jeunes mâles pris au nid sont les seuls qui soient susceptibles d'éducation. On les nourrit avec du gruau d'avoine et de la navette broyée dans du lait ou de l'eau sucrée : on les siffle le soir à la lueur d'une chandelle, ayant attention de bien articuler les mots qu'on veut leur faire dire. Quelquefois, pour les mettre en train, on les prend sur le doigt, on leur présente un miroir, où ils se voient et où ils croient voir un autre oiseau de leur espèce ; bientôt ils croient l'entendre, et cette illusion produit une sorte d'émulation, des chants plus animés et des progrès réels. On a cru remarquer qu'ils chantaient plus dans une petite cage que dans une grande.

Le nom seul de ces oiseaux indique assez la nourriture qui leur convient ; on ne les a nommés linottes (*linariæ*) que parce qu'ils aiment la graine du lin ou celle de la linaire ; on y ajoute le panis, la navette, le chènevis, le millet, l'alpiste, les graines de raves, de choux, de pavots [a], de plantain, de poirée, et quelquefois celle de melon broyée : de temps en temps du massepain, de l'épine-vinette, du mouron, quelques épis de blé, de l'avoine concassée, même un peu de sel, tout cela varié avec intelligence. Ils cassent les petites graines dans leur bec et rejettent les enveloppes ; il leur faut trèspeu de chènevis parce qu'il les engraisse trop, et que cette graisse excessive les fait mourir, ou tout au moins les empêche de chanter. En les nourrissant et les élevant ainsi soi-même, non-seulement on leur apprendra les airs que l'on voudra avec une serinette, un flageolet, etc., mais on les apprivoisera. Olina conseille de les garantir du froid, et même il veut qu'on les traite dans leurs maladies, que l'on mette par exemple dans leur cage un petit plâtras, afin de prévenir la constipation [b] à laquelle ils sont sujets ; il ordonne l'oxymel, la chicorée et d'autres remèdes contre l'asthme, l'étisie [c] et certaines convulsions ou battements de bec que l'on prend quelquefois, et que j'ai pris moi-même pour une caresse : on dirait que ce petit animal, pressé par le sentiment, fait tous ses efforts pour l'exprimer ; on dirait qu'il parle en effet, et cette expression muette, il ne l'adresse pas indistinctement à tout le monde : quiconque aura bien observé tout cela sera tenté de croire que c'est Olina qui s'est trompé, en prenant une simple caresse pour un symptôme de maladie. Quoi qu'il en soit, il faut surtout beaucoup d'attention sur le choix et la qualité des graines que l'on donne à ces oiseaux, beaucoup de propreté dans la nourriture, le breuvage, la volière. Avec tous ces soins on peut les faire vivre en captivité cinq ou six années,

a. Gessner dit que si on ne donnait que de la graine de pavots pour toute nourriture, soit aux linottes, soit aux chardonnerets, ils deviendraient aveugles. *De avibus*, p. 591.

b. Olina, page 8.

c. Les linottes prisonnières sont aussi sujettes au mal caduc, au bouton : les uns disent qu'elles ne guérissent jamais de ce bouton, les autres conseillent de le percer promptement et d'étuver la petite plaie avec du vin.

suivant Olina[a], et beaucoup plus selon d'autres[b]. Ils reconnaissent les personnes qui les soignent, ils s'y attachent, viennent se poser sur elles par préférence, et les regardent avec l'air de l'affection. On peut, si l'on veut abuser de leur docilité, les accoutumer à l'exercice de la galère; ils en prennent les habitudes aussi facilement que le tarin et le chardonneret. Ils entrent en mue aux environs de la canicule, et quelquefois beaucoup plus tard. On a vu une linotte et un tarin qui n'ont commencé à muer qu'au mois d'octobre : ils avaient chanté jusque-là, et leur chant était plus animé que celui d'aucun autre oiseau de la même volière; leur mue, quoique retardée, se passa fort vite et très-heureusement.

La linotte est un oiseau pulvérateur, et on fera bien de garnir le fond de sa cage d'une couche de petit sable qu'on renouvellera de temps en temps. Il lui faut aussi une petite baignoire, car elle aime également à se poudrer et à se baigner. Sa longueur totale est de cinq pouces quelques lignes : vol, près de neuf pouces; bec, cinq lignes; queue, deux pouces, un peu fourchue, dépassant les ailes d'un pouce.

Dans le mâle, le sommet de la tête et la poitrine sont rouges, la gorge et le dessous du corps d'un blanc roussâtre, le dessus couleur de marron, presque toutes les pennes de la queue et des ailes, noires, bordées de blanc, d'où résulte sur les ailes repliées une raie blanche parallèle aux pennes; communément la femelle n'a point de rouge comme on l'a dit ci-dessus, et elle a le plumage du dos plus varié que le mâle.

VARIÉTÉS DE LA LINOTTE.

I. — LA LINOTTE BLANCHE.

J'ai vu cette variété chez le sieur Desmoulins, peintre; le blanc dominait en effet dans son plumage, mais les pennes des ailes et de la queue étaient noires, bordées de blanc comme dans notre linotte ordinaire, et de plus on voyait quelques vestiges du gris de linotte sur les couvertures supérieures des ailes.

II. — LA LINOTTE AUX PIEDS NOIRS.

Elle a le bec verdâtre et la queue très-fourchue : du reste c'est la même taille, mêmes proportions, mêmes couleurs que dans notre linotte ordinaire. Cet oiseau se trouve en Lorraine, et nous en devons la connaissance à M. le docteur Lottinger de Sarrebourg.

a. Olina, page 8.
b. On en a vu une à Montbard, qui avait dix-sept ans bien constatés.

LE GYNTEL DE STRASBOURG. [a] *

On sait fort peu de chose de cet oiseau, mais le peu qu'on en sait ne présente guère que des traits de ressemblance avec notre linotte. Il est de même taille, il se nourrit des mêmes graines, il vole comme elle en troupes nombreuses, il pond des œufs de la même couleur; il a la queue fourchue, le dessus du corps rembruni, la poitrine rousse, mouchetée de brun, et le ventre blanc. A la vérité, il ne pond que trois ou quatre œufs, selon Gessner, et il a les pieds rouges; mais Gessner était-il assez instruit de la ponte de ces oiseaux? et quant aux pieds rouges, nous avons vu, nous verrons encore que cette couleur n'est rien moins qu'étrangère aux linottes, surtout aux linottes sauvages. L'analogie perce à travers ces différences mêmes, et je suis tenté de croire que lorsque le gyntel sera mieux connu, il pourrait bien se rapporter, comme variété de climat, de local, etc., à l'espèce de notre linotte.

LA LINOTTE DE MONTAGNE. [b] **

Elle se trouve en effet dans la partie montagneuse de la province de Derby en Angleterre; elle est plus grosse que la nôtre [c]; elle a le bec plus fin à proportion, et le rouge que notre linotte mâle a sur la tête et la poitrine, le mâle de celle-ci le porte sur le croupion [d]. Du reste, c'est à peu près

a. C'est le nom que Gessner a donné à cet oiseau. *Ornithologia*, p. 796. Et, d'après lui, Aldrovande, *Ornithol.*, p. 825. — « Passer supernè fuscus infernè rufus, maculis fuscis varius, « imo ventre albicante, rectricibus fuscis, pedibus rubicundis. Linaria argentoratensis, » *linotte de Strasbourg.* Brisson, t. III, p. 146.

b. « Passer supernè nigro et rufescente varius, infernè albidus; pennis in collo inferiore et « pectore in medio nigris; (uropygio rubro Mas) tæniâ in alis transversâ albâ; rectricibus « fuscis, oris lateralium in utroque latere albis... Linaria montana, » la *linotte de montagne.* Brisson, t. III, p. 145. — « Linaria montana, the mountain linnet. » Willughby, *Ornithol.*, p. 191. Ray, *Synops. meth.*, p. 91. *British Zoology*, p. 111. — « Linaria fera, saxatilis, Stein « Henffling Schwenckfeld, avis Silesiæ, » p. 294. — « Linaria fera saxatilis Schwenckfeldii, « linaria montana Willughby, an fanello dell' Aquila Olinæ? Stein Henffling Frischii, Grawer « Henffling. » Klein, *Ordo Avium*, p. 93. — Serait-ce cette seconde linotte dont parle Gessner, p. 591, et d'après lui Schwenckfeld, p. 194, laquelle est plus sauvage que la linotte ordinaire, chante moins bien, et habite les montagnes arides, du moins à en juger par le nom de *Stein Henffling* (linotte de rocher) par lequel il la désigne?

c. Il est évident, par cela seul, que cette linotte est tout à fait différente du cabaret ou petite linotte avec laquelle on l'a confondue par méprise. Voyez *British Zoology*, p. 111.

d. Je ne sais pourquoi M. Klein, parlant de cette linotte de Willughby, et citant cet auteur, p. 93, dit positivement qu'elle n'a point de rouge, contre le texte formel de Willughby, page 191.

* *Fringilla argentoratensis* (Gmel.). — Simple variété de la *linotte ordinaire.*

** *Fringilla montium* (Gmel.). — « Une espèce intermédiaire entre le *sizerin* et la *linotte*, « plus voisine cependant de celle-ci (*fringilla montium*), nous vient du Nord... » (Cuvier.)

le même plumage : la poitrine et la gorge sont variées de noir et de blanc,
la tête de noir et de cendré, et le dos de noir et de roussâtre. Les ailes ont
une raie blanche transversale très-apparente, attendu qu'elle se trouve sur
un fond noir ; elle est formée par les grandes couvertures qui sont terminées de blanc. La queue est longue de deux pouces et demi, composée de
douze pennes brunes, mais dont les latérales ont une bordure blanche d'autant plus large que la penne est plus extérieure.

Il est probable que la linotte de montagne a la queue fourchue et le
ramage agréable, quoique Willughby ne le dise pas expressément ; mais il
a rangé cet oiseau avec les linottes, et il compte ces deux caractères parmi
ceux qui sont propres aux linottes. Si l'on admet cette conséquence, la
linotte de montagne pourrait bien aussi n'être qu'une variété de climat ou
de local.

LE CABARET. [a] *

Lorsqu'il s'agit d'oiseaux en qui les couleurs sont aussi variables que
dans ceux-ci, on s'exposerait à une infinité de méprises si l'on voulait
prendre ces mêmes couleurs pour les marques distinctives des espèces. Nous
avons vu que notre linotte ordinaire, dans l'état de liberté, avait du rouge
sur la tête et sur la poitrine ; que la linotte captive n'en avait que sur la
poitrine, encore était-il caché ; que la linotte de Strasbourg l'avait aux
pieds ; que celle de montagne l'avait sur le croupion : M. Brisson dit que
celle qu'il nomme petite linotte de vignes en a sur la tête et sur la poitrine,
et Gessner ajoute sur le croupion ; Willughby fait mention d'une petite
linotte qui n'avait de rouge que sur la tête, et ressemblait en cela à deux
autres décrites par Aldrovande, mais qui en différait à d'autres égards.
Enfin le cabaret de M. Brisson avait du rouge sur la tête et le croupion,

a. « Passer supernè nigricante et rufescente varius, infernè rufescens ; ventre albido ; tæniâ
« supra oculos rufescente ; maculis rostrum inter et oculos, et sub gutture fusco-nigricantibus
« (vertice et uropygio rubris Mas) ; (vertice rubro Fœmina), tæniâ in alis transversâ albo-
« rufescente ; rectricibus fuscis, oris in totâ circumferentiâ rufescentibus... Linaria minima, »
la *petite linotte* ou le *cabaret.* Brisson, t. III, p. 142. *An fanello dell' Aquila* Olinæ, p. 8.
Brisson, *ibid.* — *Picaveret.* Belon, *Nature des oiseaux*, p. 356. La *petite linotte, twite,*
Albin, *Hist. nat. des oiseaux*, t. III, p. 31. Linaria pectore subluteo, Gelbkehlige Henffling, Quitter. *Linotte à gorge jaunâtre.* Frisch, t. I, class. 1, art. 3, n° 10. — Il est
difficile de reconnaître notre cabaret dans la description que fait Olina de son *Fanello
dell'Aquila, overo della Marca*, p. 45, dans lequel il ne paraît pas qu'il y ait une seule plume
rouge, et qui semble plus grand que notre cabaret. Je doute aussi que la *linotte à gorge jaunâtre* de M. Frisch soit exactement de la même espèce, s'il est bien vrai comme il le dit,
classe I, division 3e, art 3, que cette linotte ne chante point ; car nous sommes sûrs que le cabaret a un ramage fort agréable.

* *Fringilla linaria* (Linn.). — Le *sizerin, cabaret* ou *petite linotte* (Cuv.).

et celui de M. Frisch n'en avait point sur la tête. Il est visible qu'une grande partie de ces variétés viennent du temps et des circonstances où ces oiseaux ont été vus : si c'est au milieu du printemps, ils avaient leurs plus belles couleurs; si c'est pendant la mue, ils n'avaient plus de rouge; si c'est d'abord après, ils n'en avaient pas encore; si c'est après avoir été tenus plus ou moins de temps en cage, ils en avaient perdu plus ou moins; et si les plumes des différentes parties tombent en des temps différents, c'est encore une source abondante de variétés. Dans cette incertitude, on est forcé d'avoir recours, pour déterminer les espèces, à des propriétés plus constantes : à la forme du corps, aux mœurs, aux habitudes. Faisant l'application de cette méthode, je trouve qu'il n'y a que deux espèces d'oiseaux à qui l'on ait donné le nom de petite linotte : l'un qui ne chante point, qui ne paraît que tous les six ou sept ans, arrive par troupes très-nombreuses, ressemble au tarin, etc.; c'est la petite linotte de vignes de M. Brisson; l'autre est le cabaret de cet article.

M. Daubenton le jeune a eu pendant deux ou trois ans un de ces oiseaux qui avait été pris au filet; il était d'abord très-sauvage, mais il s'apprivoisa peu à peu et devint tout à fait familier. Le chènevis était la graine dont il paraissait le plus friand; il avait la voix douce et mélodieuse, presque semblable à celle de la fauvette appelée *traîne-buisson :* il perdit tout son rouge dès la première année, et il ne le reprit point; ses autres couleurs n'éprouvèrent aucune altération. On a remarqué que lorsqu'il était en mue, ou malade, son bec devenait aussitôt pâle et jaunâtre, puis reprenait par nuances sa couleur brune à mesure que l'oiseau se portait mieux. La femelle n'est pas entièrement dépourvue de belles couleurs; elle a du rouge sur la tête, mais elle n'en a point sur le croupion : quoique plus petite que la femelle de la linotte ordinaire, elle a la voix plus forte et plus variée. Cet oiseau est assez rare, soit en Allemagne, soit en France; il a le vol rapide et ne va point par grandes troupes; son bec est un peu plus fin, à proportion, que celui de la linotte.

Mesures. La longueur totale du cabaret est de quatre pouces et demi; son vol a près de huit pouces; son bec un peu plus de quatre lignes; sa queue a deux pouces : elle est fourchue, et ne dépasse les ailes que de huit lignes.

Couleurs. Le dessus de la tête et le croupion rouges; une bande roussâtre sur les yeux; le dessus du corps varié de noir et de roux; le dessous du corps roux, tacheté de noirâtre sous la gorge; le ventre blanc; les pieds bruns, quelquefois noirs. Les ongles sont fort allongés, et celui du doigt postérieur est plus long que ce doigt.

OISEAUX ÉTRANGERS QUI ONT RAPPORT A LA LINOTTE.

I. — LA VENGOLINE. [a][*]

Tout ce que l'on sait de l'histoire de cet oiseau, c'est qu'il se trouve dans le royaume d'Angola, qu'il est très-familier, qu'il est compté parmi les oiseaux de ce pays qui ont le ramage le plus agréable, et que son chant n'est pas le même que celui de notre linotte. Le cou, le dessus de la tête et du corps sont variés de deux bruns; le croupion a une belle plaque de jaune, qui s'étend jusqu'aux pennes de la queue : ces pennes sont brunes, bordées et terminées de gris clair, ainsi que les pennes des ailes et leurs grandes et moyennes couvertures. Les côtés de la tête sont d'un roux clair; il y a un trait brun sur les yeux; le dessous du corps et les côtés sont tachetés de brun sur un fond plus clair.

M. Edwards, qui nous a fait connaître la vengoline, et qui en a donné la figure au bas de la planche 129, incline à croire que c'est la femelle d'un autre oiseau représenté au haut de la même planche : cet autre oiseau est appelé *négral* ou *tobaque*, et son chant approche fort de celui de la vengoline. Pour moi, j'avoue que le chant de celle-ci [b] me fait douter que ce soit une femelle; je croirais plus volontiers que ce sont deux mâles de la même espèce, mais de climats différents, dans lesquels chacun aura été nommé différemment, ou du moins que ce sont deux mâles du même climat, dont l'un ayant été élevé dans la volière aura perdu l'éclat de son plumage, et l'autre n'ayant été pris que dans l'âge adulte, ou n'étant resté que peu de temps en cage, aura mieux conservé ses couleurs. Les couleurs du négral sont en effet plus riches et plus tranchées que celles de la vengoline. La gorge, le front, le trait qui passe sur les yeux, sont noirs; les joues blanches, la poitrine et tout le dessous du corps d'une couleur orangée sans mouchetures, et qui devient plus foncée sous le ventre et sous la queue. Ces

a. C'est le nom que M. Daines Barrington, vice-président de la Société royale, donne à cette linotte d'Afrique, dans sa lettre à M. Maty, sur le chant des oiseaux. *Trans. philos.*, vol. LXIII, part. ii, 10 janvier 1773. Il a beaucoup de rapport avec celui de Benguelinha, que lui donne M. Edwards. — « Passer supernè cinereo fucescens, maculis fuscis varius, infernè « spadiceus; pectore dilutiore; plumulis basim rostri ambientibus et gutture nigris; genis et « gutture albo maculatis; uropygio luteo; rectricibus fuscis, cinereo albo in apice marginatis. (Mas).» — « Passer supernè fusco rufescens, infernè rufescens maculis fuscis supernè et infernè « varius; tænià utrimque per oculos fuscà; genis dilutè rufescentibus; uropygio luteo; rectri- « cibus fuscis, cinereo albo in apice marginatis (Fœmina)... Linaria angolensis, » la *linotte d'Angola.* Brisson, t. VI, *Supplément,* p. 81. — *Linnet from Angola, Tobaque, Negral,* le mâle; *Benguelinha,* la femelle. Edwards, pl. 129.

b. M. Daines Barrington prétend que la vengoline est supérieure, pour le chant, à tous les oiseaux chanteurs de l'Asie, de l'Afrique et de l'Amérique, excepté toutefois le moqueur d'Amérique.

[*] *Fringilla angolensis* (Linn.).

deux oiseaux sont de la grosseur de notre linotte. M. Edwards ajoute qu'ils en ont l'œil et le regard.

II. — LA LINOTTE GRIS DE FER. [a]*

Nous devons la connaissance de cet oiseau à M. Edwards, qui l'a eu vivant, et qui en donne la figure et la description, sans nous apprendre de quel pays il lui est venu[1]. Son ramage est très-agréable. Il a les allures, la taille, la forme et les proportions de la linotte, à cela près que son bec est un peu plus fort. Il a le dessous du corps d'un cendré fort clair, le croupion un peu moins clair; le dos, le cou et le dessus de la tête gris de fer; les pennes de la queue et des ailes noirâtres, bordées de cendré clair, excepté toutefois les plus longues pennes des ailes, qui sont entièrement noires vers leur extrémité et blanches vers leur origine, ce qui forme à l'aile un bord blanc dans sa partie moyenne. Le bec inférieur a sa base entourée aussi de blanc, et cette couleur s'étend jusque sous les yeux.

III. — LA LINOTTE A TÊTE JAUNE. [b]**

M. Edwards savait bien que cet oiseau était nommé par quelques-uns *moineau du Mexique*, et s'il lui a donné le nom de linotte c'est en connaissance de cause, et parce qu'il lui a paru avoir plus de rapport avec les linottes qu'avec les moineaux : il est vrai qu'il lui trouve aussi du rapport avec les serins, et d'après cela on serait fondé à le placer avec l'habesch, entre les serins et les linottes : moins l'histoire d'un oiseau est connue, plus il est difficile de lui marquer sa véritable place.

Celui-ci a le bec couleur de chair pâle, les pieds de même couleur, mais plus sombre; la partie antérieure de la tête et de la gorge jaunes, et, sur ce fond jaune, une bande brune de chaque côté de la tête, partant de l'œil et descendant sur les côtés du cou; tout le dessus du corps brun, mais plus

a. The Greyfinch d'Edwards, planche 179.

a. The Yellow-headed-linnet, linotte à tête jaune. Edwards, pl. 44. — « Passer supernè « obscurè fuscus, maculis nigris varius, infernè dilutè fuscus, maculis obscuris, fuscis varie-« gatus; capite anteriùs, genis et gutture luteis; tæniá ponè oculos longitudinali fuscá; rectri-« cibus nigricantibus... Passer Mexicanus, » *moineau du Mexique*. Brisson, t. III, p. 97.— « Loxia grisea, fronte, gulá, uropygio, superciliisque luteis. Loxia Mexicana. » Linnæus, *Syst. nat.*, édit. X, g. 96, sp. 19. — Emberiza flava Mexicana. Klein. *Ordo Avium*, p. 92. nº 9, d'après Edwards. — Le docteur Fermen, dans sa *Description de Surinam*, p. 199, 2ᵉ partie, fait mention d'une *linotte à gorge et bec jaunes*, dont le reste du plumage est cendré. « C'est, dit-il, un oiseau de savane qui est plus grand que le moineau... Il n'a pas un « chant qui mérite qu'on le mette en cage, mais en récompense, on le regarde comme une « espèce d'ortolan, parce qu'il est très-bon à manger. »

* *Fringilla cana* (Lath.)

1. Il est d'Asie.

** *Fringilla mexicana* (Gmel.). — *Loxia mexicana* (Lath.).

foncé sur les pennes de la queue que partout ailleurs, et semé de taches
plus claires sur le cou et sur le dos : la partie inférieure du corps, jaunâtre,
avec des taches brunes longitudinales et clair-semées sur le ventre et la
poitrine.

Cet oiseau a été apporté du Mexique. M. Brisson dit qu'il est à peu près
de la grosseur du pinson d'Ardennes; mais, à juger par la figure de grandeur
naturelle qu'en donne M. Edwards, il doit être plus gros.

IV. — LA LINOTTE BRUNE. [a]*

Comme cet oiseau n'est connu que par M. Edwards, qui l'a dessiné
vivant, j'ai cru devoir lui conserver le nom que cet habile observateur lui
a donné. Presque toutés ses plumes sont noirâtres, bordées d'une couleur
plus claire, laquelle tient du roussâtre sur la partie supérieure du corps : la
couleur générale qui résulte de ce mélange est rembrunie, quoique variée.
Il y a une teinte de cendré sur la poitrine et le croupion; le bec est aussi
cendré, et les pieds sont bruns.

Il me semble que M. Brisson n'aurait pas dû confondre cet oiseau avec le
petit moineau brun de Catesby [b], dont le plumage est d'un brun uniforme
sans aucune marbrure, et par conséquent assez différent; mais la différence
de climat est encore plus grande, car la linotte brune de M. Edwards venait
probablement du Brésil, peut-être même d'Afrique [1], et le petit moineau de
Catesby se trouve à la Caroline et à la Virginie, où il niche et reste toute
l'année. M. Catesby nous apprend qu'il vit d'insectes, et presque toujours
seul, qu'il n'est pas fort commun, qu'il s'approche des lieux habités, et
qu'on le voit sautillant perpétuellement sur les buissons. Nous ne connaissons point les mœurs de la linotte brune.

LE MINISTRE. [c]**

C'est le nom que les oiseleurs donnent à un oiseau de la Caroline que
d'autres appellent l'*évêque*, et qu'il ne faut pas confondre avec l'évêque du
Brésil, qui est un tangara. Je le rapproche ici de la linotte, parce qu'au

a. *The dusky-linnet*. Edwards, planche 270.

b. *The little-brown sparrow*. Catesby, *Caroline*, t. I, p. 35. — *Passerculus simpliciter*,
Brauner Zwerg, petit moineau de Catesby. Klein, *Ordo avium*, p. 89, n° x. — « Passer in
« toto corpore fuscus, supernè saturatiùs, infernè dilutiùs, remigibus rectricibusque fuscis.. ..
« *Passer Virginianus*, » moineau de Virginie. Brisson, t. III, p. 101.

c. On a vu plusieurs fois cet oiseau chez le sieur Château, à qui l'on doit le peu que l'on
sait de son histoire.

* *Fringilla atra* (Gmel.).

1. On ne sait pas encore d'où elle vient.

** *Emberiza cyanea* (Lath.). — *Passerina cyanea* (Vieill.).

temps de la mue il lui ressemble à s'y méprendre, et que la femelle lui
ressemble en tout temps. La mue a lieu dans les mois de septembre et d'octobre, mais cela varie comme pour les veuves et pour beaucoup d'autres
oiseaux : on dit même que souvent le ministre mue deux fois; en quoi il se
rapproche encore des veuves, des bengalis, etc.

Lorsqu'il a son beau plumage, il est d'un bleu céleste, soutenu d'un peu
de violet qui lui sert de pied : le fouet de l'aile est d'un bleu foncé et rembruni dans le mâle, et d'un brun verdâtre dans la femelle, ce qui suffit
pour distinguer celle-ci du mâle en mue, dont le plumage au reste est assez
semblable à celui de la femelle.

Le ministre est de la grosseur du serin, et, comme lui, vit de millet, de
graine d'alpiste, etc.

Catesby a fait représenter ce même oiseau sous le nom de *linotte bleue* [a],
et nous apprend qu'il se trouve dans les montagnes de la Caroline, à cent
cinquante milles de la mer; qu'il chante à peu près comme la linotte; que
les plumes de la tête sont d'un bleu plus foncé; celles du dessous du corps
d'un bleu plus clair; que les pennes de la queue sont du même brun que
les pennes des ailes, avec une légère teinte de bleu; enfin, qu'il a le bec
noirâtre et les pieds bruns, et qu'il ne pèse que deux gros et demi.

Longueur totale, cinq pouces; bec, cinq lignes; tarse, huit à neuf lignes;
doigt du milieu, six lignes et demie; queue, deux pouces; elle dépasse les
ailes de dix à onze lignes.

LES BENGALIS ET LES SÉNÉGALIS, ETC. [b] *

Tous les voyageurs, et d'après eux les naturalistes, s'accordent à dire
que ces petits oiseaux sont sujets à changer de couleur dans la mue; quelques-uns même ajoutent des détails qu'il serait à souhaiter qui fussent véri-
fiés; que ces variations de plumage roulent exclusivement entre cinq couleurs principales, le noir, le bleu, le vert, le jaune et le rouge; que les
bengalis n'en prennent jamais plus d'une à la fois , etc. [c]. Cependant les
personnes qui ont été à portée d'observer ces oiseaux en France, et de les
suivre pendant plusieurs années, assurent qu'ils n'ont qu'une seule mue

a. *The blue-linnet :* les Espagnols l'appellent *azul lexos.* Catesby, pl. 45. — « Tangara in
« toto corpore cyanea, vertice saturatiore; remigibus majoribus fuscis, ovis exterioribus cya-
« neis; rectricibus fuscis, aliquid cyanei admixtum habentibus..... *Tangara Carolinensis*
« *cærulea ;* » tangara bleu de la Caroline. Brisson, t. III, p. 13.

b. On a aussi donné à quelques-uns le nom de *moineaux du Sénégal.*

c. *Histoire générale des voyages* , t. IV, p. 354.

* Genre *Moineaux*, sous-genre *Linottes et Chardonnerets* (Cuv.).

par an, et qu'ils ne changent point de couleur [a]. Cette contradiction apparente peut s'expliquer par la différence des climats. Celui de l'Asie et de l'Afrique, où les bengalis et les sénégalis se trouvent naturellement, a beaucoup plus d'énergie que le nôtre, et il est possible qu'il ait une influence plus marquée sur leur plumage. D'ailleurs les bengalis ne sont pas les seuls oiseaux qui éprouvent cette influence; car, selon Mérolla, les moineaux d'Afrique deviennent rouges dans la saison des pluies, après quoi ils reprennent leur couleur; et plusieurs autres oiseaux sont sujets à de pareils changements [b]. Quoi qu'il en soit, il est clair que ces variations de couleurs qu'éprouvent les bengalis, au moins dans leur pays natal, rendent équivoque toute méthode qui tirerait de ces mêmes couleurs les caractères distinctifs des espèces, puisque ces prétendus caractères ne seraient que momentanés, et dépendraient principalement de la saison de l'année où l'individu aurait été tué. Mais, d'un autre côté, ces caractères si variables en Asie et en Afrique, devenant constants dans nos climats plus septentrionaux, il est difficile, dans l'énumération des différentes espèces, d'éviter toute méprise et de ne pas tomber dans l'un de ces deux inconvénients, ou d'admettre comme espèces distinctes de simples variétés, ou de donner pour variétés des espèces vraiment différentes. Dans cette incertitude, je ne puis mieux faire que de me prêter aux apparences, et de me soumettre aux idées reçues; je formerai donc autant d'articles séparés qu'il se trouvera d'individus notablement différents, soit par le plumage, soit à d'autres égards, mais sans prétendre déterminer le nombre des véritables espèces. Ce ne peut être que l'ouvrage du temps : le temps amènera les faits, et les faits dissiperont les doutes.

On se tromperait fort si, d'après les noms de sénégalis et de bengalis, on se persuadait que ces oiseaux ne se trouvent qu'au Bengale et au Sénégal : ils sont répandus dans la plus grande partie de l'Asie et de l'Afrique, et même dans plusieurs des îles adjacentes, telles que celles de Madagascar, de Bourbon, de France, de Java, etc. On peut même s'attendre à en voir bientôt arriver d'Amérique, M. de Sonnini en ayant laissé échapper dernièrement un assez grand nombre dans l'île de Cayenne, et les ayant revus depuis fort vifs, fort gais, en un mot très-disposés à se naturaliser dans cette terre étrangère et à y perpétuer leur race [c]. Il faut espérer que ces nouveaux colons, dont le plumage est si variable, éprouveront aussi l'influence du climat américain, et qu'il en résultera de nouvelles variétés, plus propres toutefois à orner nos Cabinets qu'à enrichir l'histoire naturelle.

a. M. Mauduit, connu par son goût éclairé pour l'histoire naturelle, et par son beau cabinet d'oiseaux, a observé un sénégali rouge qui a vécu plus d'un an sans changer de plumage. Le sieur Château assure la même chose de tous les bengalis qui lui ont passé par les mains.

b. *Voyages de Mérolla*, page 636.

c. Il y a quelques années que l'on tua un sénégali rouge à Cayenne dans une savane : sans doute il y avait été transporté de même par quelques voyageurs.

Les bengalis sont des oiseaux familiers et destructeurs, en un mot, de vrais moineaux; ils s'approchent des cases, viennent jusqu'au milieu des villages, et se jettent par grandes troupes dans les champs semés de millet[a], car ils aiment cette graine de préférence : ils aiment aussi beaucoup à se baigner.

On les prend au Sénégal, sous une calebasse qu'on pose à terre, la soulevant un peu, et la tenant dans cette situation par le moyen d'un support léger auquel est attachée une longue ficelle : quelques grains de millet servent d'appât; les sénégalis accourent pour manger le millet; l'oiseleur, qui est à portée de tout voir sans être vu, tire la ficelle à propos, et prend tout ce qui se trouve sous la calebasse, bengalis, sénégalis, petits moineaux noirs à ventre blanc, etc.[b]. Ces oiseaux se transportent assez difficilement, et ne s'accoutument qu'avec peine à un autre climat; mais une fois *acclimatés*, ils vivent jusqu'à six ou sept ans, c'est-à-dire autant et plus que certaines espèces du pays : on est même venu à bout de les faire nicher en Hollande; et sans doute on aurait le même succès dans des contrées encore plus froides, car ces oiseaux ont les mœurs très-douces et très-sociables : ils se caressent souvent, surtout les mâles et les femelles, se perchent trèsprès les uns des autres, chantent tous à la fois, et mettent de l'ensemble dans cette espèce de chœur. On ajoute que le chant de la femelle n'est pas fort inférieur à celui du mâle[c].

LE BENGALI. [d] *

Les mœurs et les habitudes de toute cette famille d'oiseaux étant à trèspeu près les mêmes, je me contenterai, dans cet article et les suivants, d'ajouter à ce que j'ai dit de tous en général les descriptions respectives de chacun en particulier. C'est surtout lorsque l'on a à faire connaître des

a. Les voyageurs nous disent que les Nègres mangent certains petits oiseaux tout entiers avec leurs plumes, et que ces oiseaux ressemblent aux linottes. Je soupçonne que les sénégalis pourraient bien être du nombre; car il y a des sénégalis qui, au temps de la mue, ressemblent aux linottes; d'ailleurs, on prétend que les Nègres ne mangent ainsi ces petits oiseaux tout entiers, que pour se venger des dégâts qu'ils font dans leurs grains, au milieu desquels ils ne manquent pas d'établir leurs nids.

b. Je dois le détail de cette petite chasse à M. de Sonnini.

c. Ces notes m'ont été données par le sieur Château, père.

d. « Passer supernè griseus, infernè dilutè cæruleus; maculâ infra oculos purpureâ; uro-« pygio et rectricibus dilutè cæruleis... Bengalus, » le *bengali*. Brisson, t. III, p. 203. — « Fringilla dorso fusco; abdomine caudâque cæruleis... Fringilla Angolensis. » Linnæus, édit. X, g. 98, sp. 24. Les oiseleurs le nomment *mariposa*, mais Catesby a appliqué cette dénomination à son *pinson de trois couleurs*, connu sous le nom de *pape de la Louisiane*.

   * *Fringilla bengalus* (Linn.). — *Fringilla bengalensis* (Lath.). — *Bengali mariposa* (Vieill.).

oiseaux tels que ceux-ci, dont le principal mérite consiste dans les couleurs
du plumage et ses variations, qu'il faudrait quitter la plume pour prendre
le pinceau, ou du moins qu'il faudrait savoir peindre avec la plume, c'est-
à-dire représenter avec des mots, non-seulement les contours et les formes
du tout ensemble et de chaque partie, mais le jeu des nuances fugitives qui
se succèdent ou se mêlent, s'éclipsent ou se font valoir mutuellement, et
surtout exprimer l'action, le mouvement et la vie.

Le bengali a de chaque côté de la tête une espèce de croissant couleur de
pourpre qui accompagne le bas des yeux, et donne du caractère à la physionomie de ce petit oiseau.

La gorge est d'un bleu clair ; cette même couleur domine sur toute la
partie inférieure du corps jusqu'au bout de la queue, et même sur ses
couvertures supérieures. Tout le dessus du corps, compris les ailes, est
d'un joli gris.

Dans quelques individus, ce même gris, un peu plus clair, est encore la
couleur du ventre et des couvertures inférieures de la queue.

Dans d'autres individus, venant d'Abyssinie, ce même gris avait une
teinte de rouge à l'endroit du ventre.

Dans d'autres enfin, il n'y a point de croissant couleur de pourpre sous
les yeux, et cette variété, connue sous le nom de *cordon bleu,* est plus commune que celle qui a été décrite la première : on prétend que c'est la
femelle, mais par la raison même que le cordon bleu est si commun, je le
regarde non-seulement comme une variété de sexe, mais encore comme
une variété d'âge ou de climat, qui peut avoir quelque rapport pour les
couleurs avec la femelle. M. le chevalier Bruce, qui a vu cet oiseau en
Abyssinie, nous a assuré positivement que les deux marques rouges ne se
trouvaient point dans la femelle, et que toutes ses couleurs étaient d'ailleurs beaucoup moins brillantes. Il ajoute que le mâle a un joli ramage ;
mais il n'a point remarqué celui de la femelle : l'un et l'autre ont le bec et
les pieds rougeâtres.

M. Edwards a dessiné et colorié [a] un *cordon bleu* venant des côtes d'Angola, où les Portugais l'appellent *azulinha* [b]. Il différait du précédent, en ce
que le dessus du corps était d'un brun cendré, légèrement teint de pourpre, le bec d'une couleur de chair rembrunie, et les pieds bruns. Le plumage de la femelle était d'un cendré brun, avec une légère teinte de bleu
sur la partie inférieure du corps seulement ; il paraît que c'est une variété
de climat dans laquelle ni le mâle ni la femelle n'ont de marque rouge au-
dessous des yeux, et cela explique pourquoi les cordons bleus sont si communs. Au reste, celui-ci est un oiseau fort vif. M. Edwards remarque que

----

a. Nat. history of Birds, pages 131 et 227.
b. M. Edwards le nomme *blue-bellyed finch.*

son bec est semblable à celui du chardonneret ; il ne dit rien de son chant,
n'ayant pas eu occasion de l'entendre.

Le bengali est de la grosseur du sizerin ; sa longueur totale est de quatre
pouces neuf lignes ; son bec de quatre lignes, sa queue de deux pouces ;
elle est étagée et composée de douze pennes ; le vol est de six à sept pouces.

LE BENGALI BRUN. [a] *

Le brun est en effet la couleur dominante de cet oiseau ; mais il est plus
foncé sous le ventre, et mêlé à l'endroit de la poitrine de blanchâtre dans
quelques individus, et de rougeâtre dans d'autres. Tous les mâles ont quelques-unes des couvertures supérieures des ailes terminées par un point
blanc, ce qui produit une moucheture fort apparente ; mais elle est propre
au mâle, car la femelle est d'un brun uniforme et sans taches : tous deux
ont le bec rougeâtre et les pieds d'un jaune clair.

Le bengali est à peu près de la taille du roitelet : sa longueur totale est
de trois pouces trois quarts, son bec de quatre lignes, son vol d'environ six
pouces et demi, et sa queue d'un bon pouce.

LE BENGALI PIQUETÉ. [b] **

De tous les bengalis que j'ai vus, celui qui était le plus moucheté l'était
sur tout le dessous du corps, sur les couvertures supérieures de la queue et
des ailes, et sur les pennes des ailes les plus proches du dos ; les ailes étaient
brunes et les pennes latérales de la queue noires bordées de blanc. Un brun
mêlé de rouge sombre régnait sur toute la partie supérieure du corps, compris les couvertures de la queue, et de plus sous le ventre ; un rouge moins
sombre régnait sous tout le reste de la partie inférieure du corps et sur les
côtés de la tête. Le bec était aussi d'un rouge obscur, et les pieds d'un
jaune clair.

a. « Passer fuscus gutture et pectore sordidè albido mixtis ; rectricibus alarum superioribus
« albo punctulatis ; rectricibus nigricantibus... Bengalus fuscus, » le *bengali brun*. Brisson ,
t. III, p. 205. — On l'appelle aussi *bengali brun-tigré* ; d'autres, *bengali* proprement dit.

b. « Passer supernè fuscus, rubro obscuro admixto, infernè obscurè ruber ; tectricibus alarum
« et caudæ superioribus, pectore et lateribus, albo punctulatis ; rectricibus nigris... Bengalus
« punctulatus, » le *bengali piqueté*. Brisson, t. III, p. 206. — « Fringilla rectricibus purpureis,
« medietate posticâ atris. *Amandava*. » Linnæus, *Syst. nat.*, édit. X, g. 98, sp. 11. — Je crois
que le vrai nom est *amadavad* : on lui donne encore celui de *bengali tigré*.

* *Fringilla amandava* (Linn.).
** Le même oiseau que le précédent.

La femelle, suivant M. Brisson, n'est jamais piquetée : elle diffère encore du mâle en ce qu'elle a le cou, la poitrine et le ventre d'un jaune pâle, et la gorge blanche ; selon d'autres observateurs, qui ont eu beaucoup d'occasions de voir et de revoir ces oiseaux vivants, la femelle est toute brune et sans taches ; est-ce encore une variété de plumage, ou bien serait-ce une simple variété de description? Ce n'est pas celle qui met le moins d'embarras dans l'histoire naturelle. Willughby a vu plusieurs de ces oiseaux venant des Indes orientales, et, comme on le peut croire, il a trouvé plusieurs différences entre les individus : ils étaient d'un brun plus ou moins foncé ; les uns avaient les ailes noires, d'autres avaient la poitrine de cette même couleur, d'autres la poitrine et le ventre noirâtres, d'autres les pieds blanchâtres ; tous avaient les ongles fort longs, mais plus arqués que dans l'alouette [a]. Il est à croire que quelques-uns de ces oiseaux étaient en mue, car j'ai eu occasion d'observer un individu qui avait aussi le bas-ventre noirâtre, et dont le reste du plumage était comme indécis, et tel qu'il doit être dans la mue, quoiqu'il fût peint des couleurs propres à cette espèce ; mais ces couleurs n'étaient pas bien démêlées.

L'individu qu'a décrit M. Brisson venait de l'île de Java. Ceux qu'a observés Charleton venaient des Indes : ils avaient un ramage fort agréable : on en tenait plusieurs ensemble dans la même cage, parce qu'ils avaient de la répugnance à vivre en société avec d'autres oiseaux.

Le bengali piqueté est d'une grosseur moyenne entre les deux précédents : sa longueur totale est d'environ quatre pouces, son bec de quatre à cinq lignes, son vol de moins de six pouces, sa queue d'un pouce quatre lignes : elle est étagée et composée de douze pennes.

LE SÉNÉGALI. [b] *

Deux couleurs principales dominent dans le plumage de cet oiseau : le rouge vineux sur la tête, la gorge, tout le dessous du corps jusqu'aux jambes et sur le croupion ; le brun verdâtre sur le bas-ventre et sur le dos ; mais à l'endroit du dos il a une légère teinte de rouge. Les ailes sont brunes, la queue noirâtre, les pieds gris, le bec rougeâtre, à l'exception de l'arête supérieure et inférieure, et de ses bords qui sont bruns et forment des espèces de cadres à la couleur rouge.

a. Willughby, *Ornithol.*, p. 194.

a. « Passer supernè fusco-virescens, vinaceo admixto, infernè rubrovinaceus ; vertice rubro-« vinaceo ; imo ventre fusco-virescente ; rectricibus nigris..... Senegalus ruber, » le *sénégali rouge*. Brisson, t. III, p. 208. Quelques-uns lui donnent le nom de rubis, à cause de sa couleur.

* *Fringilla senegala* (Linn.).

Cet oiseau est un peu moins gros que le bengali piqueté, mais il est d'une forme plus allongée. Sa longueur totale est de quatre pouces et quelques lignes, son bec de quatre lignes, son vol de six pouces et demi, et sa queue de dix-huit lignes ; elle est composée de douze pennes.

VARIÉTÉS DU SÉNÉGALI.

I. — J'ai vu un de ces oiseaux qui avait été tué à Cayenne dans une savane, et le seul qui ait été aperçu dans cette contrée [a] : il est probable qu'il y avait été porté par quelque curieux, et qu'il s'était échappé de la cage ; il différait en quelques points du précédent ; les couvertures des ailes étaient légèrement bordées de rouge, le bec était entièrement de cette couleur, les pieds seulement rougeâtres, et ce qui décèle la grande analogie qui est entre les bengalis et les sénégalis, la poitrine et les côtés étaient semés de quelques points blancs.

II. — LE DANBIK DE M. LE CHEVALIER BRUCE.

Cet oiseau, fort commun dans l'Abyssinie, participe des deux précédents : il est de même taille ; la couleur rouge qui règne sur toute la partie antérieure ne descend pas jusqu'aux jambes comme dans le sénégali, mais elle s'étend sur les couvertures des ailes, où l'on aperçoit quelques points blancs, ainsi que sur les côtés de la poitrine. Le bec est pourpré, son arête supérieure et inférieure bleuâtre, et les pieds cendrés. Le mâle chante agréablement. La femelle est d'un brun presque uniforme et n'a que très-peu de pourpre.

LE SÉNÉGALI RAYÉ. [b] *

Il est en effet rayé transversalement, jusqu'au bout de la queue, de brun et de gris, et la rayure est plus fine plus elle approche de la tête : la cou-

---

a. Ce fait m'a été rapporté par M. de Sonnini.

b. « Passer fusco et sordidè griseo transversìm striatus , colore roseo in parte corporis infe- « riore , et rubro in ventre admixtis : tæniá per oculos rubrá; rectricibus fusco et sordidè « griseo transversìm striatis... Senegalus striatus, » le *sénégali rayé.* Brisson, t. III, p. 210. — *Wax-bill,* bec-de-cire, Edwards, 179. Il eût fallu dire au moins bec de cire d'Espagne, ou plutôt bec-de-laque, ce nom de wax-bill ne lui ayant été donné qu'à cause de la couleur rouge de son bec. — Loxia grisea, fusco undulata; rostro, temporibus pectoreque coccineis : astrild. » Linnæus, éd. X, g. 96, sp. 16. — Quelques-uns l'ont confondu avec le *la-ki* de la Chine, dont on raconte beaucoup de merveilles; mais ce *la-ki* est, dit-on, de la grosseur d'un merle, et n'a rien de commun avec les sénégalis.

* *Loxia astrild* (Linn.). — Sous-genre *Gros-Becs* (Cuv.).

leur générale qui résulte de cette rayure est beaucoup plus claire sur la partie inférieure du corps ; elle est aussi nuancée de couleur de rose, et il y a une tache rouge oblongue sur le ventre : les couvertures inférieures de la queue sont noires, sans aucune rayure ; mais on en aperçoit quelques vestiges sur les pennes des ailes qui sont brunes : le bec est rouge, et il y a un trait, ou plutôt une bande de cette couleur sur les yeux.

On m'a assuré que la femelle ressemblait parfaitement au mâle : cependant les différences que j'ai observées moi-même dans plusieurs individus, et celles qui ont été observées par d'autres, me donnent des doutes sur cette parfaite ressemblance des deux sexes. J'en ai vu plusieurs qui venaient du Cap, dont les uns avaient le dessus du corps plus ou moins rembruni, et le dessous plus ou moins rougeâtre ; les autres avaient le dessus de la tête sans rayures : les rayures de celui qu'a représenté M. Edwards, planche CLXXIX, étaient de deux bruns, et les couvertures du dessous de la queue n'étaient point noires, non plus que dans le sujet que nous avons fait dessiner planche CLVII, fig. 2. Enfin, dans l'individu représenté au haut de la planche CCCLIV, la rayure du dessus du corps est noire sur un fond brun, et non-seulement les couvertures inférieures de la queue sont noires comme dans le sujet décrit par M. Brisson, mais encore le bas-ventre.

L'individu observé par M. Brisson venait du Sénégal ; les deux de M. Edwards venaient des grandes Indes, et la plupart de ceux que j'ai vus avaient été envoyés du cap de Bonne-Espérance. Il est difficile que de tant de différences de plumage remarquées entre ces individus il n'y en ait pas quelques-unes qui dépendent de la différence du sexe.

La longueur moyenne de ces oiseaux est d'environ quatre pouces et demi ; le bec de trois à quatre lignes, le vol de six pouces et la queue de deux pouces ; elle est étagée et composée de douze pennes.

LE SEREVAN. [a] [*]

Le brun règne sur la tête, le dos, les ailes et les pennes de la queue ; le dessous du corps est gris clair, quelquefois fauve clair, mais toujours nuancé de rougeâtre ; le croupion est rouge ainsi que le bec ; les pieds sont rougeâtres : quelquefois la base du bec est bordée de noir, et le croupion semé de points blancs ainsi que les couvertures des ailes. Tel était le serevan envoyé de l'île de France par M. Sonnerat, sous le nom de *bengali*.

Celui que M. Commerson appelle *serevan* avait tout le dessous du corps fauve clair ; ses pieds étaient jaunâtres ; il n'avait ni le bec ni le croupion

[a]. Je lui ai donné le nom de *serevan*, d'après M. Commerson, pour le distinguer du suivant.

[*] Le même oiseau encore que l'*amandava*.

rouges, et on ne lui voyait pas une seule moucheture : c'était probablement un jeune ou une femelle.

D'autres oiseaux fort approchants de ceux-là, envoyés par M. Commerson, sous le nom de *bengalis du Cap*, avaient une teinte rouge plus marquée devant le cou et sur la poitrine : en général, ils ont la queue un peu plus longue à proportion.

Tous sont à peu près de la grosseur des bengalis et des sénégalis.

LE PETIT MOINEAU DU SÉNÉGAL. [*]

Cet oiseau a le bec et les pieds rouges, un trait de la même couleur sur les yeux ; la gorge et les côtés du cou d'un blanc bleuâtre ; tout le reste du dessus du corps d'un blanc mêlé de couleur de rose, plus ou moins foncé ; le croupion de même ; le reste du dessous du corps bleu , le dessus de la tête d'un bleu moins foncé, les ailes et les plumes scapulaires brunes, la queue noirâtre.

Ce petit moineau est à peu près de la taille du précédent.

LE MAIA. [a][**]

Voici encore de petits oiseaux qui sont de grands destructeurs. Les maias se réunissent en troupes nombreuses pour fondre sur les champs semés de riz ; ils en consomment beaucoup et en perdent encore davantage : les pays où l'on cultive cette graine sont ceux qu'ils fréquentent par préférence, et ils auraient, comme on voit, des titres suffisants pour partager avec le padda le nom d'*oiseaux de riz*. Mais je leur conserverai celui de maias, qui est leur vrai nom, je veux dire le nom sous lequel ils sont connus dans le pays de leur naissance, et dont Fernandez devait être bien instruit. Cet auteur nous apprend que leur chair est bonne à manger et facile à digérer.

Le mâle a la tête, la gorge et tout le dessous du corps noirâtres ; le dessus

---

a. « Passer supernè castaneo-purpureus, infernè nigricans ; capite et collo nigricantibus , « tæniâ in pectore transversâ castaneo-purpureâ ; rectricibus supernè castaneo-purpureis, infernè « fuscis ad rufum vergentibus (Mas). — Passer supernè fulvus, infernè sordidè albo-flavi- « cans ; gutture et maculâ utrimque in pectore castaneo-purpureis ; rectricibus fulvis (Fœmina)... « Maia ex insulâ Cuba. » Brisson, *Ornithologia*, t. III, p. 214. *Maja* de Fernandez , *Hist. animalium novæ Hispaniæ*, cap. ccxix. — *Maja* d'Eusebe Nieremberg, *Hist. naturæ peregrinæ*, p. 208. — Jonston , *Aves* , p. 119. *Exercitationes*, p. 116. — Willughby, *Ornithologia*, pag. 297.

[*] Variété du *loxia astrild.*
[**] *Fringilla maja* (Linn.).

d'un marron pourpré, plus éclatant sur le croupion que partout ailleurs : il
a aussi sur la poitrine une large ceinture de la même couleur ; le bec gris
et les pieds plombés.

La femelle est fauve dessus, d'un blanc sale dessous : elle a la gorge d'un
marron pourpré, et de chaque côté de la poitrine une tache de la même
couleur, répondant à la ceinture du mâle : son bec est blanchâtre et ses
pieds sont gris.

Fernandez raconte comme une merveille que le maia a le ventricule derrière le cou ; mais si cet auteur eût jeté les yeux sur les petits oiseaux auxquels on donne la becquée, il aurait vu que cette merveille est très-ordinaire,
et qu'à mesure que le jabot se remplit il se porte vers l'endroit où il trouve
moins de résistance, souvent à côté du cou, et quelquefois derrière ; enfin,
il se serait aperçu que le jabot n'est pas le ventricule : la nature est toujours
admirable, mais il faut savoir l'admirer.

LE MAIAN. [a] *

La Chine n'est pas le seul pays où se trouve cet oiseau ; celui qu'a gravé
M. Edwards venait de Malacca, et, suivant toute apparence, il n'est point
exclu des contrées intermédiaires ; mais on peut douter raisonnablement
qu'il existe en Amérique, et qu'un si petit oiseau ait franchi les vastes mers
qui séparent ces deux continents : du moins il est assez différent de celui de
tous les oiseaux d'Amérique auquel il a le plus de rapport, je veux dire du
maia, pour qu'on doive lui donner un nom différent. En effet, ses proportions ne sont point du tout les mêmes, car, quoiqu'il soit un peu plus grand,
ses ailes et sa queue sont un peu plus courtes, et son bec est tout aussi
court ; d'ailleurs son plumage est différent et a beaucoup moins d'éclat.

Le maian a tout le dessus du corps d'un marron rougeâtre ; la poitrine
et tout le dessous du corps d'un noirâtre presque uniforme, cependant un
peu moins foncé sous la queue ; le bec couleur de plomb ; une espèce de
coqueluchon gris clair qui couvre la tête et tombe jusqu'au bas du cou : les
couvertures inférieures des ailes sont de la couleur de ce coqueluchon, et
les pieds couleur de chair.

Le maian de M. Brisson diffère de celui-ci en ce qu'il a la poitrine d'un
brun clair, quelques-unes des premières pennes des ailes bordées de blanc,

---

a. « Passer supernè fusco-castaneus, infernè nigricans ; capite et collo sordidè albis ; pectore
« dilutè fusco ; rectricibus saturatè fusco-castaneis... Maia sinensis. » Brisson, *Ornithologia*,
t. III, p. 212. — Malacca gros-beak. Edwards, pl. 306.

* *Loxia maja* (Linn.). — Sous-genre *Gros-Becs* (Cuv.).

le bec et les pieds gris, etc.; ces différences sont trop sensibles pour n'être
regardées que comme de simples variétés de descriptions, surtout si l'o i
fait attention à l'exactitude scrupuleuse des descripteurs.

LE PINSON. [a] [*]

Cet oiseau a beaucoup de force dans le bec; il sait très-bien s'en servir
pour se faire craindre des autres petits oiseaux, comme aussi pour pincer
jusqu'au sang les personnes qui le tiennent ou qui veulent le prendre, et
c'est pour cela que, suivant plusieurs auteurs [b], il a reçu le nom de *pinson :*
mais comme l'habitude de pincer n'est rien moins que propre à cette espèce,
que même elle lui est commune non-seulement avec beaucoup d'autres
espèces d'oiseaux, mais avec beaucoup d'animaux de classes toutes différentes, quadrupèdes, mille-pèdes, bipèdes, etc., je trouve mieux fondée
l'opinion de Frisch [c], qui tire ce mot pinson de *pincio*, latinisé du mot allemand *pinck*, qui semble avoir été formé d'après le cri de l'oiseau.

Les pinsons ne s'en vont pas tous en automne, il y en a toujours un assez
bon nombre qui restent l'hiver avec nous; je dis avec nous, car la plupart
s'approchent en effet des lieux habités et viennent jusque dans nos basses-
cours où ils trouvent une subsistance plus facile; ce sont de petits parasites
qui nous recherchent pour vivre à nos dépens, et qui ne nous dédommagent
par rien d'agréable : jamais on ne les entend chanter dans cette saison, à
moins qu'il n'y ait de beaux jours; mais ce ne sont que des moments, et
des moments fort rares ; le reste du temps ils se cachent dans des haies
fourrées, sur des chênes qui n'ont pas encore perdu leurs feuilles, sur des
arbres toujours verts, quelquefois même dans des trous de rochers où ils
meurent lorsque la saison est trop rude ; ceux qui passent en d'autres climats se réunissent assez souvent en troupes innombrables; mais où vont-

---

a. « Montifringilla, fringilla montana Jonstonii, *pinson de Belon*, passer subtùs spadi-
« ceus, supernè subcæruleus, et subvirescens. *Pinça.* » Barrère. *Spec:m* , p. 55. Cet auteur
semble avoir confondu les deux espèces. — « Fringilla cælebs, artubus nigris, remigibus
« utrimque albis; tribus primis immaculatis ; rectricibus duabus obliquè albis. » Linnæus.
Syst. nat., édit. X, p. 179. *Fauna Suecica*, n° 199. — « Passer supernè fusco-castaneus,
« infernè albo-rufescens; uropygio viridi olivaceo (collo inferiore et pectore vinaceis *Mas*),
« maculâ in alis candidâ; rectricibus lateralibus nigris, extimâ tæniâ obliquè albâ insignitâ,
« proximè sequenti interiùs albo obliquè terminatâ, tribus aliis apice albis... *Fringilla.* » Brisson. *Ornithol.*, t. III, p. 148. — Pinson commun, *fringilla*, etc. Pinçard, pinchard, pinchon,
glaumet, huit, pichot, guignot, riche-prieur. Salerne, *Oiseaux*, p. 266.

b. Voyez Belon, *Nature des oiseaux*, page 371.

c. Tome I, classe 1, section 1.

[*] *Fringilla cœlebs* (Linn.). — Genre *Moineaux*, sous-genre *Pinsons* (Cuv.).

ils? M. Frisch croit que c'est dans les climats septentrionaux, et il se fonde :
1°'sur ce qu'à leur retour ils ramènent avec eux des pinsons blancs qui ne
se trouvent guère que dans ces climats ; 2° sur ce qu'ils ne ramènent point
de-petits, comme ils feraient s'ils eussent passé le temps de leur absence
dans un pays chaud où ils eussent pu nicher, et où ils n'auraient pas manqué
de le faire : tous ceux qui reviennent, mâles et femelles, sont adultes; 3° sur
ce qu'ils ne craignent point le froid, mais seulement la neige, qui en couvrant les campagnes les prive d'une partie de leurs subsistances [a].

Il faut donc, pour concilier tout cela, qu'il y ait un pays au nord où la
neige ne couvre point la terre : or on prétend que les déserts de la Tartarie
sont ce pays; il y tombe certainement de la neige, mais les vents l'em-
portent, dit-on., à mesure qu'elle tombe, et laissent de grands espaces
découverts.

Une singularité très-remarquable dans la migration des pinsons, c'est ce
que dit Gessner de ceux de la Suisse, et M. Linnæus de ceux de la Suède,
que ce sont les femelles qui voyagent et que les mâles restent l'hiver dans
le pays [b]; mais ces habiles naturalistes n'auraient-ils pas été trompés par
ceux qui leur ont attesté ce fait, et ceux-ci par quelque altération périodique dans le plumage des femelles, occasionnée par le froid ou par quelque
autre cause. Le changement de couleur me paraît plus dans l'ordre de la
nature, plus conforme à l'analogie [c], que cette séparation à jour nommé
des mâles et des femelles, et que la fantaisie de celles-ci de voyager seules
et de quitter leur pays natal où elles pourraient trouver à vivre tout aussi
bien que leurs mâles.

Au reste, on sent bien que l'ordre de ces migrations doit varier dans les
différents climats : Aldrovande assure que les pinsons font rarement leur
ponte aux environs de Bologne, et qu'ils s'en vont presque tous sur la fin
de l'hiver pour revenir l'automne suivant. Je vois au contraire, par le
témoignage de Willughby, qu'ils passent toute l'année en Angleterre, et
qu'il est peu d'oiseaux que l'on y voie aussi fréquemment.

Ils sont généralement répandus dans toute l'Europe, depuis la mer Bal-

---

a. Frisch, t. I, classe 1, sect. 1. Aldrovande dit qu'en Italie, lorsqu'il y a beaucoup de neige et
que le froid est rigoureux, les pinsons ne peuvent voler, et qu'on les prend à la main, p. 820 ;
mais cette impuissance de voler peut venir d'inanition, et l'inanition de la quantité des neiges.
Olina prétend qu'en ce même pays, les pinsons gagnent la montagne pendant l'été M. Hébert
en a vu dans cette saison sur les plus hautes montagnes du Bugey, où ils étaient aussi communs
que dans les plaines, et où certainement ils ne restent point l'hiver.

b. « In Helvetiá nostrá per hiemem recedunt, fœminæ præsertim, mares enim aliquandò
« complures simul apparent sine ullá fœminá » Gessner, *de Avibus*, p. 388. M. Linnæus dit
positivement que les pinsons femelles quittent la Suède par troupes au mois de septembre,
qu'elles vont en Hollande, et reviennent au printemps rejoindre leurs mâles qui ont passé
l'hiver en Suède.

c. Nous rendrons compte, à l'article du tarier ou traquet d'Angleterre, de quelques observations curieuses sur les changements successifs du plumage de cet oiseau et de quelques autres.

tique et la Suède[a], où ils sont fort communs et où ils nichent, jusqu'au détroit de Gibraltar, et même jusque sur les côtes d'Afrique[b].

Le pinson est un oiseau très-vif : on le voit toujours en mouvement, et cela, joint à la gaieté de son chant, a donné lieu sans doute à la façon de parler proverbiale, *gai comme pinson*. Il commence à chanter de fort bonne heure au printemps et plusieurs jours avant le rossignol; il finit vers le solstice d'été : son chant a paru assez intéressant pour qu'on l'analysât; on y a distingué un prélude, un roulement, un finale[c]; on a donné des noms particuliers à chaque reprise, on les a presque notées, et les plus grands connaisseurs de ces petites choses s'accordent à dire que la dernière reprise est la plus agréable[d]. Quelques personnes trouvent son ramage trop fort, trop *mordant;* mais il n'est trop fort que parce que nos organes sont trop faibles, ou plutôt parce que nous l'entendons de trop près et dans des appartements trop résonnants, où le son direct est exagéré, gâté par les sons réfléchis : la nature a fait les pinsons pour être les chantres des bois; allons donc dans les bois pour juger leur chant, et surtout pour en jouir.

Si l'on met un jeune pinson, pris au nid, sous la leçon d'un serin, d'un rossignol, etc., il se rendra propre le chant de ses maîtres; on en a vu plus d'un exemple[e]; mais on n'a point vu d'oiseaux de cette espèce qui eussent appris à siffler des airs de notre musique : ils ne savent pas s'éloigner de la nature jusqu'à ce point.

Les pinsons, outre leur ramage ordinaire, ont encore un certain frémissement d'amour qu'ils font entendre au printemps, et de plus un autre cri peu agréable qui, dit-on, annonce la pluie[f] : on a aussi remarqué que ces oiseaux ne chantaient jamais mieux ni plus longtemps que lorsque par quelque accident ils avaient perdu la vue[g]; et cette remarque n'a pas été plus tôt faite que l'art de les rendre aveugles a été inventé : ce sont de petits

a. Voyez *Fauna Suecica*, nº 199.

b. « Étant en station sur les côtes du royaume de Maroc pendant l'été, il nous vint très-fréquemment des pinsons à bord; nous croisions du trente au trente-cinquième degré de latitude; j'ai même ouï assurer qu'on les retrouvait au cap de Bonne-Espérance. (Note de M. le vicomte de Querhoent.)

c. Le prélude, selon M. Frisch, est composé de trois notes ou traits semblables; le roulement de sept notes différentes en descendant, et le finale de deux notes ou phrases : il renvoie à l'*Art de la chasse* de Schroder, p. 138; et à l'*Helvetia curiosa* d'Emmanuel Kouig, p. 831. M. Lottinger a fait aussi quelques observations sur cette matière : « Dans la colère, dit-il, le « cri du pinson est simple et aigu; dans la crainte il est plaintif, bref et souvent répété; dans « la joie, il est vif, assez suivi, et il finit par une espèce de refrain. »

d. On la nomme en allemand, *reiterzu;* en français, *boute-selle.*

e. Cette facilité de s'approprier des chants étrangers explique la diversité de ramage qu'on observe dans ces oiseaux. On distingue, dans les Pays-Bas, cinq à six sortes de pinsons qui ont chacun des phrases plus ou moins longues. Voyez l'*Hist. nat. des oiseaux* de Salerne, page 268.

f. Ce cri a un nom particulier en allemand, on l'appelle *schircken.*

g. Ils sont sujets à cet accident surtout lorsqu'on les tient entre deux fenêtres, à l'exposition du midi.

esclaves à qui nous crevons les yeux pour qu'ils puissent mieux servir à nos plaisirs ; mais je me trompe, on ne leur crève point les yeux, on réunit seulement la paupière inférieure à la supérieure par une espèce de cicatrice artificielle, en touchant légèrement et à plusieurs reprises les bords de ces deux paupières avec un fil de métal rougi au feu, et prenant garde de blesser le globe de l'œil. Il faut les préparer à cette singulière opération, d'abord en les accoutumant à la cage pendant douze ou quinze jours, et ensuite en les tenant enfermés nuit et jour avec leur cage dans un coffre, afin de les accoutumer à prendre leur nourriture dans l'obscurité [a]. Ces pinsons aveugles sont des chanteurs infatigables [b], et l'on s'en sert par préférence [c] comme d'appeaux ou d'*appelants* pour attirer dans les piéges les pinsons sauvages ; on prend ceux-ci aux gluaux [d] et avec différentes sortes de filets, entre autres celui d'alouettes ; mais il faut que les mailles soient plus petites et proportionnées à la grosseur de l'oiseau.

Le temps de cette chasse [e] est celui où les pinsons volent en troupes nombreuses, soit en automne à leur départ, soit au printemps à leur retour : il faut, autant que l'on peut, choisir un temps calme, parce qu'alors ils volent plus bas et qu'ils entendent mieux l'appeau. Ils ne se façonnent point aisément à la captivité ; les premiers jours ils ne mangent point ou presque point, ils frappent continuellement de leur bec les bâtons de la cage, et fort souvent ils se laissent mourir [f].

Ces oiseaux font un nid bien rond et solidement tissu : il semble qu'ils n'aient pas moins d'adresse que de force dans le bec ; ils posent ce nid sur les arbres ou les arbustes les plus touffus ; ils le font quelquefois jusque dans

.a. Gessner prétend qu'en tenant des pinsons ainsi renfermés, pendant tout l'été, et ne les tirant de prison qu'au commencement de l'automne, ils chantent pendant cette dernière saison, ce qu'ils n'eussent point fait sans cela : l'obscurité les rendait muets, le retour de la lumière est le printemps pour eux. *De Avibus*, p. 388.

b. On les appelle, en Flandre, *rabadiaux*.

c. Avec d'autant plus de raison que ceux qui ne sont point aveugles sont des chantres fort capricieux, et qui se taisent pour peu qu'il fasse de vent ou qu'ils éprouvent d'incommodité, et même d'inquiétude.

d. Le pinson est un oiseau de pipée ; il vient en faisant un cri, auquel les autres pinsons ne manquent pas de répondre, et aussitôt ils se mettent tous en marche. (Note de **M.** le docteur Lottinger.)

e. On établit le filet dans un bosquet de charmille d'environ soixante pieds de long sur trente-cinq de large, à portée des vignes et des chènevières ; le filet est à un bout, la loge où se met l'homme qui tient la corde du filet à l'autre bout ; deux appeaux dans l'espace qui est entre les deux nappes ; plusieurs autres pinsons en cage répandus dans le bosquet : cela s'appelle une *pinsonnière*. Il faut beaucoup d'attention à cacher l'appareil ; car le pinson, qui trouve aisément à vivre, n'est point facile à attirer dans le piége : quelques-uns disent qu'il est défiant et rusé, qu'il échappe à l'oiseau de proie en se tenant la tête en bas, que l'oiseau le méconnait dans cette situation, et que s'il fond sur lui, souvent il ne lui prend que quelques plumes de la queue. M. Guys m'assure que la femelle est encore plus rusée que le mâle : ce qu'il y a de sûr, c'est que mâle et femelle se laissent approcher de fort près.

f. Ceux que l'on prend aux gluaux meurent souvent à l'instant où on les prend, soit par le regret de la liberté, soit qu'ils aient été blessés par la chouette, soit qu'ils en aient eu peur.

nos jardins, sur les arbres fruitiers, mais ils le cachent avec tant de soin
que souvent on a de la peine à l'apercevoir, quoiqu'on en soit fort près : ils
le construisent de mousse blanche et de petites racines en dehors, de laine,
de crins, de fils d'araignées et de plumes en dedans. La femelle pond cinq
ou six œufs gris rougeâtres semés de taches noirâtres plus fréquentes au gros
bout : le mâle ne la quitte point tandis qu'elle couve, surtout la nuit; il se
tient toujours fort près du nid, et le jour s'il s'éloigne un peu, c'est pour
aller à la provision. Il se pourrait que la jalousie fût pour quelque chose
dans cette grande assiduité, car ces oiseaux sont d'un naturel très-jaloux : s'il
se trouve deux mâles dans un même verger au printemps ils se battent avec
acharnement jusqu'à ce que le plus faible cède la place ou succombe ; c'est
bien pis s'ils se trouvent dans une même volière où il n'y ait qu'une femelle[a].

Les père et mère nourrissent leurs petits de chenilles et d'insectes; ils en
mangent eux-mêmes[b]; mais ils vivent plus communément de petites graines,
de celles d'épine blanche, de pavot, de bardane, de rosier, surtout de
faîne, de navette et de chènevis : ils se nourrissent aussi de blé, et même
d'avoine dont ils savent fort bien casser les grains pour en tirer la substance
farineuse; quoiqu'ils soient d'un naturel un peu rétif, on vient à bout de les
former au petit exercice de la galère, comme les chardonnerets ; ils apprennent à se servir de leur bec et de leurs pieds pour faire monter le seau dont
ils ont besoin.

Le pinson est plus souvent posé que perché ; il ne marche point en sautillant, mais il coule légèrement sur la terre, et va sans cesse ramassant
quelque chose; son vol est inégal, mais lorsqu'on attaque son nid, il plane
au-dessus en criant.

Cet oiseau est un peu plus petit que notre moineau : il est trop connu
pour le décrire en détail; on sait qu'il a les côtés de la tête, le devant du
cou, la poitrine et les flancs d'une belle couleur vineuse; le dessus de la
tête et du corps marron; le croupion olivâtre, et une tache blanche sur
l'aile. La femelle a le bec plus effilé et les couleurs moins vives; mais soit
dans la femelle, soit dans le mâle, le plumage est fort sujet à varier : j'ai
vu une femelle vivante, prise sur ses œufs le 7 mai, qui différait de celle
que M. Brisson a décrite; elle avait le dessus de la tête et du dos d'un brun
olivâtre, une espèce de collier gris qui environnait le cou par derrière, le
ventre et les couvertures inférieures de la queue blancs, etc. Parmi les
mâles il y en a qui ont le dessus de la tête et du cou cendrés, et d'autres
d'un brun marron; quelques-uns ont les pennes de la queue les plus voi-

<hr>

a. On conseille même de ne pas mettre plus de deux paires dans la même chambre, de peur
que les mâles ne se poursuivent et qu'ils ne causent du désordre dans la volière.

b. Aldrovande savait cela, et il ajoute que les oiseleurs donnaient aux pinsons qui leur ser-
vaient d'appeaux, une sauterelle ou quelque autre insecte pour les mettre en train de chanter;
ce qui supposerait dans ces oiseaux un appétit de préférence pour les insectes.

sines des deux intermédiaires, bordées de blanc, et d'autres les ont entièrement noires : est-ce l'âge qui produit ces petites différences?

Un jeune pinson pris sous la mère, dont les pennes de la queue étaient
déjà longues de six lignes, avait le dessous du corps comme la mère, le dessus d'un brun cendré, le croupion olivâtre ; ses ailes avaient déjà les deux
raies blanches, mais les bords du bec supérieur n'étaient point encore
échancrés près de la pointe, comme ils le sont dans les mâles adultes : ce
qui me ferait croire que cette échancrure, qui se trouve dans beaucoup
d'espèces, ne dépend pas immédiatement de la première organisation, mais
que c'est un effet secondaire et mécanique produit par la pression continuelle de l'extrémité du bec inférieur, qui est un peu plus court, contre les
bords du bec supérieur.

Tous les pinsons ont la queue fourchue et composée de douze pennes;
le fond de leurs plumes est cendré obscur, et leur chair n'est bas bonne à
manger. La durée de leur vie est de sept ou huit ans.

Longueur totale, six pouces un tiers ; bec, six lignes ; vol, près de dix
pouces ; queue, deux pouces deux tiers ; elle dépasse les ailes d'environ
seize lignes.

VARIÉTÉS DU PINSON.

Indépendamment des variations fréquentes de plumage que l'on peut
remarquer dans les pinsons d'un même pays, on a observé parmi les pinsons de différents climats des variétés plus constantes, et que les auteurs
ont jugées dignes d'être décrites. Les trois premières ont été observées en
Suède, et les deux autres en Silésie.

I. — LE PINSON A AILES ET QUEUE NOIRES. [a]

Il a en effet les ailes entièrement noires ; mais la penne extérieure de la
queue et la suivante sont bordées de blanc en dehors, depuis le milieu de
leur longueur : cet oiseau se tient sur les arbres, dit M. Linnæus.

II. — LE PINSON BRUN. [b]

Il est remarquable par sa couleur brune et par son bec jaunâtre ; mais

a. « Fringilla artubus , remigibus , rectricibusque nigris, duabus utrimque extimis a medio
« extrorsùm albis. » Linnæus. *Fauna Suecica*, n° 200. — « Fringilla sylvatica artubus, etc. »
Linnæus. *Syst. nat.* , édit. X , g. 98, sp. 6, p. 180. — « Fringilla alis et caudâ nigris. » Brisson,
t. III , p. 153.

b. « Fringilla fusca , rostro flavicante. » Linnæus. *Faun. Suec.*, n° 204. — « Fringilla flavi-
« rostris fusca , etc. » Linn. *Syst. nat.*, édit. X , g. 98, sp. 21 , p. 182. — « Fringilla fusca. »
Brisson, t. III , p. 154.

cette couleur brune n'est point uniforme, elle est moins foncée sur la partie
antérieure, et participe du cendré et du noirâtre sur la partie postérieure :
cette variété a les ailes noires comme la précédente, les pieds de même
couleur et la queue fourchue. Les Suédois lui donnent le nom de *riska*,
dit M. Linnæus.

III. — LE PINSON BRUN HUPPÉ. [a]

Sa huppe est couleur de feu, et c'est le trait caractéristique qui le distingue de la variété précédente. M. Linnæus disait, en 1746, qu'il se trouvait en Nortlande, c'est-à-dire dans la partie septentrionale de la Suède ;
mais douze ans après il a cru le reconnaître dans la linotte noire de Klein,
et il a dit en général qu'il se trouvait en Europe.

IV. — LE PINSON BLANC. [b]

Il est fort rare, selon Schwenckfeld, et ne diffère que par la couleur de
notre pinson ordinaire. Gessner atteste qu'on avait vu un pinson dont le
plumage était entièrement blanc.

V. — LE PINSON A COLLIER. [c]

Il a le sommet de la tête blanc et un collier de la même couleur : cet
oiseau a été pris dans les bois, aux environs de Kotzna.

LE PINSON D'ARDENNE. [d*]

Il pourrait se faire que ce pinson, qui passe généralement pour le pinson de montagne ou l'*orospiza* d'Aristote, ne fût que son *spiza* ou son

a. « Fringilla fusca, cristâ flammeâ. » Linnæus, *Faun. Suec.*, nᵒ 201. — « Fringilla flammeâ
« fuscâ, etc. » Linn., *Syst. nat.*, édit. X, g. 98, sp. 20, p. 182. — « Luteola nigra, *schwarzer*
« *zeilig.* » Schwenckfeld, *Av. Siles.*, p. 297. — « Linaria seu luteola nigra Schwenckfeldi,
« *schwarzer henfling.* » Klein, *Ordo Avium*, p. 93, nᵒ v.

b. « Fringilla candida, *weisse fincke, weisse buch-fincke.* » Schwenckfeld, *Av. Siles.*, p. 262.
— Gessner, *de Avibus*, p. 387. — Brisson, t. III, p. 154.

c. « Fringilla torquata, *ringel-finch.* » Schwenckfeld. *Av. Sil.*, p. 262. — Brisson, t. III,
page 155.

d. Pinson de montagne, *fringilla montana, hyberna*, etc. : en Savoie, *quinçon de montagne;*
en Sologne, *ardenet, pinson des Ardennes ;* à Orléans, *pichot mondain* ou *pichot de mer ;*
ébourgeonneau ou *pinson d'Artois*, selon Fortin, dans ses *Ruses innocentes.* Salerne, *Hist.
nat. des oiseaux*, p. 269. — Quoique les pinsons d'Ardenne et autres aient les bords du bec
échancrés près de la pointe, M. Brisson les a admis dans le genre du moineau dont l'un des
caractères est d'avoir les deux mandibules droites et entières.

* *Fringilla montifringilla* (Linn.). — *Le pinson de montagne.* (Cuv.).

pinson proprement dit ; et que notre pinson ordinaire, qui passe généralement pour son *spiza*, fût son véritable *orospiza* ou pinson de montagne.
Voici mes raisons.

Les anciens ne faisaient point de descriptions complètes ; mais ils
disaient un mot, soit des qualités extérieures, soit des habitudes ; et ce
mot indiquait ordinairement ce qu'il y avait de plus remarquable dans
l'animal. L'*orospiza*, dit Aristote [a], est semblable au *spiza ;* il est un peu
moins gros, il a le cou bleu, enfin il se tient dans les montagnes : or toutes
ces propriétés appartiennent à notre pinson ordinaire, et quelques-unes
d'elles lui appartiennent exclusivement.

1° Il a beaucoup de ressemblance avec le pinson d'Ardenne par la supposition même, et pour s'en convaincre, il ne faut que les comparer l'un à
l'autre ; d'ailleurs il n'est pas un seul méthodiste qui n'ait rapporté ces deux
espèces au même genre ;

2° Notre pinson ordinaire est un peu plus petit que le pinson d'Ardenne,
suivant le témoignage des naturalistes et suivant ce que j'ai observé moi-
même ;

3° Notre pinson ordinaire a le dessus de la tête et du cou d'un cendré
bleuâtre [b] ; au lieu que dans le pinson d'Ardenne ces mêmes parties sont
variées de noir lustré et de gris jaunâtre ;

4° Nous avons remarqué ci-dessus, d'après Olina, qu'en Italie notre
pinson ordinaire se retire l'été dans les montagnes pour y nicher ; et comme
le climat de la Grèce est fort peu différent de celui de l'Italie, on peut supposer par analogie, à défaut d'observation, qu'en Grèce notre pinson ordinaire niche aussi sur les montagnes [c] ;

5° Enfin, le *spiza* d'Aristote semble chercher, suivant ce philosophe, les
pays chauds pendant l'été et les pays froids pendant l'hiver [d]. Or cela convient beaucoup mieux aux pinsons d'Ardenne qu'aux pinsons ordinaires,
puisqu'une grande partie de ceux-ci ne voyagent point, et que ceux-là non-
seulement sont voyageurs, mais qu'ils ont coutume d'arriver au fort de
l'hiver [e] dans les différents pays qu'ils parcourent : c'est ce que nous savons
par expérience, et ce qui d'ailleurs est attesté par les noms de pinson

a. *Hist. animalium*, lib. viii, cap. iii.

b. « Caput in mare cærulescit, » dit Willughby.

c. Frisch prétend que les pinsons d'Ardenne viennent des montagnes en automne, et que
lors u'ils s'en retournent, ils prennent le chemin des montagnes du nord. M. le marquis de
Piolenc, qui m'a donné plusieurs notes sur ces oiseaux, m'assure qu'ils partent dans le mois
d'octobre des montagnes de Savoie et de Dauphiné, et qu'ils y reviennent au mois de février :
ces époques s'accordent très-bien avec celles où nous les voyons passer et repasser en Bourgogne ; il peut se faire que les deux espèces aiment les montagnes et se ressemblent en ce point.

d. *Historia animalium*, lib. ix, cap. vii.

e. Aldrovande assure positivement que cela est ainsi aux environs de Bologne : M. Lottinger
me mande que dès la fin d'août il en paraît quelques-uns en Lorraine ; mais que l'on n'en voit
de grosses troupes que sur la fin d'octobre, et même plus tard.

d'hiver, pinson de neige, que l'on a donnés en divers pays au pinson d'Ardenne.

De tout cela il résulte, ce me semble, que très-probablement ce dernier est le *spiza* d'Aristote, et notre pinson ordinaire son *orospiza*.

Les pinsons d'Ardenne ne nichent point dans nos pays; ils y passent d'années à autres en très-grandes troupes : le temps de leur passage est l'automne et l'hiver; souvent ils s'en retournent au bout de huit ou dix jours; quelquefois ils restent jusqu'au printemps : pendant leur séjour ils vont avec les pinsons ordinaires, et se retirent comme eux dans les feuillages. Il en parut des volées très-nombreuses en Bourgogne dans l'hiver de 1774, et des volées encore plus nombreuses dans le pays de Wirtemberg, sur la fin de décembre 1775; ceux-ci allaient se gîter tous les soirs dans un vallon sur les bords du Rhin [a], et dès l'aube du jour ils prenaient leur vol : la terre était toute couverte de leur fiente. La même chose avait été observée dans les annnées 1735 et 1757 [b]; on ne vit peut-être jamais un aussi grand nombre de ces oiseaux en Lorraine que dans l'hiver de 1765; chaque nuit on en tuait plus de six cents douzaines, dit M. Lottinger, dans des forêts de sapins qui sont à quatre ou cinq lieues de Sarrebourg; on ne prenait pas la peine de les tirer, on les assommait à coups de gaules, et quoique ce massacre eût duré tout l'hiver, on ne s'apercevait presque pas à la fin que la troupe eût été entamée. M. Willughby nous apprend qu'on en voit beaucoup aux environs de Venise [c], sans doute au temps du passage; mais nulle part ils ne reviennent aussi régulièrement que dans les forêts de Weissembourg, où abonde le hêtre, et par conséquent la faîne dont ils sont très-friands : ils en mangent le jour et la nuit; ils vivent aussi de toutes sortes de petites graines. Je me persuade que ces oiseaux restent dans leur pays natal tant qu'ils y trouvent la nourriture qui leur convient, et que c'est la disette qui les oblige à voyager; du moins il est certain que l'abondance des graines qu'ils aiment de préférence ne suffit pas toujours pour les attirer dans un pays, même dans un pays qu'ils connaissent; car, en 1774, quoiqu'il y eût abondance de faîne en Lorraine, ces pinsons n'y parurent pas et prirent une autre route : l'année suivante, au contraire, on en vit quelques troupes quoique la faîne eût manqué [d]. Lorsqu'ils arrivent chez nous ils ne sont point du tout sauvages et se laissent approcher de fort près : ils volent

a. M. Lottinger dit, peut-être un peu trop généralement, que le jour ils se répandent dans les forêts de la plaine, et que la nuit ils se retirent sur la montagne : cette marche n'est point apparemment invariable, et l'on peut croire qu'elle dépend du local et des circonstances.

On en a vu cette année, dans nos environs, une volée de plus de trois cents qui a passé trois ou quatre jours dans le même endroit, et cet endroit est montagneux. Il se sont toujours posés sur le même noyer, et lorsqu'on les tirait ils partaient tous à la fois, et dirigeaient constamment leur route vers le nord ou le nord-est. (Note de M. le marquis de Piolenc.)

b. Voyez la *Gazette d'agriculture*, année 1776, n° 9, p. 66.

c. Page 187.

d. Je tiens ces faits de M. Lottinger.

serrés, se posent et partent de même; cela est au point que l'on en peut tuer douze ou quinze d'un seul coup de fusil.

En pâturant dans un champ ils font à peu près la même manœuvre que les pigeons; de temps en temps on en voit quelques-uns se porter en avant, lesquels sont bientôt suivis de toute la bande.

Ce sont, comme l'on voit, des oiseaux connus et répandus dans toutes les parties de l'Europe, du moins par leurs voyages; mais ils ne se bornent point à l'Europe. M. Edwards en a vu qui venaient de la baie d'Hudson, sous le nom d'*oiseaux de neige;* et les gens qui fréquentent cette contrée lui ont assuré qu'ils étaient des premiers à y reparaître chaque année au retour du printemps, avant même que les neiges fussent fondues [a].

La chair des pinsons d'Ardenne, quoique un peu amère, est fort bonne à manger, et certainement meilleure que celle du pinson ordinaire; leur plumage est aussi plus varié, plus agréable, plus velouté; mais il s'en faut beaucoup qu'ils chantent aussi bien : on a comparé leur voix à celle de la chouette [b] et à celle du chat [c]; ils ont deux cris, l'un est une espèce de piaulement, l'autre, qu'ils font entendre étant posés à terre, approche de celui du traquet; mais il n'est ni aussi fort ni aussi prononcé. Quoique nés avec si peu de talents naturels, ces oiseaux sont néanmoins susceptibles de talents acquis : lorsqu'on les tient à portée d'un autre oiseau dont le ramage est plus agréable, le leur s'adoucit, se perfectionne, et devient semblable à celui qu'ils ont entendu [d]. Au reste, pour avoir une idée juste de leur voix, il faudrait les avoir ouïs au temps de la ponte; car c'est alors, c'est en chantant l'hymne de l'amour que les oiseaux font entendre leur véritable ramage.

Un chasseur, qui avait voyagé, m'a assuré que ces oiseaux nichaient dans le Luxembourg; qu'ils posaient leurs nids sur les sapins les plus branchus, assez haut; qu'ils commençaient à y travailler sur la fin d'avril; qu'ils y employaient la longue mousse des sapins au dehors, du crin, de la laine et des plumes au dedans; que la femelle pondait quatre ou cinq œufs jaunâtres et tachetés, et que les petits commençaient à voltiger de branche en branche dès la fin de mai.

Le pinson d'Ardenne est, suivant Belon, un oiseau courageux et qui se défend avec son bec jusqu'au dernier soupir; tous conviennent qu'il est d'un naturel plus doux que notre pinson ordinaire, et qu'il donne plus facilement dans les piéges; on en tue beaucoup à certaines chasses que l'on pratique dans le pays de Weissembourg et qui méritent d'être connues : on se rassemble pour cela dans la petite ville de Bergzabern, et le jour étant

a. *Nat. history of uncommon birds*, part. ii, pag. 117.
b. Belon. *Nature des oiseaux*, page 371.
c. Olina, page 32.
d. *Id ibid.*

pris on envoie la veille des observateurs à la découverte pour remarquer les arbres sur lesquels ils ont coutume de se poser le soir ; c'est communément sur de petits picéas et sur d'autres arbres toujours verts : ces observateurs de retour servent de guides à la troupe, elle part le soir avec des flambeaux et des sarbacanes ; les flambeaux servent à éblouir les oiseaux et à éclairer les chasseurs ; les sarbacanes servent à ceux-ci pour tuer les pinsons avec de petites boules de terre sèche : on les tire de très-près, afin de ne les point manquer ; car s'il y en avait un seul qui ne fût que blessé, ses cris donne- raient infailliblement l'alarme aux autres, et bientôt ils s'envoleraient tous à la fois.

La nourriture principale de ceux que l'on veut avoir en cage, c'est le panis, le chènevis, la faîne, etc. Olina dit qu'ils vivent quatre ou cinq ans.

Leur plumage est sujet à varier dans les différents individus : quelques mâles ont la gorge noire, et d'autres ont la tête absolument blanche et les couleurs plus faibles[a]. Frisch remarque que les jeunes mâles, lorsqu'ils arrivent, ne sont pas si noirs et n'ont pas les couvertures inférieures des ailes d'un jaune si vif que lorsqu'ils s'en retournent ; il peut se faire que l'âge plus avancé amène encore d'autres différences dans les deux sexes, et de là toutes celles que l'on remarque dans les descriptions.

Le pinson que j'ai observé pesait une once ; il avait le front noir, le dessus de la tête et du cou et le haut du dos varié de gris jaunâtre et de noir lustré ; la gorge, le devant du cou, la poitrine et le croupion d'un roux clair ; les petites couvertures de la base de l'aile d'un jaune orangé ; les autres formaient deux raies transversales d'un blanc jaunâtre, séparées par une bande noire plus large ; toutes les pennes de l'aile, excepté les trois premières, avaient sur leur bord extérieur, à l'endroit où finissaient les grandes couvertures, une tache blanche d'environ cinq lignes de long ; la suite de ces taches formait une troisième raie blanche qui était parallèle aux deux autres dans l'aile étendue, mais qui, dans l'aile repliée, ne pa- raissait que sous la forme d'une tache oblongue presque parallèle à la côte des pennes ; enfin ces mêmes pennes étaient d'un très-beau noir, bor- dées de blanc ; les petites couvertures inférieures des ailes les plus proches du corps se faisaient remarquer par leur belle couleur jaune. Les pennes de la queue étaient noires, bordées de blanc ou de blanchâtre ; la queue fourchue, les flancs mouchetés de noir ; les pieds d'un brun olivâtre ; les ongles peu arqués, le postérieur le plus fort de tous ; les bords du bec supé- rieur échancrés près de la pointe ; les bords du bec inférieur rentrants et reçus dans le supérieur, et la langue divisée par le bout en plusieurs filets très-déliés.

Le tube intestinal avait quatorze pouces de longueur, le gésier était mus-

a. Voyez Aldrovande, page 821. M. Brisson en a fait une variété marquée A, qu'il nomme *montifringilla leucocephalos*, t. III, p. 159.

culeux, doublé d'une membrane cartilagineuse sans adhérence, précédé d'une dilatation de l'œsophage, et encore d'un jabot qui avait cinq à six lignes de diamètre, le tout rempli de petites graines sans un seul petit caillou : je n'ai vu ni cœcum ni vésicule du fiel.

La femelle n'a point la tache orangée de la base de l'aile, ni la belle couleur jaune de ses couvertures inférieures; sa gorge est d'un roux plus clair, et elle a quelque chose de cendré sur le sommet de la tête et derrière le cou.

Longueur totale six pouces un quart; bec, six lignes et demie; vol, près de dix pouces; queue, deux pouces un tiers : elle dépasse les ailes d'environ quinze lignes.

LE GRAND-MONTAIN. [a] *

Ce pinson est le plus grand de ceux qui habitent l'Europe; Klein dit qu'il égale l'alouette en grosseur. Il se trouve dans la Laponie aux environs de Torneo : il a la tête noirâtre, variée de blanc roussâtre, ornée de chaque côté d'une raie blanche qui part de l'œil et descend le long du cou; le cou, la gorge et la poitrine d'un roux clair ; le ventre, et tout ce qui suit, blanc; le dessus du corps roussâtre, varié de brun ; les ailes noires, bordées de jaune pâle et verdâtre, et traversées par une raie blanche; la queue fourchue, composée de douze pennes presque noires, bordées de jaunâtre ; le bec couleur de corne, plus foncée vers la pointe ; les pieds noirs.

Longueur totale six pouces et demi; bec, sept lignes, comme le pied et le doigt du milieu ; vol, onze pouces et demi ; queue, deux pouces et demi : elle dépasse les ailes de dix lignes.

[a]. Le grand pinson de montagne, *the greater brambling*. Albin, *Oiseaux*, t. III, n° 63. — « Fringilla capite nigricante maculato, maculâ albâ ponè oculos. *Carduelis Laponica* Rud-« beck.» Linnæus, *Fauna Suecica*, n° 196; et *Syst. nat.*, édit. X, g. 98, sp. 5, p. 180. — « Emberiza capite nigro, luteis maculis vario... the greater brambling. » Klein, *Ordo Avium*, p. 92, n° x. — « Passer supernè rufescens, maculis fuscis varius, infernè albus; capite « nigricante, albo-rufescente maculato; collo inferiore et pectore dilutè rufis ; tæniâ transversâ « in alis candidâ; rectricibus nigricantibus, oris exterioribus flavicantibus... *fringilla mon-* « *tana.* » Brisson, t. III, p. 160. — Il me semble que M. Brisson n'a pas été fondé à rapporter à cette espèce le troisième pinson de montagne d'Aldrovande, p. 821 et 823, puisque Aldrovande dit positivement, qu'il ressemble parfaitement au pinson d'Ardenne si ce n'est qu'il n'a point de noir à la gorge, et que la seconde bande transversale jaune de l'aile est beaucoup plus marquée. — Il est probable que le grand-montain est l'oiseau que les habitants des montagnes du Dauphiné appellent *roussolan.*

* *Fringilla laponica* (Gmel.). — *Fringilla calcarata* (Pall.). — Le *bruant de Laponie* (Cuv.). — C'est un *bruant.*

LE PINSON DE NEIGE OU LA NIVEROLLE. [a] *

Cette dénomination est fondée apparemment sur la couleur blanche de
la gorge, de la poitrine et de toute la partie inférieure de l'oiseau, comme
aussi sur ce qu'il habite les pays froids et qu'il ne paraît guère dans les pays
tempérés qu'en hiver, et lorsque la terre est couverte de neige : il a les
ailes et la queue noires et blanches; la tête et le dessus du cou cendré, en
quoi il se rapproche de notre pinson; le dessus du corps gris-brun, varié
d'une couleur plus claire; les couvertures supérieures de la queue tout à
fait noires, ainsi que le bec et les pieds.

Longueur totale, sept pouces; bec, sept lignes; pieds, neuf lignes et
demie; vol, douze pouces; queue, deux pouces sept lignes : elle dépasse les
ailes de huit à neuf lignes.

LE BRUNOR. [b] **

Ce nom renferme une description en raccourci, car l'oiseau à qui on
l'a donné, et qui est le plus petit de tous les pinsons connus, a la gorge, la
poitrine et tout le dessous du corps d'un orangé rougeâtre; il a de plus la
tête et tout le dessus du corps d'un brun foncé; mais les plumes, et même
les pennes, sont bordées d'une nuance plus claire, ce qui produit une couleur mêlée : enfin il a le bec blanc et les pieds bruns.

M. Edwards, à qui nous devons la connaissance de cet oiseau, n'a pu
découvrir de quel pays il venait. M. Linnæus dit qu'il se trouve aux Indes.

Longueur totale, trois pouces et un quart; bec, trois lignes et demie;
pieds, quatre lignes et demie; queue, un pouce : elle dépasse les ailes de
six lignes.

a. « Passer supernè griseo fuscus, marginibus pennarum dilutioribus, infernè niveus; capite
« et collo superiore cinereis; tectricibus alarum et remigibus minoribus candidis; rectricibus
« lateralibus albis, apice nigris... » *Fringilla nivalis*; le *pinson de neige* ou la *niverolle*. Brisson,
t. III, p. 162, pl. **xv**, fig 1. — C'est le *nivereau* des montagnards du Dauphiné.

b. Petite pivoine brune, *Rubicilla fusca minima; the little brown bull-finch.* Edwards,
pl. 83, la figure supérieure. — « Fringilla fusca Americana. » Klein, *Ordo avium*, p. 98,
n° **xvi**; il confond la petite pivoine brune d'Edwards, pl. 83, avec la grande pivoine, pl. 82,
dont M. Brisson a fait son trentième tangara. — « Loxia fusca sub'ùs rubra, loxia bicolor. »
Linnæus, *Syst. nat.*, édit. X, g. 96, sp. 32. — « Passer supernè saturatè fuscus, infernè
« aurantio-rufescens, remigibus rectricibusque saturatè fuscis, oris remigum dilutioribus... »
Fringilla rubra minor, le petit pinson rouge. Brisson, t. III, p. 164.

* *Fringilla nivalis* (Linn.).
** *Loxia bicolor* (Gmel.).

LE BRUNET. [a] *

La couleur dominante de cet oiseau est le brun, mais elle est moins foncée sous le corps. Catesby nous dit que son pinson brun, qui est notre brunet, se trouve en Virginie ; qu'il va avec les choucas et les oiseaux dont nous avons parlé sous le nom de commandeurs [b], et que d'autres appellent *étourneaux à ailes rouges* : il ajoute qu'il se plait dans les parcs où l'on renferme les bestiaux, et que l'on n'en voit point en été.

Longueur totale, six pouces trois quarts; bec, sept lignes ; queue, deux pouces et demi : dépasse les ailes d'environ quinze lignes; pieds, onze lignes; doigt du milieu, *idem.*

LE BONANA. [c] **

Le bonana est un arbre d'Amérique sur lequel se perche volontiers l'oiseau dont il s'agit ici, et c'est de là qu'il a pris son nom. Il a les plumes du dessus du corps soyeuses et d'un bleu obscur; le dessous d'un bleu plus clair; le ventre varié de jaune; les ailes et la queue d'un bleu obscur tirant sur le vert, les pieds noirs, la tête grosse à proportion du corps, et le bec court, épais et arrondi.

Cet oiseau se trouve à la Jamaïque.

Longueur totale, quatre pouces et demi; bec, quatre lignes; vol, huit pouces et quelques lignes; queue, environ seize lignes, dépasse les ailes de cinq à six lignes.

LE PINSON A TÊTE NOIRE ET BLANCHE. [d] ***

La tête de cet oiseau est noire, ainsi que le dos et les plumes scapulaires, mais elle a de chaque côté deux raies blanches, dont l'une passe au-dessus

a. Moineau brun, *cowpen bird.* Catesby, t. I, pl. 34. — « Passer in toto corpore fuscus, « supernè saturatiùs, infernè dilutiùs ; remigibus rectricibusque fuscis, rostro nigricante... » *Fringilla Virginiana,* le pinson de Virginie, Brisson, t. III, p. 165.

b. Page 33 de ce volume.

c. « Passer cæruleo-fuscus : the bonana bird. » Ray, *Synopsis*, p. 187, n° 46. — « Passer « cæruleo-fuscus : the bonano bird. » Sloan. *Jamaïque*, t. II, p. 311. — « Passer cæruleo-« fuscus : the bonana bird. » Klein, p. 89. — « Emberiza remigibus rectricibusque nigris ; « pectore viridi cærulescente. » Linnæus, *Amœn. Acad.*, t. I, p. 497. — « Passer obscurè « cæruleus, pectore dilutiùs cæruleo; apicibus pennarum in ventre luteis, remigibus rectri-« cibusque e cæruleo obscuro virescentibus, » *Fringilla Jamaicensis.* Pinson de la Jamaïque. Brisson, t. III, p. 166.

d. « Fringilla Bahamensis : The Bahama-finch, » Pinson de Bahama. Catesby, t. I, p. 42

* *Fringilla pecoris* (Linn.).

** *Fringilla Jamaica* (Linn.).

*** *Fringilla Zena* (Linn.).

et l'autre au-dessous de l'œil. Le cou est noir par devant, et d'un rouge obscur par derrière ; cette dernière couleur règne sur le croupion et les couvertures supérieures de la queue ; la gorge est jaune, la poitrine orangée ; le ventre, jusques et compris les couvertures inférieures de la queue, blanc ; la queue brune, et les ailes de même : celles-ci ont une raie transversale blanche.

Cet oiseau est très-commun à Bahama et dans plusieurs autres contrées de l'Amérique méridionale : il est à peu près de la grosseur de notre pinson ordinaire ; son poids est de six gros.

Longueur totale, six pouces et un quart ; bec, sept lignes ; queue, deux pouces et un tiers : dépasse les ailes d'environ quinze lignes.

LE PINSON NOIR AUX YEUX ROUGES. [a]*

Le noir règne sur la partie supérieure du corps (sur le haut de la poitrine, suivant Catesby) et sur les pennes de la queue et des ailes [b] ; mais celles de la queue sont bordées de blanc ; le milieu du ventre est de cette dernière couleur ; le reste du dessous du corps est d'un rouge obscur, le bec noir, les yeux rouges et les pieds bruns. La femelle est toute brune, avec une teinte de rouge sur la poitrine.

Cet oiseau se trouve à la Caroline ; il va par paires et se tient dans les bois les plus épais ; il est de la grosseur d'une alouette huppée.

Longueur totale, huit pouces ; bec, huit lignes ; pieds, seize lignes ; queue, trois pouces : dépasse les ailes d'environ vingt-sept lignes, d'où on peut conclure qu'il n'a pas le vol fort étendu.

Klein, p. 97, n° 6. — « Passer supernè niger, infernè albus ; collo superiore et uropygio obscurè « rubris, gutture luteo ; pectore aurantio ; tæniá utrimque duplici in capite candidá ; rectri- « cibus fuscis... » *Fringilla Bahamensis.* Pinson de Bahama. Brisson, t. III, p. 168. — « Frin- « gilla capite nigro, fasciá albá alarum suprà infràque oculos, pectore fulvo ;... » *Zena.* Linnæus, *Syst. nat.,* édit. X, g. 98, sp. 15, p. 181.

a. *Towhe-bird,* moineau noir aux yeux rouges, Catesby, t. I, p. 34. — « Passer niger, oculis « rubris, iride nigrá. » *Schwarzer Sperling.* Klein, *Ordo avium,* p. 89, n° 7. — « Fringilla « erithrophthalma, nigra, rubro relucens ; abdomine rufescente ; maculá alarum albá. » Linnæus, *Syst. nat.,* édit., X, g. 98, sp. 8. — « Passer supernè niger, infernè obscurè ruber, « medio ventre candido ; remigibus rectricibusque nigris ; oris exterioribus majorum remigum « albis (Mas). » — « Passer in toto corpore fuscus, cum levi in pectore rubri mixturá... » *Fringilla Carolinensis.* Pinson de la Caroline. Brisson, t. III, p. 169.

b. M. Klein dit qu'il a six raies blanches sur les ailes. *Loco citato.*

* *Fringilla erythrophthalma* (Linn.).

LE PINSON NOIR ET JAUNE. [a] *

La couleur générale de cet oiseau est un noir velouté sur lequel parait avec avantage la belle couleur jaune qui règne sur la base de l'aile, le croupion et les couvertures supérieures de la queue, et qui borde les grandes pennes des ailes ; les petites pennes et les grandes couvertures sont bordées de gris ; le bec et les pieds sont de cette dernière couleur.

Cet oiseau a été envoyé du cap de Bonne-Espérance ; il est de la grosseur de notre pinson ordinaire.

Longueur totale, six pouces et plus ; bec, huit lignes ; pieds, douze lignes ; doigt du milieu, dix lignes ; le doigt postérieur à peu près aussi long ; vol, dix pouces et un quart ; queue, deux pouces deux lignes : dépasse les ailes de douze lignes.

LE PINSON A LONG BEC. [b] **

Cet oiseau a la tête et la gorge noires ; le dessus du corps varié de brun et de jaune ; le dessous d'un jaune orangé ; un collier couleur de marron ; les pennes de la queue olivâtres en dehors ; les grandes pennes de l'aile de même couleur, terminées de brun ; les moyennes brunes, bordées de jaunâtre ; le bec et les pieds gris-brun. Il a été envoyé du Sénégal. Sa grosseur est à peu près celle de notre pinson ordinaire.

Longueur totale, six pouces un quart ; bec, neuf lignes ; pieds, onze lignes ; doigt du milieu, dix lignes ; vol, dix pouces un quart ; queue, deux pouces un quart : dépasse les ailes d'environ un pouce. On voit que c'est, de tous les pinsons connus, celui qui a le plus long bec.

L'OLIVETTE. [c] ***

J'appelle ainsi un pinson venu de la Chine, qui a la base du bec, les joues, la gorge, le devant du cou et les couvertures supérieures de la

---

a. « Passer splendidè niger, dorso inferiore, uropygio et tectricibus alarum minoribus luteis ; « remigibus fuscis, oris exterioribus majorum luteis, minorum griseis : rectricibus splendidè « nigris... » Fringilla capitis Bonæ-Spei. *Pinson du cap de Bonne-Espérance.* Brisson , t. III , page 171.

b. « Passer supernè ex fusco et flavo varius, infernè flavo-aurantius ; capite nigro ; collo « torque castaneo cincto ; rectricibus olivaceis, oris interioribus lateralium luteis... » Fringilla Senegalensis. *Pinson du Sénégal.* Brisson , t. III , p. 173.

c. « Passer supernè fusco-olivaceus, infernè rufo-flavus ; capite anteriùs et collo inferiore

  * *Loxia capensis* (Linn.).

  ** *Fringilla longirostris* (Linn.).

  *** *Fringilla sinica* (Gmel.).

queue d'un vert d'olive, le dessus de la tête et du corps d'un brun olivâtre, avec une légère teinte de roux sur le dos, le croupion et les couvertures des ailes les plus proches du corps; la queue noire, bordée de jaune,
terminée de blanchâtre; la poitrine et le ventre roux, mêlé de jaune; les
couvertures inférieures de la queue et des ailes d'un beau jaune; le bec et
les pieds jaunâtres. Il est à peu près de la grosseur de la linotte. La femelle
a les couleurs plus faibles, comme c'est l'ordinaire.

Longueur totale, cinq pouces; bec, six lignes; pieds, six lignes et demie;
doigt du milieu, sept lignes; vol, huit pouces un tiers; queue, vingt et une
lignes; elle est fourchue, et ne dépasse les ailes que de cinq ou six lignes.

LE PINSON JAUNE ET ROUGE. [a] *

Le jaune règne sur la gorge, le cou, la tête et tout le dessus du corps; le
rouge sur toutes les extrémités, savoir, le bec, les pieds, les ailes et la
queue : ces deux couleurs, se fondant ensemble, forment une belle couleur
orangée sur la poitrine et sur toute la partie inférieure du corps; outre cela
il y a de chaque côté de la tête une marque bleue immédiatement au-dessous de l'œil.

Seba dit que cet oiseau avait été envoyé de l'île Saint-Eustache, et il l'appelle *pinson d'Afrique :* apparemment que cet auteur connaissait une île de
Saint-Eustache, en Afrique, bien différente de celle de même nom qui est
l'une des petites Antilles. La grosseur du pinson jaune et rouge est à peu
près celle de notre pinson ordinaire.

Longueur totale, cinq pouces et demi, bec six lignes, pieds six lignes et
demie, doigt du milieu sept lignes, queue vingt-une lignes; elle dépasse les
ailes d'environ dix lignes.

LA TOUITE. [b] **

J'adopte le nom que Seba a donné à cet oiseau, parce que c'est un nom
propre qui lui a été imposé dans le pays et qui a rapport à son cri : or on

« viridi-olivaceis; remigibus rectricibusque primâ medietate luteis, alterâ nigris; remigum
« apicibus albidis... » Fringilla sinensis. *Pinson de la Chine.* Brisson, t. III, p. 175.

a. Beau moineau d'Afrique. Seba, planche lxv, fig. 6. — « Passer Africanus eximius, insulæ
« Sancti-Eustachii : » en allemand, *grosser africaner.* Klein, p. 90, nº 15. — « Passer supernè
« flavus, infernè aurantius, maculâ infra oculos cæruleâ; alis caudâque rubris... » *Fringilla
insulæ Sancti-Eustachii,* le pinson de l'ile de Saint-Eustache. Brisson, t. III, p. 177.

b. « Avis tuite Americana variegata. » Seba, t. I, p. 176, pl. cx, fig. 7. — « Passer ex
« rubro, flavo, cæruleo et albo marmoris instar variegatus, capite dilutè rubro purpureo

* *Fringilla Eustachii* (Gmel.).
** *Fringilla variegata* (Gmel.).

doit sentir combien de tels noms sont préférables à ces dénominations équivoques, composées d'un nom générique et d'un nom de pays, telle, par exemple, que celle du pinson varié de la Nouvelle-Espagne, par laquelle on a désigné l'oiseau dont il s'agit ici. Il est très-probable que dans la Nouvelle-Espagne il y a plus d'un oiseau à qui le nom de pinson varié peut convenir, et qu'il n'y en a pas deux à qui les habitants de ce pays se soient accordés à donner le nom de *touite*.

Ce bel oiseau a la tête d'un rouge clair, mêlé de pourpre; la poitrine de deux jaunes, le bec jaune, les pieds rouges; tout le reste varié de rouge, de blanc, de jaune et de bleu; enfin, les ailes et la queue bordées de blanc. Il est à peu près de la grosseur de notre pinson ordinaire.

Longueur totale cinq pouces deux tiers, bec six lignes et demie, pieds huit lignes, doigt du milieu sept lignes et demie, queue deux pouces : dépasse les ailes d'environ onze lignes.

LE PINSON FRISÉ. [a] *

Le nom de cet oiseau vient de ce qu'il a plusieurs plumes frisées naturellement, tant sous le ventre que sur le dos : il a en outre le bec blanc, la tête et le cou noirs, comme si on lui eût mis un coqueluchon de cette couleur, le dessus du corps, compris les pennes de la queue et des ailes, d'un brun olivâtre, le dessous du corps jaune, les pieds d'un brun foncé.

Comme cet oiseau venait de Portugal, on a jugé qu'il avait été envoyé des principales possessions des Portugais, c'est-à-dire du royaume d'Angole ou du Brésil.

Sa grosseur est à peu près celle de notre pinson ordinaire.

Longueur totale cinq pouces et demi, bec cinq à six lignes; la queue est composée de douze pennes égales, et dépasse les ailes de douze à treize lignes.

« admixto; pectore dilutè luteo, saturatâ flavedine obumbrato; rectricibus in apice margine
« albâ præditis...» *Fringilla varia novæ Hispaniæ.* Le pinson varié de la Nouvelle-Espagne.
Brisson, t. III, p. 178.

a. *The black and yellow frizled sparrow...* Le moineau frisé jaune et noir. En portugais,
beco de prata. Edwards, pl. 271. — « Passer pennis crispis vestitus, supernè obscurè oliva-
« ceus, infernè luteus; capite et collo nigris; rectricibus obscurè olivaceis; rostro candido. »
Brisson, t. VI, supplément, p. 86.

* *Fringilla crispa* (Gmel.)

LE PINSON A DOUBLE COLLIER. [a] [*]

Cet oiseau a en effet deux colliers, ou plutôt deux demi-colliers, l'un par devant et l'autre par derrière ; le premier noir et le plus bas des deux, l'autre blanc : il a de plus la poitrine et tout le dessous du corps d'un blanc teinté de roussâtre ; la gorge, le tour du bec et des yeux d'un blanc pur ; la tête noire ; tout le dessus du corps d'un cendré brun, qui s'éclaircit sur les couvertures supérieures de la queue ; les grandes pennes des ailes noires ; les moyennes et les couvertures supérieures noires, bordées d'un brun rougeâtre et qui a de l'éclat ; le bec noir et les pieds bruns. M. Brisson dit qu'il se trouve dans les Indes. Il est de la grosseur de notre pinson ordinaire.

Longueur totale environ cinq pouces, bec six lignes, queue vingt lignes ; elle est composée de douze pennes égales, et dépasse les ailes d'environ dix lignes.

LE NOIR-SOUCI. [b] [**]

C'est ici une espèce nouvelle à qui j'ai cru devoir donner un nouveau nom ; ce nom est formé des couleurs principales qui règnent dans le plumage de l'oiseau : il a la gorge, le devant du cou et la poitrine souci ; le dessus du corps noirâtre ; les pennes des ailes et de la queue de même, bordées extérieurement de bleu ; la tête et le dessus du cou du même bleu ; le ventre et les couvertures inférieures de la queue d'un jaune soufre ; le bec noirâtre, court, fort et convexe ; le bec inférieur d'une couleur plus claire ; les narines rondes, situées dans la base du bec et percées à jour ; la langue demi-cartilagineuse et fourchue ; les pieds d'un brun rougeâtre ; le doigt du milieu uni à l'extérieur par une membrane jusqu'à la première articulation ; le doigt postérieur le plus gros de tous les doigts, et son ongle le plus fort de tous les ongles, lesquels, en général, sont aigus, arqués et creusés en gouttière.

Ces oiseaux vont par couples : le mâle et la femelle paraissent avoir l'un pour l'autre un attachement et une fidélité réciproques ; ils se tiennent dans

---

a. *The collared finch*. Le pinson à collier. Edwards, pl. 272. — Le *collheirinho* des Portugais, *ibidem*. — « Passer supernè cinereo fuscus , infernè albus rufescente adumbratus ; capite « et tæniâ transversâ in colli inferioris parte infimâ nigris ; plumulis basim rostri ambientibus, « oculorum ambitu et gutture candidis ; torque candicante ; remigibus nigris, minoribus « rufescente marginatis ; rectricibus cinereo fuscis... » *Fringilla torquata Indica*. Le pinson à collier des Indes. Brisson, t. VI, supplément, p. 85.

b. « Fringilla, vel si mavis, passer capite ad dimidium collum , caudæ lateribus et alis ex « azureo cærulescentibus. » Commerson.

* *Fringilla Indica* (Gmel.).

** *Loxia bonariensis* (Gmel.).

les terres cultivées et les jardins, et vivent d'herbes et de graines. M. Commerson, qui le premier a fait connaître cet oiseau, et qui l'a observé à Buenos-Ayres dans le mois de septembre, marque sa place entre les pinsons et les gros-becs. Il dit que sa grosseur est égale à celle du moineau.

Longueur totale sept pouces, bec sept lignes, vol onze pouces et demi, queue trente-trois lignes; elle est composée de douze pennes égales; les ailes ont dix-sept pennes; la deuxième et la troisième sont les plus longues de toutes.

LES VEUVES. *

Toutes les espèces de veuves se trouvent en Afrique, mais elles n'appartiennent pas exclusivement à ce climat, puisqu'on en a vu en Asie et jusqu'aux îles Philippines : toutes ont le bec des granivores, de forme conique, plus ou moins raccourci, mais toujours assez fort pour casser les graines dont elles se nourrissent; toutes sont remarquables par leur longue queue, ou plutôt par les longues plumes qui, dans la plupart des espèces, accompagnent la véritable queue du mâle, et prennent naissance plus haut ou plus bas que le rang des pennes dont cette queue est composée; toutes enfin, ou presque toutes, sont sujettes à deux mues par an, dont l'intervalle, qui répond à la saison des pluies, est de six à huit mois, pendant lesquels les mâles sont privés, non-seulement de la longue queue dont je viens de parler, mais encore de leurs belles couleurs et de leur joli ramage [a]; ce n'est qu'au retour du printemps qu'ils commencent à recouvrer les beaux sons de leur voix, à reprendre leur véritable plumage, leur longue queue, en un mot tous les attributs, toutes les marques de leur dignité de mâle.

Les femelles, qui subissent les mêmes mues, non-seulement perdent moins, parce qu'elles ont moins à perdre, mais elles n'éprouvent pas même de changement notable dans les couleurs de leur plumage.

Quant à la première mue des jeunes mâles, on sent bien qu'elle ne peut avoir de temps fixe, et qu'elle est avancée ou retardée suivant l'époque de leur naissance : ceux qui sont venus des premières pontes commencent à prendre leur longue queue dès le mois de mai; ceux au contraire qui sont venus des dernières pontes, ne la prennent qu'en septembre et même en octobre.

---

a. Les veuves chantent en effet très-agréablement, et c'est une des raisons qui déterminent M. Edwards à juger qu'elles doivent être rapportées aux pinsons plutôt qu'aux moineaux.

* Genre *Moineaux*, sous-genre *Veuves* (Cuv.). — « On ne sait pourquoi Linnæus et Gmelin « ont associé ces oiseaux aux *bruants*, sous les noms d'*emberiza regia*, *emberiza serena*, « *emberiza paradisæa*, *emberiza panayensis*, *emberiza longicauda*, etc. Si on ne laisse pas « les *veuves* avec les *linottes*, on ne peut les placer qu'avec les *gros-becs*. » (Cuvier.)

Les voyageurs disent que les veuves font leur nid avec du coton ; que ce nid a deux étages ; que le mâle habite l'étage supérieur, et que la femelle couve au rez-de-chaussée [a] : il serait possible de vérifier ces petits faits en Europe et même en France, où par des soins bien entendus on pourrait faire pondre et couver les veuves avec succès comme on l'a fait en Hollande.

Ce sont des oiseaux très-vifs, très-remuants, qui lèvent et baissent sans cesse leur longue queue ; ils aiment beaucoup à se baigner, ne sont point sujets aux maladies, et vivent jusqu'à douze ou quinze ans. On les nourrit avec un mélange d'alpiste et de millet, et on leur donne pour rafraîchissement des feuilles de chicorée.

Au reste, il est assez singulier que ce nom de veuves, sous lequel ils sont généralement connus aujourd'hui, et qui paraît si bien leur convenir, soit à cause du noir qui domine dans leur plumage, soit à cause de leur queue traînante, ne leur ait été néanmoins donné que par pure méprise. Les Portugais les appelèrent d'abord *oiseaux de Whidha* (c'est-à-dire de Juida), parce qu'ils sont très-communs sur cette côte d'Afrique : la ressemblance de ce mot avec celui qui signifie veuve en langue portugaise, aura pu tromper des étrangers [b] ; quelques-uns auront pris l'un pour l'autre, et cette erreur se sera accréditée d'autant plus aisément que le nom de veuves paraissait à plusieurs égards fait pour ces oiseaux.

On trouvera ici huit espèces de veuves, savoir : les cinq espèces déjà connues, et qui ont été décrites par M. Brisson ; deux espèces nouvelles très-distinguées et remarquables par la belle plaque rouge qu'elles ont, l'une sur l'aile et l'autre sur la poitrine ; enfin, j'ajoute à ces sept espèces celle de l'oiseau que M. Brisson a appelé *linotte à longue queue*, et qui, ne fût-ce que par cette longue queue, me paraît avoir plus de rapport avec les veuves qu'avec les linottes.

LA VEUVE AU COLLIER D'OR. *

Le cou de cette veuve est ceint par derrière d'un demi-collier fort large, d'un beau jaune doré : elle a la poitrine orangée, le ventre et les cuisses blanches ; le bas ventre et les couvertures du dessous de la queue noirâtres ; la tête, la gorge, le devant du cou, le dos, les ailes et la queue, noires.

a. Voyez la *Description du cap de Bonne-Espérance*, par Kolbe : il me paraît très-probable que les chardonnerets à plumage changeant, dont il parle, sont de véritables veuves.

b. C'est ce qui est arrivé à de fort habiles gens. M. Edwards dit, p. 86 de son *Histoire naturelle des oiseaux*, que les Portugais donnent à ceux-ci le nom de veuves ; mais ensuite, mieux informé, il dit à la fin de la quatrième partie de cette même histoire, que leur véritable nom, en Portugal, est celui d'oiseaux de Whidha (*Whidha bird*, et non pas *widow bird*).

* *Emberiza paradisæa* (Linn.).

Cette queue est comme celle des autres oiseaux ; elle est composée de douze pennes à peu près égales, et recouverte par quatre longues plumes qui naissent aussi du croupion, mais un peu plus haut ; les deux plus longues ont environ treize pouces, elles sont noires, de même que les pennes de la queue, et paraissent ondées et comme moirées : elles sont aussi un peu arquées comme celles du coq ; leur largeur, qui est de neuf lignes près du croupion, se réduit à trois lignes vers leur extrémité ; les deux plus courtes sont renfermées entre les deux plus longues, et n'ont que la moitié de leur longueur ; mais elles sont une fois aussi larges, et se terminent par un filet délié, par une espèce de brin de soie qui a plus d'un pouce de long.

Ces quatre plumes ont leur plan dans une situation verticale, et sont dirigées en en-bas ; elles tombent tous les ans à la première mue, c'est-à-dire vers le commencement de novembre, et à cette même époque le plumage de l'oiseau change entièrement et devient semblable à celui du pinson d'Ardenne : dans ce nouvel état, la veuve a la tête variée de blanc et de noir ; la poitrine, le dos, les couvertures supérieures des ailes, d'un orangé terne, moucheté de noirâtre ; les pennes de la queue et des ailes d'un brun très-foncé ; le ventre et tout le reste du dessous du corps blanc : c'est là son habit d'hiver ; elle le conserve jusqu'au commencement de la belle saison, temps où elle éprouve une seconde mue tout aussi considérable que la première, mais plus heureuse dans ses effets, puisqu'elle lui rend ses belles couleurs, ses longues plumes et toute sa parure ; dès la fin de juin ou le commencement de juillet, elle refait sa queue en entier. La couleur des yeux, du bec et des pieds ne varie point ; les yeux sont toujours marron ; le bec de couleur plombée, et les pieds couleur de chair.

Les jeunes femelles sont à peu près de la couleur des mâles en mue ; mais au bout de trois ans elles deviennent d'un brun presque noir, et leur couleur ne change plus dans aucun temps.

Ces oiseaux sont communs dans le royaume d'Angola, sur la côte occidentale de l'Afrique ; on en a vu aussi qui venaient de Mozambique, petite île située près de la côte orientale de ce même continent, et qui différaient très-peu des premiers. L'individu qu'a dessiné M. Edwards a vécu quatre ans à Londres.

Longueur totale, quinze pouces ; longueur prise de la pointe du bec jusqu'au bout des ongles, quatre pouces et demi ; bec, quatre lignes et demie ; vol, neuf pouces ; fausse queue, treize pouces ; queue véritable, vingt et une lignes : celle-ci dépasse les ailes d'environ un pouce.

LA VEUVE A QUATRE BRINS. [a] *

Il en est de cet oiseau, quant aux deux mues et à leurs effets, comme du précédent ; il a le bec et les pieds rouges, la tête et tout le dessus du corps noirs ; la gorge, le devant du cou, la poitrine et toute la partie inférieure aurore ; mais cette couleur est plus vive sur le cou que sur la poitrine, et, s'étendant derrière le cou, elle forme un demi-collier plus ou moins large, selon que la calotte noire de la tête descend plus ou moins bas. Toutes les pennes de la queue sont noirâtres, mais les quatre du milieu sont quatre ou cinq fois plus longues que les latérales, et les deux du milieu sont les plus longues de toutes. Dans la mue, le mâle devient semblable à la linotte, si ce n'est qu'il est d'un gris plus vif. La femelle est brune et n'a point de longues plumes à la queue.

Cette veuve est un peu plus petite que le serin ; on a vu plus d'un individu de cette espèce vivant à Paris : tous avaient été apportés des côtes d'Afrique.

Mesures prises sur plusieurs individus : longueur totale, douze à treize pouces ; de la pointe du bec jusqu'au bout des ongles, quatre à cinq pouces ; bec, quatre à cinq lignes ; vol, huit à neuf pouces ; les deux pennes intermédiaires de la queue, de neuf à onze pouces ; les deux suivantes, huit à dix pouces ; les latérales, de vingt à vingt-trois lignes.

LA VEUVE DOMINICAINE. [b] **

Si la longueur de la queue est le caractère distinctif des veuves, celle-ci est moins veuve qu'une autre, car les plus longues plumes de sa queue n'ont guère plus de quatre pouces. On lui a donné le nom de *dominicaine* à cause de son plumage noir et blanc ; elle a tout le dessus du corps varié de ces deux couleurs ; le croupion et les couvertures supérieures de la queue

<hr>

a. On donne encore à cet oiseau le nom de *queue en soie*. — « Passer supernè niger, infernè « rufescens ; collo rufescente, superiùs nigris maculis vario ; rectricibus nigricantibus, quatuor « intermediis longissimis, apice tantùm pinnulis obsitis ; rostro pedibusque rubris... » Vidua riparia Africana. *La veuve de la côte d'Afrique.* Brisson, t. III, p. 129.

b. « Passer supernè niger, marginibus pennarum rufis, infernè albus ad rufescentem colorem « inclinans ; vertice rufo ; torque albo-rufescente ; rectricibus nigris, binis intermediis longio- « ribus, tribus utrimque proximis apice albis, duarum utrimque extimarum oris exterioribus « rufescentibus, interioribus albis ; rostro rubro... » Vidua minor. *La petite veuve.* Brisson, t. III, p. 124. M. Commerson soupçonnait qu'un certain oiseau d'un noir bleuâtre qu'il avait vu dans l'île de Bourbon, où il a le nom de *brenoud*, n'était autre chose que cette même veuve en mue ; et de cette supposition il concluait que lorsque le mâle était en mue, son plumage était plus uniforme ; mais cela serait plus applicable à la femelle qu'au mâle ; encore y a-t-il loin du noir bleuâtre, qui est la couleur du brenoud, au brun uniforme, qui est celle de la femelle dominicaine. Ce brenoud ressemble plus à la grande veuve.

* *Emberiza regia* (Linn.).
** *Emberiza serena* (Linn.).

mêlés de blanc sale et de noirâtre ; le dessus de la tête d'un blanc roussâtre entouré de noir ; la gorge, le devant du cou et la poitrine du même blanc, qui s'étend encore en arrière, et va former un demi-collier sur la face postérieure du cou. Le ventre n'a point de teinte de roux. Le bec est rouge, et les pieds sont gris.

Cette espèce subit une double mue, chaque année, comme l'espèce précédente ; dans l'intervalle des deux mues, le mâle n'a point sa longue queue, et son blanc est plus sale. La femelle n'a jamais à la queue ces longues plumes qu'a le mâle, et la couleur de son plumage, en tout temps, est un brun presque uniforme.

Longueur jusqu'au bout de la queue, six pouces un quart ; jusqu'au bout des ongles, quatre pouces ; bec, quatre lignes et demie ; pieds, sept lignes ; doigt du milieu, sept lignes et demie ; vol, sept pouces et demi ; les pennes du milieu de la queue excèdent d'environ deux pouces un quart les latérales qui sont étagées, et elles dépassent les ailes de trois pouces un quart.

LA GRANDE VEUVE. [a] [*]

Le deuil de cette veuve est un peu égayé par la belle couleur rouge de son bec, par une teinte de vert bleuâtre répandue sur tout ce qui est noir, c'est-à-dire sur toute la surface supérieure ; par deux bandes transversales, l'une blanche et l'autre jaunâtre, dont ses ailes sont ornées ; enfin par la couleur blanchâtre de la partie inférieure du corps et des pennes latérales de la queue. Les quatre longues plumes qui prennent naissance au-dessus de la queue véritable sont noires [b], ainsi que les pennes des ailes : elles ont neuf pouces de longueur et sont fort étroites. Aldrovande ajoute que cet oiseau a les pieds variés de noir et de blanc, et les ongles noirs, très-acérés et très-crochus.

LA VEUVE A ÉPAULETTES. [c] [**]

La couleur dominante dans le plumage de cet oiseau est un noir velouté ; il n'y a d'exception que dans les ailes : leurs petites couvertures sont d'un

---

a. Cet oiseau a beaucoup plus de rapport avec le brenoud de Commerson, quant au plumage, que n'en a la petite veuve ; mais il est plus grand : il pourrait se faire que le brenoud fût une grande veuve encore jeune.

b. Aldrovande dit positivement que le mâle de cette espèce a une double queue comme le paon mâle, et que la plus longue passe sur la plus petite qui lui sert de support. Je ne sais pourquoi M. Brisson présente les quatre longues plumes de la queue supérieure comme les quatre pennes intermédiaires de la véritable queue.

c. C'est une espèce nouvelle et qui n'a point encore été décrite.

* *Emberiza vidua* (Linn.).

** *Emberiza longicauda* (Linn.).

beau rouge, et les moyennes d'un blanc pur, ce qui forme à l'oiseau des espèces d'épaulettes; les grandes, ainsi que les pennes des ailes, sont noires, bordées d'une couleur plus claire.

Cette veuve se trouve au cap de Bonne-Espérance; elle a une double queue comme toutes les autres : l'inférieure est composée de douze pennes à peu près égales; la supérieure en a six qui sont de différentes longueurs; les plus longues ont treize pouces; toutes ont leur plan perpendiculaire à l'horizon.

Longueur totale, dix-neuf à vingt et un pouces; bec, huit à neuf lignes; pieds, treize lignes; queue, treize pouces.

LA VEUVE MOUCHETÉE. [a] *

Toute la partie supérieure est en effet mouchetée de noir sur un fond orangé; les pennes de l'aile et ses grandes couvertures sont noires, bordées d'orangé; la poitrine est d'un orangé plus clair, sans mouchetures; les petites couvertures de l'aile sont blanches et y forment une large bande transversale de cette couleur, qui est la couleur dominante sur toute la partie inférieure du corps; le bec est d'un rouge vif, et les pieds sont couleur de chair.

Les quatre longues plumes qu'a cet oiseau sont d'un noir foncé; elles ne font point partie de la vraie queue, comme on pourrait le croire, mais elles forment une espèce de fausse queue qui passe sur la première. Ces longues plumes tombent à la mue et reviennent fort vite, ce qui est dans l'ordre commun pour le grand nombre des oiseaux, mais ce qui est une singularité chez les veuves. Lorsque ces plumes ont toute leur longueur, les deux du milieu dépassent la queue inférieure de cinq pouces et demi, les deux autres ont un pouce de moins; les pennes de la queue inférieure, qui est la véritable, sont d'un brun obscur; les latérales sont bordées en dehors d'une couleur plus claire, et marquées sur leur côté intérieur d'une tache blanche.

Cette veuve est de la grosseur de la dominicaine; elle a le bec d'un rouge vif, plus court que celui du moineau, et les pieds couleur de chair.

a. Moineau à longue queue. *Long-tailed sparrow*. Edwards, pl. 270. — « Passer supernè « nigro et rufo varius, infernè albus; pectore dilutè rufo; tectricibus alarum minoribus supe- « rioribus candidis; rectricibus quatuor intermediis longissimis nigris; quatuor utrimque extimis « obscurè fuscis, fusco dilutiore exteriùs marginatis, albo interiùs maculatis; rostro cocci- « neo...» Vidua Angolensis. *La veuve d'Angola*. Brisson, t. VI, supplément, p. 80. — Quoique M. Brisson semble ne parler de cette veuve que d'après M. Edwards, il le contredit néan- moins, en donnant les quatre longues plumes de cet oiseau pour les quatre intermédiaires de la véritable queue. M. Edwards dit expressément que ces quatre longues plumes passent sur les pennes de la queue.

* *Emberiza principalis* (Linn.). — « L'*emberiza principalis* et l'*emberiza vidua* me parais- « sent le même oiseau en différents états de plumage. » (Cuvier.)

LA VEUVE EN FEU.*

Tout est noir dans cet oiseau, et d'un beau noir velouté, à l'exception
de la seule plaque rouge qu'il a sur la poitrine, et qui paraît comme un
charbon ardent. Il a quatre longues plumes toutes égales entre elles, qui
prennent naissance au-dessous de la vraie queue, et la dépassent de plus du
double de sa longueur. Elles vont toujours diminuant de largeur, en sorte
qu'elles se terminent presque en pointe. Cette veuve se trouve au cap de
Bonne-Espérance et à l'île Panay, l'une des Philippines*; elle est de
la grosseur de la veuve au collier d'or. Sa longueur totale est de douze
pouces.

LA VEUVE ÉTEINTE. b **

Le brun cendré règne sur le plumage de cette veuve, à cela près qu'elle
a la base du bec rouge, et les ailes couleur de chair, mêlée de jaune; elle
a en outre deux pennes triples de la longueur du corps, lesquelles prennent naissance du croupion, et sont terminées de rouge-bai.

LE GRENADIN. c ***

Les Portugais, trouvant apparemment quelque rapport entre le plumage
du grenadin et l'uniforme de quelques-uns de leurs régiments, ont nommé
cet oiseau *capitaine de l'Orénoque*. Il a le bec et le tour des yeux d'un

a. La veuve de l'île Panay. Sonnerat, *Voyage à la nouvelle Guinée*, p. 117, pl. 75.

b. Seba a fait de cet oiseau un *fringilla* en latin, son traducteur un *friquet*, M. Linnæus
un *emberiza*, MM. Klein et Brisson une *linotte*; j'ai cru, vu sa longue queue traînante, que
sa place naturelle était parmi les veuves. — *Fringilla Brasiliensis*. Friquet du Brésil. Alb. Seba,
t. I, p. 103. — « Linaria caudâ longâ, fringilla Brasiliensis Sebæ, » *Lange-Schwantzer henn
fling*. Klein, *Ordo av.*, p. 94, nº viii. — « Emberiza cinereo fusca, alis fulvis, rectricibus
« duabus longissimis... Emberiza psittacea. » Linnæus, *Syst. nat.*, édit. X, p. 178, sp. 11. —
« Passer ex cinereo obscurè griseus; basi rostri rubello cinctâ; alis flavo et dilutè rubro varie-
« gatis; rectricibus ex cinereo obscurè griseis, binis intermediis longissimis, apice spadiceis... »
Linaria Brasiliensis longicauda, la linotte à longue queue du Brésil. Brisson, t. III, p. 147.

c. Le pinson rouge et bleu du Brésil. *The red and blue Brasilian finch*. Edwards, pl. 191.
— « Passer supernè fusco-castaneus, infernè castaneus; vertice castaneo; genis violaceis;
« gutture et imo ventre nigris; uropygio cæruleo; rectricibus splendidè nigris... » *Granatinus*,
le grenadin. Brisson, t. III, p. 216. — « Fringilla caudâ cuneiformi, corpore rufescente, tem-
« poribus, uropygio, abdomine violaceis; rostro rubro... Fringilla brasiliana. » Linnæus. *Syst.
nat.*, édit. X, p. 181, sp. 16.

* *Emberiza panayensis* (Linn.).

** *Emberiza psittacea* (Linn.). — « *L'emberiza psittacea* n'est pas bien authentique. »
(Cuvier.)

*** *Fringilla granatina* (Linn.).

rouge vif; les yeux noirs; sur les côtés de la tête une grande plaque de pourpre presque ronde, dont le centre est sur le bord postérieur de l'œil, et qui est interrompue entre l'œil et le bec par une tache brune : l'œil, la gorge et la queue sont noirs [a]; les pennes des ailes gris-brun bordées de gris clair; la partie postérieure du corps, tant dessus que dessous, d'un violet bleu ; tout le reste du plumage est mordoré, mais sur le dos il est varié de brun verdâtre, et cette même couleur mordorée borde extérieurement les couvertures des ailes. Les pieds sont d'une couleur de chair obscure. Dans quelques individus, la base du bec supérieur est entourée d'une zone pourpre.

Cet oiseau se trouve au Brésil; il a les mouvements vifs et le chant agréable; il a de plus le bec allongé de notre chardonneret [b], mais il en diffère par sa longue queue étagée.

La femelle du grenadin est de même taille que son mâle; elle a le bec rouge, un peu de pourpre sous les yeux, la gorge et le dessous du corps d'un fauve pâle, le sommet de la tête d'un fauve plus foncé, le dos gris-brun, les ailes brunes, la queue noirâtre, les couvertures supérieures bleues, comme dans le mâle, les couvertures inférieures et le bas-ventre blanchâtres.

Longueur totale, cinq pouces un quart; bec, cinq lignes; queue, deux pouces et demi, composée de douze pennes étagées, les plus longues dépassent les plus courtes de dix-sept lignes, et l'extrémité des ailes de deux pouces; tarse, sept lignes; l'ongle postérieur est le plus fort de tous. Dans les ailes, les quatrième et cinquième pennes sont les plus longues de toutes.

LE VERDIER. [c] *

Il ne faut pas confondre cet oiseau avec le bruant, quoiqu'il en porte le nom dans plusieurs provinces [d] : sans parler des autres différences, il n'a pas de tubercule osseux dans le palais, comme en a le bruant véritable.

Le verdier passe l'hiver dans les bois; il se met à l'abri des intempéries de la mauvaise saison sur les arbres toujours verts, et même sur les charmes et les chênes touffus, qui conservent encore leurs feuilles quoique desséchées.

a. Dans quelques individus la gorge est d'un brun verdâtre.

b. M. Edwards a trouvé la longueur du bec variable dans les différents individus.

c. Χλωρίς d'Aristote que Gaza a mal traduit par *lutea* et *luteola*, noms qui conviennent mieux aux bruants.

d. Cette erreur de nom est fort ancienne, et remonte jusqu'aux traducteurs d'Aristote, comme on peut le voir dans la note précédente.

* *Loxia chloris* (Linn.). — Sous-genre *Gros-Becs* (Cuv.).

Au printemps, il fait son nid sur ces mêmes arbres, et quelquefois dans les buissons : ce nid est plus grand et presque aussi bien fait que celui du pinson ; il est composé d'herbe sèche et de mousse en dehors, de crin, de laine et de plumes en dedans ; quelquefois il l'établit dans les gerçures des branches, lesquelles gerçures il sait agrandir avec son bec ; il sait aussi pratiquer tout autour un petit magasin pour les provisions [a].

La femelle pond cinq ou six œufs tachetés au gros bout de rouge brun sur un fond blanc verdâtre ; elle couve avec beaucoup d'assiduité, et elle se tient sur les œufs, quoiqu'on en approche d'assez près, en sorte qu'on la prend souvent avec les petits ; dans tout autre cas, elle est très-défiante. Le mâle paraît prendre beaucoup d'intérêt à tout ce qui regarde la famille future : il se tient sur les œufs alternativement avec la femelle, et souvent on le voit se jouer autour de l'arbre où est le nid, décrire en voltigeant plusieurs cercles dont ce nid est le centre, s'élever par petits bonds, puis retomber, comme sur lui-même, en battant des ailes avec des mouvements et un ramage fort gai [b] ; lorsqu'il arrive ou qu'il s'en retourne, c'est-à-dire au temps de ses deux passages, il fait entendre un cri fort singulier, composé de deux sons, et qui a pu lui faire donner en allemand plusieurs noms, dont la racine commune signifie une sonnette : on prétend, au reste, que le chant de cet oiseau se perfectionne dans les métis qui résultent de son union avec le serin.

Les verdiers sont doux et faciles à apprivoiser ; ils apprennent à prononcer quelques mots, et aucun autre oiseau ne se façonne plus aisément à la manœuvre de la galère ; ils s'accoutument à manger sur le doigt, à revenir à la voix de leur maître, et ils se mêlent en automne avec d'autres espèces pour parcourir les campagnes : pendant l'hiver, ils vivent de baies de genièvre ; ils pincent les boutons des arbres, entre autres ceux du marsaule : l'été ils se nourrissent de toutes sortes de graines, mais ils semblent préférer le chènevis. Ils mangent aussi des chenilles, des fourmis, des sauterelles, etc.

Le seul nom de verdier indique assez que le vert est la couleur dominante du plumage, mais ce n'est point un vert pur, il est ombré de gris brun sur la partie supérieure du corps et sur les flancs, et il est mêlé de jaune sur la gorge et la poitrine : le jaune domine sur le haut du ventre, les couvertures inférieures de la queue et des ailes et sur le croupion ; il borde la partie antérieure et les plus grandes pennes de l'aile, et encore les pennes latérales de la queue. Toutes ces pennes sont noirâtres et la plupart

a. Nous tenons ces derniers faits, et quelques autres, de M. Guys, de Marseille.

b. On les garde en cage parce qu'ils chantent plaisamment. Belon. *Nature des oiseaux*, p. 366. M. Guys ajoute que le ramage de la femelle est encore plus intéressant que celui du mâle, ce qui serait très-remarquable parmi les oiseaux.

bordées de blanc à l'intérieur : le bas-ventre est de cette dernière couleur,
et les pieds d'un brun rougeâtre.

La femelle a plus de brun, son ventre est presque entièrement blanc, et
les couvertures inférieures de la queue sont mêlées de blanc, de brun et
de jaune.

Le bec est couleur de chair, de forme conique, fait comme celui du gros-
bec, mais plus petit; ses bords supérieurs sont légèrement échancrés près
de la pointe, et reçoivent les bords du bec inférieur qui sont un peu rentrants : l'oiseau pèse un peu plus d'une once, et sa grosseur est à peu près
celle de notre moineau-franc.

Longueur totale cinq pouces et demi; bec six lignes et demie, vol neuf
pouces, queue vingt-trois lignes, un peu fourchue, dépasse les ailes de dix
à onze lignes; pieds sept lignes et demie, doigt du milieu neuf lignes. Ces
oiseaux ont une vésicule du fiel, un gésier musculeux, doublé d'une membrane sans adhérence, et un jabot assez considérable.

Quelques-uns prétendent qu'il y a des verdiers de trois grandeurs différentes; mais cela n'est point constaté par des observations assez exactes, et
il est vraisemblable que ces différences de taille ne sont qu'accidentelles et
dépendent de l'âge, de la nourriture, du climat, ou d'autres circonstances
du même genre.

LE PAPE. [a]*

Cet oiseau doit son nom aux couleurs de son plumage, et surtout à une
espèce de camail d'un bleu violet qui prend à la base du bec, s'étend jusqu'au-dessous des yeux, couvre les parties supérieures et latérales de la
tête et du cou, et, dans quelques individus, revient sous la gorge; il a le
devant du cou, tout le dessous du corps, et même les couvertures supérieures de la queue et le croupion d'un beau rouge presque de feu; le dos
varié de vert tendre et d'olivâtre obscur [b]; les grandes pennes des ailes et
de la queue d'un brun rougeâtre; les grandes couvertures des ailes vertes;
les petites d'un bleu violet comme le camail. Mais il faut plusieurs années
à la nature pour former un si beau plumage; il n'est parfait qu'à la troisième; les jeunes papes sont tous bruns la première année; dans la seconde

a. « Passer supernè viridis ad flavum inclinans, infernè ruber; capite et collo superiore
« cæruleo-violaceis; uropygio rubro; rectricibus fuscis, binis intermediis in utroque latere, et
« lateralibus exteriùs ad rubrum vergentibus... » *Chloris Ludoviciana, vulgò papa dicta*, le
verdier de la Louisiane, dit vulgairement le pape. Brisson, t. III, p. 200. — Le chiltototl de
Seba, t. I, pl. 87, ne ressemble ni au pape, ni à sa femelle, ni à leurs petits.

b. L'individu décrit par Catesby avait le dos vert terminé de jaune, page 44.

* *Emberiza ciris* (Linn.). — *Passerina ciris* (Vicill.). — Sous-genre *Moineaux proprement
dits* (Cuv.).

ils ont la tête d'un bleu vif, le reste du corps d'un bleu verdâtre, et les pennes des ailes et de la queue brunes, bordées de bleu verdâtre.

Mais c'est surtout par la femelle que cette espèce tient à celle du verdier ; elle a le dessus du corps d'un vert terne, et tout le dessous d'un vert jaunâtre ; les grandes pennes des ailes brunes, bordées finement de vert ; les moyennes, ainsi que les pennes de la queue, mi-parties dans leur longueur, de brun et de vert.

Ces oiseaux nichent à la Caroline sur les orangers, et n'y restent point l'hiver : ils ont cela de commun avec les veuves qu'ils muent deux fois l'année, et que leurs mues avancent ou retardent suivant les circonstances ; quelquefois ils prennent leur habit d'hiver dès la fin d'août ou le commencement de septembre ; dans cet état le dessous du corps devient jaunâtre, de rouge qu'il était. Ils se nourrissent comme les veuves avec le millet, l'alpiste, la chicorée..... Mais ils sont plus délicats ; cependant, une fois acclimatés, ils vivent jusqu'à huit ou dix ans ; on les trouve à la Louisiane.

Les Hollandais, à force de soins et de patience, sont venus à bout de faire nicher les papes dans leur pays, comme ils y ont fait nicher les bengalis et les veuves, et l'on pourrait espérer, en imitant l'industrie hollandaise, de les faire nicher dans presque toutes les contrées de l'Europe : ils sont un peu plus petits que notre moineau-franc.

Longueur totale cinq pouces un tiers, vol sept pouces deux tiers, bec six lignes, pieds huit lignes, doigt du milieu sept lignes, queue deux pouces ; dépasse les ailes de treize à quatorze lignes.

Variété du Pape.

Les oiseleurs connaissent dans cette espèce une variété distinguée par la couleur du dessous du corps, qui est jaunâtre ; il y a seulement une petite tache rouge sur la poitrine, laquelle s'efface dans la mue ; alors tout le dessous du corps est blanchâtre, et le mâle ressemble fort à sa femelle. C'est probablement une variété de climat.

LE TOUPET BLEU. [a][*]

En comparant cet oiseau avec le pape et ses variétés, on reconnaît entre eux des rapports si frappants que s'ils n'eussent pas été envoyés, comme on

------

a. « Passer supernè viridis, infernè rufus ; medio ventre rubro ; uropygio rufo ; fronte, « genis, guttureque cæruleis ; rectricibus, oris exterioribus rubris, lateralibus interiùs fuscis... » *Chloris Javensis.* Le verdier de Java. Brisson. *Ornithologia*, t. III, p. 198.

[*] *Emberiza cyanopis* (Linn.). — Sous-genre *Gros-Becs* (Cuv.).

l'assure, ceux-ci de la Louisiane et l'autre de l'île de Java, on ne pourrait
s'empêcher de regarder celui dont il s'agit dans cet article comme appartenant à la même espèce : on est même tenté de l'y rapporter, malgré cette
différence prétendue de climat, vu la grande incertitude de la plupart des
notes par lesquelles on a coutume d'indiquer le pays natal des oiseaux. Il a
la partie antérieure de la tête et la gorge d'un assez beau bleu ; le devant
du cou d'un bleu plus faible ; le milieu du ventre rouge ; la poitrine, les
flancs, le bas-ventre, les jambes, les couvertures inférieures de la queue et
des ailes, d'un beau roux ; le dessus de la tête et du cou, la partie antérieure du dos et les couvertures supérieures des ailes vertes ; le bas du dos
et le croupion d'un roux éclatant ; les couvertures supérieures de la queue
rouges ; les pennes de l'aile brunes bordées de vert ; celles de la queue de
même, excepté les intermédiaires qui sont bordées de rouge ; le bec couleur de plomb, les pieds gris ; il est un peu plus petit que le friquet.

Longueur totale quatre pouces ; bec six lignes, pieds six lignes et demie,
doigt du milieu sept lignes, vol près de sept pouces, queue treize lignes,
composée de douze pennes, dépasse les ailes de six à sept lignes.

LE PAREMENT BLEU. [a][*]

On ne peut parler de cet oiseau, ni le classer que sur la foi d'Aldrovande, et cet écrivain n'en a parlé lui-même que d'après un portrait en
couleur, porté en Italie par des voyageurs japonais qui en firent présent à
M. le marquis Fachinetto. Tels sont les documents sur lesquels se fonde ce
que j'ai à dire du parement bleu. On verra facilement en lisant la description pourquoi je lui ai donné ce nom.

Il a toute la partie supérieure verte, toute l'inférieure blanche ; les
pennes de la queue et des ailes bleues, à côtes blanches ; le bec d'un brun
verdâtre, et les pieds noirs. Quoique cet oiseau soit un peu plus petit que
notre verdier, et qu'il ait le bec et les pieds plus menus, Aldrovande était
convaincu qu'Aristote lui-même n'aurait pu s'empêcher de le rapporter à
ce genre. C'est ce qu'a fait M. Brisson, au défaut d'Aristote ; et nous n'avons
aucune raison de ne point suivre l'avis de ce naturaliste.

a. « Chloris Indica virioni congener. » Aldrovande. *Ornithol.*, lib. xviii, cap. xviii. — « Chlo-
« ris Indica. » Jonston. *Av.*, p. 71. — « Passer supernè viridis, infernè candidus ; remigibus
« rectricibusque cæruleis, scapis albis præditis... » *Chloris Indica minor.* Le petit verdier des
Indes. Brisson, t. III, p. 197.

* *Emberisa viridis* (Gmel.). — Espèce douteuse.

LE VERT-BRUNET. [a]*

Il a le bec et les pieds bruns; le dessus de la tête et du cou, le dos, la queue et les ailes d'un vert-brun très-foncé; le croupion, la gorge et toute la partie inférieure jaunes; les côtés de la tête variés des deux couleurs, de telle sorte que le jaune descend un peu sur les côtés du cou.

Le verdier des Indes de M. Edwards[b] pourrait être regardé comme une variété dans cette espèce, car il a aussi tout le dessus vert-brun et le dessous jaune : il ne diffère qu'en ce que le vert-brun est moins foncé et s'étend sur le croupion; que les côtés de la tête ont deux bandes de cette même couleur, dont l'une passe sur les yeux et l'autre, qui est plus foncée et plus courte, passe au-dessous de la première, et en ce que les grandes pennes des ailes sont bordées de blanc. Le vert-brunet est un peu plus gros que le serin de Canarie, et le surpasse, dit M. Edwards, par la beauté de son ramage.

Longueur totale, quatre pouces et demi; bec, quatre lignes et demie; tarse, six lignes et demie; doigt du milieu, sept lignes; queue, dix-neuf lignes, un peu fourchue, dépasse les ailes de neuf à dix lignes.

LE VERDINÈRE. [c]**

Excepté la tête, le cou et la poitrine qui sont noires, tout le reste du plumage est vert; on dirait que c'est un verdier qui a mis un capuchon noir. Cet oiseau est très-commun dans les bois des îles de Bahama; il chante

a. « Fringilla virens, superciliis, pectore, abdomineque flavis, remigibus primoribus mar-« gine exteriore albis. Fringilla butyracea. » Linnæus, *Syst. nat.*, édit. X, g. 98, sp. 17, p. 181. — Loriot ou verdier. Kolbe. *Description du cap de Bonne-Espérance*, t. III, p. 64. — « Passer supernè viridi-olivaceus, infernè luteus; tæniá utrimque supra oculos luteá, per « oculos viridi-olivaccá, infra oculos nigrá; remigibus viridi-olivaceis, oris majorum exte-« rioribus albis; rectricibus dilutè viridi-flavis. » *Chloris Indica.* Le verdier des Indes. Brisson, *Ornithol.*, t. III, p. 195.

b. The Indian green finch, pinson des Indes : M. Hawkins l'a esquissé dans l'île de Madère, où il avait été apporté d'ailleurs sous le nom de *bengala ;* on a su depuis qu'il venait des Indes orientales. Edwards, pl. 84. M. Linnæus dit qu'il se trouve à Madère, mais il est aisé de voir que ce n'est qu'une citation imparfaite du passage de M. Edwards dont je viens de rendre compte.

c. « Bahama sparrow, passer bicolor Bahamensis. » Catesby, n° 37. — « Passer sordidè « viridis; capite, collo et pectore nigris; remigibus rectricibusque sordidè viridibus. » *Chloris Bahamensis,* le pinson de Bahama. Brisson, *Ornithol.*, t. III, p. 202. — « Fringilla capite « pectoreque nigris; dorso, alis caudáque obscurè virescentibus... » *Zena.* Linnæus. *Syst. nat.*, édit. X, g. 98, sp. 31. — M. Linnæus a donné le même nom de *zena* à la quinzième espèce du même genre (98) qui est notre pinson à tête noire et blanche.

* *Loxia butyracea* (Linn.). — *Fringilla butyracea* (Vieill.).
** *Fringilla bicolor* (Linn.). — *Passerina bicolor* (Vieill.).

perché sur la cime des arbustes, et répète toujours le même air comme notre pinson. Sa grosseur est égale à celle du canari.

Longueur totale, quatre pouces; bec, quatre lignes et demie; queue, dix-neuf lignes, dépasse les ailes de neuf à dix lignes.

LE VERDERIN. *

Nous appelons ainsi ce verdier, parce qu'il a moins de vert que les précédents. Il a aussi le bec plus court; le tour des yeux d'un blanc verdâtre; toutes les plumes du dessus du corps, compris les pennes moyennes des ailes, leur couverture et les pennes de la queue, d'un vert brun bordées d'une couleur plus claire; les grandes pennes des ailes noires; la gorge et tout le dessous du corps jusqu'aux jambes d'un roux sombre moucheté de brun; le bas-ventre et les couvertures inférieures de la queue d'un blanc assez pur. Cet oiseau se trouve à Saint-Domingue.

LE VERDIER SANS VERT. **

Il n'y aurait sans doute jamais eu de verdier, s'il n'y eût pas eu d'oiseau à plumage vert, mais le premier verdier ayant été nommé ainsi à cause de sa couleur, il s'est trouvé d'autres oiseaux qui, lui ressemblant à tous égards, excepté par les couleurs du plumage, ont dû recevoir la même dénomination de verdier : tel est l'oiseau dont il s'agit ici. C'est un verdier presque sans aucun vert, mais qui dans tout le reste a plus de rapport avec notre verdier qu'avec tout autre oiseau. Il a la gorge blanche, le dessous du corps de la même couleur; la poitrine variée de brun; le dessus de la tête et du corps mêlé de gris et de brun verdâtre; une teinte de roux au bas du dos et sur les couvertures supérieures de la queue, les couvertures supérieures des ailes d'un roux décidé; les pennes moyennes bordées extérieurement de cette couleur; les grandes pennes et les grandes couvertures bordées de blanc roussâtre, ainsi que les pennes latérales de la queue; enfin la plus extérieure de ces dernières est terminée par une tache de ce même blanc, et elle est plus courte que les autres : parmi les pennes de l'aile, la seconde et la troisième sont les plus longues de toutes.

Cet oiseau a été apporté du cap de Bonne-Espérance par M. Sonnerat.

Longueur totale, six pouces un tiers; bec, six lignes; tarse, sept lignes; queue, environ deux pouces et demi, dépasse les ailes de seize lignes.

---

* *Loxia dominicensis* (Linn.). — *Fringilla dominicensis* (Vieill.).
** *Loxia africana* (Linn.). — *Coccothraustes africana* (Vieill.).

LE CHARDONNERET. [a]*

Beauté du plumage, douceur de la voix, finesse de l'instinct, adresse singulière, docilité à l'épreuve, ce charmant petit oiseau réunit tout, et il ne lui manque que d'être rare et de venir d'un pays éloigné pour être estimé ce qu'il vaut.

Le rouge cramoisi, le noir velouté, le blanc, le jaune doré, sont les principales couleurs qu'on voit briller sur son plumage, et le mélange bien entendu de teintes plus douces ou plus sombres leur donne encore plus d'éclat : tous les yeux en ont été frappés également, et plusieurs des noms qu'il porte en différentes langues sont relatifs à ces belles couleurs. Les noms de *chrysomitrès*, d'*aurivittis*, de *gold-finch*, n'ont-ils pas en effet un rapport évident à la plaque jaune dont ses ailes sont décorées; celui de *roth-vogel* au rouge de sa tête et de sa gorge ; ceux d'*asteres*, d'*astrolinus*, à l'éclat de ses diverses couleurs; et ceux de *pikilis*, de *varia*, à l'effet qui résulte de leur variété? Lorsque ses ailes sont dans leur état de repos, chacune présente une suite de points blancs d'autant plus apparents qu'ils se trouvent sur un fond noir. Ce sont autant de petites taches blanches qui terminent toutes les pennes de l'aile, excepté les deux ou trois premières. Les pennes de la queue sont d'un noir encore plus foncé; les six intermédiaires sont terminées de blanc, et les deux dernières ont de chaque côté, sur leurs barbes intérieures, une tache blanche ovale très-remarquable. Au reste, tous ces points blancs ne sont pas toujours en même nombre, ni distribués de la même manière [b], et il faut avouer qu'en général le plumage des chardonnerets est fort variable.

La femelle a moins de rouge que le mâle, et n'a point du tout de noir.

[a]. Chardonneret, pinson doré, pinson de chardon, χρυσομίτρης, portemitre d'or, ἀκανθίς, tréflier, parce qu'il mange la graine du grand trèfle; en Provence, *cardaline;* en Périgord, *cardelino ;* en Guyenne, *cardinat, chardonneret, chardonneau, chardrier;* en Picardie, *cadoreu;* le jeune qui n'a pas encore pris ses belles couleurs, *griset.* Salerne, *Hist. nat. des oiseaux,* p. 274. — « Carduelis fusco rufescens ; capite anteriùs et gutture rubris; remigibus « nigris apice albis, primà medietate exteriùs luteis; rectricibus nigris, sex intermediis apice « albis, duabus utrimque extimis interiùs albo maculatis... Carduelis, le chardonneret. Brisson, t. III, p. 53. — « The gold-finch, carduelis Gessneri. » *British Zoology,* g. 22, sp. 1, p. 108.

[b]. Les chardonnerets qui ont les six pennes intermédiaires de la queue terminées de blanc, s'appellent *sizains;* ceux qui en ont huit sont appelés *huitains ;* ceux qui en ont quatre, sont appelés *quatrains ;* enfin quelques-uns n'en ont que deux, et on n'a pas manqué d'attribuer au nombre de ces petites taches, la différence qu'on a remarquée dans le chant de chaque individu : on prétend que ce sont les sizains qui chantent le mieux, mais c'est sans aucun fondement, puisque souvent l'oiseau qui était sizain pendant l'été, devient quatrain après la mue, quoiqu'il chante toujours de même. Kramer dit, dans son *Elenchus veget. et animal. Austriæ inferioris,* pag. 366, que les pennes de la queue et des ailes ne sont terminées de blanc que pendant l'automne, et qu'elles sont entièrement noires au printemps. Cela est dit trop généralement. J'ai sous les yeux, aujourd'hui 6 avril, deux mâles chardonnerets qui ont toutes les

   * *Fringilla carduelis* (Linn.). — Sous-genre *Linottes et chardonnerets* (Cuv.)

Les jeunes ne prennent leur beau rouge que la seconde année : dans les premiers temps leurs couleurs sont ternes, indécises, et c'est pour cela qu'on les appelle *grisets ;* cependant le jaune des ailes parait de très-bonne heure, ainsi que les taches blanches des pennes de la queue; mais ces taches sont d'un blanc moins pur [a].

Les mâles ont un ramage très-agréable et très-connu ; ils commencent à le faire entendre vers les premiers jours du mois de mars, et ils continuent pendant la belle saison, ils le conservent même l'hiver dans les poêles, où ils trouvent la température du printemps [b]. Aldrovande leur donne le second rang parmi les oiseaux chanteurs, et M. Daines Barrington ne leur accorde que le sixième. Ils paraissent avoir plus de disposition à prendre le chant du roitelet que celui de tout autre oiseau ; on en voit deux exemples : celui d'un joli métis sorti d'un chardonneret et d'une serine, observé à Paris par M. Salerne [c], et celui d'un chardonneret qui avait été pris dans le nid deux ou trois jours après qu'il était éclos, et qui a été entendu par M. Daines Barrington. Ce dernier observateur suppose, à la vérité, que cet oiseau avait eu occasion d'entendre chanter un roitelet, et que ces sons avaient été, sans doute, les premiers qui eussent frappé son oreille dans le temps où il commençait à être sensible au chant et capable d'imitation [d] ; mais il faudrait donc faire la même supposition pour l'oiseau de M. Salerne, ou convenir qu'il y a une singulière analogie, quant aux organes de la voix, entre le roitelet et le chardonneret.

On croit généralement en Angleterre que les chardonnerets de la province de Kent chantent plus agréablement [e] que ceux de toutes les autres provinces.

Ces oiseaux sont, avec les pinsons, ceux qui savent le mieux construire leur nid, en rendre le tissu plus solide, lui donner une forme plus arrondie, je dirais volontiers plus élégante; les matériaux qu'ils y emploient sont, pour le dehors, la mousse fine, les lichens, l'hépatique, les joncs, les petites

pennes des ailes (excepté les deux premières) et les six intermédiaires de la queue terminées de blanc , et qui ont aussi les taches blanches ovales sur le côté intérieur des deux pennes latérales de la queue.

a. Observé avant le 15 de juin. J'ai aussi remarqué que les chardonnerets, tout petits , avaient le bec brun, excepté la pointe et les bords qui étaient blanchâtres et transparents, ce qui est le contraire de ce que l'on voit dans les adultes.

b. Frisch , *Oiseaux*, t. I, pl. 1 , n° 2. — J'en ai eu deux qui n'ont pas cessé de gazouiller un seul jour cet hiver, dans une chambre bien fermée, mais sans feu; il est vrai que le plus grand froid n'a été que de 8 degrés.

c. Histoire naturelle des oiseaux , p. 276.

d. Voyez Lettre sur le chant des oiseaux, du 10 janvier 1773. *Transactions philosophiques* , vol. LXIII , part. II. Olina dit que les jeunes chardonnerets qui sont à portée d'entendre des linottes, des serins , etc., s'approprient leur chant : cependant je sais qu'un jeune chardonneret et une jeune linotte ayant été élevés ensemble, le chardonneret a conservé son ramage pur, et que la linotte l'a adopté au point qu'elle n'en a plus d'autre ; il est vrai qu'en l'adoptant elle l'a embelli.

e. Lettre de M. Daines Barrington. *Loco citato.*

racines, la bourre des chardons, tout cela entrelacé avec beaucoup d'art ;
et, pour l'intérieur, l'herbe sèche, le crin, la laine et le duvet ; ils le posent
sur les arbres, et par préférence sur les pruniers et noyers ; ils choisissent
d'ordinaire les branches faibles et qui ont beaucoup de mouvement ; quelquefois ils nichent dans les taillis, d'autres fois dans des buissons épineux,
et l'on prétend que les jeunes chardonnerets qui proviennent de ces dernières nichées ont le plumage un peu plus rembruni, mais qu'ils sont plus
gais et chantent mieux que les autres. Olina dit la même chose de ceux qui
sont nés dans le mois d'août : si ces remarques sont fondées, il faudrait
élever par préférence les jeunes chardonnerets éclos dans le mois d'août, et
trouvés dans des nids établis sur des buissons épineux. La femelle commence à pondre vers le milieu du printemps ; cette première ponte est de
cinq œufs[a], tachetés de brun rougeâtre vers le gros bout ; lorsqu'ils ne
viennent pas à bien, elle fait une seconde ponte, et même une troisième
lorsque la seconde ne réussit pas ; mais le nombre des œufs va toujours en
diminuant à chaque ponte. Je n'ai jamais vu plus de quatre œufs dans les
nids qu'on m'a apportés au mois de juillet, ni plus de deux dans les nids du
mois de septembre.

Ces oiseaux ont beaucoup d'attachement pour leurs petits ; ils les nourrissent avec des chenilles et d'autres insectes, et si on les prend tous à la
fois et qu'on les renferme dans la même cage, ils continueront d'en avoir
soin : il est vrai que de quatre jeunes chardonnerets que j'ai fait ainsi nourrir en cage par leurs père et mère, prisonniers, aucun n'a vécu plus d'un
mois ; j'ai attribué cela à la nourriture, qui ne pouvait être aussi bien
choisie qu'elle l'est dans l'état de liberté, et non à un prétendu désespoir
héroïque qui porte, dit-on, les chardonnerets à faire mourir leurs petits
lorsqu'ils ont perdu l'espérance de les rendre à la liberté pour laquelle ils
étaient nés[b].

Il ne faut qu'une seule femelle au mâle chardonneret, et pour que leur
union soit féconde, il est à propos qu'ils soient tous deux libres : ce qu'il y
a de singulier, c'est que ce mâle se détermine beaucoup plus difficilement
à s'apparier efficacement dans une volière avec sa femelle propre qu'avec
une femelle étrangère, par exemple avec une serine de Canarie[c] ou toute

a. Belon dit que les chardonnerets font communément huit petits ; mais je n'ai jamais vu
plus de cinq œufs dans une trentaine de nids de chardonnerets qui m'ont passé sous les yeux.

b. Voyez Gerini, *Ornitholog.*, t. I, p. 16, et plusieurs autres. On ajoute que si on est venu
à bout de faire nourrir les petits en cage par les père et mère restés libres, ceux-ci, voyant au
bout d'un certain temps qu'ils ne peuvent les tirer d'esclavage, les empoisonnent par compas-
sion avec une certaine herbe : cette fable ne s'accorde point du tout avec le naturel doux et
paisible du chardonneret, qui d'ailleurs n'est pas aussi habile dans la connaissance des plantes
et de leurs vertus que cette même fable le supposerait.

c. On prétend que les chardonnerets ne se mêlent avec aucune autre espèce étrangère ; on
a tenté inutilement, dit-on, de les apparier avec des linottes ; mais j'assure hardiment qu'en
y employant plus d'art et de soins on réussira, non-seulement à faire cette combinaison, mais

autre femelle, qui, étant originaire d'un climat plus chaud, aura plus de ressources pour l'exciter.

On a vu quelquefois la femelle chardonneret nicher avec le mâle canari[a], mais cela est rare; et l'on voit au contraire, fort souvent, la femelle canari, privée de tout autre mâle [b], se joindre avec le mâle chardonneret : c'est cette femelle canari qui entre en amour la première, et qui n'oublie rien pour échauffer son mâle du feu dont elle brûle; ce n'est qu'à force d'invitations et d'agaceries, ou plutôt c'est par l'influence de la belle saison, plus forte ici que toutes les agaceries, que ce mâle froid devient capable de s'unir à l'étrangère, et de consommer cette espèce d'adultère physique : encore faut-il qu'il n'y ait dans la volière aucune femelle de son espèce. Les préliminaires durent ordinairement six semaines, pendant lesquelles la serine a tout le temps de faire une ponte entière d'œufs clairs, dont elle n'a pu obtenir la fécondation, quoiqu'elle n'ait cessé de la solliciter; car ce qu'on peut appeler le libertinage dans les animaux est presque toujours subordonné au grand but de la nature, qui est la reproduction des êtres. Le R. P. Bougot, qui a été déjà cité avec éloge, a suivi avec attention le petit manége d'une serine panachée, en pareille circonstance; il l'a vue s'approcher souvent du mâle chardonneret, s'accroupir comme la poule, mais avec plus d'expression, appeler ce mâle qui d'abord ne paraît point l'écouter, qui commence ensuite à y prendre intérêt, puis s'échauffe doucement et avec toute la lenteur des gradations[c]; il se pose un grand nombre de fois sur elle avant d'en venir à l'acte décisif, et à chaque fois elle épanouit ses ailes et fait entendre de petits cris; mais lorsque enfin cette femelle si bien préparée est devenue mère, il est fort assidu à remplir les devoirs de père, soit en l'aidant à faire le nid[d], soit en lui portant la nourriture tandis qu'elle couve ses œufs ou qu'elle élève ses petits.

encore beaucoup d'autres : j'en ai la preuve pour les linottes et les tarins; ces derniers s'accoutument encore plus facilement à la société des canaris que les chardonnerets, et cependant on prétend que, dans le cas de concurrence, les chardonnerets sont préférés aux tarins par les femelles canaris.

a. Le R. P. Bougot ayant lâché un mâle et une femelle chardonnerets dans une volière où il y avait un assez grand nombre de femelles et de mâles canaris, ceux-ci fécondèrent la femelle chardonneret, et son mâle resta vacant. C'est que le mâle canari, qui est fort ardent, et à qui une seule femelle ne suffit pas, avança la femelle chardonneret et la disposa, au lieu que les femelles canaris moins ardentes, et qui d'ailleurs avaient leur mâle propre pour les féconder, ne firent aucuns frais pour l'étranger, et l'abandonnèrent à sa froideur.

b. Cette circonstance est essentielle, car le R. P. Bougot m'assure que des femelles de canaris qui auront un mâle de leur espèce pour quatre et même pour six, ne se donneront point au mâle chardonneret, à moins que le leur ne puisse pas suffire à toutes, et que dans ce seul cas les surnuméraires accepteront le mâle étranger, et lui feront même des avances.

c. J'ai ouï dire à quelques oiseleurs que le chardonneret était un oiseau froid : cela paraît vrai, surtout lorsqu'on le compare avec les serins; mais lorsqu'une fois son temps est venu, il paraît fort animé; et l'on a vu plus d'un mâle tomber d'épilepsie dans le temps où ils étaient le plus en amour, et où ils chantaient le plus fort.

d. Ils y emploient, dit-on, par préférence la mousse et le petit foin.

Quoique les couvées réussissent quelquefois entre une serine et un chardonneret sauvage pris au battant, néanmoins on conseille d'élever ensemble ceux dont on veut tirer de la race, et de ne les apparier qu'à l'âge de deux ans; les métis qui résultent de ces unions forcées ressemblent plus à leur père par la forme du bec, par les couleurs de la tête, des ailes, en un mot par les extrémités, et à leur mère par le reste du corps; on a encore observé qu'ils étaient plus forts et vivaient plus longtemps; que leur ramage naturel avait plus d'éclat, mais qu'ils adoptaient difficilement le ramage artificiel de notre musique [a].

Ces métis ne sont point inféconds, et, lorsqu'on vient à bout de les apparier avec une serine, la seconde génération qui provient de ce mélange se rapproche sensiblement de l'espèce du chardonneret [b], tant l'empreinte masculine a de prépondérance dans l'œuvre de la génération.

Le chardonneret a le vol bas, mais suivi et filé comme celui de la linotte, et non pas bondissant et sautillant comme celui du moineau. C'est un oiseau actif et laborieux : s'il n'a pas quelques têtes de pavots, de chanvre ou de chardons à éplucher pour le tenir en action, il portera et rapportera sans cesse tout ce qu'il trouvera dans sa cage. Il ne faut qu'un mâle vacant de cette espèce dans une volière de canaris pour faire manquer toutes les pontes; il inquiétera les couveuses, se battra avec les mâles, défera les nids, cassera les œufs. On ne croirait pas qu'avec tant de vivacité et de pétulance les chardonnerets fussent si doux et même si dociles. Ils vivent en paix les uns avec les autres : ils se recherchent, se donnent des marques d'amitié en toute saison, et n'ont guère de querelles que pour la nourriture. Ils sont moins pacifiques à l'égard des autres espèces; ils battent les serins et les linottes, mais ils sont battus à leur tour par les mésanges. Ils ont le singulier instinct de vouloir toujours se coucher au plus haut de la volière, et l'on sent bien que c'est une occasion de rixe lorsque d'autres oiseaux ne veulent point leur céder la place.

A l'égard de la docilité du chardonneret, elle est connue : on lui apprend, sans beaucoup de peine, à exécuter divers mouvements avec précision, à faire le mort, à mettre le feu à un pétard, à tirer de petits seaux qui contiennent son boire et son manger; mais pour lui apprendre ce dernier exercice il faut savoir l'*habiller*. Son habillement consiste dans une petite bande de cuir doux de deux lignes de large, percée de quatre trous, par lesquels on fait passer les ailes et les pieds, et dont les deux bouts, se rejoignant sous le ventre, sont maintenus par un anneau auquel s'attache la chaîne du petit galérien. Dans la solitude où il se trouve, il prend plaisir à se regarder dans le miroir de sa galère, croyant voir un autre oiseau de son espèce; et ce besoin de société paraît chez lui aller de front avec ceux de première

<hr>

a. Voyez ci-dessus l'histoire du serin.
b. M. Hébert.

nécessité : on le voit souvent prendre son chènevis grain à grain et l'aller manger au miroir, croyant sans doute le manger en compagnie.

Pour réussir dans l'éducation des chardonnerets, il faut les séparer et les élever seul à seul, ou tout au plus avec la femelle qu'on destine à chacun.

Madame Daubenton la jeune ayant élevé une nichée entière, les jeunes chardonnerets n'ont été familiers que jusqu'à un certain âge, et ils sont devenus avec le temps presque aussi sauvages que ceux qui ont été élevés en pleine campagne par les père et mère ; cela est dans la nature, la société de l'homme ne peut être, n'est en effet que leur pis-aller, et ils doivent y renoncer dès qu'ils trouvent une autre société qui leur convient davantage ; mais ce n'est point là le seul inconvénient de l'éducation commune ; ces oiseaux, accoutumés à vivre ensemble, prennent un attachement réciproque les uns pour les autres, et lorsqu'on les sépare pour les apparier avec une femelle canari, ils font mal les fonctions qu'on exige d'eux, ayant le regret dans le cœur, et ils finissent ordinairement par mourir de chagrin [a].

L'automne, les chardonnerets commencent à se rassembler ; on en prend beaucoup en cette saison parmi les oiseaux de passage qui fourragent alors les jardins ; leur vivacité naturelle les précipite dans tous les piéges, mais pour faire de bonnes chasses il faut avoir un mâle qui soit bien en train de chanter. Au reste, ils ne se prennent point à la pipée, et ils savent échapper à l'oiseau de proie en se réfugiant dans les buissons. L'hiver ils vont par troupes fort nombreuses, au point que l'on peut en tuer sept ou huit d'un seul coup de fusil ; ils s'approchent des grands chemins, à portée des lieux où croissent les chardons, la chicorée sauvage ; ils savent fort bien en éplucher la graine, ainsi que les nids de chenilles, en faisant tomber la neige : en Provence, ils se réunissent en grand nombre sur les amandiers. Lorsque le froid est rigoureux, ils se cachent dans les buissons fourrés, et toujours à portée de la nourriture qui leur convient. On donne communément du chènevis à ceux que l'on tient en cage [b]. Ils vivent fort longtemps ; Gessner en a vu un à Mayence âgé de vingt-trois ans : on était obligé toutes les semaines de lui rogner les ongles et le bec pour qu'il pût boire, manger et se tenir sur son bâton ; sa nourriture ordinaire était la graine de pavots ; toutes ses plumes étaient devenues blanches, il ne volait plus, et il restait dans toutes les situations qu'on voulait lui donner ; on en a vu dans le pays que j'habite vivre seize à dix-huit ans.

a. De cinq chardonnerets élevés ensemble dans la volière de madame Daubenton la jeune, et appariés avec des serines, trois n'ont rien fait du tout : les deux autres ont couvert leur serine, lui ont donné la béquée, mais ensuite ils ont cassé ses œufs et sont morts bientôt après.

b. Quoiqu'il soit vrai, en général, que les granivores vivent de grain, il n'est pas moins vrai qu'ils vivent aussi de chenilles, de petits scarabées et autres insectes, et même que c'est cette dernière nourriture qu'ils donnent à leurs petits. Ils mangent aussi avec grande avidité de petits filets de veau cuit ; mais ceux qu'on élève, préfèrent au bout d'un certain temps la graine de chènevis et de navette à toute autre nourriture.

Ils sont sujets à l'épilepsie, comme je l'ai dit plus haut [a], à la gras-fondure, et souvent la mue est pour eux une maladie mortelle.

Ils ont la langue divisée par le bout en petits filets; le bec allongé [b], les bords de l'inférieur rentrants et reçus dans le supérieur; les narines couvertes de petites plumes noires; le doigt extérieur uni au doigt du milieu jusqu'à la première articulation; le tube intestinal long d'un pied; de légers vestiges de cœcum; une vésicule du fiel; le gésier musculeux.

Longueur totale de l'oiseau cinq pouces quelques lignes; bec six lignes, vol huit à neuf pouces, queue deux pouces; elle est composée de douze pennes, un peu fourchue, et elle dépasse les ailes d'environ dix à onze lignes.

VARIÉTÉS DU CHARDONNERET.

Quoique cet oiseau ne perde pas son rouge dans la cage aussi promptement que la linotte, cependant son plumage y éprouve des altérations considérables et fréquentes, comme il arrive à tous les oiseaux qui vivent en domesticité. J'ai déjà parlé des variétés d'âge et de sexe, comme aussi des différences multipliées qui se trouvent entre les individus, quant au nombre et à la distribution des petites taches blanches de la queue et des ailes, et quant à la teinte plus ou moins brune du plumage : je ne ferai mention ici que des variétés principales que j'ai observées ou qui ont été observées par d'autres [c], et qui me paraissent n'être pour la plupart que des variétés individuelles et purement accidentelles.

I. — LE CHARDONNERET A POITRINE JAUNE.

Il n'est pas rare de voir des chardonnerets qui ont les côtés de la poitrine jaunes, et qui ont le tour du bec et les pennes des ailes d'un noir moins foncé; on croit s'être aperçu qu'ils chantaient mieux que les autres : ce qu'il y a de certain c'est que la femelle a les côtés de la poitrine jaunes comme le mâle.

a. On prétend qu'elle est occasionnée par un ver mince et long qui se glisse entre cuir et chair dans sa cuisse, et qui sort quelquefois de lui-même en perçant la peau, mais que l'oiseau arrache avec son bec lorsqu'il peut le saisir. Je ne doute pas de l'existence de ces vers dont parle Frisch, mais je doute beaucoup qu'ils soient une cause d'épilepsie.

b. Les jeunes chardonnerets l'ont moins allongé à proportion.

c. Je ne mettrai pas au nombre de ces variétés le chardonneret à tête brune (*vertice fusco*) dont parle Gessner, sur la foi d'un ouï-dire (p. 243), comme d'une race distincte de la race ordinaire, ni des variétés rapportées par M. Salerne, d'après les oiseleurs orléanais, telles que le *vert-pré*, qui a du vert au gros de l'aile, le *charbonnier* qui a la barbe noire, le corps plus petit, le plumage plus grisâtre, et qui est plus plein de chant (*Hist. nat. des oiseaux*, p. 276). Je ne citerai point non plus les monstres, tels que le chardonneret à quatre pieds dont Aldrovande fait mention. *Ornithol.*, t. II, p. 803.

II. — LE CHARDONNERET A SOURCILS ET FRONT BLANCS. [a]

Tout ce qui est ordinairement rouge autour du bec et des yeux dans les oiseaux de cette espèce était blanc dans celui-ci. Aldrovande, qui l'a observé, ne parle d'aucune autre différence. J'ai vu un chardonneret qui avait en blanc tout ce qui est en noir sur la tête des chardonnerets ordinaires.

III. — LE CHARDONNERET A TÊTE RAYÉE DE ROUGE ET DE JAUNE. [b]

Il a été trouvé en Amérique, mais probablement il y avait été porté. J'ai remarqué, dans plusieurs chardonnerets, que le rouge de la tête et de la gorge était varié de quelques nuances de jaune, et aussi de la couleur noirâtre du fond des plumes, laquelle perçait en quelques endroits à travers les belles couleurs de la superficie.

IV. — LE CHARDONNERET A CAPUCHON NOIR. [c]

A la vérité, le rouge propre aux chardonnerets se retrouve ici, mais par petites taches semées sur le front. Cet oiseau a encore les ailes et la queue du chardonneret; mais le dos et la poitrine sont d'un brun jaunâtre; le ventre et les cuisses d'un blanc assez pur; l'iris jaunâtre; le bec et les pieds couleur de chair.

Albin avait appris d'une personne *digne de foi* que cet individu était né d'une femelle chardonneret fécondée par une alouette mâle. Mais un seul témoignage ne suffit pas pour constater un pareil fait. Albin ajoute, en confirmation, que son métis avait quelque chose de l'alouette dans son ramage et dans ses manières.

V. — LE CHARDONNERET BLANCHATRE. [d]

Excepté le dessus de la tête et la gorge qui étaient d'un beau rouge comme dans le chardonneret ordinaire, la queue qui était d'un cendré brun, et les ailes qui étaient de la même couleur avec une bande d'un jaune terne, cet oiseau avait en effet le plumage blanchâtre.

a. « arduelis cilii s et rostri ambitu niveo colore efulgentibus. » Aldrov., p. 801. — Jonston, tab. 36. — Willughby, *Ornithol.*, p. 189, nº 2. — *Carduelis leucocephalos*, *A*, chardonneret à tête blanche. Brisson, t. III, p. 57.

b. « Fringilla subfusca, capite varié striato, striis quandoque rubris, quandoque flavis. » *Gold-finch.* Browne, *Nat. hist. of Jamaica*, p. 468. — *Carduelis capite striato*, *B*, chardonneret à tête rayée. Brisson, t. III, p. 58.

c. The swallow gold-finch, le chardonneret tirant sur l'hirondelle. Albin, t. III, pl. LXX. — *Carduelis melanocephalos*, *C*, le chardonneret à tête noire. Brisson, t. III, p. 58.

d. Carduelis subalbida. Aldrovande, p. 801. — Willughby, *Ornitholog.*, p. 189, nº 4. — *Carduelis albida*, le chardonneret blanchâtre. Brisson, t. III. p. 59.

VI. — LE CHARDONNERET BLANC. [a]

Celui d'Aldovrande avait sur la tête le même rouge qu'ont les chardonnerets ordinaires, et de plus quelques pennes de l'aile bordées de jaune; tout le reste était blanc.

Celui de M. l'abbé Aubry a une teinte jaune sur les couvertures supérieures des ailes, quelques pennes moyennes noires depuis la moitié de leur longueur, terminées de blanc; les pieds et les ongles blancs; le bec de la même couleur, mais noirâtre vers le bout.

J'en ai vu un chez M. le baron de Goula, qui avait la gorge et le front d'un rouge faible, le reste de la tête noirâtre; tout le dessous du corps blanc, légèrement teinté de gris cendré, mais plus pur immédiatement au-dessous du rouge de la gorge, et qui remontait jusqu'à la calotte noirâtre; le jaune de l'aile du chardonneret; les couvertures supérieures olivâtres; le reste des ailes blanc, un peu plus cendré sur les pennes moyennes les plus proches du corps; la queue à peu près du même blanc; le bec d'un blanc rosé, et fort allongé; les pieds couleur de chair. Cette dernière variété est d'autant plus intéressante qu'elle appartient à la nature: l'oiseau avait été pris adulte dans les champs.

Gessner avait entendu dire qu'on en trouvait de tout blancs dans le pays des Grisons, et tel est celui que nous avons fait représenter dans nos planches enluminées.

VII. — LE CHARDONNERET NOIR. [b]

On en a vu plusieurs de cette couleur. Celui d'Aspernacs, dont parle André Schenberg Anderson [c], était devenu entièrement noir, après avoir été longtemps en cage.

La même altération de couleur a eu lieu dans les mêmes circonstances sur un chardonneret que l'on nourrissait en cage dans la ville que j'habite; il était noir sans exception.

Celui de M. Brisson avait quatre pennes de l'aile, depuis la quatrième à la septième inclusivement, bordées d'une belle couleur soufre au dehors et de blanc à l'intérieur, ainsi que les moyennes, une de ces dernières terminée de blanc; enfin le bec, les pieds et les ongles blanchâtres; mais la description la plus exacte ne représente qu'un moment de l'individu, et son histoire la plus complète qu'un moment de l'espèce: c'est à l'histoire géné-

---

a. *Carduelis alba, capite rubro.* Aldrovande. *Ornithol.*, t. II, p. 801. — Willughby, p. 189, nᵒ 3. — *Carduelis candida*, *E*, le chardonneret blanc. Brisson, t. III, p. 60. — « Cardueles « totas albas in Rhætiâ aliquando reperiri audio. » Gessner, *De Avibus*, p. 243.

b. *Carduelis nigra*, *F*, le chardonneret noir. Brisson, t. III, p. 60.

c. Voyez la *Collection académique*, partie étrangère, t. XI. Acad. de Stockholm, p. 58.

rale à représenter, autant qu'il est possible, la suite et l'enchaînement des différents états par où passent et les individus et les espèces.

Il y a actuellement à Beaune deux chardonnerets noirs, sur lesquels je me suis procuré quelques éclaircissements ; ce sont deux mâles, l'un a quatre ans, l'autre est plus âgé : ils ont l'un et l'autre essuyé trois mues, et ont recouvré trois fois leurs couleurs qui étaient très-belles ; c'est à la quatrième mue qu'ils sont devenus d'un beau noir lustré sans mélange : ils conservent cette nouvelle couleur depuis huit mois, mais il paraît qu'elle n'est pas plus fixe que la première, car on commence à apercevoir (25 mars) du gris sur le ventre de l'un de ces oiseaux, du rouge sur sa tête, du roux sur son dos, du jaune sur les pennes de ses ailes[a], du blanc à leurs extrémités et sur le bec. Il serait curieux de rechercher l'influence que peuvent avoir dans ces changements de couleurs la nourriture, l'air, la température, etc. On sait que le chardonneret, électrisé par M. Klein, avait entièrement perdu, six mois après, non-seulement le rouge de sa tête, mais la belle plaque citrine de ses ailes[b].

VIII. — LE CHARDONNERET NOIR A TÊTE ORANGÉE. [c]

Aldrovande trouvait cet oiseau si différent du chardonneret ordinaire, qu'il le regardait, non comme étant de la même espèce, mais seulement du même genre ; il était plus gros que le chardonneret et aussi gros que le pinson ; ses yeux étaient plus grands à proportion ; il avait le dessus du corps noirâtre, la tête de même couleur, excepté que sa partie antérieure, près du bec, était entourée d'une zone d'un orangé vif ; la poitrine et les couvertures supérieures des ailes d'un noir verdâtre ; le bord extérieur des pennes des ailes de même, avec une bande d'un jaune faible, et non d'un beau citron comme dans le chardonneret ; le reste des pennes noir, varié de blanc ; celles de la queue noires, la plus extérieure bordée de blanc à l'intérieur ; le ventre d'un cendré brun.

Ce n'est point ici une altération de couleur produite par l'état de captivité : l'oiseau avait été pris dans les environs de Ferrare, et envoyé à Aldrovande.

IX. — LE CHARDONNERET MÉTIS. [d]

On a vu beaucoup de ces métis : il serait infini et encore plus inutile d'en donner ici toutes les descriptions. Ce qu'on peut dire en général, c'est qu'ils

a. Les 1re, 2e, 5e 6e, 7e et 11e de l'une des ailes et quelques-unes de l'autre.

b. T. Klein. *Ordo avium*, p. 93.

c. « Carduelis congener, rostro fasciolà croceà circumdato. » Aldrovande, *Ornithol.*, t. II, p. 801-803. — Willughby, *Ornithol.*, p. 189. — *Carduelis nigra icterocephalos*, G, le chardonneret noir à tête jaune. Brisson, t. III, p. 61.

d. *The Canarie-gold-finch*, chardonneret qui tient du serin des Canaries. Albin, t. III, n° 70. — *Carduelis hybrida*, II, le chardonneret mulet. Brisson, t. III, p. 62.

ressemblent plus au père par les extrémités et à la mère par le reste du corps, comme cela a lieu dans les mulets des quadrupèdes. Ce n'est pas que je regarde absolument ces métis comme de vrais mulets; les mulets viennent de deux espèces différentes, quoique voisines, et sont presque toujours stériles; au lieu que les métis résultant de l'accouplement des deux espèces granivores, tels que les serins, chardonnerets, verdiers, tarins, bruants, linottes, sont féconds et se reproduisent assez facilement, comme on le voit tous les jours. Il pourrait donc se faire que ce qu'on appelle différentes espèces parmi les granivores ne fussent en effet que des races diverses, appartenant à la même espèce, et que leurs mélanges ne fussent réellement que des croisements de races, dont le produit est perfectionné, comme il arrive ordinairement [a] : on remarque en effet que les métis sont plus grands, plus forts, qu'ils ont la voix plus sonore, etc., mais ce ne sont ici que des vues; pour conclure quelque chose, il faudrait que des amateurs s'occupassent de ces expériences, et les suivissent jusqu'où elles peuvent aller. Ce que l'on peut prédire, c'est que plus on s'occupera des oiseaux, de leur multiplication, du mélange, ou plutôt du croisement des races diverses, plus on multipliera les prétendues espèces. On commence déjà à trouver dans les campagnes des oiseaux qui ne ressemblent à aucune des espèces connues. J'en donnerai un exemple à l'article du tarin.

Le métis d'Albin provenait d'un mâle chardonneret élevé à la brochette et d'une femelle canari : il avait la tête, le dos et les ailes du chardonneret, mais d'une teinte plus faible; le dessous du corps et les pennes de la queue jaunes, celles-ci terminées de blanc. J'en ai vu qui avaient la tête et la gorge orangées; il semblait que le rouge du mâle se fût mêlé, fondu avec le jaune de la femelle.

LE CHARDONNERET A QUATRE RAIES. [*]

Ce qu'il y a de plus remarquable dans cet oiseau ce sont ses ailes, dont la base est rousse, et qui ont outre cela quatre raies transversales de diverses couleurs, dans cet ordre, noir, roux, noir, blanc; la tête et tout le dessus du corps, jusqu'au bout de la queue, est d'un cendré obscur; les pennes des ailes sont noirâtres, la poitrine rousse, la gorge blanche, le ventre blanchâtre et le bec brun. Ce chardonneret se trouve dans les contrées qui sont à l'ouest du golfe de Bothnie, aux environs de Lulhea.

a. Voyez l'*Histoire du cheval*, t. II, p. 390.

[*] *Fringilla lulensis* (Linn.).

OISEAUX ÉTRANGERS QUI ONT RAPPORT AU CHARDONNERET.

I. — LE CHARDONNERET VERT OU LE MARACAXAO. *

M. Edvards, qui le premier a observé et décrit cet oiseau, donne la figure du mâle, dessinée d'après le vivant, planche ccLxxII, et celle de la femelle, dessinée d'après le mort, planche cxxvIII. De plus il nous apprend, dans une addition qu'il a mise à la tête de son premier volume, que c'est un oiseau du Brésil.

Le mâle a le bec, la gorge et la partie antérieure de la tête d'un rouge plus ou moins vif, excepté un petit espace entre le bec et l'œil qui est bleuâtre; le derrière de la tète, du cou et le dos, d'un vert jaunâtre ; les couvertures supérieures des ailes et les pennes moyennes verdâtres, bordées de rouge; les grandes pennes presque noires ; la queue et ses couvertures supérieures d'un rouge vif; les couvertures inférieures d'un gris cendré ; tout le dessous du corps rayé transversalement de brun, sur un fond qui est vert d'olive à la poitrine , et qui va toujours s'éclaircissant, jusqu'à devenir tout à fait blanc sous le ventre. Cet oiseau est de la grosseur de nos chardonnerets; il a le bec fait de même et les pieds gris.

La femelle diffère du mâle en ce qu'elle a le bec d'un jaune clair; le dessus de la tète et du cou cendré; la base des ailes et le croupion d'un vert jaunâtre, comme le dos, sans aucune teinte de rouge; les pennes de la queue brunes, bordées en dehors d'un rouge vineux; les couvertures inférieures blanches, et les pieds couleur de chair.

II. — LE CHARDONNERET JAUNE. [a] **

Tous ceux qui ont parlé de cet oiseau se sont accordés à lui donner le nom de chardonneret d'Amérique, mais pour que cette dénomination fùt bonne il faudrait que l'oiseau à qui on l'a appliquée fùt le seul chardonneret qui existât dans tout le continent du Nouveau-Monde; et non-seulement cela est difficile à supposer, mais cela est démenti par le fait même, puisque le chardonneret de l'article précédent est aussi d'Amérique. J'ai donc cru devoir changer cette dénomination trop vague en une autre qui annonçât

a. The American gold-finch, le chardonneret d'Amérique. Catesby, p. 43. Edwards, pl. 274. — Fringilla, carduelis Americana, gelber distel-finck. Klein, Ordo avium, § 45, p. 97. — « Fringilla flava fronte nigra, alis fuscis; fringilla tristis. » Linnæus, Syst. nat., édit. X, g. 98, sp. 14. — « Carduelis lutea; vertice nigro; tænià transversà in alis candidà; remigibus, « rectricibusque nigris; minorum remigum oris exterioribus et in apice albis... » Carduelis Americana, le chardonneret d'Amérique. Brisson, t. III, p. 64.

* Fringilla melba (Linn.).
** Fringilla tristis (Linn.).

ce qu'il y a de plus remarquable dans le plumage de l'oiseau. Le chardonneret jaune a le bec à très-peu près de même forme et de même couleur que notre chardonneret; le front noir, ce qui est propre au mâle; le reste de la tête, le cou, le dos et la poitrine d'un jaune éclatant; les cuisses, le bas-ventre, les couvertures supérieures et inférieures de la queue d'un blanc jaunâtre; les petites couvertures des ailes jaunes à l'extérieur, blanchâtres à l'intérieur, et terminées de blanc; les grandes couvertures noires et terminées d'un blanc légèrement nuancé de brun, ce qui forme deux raies transversales bien marquées sur les ailes qui sont noires; les pennes moyennes terminées de blanc; celles qui avoisinent le dos et leurs couvertures bordées de jaune; les pennes de la queue, au nombre de douze, égales entre elles, noires dessus, cendrées dessous; les latérales blanches à l'intérieur vers le bout; le bec et les pieds couleur de chair.

La femelle diffère du mâle en ce qu'elle n'a pas le front noir, mais d'un vert olive, ainsi que tout le dessus du corps, et en ce que le jaune du croupion et du dessous du corps est moins brillant, le noir des ailes moins foncé, et, au contraire, les raies transversales moins claires; enfin, en ce qu'elle a le ventre tout blanc, ainsi que les couvertures inférieures de la queue.

Le jeune mâle ne diffère de la femelle que par son front noir.

La femelle observée par M. Edwards était seule dans sa cage, et cependant elle pondit au mois d'août 1755 un petit œuf gris de perle, sans aucune tache; mais ce qui mérite plus d'attention, c'est que M. Edwards ajoute que constamment cette femelle a mué deux fois par an, savoir, aux mois de mars et de septembre. Pendant l'hiver, son corps était tout à fait brun, mais la tête, les ailes et la queue conservaient la même couleur qu'en été; le mâle étant mort trop tôt, on n'a pu suivre cette observation sur lui; mais il est plus que vraisemblable qu'il aurait mué deux fois comme sa femelle, et comme les bengalis, les veuves, le ministre, et beaucoup d'autres espèces des pays chauds.

L'individu observé par M. Brisson avait le ventre, les flancs, les couvertures inférieures de la queue et des ailes du même jaune que le reste du corps; les couvertures supérieures de la queue d'un gris blanc; le bec, les pieds et les ongles blancs; mais la plupart de ces différences peuvent venir des différents états où l'oiseau a été observé. M. Edwards l'a dessiné vivant; il paraît aussi qu'il était plus grand que celui de M. Brisson.

Catesby nous apprend qu'il est fort rare à la Caroline, moins à la Virginie, et très-commun à la Nouvelle-York : celui qui est représenté dans nos planches enluminées venait du Canada, où le P. Charlevoix a vu plus d'un individu de la même espèce[a].

a. *Nouvelle-France*, t. III, p. 156.

Longueur totale, quatre pouces un tiers; bec, cinq à six lignes ; tarse de même ; vol, sept pouces un quart ; queue, dix-huit lignes, composée de douze pennes égales, dépasse les ailes de six lignes.

LE SIZERIN. [a]*

M. Brisson appelle cet oiseau petite linotte de vignes. Je ne lui conserve point le nom de linotte, parce qu'il me semble avoir plus de rapport avec le tarin, et que d'ailleurs son ramage est fort inférieur à celui de la linotte. Gessner dit qu'on lui a donné le nom de *tschet-scherle*, d'après son cri, qui est fort aigu ; il ajoute qu'il ne paraît guère que tous les cinq ou tous les sept ans [b], comme les jaseurs de Bohême, et qu'il arrive en très-grandes troupes. On voit, par le témoignage des voyageurs, qu'il pousse quelquefois ses excursions jusqu'au Groenland [c]. M. Frisch nous apprend qu'en Allemagne il passe en octobre et en novembre, et qu'il repasse en février.

J'ai dit qu'il tenait plus du tarin que de la linotte : c'était l'avis de Gessner [d], et c'est celui de M. le docteur Lottinger, qui connaît bien ces petits oiseaux. M. Frisch va plus loin, car, selon lui, le tarin peut servir d'appeau pour attirer les sizerins dans les piéges au temps du passage, et ces deux espèces se mêlent et produisent ensemble. Aldrovande a trouvé au sizerin beaucoup de ressemblance avec le chardonneret, et l'on sait qu'un char-

a. « Fringilla remigibus, rectricibusque fuscis, margine obsoletè pallido, liturà alarum « albidâ. Linaria rubra Gessneri, etc. Suecis *Graosiska*. » Linnæus, *Fauna Suec.*, no 210. *Syst. nat.*, édit. X, g. 98, sp. 23, p. 182. — Le sizin ou petit chêne de M. le docteur Lottinger. — « Passer supernè fusco et griseo rufescente variùs, infernè albo rufescens; maculis rostrum « inter et oculos, et sub gutture fuscis (vertice et pectore rubris, Mas); (vertice rubro, Fœmina) « tæniâ duplici in alis transversâ, albo rufescente ; rectricibus fuscis ; oris in utroque latere « griseo albicantibus... » *Linaria rubra minor*, la petite linotte de vignes. Brisson, t. III, page 138.

b. Tout ce qui n'est point ordinaire, produit des erreurs encore plus extraordinaires. Les uns ont dit, que l'apparition des troupes nombreuses de sizerins annonçait la peste ; d'autres, que ce n'était autre chose que des rats qui se métamorphosaient en oiseaux avant l'hiver, et qui reprenaient leur forme de rat au printemps : on expliquait ainsi pourquoi il n'en paraît jamais l'été. Voyez Schwenckfeld, p. 344.

c. « Il vient l'été au Groënland un autre oiseau qui approche de la linotte, quoiqu'il soit « plus petit : on le distingue à la tête, qui est en partie d'un rouge de sang ; on peut l'apprivoiser « et le nourrir de gruau pendant l'hiver... Il en vient quelquefois des vols entiers à bord des « vaisseaux comme un nuage poussé par les vents, à quatre-vingts et cent lieues de la terre. « Il a un chant très-agréable. » *Continuation de l'histoire des voyages*, t. I, p. 42. Serait-ce les mêmes oiseaux que l'on nourrit à la Chine dans des cages pour les faire combattre ? « Ces « oiseaux ressemblent, dit-on, aux linottes, et comme ils sont grands voyageurs, il serait « moins surprenant de les trouver dans un pays si éloigné. » Navarette, p. 40.

d. « Magnitudine et figurâ rostri ad ligurinum accedit : colore differt. » *De Avibus*, p. 591.

* *Fringilla linaria* (Linn.). — Le *sizerin*, *cabaret* ou *petite linotte* (Cuv.). — Sous-genre *Linottes* et *Chardonnerets* (Cuv.).

donneret approche fort d'un tarin qui aurait du rouge sur la tête. Un oiseleur, qui a beaucoup de pratique et peu de lecture, m'a assuré, en voyant la figure enluminée du sizerin, qu'il avait pris plusieurs fois des oiseaux semblables à celui-là, pêle-mêle avec des tarins auxquels ils ressemblaient fort, mais surtout les femelles aux femelles : seulement elles ont le plumage plus rembruni et la queue plus courte. Enfin, M. Linnæus remarque que ces oiseaux se plaisent dans les lieux plantés d'aunes, et Schwenckfeld met la graine d'aune parmi celles dont ils sont friands : or on sait que les tarins aiment beaucoup la graine de cet arbre, ce qui est un nouveau trait de conformité entre ces deux espèces : d'ailleurs les sizerins ne mangent point de navette comme la linotte, mais bien du chènevis, de la graine d'ortie grièche, de chardons, de lin, de pavots, les boutons des jeunes branches de chêne, etc.; ils se mêlent volontiers aux autres oiseaux; l'hiver est la saison où ils sont le plus familiers, on les approche alors de très-près sans les effaroucher[a]; en général ils sont peu défiants et se prennent facilement aux gluaux.

Le sizerin fréquente les bois, il se tient souvent sur les chênes, y grimpe comme les mésanges, et s'accroche, comme elles, à l'extrémité des petites branches : c'est de là que lui est venu probablement le nom de *linaria truncalis,* et peut-être celui de petit chêne.

Les sizerins prennent beaucoup de graisse et sont un fort bon manger; Schwenckfeld dit qu'ils ont un jabot comme les poules, indépendamment de la petite poche formée par la dilatation de l'œsophage avant son insertion dans le gésier; ce gésier est musculeux comme dans tous les granivores, et l'on y trouve beaucoup de petits cailloux.

Le mâle a la poitrine et le sommet de la tête rouges, deux raies blanches transversales sur les ailes; le reste de la tête et tout le dessus du corps mêlé de brun et de roux clair; la gorge brune, le ventre et les couvertures inférieures de la queue et des ailes d'un blanc roussâtre; leurs pennes brunes, bordées tout autour d'une couleur plus claire; le bec jaunâtre, mais brun vers la pointe; les pieds bruns. Les individus observés par Schwenckfeld avaient le dos cendré.

La femelle n'a du rouge que sur la tête, encore est-il moins vif. M. Linnæus le lui refuse tout à fait; mais peut-être que la femelle qu'il a examinée avait été longtemps en cage.

Klein raconte qu'ayant électrisé au printemps un de ces oiseaux avec un chardonneret, sans leur causer d'incommodité apparente, ils moururent tous deux au mois d'octobre suivant, et tous deux la même nuit; mais ce qui est à observer, c'est que tous deux avaient entièrement perdu leur rouge.

a. Ces observations sont de M. Lottinger. Schwenckfeld rapporte qu'on vit une quantité prodigieuse de sizerins au commencement de l'hiver de l'an 1602.

Longueur totale, cinq pouces et plus; vol, huit pouces et demi; bec, cinq à six lignes; queue, deux pouces un quart; elle est un peu fourchue, composée de douze pennes, et elle dépasse les ailes de plus d'un pouce.

LE TARIN. [a]*

De tous les granivores, le chardonneret est celui qui passe pour avoir le plus de rapport au tarin : tous deux ont le bec allongé, un peu grêle vers la pointe ; tous deux ont les mœurs douces, le naturel docile et les mouvements vifs. Quelques naturalistes frappés de ces traits de ressemblance et de la grande analogie de nature qui se trouve entre ces oiseaux, puisqu'ils s'apparient et produisent ensemble des métis féconds, les ont regardés comme deux espèces voisines appartenantes au même genre [b] : on pourrait même, sous ce dernier point de vue, les rapporter avec tous nos granivores, comme autant de variétés ou, si l'on veut, de races constantes, à une seule et même espèce, puisque tous se mêlent et produisent ensemble des individus féconds. Mais cette analogie fondamentale entre ces races diverses doit nous rendre plus attentifs à remarquer leurs différences, afin de pouvoir reconnaître l'étendue des limites dans lesquelles la nature semble se jouer, et qu'il faut avoir mesurées, ou du moins estimées par approximation, avant d'oser déterminer l'identité des espèces.

Le tarin est plus petit que le chardonneret; il a le bec un peu plus court à proportion, et son plumage est tout différent; il n'a point de rouge sur la tête, mais du noir; la gorge brune, le devant du cou, la poitrine et les pennes latérales de la queue jaunes; le ventre blanc-jaunâtre; le dessus du corps d'un vert d'olive moucheté de noir, qui prend une teinte de jaune sur le croupion, et plus encore sur les couvertures supérieures de la queue.

a. M. Brisson et d'autres, ont cru que le tarin de Belon n'était autre chose que le serin d'Italie : mais Belon lui-même compare ces deux oiseaux et fait remarquer leur différence. — « Tarin, carduelis virescens, capite et alis nigris, ligurinus seu spinus Jonstonii; en catalan, « *llucaret.* » Barrère, *Ornithol.*, specimen. G. 31, sp. 2, p. 57. — « Fringilla remigibus medio « luteis, primis quatuor immaculatis; rectricibus duabus extimis, reliquisque apice albis. » *Spinus*; Succis, *siska*, *groensiska.* Linnæus, *Fauna Suec.*, n° 203. — « Fringilla remigibus « medio luteis, primis quatuor immaculatis; rectricibus basi flavis apice nigris. » *Spinus*, Linnæus. *Syst. nat.*, édit. X, p. 181, g. 98, sp. 19. — *The siskin, acanthis*, etc., Gessneri. *British zoology. Birds*, p. 109. — « Spinus seu ligurinus, lucherino. » *Ornithol. Ital.*, pl. 361. — « Carduelis supernè viridi olivaceo flavescens, infernè candicans, luteo admixto; pectore « citrino; vertice nigro; (oris pennarum griseis in fœminà) rectricibus lateralibus luteis, apice « nigricantibus, extimâ, ultimâ medietate, exteriùs nigricante... » *Ligurinus*, le tarin. Brisson, t. III, p. 65. — *Lucre*, en Provence. En français, *tarin*, *terin*, selon quelques-uns, et même *tirin.*

b. MM. Barrère et Brisson, aux endroits cités.

* *Fringilla spinus* (Linn.). — Sous-genre *Linottes et Chardonnerets* (Cuv.).

A l'égard des qualités plus intérieures et qui dépendent immédiatement de l'organisation ou de l'instinct, les différences sont encore plus grandes. Le tarin a un chant qui lui est particulier, et qui ne vaut pas celui du chardonneret; il recherche beaucoup la graine de l'aune, à laquelle le chardonneret ne touche point, et il ne lui dispute guère celle de chardon; il grimpe le long des branches et se suspend à leur extrémité comme la mésange, en sorte qu'on pourrait le regarder comme une espèce moyenne entre la mésange et le chardonneret: de plus, il est oiseau de passage, et dans ses migrations il a le vol fort élevé; on l'entend plutôt qu'on ne l'aperçoit; au lieu que le chardonneret reste toute l'année dans nos pays et ne vole jamais bien haut; enfin l'on ne voit pas ces deux races faire volontairement société entre elles.

Le tarin apprend à faire aller la galère comme le chardonneret; il n'a pas moins de docilité que lui, et, quoique moins agissant, il est plus vif à certains égards, et vif par gaieté: toujours éveillé le premier dans la volière, il est aussi le premier à gazouiller et à mettre les autres en train[a]; mais comme il ne cherche point à nuire, il est sans défiance et donne dans tous les piéges, gluaux, trébuchets, filets, etc. On l'apprivoise plus facilement qu'aucun autre oiseau pris dans l'âge adulte; il ne faut pour cela que lui présenter habituellement dans la main une nourriture mieux choisie que celle qu'il a à sa disposition, et bientôt il sera aussi apprivoisé que le serin le plus familier: on peut même l'accoutumer à venir se poser sur la main au bruit d'une sonnette; il ne s'agit que de la faire sonner dans les commencements, chaque fois qu'on lui donne à manger; car la mécanique subtile de l'association des perceptions a aussi lieu chez les animaux. Quoique le tarin semble choisir avec soin sa nourriture, il ne laisse pas de manger beaucoup, et les perceptions qui tiennent de la gourmandise paraissent avoir une grande influence sur lui; cependant ce n'est point là sa passion dominante, ou du moins elle est subordonnée à une passion plus noble; il se fait toujours un ami dans la volière parmi ceux de son espèce, et à leur défaut parmi d'autres espèces; il se charge de nourrir cet ami comme son enfant et de lui donner la béquée; il est assez singulier que sentant si vivement le besoin de consommer, il sente encore plus vivement le besoin de donner. Au reste, il boit autant qu'il mange, ou du moins il boit très-souvent[b], mais il se baigne peu: on a observé qu'il entre rarement dans l'eau, mais qu'il se met sur le bord de la baignoire, et qu'il y plonge seulement le bec et la poitrine sans faire beaucoup de mouvements[c], excepté peut-être dans les grandes chaleurs.

On prétend qu'il niche dans les îles du Rhin, en Franche-Comté, en

a. Les oiseleurs l'appellent vulgairement *boute-en-train*.
b. Aussi les oiseleurs en prennent-ils beaucoup à l'abreuvoir.
c. Observé par M. Daubenton le jeune.

Suisse, en Grèce, en Hongrie , et par préférence dans les forêts en montagne. Son nid est fort difficile à trouver[a], et si difficile que c'est une opinion reçue parmi le peuple que ces petits oiseaux savent le rendre invisible
par le moyen d'une certaine pierre : aussi personne ne nous a donné de
détails sur la ponte des tarins. M. Frisch dit qu'ils font ou plutôt qu'ils
cachent leur nid dans des trous : M. Cramer croit qu'ils le cachent dans les
feuilles, et que c'est la raison pourquoi on n'en trouve point ; mais on sent
bien que cela n'est pas applicable à la plupart de nos provinces, autrement
il faudrait que les tarins eux-mêmes demeurassent aussi cachés tout l'été
dans les mêmes trous, puisqu'on n'y en voit jamais dans cette saison.

Si l'on voulait prendre une idée de leurs procédés dans les diverses opé-
rations qui ont rapport à la multiplication de l'espèce, il n'y aurait qu'à les
faire nicher dans une chambre ; cela est possible, quoiqu'on l'ait tenté plusieurs fois sans succès ; mais il est plus ordinaire et plus aisé de croiser
cette race avec celle des serins : il y a une sympathie marquée entre ces
deux races , au point que si on lâche un tarin dans un endroit où il y ait
des canaris en volière, il ira droit à eux, s'en approchera autant qu'il sera
possible, et que ceux-ci le rechercheront aussi avec empressement ; et si on
lâche dans la même chambre un mâle et une femelle tarin avec bon nombre
de canaris, ces derniers, comme on l'a déjà remarqué, s'apparieront indifféremment entre eux et avec les tarins[b], surtout avec la femelle , car le
mâle reste quelquefois vacant.

Lorsqu'un tarin s'est apparié avec une femelle canari, il partage tous ses
travaux avec beaucoup de zèle, il l'aide assidûment à porter les matériaux
du nid et à les employer , et ne cesse de lui dégorger la nourriture tandis
qu'elle couve ; mais malgré toute cette bonne intelligence, il faut avouer
que la plupart des œufs restent clairs. Ce n'est point assez de l'union des
cœurs pour opérer la fécondation , il faut de plus un certain accord dans

a. « Nos oiseleurs orléanais, dit M. Salerne , p. 288, conviennent qu'il est comme inouï
« que quelqu'un ait découvert le nid du tarin ; cependant ils présument qu'il en reste quel-
« ques-uns dans le pays qui font leur nid le long du Loiret, dans les aunes, où ils se plaisent
« beaucoup, d'autant plus qu'ils en prennent quelquefois aux gluaux ou au trébuchet, qui
« sont encore tout jeunes. M. Colombeau m'a assuré en avoir trouvé un nid où il y avait cinq
« œufs à la blanchisserie de M. Hery de la Salle. » Salerne, *Histoire naturelle des oiseaux*,
p. 288. M. Cramer assure que l'on voit dans les forêts qui bordent le Danube, des milliers de
jeunes tarins qui n'ont pas encore quitté leurs premières plumes, et que cependant il est très-
rare d'en trouver dans le nid. Un jour qu'il herborisait dans ces forêts avec un de ses amis ,
vers le 15 de juin, ils virent tous deux un mâle et une femelle tarin aller souvent sur un aune,
le bec plein de nourriture , comme pour donner la béquée à leurs petits ; ils les virent autant
de fois s'éloigner de ce même arbre, n'ayant plus rien dans le bec, pour y revenir encore :
ayant cherché avec tout le soin possible, ils ne purent ni trouver, ni même entendre les petits.
Elenchus Austriæ inferioris, p. 366.

b. Le R. P. Bougot, de qui je tiens ces faits, a vu cinq années de suite une femelle tarin faire
régulièrement trois pontes par an avec le même mâle canari, et les quatre années suivantes
faire deux pontes par an avec un autre mâle, le premier étant mort.

les tempéraments, et à cet égard le tarin est fort au-dessous de la femelle canari. Le peu de métis qui proviennent de leur union, tiennent du père et de la mère.

En Allemagne, le passage des tarins commence en octobre ou même plus tôt; ils mangent alors les graines du houblon, au grand préjudice des propriétaires; on reconnaît les endroits où ils se sont arrêtés, à la quantité de feuilles dont la terre est jonchée; ils disparaissent tout à fait au mois de décembre, et reviennent au mois de février [a]; chez nous ils arrivent au temps de la vendange, et repassent lorsque les arbres sont en fleurs; ils aiment surtout la fleur du pommier.

En Provence, ils quittent les bois et descendent des montagnes sur la fin de l'automne; on en trouve alors des volées de deux cents et plus, qui se posent tous sur le même arbre, ou ne s'éloignent que très-peu. Le passage dure quinze ou vingt jours, après quoi on n'en voit presque plus [b].

Le tarin de Provence diffère du nôtre en ce qu'il est un peu plus grand et d'un plus beau jaune [c]; c'est une petite variété de climat.

Ces oiseaux ne sont point rares en Angleterre, comme le croyait Turner [d]; on en voit au temps du passage comme ailleurs; mais il en passe quelquefois un très-grand nombre, et d'autres fois très-peu. Les grands passages ont lieu tous les trois ou quatre ans, on en voit alors des nuées, que quelques-uns ont cru apportées par le vent [e].

Le ramage du tarin n'est point désagréable, quoique fort inférieur à celui du chardonneret, qu'il s'approprie, dit-on, assez facilement; il s'approprierait de même celui du serin, de la linotte, de la fauvette, etc., s'il était à portée de les entendre dès le premier âge.

Suivant Olina, cet oiseau vit jusqu'à dix ans [f] : la femelle du R. P. Bougot, dont j'ai parlé ci-dessus, est parvenue à cet âge, mais il faut toujours se souvenir que les femelles d'oiseaux vivent plus que leurs mâles. Au reste, les tarins sont peu sujets aux maladies, si ce n'est à la gras-fondure, lorsqu'on ne les nourrit que de chènevis.

Le mâle tarin a le sommet de la tête noir, le reste du dessus du corps olivâtre, un peu varié de noirâtre; le croupion teinté de jaune; les petites couvertures supérieures de la queue tout à fait jaunes; les grandes olivâtres, terminées de cendré; quelquefois la gorge brune, et même noire [g]; les

---

a. Frisch, à l'endroit cité.

b. Note de M. le marquis de Piolenc.

c. Note de M. Guys.

d. Je dis cela sur la foi de Willughby, p. 192. Cependant les auteurs de la *Zoologie Britannique* avouent qu'ils n'ont jamais vu cet oiseau dans leur pays, d'où l'on peut conclure légitimement que du moins il n'y est pas commun.

e. Olina, *Uccellaria*, p. 17. « Myriades in Prussiâ capiuntur in arcis. » Klein, p. 94.

f. Ceux qu'on tient à la galère vivent beaucoup moins.

g. Tous les mâles adultes n'ont pas la gorge noire ou brune; j'en ai tenu qui l'avaient du

joues, le devant du cou, la poitrine et les couvertures inférieures de la queue, d'un beau jaune citron; le ventre blanc jaunâtre; les flancs aussi, mais mouchetés de noir; deux raies transversales olivâtres ou jaunes sur les ailes, dont les pennes sont noirâtres, bordées extérieurement de vert d'olive; les pennes de la queue jaunes, excepté les deux intermédiaires qui sont noirâtres, bordées de vert d'olive; toutes ont la côte noire; le bec a la pointe brune; le reste est blanc et les pieds sont gris.

La femelle n'a pas le dessus de la tête noir comme le mâle, mais un peu varié de gris, et elle n'a la gorge ni jaune, ni brune, ni noire, mais blanche.

Longueur totale quatre pouces trois quarts; bec cinq lignes, vol sept pouces deux tiers, queue vingt-une lignes, un peu fourchue; dépasse les ailes de sept à huit lignes.

VARIÉTÉS DANS L'ESPÈCE DU TARIN.

I. — On m'apporta l'année passée, au mois de septembre, un oiseau pris au trébuchet, lequel ne pouvait être qu'un métis de tarin et de canari, car il avait le bec de celui-ci, et à peu près les couleurs du premier; il s'était sans doute échappé de quelque volière. Je n'ai point eu occasion de l'entendre chanter ni d'en tirer de la race, parce qu'il est mort au mois de mars suivant; mais M. Guys m'assure, en général, que le ramage de ces métis est très-varié et très-agréable. Le dessus du corps était mêlé de gris, de brun et d'un peu de jaune olivâtre; cette dernière couleur dominait derrière le cou et était presque pure sur le croupion, le devant du cou et la poitrine jusqu'aux jambes; enfin, elle bordait toutes les pennes de la queue et des ailes, dont le fond était noirâtre, et presque toutes les couvertures supérieures des pennes des ailes.

Longueur totale quatre pouces un quart; bec trois lignes et demie, vol sept pouces et demi, queue vingt-deux lignes, un peu fourchue, dépassant les ailes de neuf lignes; l'ongle postérieur était le plus long de tous...; l'œsophage deux pouces trois lignes, dilaté en forme de petite poche avant son insertion dans le gésier, qui était musculeux et doublé d'une membrane cartilagineuse sans adhérence; tube intestinal sept pouces un quart; une petite vésicule de fiel, point de cœcum.

même jaune que la poitrine, et qui avaient d'ailleurs toutes les marques distinctives du mâle; j'ai eu occasion de voir cette tache noire se former par degrés dans un individu pris au filet; elle était d'abord de la grosseur d'un petit pois, elle s'est étendue insensiblement jusqu'à six lignes de longueur et quatre lignes de largeur dans l'espace de dix-huit mois, et encore à présent (8 avril) elle semble continuer de croître et de s'étendre. Ce tarin m'a paru plus gros que les autres, et sa poitrine d'un plus beau jaune.

II. — LE TARIN DE LA NOUVELLE-YORK. *

Il suffit de comparer cet oiseau avec le tarin d'Europe pour voir que ce n'est qu'une variété de climat : il est un peu plus gros, et a le bec un peu plus court que le nôtre; il a la calotte noire; le jaune de la gorge et de la poitrine remonte derrière le cou, et forme une espèce de collier : cette même couleur borde la plupart des plumes du haut du dos, et reparaît encore au bas du dos et sur le croupion; les couvertures supérieures de la queue sont blanches; les pennes de la queue et des ailes sont d'un beau noir, bordées et terminées de blanc : tout le dessous du corps est d'un blanc sale. Comme les tarins sont des oiseaux voyageurs, et qu'ils ont le vol très-élevé, il peut se faire qu'ils aient franchi les mers qui séparent les deux continents du côté du nord : il est possible aussi qu'on ait porté dans l'Amérique septentrionale des tarins d'Europe, et qu'en s'y perpétuant ils aient éprouvé quelques changements dans leur plumage.

III. — L'OLIVAREZ. **

Le dessus du corps olivâtre; le dessous citron; la tête noire; les pennes de la queue et des ailes noirâtres, bordées plus ou moins de jaune clair; les les ailes marquées d'une raie jaune; tout cela ressemble fort à notre tarin et à celui de la Nouvelle-York; il est de la même grosseur et modelé sur les mêmes proportions : on ne peut s'empêcher de croire que c'est le même oiseau qui s'étant répandu depuis peu de temps dans ces différents climats n'en a pas encore subi toute l'influence.

La femelle a le sommet de la tête d'un gris brun et les joues citron, ainsi que la gorge.

C'est un oiseau qui chante très-bien, et qui surpasse à cet égard tous les oiseaux de l'Amérique méridionale; on le trouve aux environs de Buénos-Ayres et du détroit de Magellan, dans les bois qui lui offrent un abri contre le froid et les grands vents. Celui qu'a vu M. Commerson s'était laissé prendre par le pied entre les deux valves d'une moule.

Il avait le bec et les pieds cendrés; la pupille bleuâtre; le doigt du milieu uni par sa première phalange au doigt extérieur; le doigt postérieur le plus gros, et son ongle le plus long de tous; enfin il pesait une once.

Longueur totale quatre pouces et demi; bec cinq lignes, vol huit pouces, queue vingt-deux lignes, peu fourchue, composée de douze pennes, dépasse les ailes d'environ un pouce : ces ailes n'ont que seize pennes.

* « L'oiseau, figuré dans les *planches enluminées* de Buffon, n° 292, sous le nom de *tarin de « la Nouvelle-York*, était considéré comme une variété du *tarin*; mais on a reconnu depuis que « c'était le *chardonneret jaune* dans son plumage d'hiver. » (*Dict. des sc. nat.* : art. *Linottes.*)
** *Fringilla magellanica* (Vieill.). — Espèce propre et distincte.

IV. — LE TARIN NOIR. [a]

Comme il y a des chardonnerets noirs à tête orangée, il y aussi des tarins noirs à tête jaune. Schwenkfeld en a vu un de cette couleur dans la volière d'un gentilhomme de Silésie : tout son plumage était noir, à l'exception du sommet de la tête qui était jaunâtre.

OISEAUX ÉTRANGERS QUI ONT RAPPORT AU TARIN.

I. — LE CATOTOL. [b] *

On appelle ainsi au Mexique un petit oiseau de la taille de notre tarin, lequel a toute la partie supérieure variée de noirâtre et de fauve ; toute la partie inférieure blanchâtre et les pieds cendrés : il se tient dans les plaines, vit de la graine de l'arbre que les Mexicains appellent *hoauhtli*, et chante fort agréablement.

II. — L'ACATÉCHILI. [c] **

Le peu que l'on sait de cet oiseau ne permet pas de le séparer du tarin : il est à peu près de la même grosseur ; il chante comme lui ; il vit des mêmes nourritures ; il a la tête et tout le dessus du corps d'un brun verdâtre ; la gorge et tout le dessous du corps d'un blanc nuancé de jaune. Fernandez lui donne le nom d'oiseau se frottant contre les roseaux : cela tiendrait-il à quelques-unes de ses habitudes ?

a. *Luteola nigra, ein schwartzer zeissig.* Schwenckfeld, *Avi. Siles.*, p. 297. — *Ligurinus niger. A.* Le tarin noir. Brisson, t. III, p. 69.

b. *Cacatototl.* Fernández, *Av. nov. Hisp.*, cap. 197. — « Carduelis supernè subnigro et fulvo « varius, infernè candidus; remigibus rectricibusque subnigris, fulvo variis... » *Ligurinus Mexicanus niger*, tarin noir du Mexique. Brisson, *Ornithol.* t. III, p. 71.

c. J'ai formé ce nom de celui d'*acatechichictli*, que lui donnent les Mexicains, et qui est trop difficile à prononcer pour les Européens. « Avis confricans se ad arundines. » Fernandez , *Hist. avium novæ Hispaniæ*, cap. 13. — Ray, *Synopsis*, p. 90, n° 3. — « Carduelis supernè « ex fusco virescens , infernè ex albo pallescens; remigibus rectricibusque fusco-virescentibus. » *Ligurinus Mexicanus*, le tarin du Mexique. Brisson, t. III, p. 70.

* *Fringilla catotol* (Linn.).

** *Fringilla mexicana.* (Linn.). Espèce douteuse.

LES TANGARAS. *

On trouve dans les climats chauds de l'Amérique un genre très-nombreux d'oiseaux, dont quelques-uns s'appellent au Brésil *tangaras* [a] ; et les nomenclateurs ont adopté ce nom pour toutes les espèces qui composent ce genre. Ces oiseaux ont été pris par la plupart des voyageurs pour des espèces de moineaux ; ils ne diffèrent en effet de nos moineaux d'Europe que par les couleurs et par un petit caractère de conformation, c'est d'avoir la mandibule supérieure du bec échancrée des deux côtés vers son extrémité ; mais ils ressemblent aux moineaux par tous les autres caractères, et même ils en ont à très-peu près les habitudes naturelles : comme eux ils n'ont qu'un vol court et peu élevé ; la voix désagréable dans la plupart des espèces ; on doit aussi les mettre au rang des oiseaux granivores, parce qu'ils ne se nourrissent que de très-petits fruits ; ils sont d'ailleurs presque aussi familiers que les moineaux, car la plupart viennent auprès des habitations ; ils ont aussi les mœurs sociables entre eux. Ils habitent les terres sèches, les lieux découverts et jamais les marais ; ils ne pondent que deux œufs et rarement trois : les moineaux de Cayenne n'en pondent pas davantage, tandis que ceux d'Europe en pondent cinq ou six, et cette différence est presque générale entre les oiseaux des climats chauds et ceux des climats tempérés. Le petit nombre dans le produit de chaque ponte est compensé par des pontes plus fréquentes : comme ils sont en amour dans toutes les saisons, parce que la température est toujours à très-peu près la même, ils ne font à chaque ponte qu'un moindre nombre d'œufs que les oiseaux de nos climats qui n'ont qu'une ou deux saisons d'amour.

Le genre entier des tangaras, dont nous connaissons déjà plus de trente espèces, sans y comprendre les variétés, paraît appartenir exclusivement au nouveau continent, car toutes ces espèces nous sont venues de la Guiane et des autres contrées de l'Amérique, et pas une seule ne nous est arrivée de l'Afrique ou des Indes. Cette multitude d'espèces n'a néanmoins rien de surprenant, car nous avons observé qu'en général le nombre des espèces et des individus dans les oiseaux est peut-être dix fois plus grand dans les climats chauds que dans les autres climats, parce que la chaleur y est plus forte, les forêts plus fréquentes, les terrains moins peuplés, les nourritures plus abondantes, et que les frimas, les neiges et les glaces, qui sont inconnues dans ces pays chauds, n'en font périr aucun ; au lieu qu'un seul hiver rigoureux réduit presque à rien la plupart des espèces de nos oiseaux. Une autre cause qui doit encore produire cette différence, c'est que les oiseaux

---

a. Marcgrave, Willughby, etc.

* Ordre *id.*, famille des *Dentirostres*, genre *Tangaras* (Cuv.).

des pays chauds, trouvant leur subsistance en toutes saisons, ne sont point voyageurs; il n'y en a même que très-peu d'*erratiques*, il ne leur arrive jamais de changer de pays, à moins que les petits fruits dont ils se nourrissent ne viennent à leur manquer; ils vont alors en chercher d'autres à une assez petite distance : l'on doit donc cesser d'être étonné de cette nombreuse multitude d'oiseaux qui se trouvent dans les climats chauds de l'Amérique.

Nous allons diviser nos trente espèces de tangaras en trois ordres pour éviter la confusion, et nous n'emploierons que la différence la plus simple, qui est celle de la grandeur.

LE GRAND TANGARA. *

PREMIÈRE ESPÈCE.

Le grand *tangara* est représenté dans nos planches enluminées, n° 205, sous le nom de *tangara des bois de Cayenne ;* dénomination que nous avions alors adoptée parce qu'on nous avait assuré qu'il ne sortait jamais des grands bois pour aller à la campagne ; mais M. Sonnini de Manoncour nous a informés que ce tangara, non-seulement habitait les grandes forêts de la Guiane, mais que souvent aussi on le voyait dans les endroits découverts, et qu'il se tenait sur les buissons. Le mâle et la femelle, qui se ressemblent beaucoup, s'accompagnent ordinairement ; ils se nourrissent de petits fruits et mangent aussi quelquefois de petits insectes qu'ils trouvent sur les plantes.

Nous n'en donnons point ici la description, parce que la planche enluminée représente cet oiseau de grandeur naturelle, et fort exactement pour la distribution des couleurs : au reste, ce grand tangara est une espèce nouvelle et qui n'a été indiquée par aucun naturaliste.

LA HOUPPETTE. ᵃ**

SECONDE ESPÈCE.

Cet oiseau n'est pas tout à fait si grand que le précédent, quoique dans ce genre il soit un peu plus gros : nous l'avons appelé *houppette*, parce qu'il

---

a. « Tangara cristata, nigricans; cristata aurantia; pennis basim rostri ambientibus nigris ; « gutture, dorso infimo et uropygio dilutè fulvis; maculis in alis candidis; rectricibus nigri- « cantibus... Tangara Cayanensis nigra cristata. » Brisson, supplément, p. 65; et pl. 4, fig. 3.

* *Tanagra magna* (Linn.). — Sous-genre *Tangaras gros-becs* (Cuv.).

** *Tanagra cristata* (Linn.). — Sous-genre *Tangaras cardinaux* (Cuv.).

diffère de tous les autres tangaras par une petite huppe qu'il porte sur la tête, ou plutôt qu'il relève lorsqu'il est agité.

On l'a représenté d'abord dans la planche enluminée, n° 301, fig. 2, sous le nom de *tangara huppé de la Guiane*, et encore dans la planche n° 7, fig. 2, sous le nom de *tangara huppé de Cayenne*, parce qu'on ne s'est point aperçu que c'était la même espèce d'oiseau, dont l'un n'est qu'une variété de l'autre : en considérant donc ces deux planches comme représentant deux variétés d'âge ou de sexe, et en les comparant, on ne doutera pas que ce ne soit la même espèce d'oiseau.

Cet oiseau est fort commun dans les terres de la Guiane, où il vit de petits fruits ; il a un cri aigu comme celui du pinson, sans cependant en avoir le chant. Il ne se tient ni dans les grands bois, ni dans les palétuviers, et on ne le trouve que dans les endroits découverts ou défrichés.

LE TANGAVIO. *

TROISIÈME ESPÈCE.

C'est à feu M. Commerson que nous devons la connaissance de cet oiseau ; il s'en est trouvé une peau assez bien conservée dans son recueil ; il l'avait nommé *bruant noir*, mais ce n'est certainement pas un bruant, puisque par tous les rapports de sa conformation il ressemble parfaitement aux tangaras : de plus, il s'en faut bien que cet oiseau soit noir, il est au contraire d'un violet foncé sur le corps et même sur le ventre, avec quelques reflets verdâtres sur les ailes et la queue ; et c'est par cette raison que nous l'avons nommé *tangavio*, par contraction de tangara violet.

Cet oiseau, mesuré depuis l'extrémité du bec jusqu'à celle de la queue, a huit pouces de longueur ; son bec est noirâtre et long de huit à neuf lignes ; sa queue, qui n'est point étagée, a trois pouces de longueur, et dépasse les ailes de dix-huit lignes ; le tarse a environ un pouce de long : il est noirâtre ainsi que les doigts ; les ongles sont gros et forts.

La femelle a la tête d'un noir luisant comme de l'acier poli ; tout le reste de son plumage est d'un brun uniforme. L'on voit cependant sur le dessus du corps et sur le croupion quelques teintes d'un noir luisant.

Le tangavio se trouve à Buenos-Ayres, et probablement dans les autres terres du Paraguay ; mais nous ne savons rien de ses habitudes naturelles.

---

* *Tanagra bonariensis* (Gmel.). — Voyez la note de la p. 37. La *planche* 710 de Buffon, donnée pour celle d'un *tangara*, représente le petit *troupiale noir*.

LE SCARLATTE. [a]*

QUATRIÈME ESPÈCE.

Cet oiseau est représenté dans les planches enluminées, n° 127, fig. 1, sous le nom de *tangara du Mexique*, appelé le *cardinal*, et comme le nom de tangara est un nom générique, et que le surnom de *cardinal* a été appliqué à des oiseaux d'un autre genre, nous avons adopté le nom scarlatte que lui ont donné les Anglais, parce que son plumage est d'un rouge d'écarlate.

C'est le même oiseau que le cardinal de M. Brisson [b], et le même que le moineau scarlet d'Edwards [c] ; on doit aussi lui rapporter :

1° Les deux moineaux rouges et noirs d'Aldrovande, qui ne diffèrent entre eux qu'en ce que l'un des deux n'avait pas de queue, et qu'Aldrovande a fait de ce défaut un caractère spécifique en le nommant, l'un, *moineau rouge sans queue*, et l'autre, *moineau rouge à queue* [d]. Cette erreur et ses descriptions ont été copiées par presque tous les ornithologues [e] ;

2° Le tijepiranga de Marcgrave [f] ;

3° Le chiltototl de Fernandez [g] ;

4° Et enfin le merle du Brésil de Belon, qu'il a ainsi nommé, parce que

---

a. Scarlatte. — Par les colons de l'Amérique, *cardinal.* — En anglais, *scarlet sparrow.* Edwards. — *Kumploss* et *red and black.* Charleton. — Au Brésil, *tijepiranga.* Marcg. — Au Mexique, *chiltototl* et *hauhtototl.* Fern. *Hist. nov. Hisp.*, p. 51, cap. 190.

b. « Tangara coccinea, alis, caudâ cruribusque nigris... Cardinalis. » Brisson, *Ornithol.* t. III, p. 42.

c. Scarlet sparrow. Moineau écarlate. *Edw. glan.*, p. 278, avec une figure coloriée, pl. 343. « Cet oiseau a aussi été indiqué par Seba, sous la dénomination « d'oiseau du Mexique, rouge « et grand, qui est une espèce de moineau, » t. I, p. 101. — « Cardinalis non cristatus è Para « Brasiliæ regione. » *Ornithol.* » *Ital.*, Florence, 1771, p. 69; et pl. 335, fig. 2.

d. « Passer erythromelanus Indicus sine uropygio. » Aldrovand, *Avium*, t. II, p. 568. — « Et passer Indicus alius porphyromelanus caudatus, » *ibid.*, p. 570.

e. « Passer sine uropygio. » Charleton, *Exercit.*, p. 87, n° 3, et *Onomast*, p. 79, n° 3. — « Passer porphyromelanus. Red and black, » *ibid.*, p. 87, et *Onomast*, p. 79. « Passer Indicus « erythromelanus sine uropygio. » Jonst. *Avi.*, p. 67. « Passer Indicus porphyromelanus, » *ibid.*, p. 68. « Passer erythromelas Indicus sine uropygio Aldrovandi. » Willugh. *Ornithol.*, p. 185. — « Passer Indicus caudatus porphyromelas Aldrovandi, » *ibidem*, p. 183. — « Passer « erythromelas Indicus uropygio Aldrovandi. » Ray, *Syn. avium*, p. 87, n° 3. — « Passer « Indicus caudatus porphyromelas Aldrovandi, » *ibid.*, p. 87, n° 8.

f. « Tijepiranga Brasiliensibus. » Marcg. *Hist. Bras.*, p. 192. — « Tijepiranga, » Pison. *Hist. nat. Bras.*, p. 94. — « Passer Americanus tijepiranga Brasiliensibus. » Jonst. *Avi.*, p. 131. — « Passer Americanus tijepiranga Brasiliensibus Marcgravii. » Willughby, *Ornithol.*, page 184.

g. Chiltototl. Fernandez, *Hist. nov. Hisp.*, p. 54, cap. 210. *Chiltototl.* Ray, *Syn. avium*, page 173.

* *Tanagra brasilia* (Linn.). Sous-genre *Tangaras rhamphocèles* (Cuv.).

ceux qui apportaient en France quelques-uns de ces oiseaux les appelaient *merles du Brésil*[a]. Aldrovande a encore copié Belon : la seule différence essentielle que l'on trouve, dans les notices données par ces auteurs, ne porte que sur le chant de ces oiseaux ; mais après les avoir toutes examinées, nous avons reconnu que ceux de ces oiseaux qui chantent étaient d'une taille un peu plus grande que les autres, qu'ils avaient le plumage teint d'un rouge plus éclatant ; que cette couleur se voyait aussi sur les couvertures supérieures des ailes, etc. : ce qui nous fait croire avec beaucoup de vraisemblance que l'oiseau qui chante est le mâle, et que c'est la femelle qui n'a point de ramage, comme cela arrive dans presque toutes les espèces d'oiseaux chanteurs.

Il paraît aussi que le mâle a les plumes de la tête plus longues, et qu'il les relève un peu plus en forme de huppe, comme Edwards l'a représenté[b]. C'est ce qui a fait dire à quelques voyageurs qu'il y avait au Mexique deux espèces de cardinaux, l'un qui a une huppe et qui chante assez bien, et l'autre plus petit qui ne chante pas.

Ces oiseaux appartiennent aux climats chauds du Mexique, du Pérou et du Brésil, mais ils sont fort rares à la Guiane. Belon dit que de son temps les marchands qui venaient du Brésil apportaient beaucoup de ces oiseaux et en tiraient un grand profit[c]. Il faut croire que c'était pour faire des garnitures de robes et d'autres parures qui pouvaient alors être à la mode, et que ces oiseaux étaient dans ce temps bien plus nombreux qu'ils ne le sont aujourd'hui.

On doit présumer que c'est du scarlatte qu'il faut entendre ce que les voyageurs disent du ramage du cardinal, car le *cardinal huppé*, étant du genre des gros-becs, doit être silencieux comme eux. M. Salerne, après avoir dit, comme les voyageurs, que le cardinal huppé, c'est-à-dire celui du genre du gros-bec, avait un très-joli ramage, ajoute qu'il en a vu un vivant à Orléans qui ne criait que rarement, et dont la voix n'avait rien de gracieux[d], contradiction qui se trouve dans la même page de l'ouvrage de cet auteur. Les voyageurs s'accordent à dire que cet oiseau a un ramage très-agréable, et qu'il est même susceptible d'instruction. Fernandez assure qu'on le trouve particulièrement à Totonocapa, au Mexique, et qu'il chante très-agréablement.

Nous regardons comme des variétés de cette espèce : 1° *le cardinal ta-*

a. Merle du Brésil. Belon, *Hist. nat. des oiseaux*, p. 319 ; et *Portrait d'oiseaux*, p. 80 , fig. *a.* — « Merula Brasilica. » Aldrovande, *Avium*, t. II, p. 628. — « Merula Brasilica. » Jonston, *Avium*, p. 75. « Merula Brasiliensibus Bellonii. » Charleton, *Exercit.*, p. 90 , et *Onomast*, p. 84 , n° 6. — « Merula Brasilica Aldrovandi. » Willughby, *Ornithol.*, p. 142. — « Merula Brasilica Bellonii et Aldrovandi. » Ray, *Syn. avium*, p. 66 , n° 8.

b. *Glanures*, page 278 , pl. 343.

c. Belon, *Hist. nat. des oiseaux*, p. 319.

d. Salerne, *Ornithol.*, p. 255.

chelé, cité par M. Brisson [a], qui ne diffère de notre scarlatte qu'en ce que quelques plumes du dos et de la poitrine sont bordées de vert, ce qui forme des taches de cette couleur qui ont la figure d'un croissant. Aldrovande a fait un merle de cet oiseau, et comme ses jambes ne sont pas aussi allongées que celles du merle, il l'a appelé *merle aux pieds courts* [b].

2° *Le cardinal à collier*, cité par M. Brisson [c], qui a la taille et les couleurs du scarlatte, mais qui a de plus les petites couvertures et les bords des pennes des ailes bleues, et de chaque côté du cou deux grandes taches de la même couleur, elles sont contiguës et ont la forme d'un croissant; mais cet auteur décrit le cardinal tacheté ainsi que le cardinal à collier d'après Aldrovande [d]; qui, selon la remarque de Willughby [e], n'avait vu que des dessins de ces deux oiseaux, non plus que des autres que nous avons cités de lui dans cet article, ce qui rend ses descriptions très-imparfaites et l'existence de ces oiseaux assez douteuse; je n'aurais pas même fait mention de celui-ci, si les nomenclateurs ne l'avaient pas compris dans leurs listes.

3° *L'oiseau mexicain*, que Fernandez a indiqué par la phrase suivante : « avis Mexicana psittaci colore, » et que M. Brisson, d'après lui, a décrit, comme s'il l'avait vu, sous le nom de *cardinal du Mexique* [f], tandis que Fernandez dit seulement : « Hæc avis statim in rostro (quod aduncum non-« nihil et cinneritium est totum) inferiore parte ad caudam usque, hoc « est in ventre toto minii colore rubet : qui idem color sursum per uropy-« gium, ad dorsum porrigitur, nisi quod alarum versùs principium cum « virore rubor confunditur, qui ad ipsum ita collum protenditur quod «·omnino virescit. Caput autem amethystino, aut hyacinthino colore dilui-« tur. Circulus qui pupillam ambit, valde albet, orbita vero oculi est « cærulei saturati coloris. Ubi suum sumunt principium alæ, color est « subluteus. Sequitur primus pennarum in alis ordo cum secundo et tertio

a. « Tangara coccinea ; pectore et dorso supremo maculis lunatis virescentibus variegatis ; « alis, caudáque nigris... Cardinalis nævius. » Brisson, *Ornithol.*, t. III, p. 44.

b. « Merula apus indica. » Aldrov. *Avium*, t. II, p. 629. — « Merula indica apos. » Jonston, *Avium*, p. 76. — « Merula indica apos dicta (a brevitate pedum) quam adumbrat Aldrovan-« dus. » Charleton, *Exercit.*, p. 90, n° 7, et *Onomast*, p. 84, n° 7.

c. « Tangara coccinea ; maculis binis in utroque colli latere semilunaribus cæruleis; alis et « caudá nigris; marginibus alarum cæruleis... Cardinalis torquatus. » Brisson, *Ornithol.*, t. III, page. 45.

d. « Passer Indicus sine uropygio alius cyanerythromelas. » Aldrovande, *Avium*, t. II, p. 569. — « Passer Indicus cyanerythromelanus sine uropygio, Aldrovandi. » Willughby, *Orni-thol.*, p. 185. — « Passer Indicus cyanerythromelanus sine uropygio, Aldrovandi. » Ray, *Syn. Avium*, p. 87, n° 14. — « Passer Indicus cyanerythromelanus sine uropygio. » Jonston, *Avium*, p. 67.

e. Ornithologie, p. 185, cap. 15.

f. « Tangara coccinea; collo superiore viridi; capite, alis et caudá amethystinis : quálibet « alarum pennà circumferentià lineari subviridi, in medio intercurrente prædità... Cardinalis « Mexicana. » Brisson, *Ornithol.*, t. III, p. 46.

« dicti hyacinthino coloris. In medio tamen harum pennarum circumfe-
« rentia intercurrit linearis subviridis usque ad finem. Cauda tota est ame-
« thystini coloris absque viriditate, dilutioris tamen versus finem. Pedes,
« qui tres ante et unum retro digitos habent, inter cinereum ac violaceum
« ambigunt [a]. »

Au reste, ces oiseaux volent en troupes [b]; on les prend facilement avec
des lacets et autres petits piéges [c]; ils s'apprivoisent aisément, et de plus ils
sont gras et bons à manger.

LE TANGARA DU CANADA. [*]

CINQUIÈME ESPÈCE.

Cet oiseau diffère du scarlatte par la grandeur et par la couleur; il est
plus petit, et son plumage est d'un rouge de feu clair, au lieu que celui
du scarlatte est d'un rouge vif foncé comme l'écarlate. Le bec du tangara de Canada est de couleur de plomb dans toute son étendue, et n'a
point de caractères particuliers, tandis que le bec du scarlatte est en
dessus d'un noir foncé, et que la pointe de la mandibule inférieure est noire,
le reste de cette mandibule blanc, et qu'elle est élargie transversalement
comme la base de la mandibule inférieure de l'oiseau appelé *bec-d'argent*.
Les becs de ces oiseaux sont assez mal représentés dans les figures des
planches enluminées.

Le scarlatte ne se trouve que dans les climats les plus chauds de l'Amérique méridionale, au Mexique, au Pérou, au Brésil. Le tangara du Canada
se trouve dans plusieurs contrées de l'Amérique septentrionale, aux Illi-
nois [d], à la Louisiane [e], à la Floride [f]; ainsi l'on ne peut douter qu'ils ne fassent deux espèces distinctes et séparées.

Cet oiseau a été décrit exactement par M. Brisson [g]. Il a très-bien remar-

a. Fernandez, *Hist. Mexic.*, pag. 709.
b. *Voyage de* Robert Lade, p. 358.
c. Pison, *Hist. nat.*, p. 94.
d. Ce n'est guère qu'à cent lieues au sud du Canada, qu'on commence à voir des cardinaux ;
ils ont le chant doux, le plumage beau, une aigrette sur la tête. Charlevoix, *Nouv. France*,
t. III, p. 156.
e. *Hist. de la Lousiane*, par le Page Dupratz, p. 139, t. II.
f. Le mercredi il entra dans le port (de la Havane) une barque de *la Floride*, chargée de
peaux d'oiseaux cardinaux et de fruits... Les Espagnols achetaient les oiseaux cardinaux jusqu'à
dix pièces de huit la pièce, et en prirent malgré la misère publique pour dix-huit mille pièces
de huit. Gemelli Careri, *Voyage autour du monde*, t. VI, p. 322.
g. «Tangara rubra; remigibus fuscis, oris interioribus albis; remigibus alarum, rectrici-
« busque nigris; apicis rectricum margine albâ... Cardinalis Canadensis. » Brisson, *Ornithol.*,
t. III, p. 48; et pl. 2, fig. 5.

* *Tanagra rubra* (Linn.). — Sous-genre *Tangaras cardinaux* (Cuv.).

qué que la couleur rouge de son plumage est beaucoup plus claire que celle
du scarlatte; les couvertures supérieures des ailes et les deux pennes les
plus proches du corps sont noires; toutes les autres pennes des ailes sont
brunes et bordées intérieurement de blanc jusque vers leur extrémité; la
queue est composée de douze pennes noires, terminées par un petit bord
d'un blanc très-clair; les latérales sont un peu plus longues que celles du
milieu, ce qui rend la queue un peu fourchue.

LE TANGARA DU MISSISSIPI.*

SIXIÈME ESPÈCE.

Le tangara du Mississipi est une espèce nouvelle qui n'a été décrite par
aucun naturaliste. Cet oiseau a beaucoup de rapports avec le tangara du
Canada : seulement ce dernier oiseau a, comme le scarlatte, les ailes et la
queue noires, tandis que le tangara du Mississipi les a de la même couleur
que le reste du corps. Une différence plus essentielle est celle qui se trouve
dans le bec : celui du tangara de Mississipi est plus grand que le bec de
tous les autres tangaras, et en même temps beaucoup plus gros. Il y a de
plus un caractère particulier qui indique assez évidemment que ce tangara
du Mississipi est d'une espèce différente de celle du scarlatte et de celle du
tangara de Canada : c'est que les deux mandibules du bec sont convexes et
renflées, ce qui ne se trouve dans aucune autre espèce de tangara, et ne se
voit même que très-rarement dans tous les oiseaux. Nous devons avertir
que ce caractère n'a pas été saisi par nos dessinateurs, et que cet oiseau
n'ayant pas été dessiné vivant, le bec n'a ni sa forme ni sa couleur dans la
planche enluminée, car dans l'état de nature vivante le bec n'est pas noir,
mais d'un brun très-clair et très-lavé, et la convexité des deux mandibules,
qui n'est pas exprimée dans la planche, est néanmoins un caractère très-
remarquable.

Au reste, cet oiseau n'a pas un chant aussi agréable que celui du scarlatte, mais il siffle d'un ton net, si haut et si perçant, qu'il romprait la tête
dans les maisons, et qu'il ne faut l'entendre qu'en pleine campagne ou dans
les bois. « C'est en été, dit Dupratz, qu'on entend fréquemment le ramage
« du cardinal dans les bois, et l'hiver seulement, sur les bords des rivières,
« lorsqu'il a bu; dans cette saison il ne sort point de son domicile, où il
« garde continuellement la provision qu'il a faite pendant le beau temps.
« On y a trouvé en effet du grain de maïs amassé jusqu'à la quantité d'un

---

* *Tanagra mississipensis* (Linn.). — Sous-genre *Tangaras cardinaux* (Cuv.).

« boisseau de Paris ; ce grain est d'abord artistement couvert de feuilles,
« puis de petites branches ou bûchettes, et il n'y a qu'une seule ouverture
« par où l'oiseau puisse entrer dans son magasin[a]. »

LE CAMAIL OU LA CRAVATE.[*]

SEPTIÈME ESPÈCE.

Cette espèce est nouvelle, et c'est M. Sonnini de Manoncour qui nous l'a
donnée pour le Cabinet ; nous avons tiré son nom du caractère le plus apparent, son plumage étant d'une couleur uniforme cendrée, un peu plus
claire sous le ventre, à l'exception du devant et du derrière de la tête, de
la gorge et du haut de la poitrine, sur lesquelles parties s'étend une couleur noire en forme de cravate, ce qui lui a fait donner le nom de *tangara
à cravate noire* dans nos planches enluminées ; mais comme cette bande
noire lui passe aussi sur le front, nous avons cru devoir préférer le nom de
camail, qui représente mieux ce caractère frappant. Les ailes et la queue
sont encore d'une couleur cendrée plus foncée que celle du dessus du corps ;
les pennes des ailes sont bordées extérieurement d'un cendré moins foncé,
et celles de la queue d'une couleur encore plus claire.

Cet oiseau est le septième dans l'ordre de grandeur en ce genre ; sa longueur totale est de sept pouces ; le bec a neuf lignes ; la partie supérieure
en est blanche à la base et noire au bout, l'inférieure est entièrement noire ;
la queue est un peu étagée, elle a trois pouces un quart de long, et dépasse
les ailes pliées de deux pouces.

La planche enluminée, n° 714, fig. 2, le représente fidèlement : il a été
trouvé à la Guiane, dans les lieux découverts, mais il y est fort rare, et n'a
été indiqué par aucun auteur.

LE MORDORÉ. [**]

HUITIÈME ESPÈCE.

Cette espèce est encore nouvelle et a été apportée, comme la précédente,
par M. Sonnini de Manoncour ; ses dimensions sont les mêmes que celles du
précédent ; sa longueur est de sept pouces ; la tête, les ailes et la queue

---

a. *Hist. de la Lousiane*, par le Page Dupratz, t. II, p. 139.

* *Tanagra atra* (Linn.). — Sous-genre *Tangaras gros-becs* (Cuv.).

** *Tanagra atricapilla* (Linn.). — « Le *tanagra atricapilla* est une *pie-grièche*. » (Cuv.).

sont d'un beau noir lustré, le reste du corps est d'une belle couleur mordorée, plus foncée sur le devant du cou et la poitrine, et c'est de ce caractère très-apparent que nous avons tiré son nom. On l'a désigné dans les
planches enluminées sous la dénomination de *tangara jaune à tête noire*.
Ses pieds sont bruns; sa queue, qui est étagée, a trois pouces de long, et
dépasse les ailes pliées de quinze lignes ; le bec est noir, et a neuf lignes de
long.

Nous ne savons rien de ses habitudes naturelles ; il se trouve à la Guiane,
où il est encore plus rare que le précédent.

L'ONGLET. *

NEUVIÈME ESPÈCE.

Dans cet oiseau, chaque ongle a sur chacune des faces latérales, une
petite rainure concentrique au contour des bords de cette face, et c'est de
ce caractère singulier que nous avons tiré son nom : il a été apporté par
M. Commerson, et, comme il ressemble pour tout le reste aux tangaras, il
est plus que probable qu'il vient de l'Amérique méridionale.

La tête de cet oiseau est rayée de noir et de bleu ; la partie antérieure
du dos est noirâtre, et la postérieure d'un orangé vif; les couvertures supérieures de la queue sont d'un brun olivâtre ; les couvertures supérieures
des ailes, leurs pennes et celles de la queue sont noires et bordées extérieurement de bleu : tout le dessous du corps est jaune.

Sa longueur totale est de près de sept pouces ; le bec a huit lignes de
long, et il est échancré vers la pointe comme celui des tangaras ; le tarse a
neuf lignes, ainsi que le doigt du milieu.

M. Commerson ne nous a laissé aucune notice sur les habitudes naturelles de cet oiseau.

LE TANGARA NOIR ET LE TANGARA ROUX. **

DIXIÈME ESPÈCE.

On a cru que ces oiseaux étaient de deux espèces différentes, mais
M. Sonnini de Manoncour nous apprend qu'ils ne font qu'une espèce, et que
celui qui est représenté dans les planches enluminées, n° 179, fig. 2, est le
mâle, et celui qui est représenté dans la planche enluminée, n° 711, sous

---

* *Tanagra striata* (Linn.).
** *Tanagra nigerrima* (Linn.). — Sous-genre *Tangaras cardinaux* (Cuv.). — Ces deux
oiseaux ne sont, en effet, qu'une espèce. Le noir est le mâle, et le roux la femelle.

le nom de *tangarou*, est la femelle de ce *tangara noir*. Comme la femelle est entièrement rousse, et que le mâle serait entièrement noir sans une tache blanche qui couvre le haut de chaque aile, ces oiseaux n'ont pas besoin d'une plus ample description. Ils sont communs à la Guiane dans les endroits découverts; ils mangent comme les autres de petits fruits et quelquefois aussi des insectes; leur cri est aigu et ils n'ont point de chant. Ils vont toujours par paires et jamais en troupes.

LE TURQUIN.[*]

ONZIÈME ESPÈCE.

Nous avons donné à ce tangara le nom de *turquin* parce qu'il a toutes les parties inférieures du corps, le dessus de la tête et les côtés du cou d'un bleu turquin ; le front, le dessus du corps, les ailes et la queue, sont noires ; il y a quelques taches de cette couleur noire près des jambes, et une bande assez large au bas de la poitrine.

L'oiseau décrit par M. Brisson, sous le nom de *tangara bleu du Brésil*[a], paraît être le même, ou bien une légère variété de cette espèce qui se trouve à la Guiane, quoique assez rarement. Nous ne connaissons rien de ses habitudes naturelles.

LE BEC-D'ARGENT. [b][**]

DOUZIÈME ESPÈCE.

Nos colons de Cayenne ont donné à cet oiseau le nom de *bec-d'argent*, que nous avons adopté parce qu'il exprime un caractère spécifique bien

a. « Tangara supernè nigra infernè alba ; capite, collo inferiore et uropygio cærulco-cineras- « centibus; pectore maculâ nigrâ insignito : basi rostri nigro circumdatâ; rectricibus nigris... « Tangara Brasiliensis cærulea. » Brisson, *Ornithol.*, t. III, p. 8.

b. Bec-d'argent; par les Mexicains, *chichiltototl;* — par les Anglais, *red breasted black bird.* Edwards. — Par les habitants de Cayenne, *bec-d'argent.* — *Chichiltototl tepaxcullula.* Fernandez, *Hist. nov. Hisp.,* p. 51, cap. 189. — *Red breasted black bird.* Merle à gorge rouge. *Edw. Glan.,* p. 120, avec une bonne figure coloriée, pl. 267. — « Tangara obscurè purpurea; « remigibus, rectricibus, cruribusque splendidè nigris (Mas). » — « Tangara supernè fusca, « purpureo obscuro mixta, infernè rubescens; remigibus, rectricibusque fuscis (Fœmina)... « Cardinalis purpureus. » Brisson, *Ornithol.,* t. III, p. 49. — « Passer Indicus capite et pectore « vinaceo. » Gerini. *Ornithol.,* n° 279. — « Avis Americana cardinalis niger dicta brachyura « capite et infernâ corporis parte vinaceâ. » *Ornithol. Ital.,* Floren., 1771, p. 69, pl. 334. — Cardinal pourpre-foncé. Salerne, *Ornithol.,* p. 271.

[*] *Tanagra brasiliensis* (Linn.).

[**] *Tanagra jacapa* Linn.). — Sous-genre *Tangaras ramphocèles* (Cuv.).

marqué, et qui consiste en ce que les bases de la mandibule inférieure du bec se prolongent jusque sous les yeux en s'arrondissant, et forment de chaque côté une plaque épaisse qui, lorsque l'oiseau est vivant, paraît être de l'argent le plus plus brillant; cet éclat se ternit quand l'oiseau est mort. On a manqué ce caractère dans la représentation qu'on a faite de cet oiseau, planche enluminée n° 128, fig. 1, sous la dénomination de *tangara pourpré*: apparemment l'on n'a pas cru qu'il fût général dans tous les individus; il l'est néanmoins pour tous les mâles. La femelle, représentée sur la même planche, figure 2, est mieux à cet égard, parce que dans la nature son bec n'a qu'une légère trace presque insensible de ce renflement si apparent dans le mâle, et par conséquent elle n'a pas comme lui ces plaques de couleur argentée. Dans la planche ccLxvii des *Glanures* d'Edwards, on voit une très-bonne représentation de cet oiseau qu'il a donné sous le nom de *merle à gorge rouge*: il s'est trompé, comme l'on voit, sur le genre de cet oiseau; mais il a très-bien saisi le caractère singulier du renflement du bec: seulement la couleur argentée des plaques est beaucoup plus terne, parce qu'il n'a pas dessiné l'oiseau vivant, et que le brillant de ces parties s'était dissipé.

La longueur totale de cet oiseau est de six pouces et demi, celle du bec est de neuf lignes, et il est noir sur sa partie supérieure ; la tête, la gorge et l'estomac sont pourprés, et le reste du corps est noir avec quelques teintes de pourpre. L'iris des yeux est brun : la femelle diffère du mâle non-seulement par la couleur du bec, mais encore par celles du plumage ; le dessus de son corps est brun avec quelques teintes d'un pourpre obscur, et le dessous rougeâtre ; la queue et les ailes sont brunes.

Un autre caractère distinctif du mâle, et qui n'avait pas encore été saisi, c'est une espèce de demi-collier autour de l'occiput, formé par de longs poils ou soies pourpres, qui débordent les plumes de près de trois lignes : c'est à M. Sonnini de Manoncour que nous devons cette nouvelle observation; nous lui devons aussi la connaissance des habitudes naturelles de cet oiseau et des autres tangaras de la Guiane.

. Le bec-d'argent est de tous les tangaras celui qui est le plus répandu dans l'île de Cayenne et à la Guiane : il y a apparence qu'il se trouve dans plusiers autres climats chauds de l'Amérique, car Fernandez en parle comme d'un oiseau du Mexique, vers les montagnes de Tepuz-Cullula [a]. Il se nourrit de petits fruits ; il entame aussi les bananes, les goyaves et autres gros fruits tendres lorsqu'ils sont en maturité, et ne mange point d'insectes. Ces oiseaux fréquentent les lieux découverts, et ne fuient pas le voisinage des habitations; on en voit jusque dans les jardins : cela n'empêche pas qu'ils ne soient assez communs dans les endroits déserts et même dans les clai-

---

a. Fernand. *Hist. Nov. Hisp.*, p. 51, cap. 189.

rières des forêts, car dans les plus épaisses, lorsque les vents ont abattu un certain nombre d'arbres, et que le soleil peut éclairer cet abatis et assainir le terrain, on ne manque guère d'y trouver quelques becs-d'argent, qui ne vont cependant pas en troupes, mais toujours par paires.

Leur nid est un cylindre un peu courbé qu'ils attachent entre les branches horizontalement, l'ouverture en bas, de manière que de quelque côté que vienne la pluie, elle ne peut y entrer; ce nid est long de plus de six pouces, et a quatre pouces et demi de largeur; il est construit de paille et de feuilles de balisier desséchées, et le fond du nid est bien garni intérieurement de morceaux plus larges des mêmes feuilles. C'est sur les arbres peu élevés que l'oiseau attache ce nid; la femelle y pond deux œufs elliptiques, blancs et chargés au gros bout de petites taches d'un rouge léger, qui se perdent en approchant de l'autre extrémité.

Quelques nomenclateurs ont donné à cet oiseau le nom de cardinal [a], mais c'est improprement, parce qu'il a été appliqué, par ces mêmes nomenclateurs, à plusieurs autres espèces. D'autres ont cru qu'il y avait une variété assez apparente dans cette espèce : on voit, dans le Cabinet de M. Mauduit, un oiseau dont tout le plumage est d'un rose pâle varié de gris; il nous a paru que cette différence n'est produite que par la mue, et que ce n'est point une variété dans l'espèce, qui, quoique très-nombreuse en individus, nous paraît très-constante dans tous ses caractères.

L'ESCLAVE. [b] *

TREIZIÈME ESPÈCE.

Nous conserverons à cet oiseau le nom d'*esclave*, qu'il porte à Saint-Domingue, selon M. Brisson, et nous sommes surpris qu'ayant un nom qui semble tenir à l'état de servitude ou de domesticité, on ne se soit point informé si on le nourrit en cage, et s'il n'est pas d'un naturel doux et familier que ce nom paraît supposer. Mais ce nom vient peut-être de ce qu'il y a à Saint-Domingue un gobe-mouche huppé qu'on nomme le *tyran*, nom qu'on a aussi donné au gobe-mouche à queue fourchue en Canada; et comme ces oiseaux tyrans sont bien supérieurs en grandeur et en force, on aura donné le nom d'esclave à celui-ci, qui se nourrit comme eux d'insectes auxquels ils donnent la chasse.

Cet oiseau a quelques caractères communs avec les grives; il leur res-

---

a. MM. Brisson et Salerne.

b. « Tangara supernè fusca, infernè sordidè alba, maculis longitudinalibus fuscis varia; « remigibus, rectricibusque lateralibus fuscis, oris exterioribus olivaceis... Tangara Domini- « censis. » Brisson, *Ornithol.*, t. III, p. 37.

* *Tanagra dominica* (Linn.). — *Dulus palmarum* (Vieill.).

semble par les couleurs et surtout par les mouchetures du ventre; les grives ont comme lui, et comme les autres tangaras, l'échancrure du bec à la mandibule supérieure : ainsi le genre des grives et celui du tangara sont assez voisins l'un de l'autre, et l'esclave est peut-être de tous les tangaras celui qui ressemble le plus à la grive; néanmoins, comme il en diffère beaucoup par la grandeur, et qu'il est considérablement plus petit, on doit le placer comme nous le faisons ici dans le genre des tangaras.

L'esclave a la tête, la partie supérieure du cou, le dos, le croupion, les plumes scapulaires et les couvertures du dessus des ailes d'une couleur uniforme; tout le dessous du corps est d'un blanc sale, varié de taches brunes qui occupent le milieu de chaque plume; les pennes des ailes sont brunes, bordées extérieurement d'olivâtre et intérieurement de blanc sale; les deux pennes du milieu de la queue sont brunes; les autres sont de la même couleur avec une bordure olivâtre sur leur côté intérieur; la queue est un peu fourchue; les pieds sont bruns.

LE BLUET. *

QUATORZIÈME ESPÈCE.

Cet oiseau a été indiqué dans les planches enluminées sous le nom de l'*évêque de Cayenne*, parce que les nomenclateurs l'avaient ainsi nommé, sans faire attention à l'indécence de la dénomination , et à un inconvénient encore plus grand, c'est qu'il y a deux espèces d'oiseaux auxquels les voyageurs ont aussi donné ce nom, sans trop savoir pourquoi, si ce n'est qu'ils ont une partie de leur robe bleue ; l'un est un bengali qu'on a aussi appelé le *ministre*, apparemment par la même raison; le second est celui qu'on a appelé à Saint-Domingue l'*organiste*, et auquel nous conserverons ce nom, à cause de son chant harmonieux; et enfin le troisième *évêque* était notre bluet de Cayenne, que les habitants de cette colonie connaissent sous ce dernier nom, plus convenable que celui d'évêque pour un oiseau : il est certainement du genre des tangaras, et d'une grandeur un peu au-dessus de celle des espèces de tangaras qui composent notre second ordre de grandeur en ce genre. Dans la planche enluminée, les couleurs en général sont trop fortes; le mâle a tout le dessous du corps, le dos, le dessus des pennes de la queue et des ailes, d'un brun olivâtre glacé de violet; la large bande des ailes, qui est d'un olivâtre clair, tranche beaucoup moins que dans la planche avec le brun du dos.

Les bluets sont très-communs à Cayenne; ils habitent les bords des forêts,

---

* *Tanagra episcopus* (Linn.). — Sous-genre *Tangaras proprement dits* (Cuv.).

les plantages et les anciens endroits défrichés, où ils se nourrissent de petits fruits. On ne les voit pas en grandes troupes, mais toujours par paires. Ils se réfugient le soir entre les feuilles des palmiers à leur jonction près de la tige; ils y font un bruit à peu près comme nos moineaux dans les saules, car ils n'ont point de chant, et seulement une voix aiguë et peu agréable.

LE ROUGE-CAP. [a] *

QUINZIÈME ESPÈCE.

Nous appelons cet oiseau *rouge-cap*, parce que sa tête entière est couverte d'une belle couleur rouge.

Pour se faire une idée exacte des nuances du plumage de cet oiseau, il faut substituer à la couleur brune qui couvre, dans la planche, tout le dessus du corps, une belle couleur noire; la tache de la gorge est plus étroite, plus allongée et noire avec de petites taches pourpres; les pieds sont noirs, ainsi que la partie supérieure du bec; l'inférieure est jaune à sa base et noire à son extrémité : tout ceci est tel dans la nature de l'oiseau vivant, et la planche a été gravée d'après un oiseau mort.

Cette espèce n'est pas bien commune à la Guiane, et nous ne savons pas si elle se trouve ailleurs.

LE TANGARA VERT DU BRÉSIL. **

SEIZIÈME ESPÈCE.

Ce tangara, que nous ne connaissons que d'après M. Brisson [b], est plus gros que le moineau-franc. Tout le dessus du corps est vert : l'on voit de chaque côté de la tête une tache noire placée entre le bec et l'œil, au-dessous de laquelle est une bande d'un bleu très-foncé, qui s'étend tout le

---

[a]. « Tangara supernè splendidè nigra, infernè nivea; capite et gutture supremo coccineis, « gutture infimo obscurè purpurescente; rectricibus nigricantibus... Cardinalis Americanus. » Brisson, *Ornithol.*, supplément, p. 67; et pl. 4, fig. 4.

[b]. « Tangara viridis, infernè ad luteum vergens; maculà utrimque rostrum inter et oculum « nigrà; tænià infra oculos saturatè cæruleà; gutture nigro; rectricibus alarum superioribus « minimis beryllinis; rectricibus lateralibus viridi-cæruleis..... Tangara Brasiliensis viridis. » Brisson, *Ornithol.*, t. III, p. 25. — La description de M. Brisson est faite d'après l'oiseau même.

* *Tanagra gularis* (Linn.). — Sous-genre *Tangaras loriots* (Cuv.). — « Le *tanagra gula-* « *ris* approche des *becs-fins* par son bec plus grêle. » (Cuvier.)

** *Tanagra virens* (Linn.).

long de la mandibule inférieure; les plus petites couvertures supérieures des ailes sont d'une couleur d'aigue-marine fort brillante; les autres sont vertes.

La gorge est d'un beau noir; la partie inférieure du cou est jaune, et tout le reste du dessous du corps est d'un vert jaunâtre; les ailes pliées paraissent d'un vert changeant en bleu ; les pennes de la queue sont de la même couleur, à l'exception des deux intermédiaires, qui sont vertes.

M. Brisson dit que l'on trouve cet oiseau au Mexique, au Pérou et au Brésil.

* * *

L'OLIVET.*

DIX-SEPTIÈME ESPÈCE.

Nous lui avons donné ce nom, parce qu'il est partout d'un vert couleur d'olive, plus foncé sur le dessus du corps, et plus clair en dessous; les grandes plumes des ailes sont encore plus foncées en couleur que le dos, car elles sont presque brunes : on y distingue seulement des reflets verdâtres.

Sa longueur est d'environ six pouces, et les ailes s'étendent jusqu'à la moitié de la queue.

Ce tangara nous a été apporté de Cayenne par M. Sonnini de Manoncour.

Les dix-sept espèces précédentes composent ce que nous avons appelé les *grands tangaras :* nous allons maintenant donner la description des espèces moyennes pour la grandeur, qui ne sont pas si nombreuses.

* * *

LE TANGARA DIABLE-ENRHUMÉ. [a]**

PREMIÈRE ESPÈCE MOYENNE.

C'est le nom que les créoles de Cayenne donnent à cet oiseau, dont le plumage est mélangé de bleu , de jaune et de noir, et dont le dessus et les côtés de la tête, la gorge, le cou et le croupion, la partie antérieure du dos,

---

a. « Tangara supernè splendidè nigra , infernè albo-flavicans, lateralibus nigro et cæruleo « maculatis ; capite, collo inferiore, pectore et uropygio cæruleis; rectricibus splendidè nigris... « Tangara Cayanensis cærulea. » Brisson, *Ornithol.*, t. III, p. 6. — *Black and blue titmouse* , etc. Mésange noire et bleue. *Edw. Glan.*, p. 292 , avec une bonne figure coloriée, planche 350.

* *Tanagra olivacea* (Linn.). — Sous genre *Tangaras cardinaux* (Cuv.).
** *Tanagra mexicana* (Linn.). — Sous-genre *Tangaras proprement dits* (Cuv.).

sont noirs, sans aucune teinte de bleu ; les petites couvertures des ailes sont cependant d'une belle couleur d'aigue-marine, et prennent au sommet de l'aile une teinte violette ; le dernier rang de ces petites couvertures est noir terminé de bleu-violet, les pennes des ailes sont noires, les grandes (la première exceptée) sont bordées extérieurement de vert jusqu'à environ la moitié de leur longueur ; les grandes couvertures sont noires, bordées extérieurement de bleu-violet ; les pennes de la queue sont noires, bordées légèrement à l'extérieur de bleu-violet jusque auprès de l'extrémité ; la première penne de chaque côté n'a pas cette bordure : elles sont toutes grises en dessous ; une légère couleur jaune couvre la poitrine et le ventre, dont les côtés, ainsi que les couvertures des jambes, sont semés de plumes noires terminées de bleu-violet et de quelques plumes jaunâtres tachetées de noir.

Nous avons cru devoir donner la description exacte des couleurs prises sur l'oiseau vivant, parce qu'elles sont différentes de celles de la planche enluminée, n° 290, fig. 2, qui n'a été peinte que d'après un oiseau mort ; on lui a donné dans cette planche la dénomination de *tangara tacheté de Cayenne*.

Sa longueur totale est de cinq pouces et demi ; le bec a six lignes de long ; la queue, un pouce dix lignes : elle dépasse les ailes pliées d'un pouce.

On le trouve à la Guiane, où il n'est pas commun, et nous ne savons rien du tout de ses habitudes naturelles.

M. Brisson a pensé que cet oiseau était le même que le *teoauhtototl* de Fernandez ; mais Fernandez dit seulement que cet oiseau est environ de la grandeur d'un moineau, qu'il a le bec court, le dessus du corps bleu, et le dessous d'un blanc jaunâtre avec les ailes noires. Il n'est guère possible, d'après une description aussi incomplète, de décider si le *teoauhtototl* est le même oiseau que le *diable-enrhumé*. Au reste, Fernandez ajoute que le teoauhtototl vit dans les campagnes et sur les montagnes de *Tetzocan* au Mexique, qu'il est bon à manger, qu'il n'a pas un chant agréable, et qu'on ne le nourrit pas dans les maisons [a].

LE VERDEROUX.*

SECONDE ESPÈCE MOYENNE.

Nous avons appelé cet oiseau *verderoux*, parce qu'il a tout le plumage d'un vert plus ou moins foncé, à l'exception du front, qui est roux des deux

a. Fernandez, *Hist. nov. Hisp.*, pag. 52, cap. 198.

* *Tanagra guyanensis* (Linn.). — « Le *tanagra guyanensis* est une **pie-grièche**. » (Cuvier.)

côtés de la tête, sur lesquels s'étendent deux bandes de cette couleur, depuis le front jusqu'à la naissance du cou en arrière de la tête; le reste de la tête est gris-cendré.

Sa longueur est de cinq pouces quatre lignes; celle du bec est de sept lignes, et celle des pieds de huit lignes; la queue n'est point étagée, et les ailes pliées ne s'étendent pas tout à fait jusqu'à la moitié de sa longueur.

Cette espèce est nouvelle; nous en devons la connaissance à M. Sonnini de Manoncour, mais il n'a pu nous rien apprendre des habitudes naturelles de cet oiseau, qui est fort rare à la Guiane, et qu'il a trouvé dans les grandes forêts de cette contrée.

LE PASSE-VERT. *a**

TROISIÈME ESPÈCE MOYENNE.

Nous avons déjà donné cet oiseau, sous ce même nom de *passe-vert*, dans ce volume, page 170; et on l'a représenté dans la planche enluminée, n° 291, fig. 2, sous la dénomination de *moineau à tête rousse de Cayenne;* c'est cette dénomination qui nous a induits en erreur, et qui nous a fait joindre mal à propos cet oiseau au genre des moineaux, tandis qu'il appartient à celui des tangaras : c'est le mâle de l'espèce; la femelle est représentée dans la planche enluminée, n° 290, fig. 1, sous la dénomination de *tangara à tête rousse;* ainsi je ne m'étais trompé que pour le mâle, dont voici la description plus détaillée pour les couleurs, quoique la planche les représente assez fidèlement; mais c'est pour faire connaître ici la différence des couleurs entre le mâle et la femelle.

La partie supérieure de la tête est rousse; le dessus du cou, le bas du dos et le croupion sont d'un jaune pâle doré, brillant comme de la soie crue, et dans lequel on aperçoit, selon certains jours, une légère teinte de vert; les côtés de la tête sont noirs; la partie supérieure du dos, les plumes scapulaires, les petites couvertures supérieures des ailes et celles de la queue sont vertes.

La gorge est d'un gris bleu; le reste du dessous du corps brille d'un mélange confus de jaune pâle doré, de roux et de gris bleu, et chacune de

---

a. Acanthis amethystina leucocephalos. Serin ou sauteur. Barrère, *Franc. équinox.*, p. 121. — « Tangara supernè viridis, infernè rufo, griseo-cæruleo et pallidè luteo-aureo confusè « mixta; vertice rufo; genis nigris; collo superiore et uropygio pallidè luteo aureis, rectri- » cibus lateralibus interiùs supernè nigricantibus... Tangara Cayenensis viridis. » Brisson, *Ornithol.*, t. III, p. 21.

* *Tanagra cayana* (Linn.). — Sous-genre *Tangaras proprement dits* (Cuv.). — Voyez la nomenclature * de la p. 170.

ces couleurs devient la dominante, selon les différents jours auxquels l'oiseau est exposé; les pennes des ailes et de la queue sont brunes, avec une bordure plus ou moins large d'un vert doré. [a]

La femelle diffère du mâle en ce qu'elle a le dessus du corps vert, et le dessous d'un jaune obscur avec quelques reflets verdâtres.

Ces oiseaux sont très-communs à Cayenne, où les créoles leur ont donné le nom de *dauphinois*, que nous eussions adopté si nous n'avions employé précédemment celui de *passe-vert*, croyant que cet oiseau était un moineau ou *passereau vert;* il n'habite que les lieux découverts et s'approche même des habitations; il se nourrit de fruits et pique les bananes et les goyaves, qu'il détruit en grande quantité; il dévaste aussi les champs de riz dans le temps de la maturité; le mâle et la femelle se suivent ordinairement, mais ils ne volent pas par troupes, seulement on les trouve quelquefois en nombre dans les rizières. Ils n'ont ni chant ni ramage, mais un cri bref et aigu.

LE PASSE-VERT A TÊTE BLEUE.[*]

VARIÉTÉ.

L'on trouve dans la Collection académique une description d'un tangara qui paraît avoir beaucoup de rapport avec le passe-vert. Cet oiseau a, selon M. Linnæus, le devant du cou, la poitrine et le ventre, d'un jaune doré; le dos jaune-verdâtre, et les ailes et la queue vertes, sans mélange de jaune; mais ce tangara diffère du passe-vert par sa tête, qu'il a d'un bleu très-vif[b].

LE TRICOLOR. [c][**]

QUATRIÈME ESPÈCE MOYENNE.

La planche enluminée, n° 33, représente deux oiseaux sous les noms de *tangara varié à tête verte de Cayenne*, fig. 1, et de *tangara varié à tête bleue de Cayenne*, fig. 2, qui nous paraissent ne faire qu'une variété dans la

a. Dans quelques individus, le roux du sommet de la tête descend beaucoup plus bas sur le cou; dans d'autres, cette couleur s'étend d'une part sur la poitrine et le ventre, et de l'autre, sur le cou et tout le dessus du corps, et le vert des plumes des ailes est changeant en bleu.

b. *Collection académique, partie étrangère*, t. **II.** *Académie de Suède.* Description d'un tangara, par M. Linnæus, p. 59 et pl. 3.

c. « Tangara viridi-lutescens; plumulis basim rostri ambientibus, dorso supremo et gutture « infimo splendidè nigris; capite viridi-beryllino; collo superiore viridi, ad aureum colorem

* La femelle du *Tangara organiste*, selon Desmarets.

** *Tanagra tricolor* (Linn.). — Sous-genre *Tangaras proprement dits* (Cuv.).

même espèce, et peut-être une simple différence de sexe, puisque ces deux oiseaux ne diffèrent guère que par la couleur de la tête , qui dans l'un est verte, et dans l'autre est bleue, et par le dessus du cou, qui est rouge dans l'un et vert dans l'autre.

·Nous ne connaissons rien des habitudes naturelles de ces tangaras, qui tous deux nous sont venus de Cayenne, où cependant M. Sonnini de Manoncour ne les a pas vus. Nous avons donné à cette espèce le nom de *tricolor*, parce que les trois couleurs dominantes du plumage sont le rouge, le vert et le bleu, et toutes trois fort éclatantes.

On voit dans le Cabinet de M. Aubri, curé de Saint-Louis, ce tricolor à tête bleue bien conservé, auquel on a donné le nom de *pape de Magellan;* mais il n'est pas trop croyable qu'il vienne en effet des terres voisines de ce détroit, puisque ceux qui sont au Cabinet du Roi sont venus de Cayenne.

LE GRIS-OLIVE. *

CINQUIÈME ESPÈCE MOYENNE.

Nous nommons ainsi cet oiseau parce qu'il a le dessous du corps gris et le dessus de couleur d'olive. La planche enluminée, n° 714, fig. 1, le représente exactement ; il y est dénommé *tangara olive de la Louisiane,* mais il se trouve à la Guiane aussi bien qu'à la Louisiane. Nous ne savons rien de ses habitudes naturelles.

LE SEPTICOLOR. [a]**

SIXIÈME ESPÈCE MOYENNE.

Nous appelons *septicolor* cette espèce de tangara, parce que son plumage est varié de sept couleurs bien distinctes dont voici l'énumération : un beau

« vergente ; collo inferiore et pectore cæruleo-beryllinis ; dorso infimo et uropygio luteo-auran-
« tiis ; rectricibus quatuor intermediis nigro-virescentibus , quatuor utrimque extimis nigris ,
« omnibus exteriùs dilutè viridi niarginatis, binis intermediis maculà cæruleo-violaceà exteriùs
« versùs apicem notatis... Tangara Cayanensis varia chlorocephalos. » Brisson , *Ornithol.*, supplément, p. 59; et pl. 4, fig. 1. — « Tangara dilutè viridis, plumulis basim rostri ambientibus
« et dorso supremo splendidè nigris ; syncipite viridi-beryllino ; capite superiore et gutture
« cæruleo-violaceis ; genis et collo superiore rubro-aurantiis ; tæniâ transversà in alis aurantiâ ;
« rectricibus quatuor intermediis obscurè viridibus, quatuor utrimque extimis nigris , omnibus
« exteriùs dilutè viridi marginatis... Tangara Cayanensis varia cyanocephalos. » *Ibid.*, p. 62 ,
pl. 4, fig. 2.

a. « Tangara prima Brasiliensibus. » Marcg., *Hist. nat. Bras.*, p. 214. — « Tangara prima
« Brasiliensibus. » Jonston, *Avium*, p. 47. — « Tangara prima Brasiliensibus Marcgravii. »

* *Tanagra grisea* (Linn.).

** *Tanagra tatao* (Linn.). — Sous-genre *Tangaras proprement dits* (Cuv.).

vert sur la tête et sur les petites couvertures du dessus des ailes; du noir velouté sur les parties supérieures du cou et du dos, sur les pennes moyennes des ailes, et sur la face supérieure des pennes de la queue; du couleur de feu très-éclatant sur le dos; du jaune orangé sur le croupion; du bleu violet sur la gorge, la partie inférieure du cou et les grandes couvertures supérieures des ailes, du gris foncé sur la face inférieure de la queue, et enfin du beau vert d'eau ou couleur d'aigue-marine sur tout le dessous du corps, depuis la poitrine. Toutes ces couleurs sont évidentes, même brillantes et bien tranchées; elles ont été mal mélangées dans les planches enluminées qui ont été peintes d'après des oiseaux assez mal conservés. Le premier que l'on a représenté, pl. vii, fig. 1, sous le nom de *tangara*, était un oiseau séché au four, qui venait du Cabinet de M. de Réaumur; les gens qui avaient soin de ce cabinet lui avaient ajouté une queue étrangère, et c'est ce qui a trompé nos peintres. Le second qui est représenté pl. cxxvii, fig. 2, sous le nom de *tangara du Brésil*, est un peu moins défectueux, mais tous deux ne sont que le même oiseau assez mal représenté, car dans la nature c'est le plus beau, non-seulement de tous les tangaras, mais de presque tous les oiseaux connus.

Le septicolor jeune n'a pas sur le dos le rouge vif qu'il prend lorsqu'il est adulte, et la femelle n'a jamais cette couleur; le bas du dos est orangé comme le croupion, et, en général, ses couleurs sont moins vives et moins tranchées que celles du mâle; mais on remarque des variétés dans la distribution des couleurs, car il y a des individus mâles qui ont ce rouge vif sur le croupion aussi bien que sur le dos, et l'on a vu d'autres individus, même en assez grand nombre, qui ont le dos et le croupion entièrement de couleur d'or.

Le mâle et la femelle sont à peu près de la même grandeur; ils ont cinq pouces de longueur; le bec n'a que six lignes et les pieds huit lignes; la queue est un peu fourchue, et les ailes pliées s'étendent jusque vers la moitié de sa longueur.

Ces oiseaux vont en troupes nombreuses; ils se nourrissent de jeunes fruits à peine noués, que porte un très-grand arbre de la Guiane, dont on n'a pu nous dire le nom; ils arrivent aux environs de l'île de Cayenne lorsque cet arbre y est en fleurs, et ils disparaissent quelque temps après pour suivre vraisemblablement dans l'intérieur des terres la maturité de

Willughby, *Ornithol.*, p. 177. — « Tangara prima Brasiliensibus Marcgravii. » Ray, *Syn. Av.*, p. 84, n° 13. — « Tangara supernè splendidè nigra, infernè beryllina ; uropygio flammeo ; « capite superiùs et ad latera viridi ; collo inferiore cæruleo-violaceo ; remigibus majoribus « exteriùs cæruleo-violaceis, interiùs nigris ; minoribus et rectricibus splendidè nigris... Tan-« gara. » Brisson, *Ornithol.*, t. III, p. 3 ; et pl. 1, fig. 1. — *Tit-mouse of Paradise*, mésange du Paradis. Edwards, *Glan.*, p. 289, pl. 349. — Tangara de Cayenne. Salerne, *Ornithol.*, p. 250. — Les créoles de Cayenne appellent cet oiseau *dos rouge* et *oiseau épinard*; quelques oiseleurs lui ont donné en France le nom de *pavert*.

ces petits fruits ; car c'est toujours de l'intérieur des terres qu'on les voit venir. C'est ordinairement en septembre qu'ils paraissent dans la partie habitée de la Guiane ; leur séjour est d'environ six semaines, et ils reviennent en avril et mai attirés par les mêmes fruits qui mûrissent alors; ils n'abandonnent pas cette espèce d'arbre, on ne les voit jamais sur d'autres; aussi lorsqu'un de ces arbres est en fleurs, on est presque assuré d'y trouver un nombre de ces oiseaux.

Au reste, ils ne nichent pas pendant leur séjour dans la partie habitée de la Guiane. Marcgrave dit qu'au Brésil on en nourrit en cage, et qu'ils mangent de la farine et du pain [a]. Ils n'ont point de ramage, leur cri est bref et aigu.

On ne doit pas rapporter à l'espèce du septicolor celle de l'oiseau *talao*, comme l'a fait M. Brisson [b], car la description qu'il a tirée de Seba ne lui convient en aucune façon. « Le talao, dit Seba, a le plumage joliment mé- « langé de vert pâle, de noir, de jaune et de blanc; les plumes de la tête et « de la poitrine sont très-agréablement ombrées de vert pâle et de noir; « il a le bec, les pieds et les doigts d'un noir de poix [c]. » D'ailleurs ce qui prouve démonstrativement que ce n'est pas le même oiseau, c'est ce qu'ajoute cet auteur qu'il est très-rare au Mexique, ce qui suppose qu'il ne va pas par troupes nombreuses, tandis que le septicolor voyage et arrive en très-grand nombre.

LE TANGARA BLEU. *

SEPTIÈME ESPÈCE MOYENNE.

Nous avons indiqué cet oiseau sous cette dénomination dans nos planches enluminées, n° 155, fig. 1. Il a en effet la tête, la gorge et le dessous du cou d'une belle couleur bleue; le derrière de la tête, la partie supérieure du cou, le dos, les ailes et la queue noires; les couvertures supérieures des ailes noires et bordées de bleu, la poitrine et le reste du dessous du corps d'un beau blanc.

En comparant cet oiseau avec celui que Seba a indiqué sous le nom de *moineau d'Amérique* [d], il nous a paru que c'était le même, ou du moins que ce ne pouvait être qu'une variété de sexe ou d'âge dans cette espèce, car la description de Seba ne présente aucune différence sensible : M. Brisson ayant apparemment trouvé la description de cet auteur trop imparfaite l'a

a. Marcgrave, *Hist. nat. Brasil.*, p. 214.
b. *Ornithol.*, t. III, page 3.
c. Seba, t. I, page 96, n° 6; et pl. 60, fig. 2.
d. « Passer Americanus. » Seba, vol. I, pag. 104, n° 3.

* Variété du *tangara diable enrhumé*. (Voyez la nomenclature ** de la p. 295.)

amplifiée; mais comme il n'a pas vu cet oiseau et qu'il ne cite pas ceux qui peuvent lui avoir donné connaissance des caractères qu'il ajoute, nous n'avons pu établir aucun jugement sur la vérité de cette description [a], et nous nous croyons bien fondés à regarder ce moineau de Seba comme un tangara qui ressemble beaucoup plus à celui-ci qu'à tout autre.

Au reste, cet oiseau de Seba lui avait été envoyé de la Barbade, le nôtre est venu de Cayenne, et nous ne savons rien de ses habitudes naturelles.

LE TANGARA A GORGE NOIRE. [*]

HUITIÈME ESPÈCE MOYENNE.

Cette espèce est nouvelle; on le trouve à la Guiane, d'où il a été apporté par M. Sonnini de Manoncour.

Il a la tête et tout le dessus du corps d'un vert d'olive, la gorge noire, la poitrine orangée, les côtés du cou et tout le dessous du corps d'un beau jaune; les couvertures supérieures des ailes, les pennes des ailes et de la queue brunes et bordées d'olivâtre; la mandibule supérieure du bec noire, l'inférieure grise, et les pieds noirâtres.

LA COIFFE NOIRE. [**]

NEUVIÈME ESPÈCE MOYENNE.

La longueur totale de cet oiseau est de quatre pouces dix lignes; son bec est noir et a neuf lignes de long; tout le dessous du corps est blanc, légèrement varié de cendré; le dessus de la tête est d'un noir lustré qui s'étend de chaque côté du cou par une bande noire qui tranche sur le blanc de la gorge, ce qui donne à l'oiseau l'air d'être coiffé de noir; les pennes de la queue ne sont pas par étage et ont toutes vingt et une lignes de longueur : elles dépassent d'un pouce les ailes pliées; le pied a neuf lignes de long.

Le *tijepiranga* de Marcgrave [b], dont M. Brisson a fait son *tangara cendré*

---

a. « Tangara supernè splendidè nigra, infernè alba; capite et collo inferiore et pectore « cæruleis; tectricibus caudæ superioribus saturatè viridibus; remigibus, rectricibusque « splendidè nigris oris, exterioribus dilutè purpureis... *Tangara Barbadensis cærulea.* » Brisson, *Ornithol.*, t. III, p. 8.

b. « Tijepiranga alia Brasiliensibus. » Marcg., *Hist. nat. Bras.*, p. 192. — « Tijepiranga

* *Tanagra nigricollis* (Linn.). — « Le *tanagra nigricollis* est un vrai *bec-fin*, une sorte de « *figuier* à bec un peu gros. » (Cuvier.)

** *Tanagra pileata* (Linn.). — Sous-genre *Tangaras loriots* (Cuv.). — « Le *Tanagra pileata* « approche des *becs-fins* par son bec plus grêle. » (Cuvier.)

du Brésil[a], ressemblerait parfaitement à cet oiseau, si Marcgrave eût fait mention de cette couleur noire en forme de coiffe, ce qui nous fait présumer que celui dont nous venons de donner la description est le mâle, et que le tijepiranga de Marcgrave est la femelle.

Au reste, on le trouve dans les terres de la Guiane comme dans celles du Brésil, mais on ne nous a rien appris de ses habitudes naturelles.

PETITS TANGARAS.

Les tangaras de moyenne grandeur dont nous venons de faire l'énumération ne sont en général pas plus gros qu'une linotte; ceux dont nous allons donner la description sont encore sensiblement plus petits, et il y en a qui ne sont pas plus gros qu'un roitelet.

LE ROUVERDIN.

PREMIÈRE PETITE ESPÈCE.[*]

Ce nom, que nous lui avons donné, indique pour ainsi dire toute la description des couleurs de l'oiseau, car il a le corps entièrement vert, avec la tête rousse : seulement il a sur la poitrine une légère couleur bleue avec une tache jaune sur le haut de l'aile.

Cette espèce de tangara se trouve dans plusieurs contrées de l'Amérique méridionale, au Pérou[b], à Surinam[c], à Cayenne; il paraît même qu'il voyage, car on ne le voit pas aux mêmes endroits dans tous les temps de l'année. Il arrive dans les forêts de la Guiane deux ou trois fois par an pour manger le petit fruit d'un grand arbre sur lequel ces oiseaux se perchent en troupes, et ensuite ils s'en retournent apparemment dès que cette nourriture vient à leur manquer : comme ils sont assez rares, et qu'ils fuient constamment tous les lieux découverts et habités, on ne les a pas assez bien observés pour en savoir davantage sur leurs habitudes naturelles.

« alia Brasiliensibus. » Jonston, *Avi.*, p. 131. — « Passeris Americani, tijepiranga Brasilien-« sibus alia species Marcgravii. » Willughby, *Ornithol.*, p. 184. — « Tijepiranga Brasiliensibus « alia species. » Ray, *Syn. Avi.*, p. 89, n° 1.

a. « Tangara cinereo-cærulescens; collo inferiore et ventre albis ; alis ad thalassinum colo-« rem vergentibus; rectricibus cinereo-cærulescentibus... *Tangara Brasiliensis cinerea.* » Brisson, *Ornithol.*, t. III, p. 17.

b. Brisson, *Ornithol.*, t. III, pag. 25.

c. Edwards, *Hist. of Birds*, pag. 23.

* *Tanagra gyrola* (Linn.). — Sous-genre *tangaras proprement dits* (Cuv.).

LE SYACOU

SECONDE PETITE ESPÈCE. *

L'on peut regarder le *tangara tacheté des Indes* [a] des planches enluminées, n° 133, fig. 1, et le *tangara de Cayenne,* n° 301, fig. 1, comme deux
oiseaux de même espèce, qui ne nous paraissent différer que par le sexe;
mais ils nous sont trop peu connus pour décider absolument sur cette identité : nous présumons seulement que celui de ces oiseaux qui a le ventre
blanc est la femelle, et que celui qui l'a vert est le mâle.

Dans la planche enluminée, n° 133, il aurait fallu ajouter *occidentales* au
mot *Indes,* et non pas *orientales,* comme l'a fait M. Brisson [b], parce que cet
oiseau est certainement de l'Amérique méridionale.

Nous donnons à cette espèce le nom de *syacou,* par contraction de son
nom brésilien *sayacou* [c], car nous ne doutons pas que cet oiseau, que
M. Brisson indique sous le nom de *tangara varié du Brésil,* ne soit encore
le même que celui-ci.

Ces deux oiseaux nous sont venus de Cayenne, où ils sont assez rares.

L'ORGANISTE. **

TROISIÈME PETITE ESPÈCE.

L'on a donné, à Saint-Domingue, le nom d'*organiste* à ce petit oiseau,
parce qu'il fait entendre successivement tous les tons de l'octave, en montant du grave à l'aigu. Cette espèce de chant, qui suppose dans l'oreille de
l'oiseau quelque conformité avec l'organisation de l'oreille humaine, est
non-seulement fort singulière, mais très-agréable. M. le chevalier Fabre
Deshayes nous a écrit qu'il existe dans la partie du sud, sur les hautes mon-

a. *Spotted green tit-mouse.* Mésange verte tachetée. *Edw. Glan.,* p. 110, avec une figure
coloriée, pl. 262. — « Tangara supernè viridis, fuscis maculis varia, infernè albidâ, viridi
« et luteo mixta; collo inferiore et pectore maculis fuscis variegatis; uropygio penitùs viridi
« et immaculato; remigibus, rectricibusque fuscis, oris exterioribus viridibus..... Tangara
« viridis Indica punctulata. » Brisson, *Ornithol.,* t. III, p. 19; et pl. 4, fig. 2.

b. *Ornithologie,* t. III, p. 20.

c. *Sayacu Brasiliensibus.* Marcgrave, *Hist. nat Bras.,* p. 193. — *Sayacu Brasiliensibus.*
Jonston, *Avi.,* p. 132. — *Sayacu Brasiliensibus Marcgravii.* Willughby, *Ornithol.,* p. 188.
— *Sayacu Brasiliensibus Marcgravii.* Ray, *Syn. avi.,* p. 89, n° 3. — « Tangara in toto cor-
« pore e cinereo et thalassino mixta, supernè splendidus, infernè non ita splendidè... Tangara
« Brasiliensis varia. » Brisson, *Ornithol.,* t. III, p. 18. — *Sayacu.* Salerne. *Ornithol.,*
p. 273, n° 3.

* *Tanagra punctata* et *syaca* (Linn.).

** *Tanagra musica* (Linn). — *Pipra musica* (Lath.). — Sous-genre *Euphones* ou *Tangaras-
Bouvreuils* (Cuv.).

tagnes de Saint-Domingue, un petit oiseau fort rare et fort renommé, que l'on y appelle *musicien*, et dont le chant peut se noter : nous présumons que ce musicien de M. Deshayes est le même que notre organiste; cependant nous doutons encore que le chant de cet oiseau imite régulièrement et constamment les sons successifs de l'octave de nos sons musicaux, car nous ne l'avons point eu vivant; il m'a été donné par M. le comte de Noë, qui l'avait rapporté de la partie espagnole de Saint-Domingue, où il m'a dit qu'il était fort rare et très-difficile à apercevoir et à tirer, parce qu'il est défiant et qu'il sait se cacher; il sait même tourner autour d'une branche à mesure que le chasseur change de place, pour n'en être pas aperçu, en sorte que souvent, quoiqu'il y ait plusieurs de ces oiseaux sur un arbre, on ne peut en découvrir un seul, tant ils sont attentifs à se mettre à couvert.

Sa longueur est de quatre pouces; son plumage est bleu sur la tête et le cou, noir changeant en gros bleu sur le dos, les ailes et la queue, et jaune-orangé sur le front, le croupion et tout le dessous du corps. Cette courte description suffit pour le faire reconnaître.

On trouve, dans l'ouvrage de M. le Page Dupratz [a], la description d'un petit oiseau qu'il appelle l'*évêque*, et que nous croyons être le même que notre organiste. Voici le passage de cet auteur : « L'évêque est un oiseau « plus petit que le serin; son plumage est bleu tirant sur le violet : on voit « par là l'origine de son nom (l'évêque). Il se nourrit de plusieurs sortes de « petites graines, entre autres de *widlogouil* et de *choupichoul*, espèce de « millet naturel au pays. Son gosier est si doux, ses tons si flexibles et son « ramage si tendre, que lorsqu'une fois on l'a entendu, on devient beaucoup « plus réservé sur l'éloge du rossignol. Son chant dure l'espace d'un *mise-* « *rere*, et dans tout le temps il ne paraît pas reprendre haleine; il se repose « ensuite deux fois autant pour recommencer aussitôt après : cette alterna-« tive de chant et de repos dure deux heures. »

Quoique M. Dupratz ne dise pas que son oiseau fasse les sept tons de l'octave, comme on l'avance de l'organiste, nous nous croyons néanmoins fondés à le regarder comme le même oiseau, car d'abord ils se ressemblent par les couleurs et par la grandeur, suivant sa description, et en second lieu on ne peut comparer le sien, pour le chant, qu'avec le scarlatte, qui est tout rouge et deux fois plus grand; et si on veut le comparer à l'arada, dont le chant est si beau, on trouvera la même différence pour les couleurs, car l'arada est tout brun. Il ne reste donc que l'organiste auquel on doive rapporter cet oiseau évêque de la Louisiane, et le détail des habitudes naturelles donné par M. Dupratz doit lui appartenir, ce qui paraît indiquer que cet oiseau, qui ne se trouve à Saint-Domingue que dans la partie espagnole, habite aussi quelques contrées de la Louisiane.

[a] *Histoire de la Louisiane*, t. II, p. 140.

LE JACARINI. [a]

QUATRIÈME PETITE ESPÈCE. [*]

Cet oiseau a été nommé *jacarini* par les Brésiliens : Marcgrave, qui en fait mention, ne nous a rien transmis sur ses habitudes naturelles ; mais M. Sonnini de Manoncour, qui l'a observé à la Guiane, où il est très-commun, nous apprend que ces oiseaux fréquentent de préférence les terrains défrichés, et jamais les grands bois ; ils se tiennent sur les petits arbres, et particulièrement sur ceux de café, et ils se font remarquer par une habitude très-singulière : c'est de s'élever à un pied ou un pied et demi de hauteur verticalement au-dessus de la branche sur laquelle ils sont perchés, de se laisser tomber au même endroit pour sauter de même, toujours verticalement, plusieurs fois de suite ; ils ne paraissent interrompre cette suite de sauts que pour aller se percher sur un autre arbrisseau et recommencer à sauter sur leur branche : chacun de ces sauts est accompagné d'un petit cri de plaisir, et leur queue s'épanouit en même temps ; il semble que ce soit pour plaire à leur femelle, car il n'y a que le mâle qui se donne ce mouvement dont sa compagne est témoin, parce qu'ils vont toujours par paires ; elle est au contraire assez tranquille, et se contente de sautiller comme les autres oiseaux. Leur nid est composé d'herbes sèches de couleur grise : il est hémisphérique sur deux pouces de diamètre ; la femelle y dépose deux œufs elliptiques longs de sept à huit lignes, et d'un blanc verdâtre semé de petites taches rouges qui sont en grand nombre, et plus foncées vers le gros bout, qui en est presque entièrement couvert.

Le jacarini est aisé à reconnaître par sa couleur noire et luisante comme de l'acier poli ; elle est uniforme sur tout son corps, et il n'y a que les couvertures inférieures des ailes qui soient blanches dans le mâle, car la femelle est entièrement grise, et diffère si fort du mâle par la couleur, qu'on pourrait la prendre pour un oiseau d'une autre espèce : néanmoins, le mâle devient aussi tout gris dans le temps de la mue, en sorte qu'on trouve de ces oiseaux mêlés de gris et de noir, ou de noir et de gris plus ou moins, selon qu'ils approchent ou qu'ils s'éloignent du temps de leur mue. Les planches enluminées les représentent dans leur grandeur naturelle.

a. « Jacarini Brasiliensibus. » Marcgrave, *Hist. nat. Bras.*, p. 210. — « Jacarini Brasilien-« sibus. » Jonston, *Avi.*, p. 144. — « Carduelis Brasiliana jacarini Marcgravio. » Willughby, *Ornith.*, p. 190. — « Jacarini. » Edwards, *Glan.*, p. 202, avec une figure peu exacte, pl. 306. — « Tangara nigra, chalybis politi colore resplendens ; rectricibus alarum inferioribus albi-« cantibus ; rectricibus nigris, chalybis politi colore resplendentibus... *Tangara Brasiliensis « nigra.* » Brisson, *Ornithol.*, t. III, p. 28.

* *Tanagra jacarina* (Linn.). — *Passerina jacarini* (Vieill.).

LE TEITÉ. [a] *

C'est le nom que porte cet oiseau dans son pays natal, au Brésil, où Marc-grave est le premier qui l'ait observé. La planche enluminée, n° 114, fig. 2, sous le nom de *tangara du Brésil*, représente exactement la grandeur et les couleurs du mâle. Marcgrave n'a point fait mention de la femelle, elle diffère si fort du mâle qu'on pourrait la prendre pour une autre espèce, car elle a le dessus du corps d'un vert d'olive, un peu de jaune sur le front et au-dessous du bec, et le reste d'un jaune d'olive : ce qui, comme l'on voit, est fort différent des couleurs du mâle, qui sont d'un bleu foncé sur le corps, et d'un beau jaune sur le front, sous la gorge et sous le ventre.

Dans le jeune oiseau les couleurs sont un peu différentes : il a le dessus du corps olivâtre, semé de quelques plumes du bleu foncé dont il doit devenir, et sur le front le jaune n'est pas encore d'une couleur décidée. Les plumes ne sont que grises, et seulement un peu jaunes à la pointe; et à l'égard du dessous du corps, il est d'un aussi beau jaune dans l'oiseau jeune que dans l'adulte.

L'on remarque les mêmes changements dans le plumage de cet oiseau, que ceux qu'on a observés dans l'espèce précédente. Le nid est aussi fort semblable à celui du jacarini, seulement il est d'un tissu moins serré et composé d'herbes rougeâtres, au lieu que celui du jacarini est tissu d'herbes grises. La figure 1re de la planche enluminée, n° 114, sous le nom de *tan-gara de Cayenne*, présente une variété du teité [b][1]; les créoles de Cayenne lui

a. « Teitei Brasiliensibus; quam etiam vocant guiranhemgera et guraundi. » Marcgrave, *Hist. nat. Bras.*, p. 212. — « Guranhæ-engera. » J. de Laët. *Hist. du nouveau monde*, p. 557. — « Teitei Brasiliensibus; quam etiam vocant guiranhemgera et guraundi. » Jonston, *Avi.*, p. 145. — « Guranhæ-engera. » *Ibid.*, p. 125. — « Teitei Brasiliensibus; quam etiam vocant « guiranhemgera et guraundi Marcgravii. » Willughby, *Ornithol.*, p 194. — « Teitei Brasi-liensibus; quam etiam vocant guiranhemgera et guraundi Marcgravii. » Ray, *Syn. Avi.*, p. 92, n° 12. — *Golden tit mouse*, mésange dorée. Edwards, *Glan.*, p. 112, avec une fig. coloriée, pl. 263. — « Fringilla violacea, fronte subtusque flavissima... Fringilla violacea. » Linnæus, *Syst. nat.*, édit. X, p. 182. — « Tangara supernè nigra, chalybis politi colore resplendens, « infernè lutea; syncipite luteo; remigibus interiùs primâ medietate candidis; rectricibus « nigris, chalybis politi colore resplendentibus, lateralibus interiùs ultimâ medietate albis « (Mas). — Tangara supernè viridi-olivacea, infernè flavo-olivacea; syncipite ad flavum incli-« nante; gutture cinereo; rectricibus saturatè cinereis, oris exterioribus viridi-olivaceis, « duabus utrimque extimis interiùs margine albis (Fœmina)... Tangara Brasiliensis nigro-« lutea. » Brisson, *Ornithol.*, t. III, p. 31 et pl. 2, fig. 2. — « Teitei. » Salerne, *Ornithol.*, p. 290, n° 11.

b. « Tangara supernè nigra, chalybis politi colore refulgens, infernè lutea; syncipite luteo; « universo collo nigro, remigibus interiùs primâ medietate candidis; rectricibus nigris, cha-

* *Tanagra violacea* (Linn.). — Sous-genre *Euphones* ou *Tangaras-Bouvreuils* (Cuv.).

1. Desmarets a fait deux espèces de ces deux figures. La figure 2 est son *euphonia violacea*, et la figure 1 son *euphonia chlorotica*.

ont donné le nom de *petit-louis*, aussi bien qu'au premier teité : tous deux sont très-communs à la Guiane, à Surinam [a], ainsi qu'au Brésil [b] ; ils vivent comme le jacarini dans les terres défrichées qui entourent les habitations ; ils se nourrissent de même des différentes espèces de petits fruits que portent les arbrisseaux ; ils se jettent aussi en grand nombre sur les plantations de riz, et l'on est obligé de les faire garder pour les en chasser.

On peut les élever en cage où ils se plaisent, pourvu qu'on les mette cinq ou six ensemble ; ils ont le sifflet du bouvreuil, et on les nourrit des plantes que l'on nomme, au Brésil, *paco* et *mamao* [c].

LE TANGARA NÈGRE. [d] [*]

SIXIÈME PETITE ESPÈCE.

Ce petit oiseau est d'un bleu si foncé qu'il parait parfaitement noir, et que ce n'est qu'en le regardant de près que l'œil est frappé de quelques reflets bleus ; il a seulement des deux côtés de la poitrine une tache orangée qui est recouverte par l'aile et qui ne s'aperçoit pas, à moins qu'elle ne soit étendue : de sorte que dans son attitude ordinaire l'oiseau paraît entièrement noir.

Il est de la même grandeur que les précédents ; il vit dans les mêmes lieux, mais il est beaucoup plus rare dans la Guiane.

Voilà tous les tangaras grands, moyens et petits, dont il nous a été possible de constater les espèces ; il reste sept ou huit oiseaux donnés par M. Brisson, comme formant des espèces de ce genre ; mais comme il n'a pu les décrire que d'après des indications vagues et incomplètes d'auteurs peu exacts, l'on ne peut décider s'ils sont en effet du genre des tangaras ou de quelque autre genre ; nous allons néanmoins en donner l'énumération :

1° L'*oiseau des herbes* ou *xiuhtototlt* de Fernandez [e], qui a tout le corps bleu, semé de quelques plumes fauves, les pennes de la queue noires, ter-

« lybis politi colore resplendentibus, extimâ interiùs albâ maculâ insignitâ... Tangara Caya-
« nensis nigro lutea. » Brisson, *Ornithol.*, t. III , p. 34 ; et pl. 2, fig. 8.

a. Edwards, *Glan.*, page 112.

b. Marcgrave, *Hist. nat. Bras.*, pag. 212.

c. Marcgrave, Willughby, etc.

d. « Tangara nigra, chalybis politi colore resplendens ; maculà utrimque in pectore luteâ ,
« ad aurantium vergente ; tectricibus inferioribus corpori finitimis sulphureis, reliquis can-
« didis, rectricibus nigris, supernè chalybis politi colore resplendentibus... Tangara Cayanensis
« nigra. » Brisson, *Ornithol.*, t. III, p. 29 ; et pl. 2, fig. 1.

e. *Xiuhtototlt seu herbarum avis.* Fern. *Hist. nov. Hisp.*, p. 39, cap. 120. — « Tangara cyanea,
« fulvis maculis varia ; alis supernè cyaneo, fulvo et nigro variegatis, infernè cinereis ; rectri-
« cibus nigris apice albis... Tangara cærulea novæ Hispaniæ. » Brisson, *Ornithol.*, t. III, p. 15.

* *Tanagra cayennensis* (Linn.). — Sous-genre *id.*

minées de blanc, le dessous des ailes cendré, et le dessus varié de bleu, de fauve et de noir; le bec court, un peu épais et d'un blanc roussâtre, les pieds gris.

Cet auteur ajoute qu'il est un peu plus grand que notre moineau-franc, qu'il est très-bon à manger, qu'on le nourrit en cage, et que son ramage n'est pas désagréable; il ne nous est pas possible, d'après cette courte indication, de décider si cet oiseau est ou non du genre des tangaras : il est vrai qu'il se trouve au Mexique, et qu'il est de la taille de nos grands tangaras; mais cela ne suffit pas pour prononcer, comme l'a fait M. Brisson, qu'il appartient en effet à ce genre [1].

2° L'*oiseau du Mexique* de Seba, *de la grandeur d'un moineau* [a] ; il a tout le corps bleu varié de pourpre, à l'exception des ailes, qui sont variées de rouge et de noir ; la tête est ronde, les yeux et le jabot sont garnis en dessus et en dessous d'un duvet noirâtre ; les couvertures inférieures des ailes et de la queue sont d'un cendré jaunâtre. On met cet oiseau au nombre des oiseaux de chant [b].

Cette indication est, comme l'on voit, beaucoup trop vague pour que l'on puisse décider, comme l'a fait M. Brisson, que cet oiseau est du genre des tangaras, parce qu'il n'a rien de commun avec eux que de se trouver au Mexique et d'être de la grandeur d'un moineau, car la planche de Seba, ainsi que toutes les autres planches de cet auteur sont si imparfaites, qu'elles ne donnent aucune idée nette de ce qu'elles représentent.

3° Le *guira-perea du Brésil*, de Marcgrave [c]; il est de la grosseur d'une alouette : son bec est noir, court et un peu épais; tout le dessus du corps et le ventre sont d'un jaune foncé tacheté de noir; le dessous de la tête et du cou, la gorge et la poitrine sont noires, les ailes et la queue ont leurs pennes d'un brun noirâtre, et quelques-unes sont bordées extérieurement de vert; les pieds sont d'un cendré obscur [d].

Il nous paraît, par cette courte description, que l'on pourrait rapporter cet oiseau plutôt au genre du bouvreuil qu'à celui du tangara [2].

---

a. Seba, vol. I, p. 94. — *Emberiza Mexicana magnitudine passeris.* Klein, *Avi.*, p. 92, n° 8. — « Tangara cærulea cum aliquâ purpurei mixturâ; oculorum ambitu et gutture nigri- « cantibus; alis supernè nigris; minii colore variegatis; rectricibus cæruleis, aliquid purpurei « admixtum habentibus... Tangara Mexicana cærulea. » Brisson, *Ornithol.*, t. III, p. 16.

b. Seba, t. I, page 94.

c. *Guira-perea Brasiliensibus.* Marcg. *Hist. nat. Brasil.*, p. 212. — *Guira perea Brasiliensibus.* Jonston, *Avium*, p. 145. — *Guira-perea Brasiliensibus Marcgravii.* Willughby, *Ornith.*, p. 188. — *Guira-perea Brasiliensibus Marcgravii.* Ray, *Syn. avi.* p. 89, n° 4. — « Tangara obscurè flava, ventre maculis nigris vario; collo inferiore et pectore nigris : rectri- « cibus fusco-nigricantibus, oris exterioribus thalassinis... Tangara Brasiliensis flava. » Brisson, *Ornithol.*, t. III, p. 39. — *Guira-perea.* Salerne, *Ornithol.*, p. 273, n° 4.

d. Marcgrave, Willughby, etc.

1. *Tanagra canora* (Linn.).

2. *Tanagra flava* (Linn.).

4° L'*oiseau plus petit que le chardonneret* ou le *quatoztli du Brésil*, selon Seba [a] : il a la moitié de la tête ornée d'une crête blanche, le cou d'un rouge clair, et la poitrine d'une belle couleur pourpre ; les ailes d'un rouge foncé et pourpré ; le dos et la queue sont d'un noir jaunâtre, et le ventre d'un jaune clair ; le bec et les pieds sont jaunes. Seba ajoute que cet oiseau habite les montagnes de Tetzocano au Brésil [b].

Nous remarquerons d'abord que le nom *quatoztli* que Seba donne à cet oiseau n'est pas de la langue du Brésil, mais de celle du Mexique ; et, en second lieu , que les montagnes de *Tetzocano* sont au Mexique et non pas au Brésil : et il y a toute apparence que c'est par erreur que cet auteur l'a dit oiseau du Brésil.

Ensuite nous observerons que, tant par la description que par la figure donnée par Seba, cet oiseau pourrait se rapporter bien mieux au genre des manakins qu'à celui des tangaras ; et enfin nous avouerons que nous ne savons pas pourquoi M. Brisson l'a nommé tangara [c][1].

5° Le *calatti* de Seba [d], qui est à peu près de la grosseur d'une alouette, qui a une huppe noire sur la tête avec les côtés de la tête et la poitrine d'un beau bleu céleste ; le dos noir varié d'azur, les couvertures supérieures bleues avec une tache pourpre ; les pennes des ailes sont variées de vert, de bleu foncé et de noir ; le croupion est varié d'un bleu pâle et de vert, et le ventre est d'un blanc de neige ; sa queue est d'une belle forme : elle est brune sur sa longueur et rousse à l'extrémité.

Seba ajoute que cet oiseau, qui lui a été envoyé d'Amboine, est d'une figure très-élégante (la planche qui le représente est fort mauvaise) ; il ajoute qu'il joint à la variété de son plumage un chant très-agréable [e]. Cette courte indication doit suffire pour exclure le *calatti* du genre des tangaras, qui ne se trouvent qu'en Amérique, et non pas à Amboine ni dans aucun autre endroit des Indes orientales [2].

6° L'*oiseau anonyme* de Fernandez [f] : il a le dessus de la tête bleu, le

a. Seba, t. I , p. 58. — « Tangara supernè fusco-nigricans, infernè dilutè flava ; syncipite « albo ; collo inferiore dilutè rubro ; pectore et alis ex saturatè rubro purpurascentibus ; rectri- « cibus fusco nigricantibus... Tangara Brasiliensis leucocephalos. » Brisson, *Ornithol.* , t. III, page 35.

b. Seba, t. I, page 58.

c. Ornithol., t. III, page 35.

d. Avis Amboinensis calatti dicta formosissima. Seba, t. I, p. 63 ; et pl. 38, fig. 6. — *Emberiza Amboinensis.* Klein, *Avium*, p. 92, n° 7. — « Tangara supernè ex nigro et cyaneo « varia, infernè nivea ; genis et pectore cyaneis ; uropygio dilutè cæruleo, viridi mixto ; rec- « tricibus saturatè fuscis, apice dilutè rufo-griseis... Tangara Amboinensis cærulea. » Brisson, *Ornithol.*, t. III, p. 12.

e. Seba, t. I, page 63.

f. Avis anonyma novæ Hispaniæ. Fernand. *Hist. rov. Hisp.*, p. 710. — « Tangara supernè « ex nigro et viridi variegata, infernè lutea, albicantibus maculis notata ; vertice cæruleo ;

1. *Tanagra leucocephala* (Linn.).

2. *Tanagra amboinensis* (Linn.).

dessus du corps varié de vert et de noir, et le dessous jaune, tacheté de blanc; les ailes et la queue sont d'un vert foncé avec des taches d'un vert plus clair; les pieds sont bruns, et les doigts et les ongles sont très-longs.

Fernandez ajoute dans un coróllaire[a] que cet oiseau a le bec noir et bien crochu, et que si la courbure du bec était plus forte et les doigts disposés comme ceux des perroquets, il n'hésiterait pas à le regarder comme un vrai perroquet.

D'après ces indications, nous nous croyons fondés à rapporter cet oiseau anonyme au genre des pies-grièches; et il est étonnant que M. Brisson se soit si fort trompé sur les caractères de cet oiseau[b], et qu'il l'ait rapporté au genre des tangaras.

7° Le *cardinal brun* de M. Brisson[c], qui n'est pas un tangara, mais un troupiale. Cet oiseau est le même que celui dont nous avons parlé sous le nom de commandeur, page 33.

L'OISEAU SILENCIEUX. *

Cet oiseau est d'une espèce que nous ne pouvons rapporter à aucun genre, et que nous ne plaçons après les tangaras que parce qu'il a par sa conformation extérieure quelque rapport avec eux; mais il en diffère tout à fait par les habitudes naturelles, car il ne fréquente pas comme eux les endroits découverts; il ne va pas en compagnie, on le trouve toujours seul dans le fond des grands bois fort éloignés des endroits habités, et on ne l'a jamais entendu ramager ni même jeter aucun cri : il sautille plutôt qu'il ne vole, et ne se repose que rarement sur les branches les plus basses des arbrisseaux, car d'ordinaire il se tient à terre. Toutes ses habitudes sont, comme l'on voit, bien différentes de celles des tangaras, mais il leur ressemble par la forme du corps et des pieds, il a une légère échancrure aux deux côtés du bec, qui néanmoins est plus allongé que le bec des tangaras; il est du même climat de l'Amérique, et ce sont ces rapports communs qui nous ont déterminés à placer cet oiseau à la suite de ce genre.

« rèmigibus, rectricibusque saturatè viridibus, maculis dilutiùs viridibus hinc inde permixtis... Tangara varia novæ Hispaniæ. » Brisson, *Ornithol.*, t. III, p. 27.

a. Fernandez, page 712.

b. Ornithologie, t. III, page 27.

c. « Tangara supernè obscurè fusca, marginibus pennarum dilutiùs fuscis, infernè coccinea; « imo ventre et cruribus obscurè fuscis; marginibus alarum coccineis; remigibus, rectrici- « busque obscurè fuscis, oris exterioribus dilutioribus... Cardinalis fuscus. » Brisson, *Ornithol.* t. III, p. 51. — *Greater-bult-finch, Rubicilla fusca major.* Edw., *Hist. of Birds*, p. 82. — *Shirlee. Glan.*, pl. 342.

* *Tanagra silens* (Linn.). — Genre *Moineaux*, sous-genre *Moineaux proprement dits.* (Cuv.).

L'ORTOLAN. [a][*]

Il est très-probable que notre ortolan n'est autre chose que la miliaire de Varron, ainsi appelée parce qu'on engraissait cet oiseau avec du millet ; il est tout aussi probable qne le *cenchramos* d'Aristote et de Pline est encore le même oiseau, car ce nom est évidemment formé du mot κεγχρὸς, qui signifie aussi du millet : et ce qui donne beaucoup de force à ces probabilités fondées sur l'étymologie, c'est que notre ortolan a toutes les propriétés qu'Aristote attribue à son *cenchramos*, et toutes celles que Varron attribue à sa miliaire.

1° Le cenchramos est un oiseau de passage qui , selon Aristote et Pline, accompagne les cailles, comme font le râle, la barge et quelques autres oiseaux voyageurs [b].

2° Le cenchramos fait entendre son cri pendant la nuit, ce qui a donné lieu aux deux mêmes naturalistes de dire qu'il rappelait sans cesse ses compagnes de voyage, et les pressait nuit et jour d'avancer chemin [c].

a. « *Ortolano*, avis miliaria antiquorum, cenchramus aliorum. » Olina, *Uccelleria*, p. 22. — Verdier de haie, quasi comme bâtard (par ses couleurs) entre un verdier et un pinson : a le bec du broyer... est de mœurs, vol, voix et faire son nid comme le précédent (notre bruant). Belon, *Nat. des oiseaux*, p. 365. — « Hortulana Bononiensium., Gessner, *De avibus*, p. 567. — « Κεγχραμὸς, cynchramus, cynchramis, cychramus, cenchramus, cynchramas Aristotelis, « miliaria Varronis, hortulanus. » Aldrovande, *Ornithol.*, t. II, cap. xxiv, p. 177. — Jonston, *Avi.*, p. 49. — « Hortulanus Aldrovandi, Venetiis tordino, berluccio. » Willughby, p. 197. — « Hortulanus Aldrov. Venetiis tordino, » parce qu'il est tacheté comme la grive. Ray, *Synops. avium*, p. 94. — « Hortulanus , miliaria Varronis, cenchramus Aristot, » en allemand, *jut-vogel :* en polonais, *ogrodniczek*. Rzaczynski. *Auct. Hist. nat. Polon.*, p. 386, nº 43. — « Fett-« ammer (*bruant gras*) hortulan, miliaria pinguescens. » Frisch, cl. 1, div. 2, art. 2. — « The « bunting, hortulane. » Albin, *Oiseaux*, t. III, art. 50. — « Emberiza, miliaria pinguescens « Frischii, ortolano, cenchramus Olinæ, the bunting Albini : fett-ammer, ortolan. » Klein, *Ordo avium*, p. 91, nº 11. — « Fringilla seu emberiza remigibus nigris, primis tribus margine, « albidis; rectricibus nigris, lateralibus duabus extrorsùm albis. » Linnæus, *Fauna Suecica*, nº 208, p. 78; et *Syst. nat.*, g. 97, sp. 3, p. 177. — « *Hortolan, ortolan, jardinier ;* en Languedoc, *benaris, benarrie*, etc., en Italien, *tordino*. Salerne, *Oiseaux*, p. 296. — « Emberiza « capite virescente, annulo circa oculos, gulàque flavescentibus; » en Autriche, *ortulan*, G. H. Kramer, *Elenchus*, p. 371, nº 4. — « Emberiza supernè ex nigricante et castaneo fusco « varia, infernè rufescens; capite et collo olivaceo-cinereis (lineolis nigricantibus variis « Fœmina) : oculorum ambitu et gutture flavicantibus ; tectricibus alarum inferioribus sulphu-« reis; rectrice extimâ exteriùs margine albidâ præditâ, proximè sequenti interiùs apice alba...» *Hortulanus*, l'ortolan. Brisson, t. III, p. 269. — En plusieurs provinces de France, on donne le nom d'ortolans à plusieurs oiseaux d'espèce très-différente, par exemple, au torcol, au bèque-figue, etc. En Amérique on le donne à une petite espèce de tourterelle qui prend beaucoup de graisse et dont la chair est très-délicate. Les amateurs des bons morceaux ont aussi leur nomen-clature.

b. « Cùm hinc abeunt (cothurnices) ducibus lingulacâ, oto et matrice proficiscuntur, atque « etiam cenchramo. » *Hist. animal.*, lib. viii, cap. xii. — « Abeunt unà (cum cothurnicibus) « persuasæ glottis et otis, et cenchramus. » Pline, lib. x, cap. xxiii.

c. « A quo (cenchramo) etiam revocantur noctu. » Aristote, *ibidem*. « Itaque noctu is (cen-« chramus) eas excitat admonetque itineris. » Pline, *loco citato*.

[*] *Emberiza hortulana* (Linn.). — Genre *Bruants*.

3° Enfin, dès le temps de Varron, l'on engraissait les miliaires ainsi que les cailles et les grives, et lorsqu'elles étaient grasses on les vendait fort cher aux Hortensius, aux Lucullus, etc. [a].

Or tout cela convient à notre ortolan, car il est oiseau de passage : j'en ai pour témoins la foule des naturalistes et des chasseurs; il chante pendant la nuit, comme l'assurent Kramer, Frisch, Salerne [b] : enfin, lorsqu'il est gras, c'est un morceau très-fin et très-recherché [c]. A la vérité, ces oiseaux ne sont pas toujours gras lorsqu'on les prend, mais il y a une méthode assez sûre pour les engraisser. On les met dans une chambre parfaitement obscure, c'est-à-dire dans laquelle le jour extérieur ne puisse pénétrer; on l'éclaire avec des lanternes entretenues sans interruption, afin que les ortolans ne puissent point distinguer le jour de la nuit ; on les laisse courir dans cette chambre, où l'on a soin de répandre une quantité suffisante d'avoine et de millet : avec ce régime ils engraissent extraordinairement et finiraient par mourir de gras-fondure [d] si l'on ne prévenait cet accident en les tuant à propos. Lorsque le moment a été bien choisi, ce sont de petits pelotons de graisse, et d'une graisse délicate, appétissante, exquise; mais elle pèche par son abondance même, et l'on ne peut en manger beaucoup : la nature, toujours sage, semble avoir mis le dégoût à côté de l'excès, afin de nous sauver de notre intempérance.

Les ortolans gras se cuisent très-facilement, soit au bain-marie, soit au bain de sable, de cendres, etc., et l'on peut très-bien les faire cuire ainsi dans une coque d'œuf naturelle ou artificielle, comme on y faisait cuire autrefois les becfigues [e].

On ne peut nier que la délicatesse de leur chair, ou plutôt de leur graisse, n'ait plus contribué à leur célébrité que la beauté de leur ramage : cependant lorsqu'on les tient en cage ils chantent au printemps, à peu près comme le bruant ordinaire, et chantent, ainsi que je l'ai dit plus haut, la nuit comme le jour, ce que ne fait pas le bruant. Dans les pays où il y a beaucoup de ces oiseaux, et où par conséquent ils sont bien connus, comme en Lombardie, non-seulement on les engraisse pour la table, mais on les élève

---

a. « Quidam adjiciunt præterea (turdis et merulis in ornithone) aves alias quoque, quæ « pingues veneunt carè, ut miliariæ et cothurnices. » Varro, *De Re rusticâ*, lib. iii, cap. v.

b. Je puis citer aussi le sieur Burel, jardinier à Lyon, qui a quelquefois plus de cent ortolans dans sa volière, et qui m'a appris ou confirmé plusieurs particularités de leur histoire.

c. On prétend que ceux que l'on prend dans les plaines de Toulouse, sont de meilleur goût que ceux d'Italie : en hiver ils sont très-rares, et par conséquent très-chers; on les envoie à Paris, en poste dans une mallette pleine de millet, suivant l'historien du Languedoc, t. I, p. 46; de même qu'on les envoie de Boulogne et de Florence à Rome dans des boîtes pleines de farine, suivant Aldrovande.

d. On dit qu'ils engraissent quelquefois jusqu'à peser trois onces.

e. Ayant ouvert un œuf prétendu de paon, je fus tenté de le jeter là, croyant y avoir vu le petit paneau tout formé; mais en y regardant de plus près, je reconnus que c'était un bèque-figue très-gras, nageant dans un jaune artificiel fort bien assaisonné. Voyez Pétrone, p. 108, édition de Blaeu, in-8°.

aussi pour le chant, et M. Salerne trouve que leur voix a de la douceur. Cette dernière destination est la plus heureuse pour eux et fait qu'ils sont mieux traités et qu'ils vivent davantage, car on a intérêt de ne point abréger leur vie et de ne point étouffer leur talent en les excédant de nourriture. S'ils restent longtemps avec d'autres oiseaux, ils prennent quelque chose de leur chant, surtout lorsqu'ils sont fort jeunes; mais je ne sache pas qu'on leur ait jamais appris à prononcer des mots ni à chanter des airs de musique.

Ces oiseaux arrivent ordinairement avec les hirondelles ou peu après, et ils accompagnent les cailles ou les précèdent de fort peu de temps. Ils viennent de la basse Provence et remontent jusqu'en Bourgogne, surtout dans les cantons les plus chauds où il y a des vignes : ils ne touchent cependant point aux raisins, mais ils mangent les insectes qui courent sur les pampres et sur les tiges de la vigne. En arrivant ils sont un peu maigres parce qu'ils sont en amour [a]. Ils font leurs nids sur les ceps et les construisent assez négligemment, à peu près comme ceux des alouettes : la femelle y dépose quatre ou cinq œufs grisâtres, et fait ordinairement deux pontes par an. Dans d'autres pays, tels que la Lorraine, ils font leurs nids à terre, et par préférence dans les blés.

La jeune famille commence à prendre le chemin des provinces méridionales dès les premiers jours du mois d'août; les vieux ne partent qu'en septembre et même sur la fin. Ils passent dans le Forez, s'arrêtent aux environs de Saint-Chaumont et de Saint-Étienne; ils se jettent dans les avoines, qu'ils aiment beaucoup; ils y demeurent jusqu'aux premiers froids, s'y engraissent et deviennent pesants au point qu'on les pourrait tuer à coups de bâton : dès que le froid se fait sentir, ils continuent leur route pour la Provence; c'est alors qu'ils sont bons à manger, surtout les jeunes; mais il est plus difficile de les conserver que ceux que l'on prend au premier passage. Dans le Béarn, il y a pareillement deux passes d'ortolans, et par conséquent deux chasses, l'une au mois de mai et l'autre au mois d'octobre.

Quelques personnes regardent ces oiseaux comme étant originaires d'Italie, d'où ils se sont répandus en Allemagne et ailleurs; cela n'est pas sans vraisemblance, quoiqu'ils nichent aujourd'hui en Allemagne, où on les prend pêle-mêle avec les bruants et les pinsons [b]; mais l'Italie est un pays plus anciennement cultivé; d'ailleurs il n'est pas rare de voir ces oiseaux, lorsqu'ils trouvent sur leur route un pays qui leur convient, s'y fixer et l'adopter pour leur patrie, c'est-à-dire pour s'y perpétuer. Il n'y a pas beaucoup d'années qu'ils se sont ainsi naturalisés dans un petit canton de la

---

[a]. On peut cependant les engraisser malgré le désavantage de la saison, en commençant de les nourrir avec de l'avoine, et ensuite avec le chènevis, le millet, etc.

[b]. Frisch, cl. 1, div. 2, art. 2, n° 5. Cramer les met au nombre des oiseaux qui se trouvent

Lorraine, situé entre Dieuse et Mulée, qu'ils y font leur ponte, qu'ils y élèvent leurs petits, qu'ils y séjournent, en un mot, jusqu'à l'arrière-saison, temps où ils partent pour revenir au printemps [a].

Leurs voyages ne se bornent point à l'Allemagne : M. Linnæus dit qu'ils habitent la Suède, et fixe au mois de mars l'époque de leur migration [b], mais il ne faut pas se persuader qu'ils se répandent généralement dans tous les pays situés entre la Suède et l'Italie : ils reviennent constamment dans nos provinces méridionales; quelquefois ils prennent leur route par la Picardie, mais on n'en voit presque jamais dans la partie de la Bourgogne septentrionale que j'habite, dans la Brie, dans la Suisse, etc. [c]. On les prend également au filet et aux gluaux.

Le mâle a la gorge jaunâtre, bordée de cendré; le tour des yeux du même jaunâtre; la poitrine, le ventre et les flancs roux, avec quelques mouchetures, d'où lui est venu le nom italien de *tordino;* les couvertures inférieures de la queue de la même couleur, mais plus claire; la tête et le cou cendré olivâtre; le dessus du corps varié de marron brun et de noirâtre; le croupion et les couvertures supérieures de la queue d'un marron brun uniforme; les pennes de l'aile noirâtres, les grandes bordées extérieurement de gris, les moyennes de roux; leurs couvertures supérieures variées de brun et de roux; les inférieures d'un jaune soufre; les pennes de la queue noirâtres, bordées de roux, les deux plus extérieures bordées de blanc; enfin, le bec et les pieds jaunâtres.

La femelle a un peu plus de cendré sur la tête et sur le cou, et n'a pas de tache jaune au-dessous de l'œil; en général, le plumage de l'ortolan est sujet à beaucoup de variétés.

Il est moins gros que le moineau-franc. Longueurs, six pouces un quart, cinq pouces deux tiers; bec cinq lignes; pied neuf lignes; doigt du milieu huit lignes, vol neuf pouces, queue deux pouces et demi, composée de douze pennes; dépasse les ailes de dix-huit à vingt lignes.

VARIÉTÉS DE L'ORTOLAN.

I. — L'ORTOLAN JAUNE. [d]

Aldrovande, qui a observé cette variété, nous dit que son plumage était

dans l'Autriche inférieure, et il ajoute qu'ils se tiennent dans les champs, et se perchent sur les arbres qui se trouvent au milieu des prés. *Elenchus*, etc., p. 371, n° 4.

a. J'ai pour garant de ce fait M. le docteur Lottinger.

b. *Fauna Suecica*, pag. 208.

c. Gessner ne parle des ortolans que d'après un de ces oiseaux que lui avait envoyé Aldrovande, et d'après les auteurs.

d. *Hortulanus flavescens.* Aldrovande, t. II, p. 179. — *Hortulanus flavus.* Jonston, p. 49. — Willughby, p. 197. — Ray, p. 94. — *Ortolan jaune.* Brisson, t. III, p. 272.

d'un jaune paille, excepté les pennes des ailes qui étaient terminées de
blanc, et dont les plus extérieures étaient bordées de cette même couleur.
Autre singularité : cet individu avait le bec et les pieds rouges.

II. — L'ORTOLAN BLANC.[a]

Aldrovande compare sa blancheur à celle du cygne, et dit que tout son
plumage, sans exception, est de cette blancheur. Le sieur Burel, de Lyon,
qui a nourri pendant longtemps des ortolans, m'assure qu'il en a vu plusieurs, lesquels ont blanchi en vieillissant.

III. — L'ORTOLAN NOIRATRE.[b]

Le sieur Burel a aussi vu des ortolans qui avaient sans doute le tempérament tout autre que ceux dont on vient de parler, puisqu'ils ont noirci
en vieillissant. L'individu observé par Aldrovande avait la tête et le cou
verts, un peu de blanc sur la tête et sur les deux pennes de l'aile ; le bec
rouge et les pieds cendrés ; tout le reste était noirâtre.

IV. — L'ORTOLAN A QUEUE BLANCHE.[c]

Il ne diffère de l'ortolan que par la couleur de sa queue, et en ce que
toutes les teintes de son plumage sont plus faibles.

V. — J'ai observé un individu qui avait la gorge jaune, mêlée de gris ; la
poitrine grise et le ventre roux.

L'ORTOLAN DE ROSEAUX.[d*]

En comparant les divers oiseaux de cette famille, j'ai trouvé des rapports

a. Hortulanus candidus. Aldrovande, t. II, p. 179. — Jonston, p. 49. — Willughby, p. 198.
— Ray, p. 94. — *Ortolan blanc.* Brisson, t. III, p. 273.

b. Hortulanus nigricans, capite et collo viridi. Aldrovande, t. II, p. 179. — Willughby,
p. 198. — Ray, p. 94. — *Hortulanus niger,* ortolan noir. Brisson, t. III, p. 274.

c. Hortulanus caudâ albâ. Aldrovande, t. II, p. 179. — Jonston, p. 49. — Willughby,
p. 198. — Ray, p. 94. — *Hortulanus albicilla,* ortolan à queue blanche. Brisson, t. III,
page 273.

d. « Passer arundinarius Anglorum, passer aquaticus Penceri ; junco Gazæ ; » en anglais,
reed-sparrow ; en allemand, *reidt-muess,* selon Turner ; en Suisse, *riedt-meiss* (ces deux
derniers noms sont les vrais noms de la mésange de marais), *Rhor-sperling, Rhorspartz,
Rhorspartzle,* an *Rhor-geutz, Weiden-spatz* seu *passer salicum ;* en grec, Σχοίνκλος, σχοίνικος,
σχανίων. Gessner, *De avibus,* p. 573 et 653. — Aldrovande, *Ornithologie,* p. 529 ; il remarque
que l'oiseau appelé à Bologne *passere aquatico,* est différent du *red-sparow* des Anglais,

* *Emberiza schœniclus* (Linn.). — Genre *Bruants* (Cuv.).

si frappants entre l'ortolan de cet article et les quatre suivants [a], que je les eusse rapportés tous à une seule et même espèce, si j'avais pu réunir un nombre de faits suffisants pour autoriser cette petite innovation : il est plus que probable que tous ces oiseaux, et plusieurs autres du même nom, s'accoupleraient ensemble, si l'on savait s'y prendre ; il est probable que ces accouplements seraient avoués de la nature, et que les métis qui en résulteraient auraient la faculté de se reproduire ; mais une conjecture, quelque fondée qu'elle soit, ne suffit pas toujours pour s'écarter de l'ordre établi. D'ailleurs, je vois quelques-uns de ces ortolans qui subsistent depuis long-temps dans le même pays sans se mêler, sans se rapprocher, sans rien perdre des différences qui les distinguent les uns des autres ; je remarque aussi qu'ils n'ont pas tous absolument les mêmes mœurs, ni les mêmes habitudes : je me conformerai donc aux idées, ou pour mieux dire, aux conventions reçues, en séparant ces races diverses, et les regardant en effet comme autant de races distinctes, sortant originairement d'une même tige, et qui pourront s'y réunir un jour ; mais en me soumettant ainsi à la pluralité des voix, je protesterai hautement contre la fausse multiplication des espèces, source trop abondante de confusion et d'erreurs.

Les ortolans de roseaux se plaisent dans les lieux humides, et nichent dans les joncs, comme leur nom l'annonce ; cependant ils gagnent quelquefois les hauteurs dans les temps de pluie ; au printemps on les voit le long des grands chemins, et sur la fin d'août ils se jettent dans les blés. M. Cramer assure que le millet est la graine qu'ils aiment le mieux. En général, ils cherchent leur nourriture le long des haies et dans les champs cultivés,

ayant le bec plus long, le plumage brun, la poitrine blanche, et étant plus gros. — « Βατὶς seu « rubetra Aldrovandi (avicula vermiculis victitans, » dit Aldrovande, ce qui ne convient guère à l'ortolan de roseaux). « Passer torquatus palustris, passer calamodytis ; » en allemand, *Rohr-sperling, Rohr-spatzlin, Rohr-spatz* ; en grec, στρουθὸς σχοίνιχλος. Schwenckfeld, *Avi. Siles.* p. 323. — « Passer arundinarius, » etc., en polonais, *wrobel trzcinnis.* Rzaczynski, *Auctuar.,* p. 406, n° LXVIII. — « Passer arundinaceus, junco, » etc. Charleton, *Exercit.,* p. 86, n° 7, *Onomastic.,* p. 78. — « Passer torquatus in arundinetis nidificans ; » en anglais, *the reed sparrow.* « An passer arundinaceus Turneri, Aldrovandi ? » Willughby, *Ornithologia*, p. 196, §. 4. — Ray, *Synop.,* p. 93, an *atototl* Fr. Fernandez, cap. VIII, « seu atototloquichitl ejus- « dem » Fernandez, cap. XVI? Ray, *Synop.,* p. 47. — Moineau de joncs, *reed sparrow, cannevarola.* Albin, liv. II, n° 51. — « Passer atricapillus torquatus, » *rohr-ammer, rohr-sperling,* (bruant ou moineau de roseaux) Frisch, *cl.* 1, div. 2, art. 5, pl. 3, n° 6. — « Fringilla « capite nigro, maxillis rufis, torque albo, corpore rufo-nigricante ; » en suédois, *saefsparf.* Linnæus, *Fauna Suec.,* p. 79, n° 211. — « Schæniclus, fringilla rectricibus fuscis, extimis « duabus maculâ albâ cuneiformi, corpore griseo nigroque, capite nigro. » Linnæus, *Syst. nat.,* édit. X, g. 98, sp. 26. — « Emberiza capite nigro, maxillis rufis, torque albo, corpore « rufo-nigricante ; » on le nomme en Autriche, *rohr-ammering, meer-spatz.* Kramer, *Elenchus,* p. 371, n° 5. — « Emberiza supernè ex nigro et rufescente varia, infernè albo-rufescens ; capite « nigro (rufescente vario Fœmina) ; tæniâ supra oculos albo-rufescente ; torque albo (minime « conspicuo Fœmina') ; rectricibus binis utrimque extimis albis, interiùs in exortu obliquè nigri- « cantibus, extimâ apice obliquè fuscâ... » *Hortulanus arundinaceus.* Ortolan de roseaux. Brisson, t. III, p. 274. — Il est connu en Provence sous le nom de *chic des roseaux.*

a. Le gavoué de Provence, le mitilène, l'ortolan de Lorraine et l'ortolan de la Louisiane.

comme les bruants ; ils s'éloignent peu de terre et ne se perchent guère que
sur les buissons ; jamais ils ne se rassemblent en troupes nombreuses ; on
n'en voit guère que trois ou quatre à la fois : ils arrivent en Lorraine vers
le mois d'avril, et s'en retournent en automne, mais ils ne s'en retournent
pas tous, et il y en a toujours quelques-uns qui restent dans cette province
pendant l'hiver. On en trouve en Suède, en Allemagne, en Angleterre,
en France et quelquefois en Italie, etc.

Ce petit oiseau a presque toujours l'œil au guet, comme pour découvrir
l'ennemi, et lorsqu'il a aperçu quelques chasseurs, il jette un cri qu'il
répète sans cesse, et qui non-seulement les ennuie, mais quelquefois avertit
le gibier et lui donne le temps de faire sa retraite. J'ai vu des chasseurs fort
impatientés de ce cri, qui a du rapport avec celui du moineau. L'ortolan de
joncs a outre cela un chant fort agréable au mois de mai, c'est-à-dire au
temps de la ponte.

Cet oiseau est un véritable hoche-queue, car il a dans la queue un mouvement de haut en bas assez brusque et plus vif que les lavandières.

Le mâle a le dessus de la tête noir ; la gorge et le devant du cou variés de
noir et de gris roussâtre ; un collier blanc qui n'embrasse que la partie supérieure du cou : une espèce de sourcil et une bande au-dessus des yeux de
la même couleur ; le dessus du corps varié de roux et de noir ; le croupion
et les couvertures supérieures de la queue variés de gris et de roussâtre ;
le dessous du corps d'un blanc teinté de roux ; les flancs un peu tachetés de
noirâtre ; les pennes des ailes brunes, bordées de différentes nuances de
roux ; les pennes de la queue de même, excepté les deux plus extérieures
de chaque côté, lesquelles sont bordées de blanc ; le bec brun et les pieds
d'un couleur de chair fort rembruni.

La femelle n'a point de collier, sa gorge est moins noire, et sa tête est
variée de noir et de roux clair ; le blanc qui se trouve dans son plumage
n'est point pur, mais presque toujours altéré par une teinte de roux.

Longueurs, cinq pouces trois quarts, cinq pouces [a] ; bec, quatre lignes et
demie ; pied, neuf lignes ; doigt du milieu, huit lignes ; vol, neuf pouces ;
queue, deux pouces et demi, composée de douze pennes, dépassant les ailes
d'environ quinze lignes.

LA COQUELUCHE. [b]*

Une espèce de coqueluchon d'un beau noir recouvre la tête, la gorge et
le cou de cet oiseau, puis descend en pointe sur sa poitrine, à peu près

a. Lorsqu'il y a deux longueurs exprimées, la première s'entend de la pointe du bec au
bout de la queue ; et l'autre, de la pointe du bec au bout des ongles.

b. Cet oiseau est du Cabinet de M. le docteur Mauduit, qui lui a donné le nom d'ortolan de

* Le même oiseau que le précédent.

comme dans l'ortolan de roseaux : tout ce noir n'est égayé que par une
petite tache blanche, placée de chaque côté fort près de l'ouverture du bec;
le reste du dessous du corps est blanchâtre, mais les flancs sont mouchetés
de noir. Le coqueluchon dont j'ai parlé est bordé de blanc par derrière;
tout le reste du dessus du corps est varié de roux et de noirâtre; les
pennes de la queue sont de cette dernière couleur, mais les deux intermédiaires sont bordées de roussâtre ; les deux plus extérieures ont une grande
tache blanche oblique; les trois autres n'ont aucune tache.

Longueur totale, cinq pouces; bec, six lignes, noir partout; tarse, neuf
lignes; queue, deux pouces, un peu fourchue, dépassant les ailes d'environ treize lignes.

LE GAVOUÉ DE PROVENCE. [a]*

Il est remarquable par une plaque noire qui couvre la région de l'oreille,
par une ligne de la même couleur qui lui descend de chaque côté du bec en
guise de moustaches, et par la couleur cendrée qui règne sur la partie
inférieure du corps; le dessus de la tête et du corps est varié de roux et de
noirâtre; les pennes de la queue et des ailes sont aussi mi-parties des
mêmes couleurs, le roux en dehors et apparent, et le noirâtre en dedans et
caché. Il y a un peu de blanchâtre autour des yeux et sur les grandes couvertures des ailes. Cet oiseau se nourrit de graines; il aime à se percher,
et dans le mois d'avril son chant est assez agréable.

C'est une espèce ou race nouvelle que nous devons à M. Guys.

Longueur totale, quatre pouces deux tiers; bec, cinq lignes; queue,
vingt lignes, un peu fourchue, dépasse les ailes de treize lignes.

LE MITILÈNE DE PROVENCE. [b]**

Cet oiseau diffère du précédent en ce que le noir qu'il a sur les côtés de
la tête se réduit à trois bandes étroites, séparées par des espaces blancs,

roseaux de Sibérie : je n'ai point osé adopter cette dénomination, parce qu'il ne me paraît
pas assez prouvé que cet ortolan de Sibérie soit une simple variété de climat de notre ortolan
de roseaux.

a. On l'appelle en Provence, dit M. Guys, *chic-gavotte*, d'où l'on a formé le nom de
gavoué. On lui donne aussi le nom de *chic-moustache*, à cause des bandes noires qu'il a autour
du bec.

b. M. Guys, qui a envoyé cet oiseau au Cabinet du Roi, nous apprend qu'il est connu en
Provence, sous le nom de *chic de mitilène*, ou *chic* proprement dit, d'après son cri.

* *Emberiza provincialis.* (Linn.). — « L'*emberiza provincialis* et l'*emberiza lesbia* ne sont
« que des variétés du *bruant des haies : emberiza cirlus.* » (Cuvier.)

** *Emberiza lesbia* (Linn.). — Voyez la nomenclature précédente.

et en ce que le croupion et les couvertures supérieures de la queue sont nuancés de plusieurs roux ; mais ce qui établit entre ces deux races d'ortolans une disparité bien marquée, c'est que le mitilène ne commence à faire entendre son chant qu'au mois de juin, qu'il est plus rare, plus farouche, et qu'il avertit les autres oiseaux par ses cris répétés de l'apparition du milan, de la buse et de l'épervier : en quoi son instinct parait se rapprocher de celui de l'ortolan de roseaux. Les Grecs de Metelin ou de l'ancienne Lesbos l'ont établi d'après la connaissance de cet instinct pour être le gardien de leur basse-cour : seulement ils ont soin de le tenir dans une cage un peu forte, car on comprend bien que sans cela il ne troublerait pas impunément les oiseaux de proie dans la possession immémoriale de dévorer les oiseaux faibles.

L'ORTOLAN DE LORRAINE. *

M. Lottinger nous a envoyé cet oiseau de Lorraine, où il est assez commun ; il a la gorge, le devant du cou, la poitrine d'un cendré clair moucheté de noir ; le reste du dessous du corps d'un roux foncé ; le dessus de la tête et du corps roux moucheté de noir ; l'espace autour des yeux d'une couleur plus claire ; un trait noir sur les yeux ; les petites couvertures des ailes d'un cendré clair sans mouchetures ; les autres mi-parties de roux et de noir ; les premières pennes des ailes noires, bordées de cendré clair, les suivantes de roux ; les deux pennes du milieu de la queue rousses, bordées de gris, les autres mi-parties de noir et de blanc ; mais les plus extérieures ont toujours plus de blanc ; le bec d'un brun roux, et les pieds moins rembrunis.

Longueur totale six pouces et demi, bec cinq lignes et demie, queue deux pouces quatre lignes ; dépasse les ailes de quinze lignes.

La femelle (même planche, fig. 2) a une espèce de collier mêlé de roux et de blanc, dont on voit la naissance dans la figure ; tout le reste du dessous du corps est d'un blanc roussâtre ; le dessus de la tête est varié de noir, de roux et de blanc ; mais le noir disparaît derrière la tête, et le roux va s'affaiblissant en sorte qu'il résulte de tout cela un gris roussâtre presque uniforme ; cette femelle a des espèces de sourcils blancs ; les joues d'un roux foncé ; le bec d'un jaune orangé à la base, noir à la pointe ; les bords du bec inférieur rentrants et reçus dans le supérieur ; la langue fourchue et les pieds noirs.

On m'a apporté, le 10 janvier, un de ces oiseaux qui venait d'être tué sur une pierre au milieu du grand chemin ; il pesait une once ; il avait dix

* *Emberiza cia* (Linn.). — *Emberiza lotharingica* (Gmel.). — *Le bruant fou* ou *de pré.*

pouces d'intestins ; deux très-petits *cœcums;* un gésier très-gros, long d'environ un pouce, large de sept lignes et demie, rempli de débris de matières végétales et de beaucoup de petits graviers ; la membrane cartilagineuse dont il était doublé avait plus d'adhérence qu'elle n'en a communément dans les oiseaux.

Longueur totale cinq pouces dix lignes, bec cinq lignes et demie, vol douze pouces, queue deux pouces et demi, un peu fourchue, dépassant les ailes d'environ un pouce ; ongle postérieur quatre lignes et demie, et plus long que le doigt.

L'ORTOLAN DE LA LOUSIANE. *a* *

On retrouve sur la tête de cet oiseau d'Amérique la bigarrure de blanchâtre et de noir, qui est commune à presque tous nos ortolans ; mais au lieu d'avoir la queue un peu fourchue, il l'a , au contraire, un peu étagée. Le sommet de la tête présente un fer à cheval noir, qui s'ouvre du côté du bec, et dont les branches passent au-dessus des yeux pour aller se réunir derrière la tête ; il a au-dessous des yeux quelques autres taches irrégulières ; le roux domine sur toute la partie inférieure du corps, plus foncé sur la poitrine, plus clair au-dessus et au-dessous ; la partie supérieure du corps est variée de roux et de noir, ainsi que les grandes et moyennes couvertures, et la penne des ailes la plus voisine du corps ; mais toutes les autres pennes et les petites couvertures de ces mêmes ailes sont noires, ainsi que le croupion, la queue et ses couvertures supérieures ; le bec a des taches noirâtres sur un fond roux ; les pieds sont cendrés.

Longueur totale cinq pouces un quart, bec cinq lignes, vol neuf pouces, queue deux pouces un quart, composée de douze pennes un peu étagées; dépasse les ailes de quatorze lignes.

L'ORTOLAN A VENTRE JAUNE DU CAP DE BONNE-ESPÉRANCE. **

Nous devons cet ortolan à M. Sonnerat ; c'est un des plus beaux de la famille : il a la tête d'un noir lustré, égayé par cinq raies blanches à peu près parallèles, dont celle du milieu descend jusqu'au bas du cou ; tout le

---

a. « Emberiza supernè ex nigro et rufo varia , infernè albo-rufescens ; pectore rufo ; capite , « gutture et collo inferiore rufescentibus ; maculâ nigrâ, ferri equini æmulâ, in vertice ; remi- « gibus rectricibusque nigris..... » *Hortulanus Ludovicianus ,* ortolan de la Louisiane. Brisson, t. III, p. 278.

* *Emberiza ludovicia* (Linn.).

** *Emberiza capensis subtus flava* (Linn.).

dessous du corps est jaune, mais la teinte la plus foncée se trouve sur la poitrine, d'où elle va se dégradant par nuances insensibles au-dessus et au-dessous; en sorte que la naissance de la gorge et les dernières couvertures inférieures de la queue sont presque blanches; une bande grise transversale sépare le cou du dos; le dos est d'un roux brun, varié d'une couleur plus claire; le croupion gris; la queue brune, bordée de blanc des deux côtés, et un tant soit peu au bout; les petites couvertures des ailes gris cendré; ce qui paraît des moyennes, blanc; les grandes brunes bordées de roux; les pennes des ailes noirâtres bordées de blanc, excepté les plus voisines du corps, qui sont bordées de roux; la troisième et la quatrième sont les plus longues de toutes : à l'égard des pennes de la queue, la plus extérieure et l'intermédiaire de chaque côté sont plus courtes; en sorte qu'en partageant la queue en deux parties égales, quoique la queue en totalité soit un peu fourchue, chacune de ces deux parties est étagée; la plus grande différence de longueur des pennes est de trois lignes.

La femelle a les couleurs moins vives et moins tranchées.

Longueur totale six pouces un quart; bec six lignes, queue deux pouces trois quarts, composée de douze pennes; elle dépasse les ailes de quinze lignes; tarse huit à neuf lignes; l'ongle postérieur est le plus fort de tous.

L'ORTOLAN DU CAP DE BONNE-ESPÉRANCE. [a]*

Si l'ortolan à ventre jaune, du cap de Bonne-Espérance, efface tous les autres ortolans par la beauté de son plumage, celui-ci semble être venu du même pays tout exprès pour les faire briller par la comparaison de ses couleurs sombres, faibles ou équivoques; il a cependant deux traits noirs, l'un sur les yeux, l'autre au-dessous, qui lui donnent une physionomie de famille; mais le dessus de la tête et du cou est varié de gris sale et de noirâtre; le dessus du corps de noir et de roux jaunâtre; la gorge, la poitrine et tout le dessous du corps sont d'un gris sale; il a les petites couvertures supérieures des ailes rousses; les grandes et les pennes, et même les pennes de la queue noirâtres bordées de roussâtre; le bec et les pieds noirâtres.

Longueur totale cinq pouces trois quarts, bec cinq lignes, près de neuf pouces de vol, queue deux pouces et demi, composée de douze pennes; elle dépasse les ailes de quinze lignes.

a. « Emberiza supernè ex nigro et rufescente varia , infernè sordidè grisea; genis et gutture « sordidè albis, tænià duplici nigricante in utrâque genâ; remigibus, rectricibusque fuscis, « oris exterioribus rufis... » *Hortulanus capitis Bonæ-Spei*, ortolan du cap de Bonne-Espérance. Brisson, t. III, p. 280.

* *Emberiza capensis* (Linn.).

L'ORTOLAN DE NEIGE. [a]*

Les montagnes du Spitzberg, les Alpes laponnes, les côtes du détroit d'Hudson, et peut-être des pays encore plus septentrionaux, sont le séjour favori de cet ortolan pendant la belle saison, si toutefois il est une belle saison dans des climats aussi rigoureux. On sait quelle est leur influence sur la couleur du poil des quadrupèdes, comme sur celle des plumes des oiseaux, et l'on ne doit pas être surpris de ce que l'oiseau dont il s'agit dans cet article est blanc pendant l'hiver, comme le dit M. Linnæus, non plus que du grand nombre de variétés que l'on compte dans cette espèce et

a. « Emberiza varia. Passer hybernus, ξανθόρυγχος μελανόλευκος; en allemand, *winterling*, « *schnee-vogel, neuvogel, gescheckter emmerling*. Avis peregrina, etc.» Gessneri. « Avis « merulæ congener (*alia*) Aldrovandi. » Schwenckfeld, *Av. Siles.*, p. 256. — « Avis ignota a « D. Piperino missa. » Gessner, *Aves*, p. 798. Il le croit du genre des pies-grièches, quoiqu'il n'en ait pas le bec; il juge qu'il pourrait être un métis de moineau et de pie-grièche, ou de moineau et de pie. Tout cela justifie bien le nom qu'il lui avait donné de *avis ignota*. — « Frin-« gilla albicans seu ex albido flavescens. » Aldrovande, *Ornithol.*, p. 817. C'était un jeune, car il avait le bec et les pieds couleur de chair. « Hortulanus albus, quin ipso fermè cycno « candidior, » p. 179. — « Fringilla sublutea et subnigra, » *ibid.*, p. 817 et 818. — « Fortasse « avis merulæ congener alia, » *ibid.*, p. 625. — « Nivalis avis Olaï M. passer hibernus, hor-« tulanus ex albo variegatus nonnullorum, Snègula Cromeri; » en polonais, *sniegula; sniez-niczka; emberiza varia Schwenckfeldi.* Rzaczynski, *Auct. Polon.*, p. 397. — *Miliaria nivis, schnee-ammer, schnee-vogel.* Frisch, class. 1, div. 2, art. 3, pl. 2, n° 6. — *The lesser-pied mountain-finch*, le petit pinson-pie des montagnes. Albin, t. III, n° 71. — « Emberiza varia, « passer hibernus... » *Weissfleckige-ammer.* Klein, *Ordo avium*, §. 42, trib. II, n° 4. — « Monti fringilla calcaribus alaudæ, seu major; » *great-pied mountain-finch, or brambling.* Willughby, p. 187. — *The sea-lark.* Ray, *Synop.*, p. 88. — « Passer alpino-laponicus seu niva-« lis, » *Acta Litt. et Scient. Sueciæ*, an. 1736, n° 1. — « Alauda remigibus albis, primoribus « extrorsùm nigris, lateralibus tribus albis. » Moineau de neige. Académie de Stockholm, *Col-lect. académ., partie étrangère*, t. XI, p. 59. — « Avis nivalis, » Martens, Spitzb. 53. — « Alauda remigibus albis, etc., » *pied chaffinch;* en suédois, *snoesparf;* en lapon, *alaipg;* en dalécarlien, *illwarsvogel;* en scanien, *sioelaerka.* Linnæus, *Fauna Suec.*, n° 194. Je rap-porte à une même espèce les deux oiseaux indiqués sous ce numéro, j'en dirai les raisons. — « Emberiza remigibus albis, etc. » Linn., *Syst. nat.*, édit. X, g. 97, sp. 1. — « Fringilla albi-« cans Aldrov., etc. » Linnæus, *Syst. nat.*, édit. XIII. — G.-H. Kramer. *Elenchus*, p. 372. En autrichien, *méer-stiglitz.* — On a aussi donné le nom d'oiseau de neige à la gelinotte blanche qui habite les mêmes montagnes; mais c'est un oiseau tout à fait différent. — « Embe-« riza supernè nigra, marginibus pennarum candidis, infernè alba; capite, collo et pectore « albis, rufescente mixtis; rectricibus tribus utrimque extimis albis, exteriùs in apice longà « maculà nigrà notatis... » *Hortulanus nivalis*, l'ortolan de neige. Brisson, t. III, p. 285. — *Rossolan* dans les montagnes du Dauphiné, sans doute à cause de la couleur roussâtre, qui est en été la couleur dominante de son plumage, surtout pour les femelles. — En danois, *sneekok, winter-fugl;* en norw., *snee-fugl, flœlster, snee-spurre, snee-tiling, sœlskriger;* en isl., *sino-tytlingur, soel-skrikia*, le mâle; *tytlings-blike;* en lapon, *alpe;* en groënlandais, *kopa-noarsuch*, Otho Frid. Muller. *Zoologiæ Danicæ prodromus*, p. 30, 31. — « Emberiza supernè « nigra, marginibus pennarum candidis, infernè alba; capite, collo et pectore albis, rufes-« cente mixtis; rectricibus tribus utrimque extimis albis, exteriùs in apice longà maculà nigrà « notatis... » *Hortulanus nivalis*, l'ortolan de neige. Brisson, t. III, p. 285.

* *Emberiza nivalis* (Linn.). — « L'*emberiza montana* et l'*emberiza mustelina* ne sont que « différents états du *bruant de neige*. » (Cuvier.)

dont toute la différence consiste dans plus ou moins de blanc, de noir ou de roussâtre ; on sent que les combinaisons de ces trois couleurs principales doivent varier continuellement, en passant de la livrée d'été à la livrée d'hiver, et que chaque combinaison observée doit dépendre en grande partie de l'époque de l'observation ; souvent aussi elle dépendra du degré de froid que ces oiseaux auront éprouvé, car on peut leur conserver toute l'année leur livrée d'été en les tenant l'hiver dans un poêle ou dans tout autre appartement bien échauffé.

En hiver, le mâle a la tête, le cou, les couvertures des ailes et tout le dessous du corps blanc comme de la neige[a], avec une teinte légère et comme transparente de roussâtre sur la tête seulement ; le dos noir ; les pennes des ailes et de la queue mi-parties de noir et de blanc ; en été il se répand sur la tête, le cou, le dessous du corps et même sur le dos des ondes transversales de roussâtre plus ou moins foncé, mais jamais autant que dans la femelle, dont cette couleur est pour ainsi dire la couleur dominante et sur laquelle elle forme des raies longitudinales. Quelques individus ont du cendré sur le cou, du cendré varié de brun sur le dos, une teinte de pourpre autour des yeux, de rougeâtre sur la tête, etc.[b] ; la couleur du bec est aussi variable, tantôt jaune, tantôt cendrée à la base, et assez constamment noire à la pointe. Dans tous, les narines sont rondes, un peu relevées et couvertes de petites plumes, la langue un peu fourchue, les yeux petits et noirs, les pieds noirs ou noirâtres.

Ces oiseaux quittent leurs montagnes lorsque la gelée et les neiges suppriment leur nourriture ; elle est la même que celle de la gelinotte blanche et consiste dans la graine d'une espèce de bouleau[c] et quelques autres graines semblables ; lorsqu'on les tient en cage, ils s'accommodent très-bien de l'avoine qu'ils épluchent fort adroitement, des pois verts, du chènevis, du millet, de la graine de cuscute, etc.; mais le chènevis les engraisse trop vite et les fait mourir de gras-fondure.

Ils repassent au printemps pour regagner leurs sommets glacés : quoiqu'ils ne tiennent pas toujours la même route, on les voit ordinairement en Suède, en Saxe, dans la Basse-Silésie, en Pologne, dans la Russie-Rouge, la Podolie ; en Angleterre, dans la province d'York[d]. Ils sont très-rares dans le

---

a. Ces plumes blanches sont noires à la base, et il arrive quelquefois que le noir perce à travers le blanc, et y forme une multitude de petites taches, comme dans l'individu que Frisch a dessiné sous le nom de *bruant blanc tacheté: Weisse-fleckige-ammer*, class. 1, div. 2, art. 4, pl. 2, n° 6. D'autres fois il arrive que la couleur noire de la base de chaque plume s'étend sur la plus grande partie de la plume; en sorte qu'il en résulte une couleur noirâtre sur toute la partie inférieure du corps, comme dans le pinson noirâtre et jaunâtre d'Aldrovande, lib. xviii, p. 817 et 818.

a. Schwenckfeld. *Av. Siles.*, à l'endroit cité.

b. « Betula foliis orbiculatis, crenatis. » *Flora Lappon.*, 342.

c. Willughby en a tué un dans la province de Lincoln. Ray, 89. On en prend en assez grand nombre dans la province d'York pendant l'hiver. Ray, 89. Lister. *Trans. philos.*, n° 175. — On

midi de l'Allemagne et presque tout à fait inconnus en Suisse et en Italie [a].

Au temps du passage, ils se tiennent le long des grands chemins, ramassant les petites graines et tout ce qui peut leur servir de nourriture : c'est alors qu'on leur tend des piéges. Si on les recherche, ce n'est que pour la singularité de leur plumage et la délicatesse de leur chair, mais non à cause de leur voix, car jamais on ne les a entendus chanter dans la volière; tout leur ramage connu se réduit à un gazouillement qui ne signifie rien ou à un cri aigre approchant de celui du geai, qu'ils font entendre lorsqu'on veut les toucher; au reste, pour les juger définitivement sur ce point, il faudrait les avoir entendus au temps de l'amour, dans ce temps où la voix des oiseaux prend un nouvel éclat et de nouvelles inflexions, et l'on ignore les détails de leur ponte et même les endroits où ils la font; c'est sans doute dans les contrées où ils passent l'été, mais il n'y a pas beaucoup d'observateurs dans les Alpes laponnes.

Ces oiseaux n'aiment point à se percher; ils se tiennent à terre, où ils courent et piétinent comme nos alouettes, dont ils ont les allures, la taille, presque les longs éperons, etc., mais dont ils diffèrent par la forme du bec et de la langue, et, comme on a vu, par les couleurs, l'habitude des grands voyages, leur séjour sur les montagnes glaciales, etc. [b].

On a remarqué qu'ils ne dormaient point ou que très-peu la nuit, et que dès qu'ils apercevaient la lumière ils se mettaient à sautiller; c'est peut-être la raison pourquoi ils se plaisent pendant l'été sur le sommet des hautes montagnes du Nord, où il n'y a point de nuit dans cette saison et où ils peuvent ne pas perdre un seul instant de leur perpétuelle insomnie.

Longueur totale, six pouces et demi; bec, cinq lignes, ayant au palais un tubercule ou grain d'orge qui caractérise cette famille; doigt postérieur égal à celui du milieu, et il a l'ongle beaucoup plus long et moins crochu ; vol, onze pouces un quart; queue, deux pouces deux tiers, un peu fourchue, composée de douze pennes, dépasse les ailes de dix lignes.

VARIÉTÉS DE L'ORTOLAN DE NEIGE.

On juge bien, d'après ce que j'ai dit du double changement que l'ortolan de neige éprouve chaque année dans les couleurs de son plumage et de la différence qui est entre sa livrée d'été et sa livrée d'hiver; on juge bien,

en voit quelques-uns dans les montagnes qui sont au nord de cette province. Johnson. Willughby, 188.

a. Gessner et Aldrovande, aux endroits cités.

b. D'habiles naturalistes ont rangé l'ortolan de neige avec les alouettes; mais M. Linnæus, frappé des grandes différences qui se trouvent entre ces deux espèces, a reporté celle-ci, avec grande raison, dans le genre des bruants. Voyez *Syst. nat.*, treizième édition, p. 308.

dis-je, qu'il ne sera ici question d'aucune variété qui pourra appartenir, soit aux deux époques principales, soit aux époques intermédiaires, ces variétés n'étant au vrai que les variations produites par l'action du froid et du chaud dans le plumage du même individu, que les nuances successives par lesquelles chacune des deux livrées se rapproche insensiblement de l'autre.

I. — L'ORTOLAN JACOBIN. [a]

C'est une variété de climat qui a le bec, la poitrine et le ventre blancs, les pieds gris, tout le reste noir. Cet oiseau paraît tous les hivers à la Caroline et à la Virginie, et disparaît tous les étés ; il est probable qu'il va nicher du côté du Nord.

II. — L'ORTOLAN DE NEIGE A COLLIER. [b]

Il a la tête, la gorge et le cou blancs ; deux espèces de colliers au bas du cou : le supérieur de couleur plombée, l'inférieur de couleur bleue, tous deux séparés par la couleur du fond, qui forme une espèce de collier blanc intermédiaire ; les plumes des ailes blanches, teintées de jaune verdâtre et entremêlées de quelques plumes noires ; les huit pennes du milieu de la queue et les deux extérieures blanches, les deux autres noires ; tout le reste du plumage d'un brun rougeâtre, tacheté d'un jaune verdâtre ; le bec rouge bordé de cendré ; l'iris blanc et les pieds couleur de chair. Cet oiseau a été pris dans la province d'Essex, et ce n'est qu'après un très-long temps et beaucoup de tentatives inutiles qu'on est venu à bout de l'attirer dans le piége.

M. Cramer a remarqué que les ortolans, ainsi que les bruants, les pinsons et les bouvreuils, avaient les deux pièces du bec mobiles, et c'est par cette raison, dit-il, que ces oiseaux épluchent les graines et ne les avalent pas tout entières.

<hr>

a. Moineau de neige; *snow-bird.* Catesby, t. I , pl. 36. — *Passer nivalis cervice albâ* (il aurait dû dire *nigrâ*) ; *Wessnacken.* Klein, *Ordo avium*, p. 89, n° VIII. — *C. Hortulanus nivalis niger ;* ortolan de neige noir. Brisson, t. III, p. 289.

b. The pied-chaffinch; le pinson-pie. Albin, t. II, p. 34, pl. 54. — *Fringilla capite albo, weiss-koppff.* Klein , *Ordo av.,* p. 98, n° x.

L'AGRIPENNE OU L'ORTOLAN DE RIZ. [a] *

Cet oiseau est voyageur, et le motif de ses voyages est connu : on en voit au mois de septembre des troupes nombreuses, ou plutôt on les entend passer pendant la nuit , venant de l'île de Cuba, où le riz commence à durcir, et se rendant à la Caroline, où cette graine est encore tendre : ces troupes ne restent à la Caroline que trois semaines, et au bout de ce temps elles continuent leur route du côté du Nord, cherchant des graines moins dures; elles vont ainsi de stations en stations jusqu'au Canada, et peut-être plus loin; mais ce qui pourra surprendre, et qui n'est cependant pas sans exemple, c'est que ces volées ne sont composées que de femelles : on s'est assuré, dit-on, par la dissection d'un grand nombre d'individus, qu'il n'arrivait au mois de septembre que des femelles, au lieu qu'au commencement du printemps les femelles et les mâles passent ensemble : et c'est en effet l'époque marquée par la nature pour le rapprochement des deux sexes.

Le plumage des femelles est roussâtre presque par tout le corps; celui des mâles est plus varié : ils ont la partie antérieure de la tête et du cou, la gorge, la poitrine, tout le dessous du corps, la partie supérieure du dos et les jambes noires, avec quelque mélange de roussâtre, le derrière de la tête et du cou roussâtre, la partie inférieure du dos et le croupion d'un cendré olivâtre; les grandes couvertures supérieures des ailes de même couleur, bordées de blanchâtre; les petites couvertures supérieures des ailes et les couvertures supérieures de la queue d'un blanc sale; les pennes de l'aile noires, terminées de brun et bordées, les grandes de jaune-soufre, les moyennes de gris : les pennes de la queue sont à peu près comme les grandes pennes des ailes, mais elles ont une singularité, c'est que toutes sont terminées en pointe[b] : enfin le bec est cendré et les pieds bruns. On a remarqué que cet ortolan était plus haut sur jambes que les autres.

Longueur totale, six pouces trois quarts; bec, six lignes et demie; vol, onze pouces; queue, deux pouces et demi, un peu fourchue : dépasse les ailes de dix lignes.

a. The rice bird ; l'ortolan de la Caroline ou l'oiseau à riz. Catesby, t. I, pl. 14. « Emberiza « Carolinensis, reissammer. Carolinscher fettammer. » Klein, *Ordo avium,* p. 92, n° vi. — « Emberiza supernè ex nigro et rufescente varia, infernè nigra; uropygio cinereo-olivaceo ; « pennis scapularibus et tectricibus alarum minoribus sordidè albis; rectricibus mucronatis, « nigris, apice superiùs fuscis, subtùs cinereis, oris exterioribus flavicantibus (Mas). — « Emberiza rufescens; rectricibus mucronatis (Fœmina)... » *Hortulanus Carolinensis;* l'ortolan de la Caroline. Brisson, t. III, p. 282.

b. C'est la raison pourquoi nous avons donné à cet oiseau le nom d'*agripenne.*

* *Emberiza oryzivora* (Linn.). — « Il faut éloigner des bruants l'*emberiza oryzivora,* qui « a le bec des *linottes.* » (Cuvier.)

VARIÉTÉS DE L'AGRIPENNE OU ORTOLAN DE RIZ.

L'AGRIPENNE OU ORTOLAN DE LA LOUISIANE. *

Je ne puis m'empêcher de rapporter cet oiseau à l'espèce précédente, comme simple variété de climat : en effet, c'est la même taille, le même port, les mêmes proportions, la même forme jusque dans les pennes de la queue, qui sont pointues ; il n'y a de différence que dans les couleurs du plumage. L'ortolan de la Louisiane a la gorge et tout le dessous du corps d'un jaune clair, et qui devient encore plus clair sur le bas-ventre ; le dessus de la tête et du corps, les petites couvertures supérieures des ailes d'un brun olivâtre ; le croupion et les couvertures supérieures de la queue jaunes, rayés finement de brun ; les pennes de la queue noirâtres, celles du milieu bordées de jaune, les latérales de blanc, les intermédiaires de nuances intermédiaires entre le jaune et le blanc ; les grandes couvertures supérieures des ailes noires, bordées de blanc ; les pennes de même, excepté les moyennes, qui ont plus de blanc.

Les dimensions sont à peu près les mêmes que dans l'ortolan de riz.

LE BRUANT DE FRANCE. [a]*

Le tubercule osseux ou grain d'orge que cet oiseau a dans le palais est le titre incontestable par lequel il prouve sa parenté avec les ortolans : il a

a. *Cirlus, zivolo pagliato*, de son cri qui est *zi, zi.* Olina, *Uccelleria*, p. 50. — *Lutea, luteola, chloris; asaran·los*, en grec vulgaire : *serrant*, au pays du Maine; *verdier.* Belon, *Nat. des oiseaux*, p. 364 et 365. — *Chloreus, seu lutea Aristotelis.* Turner. *Emberiza flava*; Italis, *cid megliarina, verzero, paierizo, spaiarda*; Illyriis, *strnad*; Helvetiis, *emmeritz, embritz, emmering, emmerling, hemmerling*; Germanis, *gaelgen-ficken, gilbling, gilberschen, gilwertsch, korn-vogel, geelgorst*; Brabantiis, *jasine*; Anglis, *yellow-ham, youlring*; en français, *bruyan, verdun, verdrier, verdereule, verdere.* Gessner, *De Avibus*, p. 653. *Passeris species*; en allemand, *gaul-ammer.* Gessner, *Icon. av.*, p. 42. — « Hortulanus flavus, « totus flavescens, colore propemodum paleari. » Aldrov., p. 179. « Anthus, seu florus Gessneri ; *gaulammer, geel-vinck; paglierizo,* » *ibidem*, p. 752. — *Lutea, cia palearis* (sans doute par onomatopée, car ils font entendre souvent ce petit cri *ci, ci*, et en volant et arrêtés). Italis, *cirlo, ibid.*, p. 855. — *Auréola, anthus seu florus Ornithologi; lagopus crocea Eberi et Peuceri; chloreus Longolii; galbula, galgulus, icterus*, Ιχτερὸς; en allemand, *gaul-ammer.* Schwenckfeld, *Av. Siles.*, p. 228. — *Aureola, lutea Jonstoni (seu potius Aldrovandi)*; en polonais, *trznadel.* Rzaczynski, *Auct. Polon.*, p. 368. *Lutea altera Jonstoni, (seu potius Aldrovandi) a colore paleari dicta; cia pagaria*; en anglais, *gelgorsta, ibidem*, p. 392. On voit bien que Rzaczynki se trompe, *gelgorsta* ne fut jamais un mot anglais; aussi Aldrovande, qui est ici copié par Rzaczynski, dit simplement que l'oiseau appelé *geelgorst* par quelques-uns, s'appelle en anglais *yellow-ham*, suivant Turner, p. 856. — *Citrinella*; en anglais, *the yellow youlring* : R. Sibbalde, *Atlas Scot.*, pars secunda, lib. III, p. 18. M. Brisson croit que c'est le

* « Cet oiseau ne paraît être que la femelle du précédent. » (Desmarets.)

** *Emberiza citrinella* (Linn.). — *Le bruant commun* (Cuv.).

encore avec eux plusieurs autres traits de conformité, soit dans la forme extérieure du bec et de la queue, soit dans la proportion des autres parties et dans le bon goût de sa chair [a]. M. Salerne remarque que son cri est à peu près le même, et que c'est d'après ce cri, semblable, dit-il, à celui de l'ortolan, qu'on l'appelle dans l'Orléanais *binery*.

Le bruant fait plusieurs pontes, la dernière en septembre : il pose son nid à terre, sous une motte, dans un buisson, sur une touffe d'herbe, et dans tous ces cas il le fait assez négligemment ; quelquefois il l'établit sur les basses branches des arbustes, mais alors il le construit avec un peu plus de soin ; la paille, la mousse et les feuilles sèches sont les matériaux qu'il emploie pour le dehors ; les racines et la paille plus menue, le crin et la laine, sont ceux dont il se sert pour matelasser le dedans ; ses œufs, le plus souvent au nombre de quatre ou cinq, sont tachetés de brun de différentes nuances, sur un fond blanc, mais les taches sont plus fréquentes au gros bout. La femelle couve avec tant d'affection, que souvent elle se laisse prendre à la main en plein jour. Ces oiseaux nourrissent leurs petits de graines, d'insectes et même de hannetons, ayant la précaution d'ôter à ceux-ci les enveloppes de leurs ailes, qui seraient trop dures. Ils sont granivores, mais on sait bien que cette qualité ne leur interdit pas les insectes : le millet et le chènevis sont les graines qu'ils aiment le mieux. On les prend au lacet avec un épi d'avoine pour tout appât , mais ils ne se prennent pas, dit-on, à la pipée ; ils se tiennent l'été autour des bois, le long des haies

luteola de ce même Sibbalde qui est notre bruant; mais deux raisons s'y opposent, la première c'est que le nom anglais, *yellow youlrig* qu'il donne au *citrinella*, est le nom que Gessner donne à notre bruant; la seconde, c'est que le *luteola* de Sibbalde est d'un jaune brillant dessus et dessous (*back and belly*), ce qui ne peut convenir à notre bruant. — « Emberiza flava « Gessneri; hortulanus Bellonii; luteæ alterum genus Aldrovandi. » Willughby, p. 196. — . *The yellow hammer...* Ray, *Synops.*, p. 93. — Albin, t. I, pl. 58. Le traducteur a rendu mal à propos *yellow hammer* par *loriot* et *verdore*. — *Emberiza flava Gessneri*; en allemand, *gaal-ammer*; *gruenflng de Frisch*. Klein, *Ordo Av.*, p. 92. — *Miliaria lutea; passer croceus quorumdam*; en allemand, *gold-ammer, gerst-ammer* (parce qu'il mange de l'orge); *gruenzling*, bruant doré. Frisch, class. 1, div. 2, art. 2, n° 5. — « Citrinella rectricibus nigri- « cantibus, extimis duabus latere interiore maculá albà acutá; en suédois, *groening*; en « smoland., *golspinck*. » Linnæus, *Fauna Suec.*, n° 205, *Syst. nat.*, édit. XIII, p. 309. — Muller, *Zoologia Danica*, p. 31; en danois, *gulspury, gulvesling*; en norwégien, *skur*. — « Passer ex cinereo flavus, hortulano congener Jonstoni. » Barrère, *Ornithol.*, p. 56. — « Embe- « riza gulá pectoreque flavis... *Gursa vel ameringa Alberti...* » Kramer, *Elenchus*, p. 370. — « Emberiza supernè nigricante rufescente et griseo albo varia ; infernè lutea; pectore dilutè « castaneo, luteo et olivaceo variegato; capite luteo, maculis fuscis vario ; tæniá ponè oculos « fuscá; rectricibus binis utrimque extimis interiùs maculá albà notatis... » *Emberiza*, le bruant. Brisson, t. III, p. 258. — *Verdier* ou *chic jaune*; en Provence, *verdelat*; en Sologne, *verdat*; en Languedoc, *verdale*; en Poitou, *verdoie*; en Périgord, *verdange*; ailleurs, *vert-montant, verdier-buissonnier, verdin, verdon, roussette*; dans l'Orléanais, *binery*; en Guienne, *bardeaul*, etc., en italien, *verdone*. Salerne, p. 293.

a. Sa chair est jaune, et l'on n'a pas manqué de dire que c'était un remède contre la jaunisse, et même que pour guérir de ce mal, il ne fallait que regarder l'oiseau, lequel prenait la jaunisse du regardant et mourait. Voyez Schwenckfeld.

et des buissons, quelquefois dans les vignes, mais presque jamais dans l'intérieur des forêts : l'hiver, une partie change de climat ; ceux qui restent se rassemblant entre eux, et se réunissant avec les pinsons, les moineaux, etc., forment des troupes très-nombreuses, surtout dans les jours pluvieux : ils s'approchent des fermes, et même des villes et des grands chemins, où ils trouvent leur nourriture sur les buissons et jusque dans la fiente des chevaux, etc. : dans cette saison ils sont presque aussi familiers que les moineaux[a]. Leur vol est rapide, ils se posent au moment où l'on s'y attend le moins, et presque toujours dans le plus épais du feuillage, rarement sur une branche isolée. Leur cri ordinaire est composé de sept notes, dont les six premières égales et sur le même ton, et la dernière plus aiguë et plus traînée : *ti, ti, ti, ti, ti, ti, ti*[b].

Les bruants sont répandus dans toute l'Europe, depuis la Suède jusqu'à l'Italie inclusivement, et par conséquent peuvent s'accoutumer à des températures très-différentes : c'est ce qui arrive à la plupart des oiseaux qui se familiarisent plus ou moins avec l'homme, et savent tirer parti de sa société.

Le mâle est remarquable par l'éclat des plumes jaunes qu'il a sur la tête et sur la partie inférieure du corps ; mais, sur la tête, cette couleur est variée de brun ; elle est pure sur les côtés de la tête, sous la gorge, sous le ventre et sur les couvertures du dessous des ailes, et elle est mêlée de marron clair sur tout le reste de la partie inférieure ; l'olivâtre règne sur le cou et les petites couvertures supérieures des ailes ; le noirâtre mêlé de gris et de marron clair sur les moyennes et les plus grandes, sur le dos, et même sur les quatre premières pennes de l'aile : les autres sont brunes et bordées, les grandes de jaunâtre, les moyennes de gris ; les pennes de la queue sont brunes aussi et bordées, les deux extérieures de blanc, et les dix autres de gris-blanc : enfin leurs couvertures supérieures sont d'un marron clair, terminées de gris-blanc. La femelle a moins de jaune que le mâle, et elle est plus tachetée sur le cou, la poitrine et le ventre : tous deux ont les bords du bec inférieur rentrants et reçus dans le supérieur ; les bords de celui-ci échancrés près de la pointe, la langue divisée en filets déliés par le bout ; enfin l'ongle postérieur est le plus long de tous. L'oiseau pèse cinq à six gros, il a sept pouces et demi de tube intestinal, des vestiges de cœcum, l'œsophage long de deux pouces et demi, se dilatant près du

---

a. Frisch dérive leur nom allemand *ammer* ou *hammer* du mot *ham* qui signifie maison : *ammer* dans cette hypothèse signifierait domestique.

b. Selon quelques-uns ils ont encore un autre cri, *vignerot, vignerot, vignerot, titchye* : Olina dit qu'ils imitent en partie le ramage des pinsons, avec lesquels ils volent en troupes. Frisch dit qu'ils prennent aussi quelque chose du chant du canari lorsqu'ils l'entendent étant jeunes, et il ajoute que le métis provenant du mâle bruant et de la femelle canari, chante mieux que son père. Enfin M. Guys assure que le chant du mâle bruant devient agréable à l'approche du mois d'août : Aldrovande parle aussi de son beau ramage.

gésier; le gésier musculeux, la vésicule du fiel très-petite. Dans l'ovaire de
toutes les femelles que j'ai disséquées, il s'est trouvé des œufs de grosseur
inégale.

Longueur totale six pouces un tiers, bec cinq lignes, pieds huit à neuf
lignes, doigt du milieu presque aussi long, vol neuf pouces un quart, queue
deux pouces trois quarts, composée de douze pennes, un peu fourchue,
non-seulement parce que les pennes intermédiaires sont plus courtes que
les latérales, mais aussi parce que les six pennes de chaque côté se tour-
nent naturellement en dehors; elle dépasse les ailes de vingt-une lignes.

Variétés du Bruant.

On peut bien s'imaginer que le jaune et les autres couleurs propres à
cette espèce varient dans différents individus, dans différents climats, etc.,
soit pour la teinte, soit pour la distribution; quelquefois le jaune s'étend
sur toute la tête, sur le cou, etc.; d'autres individus ont la tête d'un cendré
jaunâtre; le cou cendré tacheté de noir; le ventre, les jambes et les pieds
d'un jaune de safran; la queue brune bordée de jaune, etc. [a].

LE ZIZI OU BRUANT DE HAIE. [b]*

Je donne à cet oiseau le nom de *zizi* d'après son cri ordinaire, assez
semblable à celui du premier bruant. On le voit tantôt perché, tantôt courant sur la terre, et par préférence dans les champs nouvellement labourés
où il trouve des grains, de petits vers et d'autres insectes; aussi a-t-il
presque toujours le bec terreux. Il donne assez facilement dans tous les
piéges, et lorsqu'il est pris aux gluaux, il y reste le plus souvent, ou bien
il ne s'en tire qu'en perdant presque toutes ses plumes, et il tombe ne pouvant plus voler. Il s'apprivoise aisément dans la volière; cependant il n'est

a. *Hortulano congener.* Aldrovande, p. 179. M. Brisson croit que c'est la femelle bruant;
mais ce jaune-safran ne peut guère appartenir à la femelle, ni même au mâle; en tout cas ce
serait une variété de femelle.

b. Luteæ primum genus; cirulus, cia simpliciter; Bononiensibus, raparino; quibusdam,
« cirlo; aliis triofagolo. » Aldrovande, p. 855. — En Toscane le mot *raparino* désigne un
oiseau tout différent, suivant Olina. — *Cirlus; zivolo* proprement dit; Olina, *Uccelleria*, p. 50.
Il ne fait presque que répéter ce qu'avait dit Aldrovande. — « Emberiza seu cirolus Aldro-
« vandi; *zivola Olinæ*; Germanis, *zirlammer; fettammer Frischii.* » Klein, *Ordo av.*, p. 91.
Il se trompe en appliquant au bruant de haie le nom de *fettammer*, par lequel Frisch a désigné
l'ortolan. — « Luteæ primum genus, et cirlus Aldrovandi; *zivola Olinæ*. » Willughby, p. 196.
— Ray, *Synop.*, p. 93. — *Verdier de haie;* Belon, *Nature des oiseaux*, p. 365. — Le *chic* des
Provençaux, selon M. Guys. — « Emberiza supernè nigricante et rufo varia, infernè lutea;
« gutture et maculá in pectore fuscis; capite viridi-olivaceo, maculis nigricantibus vario;
« tæniá supra oculos luteá; rectricibus binis utrimque extimis, interiùs maculá albá obliquá
« notatis... » *Emberiza sepiaria*, le bruant de haie. Brisson, t. III, p. 263.

* *Emberiza cirlus* (Linn.).

pas absolument insensible à la perte de sa liberté ; et ce qui le prouve, c'est
que pendant les deux ou trois premiers mois il ne fait entendre que son cri
ordinaire, lequel il répète fréquemment et avec inquiétude lorsqu'il voit
quelqu'un s'approcher de sa cage ; il lui faut tout ce temps pour se faire à la
captivité, quelque douce qu'elle soit, et pour reprendre son ramage [a]. S'il
faisait bien il ne le reprendrait jamais, afin que l'homme eût un motif de
moins de le tenir en servitude. Il a à peu près la même taille et les mêmes
mœurs que notre premier bruant, en sorte qu'on peut légitimement soupçonner que ces deux oiseaux, étant mieux connus, pourront se rapporter à
la même espèce.

Les zizis ne se trouvent point dans les pays du Nord, et il semble au contraire qu'ils soient plus communs dans les pays méridionaux ; mais ils sont
rares dans plusieurs de nos provinces de France. On les voit souvent avec
les pinsons, dont ils imitent le chant, et avec lesquels ils forment des volées
nombreuses, surtout dans les jours de pluie. Ils se nourrissent des mêmes
choses que les granivores, et vivent environ six ans, selon Olina, ce qu'il
faut toujours entendre de l'état de domesticité ; car il serait assez difficile
d'établir un calcul juste sur les probabilités de la vie des oiseaux jouissant
de l'air et de la liberté.

Le mâle a le dessus de la tête tacheté de noirâtre, sur un fond vert olive ;
une plaque jaune sur les côtés, coupée en deux parties inégales par un trait
noir qui passe sur les yeux ; la gorge brune, ainsi que le haut de la poitrine ; un collier jaune entre deux ; le reste du dessous du corps d'un jaune
qui va s'éclaircissant vers la queue, et tacheté de brun sur les flancs ; le
dessus du cou et du dos varié de roux et de noirâtre ; le croupion d'un roux
olivâtre, et les couvertures supérieures de la queue d'un roux plus franc ;
les pennes des ailes brunes, bordées d'olivâtre, excepté les plus voisines du
dos qui sont rousses ; les pennes de la queue brunes aussi, bordées les deux
extérieures de blanc, les suivantes de gris olivâtre, et les deux du milieu
de gris roussâtre ; enfin, le bec cendré et les pieds bruns.

La femelle a moins de jaune et n'a point la gorge brune, ni la tache de
la même couleur sur la poitrine. Au reste, Aldrovande avertit que les couleurs du plumage sont fort variables dans cette espèce : l'individu qu'il a
fait représenter avait sur la poitrine une teinte de vert obscur ; et parmi
ceux que j'ai observés il s'en est trouvé un qui avait la partie supérieure
du cou olivâtre, preque sans aucun mélange.

Longueur totale six pouces un quart, bec environ six lignes, vol neuf
pouces deux tiers, queue près de trois pouces, composée de douze pennes,
dépasse les ailes d'environ dix-huit lignes ; elle est fourchue à peu près
comme dans les bruants.

<hr>

a. M. Guys assure que son chant est monotone et sans ramage, ce qui prouve seulement que
M. Guys ou ceux qu'il a consultés n'ont pas été à portée de l'entendre.

LE BRUANT FOU. [a] [*]

Les Italiens ont ainsi appelé cet oiseau parce qu'il donne indifféremment
dans tous les piéges, et que cette insouciance de soi-même et de sa propre
conservation est en effet la plus grande marque de folie, même dans les
animaux ; mais, comme nous l'avons remarqué, le bruant et le zizi participent plus ou moins à cette espèce de folie, et l'on peut la regarder comme
une maladie de famille, que le bruant dont il s'agit ici a seulement dans un
plus haut degré : je lui ai donc conservé le nom qu'il porte en Italie, avec
d'autant plus de raison que celui de bruant des prés me paraît ne lui point
convenir, les oiseleurs et les chasseurs les plus attentifs m'ayant assuré
unanimement qu'ils n'avaient jamais vu dans les prés de ces prétendus
bruants des prés.

Ainsi que le zizi, le bruant fou ne se trouve point dans les pays septentrionaux, et son nom ne paraît point dans les zoologies locales de la Suède;
du Danemark, etc. ; il cherche la solitude et se plaît sur les montagnes ; il
est fort commun et très-connu dans celles qui sont autour de Nantua ;

---

a. Emberiza pratensis; en allemand , *wissemmertz, wise emmeritz;* aux environs du Lac-
Majeur, *ceppa.* Gessner, *De avibus,* p. 655. *Emberiza pratensis Gessneri; avis merulæ congener; hordeola,* à cause du grain d'orge ou tubercule que cet oiseau a dans le palais (et
peut-être parce qu'il se nourrit d'orge comme les autres bruants, lesquels par cette raison s'appellent *geel-gorste*). Charleton, *Aves,* p. 87. — *Emberiza pratensis Gessneri.* Bononiensibus
Bertasina. Aldrovande , p. 572. M. Brisson voit le même oiseau dans celui qu'Aldrovande
nomme *cirlus stultus; luteæ tertium genus;* Genuæ, *cia selvatica, cia montanina;* Bononiensibus, *cirlo matto. Ibid.,* p. 857; mais indépendamment des différences que l'on peut
remarquer entre les deux descriptions, ces deux oiseaux ont des noms différents dans le même
pays, car à Bologne le premier s'appelle *bertasina,* suivant Aldrovande, et le second *cirlo
matto;* d'où l'on doit conclure, ce me semble, que le *cirlus stultus* est au moins une variété
constante dans l'espèce du bruant fou. A l'égard de l'oiseau qu'Aldrovande désigne par le nom
de *passeribus congener,* p. 562, il diffère encore plus du bruant fou; et jusqu'à présent je ne
vois aucune raison de le rapporter à la famille des bruants, comme a fait M. Brisson ; c'est au
cirlus stultus que se rapporte l'oiseau suivant. — « Hortulanus cinereus; species tertia Aldro-
« vandi; en allemand, *knipper;* en polonais, *gluszek.* » Řzaczynski, *Auct. Polon.,* p. 386,
nᵒ 43. — « Emberiza supernè ex nigricante et griseo rufescente varia, infernè dilutè rufes-
« cens; oculorum ambitu, et tæniá in maxillá inferiore albo-rufescentibus ; lineá nigricante
« guttur cingente : rectricibus binis utrimque extimis interiùs albo rufescente terminatis... »
Emberiza pratensis, le bruant des prés. Brisson, t. III, p. 266. — « Emberiza capite cinereo,
« lineis nigricantibus variegato; *cirlus* Willughby; en autrichien, *steinemmerling, graukop-
« fige viesen-ammering.* » Kramer, *Elenchus Austriæ inf.,* p. 371. — *Emberiza rufescens,
capite lineis nigricantibus sparsis , superciliis albis Cia.* Linnæus, *Syst. nat.,* édit. XIII,
p. 370, nᵒ 11. — Je ne sais pourquoi M. Barrère a rapporté à cette espèce son *emberiza nigra
vertice coccineo,* qu'il dit avoir vu, et que personne n'a vu que lui. Voyez *Specimen nov.,*
p. 33. — C'est le *chic-farnous* des Provençaux, selon M. Guys qui l'appelle aussi l'*oiseau bête*
par *excellence.* A Nantua , *pieux des rochers.*

* *Emberiza cia* (Linn.). — *Emberiza lotharingica* (Gmel.). — Voyez la nomenclature de
la page 320.

M. Hébert[a] l'y a vu souvent et d'assez près, soit à terre, soit sur des noyers; les gens du pays lui ont assuré que sa chair était un très-bon manger. Son chant est fort ordinaire et a rapport à celui de notre bruant. Les oiseleurs prussiens prennent souvent de ces oiseaux, et ils ont remarqué que lorsqu'on les met dans une volière où il y a d'autres oiseaux de différentes espèces, ils s'approchent des bruants ordinaires avec une prédilection marquée; ils semblent les reconnaître pour leurs parents; ils ont en effet le même cri, comme nous venons de le dire[b], la même taille, la même conformation que les bruants, et ils n'en diffèrent que par quelques habitudes et par le plumage : le mâle a toute la partie supérieure variée de noirâtre et de gris; mais ce gris est plus franc sur la tête, et il est roussâtre partout ailleurs, excepté sur quelques-unes des couvertures moyennes des ailes où il devient presque blanc; ce même gris roussâtre borde presque toutes les pennes des ailes et de la queue dont le fond est brun; seulement les deux pennes extérieures de la queue sont bordées et terminées de blanc; le tour des yeux est blanc roussâtre; les côtés de la tête et du cou sont gris; la gorge est de cette dernière couleur pointillée de noirâtre, et bordée de chaque côté et par le bas d'une ligne presque noire qui forme une espèce de cadre irrégulier à la plaque grise des côtés de la tête; tout le dessous du corps est d'un roux plus ou moins clair, mais pointillé ou varié de noirâtre sur la gorge, la poitrine et les flancs; le bec et les pieds sont gris.

Longueur totale six pouces un quart, bec cinq à six lignes, vol neuf à dix pouces, queue deux pouces un tiers, un peu fourchue, composée de douze pennes; elle dépasse les ailes de seize lignes.

LE PROYER. [c][*]

C'est un oiseau de passage et que l'on voit arriver de bonne heure au printemps. Je suis surpris qu'on ne l'ait pas appelé *bruant des prés*, car il

---

a. Cet excellent observateur m'a appris ou confirmé les principaux faits de l'histoire des bruants.

b. « Volando *zip*, *zip* sonans, » dit Linnæus, *loco citato*.

c. *Le pruyer, preyer, prier, terits*, d'après son cri; κέγχραμος d'Aristote; peut-être le *cenchris* de quelques-uns. Belon, *Nature des oiseaux*, p. 266. — *Cenchramus Bellonii.* Aldrovande, *Ornithol.*, p. 177 : il n'est point de l'avis de Belon. — *Emberiza*; Italis, *strillozzo* (*quia stridet*; le bas peuple à Rome employant le mot *strillare* pour *stridere*); selon quelques-uns, *Zivolo montanino.* Olina, *Uccelleria*, p. 44. — *Emberiza alba; cursa, ameringa Alberti*; Italis, *cia montanina.* Gessner, p. 654. — *Passer Sylvestris magnus; fortè Buntinga Anglorum*, et *gerst-hammer Germanorum*, ibid., p. 650. — *Emberiza alba; avis merulæ congener; hordeola.* Charleton, *Exercit.*, p. 87, n° 14. — *Cynchramus*, le prurier, *ibid.*, p. 84,

* *Emberiza miliaria* (Linn.).

ne s'éloigne guère des prairies dans la belle saison[a]; il y établit son nid, ou bien dans les orges, les avoines, les millières, etc., rarement en plate terre, mais trois ou quatre pouces au-dessus du sol, dans l'herbe la plus serrée et assez forte pour porter ce nid[b]. La femelle y pond quatre, cinq et quelquefois six œufs, et tandis qu'elle les couve le mâle pourvoit à sa nourriture, et se posant sur la cime d'un arbre, il répète sans cesse son désagréabre cri *tri, tri, tri, tiritz,* qu'il ne conserve que jusqu'au mois d'août; ce cri est plus vif et plus court que celui du bruant.

On a remarqué que, lorsque le proyer s'élevait de terre pour s'aller poser sur une branche, ses pieds étaient pendants, et que ses ailes, au lieu de se mouvoir régulièrement, paraissaient agitées d'un mouvement de trépidation propre à la saison de l'amour. Le reste du temps, par exemple en automne, il vole très-bien et très-vite, et même il s'élève à une assez grande hauteur.

Les petits quittent le nid bien avant de pouvoir s'envoler ; ils se plaisent à courir dans l'herbe, et il semble que les père et mère ne posent leur nid à terre que pour leur en donner la facilité. Les chiens couchants les rencontrent fort souvent lorsque l'on chasse aux cailles vertes. Les père et mère continuent de les nourrir et de veiller sur eux jusqu'à ce qu'ils soient en état de voler ; mais leur sollicitude est quelquefois indiscrète, car lorsqu'on approche de la couvée ils contribuent eux-mêmes à la déceler en voltigeant au-dessus d'un air inquiet.

La famille élevée, ils se jettent par bandes nombreuses dans les plaines, surtout dans les champs d'avoine, de fèves et autres menues graines dont la récolte se fait la dernière. Ils partent un peu après les hirondelles, et il est très-rare qu'il en reste quelques-uns pendant l'hiver, comme avait fait celui qui fut apporté à Gessner dans cette saison[c].

n° 16. — *Emberiza alba Gessneri.* Sibbalde, *Atl. Scot.*, part. 2, lib. 3, p. 18. — *Alaudæ congener* ; Bononiæ, *petrone* ; Genuæ, *petronello*, *chiapparonte.* Aldrovande, p. 849. — *Emberiza alba Gessneri...* Willughby, *Ornithol.*, p. 195. — Ray, *Synopsis*, p. 93, n° 1. — Barrère, *Specim. nov.*, classe 3, g. x, sp. 2. — *Alaudæ congener Aldrovandi* ; en allemand, *grauer, grosser-ammer ; knust ; knipper.* Klein, *Ordo avium,* p. 91. — *Hordeola ; emberiza alba, alauda alba Gessneri* ; Germanis, *gerstling, gerst-vogel ; gerst-hammer ; welscher goldammer ; weisse-emmeritz.* Schwenck. *Av. Siles.*, p. 290. — *Miliaria cana* ; en allemand, *graue-ammer ; knust.* Frisch, pl. vi. — *Emberiza alba ; the bunting* (mal traduit en français par traquet blanc). Albin, lib. ii, n° 1. — *Fringilla grisea, nigro maculata* ; en suédois, *kornlaerka.* Linnæus, *Fauna Suecica*, n° 206. — *Emberiza grisea, subtùs nigro maculata, orbitis rufis ; Miliaria.* Linnæus, *Syst. nat.*, édit. XIII, g. 110, sp. 8. — En norwégien, *knotter.* Muller, *Zoologia Danica*, n° 251. — *Emberiza pectore ex albo ockreo, punctis nigris maculato* ; en autrichien, *brasster.* Kramer, *Elenchus*, p. 371. — *Chic-perdrix*, en Provence, selon M. Guys ; *tchi-pardriz* à Montelimart ; *tritri* en Brie ; *tride* à Arles, d'après son cri ; *prèle* à Lyon ; *verdière des prés* en Lorraine et ailleurs.

a. Belon dit qu'il suit les eaux comme la bécasse.

b. « Comme le proyer est oiseau terrestre ; tout ainsi ne fait son nid en lieu haut, n'estoit en « la manière des cannes, qui quelquefois le font sur un tronc en quelques saules, et par ainsi « cestuy-ci le fait communément contre terre, etc. » Belon, *Nat. des oiseaux*, p. 267.

c. De avibus, pag. 654.

On a remarqué que le proyer ne voltige pas de branche en branche, mais qu'il se pose sur l'extrémité de la branche la plus haute, la plus isolée soit d'un arbre, soit d'un buisson, qu'au moment même il se met à chanter, qu'il s'y tient des heures entières dans la même place à répéter son ennuyeux *tri, tri;* enfin qu'en prenant sa volée il fait craquer son bec[a].

La femelle chante aussi lorsque ses soins ne sont plus nécessaires à ses petits; mais elle ne chante que perchée sur une branche et lorsque le soleil est au méridien ou qu'il en est peu éloigné; elle se tait le reste du jour et fait très-bien, car elle ne chante pas mieux que le mâle; elle est un peu plus petite, et son plumage est à peu près le même; tous deux se nourrissent de graines et de petits vers qu'ils trouvent dans les prés et dans les champs. Ces oiseaux sont répandus dans toute l'Europe, ou plutôt ils embrassent toute l'Europe dans leurs migrations; mais Olina prétend qu'on en voit une plus grande quantité à Rome et dans les environs que partout ailleurs. Les oiseleurs les gardent en cage pour leur servir d'appeaux ou d'appelants dans leurs petites chasses d'automne, et ces appeaux attirent dans le piége non-seulement des bruants fous, mais encore plusieurs autres petits oiseaux de différentes espèces. On tient ces appelants dans des cages basses et où il n'y a point de bâtons ou juchoirs, sans doute parce qu'on s'est aperçu qu'ils n'aimaient pas à se percher, au moins de cette manière.

Le proyer a le dessus de la tête et du corps varié de brun et de roux; la gorge et le tour des yeux d'un roux clair; la poitrine et tout le reste du dessous du corps d'un blanc jaunâtre tacheté de brun sur la poitrine et les flancs; les couvertures supérieures des ailes, les pennes de ces mêmes ailes et celles de la queue brunes, bordées de roux plus ou moins clair; le bec et les pieds gris-bruns.

La femelle a le croupion d'un gris tirant sur le roux, sans aucunes taches; les couvertures supérieures de la queue de la même couleur bordées de blanchâtre, et en général ses plumes et les pennes de sa queue et de ses ailes sont bordées de couleurs plus claires.

Le bec de ces oiseaux est d'une forme remarquable; les deux pièces en sont mobiles comme dans les ortolans; leurs bords sont rentrants de même que dans le bruant ordinaire, et ils ne se joignent point par une ligne droite, mais par une ligne anguleuse; chaque bord du bec inférieur forme, vers le tiers de sa longueur, un angle saillant obtus, lequel est reçu dans un angle rentrant que forme le bord correspondant du bec supérieur; ce bec supérieur est plus solide et plus plein que dans la plupart des autres oiseaux; la langue est étroite, épaisse et taillée à sa pointe en manière de cure-dent; les narines sont recouvertes dans leur partie supérieure par une membrane en forme de croissant, et dans leur partie inférieure par de pe-

---

a. La plupart de ces faits m'ont été communiqués par M. Hébert.

tites plumes ; la première phalange du doigt extérieur est unie à celle du doigt du milieu.

Tube intestinal, treize pouces et demi ; gésier musculeux précédé d'une médiocre dilatation de l'œsophage, contenant des débris de substances végétales, entre autres de noyaux mêlés avec de petites pierres, de légers vestiges de cœcum, point de vésicule du fiel ; grand axe des testicules, quatre lignes ; petit axe, trois lignes ; longueur totale de l'oiseau, sept pouces et demi ; bec, sept lignes ; vol, onze pouces un tiers ; queue, près de trois pouces, un peu fourchue, composée de douze pennes, dépasse les ailes de dix-huit lignes.

OISEAUX ÉTRANGERS

QUI ONT RAPPORT AUX BRUANTS.

I. — LE GUIRNEGAT. [a][*]

Si ce bruant n'était point de l'Amérique méridionale, et que son cri ne fût point différent de celui de notre bruant, je ne l'aurais donné que comme une variété de celui-ci : il est même en quelque sorte plus bruant que le nôtre[b], car il a plus de jaune que le nôtre n'en a communément[c], et je ne doute pas que ces deux races ne se croisassent avec succès, et qu'il ne résultât de leur mélange des individus féconds et perfectionnés.

Le jaune règne sans mélange sur la tête, le cou et tout le dessous du corps, et cette même couleur borde presque toutes les couvertures supérieures et les pennes de la queue et des ailes, qui sont brunes. Sur le dos elle est mêlée de brun et de vert ; le bec et les yeux sont noirs, et les pieds bruns.

Cet oiseau se trouve au Brésil, et selon toute apparence il en est originaire, puisqu'il a été nommé par les naturels du pays. Marcgrave fait l'éloge de son ramage, et le compare à celui du pinson.

La femelle est fort différente du mâle, puisque, suivant le même auteur, elle a le plumage et le cri du moineau.

a. *Guiranheemgata Tupinambis.* Marcgrave, *Hist. avi. Brasil.*, cap. xi, p. 211 ; c'est d'après ce nom imposé par les Sauvages Topinamboux, que j'ai formé celui de guirnegat. — *Passer Brasiliensis.* Willughby, p. 186. — Ray, *Synopsis*, p. 89. — Jonston, p. 144. — C'est le moineau-paille de M. Mauduit ; et les noms de *cia pagliarina, seu pagliariccia*, de *gold-hammer*, de bruant jaune, bruant doré, etc., lui conviennent parfaitement.

b. Notre bruant s'appelle *luteola, aureola* ; *gold-hammer*, bruant jaune, bruant doré, *cia pagliarina* ; le jaune semble faire partie de son essence, du moins de son essence de convention.

c. On trouve quelques individus, dans l'espèce de notre bruant, qui ont la tête, le cou et le dessous du corps presque entièrement jaunes, mais cela est rare.

* *Emberiza brasiliensis* (Linn.). — « L'*emberiza brasiliensis* est un *moineau*. » (Cuvier.)

II. — LA THÉRÈSE JAUNE. [a] *

Comme je ne connais que le portrait de cet oiseau du Mexique et son cadavre, je ne puis en dire autre chose, sinon que par le plumage il approche beaucoup de notre bruant commun : il a presque toute la tête, la gorge et les côtés du cou d'un jaune orangé, la poitrine et le dessous du corps mouchétés de brun sur un fond blanc sale, le derrière de la tête et du cou et tout le dessus du corps bruns : cette dernière couleur se prolonge de chaque côté sur le cou en forme de pointe, et s'étend presque jusqu'à l'œil; les pennes des ailes et de la queue et leurs couvertures sont brunes, bordées d'un brun plus clair.

III. — LA FLAVEOLE. [b] **

Elle a le front et la gorge jaunes, et tout le reste du plumage gris : sa taille est à peu près celle du tarin. M. Linnæus, qui a fait connaître cette espèce, dit qu'elle se trouve dans les pays chauds, mais il ne dit pas à quel continent elle appartient.

IV. — L'OLIVE. [c] ***

Ce petit bruant, qui se trouve à Saint-Domingue, n'est guère plus gros qu'un roitelet; il a toute la partie supérieure, et même la queue et les pennes des ailes, d'un vert olive, la gorge d'un jaune orangé, une petite plaque de cette couleur entre le bec et l'œil, le devant du cou noirâtre, tout le dessous du corps d'un gris très-clair, teinté d'olivâtre; la partie antérieure des ailes bordée de jaune clair, le bec et les pieds bruns.

La femelle n'a ni la cravate noire du mâle, ni la gorge jaune-orangée, ni la petite plaque de la même couleur entre le bec et l'œil.

Longueur totale, trois pouces trois quarts; bec, quatre lignes et demie; vol, six pouces, queue; dix-huit lignes, composée de douze pennes : dépasse les ailes de sept à huit lignes.

---

a. C'est une espèce nouvelle, et qui n'a encore été ni décrite ni représentée.

b. *Flaveola. Emberiza grisea , facie flavâ.* Linnæus, *Syst. nat.*, édit. XIII, p. 311, n° 14.

c. « Emberiza supernè viridi-olivacea, infernè griseo-alba, olivaceo admixto; (maculâ « rostrum inter et oculos et gutture flavo-aurantiis; collo inferiore nigricante *mas*); margi- « nibus alarum dilutè luteis; remigibus interiùs fuscis; rectricibus viridi-olivaceis... » *Emberiza Dominicensis*, le bruant de Saint-Domingue. Brisson , t. III, p. 300 : il a le premier décrit et fait représenter cette espèce. — « Emberiza olivacea , subtùs albidior ; gulâ aurantiâ; fasciâ « pectorali nigricante-olivaceo. » Linnæus, *Syst. nat.*, édit. XIII, p. 309.

* *Emberiza mexicana* (Gmel.).

** *Emberiza flaveola* (Gmel.).

*** *Emberiza olivacea* (Gmel.).

V. — L'AMAZONE. [a] [*]

Cet oiseau se trouve à Surinam; on le compare, pour la grosseur, à notre mésange; il a le dessus de la tête fauve, les couvertures inférieures dés ailes blanchâtres, le reste du plumage brun.

VI. — L'EMBERISE A CINQ COULEURS. [b] [**]

Nous ne savons, de cet oiseau de Buenos-Ayres, que ce que nous en a dit M. Commerson, lequel n'a parlé que de son plumage et de ses parties extérieures, sans dire un seul mot de ses habitudes naturelles : nous ne le rapportons même aux bruants que sur la parole de ce naturaliste, car il l'appelle bruant, sans nous apprendre s'il a les caractères distinctifs de l'espèce, entre autres le tubercule osseux du bec supérieur.

Cet oiseau a tout le dessus du corps d'un vert brun tirant au jaune, la tête et le dessus de la queue d'une teinte plus obscure, le dessous de la queue d'une teinte plus jaunâtre, le dos marqué de quelques traits noirs, le bord antérieur des ailes d'un jaune vif, les pennes des ailes, et les plus extérieures de celles de la queue, bordées de jaunâtre; le dessous du corps d'un blanc cendré, la pupille d'un bleu noirâtre, l'iris marron, le bec cendré, convexe et pointu, les bords de la pièce inférieure rentrants; les narines recouvertes d'une membrane, et fort voisines de la base du bec; la langue terminée par de petits filets, les pieds de couleur plombée.

Longueur totale, huit pouces; bec, huit lignes; vol, dix pouces; queue, quatre pouces; ongle postérieur le plus grand de tous.

VII. — LE MORDORÉ. [***]

Tout le corps de cet oiseau est mordoré, tant dessus que dessous, et presque partout de la même teinte; les couvertures des ailes, leurs pennes et celles de la queue sont brunes, bordées d'un mordoré plus ou moins clair; le bec est brun et les pieds sont jaunâtres, teintés légèrement de mordoré : en sorte que c'est avec raison que nous avons donné à cet oiseau

---

a. « Emberiza fusca, vertice fulvo, crisso albido. Amazona. » Linnæus, *Syst. nat.*, édit. XIII, p. 311 , nº 15.

b. « Emberiza supernè e fusco-viridi flavescens , infernè e cinereo exalbida; margine alarum « anteriore luteo; rectricibus desuper ad fuscum magis vergentibus, subtùs magis ad flavi-« dum... » *Emberiza Bonariensis*, le bruant de Buenos-Ayres. Commerson.

J'ai donné à cet oiseau peu connu le nom d'*emberize*, qui le distingue de nos bruants sans l'en séparer tout à fait.

* *Emberiza amazona* (Gmel.).

** *Emberiza platensis* (Gmel.).

*** *Emberiza borbonica* (Gmel.). — « L'*emberiza borbonica* est un *moineau*. » (Cuvier.)

le nom de mordoré. On le trouve dans l'île de Bourbon : sa taille est à peu près celle du bruant, mais il a la queue plus courte et les ailes plus longues : celle-là ne dépasse celles-ci que de dix lignes environ.

VIII. — LE GONAMBOUCH. [a][*]

Seba nous apprend que cet oiseau est très-commun à Surinam, qu'il a la taille de l'alouette et qu'il chante comme le rossignol, par conséquent beaucoup mieux qu'aucun de nos bruants, ce qui est remarquable dans un oiseau d'Amérique. Les habitants du pays disent qu'il aime beaucoup le maïs ou blé de Turquie, et qu'il se perche très-souvent sur cette plante, tout au haut de sa tige.

Sa couleur dominante est un gris clair, mais il y a une teinte de rouge sur la poitrine, la queue, les couvertures et les pennes des ailes : ces dernières pennes sont blanches par-dessous.

Longueur totale, cinq pouces ; bec, cinq lignes ; queue, dix-huit lignes, dépasse les ailes de dix.

IX. — LE BRUANT FAMILIER. [b][**]

J'adopte le nom de M. Linnæus, parce qu'il ne faut pas multiplier les dénominations sans nécessité, et que celle-ci peut avoir rapport au naturel de l'oiseau. Il a la tête et le bec noirs, le dessus du corps cendré et tacheté de blanc, le dessous cendré sans taches, le croupion et la partie du dos qui est recouverte par les ailes, jaunes ; les couvertures et l'extrémité des pennes de la queue blanches. Cet oiseau se trouve en Asie : il est à peu près de la taille du tarin.

X. — LE CUL-ROUSSET. [c][***]

Nous devons cette espèce à M. Brisson, qui l'a décrite sur un individu venant du Canada : cet individu avait le dessus de la tête varié de brun et

a. « Avis gonambucho Americana. » Seba, t. I, p. 174, pl. cx, fig. 6. — « Emberiza dilutè « grisea ; tectricibus alarum superioribus et pectore rubello mixtis ; remigibus exteriùs griseis, « rubro mixtis, interiùs albis ; rectricibus griseis, supernè rubello mixtis... » *Emberiza Surinamensis*, le bruant de Surinam. Brisson, t. III, p. 302.

b. « Familiaris. Emberiza griseo maculata, apicibus rectricum albis, dorso postico flava... » Linnæus, *Syst. nat.*, édit. XIII, p. 311, n° 13. — « Motacilla capite et rostro nigro, uropygio « luteo. » Osb. *Iter.*, 102.

c. « Emberiza supernè ex fusco et castaneo varia, paululum griseo admixto, infernè sordidè « alba, castaneo maculata ; tectricibus caudæ superioribus et inferioribus sordidè albo-rufes- « centibus ; remigibus, rectricibusque fuscis, oris exterioribus griseo-castaneis... » *Emberiza Canadensis*, le bruant du Canada. Brisson, t. III, p. 296. On verra dans la description, pour quoi je le nomme *cul-rousset*.

* *Emberiza grisea* (Gmel.).
** *Emberiza familiaris* (Gmel.).
*** *Emberiza cinerea* (Lath.).

de marron, le dessus du cou, le dos et les couvertures des ailes variés de même avec un mélange de gris, le croupion de cette dernière couleur sans taches ; les couvertures supérieures et inférieures de la queue d'un blanc sale et roussâtre ; la gorge et tout le dessous du corps d'un blanc sale varié de taches marron, plus rares néanmoins sous le ventre ; les pennes de la queue et des ailes brunes, bordées d'un gris tirant sur le marron ; le bec et les pieds gris-brun.

Longueur totale, cinq pouces et demi ; bec, cinq lignes et demie ; vol, huit pouces un quart ; queue, deux pouces et demi, composée de douze pennes : dépasse les ailes d'environ vingt lignes.

XI. — L'AZUROUX. [a][*]

C'est encore M. Brisson qui a fait connaître cet oiseau, lequel est aussi originaire du Canada. Il a le dessus de la tête d'un roux obscur ; la partie supérieure du cou et le dessus du corps variés de ce même roux obscur et de bleu ; le roux est moins foncé sur les petites couvertures des ailes, ainsi que sur les grandes, qui sont bordées et terminées de cette couleur ; les pennes des ailes et de la queue sont brunes, bordées de gris-bleu ; le bec et les pieds gris-bruns.

Longueur totale, quatre pouces un quart ; bec, cinq lignes ; vol, sept pouces un tiers ; queue, un pouce, composée de douze pennes, ne dépasse les ailes que de quatre lignes.

XII. — LE BONJOUR-COMMANDEUR. [**]

On appelle ainsi dans l'île de Cayenne une espèce de bruant qui a coutume de chanter au point du jour, et que les colons sont à portée d'entendre, parce qu'il vit autour des maisons. Quelques-uns l'appellent bruant de Cayenne ; il ressemble si parfaitement à celui du cap de Bonne-Espérance, représenté dans les planches enluminées, n° 386, fig. 2, que M. de Sonnini le regarde comme le même oiseau sous deux noms différents, d'où il suit nécessairement que l'une de ces deux dénominations est fautive ; et comme, suivant M. de Sonnini, ce bruant est naturel à l'île de Cayenne, il est plus que probable qu'il ne se trouve au cap de Bonne-Espérance que lorsqu'il y est porté par les vaisseaux. Une autre conséquence plus générale que l'on doit tirer de là, c'est que toutes ces dénominations, en partie géographi-

---

a. J'ai composé ce nom de deux mots qui rappellent les principales couleurs du plumage. — « Emberiza ex rufo et cæruleo varia ; capitis vertice obscurè rufo : remigibus rectricibusque « fuscis, oris exterioribus griseo-cæruleis... » *Emberiza Canadensis cærulea*, le bruant bleu de Canada. Brisson, t. III, p. 298.

[*] *Emberiza cærulea* (Gmel.). — *Emberiza cyanea* (Lath.).

[**] *Emberiza capensis* (Lath.). — Sous-genre *Moineaux proprement dits* (Cuv.).

ques, où l'on fait entrer le nom du pays comme marque distinctive, sont équivoques, incertaines et ne valent pas à beaucoup près celles que l'on tire des caractères propres à l'animal dénommé : 1° parce que cet animal peut se trouver dans plusieurs pays ; 2° parce qu'il arrive souvent qu'un animal n'est point aborigène du pays d'où on le tire, surtout d'un pays tel que le cap de Bonne-Espérance, où abordent des vaisseaux venant de toutes les parties du monde.

Les bonjour-commandeurs ont le cri aigu de nos moineaux de France ; ils sont le plus souvent à terre, comme les bruants, et presque toujours deux à deux.

Le mâle a sur la tête une calotte noire traversée par une bande grise ; les joues cendrées ; une raie noire qui s'étend de la base du bec à la calotte dont j'ai parlé ; au-dessous de cette calotte, par derrière, un demi-collier roux ; le dessus du corps d'un brun verdâtre, varié sur le dos par des taches noires oblongues ; les couvertures des ailes bordées de roussâtre ; tout le dessous du corps cendré.

Il est un peu plus petit que notre zizi, n'ayant que cinq pouces de longueur totale ; ses ailes sont courtes et vont à peine à la moitié de la queue.

XIII. — LE CALFAT. [a] [*]

M. Commerson, qui a décrit cet oiseau de l'île de France sur les lieux, nous apprend qu'il a le dessus de la tête noir ; toute la partie supérieure du corps, compris les ailes et la queue, d'un cendré bleuâtre ; la queue bordée de noir ; la gorge de cette dernière couleur ; la poitrine et le ventre d'une couleur vineuse ; une bande blanche qui va de l'angle de l'ouverture du bec à l'occiput ; le tour des yeux nu et couleur de rose ; l'iris, le bec et les pieds aussi couleur de rose ; les couvertures inférieures de la queue blanches.

Le calfat est d'une taille moyenne, entre le moineau et la linotte.

LE BOUVREUIL. [b] [**]

La nature a bien traité cet oiseau, car elle lui a donné un beau plumage et une belle voix. Le plumage a toute sa beauté d'abord après la première

a. On dit aussi galfat à l'île de France. — « Emberiza desúper e cæruleo cinerescens ab occi-
« pite ad caudam , ne alis quidem exceptis, nec collo; capite , gulâ, et caudâ, utrimque nigris;
« genis albis; maculâ latiusculâ subovatâ ab oris sinu ad nucham usque. »

b. *Rubicilla sive pyrrhula; rubeccius Niphi; melancoryphus Longolii; chrysomitris Eberi et Peuceri* (c'est une méprise). *Taurus Plinii, cujusdam;* en grec, Πυῤῥούλας; en allemand,

* *Emberiza calfat* (Gmel.).

** *Loxia pyrrhula* (Linn.). — Genre *Moineaux*, sous-genre *Bouvreuils* (Cuv.).

mue; mais la voix a besoin des secours de l'art pour acquérir sa perfection. Un bouvreuil qui n'a point eu de leçons n'a que trois cris, tous fort peu agréables : le premier, je veux dire celui par lequel il débute ordinairement, est une espèce de coup de sifflet ; il n'en fait d'abord entendre qu'un seul, puis deux de suite, puis trois et quatre, etc. Le son de ce sifflet est pur, et quand l'oiseau s'anime, il semble articuler cette syllabe répétée *tui, tui, tui*, et ses sons ont plus de force. Ensuite il fait entendre un ramage plus suivi, mais plus grave, presque enroué et dégénérant en fausset[a]. Enfin, dans les intervalles il a un petit cri intérieur, sec et coupé, fort aigu, mais en même temps fort doux, et si doux qu'à peine on l'entend. Il exécute ce son, fort ressemblant à celui d'un ventriloque, sans aucun mouvement apparent du bec ni du gosier, mais seulement avec un mouvement

blut-fink, *guegger*, *gut-fink*, *brommeiss*, *bullen-beisser*, *roth-vogel*, *hail*, *goll*, *gold-fink* quibusdam, *pfaeflin*, *dompfaff*, *gimpel*, *dummherz*; dans le Brabant, *pilart*; suivant Eber et Peucer, *laubfink*, *buchfink*, *queisch* la femelle, *quecker* le mâle, en anglais, *bul-finch*; en italien, *suffuleno*, *franguello montano*; dans les Alpes, *franguel invernengk*; en illyrien, *dlask*; en français, *pivoine*. Gessner, *Aves*, p. 733. — *Rubrica*. Gessner, *Icon. Av.*, p. 49 — *Pyrrhula, sive rubicilla*; en allemand, *bollebick*; à Bologne, *stuflotto*. Aldrovande, *Ornithol.*, p. 744. *Byrriola Scaligeri*. Jonston, *Avi.*, p. 87, etc. — *Melancoryphus, melanocephali* (tête noire), *atricapilla*, *ficedula*; en grec, Σικαλίς, Πυῤῥίας; en grec moderne, *asprocolos* ou *blanc-cul*, *pivoine*, *siffleur*, *groulard* (mal à propos suivant l'auteur), Belon, *Hist. nat. des oiseaux*, liv. vii, ch. xvii et observ. fol. 13. — *Rubicilla, pyrrhula*; en italien, *cifolotto*, *ciufolotto*, *suflotto*, *fringuel montano*, *fringuel vernengo o vernino*, *monachino*. Olina, *Uccel.*, p. 40. — *Rubicilla Aldrovandi*; en anglais, *bul-finch*. *Alp or nope*. Willughby, p. 180. — Albin, t. I, p. 52. — Ray, *Synops.*, p. 86, *A*. — Charleton, *Exercit.*, p. 97, il l'appelle en anglais, *the woop or bulfinch*. — Sibbald, *Atl. Scot.*, part. secundà, lib. iii, cap. iv. — *Passer gramineus*, *fuscus*, *Minchlein*; en Prusse, *daun-pfaffe*; en polonais, *popek*. Rzaczynski, *Auct. Pol.*, p. 419. — *Fringilla sanguinea, alpina ignaria*; en silésien, *luh*, *loh-fincke*... Schwenckfeld, *Av. Silesiæ*, p. 262. — *Coccothraustes sanguinea*; *pyrrhola Aldrovandi*; *albicilla Albini*; en allemand, *dom-pfaffe*..... Klein, *Ordo av.*, p. 95, nº 5. — *Fringilla rubecula*; en allemand, *blut-finck*, *gumpel* ou *gimpel*, *hahle* (à cause de la résonnance de son cri), *dom-pfaffe* (terme de mépris équivalent à prêtraille); *dom herre* (chanoine). Frisch, t. I, div. 1, pl. 2. — *Loxia artubus nigris, tectricibus caudæ remigumque posteriorum albis*; *pyrrhula*; Suecis, *dom herre*. Linnæus, *Fauna Suecica*, nº 225, *aliàs* 178. — *Loxia pyrrhula*; en Danemark et en Norwége, *dom pape*, *dom herre*, *blod finke*. Muller, *Zoolog. Dan.*, nº 247, p. 30. — En Autriche, *gumpl*. Kramer, *Elenchus*, p. 365, nº 3. — *Pyrrhulas, loxiæ species*. Mœhring. *Av. Gen.*, ordo 2, genus 25. — *Pyrrhula, rubicilla, loxia*; bouvreuil; en basse Normandie; bouvreux, bourgeonnier; ailleurs, bouvreur, bouvier; en Sologne, bœuf ou pinson maillé; en Picardie, choppard, grosse tête noire; en Provence, pive; en Berry, pivane; en Lorraine, pion ou pione; à Paris, pivoine; en Saintonge, pinson d'Auvergne; ailleurs, pinson rouge, siffleur, flûteur, groulard, prêtre, perroquet de France, écossonneux, ébourgeonneux, rossignol monet, civière, tapon. Salerne, *Hist. nat. des oiseaux*, p. 257. — « Pyrrhula supernè cinerea, infernè rubra (Mas) cinereo-vinacea (Fœmina); capitis « vertice splendidè nigro; uropygio et imo ventre candidis; rectricibus nigro-violaceis, latera-« libus interiùs cinereo-nigricantibus, utrimque extimâ maculâ albidâ interiùs notatâ. » *Pyrrhula*, bouvreuil. Brisson, t. III, p. 308.

a. Voici ce ramage, autant que l'on peut noter le ramage d'un oiseau, *sī, ŭt, ŭt, ŭt, ŭt, sī, rĕ, ūt, ūt, ŭt, ŭt, ŭt, ŭt, sī, rĕ, ût*. Il disait encore avec cette même voix, *ut, la, ut, mi, ut, la*; quelquefois ces passages étaient précédés d'un ton traîné dans le même genre, mais sans aucune inflexion, et qui ressemblait à une espèce de miaulement.

sensible dans les muscles de l'abdomen. Tel est le chant du bouvreuil de la
nature, c'est-à-dire du bouvreuil sauvage abandonné à lui-même, et n'ayant
eu d'autre modèle que ses père et mère, aussi sauvages que lui; mais lorsque l'homme daigne se charger de son éducation, lorsqu'il veut bien lui
donner des leçons de goût, lui faire entendre avec méthode [a] des sons plus
beaux, plus moelleux, mieux filés, l'oiseau docile, soit mâle, soit femelle [b]
non-seulement les imite avec justesse, mais quelquefois les perfectionne et
surpasse son maître [c], sans oublier pour cela son ramage naturel. Il apprend
aussi à parler sans beaucoup de peine, et à donner à ses petites phrases un
accent pénétrant, une expression intéressante qui ferait presque soupçonner
en lui une âme sensible, et qui peut bien nous tromper dans le disciple,
puisqu'elle nous trompe si souvent dans l'instituteur. Au reste, le bouvreuil
est très-capable d'attachement personnel, et même d'un attachement très-
fort et très-durable. On en a vu d'apprivoisés s'échapper de la volière,
vivre en liberté dans les bois pendant l'espace d'une année, et au bout de
ce temps reconnaître la voix de la personne qui les avait élevés, et revenir
à elle pour ne la plus abandonner [d]. On en a vu d'autres qui, ayant été
forcés de quitter leur premier maître, se sont laissés mourir de regret [e]. Ces
oiseaux se souviennent fort bien, et quelquefois trop bien de ce qui leur a
nui : un d'eux ayant été jeté par terre, avec sa cage, par des gens de la
plus vile populace, n'en parut pas fort incommodé d'abord ; mais dans la
suite on s'aperçut qu'il tombait en convulsion toutes les fois qu'il voyait des
gens mal vêtus, et il mourut dans un de ces accès huit mois après le premier événement.

Les bouvreuils passent la belle saison dans les bois ou sur les montagnes :
ils y font leur nid sur les buissons, à cinq ou six pieds de haut, et quelquefois plus bas. Le nid est de mousse en dehors et de matières plus mollettes
en dedans : il a, dit-on, son ouverture du côté le moins exposé au mauvais

a. On prétend que, pour bien réussir avec les bouvreuils, il faut les siffler, non pas avec le
petit flageolet à serins, mais avec la flûte traversière ou la flûte à bec dont le son est plus grave
et plus plein. Le bouvreuil sait aussi se rendre propre le ramage des autres oiseaux.

b. La femelle du bouvreuil est, dit-on, la seule de toutes les femelles des oiseaux de ramage
qui apprenne à siffler aussi bien que le mâle. Voyez *Ædonologie*, p. 87 ; voyez aussi Olina,
Aldrovande, etc. Quelques-uns prétendent que sa voix est plus faible et plus douce que celle
du mâle.

c. « Je connais un curieux (dit l'auteur de l'*Ædonologie*, p. 89) qui ayant sifflé tout uni-
« ment quelques airs à un bouvreuil, a été agréablement surpris de voir que cet oiseau y avait
« ajouté des tournures si gracieuses, que le maître ne s'y reconnaissait pas lui-même, et
« avouait que son disciple l'avait surpassé. » Cependant il faut avouer aussi que si les bouvreuils sont mal montrés, ils apprendront à mal chanter : M. Hébert en a vu un qui n'avait
jamais entendu siffler que des charretiers, et qui sifflait comme eux, avec la même force et la
même grossièreté.

d. Un de ces oiseaux qui revint à sa maîtresse, après avoir vécu un an dans les bois, avait
toutes les plumes chiffonnées et tortillées. La liberté a ses inconvénients, surtout pour un animal
dépravé par l'esclavage.

e. *Ædonologie*, p. 128.

vent. La femelle y pond de quatre à six œufs [a], d'un blanc sale, un peu bleuâtre, environnés près du gros bout d'une zone formée par des taches de deux couleurs, les unes d'un violet éteint, les autres d'un noir bien tranché. Cette femelle dégorge la nourriture à ses petits, ainsi que les chardonnerettes, linottes, etc., et le mâle a aussi grand soin de sa femelle. M. Linnæus dit qu'il tient quelquefois fort longtemps une araignée dans son bec pour la donner à sa compagne. Les petits ne commencent à siffler que lorsqu'ils commencent à manger seuls ; et dès lors ils ont l'instinct de la bienfaisance, si ce que l'on m'a assuré est vrai, que de quatre jeunes bouvreuils d'une même nichée, tous quatre élevés ensemble, les trois aînés, qui savaient manger seuls, donnaient la becquée au plus jeune qui ne le savait pas encore. Après que l'éducation est finie, les père et mère restent appariés et le sont encore tout l'hiver, car on les voit toujours deux à deux, soit qu'ils voyagent, soit qu'ils restent ; mais ceux qui restent dans le même pays quittent les bois au temps des neiges, descendent de leurs montagnes [b], abandonnent les vignes où ils se jettent sur l'arrière-saison, et s'approchent des lieux habités, ou bien se tiennent sur les haies le long des chemins ; ceux qui voyagent partent avec les bécasses aux environs de la Toussaint et reviennent dans le mois d'avril [c] : ils se nourrissent en été de toutes sortes de graines, de baies, d'insectes, de prunelles [d], et l'hiver de grains de genièvre, des bourgeons du tremble, de l'aune, du chêne, des arbres fruitiers, du marsaule, etc., d'où leur est venu le nom d'*ébourgeonneux* [e] : on les entend pendant cette saison siffler, se répondre et égayer par leur chant, quoiqu'un peu triste, le silence encore plus triste qui règne alors dans la nature.

Ces oiseaux passent auprès de quelques personnes pour être attentifs et réfléchis, du moins ils ont l'air pesant, et à juger par la facilité qu'ils ont d'apprendre, on ne peut nier qu'ils ne soient capables d'attention jusqu'à un certain point ; mais aussi à juger par la facilité avec laquelle ils se laissent approcher et se prennent dans les différents piéges [f], on ne peut s'empêcher d'avouer que leur attention est souvent en défaut. Comme ils ont la

---

a. Jusqu'à huit, suivant M. Salerne qui s'était bien assuré, sans doute, que l'on n'avait pa réuni les œufs de deux nids dans un seul.

b. Il y en a beaucoup sur les montagnes de Bologne, de Modène, de Savoie, de Dauphiné, de Provence, etc. Voyez Olina, p. 40, et les autres.

c. On en voit beaucoup sur la fin de l'automne et au commencement de l'hiver dans les parties montagneuses de la Silésie, mais non pas tous les ans, dit Schwenckfeld. *Av. Siles.*, page 263.

d. Sorbi disseminator, dit M. Linnæus.

e. En cage ils mangent du chènevis, du biscuit, des prunes, de la salade, etc. Olina conseille de donner aux jeunes qu'on élève, de la pâtée de rossignol faite avec des noix, etc.

f. Gessner en a pris beaucoup pendant l'hiver, leur présentant pour tout appât des graines rouges de *solanum* vivace, p. 734. D'autres les attirent avec les grains de genièvre, de chènevis, etc.

peau très-fine, ceux qui se prennent aux gluaux perdent en se débattant une partie de leurs plumes et même de leurs pennes, à moins que l'on n'aille les débarrasser promptement. Il faut encore remarquer que les individus dont le plumage sera le plus beau, seront ceux qui auront le moins de disposition pour apprendre à siffler ou à chanter, parce que ce seront les plus vieux, et par conséquent les moins dociles : au reste, quoique vieux, ils s'accoutument facilement à la cage, pourvu que dans les premiers jours de leur captivité on leur donne à manger largement : ils se privent aussi très-bien, comme je l'ai dit plus haut, mais il y faut du temps, de la patience et des soins raisonnés, c'est pourquoi l'on n'y réussit pas toujours. Il est rare que l'on n'en prenne qu'un seul à la fois ; le second se fait bientôt prendre pour peu qu'il entende son camarade ; ils redoutent moins l'esclavage qu'ils ne craignent de se séparer.

On a dit, on a écrit [a] que le serin qui s'allie avec tant d'autres espèces, ne s'alliait jamais avec celle du bouvreuil ; et on en a donné pour raison que le mâle bouvreuil ouvre le bec lorsqu'il est en amour, et que cela fait peur à la serine ; mais c'est une nouvelle preuve du risque que l'on court en avançant légèrement des propositions négatives qu'un seul fait peut réfuter et détruire. M. le marquis de Piolenc m'a assuré avoir vu un bouvreuil mâle apparié avec une femelle canari, que de cette union il résulta cinq petits qui étaient éclos vers le commencement d'avril ; ils avaient le bec plus gros que les petits serins du même âge, et ils commençaient à se revêtir d'un duvet noirâtre, ce qui donnait lieu de croire qu'ils tiendraient plus du père que de la mère : malheureusement ils moururent tous dans un petit voyage qu'on tenta de leur faire faire. Et ce qui donne du poids à cette observation, c'est que Frisch indique la manière d'apparier le mâle bouvreuil avec la femelle canari : il conseille de prendre ce mâle de la plus petite taille parmi ceux de son espèce, et de le tenir longtemps dans la même volière avec la femelle canari : il ajoute qu'il se passe souvent une année entière avant que cette femelle le laisse approcher et lui permette de manger dans son auget ; ce qui suppose que cette union est difficile, mais qu'elle n'est pas impossible.

On a remarqué que les bouvreuils avaient dans la queue un mouvement brusque de haut en bas comme la lavandière, mais moins marqué. Ils vivent cinq à six ans : leur chair est mangeable, suivant quelques-uns ; elle n'est point bonne à manger selon d'autres, à cause de son amertume ; cela dépend de l'âge, de la saison et de la nourriture. Ils sont de la grosseur de notre moineau et pèsent environ une once. Ils ont le dessus de la tête, le tour du bec et la naissance de la gorge d'un beau noir lustré, qui s'étend plus ou moins soit en avant soit en arrière ; le devant du cou, la poitrine et

a. *Traité du serin de Canarie*, p. 23. Paris, 1707.

le haut du ventre d'un beau rouge ; le bas-ventre et les couvertures inférieures de la queue et des ailes blancs ; le dessus du cou, le dos et les scapulaires cendrés ; le croupion blanc ; les couvertures supérieures et les
pennes de la queue d'un beau noir tirant sur le violet, et une tache blanchâtre sur la penne la plus extérieure ; les pennes des ailes d'un cendré
noirâtre, d'autant plus foncé qu'elles sont plus voisines du corps ; la dernière de toutes, rouge en dehors ; les grandes couvertures des ailes d'un
beau noir changeant, terminées de gris clair rougeâtre ; les moyennes cendrées ; les petites d'un cendré noirâtre bordé de rougeâtre ; l'iris noisette ;
le bec noirâtre et les pieds bruns.

Les côtés de la tête, les côtés et le devant du cou, la poitrine, le haut du
ventre, en un mot, presque tout ce qui est rouge dans le mâle est d'un
cendré vineux dans la femelle, quelquefois même le bas-ventre : elle n'a
pas non plus ce beau noir changeant et lustré que le mâle a sur la tête et
ailleurs ; mais j'ai vu de ces femelles qui avaient la dernière des pennes de
l'aile bordée de rouge, et qui n'avaient point de blanc sur la plus extérieure
de celles de la queue. M. Linnæus ajoute qu'elle a le bout de la langue
divisé en petits filets ; cependant je l'ai trouvée bien entière comme celle du
mâle, ayant la forme d'un bec de cure-dent fort court.

Plusieurs jeunes bouvreuils, que j'ai observés sur la fin de juin, avaient
le front d'un roux clair ; le devant du cou et la poitrine d'un brun roussâtre ; le ventre et les couvertures inférieures de la queue d'un fauve qui
allait toujours se dégradant du côté de la queue ; le dessus du corps plus ou
moins rembruni ; la raie blanche de l'aile chargée d'une forte teinte de
roussâtre ; le croupion d'un blanc plus ou moins pur. On sent bien que
tout cela est sujet à beaucoup de petites variétés.

Longueur totale six pouces, bec cinq lignes, épais et crochu ; Kramer a
remarqué que ses deux pièces sont mobiles, comme dans les pinsons et les
bruants ; vol neuf pouces un quart, queue deux pouces un tiers, un peu
fourchue (mais pas toujours dans les femelles), composée de douze pennes ;
doigt extérieur uni par sa première phalange au doigt du milieu ; ongle
postérieur plus fort et plus crochu que les autres.

Voici les dimensions intérieures d'une femelle que j'ai disséquée. Tube
intestinal dix-huit pouces ; vestiges de cœcum ; œsophage, deux pouces et
demi, dilaté en forme de poche dans sa partie contiguë au gésier, cette
poche distinguée de l'œsophage par un rebord saillant ; le gésier musculeux
contenant beaucoup de petites pierres, et même deux ou trois petites
graines jaunes bien entières, quoique cet oiseau fût resté deux jours et demi
dans une cage sans rien manger ; grappe de l'ovaire d'un volume médiocre,
garnie de petits œufs presque tous égaux entre eux ; *oviductus* développé,
trois pouces et plus ; la trachée formait une espèce de nœud assez gros à
l'endroit de sa bifurcation.

VARIÉTÉS DU BOUVREUIL.

Roger Sibbald n'a écrit qu'une seule ligne sur le bouvreuil, et dans cette ligne il dit qu'il y en a diverses espèces en Écosse [a], sans en indiquer d'autre que l'espèce commune. Il est probable que ces espèces dont il parle ne sont autre chose que les variétés dont nous allons bientôt faire mention.

Frisch nous dit que l'on distingue des bouvreuils de trois grandeurs différentes [b]; M. le marquis de Piolenc en connaît de deux grandeurs [c]; enfin, d'autres prétendent qu'ils sont plus petits en Nivernois qu'en Picardie. M. Lottinger assuré que le bouvreuil de montagne est plus grand que celui de la plaine; et cela explique assez naturellement l'origine de ces variétés de grandeur, qui dépendent en effet, du moins à plusieurs égards, de la différence de l'habitation, mais dont les limites ne sont point assez connues, et les caractères, c'est-à-dire les mesures relatives aux circonstances locales, ne sont point assez déterminées pour que l'on puisse traiter de chacune dans un article séparé : je me contenterai donc d'indiquer ici les seules variétés de plumage.

I. — LE BOUVREUIL BLANC. [d]

Schwenckfeld parle d'un bouvreuil blanc que l'on avait pris aux environs du village de Frischbach, en Silésie, et qui avait seulement quelques plumes noires sur le dos. Ce fait a été confirmé par M. de l'Isle. « Il y a « dans ce canton de Beresow, en Sbérie, dit cet habile astronome, des « pivoines ou bouvreuils blancs, dont le dos est un peu noirâtre, et gri- « sonne vers l'été : ces oiseaux ont le chant agréable, fin, et beaucoup plus « beau que les pivoines d'Europe [e]. » Il paraît vraisemblable que le climat du Nord a beaucoup influé sur ce changement de couleur.

II. — LE BOUVREUIL NOIR. [f]

Je comprends sous cette dénomination non-seulement les bouvreuils entièrement ou presque entièrement noirs, mais encore ceux qui commen-

a. *Atlas Scoticus*, part. ii, lib. iii, cap. 4.

b. A l'endroit cité.

c. Le plus petit, ajoute M. de Piolenc est de la taille du pinson : il a le corps plus allongé ; la poitrine d'un rouge plus vif, et paraît plus sauvage que le bouvreuil ordinaire.

d *Pyrrhula candida ;* en allemand, *weisser dom-pfuffe, gimpel.* Schwenckfeld, *Av. Siles.,* p. 263. Brisson, t. III, p. 313.

e. Voyez l'*Histoire générale des voyages*, t. XVIII, p. 536.

f. *Atricilla*, rouge-queue noire, *the black bull-finch* (ce nom de rouge-queue noire est appliqué mal à propos au bouvreuil). Voyez Albin, t. III, pl. 69. — « Coccothraustes, « atricilla ; » en allemand, *dom-dechant.* Klein, *Ordo avium*, p. 96. — « Pyrrhula nigra, » bouvreuil noir. Brisson, t. III, p. 313. — « Loxia nigra, alulâ albâ, rostro incarnato. » Linnæus, *Syst. nat.*, édit. XIII, p. 302.

cent sensiblement à le devenir ; tel était celui que j'ai vu chez M. le baron
de Goula ; il avait la gorge noire ainsi que le croupion ; les couvertures inférieures de la queue et le bas-ventre, le haut de la poitrine, variés de roux
vineux et de noir, et il n'y avait point de tache blanche sur la dernière
penne de la queue : ceux dont parlent And. Schænberg Anderson [a] et
M. Salerne étaient tout noirs, d'un noir de charbon comme les corbeaux,
dit ce dernier ; celui de M. de Réaumur, dont parle M. Brisson, était exactement noir par tout le corps. J'en ai observé un qui était devenu noir et
d'un beau noir lustré à la première mue, mais qui avait conservé un peu
de rouge de chaque côté du cou, et un peu de gris derrière le cou et sur les
petites couvertures supérieures des ailes ; il avait les pieds couleur de chair
et l'intérieur du bec rouge. Celui d'Albin avait quelques plumes rouges
sous le ventre ; les cinq premières pennes de l'aile bordées de blanc ; l'iris
blanc et les pieds couleur de chair. Albin remarque que cet oiseau était
d'une grande douceur, comme sont tous les bouvreuils. Il arrive souvent
que cette couche de noir disparaît à la mue et fait place aux couleurs naturelles ; mais quelquefois aussi elle se renouvelle à chaque mue, et se soutient pendant plusieurs années ; tel était celui de M. de Réaumur. Cela ferait
croire que ce changement de couleur n'est pas l'effet d'une maladie.

III. — LE GRAND BOUVREUIL NOIR D'AFRIQUE. [b][*]

Quoique cet oiseau soit d'un pays fort éloigné et qu'il surpasse en grosseur notre bouvreuil d'Europe, je ne puis m'empêcher de le regarder
comme analogue à la variété que j'ai décrite sous le nom de bouvreuil
noir, et de soupçonner que les grandes chaleurs de l'Afrique noircissent le
plumage de ces oiseaux, comme les grands froids de la Sibérie le blanchis-
sent. Ce bouvreuil est tout noir, à l'exception d'une très-petite tache
blanche sur les grandes couvertures de l'aile : il faut encore excepter le
bec, qui est gris, et les pieds, qui sont cendrés. On l'a vu vivant à Paris,
où il avait été apporté des côtes d'Afrique.

Longueur totale, sept pouces un quart ; bec, six lignes ; vol, onze pouces
un quart ; queue, deux pouces et demi, composée de douze pennes : dépasse les ailes de dix-huit lignes.

a. Le bouvreuil d'Anderson était en cage depuis longtemps. Voyez *Collection académique,
partie étrangère*, t. XI. Académie de Stockholm, p. 58.

b. « Pyrrhula in toto corpore nigra ; maculá in alis candidá ; remigibus rectricibusque
« nigris... » *Pyrrhula Africana nigra*, le bouvreuil noir d'Afrique. Brisson, t. III, p. 317.

* *Loxia panicivora* (Gmel.).

OISEAUX ÉTRANGERS

QUI ONT RAPPORT AU BOUVREUIL.

I. — LE BOUVERET. *

Je réunis sous ce nom deux oiseaux annoncés comme étant l'un de l'île de Bourbon et l'autre du cap de Bonne-Espérance : ils se ressemblent trop en effet pour qu'on puisse ne pas les rapporter à la même espèce. D'ailleurs , on sait combien il y a de communications entre le cap de Bonne-Espérance et l'île de Bourbon.

Le noir et l'orangé vif sont les couleurs dominantes de celui de ces oiseaux que je regarde comme le mâle, figure 1 ; l'orangé règne sur la gorge, le cou et sur tout le corps sans exception ; le noir règne sur la tête, la queue et les ailes ; mais les pennes sont bordées d'orangé, et quelques-unes terminées de blanc.

La femelle a toute la tête, la gorge et le devant du cou recouverts d'une espèce de capuchon noir, le dessous du corps blanc, le dessus d'un orangé moins vif qu'il n'est dans le mâle, et dont la teinte se répand en s'affaiblissant encore sur les pennes de la queue ; les pennes des ailes sont finement bordées de gris clair presque blanc : l'un et l'autre ont le bec brun et les pieds rougeâtres.

Longueur totale, environ quatre pouces et demi ; bec, un peu moins de quatre lignes ; vol, près de sept pouces ; queue, vingt lignes, composée de douze pennes : dépasse les ailes d'environ quinze lignes.

II. — LE BOUVREUIL A BEC BLANC. **

C'est ici le seul oiseau de la Guiane que M. de Sonnini reconnaisse pour un véritable bouvreuil : son bec est de couleur de corne dans l'oiseau desséché, mais on assure qu'il est blanc dans le vivant ; la gorge, le devant du cou et tout le dessus du corps, sans excepter les ailes et la queue, sont noirs ; il y a sur les ailes une petite tache blanche qui souvent est cachée sous les grandes couvertures ; la poitrine et le ventre sont d'un marron foncé.

Cet oiseau est de la grosseur de notre bouvreuil ; il a de longueur totale quatre pouces deux tiers, et sa queue dépasse ses ailes de presque toute sa longueur.

* *Loxia aurantia* (Gmel.). — *Coccothraustes aurantia* (Vieill.).
** *Loxia torrida* (Gmel). — *Coccothraustes ruflventris* (Vieill.).

III. — LE BOUVERON. [a] [*]

J'appelle ainsi cet oiseau, parce qu'il me parait faire la nuance entre les bouvreuils d'Europe et les becs-ronds d'Amérique, dont je parlerai bientôt. Sa taille ne surpasse pas celle du cabaret : un beau noir changeant en vert règne sur les plumes de la tête, de la gorge et de toute la partie supérieure du corps, compris les pennes et les couvertures de la queue et des ailes, ou pour parler plus juste, sur ce qui paraît de ces plumes, car le côté intérieur est caché ou n'est pas noir, ou du moins n'est pas de ce beau noir changeant ; il faut encore excepter une très-petite tache blanche sur chaque aile, et trois taches de même couleur, mais plus grandes, l'une sur le sommet de la tête, et les deux autres au-dessous des yeux. Toute la partie inférieure du corps est blanche ; les plumes du ventre et les couvertures inférieures de la queue sont frisées dans quelques individus, car on ne peut s'empêcher de regarder le bouvreuil à plumes frisées du Brésil comme appartenant à l'espèce du bouveron, puisque ces deux oiseaux ne diffèrent entre eux que par la frisure des plumes, différence trop superficielle et trop légère pour former un caractère spécifique, et d'autant moins que cette frisure n'est nullement permanente, et qu'elle tombe en certaines circonstances. Il est probable que les individus frisés sont les mâles, puisque en général, parmi les animaux, la nature semble avoir choisi les mâles pour leur accorder exclusivement le don de la beauté et tout le luxe des ornements qui peuvent la faire valoir. Mais, dira-t-on, comment supposer que le mâle se trouve au Brésil et la femelle en Afrique? Je réponds, premièrement, que rien n'est moins connu que le pays natal des oiseaux qui viennent de loin et passent par plusieurs mains ; je réponds, en second lieu, que si l'on a pu transporter à Paris ceux dont nous parlons, et les transporter vivants, on a pu les transporter de même de l'Amérique méridionale en Afrique [b]. Quiconque aura jeté un regard de comparaison sur ces oiseaux, admettra sans hésiter l'une de ces deux suppositions plutôt que de les rapporter à deux espèces différentes.

Longueur totale, quatre pouces un tiers ; bec, quatre lignes ; vol, sept

a. « Pyrrhula supernè nigro-viridans, infernè alba ; capite tribus maculis albis insignito ; « remigibus nigris, a quartá ad septimam, primá medietate albis ; minoribus in exortu inte- « riùs albis ; rectricibus supernè nigro-viridentibus, infernè nigris... » *Pyrrhula Africana nigra minor,* petit bouvreuil noir d'Afrique. Brisson, t. III, p. 319.

b. J'ai vu dans le beau Cabinet de M. Mauduit, sous le nom de *bouvreuil de Cayenne,* un oiseau fort ressemblant au bouveron, excepté qu'il était un peu plus gros, et qu'il avait un peu plus de blanc ; peut-être était-ce un vieux. M. de Sonnini m'a assuré avoir vu à la Guiane un bec-rond, lequel, à la frisure près, ressemblait exactement au bouvreuil à plumes frisées du Brésil. Il résulte de tout cela une assez forte probabilité que l'Amérique méridionale est la vraie patrie du bouveron.

* *Loxia lineola* (Linn.).

pouces et demi; queue, vingt et une lignes, composée de douze pennes :
dépasse les ailes d'environ un pouce.

IV. — LE BEC-ROND A VENTRE ROUX. [a][*]

L'Amérique a ses bouvreuils, et j'en ai fait connaître une espèce d'après
M. de Sonnini : elle a aussi ses becs-ronds, qui ont à la vérité du rapport
avec les bouvreuils, mais qui en diffèrent assez pour qu'on doive les désigner par une autre dénomination. Leur bec est beaucoup moins crochu
et plus arrondi, d'où le nom de bec-rond leur a été donné.

Celui dont il s'agit dans cet article demeure apparié toute l'année avec
sa femelle; ils sont très-vifs et peu farouches, ils vivent autour des lieux
habités, dans les terrains qui étaient auparavant en culture, et qui ont été
abandonnés depuis peu. Ils se nourrissent de fruits et de graines, et font
entendre, en sautillant, un cri assez semblable à celui du moineau, mais
plus aigu. Ils font avec une certaine herbe rougeâtre un petit nid rond de
deux pouces de diamètre intérieur, et le posent sur les mêmes arbustes où
ils trouvent leur nourriture; la femelle y pond trois ou quatre œufs.

Cet oiseau a le dessus de la tête, du cou et du dos d'un gris brun; les
couvertures des ailes, leurs pennes et celles de la queue de la même couleur à peu près, bordées de blanc ou de marron clair : la gorge, le devant
du cou, le dessous du corps, les couvertures inférieures de la queue et le
croupion, d'un marron foncé; le bec et les pieds bruns.

Dans quelques individus, la gorge est du même gris brun que le dessus
de la tête.

V. — LE BEC-ROND OU BOUVREUIL BLEU D'AMÉRIQUE. [b][**]

M. Brisson fait mention de deux bouvreuils bleus d'Amérique, dont il
fait deux espèces séparées; mais comme ils sont tous deux d'Amérique,

a. Je dois avertir que ce bec-rond a du rapport avec le brunor ci-dessus (p. 237), qui est le
petit pinson rouge de M. Brisson; mais en y regardant de près, on trouve que ni les teintes,
ni la distribution des couleurs, ni les proportions des ailes, ni la forme et la couleur du bec, ne
sont absolument les mêmes.

b. « Pyrrhula saturatè cærulea; basi rostri nigro circumdata; tæniâ in alis transversâ rubrâ;
« remigibus rectricibusque fuscis, aliquâ viriditate mixtis (Mas). » — « Pyrrhula saturatè
« fusca, cæruleo mixta (Fœmina)... » *Pyrrhula Carolinensis cærulea,* bouvreuil bleu de la
« Caroline. Brisson, t. III, p. 323. — *Blew gross-beak.* Catesby, t. I, pl. 39. — *Coccothraustes
cærulea;* en allemand, *blauer-dick-schnœbler.* Klein, *Ordo avium,* p. 95, nº 7. — « Loxia
« cærulea, alis fuscis, fasciâ basis purpureâ. » Linnæus, *Syst. nat.,* édit. XIII, p. 306. —
« Pyrrhula saturatè cærulea; maculâ nigrâ rostrum inter et oculos utrimque positâ; tectricibus
« alarum superioribus minoribus splendidè cæruleis; remigibus rectricibusque nigris, oris
« exterioribus saturatè cæruleis... » *Pyrrhula Brasiliensis cinerea,* le bouvreuil bleu du Brésil.
Brisson, t, III, p. 321.

   [*] *Loxia minuta* (Gmel.).
  [**] *Loxia cærulea* (Gmel.). — *Coccothraustes cærulea* (Vieill.).

tous deux de même grosseur, tous deux proportionnés à peu près de même, tous deux du même bleu, et qu'ils ne diffèrent que par la couleur des ailes, de la queue et du bec, j'ai cru devoir les rapporter à une seule et même espèce, et regarder leurs différences comme produites par l'influence du climat.

Dans l'un et l'autre, le bleu foncé est la couleur dominante; celui de l'Amérique méridionale a une petite tache noire entre le bec et l'œil; les pennes de la queue, celles des ailes et les grandes couvertures de celles-ci noires bordées de bleu; le bec noirâtre et les pieds gris.

Celui de l'Amérique septentrionale a la base du bec entourée d'une zone noire qui va rejoindre les yeux; les pennes de la queue, celles de l'aile et leurs grandes couvertures d'un brun teinté de vert; leurs moyennes couvertures rouges, formant une bande transversale de cette couleur; le bec brun et les pieds noirs. Le plumage de la femelle est uniforme, et partout d'un brun foncé mêlé d'un peu de bleu.

A l'égard des mœurs et des habitudes de ces oiseaux, on ne peut les comparer, parce qu'on ne sait rien de celles du premier. Voici ce que Catesby nous apprend de celui de la Caroline : c'est un oiseau fort solitaire et fort rare; il reste toujours apparié avec sa femelle, et ne se met point en troupes; on ne le voit jamais l'hiver à la Caroline; son chant est très-monotone, et ne roule que sur une seule note. Je vois dans tout cela beaucoup de traits de conformité avec notre bouvreuil.

VI. — LE BOUVREUIL OU BEC-ROND NOIR ET BLANC. [a][*]

Il faudrait avoir vu cet oiseau, ou du moins sa dépouille, pour savoir s'il est bouvreuil ou bec-rond : il a un peu de blanc sur le bord antérieur et sur la base des deux premières pennes de l'aile; tout le reste du plumage est absolument noir, même le bec et les pieds; le bec supérieur a une échancrure considérable de chaque côté.

Cet oiseau est du Mexique; sa grosseur est à peu près celle du serin : longueur totale, cinq pouces un quart; bec, cinq lignes; queue, deux pouces, dépasse les ailes d'un pouce.

a. *Mariposa nigra Hispanorum;* en anglais, *little black-bull-finch;* (le traducteur le nomme mal à propos, *petit rouge-queue noir*). Catesby, Caroline, pl. 68. — *Coccothraustes nigra; rubicilla minor nigra ;* en allemand, *schorstein-feger.* Klein, *Ordo Av.,* p. 95. — « Pyrrhula « in toto corpore nigra; marginibus alarum candidis, remigibus nigris; pinnulis exterioribus « duarum priorum remigum, ab exortu remigis ad medietatem usque albis; rectricibus penitùs « nigris... » *Pyrrhula Mexicana,* bouvreuil noir du Mexique. Brisson, t. III, p. 316.

* *Loxia nigra* (Gmel.). — *Pyrrhula nigra* (Vieill.).

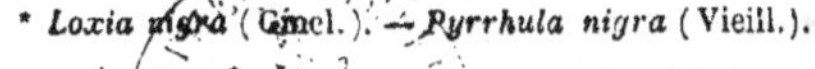

VII. — LE BOUVREUIL OU BEC-ROND VIOLET DE LA CAROLINE. [a] [*]

Tout est violet dans cet oiseau, et d'un violet obscur, excepté le ventre qui est blanc, les couvertures supérieures des ailes où le violet est un peu mêlé de brun, et les pennes de la queue et des ailes qui sont mi-parties de violet et de brun, les premières suivant leur largeur, et les dernières suivant leur longueur.

La femelle est brune par tout le corps, et elle a la poitrine tachetée comme notre mauvis.

Ces oiseaux paraissent au mois de novembre, et se retirent avant l'hiver par petites volées. Ils vivent de genièvre et détruisent, comme nos bouvreuils, les bourgeons des arbres fruitiers. Leur grosseur est à peu près celle du pinson.

Longueur totale, cinq pouces deux tiers ; bec, cinq lignes ; queue, deux pouces, un peu fourchue, composée de douze pennes, dépasse les ailes de sept à huit lignes.

VIII. — LE BOUVREUIL OU BEC-ROND VIOLET [**]
A GORGE ET SOURCILS ROUGES. [b]

Cet oiseau est encore plus violet que le précédent, car les pennes de la queue et des ailes sont aussi de cette couleur ; mais ce qui relève son plumage et donne du caracèrre et du jeu à sa physionomie, c'est sa gorge rouge ; ce sont de beaux sourcils rouges que la nature s'est plu à dessiner sur cé fond violet. La couleur rouge reparaît encore sur les couvertures inférieures de la queue : le bec et les pieds sont gris.

La femelle a les mêmes marques rouges que le mâle ; mais le fond de son plumage est brun, et non pas violet.

Ces oiseaux se trouvent dans les îles de Bahama ; ils sont à peu près de la grosseur de notre moineau-franc.

Longueur totale, cinq pouces deux tiers ; bec, cinq à six lignes ; queue, deux pouces et demi, dépasse les ailes de treize à quatorze lignes.

a. *The purple-finch ;* pinson violet. Catesby, *Caroline*, t. I, pl. 41. — « Pyrrhula obscurè vio- « lacea ; ventre candido ; remigibus interiùs fuscis ; rectricibus primâ medietate obscurè viola- « ceis, alterâ fuscis (Mas). » — « Pyrrhula fusca, pectore albis maculis vario (Fœmina)... » *Pyrrhula Carolinensis violacea :* bouvreuil violet de la Caroline. Brisson, t. III, p. 324.

b. *The purple gross-beak,* gros-bec violet. Catesby, *Caroline*, t. I, p. 40. — *Coccothraustes purpurea ;* en allemand, *purpur-klepper.* Klein, *Ordo Av.*, p. 95, n° 9. — « Pyrrhula saturatè « violacea (Mas), fusca (Fœmina) ; tæniâ supra occulos, gutture et tectricibus caudæ inferio- « ribus rubris... » *Pyrrhula Bahamensis violacea,* bouvreuil violet de Bahama. Brisson, t. III, p. 326. — « Loxia violacea ; superciliis, gulâ cristâque rubris. » Linnæus, *Syst. nat.*, édit. XIII, p. 306, sp. 43.

[*] *Fringilla purpurea* (Linn.).

[**] *Loxia violacea* (Gmel.). — *Pyrrhula superciliosa* (Vieill.).

IX. — LA HUPPE NOIRE. [a] [*]

Le plumage de cet oiseau est peint des plus riches couleurs ; la tête noire, surmontée d'une huppe de même couleur ; le bec blanc, tout le dessus du corps d'une rouge brillant, le dessous d'un beau bleu, une marque noire devant le cou : voilà de quoi justifier ce que dit Seba de cet oiseau, qu'il ne le cède en beauté à aucun oiseau chanteur. On peut conclure de là, ce me semble, qu'il a quelque ramage : il se trouve en Amérique.

M. Brisson le juge beaucoup plus gros que notre bouvreuil. Voici comment il détermine ses dimensions principales, autant qu'on peut le faire d'après une figure dont l'exactitude n'est pas trop bien garantie.

Longueur totale six pouces, bec six lignes, queue dix-huit lignes et plus, dépasse les ailes d'environ six lignes.

L'HAMBOUVREUX. [b] [**]

Quoique cè prétendu bouvreuil habite notre Europe, je ne le place cependant qu'après ceux d'Afrique et d'Amérique, parce que ce n'est point l'ordre géographique que je suis, et que son habitude de grimper, soit en montant, soit en descendant le long des branches des arbres, comme les mésanges, celle de vivre de cerfs-volants et d'autres insectes, et sa queue étagée, semblent l'éloigner plus de nos bouvreuils qu'une distance de deux mille lieues entre le pays natal des uns et des autres.

Cet oiseau a le dessus de la tête et du cou d'un brun rougeâtre, teinté de pourpre ; la gorge brune ; un large collier de même couleur sur un fond blanc ; la poitrine d'un brun jaunâtre, semé de taches noires un peu longuettes ; le ventre et les couvertures inférieures de la queue blancs ; le dos,

a. « Avis Americana rubicilla seu phœnicuri species. » Seba, t. I, p. 160, pl. cii, fig. 3. — *Coccolhraustes, phœnicori species ;* en allemand, *americanischer thum-herr.* Klein, *Ordo Av,* p. 95, nᵒ 10. — « Pyrrhula cristata, supernè coccinea, infernè cyanea ; maculà in collo infe- « riore, et cristâ nigris ; remigibus rectricibusque cocciueis... » *Pyrrhula Americana cristata,* le bouvreuil huppé d'Amérique. Brisson, t. III, p. 327. — Ce serait ici la place de la grande pivoine d'Edwards (pl. 123 et 124), qui a été rangée provisionnellement avec les gros-becs (voyez ci-dessus, page 145) ; mais il faut attendre que les habitudes de cet oiseau soient mieux connues, et que les invitations faites aux Canadiens, aient produit leur effet à cet égard, afin de le classer plus sûrement.

b. « Pyrrhula supernè fusco-flavicans, maculis longitudinalibus nigris varia, infernè alba ; « pectore, dorso concolore ; tæniâ transversà in collo inferiore fuscà ; duplici tæniâ in alis « transversà candidà ; rectricibus supernè obscurè fuscis, infernè candidis... » *Pyrrhula Ham-burgensis,* bouvreuil de Hambourg. Brisson, t. III, p. 314.

* *Loxia coronata* (Gmel.).

** « L'*hambouvreux* n'est que le *friquet* (*fringilla montana*) défiguré par Albin. « (Cuvier.)

les scapulaires, et tout le dessus du corps comme la poitrine ; deux taches
blanches sur chaque aile ; les pennes des ailes d'un brun clair et jaunâtre ;
celles de la queue d'un brun sombre dessus, mais blanches dessous ; l'iris
jaune et le bec noir.

L'hambouvreux est un peu plus grand que notre moineau-franc : il se
trouve aux environs de la ville de Hambourg.

Longueur totale cinq pouces trois quarts, bec six lignes, queue vingt-une
lignes, un peu étagée, elle dépasse les ailes de presque toute sa longueur.

LE COLIOU. *

Il nous paraît que le genre de cet oiseau doit être placé entre celui des
veuves et celui des bouvreuils ; il tient au premier par les deux longues
plumes qu'il porte comme les veuves au milieu de la queue ; et il s'approche
du second par la forme du bec, qui serait précisément la même que celle
du bouvreuil s'il était convexe en dessous comme en dessus ; mais il est
aplati dans la partie inférieure, et du reste tout semblable à celui du bouvreuil, étant également un peu crochu et proportionnellement de la même
longueur. D'autre côté, nous devons observer que la queue du coliou diffère
de celle des veuves en ce qu'elle est composée de plumes étagées, dont les
deux dernières ou celles qui recouvrent et excèdent les autres ne les surpassent que de trois ou quatre pouces ; au lieu que les veuves ont une queue
proprement dite, et des appendices à cette queue. J'entends par la queue
proprement dite un amas de plumes attachées au croupion et d'égale longueur ; mais outre cette queue qu'ont toutes les veuves, les unes, comme la
veuve commune et la veuve dominicaine, ont deux plumes, les autres en
ont quatre, comme la veuve à quatre brins, et les autres, enfin, ont six ou
huit plumes, comme les veuves du cap de Bonne-Espérance ; toutes ces
plumes excèdent celles de la queue proprement dite ; et cet excédant, dans
certaines espèces, n'est que de la longueur de la queue proprement dite, et
dans les autres cet excédant est du double et du triple de cette longueur.
Les colious n'ont point cette queue proprement dite, car leur queue n'est
composée que de plumes étagées. On doit encore observer que dans les
veuves, les plumes qui excèdent les autres plumes ont des barbes assez
longues et égales des deux côtés, que ces barbes vont insensiblement en
diminuant de longueur de la base à la pointe de la plume, excepté dans la
veuve dominicaine et la veuve à quatre brins : dans la première, les plumes
excédantes n'ont que des barbes fort courtes, qui vont en diminuant sensiblement de la base à la pointe de la plume ; dans la veuve à quatre brins,

* Ordre et famille *id.*, genre *Colious* (Cuv.).

au contraire, les quatre plumes excédantes n'ont dans leur longueur que
des barbes très-courtes qui s'allongent et forment un épanouissement au
bout des plumes, et dans les colious les plumes de la queue, soit celles qui
excèdent, soit celles qui sont excédées, ont également des barbes qui vont
en diminuant de la base à la pointe des plumes : ainsi le rapport réel entre
la queue des veuves et celle des colious n'est que dans la longueur, et celle
de toutes les veuves dont la queue ressemble le plus à la queue des colious
est la veuve dominicaine.

M. Mauduit a fait à cette occasion deux remarques intéressantes : la première est que les longues queues et les autres appendices ou ornements que
portent certains oiseaux ne sont pas des parties surabondantes et particulières à ces oiseaux dont les autres soient dépourvus; ce ne sont, au contraire, que les mêmes parties communes à tous les autres oiseaux, mais
seulement beaucoup plus étendues; de sorte qu'en général les longues
queues ne consistent que dans le prolongement de toutes les plumes ou seulement de quelques plumes de la queue. De même les huppes ne sont que
l'allongement des plumes de la tête. Il en est encore de même des plumes
longues et étroites qui forment des moustaches à l'oiseau de Paradis; elles
ne paraissent être qu'une extension des plumes fines, étroites et oblongues,
qui, dans tous les oiseaux, servent à couvrir le *méat auditif externe*. Les
plumes longues et flottantes qui partent de dessous les ailes de l'oiseau de
Paradis commun, et celles qui représentent comme des doubles ailes dans
le roi des oiseaux de Paradis, sont les mêmes plumes qui partent des aisselles dans tous les autres oiseaux; lorsque ces plumes sont couchées, elles
sont dirigées vers la queue, et lorsqu'elles sont relevées elles sont transversales à l'axe du corps de l'oiseau. Ces plumes diffèrent dans tous les oiseaux
des autres plumes en ce qu'elles ont les barbes égales des deux côtés du
tuyau; elles représentent, quand elles sont relevées, de véritables rames,
et l'on peut croire qu'elles servent non-seulement à soutenir les oiseaux,
mais à prendre la direction du vent lorsqu'ils volent. Ainsi tous les ornements du plumage des oiseaux ne sont que des prolongements ou des
excroissances des mêmes plumes plus petites dans le commun des oiseaux.

La seconde remarque de M. Mauduit est que ces ornements des plumes
prolongées sont assez rares dans les climats froids et tempérés de l'un et
l'autre continent, tandis qu'ils sont assez communs dans les oiseaux des
climats les plus chauds, surtout dans l'ancien continent. Il n'y a guère
d'oiseaux à longue queue en Europe que les faisans; les coqs, qui sont en
même temps souvent huppés, et qui ont de longues plumes flottantes sur
les côtés, les pies et la mésange à longue queue; et de même nous ne connaissons guère en Europe d'autres oiseaux huppés que le grand, le moyen
et le petit duc, la huppe, le cochevis et la mésange huppée; quelques oiseaux
d'eau, tels que les canards et les hérons, ont souvent de longues queues ou

des ornements composés de plumes, des aigrettes et des plumes flottantes
sur le croupion : ce sont là tous les oiseaux des zones froides et tempérées
auxquels on voie des ornements de plumes ; dans la zone torride au contraire, et surtout dans l'ancien continent, le plus grand nombre des oiseaux
ont de ces ornements; on peut citer, avec les colious, tous les oiseaux de
Paradis, toutes les veuves, les kacatoës, les pigeons couronnés, les huppes,
les paons, qui sont originaires des climats chauds de l'Asie, etc.

Les colious appartiennent à l'ancien continent, et se trouvent dans les
contrées les plus chaudes de l'Asie et de l'Afrique, mais jamais on n'en a
trouvé en Amérique, non plus qu'en Europe.

Nous en connaissons assez imparfaitement quatre[1] espèces ou variétés
dont nous ne pouvons donner ici que les descriptions, car nous ne savons
rien de leurs habitudes naturelles.

1° Le *coliou du cap de Bonne-Espérance*[a][2], que nous avons décrit d'après
un individu qui est au Cabinet du Roi, et qui est représenté dans la planche
enluminée n° 282, fig. 1. Nous ne savons si c'est le mâle ou si c'est la
femelle; il a tout le corps d'une couleur cendrée pure sur le dos et le croupion, et mêlée sur la tête, la gorge et le cou, d'une légère teinte de lilas,
plus foncé sur la poitrine; le ventre est d'un blanc sale; les pennes de la
queue sont cendrées, mais les deux latérales de chaque côté sont bordées
extérieurement de blanc, les deux pennes intermédiaires sont longues de
six pouces neuf lignes; celles des côtés vont toutes en diminuant de longueur par degré, et la plus extérieure de chaque côté n'a plus que dix
lignes de long; les pieds sont gris et les ongles noirâtres; le bec est gris à
sa base et noirâtre à son extrémité : ce coliou a dix pouces trois lignes, y
compris les longues plumes de la queue : ainsi le corps de l'oiseau n'a
réellement que trois pouces et demi de grandeur; il se trouve au cap de
Bonne-Espérance.

2° Le *coliou huppé du Sénégal*[b][3], que nous avons fait représenter planche
enluminée, n° 282, fig. 2, ressemble beaucoup au précédent, et l'on pourrait le regarder comme une variété de cette espèce, quoiqu'il en diffère
par la grandeur, car il a deux pouces de longueur de plus que le coliou du
Cap; il a de plus une espèce de huppe formée par des plumes plus longues
sur le sommet de la tête, et cette huppe est du même ton de couleur que

a. « Colius supernè cinereus, infernè sordidè albus; pectore dilutè vinaceo; rectricibus caudæ
« superioribus castaneo-purpureis; remigibus interiùs fuscis; rectricibus cinereis, duabus
« utrimque extimis albis... » *Colius capitis Bonæ-Spei.* Brisson, *Ornithol.*, t. III, p. 304.

b. « Colius cristatus, griseus, dorso saturatiore; occipitio beryllino; remigibus exteriùs
« griseo-fuscis, interiùs rufis, oris exterioribus griseis; rectricibus griseis, ad cæruleum ver-
« gentibus, scapis fuscis... » *Colius Senegalensis cristatus. Ibid.*, p. 306.

1. Ces quatre espèces doivent être réduites à trois.
2. *Colius capensis* (Gmel.).
3. *Colius senegalensis* (Gmel.).

le reste du corps ; on voit une bande bien marquée d'un beau bleu céleste derrière la tête, à la naissance du cou : ce bleu est beaucoup plus vif et plus marqué qu'il n'est représenté dans la planche. La queue de ce coliou se rétrécit de la base à la pointe ; le bec n'est pas entièrement noir ; la mandibule supérieure est blanche depuis la base jusqu'aux deux tiers de sa longueur ; le bout de cette mandibule est noir : ces différences, quoique assez grandes, ne le sont cependant pas assez pour prononcer si ce coliou huppé du Sénégal est une espèce différente ou une simple variété de celui du cap de Bonne-Espérance.

3° Une troisième espèce ou variété encore un peu plus grande que la précédente est le *coliou rayé* [1], que nous avons vu dans le Cabinet de M. Mauduit. Il a treize pouces de longueur, y compris les longues plumes de la queue, lesquelles ont elles seules huit pouces et demi, et dépassent les ailes de sept pouces et demi ; le bec a neuf lignes : il est noir en dessus et blanchâtre en dessous.

On l'appelle coliou rayé parce que tout le dessous de son corps est rayé, d'abord, sous la gorge, de bandes brunes sur un fond gris roussâtre, et, sous le ventre, de bandes également brunes sur un fond roux ; le dessus du corps n'est point rayé : il est d'un gris terne légèrement varié de couleur de lilas, qui devient plus rougeâtre sur le croupion et la queue, laquelle est verte, et tout à fait semblable à celle des autres colious.

M. Mauduit, auquel nous devons la connaissance de cet oiseau, croit qu'il est natif des contrées voisines du cap de Bonne-Espérance, parce qu'il lui a été apporté du Cap avec plusieurs autres oiseaux que nous connaissons et que nous savons appartenir à cette partie de l'Afrique.

4° Le *coliou de l'île Panay* [2]. Nous tirons du Voyage de M. Sonnerat la notice que nous allons donner de cet oiseau :

« Il est, dit ce voyageur, de la taille du gros-bec d'Europe ; la tête, le « cou, le dos, les ailes et la queue sont d'un gris cendré, avec une teinte « jaune ; la poitrine est de la même couleur, traversée de raies noires ; le « bas du ventre et le dessus de la queue sont roussâtres ; les ailes s'éten- « dent un peu au delà de l'origine de la queue, qui est extrêmement longue, « composée de douze plumes d'inégale longueur : les deux premières sont « très-courtes ; les deux suivantes de chaque côté sont plus longues, et ainsi « de paires en paires jusqu'aux deux dernières plumes qui excèdent toutes « les autres ; la quatrième et la cinquième paires diffèrent peu de longueur « entre elles ; le bec est noir, les pieds sont de couleur de chair pâle ; les « plumes qui couvrent la tête sont étroites et assez longues, et elles forment « une huppe que l'oiseau baisse ou élève à volonté [a]. »

a. *Voyage à la Nouvelle-Guinée*, p. 116 et 117, pl. 74.

1. *Colius striatus* (Gmel.). — Le même que le suivant.

2. *Colius panayensis* (Gmel.). — Le même que le précédent.

LES MANAKINS. *

Ces oiseaux sont petits et fort jolis : les plus grands ne sont pas si gros qu'un moineau, et les autres sont aussi petits que le roitelet. Leurs caractères communs et généraux sont d'avoir le bec court, droit, comprimé par les côtés vers le bout; la mandibule supérieure convexe en dessus et légèrement échancrée sur les bords, un peu plus longue que la mandibule inférieure, qui est plane et droite sur sa longueur. Tous ces oiseaux ont aussi la queue courte et coupée carrément, et la même disposition dans les doigts que les coqs-de-roche, les todiers et les calaos, c'est-à-dire le doigt du milieu réuni étroitement au doigt extérieur par une membrane jusqu'à la troisième articulation, et le doigt intérieur jusqu'à la première articulation seulement; et autant ils ressemblent au coq-de-roche par cette disposition des doigts, autant ils diffèrent des cotingas par cette même disposition. Néanmoins quelques auteurs ont mêlé les manakins avec les cotingas[a], d'autres les ont réunis aux moineaux[b], aux mésanges[c], aux linottes[d], aux tangaras[e], au roitelet[f]; enfin les nomenclateurs ont encore eu plus de tort de les appeler *pipra*[g], ou de les réunir dans la même section avec le coq-de-roche[h], auquel ils ne ressemblent réellement que par cette disposition des doigts et par la queue coupée carrément; car ils en diffèrent constamment non-seulement par la grandeur, puisqu'un coq-de-roche est aussi gros par rapport à un manakin, qu'une de nos poules l'est en comparaison d'un moineau, mais encore par plusieurs caractères évidents; les manakins ne ressemblent en aucune façon au coq-de-roche par la conformation du corps; ils ont le bec à proportion beaucoup plus court; ils n'ont communément point de huppe, et dans les espèces qui sont huppées ce n'est point une huppe double comme dans le coq-de-roche, mais une huppe de plumes simples un peu plus longues que les autres plumes de la tête. On doit donc séparer les manakins, non-seulement des cotingas, mais encore des coqs-de-roche, et en faire un genre particulier dont les espèces ne laissent pas d'être assez nombreuses.

Les habitudes naturelles qui leur sont communes à tous n'étaient pas connues et ne sont pas encore aujourd'hui autant observées qu'il serait

a. Edwards.
b. Klein.
c. Linnæus, *Syst. nat.*, édit. **X.**
d. Klein.
e. Marcgrave, Willughby, Jonston, Salerne, etc.
f. *Ornithol. italienne*, t. III, in-folio. Florence, 1771.
g. Linnæus, *Syst. nat.*, édit. **XII.**
h. Brisson, *Ornithol.*, t. IV.

* Ordre *id.*, famille des *Dentirostres*, genre *Manakins* (Cuv.).

nécessaire pour en donner un détail exact. Nous ne rapporterons ici que ce
que nous en a dit M. de Manoncour, qui a vu un grand nombre de ces
oiseaux dans leur état de nature. Ils habitent les grands bois des climats
chauds de l'Amérique, et n'en sortent jamais pour aller dans les lieux
découverts ni dans les campagnes voisines des habitations. Leur vol, quoique assez rapide, est toujours court et peu élevé; ils ne se perchent pas
au faîte des arbres, mais sur les branches à une moyenne hauteur; ils se
nourrissent de petits fruits sauvages, et ils ne laissent pas de manger aussi
des insectes. On les trouve ordinairement en petites troupes de huit ou dix
de la même espèce, et quelquefois ces petites troupes se confondent avec
d'autres troupes d'espèces différentes de leur même genre, et même avec
des compagnies d'autres petits oiseaux de genre différent, tels que les *pit-
pits*, etc. C'est ordinairement le matin qu'on les trouve ainsi réunis en
nombre, ce qui semble les rendre joyeux, car ils font alors entendre un
petit gazouillement fin et agréable; la fraîcheur du matin leur donne cette
expression de plaisir, car ils sont en silence pendant le jour, et cherchent
à éviter la grande chaleur en se séparant de la compagnie, et se retirant
seuls dans les endroits les plus ombragés et les plus fourrés des forêts.
Quoique cette habitude soit commune à plusieurs espèces d'oiseaux, même
dans nos forêts de France, où ils se réunissent pour gazouiller le matin et
le soir, les manakins ne se rassemblent jamais le soir et ne demeurent
ensemble que depuis le lever du soleil jusqu'à neuf ou dix heures du matin,
après quoi ils se séparent pour tout le reste de la journée et pour la nuit
suivante. En général ils préfèrent les terrains humides et frais aux endroits
plus secs et plus chauds : cependant ils ne fréquentent ni les marais ni le
bord des eaux.

Le nom manakin a été donné à ces oiseaux par les Hollandais de Surinam. Nous en connaissons six espèces bien distinctes, mais nous ne pour-
rons désigner que la première par le nom qu'elle porte dans son pays natal.
Nous indiquerons les autres par des dénominations relatives à leurs caractères les plus apparents.

LE TIJÉ OU GRAND MANAKIN. [a]*

PREMIÈRE ESPÈCE.

Cette espèce a été bien indiquée par Marcgrave, car elle est en effet la
plus grande de toutes; la longueur de l'oiseau est de quatre pouces et

a. *Tije-guacu Brasiliensibus.* Marcg. *Hist. nat. Brasil.*, p. 212. — *Tije-guacu Brasiliensibus Marcgravii.* Willughby, *Ornithol.*, p. 159. — *Tangara.* Jonston, *Avi.*, p. 145. — *Bluë*

* *Pipra pareola* (Linn.). — Genre *Manakins*, sous-genre *Vrais manakins* (Cuv.).

demi, et il est à peu près de la grosseur d'un moineau ; le dessus de la tête est couvert de plumes d'un beau rouge, qui sont plus longues que les autres et que l'oiseau relève à volonté, ce qui lui donne alors l'air d'avoir une huppe ; le dos et les petites couvertures supérieures des ailes sont d'un beau bleu ; le reste du plumage est noir velouté ; l'iris des yeux est d'une belle couleur de saphir ; le bec est noir et les pieds sont rouges[a].

M. l'abbé Aubry, curé de Saint-Louis, a dans son Cabinet, sous le nom de *tijé-guacu de Cuba*, un oiseau qui est une variété peut-être de sexe ou d'âge de celui-ci, car il n'en diffère que par la couleur des grandes plumes du dessus de la tête, qui sont d'un rouge faible et même un peu jaunâtre. Cette dénomination semblerait indiquer que l'espèce de *tijé* ou *grand manakin* se trouve dans l'île de Cuba, et peut-être dans d'autres climats de l'Amérique, aussi bien que dans celui du Brésil ; néanmoins, il est fort rare à Cayenne, et comme ce n'est point un oiseau de long vol, il n'est guère probable qu'il ait traversé la mer pour arriver à l'île de Cuba.

Le manakin vert à huppe rouge, représenté dans nos planches enluminées, n° 303, fig. 2, est le tijé jeune ; on a vu plusieurs manakins verts déjà mêlés de plumes bleues, et il faut observer qu'ils ne sont jamais dans l'état de nature d'un vert décidé comme il l'est dans la planche enluminée ; leur vert est plus sombre, il faut que les tijés jeunes et adultes soient assez communs dans les climats chauds de l'Amérique, puisqu'on les envoie souvent avec les autres oiseaux de ces mêmes climats.

LE CASSE-NOISETTE. [b]*

SECONDE ESPÈCE.

Nous donnons le nom de *casse-noisette* à cet oiseau, parce que son cri représente exactement le bruit du petit outil avec lequel nous cassons des noisettes. Il n'a nul autre chant ni ramage ; on le trouve assez communé-

baked manakin. Manakin à dos bleu. Edwards, *Glan.*, p. 109 et pl. 261. — « Cardinalis ex « nigro cæruleus ecaudatus minor e Para Brasiliæ regione. » *Ornithol. Ital.*, t. III, in-fol. ; p. 69 ; et pl. 335, fig. 1. — « Manacus cristatus, splendidè niger ; cristâ clypeiformi , coccineâ , « dorso supremo et tectricibus alarum superioribus minimis dilutè cæruleis ; rectricibus splen- « didè nigris... » *Manacus cristatus niger*. Brisson , *Ornithol.*, t. IV, p. 459 ; et pl. 35, fig. 1.

a. Marcgrave , *Hist. nat. Brasil.*, p. 212.

b. *Avis anonima secunda*. Marcgrave , *Hist. nat. Brasil.*, p. 219. — *Avis anonima secunda Margravii*. Jonston , *Avi.*, p. 150. — *Black-capped manakin*. Manakin chaperonné de noir. Edwards , *Glan.*, p. 107, et pl. 260. — « Manacus supernè nigricans, infernè albus ; capite « superiore nigro ; collo superiore torque albo cincto ; tectricibus alarum superioribus minoribus « candidis ; rectricibus supernè nigricantibus , subtus saturatè cinereis... » *Manacus*. Brisson , *Ornithol.*, t. IV, p. 442.

* *Pipra manacus* (Linn.). — Genre et sons-genre *id*.

ment à la Guiane, surtout dans les lisières des grands bois, car il ne fréquente pas plus que les autres manakins les savanes et les lieux découverts : les casse-noisettes vivent en petites troupes comme les autres manakins, mais sans se mêler avec eux, ils se tiennent plus ordinairement à terre, se posent rarement sur les branches et toujours sur les plus basses. Il semble aussi qu'ils mangent plus d'insectes que de fruits ; on les trouve souvent à la suite des colonnes de fourmis, qui les piquent aux pieds et les font sauter et faire leur cri de casse-noisette, qu'ils répètent très-souvent. Ils sont fort vifs et très-agiles ; on ne les voit presque jamais en repos, quoiqu'ils ne fassent que sautiller sans pouvoir voler au loin.

Le plumage de cet oiseau est noir sur la tête, le dos, les ailes et la queue, et blanc sur tout le reste du corps ; le bec est noir et les pieds sont jaunes. La planche enluminée, n° 302, fig. 1, présente une variété de cette espèce sous le nom de *manakin du Brésil;* mais c'est certainement un casse-noisette, car il a le même cri, et nous présumons que ce n'est qu'une différence de sexe ou d'âge. Il ne diffère en effet du premier que par la couleur des petites couvertures supérieures des ailes, qui sont blanches, au lieu qu'elles sont noires dans l'autre.

LE MANAKIN ROUGE. [a]*

TROISIÈME ESPÈCE.

Le mâle, dans cette espèce, est d'un beau rouge vif sur la tête, le cou, le dessus du dos et la poitrine ; orangé sur le front, les côtés de la tête et la gorge ; noir sur le ventre, avec quelques plumes rouges et orangées sur cette même partie ; noir aussi sur le reste du dessus du corps, les ailes et la queue ; toutes les pennes des ailes, excepté la première, ont sur la face intérieure et vers le milieu de leur longueur une tache blanche qui forme une bande de cette même couleur lorsque l'aile est déployée ; le haut des ailes est d'un jaune très-foncé, et leurs couvertures inférieures sont jaunâtres ; le bec et les pieds sont noirâtres.

La femelle a le dessus du corps olivâtre, avec un vestige d'une couronne

a. « Avicula forte Surinamensis e nigro rubroque mixta. » Petiver, *Gaz. nat.*, pl. 46, fig. 12. — *Red and black manakin.* Manakin rouge et noir. Edwards, *Glan.*, p. 109. — « Manacus « nigro-chalybeus ; capite, gutture, collo et pectore sive coccineis sive aurantiis ; medio ventre « rubro mixto ; marginibus alarum luteis ; remigibus interiùs maculà candidà notatis ; rectri- « cibus lateralibus nigricantibus, exteriùs nigro-chalybeo marginatis... » *Manacus ruber.* Brisson, *Ornithol.*, t. IV, p. 432 ; et pl. 34, fig. 3. — « Regulus Americanus, sive avicula « Americana, alis nigris vulgò in Etrurià. » *Rosso d'America con ale nere. Ornithol. Ital.*, Florence, 1771, t. III, in-fol., p. 78, pl. 360, fig. 1. — *Passer Americanus.* Gerin, *Ornithol.*, n° 327.

* *Pipra aureola* (Linn.). — Genre et sous-genre *id.*

rouge sur la tête; et le dessous de son corps est d'un jaune olivâtre : elle est au reste de la même figure et de la même grandeur que le mâle.

L'oiseau jeune a tout le corps olivâtre, avec des taches rouges sur le front, la tête, la gorge, la poitrine et le ventre.

Cette espèce est à la Guiane la plus commune de toutes celles des manakins.

***

LE MANAKIN ORANGÉ. [a] *

QUATRIÈME ESPÈCE.

Edwards est le premier auteur qui ait donné la figure de cet oiseau; mais il a cru mal à propos qu'il était la femelle du précédent [b]. Nous venons de décrire cette femelle du manakin rouge, et il est très-certain que celui-ci est d'une autre espèce, car il est extrêmement rare à la Guiane, tandis que le manakin rouge y est très-commun. Linnæus est tombé dans la même erreur [c], parce qu'il n'a fait que copier Edwards.

Ce manakin a la tête, le cou, la gorge, la poitrine et le ventre d'une belle couleur orangée; tout le reste de son plumage est noir; seulement on remarque sur les ailes les mêmes taches blanches que porte le manakin rouge; il a aussi comme lui les pieds noirâtres, mais son bec est blanc; en sorte que malgré ces rapports de la bande des ailes, de la couleur des pieds, de la grandeur et de la forme du corps, on ne peut pas le regarder comme une simple variété d'âge ou de sexe dans l'espèce du manakin rouge.

a. *Black and yellow manakin.* Manakin noir et jaune. Edwards, *Hist. des oiseaux*, t. II, p. 83. — « Manacus niger; capite, gutture, collo, pectore, ventre et marginibus alarum « aurantiis; remigibus interiùs maculà candidà notatis; rectricibus nigris... » *Manacus aurantius.* Brisson, *Ornithol.*, t. IV, p. 454.

b. Edwards, *Glan.*, pag. 110.

c. « Parus niger capite pectoreque coccineis, remigibus antrorsum maculà albà... » *Parus aureola.* Linnæus, *Syst. nat.*, édit. X, p. 191.

* *Pipra aureola* (Linn.). — Simple variété du précédent.

I. — LE MANAKIN A TÈTE D'OR. [a] [*]
II. — LE MANAKIN A TÈTE ROUGE. [b] [**]
III. — LE MANAKIN A TÈTE BLANCHE. [c] [***]

CINQUIÈME ESPÈCE.

Nous présumons que ces trois oiseaux ne sont que trois variétés de cette cinquième espèce, car ils sont tous trois exactement de la même grandeur, n'ayant que trois pouces huit lignes de longueur, tandis que toutes les espèces précédentes que nous avons données par ordre de grandeur, ont quatre pouces et demi, quatre pouces trois quarts, etc. D'ailleurs tous trois sont de la même forme de corps, et se ressemblent même par les couleurs, à l'exception de celles de la tête, qui, dans le premier, est d'un beau jaune, dans le second d'un rouge vif, et dans le troisième d'un beau bleu ; on ne trouve aucune autre différence sensible dans tout le reste de leur plumage, qui est en tout et partout d'un beau noir luisant ; tous trois ont aussi les plumes qui couvrent les jambes d'un jaune pâle avec une tache oblongue d'un rouge vif sur la face extérieure de ces plumes. Seulement le premier

a. Manakin à tête d'or. « Avicula Mexicana de chichiltototl. » Seba, t. I , p. 96, pl. 60, fig. 7. — « Linaria Mexicana. » Klein, *Avi* , p. 94, n° 7. — « Parus aurocapillus. » Klein, *Avi.*, p. 86, n° 13. — « Avicula nigra , capite e luteo croceo. » Petiver, *Gaz. nat.*, pl. 46, fig. 7. — « *Golden headed black til-mouse.* Parus niger capite fulvo. » Edwards, *Hist. des oiseaux*, t. I , p. 21. — « Parus niger capite femoribusque fulvis. » Linnæus, *Syst. nat.*, édit. X , gen. 100, sp. 10. — « Manacus nigro-chalybeus; capite aureo, coccineo mixto; cruribus albis, « exteriùs in infimâ parte coccineis; rectricibus lateralibus nigricantibus , exteriùs nigro-chaly- « beo marginatis... » *Manacus auro-capillus.* Brisson , *Ornithol.* t. IV, p. 448, pl. 34, fig. 2. — « Avis Surinamensis. » *Ornithol. Ital.* Florence , 1771 , t. III , in-fol., pl. 369, fig. 1.

b. Manakin à tête rouge. « Tangaræ secunda species Brasiliensibus. » Marcgrave , *Hist. Brasil.*, p. 215. — « Tangaræ secunda species Marcgravii. » Jonston , *Avi.*, p. 147. — « Tan- « garæ alia species. » Ray, *Syn. Avi.*, p. 84, n° 14. — « Tangaræ Brasiliensibus secunda species « Marcgravii. » Willughby, *Ornithol.*, p. 177. — « Avicula Mexicana de chichiltototl, altera. » Seba , vol. I , pl. 60 , fig. 8. — « Manacus nigro-chalybeus ; capite coccineo ; cruribus albis , « exteriùs in infimâ parte coccineis ; rectricibus lateralibus nigricantibus , exteriùs nigro- « chalybeo marginatis... » *Manacus rubro-capillus.* Brisson, *Ornithol.*, t. IV, p. 450. — *Tangara* appelé manakin. Salerne, *Ornithol.*, p. 250.

c. Manakin à tête blanche. *Avicula anonyma.* Marcgrave, *Hist. Brasil.*, pag. 205. — « Passer toto corpore niger vittâ albâ. » Klein, *Avi.*, p. 50, n° 17. — « Avicula de cacatototl , « toto corpore nigra cum vittâ albâ. » Seba , t. II, p. 102. — « Parus ater, capite supra albo...» *Parus pipra.* Linnæus, *Syst. nat.*, édit. X , gen. 100, sp. 9. — *While-capped manakin.* Manakin chaperonné de blanc. » Edwards, *Glan.*, p. 107, et pl. 260. — « Manacus nigro-chaly- « beus; capite superiore candido ; rectricibus lateralibus fuscis, exteriùs nigro-chalybeo mar- « ginatis. . » *Manacus albo-capillus.* Brisson , *Ornithol.*, t. IV, p. 446, pl. 35, fig. 2. — « Avicula Americana. » *Ornithol. Ital.*, Florence, 1771, t. III, pl. 371 , fig. 1.

[*] *Pipra erythrocephala* (Linn.). — Genre et sous-genre *id.* (Cuv.).

[**] *Pipra erythrocephala* (Linn.). — Variété du précédent.

[***] *Pipra leucocapilla* (Linn.). — Genre et sous-genre *id.* (Cuv.).

de ces manakins a le bec blanchâtre et les pieds noirs; le second le bec
noir et les pieds cendrés; et le troisième le bec gris brun et les pieds rougeâtres; mais ces légères différences ne nous ont pas paru des caractères
assez tranchés pour faire trois espèces distinctes, et il se pourrait même
que de ces trois oiseaux l'un fût la femelle d'un autre. Cependant M. Mauduit, auquel j'ai communiqué cet article, m'a assuré qu'il n'avait jamais
vu au manakin à tête blanche les plumes rouges qui recouvrent le genou
dans le manakin à tête d'or : si cette différence était constante, on pourrait
croire que ces deux manakins forment deux espèces différentes; mais M. de
Manoncour nous a assuré qu'il avait vu des manakins à tête blanche avec
ces plumes rouges aux genoux, et il y a quelque apparence que les individus observés par M. Mauduit étaient défectueux.

Ces manakins se trouvent dans les mêmes endroits, et sont assez communs à la Guiane. Il paraît même que l'espèce en est répandue dans plusieurs autres climats chauds, comme au Brésil et au Mexique. Néanmoins
l'on ne nous a rien appris de particulier sur leurs habitudes naturelles.
Nous pouvons seulement assurer qu'ils se tiennent comme tous les autres
manakins constamment dans les bois, et qu'ils ont le gazouillement qui leur
est commun à tous, à l'exception de celui que nous avons appelé le casse-
noisette, lequel n'a d'autre voix ou plutôt d'autre cri que celui d'une
noisette qu'on casse en la serrant.

LE MANAKIN A GORGE BLANCHE. [a] [*]

VARIÉTÉ.

Une troisième variété dans cette même espèce est le manakin à gorge
blanche qui ne diffère des précédents que par la couleur de la tête, laquelle
est d'un noir luisant, comme tout le reste du plumage, à l'exception d'une
sorte de cravate blanche qui prend depuis la gorge et finit en pointe sur la
poitrine. Il est exactement de la même grandeur que les trois précédents,
n'ayant comme eux que trois pouces huit lignes de longueur. Nous igno-
rons de quel climat il est, ne l'ayant vu que dans des cabinets particuliers [b]
où il était indiqué par ce nom, mais sans aucune autre notice. M. de Manoncour ne l'a pas rencontré à la Guiane; cependant il y a toute apparence
qu'il est, comme les trois autres, originaire des climats chauds de l'Amérique.

a. « Manacus nigro-chalybeus; gutture et collo inferiore candidis; remigibus decem primo-
« ribus interiùs plùs minùs albis; rectricibus nigris, exteriùs nigro-chalybeo marginatis... »
Manacus gutture albo Brisson, Ornithol., t. IV, p. 444, pl. 36, fig. 1.
b. Chez madame de Bandeville et chez M. Mauduit.
* Pipra gutturalis (Linn.). — Genre et sous-genre id. (Cuv.).

LE MANAKIN VARIÉ. [a] [*]

SIXIÈME ESPÈCE.

Nous donnons la dénomination de manakin varié à cet oiseau, parce que son plumage est en effet varié de plaques de différentes couleurs toutes très-belles et très-tranchées. Il a le front d'un beau blanc mat; le sommet de la tête d'une belle couleur d'aigue-marine; le croupion d'un bleu éclatant; le ventre d'une couleur brillante orangée, et tout le reste du plumage d'un beau noir velouté; le bec et les pieds sont noirs : c'est le plus joli et le plus petit de tous les manakins, n'ayant que trois pouces et demi de longueur, et n'étant pas plus gros qu'un roitelet. Il se trouve à la Guiane, d'où il nous a été envoyé; mais il y est très-rare, et nous ne savons rien de ses habitudes naturelles.

Indépendamment des six espèces et de leurs variétés que nous venons de décrire, les nomenclateurs modernes ont appelé manakins quatre oiseaux indiqués par Seba, dont nous ne faisons ici mention que pour faire remarquer les méprises où l'on pourrait tomber en suivant cette nomenclature.

Le premier de ces oiseaux a été indiqué par Seba dans les termes suivants :

Oiseau nommé par les Brésiliens maizi de miacatototl. [**]

« Son corps est orné de plumes noirâtres, et ses ailes de plumes d'un « bleu turquin; sa tête, qui est d'un rouge de sang, porte un collier d'un « jaune doré autour du cou et du jabot; le bec et les pieds sont d'un jaune « pâle [b]. » M. Brisson [c], sans avoir vu cet oiseau, ne laisse pas d'ajouter à cette indication des dimensions et des détails de couleurs qui ne sont point rapportées par Seba ni par aucun autre auteur. On doit aussi être étonné de ce que Seba a donné le surnom de *miacatototl* à cet oiseau, qu'il dit venir du Brésil, car ce nom n'est pas de la langue du Brésil, mais de celle du Mexique, dans laquelle il signifie *oiseau de maïs*. La preuve évidente que ce nom a été mal appliqué par Seba, c'est que Fernandez a indiqué, sous ce même nom, un oiseau du Mexique fort différent de celui-ci, et qu'il décrit dans les termes suivants :

a. « Manacus splendidè niger, syncipite primùm albo-argenteo, dein cæruleo-beryllino; « uropygio splendidè cyaneo; ventre aurantio; tectricibus caudæ inferioribus viridi-olivaceis; « rectricibus splendid· nigris..... » *Manacus albâ fronte* Brisson, *Ornithol.*, t. IV, p. 457, pl. 36, fig. 2.

b. Seba, t. I, p. 92; et pl. 57, fig. 3.

c. *Ornithol.*, t. IV, p. 456.

[*] *Pipra serena* (Linn.). — Genre et sous-genre *id.* (Cuv.).

[**] *Pipra torquata* (Gue. et Lath). — Espèce douteuse.

De Miacatototl, seu ave germinis maizi.

« Avicula est satis parva, ita nuncupata quod germinibus maizi insidere
« soleat ; ventre pallente ac reliquo corpore nigro, plumis tamen canden-
« tibus, intersertis alæ caudaque infernè cinereæ sunt. Frigidis degit locis,
« ac bono constat alimento [a]. »

Il est aisé de voir, en comparant ce que dit ici Fernandez avec ce qu'a
dit Seba, que ce sont deux oiseaux différents, mal à propos indiqués sous
ce même nom ; mais comme la description de Fernandez est à peu près
aussi imparfaite que celle de Seba ; et que la figure que ce dernier a donnée
est encore plus imparfaite que sa description, il n'est pas possible de rapporter cet oiseau, qui se repose sur les maïs, au genre du manakin plutôt
qu'à tout autre genre.

Il en sera de même d'un autre oiseau, donné par Seba sous le nom de

Rubetra ou oiseau d'Amérique huppé. *

« Il n'est pas un des moindres oiseaux de chant, dit cet auteur ; il a la
« crête jaune, le bec jaune aussi, excepté dessous qu'il est brun ; son plu-
« mage est, autour du cou et sur le corps, d'un roux jaune ; la queue et les
« grosses plumes des ailes sont d'un bleu éclatant, tandis que les petites
« plumes sont d'un jaune pâle [b]. » M. Brissson [c], d'après cette description
de Seba, a cru pouvoir prononcer que cet oiseau était un manakin. Cependant, s'il eût consulté la figure donnée par cet auteur, quelque imparfaite
qu'elle soit, il aurait reconnu que la queue est très-longue et le bec mince,
courbé et allongé, caractères très-différents de ceux des manakins ; il me
paraît donc évident que cet oiseau est encore plus éloigné que le précédent
du genre des manakins.

Un troisième oiseau, que nos nomenclateurs ont appelé *manakin* [d], est
celui que Seba indique sous le nom de

Picicitli ou oiseau du Brésil très-petit et huppé. **

« Il a, dit cet auteur, le corps et les ailes d'un pourpre qui est par-ci
« par-là plus ou moins haut ; la crête est d'un jaune des plus beaux et forme
« comme un petit faisceau de plumes ; son bec pointu et sa queue sont

a. Fernandez, *Hist. novæ Hisp.*, p. 30.
b. Seba, vol. I, p. 160, et pl. 102.
c. *Ornithologie*, t. IV, p. 461.
d. Brisson, *Ornithol.*, t. IV, p. 462.

  * *Pipra rubetra* (Gmel.). — Espèce douteuse.
 ** *Pipra cristata* (Gmel.). — Espèce douteuse.

» rouges ; en un mot, ce petit oiseau est tout à fait joli, de quelque côté
« qu'on le voie *a*. »

M. Brisson, d'après une description aussi mal faite, a néanmoins jugé
que cet oiseau devait être un manakin, quoique Seba dise qu'il a le bec
pointu ; et il y ajoute des dimensions et d'autres détails sans dire d'où il les
a tirés, car la figure donnée par Seba ne présente rien d'exact ; d'ailleurs
cet auteur s'est encore trompé en disant que cet oiseau est du Brésil, car
son nom *picicitli* est mexicain, et Fernandez a indiqué par ce même nom
un autre oiseau qui est vraiment du Mexique, et duquel il fait mention dans
les termes suivants :

« Tetzcoquensis etiam avis Picicitli, parvula totaque cinereo corpore, si
« caput excipias et collum quæ atra sunt, sed candente maculâ oculos (qui
« magni sunt) ambiente, cujus acumen in pectus usque procedit ; apparent
« post imbres, educatæque domi brevi moriuntur : carent cantu, bonum
« præstant alimentum ; sed nesciunt Indi referre ubi producant sobolem *b*. »

En comparant ces deux descriptions, il est aisé de voir que l'oiseau donné
par Seba n'a d'autres rapports que le nom avec celui de Fernandez, et que
c'est fort mal à propos que ce premier auteur a été chercher ce nom pour
l'appliquer à un oiseau du Brésil, fort différent du vrai *picicitli du Mexique*.

Il en est encore de même d'un quatrième oiseau indiqué par Seba *c* sous
le nom de

Coquantototl ou petit oiseau huppé, de la figure du moineau. *

« Il a, dit cet auteur, le bec jaune, court, recourbé et se jetant en
« arrière. On observe au-dessus des yeux une tache jaune ; son estomac et
« son ventre tirent sur un jaune blafard ; ses ailes sont de la même couleur
« et mélangées de quelques plumes grèles-incarnates, tandis que les maî-
« tresses plumes sont cendrées-grises ; le reste du corps est gris : il porte
« sur le derrière de la tête une petite crête. » Sur cette indication, M. Brisson *d* a encore jugé que cet oiseau était un manakin : cependant la seule
forme du bec suffit pour démontrer le contraire ; et d'ailleurs, puisqu'il est
de la figure du moineau, il n'est pas de celle des manakins. Il parait donc
bien certain que cet oiseau, dont le nom est encore de la langue du Mexique,
est très-éloigné du genre des manakins. Nous invitons les voyageurs curieux
des productions de la nature à nous donner quelques renseignements sur

a. Seba, t. I, p. 95, et pl. 59.
b. Fernandez, *Hist. novæ Hisp.*, p. 53 , cap. cc.
c. Seba, vol. II, p. 74 ; et pl. 70, fig. 7.
d. Ornithologie, t. IV, p. 463.

* *Pipra grisea* (Gmel.).

ces quatre espèces d'oiseaux, que nous ne pouvons, jusqu'à présent, rapporter à aucun genre connu, mais qu'en même temps nous nous croyons fondés à exclure de celui des manakins.

ESPÈCES VOISINES DU MANAKIN.

LE PLUMET BLANC. [a] *

Cette espèce est nouvelle et se trouve à la Guiane, où néanmoins elle est assez rare. M. de Manoncour nous a rapporté l'individu qui est au Cabinet, et dont la planche enluminée représente très-bien la forme et les couleurs. Cet oiseau est remarquable par sa très-longue huppe blanche, composée de plumes d'un pouce de longueur, et qu'il relève à volonté. Il diffère des manakins d'abord par la grandeur, ayant six pouces de longueur, tandis que les plus grands manakins n'ont que quatre pouces et demi : il en diffère encore par la forme et la grandeur de la queue, qui est longue et étagée, au lieu que celle des manakins est courte et coupée carrément ; son bec est aussi beaucoup plus long à proportion et plus crochu que celui des manakins, et il n'y a guère que par la disposition des doigts qu'il leur ressemble ; si même il n'avait pas cette disposition dans les doigts, il serait du genre des fourmilliers : nous pouvons donc le regarder comme formant la nuance entre l'un et l'autre de ces genres, et nous n'avons rien à dire au sujet de ses habitudes naturelles.

L'OISEAU CENDRÉ DE LA GUIANE. [b] **

Cette espèce est nouvelle, et la planche enluminée représente l'oiseau assez exactement pour que nous puissions nous dispenser d'en faire la description. Nous observerons seulement qu'on ne doit pas le regarder comme un vrai manakin, car il en diffère par sa queue, qui est beaucoup plus longue et étagée ; il en diffère encore par son bec, qui est considérablement plus long ; mais comme il ressemble aux manakins par la conformation des doigts et par la figure du bec, on doit le mettre à la suite de ce genre.

Cet oiseau cendré se trouve à la Guiane, où il est assez rare, et il a été apporté pour le Cabinet du Roi par M. de Manoncour.

a. Voyez les planches enluminées, n° 707, fig. 1, sous le nom de *manicup de Cayenne*, nom que l'on avait donné à cet oiseau par contraction de *manakin huppé*, parce qu'on imaginait que c'était en effet un manakin ; mais, mieux observé, il s'est trouvé qu'il n'est pas de ce genre quoiqu'il en soit très-voisin.

* *Pipra albifrons* (Gmel.). — *Lanius albifrons* (Cuv.). — « Le *pipra albifrons* (Gmel.) « est une *pie-grièche* qui n'a de commun avec les *pipras* qu'une réunion des deux doigts « externes prolongée un peu plus qu'à l'ordinaire. » (Cuvier.)

** *Pipra atricapilla* (Gmel.). — Espèce encore indéterminée.

LE MANIKOR. *

Nous avons donné à cet oiseau le nom de manikor, par contraction de *manakin orangé*, croyant d'abord que c'était une espèce de manakin ; mais nous avons reconnu depuis que nous nous étions trompés : c'est une espèce nouvelle qui a été apportée de la Nouvelle-Guinée au Cabinet par M. Sonnerat, et qui diffère des manakins par les deux pennes du milieu de la queue, qui sont plus courtes que les pennes latérales, et par le défaut de l'échancrure qui se trouve dans la mandibule supérieure du bec de tous les manakins : en sorte qu'on doit l'exclure de ce genre, d'autant qu'il n'est pas vraisemblable que les manakins, qui tous sont d'Amérique, se trouvent à la Nouvelle-Guinée.

Le manikor a tout le dessus du corps noir avec des reflets verdâtres, le dessous du corps d'un blanc sale ; il porte sur la poitrine une tache orangée de figure oblongue qui s'étend jusqu'auprès du ventre ; son bec et ses pieds sont noirs, mais M. Sonnerat ne nous a rien appris sur ses habitudes naturelles.

LE COQ DE ROCHE. *a***

Cet oiseau, quoique d'une couleur uniforme, est l'un des plus beaux de l'Amérique méridionale, parce que cette couleur est très-belle et que son plumage est parfaitement étagé ; il se nourrit de fruits, peut-être faute de grains ; car il serait du genre des gallinacés, s'il n'en différait pas par la forme des doigts qui sont joints par une membrane, le premier et le second jusqu'à la troisième articulation, et le second au troisième, jusqu'à la pre-

a. « Gallus ferus, saxatilis, croceus e plumis constructam gerens... » Barrère, *France équinoxiale*, p. 132. — « Upupa Americana, crocea, saxatilis. » *Ibid. Ornithol.*, clas. III, gen. 21, sp. 2. — « Upupa crocea. » Linnæus, *Syst. nat.*, édit. X, gen. 45, sp. 2. — « Rupicola pipra, « cristâ erectâ margine purpureo, corpore croceo, tectricibus rectricum truncatis. » *Ibid. Syst. nat.*, édit. XII. Holl. 1766, p. 338. — « Rupicola aurantia; corolla tæniâ purpureâ præcincta; « rectricibus decem intermediis primâ medietate aurantiis, exteriùs intensiùs, interiùs palli- « diùs alterâ medietate fuscis, apice dilutè aurantio marginatis, utrimque extimâ fuscâ, apice « dilutè aurantio fimbriatâ, interiùs primâ medietate pallidè aurantiâ... » *Rupicola.* Brisson, *Ornithol.*, t. IV, p. 437; et pl. 34, fig. 1. — *The widde hop.* Edwards, *Glan.* t. II, p. 115; et pl. 264, où l'on ne voit que la tête de l'oiseau mâle. — Le coq des roches Américain. Wosmaër, Amsterdam, 1769, avec une planche enluminée, cotée *tabula* VI. — Les Français qui habitent l'Amérique, appellent cet oiseau *coq de roche*, et plus souvent *coq de bois*; mais le premier nom lui convient mieux, parce qu'il se tient presque toujours dans les fentes des rochers, et même dans des cavernes assez profondes.

* *Pipra papuensis* (Gmel.). — Cet oiseau n'est point un *manakin*; M Temminck le place parmi les *gobe-mouches* : *Muscicapa papuensis*.

** *Pipra rupicola* (Gmel.). — Genre *Manakins*, sous-genre *Coqs de roche* (Cuv.).

mière seulement ; il a le bec comprimé par les côtés vers l'extrémité ; la queue très-courte et coupée carrément, ainsi que quelques plumes des couvertures des ailes : quelques-unes des plumes ont une espèce de frange de chaque côté, et la première grande plume de chaque aile est échancrée du tiers de sa longueur de la pointe à la base ; mais ce qui le distingue et le caractérise plus particulièrement, c'est la belle huppe qu'il porte sur la tête : elle est longitudinale en forme de demi-cercle. Dans les descriptions détaillées que MM. Brisson et Wosmaër ont données de cet oiseau, la huppe n'est pas bien indiquée, car cette huppe n'est pas simple, mais double, étant formée de deux plans inclinés qui se rejoignent au sommet. Du reste, leurs descriptions sont assez fidèles, seulement ils n'ont donné que celle du mâle : nous nous dispenserons d'en faire une nouvelle ici, parce que cet oiseau est très-différent de tous les autres et fort aisé à reconnaître. Les figures de nos planches enluminées, numéros 39 et 747, représentent le mâle et la femelle ; un coup d'œil sur la planche suffira pour faire remarquer qu'elle diffère du mâle en ce que le plumage de celui-ci est d'une belle couleur rouge, au lieu que celui de la femelle est entièrement brun : on aperçoit seulement quelques teintes de roux sur le croupion, la queue et les pennes des ailes. Sa huppe, double comme celle du mâle, est moins fournie, moins élevée, moins arrondie, et plus avancée sur le bec que celle du mâle. Tous deux sont ordinairement plus gros et plus grands qu'un pigeon ramier ; mais il y a apparence que les dimensions varient dans les différents individus, puisque M. Brisson donne à cet oiseau la grosseur d'un gros pigeon romain, et que M. Wosmaër assure qu'il est un peu plus petit que le pigeon commun : différence qui peut aussi venir de la manière de les empailler ; mais dans l'état de nature, la femelle, quoique un peu plus petite que le mâle, est certainement bien plus grosse qu'un pigeon commun.

Le mâle ne prend qu'avec l'âge sa belle couleur rouge : dans la première année il n'est que brun comme la femelle ; mais à mesure qu'il grandit, son plumage prend des pointes et des taches de couleur rousse qui deviennent tout à fait rouges lorsqu'il est adulte et peut-être même âgé, car il est assez rare d'en trouver qui soient peints partout, et uniformément, d'un beau rouge.

Quoique cet oiseau ait dû frapper les yeux de tous ceux qui l'ont rencontré, aucun voyageur n'a fait mention de ses habitudes naturelles. M. de Manoncour est le premier qui l'ait observé. Il habite non-seulement les fentes profondes des rochers, mais même les grandes cavernes obscures où la lumière du jour ne peut pénétrer, ce qui a fait croire à plusieurs personnes que le coq de roche était un oiseau de nuit ; mais c'est une erreur, car il vole et voit très-bien pendant le jour. Cependant il paraît que l'inclination naturelle de ces oiseaux les rappelle plus souvent à leur habitation obscure qu'aux endroits éclairés, puisqu'on les trouve en grand

nombre dans les cavernes, où l'on ne peut entrer qu'avec des flambeaux.
Néanmoins, comme on en trouve aussi pendant le jour en assez grand
nombre aux environs de ces mêmes cavernes, on doit présumer qu'ils ont
les yeux comme les chats, qui voient très-bien pendant le jour, et très-bien
aussi pendant la nuit. Le mâle et la femelle sont également vifs et très-
farouches : on ne peut les tirer qu'en se cachant derrière quelque rocher,
où il faut les attendre souvent pendant plusieurs heures avant qu'ils se
présentent à la portée du coup, parce que dès qu'ils vous aperçoivent ils
fuient assez loin par un vol rapide, mais court et peu élevé. Ils se nourrissent de petits fruits sauvages, et ils ont l'habitude de gratter la terre, de
battre des ailes et de se secouer comme les poules; mais ils n'ont ni le
chant du coq ni la voix de la poule; leur cri pourrait s'exprimer par la syllabe *ké*, prononcée d'un ton aigu et traînant. C'est dans un trou de rocher
qu'ils construisent grossièrement leur nid avec de petits morceaux de bois
sec; ils ne pondent communément que deux œufs sphériques et blancs, de
la grosseur de l'œuf des plus gros pigeons.

Les mâles sortent plus souvent des cavernes que les femelles, qui ne se
montrent que rarement, et qui probablement sortent pendant la nuit. On
peut les apprivoiser aisément, et M. de Manoncour en a vu un dans le
poste hollandais du fleuve Maroni, qu'on laissait en liberté, vivre et courir
avec les poules.

On les trouve en assez grande quantité dans la montagne *Luca*, près
d'Oyapoc, et dans la montagne *Courouaye*, près de la rivière d'Aprouack :
ce sont les seuls endroits de cette partie de l'Amérique où l'on puisse espérer de se procurer quelques-uns de ces oiseaux. On les recherche à cause
de leur beau plumage, et ils sont fort rares et très-chers, parce que les
sauvages et les nègres, soit par superstition ou par timidité, ne veulent
point entrer dans les cavernes obscures qui leur servent de retraites.

LE COQ DE ROCHE DU PÉROU.

Il y a une autre espèce ou plutôt une variété de coq de roche dans les
provinces du Pérou, qui diffère de celui-ci en ce qu'il a la queue beaucoup
plus longue et que les plumes ne sont pas coupées carrément; celles des
ailes ne sont pas frangées comme dans le précédent : au lieu d'être d'un
rouge uniforme partout, il a les ailes et la queue noires, et le croupion
d'une couleur cendrée; la huppe est aussi différente, moins élevée et composée de plumes séparées; mais, pour tout le reste des caractères, cet

* *Pipra peruviana* (Linn.). — Genre et sous-genre *id.* (Cuv.).

oiseau du Pérou ressemble si fort au coq de roche de la Guiane qu'on ne doit le regarder que comme une variété de cette même espèce.

On pourrait croire que ces oiseaux sont les représentants de nos coqs et de nos poules dans le nouveau continent; mais j'ai été informé qu'il existe dans l'intérieur des terres de la Guiane et au Mexique des poules sauvages qui ressemblent beaucoup plus que les coqs de roche à nos poules; on peut même les regarder comme très-approchantes du genre de nos poules et de nos coqs d'Europe : elles sont, à la vérité, bien plus petites, n'étant guère que de la grosseur d'un pigeon commun; elles sont ordinairement brunes et rousses; elles ont la même figure de corps, la même petite crête charnue sur la tête, et la même démarche que nos poules; elles ont aussi la queue semblable et la portent de même; le cri des mâles est aussi le même que celui de nos coqs, seulement il est plus faible. Les sauvages de l'intérieur des terres connaissent parfaitement ces oiseaux ; cependant ils ne les ont pas réduits en domesticité, et cela n'est pas étonnant, parce qu'ils n'ont rendu domestique aucun des animaux, qui néanmoins auraient pu leur être très-utiles, surtout les hoccos, les marails, les agamis, parmi les oiseaux, les tapirs, les pécaris et les pacas, parmi les quadrupèdes. Les anciens Mexicains, qui, comme l'on sait, étaient civilisés, avaient au contraire réduit en domesticité quelques animaux, et particulièrement ces petites poules brunes. Gemelli Carreri rapporte qu'ils les appelaient *chiacchialacca;* et il ajoute qu'elles ressemblent en tout à nos poules domestiques, à l'exception qu'elles ont les plumes brunâtres et qu'elles sont un peu plus petites [a].

LES COTINGAS. *

Il est peu d'oiseaux d'un aussi beau plumage que les cotingas : tous ceux qui ont eu occasion de les voir, naturalistes ou voyageurs, en ont été comme éblouis, et n'en parlent qu'avec admiration. Il semble que la nature ait pris plaisir à ne rassembler sur sa palette que des couleurs choisies pour les répandre avec autant de goût que de profusion sur l'habit de fête qu'elle leur avait destiné. On y voit briller toutes les nuances de bleu, de violet, de rouge, d'orangé, de pourpre, de blanc pur, de noir velouté, tantôt assorties et rapprochées par les gradations les plus suaves, tantôt opposées et contrastées avec une entente admirable, mais presque toujours multipliées par des reflets sans nombre qui donnent du mouvement, du jeu, de l'intérêt, en un mot, tout le charme de la peinture la plus expressive à des

a. *Voyage autour du monde*, t. VI, p. 22.

* Ordre *id.*, famille des *Dentirostres*, genre *Cotingas* (Cuv.).

tableaux muets, immobiles en apparence, et qui n'en sont que plus étonnants, puisque leur mérite est de plaire par leur beauté propre, sans rien imiter, et d'être eux-mêmes inimitables.

Toutes les espèces, ou si l'on veut toutes les races qui composent la brillante famille des cotingas, appartiennent au nouveau continent, et c'est sans fondement que quelques-uns ont cru qu'il y en avait dans le Sénégal[a]. Il paraît qu'ils se plaisent dans les pays chauds; on ne les trouve guère au delà du Brésil, du côté du sud, ni au delà du Mexique, du côté du nord; et par conséquent il leur serait difficile de traverser les vastes mers qui séparent les deux continents à ces hauteurs.

Tout ce qu'on sait de leurs habitudes, c'est qu'ils ne font point de voyages de long cours, mais seulement des tournées périodiques qui se renferment dans un cercle assez étroit : ils reparaissent deux fois l'année aux environs des habitations, et quoiqu'ils arrivent tous à peu près dans le même temps on ne les voit jamais en troupes. Ils se tiennent le plus souvent au bord des criques, dans les lieux marécageux[b]; ce qui leur a fait donner par quelques-uns le nom de poules d'eau. Ils trouvent en abondance sur les palétuviers qui croissent dans ces sortes d'endroits, les insectes dont ils se nourrisssent, et surtout ceux qu'on nomme *karias* en Amérique, et qui sont des poux de bois suivant les uns, et des espèces de fourmis selon les autres. Les créoles ont, dit-on, plus d'un motif de leur faire la guerre : la beauté de leur plumage qui charme les yeux, et, selon quelques-uns, la bonté de leur chair qui flatte le goût; mais il est difficile de concilier tous les avantages, et l'une des intentions fait souvent tort à l'autre; car, en dépouillant un oiseau pour manger sa chair, il est rare qu'on le dépouille comme il faut pour avoir son plumage bien conservé; cela explique assez naturellement pourquoi tous les jours il nous arrive d'Amérique tant de cotingas imparfaits. On ajoute que ces oiseaux se jettent aussi sur les rizières et y causent un dégât considérable; si cela est vrai, les créoles ont une raison de plus pour leur donner la chasse[c].

La grandeur des différentes espèces varie depuis celle d'un petit pigeon à celle du mauvis, et même au-dessous : toutes ces espèces ont le bec large à la base; les bords du bec supérieur, et très-souvent ceux du bec inférieur, échancrés vers la pointe; et la première phalange du doigt extérieur unie à celle du doigt du milieu; enfin, la plupart ont la queue un peu fourchue ou rentrante, et composée de douze pennes.

---

a. Voyez les *Oiseaux* de M. Salerne, p. 173.

b. M. Edwards, qui ne connaissait point les allures des cotingas, a jugé par la structure de leurs pieds, qu'ils fréquentaient les marécages (planche 39).

c. Le peu que j'ai dit ici des mœurs des cotingas, je le dois à M. Aublet; mais je dois aussi ajouter que M. de Manoncour n'a pas ouï dire que la chair des contingas fût un mets recherché à Cayenne : peut-être cela n'est-il vrai que de quelques espèces.

LE CORDON BLEU. [a] *

Un bleu éclatant règne sur le dessus du corps, de la tête et du cou, sur le croupion, les couvertures supérieures de la queue et les petites couvertures des ailes ; cette même couleur reparaît encore sur les couvertures inférieures de la queue, le bas-ventre et les jambes. Un beau pourpre violet règne sur la gorge, le cou, la poitrine, et une partie du ventre jusqu'aux jambes : sur ce fond on voit se dessiner, à l'endroit de la poitrine, une ceinture du même bleu que celui du dos, et qui a valu à cette espèce le nom de cordon bleu. Au-dessous de cette première ceinture, quelques individus en ont une autre d'un beau rouge [b], outre plusieurs taches de feu répandues sur le cou et sur le ventre : ces taches ne sont pas disposées tout à fait aussi régulièrement que dans la planche 188 ; mais elles sont jetées avec cette liberté qui semble plaire par-dessus tout à la nature, et que l'art imite si difficilement.

Toutes les pennes de la queue et des ailes sont noires, mais celles de la queue et les moyennes des ailes ont le côté extérieur bordé de bleu.

L'individu que j'ai observé venait du Brésil ; sa longueur totale était de huit pouces ; bec, dix lignes ; vol, treize pouces ; queue, deux pouces deux tiers, composée de douze pennes, dépassait les ailes de dix-huit lignes. L'individu décrit par M. Brisson avait toutes ses dimensions un peu plus fortes, et il était de la grosseur d'une grive.

La femelle n'a ni l'une ni l'autre ceinture, ni les marques de feu sur le ventre et la poitrine [c] : pour tout le reste elle ressemble au mâle ; l'un et l'autre ont le bec et les pieds noirs, et dans tous deux le fond des plumes bleues est noirâtre ; celui des plumes couleur de pourpre est blanc, et le tarse est garni par derrière d'une sorte de duvet.

a. *Purple breasted blue-manakin*, le manakin bleu à poitrine pourpre. Edwards, pl. 241 et 340. — Grive de Rio-Janeiro ; cotinga ou grive au cordon bleu. Salerne, p. 174. — « Cotinga « supernè splendidè cærulea, infernè purpureo-violacea ; remigibus rectricibusque nigris ; oris « exterioribus remigum minorum et rectricum cæruleis... » *Cotinga.* Brisson, t. II, p. 340. — Les créoles l'appellent *poule de bois.* — « Ampelis nitidissima cærulea, subtùs purpurea : alis « caudàque nigris. Cotinga. Parus cæruleus pectore purpureo Edwardi. » Linnæus, *Syst. nat.,* édit. XIII, p. 298, sp. 4.

b. Tel était l'individu que M. Edwards a représenté dans sa planche 340.

c. « A Cayenne, il y en a deux autres (grives au cordon bleu), dit M. Salerne, qui res- « semblent à celle-ci parfaitement, à cette différence que l'une n'a pas ces taches, et que « l'autre n'a pas ce cordon bleu. » *Hist. nat. des oiseaux*, p. 174.

* *Ampelis cotinga* (Linn.). — Genre *Cotingas*, sous-genre *Cotingas ordinaires* (Cuv.).

LE QUEREIVA. [a]*

Si l'on voulait avoir égard à la couleur dont chaque plume est teinte dans toute son étendue, il est certain que la couleur dominante du quereiva serait le noir, car la plus grande partie de chaque plume, à compter depuis son origine, est noire; mais comme en fait de plumage il s'agit de ce qui se voit et non de ce qui est caché, et qu'en cette occasion l'apparent est le réel, on peut et on doit dire que la couleur dominante de cet oiseau est un bleu d'aigue-marine, parce que cette couleur qui termine les plumes de presque tout le corps est celle qui paraît le plus lorsque ces plumes sont couchées les unes sur les autres; à la vérité, le noir perce en quelques endroits sur la partie supérieure du corps, mais il n'y forme que de petites moucheturcs, et il ne perce point du tout à travers le bleu qui règne sous le corps : on voit seulement dans quelques individus, près du croupion et des jambes, quelques petites plumes qui sont en partie noires, et en partie d'un rouge pourpré [b].

La gorge et une partie du cou sont recouvertes par une espèce de plaque d'un pourpre violet très-éclatant; cette plaque est sujette à varier de grandeur et à s'étendre plus ou moins dans les différents individus. Les couvertures des ailes, leurs pennes et celles de la queue sont presque toutes noires, bordées ou terminées d'un bleu d'aigue-marine; le bec et les pieds sont noirs.

Cet oiseau se trouve à Cayenne; il est de la grosseur du mauvis, et modelé sur les mêmes proportions que le précédent, excepté que ses ailes, dans leur repos, ne vont qu'à la moitié de la queue, qu'il a un peu plus longue.

a. J'ai conservé à cet oiseau le nom qu'on lui donne dans son pays natal, suivant de Laët qui se récrie sur la singulière beauté de son plumage. *Nov. Orb.*, p. 557. — « Ococolin, species pici. » Seba, t. II, p. 102. M. Wosmaër soupçonne que cet ococolin pourrait être la femelle du quereiva. — « Lanius ococolin Sebæ. » Klein, *Ordo Av.*, p. 54, n° 6. — « Cotinga supernè nigra, apicibus pennarum cæruleo-beryllinis, infernè cæruleo-beryllina; gutture et collo inferiore purpureo-violaceis; remigibus rectricibusque nigris, oris exterioribus cæruleo-beryllinis, rectrice extimâ penitùs nigrà... » *Cotinga Cayanensis*, cotinga de Cayenne. Brisson, t. II, p. 344. — « Ampelis nitida cærulea, collo subtùs violaceo... Cayana. » Linnæus, *Syst. nat.*, édit. XIII, p. 298, sp. 6. — Il est remarquable que de quatre nomenclateurs qui ont parlé de cet oiseau, il n'y en a pas deux qui l'aient rapporté au même genre : Seba en fait un pic; Klein un écorcheur; Linnæus un jaseur; M. Brisson un cotinga.

b. Tel était l'individu observé par M. Wosmaër.

* *Ampelis cayana* (Linn.).

LA TERSINE. [a] *

M. Linnæus est le premier et même le seul, jusqu'à présent, qui ait décrit cet oiseau : il a la tête, le haut du dos, les pennes des ailes et de la queue noirs; la gorge, la poitrine, le bas du dos, le bord extérieur des pennes des ailes, d'un bleu clair; une bande transversale de cette dernière couleur sur les couvertures supérieures de ces mêmes pennes; le ventre blanc-jaunâtre, et les flancs d'une teinte plus foncée. M. Linnæus ne dit point de quel pays est cet oiseau, mais il est plus que probable qu'il est d'Amérique ainsi que les autres cotingas; je serais même fort tenté de le regarder comme une variété du querciva, attendu que le bleu et le noir sont les couleurs dominantes de la partie supérieure du corps, et que celles de la partie inférieure sont des couleurs affaiblies, comme elles ont coutume de l'être dans les femelles, les jeunes, etc.; mais pour décider cette question, il faudrait avoir vu l'oiseau.

LE COTINGA A PLUMES SOYEUSES. [b] **

Presque toutes les plumes du dessus et du dessous du corps, et même les couvertures des ailes et de la queue sont effilées, décomposées dans cet oiseau, et ressemblent plus à des poils soyeux qu'à de véritables plumes, ce qui doit le distinguer de toutes les autres espèces de cotingas. La couleur générale du plumage est un bleu éclatant changeant en un beau bleu d'aigue-marine, comme dans l'espèce précédente; il faut seulement excepter la gorge, qui est d'un violet foncé, et les pennes de la queue et des ailes, dont la couleur est noirâtre : encore la plupart sont-elles bordées extérieurement de bleu; les plumes de la tête et du dessus du cou sont longues et étroites, et le fond en est brun; le fond des plumes du dessus et du dessous du corps, de la poitrine, etc., est de deux couleurs : il est d'abord blanc à l'origine de ces plumes, puis d'un violet pourpré ; cette dernière couleur perce en quelques endroits à travers le bleu des plumes supérieures; le bec est brun, et les pieds sont noirs.

a. « Ampelis nitida cærulea, dorso nigro, abdomine albo-flavescente. Tersa. » Linnæus, *Syst. nat.*, édit. XIII, p. 298.

b. « Cotinga splendidè cærulea, cæruleo-beryllino varians ; gutture saturate violaceo; remigi-« bus fusconigricantibus, interiùs albis, oris exterioribus cæruleis; rectrice extimâ penitùs fus-« conigricante... » *Cotinga Maynanensis*, cotinga des Maynas. Brisson, tome II, p. 341. — « Ampelis nitida, cærulea, gulâ violaceâ. *Maynana.* » Linnæus, *Syst. nat.*, édit. XIII, p. 298, sp. 5. — Grive ou cotinga des Maynas. Salerne, p. 174.

* *Ampelis tersa* (Linn.). — Genre *id.*, sous-genre *Tersines* (Cuv.).
** *Ampelis maynana* (Linn.). — Genre *id.*, sous-genre *Cotingas ordinaires* (Cuv.)

Longueur totale, sept pouces un tiers ; bec, neuf à dix lignes ; tarse de même ; vol, treize pouces un tiers ; queue, trois pouces environ, composée de douze pennes : dépasse les ailes d'un pouce.

LE PACAPAC OU POMPADOUR. [a] *

Tout le plumage de ce bel oiseau est d'un pourpre éclatant et lustré, à l'exception des pennes des ailes, qui sont blanches, terminées de brun, et des couvertures inférieures des ailes, qui sont totalement blanches : ajoutez encore que le dessous de la queue est d'un pourpre plus clair ; que le fond des plumes est blanc sur tout le corps, les pieds noirâtres, le bec gris-brun, et que de chaque côté de sa base sort un petit trait blanchâtre qui, passant au-dessous des yeux, forme et dessine le contour de la physionomie.

Cet oiseau a les grandes couvertures des ailes singulièrement confor-mées ; elles sont longues, étroites, raides, pointues et faisant la gouttière : leurs barbes sont détachées les unes des autres ; leur côte est blanche et n'a point de barbes à son extrémité, ce qui a quelque rapport avec ces appendices qui terminent les pennes moyennes de l'aile du jaseur, et ne sont autre chose qu'un prolongement du bout de la côte au delà des barbes. Ce trait de conformité n'est pas le seul qui soit entre ces deux espèces ; elles se ressemblent encore par la forme du bec, par la taille, par les dimensions relatives de la queue, des pieds, etc. ; mais il faut avouer qu'elles diffèrent notablement par l'instinct, puisque celle du jaseur se plaît sur les monta-gnes, et toutes les espèces de cotingas dans les lieux bas et aquatiques.

Longueur totale, sept pouces et demi ; bec, dix à onze lignes ; tarse, neuf à dix lignes ; vol, quatorze pouces et plus ; queue, deux pouces et demi, composée de douze pennes : dépasse les ailes de sept à huit lignes.

Le pompadour est un oiseau voyageur ; il paraît dans la Guiane, aux environs des lieux habités, vers les mois de mars et de septembre, temps de la maturité des fruits qui lui servent de nourriture : il se tient sur les grands arbres au bord des rivières ; il niche sur les plus hautes branches, et jamais ne s'enfonce dans les grands bois. L'individu qui a servi de sujet à cette description venait de Cayenne.

a. « Cotinga splendidè purpurea ; remigibus albis, septem primoribus apice fuscis ; rectri-« cibus lateralibus interiùs roseis ; tectricibus alarum majoribus longissimis, rigidis, carina-« tis... » *Cotinga purpurea*, cotinga pourpre. Brisson, t. II, p. 347. — Le pompadour, espèce de manakin. Edwards, pl. 341. — Les naturels de la Guiane lui donnent le nom de *pacapuca*. — « Ampelis purpurea, tectricibus alarum proximis ensiformibus, elongatis, carinatis, « rigidis. Pompadora... Turdus puniceus de Pallas (*adumbr.* 99). » Linnæus, *Syst. nat.*, éd. XIII, p. 298, sp. 2.

* *Ampelis pompadora* (Linn.). — Genre et sous-genre *id.*

VARIÉTÉS DU PACAPAC.

I. — LE PACAPAC GRIS-POURPRE. [a]

Il est un peu plus petit que le précédent, mais ses proportions sont exactement les mêmes; il a les mêmes singularités dans la conformation des grandes couvertures des ailes, et il est du même pays. Tant de choses communes ne permettent pas de douter que ces deux oiseaux, quoique de plumage différent, n'appartiennent à la même espèce; et comme celui-ci est un peu plus petit, je serais porté à le regarder comme une variété d'âge, c'est-à-dire comme un jeune oiseau qui n'a pas encore pris son entier accroissement ni ses couleurs décidées[1] : tout ce qui est pourpre dans le précédent est varié dans celui-ci de pourpre et de cendré; le dessous de la queue est couleur de rose; les pennes de la queue sont brunes; ce qui paraît de celles des ailes est brun aussi, leur côté intérieur et caché est blanc depuis l'origine de chaque penne jusqu'aux deux tiers de sa longueur, et de plus, les moyennes ont le bord extérieur blanc.

II. — Nous avons vu, M. Daubenton le jeune et moi, chez M. Mauduit, un cotinga gris qui nous a paru appartenir à l'espèce du pacapac, et n'être qu'un oiseau encore plus jeune que le précédent, mais qu'il ne faut pas confondre avec un autre oiseau auquel on a aussi donné le nom de cotinga gris, et dont je parlerai plus bas sous le nom de *guirarou* [b].

Il est probable que ce ne sont pas là les seules variétés qui existent dans cette espèce, et qu'on en découvrira d'autres parmi les femelles de différents âges.

L'OUETTE OU COTINGA ROUGE DE CAYENNE. [c*]

Le rouge domine en effet dans le plumage de cet oiseau, mais ce rouge se diversifie par les différentes teintes qu'il prend en différents endroits : la

a. « Cotinga e purpureo et cinereo varia; remigibus fuscis, interiùs obliquè candidis; rectricibus fuscis; tectricibus alarum majoribus longissimis, rigidis, carinatis... » *Cotinga cinereo-purpurea*, cotinga gris-pourpre. Brisson, t. II, p. 349.

b. M. de Manoncour a vérifié nos conjectures sur les lieux, et il s'est assuré, dans son dernier voyage de Cayenne, que le cotinga gris-pourpre est l'oiseau encore jeune, et qu'il est au moins dix-huit mois à acquérir sa couleur pourpre décidée.

c. The red bird from Surinam, oiseau rouge de Surinam. Edwards, pl. 39. — « Turdus « totus ruber; icterus Surinamensis ruber; » en allemand, *rohte-whilewal*. Klein, *Ordo Av.*, p. 68, n° 12. — « Fringillæ adfinis. » Mohering. *Av. genera*, p. 79, n° 101. — « Avicula de

1. C'est ce qui paraît être en effet.

* *Ampelis carnifex* (Linn.). — Genre et sous-genre *id.*

teinte la plus vive, et qui est d'un rouge écarlate, est répandue sur la partie supérieure de la tête, et forme une espèce de couronne ou de calotte dont les plumes sont assez longues, et peuvent se relever en manière de huppe, suivant la conjecture de M. Edwards. Cette même couleur écarlate règne sous le ventre, sur les jambes, sur la partie inférieure du dos, et presque jusqu'au bout des pennes de la queue, lesquelles sont terminées de noir; les côtés de la tête, le cou, le dos et les ailes ont des teintes plus ou moins rembrunies, qui changent le rouge en un beau mordoré velouté; mais la plus sombre de toutes ces teintes est celle d'une espèce de bordure qui environne la calotte écarlate; cette teinte s'éclaircit un tant soit peu derrière le cou et sur le dos, et encore plus sur la gorge et la poitrine; les couvertures des ailes sont bordées de brun, et les grandes pennes vont toujours s'obscurcissant de plus en plus de la base à la pointe, où elles sont presque noires; le bec est d'un rouge terne, les pieds d'un jaune sale, et l'on y remarque une singularité, c'est que le tarse est garni par derrière d'une sorte de duvet jusqu'à l'origine des doigts.

L'ouette voyage, ou plutôt circule comme le pacapac, mais elle est plus commune dans l'intérieur de la Guiane.

Longueur totale, sept pouces environ; bec, neuf lignes; pieds, sept lignes; queue, deux pouces et demi : dépasse les ailes d'environ vingt lignes, d'où il suit que ce cotinga a moins d'envergure que les précédents.

LE GUIRA PANGA OU COTINGA BLANC. [a]*

Laët est le seul qui ait parlé de cet oiseau, et tout ce qu'il nous en apprend se réduit à ceci, qu'il a le plumage blanc et la voix très-forte. Depuis ce temps l'espèce s'en était en quelque sorte perdue, même à Cayenne; et c'est par les soins de M. de Manoncour qu'elle vient de se retrouver.

« pipizton dicta » Seba, t. I, p. 92, pl. 57. — Seba donne son pipizton pour être le même que celui de Fernandez, et celui-ci trouve son pipizton si ressemblant à son coltotl, qu'il fait servir la description du coltotl pour tous deux. Or, ce coltotl est absolument différent de l'ouette ou cotinga rouge, qui néanmoins ressemble beaucoup au pipizton de Seba. — « Cotinga anteriùs sordidè rubra, posteriùs coccinea; vertice coccineo : remigibus obscurè rubris, ad « apicem subnigris; rectricibus coccineis, apice nigris... » *Cotinga rubra*, cotinga rouge. Brisson, t. II, p. 351. — « Tertia ampelis. Carnifex ruber, fasciâ oculari, remigum rectri- « cumque apicibus nigris. » Linnæus, *Syst. nat.*, édit. XIII, p. 298. — *Arara* ou *apira* en langue gariponne de la Guiane. — *Ouette*, par les créoles, d'après son cri; raison pourquoi j'ai préféré ce nom à tout autre. — *Cardinal*, par les Français de Cayenne.

a. Le nom brésilien de *guira panga* a beaucoup de rapport avec celui de *guira punga*, que les mêmes Sauvages donnent à l'*averano*, dont nous allons bientôt parler. — « Cotinga in « toto corpore alba... Cotinga blanc. » Brisson, t. II, p. 356. — « Guira panga. » Laët, *Nov. orb.*, p. 557; et d'après lui, Jonston, *Av.*, p. 125.

* *Ampelis carunculata* (Gmel.). — Genre *id.*, sous genre *Procnias* (Cuv.).

Le mâle est représenté dans les planches enluminées, n° 793, et la femelle, n° 794 : tous deux étaient perchés sur des arbres, à portée d'un marécage, lorsqu'ils furent tués; ils furent découverts par leur cri, et ce cri était très-fort, comme le dit Laët[a]. Ceux qui les avaient tués l'exprimèrent par ces deux syllabes, *in*, *an*, prononcées d'une voix fort traînante.

Ce qu'il y a de plus remarquable dans ces oiseaux, c'est une espèce de caroncule qu'ils ont sur le bec, comme les dindons, mais qui a une organisation, et par conséquent un jeu tout différent; elle est flasque et tombante dans son état de repos, et lorsque l'animal est tranquille; mais, au contraire, lorsqu'il est animé de quelque passion, elle se gonfle, se relève, s'allonge, et dans cet état de tension et d'effort elle a deux pouces et plus de longueur sur trois ou quatre lignes de circonférence à sa base : cet effet est produit par l'air que l'oiseau sait faire passer par l'ouverture du palais dans la cavité de la caroncule, et qu'il sait y retenir.

Cette caroncule diffère encore de celle du dindon, en ce qu'elle est couverte de petites plumes blanches. Au reste, elle n'appartient point exclusivement au mâle, la femelle en est aussi pourvue, mais elle a le plumage tout à fait différent. Dans le mâle le bec et les pieds sont noirs, tout le reste est d'un blanc pur et sans mélange, si vous en exceptez quelques teintes de jaune que l'on voit sur le croupion et sur quelques pennes de la queue et des ailes. Le plumage de la femelle n'est pas à beaucoup près aussi uniforme ; elle a le dessus de la tête et du corps, les couvertures supérieures des ailes et la plus grande partie des pennes des ailes et de la queue de couleur olivâtre, mêlée de gris ; les pennes latérales de la queue grises, bordées de jaune ; les joues et le front blancs ; les plumes de la gorge grises, bordées d'olivâtre ; celles de la poitrine et de la partie antérieure du ventre grises, bordées d'olivâtre, terminées de jaune ; le bas-ventre et les couvertures du dessous de la queue d'un jaune-citron ; les couvertures inférieures des ailes blanches, bordées du même jaune.

Le mâle et la femelle sont à peu près de même grosseur. Voici leurs dimensions principales ; longueur totale, douze pouces; longueur du bec, dix-huit lignes : sa largeur à la base, sept lignes; longueur de la queue, trois pouces neuf lignes ; elle est composée de douze pennes égales, et dépasse les ailes repliées de vingt et une lignes.

a. Les voyageurs disent que le son de sa voix est comme celui d'une cloche, et qu'il se fait entendre d'une demi-lieue. Voyez *Histoire générale des voyages*, t. XIV, p. 299.

L'AVERANO. [a] *

. Sa tête est d'un brun foncé, les pennes de ses ailes sont noirâtres, leurs petites couvertures noires; les grandes couvertures noirâtres, avec quelque mélange de vert-brun; tout le reste du plumage cendré, mêlé de noirâtre, principalement sur le dos, et de verdâtre sur le croupion et sur la queue. Cet oiseau a le bec large à sa base comme les cotingas; la langue courte, les narines découvertes, l'iris des yeux d'un noir bleuâtre, le bec noir, les pieds noirâtres; mais ce qui le rapproche un peu du cotinga blanc, et le distingue de tous les autres cotingas, ce sont plusieurs appendices noirs et charnus qu'il a sous le cou, et dont la forme est à peu près celle d'un fer de lance.

L'averano est presque aussi gros qu'un pigeon; la longueur de son bec, qui est d'un pouce, est aussi la mesure de sa plus grande largeur; ses pieds ont douze à treize lignes : sa queue a trois pouces, et dépasse les ailes repliées de presque toute sa longueur.

La femelle est un peu plus petite que le mâle, et n'a point d'appendices charnus sous le cou; elle ressemble à la litorne par sa forme et par sa grosseur; son plumage est un mélange de noirâtre, de brun et de vert clair; mais ces couleurs sont distribuées de façon que le brun domine sur le dos et le vert clair sur la gorge, la poitrine et le dessous du corps.

Ces oiseaux prennent beaucoup de chair, et une chair suculente : le mâle a la voix très-forte, et la modifie de deux manières différentes : tantôt c'est un bruit semblable à celui qu'on ferait en frappant sur un coin de fer avec un instrument tranchant (*kock, kick*); tantôt c'est un son pareil à celui d'une cloche fêlée (*kur, kur, kur*). Au reste, dans toute l'année, il ne se fait entendre que pendant environ six semaines du grand été, c'est-à-dire en décembre et janvier, d'où lui vient son nom portugais *ave de verano*, oiseau d'été. On a observé que sa poitrine est marquée extérieurement d'un sillon qui en parcourt toute la longueur, et que de plus il a la trachée-artère fort ample, ce qui peut avoir quelque influence sur la force de sa voix.

a. « Guira punga Brasiliensibus. » Marcgr., *Brasil.*, p. 201. — En portugais, *ave de verano*. J'en dirai la raison. — Pison, *Hist. nat.*, p. 93, d'après Marcgrave. — Jonston, p. 57, il donne la figure de la femelle, sous le nom de *mituporanga*. — Willughby, p. 147. — Ray, *Synopsis av.*, p. 166, n° 4. — « Cotinga cinerea, nigricante et virescente admixtis; capite « obscurè fusco; remigibus nigricantibus; rectricibus cinereo et nigricante variis, viriditate « admixtà (Mas). » — « Cotinga in toto corpore nigricans, fusco et dilutè virenti admixtis « (Fœmina)... » *Cotinga nævia*, cotinga tacheté. Brisson, t. II, p. 354.

* *Ampelis variegata* (Linn.). — Genre *id.*, sous-genre *Averanos* ou *Prognias à gorge nue* (Cuv.).

LE GUIRAROU. [a] *

Si la beauté du plumage était un attribut caractéristique de la famille des cotingas, l'oiseau dont il s'agit ici et celui de l'article précédent ne pourraient passer tout au plus que pour des cotingas dégénérés. Le guirarou n'a rien de remarquable ni dans ses couleurs ni dans leurs distributions, si ce n'est peut-être une bande noire qui passe par ses yeux, dont l'iris est couleur de saphir, et qui donne un peu de physionomie à cet oiseau ; au reste, un gris clair uniforme règne sur la tête, le cou, la poitrine et tout le dessous du corps ; les jambes et le dessus du corps sont cendrés ; les pennes et les couvertures de l'aile noirâtres ; les pennes de la queue noires, terminées de blanc, et ses couvertures supérieures blanches ; enfin, le bec et les pieds sont noirs.

La forme un peu aplatie et le peu de longueur du bec du guirarou ; la force de sa voix assez semblable à celle du merle, mais plus aiguë, et son séjour de préférence sur le bord des eaux, sont les rapports les plus marqués que cet oiseau ait avec les cotingas : il est aussi de la même taille à peu près, et il habite les mêmes climats ; mais tout cela n'a pas empêché Willughby de le rapporter à la famille des motteux, ni d'autres ornithologistes fort habiles d'en faire un gobe-mouche : pour moi je n'en fais ni un motteux ni un gobe-mouche, ni même un cotinga, mais je lui conserve le nom qu'il porte dans son pays natal, en attendant que des observations plus détaillées, faites sur un plus grand nombre d'individus, et d'individus vivants, me mettent en état de lui fixer sa véritable place. Les guirarous sont assez communs dans l'intérieur de la Guiane, mais non pas à Cayenne ; ils voyagent peu : on en trouve ordinairement plusieurs dans le même canton ; ils se perchent sur les branches les plus basses de certains grands arbres, où ils trouvent des graines et des insectes qui leur servent de nourriture. De temps en temps ils crient tous à la fois, mettant un intervalle entre chaque cri ; ce cri, peu agréable en lui-même, est un renseignement précieux pour les voyageurs égarés, perdus dans les immenses forêts de la Guiane ; ils sont sûrs de trouver une rivière en allant à la voix des guirarous.

L'individu observé par M. de Manoncour avait neuf pouces et demi de longueur totale ; son bec douze lignes de long, sept de large, cinq d'épais-

---

a. « Guiraru nheengeta Brasiliensibus. » Marcgrave, *Brasil.*, p. 209. — Jonston, pl. 59, d'après celle de Marcgrave, qui n'est rien moins qu'exacte. — « Œnanthe Americana, guiraru « Marcgravii. » Willughby, p. 170. — « Cotinga supernè cinerea, infernè alba, ad griseum « dilutum vergens ; tæniâ utrimque per oculos nigrâ ; remigibus nigricantibus ; rectricibus « nigris, apice albis... » *Cotinga cinerea*, cotinga gris. Brisson, t. II, p. 353.

* *Lanius nengeta* (Linn.) — Espèce indéterminée.

seur à la base ; il était entouré de barbes ; la queue était carrée, elle avait quatre pouces de long et dépassait les ailes de deux pouces et demi ; le tarse avait un pouce comme le bec [a].

Variété du Guirarou. [*]

Je n'en connais qu'une seule, c'est l'oiseau représenté dans les planches enluminées, n° 699, sous le nom de *cotingas gris ;* et nous soupçonnons, M. Daubenton et moi, que c'est une variété d'âge, parce qu'il est plus petit, n'ayant que sept pouces et demi de longueur totale, et que sa queue est un peu plus courte, ne dépassant les ailes que de la moitié de sa longueur : d'ailleurs, je remarque que toutes ses autres différences sont en moins ou par défaut ; il n'a ni la bande noire sur les yeux, ni la queue bordée de blanc, ni ses couvertures supérieures blanches ; les pennes des ailes sont bordées de blanc, mais elles sont moins noirâtres, et celles de la queue moins noires que dans le guirarou.

LES FOURMILLIERS. [**]

Dans les terres basses, humides et mal peuplées du continent de l'Amérique méridionale, les reptiles et les insectes semblent dominer, par le nombre, sur toutes les autres espèces vivantes. Il y a dans la Guiane et au Brésil [b] des fourmis en si grand nombre que pour en avoir une idée il faut se figurer des aires de quelques toises de largeur sur plusieurs pieds de hauteur ; et ces monceaux immenses, accumulés par les fourmis, sont aussi remplis, aussi peuplés que nos petites fourmilières, dont les plus grandes.

a. Je dois tous ces détails à M. de Manoncour.

b. C'est la même chose dans plusieurs autres endroits de l'Amérique méridionale. Pison rapporte qu'au Brésil et même dans les terres humides du Pérou, la quantité de fourmis était si grande, qu'elles détruisaient tous les grains que l'on confiait à la terre, et que, quoiqu'on employât pour les détruire le feu et l'eau, on ne pouvait en venir à bout. Il ajoute qu'il serait fort à désirer que la nature eût placé dans ces contrées beaucoup d'espèces d'animaux semblables au tamanoir et au tamandua, qui fouillent profondément avec leurs griffes les énormes fourmilières dont elles sont couvertes, et qui, par le moyen de leur longue langue, en avalent une prodigieuse quantité. Les unes de ces fourmis ne sont pas plus grandes que celles d'Europe, les autres sont du double et du triple plus grosses ; elles forment des monceaux aussi élevés que des meules de foin, et leur nombre est si prodigieux, qu'elles tracent des chemins de quelques pieds de largeur dans les champs et dans les bois, souvent dans une étendue de plusieurs lieues. Pison, *Hist. nat. utriusq. Indi.*, p. 9. — Fernandez dit aussi que ces fourmis sont plus grosses et assez semblables à nos fourmis ailées, et que leurs fourmilières sont d'une hauteur et d'une largeur incroyables. Fernandez, cap. xxx, p. 76.

[*] *Ampelis grisea* (Linn.). — « Le cotinga gris (*ampelis grisea*) se rapproche plus des piauhau que des *cotingas ordinaires.* » (Cuvier.)

[**] Ordre et famille id., genre *Fourmilliers* (Cuv.).

n'ont que deux ou trois pieds de diamètre, en sorte qu'une seule de ces fourmilières d'Amérique peut équivaloir à deux ou trois cents de nos fourmilières d'Europe; et non-seulement ces magasins, ces nids formés par ces insectes en Amérique excèdent prodigieusement ceux de l'Europe par la grandeur, mais ils les excèdent encore de beaucoup par le nombre. Il y a cent fois plus de fourmilières dans les terres désertes de la Guiane que dans aucune contrée de notre continent; et comme il est dans l'ordre de la nature que les unes de ses productions servent à la subsistance des autres, on trouve dans ce même climat des quadrupèdes et des oiseaux qui semblent être faits exprès pour se nourrir de fourmis. Nous avons donné l'histoire du tamanoir [a], du tamandua et des autres fourmilliers quadrupèdes, nous allons donner ici celle des oiseaux fourmilliers qui ne nous étaient pas connus avant que M. de Manoncour les eût apportés pour le Cabinet du Roi.

Les fourmilliers sont des oiseaux de la Guiane qui ne ressemblent à aucun de ceux de l'Europe, mais qui pour la figure du corps, du bec, des pattes et de la queue, ont beaucoup de ressemblance avec ceux que nous avons appelés *brèves*[b], et que les nomenclateurs avaient mal à propos confondus avec les merles[c]; mais comme les brèves se trouvent aux Philippines, aux Moluques, à l'île de Ceylan, au Bengale et à Madagascar, il est plus que probable qu'ils ne sont pas de la même famille que les fourmilliers d'Amérique : ces derniers me paraissent former un nouveau genre qui est entièrement dû aux recherches de M. de Manoncour, que j'ai déjà cité plusieurs fois, parce qu'il a fait une étude approfondie sur les oiseaux étrangers, dont il a donné au Cabinet du Roi plus de cent soixante espèces. Il a bien voulu me communiquer aussi toutes les observations qu'il a faites dans ses voyages au Sénégal et en Amérique : c'est de ces mêmes observations que j'ai tiré l'histoire et la description de plusieurs oiseaux, et en particulier celle des fourmilliers.

Dans la Guiane française, ainsi que dans tous les pays où l'on n'est pas instruit en histoire naturelle, il suffit d'apercevoir dans un animal un caractère ou une habitude qui ait de la conformité avec les caractères et les habitudes d'un genre connu, pour lui imposer le nom de ce genre : c'est ce qui est arrivé au sujet des fourmilliers. L'on a remarqué qu'ils ne se perchaient point ou très-peu, et qu'ils couraient à terre comme les perdrix; il n'en a pas fallu davantage pour ne plus les distinguer que par la taille, et, sans faire attention aux traits nombreux de dissemblance, on les a nommés à Cayenne petites perdrix[d].

Mais ces oiseaux ne sont ni des perdrix, ni des merles, ni même des

---

a. Voyez le t. III, p. 125 et suiv.
b. Voyez, ci-devant, p. 129 et suiv.
c. Brisson, *Ornithol.*, t. II, p. 316 et 319.
d. Les naturels de la Guiane donnent à quelques espèces de fourmilliers le nom de *palikours*,

brèves; ils ont seulement comme ces derniers, pour principaux caractères
extérieurs, les jambes longues, la queue et les ailes courtes, l'ongle du doigt
postérieur plus arqué et plus long que les antérieurs, le bec droit et allongé,
la mandibule supérieure échancrée à son extrémité, qui se courbe à sa jonction avec la mandibule inférieure, qu'elle déborde d'environ une ligne,
mais ils ont de plus ou de moins que les brèves (car nous ne connaissons
pas la forme de la langue de ces oiseaux), la langue courte et garnie de
petits filets cartilagineux et charnus vers sa pointe; les couleurs sont aussi
très-différentes, comme on le verra par leurs descriptions particulières, et
il y a toute apparence que les fourmilliers diffèrent encore des brèves par
leurs habitudes naturelles, puisqu'ils sont de climats très-éloignés, et dont
les productions étant différentes, les nourritures ne peuvent guère être les
mêmes. Lorsque nous avons parlé des brèves, nous n'avons rien pu dire
de leurs habitudes naturelles, parce qu'aucun voyageur n'en a fait mention : ainsi nous ne pouvons pas leur comparer à cet égard les fourmilliers
d'Amérique.

En général, les fourmilliers se tiennent en troupes et se nourrissent de
petits insectes, et principalement de fourmis, lesquelles, pour la plupart,
sont assez semblables à celles d'Europe. On rencontre presque toujours ces
oiseaux à terre, c'est-à-dire sur les grandes fourmilières, qui communément dans l'intérieur de la Guiane ont plus de vingt pieds de diamètre; ces
insectes, par leur multitude presque infinie, sont très-nuisibles aux progrès
de la culture, et même à la conservation des denrées dans cette partie de
l'Amérique méridionale.

L'on distingue plusieurs espèces dans ces oiseaux mangeurs de fourmis;
et, quoique différentes entre elles, on les trouve assez souvent réunies dans
le même lieu : on voit ensemble ceux des grandes et ceux des petites
espèces, et aussi ceux qui ont la queue un peu longue, et ceux qui l'ont
très-courte. Au reste il est rare, si l'on en excepte les espèces principales
qui se réduisent à un petit nombre, il est rare, dis-je, de trouver dans
aucune des autres deux individus qui se ressemblent parfaitement, et l'on
peut présumer que ces variétés si multipliées proviennent de la facilité que
les petites espèces ont de se mêler et de produire ensemble : de sorte qu'on
ne doit les regarder pour la plupart que comme de simples variétés, et non
pas comme des espèces distinctes et séparées.

Tous ces oiseaux ont les ailes et la queue fort courtes, ce qui les rend peu
propres pour le vol ; elles ne leur servent que pour courir et sauter légèrement sur quelques branches peu élevées, on ne les voit jamais voler en
plein air ; ce n'est pas faute d'agilité, car ils sont très-vifs et presque
toujours en mouvement ; mais c'est faute des organes ou plutôt des instruments nécessaires à l'exécution du vol, leurs ailes et leur queue étant trop
courtes pour pouvoir les soutenir et les diriger dans un vol élevé et continu.

La voix des fourmilliers est aussi très-singulière ; ils font entendre un cri qui varie dans les différentes espèces, mais qui dans plusieurs a quelque chose de fort extraordinaire, comme on le verra dans la description de chaque espèce particulière.

Les environs des lieux habités ne leur conviennent pas ; les insectes dont ils font leur principale nourriture, détruits ou éloignés par les soins de l'homme, s'y trouvent avec moins d'abondance : aussi ces oiseaux se tiennent-ils dans les bois épais et éloignés, et jamais dans les savanes ni dans les autres lieux découverts, et encore moins dans ceux qui sont voisins des habitations. Ils construisent avec des herbes sèches assez grossièrement entrelacées, des nids hémisphériques de deux, trois et quatre pouces de diamètre, selon leur propre grandeur ; ils attachent ces nids ou les suspendent, par les deux côtés, sur des arbrisseaux à deux ou trois pieds au-dessus de terre : les femelles y déposent trois à quatre œufs presque ronds.

La chair de la plupart de ces oiseaux n'est pas bonne à manger, elle a un goût huileux et désagréable, et le mélange digéré des fourmis et des autres insectes qu'ils avalent exhale une odeur infecte lorsqu'on les ouvre.

LE ROI DES FOURMILLIERS. *

PREMIÈRE ESPÈCE.

Celui-ci est le plus grand et le plus rare de tous les oiseaux de ce genre ; on ne le voit jamais en troupes et très-rarement par paires, et comme il est presque toujours seul parmi les autres, qui sont en nombre, et qu'il est plus grand qu'eux, on lui a donné le nom de *roi des fourmilliers :* nous avons d'autant plus de raison d'en faire une espèce particulière et différente de toutes les autres, que cette affectation avec laquelle il semble fuir tous les autres oiseaux, et même ceux de son espèce, est assez extraordinaire. Et si un observateur aussi exact que M. de Manoncour ne nous avait pas fait connaître les mœurs de cet oiseau, il ne serait guère possible de le reconnaître à la simple inspection pour un fourmillier, car il a le bec d'une grosseur et d'une forme différente de celle du bec de tous les autres fourmilliers ; mais comme il a plusieurs habitudes communes avec ces mêmes oiseaux, nous sommes fondés à présumer qu'il est du même genre. Ce roi des fourmilliers se tient presque toujours à terre, et il est beaucoup moins vif que les autres qui l'environnent en sautillant ; il fréquente les mêmes lieux et se nourrit de même d'insectes et surtout de fourmis ; sa femelle

---

* *Turdus rex* (Linn.). — *Corvus grallarius* (Shaw). — *Myiothera rex* (Illig.). — *Grallaria rex* (Vieill.).

est, comme dans toutes les autres espèces de ce genre, plus grosse que le mâle.

Cet oiseau, mesuré du bout du bec à l'extrémité de la queue, a sept pouces et demi de longueur; son bec est brun, un peu crochu, long de quatorze lignes, et épais de cinq lignes à sa base, qui est garnie de petites moustaches ; les ailes pliées aboutisssent à l'extrémité de la queue, qui n'a que quatorze lignes de longueur ; les pieds sont bruns et longs de deux pouces.

Le dessous du corps est varié de roux brun, de noirâtre et de blanc, et c'est la première de ces couleurs qui domine jusqu'au ventre où elle devient moins foncée, et où le blanchâtre est la couleur dominante : deux bandes blanches descendent des coins du bec et accompagnent la plaque de couleur sombre de la gorge et du cou; l'on remarque sur la poitrine une tache blanche à peu près triangulaire : le roux brun est la couleur du dessus du corps; il est nuancé de noirâtre et de blanc, excepté le croupion et la queue, où il est sans mélange. Au reste, les dimensions en grandeur et les teintes des couleurs sont sujettes à varier dans les différents individus; car il y en a de plus ou moins colorés, comme aussi de moins grands et de plus grands, quoique adultes, et nous en avons présenté ici le terme moyen.

L'AZURIN.*

SECONDE ESPÉCE.

Nous avons donné à la suite des merles la description de cet oiseau [a], à laquelle nous n'avons rien à ajouter. Nous avons déjà observé qu'il n'était certainement pas un merle; par sa forme extérieure il doit se rapporter au genre des fourmilliers : nous ne connaissons cependant pas ses habitudes naturelles. Il est assez rare à la Guiane, d'où néanmoins il a été envoyé à M. Mauduit.

LE GRAND BEFFROI. **

TROISIÈME ESPÉCE.

Ce n'est que par comparaison avec un autre plus petit que nous donnons à cet oiseau l'épithète de grand , car sa longueur totale n'est que de six

[a]. Voyez, ci-devant, p. 128.

* *Turdus cyanurus* (Lath. et Gmel.). — *Myiothera cyanura* (Illig.). — Voyez la nomenclature et la note de la p. 128.

** *Turdus tinniens* (Gmel.). — *Myiothera tinniens* (Illig.).

pouces et demi; sa queue longue de seize lignes dépasse de six lignes les ailes pliées; le bec, long de onze lignes, est noir en dessus et blanc en dessous, large à sa base de trois lignes et demie; les pieds ont dix-huit lignes de longueur, et sont, ainsi que les doigts, d'une couleur plombée claire.

La planche enluminée, n° 706, représente les couleurs du plumage, mais les teintes en varient presque dans chaque individu; les dimensions varient de même [a], et nous venons d'en présenter le terme moyen.

Dans cette espèce les femelles sont beaucoup plus grosses que les mâles, et plus à proportion que dans la première espèce; c'est un rapport que tous les fourmilliers ont avec les oiseaux de proie, dont les femelles sont plus grosses que les mâles.

Ce qui distingue plus particulièrement cet oiseau, auquel nous avons donné le nom de *beffroi*, c'est le son singulier qu'il fait entendre le matin et le soir; il est semblable à celui d'une cloche qui sonne l'alarme. Sa voix est si forte qu'on peut l'entendre à une grande distance, et l'on a peine à s'imaginer qu'elle soit produite par un oiseau de si petite taille. Ces sons, aussi précipités que ceux d'une cloche sur laquelle on frappe rapidement, se font entendre pendant une heure environ; il semble que ce soit une espèce de rappel comme celui des perdrix, quoique ce bruit singulier se fasse entendre en toutes saisons et tous les jours les matins au lever du soleil, et les soirs avant son coucher; mais on doit observer que comme la saison des amours n'est pas fixée dans ces climats, les perdrix, ainsi que nos fourmilliers, se rappellent dans tous les temps de l'année.

Au reste, le roi des fourmilliers et le beffroi sont les seuls oiseaux de ce genre dont la chair ne soit pas mauvaise à manger.

LE PETIT BEFFROI. *

VARIÉTÉ.

Il y a dans cette espèce une différence sensible pour la grandeur, et c'est par cette raison que nous l'appellerons le *petit beffroi*.

Sa longueur est de cinq pouces et demi; le dessus du corps est d'une couleur olivâtre, qui devient moins foncée sur le croupion; la queue, dont les pennes sont brunes, ainsi que celles des ailes, dépasse celle-ci de dix lignes; le dessous de la gorge est blanc, ensuite les plumes deviennent grises et tachetées de brun roussâtre jusqu'au ventre, qui est de cette dernière couleur.

a. Dans quelques individus la partie supérieure du bec, quoique échancrée et un peu crochue, ne passe pas l'inférieure.

* *Turdus lineatus* (Gm.). — *Myiothera lineata* (Illing.).

Par cette description, il est facile d'apercevoir les rapports frappants des couleurs de cet oiseau avec celles du grand beffroi, et, du reste, la conformation est la même.

LE PALIKOUR OU FOURMILLIER PROPREMENT DIT. *

QUATRIÈME ESPÈCE.

Il a près de six pouces de longueur; le corps moins gros et le bec plus allongé que le petit beffroi; les yeux, dont l'iris est rougeâtre, sont entourés d'une peau d'un bleu céleste; les pieds et la partie inférieure du bec sont de la même couleur.

La gorge, le devant du cou et le haut de la poitrine, sont couverts d'une plaque noire en forme d'une cravate, avec une bordure noire et blanche qui s'étend derrière le cou et y forme un demi-collier; le reste du dessous du corps est cendré.

Les oiseaux de cette espèce sont très-vifs, mais ils ne volent pas plus que les autres en plein air; ils grimpent sur les arbrisseaux à la manière des pics et en étendant les plumes de leur queue.

Ils font entendre une espèce de fredonnement, coupé par un petit cri bref et aigu.

Les œufs sont bruns, gros à peu près comme des œufs de moineau; le gros bout est semé de taches d'une couleur brune foncée; le nid est plus épais et mieux tissu que celui des autres fourmilliers, et a de plus une couche de mousse qui le revêt à l'extérieur.

Nous avons mis à la suite des merles plusieurs fourmilliers; mais maintenant que M. de Manoncour nous a fait connaître pleinement ce nouveau genre, il faut rapporter à l'espèce du *palikour* ou *fourmillier proprement dit*, le *merle à cravate de Cayenne*, tome III de notre *Histoire naturelle des oiseaux*, page 392, et planche enluminée, n° 560, figure 2 ᵃ; le *merle roux de Cayenne, ibid.*, page 402, et planche enluminée, n° 644, figure 1; et le *petit merle brun à gorge rousse de Cayenne, ibid.*, page 403, et planche enluminée, n° 644, figure 2. On peut les regarder comme des variétés de cette quatrième espèce de fourmillier : au reste, la description en est bonne et n'exige aucun changement; nous observerons seulement que les dimensions du merle à cravate, page 392, et du merle roux, page 402, ont été prises sur de grands individus; ce qui pourrait les faire juger plus grands que le grand beffroi, dont nous n'avons donné que la grandeur moyenne, et qui est réellement plus gros que ceux-ci.

a. Dans cette planche, la queue de l'oiseau est trop longue, et la couleur rousse du ventre plus foncée que dans le naturel.

* *Turdus formicivorus* (Gmel.). — *Myiothera formicivora* (Illig.).

LE COLMA. *

Le colma peut encore être regardé comme une variété ou comme une espèce très-voisine du palikour ou fourmillier proprement dit ; tout son plumage est brun sur le corps, gris brun en dessous et cendré sur le ventre ; il a seulement au bas de la tête, derrière le cou, une espèce de demi-collier roux et la gorge blanche piquetée de gris brun ; c'est de ce dernier caractère que nous lui avons donné le nom de *colma* : quelques individus n'ont pas ce demi-collier roux.

LE TÉTÉMA. **

Le tétéma est un oiseau de Cayenne, qui nous paraît avoir beaucoup de rapport avec le colma, non-seulement par sa grandeur, qui est la même, et sa forme qui est assez semblable, mais encore par la disposition des couleurs, qui sont à peu près les mêmes sur presque tout le dessus du corps. La plus grande différence dans les couleurs de ces oiseaux se trouve sur la gorge, la poitrine et le ventre, qui sont d'un brun noirâtre, au lieu que dans le colma le commencement du cou et la gorge sont d'un blanc varié de petites taches brunes, et la poitrine et le ventre sont d'un gris cendré, ce qui pourrait faire présumer que ces différences ne viennent que du sexe ; je serais donc porté à regarder le tétéma comme le mâle et le colma comme la femelle, parce que celui-ci a généralement les couleurs plus claires.

LE FOURMILLIER HUPPÉ. ***

CINQUIÈME ESPÈCE.

La longueur moyenne de cette espèce de fourmillier est de près de six pouces : le dessus de la tête est orné de longues plumes noires que l'oiseau redresse à sa volonté en forme de huppe ; il a l'iris des yeux noir, le dessous de la gorge couvert de plumes noires et blanches, la poitrine et le dessous du cou noirs : tout le reste du corps est gris cendré.

La queue a deux pouces quatre lignes de long ; elle est composée de douze plumes étagées[a], bordées et terminées de blanc ; elle passe d'un

---

a. Dans toutes les espèces de fourmilliers, la queue est plus ou moins étagée ; ceux qui l'ont plus longue que les autres, l'ont aussi moins fournie, et les pennes en sont plus faibles.

* *Turdus colma* (Gmel.). — *Myiothera colma* (Illig.).

** Le même oiseau que le précédent (Cuv.).

*** *Turdus cirrhatus* (Gmel.) — *Thamnophilus cirrhatus* (Vieill.). — C'est une *pie-grièche* (Cuv.).

pouce les ailes pliées, dont les couvertures supérieures noires sont terminées de blanc : ces mêmes couvertures supérieures des ailes sont, dans
quelques individus, de la couleur générale du corps, c'est-à-dire gris
cendré.

La femelle a aussi une huppe ou plutôt les mêmes longues plumes sur la
tête, mais elles sont rousses, et son plumage ne diffère de celui du mâle
que par une légère teinte de roussâtre sur le gris.

Ces fourmilliers ont le cri semblable à celui d'un petit poulet; ils pondent
trois œufs [a], et plusieurs fois l'année.

Nous avons donné, sous le nom de *grisin de Cayenne*, une variété de ce
fourmillier huppé; nous n'avons rien à ajouter à sa description. (Voyez,
ci-devant, page 127.

LE FOURMILLIER A OREILLES BLANCHES. [a] [*]

SIXIÈME ESPÈCE.

Il est long de quatre pouces neuf lignes; le dessus de la tête est brun,
et les bas-côtés du devant de la tête et la gorge noirs : depuis l'angle postérieur de l'œil jusqu'au bas de la tête descend une petite bande d'un beau
blanc luisant, dont les plumes sont plus larges et plus longues que celles de
la tête.

Le reste du plumage n'a rien de remarquable : la couleur du dessus du
corps est un mélange peu agréable d'olive et de roussâtre. La partie supérieure du dessous du corps est rousse, et le reste gris.

La queue est longue de quinze lignes; les ailes pliées aboutissent à son
extrémité, les pieds sont bruns : au reste, les habitudes naturelles de cet
oiseau sont les mêmes que celles des précédents.

LE CARILLONNEUR. [**]

SEPTIÈME ESPÈCE.

La longueur totale de cet oiseau est de quatre pouces et demi, et
sa queue dépasse les ailes pliées de neuf lignes : nous renvoyons pour

a. M. de Manoncour a trouvé dans le mois de décembre, plusieurs petits de cette espèce qui
étaient prêts à prendre leur essor; il essaya vainement d'en élever quelques-uns; ils périrent
tous au bout de quatre jours, quoiqu'ils mangeassent fort bien de la mie de pain.

* *Turdus auritus* (Gmel.). — Genre *Gobe-Mouches*, sous-genre *Moucherolles* (Cuv.). — « Le
« *turdus auritus* n'est ni un *merle*, ni un *manakin*. » (Cuvier.)

** *Turdus tintinnabulatus* (Linn.). — « On est obligé de renvoyer aux *merles* plusieurs
« espèces que Buffon avait placées parmi les *fourmilliers*, à cause de quelques rapports de
« couleur, nommément le *carillonneur* (*turdus tintinnabulatus*). » (Cuvier.)

les couleurs à la planche enluminée , qui les représente assez fidèlement.

Outre les habitudes communes à tous les fourmilliers, le carillonneur en a qui lui sont particulières; car quoiqu'il se nourrisse de fourmis et qu'il habite, comme les autres fourmilliers, les terrains où ces insectes sont les plus abondants, cependant il ne se mêle pas avec les autres espèces, et il fait bande à part : on trouve ordinairement ces oiseaux en petites compagnies de quatre ou six; le cri qu'ils font entendre en sautillant est très-singulier; ils forment parfaitement entre eux un carillon pareil à celui de trois cloches d'un ton différent; leur voix est très-forte, si on la compare à leur petite taille; il semble qu'ils chantent en partie, quoiqu'il y ait à présumer que chacun d'eux fait successivement les trois tons : cependant on n'en est pas assuré, parce que jusqu'à ce jour l'on n'a pas pris le soin d'élever ces oiseaux en domesticité. Leur voix n'est pas, à beaucoup près, aussi forte que celle du beffroi, qui ressemble vraiment au son d'une assez grosse cloche; on n'entend distinctement que de cinquante pas la voix de ces carillonneurs, au lieu que l'on entend celle du beffroi de plus d'une demi-lieue. Ces oiseaux continuent leur singulier carillon pendant des heures entières sans la moindre interruption.

Au reste cette espèce est assez rare, et ne se trouve que dans les forêts tranquilles de l'intérieur de la Guiane.

LE BAMBLA. *

HUITIÈME ESPÈCE.

Nous l'avons ainsi nommé, parce qu'il a une bande blanche transversale sur chaque aile : la planche enluminée donne une idée exacte de la taille et des couleurs de ce petit oiseau, qui est très-rare, et dont les habitudes naturelles ne nous sont pas connues; mais par sa ressemblance avec les autres fourmilliers il nous paraît être du même genre, en faisant néanmoins une espèce particulière.

Outre ces huit espèces de fourmilliers, nous en avons encore vu trois autres espèces que nous avons fait graver, pl. 821 et pl. 823, fig. 1 et 2 ; mais nous ne connaissons que la figure de ces oiseaux, qui tous trois nous sont venus de Cayenne sans la moindre notice sur leurs habitudes naturelles.

---

* *Turdus bambla* (Linn.). — Genre *Fourmilliers*, sous-genre *Fourmilliers à bec grêle et aiguisé* (Cuv.).

L'ARADA.[*]

On a représenté cet oiseau, planche enluminée n° 706, fig. 2, sous la dénomination de *musicien de Cayenne*, nom que lui avait d'abord donné M. de Manoncour; mais comme ce même nom de *musicien* a été imposé à d'autres oiseaux de genres différents, je conserve à celui-ci le nom d'*arada*, qu'il porte dans son pays natal.

Ce n'est pas précisément un fourmillier, mais nous avons cru devoir le placer à la suite de ces oiseaux, parce qu'il a tous les caractères extérieurs communs avec eux ; il en diffère néanmoins par les habitudes naturelles, car il est solitaire ; il se perche sur les arbres, et ne descend à terre que pour y prendre les fourmis et autres insectes dont il fait aussi sa nourriture ; il en diffère encore par un grand caractère : tous les fourmilliers ne forment que des cris ou des sons sans modulation, au lieu que l'arada a le ramage le plus brillant ; il répète souvent les sept notes de l'octave par lesquelles il prélude ; il siffle ensuite différents airs modulés sur un grand nombre de tons et d'accents différents, toujours mélodieux, plus graves que ceux du rossignol et plus ressemblants aux sons d'une flûte douce ; l'on peut même assurer que le chant de l'arada est en quelque façon supérieur à celui du rossignol, il est plus touchant, plus tendre et plus flûté ; d'ailleurs l'arada chante presque dans toutes les saisons, et il a de plus que son chant une espèce de sifflet par lequel il imite parfaitement celui d'un homme qui en appelle un autre : les voyageurs y sont souvent trompés ; si l'on suit le sifflet de cet oiseau c'est un sûr moyen de s'égarer, car à mesure qu'on s'approche, il s'éloigne peu à peu en sifflant de temps en temps.

L'arada fuit les environs des lieux habités ; il vit seul dans l'épaisseur des bois éloignés des habitations, et l'on est agréablement surpris de rencontrer dans ces vastes forêts un oiseau dont le chant mélodieux semble diminuer la solitude de ces déserts ; mais on ne le rencontre pas aussi souvent qu'on le désirerait ; l'espèce n'en paraît pas nombreuse, et l'on fait souvent beaucoup de chemin sans en entendre un seul.

Je dois avouer à l'occasion de cet oiseau dont le chant est si agréable, que je n'étais pas informé de ce fait lorsque j'ai dit dans mon Discours sur la nature des oiseaux [a] qu'en général, dans le Nouveau-Monde, et surtout dans les terres désertes de ce continent, presque tous les oiseaux n'avaient que des cris désagréables : celui-ci, comme l'on voit, fait une grande exception à cette espèce de règle, qui néanmoins est très-vraie pour le plus grand nombre. D'ailleurs, on doit considérer que, proportion gardée, il y a peut-être dix fois plus d'oiseaux dans ces climats chauds que dans les nôtres, et

a. T. V, premier discours.

[*] *Turdus cantans* (Linn. . — Genre et sous-genre *id.*

qu'il n'est pas surprenant que dans un aussi grand nombre il s'en trouve
quelques-uns dont le chant est agréable : sur près de trois cents espèces
que nos observateurs connaissent en Amérique, on n'en peut guère citer
que cinq ou six, savoir, l'arada, le tangara-cardinal ou scarlat, celui que
l'on appelle l'*organiste de Saint-Domingue*, le cassique jaune, le merle des
savanes de la Guiane et le roitelet de Cayenne, presque tous les autres
n'ayant au lieu de chant qu'un cri désagréable ; en France, au contraire,
sur cent ou cent vingt espèces d'oiseaux, nous pourrions compter aisément
vingt ou vingt-cinq espèces chantant avec agrément pour notre oreille.

Les couleurs du plumage de l'arada ne répondent pas à la beauté de son
chant ; elles sont ternes et sombres (voyez la planche enluminée, n° 706,
fig. 2) ; car il faut observer que dans cette planche les couleurs sont trop
vives et trop tranchées : elles sont plus sombres et plus vagues dans l'oiseau même.

Au reste, la longueur totale de l'arada n'est que de quatre pouces, et la
queue, rayée transversalement de roux brun et de noirâtre, dépasse les
ailes de sept lignes.

On peut rapporter à l'arada un oiseau que M. Mauduit nous a fait voir,
et qui ne peut être d'aucun autre genre que de celui des fourmilliers : néanmoins il diffère de toutes les espèces de fourmilliers, et se rapproche davantage de celle de l'arada, dont il se pourrait même qu'il ne fût qu'une
variété ; car il ressemble à l'arada par la longueur et la forme du bec, par
celle de la queue, par la longueur des pieds et par quelques plumes blanches mêlées dans les plumes brunes sur les côtés du cou ; il a aussi la même
grandeur à très-peu près et la même forme de corps, mais il en diffère en
ce qu'il a l'extrémité du bec plus crochue, la gorge blanche, avec un demi-
collier noir au-dessous, et que son plumage est d'une couleur uniforme et
non rayé de lignes brunes comme celui de l'arada, dont la gorge et le dessous du cou sont rouges. Ces différences sont assez grandes pour qu'on
puisse regarder cet oiseau de M. Mauduit comme une race très-distincte
dans celle de l'arada, ou peut-être comme une espèce voisine, car il se
trouve de même à Cayenne ; mais comme nous ne connaissons rien de ses
habitudes naturelles, et que nous ne sommes pas informés s'il a le chant
de l'arada, nous ne pouvons décider quant à présent de l'identité ou de la
diversité de l'espèce de ces deux oiseaux.

LES FOURMILLIERS ROSSIGNOLS.

Ces oiseaux, par leur conformation extérieure, forment un genre moyen
entre les fourmilliers et les rossignols ; ils ont le bec et les pieds des fourmilliers, et par leur longue queue ils se rapprochent des rossignols. Ils vivent

en troupes dans les grands bois de la Guiane ; courent à terre et sautent sur les branches peu élevées, sans voler en plein air : ils se nourrissent de fourmis et d'autres petits insectes ; ils sont très-agiles, et font entendre en sautillant une espèce de fredonnement suivi d'un petit cri aigu, qu'ils répètent plusieurs fois de suite lorsqu'ils se rappellent.

Nous n'en connaissons que de deux espèces.

LE CORAYA. *

PREMIÈRE ESPÈCE.

Nous l'avons ainsi nommé, parce qu'il a la queue rayée transversalement de noirâtre. La longueur de cet oiseau est de cinq pouces et demi, mesuré depuis l'extrémité du bec jusqu'à celle de la queue ; la gorge et le devant du cou sont blancs ; la poitrine est moins blanche, et prend une teinte de cendré ; il y a un peu de roussâtre sous le ventre et sur les jambes ; la tête est noire et le dessus du corps d'un brun-roux ; la queue étagée est longue de deux pouces ; elle dépasse les ailes de dix-huit lignes au moins ; l'ongle postérieur est, comme dans les fourmilliers, le plus long et le plus fort de tous.

L'ALAPI. **

SECONDE ESPÈCE.

Cette seconde espèce de fourmilliers-rossignol est un peu plus grande que la première. Cet oiseau a près de six pouces de longueur ; la gorge, le devant du cou et la poitrine sont noirs ; le reste du dessous du corps est cendré ; une couleur brune olivâtre couvre le dessus de la tête, du cou et du dos ; le reste du dessus du corps est d'un cendré plus foncé que celui du ventre ; l'on remarque une tache blanche sur le milieu du dos ; la queue noirâtre et un peu étagée, dépasse d'un pouce et demi les ailes, dont les pennes sont brunes en dessus et noirâtres en dessous ; et les couvertures supérieures sont d'un brun très-foncé, piqueté de blanc, ce qui a fait donner à cet oiseau le nom d'*alapi*.

La femelle n'a pas la tache blanche sur le dos ; sa gorge est blanche, et le reste du dessous du corps roussâtre, avec des plumes grises cendrées sur

---

* *Turdus coraya* (Gmel.). — Voyez la nomenclature suivante.

** *Turdus alapi* (Gmel.). — « Il faut renvoyer aux *merles*, malgré leur petitesse, les espèces « à longue queue nommées par Buffon *fourmilliers-rossignols* (*tardus coraya* et *turdus* « *alapi*). » (Cuvier.)

les côtés du bas-ventre et sur celles qui forment les couvertures inférieures de la queue ; les points des couvertures des ailes sont aussi roussâtres, et la couleur du dessus du corps est moins foncée que dans le mâle.

Au reste, ces teintes de couleurs, et les couleurs elles-mêmes, sont sujettes à varier dans les différents individus de cette espèce, comme nous l'avons observé dans celle des fourmilliers.

L'AGAMI.[a]*

Nous rendons à cet oiseau le nom d'*agami*, qu'il a toujours porté dans son pays natal, afin d'éviter les équivoques dans lesquelles l'on ne tombe que trop souvent par la confusion des noms : nous-mêmes avons déjà parlé de cet oiseau sous le nom de *caracara*[b], sans savoir que ce fût l'agami[1]; mais tout ce que nous en avons dit d'après le P. Dutertre doit néanmoins se rapporter à cet oiseau, qui n'est point un faisan comme le dit cet auteur, et qui est encore plus éloigné du *caracara* de Marcgrave[e], lequel est un oiseau de proie, et dont le P. Dutertre avait mal à propos emprunté le nom.

L'agami n'est donc ni le caracara ni un faisan; mais ce n'est pas non plus une poule sauvage, comme l'a écrit Barrère[d], ni une grue, comme il est dénommé dans l'ouvrage de M. Pallas[e], ni même un grand oiseau d'eau de la famille des vanneaux, comme M. Adanson paraît l'insinuer en disant qu'il est de cette famille, à cause de ses genouillères relevées et du doigt postérieur situé un peu plus haut que les trois antérieurs, et qu'il forme un genre intermédiaire entre le jacana et le kamichi[f].

Il est vrai que l'agami a quelque rapport avec les oiseaux d'eau par ce caractère très-bien saisi par M. Adanson, et encore par la couleur verdâtre

a. Faisan des Antilles. Dutertre, *Histoire des Antilles*, t. II, p. 255. — « Phasianus insula- « rum Antillarum. D. Dutertre. » Ray, *Syn. avi.*, p. 96. — « Gallina silvatica crepitans pectore « columbino agami. » Barrère, *France équinoxiale*, p. 132. — « Psophia crepitans nigra, pec- « tore columbino, » *idem. Ornithol.*, p. 62. — « Phasianus supernè grisco fuscus, collo et « pectore splendidè cæruleis, rectricibus nigris... » *Phasianus Antillarum.* Brisson, *Ornithol.*, t. I, p. 269. — Oiseau trompette. La Condamine, *Voyage des Amaz.*, p. 175. — « Psophia « crepitans. » Linnæus, *Syst. nat.*, édit. XII, gen. 94, sp. 1. — Trompette Américain. Wosmaër, feuille imprimée à Amsterdam, 1768. — « Grus crepitans seu psophia Linnæi. » Pallas, *Miscell. zoolog.*, p. 66. — Agami. Adanson, *supplément à l'Encyclopédie.* — *Trompetero* par les Espa- « gnols de la province de Maynas. » La Condamine. *Agami*, à Cayenne.

b. Vol. V, p. 440.

c. Hist. nat. Brasil., p. 211.

d. France équinox., p. 132.

e. Miscel. zoolog., p. 66.

f. Supplément à l'Encyclopédie.

* *Psophia crepitans* (Linn.). — Ordre des *Échassiers*, genre *Grues*, sous-genre *Agamis* (Cuv.).

1. Voyez, t. V, la nomenclature de la p. 440.

de ses pieds; mais il en diffère par tout le reste de sa nature, puisqu'il
habite les montagnes sèches et les forêts sur les hauteurs, et qu'on ne le
voit jamais ni dans les marécages ni sur le bord des eaux. Nous n'avions
pas besoin de ce nouvel exemple pour démontrer l'insuffisance de toutes
les méthodes, qui, ne portant jamais que sur quelques caractères particuliers, se trouvent très-souvent en défaut lorsqu'on vient à les appliquer;
car tout méthodiste rangera, comme M. Adanson, l'agami dans la classe
des oiseaux d'eau, et se trompera, autant qu'il est possible de se tromper,
puisqu'il ne fréquente pas les eaux, et qu'il vit dans les bois comme les perdrix et les faisans.

Cependant ce n'est point un faisan ni un hocco, car il diffère de ce genre
non-seulement par les pieds et les jambes, mais encore par les doigts et les
ongles qui sont beaucoup plus courts; il diffère encore plus de la poule, et
l'on ne doit pas non plus le placer avec les grues, parce qu'il a le bec, le
cou et les jambes beaucoup plus courts que la grue, qu'on doit mettre avec
les oiseaux d'eau, au lieu que l'agami doit être rangé dans les gallinacés [1].

L'agami a vingt-deux pouces de longueur; le bec, qui ressemble parfaitement à celui des gallinacés, a vingt-deux lignes; la queue est très-courte,
n'ayant que trois pouces un quart; de plus, elle est couverte et un peu
dépassée par les couvertures supérieures, et elle n'excède pas les ailes lorsqu'elles sont pliées; les pieds ont cinq pouces de hauteur et sont revêtus
tout autour de petites écailles comme dans les autres gallinacés; et ces
écailles s'étendent jusqu'à deux pouces au-dessus des genouillères où il n'y
a point de plumes.

La tête en entier, ainsi que la gorge et la moitié supérieure du cou, en
dessus et en dessous, sont également couvertes d'un duvet court, bien serré
et très-doux au toucher; la partie antérieure du bas du cou, ainsi que la
poitrine, sont couvertes d'une belle plaque de près de quatre pouces d'étendue, dont les couleurs éclatantes varient entre le vert, le vert doré, le bleu
et le violet; la partie supérieure du dos et celle du cou, qui y est contiguë,
sont noires; après quoi le plumage se change sur le bas du dos en une couleur de roux brûlé; mais tout le dessous du corps est noir, ainsi que les
ailes et la queue; seulement les grandes plumes qui s'étendent sur le croupion et sur la queue sont d'un cendré clair; les pieds sont verdâtres. La
planche enluminée présente une image assez fidèle de la forme et des couleurs de cet oiseau.

Non-seulement les nomenclateurs [a] avaient pris l'agami pour un faisan,
une poule ou une grue, mais ils l'avaient encore confondu avec le *macu-*

a. Barrère, Brisson, Wosmaër, etc.

1. Il a été longtemps rangé, en effet, parmi les *gallinacés :* Cuvier l'a placé dans les *échassiers.* (Voyez la nomenclature précédente.)

cagua de Marcgrave [a], qui est le grand tinamou, et dont nous parlerons dans l'article suivant sous le nom de *magua*. M. Adanson est le premier qui ait remarqué cette dernière erreur.

MM. Pallas [b] et Wosmaër [c] ont très-bien observé la faculté singulière qu'a cet oiseau de faire entendre un son sourd et profond qu'on croyait sortir de l'anus [d]; ils ont reconnu que c'était une erreur. Nous observerons seulement qu'il y a beaucoup d'oiseaux qui, comme l'agami, ont la trachée-artère d'abord osseuse et ensuite cartilagineuse, et qu'en général ces oiseaux ont

a. *Hist. nat. Brasil.* p. 213.

b. « Larynx extra thoracem calami cygnei crassitie, ferèque osseus, ad ingressum thoracis « tenuior multò evadit, laxiorque et cartilagineus, unde procedunt canales duo semicylin- « drici, membrana perfecti, extensiles. — Saccus aëreus dexter usque in pelvim descendit, « intraque thoracem septis membranaceis transversis tribus vel quatuor cellulosus est. Sinister, « multò angustior, in hypochondrio terminatur. » *Miscel. zoolog.*, p. 71.

c. La propriété la plus caractéristique et la plus remarquable de ces oiseaux consiste dans le bruit merveilleux qu'ils font souvent d'eux-mêmes, ou excités à cet effet par les valets de la ménagerie. Je ne m'étonne pas qu'on ait été jusqu'ici dans l'idée qu'ils le faisaient par l'anus. J'ai eu moi-même assez de peine pour me convaincre du contraire. On ne peut guère s'en assurer, qu'en se couchant à terre, en attirant tout près de soi l'oiseau avec du pain, et en lui faisant faire le bruit, que les valets savent assez bien imiter, et qu'ils réussissent souvent à lui faire répéter après eux. Ce bruit équivoque est quelquefois précédé d'un cri sauvage, interrompu par un son approchant de celui de *scherck, scherck*, auquel suit le bruit sourd et singulier en question, qui a quelque rapport au gémissement des pigeons. De cette manière on leur entend donner cinq, six à sept fois, avec précipitation, un son sourd provenant de l'intérieur du corps à peu près comme si on prononçait, la bouche fermée, *tou, tou, tou, tou, tou, tou, tou*, traînant le dernier *tou*..... fort longtemps, et le terminant en baissant peu à peu de note. Ce son a aussi beaucoup de ressemblance avec le bruit long et lamentable que font les boulangers hollandais, en soufflant dans un cor de verre pour avertir leurs chalands que leur pain sort du four. Ce son, comme je l'ai déjà dit, ne vient point de l'anus; mais il me paraît très-certain qu'il est formé par une faible ouverture du bec, et par une espèce de poumons particuliers à presque tous les oiseaux, quoique de forme différente. C'est aussi le sentiment de M. Pallas qui l'a entendu souvent avec moi, et à qui j'ai donné à disséquer un de ces oiseaux morts. Ce docteur m'a fait part de ses observations sur le point en question, touchant la conformation intérieure de l'animal, et dont je lui témoigne ma reconnaissance : voici ce qu'il en dit : « La trachée-artère, avant que d'entrer dans la poitrine, est de l'épaisseur d'une « grosse plume à écrire; osseuse et absolument cylindrique. Dans la poitrine elle devient « cartilagineuse, et se divise en deux canaux hémicycles, qui prennent leurs cours dans les « poumons, et dont le gauche est fort court, mais le droit s'étend jusqu'au fond du bas-ventre, « et est séparé par des membranes transverses en trois ou quatre grands lobes. »

Ce sont donc certainement ces poumons, qu'on doit regarder en grande partie comme les causes motrices des divers sons que donnent les oiseaux. L'air, pressé par l'action impulsive des fibres, cherche une issue par les grosses branches du poumon charnu, rencontre en son chemin de petites membranes élastiques, qui excitent des frémissements, lesquels peuvent produire toutes sortes de tons. *Mémoires de l'Académie des Sciences*, année 1753, p. 293. Mais ce qui nous assure surtout, que ce son ne vient pas de l'anus, c'est que si l'on y prête une grande attention, lorsqu'ils font cet étrange bruit sourd (ce qui arrive souvent sans aucun cri précédent) on voit leur poitrine et leur ventre se remuer, et leur bec s'entr'ouvrir tant soit peu. Wosmaër, feuille imprimée à Amsterdam, 1768.

d. M. de la Condamine dit que cet oiseau a de particulier de faire quelquefois un bruit qui lui a fait donner le nom de *trompette*, mais que c'est mal à propos que quelques-uns ont pris ce son pour un chant ou pour un ramage, puisqu'il se forme dans un organe tout différent, et précisément opposé à celui de la gorge. *Voyage des Amazones* p. 175.

la voix grave; mais il y a aussi beaucoup d'oiseaux qui ont, au contraire, la trachée-artère d'abord cartilagineuse et ensuite osseuse à l'entrée de la poitrine, et que ce sont ordinairement ceux-ci qui ont la voix aiguë et perçante.

Mais à l'égard de la formation du son singulier que rend cet oiseau, elle peut en effet provenir de la plus grande étendue de son poumon et des cloisons membraneuses qui le traversent; cependant on doit observer que c'est par un faux préjugé qu'on est porté à croire que tous les sons qu'un animal fait entendre passent par la gorge ou par l'extrémité opposée, car quoique le son, en général, ait besoin de l'air pour véhicule, cependant on entend tous les jours dans le grouillement des intestins des sons qui ne passent ni par la bouche ni par l'anus, et qui sont cependant très-sensibles à l'oreille; il n'est donc pas nécessaire même de supposer que l'agami ouvre un peu le bec, comme le dit M. Wosmaër, pour que ce son se fasse entendre; il suffit qu'il soit produit dans l'intérieur du corps de l'animal pour être entendu au dehors, parce que le son perce à travers les membranes et les chairs, et qu'étant une fois excité au dedans il est nécessaire qu'il se fasse entendre plus ou moins au dehors. D'ailleurs ce son sourd que l'agami fait entendre ne lui est pas particulier; le hocco rend souvent un son de même nature, et qui même est plus articulé que celui de l'agami; il prononce son nom et le fait entendre par syllabes, *co, hocco, co, co, co,* d'un ton grave profond et bien plus fort que celui de l'agami. Il n'ouvre pas le bec, en sorte qu'on peut les comparer parfaitement à cet égard. Et comme dans leur conformation intérieure il n'y a rien d'assez sensiblement différent de celle des autres oiseaux, nous croyons qu'on ne doit regarder ce son que comme une habitude naturelle commune à un grand nombre d'oiseaux, mais seulement plus sensible dans l'agami et le hocco. Le son grave que font entendre les coqs d'Inde avant leur cri, le roucoulement des pigeons qui s'exécute sans qu'ils ouvrent le bec, sont des sons de même nature, seulement ils se produisent dans une partie plus voisine de la gorge; l'on voit celle du pigeon s'enfler et se distendre, au lieu que le son du hocco, et surtout celui de l'agami, sont produits dans une partie plus basse, si éloignée de la gorge qu'on est tenté de rapporter leur issue à l'ouverture opposée, par le préjugé dont je viens de parler, tandis que ce son intérieur, semblable aux autres sons qui se forment au dedans du corps des animaux, et surtout dans le grouillement des intestins, n'ont point d'autre issue que la perméabilité des chairs et de la peau qui laisse passer le son au dehors du corps; ces sons doivent moins étonner dans les oiseaux que dans les animaux quadrupèdes; car les oiseaux ont plus de facilité de produire ces sons sourds, parce qu'ils ont des poumons et des réservoirs d'air bien plus grands à proportion que les autres animaux; et comme le corps entier des oiseaux est plus perméable à l'air, ces sons peuvent aussi sortir et se faire entendre d'une manière plus sensible; en sorte que cette faculté, au lieu d'être particulière à l'agami, doit être regardée comme une propriété générale que les oiseaux exercent plus ou moins, et qui n'a frappé dans l'agami et le hocco que par la profondeur du lieu où se produit ce son, au lieu qu'on n'y a point fait attention dans les coqs d'Inde, les pigeons, et dans d'autres où il se produit plus à l'extérieur, c'est-à-dire dans la poitrine ou dans le voisinage de la gorge.

A l'égard des habitudes de l'agami, dans l'état de domesticité, voici ce qu'en dit M. Wosmaër : « Quand ces oiseaux sont entretenus avec propreté, « ils se tiennent aussi fort nets, et font souvent passer par leur bec les « plumes du corps et des ailes : lorsqu'ils joutent quelquefois entre eux, « cela se fait tout en sautant, et avec d'assez forts mouvements et batte- « ments d'ailes. La différence du climat et des aliments amortit certaine- « ment ici (en Hollande) leur ardeur naturelle pour la propagation, dont « ils ne donnent que de très-faibles marques. Leur nourriture ordinaire est « du grain, tel que le blé-sarrasin, etc.; mais ils mangent aussi fort volon- « tiers de petits poissons, de la viande et du pain. Leur goût pour le poisson « et leurs jambes passablement longues font assez voir qu'en ceci ils tien- « nent encore de la nature des hérons et des grues, qu'ils sont amis des « eaux et qu'ils appartiennent à la classe des oiseaux aquatiques. » Nous devons remarquer ici que ce goût pour le poisson n'est pas une preuve, puisque les poules en sont aussi friandes que de toute autre nourriture. « Ce que Pistorius nous raconte, continue M. Wosmaër, de la reconnais- « naissance de cet oiseau, peut faire honte à bien des gens. Cet oiseau, « dit-il, est reconnaissant quand on l'a apprivoisé, et distingue son maître « ou bienfaiteur par-dessus tout autre; je l'ai expérimenté moi-même, en « ayant élevé un tout jeune. Lorsque le matin j'ouvrais sa cage, cette « caressante bête me sautait autour du corps, les deux ailes étendues, « trompetant (c'est ainsi que plusieurs croient devoir exprimer ce son) du « bec et du derrière, comme si, de cette manière, il voulait me souhaiter le « bonjour; il ne me faisait pas un accueil moins affectueux quand j'étais « sorti et que je revenais au logis; à peine m'apercevait-il de loin qu'il cou- « rait à moi, bien que je fusse même dans un bateau, et en mettant pied à « terre il me félicitait de mon arrivée par les mêmes compliments, ce qu'il « ne faisait qu'à moi seul en particulier et jamais à d'autres [a]. »

Nous pouvons ajouter à ces observations beaucoup d'autres faits qui nous ont été communiqués par M. de Manoncour.

Dans l'état de nature, l'agami habite les grandes forêts des climats chauds de l'Amérique, et ne s'approche pas des endroits découverts, et en- core moins des lieux habités. Il se tient en troupes assez nombreuses et ne

[a]. Wosmaër, feuille, Amsterdam, 1768.

fréquente pas de préférence les marais ni le bord des eaux, car il se trouve souvent sur les montagnes et autres terres élevées ; il marche et court plutôt qu'il ne vole, et sa course est aussi rapide que son vol est pesant, car il ne s'élève jamais que de quelques pieds, pour se reposer à une petite distance sur terre ou sur quelques branches peu élevées. Il se nourrit de fruits sauvages comme les hoccos, les marails et autres oiseaux gallinacés. Lorsqu'on le surprend, il fuit et court plus souvent qu'il ne vole, et il jette en même temps un cri aigu semblable à celui du dindon.

Ces oiseaux grattent la terre au pied des grands arbres pour y creuser la place du dépôt de leurs œufs, car ils ne ramassent rien pour le garnir et ne font point de nid. Il pondent des œufs en grand nombre, de dix jusqu'à seize, et ce nombre est proportionné, comme dans tous les oiseaux, à l'âge de la femelle ; ces œufs sont presque sphériques, plus gros que ceux de nos poules, et peints d'une couleur de vert clair. Les jeunes agamis conservent leur duvet ou plutôt leurs premières plumes effilées, bien plus longtemps que nos poussins ou nos perdreaux. On en trouve qui les ont longues de près de deux pouces, en sorte qu'on les prendrait pour des animaux couverts de poil ou de soie jusqu'à cet âge, et ce duvet ou ces soies sont très-serrées, très-fournies et très-douces au toucher ; les vraies plumes ne viennent que quand ils ont pris plus du quart de leur accroissement.

Non-seulement les agamis s'apprivoisent très-aisément, mais ils s'attachent même à celui qui les soigne avec autant d'empressement et de fidélité que le chien : ils en donnent des marques les moins équivoques, car si l'on garde un agami dans la maison, il vient au-devant de son maître, lui fait des caresses, le suit ou le précède, et lui témoigne la joie qu'il a de l'accompagner ou de le revoir ; mais aussi lorsqu'il prend quelqu'un en guignon ; il le chasse à coups de bec dans les jambes, et le reconduit quelquefois fort loin, toujours avec les mêmes démonstrations d'humeur ou de colère, qui souvent ne provient pas de mauvais traitements ou d'offenses, et qu'on ne peut guère attribuer qu'au caprice de l'oiseau, déterminé peut-être par la figure déplaisante, ou par l'odeur désagréable de certaines personnes. Il ne manque pas aussi d'obéir à la voix de son maître ; il vient même auprès de tous ceux qu'il ne hait pas, dès qu'il est appelé. Il aime à recevoir des caresses, et présente surtout la tête et le cou pour les faire gratter ; et lorsqu'il est une fois accoutumé à ces complaisances, il en devient importun, et semble exiger qu'on les renouvelle à chaque instant. Il arrive aussi, sans être appelé, toutes les fois qu'on est à table, et il commence par chasser les chats et les chiens, et se rendre le maître de la chambre avant de demander à manger, car il est si confiant et si courageux qu'il ne fuit jamais, et les chiens de taille ordinaire sont obligés de lui céder, souvent après un combat long, et dans lequel il sait éviter la dent du chien en s'élevant en l'air, et retombant ensuite sur son ennemi, auquel

il cherche à crever les yeux et qu'il meurtrit à coups de bec et d'ongles ;
et lorsqu'une fois il s'est rendu vainqueur, il poursuit son ennemi avec un
acharnement singulier, et finirait par le faire périr si on ne les séparait.
Enfin il prend dans le commerce de l'homme presque autant d'instinct
relatif que le chien, et l'on nous a même assuré qu'on pouvait apprendre à
l'agami à garder et conduire un troupeau de moutons. Il parait encore
qu'il est jaloux contre tous ceux qui peuvent partager les caresses de son
maître ; car souvent lorsqu'il vient autour de la table, il donne de violents
coups de bec contre les jambes nues des nègres ou des autres domestiques
quand ils approchent de la personne de son maître.

La chair de ces oiseaux, surtout celle des jeunes, n'est pas de mauvais
goût, mais elle est sèche et ordinairement dure. On découpe dans leurs dépouilles la partie brillante de leur plumage ; c'est cette plaque de couleur
changeante et vive que l'on a soin de préparer pour faire des parures.

M. de la Borde nous a aussi communiqué les notices suivantes au sujet
de ces oiseaux. « Les agamis sauvages, dit-il, sont écartés dans l'intérieur
« des terres, de manière qu'il n'y en a plus aux environs de Cayenne.... et
« ils sont très-communs dans les terres éloignées ou inhabitées.... On les
« trouve toujours dans les grands bois, en nombreuses troupes de dix à
« douze jusqu'à quarante.... Ils se lèvent de terre pour voler à des arbres
« peu élevés, sur lesquels ils restent tranquilles ; les chasseurs en tuent
« quelquefois plusieurs sans que les autres fuient.... Il y a des hommes qui
« imitent leur bourdonnement ou son sourd si parfaitement, qu'ils les font
« venir à leurs pieds..... Quand les chasseurs ont trouvé une compagnie
« d'agamis, ils ne quittent pas prise qu'ils n'en aient tué plusieurs ; ces
« oiseaux ne volent presque pas, et leur chair n'est pas bien bonne, elle est
« noire, toujours dure, mais celle des jeunes est moins mauvaise.... Il n'y
« a pas d'oiseau qui s'apprivoise plus aisément que celui-ci ; il y en a tou-
« jours plusieurs dans les rues de Cayenne... Ils vont aussi hors de la ville,
« et reviennent exactement se retirer chez leur maître.... On les approche
« et les manie tant qu'on veut ; ils ne craignent ni les chiens ni les oiseaux
« de proie dans les basses-cours ; ils se rendent maîtres des poules et ils
« s'en font craindre ; ils se nourrissent comme les poules, les marails, les
« paraguas ; cependant les agamis très-jeunes préfèrent les petits vers et la
« viande à toute autre nourriture.

« Presque tous ces oiseaux prennent à tic de suivre quelqu'un dans les
« rues ou hors de la ville, des personnes mêmes qu'ils n'auront jamais
« vues : vous avez beau vous cacher, entrer dans les maisons, ils vous
« attendent, reviennent toujours à vous, quelquefois pendant plus de trois
« heures. Je me suis mis à courir quelquefois, ajoute M. de la Borde, ils
« couraient plus que moi et me gagnaient toujours le devant ; quand je
« m'arrêtais, ils s'arrêtaient aussi fort près de moi. J'en connais un qui ne

« manque pas de suivre tous les étrangers qui entrent dans la maison de
« son maître, et de les suivre dans le jardin, où il fait dans les allées
« autant de tours de promenade qu'eux, jusqu'à ce qu'ils se retirent [a]. »

Comme les habitudes naturelles de cet oiseau étaient très-peu connues,
j'ai cru devoir rapporter mot à mot les différentes notices que l'on m'en a
données. Il en résulte que de tous les oiseaux, l'agami est celui qui a le
plus d'instinct et le moins d'éloignement pour la société de l'homme. Il
paraît à cet égard être aussi supérieur aux autres oiseaux que le chien l'est
aux autres animaux. Il a même l'avantage d'être le seul qui ait cet instinct
social, cette connaissance, cet attachement bien décidé pour son maître ;
au lieu que dans les animaux quadrupèdes, le chien, quoique le premier,
n'est pas le seul qui soit susceptible de ces sentiments relatifs ; et puisque
l'on connaît ces qualités dans l'agami, ne devrait-on pas tâcher de multiplier l'espèce ? dès que ces oiseaux aiment la domesticité, pourquoi ne les
pas élever, s'en servir et chercher à perfectionner encore leur instinct et
leurs facultés ? Rien ne démontre mieux la distance immense qui se trouve
entre l'homme sauvage et l'homme policé que les conquêtes de celui-ci sur
les animaux : il s'est aidé du chien, s'est servi du cheval, de l'âne, du bœuf,
du chameau, de l'éléphant, du renne, etc. ; il a réuni autour de lui les
poules, les oies, les dindons, les canards, et logé les pigeons. Le sauvage a
tout négligé ou plutôt n'a rien entrepris, même pour son utilité ni pour ses
besoins, tant il est vrai que le sentiment du bien-être, et même l'instinct
de la conservation de soi-même, tient plus à la société qu'à la nature, plus
aux idées morales qu'aux sensations physiques !

LES TINAMOUS. [b][*]

Ces oiseaux, qui sont propres et particuliers aux climats chauds de
l'Amérique, doivent être regardés comme faisant partie des oiseaux gallinacés, car ils tiennent de l'outarde et de la perdrix, quoiqu'ils en diffèrent
par plusieurs caractères ; mais on se tromperait si l'on prenait pour caractères constants certaines habitudes naturelles qui ne dépendent souvent
que du climat ou d'autres circonstances : par exemple, la plupart des oiseaux
qui ne se perchent point en Europe et qui demeurent toujours à terre
comme les perdrix, se perchent en Amérique, et même les oiseaux d'eau à
pieds palmés que nous n'avons jamais vus dans nos climats se percher sur
les arbres, s'y posent communément ; ils vont sur l'eau pendant le jour,

[a]. Note communiquée par M. de la Borde, médecin du roi à Cayenne, en 1776.
[b]. Nom que les naturels de la Guiane donnent à ces oiseaux.

[*] Ordre des *Gallinacés*, genre *Tinamous*.

et retournent la nuit sur les arbres au lieu de se tenir à terre. Il paraît que ce qui détermine cette habitude qu'on aurait d'abord jugée contraire à leur nature, c'est la nécessité où ils se trouvent d'éviter, non-seulement les jaguars et autres animaux de proie, mais encore les serpents et les nombreux insectes dont la terre fourmille dans ces climats chauds, et qui ne leur laisseraient ni tranquillité ni repos ; les fourmis seules, arrivant toujours en colonnes pressées et en nombre immense, feraient bientôt autant de squelettes des jeunes oiseaux qu'elles pourraient envelopper pendant leur sommeil, et l'on a reconnu que les serpents avalent souvent des cailles, qui sont les seuls oiseaux qui se tiennent à terre dans ces contrées : ceci semble d'abord faire une exception à ce que nous venons de dire ; tous les oiseaux ne se perchent donc pas, puisque les cailles restent à terre dans ce climat comme dans ceux de l'Europe ; mais il y a toute apparence que ces cailles, qui sont les seuls oiseaux qui se tiennent à terre en Amérique, n'en sont pas originaires ; il est de fait que l'on y en a porté d'Europe en assez grand nombre, et il est probable qu'elles n'ont pas eu encore le temps de conformer leurs habitudes aux nécessités et aux convenances de leur nouveau domicile, et qu'elles prendront peut-être à la longue, et à force d'être incommodées, le parti de se percher comme le font tous les autres oiseaux.

Nous aurions dû placer le genre des tinamous après celui de l'outarde, mais ces oiseaux du nouveau continent ne nous étaient pas alors assez connus, et c'est à M. de Manoncour que nous devons la plus grande partie des faits qui ont rapport à leur histoire, ainsi que les descriptions exactes qu'il nous a mis en état de faire d'après les individus qu'il nous a donnés pour le Cabinet du Roi.

Les Espagnols de l'Amérique[a] et les Français de Cayenne ont également donné aux tinamous le nom de *perdrix*, et ce nom, quoique très-impropre, a été adopté par quelques nomenclateurs[b] ; mais le tinamou diffère de la perdrix en ce qu'il a le bec grêle, allongé et mousse à son extrémité, noir par-dessus et blanchâtre en dessous, avec les narines oblongues et posées vers le milieu de la longueur du bec ; il a aussi le doigt postérieur très-court et qui ne pose point à terre, les ongles sont fort courts, assez larges et creusés en gouttières par-dessous ; les pieds diffèrent encore de ceux de la perdrix, car ils sont chargés par derrière, comme ceux des poules, et sur toute leur longueur, d'écailles qui ont la forme de petites coquilles, mais dont la partie supérieure se relève et forme autant d'inégalités, ce qui n'est pas si sensible sur le pied des poules ; tous les tinamous ont aussi la gorge et le jabot assez dégarnis de plumes, qui sont très-écartées et clairsemées sur ces parties ; les pennes de la queue sont si courtes, que dans

<hr>

a. Lettre de M. Godin des Odonnais à M. de la Condamine, 1773, p. 19, note première.
b. Brisson, *Ornithol.*, t. I, p. 227. — Barrère, *France équinox.*, p. 138 ; et *Ornithol.*, page 81.

quelques individus elles sont entièrement cachées par les couvertures supérieures. Ainsi ces oiseaux ont été très-mal à propos appelés *perdrix*, puisqu'ils en diffèrent par tant de caractères essentiels.

Mais ils diffèrent aussi de l'outarde [a] par quelques-uns de leurs principaux caractères, et particulièrement par ce quatrième doigt qu'ils ont en
arrière et qui manque à l'outarde : en sorte que nous avons cru devoir en
faire un genre particulier sous le nom qu'ils portent dans leur pays natal [b].

Les habitudes communes à toutes les espèces de tinamous sont, comme
nous l'avons dit, de se percher sur les arbres pour y passer la nuit, et de
s'y tenir aussi quelquefois pendant le jour, mais de ne jamais se placer au
faîte des grands arbres, et de ne se poser que sur les branches les moins
élevées. Il semble donc que ces oiseaux, ainsi que beaucoup d'autres, ne se
perchent que malgré eux, et parce qu'ils y sont contraints par la nécessité;
on en a un exemple évident par les perdrix de cette contrée, qui ne diffèrent
pas beaucoup de celles de l'Europe, et qui ne quittent la terre que le plus
tard qu'elles peuvent chaque jour; elles ne se perchent même que sur les
branches les plus basses, à deux ou trois pieds de hauteur de terre. Ces
perdrix de la Guiane ne nous étaient pas bien connues lorsque nous avons
écrit l'histoire de ce genre d'oiseaux; mais nous en donnerons la description
à la suite de cet article.

En général, les tinamous sont tous bons à manger, leur chair est blanche,
ferme, cassante et succulente, surtout celle des ailes, dont le goût a beaucoup de rapport à celui de la perdrix rouge; les cuisses et le croupion ont
d'ordinaire une amertume qui les rend désagréables; cette amertume vient
des fruits de balisier dont ces oiseaux se nourrissent, et l'on trouve la même
amertume dans les pigeons ramiers qui mangent de ces fruits; mais lorsque
les tinamous se nourrissent d'autres fruits, comme de cerises sauvages, etc.,
alors toute leur chair est bonne, sans cependant avoir de fumet : au reste,
on doit observer que, comme l'on ne peut garder aucun gibier plus de vingt-
quatre heures à la Guiane sans qu'il soit corrompu par la grande chaleur et
l'humidité du climat, il n'est pas possible que les viandes prennent le degré
de maturité nécessaire à l'excellence du goût, et c'est par cette raison
qu'aucun gibier de ce climat ne peut acquérir de fumet. Ces oiseaux, comme
tous ceux qui ont un jabot, avalent souvent les fruits sans les broyer, ni
même sans les casser; ils aiment de préférence, non-seulement les cerises
sauvages, mais encore les fruits du palmier *comon*, et même ceux de l'arbre
de café, lorsqu'ils se trouvent à portée d'en manger; ce n'est pas sur les
arbres mêmes qu'ils cueillent ces fruits, ils se contentent de les ramasser à
terre; ils les cherchent, ils grattent aussi la terre et la creusent pour y faire

a. M. K'ein a rangé une espèce de tinamou dans le genre de l'outarde. Klein, *Avium*,
page 18.

b. Tinamou, par les naturels de la Guiane.

leur nid, qui n'est composé pour l'ordinaire que d'une couche d'herbes sèches; ils font communément deux pontes par an, et toutes deux très-nombreuses, ce qui prouve encore que ces oiseaux, ainsi que l'agami, sont de la classe des gallinacés, lesquels pondent tous en beaucoup plus grand nombre que les autres oiseaux. Leur vol est aussi, comme celui des gallinacés, pesant et assez court, mais ils courent à terre avec une grande vitesse, ils vont en petites troupes, et il est assez rare de les trouver seuls ou par paires; ils se rappellent en tout temps, matin et soir, et quelquefois aussi pendant le jour ; ce rappel est un sifflement lent, tremblant et plaintif, que les chasseurs imitent pour les attirer à leur portée, car c'est l'un des meilleurs gibiers et le plus commun qui soit dans ce pays.

Au reste, nous observerons, comme une chose assez singulière, que, dans ce genre d'oiseaux ainsi que dans celui des fourmilliers, la femelle est néanmoins plus grosse que le mâle, ce qui n'appartient guère, dans nos climats, qu'à la classe des oiseaux de proie ; mais, du reste, les femelles tinamous sont presque entièrement semblables aux mâles par la forme du corps ainsi que par l'ordre et la distribution des couleurs.

LE MAGOUA.[a*]

PREMIÈRE ESPÈCE.

Nous donnons au plus grand des tinamous le nom de *magoua*, par contraction de *macoucagua*, nom qu'il porte au Brésil[b]. Cet oiseau est au moins

a. « Perdix major, olivaria, longiusculo et nigro rostro. » Barrère, *France équinox.*, p. 13 ; et *Ornithol.*, p. 81. — « Gallina sylvestris macucagua Brasiliensibus dicta Margravio. » — Willughby, *Ornithol.*, p. 116. — Ray, *Sin. Avi.*, p. 53, n° 9. — « Tarda macucagua. » Klein, *Avi.*, p. 18, n° 4. — « Macucagua Brasiliensibus. » Marcgrave, *Hist. Bras.*, p. 213. — Pison, *Hist. nat. Brasil.*, p. 88. — Jonston, *Avi.*, p. 146. — « Perdix obscuri flavescens maculis fuscis « variegata... » *Perdix Brasiliensibus.* Brisson, *Ornithol.*, t. I, p. 227. — « Perdix obscuri « cinerea capite et collo obscuri flavo et nigro pennatulatis, gutture albicante, remigibus « nigris... » *Perdix major Brasiliensis.* Brisson, *Ornithol.*, t. I, p. 227. — Poule sauvage du Brésil. Salerne, *Ornithol.*, p. 184. — *Macucagua* par les Brésiliens. Marcgrave, Pison, Willughby. — *Grosse perdrix* par les Français de Cayenne. — *Tinamou* par les naturels de la Guiane, Barrère; et plus souvent *aïmou*.

b. MM. Brisson et Barrère ont confondu mal à propos le *magoua* avec l'*yambu* du Brésil, qui, selon Marcgrave, est une vraie perdrix de la taille et de la forme des nôtres (Marcgrave, *Hist. Bras.*, p. 192); et ils ont aussi tous deux réuni l'*agami* et le *macucagua* de Marcgrave, qui est le même oiseau que le *magoua* [1]. (Voyez Marcgrave, *Hist. Bras.*, p. 213, *macucagua Brasiliensibus.*) M. Brisson a donc indiqué cette espèce de tinamou sous deux noms différents, et sa quatrième et sa cinquième perdrix (*Ornithol.*, t. I, p. 227), désignent le même oiseau, c'est-à-dire, le magoua, si cependant l'on sépare de leur nomenclature l'*yambu* qui en diffère, et l'*agami* qui n'y a aucun rapport.

* *Tetrao major* (Gmel.). — *Tinamus brasiliensis* (Lath.). — *Tinamus magoua* (Temm.).

1 (*b*). « On a longtemps confondu l'*agami* avec le *macucagua* de Marcgrave, qui est un « tinamou. » (Cuvier.)

de la grandeur d'un faisan; son corps est si charnu qu'il a, selon Marcgrave, le double de la chair d'une bonne poule[a]; il a la gorge et le bas du
ventre blancs, le dessus de la tête d'un roux foncé, le reste du corps d'un
gris brun varié de blanc sur le haut du ventre, les côtés et les couvertures
des jambes; un peu de verdâtre sur le cou, la poitrine, le haut du dos et
les couvertures supérieures des ailes et de la queue, sur lesquelles on
remarque quelques taches transversales noirâtres, qui sont moins nombreuses aux couvertures de la queue; le gris brun est plus foncé sur le
reste du corps, et il est varié de taches transversales noires qui deviennent
moins nombreuses vers le croupion; l'on voit aussi quelques petites taches
noires sur les pennes latérales de la queue; les pennes moyennes des ailes
sont variées de roux et de gris brun, et terminées par un bord roussâtre;
les grandes pennes sont cendrées, sans taches et sans bordures; les pieds
sont noirâtres[b] et les yeux noirs, derrière lesquels, à une petite distance,
l'on voit les oreilles comme dans les poules. Pison a observé que toutes les
parties intérieures de cet oiseau étaient semblables à celles de la poule[c].

La grandeur n'est pas la même dans tous les individus de cette espèce :
voici à peu près le terme moyen de leurs dimensions. La longueur totale
est de quinze pouces; le bec de vingt lignes; la queue de trois pouces et
demi, et les pieds de deux pouces trois quarts; la queue dépasse les ailes
pliées d'un pouce deux lignes.

Le sifflement par lequel ces oiseaux se rappellent est un son grave qui
se fait entendre de loin et régulièrement à six heures du soir, c'est-à-dire,
au moment même du coucher du soleil dans ce climat; de sorte que, quand
le ciel est couvert et qu'on entend le magoua, on est aussi sûr de l'heure
que si l'on consultait une pendule; il ne siffle jamais la nuit, à moins que
quelque chose ne l'effraie.

La femelle pond de douze à seize œufs presque ronds, un peu plus
gros que des œufs de poule, d'un beau bleu verdâtre, et très-bons à
manger.

a. Marcgrave, *Hist. Brasil.*, p. 213. Cet oiseau mange, suivant l'auteur, des fèves sauvages,
et les fruits que porte l'arbre appelé au Brésil, *araeicu*. Marcgrave, *ibid.*

b. Voyez la pl. enluminée, n° 476, sur laquelle on doit observer que la peau qui, dans cette
planche, entoure les yeux, n'est pas nue dans la nature, mais couverte de petites plumes
brunes, variées de gris.

c. Pison, *Hist. nat. Brasil.*, p. 86.

LE TINAMOU CENDRÉ. *ᵃ ***

SECONDE ESPÈCE.

Nous avons adopté cette dénomination, parce qu'elle fait, pour ainsi dire, la description de l'oiseau, qui n'était connu d'aucun naturaliste, et que nous devons à M. de Manoncour : c'est de tous les tinamous le moins commun à la Guiane. Il est en effet d'un brun cendré uniforme sur tout le corps, et cette couleur ne varie que sur la tête et le haut du cou, où elle prend une teinte de roux. Nous n'en donnons pas la représentation, parce qu'on peut aisément se faire une idée de cet oiseau en jetant les yeux sur le grand tinamou, planche 476, et le supposant plus petit, avec une couleur uniforme et cendrée.

Sa longueur est d'un pied ; son bec de seize lignes ; sa queue de deux pouces et demi, et ses pieds d'autant.

LE TINAMOU VARIÉ. *ᵇ ***

TROISIÈME ESPÈCE.

Cette espèce, qui est la troisième dans l'ordre de grandeur, diffère des deux premières par la variété du plumage. C'est par cette raison que nous lui avons donné le nom de *tinamou varié :* les créoles de Cayenne l'appellent *perdrix-peintade*, quoique cette dénomination ne lui convienne point, car il ne ressemble en rien à la peintade, et son plumage n'est pas piqueté, mais rayé. Il a la gorge et le milieu du ventre blancs ; le cou, la poitrine et le haut du ventre roux ; les côtés et les jambes rayés obliquement de blanc, de brun et de roux ; le dessus de la tête et du haut du cou noirs ; tout le dessus du corps, les couvertures supérieures de la queue et des ailes, et les pennes moyennes des ailes, rayées transversalement de noir et de brun olivâtre, plus foncé sur le dos, et plus clair sur le croupion et les côtés ; les grandes pennes des ailes sont brunes, uniformément sans aucune tache ; les pieds sont noirâtres.

Sa longueur totale est de onze pouces ; son bec de quinze lignes ; sa queue de deux pouces, elle dépasse les ailes pliées de six lignes.

---

a. Par les Français de Cayenne, *perdrix cendrée.*

b. Perdix minor cirrata, rostro atro, petite perdrix. Barrère, *France équinox.*, p. 319 ; et *Ornithol.*, p. 81. — Par les créoles de Cayenne, *perdrix-peintade.*

　* *Tetrao cinereus* (Gmel.). — *Tinamus cinereus* (Lath.).

　** *Tetrao variegatus* (Gmel.). — *Tinamus variegatus* (Lath.).

Il est assez commun dans les terres de la Guiane, quoiqu'en moindre nombre que le magoua, qui de tous est celui que l'on trouve le plus fréquemment dans les bois, car aucune des trois espèces que nous venons de décrire ne fréquente les lieux découverts : dans celle-ci la femelle pond dix ou douze œufs, un peu moins gros que ceux de la poule faisane, et qui sont très-remarquables par la belle couleur de lilas dont ils sont peints partout et assez uniformément.

LE SOUÏ. [a]*

QUATRIÈME ESPÈCE.

C'est le nom que cet oiseau porte à la Guiane, et qui lui a été donné par les naturels du pays : nous l'avons fait représenter, planche enluminée, n° 829 ; il est le plus petit des oiseaux de ce genre, n'ayant que huit à neuf pouces de longueur, et n'étant pas plus gros qu'une perdrix ; sa chair est aussi bonne à manger que celle des autres espèces, mais il ne pond que cinq ou six œufs, et quelquefois trois ou quatre un peu plus gros que des œufs de pigeon ; ils sont presque sphériques et blancs comme ceux des poules. Les souïs ne font pas comme les magouas leur nid en creusant la terre, ils le construisent sur les branches les plus basses des arbrisseaux, avec des feuilles étroites et longues ; ce nid de figure hémisphérique est d'environ six pouces de diamètre et cinq pouces de hauteur. C'est la seule des quatre espèces de tinamous qui ne reste pas constamment dans les bois, car ceux-ci fréquentent souvent les halliers, c'est-à-dire, les lieux anciennement défrichés, et qui ne sont couverts que de petites broussailles ; ils s'approchent même des habitations.

Le souï a la gorge variée de blanc et de roux ; tout le dessous du corps et les couvertures des jambes d'un roux clair ; le dessus de la tête et le haut du cou noirs ; le bas du cou, le dos et tout le dessus du corps d'un brun varié de noirâtre peu apparent ; les couvertures supérieures et les pennes moyennes des ailes sont brunes, bordées de roux ; les grandes pennes des ailes sont brunes, sans aucunes taches ni bordures ; la queue dépasse les ailes pliées de dix lignes, et elle est dépassée elle-même par ses couvertures.

---

a. Perdix minor fulva, perdrix cul-rond. Barrère, *France équinox.*, p. 319. — *Perdix Americana postica, uropygio rotundo. Idem. Ornithol.*, p. 81. — Par les naturels de la Guiane, *souï.* — Par les créoles de Cayenne, *perdrix cul-rond*, à cause de sa queue très-courte, qui est recouverte par les grandes couvertures.

** *Tetrao sovi* (Gmel.). — *Tinamus sovi* (Lath.).

LE TOCRO OU PERDRIX DE LA GUIANE.*

Le tocro est un peu plus gros que notre perdrix grise, et son plumage est d'un brun plus foncé : du reste il lui ressemble en entier, tant par la figure et la proportion du corps que par la brièveté de la queue, la forme du bec et des pieds. Les naturels de la Guiane l'appellent *tocro*, mot qui exprime assez bien son cri.

Ces perdrix du nouveau continent ont à peu près les mêmes habitudes naturelles que nos perdrix d'Europe : seulement elles ont conservé l'habitude de se tenir dans les bois, parce qu'il n'y avait point de lieux découverts avant les défrichements; elles se perchent sur les plus basses branches des arbrisseaux, et seulement pour y passer la nuit; ce qu'elles ne font que pour éviter l'humidité de la terre et peut-être les insectes dont elle fourmille : elles produisent ordinairement douze ou quinze œufs qui sont tout blancs; la chair des jeunes est excellente, cependant sans fumet. On mange aussi les vieilles perdrix, dont la chair est même plus délicate que celle des nôtres; mais comme on ne peut pas les garder plus de vingt-quatre heures avant de les faire cuire, ce gibier ne peut acquérir le bon goût qu'il prendrait s'il était possible de le conserver plus longtemps.

Comme nos perdrix grises ne se mêlent point avec nos perdrix rouges, il y a toute apparence que ces perdrix brunes de l'Amérique ne produiraient ni avec l'une ni avec l'autre, et que par conséquent elles forment une espèce particulière dans le genre des perdrix.

LES GOBE-MOUCHES, MOUCHEROLLES ET TYRANS. **

Au-dessous du dernier ordre de la grande classe des oiseaux carnassiers, la nature a établi un petit genre d'oiseaux chasseurs plus innocents et plus utiles, et qu'elle a rendu très-nombreux. Ce sont tous ces oiseaux qui ne vivent pas de chair, mais qui se nourrissent de mouches, de moucherons et d'autres insectes volants, sans toucher ni aux fruits ni aux graines.

On les a nommés gobe-mouches, moucherolles et tyrans : c'est un des genres d'oiseaux le plus nombreux en espèces. Les unes sont plus petites que le rossignol, et les plus grandes approchent de la pie-grièche ou l'éga-

---

* *Tetrao guyanensis* (Gmel.). — *Perdix dentata* (Temm.). — *Odontophores rufus* (Vieill.). — Ordre *id.*, genre *Tétras*, sous-genre *Colins* ou *perdrix* et *cailles d'Amérique* (Cuv.). — « Parmi les espèces de *Colins* de la taille de la *perdrix*, on peut remarquer le *tocro* « ou *perdrix de la Guiane* de Buffon, qui n'est point un *tinamou*, comme le dit Gmelin. » (Cuvier.)

** Ordre des *Passereaux*, genre *Gobe-Mouches* (Cuv.).

lent; d'autres espèces moyennes remplissent tous les degrés intermédiaires de ces deux termes de grandeur.

Cependant des rapports de ressemblance et des formes communes caractérisent toutes ces espèces : un bec comprimé, large à sa base et presque triangulaire, environné de poils ou de soies hérissées, courbant sa pointe en un petit crochet dans plusieurs des moyennes espèces, et plus fortement courbé dans toutes les grandes, une queue assez longue, et dont l'aile pliée ne recouvre pas la moitié, sont des caractères que portent tous les gobe-mouches, moucherolles et tyrans. Ils ont aussi le bec échancré vers la pointe, caractère qu'ils partagent avec le genre du merle, de la grive et de quelques autres oiseaux.

Leur naturel paraît, en général, sauvage et solitaire, et leur voix n'a rien de gai ni de mélodieux. Trouvant à vivre dans les airs, ils quittent peu le sommet des grands arbres. On les voit rarement à terre; il semble que l'habitude et le besoin de serrer les branches sur lesquelles ils se tiennent constamment leur ait agrandi le doigt postérieur, qui dans la plupart des espèces de ce genre, est presque aussi long que le grand doigt antérieur.

Les terres du Midi, où jamais les insectes ne cessent d'éclore et de voler, sont la véritable patrie de ces oiseaux [a]; aussi contre deux espèces de gobe-mouches que nous trouvons en Europe, en comptons-nous plus de huit dans l'Afrique et les régions chaudes de l'Asie, et près de trente en Amérique, où se trouvent aussi les plus grandes espèces; comme si la nature, en multipliant et agrandissant les insectes dans ce nouveau continent, avait voulu y multiplier et fortifier les oiseaux qui devaient s'en nourrir. Mais l'ordre de grandeur étant le seul suivant lequel on puisse bien distribuer un aussi grand nombre d'espèces, que les ressemblances dans tout le reste réunissent, nous ferons trois classes de ces oiseaux *muscivores* : la première de ceux qui sont au-dessous de la grandeur du rossignol, et ce sont les *gobe-mouches* proprement dits; la seconde, sous le nom de *moucherolles*, de ceux qui égalent ou surpassent de peu la taille de ce même oiseau; dans la troisième, qui est celle des *tyrans*, ils sont tous, ou à peu près, si même ils ne l'excèdent, de la grandeur de l'écorcheur ou pie-grièche rousse, du genre de laquelle ils se rapprochent par l'instinct, les facultés et la figure; ils terminent ainsi ce genre nombreux d'oiseaux chasseurs aux mouches, en le rejoignant à la dernière espèce des oiseaux carnassiers.

a. « Les gobe-mouches sont en général des oiseaux communs dans les pays chauds. Leurs
« espèces y sont beaucoup plus multipliées et plus grandes que dans les pays tempérés, et dans
« les pays froids on en trouve fort peu. Il ne se nourrissent que d'insectes. Ce sont des êtres
« destructeurs que la nature a opposés dans des climats chauds, et surtout dans ceux qui sont
« en même temps humides, à la trop grande fécondité des insectes. » *Voyage à la Nouvelle-
Guinée*, par M. Sonnerat, p. 56.

LE GOBE-MOUCHE. [a][*]

PREMIÈRE ESPÈCE.

Nous conserverons le nom générique de gobe-mouche à celui d'Europe, comme étant généralement connu sous ce seul et même nom. D'ailleurs ce gobe-mouche nous servira de terme de comparaison pour toutes les autres espèces. Celui-ci a cinq pouces huit lignes de longueur ; huit pouces et demi de vol ; l'aile pliée s'étend jusqu'au milieu de la queue, qui a deux pouces de longueur ; le bec est aplati, large à sa base, long de huit lignes, environné de poils ; tout le plumage n'est que de trois couleurs, le gris, le blanc et le cendré noirâtre ; la gorge est blanche ; la poitrine et le cou, sur les côtés, sont tachetés d'un brun faible et mal terminé ; le reste du dessous du corps est blanchâtre ; le dessus de la tête paraît varié de gris et de brun ; toute la partie supérieure du corps, la queue et l'aile sont brunes ; les pennes et leurs couvertures sont légèrement frangées de blanchâtre.

Les gobe-mouches arrivent en avril et partent en septembre. Ils se tiennent communément dans les forêts, où ils cherchent la solitude et les lieux couverts et fourrés ; on en rencontre aussi quelquefois dans les vergers épais. Ils ont l'air triste, le naturel sauvage, peu animé et même assez stupide ; ils placent leur nid tout à découvert, soit sur les arbres, soit sur les buissons ; aucun oiseau faible ne se cache aussi mal, aucun n'a l'instinct si peu décidé ; ils travaillent leurs nids différemment ; les uns le font entièrement de mousse, et les autres y mêlent de la laine ; ils emploient beaucoup de temps et de peines pour faire un mauvais ouvrage, et l'on voit quelquefois ce nid entrelacé de si grosses racines qu'on n'imaginerait pas qu'un ouvrier aussi petit pût employer de tels matériaux. Il pond trois ou quatre œufs et quelquefois cinq, couverts de taches rousses.

Ces oiseaux prennent le plus souvent leur nourriture en volant, et ne se posent que rarement et par instants à terre, sur laquelle ils ne courent pas.

a. *Currucis, seu ficedulis cognata avicula.* Gessner, *Avi.*, p. 629, avec une figure peu ressemblante. La même, *Icon. Avi.*, p. 47. — *Grisola vulgò dicta.* Aldrovande, *Avi.*, t. II, p. 738, avec une mauvaise figure. — *Grisola Aldrovandi.* Willughby, *Ornithol.*, p. 153. — Ray, *Synops. Avi.*, p. 81, n° 7. — *Grisola ex cinereo fusca Aldrovandi.* Willughby, *Ornithol.*, p. 171, n° 7. — *Stoparola aut Stoparolæ similis Aldrovandi. Idem, ibid.*, p. 159. — *Curruca subfusca.* Frisch, avec une figure peu exacte, tab. 22. — « Muscicapa supernè grisco-fusca, « infernè albicans, collo inferiore et pectore maculis longitudinalibus griseo-fuscis insignitis ; « tectricibus alarum inferioribus dilutè rufescentibus griseo-fuscis, » le gobe-mouche. Brisson, *Ornithol.*, t. II, p. 357. La figure, pl. 35, fig. 3, est plus petite que les dimensions qu'il a données. — *Grisola* à Bologne, suivant Aldrovande. *Burstner* aux environs de Strasbourg, suivant Gessner.

* *Muscicapa grisola* (Gmel.). — Genre *Gobe-Mouches*, sous-genre *Gobe-Mouches proprement dits* (Cuv.).

Le mâle ne diffère de la femelle qu'en ce qu'il a le front plus varié de brun, et le ventre moins blanc. Ils arrivent en France au printemps, mais les froids qui surviennent quelquefois vers le milieu de cette saison leur sont funestes. M. Lottinger remarque qu'ils périrent presque tous dans les neiges qui tombèrent en Lorraine en avril 1767 et 1772, et qu'on les prenait à la main. Tout degré de froid qui abat les insectes volants dont cet oiseau fait son unique nourriture devient mortel pour lui : aussi abandonne-t-il nos contrées avant les premiers froids de l'automne, et on n'en voit plus dès la fin de septembre. Aldrovande dit qu'il ne *quitte point le pays*[a], mais cela doit s'entendre de l'Italie ou des pays encore plus chauds.

LE GOBE-MOUCHE NOIR A COLLIER[b][*]

OU GOBE-MOUCHE DE LORRAINE.

SECONDE ESPÈCE.

Le gobe-mouche noir à collier est la seconde des deux espèces de gobe-mouches d'Europe. On l'a nommé aussi *gobe-mouche de Lorraine ;* et cette dénomination peut avec raison s'ajouter à la première, puisque c'est dans cette province qu'il a été, pour la première fois, bien vu et bien décrit, et où il est plus connu et apparemment plus commun. Il est un peu moins grand que le précédent, n'ayant guère que cinq pouces de longueur : il n'a d'autres couleurs que du blanc et du noir par plaques et taches bien mar-

---

a. « Numquam avolare, » t. II, p. 738.

b. Ficedula, sive atricapilla sese mutans. Aldrov., *Avi.*, t. II, p. 758. — *Ficedula secunda.* Linnæus, *Syst. nat.*, édit. VI, g. 82, sp. 17. — *Ficedula tertia Aldrovandi. Goldfinch Germanis.* Willughby, *Ornithol.*, p. 170. — *Atricapilla tertia.* Jonston, *Avi.*, pag. 90. — *Œnanthe nostra, monticola, Goldfinch Germanis dicta.* Ray, *Synops. Avi.*, p. 77, nº A 5. — *Curruca tergore nigro.* Frisch, avec une bonne figure, pl. 24. — « Motacilla remigibus nigricantibus « extimo dimidiato extrorsum albo ; maculâ alarum albâ. » *Faun. Suec.*, nº 230. — « Muscicapa « supernè nigra griseo admixto infernè albâ ; maculâ in fronte candidâ ; remigibus minoribus « in exortu albis ; rectricibus tribus extimis exteriùs albis, » le gobe-mouche noir. Brisson, *Ornithol.*, t. II, p. 381. — Une notice, envoyée des Voges alsaciennes, nous parle d'un petit gobe-mouche appelé dans ces cantons *mochren-kocpflein*, que nous jugeons n'être pas différent du gobe-mouche noir à collier de Lorraine.

[*] *Muscicapa albicollis* (Temm.). — « Les anciens ont bien connu cet oiseau sous les noms « de *sycalis* et de *ficedula* dans son plumage ordinaire, et sous celui de *melancorhyncos* et « d'*atricapilla* dans son beau plumage ; mais comme le nom de *béque-figue*, qui répond à « *ficedula*, s'applique dans le Midi et en Italie à diverses *fauvettes* et *farlouses*, les natura- « listes ont réuni les attributs de ces oiseaux sur un certain état de ce *gobe-mouche*, et en ont « formé l'espèce imaginaire, présentée sous ce nom de *bec-figue* dans Buffon et dans ceux qui « l'ont suivi. C'est bien sûrement le *gobe-mouche à collier*, et non pas la *muscicapa luctuosa*, « qui est le *becca-fico* d'Aldrovande. » (Cuvier.).

quées; néanmoins son plumage varie plus singulièrement que celui d'aucun autre oiseau.

Suivant les différentes saisons, l'oiseau mâle paraît porter quatre habits différents : l'un, qui est celui d'automne ou d'hiver, n'est guère ou point différent de celui de la femelle, laquelle n'est pas sujette à ces changements de couleur; leur plumage ressemble alors à celui du *mûrier*, vulgairement *petit pinson des bois*. Dans le second état, lorsque ces oiseaux arrivent en Provence ou en Italie, le plumage du mâle est tout pareil à celui du becfigue; le troisième état est celui qu'il prend quelque temps après son arrivée dans notre pays, et qu'on peut appeler son habit de printemps [a]. C'est comme la nuance par laquelle il passe au quatrième, qui est celui d'été, et qu'on peut nommer avec raison, dit M. Lottinger, son *habit de noces*, puisqu'il ne le prend que lorsqu'il s'apparie, et qu'il le quitte aussitôt après les nichées; l'oiseau est alors dans toute sa beauté. Un collier blanc de trois lignes de hauteur environne son cou, qui est du plus beau noir, ainsi que la tête, à l'exception du front et de la face, qui sont d'un très-beau blanc; le dos et la queue sont du noir de la tête; le croupion est varié de noir et de blanc; un trait blanc large d'une ligne borde, sur quelque longueur, la penne la plus extérieure de la queue près de son origine; les ailes, composées de dix-sept pennes, sont d'un marron foncé; la troisième penne et les quatre suivantes sont terminées par un brun beaucoup plus clair, ce qui, l'aile étant pliée, fait un très-bel effet : toutes les pennes, excepté les deux premières, ont sur le côté extérieur une tache blanche qui augmente à mesure qu'elle approche du corps, en sorte que le côté extérieur de la dernière penne est entièrement de cette couleur; la gorge, la poitrine et le ventre sont blancs, le bec et les pieds noirs : un lustre et une fraîcheur singulière relèvent tout ce plumage; mais ces beautés disparaissent dès le commencement de juillet; les couleurs deviennent faibles et brunissent, le collier s'évanouit le premier, et tout le reste bientôt se ternit et se confond. Alors l'oiseau mâle est tout à fait méconnaissable; il perd son beau plumage dans les premiers jours de juillet. « J'ai été trouver plusieurs fois, « dit M. Lottinger, des oiseleurs qui avaient des *tendues* sur des fontaines, « dans des lieux où nichent ces oiseaux, et quoique ce ne fût qu'en juillet, « ils me dirent qu'ils prenaient fréquemment des femelles, mais pas un seul « mâle, » tant les mâles étaient devenus semblables aux femelles. C'est aussi sous leur livrée qu'ils reviennent avec elles dans leur retour au printemps; mais M. Lottinger ne nous décrit pas, avec le même détail, l'habit que ce gobe-mouche prend dans son passage aux provinces méridionales,

a. « J'en ai nourri un, ce printemps, trois ou quatre jours : chacun l'admirait, quoiqu'un « de ses plus beaux ornements (le collier) lui manquât. Tout ce qu'il a de blanc est du plus « beau blanc, et ce qu'il a de noir est du plus beau noir. » Lettre de M. Lottinger, du 30 avril 1772.

je veux dire le quatrième changement qui lui donne l'apparence de bec-
figue. Aldrovande paraît indiquer le changement de ce gobe-mouche qu'il a
bien désigné ailleurs [a], lorsque, le rappelant de nouveau parmi les bec-
figues [b], il dit l'avoir surpris dans l'instant même de sa métamorphose, et
où il n'était ni *becfigue* ni *tête noire*. Il avait déjà cependant, ajoute-t-il, le
collier blanc, la tache blanche au front, du blanc dans la queue et sur l'aile,
le dessous du corps blanc et le reste noir : à ces traits le gobe-mouche à
collier est pleinement reconnaissable.

Cet oiseau arrive en Lorraine vers le milieu d'avril. Il se tient dans les
forêts, surtout dans celles de haute futaie ; il y niche dans des trous d'arbre,
quelquefois assez profonds, et à une distance de terre assez considérable ;
son nid est composé de petits brins d'herbe et d'un peu de mousse qui
couvre le fond du trou où il s'est établi : il pond jusqu'à six œufs. Lorsque
les petits sont éclos, le père et la mère ne cessent d'entrer et de sortir pour
leur porter à manger, et par cette sollicitude ils décèlent eux-mêmes leur
nichée, que sans cela il ne serait pas facile de découvrir.

Ils ne se nourrissent que de mouches et autres insectes volants ; on ne
les voit pas à terre, et presque toujours ils se tiennent fort élevés, voltigeant
d'arbre en arbre ; leur voix n'est pas un chant, mais un accent plaintif très-
aigu, roulant sur une consonne aigre, *crrî*, *crrî*. Ils paraissent sombres et
tristes, mais l'amour de leurs petits leur donne de l'activité et même du
courage.

La Lorraine n'est pas la seule province de France où l'on trouve ce gobe-
mouche à collier. M. Hébert nous a dit en avoir vu un dans la Brie, où
néanmoins il est peu connu, parce qu'il est sauvage et passager. Nous avons
trouvé un de ces gobe-mouches, le 10 mai 1773, dans un petit parc près de
Montbard en Bourgogne ; il était dans le même état de plumage que celui
qu'a décrit M. Brisson (tome II, page 381). Les grandes couvertures des
ailes, qu'il représente terminées de blanc, ne l'étaient que sur les plus voisines du corps ; les plus éloignées n'étaient que brunes ; les seules couvertures du dessous de la queue étaient blanches, celles du dessus d'un brun
noirâtre ; le croupion était d'un gris-de-perle terne, et le derrière du cou,
dans l'endroit du collier, moins foncé que la tête et le dos ; les pennes
moyennes de l'aile étaient, vers le bout, du même brun que les grandes
pennes ; la langue nous parut effrangée par le bout, large pour la grosseur
de l'oiseau, mais proportionnée à la largeur de la base du bec ; le tube intestinal était de huit à neuf pouces de longueur ; le gésier musculeux, précédé
d'une dilatation dans l'œsophage ; quelques vestiges de cœcum ; point de

a. Tome II, p. 735. Il décrit le collier : *in collo macula alba est velut torquis...* et la tache
blanche de l'aile : *item alia in medio alarum...* Il parle de la beauté de ce petit oiseau : *in
summâ pulcra avicula est...* et la grandeur qu'il lui donne convient à notre gobe-mouche
noir ; il est connu, ajoute-t-il, des oiseleurs bolonais qui l'ont nommé *peglia-mosche*.

b. « Ficedula sive atricapillâ sese mutans, » t. II, p. 758.

vésicule de fiel. Cet oiseau était mâle, et les testicules paraissaient d'environ une ligne de diamètre; il pesait trois gros.

Dans cette espèce de gobe-mouche, le bout des ailes se rejoint et s'étend au delà du milieu de la queue, ce qui fait une exception dans ce genre, où l'aile pliée n'atteint pas le milieu de la queue : l'oiseau ne la tient pas élevée comme elle est représentée dans la planche enluminée, n° 565, fig. 2 et 3 ; le blanc du devant de la tête est aussi beaucoup plus étendu que dans cette figure, et M. Lottinger juge qu'au n° 3 on a donné un mâle commençant à changer d'habit, pour une femelle ; il observe de plus que le collier du mâle, n° 2, devrait environner tout le cou sans être coupé de noir. L'on doit avoir égard aux remarques de cet observateur exact, qui, le premier, nous a fait connaître les habitudes et les changements de couleur de ces oiseaux.

Au reste, ce petit oiseau, triste et sauvage, mène pourtant une vie tranquille, sans danger, sans combats, protégée par la solitude : il n'arrive qu'à la fin du printemps, lorsque les insectes dont il fait sa proie ont pris leurs ailes, et part dans l'arrière-saison pour retrouver aux contrées du Midi sa pâture, sa solitude et ses amours.

Il pénètre assez avant dans le Nord puisqu'on le trouve en Suède [a]; mais il paraît s'être porté beaucoup plus loin vers le Midi, qui est véritablement son climat natal : car nous ne croyons pas devoir faire deux espèces du gobe-mouche du cap de Bonne-Espérance, représenté planche 572, fig. 2, sous le nom de *gobe-mouche à collier du Cap* [b] [1], et de notre gobe-mouche de Lorraine, la ressemblance étant frappante, à une tache rousse près que le premier a sur la poitrine : différence, comme l'on voit, très-légère vu l'intervalle des climats, et surtout dans un plumage qui nous a paru si susceptible de diverses teintes, et sujet à des changements si rapides et si singuliers. La figure 1 de la même planche, qui représente un second *gobe-mouche du Cap* [c], qu'on aurait pu aussi nommer *à collier* (puisque si l'autre en a un qui lui ceint le cou par derrière, celui-ci en porte un par devant), ne nous paraissant que la femelle, dont la figure 2 est le mâle, doit se rapporter encore à notre gobe-mouche à collier, dont on retrouve dans ces deux variétés le même port, la même figure et plus de ressemblance que l'on n'a droit d'en attendre à cette distance de climat.

a. *Fauna Suecica.*

b. « Muscicapa supernè nigra, infernè alba ; pectore rufo ; collo superiore torque albo cincto ; « maculâ in alis candidâ, remigibus, rectricibusque nigris, oris interioribus remigum albis : » le gobe-mouche à collier du cap de Bonne-Espérance. Brisson, *Ornithol.*, t. II, p. 379.

c. « Muscicapa supernè fusca, infernè alba; pectore nigro ; lateribus rufis, tæniâ transversâ « in alis rufâ; rectricibus nigris, apice albis, extimâ exteriùs albâ. » *Idem*, p. 372.

1. *Muscicapa torquata* (Gmel.). — Espèce distincte et propre à l'Afrique.

LE GOBE-MOUCHE DE L'ILE DE FRANCE.[*]

TROISIÈME ESPÈCE.

Nous avons au Cabinet deux gobe-mouches envoyés de l'île de France, l'un plutôt noir que brun, et l'autre simplement brun : tous deux ont le corps un peu moins gros, et surtout plus court que nos gobe-mouches d'Europe ; le premier a la tête d'un brun noirâtre et les ailes d'un brun roussâtre ; le reste du plumage est un mélange de blanchâtre et de brun pareil à celui de la tête et des ailes, disposé par petites ondes ou petites taches, sans beaucoup de régularité.

Le second paraît n'être que la femelle du premier : en effet, leurs différences sont trop légères pour en faire deux espèces, surtout n'ayant que deux individus, dont la grandeur, le port et même le fond de couleur, aux nuances près, sont semblables : ce dernier a plus de blanc, mêlé de roussâtre, sur la poitrine et sur le ventre ; le gris brun de la tête et du corps est moins foncé ; ces différences en moins dans le ton de couleur sont presque générales de la femelle au mâle dans toutes les espèces des oiseaux. Nous ne donnons pas la figure de ces gobe-mouches, qui n'ont rien de remarquable.

LE GOBE-MOUCHE A BANDEAU BLANC DU SÉNÉGAL. [a][**]

QUATRIÈME ESPÈCE.

Nous comprendrons sous cette dénomination les deux oiseaux désignés dans nos planches enluminées sous les noms de *gobe-mouche à poitrine rousse du Sénégal*, et *gobe-mouche à poitrine noire du Sénégal*. Ces deux jolis oiseaux peuvent être décrits ensemble ; ils sont de la même grandeur et du même climat ; ils se ressemblent aussi par l'ordre et la distribution de leurs couleurs ; il y a même toute apparence que l'un est le mâle et l'autre la femelle d'une même espèce ; la ligne blanche qui passe sur l'œil et ceint leur tête d'une sorte de petit couronnement ou de diadème ne paraît dans

a. « Muscicapa supernè e griseo-nigricante et albo confusè mixta, infernè albo, pectore dilutè « rufo ; genis nigris ; tæniâ supra oculos albo-rufescente, tæniâ transversâ in alis albâ, rec- « tricibus nigris, tribus extimis exteriùs et apice albis, proximè sequenti apice albâ : » le gobe-mouche à poitrine rousse. Brisson, *Ornithol.*, t. II, p. 374. — « Muscicapa supernè e « cinereo, nigro et albo confusè mixta, infernè alba ; capite et pectore nigris ; tæniâ supra « oculos albâ ; tæniâ transversâ in alis candidâ ; rectricibus nigris, duabus extimis exteriùs et « apice albis, » le gobe-mouche à poitrine noire du Sénégal. Brisson, *ibid.*, p. 376.

[*] *Muscicapa undulata* (Gmel.).

[**] *Muscicapa senegalensis* (Gmel.). — Genre *Gobe-Mouches* sous-genre *Gobe-Mouches proprement dits* (Cuv.).

aucun autre de leur genre aussi entière et aussi distincte. Le premier est le plus petit, et n'a guère que trois pouces et demi de longueur; une tache rousse lui couvre le sommet de la tête qu'entoure le bandeau blanc : de l'angle extérieur de l'œil s'étend une plaque noire ovale qui confine au-dessus avec le bandeau, et s'étend en pointe vers l'angle du bec; la gorge est blanche; une tache d'un roux léger marque la poitrine; le dos est gris clair sur blanc; la queue et les ailes sont noirâtres; dans leurs couvertures moyennes passe obliquement une ligne blanche, et les petites couvertures sont bordées en écailles du roux de la poitrine; un velouté transparent règne sur tout le joli plumage de cet oiseau, et ce lustre est encore plus frais et plus clair sur celui de l'autre, qui, plus simple en couleur, n'est qu'un mélange de gris léger, de blanc et de noir, et n'en est pas moins agréable; le bandeau blanc lui passe sur les yeux; un plastron de même couleur prend en pointe sous le bec et se coupe carrément sur la poitrine, qu'une zone noire distingue, tenant au noir du haut du cou, qui se fond dans le gris sur blanc du dos; les pennes sont noires, frangées de blanc, et la ligne blanche des couvertures s'élargit en festons; les épaules sont noires, mais il s'entrelace dans tout ce noir un petit frangé blanc; et sur le blanc de tout le plumage règnent de petites ombres noires, d'une teinte si transparente et si légère que, sans avoir de brillantes couleurs, ce petit oiseau est plus paré que d'autres ne le paraissent être avec des teintes d'éclat et de riches nuances.

LE GOBE-MOUCHE HUPPÉ DU SÉNÉGAL. [a][*]

CINQUIÈME ESPÈCE.

Avec le gobe-mouche huppé du Sénégal est représenté, dans la même pl., n° 573 (fig. 1), un *gobe-mouche huppé de l'île de Bourbon* [b][1], que nous ne séparerons pas du premier, persuadés qu'il n'en est qu'une variété. L'île de Bourbon, jetée au milieu d'un vaste océan, située entre les tropiques, dont le climat constant n'a pas d'oiseaux inquiets ni voyageurs, n'était peuplée d'aucun oiseau de terre lorsque les premiers vaisseaux européens y

a. « Muscicapa cristata, supernè castanea, infernè saturatè cinerea; capite et collo inferiore « nigro-virescentibus; rectricibus castaneo-purpureis : » le gobe-mouche huppé du Sénégal Brisson, *Ornithol.*, t. II, p. 422.

b. « Muscicapa cristata, supernè dilutè spadicea, infernè cinerea : capite nigro viridescente « (Mas), cinereo (Fœmina); rectricibus dilutè spadiceis, fusco mixtis: » le gobe-mouche huppé de l'île de Bourbon. Brisson. *Ornithol.*, t. II, p. 420.

* *Muscicapa cristata* (Gmel.). — Genre *Gobe-Mouches*, sous-genre *Moucherolles* (Cuv.). — *Planche enluminée*, n° 573, fig. 2.

1. *Muscicapa borbonica* (Gmel.). — Espèce distincte. — Même planche, n° 573, fig. 1.

abordèrent. Ceux qu'elle nourrit à présent y ont été transportés, soit à dessein, soit par hasard : ce n'est donc pas dans cette île qu'il faut chercher les espèces originaires [a], et trouvant ici dans le continent l'analogue de l'oiseau de l'île, nous n'hésitons pas d'y rapporter ce dernier. En effet, il y a entre ces deux gobe-mouches des différences qui n'excèdent pas celles que l'âge ou le sexe produisent en diverses espèces de leur genre; et plusieurs ressemblances qui, dans tous les genres, font juger les espèces comme très-voisines. La figure, la grosseur, les masses de couleur sont les mêmes. Tous deux ont la tête garnie de petites plumes à demi relevées en huppe noire à reflets verts et violets; ce noir, dans celui du Sénégal, descend en plaque carrée sur la gorge et le devant du cou; dans celui de Bourbon, représenté dans la planche, le noir n'enveloppe que la tête avec l'œil et le dessous du bec; mais dans d'autres individus nous avons vu cette couleur envelopper aussi le haut du cou; tous deux ont le dessous du corps d'un beau gris d'ardoise clair, et tous deux le dessus d'un rouge bai, plus vif dans celui de Bourbon, plus foncé et marron dans celui du Sénégal; et cette couleur, qui s'étend également sur toute l'aile et la queue du dernier, est coupée par un peu de blanc à l'origine de celle de l'autre, et cède sur l'aile à une teinte plus foncée dans les couvertures; elles sont aussi frangées de trois traits plus clairs; le noirâtre des pennes n'a qu'un léger bord roussâtre au côté extérieur, et blanchâtre à l'intérieur des barbes; la plus grande différence est dans la queue : celle du gobe-mouche de Bourbon est courte et carrée, n'ayant que deux pouces et demi; la queue de celui du Sénégal a plus de quatre pouces, et elle est étagée depuis les deux pennes du milieu, qui sont les plus longues, jusqu'aux plus extérieures, qui sont plus courtes de deux pouces. Cette différence pouvant être le produit de l'âge, de la saison ou du sexe, ces deux oiseaux ne forment à nos yeux qu'une espèce. Si quelque observation survient qui engage à les distinguer, c'est de l'union même et du rapprochement que nous en aurons fait ici que résultera l'attention à les séparer dans la suite.

a. Nous trouvons encore deux gobe-mouches de l'île de Bourbon que nous ne ferons qu'indiquer, convaincus qu'ils appartiennent à quelque espèce du continent de l'Afrique : l'un est représenté dans nos planches enluminées n° 572, fig. 3, il est petit et tout noir, à un peu de roux près sous la queue : et malgré la différence de couleur, on pourrait penser qu'il se rapporte, comme variété, aux gobe-mouches du Cap, que nous avons déjà rapprochés de notre gobe-mouche noir à collier : ces diversités de plumages n'étant apparemment pas autres que celles par où nous le voyons passer lui-même, et que l'influence d'un climat plus chaud doit encore rendre plus étendues et plus rapides, dans un naturel qui se montre d'ailleurs si facile à les subir. M. Brisson indique par la phrase suivante le troisième gobe-mouche de l'île de Bourbon, auquel il dit que les habitants donnent le nom de *tecteo* : « Muscicapa supernè « fusca, oris pennarum rufescentibus, infernè rufescens (Mas), sordidè alba (Fœmina); rec- « tricibus saturatè fuscis, oris exterioribus dilutiùs fuscis. » *Ornithol.*, t. II, p. 360.

LE GOBE-MOUCHE A GORGE BRUNE DU SÉNÉGAL. *

SIXIÈME ESPÈCE.

Ce gobe-mouche a été apporté du Sénégal par M. Adanson. C'est celui
que décrit M. Brisson sous le nom peu approprié de *gobe-mouche à collier
du Sénégal* [a], puisque ni la tache brune, qui n'est qu'une simple plaque sur
la gorge, ni la ligne noire qui la termine, ne font l'effet d'un collier; une
tache d'un brun marron lui prend sous le bec et sous l'œil carrément,
couvre la gorge au large, mais ne descend pas sur la poitrine, une ligne
noire la tranchant net au bas du cou; cette ligne a peu de largeur, et l'estomac est blanc avec le reste du dessous du corps; le dessus est d'un beau
gris bleuâtre; la queue noirâtre; la penne la plus extérieure est blanche du
côté extérieur; les grandes couvertures de l'aile sont blanches aussi; les
petites sont noirâtres; les pennes sont d'un cendré foncé, frangé de blanc,
et les deux plus près du corps sont blanches dans leur moitié extérieure; le
bec large et aplati est hérissé de soies aux angles.

LE PETIT AZUR, GOBE-MOUCHE BLEU DES PHILIPPINES. **

SEPTIÈME ESPÈCE.

Un beau bleu d'azur couvre le dos, la tête et tout le devant du corps de
ce joli petit gobe-mouche, à l'exception d'une tache noire sur le derrière
de la tête, et d'une autre tache noire sur la poitrine; le bleu s'étend en
s'affaiblissant sur la queue; il teint les petites barbes des pennes de l'aile,
dont le reste est noirâtre; et on l'aperçoit encore dans le blanc des plumes
du ventre.

Cet oiseau est un peu moins grand, plus mince et plus haut sur ses jambes
que notre gobe-mouche. Longueur totale cinq pouces, bec sept à huit
lignes, point échancré ni crochu; queue deux pouces, tant soit peu étagée :
le bleu du plumage a beaucoup de lustre et de reflets, mais sans sortir de
sa teinte.

a. « Muscicapa supernè saturatè cinerea, infernè alba; collo inferiore castaneo , tæniâ nigrâ
« in infimâ parte circumdato ; tæniâ transversâ in alis albâ; rectricibus nigris, lateralibus
« apice albis , extimâ exteriùs albâ, » le gobe-mouche à collier du Sénégal. Brisson , *Ornithol.*,
t. III , p. 870.

* *Muscicapa melanoptera* (Gmel.). — Genre *Gobe-Mouches*, sous-genre *Moucherolles* (Cuv.).
** *Muscicapa cærulea* (Gmel.). — Genre et sous-genre *id.*

LE BARBICHON DE CAYENNE. *

HUITIÈME ESPÈCE.

Tous les gobe-mouches ont plus ou moins le bec garni de poils ou de
soies ; mais, dans celui-ci, elles sont si longues qu'elles se portent en avant
jusqu'au bout du bec, et c'est pour exprimer ce caractère que le nom de
barbichon lui a été donné. Cet oiseau a près de cinq pouces de longueur;
son bec est fort large à la base et très-aplati dans toute sa longueur; la
mandibule supérieure déborde un peu l'inférieure ; tout le dessus du corps
est d'un brun olivâtre foncé, excepté le haut de la tête que recouvrent des
plumes orangées, en partie cachées sous les autres plumes; le dessous du
corps est d'un jaune verdâtre, qui, sur le croupion, se change en un beau
jaune.

La femelle est un peu plus grande que le mâle ; tout le dessus de son
corps est d'un brun noirâtre mêlé d'une légère teinte de verdâtre, moins
sensible que dans le mâle ; le jaune du sommet de la tête ne forme qu'une
tache oblongue, que des plumes de la couleur générale recouvrent encore
en partie ; la gorge et le haut du cou sont blanchâtres ; les plumes du reste
du cou, de la poitrine et du dessous des ailes, ont leur milieu brun et le
reste jaunâtre ; le ventre et le dessous de la queue sont entièrement d'un
jaune pâle ; le bec est moins large que celui du mâle, et n'a que quelques
petits poils courts de chaque côté.

Ce gobe-mouche n'a pas la voix aigre, et il siffle doucement *pipi ;* le mâle
et la femelle vont ordinairement de compagnie : l'instinct borné des gobe-
mouches dans la manière de placer leur nid se marque singulièrement dans
celui-ci ; ce n'est point dans les rameaux touffus qu'il le pose, c'est aux
endroits découverts, sur les branches les moins garnies de feuilles : il est
d'autant plus apparent qu'il est d'une grosseur excessive ; il a douze pouces
de haut sur plus de cinq de diamètre, et tout entier de mousse ; ce nid est
fermé au-dessus, l'ouverture étroite est dans le flanc, à trois pouces du
sommet : c'est à M. de Manoncour que nous devons la connaissance de
cet oiseau.

LE GOBE-MOUCHE BRUN DE CAYENNE. **

NEUVIÈME ESPÈCE.

Ce gobe-mouche est petit, ayant à peine quatre pouces de longueur : les
plumes de la tête et du dos sont d'un brun noirâtre, bordées de brun fauve ;

* *Muscicapa barbata* (Gmel.). — Genre et sous-genre *id.*
** *Muscicapa fuliginosa* (Gmel.).

le fauve est plus foncé et domine sur les pennes de l'aile, et le noir sur celles de la queue, qui sont bordées d'une frange blanchâtre : cette dernière couleur est celle de tout le dessous du corps, excepté une teinte fauve sur la poitrine ; la queue est carrée, l'aile pliée en couvre la moitié ; le bec aigu est garni de petites soies à sa racine : ce sont tous les traits qu'on peut remarquer dans ce petit oiseau. Son espèce a néanmoins une variété, si les différences que nous trouvons dans un second individu ne sont pourtant pas celles du mâle à la femelle, ou du jeune à l'adulte. Sur le fond cendré-brun de tout le plumage de ce second individu paraît sous le ventre une teinte jaunâtre, et à la poitrine un brun olive ; le cendré noirâtre de la tête et du dos est un peu teint de vert olive foncé, et l'on voit sur les grandes pennes des ailes quelques traits plus clairs sur leurs petites barbes, tandis que les grandes barbes des petites pennes montrent en se développant un jaune rosat, léger et pâle.

LE GOBE-MOUCHE ROUX A POITRINE ORANGÉE DE CAYENNE. *

DIXIÈME ESPÈCE.

Ce gobe-mouche se trouve dans la Guiane, à la rive des bois et le long des savanes ; l'orangé de la poitrine et le roux du reste du corps sont les couleurs qui frappent assez pour le faire reconnaître : il a quatre pouces neuf lignes de longueur ; son bec est fort aplati et très-large à sa base ; la tête et le haut du cou sont d'un brun verdâtre ; le dos est d'un roux surchargé de la même teinte de vert ; la queue est rousse en entier ; le noir des pennes de l'aile, quand elle est pliée, ne paraît qu'à la pointe, leurs petites barbes étant rousses : au défaut de la tache orangée de la poitrine, le blanc ou le blanchâtre couvre le dessous du corps. Nous n'en avons qu'un individu au Cabinet du Roi.

LE GOBE-MOUCHE CITRIN DE LA LOUISIANE. **

ONZIÈME ESPÈCE.

On peut comparer à la lavandière jaune ce gobe-mouche pour la grandeur et la couleur. Un beau jaune-citron couvre la poitrine et le ventre, et cette couleur est encore plus vive sur le devant de la tête, la joue et la tempe ; le reste de la tête et du cou est encapuchonné d'un beau noir qui

---

* *Muscicapa aurantia* (Gmel.). — Genre et sous-genre *id.*
** Ce n'est point un *gobe-mouche*, mais une *fauvette* : *molacilla mitrata* (Gmel.).

remonte jusque sous le bec et descend en plastron arrondi jusque sur la poitrine : un gris verdâtre recouvre sur le dos et les épaules le cendré qui y fait le fond du plumage et se marque par lignes sur les petites barbes des grandes pennes de l'aile. Par la vivacité et la netteté de ses couleurs, par son noir velouté, bien tranché dans le jaune clair, et par la teinte uniforme de son manteau verdâtre, ce gobe-mouche est un des plus jolis, et peut disputer de beauté avec tous les oiseaux de son genre.

LE GOBE-MOUCHE OLIVE DE LA CAROLINE ET DE LA JAMAIQUE. [a] *

DOUZIÈME ESPÈCE.

Nous aurions voulu rapporter à cette espèce le *gobe-mouche olive de Cayenne* des planches enluminées, n° 574, fig. 2 ; mais celui-ci est de beaucoup plus petit, ainsi nous le donnerons séparément, et avec d'autant plus de raison, qu'il faut en reconnaître deux espèces ou variétés, l'une décrite par Edwards et l'autre par Catesby ; le premier de ces oiseaux a la grosseur et la proportion des gobe-mouches d'Europe. Le dessus de la tête et du corps est d'un olive brun, le dessous d'un blanc sale, mêlé confusément de brun olivâtre ; la bandelette blanche se montre au-dessus des yeux ; le fond de la couleur des pennes est d'un brun cendré, et elles sont frangées d'une couleur d'olive sur une assez grande largeur.

La seconde espèce ou variété est le gobe-mouche décrit par Catesby (t. I, page 64), et qu'il nomme *moucherolle aux yeux rouges*, en remarquant qu'il a l'iris et les pieds de cette couleur ; ce caractère, joint à la différence des couleurs un peu plus sombres que celles du gobe-mouche d'Edwards, indique une variété ou même une espèce différente : celui-ci niche dans la Caroline et se retire vers la Jamaïque en hiver ; cependant Hans Sloane n'en fait aucune mention, mais M. Browne (*Hist. of Jamaïc.*, page 476) le regarde comme un oiseau de passage à la Jamaïque; il le met au nombre des oiseaux chanteurs, en disant néanmoins qu'il n'a pas'dans la voix beaucoup de tons, mais qu'ils sont forts et doux : ceci serait une affection particulière, car tous les autres gobe-mouches ne font entendre que quelques sons aigres et brefs.

a. Olive coloured fly-catcher : moucherolle olive. Edwards, *Glan.*, p. 93, avec une figure exacte, pl. 253. — *Red-ey'd fly-catcher :* preneur de mouches, aux yeux rouges. Catesby, *Hist. nat. of Carolina*, t. I, p. 54. — « Luscinia Muscicapa oculis rubris. » Klein, *Avi.*, p. 74, n° 6. — « Oriolus subolivaceus, canorus, rostri apice attenuato, adunco. » Browne, *Hist. nat. of Jamaïc.*, p. 476. — « Muscicapa supernè fusco-olivacea, infernè sordidè alba, fusco-olivacco « confusè mixta ; tæniâ duplici in alis sordidè albà; rectricibus fuscis, oris exterioribus fusco- « olivaceis, » le gobe-mouche olive du Canada. Brisson, *Ornithol.*, t. II, p. 408. — *Whiptom-kelly* à la Jamaïque, suivant Edwards et Browne.

* *Muscicapa olivacea* (Gmel.).

LE GOBE-MOUCHE HUPPÉ DE LA MARTINIQUE. [a]*

TREIZIÈME ESPÈCE.

Un beau brun, plus foncé sur la queue, couvre tout le dessus du corps de ce gobe-mouche jusque sur la tête, dont les petites plumes, peintes de quelques traits de brun roux plus vif, se hérissent à demi pour former une huppe au sommet; sous le bec, un peu de blanc cède bientôt au gris ardoisé clair, qui couvre le devant du cou, la poitrine et l'estomac : ce même blanc se retrouve au ventre. Les pennes de l'aile sont d'un brun noirâtre, frangées de blanc; leurs couvertures, frangées de même, rentrent par degrés dans le roux des épaules; la queue est un peu étagée, recouverte par l'aile au tiers, et longue de deux pouces. L'oiseau entier en a cinq et demi.

LE GOBE-MOUCHE NOIRATRE DE LA CAROLINE. [b]**

QUATORZIÈME ESPÈCE.

Cet oiseau est à peu près de la grandeur du rossignol; son plumage, depuis la tête à la queue, est d'un brun uniforme et morne : la poitrine et le ventre sont blancs, avec une nuance de vert jaunâtre; les jambes et les pieds noirs; la tête du mâle est d'un noir plus foncé que celle de la femelle : ils ne diffèrent que par là. Ils nichent à la Caroline, au rapport de Catesby, et en partent à l'approche de l'hiver.

LE GILLIT OU GOBE-MOUCHE PIE DE CAYENNE. ***

QUINZIÈME ESPÈCE.

Cet oiseau, qui se trouve à la Guiane, se nomme *gillit* en langue garipone, et nous avons cru devoir adopter ce nom comme nous l'avons tou-

---

a. « Muscicapa cristata, supernè fusca, infernè cinerea; remigibus, rectricibusque fuscis, « oris exterioribus remigum albidis, » le gobe-mouche huppé de la Martinique. Brisson, *Ornithol.*, t. II, p. 362.

b. Muscicapa nigrescens. The blackap fly-catcher. Catesby, *Hist. nat. of Carolina*, t. I, p. 53. — *Luscinia nigricans*, Klein, *Avi.*, p. 74, n° 5. — « Muscicapa supernè saturatè fusca, « infernè albo flavicans; capite superiùs nigro; remigibus rectricibusque fuscis, » le gobe-mouche brun de la Caroline. Brisson, *Ornithol.*, t. II, p. 367.

* *Muscicapa martinica* (Gmel.).

** *Muscicapa fusca* (Gmel.).

*** *Muscicapa bicolor* (Gmel.). — Genre *Gobe-Mouches*, sous-genre *Gobe-Mouches proprement dits* (Cuv.).

jours fait pour les autres oiseaux et pour les animaux qui ne peuvent jamais être mieux indiqués que par les noms de leur pays natal. La tête, la gorge, tout le dessous du corps, et jusqu'aux deux pattes de cet oiseau, sont d'un blanc uniforme. Le croupion, la queue et les ailes sont noires, et les petites pennes de celles-ci sont bordées de blanc; une tache noire prend derrière la tête, tombe sur le cou, et y est interrompue par un chaperon blanc qui fait cercle sur le dos. La longueur de ce gobe-mouche est de quatre pouces et demi; le plumage de la femelle est partout d'un gris uniforme et léger. On les trouve ordinairement dans les savanes noyées.

Le *gobe-mouche à ventre blanc de Cayenne*, des planches enluminées, n° 566, fig. 3, ne diffère presque en rien du gillit[1], et nous ne les séparerons pas, de peur de multiplier les espèces dans un genre déjà si nombreux, et où elles ne sont séparées que par de très-petits intervalles.

Nous rapporterons aussi à ce gobe-mouche à ventre blanc la *moucherolle blanche et noire* d'Edwards[a], de Surinam, et dont les couleurs sont les mêmes, excepté du brun aux ailes, et du noir au sommet de la tête : différences qui ne sont rien moins que spécifiques.

LE GOBE-MOUCHE BRUN DE LA CAROLINE. [*]

SEIZIÈME ESPÈCE.

Celui-ci est le *petit preneur de mouches brun* de Catesby[b]; il est de la taille et de la figure du gobe-mouche olive aux yeux et pieds rouges, donné par le même auteur, et nous aurions voulu les réunir ; mais cet observateur exact les distingue. Une teinte brune et morne qui couvre uniformément tout le dessus du corps de cet oiseau n'est coupée que par le brun roussâtre des pennes de l'aile et de la queue; le dessous du corps est blanc sale, avec une nuance de jaune; les jambes et les pieds sont noirs, le bec est aplati, large et un peu crochu à la pointe : il a huit lignes, la queue deux pouces, l'oiseau entier cinq pouces huit lignes ; il ne pèse que trois gros. C'est tout ce qu'en a dit Catesby, d'après lequel seul on a parlé de ce petit oiseau.

a. *Blak and white fly-catcher. Glanures*, p. 287, pl. 348.

b. *The little Brown fly-catcher. Muscicapa fusca.* Catesby, *Hist. nat. of Carolina*, t. I, p. 54. — *Luscinia muscicapa fusca.* Klein, *Avi.*, p. 74, n° 7. — « Muscicapa supernè satu-« ratè cinerea, infernè sordidè albo flavicans, remigibus rectricibusque fuscis, oris exterio-« ribus minorum remigum albis, » le gobe-mouche cendré de la Caroline. Brisson, *Ornithol.*, t. II, p. 368.

1. Il est, en effet, de la même espèce.

[*] *Muscicapa virens* (Gmel.). — Espèce indéterminée.

LE GOBE-MOUCHE OLIVE DE CAYENNE. *

DIX-SEPTIÈME ESPÈCE.

Ce gobe-mouche n'est pas plus grand que le *pouillot* d'Europe ; il a sa taille et ses couleurs, si ce n'est que le verdâtre domine un peu plus ici sur le cendré et le blanc sale, qui font le fond du plumage de ces deux petits oiseaux : celui-ci, par son bec aplati, appartient à la famille des gobe-mouches ; nos pouillots et soucis, sans y être expressément compris, en ont les mœurs ; ils vivent de même de mouches et moucherons. C'est pour les saisir que dans les jours d'été ils ne cessent de voleter, et quand la saison rigoureuse a fait disparaître tous les insectes volants, le souci et le pouillot les cherchent encore en chrysalides sous les écorces où ils se sont cachés.

Longueur totale, quatre pouces et demi ; bec, sept lignes ; queue, vingt lignes, laquelle dépasse l'aile pliée de quinze lignes.

LE GOBE-MOUCHE TACHETÉ DE CAYENNE. **

DIX-HUITIÈME ESPÈCE.

Ce gobe-mouche de Cayenne est à peu près de la grandeur du gobe-mouche olive, naturel au même climat. Le blanc sale, mêlé sur l'aile de quelque ombre de rougeâtre et de quelques taches de blanc jaunâtre plus distinctes, avec du cendré brun sur la tête et le cou, et du cendré noirâtre sur les ailes, forment avec confusion le mélange des taches du plumage de cet oiseau ; une petite mentonnière de plumes blanchâtres et hérissées lui prend sous le bec, et les plumes cendrées du sommet de la tête, mêlées de filets jaunes, se soulèvent en demi-huppe ; le bec est de la même grandeur que celui du gobe-mouche olive, la queue de même longueur, mais la couleur les différencie. L'olive paraît aussi avoir la taille plus fine, le mouvement plus vif que le tacheté, autant du moins qu'on peut en juger par leurs dépouilles.

* *Muscicapa agilis* (Gmel.).
** *Muscicapa virgata* (Gmel.).

LE PETIT NOIR-AURORE, GOBE-MOUCHE D'AMÉRIQUE. *a* *

DIX-NEUVIÈME ESPÈCE.

Nous caractérisons ainsi des deux couleurs qui tranchent agréablement dans son plumage ce petit gobe-mouche que les naturalistes avaient jusqu'à présent nommé vaguement *gobe-mouche d'Amérique*, comme si ce nom pouvait le faire distinguer au milieu de la foule d'oiseaux du même genre, qui habitent également ce nouveau continent. Celui-ci est à peine aussi grand que le poulliot; un noir vif lui couvre la tête, la gorge, le dos et les couvertures; un beau jaune aurore brille par pinceaux sur le fond gris-blanc de l'estomac, et se renforce sous le pli de l'aile; cette même couleur perce en traits entre les pennes de l'aile et couvre les deux tiers de celles de la queue, dont la pointe est noire ou noirâtre, ainsi que les pennes de l'aile : ce sont là les couleurs du mâle; la femelle en diffère en ce que tout ce que le mâle a d'un noir vif elle l'a d'un noirâtre faible, et d'un jaune simple tout ce qu'il a d'aurore ou d'orangé. Edwards a donné les figures de la femelle (planche 255), et du mâle (planche 80), que Catesby représente aussi (tome I, page 67), sous le nom de *rossignol de muraille*, mais d'une taille plus grande que celui d'Edwards et que celui de nos planches enluminées, ce qui fait imaginer une variété dans l'espèce.

LE RUBIN

OU GOBE-MOUCHE ROUGE HUPPÉ DE LA RIVIÈRE DES AMAZONES. **

VINGTIÈME ESPÈCE.

De toute la nombreuse famille des gobe-mouches, celui-ci est le plus brillant; une taille fine et légère assortit l'éclat de sa robe : une huppe de petites

---

a. The small American redstart. Edwards , *Nat. Hist. of birds*, pl. 80, belle figure du mâle ; *Glanures*, p. 101 , pl. 255 , une figure exacte de la femelle , sous le nom de *moucherolle à queue jaune.* — *Rossignol de muraille d'Amérique.* Catesby, t. I, p. 67. — « Passer « serino affinis e croceo et nigro variegatus. » Klein, *Avi.*, p. 89, n° 13. — « Serino affinis « avicula, e croceo et nigro varia. » Sloan. *Voyag. of Jamaïc.*, p. 312; n° 50. — « Serino « affinis e croceo et nigro varia. » Ray, *Synops.*, p. 188 , n° 51. — « Motacilla nigra, pectore « maculâ alarum, basique remigum rectricumque fulvis, » *Ruticilla.* Linnæus, *Syst. nat.*, édit. X, g. 99, sp. 15. — « Muscicapa supernè nigra , infernè alba ad aurantium vergens ; « pectore aurantio; remigibus minoribus primâ medietate aurantiis ; rectricibus quatuor extimis « aurantiis, apice nigris (Mas). — Muscicapa supernè fusca, infernè albâ ad luteum vergens ; « pectore luteo; remigibus minoribus primâ medietate luteis ; rectricibus quatuor extimis luteis « apice fuscis (Fœmina), » le gobe-mouche d'Amérique. Brisson, *Ornithol.*, t. II, p. 383.

* *Muscicapa ruticilla* (Gmel.).

** *Muscicapa coronata* (Gmel.). — Genre *Gobe-Mouches*, sous-genre *Moucherolles* (Cuv.).

plumes effilées d'un beau rouge cramoisi se hérisse et s'étale en rayons sur
sa tête ; le même rouge reprend sous le bec, couvre la gorge, la poitrine,
le ventre, et va s'étendre aux couvertures de la queue ; un cendré brun,
coupé de quelques ondes blanchâtres au bord des couvertures et même des
pennes, couvre tout le dessus du corps et les ailes ; le bec, très-aplati, a sept
lignes de longueur ; la queue deux pouces ; elle dépasse les ailes de dix
lignes, et la longueur totale de l'oiseau est de cinq pouces et demi. M. de
Commerson l'avait nommé *mésange cardinal ;* mais ce petit oiseau étant
encore moins cardinal que mésange, nous lui avons donné un nom immédiatement relatif à la vivacité de sa couleur[a]. Ce serait, sans contredit, un
des plus jolis oiseaux que l'on pût renfermer en cage ; mais la nature, dans
le genre de nourriture qu'elle lui a prescrite, paraît l'avoir éloigné de toute
vie commune avec l'homme, et lui avoir assuré, après le plus grand des
biens, le seul qui en répare la perte, la liberté ou la mort.

LE GOBE-MOUCHE ROUX DE CAYENNE. *

VINGT-UNIÈME ESPÈCE.

Ce gobe-mouche, long de cinq pouces et demi, est à peu près de la grosseur du rossignol : il est sur tout le dessus du corps d'un beau roux clair
qui a du feu ; cette teinte s'étend jusque sur les petites pennes de l'aile, qui,
couvrant les grandes lorsqu'elle est pliée, n'y laissent voir qu'un petit
triangle noir, formé par leur extrémité : une tache brune couvre le sommet
de la tête ; tout le devant et le dessous du corps est blanchâtre, avec quelques teintes légèrement ombrées de roux ; la queue, qui est carrée, s'étale ;
le bec large, court et robuste, et dont la pointe est recourbée, fait nuance à
cet égard entre les gobe-mouches et les tyrans. Nous ne savons si l'on doit
rapporter à cette espèce le gobe-mouche roux de Cayenne de M. Brisson.
C'est une chose désolante que cette contrariété d'objets sous une même
dénomination, à quoi rien n'est comparable que la contrariété de dénomination sur le même objet, non moins fréquente chez les nomenclateurs :
quoi qu'il en soit, le *gobe-mouche roux de Cayenne* a, selon M. Brisson, huit
pouces de longueur, et le nôtre n'en a que cinq : voyez en outre la diffé-

---

a. Nous trouvons une figure de cet oiseau parmi les dessins rapportés du pays des Amazones, par M. de la Condamine. Cet oiseau, suivant une note au bas de ce dessin, s'appelle
en espagnol, *putillas.* La femelle qui est représentée avec le mâle n'a point de huppe : tout le
beau de son plumage est plus faible ; et on ne lui voit, partout où le mâle est rouge, que quelques traits affaiblis de cette couleur, sur un fond blanchâtre.

* *Muscicapa rufescens* (Gmel.).

rence des couleurs, en comparant sa phrase avec notre description[a]. Au
reste, le gobe-mouche roux à poitrine orangée, dont nous avons donné
ci-devant la description, ne diffère de celui-ci par aucun autre caractère
essentiel que par la grandeur, car sans cela on pourrait le regarder comme
une variété de sexe, d'autant plus que dans ce genre les femelles sont communément glus grandes que les mâles; car si cette différence dans la grandeur était produite par l'âge, et que le plus petit de ces deux oiseaux fût
en effet le plus jeune, la tache orangée qu'il porte sur la poitrine serait
moins vive que dans l'adulte.

LE GOBE-MOUCHE A VENTRE JAUNE. [b]*

VINGT-DEUXIÈME ESPÈCE.

Ce beau gobe-mouche habite en Amérique le continent et les îles, celui
que représente la planche enluminée venait de Cayenne; un autre a été
envoyé de Saint-Domingue au Cabinet, sous le nom de *gobe-mouche huppé
de Saint-Domingue*. Nous croyons apercevoir entre ces deux individus la
différence du mâle à la femelle. Celui qui est venu de Saint-Domingue paraît
être le mâle; il a le jaune doré du sommet de la tête beaucoup plus vif et
plus large que l'autre, où ce jaune plus faible se montre à peine à travers
les plumes noirâtres de cette partie de la tête. Du reste, ces deux oiseaux se
ressemblent, ils sont un peu moins gros que le rossignol; leur longueur est
de cinq pouces huit lignes; le bec, à peine courbé à la pointe, a huit
lignes; la queue deux pouces et demi; l'aile pliée ne l'atteint pas à moitié;
la tache orangée de la tête est bordée de cendré noirâtre, une bande blanche
traverse la tempe sur les yeux, au-dessous desquels prend une tache du
même cendré noirâtre qui vient se confondre dans le brun roussâtre du
dos; ce brun roussâtre couvre les ailes et la queue, et s'éclaircit un peu au
bord des petites barbes des pennes; un beau jaune orangé couvre la poitrine
et le ventre; cette couleur éclatante distingue ce gobe-mouche de tous les
autres. Quoique les plumes jaunes dorées du sommet de la tête paraissent
devoir se relever au gré de l'oiseau, comme nous le remarquons dans nos
petits soucis d'Europe; cependant on ne peut pas proprement nommer

---

a. « Muscicapa supernè rufo-rufescens, infernè dilutè rufa; capite, gutture et collo saturatè
« cinereis; pennis in gutture et collo inferiore albido marginatis, pectore, uropygio et rectri-
« cibus splendidè rufis, » le gobe-mouche roux de Cayenne. Brisson, *supplément*, p. 51.

b. « Muscicapa supernè fusca, marginibus pennarum olivaceis, infernè lutea, pennis ver-
« ticis in exortu flavo-aurantiis; tæniâ supra oculos albâ; rectricibus supernè fuscis, margi-
« nibus rufis, infernè fusco-olivaceis, » le gobe-mouche de Cayenne. Brisson, *Ornithol.*, t. II,
page 404.

* *Muscicapa cayennensis* (Gmel.).

celui-ci *gobe-mouche huppé*, puisque ces plumes, habituellement couchées, ne forment pas une véritable huppe, mais un simple couronnement qui ne se relève et ne paraît que par instant.

LE ROI DES GOBE-MOUCHES. *

VINGT-TROISIÈME ESPÈCE.

On a donné à cet oiseau le nom de *roi des gobe-mouches*, à cause de la belle couronne qu'il porte sur la tête, et qui est posée transversalement, au lieu que les huppes de tous les autres oiseaux sont posées longitudinalement. La figure, dans la planche enluminée, ne rend pas assez sensible cette position transversale de la couronne; elle est composée de quatre à cinq rangs de petites plumes arrondies, étalées en éventail sur dix lignes de largeur, toutes d'un rouge bai très-vif, et toutes terminées par un petit œil noir, en sorte qu'on la prendrait pour la miniature d'une queue de paon.

Cet oiseau a aussi la forme singulière et paraît rassembler les traits des gobe-mouches, des moucherolles et des tyrans; il n'est guère plus gros que le gobe-mouche d'Europe, et porte un bec disproportionné, très-large, très-aplati, long de dix lignes, hérissé de soies qui s'étendent jusqu'à sa pointe qui est crochue; le reste ne répond point à cette arme, le tarse est court, les doigts sont faibles; l'aile n'a pas trois pouces de longueur, la queue pas plus de deux. On voit sur l'œil un petit sourcil blanc; la gorge est jaune; un collier noirâtre ceint le cou et se rejoint à cette teinte qui couvre le dos, et se change sur l'aile en brun fauve foncé; les pennes de la queue sont bai clair; la même couleur, mais plus légère, teint le croupion et le ventre, et le blanchâtre de l'estomac est traversé de noirâtre en petites ondes. Ce roi des gobe-mouches est très-rare; on n'en a encore vu qu'un seul apporté de Cayenne, où même il ne paraît que rarement.

LES GOBE-MOUCHERONS.

VINGT-QUATRIÈME ET VINGT-CINQUIÈME ESPÈCES.

Ici la nature a proportionné le chasseur à la proie; les moucherons sont celle de ces petits oiseaux, que telle grosse mouche ou scarabée d'Amérique attaquerait avec avantage. Nous les avons au Cabinet du Roi, et leur

---

* *Todus regius* (Gmel.). — Genre *Gobe-Mouches*, sous-genre *Moucherolles* (Cuv.).

description sera courte. Le premier de ces gobe-moucherons[1] est plus petit qu'aucun gobe-mouche; il l'est plus que le souci, le plus petit des oiseaux de notre continent; il en a aussi à peu près la figure et même les couleurs : un gris d'olive un peu plus foncé que celui du souci, et sans jaune sur la tête, fait le fond de la couleur de son plumage, quelques ombres faibles de verdâtre se montrent au bas du dos ainsi que sur le ventre, et de petites lignes d'un blanc jaunâtre sont tracées sur les plumes noirâtres et sur les couvertures de l'aile ; on le trouve dans les climats chauds du nouveau continent.

La seconde espèce est celui que nous avons fait représenter dans nos planches enluminées sous le nom de *petit gobe-mouche tacheté de Cayenne*[2], n° 831, fig. 2 ; il est encore un peu plus petit que le premier ; tout le dessous du corps de ce très-petit oiseau est d'un jaune clair tirant sur la couleur paille. C'est un des plus petits oiseaux de ce genre ; il a à peine trois pouces de longueur ; la tête et le commencement du cou sont partie jaunes et partie noirs, chaque plume jaune ayant dans son milieu un trait noir qui fait paraître les deux couleurs disposées par taches longues et alternatives; les plumes du dos, des ailes et leurs couvertures sont d'un cendré noir et bordées de verdâtre; la queue est très-courte, l'aile encore plus; le bec effilé se prolonge, ce qui porte toute la figure de ce petit gobe-mouche en avant, et lui donne un air tout particulier et très-reconnaissable.

Nous ne pouvons mieux terminer l'histoire de tous ces petits oiseaux chasseurs aux mouches, que par une réflexion sur le bien qu'ils nous procurent; sans eux, sans leur secours, l'homme ferait de vains efforts pour écarter les tourbillons d'insectes volants dont il serait assailli; comme la quantité en est innombrable et leur pullulation très-prompte, ils envahiraient notre domaine, ils rempliraient l'air et dévasteraient la terre si les oiseaux n'établissaient pas l'équilibre de la nature vivante, en détruisant ce qu'elle produit de trop. La plus grande incommodité des climats chauds est celle du tourment continuel qu'y causent les insectes : l'homme et les animaux ne peuvent s'en défendre; ils les attaquent par leurs piqûres, ils s'opposent aux progrès de la culture des terres, dont ils dévorent toutes les productions utiles; ils infectent de leurs excréments ou de leurs œufs toutes les denrées que l'on veut conserver : ainsi les oiseaux bienfaisants qui détruisent ces insectes ne sont pas encore assez nombreux dans les climats chauds, où néanmoins les espèces en sont très-multipliées. Et dans nos pays tempérés, pourquoi sommes-nous plus tourmentés des mouches au commencement de l'automne qu'au milieu de l'été? Pourquoi voit-on dans les beaux jours d'octobre l'air rempli de myriades de moucherons? C'est parce que tous les oiseaux *insectivores*, tels que les hirondelles, les rossignols,

1. *Muscicapa minuta* (Linn.).
2. *Muscicapa pygmæa* (Linn.).

VI.

fauvettes, gobe-mouches, etc., sont partis d'avance, comme s'ils prévoyaient que le premier froid doit détruire le fonds de leur subsistance, en frappant d'une mort universelle tous les êtres sur lesquels ils vivent; et c'est vraiment une prévoyance, car ces oiseaux trouveraient encore, pendant les quinze ou vingt jours qui suivent celui de leur départ, la même quantité de subsistance, la même fourniture d'insectes qu'auparavant; ce petit temps pendant lequel ils abandonnent trop tôt notre climat suffit pour que les insectes nous incommodent par leur multitude plus qu'en aucune autre saison ; et cette incommodité ne ferait qu'augmenter, car ils se multiplieraient à l'infini, si le froid n'arrivait pas tout à propos pour en arrêter la pullulation, et purger l'air de cette vermine, aussi superflue qu'incommode.

LES MOUCHEROLLES.

Pour mettre de l'ordre et de la clarté dans l'énumération des espèces du genre très-nombreux des gobe-mouches, nous avons cru devoir les diviser en trois ordres, relativement à leur grandeur, et nous sommes convenus d'appeler *moucherolles* ceux qui, étant plus grands que les gobe-mouches ordinaires, le sont moins que les tyrans, et forment entre ces deux familles une famille intermédiaire où s'observent les nuances et le passage de l'une et de l'autre.

On trouve des moucherolles, ainsi que des gobe-mouches, dans les deux continents ; mais dans chacun les espèces sont différentes, et aucune ne paraît commune aux deux. L'Océan est pour ces oiseaux, comme pour tous les autres animaux des pays méridionaux, une large barrière de séparation que les seuls oiseaux palmipèdes ont pu franchir, par la faculté qu'ils ont de se reposer sur l'eau.

Les climats chauds sont ceux du luxe de la nature ; elle y pare ses productions, et quelquefois les charge de développements extraordinaires : plusieurs espèces d'oiseaux, tels que les veuves, les guêpiers et les moucherolles ont la queue singulièrement longue, ou prolongée de pennes exorbitantes ; ce caractère les distingue des gobe-mouches, desquels ils diffèrent encore par le bec, qui est plus fort et un peu plus courbé en crochet à la pointe que celui des gobe-mouches.

LE SAVANA. [a] [*]

PREMIÈRE ESPÈCE.

Ce moucherolle approche des tyrans par la grandeur, et il est représenté
dans nos planches enluminées sous la dénomination de *tyran à queue
fourchue de Cayenne ;* néanmoins son bec, plus faible et moins crochu que
celui des tyrans, le réunit à la famille des moucherolles. On l'appelle *veuve*
à Cayenne ; mais ce nom ayant été donné à un autre genre d'oiseaux, ne
doit pas être adopté pour celui-ci, qui ne ressemble aux veuves que par sa
longue queue : comme il se tient toujours dans les savanes noyées, le nom
de *savana* nous a paru lui convenir. On le voit, perché sur les arbres, descendre à tout moment sur les mottes de terre ou les touffes d'herbes qui
surnagent, hochant sa longue queue comme les lavandières; il est gros
comme l'alouette huppée ; les pennes de la queue sont noires ; les deux extérieures ont neuf pouces de longueur et s'écartent en fourche ; les deux qui
les suivent immédiatement n'ont que trois pouces et demi, et les autres
vont en décroissant jusqu'aux deux du milieu, qui n'ont qu'un pouce. Ainsi
cet oiseau à qui, en le mesurant de la pointe du bec à celle de la queue, on
trouve quatorze pouces, n'en a que six du bec aux ongles. Au sommet de
la tête est une tache jaune, laquelle cependant manque à plusieurs individus, qui sont apparemment les femelles. Du reste, une coiffe noirâtre,
courte et carrée, lui couvre le derrière de la tête ; au delà le plumage est
blanc, et ce blanc remonte jusque sous le bec, et descend sur tout le devant
et le dessous du corps ; le dos est d'un gris verdâtre, et l'aile brune. On
voit ce moucherolle au bord de la rivière de la Plata et dans les bois de
Montevideo , d'où il a été rapporté par M. Commerson.

LE MOUCHEROLLE HUPPÉ A TÊTE COULEUR D'ACIER POLI. [**]

SECONDE ESPÈCE.

Ce moucherolle se trouve au cap de Bonne-Espérance, au Sénégal et à
Madagascar; il est donné trois fois dans l'*Ornithologie* de M. Brisson, sous

---

a. « Muscicapa supernè cinerea, infernè alba; capite superiùs et ad latera nigro , pennis
« verticis in exortu luteis, rectricibus nigris, extimæ margine exteriore primâ medietate can-
« didâ ; caudâ maximè bifurcâ, » le tyran à queue fourchue. Brisson, *Ornithol.*, t. II, p. 396.

[*] *Muscicapa tyrannus* (Gmel.). — Genre *Gobe-Mouches* , sous-genre *Tyrans* (Cuv.).

[**] *Todus paradiseus* et *muscicapa paradisi* (Gmel.). — Genre *Gobe-Mouches* , sous-genre
Moucherolles (Cuv.).

trois dénominations différentes : 1° page 418 (tome II), sous le nom de *gobe-mouche huppé du cap de Bonne-Espérance*[a] ; 2° page 414, sous le nom de *gobe-mouche blanc du cap de Bonne-Espérance*[b] ; 3° page 416, sous le nom de *gobe-mouche huppé du Brésil*[c]. Ces trois espèces n'en font qu'une, dans laquelle l'oiseau rouge est le mâle, et le blanc la femelle, qui est un peu plus grande que son mâle, comme nous l'avons observé dans l'espèce du *barbichon*. Cette différence, qui ne se trouve guère que dans la classe des oiseaux de proie, en rapproche le genre subalterne des gobe-mouches, moucherolles et tyrans.

Ce moucherolle mâle a sept pouces de longueur, et la femelle huit pouces un quart, cet excès de longueur étant presque tout dans la queue ; cependant elle a aussi le corps un peu plus épais, et à peu près de la grosseur de l'alouette commune ; tous deux ont la tête et le haut du cou, à le trancher circulairement à la moitié, enveloppés d'un noir luisant de vert ou de bleuâtre, dont l'éclat est pareil à celui de l'acier bruni : une belle huppe de même couleur, dégagée et jetée en arrière en plumet, pare leur tête où brille un œil couleur de feu ; au coin du bec, qui est long de dix lignes, un peu arqué vers la pointe et rougeâtre, sont des soies assez longues. Tout le reste du corps de la femelle est blanc, excepté les grandes pennes dont le noir perce à la pointe de l'aile pliée ; on voit deux rangs de traits noirs dans les petites pennes et dans les grandes couvertures ; et la côte des plumes de la queue est également noire dans toute sa longueur.

Dans le mâle, au-dessous de la coiffe noire, la poitrine est d'un gris bleuâtre, et l'estomac, ainsi que tout le dessous du corps sont blancs ; un manteau rouge bai vif en couvre tout le dessus jusqu'au bout de la queue ; cette queue est coupée en ovale et régulièrement étagée : les deux pennes du milieu étant les plus grandes, les autres s'accourcissent de deux en deux lignes ou de trois en trois, jusqu'à la plus extérieure, et de même dans la femelle.

Ce beau moucherolle est venu du cap de Bonne-Espérance ; on le trouve aussi au Sénégal et à Madagascar ; selon M. Adanson[d], il habite sur les mangliers qui bordent les eaux dans les lieux solitaires et peu fréquentés du Niger et de la Gambra ; Seba place ce moucherolle au Brésil, en le rangeant parmi les oiseaux de Paradis, et lui donnant le nom brésilien d'*aca-*

a. « Muscicapa cristata, supernè dilutè spadicea, infernè alba ; pectore cinereo albo ; capite « et collo superiore nigro-viridescentibus ; rectricibus dilutè spadiceis, » le gobe-mouche huppé du cap de Bonne-Espérance.

b. « Muscicapa cristata alba, capite et collo superiore nigro-virescentibus ; rectricibus albis, « oris exterioribus et scapis nigris, » le gobe-mouche blanc huppé du cap de Bonne-Espérance.

c. « Muscicapa cristata supernè dilutè spadicea, infernè alba ; capite nigro-viridescente ; « tectricibus alarum superioribus aureis, rectricibus dilutè spadiceis, » le gobe-mouche huppé du Brésil. Brisson, *loco citato.*

d. Supplément de l'Encyclopédie, t. I.

macu [a], mais on sait assez que ce collecteur d'histoire naturelle a souvent donné aux choses qu'il décrit des noms empruntés sans discernement ; et d'ailleurs nous ne croirons pas qu'un oiseau, vu et reconnu aux rives du Niger par un excellent observateur tel que M. Adanson, soit en même temps un oiseau du Brésil : néanmoins, c'est uniquement sur la foi de Seba que M. Brisson l'y place, quoique lui-même observe l'erreur où il tombe, et remarque à la fin de ce prétendu gobe-mouche huppé du Brésil qu'apparemment Seba *se trompe en le nommant ainsi, et que cet oiseau nous vient d'Afrique et de Madagascar.* Klein le prend pour une *grive huppée* [b], et Mohering pour un *choucas* [c]. Exemple de la confusion dont la manie des méthodes a rempli l'histoire naturelle ; et, s'il en fallait un plus frappant, nous le trouverions encore sans quitter cet oiseau : c'était peu de l'avoir fait grive et choucas, M. Linnæus a voulu en faire un *corbeau,* et à cause de sa queue allongée un *corbeau de Paradis* [d] ; et c'est à son espèce blanche que M. Brisson applique la phrase où cet auteur fait de ce moucherolle un corbeau.

LE MOUCHEROLLE DE VIRGINIE. [e]*

TROISIÈME ESPÈCE.

Catesby nomme ce moucherolle *oiseau-chat* [f] (*the cat-bird*), parce que sa voix ressemble au miaulement du chat : on le voit en été en Virginie où il vit d'insectes ; il ne se perche pas sur les grands arbres et ne fréquente que les arbrisseaux et les buissons. *Il est aussi gros,* dit cet auteur, *et même un peu plus gros qu'une alouette.* Il approche donc, par la taille, de celle du petit tyran ; mais son bec droit et presque sans crochet l'éloigne de cette famille ; son plumage est sombre, la couleur en est mêlée de noir et de brun plus ou moins clair et foncé : le dessus de la tête est noir, et le dessus du corps, des ailes et de la queue est d'un brun foncé, noirâtre même sur

a. « Avis Paradisiaca Brasiliensis, seu cuiriri acamacu cristata. » Seba, t. II, p. 93, pl. 87, n° 2.

b. Turdus cristatus. Klein, *Avi.,* p. 70, n° 31.

c. Monedula. Mohering, *Avi.,* gen. 2, apud Brisson, t. II, p. 416.

d. Brisson, *supplément,* p. 51. Le gobe-mouche blanc huppé du cap de Bonne-Espérance. « Corvus albo nigroque varius, caudà cuneiformi ; remigibus intermediis longissimis, capite « nigro cristato, corvus Paradisi. » Linnæus, *Syst. nat.,* édit. X, gen. 48, sp. 2. C'est par erreur, et apparemment par confusion avec le schet de Madagascar, qu'on prète ici deux longues plumes à la queue du gobe-mouche blanc huppé du cap de Bonne-Espérance.

e. « Muscicapa supernè saturatè fusca, infernè cinerea ; capite superiùs nigro ; tectricibus « caudæ inferioribus sordidè rubris ; rectricibus nigricantibus, » le gobe-mouche brun de Virginie. Brisson, *Ornithol.,* t. II, p. 365.

f. Hist. nat. of Carolina, t. I, p. 66. *Muscicapa vertice nigro ; the cat-bird ;* le chat-oiseau.

* *Muscicapa carolinensis* (Gmel.). — C'est un merle.

la queue; le cou, la poitrine et le ventre sont d'un brun plus clair : une teinte de rouge terne paraît aux couvertures du dessous de la queue; elle est composée de douze plumes, toutes d'égale longueur; les ailes pliées n'en couvrent que le tiers; elle a trois pouces de longueur; le bec a dix lignes et demie, et l'oiseau entier huit pouces. Ce moucherolle niche en Virginie, ses œufs sont bleus, et il quitte cette contrée à l'approche de l'hiver.

LE MOUCHEROLLE BRUN DE LA MARTINIQUE. [a] *

QUATRIÈME ESPÈCE.

Ce moucherolle n'est pas à longue queue comme les précédents; par sa grandeur et sa figure on pourrait le regarder comme le plus gros des gobe-mouches; il diffère des tyrans par la forme du bec, qui n'est pas assez crochu, et qui d'ailleurs est moins fort que le bec du plus petit des tyrans; il a néanmoins huit lignes de longueur, et l'oiseau entier six pouces et demi; un brun foncé de teinte assez égale lui couvre tout le dessus du corps, la tête, les ailes et la queue; le dessous du corps est ondulé trans-versalement de blanc, de gris et de teintes claires et faibles d'un brun roux; quelques plumes plus décidément rougeâtres servent de couvertures infé-rieures à la queue; elle est carrée et le bord des pennes extérieures est frangé de lignes blanches.

LE MOUCHEROLLE A QUEUE FOURCHUE DU MEXIQUE. **

CINQUIÈME ESPÈCE.

Ce moucherolle est plus gros que l'alouette; sa longueur totale est de dix pouces, dans laquelle la queue est pour cinq; ses yeux sont rouges; le bec, long de huit lignes, est droit, aplati et assez faible; ses couleurs sont un gris très-clair qui couvre la tête et le dos, sur lequel devrait être jetée, dans la figure enluminée, une légère teinte rougeâtre : le rouge du dessous de l'aile perce encore sur le flanc dans le blanc qui couvre tout le dessous du corps; les petites couvertures, sur un fond cendré, sont bordées de

---

a. « Muscicapa supernè saturatè fusca, infernè cinerea, rufo maculata; gutture et tectricibus « caudæ inferioribus rufis, rectricibus lateralibus fusco et candido variis, » le gobe-mouche brun de la Martinique. Brisson, *Ornithol.*, t. II, p. 364.

* *Muscicapa petechia* (Gmel.).

** *Lanius forficatus* (Linn.). — *Muscicapa forficata* (Lath.).

lignes blanches en écailles ; le même frangé borde les grandes couvertures, qui sont noirâtres ; les grandes pennes de l'aile sont tout à fait noires et entourées de gris roussâtre : les plumes les plus extérieures dans la queue sont les plus longues, et se fourchent comme la queue de l'hirondelle ; les suivantes divergent moins et s'accourcissent jusqu'à celle du milieu, qui n'a que deux pouces : toutes sont d'un noir velouté et frangé de gris roussâtre ; les barbes extérieures des deux plus grandes plumes de chaque côté paraissent blanches dans presque toute leur longueur. Quelques individus ont la queue moins longue que ne l'avait celui qui est représenté dans la planche, et qui avait été envoyé du Mexique à M. de Boynes, alors secrétaire d'État au département de la marine.

LE MOUCHEROLLE DES PHILIPPINES. *

SIXIÈME ESPÈCE.

Ce moucherolle est de la grandeur du rossignol ; son plumage est gris brun sur toute la partie supérieure du corps ; les ailes et la queue sont blanchâtres sur toute la partie inférieure depuis le dessous du bec ; une ligne blanche passe sur les yeux, des poils longs et divergents paraissent aux angles du bec. C'est là le peu de traits obscurs et monotones dont on puisse peindre cet oiseau qui est au Cabinet, et sur lequel, du reste, nous n'avons d'autre indication que celle de sa terre natale.

LE MOUCHEROLLE DE VIRGINIE A HUPPE VERTE. ᵃ **

SEPTIÈME ESPÈCE.

L'on a donné, d'après M. Brisson, le nom de gobe-mouche à cet oiseau dans nos planches enluminées. Catesby l'a indiqué sous la dénomination de

a. *Muscicapa cristata ventre luteo. The crested fly-catcher*. Le preneur de mouches huppé. Catesby, *Hist. nat. of Carolina*, t. 1, p. 52. — « Muscicapa cristata , supernè obscurè viridis, « infernè lutea ; collo inferiore et pectore cinereis, rectricibus fuscis ; lateralibus interiùs spa- « diceis, » le gobe-mouche huppé de Virginie. Brisson, *Ornithol.*, t. II. p. 412. — « Turdus « cristatus. » Klein, *Avi.*, p. 69, nº 28. — « Turdus capite colloque cærulescente, abdomine « flavescente, dorso virescente , rectricibus remigibusque rufis, capite cristato, » *Turdus crinitus.* Lin., *Syst. nat.*, édit. X , g. 95, sp. 10.

* *Muscicapa philippensis* (Gmel.).

** *Muscicapa crinata* et *muscicapa ludoviciana* (Gmel.). — Genre *Gobe-Mouches* , sous-genre *Tyrans* (Cuv.).

preneur de mouches, et il en a donné la figure planche 52, mais sa longue
queue et son long bec indiquent assez qu'il doit être placé parmi les moucherolles, et non pas avec les gobe-mouches ; il est d'ailleurs un peu plus
grand que ces derniers, ayant huit pouces de longueur, dont la queue fait
près de moitié ; son bec aplati, garni de soies, et à peine crochu à sa pointe,
est long de douze lignes et demie ; la tête garnie de petites plumes couchées en
demi-huppe, le haut du cou et tout le dos sont d'un vert sombre ; la poitrine
et le devant du cou sont d'un gris plombé ; le ventre est d'un beau jaune,
l'aile est brune, ainsi que la plupart de ses grandes pennes, qui sont bordées de rouge bai celles de la queue de même. Cet oiseau n'a pas encore la
forme des tyrans, mais il paraît déjà participer de leur naturel triste et méchant ; il semble, dit Catesby, par les cris désagréables de ce preneur de
mouches, qu'il soit toujours en colère ; il ne se plaît avec aucun autre
oiseau. Il fait ses petits à la Caroline et à la Virginie, et se retire en hiver
dans des pays encore plus chauds.

LE SCHET DE MADAGASCAR. *

HUITIÈME ESPÈCE.

On nomme *schet*, à Madagascar, un beau moucherolle à longue queue,
et on y donne à deux autres les noms de *schet-all* et de *schet-vouloulou*, qui
signifient apparemment schet roux et schet varié, et qui ne désignent que
deux variétés d'une même espèce. M. Brisson en compte trois[a] ; mais quelques diversités de couleurs ne peuvent former des espèces différentes,
quand la forme, la taille et tout le reste des proportions sont les mêmes.

Les schets ont la figure allongée de la lavandière ; ils sont un peu plus
grands, ayant six pouces et demi de longueur jusqu'à l'extrémité de la
vraie queue, sans parler des deux plumes qui l'agrandiraient extrêmement
si on les faisait entrer dans la mesure, le schet que nous avons sous les
yeux ayant onze pouces à le prendre de l'extrémité du bec à celle de ces

a. « Muscicapa cristata, macrouros, supernè nigro viridescens, apicibus pennarum albis,
« infernè alba; capite et collo nigro-viridescentibus; rectricibus binis intermediis longissimis,
« albis oris exterioribus et scapis nigris, lateralibus exteriùs nigris, interiùs albis, margine
« nigrâ, » le gobe-mouche varié à longue queue de Madagascar. Les habitants de Madagascar
le nomment *schet*. Brisson, *Ornithol.*, t. II, p. 420. — « Muscicapa cristata, macrouros, casta-
« nea, capite nigro-viridescente, tectricibus alarum inferioribus albis; rectricibus castaneis,
« binis intermediis longissimis, » le gobe-mouche à longue queue de Madagascar. Les habitants le nomment *schet-all*. Brisson, t. II, p. 424. — « Muscicapa cristata, macrouros, casta-
« nea; capite nigro-viridescente: rectricibus binis intermediis longissimis, albis, oris exterioribus
« primà medietate et scapis nigris ; lateralibus dilutè castaneis : extima exteriùs nigrà interiùs
« albâ, margine nigrâ, » le gobe-mouche à longue queue blanche de Madagascar. Les habitants
l'appellent *schet-vouloulou*. Brisson, *Ornithol.* t. II, p. 427.

* *Muscicapa mutata* (Gmel.). — Genre *Gobe-Mouches*, sous-genre *Moucherolles* (Cuv.).

deux pennes; le bec de ces oiseaux a sept lignes, il est triangulaire, très-aplati, très-large à sa base, garni de soies aux angles, et tant soit peu crochu à la pointe; une belle huppe d'un vert noir avec l'éclat de l'acier poli, couchée et troussée en arrière, couvre la tête de ces trois schets; ils ont l'iris de l'œil jaune et la paupière bleue.

Dans le premier[a][1], le même noir de la huppe enveloppe le cou, couvre le dos, les grandes pennes de l'aile et de la queue, dont les deux longues plumes ont sept pouces de longueur, et sont blanches ainsi que les petites pennes de l'aile et tout le dessous du corps.

Dans le *schet-all*[b][2], ce vert noir de la huppe ne se trouve que sur les grandes pennes de l'aile, dont les couvertures sont marquées de larges lignes blanches; tout le reste du plumage est d'un rouge bai vif et doré, qu'Edwards définit *belle couleur cannelle éclatante*[c], qui s'étend également sur la queue et sur les deux longs brins : ces brins sont semblables à ceux qui prolongent la queue du rollier d'Angola ou de celui d'Abyssinie, avec la différence que, dans le rollier, ces deux plumes sont les plus extérieures, au lieu que dans le moucherolle de Madagascar ce sont les deux intérieures qui sont les plus longues.

Le troisième schet, ou le schet vouloulou, ne diffère presque du précédent que par les deux longues plumes de la queue, qui sont blanches; le reste de son plumage étant rouge-bai, comme celui du schet-all. Dans le schet-all du Cabinet du Roi ces deux pennes ont six pouces; dans un autre individu que nous avons également mesuré elles en avaient huit, avec les barbes extérieures bordées de noir aux trois quarts de leur longueur, et le reste blanc; dans un troisième, ces deux longues plumes manquaient, soit qu'un accident en eût privé cet individu, soit qu'il n'eût pas encore atteint l'âge où la nature les donne à son espèce, ou qu'il eût été pris dans le temps de la mue, qu'Edwards croit être de six mois de durée pour ces oiseaux[d].

Au reste, on les trouve à Ceylan et au cap de Bonne-Espérance, comme à Madagascar; Knox les décrit assez bien[e]; Edwards donne le troisième

a. Gobe-mouche à longue queue et à ventre blanc, pl. enluminée, n° 248, fig. 2.

b. Gobe-mouche à longue queue de Madagascar, pl. enluminée, n° 248, fig. 1.

c. Glanures, page 245.

d. « J'ai reçu cet oiseau (*le schet-all*) de Ceylan. M. Brisson l'appelle *gobe-mouche huppé*, « et dit qu'il vient du cap de Bonne-Espérance; mais certainement la figure qu'il en donne est « imparfaite, en ce qu'on n'y trouve point les deux plumes de la queue, dont la grandeur est « si remarquable. Je crois qu'il est naturel à quelques oiseaux qui ont ces longues plumes d'en « manquer pendant six mois de l'année,... ce que j'ai vu dans la mue de quelques oiseaux de « ce genre à longue queue, à Londres... Le gobe-mouche blanc huppé, décrit à la p. 414 du « t. II de Brisson, est certainement le mâle de la même espèce. » *Glanures*, p. 245.

e. Pied bird of Paradise. History of birds, p. 113.

1. *Muscicapa mutata* (Lath.).

2. Variété du précédent.

schet sous le nom d'*oiseau de Paradis pie* [a], quoique ailleurs il relève une pareille erreur de Seba [b]; en effet, ces oiseaux diffèrent des oiseaux de Paradis par autant de caractères qu'ils en ont qui les unissent au genre des moucherolles [c].

LES TYRANS. *

Le nom de tyran, donné à des oiseaux, doit paraître plus que bizarre. Suivant Belon, les anciens appelèrent le petit souci huppé, *tyrannus*, roitelet : ici cette dénomination a été donnée non-seulement à la tête huppée ou couronnée, mais encore au naturel qui commence à devenir sanguinaire : triste marque de la misère de l'homme, qui a toujours joint l'idée de la cruauté à l'emblème du pouvoir! Nous eussions donc changé ce nom affligeant et absurde, s'il ne s'était trouvé trop établi chez les naturalistes ; et ce n'est pas la première fois que nous avons laissé, malgré nous, le tableau de la nature défiguré par ces dénominations trop disparates, mais trop généralement adoptées.

Nous laisserons donc le nom de tyrans à des oiseaux du nouveau continent, qui ont, avec les gobe-mouches et les moucherolles, le rapport de la même manière de vivre, mais qui en diffèrent, comme étant plus gros, plus forts et plus méchants : ils ont le bec plus grand et plus robuste, aussi leur naturel, plus dur et plus sauvage, les rend audacieux, querelleurs, et les rapproche des pies-grièches, auxquelles ils ressemblent encore par la grandeur du corps et la forme du bec.

a. « Ici l'on trouve de petits oiseaux, pas beaucoup plus gros que les moineaux, très-char-
« mants à voir, mais d'ailleurs bons à rien que je sache. Quelques-uns de ces oiseaux sont
« blancs au corps comme de la neige, et ont des queues d'environ un pied, et leurs têtes sont
« noires comme le jayet, avec un plumet ou une touffe dont les plumes sont dressées sur la
« tête. Il y en a plusieurs autres de la même espèce, et dont la seule différence consiste dans
« la couleur, qui est d'orangé rougeâtre. Ces autres ont aussi une touffe de plumes noires dres-
« sées sur la tête; je crois que les uns sont les mâles, et les autres les femelles d'une même espèce. »
Histoire de Ceylan, par Robert Knox, Londres, 1681, p. 27.

b. Seba, vol. I, p. 48, oiseau de Paradis huppé très-rare; et p. 65, oiseau de Paradis d'Orient.

c. La pie huppée à longue queue : *the crested long tailed pie*, des *Glanures* (p. 245, pl. 235) n'est encore que le second schet, où le roux est représenté rougeâtre; mais la taille et la tête sont exactement les mêmes, et l'oiseau est parfaitement reconnaissable. Ray a décrit celui-ci (*Synops.*, p. 195); et un autre (p. 193, tab. 2, n° 13), mais la figure est mauvaise et la description incomplète.

* Genre *Gobe-Mouches*, sous-genre *Tyrans* (Cuv.).

LES TITIRIS OU PIPIRIS. [a]*

PREMIÈRE ET SECONDE ESPÈCE.

La première espèce des tyrans est le titiri ou pipiri : il a la taille et la force de la pie-grièche grise, huit pouces de longueur, treize pouces de vol ; le bec aplati, mais épais, long de treize lignes, hérissé de moustaches, et droit jusqu'à la pointe où se forme un crochet plus fort que ne l'exprime la figure ; la langue est aiguë et cartilagineuse ; les plumes du sommet de la tête, jaunes à la racine, sont terminées par une moucheture noirâtre qui en couvre le reste lorsqu'elles sont couchées ; mais quand, dans la colère, l'oiseau les relève, sa tête paraît alors comme couronnée d'une large huppe du plus beau jaune : un gris brun clair couvre le dos, et vient se fondre aux côtés du cou avec le gris blanc ardoisé du devant et du dessous du corps ; les pennes brunes de l'aile et de la queue sont bordées d'un filet roussâtre.

La femelle, dans cette espèce, a aussi sur la tête la tache jaune, mais moins étendue, et toutes ses couleurs sont plus faibles ou plus ternes que celles du mâle. Une femelle, mesurée à Saint-Domingue par M. le chevalier Deshayes, avait un pouce de plus en longueur que le mâle, et les autres dimensions plus fortes à proportion : d'où il paraîtrait que les individus plus petits, qu'on dit remarquer généralement dans cette espèce, sont les mâles [b].

A Cayenne, ce tyran s'appelle *titiri*, d'après son cri qu'il prononce d'une voix aiguë et criarde. On voit ordinairement le mâle et la femelle ensemble dans les abatis des forêts ; ils se perchent sur les arbres élevés et sont en grand nombre à la Guiane : ils nichent dans des creux d'arbres ou sur la bifurcation de quelque branche, sous le rameau le plus feuillu ; lorsqu'on cherche à enlever leurs petits, ils les défendent, ils combattent, et leur audace naturelle devient une fureur intrépide ; ils se précipitent sur le ravis-

---

a. « Muscicapa supernè griseo-fusca, infernè alba, pectore cinereo albo ; capite superiùs « nigricante, pennis verticis in exortu luteis, rectricibus fuscis, marginibus rufis, » le tyran. Brisson, *Ornithol.*, t. II, p. 391. — « Lanius vertice nigro : striâ longitudinali fulvâ. » *Tyran- nus.* Linnæus, *Syst. nat.*, édit. X, gen. 43, sp. 4. — « Pica Americana cristata. » Frisch, avec une fig., pl. 62.

b. « Tous les pipiris ne sont pas exactement de la même grandeur ni du même plumage : « outre la différence qu'on remarque dans tous les genres entre le mâle et la femelle, il y en « a encore pour la corpulence entre les individus de cette espèce. On aperçoit souvent cette « différence, et elle frappe les yeux les moins observateurs. Vraisemblablement l'abondance ou « la disette d'une nourriture convenable cause cette diversité. » Note communiquée par M. le chevalier Deshayes. — Le tyran de Saint-Domingue de M. Brisson, p. 394, n'est qu'une de ces variétés ou la femelle de son tyran, p. 394.

* *Lanius tyrannus* et *lanius dominicensis* (Linn.). — *Muscicapa tyrannus* (Illig.) — *Tyrannus intrepidus* et *tyrannus matutinus* (Vieill.). — Ces deux oiseaux ne forment qu'une seule espèce, selon Cuvier.

seur, ils le poursuivent, et lorsque malgré tous leurs efforts ils n'ont pu
sauver leurs chers petits, ils viennent les chercher et les nourrir dans la
cage où ils sont renfermés.

Cet oiseau, quoique assez petit, ne paraît redouter aucune espèce d'animal. « Au lieu de fuir comme les autres oiseaux, dit M. Deshayes, ou de se
« cacher à l'aspect des *malfinis*, des émouchets et des autres tyrans de l'air,
« il les attaque avec intrépidité, les provoque, les harcèle avec tant d'ardeur
« et d'obstination qu'il parvient à les écarter : on ne voit aucun animal
« approcher impunément de l'arbre où il a posé son nid. Il poursuit à
« grands coups de bec, et avec un acharnement incroyable, jusqu'à une
« certaine distance tous ceux qu'il regarde comme ennemis, les chiens sur-
« tout et les oiseaux de proie [a]. » L'homme même ne lui en impose pas,
comme si ce maître des animaux était encore peu connu d'eux dans ces
régions où il n'y a pas longtemps qu'il règne. [b]. Le bec de cet oiseau, en se
refermant avec force dans ces instants de colère, fait entendre un craque-
ment prompt et réitéré.

A Saint-Domingue on lui a donné le nom de pipiri, qui exprime aussi
bien que titiri le cri ou le piaulement qui lui est le plus familier ; on en distingue deux variétés ou deux espèces très-voisines ; la première est celle du
grand pipiri, dont nous venons de parler, et qu'on appelle dans le pays
pipiri à tête noire, ou *pipiri gros bec;* l'autre, nommée *pipiri à tête jaune*,
ou *pipiri de passage*, est plus petite et moins forte : le dessus du corps de
celui-ci est gris frangé de blanc partout, au lieu qu'il est brun frangé de
roux dans le grand pipiri ; le naturel des petits pipiris est aussi beaucoup
plus doux, ils sont moins sauvages que le grand pipiri, qui toujours se tient
seul dans les lieux écartés et qu'on ne rencontre que par paires, au lieu
que les petits pipiris paraissent souvent en bandes et s'approchent des habitations : on les voit réunis en assez grandes troupes pendant le mois d'août,
et ils fréquentent alors les cantons qui produisent certaines baies dont les
scarabées et les insectes se nourrissent de préférence. Ces oiseaux sont
très-gras dans ce temps, et c'est celui où communément on leur donne la
chasse [c].

Quoiqu'on les ait appelés pipiris de passage, il n'y a pas d'apparence, dit
M. Deshayes, qu'ils quittent l'île de Saint-Domingue, qui est assez vaste
pour qu'ils puissent y voyager. A la vérité, on les voit disparaître dans cer-

a. Les chiens s'enfuient à toutes jambes en poussant des cris ; le malfini oublie sa force et
fuit devant le pipiri dès qu'il paraît. *Mémoire de M. le chevalier Deshayes.*

b. « J'en tirai un jeune qui n'était que légèrement blessé ; mon petit nègre, qui courait après,
« fut assailli par une pie-grièche de la même espèce, qui probablement était la mère : cet
« animal se jetait, avec le plus grand acharnement, sur la tête de cet enfant, qui eut mille
« peines à s'en débarrasser. » Note communiquée par M. de Manoncour.

c. « Alors ces oiseaux sont très-gras; aussi cet embonpoint leur cause une guerre cruelle...
« Il est peu de bonnes tables dans les plaines de cette île sur lesquelles on ne serve des bro-
« chettes de pipiris. » Note de M. Deshayes.

taines saisons des cantons où ils se plaisent le plus : ils suivent de proche en proche la maturité des espèces de fruits qui attirent les insectes. Toutes les autres habitudes naturelles sont les mêmes que celles des grands pipiris ; les deux espèces sont très-nombreuses à Saint-Domingue, et il est peu d'oiseaux qu'on y voie en aussi grand nombre [a].

Ils se nourrissent de chenilles, de scarabées, de papillons, de guêpes : on les voit perchés sur la plus haute pointe des arbres, et surtout sur les palmistes : c'est de là qu'ils s'élancent sur leur proie qu'une vue perçante leur fait discerner dans le vague de l'air ; l'oiseau ne l'a pas plus tôt saisie qu'il retourne sur son rameau. C'est depuis sept heures du matin jusqu'à dix, et depuis quatre jusqu'à six du soir qu'il paraît le plus occupé de sa chasse : on le voit, avec plaisir, s'élancer, bondir, voleter dans l'air pour saisir sa proie fugitive ; et son poste isolé, aussi bien que le besoin de découvrir à l'entour de lui, l'exposent en tout temps à l'œil du chasseur.

Aucun oiseau n'est plus matinal que le pipiri, et l'on est assuré quand on entend sa voix que le jour commence à poindre [b] ; c'est de la cime des plus hauts arbres que ces oiseaux habitent, et où ils se sont retirés pour passer la nuit, qu'ils la font entendre. Il n'y a pas de saison bien marquée pour leurs amours : on les voit nicher, dit M. Deshayes, *pendant les chaleurs en automne, et même pendant les fraîcheurs de l'hiver*, à Saint-Domingue [c], quoique le printemps soit la saison où ils font plus généralement leur couvée ; elle est de deux ou trois œufs, quelquefois quatre, de couleur blanchâtre tachetée de brun. Barrère fait de cet oiseau un guêpier, et lui donne le nom de *petit-ric*.

a. « On en voit dans les forêts, dans les terrains abandonnés, dans les endroits cultivés; ils « se plaisent partout. Cependant l'espèce des pipiris à tête jaune, qui est la plus multipliée , « paraît rechercher les lieux habités. En hiver ils se rapprochent des maisons ; et comme cette « saison , par sa température dans ces climats, est analogue au printemps de France , il « semble que la fraîcheur qui règne alors leur inspire la gaieté. En effet, jamais on ne les voit « si babillards ni si enjoués que pendant les mois de novembre et décembre; ils s'agacent « réciproquement, voltigent les uns après les autres, et préludent en quelque sorte à leurs « amours. » Note communiquée par M. Deshayes.

b. « Il n'y a pas , excepté le coq, le paon et le rossignol qui chantent pendant la nuit , d'oi- « seau plus matinal ; il chante dès que l'aube du jour paraît. » Note communiquée par M. Fresnaye , ancien conseiller au Port-au-Prince.

c. « Les pipiris à tête noire pondent très-certainement en décembre. Nous ne pouvons « affirmer si chaque femelle fait une couvée dans chaque saison, ni si ces pontes de l'hiver , « qui paraissent extraordinaires , ne sont point occasionnées par des accidents , et destinées à « réparer la perte des couvées faites dans la saison convenable. » Note communiquée par M. Deshayes.

LE TYRAN DE LA CAROLINE. [a] *

TROISIÈME ESPÈCE.

Au caractère et à l'instinct que Catesby donne à cet oiseau de la Caroline, nous n'hésiterions pas d'en faire une même espèce avec celle du pipiri de Saint-Domingue : même hardiesse, même courage et mêmes habitudes naturelles [b] ; mais la couronne rouge que celui-ci porte au sommet de la tête l'en distingue, aussi bien que la manière de placer son nid, qu'il fait tout à découvert, sur des arbrisseaux ou des buissons, et ordinairement sur le sassafras ; au contraire le pipiri cache son nid ou même l'enfouit dans des trous d'arbres. Du reste, le tyran de la Caroline est à peu près de la même grosseur que le grand pipiri : son bec paraît moins crochu ; Catesby dit seulement, qu'*il est large et plat, et qu'il va en diminuant*. La tache rouge du dessus de la tête est fort brillante, et entourée de plumes noires qui la cachent lorsqu'elles se resserrent. Cet oiseau paraît à la Virginie et à la Caroline vers le mois d'avril ; il y fait ses petits, et se retire au commencement de l'hiver.

Un oiseau envoyé au Cabinet du Roi, sous le nom de *tyran de la Louisiane*, paraît être exactement le même que le tyran de la Caroline de Catesby : il est plus grand que le tyran de Cayenne, cinquième espèce, et presque égal au grand pipiri de Saint-Domingue. Le cendré presque noir domine sur tout le dessus du corps, depuis le sommet de la tête jusqu'au bout de la queue, qui est terminée par une petite bande blanche en festons : de légères ondes blanchâtres s'entremêlent dans les petites pennes de l'aile ; et à travers les plumes noirâtres du sommet de la tête, percent et brillent quelques petits

---

a. « Muscicapa coronâ rubrâ. » *The tyrant*; le tyran de la Caroline. Catesby, *Hist. nat. of Carolina*, t. I, p. 55. — « Turdus coronâ rubrâ. » Klein, *Avi.*, p. 69, n° 25.

b. « Le courage de ce petit oiseau est remarquable ; il poursuit et met en fuite tous les « oiseaux, petits et grands, qui approchent de l'endroit qu'il s'est choisi : aucun n'échappe à « sa furie, et je n'ai pas même vu que les autres oiseaux osassent lui résister lorsqu'il vole ; « car il ne les attaque point autrement. J'en vis un qui s'attacha sur le dos d'une aigle, et la « persécutait de manière que l'aigle se renversait sur le dos, tâchait de s'en délivrer par les « différentes postures où elle se mettait en l'air, et enfin fut obligée de s'arrêter sur le haut d'un « arbre voisin, jusqu'à ce que ce petit tyran fût las, ou jugeât à propos de la laisser. Voici la « manœuvre ordinaire du mâle tandis que la femelle couve : il se perche sur la cime d'un « buisson ou d'un arbrisseau près de son nid, et si quelque petit oiseau en approche, il lui « donne la chasse ; mais pour les grands, comme les corbeaux, les faucons, les aigles, il ne leur « permet pas de s'approcher de lui d'un quart de mille sans les attaquer. Son chant n'est qu'une « espèce de cri qu'il pousse avec beaucoup de force pendant tout le temps qu'il se bat. Lorsque « ses petits ont pris leur volée, il redevient aussi sociable que les autres oiseaux. » Catesby, *loco citato*.

* *Lanius tyrannus* et *lanius carolinensis* (Gmel.). — *Muscicapa tyrannus* (Illig.). — *Tyrannus intrepidus* (Vieill.).

pinceaux d'un orangé foncé presque rouge; la gorge est d'un blanc assez
clair, qui se ternit et se mêle de noir sur la poitrine, pour s'éclaircir de
nouveau sur l'estomac et jusque sous la queue.

LE BENTAVEO OU LE CUIRIRI. [a] [*]

QUATRIÈME ESPÈCE.

Ce tyran, appelé *Bentaveo* à Buenos-Ayres, d'où l'a rapporté M. Commerson, et *pitangua guacu*, par les Brésiliens, a été décrit par Marcgrave [b]; il
lui donne la taille de l'étourneau (nous observerons qu'elle est plus ramas-
sée et plus épaisse); un bec gros, large, pyramidal, tranchant par les bords,
long de plus d'un pouce; une tête épaisse et élargie; le cou accourci, la
tête, le haut du cou, tout le dos, les ailes et la queue d'un brun noirâtre,
légèrement mêlé d'une teinte de vert obscur; la gorge blanche, ainsi que
la bandelette sur l'œil; la poitrine et le ventre jaunes, et les petites pennes
de l'aile frangées de roussâtre. Marcgrave ajoute qu'entre ces oiseaux, les
uns ont une tache orangée au sommet de la tête, les autres une jaune. Les
Brésiliens nomment ceux-ci *cuiriri*, du reste tout semblables au *pitangua-
guacu*. Seba applique mal à propos ce nom de cuiriri à une espèce toute
différente.

Ainsi le bentaveo de Buenos-Ayres, le pitangua et le cuiriri du Brésil ne
font qu'un même oiseau, dont les mœurs et les habitudes naturelles sont
semblables à celles du grand pipiri de Saint-Domingue, ou titiri de Cayenne;
mais les couleurs, la taille épaisse, le gros et le large bec du bentaveo sont
des caractères assez apparents pour qu'on puisse le distinguer aisément du
pipiri.

a. « Pitanga-guacu Brasiliensibus. » Marcgrave, *Hist. nat. Brasiliens.*, p. 216. — Jonston,
Avi., p. 148. — Ray, *Synops.*, p. 165, n° 1. — Willughby, *Ornithol.*, p. 146. — « Muscicapa
« supernè fusca, marginibus pennarum olivaceis; infernè lutea; pennis verticis in exortu
« aurantiis; tænià supra oculos albà; rectricibus supernè fuscis, marginibus rufescentibus,
« infernè griseo-olivaceis, » le tyran du Brésil. Brisson, *Ornithol.*, t. II, p. 402.

b. « *Pitangua-guacu* Brasiliensibus, *Bemtere* Lusitanis, magnitudine æquat sturnum; ros-
« trum habet crassum, latum, pyramidale, paulò plus digito longum, exteriùs acuminatum;
« caput compressum ac latiusculum; collum breve, quod sedens contrahit. Corpus ferè duos
« et semmidigitos longum : caudam latiusculam tres digitos longam; crura et pedes fuscos.
« Caput, collum superius, totum dorsum, alæ et cauda coloris sunt e fusco nigricantis, pauxillo
« viridi admixto. Collum inferius, pectus, et infimus venter habent flavas pennas : superiùs
« autem juxta caput, corollam albi coloris. Sub gutture ad exortum rostri albicat. Clamat
« altà voce. Quædam harum avium in summitate capitis maculam habent flavam; quædam
« ex parte luteam : vocantur a Brasiliensibus, *Cuiriri*. Aliàs per omnia pitangua-guacu, similis.»
Marcg., *loco citato.*

[*] *Lanius pitangua* (Gmel.). — Genre *Gobe-Mouches*, sous-genre *Tyrans* (Cuv.).

LE TYRAN DE CAYENNE. *a**

CINQUIÈME ESPÈCE.

Le tyran de Cayenne est un peu plus grand que la pie-grièche d'Europe nommée l'*écorcheur*. L'individu que nous avons au Cabinet a tout le dessus du corps d'un gris cendré, se nuançant jusqu'au noir sur l'aile, dont quelques pennes ont un léger bord blanc ; la queue est de la même teinte noirâtre, elle est un peu étalée et longue de trois pouces : l'oiseau entier a sept pouces, et le bec dix lignes ; un gris plus clair couvre la gorge, et se teint de verdâtre sur la poitrine : le ventre est jaune-paille ou soufre clair ; les petites plumes du haut et du devant de la tête, relevées à demi, laissent apercevoir entre elles quelques pinceaux jaune citron et jaune aurore ; le bec aplati, et garni de ses soies, se courbe en crochet à la pointe. La femelle est d'un brun moins foncé.

Le petit tyran de Cayenne, représenté n° 571, fig. 1 des planches enluminées, est un peu plus petit que le précédent, et n'en est qu'une variété. Celui que décrit M. Brisson, page 400 *b*, n'est aussi qu'une variété de celui de la page 298 de son ouvrage.

LE CAUDEC. ****

SIXIÈME ESPÈCE.

C'est le *gobe-mouche tacheté de Cayenne* des planches enluminées ; mais le bec crochu, la force, la taille et le naturel s'accordent pour exclure cet oiseau du nombre des gobe-mouches et en faire un tyran ; à Cayenne on le nomme *caudec,* il a huit pouces de longueur ; le bec échancré par les bords vers sa pointe crochue, et hérissé de soies, a treize lignes : le gris noir et le blanc, mêlé de quelques lignes roussâtres sur les ailes, composent et varient son plumage ; le blanc domine au-dessous du corps où il est grivelé de taches noirâtres allongées ; le noirâtre, à son tour, domine sur le dos où le blanc ne forme que quelques bordures ; deux lignes blanches passent obliquement

a. « Muscicapa supernè saturatè fuscà, infernè dilutè sulphurea ; pectore cinereo ; remigibus « rectricibusque saturatè fuscis, oris exterioribus majorum remigum fusco–olivaceis, » le tyran de Cayenne. Brisson, *Ornithol.*, t. II, p. 398.

b. « Muscicapa supernè fusca, infernè dilutè sulphurea ; pectore cinereo ; rectricibus fuscis ; « lateralibus inferiùs maximâ parte, rufis, » le petit tyran de Cayenne. Brisson, *Ornithol.*, t. II, p. 400.

* *Muscicapa ferox* (Gmel.). — Genre *Gobe-Mouches*, sous-genre *Tyrans* (Cuv.).
** *Muscicapa audax* (Gmel.). — Le *tyran à queue rousse* (Cuv.). — Genre *Gobe-Mouches*, sous-genre *Tyrans* (Cuv.).

l'une sur l'œil, l'autre dessous; de petites plumes noirâtres couvrent à demi la tache jaune du sommet de la tête; les pennes de la queue, noires dans le milieu, sont largement bordées de roux; l'ongle postérieur est le plus fort de tous. Le caudec vit le long des criques, se perchant sur les branches basses des arbres, surtout des palétuviers, et chassant apparemment aux mouches aquatiques. Il est moins commun que le titiri, dont il a l'audace et la méchanceté. La femelle n'a point de tache jaune sur la tête, et, dans quelques mâles, cette tache est orangée; différence qui probablement tient à celle de l'âge.

LE TYRAN DE LA LOUISIANE. *

SEPTIÈME ESPÈCE.

Cet oiseau, envoyé de la Louisiane au Cabinet du Roi, sous le nom de *gobe-mouche*, doit être placé parmi les tyrans; il est de la grandeur de la pie-grièche rousse, nommée *écorcheur*; il a le bec long, aplati, garni de soies et crochu; le plumage gris-brun sur la tête et le dos, ardoisé clair à la gorge, jaunâtre au ventre, et roux clair sur les grandes pennes; quelques traits blanchâtres se marquent sur les grandes couvertures : les ailes ne recouvrent que le tiers de la queue, laquelle est de couleur cendrée brune, lavée du petit roux de l'aile. Nous ne connaissons rien de ses mœurs, mais ses traits semblent les indiquer suffisamment, et, avec la force des pipiris, il en a vraisemblablement les habitudes.

OISEAUX

QUI ONT RAPPORT AUX GENRES DES GOBE-MOUCHES, MOUCHEROLLES ET TYRANS.

LE KINKI-MANOU DE MADAGASCAR. *a ***

Cet oiseau qui s'éloigne des gobe-mouches par la taille, étant presque aussi grand que la pie-grièche, leur ressemble néanmoins par plusieurs

a. « Muscicapa cinerea, supernè saturatiùs, infernè dilutiùs; capite saturatè cinereo ; remi-
« gibus nigricantibus, oris exterioribus cinereis, interioribus candidis, rectricibus lateralibus
« nigris, duabus utrimque extimis apice dilutiùs cinereis, » le grand gobe-mouche cendré de
Madagascar. Brisson, *Ornithol.*, t. II, p. 389.

* *Muscicapa ludoviciana* (Gmel.).
** *Muscicapa cana* (Gmel.). — *L'échenilleur cendré* (Vaill.). — Genre *Colingas*, sous-genre
Échenilleurs ou *Ceblepyris* (Cuv.).

caractères, et doit être mis au nombre de ces espèces qui, quoique voisines d'un genre, ne peuvent y être comprises, et restent indécises, pour nous convaincre que nos divisions ne font point ligne de séparation dans la nature, et qu'elle a un ordre différent de celui de nos abstractions. Le kinki-manou est gros et épais dans sa longueur, qui est de huit pouces et demi ; il a la tête noirâtre ; cette couleur descend en chaperon arrondi sur le haut du cou et sous le bec ; le dessus du corps est cendré, et le dessous cendré-bleu ; le bec, légèrement crochu à la pointe, n'a pas la force de celui de la pie-grièche, ni même de celui du petit tyran ; quelques soies courtes sortent de l'angle du bec ; les pieds de couleur plombée sont gros et forts. Les habitants de Madagascar lui ont donné le nom de *kinki-manou*, que nous avons adopté.

LE PRENEUR DE MOUCHES ROUGES. [*]

Il ne nous paraît pas que l'oiseau donné par Catesby sous le nom de *preneur de mouches rouge*[a], et dont M. Brisson a fait son *gobe-mouche rouge de la Caroline*[b], puisse être compris dans le genre des gobe-mouches ni dans celui des moucherolles ; car quoiqu'il en ait la taille, la longue queue, et apparemment la façon de vivre, il a le bec épais, gros et jaunâtre, caractère qui l'éloigne de ces genres, et le renvoie plutôt à celui des bruants. Néanmoins, comme la nature, qui se joue de nos méthodes, semble avoir mêlé cet oiseau de deux genres différents en lui donnant l'appétit et les formes de l'un avec le bec d'un autre, nous le placerons à la suite des gobe-mouches, comme une de ces espèces anomales que des yeux, libres de prévention de nomenclature, aperçoivent aux confins de presque tous les genres. Voici la description qu'en donne Catesby : « Il est environ de la « grosseur d'un moineau ; il a de grands yeux noirs ; son bec est épais, « grossier et jaunâtre : tout l'oiseau est d'un beau rouge, excepté les franges « intérieures des plumes de l'aile, qui sont brunes ; mais ces franges ne « paraissent que quand les ailes sont étendues : c'est un oiseau de passage « qui quitte la Caroline et la Virginie en hiver ; la femelle est brune avec « une nuance de jaune. » Edwards décrit le même oiseau (*Glan.*, page 63, planche 239), et lui reconnaît le bec des granivores, mais *plus allongé*. « Je pense, ajoute-t-il, que Catesby a découvert que ces oiseaux se nour-« rissent de mouches, puisqu'il leur a donné le nom latin de *muscicapa* « *rubra.* »

a. *Caroline*, t. I, p. 56.

b. « Muscicapa rubra ; remigibus rectricibusque subtus cinereo rufescentibus ; remigibus « supernè interiùs fuscis (Mas) ; in toto corpore fusco luteà (Fœmina), » le gobe-mouche rouge de la Caroline. Brisson, *Ornithol.*, t. II, p. 432. — « Fringilla rubra. » Klein, *Avi.*, p. 97, n° 9.

* *Tanagra œstiva* (Lath.). — *Piranga mississipensis* (Vieill.).

LE DRONGO. [a] [*]

Quoique les nomenclateurs aient placé cet oiseau à la suite des gobe-mouches, il paraît en différer par de si grands caractères, aussi bien que des moucherolles, que nous avons cru devoir totalement l'en séparer, et lui conserver le nom de drongo qu'il porte à Madagascar. Ces caractères sont : 1° la grosseur, étant aussi grand que le merle, et plus épais ; 2° la huppe sur l'origine du bec ; 3° le bec moins aplati ; 4° le tarse et les doigts bien plus robustes : tout son plumage est d'un noir changeant en vert ; immédiatement sur la racine du demi-bec supérieur s'élèvent droit de longues plumes très-étroites qui ont jusqu'à un pouce huit lignes de hauteur ; elles se courbent en devant et lui font une sorte de huppe fort singulière : les deux plumes extérieures de la queue dépassent les deux du milieu d'un pouce sept lignes, les autres étant de grandeur intermédiaire se courbent on dehors, ce qui rend la queue très-fourchue. M. Commerson assure que le drongo a un beau ramage, qu'il compare au chant du rossignol, ce qui marque une grande différence entre cet oiseau et les tyrans, qui n'ont tous que des cris aigres, et qui d'ailleurs sont indigènes en Amérique. Ce drongo a premièrement été apporté de Madagascar par M. Poivre ; on l'a aussi apporté du cap de Bonne-Espérance et de la Chine ; nous avons remarqué que la huppe manque à quelques-uns, et nous ne doutons pas que l'oiseau envoyé au Cabinet du Roi sous le nom de *gobe-mouche à queue fourchue de la Chine,* ne soit un individu de cette espèce, et c'est peut-être la femelle ; la ressemblance, au défaut de huppe près, étant entière entre cet oiseau de la Chine et le drongo.

On trouve aussi une espèce de drongo à la côte de Malabar, d'où il nous a été envoyé par M. Sonnerat ; il est un peu plus grand que celui de Madagascar ou de la Chine ; il a comme eux le plumage entièrement noir, mais il a le bec plus fort et plus épais ; il manque de huppe, et le caractère qui le distingue le plus consiste en deux longs brins qui partent de la pointe des deux pennes extérieures de la queue ; ces brins sont presque nus : sur six pouces de longueur, et vers leurs extrémités, ils sont garnis de barbes comme à leur origine. Nous ne savons rien des habitudes naturelles de cet oiseau du Malabar ; mais la notice sous laquelle il nous est décrit nous indique qu'il les a communes avec le drongo de Madagascar, puisqu'il lui ressemble par tous les caractères extérieurs.

---

a. « Muscicapa cristata nigro viridens; remigibus rectricibusque nigris, oris exterioribus « nigro viridescentibus; caudâ bifurcâ; cristâ in sincipite perpendiculariter erectâ, » le grand gobe-mouche noir huppé de Madagascar. Brisson, *Ornithol.*, t. II, p. 388.

[*] *Lanius forficatus* (Gmel.). — Ordre et famille *id.*, genre *Drongos* ou *Edolius* (Cuv.).

LE PIAUHAU. [a] [*]

Plus grand que tous les tyrans, le piauhau ne peut pas être un gobe-mouche : le caractère du bec est le seul qui paraisse le faire tenir à ce genre ; mais il est si éloigné de toutes les espèces de gobe-mouches, moucherolles et tyrans, qu'il faut lui laisser ici une place isolée, comme celle qu'il paraît occuper dans la nature.

Le piauhau a onze pouces de longueur, et il est plus grand que la grande grive nommée *drenne*. Tout son plumage est d'un noir profond, hors une belle tache d'un pourpre foncé qui couvre la gorge du mâle, et que n'a pas la femelle ; l'aile pliée s'étend jusqu'au bout de la queue ; le bec, long de seize lignes, large de huit à la base, très-aplati, forme un triangle presque isocèle, avec un petit crochet à la pointe.

Les piauhaux marchent en bandes, et précèdent ordinairement les toucans, toujours en criant aigrement *piauhau* : on dit qu'ils se nourrissent de fruits comme les toucans ; mais apparemment ils mangent aussi des insectes volants à la capture desquels la nature paraît avoir destiné le bec de ces oiseaux. Ils sont très-vifs et presque toujours en mouvement ; ils n'habitent que les bois, comme les toucans, et on ne manque guère de les voir dans les lieux où on rencontre le piauhau.

M. Brisson demande si le jacapu de Marcgrave n'est point le même que son grand gobe-mouche noir de Cayenne, ou que notre piauhau [b]. On peut lui répondre que non ; le jacapu de Marcgrave est, à la vérité, un oiseau noir, et qui a une tache pourpre ou plutôt rouge sous la gorge [c] ; mais en même temps il a *la queue allongée, l'aile accourcie, avec la taille de l'alouette :* ce n'est point là le piauhau.

Ainsi le kinki-manou et le drongo de Madagascar, le preneur de mouches rouge de Virginie et le piauhau de Cayenne sont des espèces voisines, et néanmoins essentiellement différentes de toutes celles des gobe-mouches, moucherolles et tyrans, mais que nous ne pouvons mieux placer qu'à leur suite.

---

a. « Muscicapa nigra; gutture et collo inferiore splendidè purpureis ; remigibus rectricibusque nigris, » le grand gobe-mouche noir de Cayenne. Brisson, *Ornithol.*, t. II, p. 386.

b. « An jacapu Brasiliensibus? » Marcgrave, *Hist. nat. Brasil.*, p. 192. — Jonston, *Avi.*, p. 131. — Brisson, *Ornithol.*, t. II, p. 386.

c. « Jacapu, avis magnitudine alaudæ, caudà extensà, cruribus brevidus et nigris; unguibus « acutis ad quatuor digitos; rostro paulùm incurvato et nigro, semidigitum longo ; totum corpus vestitur pennis nigris splendentibus; sub gutture tamen nigredini illi maculæ coloris « cinnabarini sunt admixtæ. » Marcgrave, p. 192.

* *Muscicapa rubricollis* (Gmel.). — Ordre et famille *id.*, genre *Cotingas*, sous-genre *Piauhau* (Cuv.).

L'ALOUETTE. [a][*][1]

Cet oiseau, qui est fort répandu aujourd'hui, semble l'avoir été plus anciennement dans nos Gaules qu'en Italie, puisque son nom latin *alauda*, selon les auteurs latins les plus instruits, est d'origine gauloise [b].

a. Κορυδός, Κορυδαλός, Aristote, *Hist. animal.*, lib. v, cap. i; et lib. ix, cap. xxv. Ælian., lib. i, cap. xxxv; et lib. xvi, cap. v. — *Alauda, gallico vocabulo.* Pline, lib. xi, cap. xxxv. — *Alauda non cristata, seu gregalis.* Alouette. Belon, *Nat. des oiseaux*, p. 269. — En grec moderne, *chamochiladi.* Belon, obs. folio verso 12. — *Alauda sine cristâ, terraneola, forte gurgulus;* en grec, Πέρτγξ χαμαίζηλος, d'où peut-être s'est formé *chamochilados;* en grec moderne, *cuzula,* Τρουλίτις; nom qui semble plutôt appartenir au moineau, dont le nom grec est Τρογλίτις; à Parme, en langage vulgaire, *regio;* en italien, *lodola campestre non capelluta, lodora, petronella;* en Lombardie, *fartagnia;* en allemand, *heide-lerche, sanglerche, himmels-lerche, holzlerche;* aux environs de Bâle, *lurlen;* en anglais, *wildlerch, hetlerck, laverôk;* en illyrien, *skrziwan.* Gessner, *Aves*, p. 78. — En catalan, *llauseta.* Barrère, *Spec. novum*, p. 40. — *Alauda non cristata;* en italien, *lodola, allodola, allodetta;* en espagnol, *cugniada;* en allemand, *lerche;* en Saxe et en Flandre, *leewerck;* en hollandais, *leeurich;* en vieux saxon, *leeuwerc* ou *leefwerc, sanglerche* (*alauda canora*); *himmels-lerche* (*alauda cœlipeta*); *korn-lerche* (*alauda segetum*). Aldrovande, *Ornithol.*, t. II, p. 835 et 844. — Jonston, *Av.*, p. 69 et 70. — *Alauda, lodola nostrale.* Olina, *Uccelleria*, fol. 12. — *Alauda vulgaris; the common lurck.* Willughby, *Ornithol.*, p. 149. — *The common field-lark, or sky-lark.* Ray, *Synops.*, p. 69, sp. 1. — Sibbalde. *Atlas Scot.*, part. ii, lib. iii, sect. iii, cap. iv. — *The lark*, l'alouette. Albin, lib. i, n° 41. — *Alauda, quasi aluda, a ludendo;* en grec, Κόρις, κορυδαλός, en grec moderne, Τρουλίτις; en anglais, *the lark.* Charleton, *Exercit. class. graniv. cant.*, sp. 8, p. 88. — *Alauda arvensis; rectricibus extimis duabus extrorsùm longitudinaliter albis; intermediis interiori latere ferrugineis;* en suédois, *laerka.* Lin. *Fauna Suec.*, n° 190; et *Syst. nat.*, édit. XIII, t. 1, p. 287. — Muller, *Zoolog. Danica*, p. 28, n° 229. — *Feldlerche.* Cramer, *Elenchus Austr. inf.*, p. 362, sp. 2. — Mœhring, *Av. genera.*, p. 43, n° 32. — *Alauda arvorum;* en allemand, *die feldlerch, korn-lerche.* Frisch, t. I, class. 2, divis. 2, pl. 1, n° 15. — *Alauda simpliciter;* en allemand, *lerche.* Klein, *Ordo av.*, p. 71. — *Alauda vertice plano;* en grec, Κορυδαλός ᾠδικός, ἀγελαῖος, εὔπτερος; en allemand, *sang-lerche, grosse-lerche,* etc. Schwenckfeld, *Av. Siles.*, p. 191. — En polonais, *skowroneck.* Rzaczynski, *Auct. Polon.*, p. 354, n° 5. — « *Alauda supernè nigricante, griseo rufescente et albido varia « infernè alba, paululùm ad rufescentem inclinans; collo inferiore maculis longitudinalibus « nigricantibus insignito; tæniâ supra oculos albo-rufescente; rectricibus binis utrimque « extimis exteriùs albis, extimâ interiùs ultimâ medietate obliquè albâ...* » *Alauda*, l'alouette. Brisson, t. III, p. 335. — *The sky-lark* (l'alouette céleste). *British Zoology*, p. 93. — En Guienne, *louette, alavette, layette.* Salerne, *Hist. nat. des oiseaux*, p. 190; à Paris, *mauviette.*

b. Le nom celtique est *alaud*, d'où nous avons formé *aloue*, puis *alouette;* apparemment que les soldats de la légion nommée *Alauda*, portaient sur leur casque un pennache qui avait quelque rapport avec celui de l'alouette huppée. Schwenckfeld et Klein qui apparemment n'avaient pas lu Pline, dérivent ce nom *d'alauda a laude*, parce que selon le premier, on a remarqué qu'elle s'élevait sept fois le jour vers le ciel, chantant les louanges de Dieu. *Aviarium Silesiæ*, p. 191. Il est bien reconnu que toutes les créatures attestent l'existence et sont la gloire du Créateur; mais faire chanter les heures canoniales à de petits oiseaux, et fonder cette conjecture sur la ressemblance fortuite d'un mot latin avec un mot gaulois, il faut avouer que c'est une idée bien puérile

* *Alauda arvensis* (Linn.). — *L'alouette des champs.* — Ordre *id.*, famille des *Conirostres*, genre *alouettes* (Cuv.).

1. L'*Histoire de l'alouette* commence le Ve volume des *Oiseaux* de l'édition in-4° de l'Imprimerie royale, volume publié en 1778.

Les Grecs en connaissaient de deux espèces, l'une qui avait une huppe sur la tête, et que par cette raison l'on avait nommée *korydos, korydalos, galerita, cassita;* l'autre qui n'avait point de huppe [a], et dont il s'agit dans cet article. Willughby est le seul auteur, que je sache, où l'on trouve que cette dernière relève quelquefois les plumes de sa tête en forme de huppe, et je m'en suis assuré moi-même à l'égard du mâle, en sorte que les noms de *galerita* et de *korydos* peuvent aussi lui convenir [b]. Les Allemands l'appellent *lerch,* qui se prononce en plusieurs provinces *lerich,* et paraît visiblement imité de son chant [c]. M. Barrington la met au nombre des alouettes qui chantent le mieux [d], et l'on s'est fait une étude de l'élever en volière pour jouir de son ramage en toute saison; et, par elle, du ramage de tout autre oiseau qu'elle prend fort vite, pour peu qu'elle ait été à portée de l'entendre quelque temps [e], et cela même après que son chant propre est fixé : aussi M. Daines Barrington l'appelle-t-il oiseau moqueur, imitateur, mais elle imite avec cette pureté d'organe, cette flexibilité de gosier qui se prête à tous les accents et qui les embellit; si l'on veut que son ramage, acquis ou naturel, soit vraiment pur, il faut que ses oreilles ne soient frappées que d'une seule espèce de chant, surtout dans le temps de la jeunesse, sans quoi ce ne serait plus qu'un composé bizarre et mal assorti de tous les ramages qu'elle aurait entendus.

Lorsqu'elle est libre, elle commence à chanter dès les premiers jours du printemps, qui sont pour elle le temps de l'amour, et elle continue pendant toute la belle saison ; le matin et le soir sont les temps de la journée où elle se fait le plus entendre, et le milieu du jour celui où on l'entend le moins [f]. Elle est du petit nombre des oiseaux qui chantent en volant : plus elle s'élève, plus elle force la voix, et souvent elle la force à un tel point que, quoiqu'elle se soutienne au haut des airs et à perte de vue, on l'entend encore distinctement, soit que ce chant ne soit qu'un simple accent d'amour ou de gaieté, soit que ces petits oiseaux ne chantent ainsi en volant que par une sorte d'émulation et pour se rappeler entre eux. Un oiseau de proie qui compte sur sa force et médite le carnage doit aller seul, et garder dans

a. Aristote, *Historia animalium,* lib. ix, cap. xxv.

b. Willughby, *Ornithol.,* p. 149.

c. « Ecce suum tirile, tirile, suum tirile tractat, » dit M. Linnæus, *Syst. nat.,* édit. XIII, n° 105.

d. « Il suo canto è dilettevole per esser vario, pieno di gorgie e sminuimenti diversi. » Olina, page 12.

e. Frisch, pl. xv. Schwenckfeld prétend qu'elle chante mieux que l'alouette huppée. *Aviarium Silesiæ,* p. 192 ; d'autres préfèrent le ramage de celle-ci, Kæmpfer, celui de l'alouette du Japon, qui peut-être n'est pas de la même espèce. Voyez surtout le Mémoire de M. Barrington, *Transact. philosoph.,* 1773, vol. LXIII, part. ii.

f. Aldrovande, *Ornithol.,* t. II, p. 833. Cela peut être vrai dans les pays chauds, comme l'Italie et la Grèce, car dans nos pays tempérés on ne remarque point que l'alouette se taise au milieu du jour.

sa marche un silence farouche, de peur que le moindre cri ne fût pour ses pareils un avertissement de venir partager sa proie, et pour les oiseaux faibles un signal de se tenir sur leurs gardes ; c'est à ceux-ci à se rassembler, à s'avertir, à s'appuyer les uns les autres, et à se rendre, ou du moins à se croire forts par leur réunion. Au reste, l'alouette chante rarement à terre, où néanmoins elle se tient toujours lorsqu'elle ne vole point ; car elle ne se perche jamais sur les arbres, et on doit la compter parmi les oiseaux pulvérateurs [a] : aussi ceux qui la tiennent en cage ont-ils grand soin d'y mettre dans un coin une couche assez épaisse de sablon où elle puisse se poudrer à son aise et trouver du soulagement contre la vermine qui la tourmente ; ils y ajoutent du gazon frais souvent renouvelé, et ils ont l'attention que la cage soit un peu spacieuse.

On a dit que ces oiseaux avaient de l'antipathie pour certaines constellations, par exemple, pour *Arcturus,* et qu'ils se taisaient lorsque cette étoile commençait à se lever en même temps que le soleil [b] ; apparemment que c'est dans ce temps qu'ils entrent en mue, et sans doute ils y entreraient toujours quand *Arcturus* ne se lèverait pas.

Je ne m'arrêterai point à décrire un oiseau aussi connu ; je remarquerai seulement que ses principaux attributs sont d'avoir le doigt du milieu étroitement uni avec le plus extérieur de chaque pied par sa première phalange ; l'ongle du doigt postérieur fort long et presque droit ; les ongles antérieurs très-courts et peu recourbés ; le bec point trop faible, quoiqu'en alène ; la langue assez large, dure et fourchue ; les narines rondes et à demi découvertes ; l'estomac charnu et assez ample relativement au volume du corps ; le foie partagé en deux lobes fort inégaux, le lobe gauche paraissant avoir été gêné et arrêté dans son accroissement par le volume de l'estomac ; environ neuf pouces de tube intestinal ; deux très-petits cœcums communiquant à l'intestin ; une vésicule du fiel ; le fond des plumes noirâtre, douze pennes à la queue et dix-huit aux ailes, dont les moyennes ont le bout coupé presque carrément et partagé dans son milieu par un angle rentrant, caractère commun à toutes les alouettes [c]. J'ajouterai encore que les mâles sont un peu plus bruns que les femelles [d], qu'ils ont un collier noir, plus de blanc à la queue et la contenance plus fière, qu'ils sont un peu plus gros [e], quoique cependant le plus pesant de tous ne pèse pas deux onces ; enfin qu'ils ont, comme dans presque toutes les autres espèces, le privilége exclusif du chant. Olina semble supposer qu'ils ont l'ongle postérieur plus

a. Aristote, *Hist. animal.,* lib. ix, cap. xlix.

b. Anton. Mizaldus apud Aldrov. *Ornithol.,* t. II, p. 834.

c. Voyez l'*Ornithologie* de Brisson, t. II, p. 335 et suiv. Willughby, *Ornithologia,* p. 149.

d. Frisch, pl. xv. Aldrovande : il m'a paru que les alouettes ou mauviettes de Beauce, qui se vendent à Paris, sont plus brunes que nos alouettes de Bourgogne. Quelques individus ont plus ou moins de roussâtre, plus ou moins de pennes de l'aile bordées de cette couleur.

e. Albin, *Hist. nat. des oiseaux,* t. I, p. 35.

long [a]; mais je soupçonne, avec M. Klein, que cela dépend autant de l'âge que du sexe.

Lorsqu'aux premiers beaux jours du printemps ce mâle est pressé de s'unir à sa femelle, il s'élève dans l'air en répétant sans cesse son cri d'amour, et embrassant dans son vol un espace plus ou moins étendu, selon que le nombre de femelles est plus petit ou plus grand : lorsqu'il a découvert celle qu'il cherche, il se précipite et s'accouple avec elle. Cette femelle fécondée fait promptement son nid ; elle le place entre deux mottes de terre, elle le garnit intérieurement d'herbes, de petites racines sèches [b], et prend beaucoup plus de soin pour le cacher que pour le construire ; aussi trouve-t-on très-peu de nids d'alouette relativement à la quantité de ces oiseaux [c]. Chaque femelle pond quatre ou cinq petits œufs qui ont des taches brunes sur un fond grisâtre ; elle ne les couve que pendant quinze jours au plus, et elle emploie encore moins de temps à conduire et à élever ses petits : cette promptitude a souvent trompé ceux qui voulaient enlever des couvées qu'ils avaient découvertes, et Aldrovande tout le premier [d] : elle dispose aussi à croire, d'après le témoignage du même Aldrovande et d'Olina, qu'elles peuvent faire jusqu'à trois couvées dans un été ; la première au commencement de mai, la seconde au mois de juillet, et la dernière au mois d'août [e] : mais si cela a lieu, c'est surtout dans les pays chauds, dans lesquels il faut moins de temps aux œufs pour éclore, aux petits pour arriver au terme où ils peuvent se passer des soins de la mère, et à la mère elle-même, pour recommencer une nouvelle couvée. En effet, Aldrovande et Olina, qui parlent des trois couvées par an, écrivaient et observaient en Italie ; Frisch, qui rend compte de ce qui se passe en Allemagne, n'en admet que deux, et Schwenckfeld n'en admet qu'une seule pour la Silésie.

Les petits se tiennent un peu séparés les uns des autres, car la mère ne les rassemble pas toujours sous ses ailes, mais elle voltige souvent au-dessus de la couvée, la suivant de l'œil avec une sollicitude vraiment maternelle, dirigeant tous ses mouvements, pourvoyant à tous ses besoins, veillant à tous ses dangers.

L'instinct qui porte les alouettes femelles à élever et soigner ainsi une couvée se déclare quelquefois de très-bonne heure, et même avant celui qui les dispose à devenir mères, et qui dans l'ordre de la nature devrait, ce

a. Gessner assure avoir vu un de ces ongles long d'environ deux pouces, mais il ne dit pas si l'oiseau était mâle ou femelle. *Aves*, p. 81.

b. Les chasseurs disent que le nid des alouettes est mieux construit que celui des cailles et des perdrix.

c. *Descript. of* 300 *animals*, t. I, p. 118.

d. « Matres pullos implumes adhuc in agros ad pastum educunt... quod me puerum adhuc « sæpius fefellit ; cùm enim illos recèns exclusos et nudos ferè plumis observassem, post tri- « duum ad nidum revertens evolasse jam repperi. » Aldrovande, t. II, p. 834.

e. Aldrovande, *ibidem*. Olina, *Uccelleria*, p. 12.

semble, précéder. On m'avait apporté, dans le mois de mai, une jeune
alouette qui ne mangeait pas encore seule ; je la fis élever, et elle était à
peine sevrée lorsqu'on m'apporta d'un autre endroit une couvée de trois
ou quatre petits de la même espèce : elle se prit d'une affection singulière
pour ces nouveaux venus, qui n'étaient pas beaucoup plus jeunes qu'elle ;
elle les soignait nuit et jour, les réchauffait sous ses ailes, leur enfonçait la
nourriture dans la gorge avec le bec ; rien n'était capable de la détourner
de ces intéressantes fonctions ; si on l'arrachait de dessus ces petits, elle
revolait à eux dès qu'elle était libre, sans jamais songer à prendre sa volée,
comme elle l'aurait pu cent fois : son affection ne faisant que croître, elle
en oublia à la lettre le boire et le manger, elle ne vivait plus que de la becquée qu'on lui donnait en même temps qu'à ses petits adoptifs, et elle
mourut enfin consumée par cette espèce de passion maternelle : aucun de
ces petits ne lui survécut ; ils moururent tous les uns après les autres, tant
ses soins leur étaient devenus nécessaires, tant ces mêmes soins étaient
non-seulement affectionnés, mais bien entendus.

La nourriture la plus ordinaire des jeunes alouettes sont les vers, les
chenilles, les œufs de fourmis et même de sauterelles, ce qui leur a attiré,
et à juste titre, beaucoup de considération dans les pays qui sont exposés
aux ravages de ces insectes destructeurs [a] : lorsqu'elles sont adultes, elles
vivent principalement de graines, d'herbe, en un mot, de matières végétales.

Il faut, dit-on, prendre en octobre ou novembre celles que l'on veut conserver pour le chant, préférant les mâles, autant qu'il est possible [b], et leur
liant les ailes lorsqu'elles sont trop farouches, de peur qu'en s'élançant trop
vivement elles ne se cassent la tête contre le plafond de leur cage. On les
apprivoise assez facilement, elles deviennent même familières jusqu'à venir
manger sur la table et se poser sur la main ; mais elles ne peuvent se tenir
sur le doigt à cause de la conformation de l'ongle postérieur trop long et
trop droit pour pouvoir l'embrasser ; c'est sans doute par la même raison
qu'elles ne se perchent pas sur les arbres. D'après cela on juge bien qu'il
ne faut point de bâtons en travers dans la cage où on les tient.

En Flandre, on nourrit les jeunes avec de la graine de pavot mouillée,
et, lorsqu'elles mangent seules, avec de la mie de pain aussi humectée ;
mais dès qu'elles commencent à faire entendre leur ramage il faut leur donner du cœur de mouton ou du veau bouilli haché avec des œufs durs [c] ; on
y ajoute le blé, l'épeautre et l'avoine mondés, le millet, la graine de lin,
de pavots et de chènevis écrasés [d], tout cela détrempé dans du lait ; mais

a. Plutarque, de Iside.
b. Voyez Albin, Hist. nat. des oiseaux, à l'endroit cité.
c. Albin, à l'endroit cité.
d. Voyez Olina, p. 12. Descript. of 300 animals, t. I, p. 118. Frisch, pl. 15, etc.

M. Frisch avertit que, lorsqu'on ne leur donne que du chènevis écrasé pour toute nourriture, leur plumage est sujet à devenir noir. On prétend aussi que la graine de moutarde leur est contraire; à cela près, il parait qu'on peut les nourrir avec toute sorte de graine, et même avec tout ce qui se sert sur nos tables, et en faire des oiseaux domestiques. Si l'on en croit Frisch, elles ont l'instinct particulier de goûter la nourriture avec la langue avant de manger. Au reste, elles sont susceptibles d'apprendre à chanter et d'orner leur ramage naturel de tous les agréments que notre mélodie artificielle peut y ajouter. On a vu de jeunes mâles qui, ayant été sifflés avec une turlutaine, avaient retenu en fort peu de temps des airs entiers, et qui les répétaient plus agréablement qu'aucune linotte ou serin n'aurait su faire. Celles qui restent dans l'état de sauvage habitent pendant l'été les terres les plus élevées et les plus sèches; l'hiver elles descendent dans la plaine, se réunissent par troupes nombreuses et deviennent alors très-grasses, parce que dans cette saison étant presque toujours à terre, elles mangent, pour ainsi dire, continuellement. Au contraire, elles sont fort maigres en été, temps où elles sont presque toujours deux à deux, volant sans cesse, chantant beaucoup, mangeant peu et ne se posant guère à terre que pour faire l'amour. Dans les plus grands froids, et surtout lorsqu'il y a beaucoup de neige, elles se réfugient de toutes parts au bord des fontaines qui ne gèlent point; c'est alors qu'on leur trouve de l'herbe dans le gésier : quelquefois même elles sont réduites à chercher leur nourriture dans le fumier de cheval qui tombe le long des grands chemins; et malgré cela elles sont encore plus grasses alors que dans aucun temps de l'été.

Leur manière de voler est de s'élever presque perpendiculairement et par reprises, et de se soutenir à une grande hauteur, d'où, comme je l'ai dit, elles savent très-bien se faire entendre : elles descendent au contraire en filant pour se poser à terre, excepté lorsqu'elles sont menacées par l'oiseau de proie, ou attirées par une compagne chérie; car, dans ces deux cas, elles se précipitent comme une pierre qui tombe [a].

Il est aisé de croire que de petits oiseaux qui s'élèvent très-haut dans l'air peuvent quelquefois être emportés, par un coup de vent, fort loin dans les mers, et même au delà des mers. « Sitôt qu'on approche des terres d'Eu- « rope, dit le P. Dutertre [b], on commence à voir des oiseaux de proie, des « alouettes, des chardonnerets, qui étant emportés par les vents, perdent « la vue des terres, et sont contraints de venir se percher sur les mâts et « les cordages des navires. » C'est par cette raison que le docteur Hans Sloane en a vu à quarante milles en mer dans l'Océan, et le comte Mar

a. Voyez Olina, l'ccelleria, p. 12; ou plutôt voyez les alouettes dans les champs.
b. Hist des Antilles, t. II, p. 55.

sigli dans la Méditerranée[a]. On peut même soupçonner que celles qu'on a retrouvées en Pensylvanie, en Virginie et dans d'autres régions de l'Amérique, y ont été transportées de la même façon. M. le chevalier des Mazis m'assure que les alouettes passent à l'île de Malte dans le mois de novembre, et quoiqu'il ne spécifie pas les espèces, il est probable que l'espèce commune est du nombre, car M. Lottinger a observé qu'en Lorraine il y en a un passage considérable, qui finit précisément dans ce même mois de novembre, et qu'alors on n'en voit que très-peu ; que les passagères entraînent avec elles celles qui sont nées dans le pays ; mais bientôt après il en reparaît autant qu'auparavant, soit que d'autres leur succèdent, soit que celles qui avaient d'abord suivi les voyageuses reviennent sur leurs pas, ce qui est plus vraisemblable. Quoi qu'il en soit, il est certain qu'elles ne passent pas toutes, puisqu'on en voit presque en toute saison dans notre pays, et que dans la Beauce, la Picardie et beaucoup d'autres endroits, on en prend en hiver des quantités considérables ; c'est même une opinion générale en ces endroits qu'elles ne sont point oiseaux de passage ; que si elles s'absentent quelques jours pendant la plus grande rigueur du froid, et surtout lorsque la neige tient longtemps, c'est le plus souvent parce qu'elles vont sous quelque rocher, dans quelque caverne, à une bonne exposition[b], et, comme j'ai dit, près des fontaines chaudes ; souvent même elles disparaissent subitement au printemps lorsque, après des jours doux qui les ont fait sortir de leurs retraites, il survient des froids vifs qui les y font rentrer. Cette occultation de l'alouette était connue d'Aristote [c], et M. Klein dit qu'il s'en est assuré par sa propre observation [d].

On trouve cet oiseau dans presque tous les pays habités des deux continents, et jusqu'au cap de Bonne-Espérance ; selon Kolbe [e], il pourrait même subsister dans les terres incultes qui abonderaient en bruyères et en genévriers, car il se plaît beaucoup sous ces arbrisseaux [f], qui le

---

a. *Hist. nat. de la Jamaïque*, t. I, p. 51. — *Vie du comte Marsigli*, deuxième partie, page 148.

b. Dans la partie du Bugey située au bas des montagnes, entre le Rhône et le Dain, on a vu souvent, sur la fin d'octobre ou au commencement de novembre, une multitude innombrable d'alouettes pendant une quinzaine de jours, jusqu'à ce que la neige, gagnant la plaine, les obligeât d'aller plus loin. Dans les grands froids qui se firent ressentir la dernière quinzaine du mois de janvier 1776, il parut aux environs du Pont-de-Beauvoisin une si prodigieuse quantité d'alouettes qu'avec une perche un seul homme en tuait la charge de deux mulets : elles se réfugiaient jusque dans les maisons et étaient fort maigres. Il est clair que dans ces deux cas les alouettes n'ont quitté leur séjour ordinaire que parce qu'elles n'y trouvaient plus à vivre ; mais on sent bien que cela ne suffit pas pour qu'elles doivent être regardées absolument comme oiseaux de passage. Thévenot dit que les alouettes paraissent en Égypte au mois de septembre, et y séjournent jusqu'à la fin de l'année. *Voyage du Levant*, t. I, p. 493.

c. *Hist. animalium*, lib. viii, cap. xvi : *et ciconia latet et merula, et turtur et alauda*.

d. Klein, page 181.

e. *Histoire générale des voyages*, t. IV, p. 243.

f. Turner et Longolius apud Gessnerum *de Avibus*, p. 81.

mettent à l'abri, lui et sa couvée, contre les atteintes de l'oiseau de proie. Avec cette facilité de s'accoutumer à tous les terrains et à tous les climats, il paraîtra singulier qu'il ne s'en trouve point à la Côte d'or, comme l'assure Villault [a], ni même dans l'Andalousie, s'il en faut croire Averroès [b].

Tout le monde connaît les différents piéges dont on se sert ordinairement pour prendre les alouettes, tels que collets, traîneaux, lacets, pantière; mais il en est un qu'on y emploie plus communément, et qui en a tiré sa dénomination de *filet d'alouette*. Pour réussir à cette chasse il faut une matinée fraîche, un beau soleil, un miroir tournant sur son pivot, et une ou deux alouettes vivantes qui rappellent les autres, car on ne sait pas encore imiter leur chant d'assez près pour les tromper : c'est par cette raison que les oiseleurs disent qu'elles ne suivent point l'appeau; mais elles paraissent attirées plus sensiblement par le jeu du miroir : non sans doute qu'elles cherchent à se mirer, comme on les en a accusées d'après l'instinct qui leur est commun avec presque tous les autres oiseaux de volière, de chanter devant une glace avec un redoublement de vivacité et d'émulation ; mais parce que les éclairs de lumière que jette de toutes parts ce miroir en mouvement excitent leur curiosité, ou parce qu'elles croient cette lumière renvoyée par la surface mobile des eaux vives, qu'elles recherchent dans cette saison : aussi en prend-on tous les ans des quantités considérables pendant l'hiver aux environs des fontaines chaudes où j'ai dit qu'elles se rassemblaient; mais aucune chasse n'en détruit autant à la fois que la chasse aux gluaux, qui se pratique dans la Lorraine française et ailleurs [c], et dont je donnerai ici le détail, parce qu'elle est peu connue. On commence par préparer quinze cents ou deux mille gluaux : ces gluaux sont des branches de saule bien droites ou du moins bien dressées, longues d'environ trois pieds dix pouces, aiguisées et même un peu brûlées par l'un des bouts : on les enduit de glu par l'autre de la longueur d'un pied : on les plante par rangs parallèles dans un terrain convenable, qui est ordinairement une plaine en jachère, et où l'on s'est assuré qu'il y a suffisamment d'alouettes pour indemniser des frais qui ne laissent pas d'être considérables; l'intervalle des rangs doit être tel que l'on puisse passer entre deux sans toucher aux gluaux ; l'intervalle des gluaux de chaque rang doit être d'un pied, et chaque gluau doit répondre aux intervalles des gluaux des rangs joignants.

L'art consiste à planter ces gluaux bien régulièrement, bien à-plomb, et de manière qu'ils puissent rester en situation tant que l'on n'y touche

a. Voyez son *Voyage de Guinée*, p. 270.

b. Averroes apud Aldrov., t. II, *Ornithologia*, p. 832.

c. M. de Sonnini fait depuis longtemps exécuter cette chasse dans sa terre de Manoncour en Lorraine; feu le roi Stanislas y prenait plaisir et l'a souvent honorée de sa présence.

point, mais qu'ils puissent tomber pour peu qu'une alouette les touche en passant.

Lorsque tous ces gluaux sont plantés, ils forment un carré long qui présente l'un de ses côtés au terrain où sont les alouettes : c'est le front de la chasse ; on plante à chaque bout un drapeau pour servir de point de vue aux chasseurs, et, dans certains cas, pour leur donner des signaux.

Le nombre des chasseurs doit être proportionné à l'étendue du terrain que l'on veut embrasser. Sur les quatre ou cinq heures du soir, selon que l'on est plus ou moins avancé dans l'automne, la troupe se partage en deux détachements égaux, commandés chacun par un chef intelligent, lequel est lui-même subordonné à un commandant général, qui se place au centre.

L'un de ces détachements se rassemble au drapeau de la droite, l'autre au drapeau de la gauche, et tous deux, gardant un profond silence, s'étendent chacun de leur côté sur une ligne circulaire pour se rejoindre l'un à l'autre, à environ une demi-lieue du front de la chasse, et former un seul cordon qui se resserre toujours davantage en se rapprochant des gluaux, et pousse toujours les alouettes en avant.

Vers le coucher du soleil, le milieu du cordon doit se trouver à deux ou trois cents pas du front : c'est alors que l'on *donne*, c'est-à-dire que l'on marche avec circonspection, que l'on s'arrête, que l'on se met ventre à terre, que l'on se relève et qu'on se remet en mouvement à la voix du chef ; si toutes ces manœuvres sont commandées à propos et bien exécutées, la plus grande partie des alouettes renfermées dans le cordon, et qui à cette heure-là ne s'élèvent que de trois ou quatre pieds, se jettent dans les gluaux, les font tomber, sont entraînées par leur chute et se prennent à la main.

S'il y a encore du temps, on forme du côté opposé un second cordon de cinquante pas de profondeur, et l'on ramène les alouettes qui avaient échappé la première fois : cela s'appelle *revirer*.

Les curieux inutiles se tiennent aux drapeaux, mais un peu en arrière, afin d'éviter toute confusion.

On prend jusqu'à cent douzaines d'alouettes, et plus, dans une de ces chasses, et l'on regarde comme très-mauvaise celle où l'on n'en prend que vingt-cinq douzaines. On y prend aussi quelquefois des compagnies de perdrix, et même des chouettes, mais on en est très-fâché, parce que ces événements font *enlever* les alouettes, ainsi que le passage d'un lièvre qui traverse l'enceinte, et tout autre mouvement ou bruit extraordinaire.

Les oiseaux voraces détruisent aussi beaucoup d'alouettes pendant l'été, car elles sont leur proie la plus ordinaire, même des plus petits ; et le coucou, qui ne fait point de nid, tâche quelquefois de s'approprier celui de l'alouette, et de substituer ses œufs à ceux de la véritable mère[a]; cependant, malgré cette immense destruction, l'espèce paraît toujours fort nombreuse, ce qui prouve sa grande fécondité et ajoute un nouveau degré de vraisemblance à ce qu'on a dit de ses trois pontes par an. Il est vrai que cet oiseau vit assez longtemps pour un si petit animal; huit à dix ans selon Olina; douze ans selon d'autres; vingt-deux suivant le rapport d'une personne digne de foi, et jusqu'à vingt-quatre si l'on en croit Rzaczynski.

Les anciens ont prétendu que la chair de l'alouette bouillie, grillée et même calcinée et réduite en cendres, était une sorte de spécifique contre la colique : il résulte au contraire de quelques observations modernes qu'elle la donne fort souvent, et M. Linnæus croit qu'elle est contraire aux personnes qui ont la gravelle. Ce qui paraît le mieux avéré, c'est que la chair des alouettes ou mauviettes est une nourriture fort saine et fort agréable lorsqu'elles sont grasses, et que les picotements d'estomac ou d'entrailles qu'on éprouve quelquefois après en avoir mangé viennent de ce qu'on a avalé, par mégarde, quelques fragments de leurs petits os; lesquels fragments sont très-fins et très-aigus. Cet oiseau pèse plus ou moins, selon qu'il a plus ou moins de graisse, de sept ou huit gros à dix ou douze.

Longueur totale environ sept pouces, bec six à sept lignes, ongle postérieur droit six lignes, vol douze à treize pouces, queue deux pouces trois quarts, un peu fourchue, composée de douze pennes; dépasse les ailes de onze lignes.

VARIÉTÉS DE L'ALOUETTE.

I. — L'ALOUETTE BLANCHE.[b]

MM. Brisson et Frisch ont eu raison de regarder cette alouette comme une variété de l'espèce précédente : c'est en effet une véritable alouette qui, suivant M. Frisch, nous vient du Nord, comme le moineau et l'étourneau blancs, l'hirondelle et la fauvette blanches, etc., lesquels portent tous sur leur plumage l'empreinte de leur climat natal. M. Klein n'est point de cet avis, et il se fonde sur ce qu'à Dantzick, qui est plus au nord que les pays où il paraît quelquefois des alouettes blanches, on n'en a pas vu une seule depuis un demi-siècle. S'il m'était permis de prononcer sur cette question, je dirais que l'avis de M. Frisch, qui fait venir toutes les alouettes

---

a. « Cuculus in nidis parit alienis et præcipuè in palumbium et curucæ, et alaudæ humi. » Aristot. *Hist. nat. animalium*, lib. ix, cap. xxix.

b. Alauda alba sine cristâ; en catalan, *llausetta blanca, calandrina.* Barrère, *Specim. nov.*, class. 3, g. 16, p. 40. — *Die weisse lerche*, l'alouette blanche. Frisch, pl. ii, n° 16, class. 2, div. 2 — *Alauda candida*, alouette blanche. Brisson, t. III, p. 339. — *Variat. candida.* Muller, *Zoolog. Dan.*, p. 28, n° 229.

blanches du Nord, me semble trop exclusif, et que la raison que M. Klein fait valoir contre cet avis n'est rien moins que décisive : en effet, l'observation prouve et prouvera qu'il y a des alouettes blanches ailleurs que dans le Nord; mais il faut convenir aussi que les alouettes blanches qui se trouvent dans la partie du Nord où est la Norwége, la Suède, le Danemark, ont plus de facilité à se répandre de là dans la partie occidentale de l'Allemagne, laquelle n'est séparée de ces pays par aucune mer considérable, qu'à se rendre à l'embouchure de la Vistule, en traversant la mer Baltique. Quoi qu'il en soit, outre les alouettes blanches qui paraissent quelquefois aux environs de Berlin, suivant M. Frisch, on en a vu plusieurs fois aux environs de Hildesheim dans la basse Saxe [a]. La blancheur de leur plumage est rarement pure : dans l'individu observé par M. Brisson, elle était mêlée d'une teinte de jaune; mais le bec, les pieds et les ongles étaient tout à fait blancs. Dans le moment où j'écrivais ceci, on m'a apporté une alouette blanche qui avait été tirée sous les murailles de la petite ville que j'habite : elle avait le sommet de la tête et quelques places sur le corps de la couleur ordinaire; le reste de la partie supérieure, compris la queue et les ailes, était varié de brun et de blanc, la plupart des plumes et même des pennes étant bordées de cette dernière couleur; le dessous du corps était blanc moucheté de brun, surtout dans la partie antérieure et du côté droit; le bec inférieur était aussi plus blanc que le supérieur, et les pieds d'un blanc sale varié de brun. Cet individu m'a semblé faire la nuance entre l'alouette ordinaire et celle qui est tout à fait blanche.

J'ai vu depuis une autre alouette dont tout le plumage était parfaitement blanc, excepté sur la tête où paraissaient quelques vestiges d'un gris d'alouette à demi effacé; on l'avait trouvée dans les environs de Montbard : il n'y a pas d'apparence que ni l'une ni l'autre de ces alouettes vînt des côtes septentrionales de la mer Baltique.

II. — L'ALOUETTE NOIRE. [b]

Je regarde encore, avec M. Brisson, cette alouette comme une variété de l'alouette ordinaire, soit que ce changement de couleur soit un effet du chènevis, lorsqu'on le donne à ces oiseaux pour toute nourriture, soit qu'il ait une autre cause : l'individu que nous avons fait représenter avait du roux brun à la naissance du dos, et les pieds d'un brun clair.

Albin, qui a vu et décrit d'après nature cette variété, nous la représente comme étant partout d'un brun sombre et rougeâtre, tirant sur le noir; partout, dis-je, excepté derrière la tête où il y avait du jaune rembruni, et

a. Voyez *Collection académique étrangère*, t. III, p. 240.
b. *The black-lark*, alouette noire. Albin, *Hist. nat. des oiseaux*, t. III, p. 21, n° 51.

sous le ventre où il y avait quelques plumes bordées de blanc; les pieds, les doigts et les ongles étaient d'un jaune sale. Le sujet d'après lequel Albin fait sa description avait été pris au filet, dans un pré aux environs de Highgate, et il paraît qu'on n'y en trouve pas souvent de pareils.

M. Mauduit m'a assuré avoir vu une alouette parfaitement noire, qui avait été prise dans la plaine de Montrouge, près de Paris.

L'ALOUETTE NOIRE A DOS FAUVE. *

Si cette alouette, qui a été rapportée de Buneos-Ayres par M. Commerson, n'était pas beaucoup plus petite, et si elle n'était pas originaire d'un pays très-différent du nôtre, il serait difficile de ne pas la regarder comme une variété dans l'espèce de l'alouette, identique avec la variété précédente, tant la ressemblance du plumage est frappante! elle a la tête, le bec, les pieds, la gorge, le devant du cou, toute la partie inférieure du corps, et les couvertures supérieures de la queue, d'un brun noirâtre; les pennes des ailes et de la queue d'une teinte un peu moins foncée; la plus extérieure de ces dernières bordée de roux; le derrière du cou, le dos, les scapulaires, d'un fauve orangé; les petites et moyennes couvertures des ailes noirâtres, bordées du même fauve.

Longueur totale un peu moins de cinq pouces, bec six à sept lignes, ayant les bords de la pièce supérieure un peu échancrés vers la pointe; tarse neuf lignes, doigt postérieur deux lignes et demie; son ongle quatre lignes, légèrement recourbé; queue dix-huit lignes, un peu fourchue, composée de douze pennes, dépasse les ailes de sept à huit lignes. En y regardant de près, on reconnaît que ses dimensions relatives ne sont pas non plus les mêmes que dans la variété précédente.

LE CUJELIER. *a***

Je crois cet oiseau assez différent de l'alouette commune pour en faire une espèce particulière. En effet, il en diffère par le volume et par la forme

a. *Tottovilla*. Olina, *Uccellaria*, p. 27. — *Alauda arborea*, en anglais, *the wood-larck*, Willughby, *Ornithol.*, p. 149. — Ray, *Synops. av.*, p. 69. — Charleton, *Exercit. class. graniv. cant.*, g. 8, sp. 2, p. 88. — Sibbald, *Atlas Scot.*, part. II, lib. III, cap. IV. — Rzaczynski, *Auct. Hist. nat. Polon.* Punctum IX, n° 111. — Albin, *Histoire naturelle des oiseaux*, t. I,

* *Alauda rufa* (Gmel). — Ordre *id.*, famille des *Dentirostres*, genre *Becs Fins*, sousgenre *Farlouses* (Cuv.).

** *Alauda arborea* et *nemorosa* (Linn.). — L'alouette des bois, cujelier, lulu. — Ordre *id.*, famille des *Conirostres*, genre *Alouettes* (Cuv.).

totale, ayant le corps plus court et plus ramassé, étant beaucoup moins gros, et ne pesant au plus qu'une once : il en diffère par son plumage, dont les couleurs sont plus faibles, et où, en général, il y a moins de blanc, et par une espèce de couronne blanchâtre plus marquée dans cet oiseau que dans l'alouette ordinaire : il en diffère par les pennes de l'aile, dont la première et la plus extérieure est plus courte que les autres d'un demi-pouce : il en diffère par ses habitudes naturelles, puisqu'il se perche sur les arbres, tandis que l'alouette commune ne se pose jamais qu'à terre; à la vérité, il se perche sur les plus grosses branches sur lesquelles il peut se tenir sans être obligé de les embrasser avec ses doigts, ce qui ne serait guère possible, vu la conformation de son doigt trop long, ou plutôt de son ongle postérieur, et trop peu crochu pour saisir la branche : il en diffère en ce qu'il se plaît et niche dans les terres incultes qui avoisinent les taillis, ou à l'entrée des jeunes taillis, d'où lui est venu sans doute le nom d'*alouette de bois*, quoiqu'il ne s'enfonce jamais dans les bois, au lieu que l'alouette ordinaire se tient dans les grandes plaines cultivées : il en diffère par son chant, qui ressemble beaucoup plus à celui du rossignol qu'à celui de l'alouette [a], et qu'il fait entendre non-seulement le jour, mais encore la nuit, comme le rossignol, non-seulement en volant, mais aussi étant perché sur une branche. M. Hébert a remarqué que les fifres des Cent-Suisses de la garde imitent assez exactement le ramage du cujelier; d'où l'on peut conclure, ce me semble, que cet oiseau est commun dans les montagnes de Suisse [b] comme il l'est dans celles du Bugey. Il diffère de l'alouette par la fécondité; car quoique les hommes fassent moins la guerre au cujelier, sans doute comme étant une proie trop petite, et quoiqu'il ponde quatre ou cinq œufs comme l'alouette ordinaire, l'espèce est cependant moins nombreuse [c].

p. 36, n° 42. — *British Zoology*, p. 94. — *Alauda arborea, sylvestris, pratorum, novalium...* Klein, *Ordo av.*, § XXXI, g. 6, sp. 2. — Cet auteur confond ici plusieurs espèces d'alouettes. — *Alauda non cristata, fusca.* Barrère, *Specim. nov.*, class. 3, g. 16, p. 40. — « Alauda rectricibus fuscis, primâ obliquè dimidiato-albâ, secundâ (aliàs secundâ, tertiâ, « quartàque) maculâ cuneiformi albâ. » Linnæus, *Fauna Suecica*, n° 192. — « Alauda « arborea, capite vittâ annulari albâ cincto. » Linnæus, *Syst. nat.*, édit. XIII, p. 287. — En danois et en norwégien, *skow-larke, heede-larke, lyng-larke.* Muller, *Zoologiæ Dan. prodr.*, n° 231. — « Alauda lineolâ superciliorum albâ, torque in collo pallido, caudâ brevissimâ; » en autrichien, *ludlerche, waldlerche.* Cramer, *Elenchus Austr. inf.*, p. 362. — « Alauda « supernè fusco et rufo-flavicante varia, infernè alba; collo inferiore et pectore albo-flavican- « tibus, maculis fuscis insignitis; uropygio grisco-olivaceo; tæniâ supra oculos candidâ; « rectrice extimâ exteriùs et apice albâ... » *Alauda arborea*, l'alouette de bois ou le cujelier. Brisson, t. III, p. 340. — On l'appelle en quelques cantons de la Bourgogne, *pirouot;* en Sologne, *cochelivier, cochelirieu, piénu, flûteux, alouette flûteuse, lutheux, turlut, turlu-toir, musette;* ailleurs, *trelus, cotrelus;* en Saintonge, *coutrioux;* à Nantes, *alouette calandre,* et par corruption *escarlande.* Voyez Salerne, *Hist. nat. des oiseaux*, p. 190. Alouette de montagne, selon quelques-uns.

a. Voyez Olina, *L'ccellaria*, p. 27. Albin, *Hist. nat. des oiseaux*, t. I, p. 36, etc.

b. J'apprends qu'il se trouve en effet dans les prairies les plus hautes de la Suisse.

c. *British Zoology*, p. 94.

Il en diffère par le temps de la ponte, car nous avons vu que l'alouette commune ne faisait pas sa première ponte avant le mois de mai, au lieu que les petits de celle-ci sont quelquefois en état de voler dès la mi-mars[a].

Enfin, il en diffère par la délicatesse du tempérament, puisque, selon la remarque du même Albin, il n'est pas possible, quelque soin que l'on prenne, d'élever les petits que l'on tire du nid ; ce qui néanmoins doit se restreindre au climat de l'Angleterre et autres semblables ou plus froids, puisque Olina, qui vivait dans un pays plus chaud, dit positivement qu'on prend dans le nid les petits de la *tottovilla*, qui est notre cujelier ; que dans les commencements on les élève de même que les rossignols, dont ils ont le chant[b], et qu'ensuite on les nourrit de panis et de millet.

Dans tout le reste, le cujelier a beaucoup de rapport avec l'alouette ordinaire : comme elle il s'élève très-haut en chantant et se soutient en l'air ; il vole par troupes pendant les froids, fait son nid à terre et le cache sous une motte de gazon ; vit de huit à dix ans, se nourrit de scarabées, de chenilles, de graines ; a la langue fourchue, le ventricule musculeux et charnu, point d'autre jabot qu'une dilatation assez médiocre de la partie inférieure de l'œsophage, et les *cæcums* fort petits[c].

Olina a remarqué que les plumes du sommet de la tête sont d'un brun moins obscur dans la femelle que dans le mâle, et que celui-ci a l'ongle postérieur plus long ; il aurait pu ajouter qu'il a la poitrine plus tachetée, et les grandes pennes des ailes bordées d'olivâtre, au lieu qu'elles sont bordées de gris dans la femelle : il dit encore qu'on prend le cujelier comme l'alouette, ce qui est vrai ; et il prétend que cette espèce n'est guère connue que dans la campagne de Rome, ce qui est contredit avec raison par les naturalistes modernes mieux instruits : en effet, il est plus que probable que le cujelier n'est point fixé à un seul pays ; car on sait qu'il se trouve en Suède selon M. Linnæus, et en Italie suivant Olina, et puisqu'il s'accommode de ces deux climats, qui sont fort différents, on peut croire qu'il est répandu dans les climats intermédiaires, et par conséquent dans la plus grande partie de l'Europe[d]. Ces oiseaux sont assez gras en automne, et leur chair est alors un fort bon manger.

Albin prétend qu'on les chasse en trois saisons, savoir : pendant l'été, temps où se prennent les petits *branchiers*, qui gazouillent d'abord, mais pour peu de temps, parce que bientôt après ils entrent en mue.

Le mois de septembre est la seconde saison, et celle où ils volent en troupes et rôdent d'un pays à l'autre, parcourant les pâturages et se perchant volontiers sur les arbres à portée des fours à chaux[e]. C'est encore le

<hr>

a. Albin, t. I, p. 36.

b. Willughby trouve que le chant du cujelier a du rapport avec celui du merle.

c. Willughby, à l'endroit cité.

d. « Habitat in Europa, » etc. *Syst. nat.*, n° 93.

e. Cramer, à l'endroit cité.

temps où les jeunes oiseaux changent de plumes, et ne peuvent guère être distingués des plus vieux.

La troisième et la meilleure saison commence avec le mois de janvier [a], et s'étend jusqu'à la fin de février, temps auquel ces oiseaux se séparent deux à deux pour former des sociétés plus intimes. Les jeunes cujeliers pris alors sont ordinairement les meilleurs pour le chant ; ils gazouillent peu de jours après qu'on les a pris, et cela d'une manière plus distincte que ceux qui ont été pris en toute autre saison [b].

Longueur totale six pouces, bec sept lignes, vol neuf pouces (dix selon M. Lottinger) ; queue deux pouces un quart, un peu fourchue, composée de douze pennes, dépasse les ailes d'environ treize lignes.

LA FARLOUSE OU L'ALOUETTE DE PRÉS. [c]*

Belon et Olina disent que c'est la plus petite de toutes les alouettes, mais c'est parce qu'ils ne connaissaient pas l'alouette pipi, dont nous parlerons

a. M. Hébert a tué de ces oiseaux pendant l'hiver, en Brie, en Picardie et en Bourgogne : il a remarqué que pendant cette saison on les trouve par terre dans les plaines ; qu'ils sont assez communs dans le Bugey, et encore plus en Bourgogne. D'un autre côté, M. Lottinger prétend qu'ils arrivent sur la fin de février, et qu'ils s'en vont au commencement d'octobre ; mais tout cela se concilie, si parmi ces alouettes, comme parmi les communes, il y en a de voyageuses et d'autres résidentes.

b. Voyez Albin, t. I, p. 36. Il recommande de les nourrir alors de cœur de mouton, de jaunes d'œufs, de pain, de chènevis, d'œufs de fourmis, de vers de farine ; et de mettre dans leur eau deux ou trois tranches de réglisse, et un peu de sucre candi, avec une pincée ou deux de safran, une fois la semaine ; de les tenir dans un lieu sec où donne le soleil, et de mettre du sablon dans leur cage. Il paraît qu'Albin avait observé cet oiseau par lui-même.

c. Farlouse, fallope, alouette de prés, petite alouette. Belon, *Hist. nat. des oiseaux*, p. 271. — *Lodola di prato, calandrino.* Olina, *Uccelleria*, p. 27. — *Alauda pratorum Bellonii.* Aldrovande, t. II, p. 849. M. Brisson croit que la seconde *spipola* d'Aldrovande est la farlouse ; cependant il me semble que les descriptions ont des différences assez considérables. — Jonston, *Av.*, p. 71. — *The tit-lark.* Sibbalde, *Atl. Scot.*, part. II, lib. III, cap. IV, p. 17. — Willughby, p. 150, § IV. — Ray, *Synops. av.*, p. 69. — Charleton, *Class. graniv. cant.*, p. 88, g. 8, sp. 3. — *British Zoology*, p. 94, sp. 3. — *Alauda pratensis* ; en allemand, *die wiesen lerch.* Frisch, t. I, class. 2, divis. 2, pl. II, n° 16. — *The titt-lark*, alouette de prés. Albin, t. I, pl. XLIII. — « Alauda lineolá superciliorum albá, rectricibus duabus extimis introrsùm « albis. » Linnæus, *Fauna Suecica*, n° 91 ; et *Syst. nat.*, édit. XIII, n° 105, sp. 2, p. 287. — Muller, *Zoologiæ Dan. prodr.*, p. 28, n° 230. — *Alauda pectore lutescente, punctis atris ;* en autrichien, *breinvogl* ; à Nuremberg, *krautvogl* ; en Styrie, *schmelvogl.* Cramer, *Elenchus Austr. inf.*, p. 362, sp. 4. — Petite alouette, alouette de bois ou de bruyères, alouette bâtarde, folle, percheuse ; en Beauce, *alouette bretonne* ; en Sologne, *tique, kique, akiki* ; en Provence, *bedouide* ; ailleurs, *alouette buissonnière.* Salerne, *Oiseaux*, p. 192. *Alouette courte* à Genève, parce qu'elle a en effet la queue courte. En Provence, *pivoton* suivant M. Guys. — Farlouse des bois ou des taillis, alouette des jardins, vulgairement *bec-figue*, selon M. Lot-

* *Alauda pratensis* (Linn.). — *Anthus pratensis* (Bechst.). — Genre *Becs-Fins*, sous-genre *Farlouses* (Cuv.). — « Nommée mal à propos alouette *pipi*. Il faut remarquer que la synony- « mie de ce sous-genre n'est pas moins obscure que celle des *Fauvettes*. » (Cuvier.)

dans la suite. La farlouse pèse six à sept gros, et n'a pas neuf pouces de
vol. La couleur dominante du dessus du corps est l'olivâtre varié de noir
dans la partie antérieure, et l'olivâtre pur et sans mélange dans la partie
postérieure; le dessous du corps est d'un blanc jaunâtre, avec des taches
noires longitudinales sur la poitrine et les côtés : le fond des plumes est
noir; les pennes des ailes presque noires, bordées d'olivâtre, celles de la
queue de même, excepté la plus extérieure, qui est bordée de blanc, et la
suivante, qui est terminée de cette même couleur.

Cet oiseau a des espèces de sourcils blancs que M. Linnœus a choisis
pour caractériser l'espèce : en général, le mâle a plus de jaune que la
femelle à la gorge, à la poitrine, aux jambes, et même sous les pieds, suivant Albin.

La farlouse part rapidement au moindre bruit, et se perche sur les arbres,
quoique difficilement; elle niche à peu près comme le cujelier, pond le
même nombre d'œufs, etc. [a]; mais elle en diffère en ce qu'elle a la première penne des ailes presque égale aux suivantes, et le chant un peu moins
varié, quoique fort agréable : les auteurs de la *Zoologie britannique* trouvent
à ce chant de la ressemblance avec un ris moqueur, et Albin avec le ramage
du serin de Canarie; tous deux l'accusent d'être trop bref et trop coupé,
mais Belon et Olina s'accordent à dire que ce petit oiseau est recherché
pour son *plaisant chanter*, et j'avoue qu'ayant eu occasion de l'entendre, je
le trouvai en effet très-flatteur, quoique un peu triste, et approchant de celui
du rossignol, quoique moins suivi. Il est à remarquer que l'individu que
j'ai ouï chanter était une femelle, puisqu'en la disséquant je lui ai trouvé un
ovaire : il y avait dans cet ovaire trois œufs plus gros que les autres, lesquels semblaient annoncer une seconde ponte. Olina dit qu'on nourrit cet
oiseau comme le rossignol, mais qu'il est fort difficile à élever; et comme il
ne vit que trois ou quatre ans[b], cela explique pourquoi l'espèce est peu
nombreuse, et pourquoi le mâle, lorsqu'il s'élève pour aller à la découverte
d'une femelle, embrasse dans son vol un cercle beaucoup plus étendu que
l'alouette ordinaire[d], et même que le cujelier. Albin prétend que cette
alouette est de longue vie, peu sujette aux maladies, et qu'elle pond ordinairement cinq ou six œufs : si cela était, l'espèce devrait être beaucoup
plus nombreuse qu'elle ne l'est en effet.

Suivant M. Guys, la farlouse se nourrit principalement de vermisseaux et

tinger. — « Alauda supernè nigricante et olivaceo varia, infernè sordidè albo-flavicans ; collo
« inferiore et pectore maculis longitudinalibus nigricantibus insignitis ; uropygio olivaceo ,
« tæniâ supra oculos sordidè albo-flavicante ; rectrice extimâ exteriùs et ultimâ medietate albâ ;
« proximè sequenti apice albo maculatâ... » *Alauda pratensis* , l'alouette de prés ou la farlouse.
Brisson , t. III, p. 343.

a. British Zoology, p. 93.

b. Olina , p. 27.

c. Frisch , pl. xvi.

d'insectes qu'elle cherche dans les terres nouvellement labourées ; Willughby lui a trouvé en effet dans l'estomac des scarabées et de petits vers : j'y ai trouvé moi-même des débris d'insectes, et de plus, de petites graines et de petits cailloux. Si l'on en croit Albin, elle a l'habitude en mangeant d'agiter sa queue de côté et d'autre.

Les farlouses nichent ordinairement dans les prés, et même dans les prés bas et marécageux [a] ; elles posent leur nid à terre [b], et le cachent très-bien ; tandis que la femelle couve, le mâle se tient perché sur un arbre dans le voisinage, et s'élève de temps à autre, en chantant et battant des ailes.

M. Willughby, qui paraît avoir observé cet oiseau de fort près, dit avec raison qu'il a l'iris noisette, le bout de la langue divisé en plusieurs filets, le ventricule médiocrement charnu, les *cœcums* un peu plus longs que l'alouette, et une vésicule du fiel. J'ai vérifié tout cela, et j'ajoute qu'il n'a point de jabot, et même que l'œsophage n'a presque point de renflement à l'endroit de sa jonction avec le ventricule, et que le ventricule ou gésier est gros à proportion du corps. J'ai gardé un de ces oiseaux pendant une année entière, ne lui faisant donner que de petites graines pour toute nourriture.

La farlouse se trouve en Italie, en France, en Allemagne, en Angleterre et en Suède. Albin nous dit qu'elle paraît (sans doute dans le canton de l'Angleterre qu'il habite), au commencement d'avril, avec le rossignol, et qu'elle s'en va vers le mois de septembre ; elle part quelquefois dès la fin d'août, suivant M. Lottinger, et semble avoir une longue route à faire [c] : dans ce cas elle pourrait être du nombre de ces alouettes qu'on voit passer à Malte dans le mois de novembre, en supposant qu'elle s'arrête en chemin dans les contrées où elle trouve une température qui lui convient. En automne, c'est-à-dire au temps des vendanges, elle se tient autour des grandes routes [d]. M. Guys remarque qu'elle aime beaucoup la compagnie de ses semblables, et qu'à défaut de cette société de prédilection elle se mêle dans les troupes de pinsons et de linottes qu'elle rencontre sur son passage.

Au reste, en comparant ce que les auteurs ont dit de la farlouse, je vois des différences qui me feraient croire que cette espèce est sujette à beaucoup de variétés, ou qu'on l'a confondue quelquefois avec des espèces voisines, telles que le cujelier et l'alouette pipi [e].

a. British Zoology, p. 94.

b. Belon, *Nat. des oiseaux*, p. 272. — *British Zoology, ibidem.*

c. Une seule fois M. Lottinger en a vu une en Lorraine au mois de février 1774 ; mais il a vu aussi ce même hiver d'autres oiseaux qui n'ont pas coutume de rester en Lorraine, tels que verdiers, bergeronnettes, lavandières, etc., ce que M. Lottinger attribue, avec raison, à la douce température de l'hiver de cette année 1774.

d. Voyez Albin à l'endroit cité.

e. La disposition des taches du plumage est à peu près la même dans ces trois espèces, quoique les couleurs de ces taches soient différentes dans chacune, et les habitudes encore plus différentes, mais moins cependant que les opinions des divers auteurs sur les propriétés de la

Longueur totale, cinq pouces et demi; bec, six lignes, bords de la pièce supérieure un peu échancrés vers la pointe; vol, environ neuf pouces; queue, deux pouces, un peu fourchue, composée de douze pennes : dépasse les ailes de huit lignes; l'ongle postérieur est moins long et plus arqué que dans les espèces précédentes.

Variété de la Farlouse.

La farlouse blanche[a] ne diffère de la précédente que par son plumage, qui est presque universellement d'un blanc jaunâtre, mais plus jaune sur les ailes; elle a le bec et les pieds bruns : telle était celle qu'Aldrovande a vue en Italie; et quoique le jésuite Rzaczynski lui donne place parmi les oiseaux de Pologne, je doute qu'elle se trouve dans ce pays, ou du moins qu'il l'y ait vue, d'autant qu'il se sert des paroles mêmes d'Aldrovande sans y rien ajouter.

OISEAU ÉTRANGER QUI A RAPPORT A LA FARLOUSE.

LA FARLOUSANE.[*]

Je donne ce nom à une alouette de la Louisiane que j'ai vue chez M. Mauduit, et qui m'a paru avoir beaucoup de rapports avec la farlouse : elle a la gorge d'un gris jaunâtre; le cou et la poitrine grivelés de brun sur ce même fond; le reste du dessous du corps fauve; le dessus de la tête et du corps mêlé de brun verdâtre et de noirâtre; mais comme ce sont des couleurs sombres, elles tranchent peu l'une sur l'autre, et il résulte de leur mélange une teinte presque uniforme de brun obscur; les couvertures supérieures d'un brun verdâtre sans mélange; les pennes de la queue brunes; la plus extérieure mi-partie de brun noirâtre et de blanc, le blanc en dehors, et la suivante terminée de blanc; les pennes et les couvertures supérieures des ailes d'un brun noirâtre, bordé d'un brun plus clair.

farlouse, et sur les détails de son histoire. Il ne faut que comparer Belon, Aldrovande, Brisson, Olina, Albin, etc., on verra que les couleurs du plumage, par lesquelles M. Brisson caractérise l'espèce, ne sont pas les mêmes que dans Aldrovande; celui-ci ne parle point du long doigt postérieur, mais il parle d'un certain mouvement de queue, dont les autres, excepté Albin, ne disent rien. Ce dernier prétend que son *tit-lark* est vivace et peu sujet aux maladies; Olina et Belon assurent, au contraire, que la farlouse s'élève difficilement, et Olina dit positivement qu'elle vit peu : ajoutez à cela les différentes opinions sur son chant.

a. *Boarina, Bovarina, Spipola alba.* Aldrovande, *Ornithol.*, lib. xvii, cap. xxvi. — Jonston, *Aves*, p. 87. — Willughby, *Ornithol.*, lib. ii, sect. ii, cap. i, § x. — Ray, *Synops.*, p. 81. — *Stipola lutea, Boarina.* Rzaczynski, *Auctuar. Polon.*, p. 420, nº 92. — *Alauda pratensis, candida*, la farlouse blanche... Brisson, t. III, p. 346.

[*] Le même oiseau que la *spipolette.* — Voyez, ci-après, la nomenclature de la *spipolette.*

Longueur totale près de sept pouces, bec sept lignes, tarse neuf lignes, doigt postérieur, avec l'ongle, un peu moins de huit lignes; cet ongle un peu plus de quatre lignes, légèrement courbé; queue deux pouces et demi, dépasse les ailes de seize lignes.

L'ALOUETTE PIPI.[a]*

C'est la plus petite de nos alouettes de France : son nom allemand *pieplerche*, et son nom anglais *pipit* sont évidemment dérivés de son cri[b], et ces sortes de dénominations sont toujours les meilleures, puisqu'elles représentent l'objet dénommé autant qu'il est possible; aussi n'avons-nous pas hésité d'adopter ce nom de *pipi*. On compare le cri de cette alouette, du moins son cri d'hiver, à celui d'une sauterelle, mais il est un peu plus fort et plus perçant : l'oiseau le fait entendre soit en volant, soit en se perchant sur les branches les plus élevées des buissons, car il se perche même sur les petites branches, quoiqu'il ait l'ongle de derrière fort long (moins long cependant et plus recourbé que dans l'alouette ordinaire); mais il sait fort bien se servir de ses ongles antérieurs pour saisir les petites branches et s'y tenir perché; il se tient aussi à terre et court très-légèrement.

Au printemps, lorsque le mâle pipi chante sur sa branche, c'est avec beaucoup d'action; il se redresse alors, il entr'ouvre le bec, il épanouit ses ailes, et tout annonce que c'est un chant d'amour : de temps en temps, il s'élève assez haut, il plane quelques moments et retombe presque à la même place, en continuant toujours de chanter, et de chanter fort agréablement; son ramage est simple, mais il est doux, harmonieux et nettement prononcé; ce petit oiseau fait son nid dans des endroits solitaires et le cache sous une motte de gazon; aussi ses petits sont-ils souvent la proie des cou-

a. *Alauda minor;* en anglais, *the pippit or small-lark*, la petite alouette Albin, t. I, p. 39, pl. XLIV. — *Die piep lerche, leimen-vogelein*, alouette pipi. Frisch , t. I, class. 2, div. 2, pl. II, n° 16. — « Alauda trivialis, rectricibus fuscis; extimà dimidiato albâ, secundâ apice cunei- « formi albâ; lineâ alarum duplici albidâ. » Linnæus, *Syst. nat.*, édit. XIII, p. 288, n° 105, sp. 5. — Muller *Zoology Dan.*, n° 233; en danois, *hauge-hylde, pihe-lerke.* — *The grasshoper lark*, alouette sauterelle. *British Zoology*, g. 18, sp. 6, p. 95. — « Alauda supernè nigricante « et olivaceo varia, infernè albo-flavicans; pectore et ventre maculis longitudinâlibus nigri- « cantibus insignitis; rectrice extimà exteriùs et ultimâ medietate albâ, proximè sequenti albo « maculatâ... » *Alauda sepiaria*, alouette de buisson. Brisson, t. III, p. 347. — En Lorraine, vulgairement *sinsignotte*, selon M. Lottinger; dans le Bugey, *bec-fi d'hiver.* — M. Brisson croit que le *spipola* d'Aldrovande, t. II, p. 750, est son alouette de buisson, c'est-à-dire, notre alouette pipi ; mais les descriptions ne s'accordent pas : d'un autre côté, Aldrovande croit reconnaître dans ce *spipola* l'*anthos* d'Aristote, *Hist. animal.*, lib. VIII, cap. III; et lib. IX, cap. I, que nous avons rapporté au verdier. Voyez p. 251 de ce volume.

b. Frisch , pl. XVI.

* *Alauda trivialis* et *minor* (Linn.). — *Anthus arboreus* (Bechst.). — Le *pipi* (Cuv.). — Sous-genre *Farlouses* (Cuv.).

leuvres : sa ponte est de cinq œufs marqués de brun vers le gros bout. Il a la tête plutôt longue que ronde ; le bec très-délicat et noirâtre ; les bords de la pièce supérieure échancrés près de la pointe ; les narines à demi recouvertes par une membrane convexe de même couleur que le bec, et cachée en partie sous de petites plumes qui reviennent en avant ; seize pennes à chaque aile ; le dessus du corps d'un brun verdâtre varié, ou plutôt ondé de noirâtre ; le dessous d'un blanc jaunâtre, moucheté irrégulièrement sur la poitrine et sur le cou ; le fond des plumes cendré foncé ; enfin deux raies blanchâtres sur les ailes, dont M. Linnæus a fait un des caractères de l'espèce.

Les alouettes pipi paraissent en Angleterre vers le milieu de septembre, et on en prend alors une grande quantité dans les environs de Londres [a] ; elles fréquentent les bruyères et les plaines, et voltigent plutôt qu'elles ne volent, car elles ne s'élèvent jamais beaucoup. Il en reste ordinairement quelques-unes pendant l'hiver sur les marais des environs de Sarrebourg.

On peut juger par la forme et la délicatesse du bec de l'alouette pipi qu'elle se nourrit principalement d'insectes et de petites graines, et par sa petitesse qu'elle ne vit pas fort longtemps. Elle se trouve en Allemagne, en Angleterre et même en Suède, à ce que dit M. Linnæus dans son *Système de la Nature*, quoiqu'il n'en fasse aucune mention dans la *Fauna Suecica*, du moins dans la première édition. Cet oiseau est assez haut monté.

Longueur totale environ cinq pouces et demi, bec six à sept lignes, doigt postérieur quatre lignes, son ongle cinq, vol huit pouces un tiers, queue deux pouces, dépasse les ailes d'un pouce [b] ; tube intestinal six pouces et demi, œsophage deux pouces et demi, dilaté avant son insertion dans le gésier, qui est musculeux ; deux très-petits *cœcums :* je n'ai point trouvé de vésicule du fiel ; le gésier occupait la partie gauche du bas-ventre ; il était recouvert par le foie, et nullement par les intestins.

LA LOCUSTELLE. [c] *

Cette alouette est encore plus petite que la précédente, et elle est la plus petite de toutes celles de notre Europe. Les auteurs de la *Zoologie britan-*

a. Albin, à l'endroit cité.

b. Composée de dix pennes, suivant un bon observateur ; mais je soupçonne qu'il y en avait eu deux d'arrachées.

c. The willow lark, l'alouette des saules. *British Zoology*, p. 95. — *Locustella avicula* D. Johnson. Willughby, *Ornithol.*, p. 151. — Les descriptions de ces deux auteurs conviennent mieux à cette espèce qu'à la précédente : d'ailleurs ils ont écrit en Angleterre, et jusqu'ici la locustelle n'a point été observée ailleurs.

* *Sylvia locustella* (Lath.). — Ordre *id.*, famille *id.*, genre *Becs-Fins*, sous-genre *Fauvettes* (Cuv.).

nique, à qui seuls nous devons la connaissance de cette espèce, lui ont donné le nom d'*alouette des saules*, parce qu'on la voit tous les ans revenir visiter certaines saussaies du territoire de Whiteford, en Flin-Shire, où elle passe tout l'été. La locustelle ne diffère de l'alouette pipi ni par son éperon, ni par ses allures, ni par son chant, qui ressemble par conséquent à celui d'une cigale ; et c'est par cette raison que je lui ai conservé le nom de locustelle que lui a donné Willughby. Quant au plumage, elle a la tête et le dessus du corps d'un brun jaunâtre, avec des taches obscures ; les pennes des ailes brunes, bordées de jaune sale, celles de la queue d'un brun foncé ; des espèces de sourcils blanchâtres ; et le dessous du corps d'un blanc teinté de jaune.

LA SPIPOLETTE. [a]*

J'adopte ce nom, que l'on donne à Florence à l'oiseau dont il s'agit ici. Il est un peu plus gros que la farlouse, et se tient dans les friches et les bruyères ; il a le doigt postérieur fort long, comme l'alouette, mais son corps est plus effilé, et il diffère encore de cette dernière par le mouvement de sa queue, semblable à celui de la lavandière et de la farlouse. Ces oiseaux se plaisent dans les bruyères, les friches et surtout dans les éteules d'avoine, peu après la moisson : ils s'y rassemblent en troupes assez nombreuses.

Au printemps, le mâle se perche pour rappeler ou découvrir sa femelle ; quelquefois même il s'élève en l'air en chantant de toutes ses forces, puis revient bien vite se poser à terre, où est toujours le rendez-vous.

Lorsqu'on approche du nid, la mère se trahit bientôt par ses cris, en

a. *Glareana* ; en allemand, *gickerlin*, *guckerlin*, *grien voegelin*. Gessner, *Av. append.*, p. 795. — Aldrovande, *Ornithol.*, t. II, p. 736. — Ray, *Synops.*, p. 81, sp. 8. — Willughby, *Ornithol.*, p. 154. — *Alauda minor campestris D. Jessop.* Ray, *Synops.*, p. 70. — Willughby, p. 150, § 4. — *Spipoletta* Florentinis ; à Venise, *tordino.* Ray, p. 70, sp. 9. — Willughby, p. 152. — *Alauda novalium*, alouette des friches ; en allemand, *brach-lerche*, *gereut lerche*, *kraut-lerche.* Frisch, t. I, class. 2, div. 2, pl. ɪ, nº 15. — *Stoparola* (*a stipulis*), *acredula, glariana Gessneri*, Ὀλολυγών ; en silésien, *stoepling, stoppelvogel, spiesloerche, greinerlin.* Schwenckfeld, *Av. Siles.*, p. 349. — Rzaczynski, *Auctuar. Pol.*, p. 421 ; en polonais *zdzbto.* — « Alauda gulà pectoreque flavescente. » Linnæus, *Fauna Suecica*, nº 193. — « Alauda « rectricibus fuscis, inferiori medietate, exceptis intermediis duabus, albis ; gulá pectoreque « flavescente, » *pikerlin* (lisez *gickerlin*). Linnæus, *Syst. nat.*, édit. XIII, p. 288. — Muller, *Zoolog. Dan.*, p. 29, nº 232 ; en danois, *mark-lœrke.* — « Alauda supernè griseo-fusca ad « olivaceum inclinans, infernè sordidè albo-flavicans ; collo inferiore et pectore maculis longi- « tudinalibus fuscis insignitis ; tænià supra oculos sordidè albo-flavicante ; rectrice extimà « exteriùs et ultimà medietate albâ, proximè sequenti apice albo maculatà... » *Alauda campestris*, l'alouette de champs. Brisson, t. III, p. 349.

* *Anthus aquaticus* (Bechst.). — Le *pipit spioncelle* (Temm.). — Sous-genre *Farlouses* (Cuv.).

quoi son instinct paraît différer de celui des autres alouettes, qui, lorsqu'elles craignent quelque danger, se taisent et demeurent immobiles.

M. Willughby a vu un nid de spipolette sur un genêt épineux, fort près de terre, composé de mousse en dehors, et en dedans de paille et de crin de cheval [a].

On est assez curieux d'élever les jeunes mâles, à cause de leur ramage, mais cela demande des précautions : il faut, au commencement, couvrir leur cage d'une étoffe verte, ne leur laisser que peu de jour, et leur prodiguer les œufs de fourmis. Lorsqu'ils sont accoutumés à manger et à boire dans leur prison, on peut diminuer par degrés la quantité des œufs de fourmis, y substituant insensiblement le chènevis écrasé, mêlé avec de la fleur de farine et des jaunes d'œufs.

On prend les spipolettes au filet traîné, comme nos alouettes, et encore avec des gluaux que l'on place sur les arbres où elles ont fixé leur domicile; elles vont de compagnie avec les pinsons : il paraît même qu'elles partent et qu'elles reviennent avec eux.

Les mâles diffèrent peu des femelles à l'extérieur; mais une manière sûre de les reconnaître, c'est de leur présenter un autre mâle enfermé dans une cage; ils se jetteront bientôt dessus comme sur un ennemi, ou plutôt comme sur un rival [b].

Willughby dit que la spipolette diffère des autres alouettes par la couleur noire de son bec et de ses pieds [c]; il ajoute que le bec est grêle, droit et pointu, les coins de la bouche bordés de jaune; qu'elle n'a pas, comme le cujelier, les premières pennes de l'aile plus courtes que les suivantes, et que le mâle a les ailes un peu plus noires que la femelle.

Cet oiseau se trouve en Italie, en Allemagne, en Angleterre, en Suède, etc. [d].

M. Brisson regarde l'alouette des champs de Jessop comme étant de la même espèce que la sienne, quoiqu'elles diffèrent entre elles par l'ongle postérieur, qui est fort long dans la dernière, et beaucoup plus court dans l'alouette de Jessop [e]; mais on sait que la longueur de cet ongle est sujette à varier suivant l'âge, le sexe, etc. Il y a une différence plus marquée entre l'alouette de champ de M. Brisson et celle de M. Linnæus, quoique ces deux naturalistes les regardent comme appartenant à la même espèce; l'individu décrit par M. Linnæus avait toutes les pennes de la queue, à l'exception des deux intermédiaires, blanches depuis la base jusqu'au milieu de leur longueur; au lieu que celui de M. Brisson n'avait de blanc qu'aux

a. Willughby, *Ornithologia*, p. 15.
b. Voyez Frisch, pl. 15.
c. *Ornithologie*, p. 153.
d. Voyez Aldrovande et Willughby, aux endroits cités. — *British Zoology*, p. 94; et *Fauna Succica*, n° 193.
e. Voyez l'*Ornithologie* de Willughby, p. 150.

deux pennes les plus extérieures, sans parler de beaucoup d'autres différences de détail, qui suffisent, avec les précédentes, pour constituer une
variété.

Les spipolettes vivent de petites graines et d'insectes ; leur chair, lorsqu'elle est grasse, est un très-bon manger : elles ont la tête et tout le dessus
du corps d'un gris brun teinté d'olivâtre ; les sourcils, la gorge et tout le
dessous du corps d'un blanc jaunâtre, avec des taches brunes oblongues
sur le cou et la poitrine ; les pennes et les couvertures des ailes, brunes,
bordées d'un brun plus clair ; les pennes de la queue noirâtres, excepté les
deux intermédiaires, qui sont d'un gris brun, la plus extérieure, qui est
bordée de blanc, et la suivante, qui est terminée de même ; enfin, le bec
noirâtre et les pieds bruns.

Longueur totale, six pouces et demi ; bec, six à sept lignes ; vol, onze
pouces et plus ; queue, deux pouces et demi, un peu fourchue, composée
de douze pennes : dépasse les ailes de quinze lignes.

LA GIROLE. [a]*

M. Brisson soupçonne, avec grande apparence de raison, que l'individu
observé par Aldrovande était un jeune oiseau dont la queue, extrêmement
courte et composée de plumes très-étroites, n'était pas entièrement formée,
et qui avait encore la commissure du bec bordée de jaune ; mais il y aurait
eu, ce me semble, une seconde conséquence à tirer de là, c'est que c'était
une simple variété d'âge, appartenant à une espèce connue, d'autant plus
qu'Aldrovande, le seul auteur qui en ait parlé, n'a jamais vu que ce seul
individu. Il était de la taille de notre alouette commune ; il en avait le principal attribut, c'est-à-dire le long éperon à chaque pied ; le plumage de la
tête et de tout le dessus du corps était varié de brun marron, de brun plus
clair, de blanchâtre et de roux vif : Aldrovande le compare à celui de la
caille ou de la bécasse. Il avait le dessous du corps blanc ; le derrière de la
tête ceint d'une espèce de couronne blanchâtre ; les pennes des ailes brun
marron, bordées d'une couleur plus claire ; celles de la queue, du moins
les quatre paires intermédiaires, de la même couleur ; la paire suivante
mi-partie de marron et de blanc, et la dernière paire toute blanche ; la
queue un peu fourchue, longue d'un pouce ; le fond des plumes cendré ; le

---

a. *Giarola.* Aldrovande, *Ornithol.*, t. II, p. 765. — *Giarola Aldrovandi, calcare oblongo.*
Willughby, p. 152, § IX. — Ray, *Synops. av.*, p. 70, sp. 10. — « Alauda supernè fusco-
« castanea ; marginibus pennarum dilatioribus ; infernè alba ; tæniâ transversâ albicante occi-
« pitium cingente ; rectrice extimâ albâ, proximè sequenti apice albâ... » *Alauda Italica,*
l'alouette d'Italie. Brisson, t. III, p. 355.

* *Alauda italica* (Linn.). — Genre *Alouettes* (Cuv.).

bec rouge à large ouverture; les coins de la bouche jaunes; les pieds couleur de chair ; les ongles blanchâtres; l'ongle postérieur long de six lignes, presque droit, et seulement un peu recourbé par le bout.

Cet oiseau avait été tué, aux environs de Bologne, sur la fin du mois de mai. Je le présente ici seulement comme un problème à résoudre aux naturalistes qui sont à portée de l'observer et de le rapporter à sa véritable espèce : car, encore une fois, je doute beaucoup que l'on en doive faire une espèce distincte et séparée. M. Ray lui trouve beaucoup de rapport avec le cujelier, et ne voit de différence que dans les couleurs des pennes de la queue : cependant, il aurait dû y voir aussi une différence de grandeur, puisqu'il est aussi gros que l'alouette ordinaire, et par conséquent plus gros que le cujelier, différence à laquelle on doit avoir encore plus d'égard, si l'on suppose, avec M. Brisson, que l'oiseau d'Aldrovande était jeune.

LA CALANDRE OU GROSSE ALOUETTE.[a][*]

Oppien, qui vivait dans le second siècle de l'ère chrétienne, est le premier parmi les anciens qui ait parlé de cet oiseau, en indiquant la meilleure façon de le prendre,[b] et cette façon est précisément celle que propose Olina : elle consiste à tendre le filet à portée des eaux où la calandre a coutume d'aller boire.

Cet oiseau est plus grand que l'alouette; il a aussi le bec plus court et

a. *Corydalus, galerita, alauda maxima*; en grec, Κορυδαλὸς μεγαλώτατος; *calandre*. Belon, *Hist. nat. des oiseaux*, p. 270, cap. xxiv. — *Calandra, alauda maxima; fortè gurgulus Alberti*, Κάλανδρα *Oppiani; Chamæzelos, id est calandrus Silvatici*; en grec moderne, *brakola*; en allemand, *kalander, galander*; en italien et espagnol, *chalandra, chalandria*; à Venise, *corydalos*, mot grec devenu vulgaire. Gessner, *Av.*, p. 80. — Aldrovande, *Ornithol.*, t. II, p. 846. — *Calandra, lodola maggiore.* Olina, *Uccelleria*, p. 80. — *Calandra.* Willughby, *Ornithol.*, p. 151. Il ne connaissait point cet oiseau, qu'il confond avec l'ortolan de neige : Ray ne l'a pas même nommé. — *The bunting.* Charleton, *Exercit.*, p. 88, n° 4. Il avait, comme on voit, adopté l'erreur de Willughby. — Klein, *Ordo av.*, p. 72. — Cet auteur jugeant d'après la figure donnée par Olina, était persuadé que la calandre n'était autre chose qu'une alouette commune, à laquelle le dessinateur avait fait un bec un peu trop épais. — *Alauda non cristata, cinerea, pectore albo, maculoso*; en catalan, *calandra, aneda*. Barrère, *Specim. nov.*, sp. 5, p. 40. — « *Alauda rectrice extimâ exteriùs totâ albâ, secundâ tertiàque apice albis, fasciâ pectorati fuscâ.* » *Calandra.* Linnæus, *Syst. nat.*, édit. XIII, sp. 9, p. 288. — *The calandra*, la calandre. Edwards, pl. 268. — « *Alauda supernè fusco et grisco varia, infernè* « *alba; collo inferiore et pectore nigro maculatis; remigibus minoribus apice albis; rectrice* « *extimâ exteriùs et ultimâ medietate, albâ; duabus proximè sequentibus apice albis...* » *Alauda major sive calandra*, la grosse alouette ou la calandre. Brisson, t. III, p. 352. — En Provence, *coulassade*, à cause de son collier. — Aux environs d'Orléans, *alouette de bruyère*; en grec moderne, *kalandra*. Salerne, *Oiseaux*, p. 196. Cet auteur nous apprend que la rue de la Calandre à Paris tire son nom d'une calandre qui y pendait pour enseigne.

b. *Ixeutic.*, lib. iii.

[*] *Alauda calandra* (Linn.). — Genre *Alouettes* (Cuv.).

plus fort, en sorte qu'il peut casser les graines : de plus, l'espèce est moins nombreuse et moins répandue. A ces différences près, la calandre ressemble tout à fait à notre alouette : même plumage, à peu près même port, même conformation dans l'ensemble et dans les détails, mêmes mœurs et même voix, si ce n'est qu'elle est plus forte, mais elle est aussi agréable [a], et cela est si bien reconnu, qu'en Italie on dit communément chanter comme une calandre, pour dire chanter bien [b]. De même que l'alouette ordinaire, elle joint à ce talent naturel celui de contrefaire parfaitement le ramage de plusieurs oiseaux, tels que le chardonneret, la linotte, le serin, etc., et même le piaulement des petits poussins, le cri d'appel de la chatte [c], en un mot, tous les sons analogues à ses organes, et qui s'y sont imprimés lorsqu'ils étaient encore tendres.

Pour avoir des calandres qui chantent bien, il faut, selon Olina, prendre les jeunes dans le nid, et du moins avant leur première mue, préférant, autant qu'il est posible, celles de la couvée du mois d'août; on les nourrira d'abord avec de la pâtée composée en partie de cœur de mouton ; on pourra leur donner ensuite des graines avec de la mie de pain, etc., ayant soin qu'elles aient toujours dans leur cage un plâtras pour s'aiguiser le bec, et un petit tas de sablon pour s'y égayer lorsqu'elles sont tourmentées par la vermine. Malgré toutes ces précautions, on n'en tirera pas beaucoup de plaisir la première année, car la calandre est un oiseau sauvage, c'est-à-dire ami de la liberté, et qui ne se façonne pas tout de suite à l'esclavage. Il faut même dans les commencements ou lui lier les ailes, ou substituer au plafond de la cage une toile tendue [d] ; mais aussi, lorsqu'elle est civilisée et qu'elle a pris le pli de sa condition, elle chante sans cesse, sans cesse elle répète ou son ramage propre ou celui des autres oiseaux, et elle se plaît tellement à cet exercice qu'elle en oublie quelquefois la nourriture [e].

On distingue le mâle en ce qu'il est plus gros et qu'il a plus de noir autour du cou ; la femelle n'a qu'un collier fort étroit [f] ; quelques individus, au lieu de collier, ont une grande plaque noire sur le haut de la poitrine; tel était l'individu que nous avons fait représenter. Cette espèce niche à terre comme l'alouette ordinaire, sous une motte de gazon bien fournie d'herbe, et elle pond quatre ou cinq œufs. Olina, qui nous apprend ces détails, ajoute que la calandre ne vit pas plus de quatre ou cinq ans, et par

a. Belon, *Nature des oiseaux*, p. 270.
b. Aldrovande, *Ornithol.*, t. II, p. 847.
c. Olina, à l'endroit cité.
d. *Ibidem.*
e. Gessner, *de Avibus*, p. 80.
f. Voyez Edwards, pl. 268. Celui qui a donné cette observation à M. Edwards avait une méthode de distinguer le mâle de la femelle parmi les petits oiseaux : c'était de les renverser sur le dos et de souffler sur l'estomac; lorsque c'est une femelle, les plumes se séparent de chaque côté laissant l'estomac à nu ; mais cette méthode n'est sûre que dans la saison où les oiseaux nichent. Gessner, *de Avi.*, p. 80.

conséquent beaucoup moins que l'alouette ordinaire : Belon conjecture qu'elle va par troupes comme cette dernière espèce; il ajoute qu'on ne la verrait point en France si on ne l'y apportait d'ailleurs; mais cela signifie seulement qu'on n'en voit point au Mans ni dans les provinces voisines, cár cette espèce est commune en Provence, où elle se nomme *coulassade*, à cause de son collier noir, et où l'on a coutume de l'élever à cause de son chant. A l'égard de l'Allemagne, de la Pologne, de la Suède et des autres pays du Nord, il ne paraît pas qu'elle y soit fréquente : on la trouve en Italie, vers les Pyrénées, en Sardaigne; enfin M. Russel a dit à M. Edwards qu'elle était commune aux environs d'Alep, et ce dernier nous a donné la figure coloriée d'une vraie calandre, qui venait, disait-on, de la Caroline [a]; elle pouvait y avoir été transportée, elle ou ses père et mère, non-seulement par un coup de vent, mais encore par quelque vaisseau européen; et comme c'est un pays chaud il est très-probable que l'espèce peut y prospérer et s'y naturaliser.

M. Adanson regarde la calandre comme tenant le milieu entre l'alouette et la grive, ce qui ne doit s'entendre que du plumage et de la forme extérieure, car les habitudes de la grive et de la calandre sont fort différentes, entre autres dans la construction du nid.

Longueur totale sept pouces et un quart, bec neuf lignes, vol treize pouces et demi, queue deux pouces un tiers, composée de douze pennes, dont les deux paires les plus extérieures sont bordées de blanc; la troisième paire terminée de même, la paire intermédiaire gris brun, tout le reste noirâtre; ces pennes dépassent les ailes de quelques lignes; doigt postérieur dix lignes.

OISEAUX ÉTRANGERS QUI ONT RAPPORT A LA CALANDRE.

I. — LA CRAVATE JAUNE
OU CALANDRE DU CAP DE BONNE-ESPÉRANCE. [b] *

Je n'ai point vu l'individu qui a servi de modèle à la figure 2 de la planche 504, mais j'en ai vu plusieurs de la même espèce. En général les mâles ont le dessus du corps brun, varié de gris; la gorge et le haut du cou

a. *Glanures*, seconde partie, p. 123, pl. 268.

b. « Alauda supernè fusco et grisco varia, infernè ex rufo ad aurantium inclinans; gutture « aurantio, lineâ fuscâ circumdato ; tæniâ supra oculos flavo-aurantiâ ; rectricibus quatuor « utrimque extimis apice albis..... » *Alauda capitis Bonæ-Spei*, l'alouette du cap de Bonne-Espérance. Brisson, t. III, p. 364. — M. le vicomte de Querhoën, enseigne de vaisseau, et M. Commerson, ont tous deux observé cette alouette, au cap de Bonne-Espérance, en des temps différents.

* *Alauda capensis* (Gmel.). — Sous-genre *Farlouses* (Cuv.).

d'un bel orangé, et cette espèce de cravate est bordée de noir dans toute sa
circonférence ; cette même couleur orangée se retrouve encore au-dessus des
yeux en forme de sourcils, sur les petites couvertures de l'aile, par petites
taches, et sur le bord antérieur de cette même aile, dont elle dessine le contour : ils ont la poitrine variée de brun, de gris et de jaunâtre ; le ventre et
les flancs d'un roux orangé ; le dessous de la queue grisâtre ; les pennes de
la queue plus ou moins brunes, mais les quatre paires les plus extérieures
bordées et terminées de blanc : les pennes des ailes brunes, aussi bordées,
les grandes de jaune et les moyennes de gris ; enfin, le bec et les pieds d'un
gris brun plus ou moins foncé.

Deux femelles que j'ai observées avaient la cravate non pas orangée, mais
d'un roux clair ; la poitrine grivelée de brun sur le même fond, qui devenait plus foncé en s'éloignant de la partie antérieure ; enfin, le dessus du
corps plus varié, parce que les plumes étaient bordées d'un gris plus clair.

Longueur totale sept pouces et demi, bec dix lignes, vol onze pouces et
demi, doigt postérieur, ongle compris, plus long que celui du milieu ; queue
deux pouces et demi, un peu fourchue, composée de douze pennes, dépasse
les ailes de quinze lignes. J'ai vu et mesuré un individu qui avait un pouce
de plus de longueur totale, et les autres parties à proportion.

II. — LE HAUSSE-COL NOIR OU L'ALOUETTE DE VIRGINIE.[*]

Je rapproche cette alouette américaine de la cravate jaune, à laquelle elle
a beaucoup de rapport ; mais elle en diffère cependant par le climat, par la
grosseur et par quelques détails du plumage : elle passe quelquefois en
Allemagne [a] dans les temps de neige, et c'est par cette raison que M. Frisch
l'a appelée *alouette d'hiver ;* mais il ne faut pas la confondre avec le lulu, à
qui, selon Gessner [b], on pourrait donner le même nom, puisqu'il paraît dans
le temps où la terre est couverte de neige. M. Frisch nous dit qu'elle est peu
connue en Allemagne, et qu'on ne sait ni d'où elle vient ni où elle va.

On en a pris aussi quelquefois aux environs de Dantzick, avec d'autres
oiseaux, dans les mois d'avril et de décembre, et l'une d'elles a vécu plusieurs mois en cage. M. Klein présume qu'elles avaient été apportées par un

a. *The lark*, l'alouette. Catesby, pl. 32. — *Alauda hiemalis seu nivalis ;* en allemand, *die
schnee-lerche.* Frisch, t. I, cl. 2, div. 2, pl. II, n° 16. — *Alauda gutture flavo Virginiæ et
Carolinæ ;* en allemand, *gelbartige lerche.* Klein, *Ordo avium*, p. 164. — « Alauda supernè
« subfusca, infernè albo-flavicans ; gutture et collo inferiore luteis ; tænià utrimque longitu-
« dinali nigrà infra oculos ; tænià transversà lunulatà in summo pectore nigrà ; remigibus
« rectricibusque subfuscis .. » *Alauda Virginiana*, l'alouette de Virginie. Brisson, t. III,
p. 367. — « Alauda alpestris, rectricibus dimidio interiore albis ; gulà flavà ; fascià suboculari
« pectoralique nigrà... » Linnæus, *Syst. nat.*, édit. XIII, p. 289. — C'est vraisemblablement
l'alauda riparia minor torquata de Barrère. *France équinoxiale*, seconde partie, p. 122.

b. *De Avibus*, p. 795.

[*] *Alauda alpestris, alauda flava* et *alauda sibirica* (Gmel.). — Genre *Alouettes* (Cuv.).

coup de vent de l'Amérique septentrionale dans la Norwége ou dans les pays qui sont encore plus voisins du pôle, d'où elles avaient pu facilement passer dans des climats plus doux.

Il paraît d'ailleurs que ce sont des oiseaux de passage, car nous apprenons de Catesby qu'elles ne paraissent que l'hiver dans la Virginie et la Caroline, venant du nord de l'Amérique par grandes volées, et qu'au commencement du printemps elles retournent sur leurs pas. Pendant leur séjour, elles fréquentent les dunes et se nourrissent de l'avoine qui croît dans les sables.

Cette alouette est de la grosseur de la nôtre, et son chant est à peu près le même : elle a le dessus du corps brun, le bec noir, les yeux placés sur une bande jaune qui prend à la base du bec ; la gorge et le reste du cou de la même couleur, et ce jaune est en partie terminé de chaque côté par une bande noire qui, partant des coins de la bouche, passe sous les yeux et tombe jusqu'à la moitié du cou ; il est terminé au bas du cou par une espèce de collier ou hausse-col noir : la poitrine et tout le dessous du corps sont d'une couleur de paille foncée.

Longueur totale, six pouces et demi ; bec, sept lignes : le doigt et l'ongle postérieurs, encore plus longs que dans notre alouette ; queue, deux pouces et demi, un peu fourchue, composée de douze pennes : dépasse les ailes de dix à onze lignes.

III. — L'ALOUETTE AUX JOUES BRUNES DE PENSYLVANIE.[a] [*]

Voici encore une alouette de passage, et qui est commune aux deux continents, car M. Bartran, qui l'a envoyée à M. Edwards, lui a mandé qu'elle commençait à se montrer en Pensylvanie dans le mois de mars, qu'elle prenait sa route par le Nord, et qu'on n'en voyait plus à la fin de mai ; et, d'un autre côté, M. Edwards assure l'avoir trouvée dans les environs de Londres.

Cet oiseau est de la grosseur de la spipolette : il a le bec mince, pointu et de couleur foncée ; les yeux bruns, bordés d'une couleur plus claire, et situés dans une tache brune, de forme ovale, qui descend sur les joues, et qui est circonscrite par une zone en partie blanche, en partie d'un fauve vif. Tout le dessus du corps est d'un brun obscur, à l'exception des deux pennes extérieures de la queue, qui sont blanches ; le cou, la poitrine et

---

a. *The lark from Pensylvania.* Edwards, pl. 297. — « Alauda supernè obscurè fusca, infernè « fulvo-rufescens, maculis fuscis varia ; genis nigricantibus ; tæniâ utrimque supra oculos « rufescente ; rectrice extimâ albâ, proximè sequenti apice albâ... » *Alauda Pensylvanica*, l'alouette de Pensylvanie. Brisson, t. **VI**, supplément, p. 94. — *The red lark*, alouette rougeâtre, *British Zoology*, p. 94.

* *Alauda rubra* (Gmel.). — Age particulier de la *farlousane* ou *spipolette*, selon Vieillot.

tout le dessous du corps sont d'un fauve rougeâtre, moucheté de brun ; les
pieds et les ongles sont d'un brun foncé comme le bec ; l'ongle postérieur
est fort long, mais cependant un peu moins que dans l'alouette commune.
Enfin une singularité de cette espèce, c'est que l'aile étant repliée et dans
son repos, la troisième penne, en comptant depuis le corps, atteint l'extrémité des plus longues pennes : ce qui est, selon M. Edwards, le caractère
constant des lavandières ; et ce n'est pas le seul trait de ressemblance qui se
trouve entre ces deux espèces ; car nous avons déjà vu à la spipolette et à la
farlouse un mouvement de queue semblable à celui des lavandières, auxquelles on a donné trop exclusivement, comme on voit, le nom de *hoche-
queues*.

LA ROUSSELINE OU L'ALOUETTE DE MARAIS. [a][*]

Cette alouette, qui se trouve en Alsace, est d'une grosseur moyenne entre
l'alouette commune et la farlouse ; je l'appelle *rousseline*, parce que la couleur dominante de son plumage est un roux plus ou moins clair : elle a le
dessus de la tête et du corps varié de cette couleur et de brun ; les côtés de
la tête roussâtres, rayés de trois raies brunes presque parallèles, dont la
plus haute passe sous l'œil ; la gorge d'un roux très-clair ; la poitrine d'un
roux un peu plus foncé, et semé de petites taches brunes fort étroites ; le
ventre et les couvertures inférieures de la queue d'un roux clair ; les pennes
de la queue et des ailes noirâtres, bordées du même roux ; le bec et les
pieds jaunâtres.

Cette alouette fait entendre son chant dès le matin, comme plusieurs
autres espèces de ce genre, et son ramage est fort-agréable, selon Rzaczynski. Son nom d'alouette de marais indique assez qu'elle se tient près des
eaux ; on la voit souvent sur la grève, quelquefois elle niche sur les bords
de la Moselle, dans les environs de Metz où elle paraît tous les ans en octobre, et où l'on en prend alors quelques-unes.

M. Mauduit m'a parlé d'une alouette rousse qui avait les plumes du dessus du corps terminées de blanc, ainsi que les pennes latérales de la
queue : c'est probablement une variété dans l'espèce de la rousseline.

Longueur totale, six pouces un quart ; bec, huit lignes ; tarse, un pouce ;
doigt postérieur, quatre lignes ; son ongle, trois lignes et demie, un peu
courbé ; queue, deux pouces un quart : dépasse les ailes de dix-huit lignes.

a. An alauda pineti, coloris ravi, rubricosi de Rzaczynski ; en polonais, *skowronek borowy,
lercha ledwuchna?* Dans le pays Messin, *grande sinsignotte d'eau* ; ailleurs, *alouette d'eau,
grande farlouse des prés.*

* *Anthus campestris* (Bechst.). — *Alauda mosellana* (Lath.). — Sous-genre *Farlouses*
(Cuv.).

LA CEINTURE DE PRÊTRE OU L'ALOUETTE DE SIBÉRIE. [a] *

De tous les oiseaux à qui on a donné le nom d'alouette, c'est celui-ci qui a le plus beau plumage et le plus distingué; il a la gorge, le front et les côtés de la tête d'un joli jaune, relevé par une petite tache noire entre l'œil et le bec, laquelle se réunit à une autre tache plus grande, située immédiatement sous l'œil; la poitrine décorée d'une large ceinture noire; le reste du dessous du corps blanchâtre; les flancs un peu jaunâtres, variés par des taches plus foncées; le dessus de la tête et du corps, varié de roussâtre et de gris brun; les couvertures supérieures de la queue jaunâtres, les pennes noirâtres, bordées de gris, excepté les plus extérieures, qui le sont de blanc; les pennes des ailes grises, bordées finement d'une couleur plus noire; les couvertures supérieures du même gris, bordées de roussâtre; le bec et les pieds gris de plomb.

Cet oiseau a été envoyé de Sibérie, où il n'est point commun. Le voyageur Jean Wood parle de petits oiseaux semblables à l'alouette, vus dans la Nouvelle-Zemble [b]; on pourrait soupçonner que ces petits oiseaux sont de la même espèce que celui de cet article, puisque les uns et les autres se plaisent dans les climats septentrionaux : enfin je trouve dans le catalogue des oiseaux de Russie une *alauda tungustica aurita;* ce qui semble indiquer une alouette huppée du pays des Tonguses, voisins de la Sibérie. Il faut attendre les observations pour mettre ces oiseaux à leur place.

Longueur totale, cinq pouces trois quarts; bec, six à sept lignes; doigt postérieur, quatre lignes et demie; son ongle, cinq lignes et demie; queue, deux pouces, composée de douze pennes : dépasse les ailes d'un pouce.

OISEAUX ÉTRANGERS QUI ONT RAPPORT AUX ALOUETTES.

I. — LA VARIOLE. **

C'est M. Commerson qui nous a rapporté cette jolie petite alouette des pays qu'arrose la rivière de la Plata. Le nom de variole, que nous lui avons donné, a rapport à l'émail très-varié et très-agréable de son plumage : elle a en effet le dessus de la tête et du corps noirâtre, joliment varié de différentes teintes de roux, le devant du cou émaillé de même; la gorge et tout

a. Ne serait-ce pas le *thufu tytlinger* dont parle M. Muller avec incertitude dans sa *Zoologie danoise*, p. 29 ?

b. Voyez *Histoire générale des voyages*, t. XV, p. 167.

* Le même oiseau que l'*alouette à hausse-col noir*. — Voyez, ci-devant, la nomenclature de la page 479.

** *Alauda rufa* (Gmel.). — Sous-genre *Farlouses* (Cuv.).

le dessous du corps blanchâtre ; les pennes de la queue brunes, bordées, les huit intermédiaires de roux clair, et les deux paires extérieures de blanc ; les grandes pennes des ailes grises, et les moyennes brunes, toutes bordées de roussâtre ; le bec brun, échancré près de la pointe ; les pieds jaunâtres.

Longueur totale, cinq pouces un quart ; bec, huit lignes ; tarse, sept ou huit lignes ; doigt postérieur, trois lignes ; son ongle, quatre lignes ; queue, vingt lignes, un peu fourchue, composée de douze pennes : dépasse les ailes d'un pouce.

II. — LA CENDRILLE. *

J'ai vu le dessin d'une alouette du cap de Bonne-Espérance, ayant la gorge et tout le dessous du corps blanc, le dessus de la tête roux, et cette espèce de calotte bordée de blanc depuis la base du bec jusqu'au delà des yeux ; de chaque côté du cou, une tache rousse bordée de noir par en haut ; la partie supérieure du cou et du corps cendrée ; les couvertures supérieures des ailes et leurs pennes moyennes grises ; les grandes, noires, ainsi que les pennes de la queue.

Longueur totale, cinq pouces ; bec, huit lignes ; ongle du doigt postérieur droit et pointu, égal à ce doigt ; queue, dix-huit à vingt lignes, dépassant les ailes de neuf lignes.

Y aurait-il quelque rapport entre la cendrille et cette alouette cendrée que l'on voit en grand nombre, selon M. Shaw, aux environs de Biserte, qui est l'ancienne Utique ? Toutes deux sont d'Afrique, mais il y a loin des côtes de la Méditerranée au cap de Bonne-Espérance, et d'ailleurs l'alouette cendrée de Biserte n'est pas assez connue pour qu'on puisse la rapporter à sa véritable espèce : peut-être faudra-t-il la rapprocher de la grisette du Sénégal.

III. — LE SIRLI DU CAP DE BONNE-ESPÉRANCE. [a] **

Si cet oiseau semble s'éloigner du genre des alouettes par la courbure de son bec, il s'en rapproche beaucoup par la longueur de son éperon, c'est-à-dire de son ongle postérieur.

Il a toute la partie supérieure variée de brun plus ou moins foncé, de roux plus ou moins clair et de blanc ; les couvertures des ailes, leurs pennes

---

a. C'est une espèce nouvelle qui a été envoyée au Cabinet du Roi par M. de Rosenevez, et qui ne ressemble que par le nom au shirlée de M. Edwards, planche 342, lequel est un troupiale. Voyez ci-dessus, pages 28 et 311.

* *Alauda cinerea* (Gmel.).

** *Alauda africana* (Gmel.). — Genre *Alouettes* (Cuv.).

et celles de la queue brunes, bordées de blanchâtre, quelques-unes ayant une double bordure, l'une blanchâtre, et l'autre roussâtre ; toute la partie inférieure du corps blanchâtre, semée de taches noirâtres ; le bec noir et les pieds bruns.

Longueur totale huit pouces, bec un pouce, tarse treize lignes, doigt postérieur quatre lignes, l'ongle de ce doigt sept lignes, droit et pointu, queue environ deux pouces et demi, composée de douze pennes, dépasse les ailes de dix-huit lignes.

LE COCHEVIS OU LA GROSSE ALOUETTE HUPPÉE.[a][*]

Cette alouette a été nommée *Cochevis*, parce qu'on a regardé l'aigrette de plumes dont sa tête est surmontée, comme une espèce de crête, et con-

a. Κορυδαλὸς λόφον ἔχουσα ; *galerita*, *cristata*, *terrena* ; Aristote, *Hist. animal.*, lib. ix, cap. 25. — *Galeritus* (et non *galericus* comme dit Gessner). Varron. *Ling. lat.*, lib. iv. — *Galerita, gallico vocabulo alauda*. Pline, lib. xi, cap. 37. — *Alauda cristata, seu terrena, cassita, galerita* ; en grec, Κορυδαλὸς, κόρυδος ; cochevis. Belon, *Nature des oiseaux*, p. 267. *Alauda cristata, alauda pileata sylvatici ; forté gosturdus, guzardus ;* à Damas, *canaberi, alcanabir ;* ailleurs, *kambrah, alcubigi, geceid ;* en italien, *lodola capelluta, chipelina, covarella, ciperina ;* en allemand, *lerche, hauben-lerche, wæglerche* (alouette des chemins) ; en anglais, *lark.* Gessner, *Aves*, p. 79. — *Alauda cristata ;* en italien, *capelluta, capellina.* Aldrovande, *Ornithol.*, p. 841. — *Lodola capelluta ;* en latin, *galerita.* Olina, *Uccelleria*, fol. 13. — *Alauda cristata major.* Jonston, *Av.*, p. 70. — En anglais, *the crested lark ;* en allemand, *kommanick.* Willughby, *Ornithol.*, p. 161, § vii. — *The greater crested lark.* Ray, *Synops.*, p. 69, sp. 4. — Sibbalde, *Atlas Scot.*, part. ii, lib. iii, cap. iv, p. 17. — *Alauda capellata, alauda viarum ;* en allemand, *kobellerche, koth-lerche, luerle...* Schwenckfeld, *Av. Siles.*, p. 192, sp. 2. — En polonais, *dzierlatka.* Rzaczynski, *Auct. Polon.*, p. 354, nº v. — *Alauda capitata, cristata, viarum ;* en allemand, *kobel-koth-wegehœubel-lerche.* Klein, *Ordo avium*, p. 71, sp. 3. — *Alauda sylvestris galerita*, en allemand, *heide-lerche, baum-lerche, holz-lerche.* Frisch, t. I, class. 2, div. 2, pl. i, nº 15. — *Alauda galerita, cristata, cassita ;* en anglais, *the crested lark, cotswold-lark ;* en grec, Κορυδός. Charleton, *Aves*, p. 88. — *The crested-lark*, alouette huppée. Albin, t. III, nº 52. — « Alauda cristata rectricibus nigris, « extimis duabus margine exteriori albis, capite cristato. » Linnæus, *Syst. nat.*, édit. XIII, p. 288, sp. 6. — Muller, *Zoologiæ Dan. prodromus*, p. 29 ; en danois, *top laerke, vei-laerke.* — *Alauda cristá dependente ;* en autrichien, *koth-lerche, schopf-lerche.* Cramer, *Elench. Austr. inf.*, p. 362. — Cocheviz, c'est-à-dire, *visage de coq*, selon Ménage, parce que le cochevis ressemble un peu au coq par sa crête ; en Berry, *alouette crétée ;* en Sologne, *alouette duppée* (pour alouette huppée) ; en Beauce, *alouette cornue* ou *de chemin ; galerite*, selon Cotgrave ; ailleurs, *alouette de Brie, d'arbres, de vignes, grosse alouette ;* dans le Périgord, *verdauge ;* en Provence et dans l'Orléanais, *calandre.* Voyez Salerne, *Hist. nat. des oiseaux*, p. 194. — « Alauda cristata, supernè grisea, paululùm ad rufescentem inclinans, pennis in medio obscu- « rioribus, infernè albo-rufescens ; collo inferiore maculis saturatè fuscis insignito ; tæniá supra « oculos albo-rufescente ; rectrice extimá in utroque latere, proximè sequenti in latere exte- « riore, fulvis... » *Alauda cristata*, l'alouette huppée ou le cochevis. Brisson, t. III, p. 357. — On a pu remarquer que le cochevis a plusieurs noms communs avec l'alouette ordinaire, et l'on n'en sera pas surpris si l'on se rappelle ce que j'ai dit, que le mâle de cette dernière espèce sait aussi se faire une huppe en relevant les plumes de sa tête.

* *Alauda cristata* (Linn.). — Genre *Alouettes* (Cuv.).

séquemment comme un trait de ressemblance avec le coq. Cette crête, ou plutôt cette huppe, est composée de quatre plumes de principale grandeur, suivant Belon, de quatre ou six, suivant Olina, et d'un plus grand nombre, selon d'autres, qui le portent jusqu'à douze [a]. On ne s'accorde pas plus sur la situation et le jeu de ces plumes que sur leur nombre ; elles sont toujours relevées, selon les uns [b], et selon d'autres l'oiseau peut les élever ou les abaisser, les étendre ou les resserrer à son gré [c], soit que cette différence dépende du climat, comme l'insinue Turner, ou de la saison, ou du sexe, ou de quelque autre circonstance. C'est une preuve de plus, ajoutée à mille autres, qu'il est difficile de se former une idée complète de l'espèce d'après l'examen, même attentif, d'un petit nombre d'individus.

Le cochevis est un oiseau peu farouche, dit Belon, qui se réjouit à la vue de l'homme, et se met à chanter lorsqu'il le voit approcher ; il se tient dans les champs et les prairies sur les revers des fossés et sur la crête des sillons ; on le voit fort souvent au bord des eaux et sur les grands chemins, où il cherche sa nourriture dans le crottin de cheval, surtout pendant l'hiver. M. Frisch dit qu'on le rencontre aussi à l'entrée des bois, perché sur un arbre [d] ; mais cela est rare, et il est encore plus rare qu'il s'enfonce dans les grandes forêts ; il se pose quelquefois sur les toits, les murs de clôture, etc.

Cette alouette, sans être aussi commune que l'alouette ordinaire, est cependant répandue assez généralement dans l'Europe, si ce n'est dans la partie septentrionale. On en trouve en Italie, suivant Olina ; en France, suivant Belon ; en Allemagne, selon Willughby ; en Pologne, selon Rzaczynski ; en Écosse, selon Sibbald ; mais je doute qu'il y en ait en Suède, vu que M. Linnæus n'en a point fait mention dans sa *Fauna Suecica*.

Le cochevis ne change pas de demeure pendant l'hiver [e] ; mais Belon ne devait point pour cela soupçonner une faute dans le texte d'Aristote, car ce texte ne dit point que le cochevis quitte le pays ; il dit seulement qu'il se cache pendant l'hiver [f], et c'est un fait qu'on en voit moins dans cette saison que pendant l'été.

Le chant des mâles est fort élevé, et cependant si agréable et si doux, qu'un malade le souffrirait dans sa chambre [g] ; pour en pouvoir jouir à toute heure, on les tient en cage ; ils l'accompagnent ordinairement du trémoussement de leurs ailes ; ils sont les premiers à annoncer chaque année le retour du printemps, et chaque jour le lever de l'aurore, surtout quand le

a. Willughby, *Ornithol.*, p. 151.
b. Turner, apud Gessner. *de Avibus*, p. 79.
c. Willughby, p. 151. Brisson, *Ornithol.*, t. III, p. 358.
d. Frisch, à l'endroit cité.
e. Belon, à l'endroit cité.
f. Φωλεῖ γὰρ... καὶ κόρυδος. *Hist. animalium*, lib. viii, cap. xvi.
g. Voyez le *Traité du serin*, p. 43.

ciel est serein, et même alors ils gazouillent quelquefois pendant la nuit [a], car c'est le beau temps qui est l'âme de leur chant et de leur gaieté; au contraire, un temps pluvieux et sombre leur inspire la tristesse et les rend muets; ils continuent ordinairement de chanter jusqu'à la fin de septembre. Au reste, comme ces oiseaux s'accoutument difficilement à la captivité et qu'ils vivent fort peu de temps en cage [b], il est à propos de leur donner tous les ans la volée sur la fin de juin, qui est le temps où ils cessent de chanter, sauf à en reprendre d'autres au printemps suivant, ou bien on peut encore conserver le ramage en perdant l'oiseau : il ne faut pour cela que tenir quelque temps auprès d'eux une jeune alouette ordinaire ou un jeune serin, qui s'approprieront leur chant à force de l'entendre [c].

Outre la prérogative de mieux chanter, qui distingue le mâle de la femelle, il s'en distingue encore par un bec plus fort, une tête plus grosse, et parce qu'il a plus de noir sur la poitrine [d]. Sa manière de chercher sa femelle et de la féconder est la même que celle du mâle de l'espèce ordinaire, excepté qu'il décrit dans son vol un plus grand cercle, par la raison que l'espèce est moins nombreuse.

La femelle fait son nid comme l'alouette commune, mais le plus souvent dans le voisinage des grands chemins; elle pond quatre ou cinq œufs qu'elle couve assez négligemment, et l'on prétend qu'il ne faut en effet qu'une chaleur fort médiocre, jointe à celle du soleil, pour les faire éclore [e], mais les petits ont-ils percé leur coque et commencent-ils à implorer son secours par leurs cris répétés, c'est alors qu'elle se montre véritablement leur mère, et qu'elle se charge de pourvoir à leurs besoins jusqu'à ce qu'ils soient en état de prendre leur volée.

M. Frisch dit qu'elle fait deux pontes par an, et qu'elle établit son nid, par préférence, sous les genévriers; mais cela doit s'entendre principalement du pays où l'observation a été faite.

La première éducation des petits réussit d'abord fort aisément; mais dans la suite elle devient toujours plus difficile, et il est rare, comme je l'ai dit d'après M. Frisch, qu'on puisse les conserver en cage une année entière, même en leur donnant la nourriture qui leur convient le mieux, c'est-à-dire

a. Frisch, à l'endroit cité.

b. Albert prétend avoir observé que lorsque ces oiseaux restent longtemps en cage, ils deviennent borgnes à la fin, et que cela arrive au bout de neuf années (*apud Gessner.*, p. 81). Mais Aldrovande remarque que ceux qu'on élève à Boulogne vivent à peine neuf ans, et qu'ils ne deviennent ni aveugles ni borgnes avant de mourir (*Ornithol.*, t. II, p. 834). On voit à travers cette contrariété d'avis, qu'il y a une manière de gouverner le chochevis en cage pour le faire vivre plusieurs années, et peut-être pour lui conserver la vue, manière que M. Frisch ignorait sans doute.

c. Frisch, *ibidem*.

d. Olina, *Uccelleria*, p. 13.

e. Comme ces nids sont à terre, il peut se faire que quelque personne ignorante et crédule ait vu un crapaud auprès, et même sur les œufs, et de là la fable que le cochevis et quelques autres espèces d'alouettes laissent aux crapauds le soin de couver leurs œufs.

les œufs de fourmis, le cœur de bœuf ou de mouton haché menu, le chènevis écrasé, le millet; il faut avoir grande attention, en leur donnant à manger et en leur introduisant les petites boulettes dans le gosier, de ne pas leur renverser la langue, ce qui pourrait les faire périr.

L'automne est la bonne saison pour tendre des piéges à ces oiseaux; on les prend alors en grand nombre et en bonne chair à l'entrée des bois. M. Frisch remarque qu'ils suivent l'appeau, ce que ne font pas les alouettes communes; voici d'autres différences : le cochevis ne vole point en troupes; son plumage est moins varié et a plus de blanc; il a le bec plus long, la queue et les ailes plus courtes; il s'élève moins en l'air; il est plus le jouet des vents, et reste moins de temps sans se poser : dans tout le reste les deux espèces sont semblables, même dans la durée de leur vie, je veux dire de leur vie sauvage et libre.

Il semblerait, d'après ce que j'ai rapporté des mœurs de l'alouette huppée, qu'elle a le naturel plus indépendant, plus éloigné de la domesticité que les autres alouettes, puisque, malgré son inclination prétendue pour l'homme, elle ne connaît point d'équivalent à la liberté, et qu'elle ne peut vivre longtemps dans la prison la plus douce et la plus commode; on dirait même qu'elle ne vit solitaire que pour ne point se soumettre aux assujettissements inséparables de la vie sociale; cependant il est certain qu'elle a une singulière aptitude pour apprendre en peu de temps à chanter un air qu'on lui aura montré [a], qu'elle peut même en apprendre plusieurs et les répéter sans les brouiller et sans les mêler avec son ramage qu'elle semble oublier parfaitement [b].

L'individu observé par Willughby avait la langue large, un peu fourchue, les cœcums très-courts, et le fiel d'un vert obscur et bleuâtre, ce que ce naturaliste attribue à quelque cause accidentelle.

Aldrovande donne la figure d'un cochevis fort âgé, dont le bec était blanc autour de sa base; le dos cendré; le dessous du corps blanchâtre, et la poitrine aussi, mais pointillée de brun; les ailes presque toutes blanches et la queue noire [c]. Il ne faut pas manquer l'occasion de reconnaître les effets de la vieillesse dans les animaux, surtout dans ceux qui nous sont utiles et auxquels nous ne donnons guère le temps de vieillir. D'ailleurs cette espèce a bien d'autres ennemis que l'homme; les plus petits oiseaux carnassiers lui donnent la chasse, et Albert en a vu dévorer un par un corbeau [d]; aussi la

a. Il n'y a peut-être que le cochevis qui apprenne au bout d'un mois; il répète l'air qu'on lui a montré, même en dormant et la tête sous l'aile; mais sa voix est très-faib e. *Ædonologie,* p. 92, édition de 1773.

b. Le cochevis peut apprendre plusieurs airs parfaitement, ce que le serin ne fait pas... Outre cela, il ne retient rien de son chant naturel,... ce qu'on ne peut ôter au serin. *Traité du serin de Canarie,* p. 43, édition de 1707.

c. Aldrovande, *Ornithol.,* t. II, p. 842.

d. Gessner, *de Avibus,* p. 81.

présence d'un oiseau de proie l'effraie au point de venir se mettre à la merci
de l'oiseleur, qui lui semble moins à craindre, ou de rester immobile dans
un sillon jusqu'à se laisser prendre à la main.

Longueur totale six pouces trois quarts, bec huit à neuf lignes, doigt postérieur avec l'ongle, le plus long de tous, neuf à dix lignes, vol dix à onze
pouces, queue deux pouces un quart, composée de douze pennes, dépasse
les ailes d'environ treize lignes.

LE LULU OU LA PETITE ALOUETTE HUPPÉE. [a] *

Cette alouette, que je nomme *lulu* d'après son chant [b], ne diffère pas seulement du cochevis par sa taille, qui est beaucoup plus petite, par la couleur
de son plumage qui est moins sombre, par celle de ses pieds qui sont rougeâtres; par son chant ou plutôt par son cri désagréable qu'elle ne fait
jamais entendre qu'en volant, selon l'observation d'Aldrovande; enfin, par
l'habitude qu'elle a de contrefaire ridiculement les autres oiseaux [c], mais
encore par le fond de l'instinct, car on la voit courir par troupes dans les
champs [d], au lieu que le cochevis va seul, comme je l'ai remarqué; elle en
diffère même dans le trait principal de sa ressemblance avec lui, car les
plumes qui composent sa huppe sont plus longues à proportion [e].

On trouve le lulu en Italie, en Autriche, en Pologne, en Silésie [f], et
même dans les contrées septentrionales de l'Angleterre, telles que la province d'York [g]; mais son nom ne paraît pas dans la liste des oiseaux qui
habitent la Suède [h].

a. Aliud galeritœ genus; en Allemagne, *coper;* en Suisse, *kobel-lerch, stein-lerch, baum-
lerch;* en anglais, *wood-lerck.* Gessner, *Av.,* p. 80. — *Alauda cristata minor;* en italien,
lodola campagnola... Aldrovande, *Ornithol.,* t. II, p. 846. — Jonston, p. 70. — Willughby,
Ornithol., p. 152, § viii. — Ray, *Synops.,* p. 69; en anglais, *the lesser crested lark.* —
British Zoology, p. 95. — *Alauda arborea, fera, sylvatica; calandra nonnii;* en grec,
Κορυδὼν, ἀγέλαστος, ἀνώνυμος; en allemand, *heide-lerche, mittel-lerche...* Schwenckfeld, *Av.
Siles.,* p. 193. — Rzaczynski, *Auctuar. Polon.,* p. 354. — « Alauda cristata, supernè subfusca,
« infernè albicans; cristâ longiore; remigibus rectricibusque subfuscis; pedibus subrubris... »
Alauda cristata minor, la petite alouette huppée. Brisson, t. III, p. 361.

b. « Nostri vocem illius... esse aiunt tamquam *lu lu lu* sæpius repetitum. » Gessner, *de Avibus,*
pag. 80.

c. « Colonienses aucupes copetam affirmant... ineptè aliarum avium voces referre. » Gessner,
de Avibus, p. 80.

d. Aldrovande, *Ornithol.,* p. 847.

e. Idem, ibidem.

f. Schwenckfeld et Rzaczynski le mettent au nombre des oiseaux de Silésie et de Pologne;
mais l'un et l'autre n'ont fait que copier Aldrovande.

g. Johnson dans l'*Ornithologie* de Willughby, à l'endroit cité. Bolton, dans la *Zoologie Britannique,* p. 95.

h. Par exemple, dans la *Fauna Suecica.*

* *Alauda arborea* et *alauda nemorosa* (Gmel.). — Le même oiseau que le *cujelier,* suivant
Cuvier.

Il se tient ordinairement dans des endroits fourrés, dans les bruyères et même dans les bois, d'où lui est venu le nom allemand *wald-lerche ;* c'est là qu'il fait son nid, et presque jamais dans les blés.

Lorsque le froid est rude, et surtout lorsque la terre est couverte de neige, il se réfugie sur les fumiers et s'approche des granges pour y trouver à vivre : il fréquente aussi les grands chemins, et sans doute par la même raison.

Suivant Longolius, c'est un oiseau de passage qui reste en Allemagne tout l'hiver, et qui s'en va autour de l'équinoxe [a].

Gessner fait mention d'une autre alouette huppée, dont il n'avait vu que le portrait, et qui ne différait de la précédente que par quelque variété de plumage, où l'on voyait plus de blanc autour des yeux et du cou, et sous le ventre [b]; mais ce pouvait être un effet de la vieillesse, comme nous en avons vu un exemple à l'article du cochevis, ou de quelque autre cause particulière; et il n'y a certainement pas là de quoi établir une autre espèce, ni même une variété : aussi son nom allemand est-il tout à fait ressemblant à celui que les Anglais donnent au cochevis.

Je dois remarquer que l'éperon ou l'ongle postérieur n'a pas, dans la figure de Gessner, la longueur qu'il a communément dans les alouettes.

LA COQUILLADE. *

C'est une espèce nouvelle que M. Guys nous a envoyée de Provence : je la rapproche du cochevis parce qu'elle a sur la tête une petite huppe couchée en arrière, et que sans doute elle sait relever dans l'occasion ; elle est proprement l'oiseau du matin, car elle commence à chanter dès la pointe du jour, et semble donner le ton aux autres oiseaux. Le mâle ne quitte point sa femelle, selon le même M. Guys, et tandis que l'un des deux cherche sa nourriture, c'est-à-dire des insectes, tels que chenilles et sauterelles, et même des limaçons, l'autre a l'œil au guet et avertit son camarade des dangers qui menacent.

La coquillade a la gorge et tout le dessous du corps blanchâtre, avec de petites taches noirâtres sur le cou et sur la poitrine; les plumes de la huppe noires, bordées de blanc; le dessus de la tête et du corps varié de noirâtre et de roux clair; les grandes couvertures des ailes terminées de blanc; les pennes de la queue et des ailes brunes, bordées de roux clair, excepté quel-

---

a. Voyez Aldrovande , à l'endroit cité.

b. Alauda cristata albicans ; en allemand , *wald-lerche.* Gessner, *Av.,* p. 80. — Barrère , *Specim. nov.,* p. 40; en catalan , *cugullada :* il est probable que cet oiseau est le même que l'*alauda cristata cinerea* du même auteur, et qui se nomme en catalan *coturliou.*

* *Alauda undata* (Gmel.). — Genre *Alouettes* (Cuv.).

ques pennes des ailes qui sont bordées ou terminées de blanc; le bec brun dessus, blanchâtre dessous; les pieds jaunâtres.

Longueur totale six pouces trois quarts, bec onze lignes, assez fort; tarse dix lignes, doigt postérieur neuf à dix lignes, ongle compris; cet ongle six lignes; queue deux pouces, dépassant les ailes de sept à huit lignes.

M. Sonnerat a rapporté du cap de Bonne-Espérance une alouette fort ressemblante à celle-ci, soit par sa grosseur et ses proportions, soit par son plumage; elle n'en diffère qu'en ce qu'elle n'a point de huppe; que la couleur du dessous du corps est plus jaunâtre, et que parmi les pennes de la queue et des ailes il n'y en a aucune qui soit bordée de blanc; mais ces différences sont trop petites pour constituer une variété dans cette espèce; c'était peut-être une femelle ou un jeune oiseau de l'année.

Dans le *Voyage au Levant* de M. F. Hasselquist, il est fait mention (t. II, p. 30) de l'alouette d'Espagne, que ce naturaliste vit dans la Méditerranée au moment où elle quittait le rivage; mais il n'en dit rien de plus, et je ne trouve dans les auteurs aucune espèce d'alouette qui ait été désignée sous ce nom.

OISEAU ÉTRANGER QUI A RAPPORT AU COCHEVIS.

LA GRISETTE OU LE COCHEVIS DU SÉNÉGAL. [a][*]

On doit à M. Brisson presque tout ce que l'on sait de ce cochevis étranger; il a l'attribut caractéristique des cochevis, c'est-à-dire une espèce de huppe composée de plumes plus longues que celles qui couvrent le reste de la tête; la grosseur de l'oiseau est à peu près celle de l'alouette commune; il appartient à l'Afrique et se perche sur les arbres qui se trouvent aux bords du Niger; on le voit aussi dans l'île du Sénégal : il a le dessus du corps varié de gris et de brun; les couvertures supérieures de la queue d'un gris roussâtre; le dessous du corps blanchâtre, avec de petites taches brunes sur le cou; les pennes de l'aile gris brun, bordées de gris; les deux intermédiaires de la queue grises; les latérales brunes, excepté la plus extérieure, qui est d'un blanc roussâtre, et la suivante, qui est bordée de cette même couleur; le bec couleur de corne; les pieds et les ongles gris.

J'ai vu une femelle dont la huppe était couchée en arrière comme celle du mâle, et variée, ainsi que la tête et le dessus du corps, de traits bruns

---

a. « Alauda cristata, supernè fusco et grisco varia, infernè albicans : collo inferiore maculis « fuscis insignito; remigibus interiùs in exortu rufescentibus; rectricibus binis utrimque exti- « mis exteriùs albo-rufescentibus... » *Alauda Senegalensis cristata*, l'alouette huppée du Sénégal. Brisson, t. III, p. 362.

[*] *Alauda senegalensis* (Gmel.).

sur un fond roussâtre ; le reste du plumage était conforme à la description précédente. Cette femelle avait le bec plus long et la queue plus courte.

Longueur totale six pouces et demi, bec neuf lignes et demie, vol onze pouces, doigt postérieur, ongle compris, égal au doigt du milieu ; queue deux pouces deux lignes, un peu fourchue, composée de douze pennes, dépasse les ailes de six à sept lignes.

LE ROSSIGNOL. [a] *

Il n'est point d'homme bien organisé [b] à qui ce nom ne rappelle quelqu'une de ces belles nuits de printemps où le ciel étant serein, l'air calme,

a. Ἀηδών *Luscinia.* Aristote , *Hist. animal.*, lib. iv, cap. ix ; lib. v, cap. ix ; et lib. ix, cap. xv et xlix. — Ælien, *Nat. animal.*, lib. i , cap. xlii ; lib. v, cap. xxxviii ; et lib. xii , cap. xxviii. — *Luscinia.* Pline, *Nat. hist.*, lib. x , cap. xxix et xlii. Nos étymologistes font venir *luscinia* de *luscus*, louche ; mais malheureusement le rossignol n'est point louche : d'autres le tirent *a luce*, parce qu'il annonce, dit-on , le retour de la lumière, et il l'annonce en effet tant que la nuit dure. — « Luscinia ; lusciola, quòd luctuosè canat. » Varron, *de Ling. Lat.*, lib. iv. Il me semble que *lusciola* ainsi que *rusignuolo*, *rossignol*, etc., ont plus de rapport avec *lusciniola*, qu'avec *luctuosé*, qui d'ailleurs n'exprime nullement le caractère du chant du rossignol. — Rossignol , pour ce qu'il est roux : celui qui fait constamment sa résidence dans les forêts s'appelle au Mans *rossignol ramage* ; en grec, *aidon* ; en latin, *philomela*, *luscinia*, *lucinia* (*a luco ubi canere solet*) ; *lusciola Varronis* (d'autres appliquent ce dernier nom à la huppe). Belon , *Nat. des oiseaux*, p. 335 ; en grec moderne, *adoni*, *aidoni.* Belon, *Observ.*, fol. 12. On donne ces noms à une espèce de merle solitaire, selon Dapper, *Hist. des îles de l'Archipel*, p. 460. — *Luscinia*, *Philomela* (*non Philomena*); *daulia cornix* ; en hébreu, peut-être, *trachmas* ; en arabe, *enondon*, *audon* (par corruption du mot grec, Ἀηδών, dont on a fait aussi Ἀεηδών), *odorbrion* ; en allemand, *nacht-gall* ; en anglais, *nyghtyngall* ; en illyrien, *slawick* ; en ital en , *rossignuolo*, *uscigniuolo...* en hiver, *unisono*, suivant quelques-uns (Aldrovande , Italien , dit que ce nom d'hiver lui est inconnu) ; en espagnol, *ruissennor* ; en français , *roussignol.* Gessner, *Aves*, p. 592. — *Luscinia*, *lusciniola*, *atthis*, *atthicora*, *volucris attica*, *daulius ales* , *pandiona avis* , suivant quelques-uns *acredula*, Ὀλολυγών ; *tardilingua* dans les poëtes, selon saint Chrysostome, sans doute, parce que selon la fable, Philomèle a eu la langue coupée ; en espagnol, *ruissenol* ; en hollandais, *nachtegael* ; en arabe, *ranan.* Ἀιδονίς, Ἀδονίς, le petit du premier âge, le rossignolet. Aldrovande, *Ornithologie*, t. II, p. 773. — *Luscinia*, *rusignuolo* , *usignuolo*, *rossignuolo*, *dal color rossigno*, *luscinia philumena* dans une inscription. Olina , *Uccelleria*, fol. 1. — *Luscinia* , *lusciniola.* Jonston , *Aves*, p. 88. — Möhering, *Av. genera*, p. 44. — *Luscinia montana*, *ales pandionia* ; en anglais, *the nightingale*, *the lesser nightingale.* Charleton. *Exercit. canor. classis*, p. 98. — *Luscinia seu Philomela* ; en anglais, *the nightingale.* Willughby, *Ornithol.*, p. 161, cap. ix. — Ray, *Synops. av.*, p. 78. — Sibbald, *Atl. Scot.*, lib. iii, part. ii, p. 18. — *Luscinia minor*, *montana* ; en allemand, *kleine nachtigal* ; parmi les oiseleurs, *doerling.* Rzaczynski, *Auctuar. Polon.*, p. 391. *Ædon*, *acredula*, idem. *Hist. nat. Polon.*, p. 286. — *Motacilla rufo-cinerea*, *armillis*, *seu genuum annulis cinereis* ; en suédois, *naecktergahl.* Linnæus, *Fauna Suecica*, nᵒ 214. *Syst. nat.*, édit. XIII , p. 328, nᵒ 114. — En danois, *nattergal.* Muller, *Zoologiæ Dan. prodrom.*,

b. Je dis bien organisé ; car on a vu des hommes qui avaient de l'antipathie pour le chant des rossignols, et s'acharnaient à les détruire, pour entendre à leur aise le croassement des grenouilles.

* *Motacilla luscinia* (Linn.). — Ordre *id.*, genre *Becs-Fins*, sous-genre *Fauvettes* (Cuv.).

toute la nature en silence, et pour ainsi dire attentive, il a écouté avec ravissement le ramage de ce chantre des forêts. On pourrait citer quelques autres oiseaux chanteurs, dont la voix le dispute à certains égards à celle du rossignol : les alouettes, le serin, le pinson, les fauvettes, la linotte, le chardonneret, le merle commun, le merle solitaire, le moqueur d'Amérique, se font écouter avec plaisir[a] lorsque le rossignol se tait : les uns ont d'aussi beaux sons, les autres ont le timbre aussi pur et plus doux ; d'autres ont des tours de gosier aussi flatteurs ; mais il n'en est pas un seul que le rossignol n'efface par la réunion complète de ces talents divers ; et par la prodigieuse variété de son ramage ; en sorte que la chanson de chacun de ces oiseaux, prise dans toute son étendue, n'est qu'un couplet de celle du rossignol : le rossignol charme toujours et ne se répète jamais, du moins jamais servilement ; s'il redit quelque passage, ce passage est animé d'un accent nouveau, embelli par de nouveaux agréments ; il réussit dans tous les genres ; il rend toutes les expressions, il saisit tous les caractères, et de plus il sait en augmenter l'effet par les contrastes. Ce coryphée du printemps se prépare-t-il à chanter l'hymne de la nature, il commence par un prélude timide, par des tons faibles, presque indécis, comme s'il voulait essayer son instrument et intéresser ceux qui l'écoutent[b] ; mais ensuite prenant de l'assurance, il s'anime par degrés, il s'échauffe, et bientôt il déploie dans leur plénitude toutes les ressources de son incomparable organe : coups de gosier éclatants, batteries vives et légères ; fusées de chant, où la netteté est égale à la volubilité ; murmure intérieur et sourd qui n'est point appréciable à

pag. 32, n° 265. — En autrichien, *au-vogel, auen-nachtigal.* Kramer, *Elench. Austr. inf.*, p. 375. — *Luscina ficedula tota fulva, canora ;* en catalan, *rossinyol.* Barrère, *Specim. nov*, p. 42, g. 18, sp. 5. — En allemand, *roth-vogel.* Frisch, t. I, class. 2, div. 5, pl. i, n° 21. — En allemand, *doerling, tagschlaeger, wedel schwantz.* Klein, *Ordo avium*, p. 73. — *The nightingale* (chantre de nuit), du mot anglais *night* (nuit), et du saxon, *galan* (chanter). *British Zoology*, p. 100. — Le rossignol franc, rossignol chanteur, rossignol des bois ; en Provence, *roussignol* ou *roussigneau ;* la femelle, *roussignolette*, le jeune, *rossignolet.* Salerne, *Hist. nat. des oiseaux*, p. 230.

a. J'ai eu occasion, dit M. Daines Barrington, d'entendre un moqueur d'Amérique qui chantait parfaitement... Dans l'espace d'une minute il imitait le cujelier, le pinson, le merle, la grive et le moineau ; on me dit même qu'il aboyait comme un chien ; en sorte que cet oiseau parait porté à imiter tout sans discernement et sans choix : cependant il faut avouer que le timbre de sa voix approche plus du timbre de la voix du rossignol que celui d'aucun autre oiseau que j'aie entendu. A l'égard du chant naturel de cet oiseau, le voyageur Kalm prétend qu'il est admirable (t. I, p. 219) ; mais ce voyageur n'a pas fait en Amérique un séjour assez long pour connaitre exactement ce chant naturel, et à mon avis les imitateurs ne réussissent jamais bien que dans l'imitation. Je ne nierais pas cependant que le chant propre du moqueur pût égaler celui du rossignol, mais on conviendra que l'attention qu'il donne à toutes sortes de chants étrangers, à toutes sortes de bruits, même désagréables, ne peut qu'altérer et gâter son ramage naturel. Voyez *Transactions philosophiques*, vol. LXIII, part. ii.

b. J'ai souvent remarqué, dit M. Barrington, que mon rossignol, qui était un excellent chanteur, commençait sa chanson par des tons radoucis, comme avaient coutume de faire les anciens orateurs, et qu'il ménageait ses poumons pour renforcer sa voix à propos, et avec tout l'art des gradations.

l'oreille, mais très-propre à augmenter l'éclat des tons appréciables; roulades précipitées, brillantes et rapides, articulées avec force et même avec une dureté de bon goût; accents plaintifs cadencés avec mollesse; sons filés sans art, mais enflés avec âme; sons enchanteurs et pénétrants; vrais soupirs d'amour et de volupté qui semblent sortir du cœur et font palpiter tous les cœurs, qui causent à tout ce qui est sensible une émotion si douce, une langueur si touchante : c'est dans ces tons passionnés que l'on reconnaît le langage du sentiment qu'un époux heureux adresse à une compagne chérie, et qu'elle seule peut lui inspirer; tandis que dans d'autres phrases plus étonnantes peut-être, mais moins expressives, on reconnaît le simple projet de l'amuser et de lui plaire, ou bien de disputer devant elle le prix du chant à des rivaux jaloux de sa gloire et de son bonheur.

Ces différentes phrases sont entremêlées de silences [a], de ces silences qui dans tout genre de mélodies concourent si puissamment aux grands effets; on jouit des beaux sons que l'on vient d'entendre et qui retentissent encore dans l'oreille; on en jouit mieux parce que la jouissance est plus intime, plus recueillie, et n'est point troublée par des sensations nouvelles; bientôt on attend, on désire une autre reprise : on espère que ce sera celle qui plaît; si l'on est trompé, la beauté du morceau que l'on entend ne permet pas de regretter celui qui n'est que différé, et l'on conserve l'intérêt de l'espérance pour les reprises qui suivront. Au reste, une des raisons pourquoi le chant du rossignol est plus remarqué et produit plus d'effet, c'est, comme dit très-bien M. Barrington, parce que chantant la nuit, qui est le temps le plus favorable, et chantant seul, sa voix a tout son éclat, et n'est offusquée par aucune autre voix; il efface tous les autres oiseaux, suivant le même M. Barrington, par ses sons moelleux et flûtés, et par la durée non interrompue de son ramage, qu'il soutient quelquefois pendant vingt secondes; le même observateur a compté dans ce ramage seize reprises différentes, bien déterminées par leurs premières et dernières notes, et dont l'oiseau sait varier avec goût les notes intermédiaires; enfin, il s'est assuré que la sphère que remplit la voix du rossignol n'a pas moins d'un mille de diamètre, surtout lorsque l'air est calme, ce qui égale au moins la portée de la voix humaine.

Il est étonnant qu'un si petit oiseau, qui ne pèse pas une demi-once, ait tant de force dans les organes de la voix : aussi M. Hunter a-t-il observé que les muscles du larynx, ou si l'on veut du gosier, étaient plus forts à propor-

---

a. M. Barrington nous apprend que les oiseleurs anglais et les gens de la campagne qui ont de fréquentes occasions d'entendre le rossignol, désignent les principales de ses phrases par des noms particuliers, *sweet; jug sweet; sweet jug; pipe rattle; bell pipe; swat, swat, swaty; water-bubble; scroty, skeg; skeg, skeg; whitlow, whitlow, whitlow.* Mais il faut remarquer que, dans l'application que l'on a faite de ces noms différents aux différentes phrases du chant des oiseaux, on a fait plus d'attention au son de chaque mot qu'à sa signification.

tion dans cette espèce que dans toute autre, et même plus forts dans le mâle qui chante que dans la femelle qui ne chante point.

Aristote et Pline d'après lui disent que le chant du rossignol dure dans toute sa force quinze jours et quinze nuits, sans interruption, dans le temps où les arbres se couvrent de verdure, ce qui doit ne s'entendre que des rossignols sauvages et n'être pas pris à la rigueur, car ces oiseaux ne sont pas muets avant ni après l'époque fixée par Aristote : à la vérité, ils ne chantent pas alors avec autant d'ardeur ni aussi constamment; ils commencent d'ordinaire au mois d'avril, et ne finissent tout à fait qu'au mois de juin, vers le solstice; mais la véritable époque où leur chant diminue beaucoup, c'est celle où leurs petits viennent à éclore, parce qu'ils s'occupent alors du soin de les nourrir, et que dans l'ordre des instincts la nature a donné la prépondérance à ceux qui tendent à la conservation des espèces. Les rossignols captifs continuent de chanter pendant neuf ou dix mois, et leur chant est non-seulement plus longtemps soutenu, mais encore plus parfait et mieux formé : de là M. Barrington tire cette conséquence, que dans cette espèce, ainsi que dans bien d'autres, le mâle ne chante pas pour amuser sa femelle ni pour charmer ses ennuis durant l'incubation, conséquence juste et de toute vérité. En effet, la femelle qui couve remplit cette fonction par un instinct, ou plutôt par une passion plus forte en elle que la passion même de l'amour; elle y trouve des jouissances intérieures dont nous ne pouvons bien juger, mais qu'elle paraît sentir vivement, et qui ne permettent pas de supposer que dans ces moments elle ait besoin de consolation. Or, puisque ce n'est ni par devoir ni par vertu que la femelle couve, ce n'est point non plus par procédé que le mâle chante; il ne chante pas en effet durant la seconde incubation : c'est l'amour, et surtout le premier période de l'amour, qui inspire aux oiseaux leur ramage; c'est au printemps qu'ils éprouvent et le besoin d'aimer et celui de chanter; ce sont les mâles qui ont le plus de désirs, et ce sont eux qui chantent le plus; ils chantent la plus grande partie de l'année, lorsqu'on sait faire régner autour d'eux un printemps perpétuel qui renouvelle incessamment leur ardeur, sans leur offrir aucune occasion de l'éteindre; c'est ce qui arrive aux rossignols que l'on tient en cage, et même, comme nous venons de le dire, à ceux que l'on prend adultes; on en a vu qui se sont mis à chanter de toutes leurs forces peu d'heures après avoir été pris. Il s'en faut bien cependant qu'ils soient insensibles à la perte de leur liberté, surtout dans les commencements; ils se laisseraient mourir de faim les sept ou huit premiers jours, si on ne leur donnait la becquée; et ils se casseraient la tête contre le plafond de leur cage, si on ne leur attachait les ailes; mais à la longue la passion de chanter l'emporte, parce qu'elle est entretenue par une passion plus profonde. Le chant des autres oiseaux, le son des instruments, les accents d'une voix douce et sonore, les excitent aussi beaucoup; ils accourent, ils

s'approchent, attirés par les beaux sons, mais les duos semblent les attirer
encore plus puissamment, ce qui prouverait qu'ils ne sont pas insensibles
aux effets de l'harmonie; ce ne sont point des auditeurs muets, ils se mettent à l'unisson et font tous leurs efforts pour éclipser leurs rivaux, pour
couvrir toutes les autres voix et même tous les autres bruits : on prétend
qu'on en a vu tomber morts aux pieds de la personne qui chantait; on en
a vu un autre qui s'agitait, gonflait sa gorge et faisait entendre un gazouillement de colère toutes les fois qu'un serin qui était près de lui se disposait
à chanter, et il était venu à bout par ses menaces de lui imposer silence [a],
tant il est vrai que la supériorité n'est pas toujours exempte de jalousie!
Serait-ce par une suite de cette passion de primer, que ces oiseaux sont si
attentifs à prendre leurs avantages, et qu'ils se plaisent à chanter dans un
lieu résonnant, ou bien à portée d'un écho?

Tous les rossignols ne chantent pas également bien : il y en a dont le
ramage est si médiocre, que les amateurs ne veulent point les garder ; on a
même cru s'apercevoir que les rossignols d'un pays ne chantaient pas
comme ceux d'un autre ; les curieux en Angleterre préfèrent, dit-on, ceux
de la province de Surrey à ceux de Middlesex, comme ils préfèrent les pinsons de la province d'Essex et les chardonnerets de celle de Kent. Cette
diversité de ramage dans des oiseaux d'une même espèce a été comparée,
avec raison, aux différences qui se trouvent dans les dialectes d'une même
langue : il est difficile d'en assigner les vraies causes, parce que la plupart
sont accidentelles. Un rossignol aura entendu, par hasard, d'autres oiseaux
chanteurs, les efforts que l'émulation lui aura fait faire auront perfectionné
son chant, et il l'aura transmis ainsi perfectionné à ses descendants; car
chaque père est le maître à chanter de ses petits [b]; et l'on sent combien,
dans la suite des générations, ce même chant peut être encore perfectionné
ou modifié diversement par d'autres hasards semblables.

Passé le mois de juin, le rossignol ne chante plus, et il ne lui reste qu'un
cri rauque, une sorte de croassement, où l'on ne reconnaît point du tout la
mélodieuse Philomèle ; et il n'est pas surprenant qu'autrefois, en Italie, on
lui donnât un autre nom dans cette circonstance [c] : c'est en effet un autre

---

a. Note de M. de Varicourt, avocat. M. le Moine, trésorier de France, à Dijon, qui met
son plaisir à élever des rossignols, a aussi remarqué que les siens poursuivaient avec colère un
serin privé qu'il avait dans la même chambre, lorsque celui-ci s'approchait de leur cage ; mais
cette jalousie se tourne quelquefois en émulation; car on a vu des rossignols qui chantaient
mieux que les autres uniquement parce qu'ils avaient entendu des oiseaux qui ne chantaient
pas si bien qu'eux. « Certant inter se, palàmque animosa contentio est : victa morte finit sæpe
« vitam. » Pline, lib. x, cap. xxix. On a cru les entendre chanter entre eux des espèces de duos
à la tierce.

b. « Plures singulis sunt cantus et non iidem omnibus. » Pline, lib. x, cap. xxix. — « Jam
« verò luscinia pullos suos docere, visa est... Audit discipula... et reddit; intelligitur emendata
« correctio, et in docente quædam reprehensio. » Ibid, lib. iv, cap. ix.

c. « Adultà æstate, vocem mittit diversam, non etiam variam aut celerem, modulatamque,

oiseau, un oiseau absolument différent, du moins quant à la voix, et même un peu quant aux couleurs du plumage.

Dans l'espèce du rossignol, comme dans toutes les autres, il se trouve quelquefois des femelles qui participent à la constitution du mâle, à ses habitudes, et spécialement à celle de chanter. J'ai vu une de ces femelles chantantes qui était privée; son ramage ressemblait à celui du mâle; cependant il n'était ni aussi fort ni aussi varié; elle le conserva jusqu'au printemps; mais alors, subordonnant l'exercice de ce talent qui lui était étranger aux véritables fonctions de son sexe, elle se tut pour faire son nid et sa ponte, quoiqu'elle n'eût point de mâle. Il semble que dans les pays chauds, tels que la Grèce, il est assez ordinaire de voir de ces femelles chantantes, et dans cette espèce et dans beaucoup d'autres, du moins c'est ce qui résulte d'un passage d'Aristote [a].

Un musicien, dit M. Frisch, devrait étudier le chant du rossignol et le noter; c'est ce qu'essaya jadis le jésuite Kircher [b], et ce qu'a tenté nouvellement M. Barrington; mais, de l'aveu de ce dernier, ç'a été sans aucun succès; ces airs notés, étant exécutés par le plus habile joueur de flûte, ne ressemblaient point du tout au chant du rossignol. M. Barrington soupçonne que la difficulté vient de ce qu'on ne peut apprécier au juste la durée relative, ou, si l'on veut, la valeur de chaque note; cependant, quoiqu'il ne soit point aisé de déterminer la mesure que suit le rossignol lorsqu'il chante, de saisir ce rhythme si varié dans ses mouvements, si nuancé dans ses transitions, si libre dans sa marche, si indépendant de toutes nos règles de convention, et par cela même si convenable au chantre de la nature, ce rhythme, en un mot, fait pour être finement senti par un organe délicat, et non pour être marqué à grand bruit par un bâton d'orchestre; il me paraît encore plus difficile d'imiter avec un instrument mort les sons du rossignol, ses accents si pleins d'âme et de vie, ses tours de gosier, son expression, ses soupirs; il faut pour cela un instrument vivant, et d'une perfection rare, je veux dire une voix sonore, harmonieuse et légère, un timbre pur, moelleux, éclatant, un gosier de la plus grande flexibilité, et tout cela guidé par une oreille juste, soutenu par un tact sûr, et vivifié par une sensibilité exquise: voilà les instruments avec lesquels on peut rendre le chant du rossignol. J'ai vu deux personnes qui n'en auraient pas noté un seul passage, et qui cependant l'imitaient dans toute son étendue, et de manière à faire illusion; c'était deux hommes : ils sifflaient plutôt qu'ils ne chantaient; mais l'un

---

« sed simplicem.... et quidem in terrâ Italâ alio nomine tùm appellatur. » Aristote, *Hist. animal.*, lib. IX, cap. XLIX.

a. « Canunt nonnulli mares perinde ut suæ fœminæ, sicut in lusciniarum genere patet; « fœmina tamen cessat canere dum incubat. » Aristote, *Hist. animal.*, lib. IV, cap. IX. — Les enthousiastes des beaux sons croient que ceux du rossignol contribuent plus que la chaleur à vivifier le fœtus dans l'œuf.

b. Voyez sa *Musurgie.*

sifflait si naturellement, qu'on ne pouvait distinguer à la conformation de ses lèvres si c'était lui ou son voisin qu'on entendait ; l'autre sifflait avec plus d'effort ; il était même obligé de prendre une attitude contrainte ; mais, quant à l'effet, son imitation n'était pas moins parfaite ; enfin on voyait, il y a fort peu d'années, à Londres, un homme qui, par son chant, savait attirer les rossignols au point qu'ils venaient se percher sur lui et se laissaient prendre à la main [a].

Comme il n'est pas donné à tout le monde de s'approprier le chant du rossignol par une imitation fidèle, et que tout le monde est curieux d'en jouir, plusieurs ont tâché de se l'approprier d'une manière plus simple, je veux dire en se rendant maîtres du rossignol lui-même, et le réduisant à l'état de domesticité ; mais c'est un domestique d'une humeur difficile, et dont on ne tire le service désiré qu'en ménageant son caractère. L'amour et la gaieté ne se commandent pas, encore moins les chants qu'ils inspirent : si l'on veut faire chanter le rossignol captif, il faut le bien traiter dans sa prison, il faut en peindre les murs de la couleur de ses bosquets, l'environner, l'ombrager de feuillages, étendre de la mousse sous ses pieds, le garantir du froid et des visites importunes [b], lui donner une nourriture abondante et qui lui plaise ; en un mot, il faut lui faire illusion sur sa captivité, et tâcher de la rendre aussi douce que la liberté, s'il était possible. A ces conditions, le rossignol chantera dans la cage : si c'est un vieux pris dans le commencement du printemps, il chantera au bout de huit jours, et même plus tôt [c], et il recommencera à chanter tous les ans au mois de mai et sur la fin de décembre ; si ce sont des jeunes de la première ponte, élevés à la brochette, ils commenceront à gazouiller dès qu'ils commenceront à manger seuls ; leur voix se haussera, se formera par degrés : elle sera dans toute sa force sur la fin de décembre, et ils l'exerceront tous les jours de l'année, excepté au temps de la mue ; ils chanteront beaucoup mieux que les rossignols sauvages ; ils embelliront leur chant naturel de tous les passages qui leur plairont dans le chant des autres oiseaux qu'on leur fera entendre [d], et de tous ceux que leur inspirera l'envie de les surpasser ; ils apprendront à chanter des airs, si on a la patience et le mauvais goût de les siffler avec la *rossignolette;* ils apprendront même à chanter alternativement avec un chœur, et à répéter leur couplet à propos ; enfin, ils apprendront à parler

---

a. *Annual Register*, 1764. Aldrovande, 783. « Homines reperti qui sonum earum additâ in « transversas arundines aquâ, foramen inspirantes... indiscretâ redderent similitudine. » Pline, lib. **x**, cap. **xxix**.

b. On recommande même de le nettoyer rarement lorsqu'il chante.

c. Ceux qu'on prend après le 15 de mai chantent rarement le reste de la saison ; ceux qui ne chantent pas au bout de quinze jours ne chantent jamais bien, et souvent sont des femelles.

d. « Avicularum nonnullæ haud vocem paternam emittunt, cùm educatione paternâ carue- « rint, et cantibus (aliis) insueverint. » Pline, lib. **iv**, cap. **ix**. — « Visum sæpe jussas ceci- « nisse et cum symphoniâ alternasse. » Lib. **x**, cap. **xxix**.

quelle langue on voudra. Les fils de l'empereur Claude en avaient qui parlaient grec et latin [a]; mais ce qu'ajoute Pline est plus merveilleux, c'est que tous les jours ces oiseaux préparaient de nouvelles phrases, et même des phrases assez longues, dont ils régalaient leurs maîtres [b]. L'adroite flatterie a pu faire croire cela à de jeunes princes; mais un philosophe tel que Pline ne devait se permettre ni de le croire, ni de chercher à le faire croire, parce que rien n'est plus contagieux que l'erreur appuyée d'un grand nom; aussi plusieurs écrivains, se prévalant de l'autorité de Pline, ont renchéri sur le merveilleux de son récit. Gessner, entre autres, rapporte la lettre d'un homme digne de foi (comme on va le voir) où il est question de deux rossignols appartenant à un maître d'hôtellerie de Ratisbonne, lesquels passaient les nuits à converser en allemand sur les intérêts politiques de l'Europe, sur ce qui s'était passé, sur ce qui devait arriver bientôt, et qui arriva en effet : à la vérité, pour rendre la chose plus croyable, l'auteur de la lettre avoue que ces rossignols ne faisaient que répéter ce qu'ils avaient entendu dire à quelques militaires, ou à quelques députés de la diète qui fréquentaient la même hôtellerie [c]; mais avec cet adoucissement même, c'est encore une histoire absurde et qui ne mérite pas d'être réfutée sérieusement.

J'ai dit que les vieux prisonniers avaient deux saisons pour chanter : le mois de mai et celui de décembre; mais ici l'art peut encore faire une seconde violence à la nature, et changer à son gré l'ordre de ces saisons, en tenant les oiseaux dans une chambre rendue obscure par degrés, tant que l'on veut qu'ils gardent le silence, et leur redonnant le jour, aussi par degrés, quelque temps avant celui où l'on veut les entendre chanter; le retour ménagé de la lumière, joint à toutes les autres précautions indiquées ci-dessus, aura sur eux les effets du printemps. Ainsi l'art est parvenu à leur faire chanter et dire ce qu'on veut et quand on veut; et si l'on a un assez grand nombre de ces vieux captifs et qu'on ait la petite industrie de retarder et d'avancer le temps de la mue, on pourra, en les tirant successivement de la chambre obscure, jouir de leur chant toute l'année sans aucune interruption. Parmi les jeunes qu'on élève, il s'en trouve qui chantent la nuit; mais la plupart commencent à se faire entendre le matin sur les huit à neuf heures dans le temps des courts jours, et toujours plus matin à mesure que les jours croissent.

On ne se douterait pas qu'un chant aussi varié que celui du rossignol est renfermé dans les bornes étroites d'une seule octave; c'est cependant ce qui

---

a. Philostrate en cite un exemple. « Docentur secretò et ubi nulla alia vox... assidente qui « crebrò dicat... ac cibis blandicate. » Pline, lib. x, cap. XLII.

b. « Præterea meditantes in diem et assiduè nova loquentes longiore etiam contextu. » Pline, *Hist. nat.*, lib. x, cap. XLII. — Ces jeunes princes étaient Drusus et Britannicus.

c. Gessner, *Aves*, p. 594.

résulte de l'observation attentive d'un homme de goût, qui joint la justesse de l'oreille aux lumières de l'esprit [a] : à la vérité, il a remarqué quelques sons aigus qui allaient à la double octave, et passaient comme des éclairs ; mais cela n'arrive que très-rarement [b] et lorsque l'oiseau, par un effort de gosier, fait octavier sa voix comme un flûteur fait octavier sa flûte en forçant le vent.

Cet oiseau est capable à la longue de s'attacher à la personne qui a soin de lui ; lorsqu'une fois la connaissance est faite, il distingue son pas avant de la voir, il la salue d'avance par un cri de joie, et, s'il est en mue, on le voit se fatiguer en efforts inutiles pour chanter, et suppléer par la gaieté de ses mouvements, par l'âme qu'il met dans ses regards, à l'expression que son gosier lui refuse : lorsqu'il perd sa bienfaitrice, il meurt quelquefois de regret ; s'il survit, il lui faut longtemps pour s'accoutumer à une autre [c] ; il s'attache fortement parce qu'il s'attache difficilement, comme font tous les caractères timides et sauvages ; il est aussi très-solitaire. Les rossignols voyagent seuls, arrivent seuls aux mois d'avril et de mai, s'en retournent seuls au mois de septembre [d], et lorsqu'au printemps le mâle et la femelle s'apparient pour nicher, cette union particulière semble fortifier encore leur aversion pour la société générale, car ils ne souffrent alors aucun de leurs pareils dans le terrain qu'ils se sont approprié ; on croit que c'est afin d'avoir une chasse assez étendue pour subsister eux et leur famille ; et ce qui le prouve, c'est que la distance des nids est beaucoup moindre dans un pays où la nourriture abonde : cela prouve aussi que la jalousie n'entre pour rien dans leurs motifs, comme quelques-uns l'ont dit, car on sait que la jalousie ne trouve jamais les distances assez grandes, et que l'abondance des vivres ne diminue ni ses ombrages ni ses précautions.

Chaque couple commence à faire son nid vers la fin d'avril et au commencement de mai ; ils le construisent de feuilles, de joncs, de brins d'herbe grossière en dehors, de petites fibres, de racines, de crin, et d'une espèce de bourre en dedans ; ils le placent à une bonne exposition, un peu tournée au levant, et dans le voisinage des eaux ; ils le posent ou sur les branches

a. M. le docteur Remond, qui a traduit plusieurs morceaux de la Collection académique.

b. Le même M. Remond a reconnu dans le chant du rossignol des batteries à la tierce, à la quarte et à l'octave, mais toujours de l'aigu au grave ; des cadences toujours mineures, sur presque tous les tons, mais point d'arpéges ni de dessein suivi. M. Barrington a donné une balance des oiseaux chanteurs, où il a exprimé en nombres ronds les degrés de perfection du chant propre à chaque espèce.

c. « Un rossignol, dont j'avais fait présent, dit M. le Moine, ne voyant plus sa gouvernante, « cessa de manger, et bientôt il fut aux abois, il ne pouvait plus se tenir sur le bâton de sa « cage ; mais, ayant été remis à sa gouvernante, il se ranima, mangea, but, se percha et fut « rétabli en vingt-quatre heures. » On en a vu, dit-on, qui, ayant été lâchés dans les bois, sont revenus chez leur maître.

d. En Italie, il arrive en mars et avril, et se retire au commencement de novembre ; en Angleterre, il arrive en avril et mai, et repart dès le mois d'août : ces époques dépendent comme on le juge bien, de la température locale et de celle de la saison.

les plus basses des arbustes, tels que les groseilliers, épines blanches, pruniers sauvages, charmilles, etc., ou sur une touffe d'herbe, et même à terre, au pied de ces arbustes ; c'est ce qui fait que leurs œufs ou leurs petits, et quelquefois la mère, sont la proie des chiens de chasse, des renards, des fouines, des belettes, des couleuvres, etc.

Dans notre climat, la femelle pond ordinairement cinq œufs[a] d'un brun verdâtre uniforme, excepté que le brun domine au gros bout, et le verdâtre au petit bout ; la femelle couve seule, elle ne quitte son poste que pour chercher à manger, et elle ne le quitte que sur le soir, et lorsqu'elle est pressée par la faim : pendant son absence le mâle semble avoir l'œil sur le nid. Au bout de dix-huit ou vingt jours d'incubation, les petits commencent à éclore ; le nombre des mâles est communément plus que double de celui des femelles : aussi, lorsqu'au mois d'avril on prend un mâle apparié, il est bientôt remplacé auprès de la veuve par un autre, et celui-ci par un troisième ; en sorte qu'après l'enlèvement successif de trois ou quatre mâles, la couvée n'en va pas moins, bien. La mère dégorge la nourriture à ses petits, comme font les femelles des serins ; elle est aidée par le père dans cette intéressante fonction : c'est alors que celui-ci cesse de chanter, pour s'occuper sérieusement du soin de la famille ; on dit même que durant l'incubation ils chantent rarement près du nid, de peur de le faire découvrir ; mais lorsqu'on approche de ce nid, la tendresse paternelle se trahit par des cris que lui arrache le danger de la couvée, et qui ne font que l'augmenter. En moins de quinze jours les petits sont couverts de plumes, et c'est alors qu'il faut sevrer ceux qu'on veut élever ; lorsqu'ils volent seuls, les père et mère recommencent une autre ponte, et, après cette seconde, une troisième ; mais pour que cette dernière réussisse, il faut que les froids ne surviennent pas de bonne heure : dans les pays chauds, ils font jusqu'à quatre pontes, et partout les dernières sont les moins nombreuses.

L'homme, qui ne croit posséder que lorsqu'il peut user et abuser de ce qu'il possède, a trouvé le moyen de faire nicher les rossignols dans la prison ; le plus grand obstacle était l'amour de la liberté, qui est très-vif dans ces oiseaux ; mais on a su contre-balancer ce sentiment naturel par des sentiments aussi naturels et plus forts, le besoin d'aimer et de se reproduire, l'amour de la géniture, etc. On prend un mâle et une femelle appariés, et on les lâche dans une grande volière, ou plutôt dans un coin de jardin planté d'ifs, de charmilles et autres arbrisseaux, et dont on aura fait une volière en l'environnant de filets : c'est la manière la plus douce et la plus sûre d'obtenir de leur race ; on peut encore y réussir, mais plus difficilement, en plaçant ce mâle et cette femelle dans un cabinet peu éclairé, chacun dans une cage séparée, leur donnant tous les jours à manger aux mêmes

<hr>

a. Aristote dit cinq ou six : cela peut être vrai de la Grèce, qui est un pays plus chaud, et où il peut y avoir plus de fécondité.

heures, laissant quelquefois les cages ouvertes afin qu'ils fassent connaissance avec le cabinet, la leur ouvrant tout à fait au mois d'avril pour ne la plus fermer, et leur fournissant alors les matériaux qu'ils ont coutume d'employer à leurs nids, tels que feuilles de chêne, mousse, chiendent épluché, bourre de cerf, des crins, de la terre, de l'eau; mais on aura soin de retirer l'eau quand la femelle couvera[a]. On a aussi cherché le moyen d'établir des rossignols dans un endroit où il n'y en a point encore eu; pour cela on tâche de prendre le père, la mère, et toute la couvée avec le nid, on transporte ce nid dans un site qu'on aura choisi le plus semblable à celui d'où on l'aura enlevé; on tient les deux cages qui renferment le père et la mère à portée des petits, jusqu'à ce qu'ils aient entendu leur cri d'appel, alors on leur ouvre la cage sans se montrer; le mouvement de la nature les porte droit au lieu où ils ont entendu crier leurs petits; ils leur donnent tout de suite la becquée, ils continueront de les nourrir tant qu'il sera nécessaire, et l'on prétend que l'année suivante ils reviendront au même endroit[b] : ils y reviendront, sans doute, s'ils y trouvent une nourriture convenable et les commodités pour nicher, car sans cela tous les autres soins seraient à pure perte, et avec cela ils seront à peu près superflus[c].

Si l'on veut élever soi-même de jeunes rossignols, il faut préférer ceux de la première ponte, et leur donner tel instituteur que l'on jugera à propos; mais les meilleurs, à mon avis, ce sont d'autres rossignols, surtout ceux qui chantent le mieux.

Au mois d'août les vieux et les jeunes quittent les bois pour se rapprocher des buissons, des haies vives, des terres nouvellement labourées, où ils trouvent plus de vers et d'insectes : peut-être aussi ce mouvement général a-t-il quelque rapport à leur prochain départ; il n'en reste point en France pendant l'hiver, non plus qu'en Angleterre, en Allemagne, en Italie, en Grèce, etc.[d]; et comme on assure qu'il n'y en a point en Afrique[e], on peut juger qu'ils se retirent en Asie[f]. Cela est d'autant plus vraisemblable que l'on en trouve en Perse, à la Chine et même au Japon, où ils sont fort recherchés, puisque ceux qui ont la voix belle s'y vendent, dit-on, vingt cobangs[g]. Ils sont généralement répandus dans toute l'Europe, jus-

a. Voyez le *Traité du Rossignol*, p. 96.

b. *Idem*, p. 105.

c. Lorsqu'il y a dans un endroit nourriture abondante et commodités pour nicher, on a beau prendre ou détruire les rossignols, il en revient toujours d'autres, dit M. Frisch.

d. Le rossignol disparaît en automne, et ne reparaît qu'au printemps, dit Aristote, *Hist. animal.*, lib. v, cap. IX.

e. Voyez le *Traité du Rossignol*, p. 21. A la vérité, le voyageur Le Maire parle d'un rossignol du Sénégal (*Voyage aux Canaries*, etc., p. 104), mais qui ne chante pas si bien que le nôtre.

f. Voyez Olina, *Uccelleria*, p. 1. Ils se trouvent dans les saussaies et parmi les oliviers de Judée. *Hasselquist.*

g. Kæmpfer, *Hist. du Japon*, t. I, p. 13. Le cobang vaut quarante taels, le tael cinquante-

qu'en Suède et en Sibérie [a], où ils chantent très-agréablement; mais en Europe comme en Asie, il y a des contrées qui ne leur conviennent point, et où ils ne s'arrêtent jamais ; par exemple, le Bugey jusqu'à la hauteur de Nantua, une partie de la Hollande, l'Écosse, l'Irlande [b]; la partie nord du pays de Galles et même de toute l'Angleterre, excepté la province d'York; le pays des Dauliens aux environs de Delphes, le royaume de Siam, etc. [c]. Partout ils sont connus pour des oiseaux voyageurs, et cette habitude innée est si forte en eux, que ceux que l'on tient en cage s'agitent beaucoup au printemps et en automne, surtout la nuit, aux époques ordinaires marquées pour leurs migrations : il faut donc que cet instinct qui les porte à voyager soit indépendant de celui qui les porte à éviter le grand froid et à chercher un pays où ils puissent trouver une nourriture convenable ; car dans la cage ils n'éprouvent ni froid ni disette, et cependant ils s'agitent.

Cet oiseau appartient à l'ancien continent, et quoique les missionnaires et les voyageurs parlent du rossignol du Canada, de celui de la Louisiane, de celui des Antilles, etc., on sait que ce dernier est une espèce de moqueur, que celui de la Louisiane est le même que celui des Antilles, puisque, selon le Page Dupratz, il se trouve à la Martinique et à la Guadeloupe; et l'on voit, par ce que dit le P. Charlevoix de celui du Canada, ou que ce n'est point un rossignol, ou que c'est un rossignol dégénéré [d]. Il est possible en effet que cet oiseau, qui fréquente les parties septentrionales de l'Europe et de l'Asie, ait franchi les mers étroites, qui, à cette hauteur, séparent les deux continents, ou qu'il ait été porté dans le nouveau par un coup de vent ou par quelque navire, et que trouvant le climat peu favorable, soit à cause des grands froids, soit à cause de l'humidité, ou du défaut de nourriture [e], il chante moins bien au nord de l'Amérique qu'en Asie et en Europe, de même qu'il chante moins bien en Écosse qu'en Italie [f]; car c'est une règle générale que tout oiseau ne chante que peu ou point du tout lorsqu'il

sept sous de France, et les vingt cobangs près de cent louis. Les rossignols étaient bien plus chers à Rome, comme nous le verrons à l'article du rossignol blanc.

a. M. Gmelin parle avec transport des rives agréables du ruisseau de Sibérie, appelé *Beressouka*, et du ramage des oiseaux qui s'y font entendre, parmi lesquels le rossignol tient le premier rang. *Voyage de Sibérie*, t. I, p. 112.

b. Voyez Aldrovande, t. II, p. 784. Je sais qu'on a douté de ce qui regarde l'Irlande, l'Écosse et la Hollande, mais ces assertions ne doivent pas être prises à la rigueur, elles signifient seulement que les rossignols sont fort rares dans ces pays; il doivent l'être en effet partout où il y a peu de bois et de buissons, peu de chaleur, peu d'insectes, peu de belles nuits, etc.

c. *Voyages* de Struys, t. I, p. 53.

d. « Le rossignol de Canada, dit ce missionnaire, est à peu près le même que le nôtre par la « figure, mais il n'a que la moitié de son chant. » *Nouvelle-France*, t. III, p. 157.

e. Je sais qu'il y a beaucoup d'insectes en Amérique, mais la plupart sont si gros et si bien armés, que le rossignol, loin d'en pouvoir faire sa proie, aurait souvent peine à se défendre contre leurs attaques.

f. Voyez Aldrovande, *Ornithol.*, t. II, p. 785, où il cite Petrus Apponensis. Cet oiseau paraît donc quelquefois en Écosse.

souffre du froid, de la faim, etc., et l'on sait d'ailleurs que le climat de l'Amérique, et surtout du Canada, n'est rien moins que favorable au chant des oiseaux ; c'est ce qu'aura éprouvé notre rossignol transplanté au Canada ; car il est plus que probable qu'il s'y trouve aujourd'hui, l'indication trop peu circonstanciée du P. Charlevoix ayant été confirmée depuis par le témoignage positif d'un médecin résidant à Québec, et de quelques voyageurs [a].

Comme les rossignols, du moins les mâles, passent toutes les nuits du printemps à chanter, les anciens s'étaient persuadé qu'ils ne dormaient point dans cette saison [b], et de cette conséquence peu juste est née cette erreur que leur chair était une nourriture antisoporeuse, qu'il suffisait d'en mettre le cœur et les yeux sous l'oreiller d'une personne pour lui donner une insomnie ; enfin ces erreurs gagnant du terrain, et passant dans les arts, le rossignol est devenu l'emblème de la vigilance. Mais les modernes, qui ont observé de plus près ces oiseaux, se sont aperçus que dans la saison du chant ils dormaient pendant le jour, et que ce sommeil du jour, surtout en hiver, annonçait qu'ils étaient prêts à reprendre leur ramage. Non-seulement ils dorment, mais ils rêvent [c], et d'un rêve de rossignol, car on les entend gazouiller à demi-voix et chanter tout bas. Au reste, on a débité beaucoup d'autres fables sur cet oiseau, comme on fait sur tout ce qui a de la célébrité ; on a dit qu'une vipère, ou, selon d'autres un crapaud, le fixant lorsqu'il chante, le fascine par le seul ascendant de son regard au point qu'il perd insensiblement la voix et finit par tomber dans la gueule béante du reptile. On a dit que les père et mère ne soignaient parmi leurs petits que ceux qui montraient du talent, et qu'ils tuaient les autres ou les laissaient périr d'inanition (il faut supposer qu'ils savent excepter les femelles). On a dit qu'ils chantaient beaucoup mieux lorsqu'on les écoutait que lorsqu'ils chantaient pour leur plaisir. Toutes ces erreurs dérivent d'une source commune, de l'habitude où sont les hommes de prêter aux animaux leurs faiblesses, leurs passions et leurs vices.

Les rossignols qu'on tient en cage ont coutume de se baigner après qu'ils ont chanté : M. Hébert a remarqué que c'était la première chose qu'ils faisaient le soir, au moment où l'on allumait la chandelle ; il a aussi observé un autre effet de la lumière sur ces oiseaux dont il est bon d'avertir : un mâle qui chantait très-bien, s'étant échappé de sa cage, s'élança dans le feu où il périt avant qu'on pût lui donner aucun secours.

Ces oiseaux ont une espèce de balancement du corps qu'ils élèvent et

a. Ce médecin a mandé à M. de Salerne, que notre rossignol se trouve au Canada comme ici dans la saison. Il se trouve aussi à la Gaspesie, selon le Père Leclerc, et n'y chante pas si bien.

b. Hésiode, Élien. Voyez ce dernier, lib. xii.

c. Voyez le *Traité du Rossignol.*

abaissent tour à tour, et presque parallèlement au plan de position; les mâles que j'ai vus avaient ce balancement singulier, mais une femelle que j'ai gardée deux ans ne l'avait pas : dans tous la queue a un mouvement propre de haut en bas, fort marqué, et qui sans doute a donné occasion à M. Linnæus de les ranger parmi les hoche-queues ou *motacilles*.

Les rossignols se cachent au plus épais des buissons : ils se nourrissent d'insectes aquatiques et autres, de petits vers, d'œufs ou plutôt de nymphes de fourmis; ils mangent aussi des figues, des baies, etc.; mais comme il serait difficile de fournir habituellement ces sortes de nourritures à ceux que l'on tient en cage, on a imaginé différentes pâtées dont ils s'accommodent fort bien. Je donnerai dans les notes celle dont se sert un amateur de ma connaissance [a], parce qu'elle est éprouvée, et que j'ai vu un rossignol qui, avec cette seule nourriture, a vécu jusqu'à sa dix-septième année : ce vieillard avait commencé à grisonner dès l'âge de sept ans; à quinze il avait des pennes entièrement blanches aux ailes et à la queue; ses jambes, ou plutôt ses tarses, avaient beaucoup grossi, par l'accroissement extraordinaire qu'avaient pris les lames dont ces parties sont recouvertes dans les oiseaux; enfin, il avait des espèces de nodus aux doigts comme les goutteux, et on était obligé de temps en temps de lui rogner la pointe du bec supérieur [b]; mais il n'avait que cela des incommodités de la vieillesse; il était toujours gai, toujours chantant comme dans son plus bel âge, toujours caressant la main qui le nourrissait. Il faut remarquer que ce rossignol n'avait jamais été apparié : l'amour semble abréger les jours, mais il les remplit, il remplit de plus le vœu de la nature; sans lui les sentiments si doux de la paternité seraient inconnus; enfin, il étend l'existence dans l'avenir et procure, au moyen des générations qui se succèdent, une sorte d'immortalité : grands et précieux dédommagements de quelques jours de tristesse et d'infirmités qu'il retranche peut-être à la vieillesse!

On a reconnu que les drogues échauffantes et les parfums excitaient les rossignols à chanter; que les vers de farine et ceux du fumier leur convenaient lorsqu'ils étaient trop gras, et les figues lorsqu'ils étaient trop mai-

---

a. M. le Moine, que j'ai déjà eu occasion de citer plusieurs fois, donne des pâtées différentes, selon les différents âges; celle du premier âge est composée de cœur de mouton, mie de pain, chènevis et persil, parfaitement pilés et mêlés; il en faut tous les jours de la nouvelle. La seconde consiste en parties égales d'omelette hachée et de mie de pain, avec une pincée de persil hachée. La troisième est plus composée et demande plus de façon : prenez deux livres de bœuf maigre, une demi-livre de pois chiches, autant de millet jaune ou écorcé, de semence de pavot blanc et d'amandes douces, une livre de miel blanc, deux onces de fleur de farine, douze jaunes d'œufs frais, deux ou trois onces de beurre frais et un gros et demi de safran en poudre, le tout séché, chauffé longtemps en remuant toujours, et réduit en une poussière très-fine, passée au tamis de soie. Cette poudre se conserve et sert pendant un an.

b. Les ongles des rossignols que l'on tient en cage croissent aussi beaucoup dans les commencements, et au point qu'ils leur deviennent embarrassants par leur excessive longueur : j'en ai vu qui formaient un demi-cercle de cinq lignes de diamètre; mais dans la grande vieillesse il ne leur en reste presque point.

gres; enfin, que les araignées étaient pour eux un purgatif : on conseille de leur faire prendre tous les ans ce purgatif au mois d'avril ; une demi-douzaine d'araignées sont la dose; on recommande aussi de ne leur rien donner de salé.

Lorsqu'ils ont avalé quelque chose d'indigeste, ils le rejettent sous la forme de pilules ou de petites pelotes, comme font les oiseaux de proie, et ce sont en effet des oiseaux de proie très-petits, mais très-féroces, puisqu'ils ne vivent que d'êtres vivants. Il est vrai que Belon admire *la providence qu'ils ont de n'avaler aucun petit verm qu'ils ne l'aient premièrement fait mourir;* mais c'est apparemment pour éviter la sensation désagréable que leur causerait une proie vivante, et qui pourrait continuer de vivre dans leur estomac à leurs dépens.

Tous les piéges sont bons pour les rossignols : ils sont peu défiants, quoique assez timides; si on les lâche dans un endroit où il y a d'autres oiseaux en cage, ils vont droit à eux, et c'est un moyen, entre beaucoup d'autres, pour les attirer; le chant de leurs camarades, le son des instruments de musique, celui d'une belle voix, comme on l'a vu plus haut, et même des cris désagréables, tels que ceux d'un chat attaché au pied d'un arbre et que l'on tourmente exprès, tout cela les fait venir également; ils sont curieux, et même badauds; ils admirent tout, et sont dupes de tout [a]; on les prend à la pipée, aux gluaux, avec le trébuchet des mésanges, dans des reginglettes tendues sur de la terre nouvellement remuée [b], où l'on a répandu des nymphes de fourmis, des vers de farine, ou bien ce qui y ressemble, comme de petits morceaux de blancs d'œufs durcis, etc. Il faut avoir l'attention de faire ces reginglettes et autres piéges de même genre avec du taffetas, et non avec du filet, où leurs plumes s'embarrasseraient, et où ils en pourraient perdre quelques-unes, ce qui retarderait leur chant; il faut au contraire, pour l'avancer au temps de la mue, leur arracher les pennes de la queue, afin que les nouvelles soient plus tôt revenues; car tant que la nature travaille à reproduire ces plumes, elle leur interdit le chant.

Ces oiseaux sont fort bons à manger lorsqu'ils sont gras, et le disputent aux ortolans; on les engraisse en Gascogne pour la table; cela rappelle la fantaisie d'Héliogabale, qui mangeait des langues de rossignols, de paons, etc., et le plat fameux du comédien Ésope, composé d'une centaine d'oiseaux tous recommandables par leur talent de chanter ou par celui de parler [c].

a. *Avis miratrix,* dit M. Linnæus.

b. Quelquefois ils se trouvent en très-grand nombre dans un pays. Belon a été témoin que, dans un village de la forêt d'Ardenne, les petits bergers en prenaient tous les jours chacun une vingtaine, avec beaucoup d'autres petits oiseaux; c'était une année de sécheresse, « et toutes « les mares, dit Belon, étoient taries ailleurs..... car ils se tiennent adonc dedans les forêts, en « l'endroit où est l'humeur. »

c. Pline, lib. x, cap. li. Ce plat fut estimé six cents sesterces. Aldovrande a aussi mangé des rossignols et les a trouvés bons.

Comme il est fort essentiel de ne pas perdre son temps à élever des
femelles, on a indiqué beaucoup de marques distinctives pour reconnaître
les mâles : ils ont, dit-on, l'œil plus grand, la tête plus ronde, le bec plus
long, plus large à sa base, surtout étant vu par-dessous ; le plumage plus
haut en couleur, le ventre moins blanc, la queue plus touffue et plus large
lorsqu'ils la déploient ; ils commencent plus tôt à gazouiller, et leur gazouillement est plus soutenu ; ils ont l'anus plus gonflé dans la saison de l'amour,
et ils se tiennent longtemps en la même place, portés sur un seul pied, au
lieu que la femelle court çà et là dans la cage ; d'autres ajoutent que le mâle
a à chaque aile deux ou trois pennes dont le côté extérieur et apparent est
noir, et que ses jambes, lorsqu'on regarde la lumière au travers, paraissent
rougeâtres, tandis que celles de la femelle paraissent blanchâtres ; au reste,
cette femelle a dans la queue le même mouvement que le mâle ; et lorsqu'elle est en joie, elle sautille comme lui, au lieu de marcher. Ajoutez à
cela les différences intérieures, qui sont plus décisives : les mâles, que j'ai
disséqués au printemps, avaient deux testicules fort gros, de forme ovoïde ;
le plus gros des deux (car ils n'étaient pas égaux) avait trois lignes et demie
de long sur deux de large ; l'ovaire des femelles, que j'ai observées dans le
même temps, contenait des œufs de différentes grosseurs, depuis un quart
de ligne jusqu'à une ligne de diamètre.

Il s'en faut bien que le plumage de cet oiseau réponde à son ramage ; il a
tout le dessus du corps d'un brun plus ou moins roux ; la gorge, la poitrine
et le ventre, d'un gris blanc ; le devant du cou d'un gris plus foncé ; les
couvertures inférieures de la queue et des ailes d'un blanc roussâtre, plus
roussâtre dans les mâles ; les pennes des ailes d'un gris brun tirant au
roux, la queue d'un brun plus roux ; le bec brun, les pieds aussi, mais avec
une teinte de couleur de chair ; le fond des plumes cendré foncé.

On prétend que les rossignols qui sont nés dans les contrées méridionales
ont le plumage plus obscur, et que ceux des contrées septentrionales ont
plus de blanc : les jeunes mâles sont aussi, dit-on, plus blanchâtres que les
jeunes femelles, et en général la couleur des jeunes est plus variée avant la
mue, c'est-à-dire avant la fin de juillet, et elle est si semblable à celle des
jeunes rouge-queues, qu'on les distinguerait à peine s'ils n'avaient pas un
cri différent [a] : aussi ces deux espèces sont-elles amies [b].

Longueur totale, six pouces un quart ; bec huit lignes, jaune en dedans,
ayant une grande ouverture, les bords de la pièce supérieure échancrés
près de la pointe ; tarse un pouce ; doigt extérieur uni à celui du milieu par
sa base ; ongles déliés, le postérieur le plus fort de tous, vol neuf pouces,

---

a. Le petit rossignol mâle dit *zisera*, *cisera* suivant Olina ; *croi*, *croi*, selon d'autres : chacun
a sa manière d'entendre et de rendre ces sons indéterminés, et d'ailleurs fort variables.

b. On dit même qu'elles contractent des alliances entre elles.

queue trente lignes, composée de douze pennes, dépasse les ailes de seize lignes.

Tube intestinal, du ventricule à l'anus, sept pouces quatre lignes ; œsophage près de deux pouces, se dilatant en une espèce de poche glanduleuse avant son insertion dans le gésier ; celui-ci musculeux, il occupait la partie gauche du bas-ventre, n'était point recouvert par les intestins, mais seulement par un lobe du foie ; deux très-petits cœcums, une vésicule du fiel, le bout de la langue garni de filets et comme tronqué, ce qui n'était pas ignoré des anciens [a], et peut avoir donné lieu à la fable de Philomèle qui eut la langue coupée.

VARIÉTÉS DU ROSSIGNOL.

I. — LE GRAND ROSSIGNOL. [b][*]

Il est certain qu'il y a variété de grandeur dans cette espèce, mais il y a beaucoup d'incertitudes et de contrariétés dans les opinions des naturalistes sur les endroits où se trouvent les grands rossignols : c'est dans les plaines et au bord des eaux, selon Schwenckfeld, qui assigne aux petits les coteaux agréables ; c'est dans les forêts, selon Aldrovande ; selon d'autres, au contraire, ceux qui habitent les forêts sèches et n'ont que la pluie et les gouttes de rosée pour se désaltérer sont les plus petits, ce qui est très-vraisemblable. En Anjou, il est une race de rossignols beaucoup plus gros que les autres, laquelle se tient et niche dans les charmilles ; les petits se plaisent sur les bords des ruisseaux et des étangs. M. Frisch parle aussi d'une race un peu plus grande que la commune, laquelle chante plus la nuit, et même d'une manière un peu différente ; enfin, l'auteur du Traité du rossignol admet trois races de rossignols : il place les plus grands, les plus robustes, les mieux chantants dans les buissons à portée des eaux, les moyens dans les plaines, et les plus petits de tous sur les montagnes. Il résulte de tout cela qu'il existe une race, ou, si l'on veut, des races de grands rossignols, mais qui ne sont point attachées à une demeure bien fixe. Le grand rossignol est le plus commun en Silésie : il a le plumage cendré avec un mélange de roux, et il passe pour chanter mieux que le petit.

---

[a]. « Proprium lusciniæ et atricapillæ ut summæ linguæ acumine careant. » Aristote, *Hist. animal.*, lib. ix, cap. xv. Au reste, il faut remarquer que suivant les Grecs, qui sont ici les auteurs originaux, ce fut Progné qui fut métamorphosée en rossignol, et Philomèle sa sœur en hirondelle : ce sont les écrivains latins qui ont changé ou brouillé les noms, et leur erreur a passé en force de loi.

[b]. *Luscinia major*, en allemand, **grosse-nachtigalle**, ou simplement **nachtigalle**. Schwenck-

[*] *Motacilla philomela* (Bechst.). — Genre et sous-genre *id.*

II. — LE ROSSIGNOL BLANC. [a]

Cette variété était fort rare à Rome. Pline rapporte qu'on en fit présent à Agrippine, femme de l'empereur Claude, et que l'individu qui lui fut offert coûta six mille sesterces [b], que Budé évalue à quinze mille écus de notre monnaie, sur le pied où elle était de son temps, et qui s'évaluerait aujourd'hui à une somme numéraire presque double; cependant Aldrovande prétend qu'il y a erreur dans les chiffres, et que la somme doit être encore plus grande [c]. Cet auteur a vu un rossignol blanc, mais il n'entre dans aucun détail. M. le marquis d'Argens en a actuellement un de cette couleur, qui est de la plus grande taille, quoique jeune, et dont le chant est déjà formé, mais moins fort que celui des vieux : « Il a, dit M. le marquis d'Argens, la « tête et le cou du plus beau blanc, les ailes et la queue de même; sur le « milieu du dos ses plumes sont d'un brun fort clair et mêlées de petites « plumes blanches.....; celles qui sont sous le ventre sont d'un gris blanc. « Ce nouveau venu paraît causer une jalousie étonnante à un vieux rossignol « que j'ai depuis quelque temps. »

OISEAU ÉTRANGER QUI A RAPPORT AU ROSSIGNOL.

LE FOUDI-JALA. [d] *

Ce rossignol, qui se trouve à Madagascar, est de la taille du nôtre, et lui ressemble à beaucoup d'égards : seulement il a les jambes et les ailes plus courtes, et il en diffère aussi par les couleurs du plumage; il a la tête rousse avec une tache brune de chaque côté; la gorge blanche, la poitrine d'un roux clair, le ventre d'un brun teinté de roux et d'olive; tout le dessus du corps, compris ce qui paraît des pennes de la queue et des ailes, d'un brun olivâtre; le bec et les pieds d'un brun foncé. M. Brisson, à qui l'on doit la connaissance de cette espèce, ne dit point si elle chante, à moins qu'il n'ait cru l'avoir dit assez en lui donnant le nom de rossignol.

feld, *Av. Siles.*, p. 296. — Rzaczynski, *Auctuar. Polon.*, p. 391; en polonais, *slowick wiekszy*. — Brisson, t. III, p. 400. — *Au vogel, auen nachtigall.* Cramer, *Elenchus*, p. 376. — *Sprossvogel* ou *sprosser* en allemand. Frisch, t. I, pl. 21.

a. *Luscinia candida*, le rossignol blanc. Brisson, t. III, p. 401.

b. Pline, *Hist. nat.*, lib. x, cap. xxix.

c. Aldrovande, *Ornithol.*, t. II, p. 771.

d. « Ficedula supernè fusco-olivacea, capite rufo; gutture albo; pectore dilutè rufo; ventre « ex fusco ad rufum et olivaceum inclinante; maculà utrimque ponè oculos fuscà; rectricibus « supernè fusco-olivaceis, subtus viridi-olivaceis..... » *Luscinia madagascariensis*, le rossignol de Madagascar, où on l'appelle *foudi-jala*. Brisson, t. III, p. 401.

* *Motacilla madagascariensis* (Gmel.).

Longueur totale six pouces cinq lignes, bec neuf lignes, tarse neuf lignes
et demie, vol huit pouces et demi, queue deux pouces et demi, composée de
douze pennes, un peu étagée, dépasse les ailes d'environ vingt lignes.

LA FAUVETTE. [a] *

PREMIÈRE ESPÈCE.

Le triste hiver, saison de mort, est le temps du sommeil ou plutôt de la
torpeur de la nature ; les insectes sans vie, les reptiles sans mouvement, les
végétaux sans verdure et sans accroissement, tous les habitants de l'air
détruits ou relégués, ceux des eaux renfermés dans des prisons de glace, et
la plupart des animaux terrestres confinés dans les cavernes, les antres et
les terriers ; tout nous présente les images de la langueur et de la dépopu-
lation ; mais le retour des oiseaux au printemps est le premier signal et la
douce annonce du réveil de la nature vivante ; et les feuillages renaissants
et les bocages revêtus de leur nouvelle parure sembleraient moins frais et
moins touchants sans les nouveaux hôtes qui viennent les animer et y
chanter l'amour.

De ces hôtes des bois les fauvettes sont les plus nombreuses comme les
plus aimables : vives, agiles, légères et sans cesse remuées, tous leurs mouvements ont l'air du sentiment, tous leurs accents le ton de la joie, et tous
leurs jeux l'intérêt de l'amour. Ces jolis oiseaux arrivent au moment où les
arbres développent leurs feuilles et commencent à laisser épanouir leurs
fleurs ; ils se dispersent dans toute l'étendue de nos campagnes ; les uns viennent habiter nos jardins, d'autres préfèrent les avenues et les bosquets,
plusieurs espèces s'enfoncent dans les grands bois, et quelques-unes se
cachent au milieu des roseaux. Ainsi les fauvettes remplissent tous les

a. « Motacilla virescente-cinerea, artubus fuscis, subtus flavescens, abdomine albo, Scata-
« rello vulgò. » Aldrovande, *Avi.*, t. II, p. 759, avec une mauvaise figure, p. 760. — « Fice-
« dula septima Aldrovandi. » Willughby, *Ornithol.*, p. 158. —Ray, *Synops. avi.*, p. 79, n° a, 7.
— « Ficedula septima » Linn., *Syst. nat.*, édit. VI, g. 82, sp. 19. — *Idem*, *Fauna Suecica*,
n° 234. « Motacilla virescente-cinerea, subtus flavescens abdomine albido, artubus succin. »
Hippolaïs, Linnæus, *Syst. nat.*, édit. X, g. 99, sp. 7. — « Ficedula supernè griseo-fusca,
« infernè alba, cum aliquâ rufescentis mixturâ ; tæniâ supra oculos albicante ; rectricibus
« fuscis, oris exterioribus griseo-fuscis, extimâ obliquè plusquam dimidiatim sordidè albâ, »
Curruca, la fauvette. Brisson, *Ornithol.*, t. III, p. 372. — Les Italiens, confondant apparemment le bec-figue et la fauvette, parce que le plumage est à peu près semblable, et qu'on ne
peut les bien distinguer que par leurs mœurs, nomment cette dernière *beccafico*. Dans le Boulonais on l'appelle *scatarello*, suivant Aldrovande ; *colombade* en Provence, et *pettichaps* dans
la province d'York en Angleterre.

* *Motacilla orphea* (Temm.). — La *fauvette proprement dite* (Cuv.). — Genre *Becs-Fins*,
sous-genre *Fauvettes* (Cuv.).

lieux de la terre et les animent par les mouvements et les accents de leur tendre gaieté [a].

A ce mérite des grâces naturelles, nous voudrions réunir celui de la beauté; mais en leur donnant tant de qualités aimables, la nature semble avoir oublié de parer leur plumage. Il est obscur et terne ; excepté deux ou trois espèces qui sont légèrement tachetées, toutes les autres n'ont que des teintes plus ou moins sombres de blanchâtre, de gris et de roussâtre.

La première espèce, ou la fauvette proprement dite, est de la grandeur du rossignol. Tout le manteau, qui dans le rossignol est roux-brun, est gris-brun dans cette fauvette, qui de plus est légèrement teinte de gris roussâtre à la frange des couvertures des ailes et le long des barbes de leurs petites pennes; les grandes sont d'un cendré noirâtre, ainsi que les pennes de la queue, dont les deux plus extérieures sont blanches du côté extérieur, et des deux côtés à la pointe : sur l'œil, depuis le bec, s'étend une petite ligne blanche en forme de sourcil, et l'on voit une tache noirâtre sous l'œil et un peu en arrière ; cette tache confine au blanc de la gorge, qui se teint de roussâtre sur les côtés, et plus fortement sous le ventre.

Cette fauvette est la plus grande de toutes, excepté celle des Alpes, dont nous parlerons dans la suite. Sa longueur totale est de six pouces, son vol de huit pouces dix lignes; son bec, de la pointe aux angles, a huit lignes et demie; sa queue deux pouces six lignes ; son pied dix lignes.

Elle habite, avec d'autres espèces de fauvettes plus petites, dans les jardins, les bocages et les champs semés de légumes, comme fèves ou pois; toutes se posent sur la ramée qui soutient ces légumes; elles s'y jouent, y placent leur nid, sortent et rentrent sans cesse, jusqu'à ce que le temps de la récolte, voisin de celui de leur départ, vienne les chasser de cet asile, ou plutôt de ce domicile d'amour.

C'est un petit spectacle de les voir s'égayer, s'agacer et se poursuivre ; leurs attaques sont légères et ces combats innocents se terminent toujours par quelques chansons. La fauvette fut l'emblème des amours volages, comme la tourterelle de l'amour fidèle; cependant la fauvette, vive et gaie, n'en est ni moins aimante, ni moins fidèlement attachée, et la tourterelle, triste et plaintive, n'en est que plus scandaleusement libertine [b]. Le mâle de la fauvette prodigue à sa femelle mille petits soins pendant qu'elle couve; il partage sa sollicitude pour les petits qui viennent d'éclore, et ne la quitte pas même après l'éducation de la famille; son amour semble durer encore après ses désirs satisfaits.

a. « L'on ne sauroit se trouver l'esté en quelque lieu umbrageux le long des eaux, qu'on n'oye « les fauvettes chantant à gorge desployée, si hault qu'on les oit d'un grand demi-quart de « lieue; parquoi c'est un oiseau jà cogneu en toutes contrées. » Belon, *Nat. des Oiseaux*, page 340.

b. Voyez l'article de la tourterelle, t. V, p. 514.

Le nid est composé d'herbes sèches, de brins de chanvre et d'un peu de crin en dedans; il contient ordinairement cinq œufs que la mère abandonne lorsqu'on les a touchés, tant cette approche d'un ennemi lui paraît d'un mauvais augure pour sa future famille. Il n'est pas possible non plus de lui faire adopter des œufs d'un autre oiseau : elle les reconnaît, sait s'en défaire et les rejeter. « J'ai fait couver à plusieurs petits oiseaux des œufs « étrangers, dit M. le vicomte de Querhoënt, des œufs de mésanges aux « roitelets, des œufs de linotte à un rouge-gorge; je n'ai jamais pu réussir « à les faire couver par des fauvettes, elles ont toujours rompu les œufs, et « lorsque j'y ai substitué d'autres petits elles les ont tués aussitôt. » Par quel charme donc, s'il en faut croire la multitude des oiseleurs et même des observateurs, se peut-il faire que la fauvette couve l'œuf que le coucou dépose dans son nid après avoir dévoré les siens, qu'elle se charge avec affection de cet ennemi qui vient de lui naître, et qu'elle traite comme sien ce hideux petit étranger? Au reste, c'est dans le nid de la fauvette babillarde que le coucou, dit-on, dépose le plus souvent son œuf; et dans cette espèce, le naturel pourrait être différent. Celle-ci est d'un caractère craintif; elle fuit devant des oiseaux tout aussi faibles qu'elle, et fuit encore plus vite et avec plus de raison devant la pie-grièche, sa redoutable ennemie; mais l'instant du péril passé tout est oublié, et, le moment d'après, notre fauvette reprend sa gaieté, ses mouvements et son chant. C'est des rameaux les plus touffus qu'elle le fait entendre; elle s'y tient ordinairement couverte, ne se montre que par instants au bord des buissons, et rentre vite à l'intérieur, surtout pendant la chaleur du jour. Le matin on la voit recueillir la rosée, et après ces courtes pluies qui tombent dans les jours d'été, courir sur les feuilles mouillées et se baigner dans les gouttes qu'elle secoue du feuillage.

Au reste, presque toutes les fauvettes partent en même temps, au milieu de l'automne, et à peine en voit-on encore quelques-unes en octobre : leur départ se fait avant que les premiers froids viennent détruire les insectes et flétrir les petits fruits dont elles vivent; car non-seulement on les voit chasser aux mouches, aux moucherons, et chercher les vermisseaux, mais encore manger des baies de lierre, de mézéréon et de ronces; elles engraissent même beaucoup dans la saison de la maturité des graines du sureau, de l'yèble et du troëne.

Dans cet oiseau le bec est très-légèrement échancré vers la pointe; la langue est effrangée par le bout et paraît fourchue; le dedans du bec, noir vers le bout, est jaune dans le fond; le gésier est musculeux et précédé d'une dilatation de l'œsophage; les intestins sont longs de sept pouces et demi : communément on ne trouve point de vésicule du fiel, mais deux petits cœcums; le doigt extérieur est uni à celui du milieu par la première phalange, et l'ongle postérieur est le plus fort de tous. Les testicules, dans un mâle pris le 18 de juin, avaient cinq lignes au grand diamètre, quatre dans le petit. Dans une femelle, ouverte le 4 du même mois, l'*oviductus* très-dilaté renfermait un œuf, et la grappe offrait les rudiments de plusieurs autres d'inégale grosseur.

Dans nos provinces méridionales et en Italie, on nomme assez indistinctement bec-figues la plupart des espèces de fauvettes : méprise à laquelle les nomenclateurs, avec leur nom générique *ficedula*, n'ont pas peu contribué. Aldrovande n'a donné les espèces de ce genre que d'une manière incomplète et confuse : il semble ne l'avoir pas assez connu. Frisch remarque que le genre des fauvettes est en effet un des moins éclaircis et des moins déterminés dans toute l'ornithologie. Nous avons tâché d'y porter quelques lumières en suivant l'ordre de la nature. Toutes nos descriptions, excepté celle d'une seule espèce, ont été faites sur l'objet même, et c'est tant sur nos propres observations que sur des faits donnés par d'excellents observateurs que nous avons représenté les différences, les ressemblances et toutes les habitudes naturelles de ces petits oiseaux.

LA PASSERINETTE OU PETITE FAUVETTE. [a] *

SECONDE ESPÈCE.

Nous adoptons pour cet oiseau le nom de passerinette qu'il porte en Provence : c'est une petite fauvette qui diffère de la grande, non-seulement par la taille, mais aussi par la couleur du plumage et par son refrain monotone *tip, tip*, qu'elle fait entendre à tous moments, en sautillant dans les buissons, après de courtes reprises d'une même phrase de chant. Un gris blanc fort doux couvre tout le devant et le dessous du corps, en se chargeant sur les côtés d'une teinte brune très-claire ; du gris cendré égal et monotone occupe tout le dessus, en se chargeant un peu et tirant au noirâtre dans les grandes pennes des ailes et de la queue ; un petit trait blanchâtre en forme de sourcil lui passe sur l'œil ; sa longueur est de cinq pouces trois lignes ; son vol d'environ huit pouces.

a. *Borin* Genuensibus. Aldrovande, *Avi.*, t. II, p. 733, avec une mauvaise figure, p. 734. — *Dorin* Jonston, *Avi.*, avec la figure empruntée d'Aldrovande, pl. 44. — « Muscicapa secunda « Aldrovandi, seu Borin Genuensium. » Willughby, *Ornithol.*, p. 158. — Ray, *Synops. avi.*, p. 81, n° 50. — « Ficedula supernè grisea, infernè cinerea alba, cum aliquâ rufescentis mix-« turâ ; ventre albo ; rectricibus supernè griseo fuscis, subtus dilutè cinereis, » *Curruca minor*, la petite fauvette. Brisson, *Ornithol.*, t. III, p. 374. — Dans le Bolonais, cette fauvette s'appelle *chivin* ; dans le pays de Gènes, *borin*, suivant Aldrovande et Willughby, qui le répètent d'après lui ; aux environs de Marseille, *becafigulo*, et apparemment de même dans les autres endroits où la fauvette est appe'éc *becafico*.

* *Motacilla salicaria* (Linn.). — *Sylvia hortensis* (Bechst.). — La petite fauvette, *passerinette*, ou *bretonne* (Cuv.). — Genre et sous-genre *id.*

La passerinette fait son nid près de terre, sur les arbustes : nous avons vu un de ces nids sur un groseillier dans un jardin ; il était fait en demi-coupe, composé d'herbes sèches, assez grossières en dehors, plus fines en dedans et mieux tissues ; il contenait quatre œufs, fond blanc sale, avec des taches vertes et verdâtres répandues en plus grand nombre vers le gros bout. Cet oiseau a l'iris des yeux d'un brun marron, et l'on voit une très-petite échancrure près de la pointe du demi-bec supérieur ; l'ongle posté-rieur est le plus fort de tous ; les pieds sont de couleur plombée ; le tube intestinal, du gésier à l'anus, a sept pouces, et deux pouces du gésier au pharynx ; le gésier est musculeux et précédé d'une dilatation de l'œso-phage ; on n'a point trouvé de vésicule du fiel, ni de cœcum dans l'indi-vidu observé, qui était femelle ; la grappe de l'ovaire portait des œufs d'iné-gale grosseur.

LA FAUVETTE A TÊTE NOIRE. [a] *

TROISIÈME ESPÈCE.

Aristote, en parcourant les divers changements que la révolution des saisons apporte à la nature des oiseaux, comme plus immédiatement sou-

---

a. En grec, Μελανόρυφος; Μελανκίφαλος. Aldrovande et Willughby lui appliquent le nom générique et commun de Συκαλίς. En italien, *capinera, caponegro*; dans le Bolonais et le Ferrarais, *caponero*; en allemand, *gras-mücke*; *grase-spalz*; et dans Frisch, *mœnch mit der schwarzen platte* (le mâle), *mœnch mit einer rœthlichen platte* (la femelle). Les Silésiens et les Saxons lui appliquent également le nom de *moine*, *petit moine* : *mœnch*, *mœnchlein*; en Suisse, *schwarz-kopf*; en Bohème, *plask*; suivant Rzaczynski, en polonais, *figoiadka*; en anglais, *black-cap*. La femelle est connue en Provence sous le nom de *testo rousso*. — *Atricapilla*. Gessner, *Avi.*, p. 384; *id. Icon. Avi.*, p. 47. — Schwenckfeld, *Avi. Siles.*, p. 227. — Belon, *Observ.*, p. 19. — Jonston, *Avi.*, p. 90, avec la figure du mâle prise d'Olina, pl. 45, dans la même page; la femelle sous le nom de *atricapilla altera*. — Linnæus, *Syst. nat.*, édit. VI, g. 82, sp. 16. — « Motacilla testacea, subtus cinerea, pileo obscuro. Atricapilla. » Linn., *Syst. nat.*, édit. X, g. 99, sp. 19. — « Atricapilla, seu ficedula. » Aldrovand. *Avi.*, t. III, p. 756, avec une figure du mâle très-peu exacte, p. 757; et dans la même page la femelle sous le nom de *atricapilla alia castaneo vertice*, avec une figure encore plus mauvaise. — « Atricapilla seu ficedula Aldrovandi. » Willughby, *Ornithol.*, p. 162, avec la figure du mâle prise d'Olina, pl. 41. — Ray, *Synops. Avi.*, p. 79, n° a, 8. — « Atricapilla Schwenckfeldii, « ficedula Bellonii Gessneri, et Aldrovandi. » Rzaczynski, *Auctuar. Hist, nat. Polon.*, p. 366. — *Curruca atricapilla*. Frisch, avec une figure exacte du mâle, pl. 23; dans la même une figure aussi bonne de la femelle, sous le nom de *curruca vertice subrubro*. — *Sylvia atricapilla*. Klein, *Avi.*, p. 79, n° 14, le mâle : même page, n° 15, *sylvia vertice subrubro*, la femelle. — « Motacilla testacea, subtus subcinerea, pileo obscuro. » Linn., *Fauna Suec.*, n° 229, avec de mauvaises figures du mâle et de la femelle, tab. 1, n° 229. — *Capinera*, Olina, p. 9, avec une figure exacte du mâle. — « Ficedula supernè griseo fusca, ad olivaceum inclinans, infernè « grisea; ventre cinereo albo; capite superiùs nigro (Mas), dilutè castaneo (Fœmina); rectri-« cibus cinereo fuscis, oris exterioribus fusco-olivaceis. » *Curruca atricapilla*, la fauvette à tête noire. Brisson, *Ornithol.*, t. III, p. 380.

* *Motacilla atricapilla* (Linn.). — Genre et sous-genre *id.*

mis à l'empire de l'air, dit que le becfigue se change dans l'automne en fauvette à *tête noire* [a] ; cette prétendue métamorphose, qui a fort exercé les naturalistes, a été regardée des uns comme merveilleuse, et rejetée des autres comme incroyable [b] ; cependant elle n'est ni l'un ni l'autre, et nous paraît très-simple : les petits de la fauvette dont nous parlons ici sont, pendant tout l'été, très-semblables par le plumage au becfigue ; ce n'est qu'à la première mue qu'ils prennent leurs couleurs, et c'est alors que ces prétendus becfigues se changent en fauvettes à tête noire ; cette même interprétation est celle du passage où Pline parle de ce changement [c].

Aldrovande, Jonston et Frisch, après avoir décrit la fauvette à tête noire, paraissent faire une seconde espèce de la fauvette à tête brune [d] ; cependant celle-ci n'est que la femelle de l'autre, et il n'y a d'autres différences entre le mâle et la femelle que dans cette couleur de la tête, noire dans le premier et brune dans la seconde : en effet, une calotte noire couvre, dans le mâle, le derrière de la tête et le sommet, jusque sur les yeux ; au-dessous et à l'entour du cou est un gris ardoisé, plus clair à la gorge, et qui s'éteint sur la poitrine dans du blanc, ombré de noirâtre vers les flancs ; le dos est d'un gris brun, plus clair aux barbes extérieures des pennes, plus foncé sur les inférieures, et lavé d'une faible teinte olivâtre. L'oiseau a de longueur cinq pouces cinq lignes ; huit pouces et demi de vol.

La fauvette à tête noire est, de toutes les fauvettes, celle qui a le chant le plus agréable et le plus continu ; il tient un peu de celui du rossignol, et l'on en jouit bien plus longtemps, car plusieurs semaines après que ce chantre du printemps s'est tu, l'on entend les bois résonner partout du chant de ces fauvettes ; leur voix est facile, pure et légère, et leur chant s'exprime par une suite de modulations peu étendues, mais agréables, flexibles et nuancées ; ce chant semble tenir de la fraîcheur des lieux où il

a. « Ficedulæ et atricapillæ invicem commutantur ; fit enim ineunte autumno ficedula, ab « autumno protinus atricapilla. Nec enim inter eos discrimen aliquod nisi coloris et vocis est. « Avem autem esse eamdem constat : quia dum immutaretur hoc genus utrumque conspectum « est, nondum absolutum, nec alterutrum adhuc proprium ullum habens appellationis. Nec « mirum si hæc ita voce, aut colore mutatur, quando et palumbes hieme non gemit. » Voyez *Hist. animal.*, lib. ix, cap. xlix. Quant à l'autre passage du même livre, chap. xv, où Aristote parle encore d'un oiseau à tête noire, *atricapilla*, qui « pond jusqu'à vingt œufs, et niche dans des trous d'arbres, » on doit l'entendre de la *nonette* ou petite mésange à tête noire, à qui seule ces caractères peuvent convenir.

b. *Niphus*, dans Aldrovande, s'efforce de résoudre ce problème en distinguant une grande et une petite *tête noire*, cette dernière n'étant point transmuée en becfigue, et qu'on voit en même temps que cet oiseau, l'autre qu'on ne voit jamais avec lui, et qui effectivement se métamorphose. « Les oiseleurs bolonais, ajoute Aldrovande, les distinguent ainsi ; » et cependant il se refuse à cette opinion ; et l'instant d'après il confond la fauvette à tête noire avec le bouvreuil, quoique la figure qu'il donne (page 757) soit celle de la fauvette.

c. « Alia ratio ficedulis quam lusciniis ; nam formam simul coloremque mutant. Hoc nomen « nisi autumno, postea melancoryphi. » Pline, *Hist. nat.*, lib.

d. *Atricapilla altera.* Jonston, *Avi.*, p. 90, pl. 45. — *Atricapilla alia castaneo vertice.* Aldrovande, *Avi.*, t. II, p. 757. — *Curruca vertice subrubro.* Frisch, pl. 23.

se fait entendre ; il en peint la tranquillité, il en exprime même le bonheur ; car les cœurs sensibles n'entendent pas sans une douce émotion, les accents inspirés par la nature aux êtres qu'elle rend heureux.

Le mâle a pour sa femelle les plus tendres soins ; non-seulement il lui apporte sur le nid des mouches, des vers et des fourmis, mais il la soulage de l'incommodité de sa situation ; il couve alternativement avec elle ; le nid est placé, près de terre, dans un taillis soigneusement caché, et contient quatre ou cinq œufs, fond verdâtre avec des taches d'un brun léger. Les petits grandissent en peu de jours, et pour peu qu'ils aient de plumes ils sautent du nid dès qu'on les approche, et l'abandonnent. Cette fauvette ne fait communément qu'une ponte dans nos provinces ; Olina dit qu'elle en fait deux en Italie, et il en doit être ainsi de plusieurs espèces d'oiseaux dans un climat plus chaud, et où la saison des amours est plus longue.

A son arrivée au printemps, lorsque les insectes manquent par quelque retour du froid, la fauvette à tête noire trouve une ressource dans les baies de quelques arbustes, comme du lauréole et du lierre : en automne, elle mange aussi les petits fruits de la bourdaine et ceux du cormier des chasseurs [a]. Dans cette saison elle va souvent boire, et on la prend aux fontaines sur la fin d'août ; elle est alors très-grasse et d'un goût délicat.

On l'élève aussi en cage, et de tous les oiseaux qu'on peut mettre en volière, dit Olina, cette fauvette est un des plus aimables [b]. L'affection qu'elle marque pour son maître est touchante ; elle a pour l'accueillir un accent particulier, une voix plus affectueuse : à son approche, elle s'élance vers lui, contre les mailles de sa cage, comme pour s'efforcer de rompre cet obstacle et de le joindre, et par un continuel battement d'ailes, accompagné de petits cris, elle semble exprimer l'empressement et la reconnaissance [c].

Les petits élevés en cage, s'ils sont à portée d'entendre le rossignol, perfectionnent leur chant et le disputent à leur maître [d]. Dans la saison du départ, qui est à la fin de septembre, tous ces prisonniers s'agitent dans la cage, surtout pendant la nuit et au clair de la lune [e], comme s'ils savaient qu'ils ont un voyage à faire, et ce désir de changer de lieu est si profond et

a. Schwenckfeld, *Avium Siles.*, p. 228.

b. « Fra'gl'altri uccelletti di gabbia, e di natura allegra; di canto soave e dilettoso, di vista « vaga e gratiosa. » Olina, *Uccelleria*, p. 9.

c. Olina, page 9 ; c'est d'elle que mademoiselle Descartes a dit : « N'en déplaise à mon oncle, « elle a du sentiment. »

d. « La fauvette (à tête noire) que j'élevais, a formé son chant sur celui du rossignol, et a « étendu sa voix au point qu'actuellement elle fait taire mes rossignols qui sont ses maîtres. » Note communiquée par M. le trésorier le Moine. — « I giovanetti presi alla ragna faranno il « verso boscareccio, e piglieranno altre sorti di versi, di fanelli imparati, overo altri uccelli, « imparando li nidiaci tutto quello che gli vien insegnato. » Olina, *Uccelleria*, p. 9.

e. *Traité du Rossignol*, p. 138. Salerne, *Ornithol.*, p. 239.

si vif, qu'ils périssent alors en grand nombre du regret de ne pouvoir se satisfaire.

Cet oiseau se trouve communément en Italie, en France, en Allemagne et jusqu'en Suède[a] : cependant on prétend qu'il est assez rare en Angleterre[b].

Aldrovande nous parle d'une variété dans cette espèce, qu'il appelle *fauvette variée*[c], sans nous dire si cette variété n'est qu'individuelle, ou si c'est une race particulière. M. Brisson, qui la donne sous le nom de *fauvette noire et blanche*, n'en dit pas davantage ; et il paraît que la *fauvette à dos noir* de Frisch[d] n'est encore que cette même variété de la fauvette à tête noire.

La *petite colombaude* des Provençaux est une autre variété de cette même fauvette ; elle est seulement un peu plus grande, et a tout le dessus du corps d'une couleur plus foncée et presque noirâtre ; la gorge blanche et les côtés gris : elle est leste et très-agile ; elle aime les ombrages et les bois les plus touffus, et se délecte à la rosée, qu'elle reçoit avidement.

Dans une fauvette à tête noire, femelle, ouverte le 4 juin, l'ovaire se trouva garni d'œufs de différentes grosseurs ; le tube intestinal, de l'anus au gésier, était long de sept pouces un quart ; il y avait deux cœcums bien marqués, de deux lignes de long ; le gésier musculeux était long de cinq lignes ; la langue effilée et fourchue par le bout ; le bec supérieur tant soit peu échancré ; le doigt extérieur uni à celui du milieu par sa première phalange ; l'ongle postérieur le plus fort de tous.

Dans un mâle, le 19 juin, les testicules avaient quatre lignes de longueur et trois de large ; la trachée-artère avait un nœud renflé à l'endroit de la bifurcation ; et l'œsophage, long d'environ deux pouces, formait une poche avant son insertion dans le gésier.

LA GRISETTE OU FAUVETTE GRISE,

EN PROVENCE PASSERINE.[e][*]

QUATRIÈME ESPÈCE.

Aldrovande parle de cette fauvette grise sous le nom de *stoparola*, que lui donnent les oiseleurs bolonais, apparemment, dit ce naturaliste,

a. Frisch.

b. « Frequentat in Italiâ ; in Angliâ quoque, sed rariùs invenitur. » Willughby, p. 163.

c. *Ficedula varia.* Aldrovande, *Avi.*, t. II, p. 759, avec une figure très-peu reconnaissable.

d. *Curruca albo et nigro varia*, t. III, p. 383.

e. *Stoparola vulgò.* Aldrovande, *Avi.*, t. II, p. 732, avec une très-mauvaise figure. —

* *Motacilla grisea* (Gmel.). — *Sylvia cinerea* (Temm.). — La *fauvette roussâtre* (Cuv.). — Genre et sous-genre *id.*

parce qu'elle fréquente les buissons et les halliers où elle fait son nid [a].

Nous avons vu l'un de ces nids sur un prunelier à trois pieds de terre; il est en forme de coupe et composé de mousse des prés entrelacée de quelques brins d'herbes sèches; quelquefois il est entièrement tissu de ces brins d'herbes plus fines en dedans, plus grossières en dehors; ce nid contenait cinq œufs fond gris verdâtre, semés de taches roussâtres et brunes plus fréquentes au gros bout.

La mère fut prise avec les petits; elle avait l'iris couleur de marron; les bords du bec supérieur légèrement échancrés à la pointe; les deux paupières garnies de cils blancs; la langue effrangée par le bout; le tube intestinal, du gésier à l'anus, était de six pouces de longueur; il y avait deux cœcums longs de deux lignes, adhérents à l'intestin; de l'œsophage au gésier la distance était de deux pouces, et le premier avant son insertion formait une dilatation; la grappe de l'ovaire était garnie d'œufs d'inégale grosseur.

Dans un mâle ouvert au milieu du mois de mai, les viscères se trouvèrent à très-peu près les mêmes; des deux testicules le droit était plus gros que le gauche, et avait dans son grand diamètre quatre lignes, et deux lignes trois quarts dans le petit; on observa le gésier musculeux, dont les deux membranes se dédoublent; il contenait quelques débris d'insectes et point de graviers; l'iris était mordoré clair, dans un autre il parut orangé, ce qui montre que cette partie est sujette à varier en couleurs, et ne peut point fournir un caractère spécifique.

Aldrovande remarque que l'œil de la grisette est petit, mais qu'il est vif et gai. Le dos et le sommet de la tête sont gris cendré; les tempes, dessus et derrière l'œil, marquées d'une tache plus noirâtre; la gorge est blanche jusque sous l'œil; la poitrine et l'estomac sont blanchâtres, lavés d'une teinte de roussâtre clair, comme vineuse. Cette fauvette est un peu plus grosse que le bec-figue : sa longueur totale est de cinq pouces sept lignes; elle a huit pouces de vol : on l'appelle *passerine* en Provence, et sous cet autre ciel elle a d'autres habitudes et d'autres mœurs; elle aime à se repo-

Stoparola. Jonston, *Avi.*, p. 87, et la figure empruntée d'Aldrovande, pl. 44. — *Stoparola Aldrovandi*. Willughby, *Ornithol.*, p. 153. — Ray, *Synops.*, p. 77, n° a, 1. — *Stoparola pectore et ventre candido*, *Aldrovandi*. Willughby, *Ornithol.*, p. 171, n° 5. — *Cineraria*. Linn., *Syst. nat.*, édit. VI, g. 82, sp. 15. — « Motacilla supra cinerea, subtus alba, rectrice primâ « longitudinaliter dimidiato albâ, secundâ apice albâ, » Sylvia. *Syst. nat.*, édit. X, g. 99, sp. 9. — « Motacilla supra cinerea, infra alba; rectrice primâ longitudinaliter dimidiato albâ, secundâ « apice albâ. » *Idem. Fauna Suec.*, n° 228. — « Ficedula supernè grisea, infernè alba, cum « aliquâ rufescentis mixturâ; rectricibus decem intermidiis fuscis, marginibus griseis, extimâ « exteriùs albo rufescente, inferiùs dilutè cinerea, orà candidâ. » *Curruca cinerea, sive cineraria*, la fauvette grise ou la grisette. Brisson, *Ornithol.*, t. III, p. 376. — *Motacilla subcinerea*. Barrère, *Ornithol.*, class. III, g. 19, sp. 5. — Les oiseleurs holonais la nomment *stoparola*, suivant Aldrovande; les Suédois, *skogsknett* ou *skogsknetter* et *mesar*, suivant Linnæus; les Provençaux, *passerine*.

a. « Stoparola nescio quo vocabulo, nisi fortè a stipulis. » Aldrovande, t. II, p. 732.

ser sur le figuier et l'olivier, se nourrit de leurs fruits, et sa chair devient très-délicate ; son petit cri semble répéter les deux dernières syllabes de son nom de passerine.

M. Guys nous a envoyé de Provence une petite espèce de fauvette, sous le nom de *bouscarle*[1], gravée dans nos planches enluminées, n° 655, fig. 2. L'espèce avec laquelle la bouscarle nous paraît avoir plus de rapport, tant par la forme du bec que par la grandeur, est la grisette ; cependant la bouscarle en diffère par le ton de couleur, qui est plutôt fauve et brun que gris.

LA FAUVETTE BABILLARDE. [a] *

CINQUIÈME ESPÈCE.

Cette fauvette est celle que l'on entend le plus souvent et presque incessamment au printemps : on la voit aussi s'élever fréquemmeut d'un petit vol, droit au-dessus des haies, pirouetter en l'air et retomber en chantant

[a]. En grec, Ἱπολαίς, Ἐπιλαίς, en grec moderne, Πεταμίδα ; en latin moderne, *curruca* ; en italien, *pizamosche*, *becafico canapino* ; et dans le peuple de la campagne, *startagniu*, *startagna* ; aux environs du lac Majeur, *ficcafiga* ; dans le Bolonais, *canevarola* ; en allemand, *gras-mücke*, *fahle gras-mücke*, suivant Gessner et Frisch, *schnepfe* et *weustling* ; en illyrien, *pienige* ; en polonais, *piegza* ; en suédois, *kruka* ; en anglais, *titling*. — *Curruca*. Gessner, *Avi.*, p. 369, *id. Icon avi.*, p. 47. — Schwenckfeld, *Avi. Siles.*, p. 255. — Sibbald, *Scot. illustr.*, part. II, lib. III, p. 17. — Linnæus, *Syst. nat.*, édit. VI, g. 82, sp. 21. — Belon, *Observ.*, p. 17. — « Curruca, seu passer gramineus Schwenckfeldii ; hypolaïs aliorum. » Rzaczynski, *Auctuar.*, p. 377. — *Curruca* ; Alberto *andithia* ; *hypolaïs, passer sepiarius, id. Hist. nat. Polon.*, p. 278. — *Curruca cantu luscinæ.* Frisch, avec une belle figure, pl. 21. — *Hypolaïs, seu curruca.* Aldrovande, *Avi.*, t. II, p. 752, avec une mauvaise figure prise de Gessner. — Jonston, *Avi.*, p. 90, avec la même figure, pl. 45, *idem.* — *Ficedula canabina*, avec la figure empruntée d'Olina, pl. 33. — *Ficedula canabina*, Willughby, *Ornithol.*, avec la figure prise dans Olina, tab. 23. — « Ficedula rostro et pedibus luteis major. » Barrère, *Ornithol.*, class. III, g. 18, sp. 2. — « Parus subviridis, seu curruca. » *Idem*, *ibid.*, g. 24, sp. 6. — « Motacilla supra fusca, subtus exalbida ; maculâ ponè oculos grisea. » Linnæus, *Fauna Suec.*, n° 233. — « Motacilla supra fusca, subtus albida : rectricibus fuscis : extremâ margine tenuiore « alba. » *Curruca*. Linnæus, *Syst. nat.*, édit. X, g. 99, sp. 6. — « Motacilla supra grisea, « subtus cinerea, remigibus primoribus apice obsoletis. » Philomela. *Idem*, *ibid*, sp. 10. — *Luscinia fusca.* Klein, *Avi.*, p. 73, n° 3, *idem*, *ibid*, n° 2. *Luscinia altera.* — *Canevarola* Bononiensibus *dicta*. Aldrovande, *Avi.*, t. II, p. 754, avec une figure peu ressemblante. — Jonston, *Avi.*, p. 88, tab. 45, la figure copiée d'Aldrovande. — Charleton, *Exercit.*, p. 97, n° 12, *idem. Onomast.* p. 91, n° 12. — *Beccafigo canapino.* Olina, p. 11, avec une figure peu exacte. — *Fauvette brune.* Belon, *Nat. des Oiseaux*, p. 340, avec une figure passable, *idem. Portrait d'oiseaux*, p. 85, a. *Fauvette noire* ou *brune*, avec la même figure. — « Ficedula « supernè cinereo fusca, infernè alba, cum aliquâ rufescentis mixturâ, vertice cinereo, tæniâ « infra oculos saturatè cinereâ ; rectricibus fuscis ; marginibus griseis, extimâ exteriûs et apice « albâ, interiûs cinereâ margine albâ præditâ... » *Curruca garrula*, la fauvette babillarde. Brisson, *Ornithol.*, t. III, p. 384.

1. *Sylvia cetti* (Temm.). — « C'est l'oiseau primitivement décrit par le P. Cetti, sous le nom de *usignuolo di fiume.* (*Ucc. di Sardeg.*). » (Desmarets.).

* *Motacilla curruca* (Linn.). — Genre *Becs-Fins*, sous-genre *Fauvettes* (Cuv.).

une petite reprise de ramage fort vif, fort gai, toujours le même, et qu'elle répète à tout moment, ce qui lui a fait donner le nom de *babillarde ;* outre ce refrain qu'elle chante le plus souvent en l'air, elle a une autre sorte d'accent ou de sifflement fort grave *bjie, bjie,* qu'elle fait entendre de l'épaisseur des buissons, et qu'on n'imaginerait pas sortir d'un oiseau si petit ; ses mouvements sont aussi vifs, aussi fréquents que son babil est continu ; c'est la plus remuante et la plus leste des fauvettes. On la voit sans cesse s'agiter, voleter, sortir, rentrer, parcourir les buissons, sans jamais pouvoir la saisir dans un instant de repos. Elle niche dans les haies, le long des grands chemins, dans les endroits fourrés, près de terre et sur les touffes mêmes des herbes engagées dans le pied des buissons[a] ; ses œufs sont verdâtres, pointillés de brun.

Suivant Belon, les Grecs modernes appellent cette fauvette *potamida,* oiseau du bord des rivières ou des ruisseaux : c'est sous ce nom qu'il l'a reconnue en Crète, comme si dans un climat plus chaud[b] elle affectait davantage de rechercher la proximité des eaux que dans nos contrées tempérées, où elle trouve plus aisément de la fraîcheur ; les insectes que l'humidité échauffée fait éclore font sa principale nourriture. Son nom, dans Aristote[c], désigne un oiseau qui cherche sans cesse les vermisseaux ; cependant on voit rarement cette fauvette à terre, et ces vermisseaux qui font sa pâture sont les chenilles qu'elle trouve sur les arbustes et les buissons.

Belon, qui l'appelle d'abord *fauvette brune,* lui donne ensuite le surnom de *plombée,* qui représente beaucoup mieux la vraie teinte de son plumage. Elle a le sommet de la tête cendré, tout le manteau cendré-brun, le devant du corps blanc, lavé de roussâtre ; les pennes de l'aile brunes, leur bord intérieur blanchâtre, l'extérieur des grandes pennes est cendré, et celui des moyennes est gris roussâtre ; les douze plumes de la queue sont brunes, bordées de gris, excepté les deux plus extérieures, qui sont blanches en dehors comme dans la fauvette commune ; le bec et les pieds sont d'un gris

a. « Nidum suspendit inter gramina rotundum, ova maio, plerumque quinque aliquando « septem, subviridia, punctis notata. » Schwenckfeld, *Avi. Siles.*, p. 255.

b. « Quelques auteurs grecs et modernes ont mis *potamida* de nom vulgaire, pensant exprimer le rossignol ; toutefois sommes bien assurés que *potamida* n'est pas rossignol, car lorsqu'étions en Crète, trouvâmes le nid de tel oiseau qu'ils nomment *potamida* sur une plante de *teucrion,* et lequel pûmes reconnoître que c'étoit de l'oiseau que notre vulgaire nomme une *fauvette brune…* Ce n'est pas sans raison que le vulgaire de la Grèce la nomme *potamida,* car elle suit communément les ruisselets, pour ce qu'elle y trouve mieux sa pasture, qu'elle prend de vermine en vie. » Belon, *Nat. des Oiseaux,* p. 340. — « Il y a un autre oiseau appelé par les « anciens *curruca,* que les Français connaissent sous le nom de *fauvette brune,* et que les « Grecs qui habitent à présent cette île (de Crète) appellent *potamida.* L'on tient que le coucou « est son ennemi, et qu'il mange ses petits quand il en trouve l'occasion. » Dapper, *Descript. des îles de l'Archipel,* p. 62.

c. Ὑπολαΐς, que Gaza traduit *curruca ;* nom que tous les naturalistes ont appliqué à cette fauvette. « Ypolaïs, quod verminibus pascatur. » Schwenckfeld.

plombé; elle a cinq pouces de longueur et six pouces et demi de vol : sa grosseur est celle de la grisette, et en tout elle lui ressemble beaucoup.

C'est à cette espèce qu'on doit rapporter, non-seulement le *bec-figue de chanvre* d'Olina[a], qu'il dit être si fréquent dans les chènevières de la Lombardie, mais encore la *canevarola* d'Aldrovande, et la fauvette *titling* de Turner[b]. Au reste, cette fauvette se prive aisément : comme elle habite autour de nous dans nos prés, nos bosquets, nos jardins, elle est déjà familière à demi; si l'on veut l'élever en cage, ce que l'on fait quelquefois pour la gaieté de son chant, il faut, dit Olina, attendre à l'enlever du nid qu'elle ait poussé ses plumes, lui donner une baignoire dans sa cage, car elle meurt dans le temps de la mue, si elle n'a pas la facilité de se baigner; avec cette précaution et les soins nécessaires, on pourra la garder huit à dix ans en cage[c].

LA ROUSSETTE OU LA FAUVETTE DES BOIS.[d]*

SIXIÈME ESPÈCE.

Si Belon ne distinguait pas aussi expressément qu'il le fait la *roussette*[e] ou *fauvette des bois* de son *mouchet*[f], que nous verrons être la fauvette d'hiver, nous aurions regardé ces deux oiseaux comme le même, et nous n'en eussions fait qu'une espèce; nous ne savons pas encore si elles sont différentes, car les ressemblances paraissent si grandes et les différences si petites, que nous réunirions ces deux oiseaux si Belon, qui les a peut-être

a. *Beccafico canapino.* Olina, *Uccelleria*, p. 11.

b. Aldrovande, t. II, p. 754 , remarque que la *canevarola* ressemble entièrement à la fauvette *titling* de Turner, qu'il vient de rapporter lui-même, page précédente, à sa *curruca*.

c. Olina , p. 11.

d. *Roussette.* Belon, *Nat. des Oiseaux*, p. 338 , avec une mauvaise figure, p. 339 ; la même, *Portrait d'oiseau*, p. 84 , b. Belon ne donne pas d'autres noms à cette fauvette que les noms génériques de Συκαλίς et de *becafigha*. — *Lusciniola.* Aldrovande , *Avi.*, t. II , p. 765, avec la figure empruntée de Belon. — Jonston, *Avi.*, p. 88. — *Lusciniola Bellonii.* Charleton, *Exercit.*, p. 97, n° 14 ; *idem. Onomast.*, p. 92 , n° 14. — « Lusciniola seu roussette Bellonii, Aldrovandi. » Willughby, *Ornithol.*, p. 171, n° 1. — Ray, *Synops. Avi.*, p. 80 , n° 1. — *Schoenobœnus.* Linnæus , *Syst. nat.*, édit. VI, g. 82, sp. 9. — « Motacilla testaceo-fusca, subtus pallidè tes- « tacea capite maculato. » *Idem.* édit. X, g. 99, sp. 4. — « Motacilla testacea fusca, subtus « pallidè testacea capite maculato. » *Fauna Suec.*, n° 222. — « Ficedula supernè fusco et rufo « varia, infernè rufescens ; pectore dorso concolore ; remigibus fuscis, oris exterioribus rufis ; « rectricibus penitùs fuscis. » *Curruca sylvestris sive lusciniola*, la fauvette des bois ou la roussette. Brisson , *Ornithol.*, t. III , p. 393.

e. *Nature des Oiseaux* , p. 338.

f. *Idem, ibidem*, p. 375.

* *Motacilla schœnobœnus* (Linn.). — Même espèce que la *Fauvette d'hiver* ou *traîne-buisson*. Voyez, plus loin, la synonymie de cet oiseau.

mieux observés que nous, ne les avait pas séparés d'espèce et de nom.

Comme toutes les fauvettes, celle-ci est toujours gaie, alerte, vive, et fait souvent entendre un petit cri ; elle a de plus un chant qui, quoique monotone, n'est point désagréable ; elle le perfectionne lorsqu'elle est à portée d'entendre des modulations plus variées et plus brillantes[a]. Ses migrations semblent se borner à nos provinces méridionales ; elle y paraît l'hiver[b] et chante dans cette saison : au printemps elle revient dans nos bois, préfère les taillis et y construit son nid de mousse verte et de laine ; elle pond quatre ou cinq œufs d'un bleu céleste.

Ses petits sont aisés à élever et à nourrir, et l'on en prend volontiers la peine pour le plaisir que donne leur familiarité, leur petit ramage et leur gaieté. Ces oiseaux ne laissent pas d'être courageux. « Ceux que j'élevais, « dit M. de Querhoënt, se faisaient redouter de beaucoup d'oiseaux aussi « gros qu'eux ; au mois d'avril je donnai la liberté à tous mes petits pri- « sonniers ; les roussettes furent les dernières à en profiter. Comme elles « allaient souvent faire de petites promenades, les sauvages de la même « espèce les poursuivaient, mais elles se réfugiaient sur la tablette de ma « fenêtre, où elles tenaient bon ; elles hérissaient leurs plumes, chaque « parti fredonnait une petite chanson et becquetait la planche à la manière « des coqs, et le combat s'engageait aussitôt avec vivacité. »

Cette fauvette est la seule que nous n'ayons pu décrire d'après nature ; la description qu'on nous donne du plumage nous confirme dans la pensée que cette espèce est au moins très-voisine de celle de la fauvette d'hiver[1], si ce n'est pas précisément la même : celle-ci a la tête, le dessus du cou, la poitrine, le dos et le croupion variés de brun et de roux, chaque plume étant dans son milieu de la première couleur, et bordée de la seconde ; les plumes scapulaires, les couvertures du dessus des ailes et de la queue, variées de même et des mêmes couleurs ; la gorge, la partie inférieure du cou, le ventre et les côtés roussâtres ; les pennes des ailes brunes, bordées de roux, celles de la queue tout à fait brunes. Elle est de la grandeur de la fauvette, première espèce. La robe des fauvettes est généralement terne et obscure : celle de la roussette ou fauvette des bois est une des plus variées, et Belon peint avec expression l'agrément de son plumage[c]. Il remarque en

---

a. « Ceux que j'élevais m'ont paru avoir un chant plus mélodieux que les sauvages, peut-être « parce qu'ils entendaient assez souvent jouer du violon ; ils chantaient assez fréquemment. » Note de M. le vicomte de Querhoënt.

b. « Elle ne quitte point le pays, et chante l'hiver comme le roitelet. » *Idem.*

c. « Ceux qui sont coustumiers de tendre aux oiseaux, ou de les prendre à la pipée, n'en « laissent aucun sans lui bailler quelques noms ; parquoi trouvant cestui-ci aucunement fre- « quent, ayant plusieures madrures de couleur exquise, entre phénicée et orangée sur le bout « des plumes, qui font que l'oiseau en apparoist roussastre, lui ont imposé ce nom. » *Nat. des Oiseaux*, p. 338.

1. Voyez la synonymie ci-dessus.

même temps que cet oiseau n'est guère connu que des oiseleurs et des paysans voisins des bois [a], et qu'on le prend dans les chaleurs lorsqu'il va boire aux mares.

LA FAUVETTE DE ROSEAUX. [b]*

SEPTIÈME ESPÈCE.

La fauvette de roseaux chante dans les nuits chaudes du printemps comme le rossignol, ce qui lui a fait donner, par quelques-uns, le nom de rossignol des saules ou des osiers [c]. Elle fait son nid dans les roseaux, dans les buissons, au milieu des marécages, et dans les taillis au bord des eaux. Nous avons vu un de ces nids sur les branches basses d'une charmille près de terre; il est composé de paille et de brins d'herbe sèche, d'un peu de crin en dedans : il est construit avec plus d'art que celui des autres fauvettes : on y trouve ordinairement cinq œufs blanc sale, marbrés de brun plus foncé et plus étendu vers le gros bout.

Les petits, quoique fort jeunes et sans plumes, quittent le nid quand on y touche et même quand on l'approche de trop près : cette habitude, qui est propre aux petits de toute la famille des fauvettes, et même à cette espèce qui niche au milieu des eaux, semble être un caractère distinctif du naturel de ces oiseaux.

a. « Nous ne pouvons imaginer quel nom ancien grec ou latin a obtenu cette roussette; « mesmement est peu cogneue, sinon en certains endroits par les paysans des villages situés le « long des forests... Aussi qui vouldroit voir l'expérience de l'appellation de cet oiseau, auroit « à s'enquerir des oiseleurs qui tendent par les forests, car ceux qui se tiennent ez villes n'en « savent nouvelles. » *Idem*, *ibidem*.

b. En allemand, *weiderich*, Rzac.; — *wydenguckerle*, *wydenguckerlin*, selon Gessner; en suisse, *wyderle*, *zilzepsle*, *idem*; en polonais, *wierzbowniozka*; en anglais, *sedge bird*, oiseau de sauge, suivant Albin. — *Salicaria*. Gessner. *Icon. Avi.*, p. 50, avec une très-mauvaise figure. — *Salicaria Ornithologi*. Aldrovande, *Avi.*, t. II, p. 737, avec la figure copiée de Gessner. — *Salicaria Gessneri*. Willughby, *Ornithol.*, p. 158. — Ray, *Synops. Avi.*. p. 81, n° 11. — Rzaczynski, *Auctuar.*, p. 419. — *Luscinia salicaria Gessneri*. Klein, *Avi*, p. 74, n° 4. — *Wydengückerlin*. Gessner, *Avi.*, p. 796, avec une très-mauvaise figure. — *Stoparola altera*, Jonston, *Avi.*, p. 87, avec la figure empruntée d'Aldrovande, tab. 44. — Rzaczynski, *Hist. nat. Polon.*, p. 421. — « Avis consimilis stoparolæ et magnanimæ. » Aldrovande, *Avi.*, t. II, p. 732, avec une figure peu ressemblante, p. 733. — « Avis consimilis stoparolæ et magnanimæ « Aldrovandi. » Willughby, *Ornithol.*, p. 153. — Ray, *Synops. Avi.*, p 81, n° 6. — « Avis sto- « parolæ similis. » Sibbald, *Scot. illustr.*, part. II, lib. III, p. 17. — « Motacilla cinerea, « subtùs alba, superciliis albis, Salicaria. » Linnæus, *Syst. nat.*, édit. X, g. 99, sp. 18. — *Oiseau de sauge*. Albin, t. III, p. 26, avec une figure mal coloriée, pl. 60. — « Ficedula « supernè grisea, ad olivaceum inclinans, infernè flavicans; tæniâ supra oculos flavicante; « rectricibus cinereo-fuscis, oris exterioribus grisco-olivaceis. » *Curruca arundinacea*, la fauvette des roseaux. Brisson, *Ornithol.*, t. III, p. 378.

c. *Luscinia salicaria*. Gessner, Klein.

* *Motacilla salicaria* (Gmel.). — Genre et sous-genre *id*. (Cuv.).

On voit pendant tout l'été cette fauvette s'élancer du milieu des roseaux pour saisir au vol les *demoiselles* et autres insectes qui voltigent sur les eaux ; elle ne cesse en même temps de faire entendre son ramage [a] ; et, pour dominer seule dans un petit canton, elle en chasse les autres oiseaux [b], et demeure maîtresse dans son domicile, qu'elle ne quitte qu'au mois de septembre pour partir avec sa famille.

Elle est de la grandeur de la fauvette à tête noire, ayant cinq pouces quatre lignes de longueur et huit pouces huit lignes de vol ; son bec est long de sept lignes et demie, les pieds de neuf, sa queue de deux pouces ; l'aile pliée s'étend un peu au delà du milieu de la queue : elle a tout le dessus du corps d'un gris roussâtre clair, tirant un peu à l'olivâtre près du croupion ; les pennes des ailes plus brunes que celles de la queue ; les couvertures inférieures des ailes sont d'un jaune clair ; la gorge et tout le devant du corps jaunâtre, sur un fond blanchâtre, altéré sur les côtés et vers la queue de teintes brunes.

Il n'y a nulle apparence que la *petronella* de Schwenckfeld, oiseau qui *niche sous les rochers et à plate-terre,* qu'on *ne voit que dans les endroits escarpés* des montagnes, qui *remue incessamment la queue,* comme la lavandière [c], soit notre fauvette de roseaux ; et nous ne voyons pas sur quoi M. Brisson a pu l'y rapporter ; car, suivant le plumage même que lui donne Schwenckfeld, ce serait plutôt une sorte de rossignol de muraille ou de queue-rouge.

Si l'*oiseau de sauge* (*sedge bird*) d'Albin [d] est aussi la fauvette de roseaux, la figure qu'il en donne est bien mauvaise, et toutes les couleurs en sont fausses. Ce n'est point peindre, c'est masquer la nature que de la charger d'images infidèles. La figure donnée dans Aldrovande, et empruntée de Gessner, sous le nom de *salicaria,* porte un bec de beaucoup trop gros, et qui ne peut appartenir au genre des fauvettes ; et si l'oiseau de la page 733 (*avis consimilis stoparolæ et magnanimæ*) est la fauvette de roseaux, comme le dit M. Brisson, et, comme on peut le croire, il est très-difficile d'imaginer que la *salicaria* de la page 737 soit le même. Tel est l'embarras de démêler dans Aldrovande les espèces qu'il a voulu rapporter à un genre qu'il paraît n'avoir pas connu par lui-même ; et on voit par l'exemple de ce naturaliste, si estimable d'ailleurs, combien il est dangereux de ne parler que sur des relations souvent fautives, souvent confuses, et qui ne peignent jamais la nature avec la vérité nécessaire pour la reconnaître et la juger.

---

a. « C'est un oiseau très-babillard ; en Brie, où ou l'appelle *effarvatte,* on dit en proverbe : « *babiller comme une effarvatte.* » Note communiquée par M. Hébert. — Mais nous devons observer que le véritable effarvatte est cet oiseau que nous avons indiqué, ci-devant, p. 71, sous ce même nom, et sous celui de *petite rousserolle.*

b. Gessner.

c. Schwenckfeld, *Aviar. Siles.,* p. 330.

d. Tome III, page 26, planche 60.

LA PETITE FAUVETTE ROUSSE. [a]*

HUITIÈME ESPÈCE.

Belon dit avoir pris beaucoup de peine à trouver à la petite fauvette rousse *une appellation antique* [b], et il finit par se tromper en lui appliquant celle de *troglodyte :* il semble même s'en apercevoir quand il rapporte sa *fauvette rousse* au *troglodyte* indiqué par Ætius et Paul Æginète; car il observe que leur texte s'applique bien mieux au roitelet brun qu'à la fauvette rousse; et ce roitelet est en effet le véritable troglodyte, auquel nous rendrons à son article ce nom qui lui appartient de tout temps.

La fauvette rousse n'est donc point le troglodyte; cette dénomination ne peut convenir qu'à un oiseau qui fréquente les cavernes, les trous des rochers et des murs, habitude qui n'est celle d'aucune fauvette, et que néanmoins Belon leur suppose, entraîné par son idée et par la prévention d'une fausse étymologie du nom de *fauvette : a foveis* [c].

Celle-ci fait communément cinq petits, mais ils deviennent souvent la proie des oiseaux ennemis, surtout des pies-grièches. Les œufs de cette fauvette sont fond blanc verdâtre et portent deux sortes de taches, les unes peu apparentes et presque effacées, répandues également sur la surface; les autres plus foncées et tranchant sur le fond, plus fréquentes au gros bout. « C'est une chose infaillible, dit Belon, qu'elle fait son nid dedans quelque « herbe ou buisson par les jardins, comme sur une ciguë ou autre sem- « blable, ou bien derrière quelque muraille de jardin ez villes ou vil- « lages. » Le dedans est garni de crin de cheval, mais le nid dont parle Belon avait le fond percé à claire-voie, sur quoi il attribue une intention à l'oiseau [d], tandis que ce n'était apparemment que par accident que ce nid

---

a. En allemand, *weiden zeisig*, *kleinste gras-mucke*, suivant Frisch, qui, dans l'ordre de sa nomenclature, nomme cet oiseau *muscipeta minimus*, avec une figure, tab. 24. — *Petite fovette* ou *fauvette rousse*. Belon, *Nat. des Oiseaux*, page 341, avec une figure peu exacte; la même, *Portrait d'oiseaux*, p. 85, 6. — « Passer troglodytes Bellonii. » Aldrovande, *Avi.*, t. II, p. 656, avec la figure copiée de Belon. — Jonston, *Avi.*, p. 82; la même figure, tab. 42. — « Ficedula supernè griseo rufa, infernè dilutè rufescens; tæniâ supra oculos dilutè rufes- « cente; rectricibus griseo-rufis, oris exterioribus dilutè rufescentibus..... » *Curruca rufa*, la fauvette rousse. Brisson, *Ornithol.*, t. III, p. 387.

b. Nat. des Oiseaux, p. 34.

c. « Car la fauvette prend ce nom de ce qu'elle entre dedans les fossettes et creux des mu- « railles, retenant le même nom en françois que les Latins ont pris des Grecs. » Belon, *Nat. des Oiseaux*, page 340. — Le nom de fauvette vient de leur couleur fauve, qui est celle de la plupart de ces oiseaux; et cette étymologie, que Belon rejette, est la véritable, dit Ménage.

d. « Elle l'enduit par le dedans de crin de cheval, si industrieusement qu'il est percé à

* *Motacilla rufa* (Linn.). — « On ne peut reconnaître, dans la description de cet oiseau, « telle que la présente ici Buffon, aucune espèce d'Europe. On y trouve quelques traits du « *pouillot collybite* de M. Vieillot; mais la description du nid et des œufs rappelle ceux de la « *fauvette œdonie* du même ornithologiste. » (Desmarets.)

était percé : une semblable disposition ne se rencontrant dans aucun des nids, étant même essentiellement contraire au but de la nidification, qui est de recueillir et de concentrer la chaleur.

Le même naturaliste rencontre mieux, lorsqu'il dit que cette petite fauvette est toute d'une seule couleur, qui est celle de la queue du rossignol ; cette comparaison est juste et nous dispense de faire une description plus longue du plumage de cet oiseau : nous remarquerons seulement qu'il y a un peu de roux tracé dans les grandes couvertures de l'aile, et plus faiblement sur les petites barbes de ses pennes, avec une teinte très-lavée et très-claire de roussâtre sur le gris du dos et de la tête, et sur le blanchâtre des flancs. Ce n'est, comme l'on voit, qu'assez improprement que cette fauvette a été nommée *fauvette rousse*, par le peu de traits de cette couleur dont se peignent assez faiblement quelques parties de son plumage.

Elle n'a que quatre pouces huit lignes de longueur totale, six pouces dix lignes de vol ; c'est une des plus petites ; elle est encore moindre que la grisette ; mais Belon semble exagérer sa petitesse quand il dit *qu'elle n'est pas plus grosse que le bout du doigt* [a].

LA FAUVETTE TACHETÉE. [b] *

NEUVIÈME ESPÈCE.

Le plumage des fauvettes est ordinairement uniforme et monotone ; celle-ci se distingue par quelques taches noires sur la poitrine, mais du reste son plumage ressemble à celui des autres ; elle est de la grandeur de la petite fauvette, seconde espèce ; elle a cinq pouces quatre lignes de longueur, et les ailes pliées couvrent la moitié de la queue : tout le manteau, du sommet de la tête à l'origine de la queue, est varié de brun roussâtre, de jaunâtre et de cendré ; les pennes de l'aile sont noirâtres, bordées extérieurement de blanc ; celles de la queue de même ; la poitrine est jaunâtre

---

« claire-voie comme un lacet, tellement que quand ses petits se nettoient, toutes les immon-
« dices passent au travers, et par ce point sont toujours nets. » *Nat. des Oiseaux*, p. 341.

a. *Nat. des Oiseaux*, ibidem.

b. *Boarola, sive boarina.* Aldrovande, *Avi.*, t. II, p. 733, avec une figure très-peu ressem-
blante, p. 734. — *Boarina.* Jonston, *Avi.*, la figure d'Aldrovande répétée, tab. 44. — *Boarina Aldrovandi.* Willughby, *Ornithol.*, p. 158. — « Boarina dorso cinereo Aldrovandi. » *Idem*, p. 171, n° 6. — « Muscicapa prima Aldrovandi » Ray, *Synops. Avi.*, p. 77, n° 7. — *Bec à figue.* Albin, t. III, p. 11, avec une mauvaise figure, pl. 26. — « Ficedula supernè fusco-rufes-
« cente, flavicante et cinereo varia, infernè alba ; pectore flavicante, maculis nigris insignito ;
« rectricibus nigricantibus, oris exterioribus albis. » *Curraca nævia*, la fauvette tachetée.
Brisson, *Ornithol.*, t. III, p. 389.

* *Motacilla nævia* (Gmel.). — Espèce à supprimer de la liste nominale des oiseaux, selon M. Temminck.

et marquée de taches noires ; la gorge , le devant du cou , le ventre et les côtés sont blancs.

Cette fauvette est plus commune en Italie, et apparemment aussi dans nos provinces méridionales, que dans les septentrionales où on la connaît peu. Suivant Aldrovande, on en voit bon nombre aux environs de Bologne, et le nom qu'il lui donne semble lui supposer l'habitude de suivre les troupeaux dans les prairies et les pâturages [a].

Elle niche en effet dans les prés, et pose son nid à un pied de terre sur quelques plantes fortes, comme de fenouil, de mirrhis, etc. ; elle ne sort pas de son nid lorsqu'on en approche, et se laisse prendre dessus plutôt que de l'abandonner, oubliant le soin de sa vie pour celui de sa progéniture : tant est grande la force de cet instinct qui d'animaux faibles, fugitifs, fait des animaux courageux, intrépides ! tant il est vrai que dans tous les êtres qui suivent la sage loi de la nature, l'amour paternel est le principe de de tout ce qu'on peut appeler vertus !

LE TRAINE-BUISSON OU MOUCHET [b], OU LA FAUVETTE D'HIVER. *

DIXIÈME ESPÈCE.

Toutes les fauvettes partent au milieu de l'automne : c'est alors au contraire qu'arrive celle-ci ; elle passe avec nous toute la mauvaise saison, et c'est à juste titre qu'on l'a nommée *fauvette d'hiver* ; on l'appelle aussi

a. « In agro nostro a persequendo boves , vulgò Boarolam, seu Boarinam nuncupant. » Aldrovande, t. II , p. 733.

b. En anglais, *hedge sparow*, et suivant Charleton, *titling* : en suédois, *jaern-spart*, Linnæus ; en allemand, *braunffleckige gras-mucke* dans Frisch , et *prunell* dans Gessner ; en italien, *passara salvatica* ; dans le Bolonais, *magnanima* et *passere matto*, au rapport d'Aldrovande ; à Marseille, *passerou* ; dans nos provinces septentrionales, *fauvetté des haies* ; *passe-buse, traîne-buisson, rossignol d'hiver, gratte-paille*, en Brie ; *burette* en Berry ; en Normandie, *bunette* ou plutôt *brunette*, comme dit Cotgrave ; en Anjou, *passe* ou *paisse-buissonnière* ; en Périgord , *passe-sourde* ; en Lorraine, *titit* de son cri, ou *rossignol d'hiver* ; en quelques endroits, *petite paisse privée*, apparemment à cause de sa familiarité et de sa fréquentation alentour des maisons en hiver ; en Provence, *grasset* et *chic-d'avausse*, suivant M. Guys. — *Curruca fusca*, Frisch , avec une belle figure, pl. 21. — *Curruca hyppolaïs, passer sepiarius.* Charleton, *Exercit.*, p. 95, n° 111. *Idem. Onomast.*, p. 89, n° 111. — *Curruca eliotæ*, Willughby, *Ornithol.*, p. 157. — Ray, *Synops. Avi.*, p. 79, n° a, 6. — *Sylvia gulâ plumbeâ.* Klein, *Avi.*, p. 77, n° 111, 4. — *Passer rubi.* Aldrovande, *Avi.*, t. II, p. 738, avec la figure empruntée de Belon, p. 739 ; et p. 736, ce même oiseau sous le nom de *magnanima vulgò dicta*, avec une figure aussi mauvaise. — *Magnanima Aldrovandi.* Willughby, *Ornithol.*, page 158. — *Muscicapa altera.* Jonston, *Avi.*, page 87, *idem, ibidem. Muscicapa quinta.* — *Prunella.* Gessner, *Avi.*, p. 653, avec une mauvaise figure ; la même, *Icon. avi.*, p. 42. — Jonston, *Avi.*, la figure empruntée de Gessner, tab. 36. — Rzaczynski, *Auctuar.*, p. 416. — *Passer canus.* Linnæus, *Syst. nat.*, édit. VI, g. 82, sp. 10. —

* *Motacilla modularis* (Linn.). — La *fauvette d'hiver*, le *traîne-buisson* (Cuv.).

traîne-buisson, passe-buse, rossignol d'hiver dans nos différentes provinces
de France; en Italie, *paisse sauvage* (*passara salvatica*), et en Angleterre,
moineau de haie (*hedge sparrow*). Ces deux derniers noms désignent la
ressemblance de son plumage varié de noir, de gris et de brun roux, avec
celui du moineau ou plutôt du friquet : ressemblance que Belon trouvait
entière [a].

En effet, les couleurs de la fauvette d'hiver sont d'un ton beaucoup plus
foncé que celles de toutes les autres fauvettes ; sur un fond noirâtre, toutes
ses pennes et ses plumes sont bordées d'un brun roux ; les joues, la gorge,
le devant du cou et la poitrine sont d'un cendré bleuâtre ; sur la tempe est
une tache roussâtre ; le ventre est blanc : sa grosseur est celle du rouge-
gorge ; elle a huit pouces de vol. Le mâle diffère de la femelle en ce qu'il a
plus de roux sur la tête et le cou, et celle-ci plus de cendré.

Ces oiseaux voyagent de compagnie ; on les voit arriver ensemble vers la
fin d'octobre et au commencement de novembre ; ils s'abattent sur les haies,
et vont de buisson en buisson, toujours assez près de terre ; et c'est de cette
habitude qu'est venu son nom de *traîne-buisson*. C'est un oiseau peu défiant
et qui se laisse prendre aisément au piége [b] ; il n'est point sauvage ; il n'a
pas la vivacité des autres fauvettes, et son naturel semble participer du froid
et de l'engourdissement de la saison.

Sa voix ordinaire est tremblante : c'est une espèce de frémissement
doux, *titit tititit*, qu'il répète assez fréquemment ; il a de plus un petit
ramage qui, quoique plaintif et peu varié, fait plaisir à entendre dans une

« Motacilla supra griseo-fusca, tectricibus alarum apice albis ; pectore cærulescente cinereo. »
Motacilla modularis. Idem, Syst. nat., édit. X, gen. 99, sp. 3. — « Motacilla supra griseo-
fusca, tectricibus alarum apice albis; pectore cærulescente cinereo. » *Idem, Fauna Suecica*,
n° 223. — « Ficedula supernè nigricante et rufo varia; collo inferiore et pectore plumbeis ;
« ventre candido; uropygio sordidè viridescente; tectricibus alarum majoribus apice exteriùs
« sordidè albo maculatis; maculá ad aures semicirculari rufescente; rectricibus fuscis, oris
« exterioribus sordidè viridescentibus » *Curruca sepiaria*, la fauvette de haie ou la passe-
buse. Brisson, *Ornithol.*, t. III, p. 394. — *Petit mouchet*. Belon, *Hist. des oiseaux*, p. 375,
avec une mauvaise figure, p. 376. — *Mouchet* ou *moucet petit, moineau des haies* et *gobe-
mouche, Idem, Portrait d'oiseaux*, p. 98, b, avec la même figure. — *Verdon*. Albin, t. III,
p. 25, avec une figure coloriée, pl. 59; c'est au reste à la notice de cet oiseau et à ses mœurs
qu'il faut le reconnaître dans Albin, aucune des couleurs de l'enluminure ne répondant à la
description non plus qu'à la nature.

a. « Le mouchet, petit oisillon de la grandeur d'une fauvette, hantant les buissons, qui mange
« les mouches, et de là est nommé. Il est si semblable à un moineau ou paisse, qu'il n'y a
« que les mœurs en ceux qui vivent, et le seul bec ès morts qui en puissent faire distinction.
« Il a bonnes jambes et pieds qui ne sont pas noirs; son bec est délié et longuet, comme celui
« d'un rouge-gorge; sa queue est assez longuette, somme que le tout est semblable à un fri-
« quet, hormis le bec, et que son chant est assez plaisant; il se va toujours cachant par les
« buissons et haies; pourquoy hommes d'autorité, doctes et sages qui se sont trouvés tendant
« l'érignée avec nous, l'ayant vu si semblable à une paisse, lui ont imposé le nom de *passer*
« *rubi*, comme qui diroit moineau de haie. » Belon, *Nat. des oiseaux*, p. 375.

b. « A quibusdam passere matto (appellatur), tùm propter colorem aut potiùs quod facillimè
« se capiendam præbeat. » Willughby, *Ornithol.*, p. 158.

saison où tout se tait : c'est ordinairement vers le soir qu'il est plus fréquent et plus soutenu. Au fort de cette saison rigoureuse, le traine-buisson s'approche des granges et des aires où l'on bat le blé, pour démêler dans les pailles quelques menus grains. C'est apparemment l'origine du nom de *gratte-paille* qu'on lui donne en Brie ; M. Hébert dit avoir trouvé dans son jabot des grains de blé tout entiers ; mais son bec menu n'est point fait pour prendre cette nourriture, et la nécessité seule le force de s'en accommoder : dès que le froid se relâche il continue d'aller dans les haies, cherchant sur les branches les chrysalides et les cadavres des pucerons.

Il disparaît au printemps des lieux où on l'a vu l'hiver, soit qu'il s'enfonce alors dans les grands bois et retourne aux montagnes, comme dans celles de Lorraine, où nous sommes informés qu'il niche, soit qu'il se porte en effet dans d'autres régions, et apparemment dans celles du Nord, d'où il semble venir en automne, et où il est très-fréquent en été. En Angleterre, on le trouve alors presque dans chaque buisson, dit Albin [a] ; on le voit en Suède, et même il semblerait, à un des noms que lui donne M. Linnæus [b], qu'il ne s'en éloigne pas l'hiver, et que son plumage, soumis à l'effet des rigueurs du climat, y blanchit dans cette saison ; il niche également en Allemagne [c] ; mais il est très-rare, dans nos provinces, de trouver le nid de cet oiseau, il le pose près de terre ou sur la terre même, et le compose de mousse en dehors, de laine et de crin à l'intérieur ; sa ponte est de quatre ou cinq œufs d'un joli bleu clair uniforme et sans taches. Lorsqu'un chat ou quelque autre animal dangereux approche du nid, la mère, pour lui donner le change, par un instinct semblable à celui de la perdrix devant le chien, se jette au-devant et voltige terre à terre jusqu'à ce qu'elle l'ait suffisamment éloigné [d]. Albin dit qu'elle a en Angleterre des petits dès le commencement de mai, qu'on les élève aisément, qu'ils ne sont point farouches et deviennent même très-familiers, et qu'enfin ils se font estimer pour leur ramage, quoique moins gai que celui des autres fauvettes [e].

Leur départ de France au printemps, leur fréquence dans les pays plus septentrionaux dans cette saison, est un fait intéressant dans l'histoire de la migration des oiseaux : et c'est la seconde espèce à bec effilé, après l'alouette-pipi, dont il a été parlé à l'article des alouettes, pour qui la tem-

a. Tome III, page 25.
b. *Passer canus. Syst. nat.*, édit. VI, gen. 82, sp. 6.
c. Frisch.
d. *Idem.*
e. Une fauvette d'hiver, gardée pendant cette saison chez M. Daubenton le jeune, et prise au piége en automne, n'était pas plus farouche que si on l'eût prise dans le nid. On l'avait mise dans une volière remplie de serins, de linottes et de chardonnerets : un serin s'était tellement attaché à cette fauvette qu'il ne la quittait point ; cette préférence parut assez marquée à M. Daubenton pour les tirer de la volière générale, et les mettre à part dans une cage à nicher ; mais cette inclination n'était apparemment que de l'amitié, non de l'amour, et ne produisit point d'alliance. Il est plus que probable que l'alliance n'eût point produit de génération.

pérature de nos étés semble être trop chaude, et qui ne redoutent pas les rigueurs de nos hivers, que fuient néanmoins tous les autres oiseaux de leur genre ; et cette habitude est peut-être suffisante pour les en séparer, ou du moins pour les en éloigner à une petite distance.

LA FAUVETTE DES ALPES.*

On trouve sur les Alpes et sur les hautes montagnes du Dauphiné et de l'Auvergne cet oiseau, qui est au moins de la taille du proyer, et qui par conséquent surpasse de beaucoup toutes les fauvettes en grandeur ; mais il se rapproche de leur genre par tant de caractères, que nous ne devons pas l'en séparer. Il a la gorge fond blanc, tacheté de deux teintes différentes de brun ; la poitrine est d'un gris cendré ; tout le reste du dessous du corps est varié de gris plus ou moins blanchâtre, et de roux ; les couvertures inférieures de la queue sont marquées de noirâtre et de blanc, le dessus de la tête et du cou, gris-cendré ; le dos est de la même couleur, mais varié de brun ; les couvertures supérieures des ailes sont noirâtres, tachetées de blanc à la pointe ; les pennes de l'aile sont brunes, bordées extérieurement, les grandes de blanchâtre, les moyennes de roussâtre ; les couvertures supérieures de la queue sont d'un brun bordé de gris verdâtre, et, vers le bout, de roussâtre ; toutes les pennes de la queue sont terminées en dessus par une tache roussâtre sur le côté intérieur ; le bec a huit lignes de longueur, il est noirâtre dessus, jaune dessous à la base, et n'a point d'échancrure ; les pieds sont jaunâtres ; le tarse est long d'un pouce ; l'ongle postérieur est beaucoup plus épais que les autres ; la queue est longue de deux pouces et demi, elle est un peu fourchue et dépasse les ailes de près d'un pouce. La longueur entière de l'oiseau est de sept pouces ; la langue est fourchue ; l'œsophage a un peu plus de trois pouces, il se dilate en une espèce de poche glanduleuse avant son insertion dans le gésier, qui est très-gros, ayant un pouce de long sur huit lignes de large ; il est musculeux, doublé d'une membrane sans adhérence ; on y a trouvé des débris d'insectes, diverses petites graines et de très-petites pierres ; le lobe gauche du foie qui recouvre le gésier est plus petit qu'il n'est ordinairement dans les oiseaux ; il n'y a point de vésicule du fiel, mais deux cœcums d'une ligne et demie chacun ; le tube intestinal a dix à onze pouces de longueur.

Quoique cet oiseau habite les montagnes des Alpes, voisines de France et d'Italie, et même celles de l'Auvergne et du Dauphiné, aucun auteur n'en a parlé. M. le marquis de Piolenc a envoyé plusieurs individus à M. Guéneau

---

* *Motacilla Alpina* (Gmel.). — *Accentor Alpinus* (Bechst.). — «Bechstein a séparé des
« autres *fauvettes* son *accentor,* qui est la *fauvette des Alpes* de Buffon, ou le *pégot* de
« Vieillot. » (Cuvier).

de Montbeillard, qui ont été tués dans son comté de Montbel le 18 janvier 1778. Ces oiseaux ne s'éloignent des hautes montagnes que quand ils y sont forcés par l'abondance des neiges : aussi ne les connaît-on guère dans les plaines; ils se tiennent communément à terre, où ils courent vite en filant comme la caille et la perdrix, et non en sautillant comme les autres fauvettes; il se pose aussi sur les pierres, mais rarement sur les arbres; ils vont par petites troupes, et ils ont pour se rappeler entre eux un cri semblable à celui de la lavandière : tant que le froid n'est pas bien fort on les trouve dans les champs, et lorsqu'il devient plus rigoureux ils se rassemblent dans les prairies humides où il y a de la mousse, et on les voit alors courir sur la glace; leurs dernières ressources ce sont les fontaines chaudes et les ruisseaux d'eaux vives : on les y rencontre souvent en cherchant des bécassines; ils ne sont pas bien farouches, et cependant ils sont difficiles à tuer, surtout au vol.

LE PITCHOU. *

On nomme en Provence *pitchou* un très-petit oiseau qui nous paraît plus voisin des fauvettes que d'aucun autre genre : il a cinq pouces un tiers de longueur totale, dans laquelle la queue est pour près de moitié; on pourrait croire que le nom de pitchou lui vient de ce qu'il se cache sous les choux : en effet, il y cherche les petits papillons qui y naissent, et le soir il se tapit et se loge entre les feuilles du chou pour s'y mettre à l'abri de la chauve-souris, son ennemie, qui rôde autour de ce froid domicile. Mais plusieurs personnes m'ont assuré que le nom *pitchou* n'a nul rapport aux choux, et signifie simplement en provençal *petit* et *menu*, ce qui est conforme à l'étymologie italienne [a], et convient parfaitement à cet oiseau, presque aussi petit que le roitelet.

Le bec du pitchou est long relativement à sa petite taille; il a sept lignes, il est noirâtre à sa pointe, blanchâtre à sa base; le demi-bec supérieur est échancré vers son extrémité; l'aile est fort courte et ne couvre que l'origine de la queue; le tarse a huit lignes; les ongles sont très-minces, et le postérieur est le plus gros de tous : tout le dessus du corps, du front au bout de la queue, est cendré foncé; les pennes de la queue et les grandes des ailes sont bordées de cendré clair en dehors et noirâtres à l'intérieur; la gorge et tout le dessous du corps ondé de roux varié de blanc; les pieds sont jaunâtres. Nous devons à M. Guys de Marseille la connaissance de cet oiseau.

a. *Piccino, piccinino.*

* *Motacilla provincialis* (Gmel.). — *Sylvia ferruginea* (Vieill.).

OISEAUX ÉTRANGERS QUI ONT RAPPORT AUX FAUVETTES.

I. — LA FAUVETTE TACHETÉE DU CAP DE BONNE-ESPÉRANCE. *

Cette fauvette, décrite par M. Brisson [a], est des plus grandes, puisqu'il la fait égale en grosseur au pinson d'Ardenne, et lui donne sept pouces trois lignes de longueur. Le sommet de la tête est d'un roux varié de taches noirâtres, tracées dans le milieu des plumes ; celles du haut du cou, du dos et des épaules, sont nuées, excepté que leur bord est gris sale ; vers le croupion, aux couvertures des ailes et du dessus de la queue elles sont bordées de roux ; tout le dessous et le devant du corps est blanc roussâtre, varié de quelques taches noirâtres sur les flancs ; de chaque côté de la gorge est une petite bande noire ; les plumes de l'aile sont brunes, avec le bord extérieur roux ; les quatre du milieu de la queue de même, les autres rousses, toutes sont étroites et pointues ; le bec est de couleur de corne et a huit lignes de longueur ; les pieds, longs de dix, sont gris bruns.

II. — LA PETITE FAUVETTE TACHETÉE DU CAP DE BONNE-ESPÉRANCE. **

Cette fauvette est une espèce nouvelle, représentée dans nos planches enluminées, n° 752, et apportée du cap de Bonne-Espérance par M. Sonnerat ; elle est plus petite que la fauvette babillarde et a la queue plus longue que le corps ; tout le manteau est brun, et la poitrine est tachetée de noirâtre sur un fond blanc jaunâtre.

III. — LA FAUVETTE TACHETÉE DE LA LOUISIANE. ***

Elle est de la grandeur de l'alouette des prés, et lui ressemble par la manière dont tout le dessous de son corps est tacheté de noirâtre sur un fond blanc jaunâtre : ces taches se trouvent jusqu'à l'entour des yeux et

---

[a]. « Ficedula supernè nigro et rufo aut rufescente varia, infernè sordidè albo rufescens ; « tæniâ utrimque sub gutture nigrâ ; rectricibus strictioribus et acutis, quatuor intermediis in « medio fuscis, circa margines rufis, quatuor utrimque extimis rufis, ad scapos tantùm fuscis. » *Curruca nævia capitis Bonæ-Spei*, la fauvette tachetée du cap de Bonne-Espérance. Brisson, t. III, p. 390.

* « Cet oiseau, désigné par Latham sous la dénomination de *sylvia africana*, est le *merle* « *flûteur* de Le Vaillant. M. Vieillot le range avec les *merles*, et lui donne le nom spécifique de « *turdus tibicen.* » (Desmarets.) — « Le *flûteur* de Le Vaillant (*Motacilla africana* Gmel.) tient de près aux *synallaxes.* » (Cuvier.)

** *Motacilla macroura* (Gmel.). — *Sylvia macroura* (Lath.).

*** « C'est le *sylvia noveboracensis* (Lath.), *motacilla noveboracensis* (Gmel.). M. Vieillot « lui donne le nom de *fauvette pipi*, *sylvia anthoides.* » (Desmarets.)

aux côtés du cou ; une trace de blanc part de l'angle du bec pour aboutir à
l'œil ; tout le manteau, depuis le sommet de la tête au bout de la queue, est
mêlé de cendré et de brun foncé.

Nous n'eussions pas hésité de rapporter à cette espèce, comme variété
d'âge ou de sexe, une autre fauvette qui nous a été envoyée également de
la Lousiane, dont le plumage, d'un gris plus clair, ne porte que quelques
ombres de taches nettement peintes sur le plumage de l'autre ; le dessus du
corps est blanchâtre ; un soupçon de teinte jaunâtre paraît aux flancs et au
croupion ; d'ailleurs ces deux oiseaux sont de la même grandeur ; les
pennes et les grandes couvertures de l'aile du dernier sont frangées de
blanchâtre ; mais une différence essentielle entre eux se trouve dans le bec ;
le premier l'a aussi grand que la fauvette de roseaux ; le second à peine
égal à celui de la petite fauvette. Cette diversité dans la partie principale
paraissant spécifique, nous ferons de cette fauvette une seconde espèce sous
le nom de *fauvette ombrée de la Louisiane*[1].

IV. — LA FAUVETTE A POITRINE JAUNE DE LA LOUISIANE.[*]

Cette fauvette est une des plus jolies et la plus brillante en couleur de
toute la famille des fauvettes : un demi-masque noir lui couvre le front et
les tempes jusqu'au delà de l'œil ; ce masque est surmonté d'un bord blanc ;
tout le manteau est olivâtre ; tout le dessous du corps jaune, avec une
teinte orangée sur les flancs ; elle est de la grandeur de la grisette, et nous
a été apportée de la Louisiane par M. Lebeau.

Une quatrième espèce est la *fauvette verdâtre*[2] de la même contrée : elle
est de la grandeur de la fauvette tachetée dont nous venons de parler ; son
bec est aussi long et plus fort ; sa gorge est blanche ; le dessous de son corps
gris blanc ; un trait blanc lui passe sur l'œil et au delà ; le sommet de la
tête est noirâtre ; le dessus du cou cendré foncé ; les côtés avec le dos sont
verdâtres sur un fond brun clair ; le verdâtre plus pur borde les pennes de
la queue et l'extérieur de celles de l'aile dont le fond est noirâtre ; elle
paraît, à cause de sa calotte noirâtre, former le pendant de notre fauvette
à tête noire, qu'elle égale en grandeur.

---

1. « Cet oiseau est la femelle du *motacilla coronata* (Gmel.), ou *fauvette couronnée d'or*
« de Vieillot. » (Desmarets.)

* « C'est le *sylvia trichas* de Latham, *turdus trichas* de Gmelin, rangé par M. Vieillot
« avec les *fauvettes*. » (Desmarets.)

2. « C'est une variété du *sylvia atricapilla* ou du *motacilla atricapilla*, selon Latham et
« Gmelin. M. Vieillot en fait une espèce distincte sous le nom de *sylvia viridicans*. » (Desma-
« rets). — Les descriptions des *fauvettes* sont si vagues, et la plupart de leurs figures si mau-
« vaises, qu'il est presque impossible d'en déterminer les espèces. Chaque auteur les dispose
« autrement. Ainsi l'on peut compter sur nos descriptions, mais non pas absolument sur notre
« synonymie. » (Cuvier.)

V. — LA FAUVETTE DE CAYENNE A QUEUE ROUSSE. *

Sa longueur totale est de cinq pouces un quart; elle a la gorge blanche, entourée de roussâtre pointillé de brun; la poitrine d'un brun clair; le reste du dessous du corps est blanc avec une teinte de roussâtre aux couvertures inférieures de la queue; tout le manteau, du sommet de la tête à l'origine de la queue, est brun, avec une teinte de roux sur le dos; les couvertures des ailes sont rousses; leurs pennes sont bordées extérieurement de roux, et la queue entière est de cette couleur.

VI. — LA FAUVETTE DE CAYENNE A GORGE BRUNE ET VENTRE JAUNE. **

La gorge, le dessus de la tête et du corps de cette fauvette sont d'un brun verdâtre; les pennes et les couvertures de l'aile, sur le même fond, sont bordées de roussâtre; celles de la queue de verdâtre; la poitrine et le ventre sont d'un jaune ombré de fauve. Cette fauvette, qui est une des plus petites, n'est guère plus grande que le pouliot; elle a le bec élargi et aplati à sa base, et par ce caractère elle paraît se rapprocher des gobe-mouches, dont le genre est effectivement très-voisin de celui des fauvettes, la nature ne les ayant séparés que par quelques traits légers de conformation, et les ayant rapprochés par un grand caractère, celui d'une commune manière de vivre.

VII. — LA FAUVETTE BLEUATRE DE SAINT-DOMINGUE. ***

Cette jolie petite fauvette, qui n'a de longueur que quatre pouces et demi, a tout le dessus de la tête et du corps en entier cendré bleu; les pennes de la queue sont bordées de la même couleur sur un fond brun; on voit une tache blanche sur l'aile, dont les pennes sont brunes; la gorge est noire; le reste du dessous du corps blanc.

Nous ne savons rien des mœurs de ces différents oiseaux, et nous en avons du regret : la nature inspire à tous les êtres qu'elle anime un instinct, des facultés, des habitudes relatives aux divers climats, et variées comme eux : ces objets sont partout dignes d'être observés, et presque partout manquent d'observateurs. Il en est peu d'aussi intelligents, d'aussi laborieux que celui *a* auquel nous devons, dans un détail intéressant, l'histoire d'une autre petite fauvette de Saint-Domingue, nommée *cou-jaune* dans cette île.

a. M. le chevalier Lefèvre-Deshaies.

* *Motacilla ruficauda* (Gmel.).

** *Motacilla ruficollis* (Gmel.). — *Sylvia ruficollis* (Lath.).

*** *Motacilla cærulescens* (Gmel.). — *Sylvia cærulescens* (Lath.).

LE COU-JAUNE. *

Les habitants de Saint-Domingue ont donné le nom de *cou-jaune* [a] à un petit oiseau qui joint une jolie robe à une taille dégagée et à un ramage agréable ; il se tient sur les arbres qui sont en fleurs : c'est de là qu'il fait résonner son chant ; sa voix est déliée et faible, mais elle est variée et délicate ; chaque phrase est composée de cadences brillantes et soutenues [b]. Ce que ce petit oiseau a de charmant, c'est qu'il fait entendre son joli ramage, non-seulement pendant le printemps, qui est la saison des amours, mais aussi dans presque tous les mois de l'année. On serait tenté de croire que ses désirs amoureux seraient de toutes les saisons ; et l'on ne serait pas étonné qu'il chantât avec tant de constance un pareil don de la nature. Dès que le temps se met au beau, surtout après ces pluies rapides et de courte durée qu'on nomme aux îles *grains*, et qui y sont fréquentes, le mâle déploie son gosier et en fait briller les sons pendant des heures entières ; la femelle chante aussi, mais sa voix n'est pas aussi modulée, ni les accents aussi cadencés ni d'aussi longue tenue que ceux du mâle.

La nature, qui peignit des plus riches couleurs la plupart des oiseaux du Nouveau-Monde, leur refusa presque à tous l'agrément du chant, et ne leur donna, sur ces terres désertes, que des cris sauvages. Le cou-jaune est du petit nombre de ceux dont le naturel vif et gai s'exprime par un chant gracieux, et dont en même temps le plumage est paré d'assez belles couleurs ; elles sont bien nuancées et relevées par le beau jaune qui s'étend sur la gorge, le cou et la poitrine ; le gris noir domine sur la tête ; cette couleur s'éclaircit en descendant vers le cou, et se change en gris foncé sur les plumes du dos ; une ligne blanche, qui couronne l'œil, se joint à une petite moucheture jaune placée entre l'œil et le bec ; le ventre est blanc, et les flancs sont grivelés de blanc et de gris noir ; les couvertures des ailes sont mouchetées de noir et de blanc par bandes horizontales ; on voit aussi de grandes taches blanches sur les pennes, dont le nombre est de seize à chaque aile, avec un petit bord gris blanc à l'extrémité des grandes barbes ; la queue est composée de douze pennes, dont les quatre extérieures ont de grandes taches blanches ; une peau écailleuse et fine, d'un gris verdâtre,

---

a. Ils l'appellent aussi *chardonnet* ou *chardonneret*, mais par une fausse analogie, le cou-jaune ayant le bec aigu de la fauvette ou du rouge-gorge, le port, le naturel et les habitudes de ce dernier oiseau, et rien qui rappelle au chardonneret qu'un ramage, qui encore est bien différent.

b. « Le chant de l'*oiseau d'herbe à blé* ou *oiseau de cannes* ressemble, pour l'exiguïté des « sons et pour le genre de modulations, au ramage du cou-jaune. » Note de M. Lefèvre-Deshaies, observateur ingénieux et sensible, à qui nous devons les détails de cet article, et plusieurs autres faits intéressants de l'histoire naturelle des oiseaux de Saint-Domingue.

* *Motacilla pensilis* (Gmel.). — Genre *Becs-Fins*, sous-genre *Roitelets* ou *Figuiers* (Cuv.).

couvre les pieds; l'oiseau a quatre pouces neuf lignes de longueur, huit
pouces de vol, et pèse un gros et demi.

Sous cette jolie parure on reconnaît dans le cou-jaune la figure et les
proportions d'une fauvette; il en a aussi les habitudes naturelles. Les bords
des ruisseaux, les lieux frais et retirés près des sources et des ravines
humides, sont ceux qu'il habite de préférence, soit que la température de
ces lieux lui convienne davantage, soit que, plus éloignés du bruit, ils soient
plus propres à sa vie chantante : on le voit voltiger de branche en branche,
d'arbre en arbre, et tout en traversant les airs il fait entendre son ramage :
il chasse aux papillons, aux mouches, aux chenilles, et cependant il entame,
dans la saison, les fruits du goyavier, du sucrin, etc., apparemment pour
chercher dans l'intérieur de ces fruits les vers qui s'y engendrent lorsqu'ils
atteignent un certain degré de maturité. Il ne paraît pas qu'il voyage ni
qu'il sorte de l'île de Saint-Domingue; son vol, quoique rapide, n'est pas
assez élevé, assez soutenu pour passer les mers [a], et on peut avec raison
le regarder comme indigène dans cette contrée.

Cet oiseau, déjà très-intéressant par la beauté et la sensibilité que sa voix
exprime, ne l'est pas moins par son intelligence et la sagacité avec laquelle
on lui voit construire et disposer son nid : il ne le place pas sur les arbres,
à la bifurcation des branches, comme il est ordinaire aux autres oiseaux;
il le suspend à des lianes pendantes de l'entrelacs qu'elles forment d'arbre
en arbre, surtout à celles qui tombent des branches avancées sur les rivières
ou les ravines profondes; il attache ou, pour mieux dire, enlace avec la
liane le nid, composé de brins d'herbe sèche, de fibrilles de feuilles, de
petites racines fort minces, tissues avec le plus grand art; c'est proprement
un petit matelas roulé en boule, assez épais et assez bien tissu partout pour
n'être point percé par la pluie; et ce matelas roulé est attaché au bout du
cordon flottant de la liane, et bercé au gré des vents sans en recevoir d'atteinte.

Mais ce serait peu pour la prévoyance de cet oiseau de s'être mis à l'abri
de l'injure des éléments dans des lieux où il a tant d'autres ennemis : aussi
semble-t-il employer une industrie réfléchie pour garantir sa famille de
leurs attaques; son nid, au lieu d'être ouvert par le haut ou dans le flanc,
a son ouverture placée au plus bas, l'oiseau y entre en montant, et il n'y a
précisément que ce qu'il lui faut de passage pour parvenir à l'intérieur où
est la nichée, qui est séparée de cette espèce de corridor par une cloison
qu'il faut surmonter pour descendre dans le domicile de la famille; il est

a. **M.** Deshaies compare ici le vol du cou-jaune à celui de l'oiseau qu'on nomme à Saint-
Domingue *de la Toussaint*; apparemment parce que c'est vers ce temps qu'il y arrive. « Il est
« à peu près, dit-il, de la corpulence du cou-jaune; mais celui-ci est fort délicat en comparai-
« son, et les muscles de ses ailes n'approchent point pour la force de ceux des ailes de l'*oiseau*
« *de la Toussaint.* »

rond et tapissé mollement d'une sorte de lichen qui croît sur les arbres, ou bien de la soie de l'herbe nommée, par les Espagnols, *mort à cabaye* [a].

Par cette disposition industrieuse, le rat, l'oiseau de proie ni la couleuvre ne peuvent avoir d'accès dans le nid, et la couvée éclôt en sûreté : aussi le père et la mère réussissent-ils assez communément à élever leurs petits jusqu'à ce qu'ils soient en état de prendre l'essor. Néanmoins c'est à ce moment qu'ils en voient périr plusieurs ; les chats-marrons, les fresayes, les rats, leur déclarent une guerre cruelle et détruisent un grand nombre de ces petits oiseaux, dont l'espèce reste toujours peu nombreuse ; et il en est de même de toutes celles qui sont douces et faibles, dans ces régions où les espèces malfaisantes dominent encore par le nombre.

La femelle du cou-jaune ne pond que trois ou quatre œufs ; elle répète ses pontes plus d'une fois par an, mais on ne le sait pas au juste ; on voit des petits au mois de juin, et l'on dit qu'il y en a dès le mois de mars ; il en paraît aussi à la fin d'août, et jusqu'en septembre ; ils ne tardent pas à quitter leur mère, mais sans s'éloigner jamais beaucoup du lieu de leur naissance.

LE ROSSIGNOL DE MURAILLE. [b] *

Le chant de cet oiseau n'a pas l'étendue ni la variété de celui du rossignol ; mais il a quelque chose de sa modulation, il est tendre et mêlé d'un

a. « C'est une plante qu'on trouve dans les savanes à Saint-Domingue, et qui se plaît parti- « culièrement le long des canaux d'arrosage et dans les endroits frais et humides. Le lait que « contient cette plante est un poison très-puissant pour les animaux ; c'est sans doute d'où lui « vient son nom de *mort à cabaye.* » Note de M. le chevalier Deshaies.

b. En grec, Φοινίκουρος. Aristote, *Hist. animal.*, lib. ix, cap. xlix. En latin, *phœnicurus*, dans Pline, lib. x, cap. xxix ; et en latin moderne, *ruticilla* (*phœnicurgus* en diction grecque, dit Belon, signifiant qui a la queue phénicée..... qui est de couleur entre jaune et roux). En italien, *codirosso, corossolo, revezol ;* dans le Bolonais, *culrosso ;* en anglais, *redstart ;* en suédois, *roedstjest ;* en allemand, *rot-schwentzel, rot-stertz, wein-vogel, rot-schwantz, schwantzkehlein,* et la femelle, *roth-schwentzlein.* Ces noms sont pris dans ses couleurs, les suivants de ses habitudes : *haussroetele,* rouge-queue des maisons ; *summer roetele,* rouge-queue d'été. Dans la Silésie, *wustling ;* dans la Prusse, *saulocker ;* en Pologne, *czerwony ogonek.* — *Ruticilla.* Willughby, *Ornithol.*, p. 159, avec une figure empruntée d'Olina, tab. 39. — Belon, *Observ.*, p. 17. — Ray, *Sinops. Avi.*, p. 78, n° a, 5. — Sibbald., *Scot. illustr.*, part. ii, lib. iii, p. 18. — Linnæus, *Syst. nat.*, édit. VI, g. 82, sp. 11. — *Rubecula, idem, Syst. nat.*, édit. VI, g. 82, sp. 14 (la femelle). — « Motacilla gulá nigrá, abdomine rufo, « capite dorsoque cano. » *Idem. Fauna Suec.*, n° 224. — « Motacilla cinerea ; remigibus nigri- « cantibus ; rectricibus rufis ; intermediis pari nigro extrorsum rufescente. » *Idem, ibidem,* « n° 227 (la femelle). — « Motacilla gulá nigrá, abdomine rufo ; capite dorsoque cano. » *Phœnicurus. Idem, Syst. nat.*, édit. X, g. 99, sp. 21. — « Motacilla remigibus nigricantibus, « rectricibus rufis ; intermediis pari nigro extrorsum rufescente. » *Titys. Idem, ibidem,* sp. 23.

* *Motacilla phœnicurus* (Linn.). — La *gorge-noire* ou *rossignol de muraille.* — Genre *Becs-Fins,* sous-genre *Rubiettes* (Cuv.).

accent de tristesse : du moins, c'est ainsi qu'il nous affecte, car il n'est sans doute, pour le chantre lui-même, qu'une expression de joie et de plaisir, puisqu'il est l'expression de l'amour, et que ce sentiment intime est également délicieux pour tous les êtres. Cette ressemblance, ou plutôt ce rapport du chant est le seul qu'il y ait entre le rossignol et cet oiseau ; car ce n'est point un rossignol, quoiqu'il en porte le nom : il n'en a ni les mœurs, ni la taille, ni le plumage[a] : cependant nous sommes forcés par l'usage de lui laisser la dénomination de *rossignol de muraille*, qui a été généralement adoptée par les oiseleurs et les naturalistes.

Cet oiseau arrive avec les autres, au printemps, et se pose sur les tours et les combles des édifices inhabités : c'est de là qu'il fait entendre son ramage ; il sait trouver la solitude jusqu'au milieu des villes dans lesquelles il s'établit sur le pignon d'un grand mur, sur un clocher, sur une cheminée, cherchant partout les lieux les plus élevés et les plus inaccessibles : on le trouve aussi dans l'épaisseur des forêts les plus sombres ; il vole légèrement, et lorsqu'il s'est perché il fait entendre un petit cri[b], secouant incessamment la queue par un trémoussement assez singulier, non de bas en haut, mais horizontalement et de droite à gauche. Il aime les pays de montagne et ne paraît guère dans les plaines[c] ; il est beaucoup moins gros que le rossignol, et même un peu moins que le rouge-gorge ; sa taille est plus menue, plus allongée ; un plastron noir lui couvre la gorge, le devant et les côtés du cou : ce même noir environne les yeux, et remonte jusque sous

(la femelle). — *Sylvia ruticilla.* Klein, *Avi.*, p. 78, n° 2. — *Sylvia thorace argentata.* Klein, *Avi.*, p. 78, n° 10 (la femelle). — *Rubecula gulâ nigrâ.* Frisch, pl. 19. — « Phœni-« curus mediâ pennâ caudæ subnigrâ. » *Idem*, pl. 20 (la femelle). — *Ruticilla seu phœni-curus.* Gessner, *Avium*, p. 729, avec une figure excessivement mauvaise. — Charleton, *Exercit.*, p. 97, n° 10. — *Idem, Onomast.*, p. 91, n° 10. — *Phœnicurus sive ruticilla.* Aldrovande, *Avi.*, t. II, p. 746, avec de très-mauvaises figures du mâle, de la femelle et de deux variétés. — *Phœnicurus Aristoteli, ruticilla Gazæ.* Gessner, *Icon. avi.*, p. 48, avec une très-mauvaise figure. — *Phœnicurus seu ruticilla.* Jonston, *Avi.*, p. 88, avec la figure prise d'Aldrovande, pl. 45, sous le titre de *rubecula zirrhola phœnicurus*, et une autre figure empruntée d'Olina, pl. 43. — *Rubicilla.* Schwenckfeld, *Aviar. Siles.*, p. 346. — « Rubicilla « Schwenckfeldii, Ruticilla Gazæ; Rubecula domestica æstiva; Luscinia murorum. » Rzaczynski, *Auctuar.*, p. 418. — « Ficedula seu rubecula phœnicurus. » Barrère, *Ornithol.*, class. III, g. 18, sp. 6. — « Codirosso ordinario. » Olina, p. 47, avec une figure de la femelle. — « *Rossignol de muraille.* Belon, *Hist. nat. des oiseaux*, p. 347, avec une mauvaise figure qui paraît être celle de la femelle. — *Idem, Portrait d'oiseaux*, p. 87, b, où est la même figure. — *Rossignol de muraille* ou *rouge-queue*, Albin, t. I, p. 44, avec une figure mal coloriée et de fausses teintes, pl. 50. — « Ficedula supernè cinerea, infernè rufa; syncipite candido, genis, gutture « et collo inferiore nigris; uropygio rufo; imo ventre albo; rectricibus binis intermediis griseo-« fuscis, lateralibus rufis (Mas). Ficedula supernè grisea, infernè dilutè rufa; uropygio rufo; « rectricibus binis intermediis griseo-fuscis, lateralibus rufis (Fœmina). » *Ruticilla*, le Rossignol de muraille. Brisson, *Ornithol.*, t. III, p. 403.

a. « On le voit de corpulence beaucoup moindre que le rossignol des bois, étant de mœurs et « de voix différentes. » Belon, *Nat. des oiseaux.*

b. Belon.

c. Olina.

le bec; un bandeau blanc masque son front; le haut, le derrière de la tête, le dessus du cou et le dos sont d'un gris lustré, mais foncé ; dans quelques individus, apparemment plus vieux, tout ce gris est presque noir ; les pennes de l'aile, cendré noirâtre, ont leurs barbes extérieures plus claires et frangées de gris blanchâtre : au-dessous du plastron noir, un beau roux de feu garnit la poitrine au large, se porte, en s'éteignant un peu, sur les flancs, et reparaît dans sa vivacité sur tout le faisceau des plumes de la queue, excepté les deux du milieu, qui sont brunes ; le ventre est blanc, les pieds sont noirs; la langue est fourchue au bout comme celle du rossignol [a].

La femelle est assez différente du mâle pour excuser la méprise de quelques naturalistes qui en ont fait une seconde espèce [b]; elle n'a ni le front blanc, ni la gorge noire; ces deux parties sont d'un gris mêlé de roussâtre, et le reste du plumage est d'une teinte plus faible.

Ces oiseaux nichent dans des trous de murailles, à la ville et à la campegne, ou dans des creux d'arbres et des fentes de rocher; leur ponte est de cinq ou six œufs bleus; les petits éclosent au mois de mai [c]; le mâle, pendant tout le temps de la couvée, fait entendre sa voix de la pointe d'une roche ou du haut de quelque édifice isolé [d], voisin du domicile de sa famille; c'est surtout le matin et dès l'aurore qu'il prélude à ses chants [e].

On prétend que ces oiseaux craintifs et soupçonneux abandonnent leur nid, s'ils s'aperçoivent qu'on les observe pendant qu'ils y travaillent; et l'on assure qu'ils quittent leurs œufs si on les touche, ce qui est assez croyable; mais ce qui ne l'est point du tout, c'est ce qu'ajoute Albin, que dans ce même cas ils délaissent leurs petits ou les jettent hors du nid [f].

Le rossignol de muraille, quoique habitant près de nous ou parmi nous, n'en demeure pas moins sauvage; il vient dans le séjour de l'homme sans paraître le remarquer ni le connaître; il n'a rien de la familiarité du rouge-gorge, ni de la gaieté de la fauvette, ni de la vivacité du rossignol; son instinct est solitaire, son naturel sauvage [g] et son caractère triste; si on le

a. Belon.

b. Linnæus, Klein.

c. Schwenckfeld , *Aviar. Siles.*, p. 346.

d. « Canta il boscareccio la primavera, fin all' entrar dell' estate, lasciando di cantare covato « che hà. Il suo solito è cantar alla buon ora, quando sù le fratte, quando sù qualche fabrica « disabitata. » Olina, *Uccell.*, p. 47.

e. « Mas subinde cantillat, canitque in sublimi edificio, ut pinnasculis et summis caminis. « Primo diluculo præcipuè suaviter cantillat. » Aldrovande, *Avi.*, t. II, p. 750.

f. « C'est aussi le plus retenu de tous les oiseaux, car s'il s'aperçoit que vous le regardiez pendant le temps qu'il fait son nid, il quitte son ouvrage, et si on touche un de ses œufs, il ne revient jamais dans son nid; si on touche ses petits, il les affamera ou les jettera hors du nid, et leur cassera le cou; ce qu'on a expérimenté plus d'une fois. » Albin, t. I, p. 44.

g. « Leurs petits ressemblent beaucoup à ceux des rouges-gorges; on ne peut les élever aisément. J'en ai conservé un tout l'hiver : il paraissait d'un naturel timide, et cependant était toujours sautant et avait le coup d'œil vif ; il apercevait d'un bout de la chambre à l'autre le plus petit insecte, et s'élançait sur lui dans un instant en faisant un cri. » (Note communiquée par M. le vicomte de Querhoënt.)

prend adulte, il refuse de manger et se laisse mourir, ou s'il survit à la perte de sa liberté, son silence obstiné marque sa tristesse et ses regrets [a] : cependant, en le prenant au nid et l'élevant en cage, on peut jouir de son chant; il le fait entendre à toute heure et même pendant la nuit [b]; il le perfectionne, soit par les leçons qu'on lui donne, soit en imitant celui des oiseaux qu'il est à portée d'écouter [c].

On le nourrit de mie de pain et de la même pâtée que le rossignol; il est encore plus délicat [d]. Dans son état de liberté il vit de mouches, d'araignées, de chrysalides de fourmis et de petites baies ou fruits tendres. En Italie il va becqueter les figues; Olina dit qu'on le voit encore dans ce pays en novembre, tandis que dès le mois d'octobre il a déjà disparu de nos contrées. Il part quand le rouge-gorge commence à venir près des habitations; c'est peut-être ce qui a fait croire à Aristote et Pline que c'était le même oiseau qui paraissait rouge-gorge en hiver et rossignol de muraille en été [e]. Dans leur départ, non plus qu'à leur retour, les rossignols de muraille ne démentent point leur instinct solitaire; ils ne paraissent jamais en troupes et passent seul à seul [f].

On en connaît quelques variétés, dont les unes ne sont vraisemblablement que des variétés d'âge, et les autres de climat. Aldrovande fait mention de trois, mais la première n'est que la femelle; il donne pour la seconde la figure très-imparfaite de Gessner, et ce n'est que le rossignol de muraille lui-même défiguré; il n'y a que la troisième qui soit une véritable

---

a. « Cet oiseau est fort bourru, de mauvaise humeur et rechigné, car si on le prend à un âge avancé, il ne jettera pas l'œil sur sa nourriture pendant quatre ou cinq jours, et lorsqu'on lui apprend à se nourrir lui-même, il reste un mois entier sans gazouiller. » Albin, t. I, p. 44.

b. « L'allevato in casa canta d'ogn'ora, eziandio la notte, e impara à fischiare, et à contrà-« far gl'altri uccelli, purche gli venga insegnato. » Olina, *Uccelleria*, p. 47.

c. « Les petits, attrapés tout jeunes, deviennent doux et apprivoisés; ils gazouillent pendant la nuit aussi bien que pendant le jour; ils apprennent même à siffler et à imiter d'autres oiseaux. » Albin, t. I, p. 44.

d. « Et de fait, ceux qu'on a nourris en cage ne se sont trouvés de chant guères moins plaisants que les vrais rossignols. Ceux-ci sont plus difficiles à élever que les vrais rossignols. » Belon, *ubi supra*.

e. « Rubecula et quæ ruticillæ (phænicuri) appellantur, invicem transeunt : estque rubecula « hiberni temporis, ruticilla æstivi, nec alio ferè inter se differunt, nisi pectoris colore et « caudæ. » Aristote, *Hist. animal.*, lib. IX, cap. XLIX. — « Erithacus hieme, idem phænicurus « æstate. » Pline, lib. X, cap. XXIX. — « Que le rossignol de muraille n'est point tout un avec « la rouge-gorge, leurs pieds nous le font à savoir..... joint aussi qu'ayant tendu l'esté par les « forests, en avons prins des uns et des autres. Le rossignol de muraille apparoist au printemps « dedans les villes et villages, et fait ses petits dedans les pertuis, lorsque la gorge-rouge s'en « est allée au bois. » Belon, *Nat. des oiseaux*, pages 347, 348.

f. « Je me promenais, cette année, au parc, un jour qu'il y en avait vraisemblablement une nombreuse passée, car j'en faisais lever dans les charmilles à tout instant, et presque toujours seul à seul. J'en approchai plusieurs assez près pour les très-bien reconnaître : c'était vers le 15 de septembre. Cet oiseau, très-commun à Nantua pendant le printemps et l'été, quitte apparemment les montagnes au commencement de l'automne, sans se fixer cependant dans nos plaines, où il est très-rare de le voir dans une autre saison. » (Note communiquée par M. Hébert.)

variété ; l'oiseau porte un long trait blanc sur le devant de la tête ; c'est celui que M. Brisson appelle *rossignol de muraille cendré*[a], et que Willughby et Ray indiquent d'après Aldrovande[b]. Frisch donne une autre variété de la femelle du rossignol de muraille, dans laquelle la poitrine est marquetée de taches rousses[c], et c'est de cette variété que Klein fait sa seconde espèce[d]. Le rouge-queue gris d'Edwards (*the grey redstart*), envoyé de Gibraltar à M. Catesby[e], et dont M. Brisson fait sa seconde espèce[f], pourrait bien n'être qu'une variété de climat. La taille de cet oiseau est la même que celle de notre rossignol de muraille ; la plus grande différence consiste en ce qu'il n'y a point de roux sur la poitrine, et que les bords extérieurs des pennes moyennes de l'aile sont blancs[1].

Encore une variété, à peu près semblable, est l'oiseau que nous a donné M. d'Orcy, dans lequel la couleur noire de la gorge s'étend sur la poitrine et les côtés, au lieu que dans le rossignol de muraille commun ces mêmes parties sont rousses ; nous ne savons pas d'où cet oiseau a été envoyé à M. d'Orcy, il avait une tache blanche dans l'aile, dont les pennes sont noirâtres ; tout le cendré du dessus du corps est plus foncé que dans le rossignol de muraille, et le blanc du front est beaucoup moins apparent.

De plus, il existe en Amérique une espèce de rossignol de muraille que décrit Catesby[g], et que nous laisserons indécise, sans la joindre expressément à celle d'Europe, moins à cause des différences de caractères que de celle de climat. En effet, Catesby prête au rossignol de muraille de Virginie les mêmes habitudes que nous voyons au nôtre ; il fréquente, dit-il, les bois les plus couverts, et on ne le voit qu'en été ; la tête, le cou, le dos et les ailes sont noires, excepté une petite tache de roux vif dans l'aile ; le roux de la poitrine est séparé en deux par le prolongement du gris de l'estomac ; la pointe de la queue est noire : ces différences sont-elles spécifiques et plus fortes que celles que doit subir un oiseau sous les influences d'un autre hémisphère ?

Au reste le *charbonnier du Bugey*, suivant la notice que nous en donne M. Hébert[h], est le rossignol de muraille. Nous en dirons autant du *cul-rousset*

a. *Ornithol.*, t. III, p. 406.
b. Willughby, p. 160. — Ray, *Synops.*, p. 78, no 1.
c. Table 20.
d. *Avi.*, p. 78, no 10.
e. Tome I, planche 29.
f. « Ficedula cinerea ; syncipite candido ; genis, gutture, et collo inferiore nigris ; uropygio « rufo ; imo ventre albo ; rectricibus binis intermediis fuscis, lateralibus rufis fusco terminatis, « utrimque extimâ penitus rufâ, » *Ruticilla Gibraltariensis*, le rossignol de muraille de Gibraltar. Brisson, *Ornithol.*, t. III, p. 407.
g. *The redstast*, le rossignol de muraille d'Amérique. Catesby, *Carolina*, t. I, p. 67.
h. « Il me semble qu'on peut donner le nom de *queue-rouge* (*rossignol de muraille*) à un

1. « Cet oiseau est la *fauvette tithys* de M. Vieillot, *motacilla Gibraltariensis* (Gmel.). » (Desmarets). — Voyez, ci-après, la nomenclature du *rouge-queue*.

ou *cul-rousset farnou* de Provence que nous a fait connaître M. Guys [a]. Nous pensons de plus que l'oiseau nommé dans le même pays *fourmeirou* et *fourneirou de cheminée*, n'est également qu'un rossignol de muraille, du moins l'analogie de mœurs et d'habitudes, autant que la ressemblance des caractères, nous le font présumer [b].

LE ROUGE-QUEUE. [c] *

Aristote parle de trois petits oiseaux, lesquels, suivant l'énergie des noms qu'il leur donne, doivent avoir pour trait le plus marqué dans leur plumage du rouge fauve ou roux de feu. Ces trois oiseaux sont *phœnicuros*, que Gaza traduit *ruticilla; erithacos*, qu'il rend par *rubecula* [d]; enfin *pyrrhulas*, qu'il nomme *rubicilla* [e]; nous croyons pouvoir assurer que le premier est le rossignol de muraille, et le second le rouge-gorge : en effet, ce que dit Aristote que le premier vient pendant l'été près des habitations, et en disparaît à l'automne quand le second s'en approche [f], ne peut, entre tous les oiseaux qui ont du rouge ou du roux dans le plumage, convenir qu'au

oiseau de la grosseur d'une fauvette, qui est très-commun en Bugey, et qu'on y appelle *charbonnier*; on le voit également dans la ville et sur les rochers; il niche dans des trous. Chaque année il s'en trouvait un nid au haut d'un pignon de la maison que j'occupais, dans un trou très-élevé; pendant que la femelle couvait, le mâle se tenait fort près d'elle sur quelque pointe de pignon ou sur quelque arbre très-élevé, et répétait sans cesse un ramage assez plaintif qui n'a que deux variations, lesquelles se succèdent toujours dans le même ordre à intervalle égal. Ces oiseaux ont dans la queue une espèce de tremblement convulsif; j'en ai vu quelquefois à Paris aux Tuileries, jamais en Brie, et je n'ai entendu leur ramage qu'en Bugey. » (Note communiquée par M. Hébert, receveur général des fermes à Dijon.)

a. Ce cul-rousset de Provence (rossignol de muraille) est fort différent du *cul-rousset* donné ci-devant, page 340, de cette *Histoire des Oiseaux*, qui est un bruant du Canada.

b. Voyez à l'article du *traquet*.

c. Phœnicuri species altera. Gessner, *Icon. avi.*, p. 48, avec une très-mauvaise figure. — *Rotschwentzel. Idem, Avi.*, p. 731, avec une figure aussi défectueuse. — *Phœnicuros alter Ornithol.*, Aldrovande, *Avi.*, t. II, p. 748, avec la figure de Gessner. — *Rotschwentzel Gessneri.* Willughby, *Ornithol.*, p. 160. — Ray, *Synops. Avi.*, p. 78, nº 2. — *Pyrrhulas.* Jons., *Avi.*, avec la figure empruntée de Gessner, pl. 45. — *Rubecula seu phœnicurus. Idem, ibid.*, avec la figure répétée d'Aldrovande. — *Phœnicurus rubicilla.* Frisch, avec une bonne figure, tab. 20. — *Phœnicurus.* Linnæus, *Syst. nat.*, édit. VI, gen. 82, sp. 12. — « Motacilla dorso « remigibusque cinereis, abdomine rectricibusque rufis : extimis duabus cinereis, » *Erithacus. Idem*, édit. X, g. 99, sp. 22. — « Motacilla remigibus cinereis, rectricibns rubris, intermediis « duabus cinereis. » *Idem, Fauna Suec.*, nº 225. — « Sylvia gulà griseà, caudà totà rubra. » Klein, *Avi.*, p. 78, nº 4. — « Ficedula supernè grisea, infernè cinereo alba, rufescente ad-« mixto : uropygio rectricibusque rufis, » *Phœnicurus*, le rouge-queue. Brisson, *Ornithol.*, t. III, p. 409.

d. Aristote, *Hist. animal.*, lib. IX, cap. XLIX.

e. Idem, lib. VIII, cap. III.

f. Voyez ci-devant l'histoire du rossignol de muraille.

* *Motacilla erithacus, tithys, Gibraltariensis, atrata* (Gmel.). — Genre *Becs-Fins*, sous-genre *Rubiettes* (Cuv.).

rouge-gorge et au rossignol de muraille ; mais il est plus difficile de reconnaître le *pyrrhulas* ou *rubicilla*.

Ces noms ont été appliqués au bouvreuil par tous les nomenclateurs : on peut le voir à l'article de cet oiseau où l'on rapporte leurs opinions sans les discuter, parce que cette discussion ne pouvait commodément se placer qu'ici ; mais il nous paraît plus que probable que le *pyrrhulas* d'Aristote, le *rubicilla* de Théodore Gaza, loin d'être le bouvreuil, est d'un genre tout différent. Aristote fait en cet endroit un dénombrement des petits oiseaux à bec fin qui ne vivent que d'insectes, ou qui du moins en vivent principalement : tels sont, dit-il, le *cygalis* (le bec-figue), le *melancoryphos*[a] (la fauvette à tête noire), le *pyrrhulas*, l'*erithacos*, l'*hypolaïs* (la fauvette babillarde), etc.[b] : or, je demande si l'on peut ranger le bouvreuil au nombre de ces oiseaux à bec effilé, et qui ne vivent en tout ou en grande partie que d'insectes ? Cet oiseau est, au contraire, un des plus décidément granivores ; il s'abstient de toucher aux insectes dans la saison où la plupart des autres en font leur pâture, et paraît aussi éloigné de cet appétit par son instinct qu'il l'est par la forme de son bec, différente de celle de tous les oiseaux en qui l'on remarque ce genre de vie. On ne peut supposer qu'Aristote ait ignoré cette différence dans la manière de se nourrir, puisque c'est sur cette différence même qu'il se fonde en cet endroit ; par conséquent ce n'est pas le bouvreuil qu'il a voulu désigner par le nom de *pyrrhulas*.

Quel est donc l'oiseau, placé entre le rouge-gorge et la fauvette, autre néanmoins que le rossignol de muraille, auquel puissent convenir à la fois ces caractères d'être à bec effilé, de vivre principalement d'insectes, et d'avoir quelque partie remarquable du plumage d'un roux de feu ou rouge fauve ? je ne vois que celui qu'on a nommé *rouge-queue*, qui habite les bois avec le rouge-gorge, qui vit d'insectes comme lui pendant tout l'été, et part

---

a. Je sais que Belon, et plusieurs naturalistes après lui, ont appliqué aussi au bouvreuil le nom de *melancoryphos*; et je suis convaincu encore que ce nom lui est mal appliqué. Aristote parle en deux endroits du *melancoryphos*, et dans ces deux endroits de deux oiseaux différents, dont aucun ne peut être le bouvreuil; premièrement, dans le passage que nous examinons, par toutes les raisons qui prouvent qu'il ne peut pas être le *pyrrhulas*; le second passage où Aristote nomme le *melancoryphos*, que Gaza traduit *atricapilla*, est au livre ix, chap. xv; et c'est celui que Belon applique au bouvreuil (*Nat. des Oiseaux*, p. 359); mais il est clair que l'*atricapilla* qui *pond vingt œufs*, qui *niche dans les trous d'arbres*, et *se nourrit d'insectes* (Aristote, *loco citato*) n'est point le bouvreuil, et ne peut être que la petite mésange à tête noire ou nonnette, tout comme l'*atricapilla* qui se trouve pour accompagner le rouge-gorge, le rossignol de muraille et le bec-figue, ne peut être que la fauvette à tête noire. Cette petite discussion nous a paru d'autant plus nécessaire, que Belon est de tous les naturalistes celui qui a rapporté généralement avec plus de sagacité les dénominations anciennes aux espèces connues des modernes, et que d'un autre côté la nomenclature du bouvreuil est une de celles qui sont demeurées remplies de plus d'obscurité et de méprises (voyez l'*histoire du bec-figue*), et qui jetaient le plus d'embarras sur celle de plusieurs autres oiseaux, et en particulier du rouge-queue.

b. « Hæ et reliqua id genus, vermiculis partim ex toto, partim magná ex parte aluntur. » Lib. viii, cap. iii.

en même temps à l'automne. Wuotton[a] s'est aperçu que le pyrrhulas doit
être une espèce de rouge-queue. Jonston paraît faire la même remarque[b];
mais le premier se trompe en disant que cet oiseau est le même que le rossignol de muraille, puisque Aristote le distingue très-nettement dans la
même phrase.

Le rouge-queue est en effet très-différent du rossignol de muraille :
Aldrovande et Gessner l'ont bien connu en l'en séparant[c]. Le rouge-queue
est plus grand, il ne s'approche pas des maisons et ne niche pas dans les
murs, mais dans les bois et buissons comme les bec-figues et les fauvettes ;
il a la queue d'un roux de feu clair et vif ; le reste de son plumage est composé de gris sur tout le manteau, plus foncé et frangé de roussâtre dans les
pennes de l'aile, et de gris blanc mêlé confusément de roussâtre sur tout le
devant du corps ; le croupion est roux comme la queue ; il y en a qui ont
un beau collier noir et dans tout le plumage des couleurs plus vives et plus
variées. M. Brisson en a fait une seconde espèce[d] ; mais nous croyons que
ceux-ci sont les mâles ; quelques oiseleurs très-expérimentés nous l'ont
assuré. M. Brisson dit que le rouge-queue à collier se trouve en Allemagne,
comme s'il était particulier à cette contrée ; tandis que partout où l'on rencontre le rouge-queue gris on voit également des rouges-queues à collier ;
de plus, il ne le dit que sur une méprise, car la figure qu'il cite de Frisch,
comme celle du rouge-queue à collier[e], n'est dans cet auteur que celle de
la femelle de l'oiseau que nous appelons gorge-bleue[f].

Nous regarderons donc le rouge-queue à collier comme le mâle, et le
rouge-queue gris comme la femelle ; ils ont tous deux la queue rouge de
même ; mais, outre le collier, le mâle a le plumage plus foncé, gris brun
sur le dos, et gris tacheté de brun sur la poitrine et les flancs.

Ces oiseaux préfèrent les pays de montagne, et ne paraissent guère en
plaine qu'au passage d'automne[g] ; ils arrivent au mois de mai en Bour-

<hr>

a. *Apud Gessnerum*, p. 701. « Pyrrhulas eadem videtur quæ phœnicurus : quamquam Theo-
« dorus rubicillam interpretetur, si cui secùs videatur, non contendo. » Wuothonus.

b. *Pyrrhulas*. Jonston, *Avi.*, pl. 45.

c. Gessner lui donne le nom caractéristique de *rotschwentzel*. Aldrovande en fait un second
rouge-queue (le rossignol de muraille est le premier) sous le nom de *phœnicurus alter*, et tous
deux le décrivent de manière à le distinguer clairement du rossignol de muraille. Gessner, *Avi.*,
p. 700. Aldrovande, t. II, p. 748.

d. « Ficedula supernè fusca, infernè sordidè alba, maculis fuscis in pectore et lateribus
« varia; collo inferiore maculà fuscà ferri equini æmulà, insignito ; uropygio rufo ; rectricibus
« binis intermediis fuscis, lateralibus in exortu rufis, in apice fuscis. » *Phœnicurus torquatus*,
le rouge-queue à collier. Brisson, t. III, p. 411.

e. « Phœnicurus inferiore parte caudæ nigrà. » *Rotschwentzlein.* Frisch, der. ii, haupt. iv,
abtheil ii, plate fig. 2.

f. « Das zweite rotschwentzlein hat einem halb schwartzen, schwantz von untem an, and
« ist das weiblein des blankchleins. » Frisch, *ibid.*

g. J'ai souvent vu en Brie, en automne, un oiseau qui avait également la queue fort rousse,
mais différent de celui-ci (le rossignol de muraille) ; j'avais cru que c'était le même que le
charbonnier de Nantua dans la première année. Presque tous les oiseaux changent de couleur

gogne et en Lorraine, et se hâtent d'entrer dans les bois où ils passent toute la belle saison ; ils nichent dans de petits buissons près de terre, et font leur nid de mousse en dehors, de laine et de plumes en dedans ; ce nid est de forme sphérique, avec une ouverture au côté du levant, le plus à l'abri des mauvais vents ; on y trouve cinq à six œufs blancs variés de gris.

Les rouges-queues sortent du bois le matin, y rentrent pendant la chaleur du jour et paraissent de nouveau sur le soir dans les champs voisins ; ils y cherchent les vermisseaux et les mouches ; ils rentrent dans le bois la nuit. Par ces allures, et par plusieurs traits de ressemblance, ils nous paraissent appartenir au genre du rossignol de muraille. Le rouge-queue n'a néanmoins ni chant ni ramage, il ne fait entendre qu'un petit son flûté, *suit*, en allongeant et filant très-doux la première syllabe ; il est, en général, assez silencieux et fort tranquille [a] ; s'il y a une branche isolée qui sorte d'un buisson ou qui traverse un sentier, c'est là qu'il se pose, en donnant à sa queue une petite secousse comme le rossignol de muraille.

Il vient à la pipée, mais sans y accourir avec la vivacité et l'intérêt des autres oiseaux ; il ne semble que suivre la foule ; on le prend aussi aux fontaines sur la fin de l'été ; il est alors très-gras et d'un goût délicat ; son vol est court et ne s'étend que de buisson en buisson. Ces oiseaux partent au mois d'octobre ; on les voit alors se suivre le long des haies pendant quelques jours, après lesquels il n'en reste aucun dans nos provinces de France.

LE ROUGE-QUEUE DE LA GUIANE. *

Nous avons reçu de Cayenne un rouge-queue, qui est représenté dans les planches enluminées, n° 686, fig. 2 ; il a les pennes de l'aile du même roux que celles de la quene ; le dos gris et le ventre blanc. On ne nous a rien appris de ses habitudes naturelles ; mais on peut les croire à peu près semblables à celles du rouge-queue d'Europe, dont celui de Cayenne paraît être une espèce voisine.

à la première mue, et tous les oiseaux qui se nourrissent d'insectes sont sujets à des migrations en automne. » (Note communiquée par M. Hébert.)

a. Un rouge-queue pris en automne, et lâché dans un appartement, ne fit pas entendre le moindre cri, volant, marchant ou en repos. Enfermé dans la même cage avec une fauvette, celle-ci s'élançait à tout instant contre les barreaux ; le rouge-queue non-seulement ne s'élançait pas, mais restait immobile des heures entières au même endroit, où la fauvette retombait sur lui à chaque saut : et il se laissa ainsi fouler pendant tout le temps que vécut là fauvette, c'est-à-dire pendant trente-six heures.

* *Motacilla guyanensis* (Gmel.). — *Sylvia guyanensis* (Lath.).

LE BEC-FIGUE. [a][*]

Cet oiseau qui, comme l'ortolan, fait les délices de nos tables, n'est pas
aussi beau qu'il est bon ; tout son plumage est de couleur obscure : le gris,
le brun et le blanchâtre en font toutes les nuances, auxquelles le noirâtre
des pennes de la queue et de l'aile se joint sans les relever ; une tache
blanche, qui coupe l'aile transversalement, est le trait le plus apparent de
ses couleurs, et c'est celui que la plupart des naturalistes ont saisi pour le
caractériser [b] ; le dos est d'un gris brun qui commence sur le haut de la
tête et s'étend sur le croupion ; la gorge est blanchâtre, la poitrine légèrement teinte de brun, et le ventre blanc ainsi que les barbes extérieures des
deux premières pennes de la queue ; le bec, long de six lignes, est effilé.
L'oiseau a sept pouces de vol, et sa longueur totale est de cinq ; la femelle
a toutes les couleurs plus tristes et plus pâles que le mâle [c].

Ces oiseaux, dont le véritable climat est celui du Midi, semblent ne venir
dans le nôtre que pour attendre la maturité des fruits succulents dont ils
portent le nom ; ils arrivent plus tard au printemps, et ils partent avant les
premiers froids d'automne. Ils parcourent néanmoins une grande étendue
dans les terres septentrionales en été, car on les a trouvés en Angleterre [d],

a. *Ficedula.* Aldrovande, *Avi.*, t. II, p. 758, avec des figures peu reconnaissables du mâle,
p. 758 : de la femelle, p. 759. — Gessner, *Avi.*, p. 384. *Idem. Icon. avi.*, p. 47. — Jonston,
Avi., avec une figure, planche 33, empruntée d'Olina. — Charleton, *Exercit.*, p. 88, nº 9, avec
une figure défectueuse, p. 89. *Idem. Onomast.*, p. 80, nº 9, avec la même figure, p. 82. —
Rzaczynski, *Hist. nat. Polon.*, p. 280. — *Ficedula quarta Aldrovandi.* Willughby, *Ornithol.*,
p. 163. — Ray, *Synops.*, p. 81, nº 12. — *Curruca fusca, albâ maculâ in alis.* Frisch, avec
une figure exacte du mâle, pl. 22. — *Ficedula quarta.* Linnæus, *Syst. nat.*, édit. VI, gen. 82,
sp. 18, *idem.* — « Motacilla subfusca, subtus alba ; pectore cinereo maculato. » *Fauna Suec.*,
nº 231. — *Sylvia rectricibus alarum maculâ albâ.* Klein, *Avi.*, p. 79, nº 13. — *Becafico ordinario.* Olina, p. 11. Sa figure a tout l'air d'une petite fauvette, ou même, si elle est de grandeur naturelle, du pouliot ou chantre, et point du tout du bec-figue. — *Ficedula rostro et
pedibus luteis.* Barrère, *Ornithol.*, class. 3, g. 18, sp. 1. — « Ficedula supernè griseo-fusca,
« infernè cinereo-alba ; ventre et oculorum ambitu albo-rufescentibus ; tæniâ in alis transversâ
« albo-rufescente ; rectricibus nigricantibus, oris exterioribus griseo-fuscis, binis utrimque
« extimis exteriùs ab exortu ferè ad apicem albis, » *Ficedula*, le bec-figue. Brisson, *Ornithol.*,
t. III, p. 369. — Les Grecs l'appellent Συκαλìς ; les Italiens, *beccafico* : et aux environs du lac
Majeur, *sicca-figa* ; les Catalans, *becca-figua, papafigo*, les Allemands, *grasz-mach*, suivant
Gessner, et *wustling*, selon Rzaczynski ; les Polonais, *sigoiadka*. Belon, en conséquence de
l'erreur qui lui fait appliquer au *bouvreuil* ou à son *pivoine* (*Nat. des Oiseaux*, p. 359) le nom
italien de *beccafigi*, lui donne de même ceux de *cicalis* et de *ficedula*, qui appartiennent au
bec-figue.

b. « *Curruca fusca, albâ maculâ in alis.* » Frisch. « *Sylvia rectricibus alarum maculâ albâ.* »
Klein. « *Ficedula.... tæniâ in alis transversâ.* » Brisson. « Alarum remiges in mare nigræ, cum
« quibusdam intercurrentibus albis. » Aldrovande.

c. Fœmina penè tota albicat. » Aldrovande, t. II, p. 758.

d. Willughby.

[*] *Muscicapa albicollis* (Temm.). — Genre *gobe-mouches*, sous-genre *gobe-mouches proprement dits* (Cuv.). — Voyez, ci-devant, la nomenclature et la note de la p. 415.

en Allemagne *a*, en Pologne *b*, et jusqu'en Suède *c*; ils reviennent dans l'automne en Italie et en Grèce, et probablement vont passer l'hiver dans des contrées encore plus chaudes. Ils semblent changer de mœurs en changeant de climat, car ils arrivent en troupes aux contrées méridionales, et sont au contraire toujours dispersés pendant leur séjour dans nos climats tempérés ; ils y habitent les bois, se nourrissent d'insectes, et vivent dans la solitude ou plutôt dans la douce société de leur femelle ; leurs nids sont si bien cachés qu'on a beaucoup de peine à les découvrir *d*; le mâle, dans cette saison, se tient au sommet de quelque grand arbre, d'où il fait entendre un petit gazouillement peu agréable et assez semblable à celui du motteux. Les bec-figues arrivent en Lorraine en avril, et en partent au mois d'août, même quelquefois plus tôt *e*. On leur donne dans cette province les noms de *mûriers* et de *petits pinsons des bois*, ce qui n'a pas peu contribué à les faire méconnaître ; en même temps on a appliqué le nom de bec-figue à la petite alouette des prés, dont l'espèce est très-différente de celle du bec-figue ; et ce ne sont pas là les seules méprises qu'on ait faites sur ce nom. De ce que le bouvreuil paraît friand des figues en Italie, Belon dit qu'il est appelé par les Italiens *beccafigi f*; lui-même le prend pour le vrai bec-figue dont parle Martial ; mais le bouvreuil est aussi différent du bec-figue par le goût de sa chair, qui n'a rien que d'amer, que par le bec, les couleurs et le reste de la figure. Dans nos provinces méridionales et en Italie, on appelle confusément bec-figue toutes les différentes espèces de fauvettes, et presque tous les petits oiseaux à bec menu et effilé *g* ; cependant le vrai bec-figue y est bien connu, et on le distingue partout à la délicatesse de son goût.

Martial, qui demande pourquoi ce petit oiseau qui becquète également les raisins et les figues, a pris de ce dernier fruit son nom plutôt que du premier *h*, eût adopté celui qu'on lui donne en Bourgogne, où nous l'appelons *vinette*, parce qu'il fréquente les vignes et se nourrit de raisins ; cependant, avec les figues et les raisins, on lui voit encore manger des insectes

a. Klein.

b. Rzaczynski.

c. Linnæus.

d. « Le bec-figue niche dans nos forêts, et, à juger par l'analogie, dans des trous d'arbres et à une grande distance de terre, comme les gobe-mouches à collier; c'est la raison pourquoi on les découvre très-difficilement. En 1767 ou 1768, ayant vu et ouï chanter un de ces oiseaux qui se tenait perché à l'extrémité d'un arbre fort élevé, je le suivis avec grande attention, et j'y revins à plusieurs fois sans pouvoir trouver ce nid, quoique toujours je retrouvasse l'oiseau. Il avait un petit gazouillis à peu près comme le motteux et fort peu agréable; il se perchait extrêmement haut et n'approchait guère de terre. » (Note communiquée par **M.** Lottinger.)

e. Note communiquée par **M.** Lottinger.

f. *Nature des Oiseaux*, p. 361.

g. *Ornithol.* de Salerne, p. 237.

h.

> Cùm me ficus alat, cùm pascar dulcibus uvis,
> Cur potiùs nomen non dedit uva mihi ?
>
> (MARTIAL.)

et la graine de mercuriale. On peut exprimer son petit cri par *bzi*, *bzi;* il vole par élans, marche et ne saute point, court par terre dans les vignes , se relève sur les ceps et sur les haies des enclos. Quoique ces oiseaux ne se mettent en route que vers le mois d'août, et ne paraissent en troupes qu'alors dans la plupart de nos provinces, cependant on en a vu au milieu de l'été en Brie, où quelques-uns font apparemment leurs nids [a]; dans leur passage ils vont par petits pelotons de cinq ou six ; on les prend au lacet ou au filet, au miroir en Bourgogne et le long du Rhône, où ils passent sur la fin d'août et en septembre.

C'est en Provence qu'ils portent à juste titre le nom de bec-figue ; on les voit sans cesse sur les figuiers, becquetant les fruits les plus mûrs ; ils ne les quittent que pour chercher l'ombre et l'abri des buissons et de la charmille touffue ; on les prend en grand nombre dans le mois de septembre en Provence et dans plusieurs îles de la Méditerranée, surtout à Malte, où ils sont alors en prodigieuse quantité, et où l'on a remarqué qu'ils sont en beaucoup plus grand nombre à leur passage d'automne qu'à leur retour au printemps [b] : il en est de même en Chypre, où l'on en faisait autrefois commerce : on les envoyait à Venise dans des pots remplis de vinaigre et d'herbes odoriférantes [c] ; lorsque l'île de Chypre appartenait aux Vénitiens, ils en tiraient tous les ans mille ou douze cents pots remplis de ce petit gibier [d], et l'on connaissait généralement en Italie le bec-figue sous le nom d'oiseau de Chypre (*Cyprias, uccelli di Cypro*), nom qui lui fut donné jusqu'en Angleterre, au rapport de Willughby [e].

Il y a longtemps que cet oiseau, excellent à manger, est fameux ; Apicius nomme plus d'une fois le bec-figue avec la petite grive, comme deux oiseaux également exquis. Eustathe et Athénée parlent de la chasse des bec-figues [f], et Hésychius donne le nom du filet avec lequel on prenait ces oiseaux dans la Grèce : à la vérité rien n'est plus délicat, plus fin, plus succulent que le bec-figue mangé dans la saison ; c'est un petit peloton d'une graisse légère et savoureuse, fondante, aisée à digérer : c'est un extrait du suc des excellents fruits dont il vit.

Au reste, nous ne connaissons qu'une seule espèce de bec-figue [g], quoique l'on ait donné ce nom à plusieurs autres. Mais si l'on voulait nommer bec-

a. Note communiquée par M. Hébert.

b. M. le chevalier de Mazy.

c. *Voyage* de Pietro della Valle, tome VIII, page 153. Il ajoute que dans quelques endroits, comme à Agia-nappa, ceux qui mangent des bec-figues s'en trouvent quelquefois incommodés, à cause de la scammonée qu'ils becquètent dans les environs; ils mangent aussi dans ces îles de l'Archipel les fruits du lentisque.

d. Dapper, *Description des îles de l'Archipel*, p. 51.

e. *Cyprus-bird.* Willughby, p. 163.

f. *Apud Gessner.*, p. 384.

g. Aldrovande donne (t. II, p. 759) deux figures du bec-figue, dont la seconde, selon lui-même, ne présente qu'une variété de la première, peut-être même accidentelle, et qu'on pour-

figue tout oiseau que l'on voit dans la saison becqueter les figues, les fauvettes et presque tous les oiseaux à bec fin, plusieurs même d'entre ceux à
bec fort seraient de ce nombre : c'est le sens du proverbe italien, *nel' mese
d'agosto ogni uccello è beccafico ;* mais ce dire populaire, très-juste pour
exprimer la délicatesse du suc que donne la chair de la figue à tous ces
petits oiseaux qui s'en nourrissent, ne doit pas servir à classer ensemble,
sur une simple manière de vivre passagère et locale, des espèces très-dis-
tinctes et très-déterminées d'ailleurs : ce serait introduire la plus grande
confusion, dans laquelle néanmoins sont tombés quelques naturalistes. Le
bec-figue de *chanvre* d'Olina (*beccafico canapino*), n'est point un bec-figue,
mais la fauvette babillarde. La grande fauvette elle-même, suivant Ray,
s'appelle en Italie *beccafigo.* Belon applique également à la fauvette roussette le nom de *beccafigha ;* et nous venons de voir qu'il se trompe encore
plus en appelant bec-figue son *bouvreuil* ou *pivoine*, auquel, en conséquence de cette erreur, il applique les noms de *cycalis* et de *ficedula*, qui
appartiennent au bec-figue. En Provence, on confond sous le nom de bec-
figue plusieurs oiseaux différents. M. Guys nous en a envoyé deux, entre
autres, que nous ne plaçons à la suite du bec-figue que pour observer de
plus près qu'ils lui sont étrangers.

LE FIST DE PROVENCE. *

Le fist, ainsi nommé d'après son cri, et qui nous a été envoyé de Provence comme une espèce de bec-figue, en est tout différent et se rapporte
de beaucoup plus près à l'alouette, tant par la grandeur que par le plumage; il n'en diffère essentiellement que parce qu'il n'a pas l'ongle de derrière long. Il est représenté dans nos planches enluminées, n° 654, fig. 1.
Son cri est *fist, fist ;* il ne s'envole pas lorsqu'il entend du bruit, mais il
court se tapir à l'abri d'une pierre jusqu'à ce que le bruit cesse, ce qui
suppose qu'il se tient ordinairement à terre, habitude contraire à celle du
bec-figue.

rait, dit-il, appeler *bec-figue varié*, « le blanc et le noir étant mêlés dans tout son plumage,
« comme la figure l'indique ; » mais cette figure ne montre que le blanc de l'aile un peu plus
large, et du blanc sur le devant du cou et la poitrine, ce qui ne constitue en effet qu'une variété
purement individuelle.

* *Motacilla massiliensis* (Gmel.). — « Le *fist de Provence* (*motacilla massiliensis*) est le
« jeune de la *rousseline* (*anthus campestris* ou *alauda mosellana*). » (Cuvier.) — Voyez, ci-
devant, la nomenclature de la p. 481.

LA PIVOTE ORTOLANE. *

La *pivote ortolane*, autre oiseau de Provence, n'est pas plus un bec-figue
que le fist, quoiqu'il en porte aussi le nom dans le pays. Cet oiseau est
fidèle compagnon des ortolans et se trouve toujours à leur suite; il ressemble beaucoup à l'alouette des prés, excepté qu'il n'a pas l'ongle long et
qu'il est plus grand. Il est donc encore fort différent du bec-figue.

LE ROUGE-GORGE. *a* **

Ce petit oiseau passe tout l'été dans nos bois, et ne vient à l'entour des
habitations qu'à son départ en automne et à son retour au printemps; mais
dans ce dernier passage il ne fait que paraître, et se hâte d'entrer dans les

a. En grec, Ἐρίθαχὸς; en latin moderne, *rubecula;* en italien, *pettirosso, pettusso, pechietto;*
en portugais, *pitiroxo;* en catalan, *pita roity;* en suédois, *rot-gel;* en anglais, *red-breast,*
robin-red-breast, ruddock; en allemand, *roth-breuslein, wald-roetele, rot-kropss, rot-brustle,*
winter-roetele, roth-kehlein; en saxon, *rot-kelchyn, rott-kaehlichen;* en polonais, *gil;* en
illyrien, *czier-wenka, zer-wenka.* On l'appelle en Bourgogne *bosote*, nom qui vient probablement de *boscote*, oiseau des bois; en Anjou, *rubiette;* dans le Maine, *rubienne;* en Auvergne,
jaunar; en Saintonge, *russe;* en Normandie, *berée;* en Sologne et en Poitou, *ruche;* en Picardie, *frilleuse* (suivant M. Salerne); ailleurs, *roupie;* « pour ce, dit Belon, qu'on le voit venir
aux villes et villages lorsque les roupies pendent au nez. » — *Rubecula.* Frisch, avec une bonne
figure, tab. 19. — Jonston, *Avi.,* p. 87, avec la figure empruntée d'Olina, pl. 43. — Sibbalde,
Scot. illustr., part. II, lib. III, p. 18. — Schwenckfeld, *Avi. Siles.,* p. 345. — *Rubecula, eri-*
thacus. Charleton, *Exercit.,* p. 79, nº 8. *Idem. Onomast.,* p. 91, nº 8. — *Rubecula, vel eri-*
thacus. Gessner, *Avi.,* p. 729, avec une très-mauvaise figure, p. 130. — *Rubecula sive erithacus*
Aldrovandi. Willughby, *Ornithol.,* p. 160. — Ray, *Synops. Avi.,* p. 78, nº a, 3. — *Rubecula*
Schwenckfeldii; erithacus; ruticilla Gazæ; sylvia. Rzaczynski, *Auctuar. Hist. nat. Polon.,*
p. 418. — *Erithacus.* Linnæus, *Syst. nat.,* édit. VI, g. 82, sp. 13. — *Motacilla grisea, gulà*
pectoreque fulvis. Fauna Suec., nº 226. — *Erithacus, sive rubecula.* Aldrovande, *Avi.,* t. II,
p. 741, avec une figure méconnaissable, p. 742. — *Erithacus Aristoteli, rubecula Gazæ,*
Gessner, *Icon. avi.,* p. 48, avec une très-mauvaise figure. — *Erithacus; phœnicurus Plinio,*
rubrica Gessnero; rubecula et ruticilla Gazæ; sylvia aliis. Rzaczynski, *Hist. nat. Polon.;*
p. 279. — *Sylvia sylvatica.* Klein, *Avi.,* p. 77, nº 1. — *Ficedula fulva, pectore rubro.* Barrère,
Ornithol., class. 3, g. 18, sp. 4. — *Pettirosso.* Olina, *Uccelleria,* p. 16, avec une figure assez
bonne. — *Rouge-gorge* ou *Rouge-bourse.* Albin, t. I, avec une figure mal coloriée, pl. 51. —
Gorge-rouge ou *rubeline.* Belon, *Hist. nat. des Oiseaux,* p. 348, avec une mauvaise figure,
p. 349, *idem.* — *Portrait d'oiseaux,* p. 88, a. — *Gorge-rouge, rubeline, godrille, roupie,*
berée, rouge-bourse, avec la même figure, *idem. Observat.,* p. 16. — *Rubeline, sive rouge-*
gorge; rubecula Latinis. — « Ficedula supernè griseo-fusca, ad olivaceum inclinans; synci-
« pite, oculorum ambitu, gutture, collo· inferiore, et pectore supremo rufis; ventre albo;
« remigibus minoribus maculà rufescente terminatis; tectricibus griseo-fusco olivaceis, latera-
« libus interiùs griseo-fuscis, » *Rubecula.* Brisson, t. III, p. 418.

* *Motacilla maculata* (Gmel.). — « La *pivote ortolane* de Buffon (*motacilla maculata*) est
le jeune du *pipi.* » (Cuvier). — Voyez la nomenclature de la p. 471.

** *Motacilla Rubecula* (Linn.). — Genre *Becs-Fins*, sous-genre *Rubiettes* (Cuv.).

forêts pour y retrouver, sous le feuillage qui vient de naître, sa solitude et ses amours. Il place son nid près de terre sur les racines des jeunes arbres, ou sur des herbes assez fortes pour le soutenir ; il le construit de mousse entremêlée de crin et de feuilles de chêne, avec un lit de plume au dedans ; souvent, dit Willughby, après l'avoir construit il le comble de feuilles accumulées, ne laissant sous cet amas qu'une entrée étroite oblique, qu'il bouche encore d'une feuille en sortant ; on trouve ordinairement dans le nid du rouge-gorge cinq et jusqu'à sept œufs de couleur brune : pendant tout le temps des nichées, le mâle fait retentir les bois d'un chant léger et tendre ; c'est un ramage suave et délié, animé par quelques modulations plus éclatantes, et coupé par des accents gracieux et touchants qui semblent être les expressions des désirs de l'amour ; la douce société de sa femelle non-seulement les remplit en entier, mais semble même lui rendre importune toute autre compagnie ; il poursuit avec vivacité tous les oiseaux de son espèce et les éloigne du petit canton qu'il s'est choisi ; jamais le même buisson ne logea deux paires de ces oiseaux aussi fidèles qu'amoureux [a].

Le rouge-gorge cherche l'ombrage épais et les endroits humides ; il se nourrit dans le printemps de vermisseaux et d'insectes qu'il chasse avec adresse et légèreté ; on le voit voltiger comme un papillon autour d'une feuille sur laquelle il aperçoit une mouche ; à terre il s'élance par petits sauts et fond sur sa proie en battant des ailes. Dans l'automne il mange aussi des fruits de ronces, des raisins à son passage dans les vignes, et des alises dans les bois, ce qui le fait donner aux piéges tendus pour les grives qu'on amorce de ces petits fruits sauvages ; il va souvent aux fontaines, soit pour s'y baigner, soit pour boire, et plus souvent dans l'automne, parce qu'il est alors plus gras qu'en aucune autre saison, et qu'il a plus besoin de rafraîchissement.

Il n'est pas d'oiseau plus matinal que celui-ci. Le rouge-gorge est le premier éveillé dans les bois, et se fait entendre dès l'aube du jour ; il est aussi le dernier qu'on y entende et qu'on y voie voltiger le soir ; souvent il se prend dans les tendues, qu'à peine reste-t-il encore assez de jour pour le ramasser ; il est peu défiant, facile à émouvoir, et son inquiétude ou sa curiosité fait qu'il donne aisément dans tous les piéges [b] ; c'est toujours le premier oiseau qu'on prend à la pipée ; la voix seule des pipeurs ou le bruit qu'ils font en taillant les branches l'attire et il vient derrière eux se prendre

a. « Unum arbustum non alit duos erithacos. »

b. « De tous les oiseaux qui vivent dans l'état de liberté, le rouge-gorge est peut-être celui qui est le moins sauvage : il se laisse souvent approcher de si près, que l'on croirait pouvoir le prendre avec la main ; mais, dès qu'on en est à portée, il va se poser plus loin, où il se laisse encore approcher pour s'éloigner ensuite de même. Il semble aussi se plaire quelquefois à faire compagnie aux voyageurs qui passent dans les forêts, on le voit souvent les précéder ou les suivre pendant un assez long temps. « (Note communiquée par le sieur Trécourt.)

à la sauterelle ou au gluau presque aussitôt qu'on l'a posé ; il répond également à l'appeau de la chouette et au son d'une feuille de lierre percée [a] ; il suffit même d'imiter, en suçant le doigt, son petit cri *uip*, *uip*, ou de faire crier quelque oiseau pour mettre en mouvement tous les rouges-gorges des environs : ils viennent en faisant entendre de loin leur cri *tirit, tiritit, tirititit*, d'un timbre sonore qui n'est point leur chant modulé, mais celui qu'ils font le matin et le soir, et dans toute occasion où ils sont émus par quelque objet nouveau ; ils voltigent avec agitation dans toute la pipée jusqu'à ce qu'ils soient arrêtés par les gluaux sur quelques-unes des avenues ou perchées, qu'on a taillées basses exprès pour les mettre à portée de leur vol ordinaire, qui ne s'élève guère au-dessus de quatre ou cinq pieds de terre ; mais s'il en est un qui s'échappe du gluau il fait entendre un troisième petit cri d'alarme, *ti-i, ti-i*, auquel tous ceux qui s'approchaient fuient ; on les prend aussi à la rive du bois sur des perches garnies de lacets ou de gluaux, mais les rejets ou sauterelles fournissent une chasse plus sûre et plus abondante ; il n'est pas même besoin d'amorcer ces petits piéges, il suffit de les tendre au bord des clairières ou dans le milieu des sentiers, et le malheureux petit oiseau, poussé par sa curiosité, va s'y jeter de lui-même.

Partout où il y a des bois d'une grande étendue, l'on trouve des rouges-gorges en grande quantité, et c'est surtout en Bourgogne et en Lorraine que se font les plus grandes chasses de ces petits oiseaux excellents à manger ; on en prend beaucoup aux environs des petites villes de Bourmont, Mirecourt et Neufchâteau ; on les envoie de Nanci à Paris. Cette province, fort garnie de bois et abondante en sources d'eaux vives, nourrit une très-grande variété d'oiseaux ; de plus, sa situation entre l'Ardenne d'un côté et les forêts du Suntgau qui joignent le Jura de l'autre, la met précisément dans la grande route de leurs migrations, et c'est par cette raison qu'ils y sont si nombreux dans les temps de leurs passages ; les rouges-gorges en particulier viennent en grand nombre des Ardennes, où Belon en vit prendre quantité dans la saison [b]. Au reste, l'espèce en est répandue dans toute l'Europe, de l'Espagne et de l'Italie, jusqu'en Pologne et en Suède ; partout ces petits oiseaux cherchent les montagnes et les bois pour faire leurs nids et y passer l'été.

Les jeunes, avant la première mue, n'ont pas ce beau roux orangé sur la gorge et la poitrine, d'où par une extension un peu forcée le rouge-gorge a pris son nom [c]. Il leur en perce quelques plumes dès la fin d'août, et à la

---

a. Ce que les pipeurs appellent *froüer*.

b. Les paysans des villages situés en quelques endroits sur les confins de la forêt d'Ardenne nous ont apporté tant l'un que l'autre (le rossignol de muraille et le gorge-rouge) à douzaines, en liasses séparées, qu'ils prenaient en été aux lacets, aux mares lorsqu'ils venaient y boire. » Belon, *Nat. des Oiseaux*, p. 318.

c. « C'est mal fait de la nommer gorge-rouge, car ce que nous lui pensons rouge en la poi-

fin de septembre ils portent tous la même livrée et on ne les distingue plus. C'est alors qu'ils commencent à se mettre en mouvement pour leur départ, mais il se fait sans attroupement; ils passent seul à seul, les uns après les autres, et dans ce moment où tous les autres oiseaux se rassemblent et s'accompagent, le rouge-gorge conserve son naturel solitaire. On voit ces oiseaux passer les uns après les autres; ils volent pendant le jour de buisson en buisson, mais apparemment ils s'élèvent plus haut pendant la nuit et font plus de chemin; du moins arrive-t-il aux oiseleurs, dans une forêt qui le soir était pleine de rouges-gorges et promettait la meilleure chasse pour le lendemain, de les trouver tous partis avant l'arrivée de l'aurore [a].

Le départ n'étant point indiqué, et pour ainsi dire proclamé parmi les rouges-gorges comme parmi les autres oiseaux alors attroupés, il en reste plusieurs en arrière, soit des jeunes, que l'expérience n'a pas encore instruits du besoin de changer de climat, soit de ceux à qui suffisent les petites ressources qu'ils ont su trouver au milieu de nos hivers. C'est alors qu'on les voit s'approcher des habitations et chercher les expositions les plus chaudes [b]; s'il en est quelqu'un qui soit resté au bois dans cette rude saison, il y devient compagnon du bûcheron, il s'approche pour se chauffer à son feu, il becquète dans son pain et voltige toute la journée à l'entour de lui en faisant entendre son petit cri; mais lorsque le froid augmente, et qu'une neige épaisse couvre la terre, il vient jusque dans nos maisons, frappe du bec aux vitres, comme pour demander un asile qu'on lui donne volontiers [c] et qu'il paie par la plus aimable familiarité, venant amasser les miettes de la table [d], paraissant reconnaître et affectionner les personnes de la maison, et prenant un ramage moins éclatant, mais encore plus délicat que celui du printemps et qu'il soutient pendant tous les frimas, comme pour saluer chaque jour la bienfaisance de ses hôtes et la douceur de sa

trine est orangée couleur, qui lui prend depuis les deux côtés du dessous de son bec, qui est gresle, délié et noir, et par le dessous des deux cantons des yeux, lui répond par le dessous de la gorge jusqu'à l'estomac. » Belon, *Nature des oiseaux*, p. 348.

a. « Il me souvient qu'une certaine année je faisais la tendue aux rouges-gorges, c'était en avril, le passage était des meilleurs. Content de mes prises, je continuai la chasse pendant rois jours avec le même succès; le quatrième, le soleil s'étant levé plus beau que jamais et le jour étant très-doux, je comptais sur la meilleure chasse; mais l'on avait sonné le départ pendant mon absence, tout était disparu, et je n'en pris aucun. » (Note de M. Lottinger.)

b. « Per esser quest' uccello gentilissimo, e nemico degl' eccessi, si di caldo', che di freddo, « però l'estate si ritira alla macchia, o al monte, dové si a verdura e fresco; e l'inverno s'ac-« costa all'abitato, facendosi vedere sù le fratte, et per gl'orti, massime dove batte il sole, che « va diligentemente cercando. » Olina , *Uccelleria*, p. 16.

c. « Hyberno tempore ad victum quærendum etiam domos subintrat, hominibus chara et « socia. » Willughby, *Ornithol.*, p. 160.

d. « Dans une chartreuse du Bugey, j'ai vu des rouge-gorges dans des cellules de religieux, où on les avait fait entrer après qu'ils avaient erré quelques jours dans les cloîtres. Il ne fallait que deux ou trois jours pour les y naturaliser, au point de venir manger sur la table. Ils s'accommodaient fort bien de l'ordinaire du chartreux, et passaient ainsi tout l'hiver à l'abri du froid et de la faim, sans montrer la moindre envie de sortir; mais aux approches du printemps

retraite [a]. Il y reste avec tranquillité jusqu'à ce que le printemps de retour, lui annonçant de nouveaux besoins et de nouveaux plaisirs, l'agite et lui fait demander sa liberté.

Dans cet état de domesticité passagère, le rouge-gorge se nourrit à peu près de tout; on lui voit amasser également les mies de pain, les fibres de viande et les grains de millet. Ainsi c'est trop généralement qu'Olina dit qu'il faut, soit qu'on le prenne au nid ou déjà grand dans les bois, le nourrir de la même pâtée que le rossignol [b] ; il s'accommode, comme on voit, d'une nourriture beaucoup moins apprêtée; ceux qu'on laisse voler libres dans les chambres n'y causent que peu de saleté, ne rendant qu'une petite fiente assez sèche. L'auteur de l'Ædonologie prétend [c] que le rouge-gorge apprend à parler : ce préjugé est ancien, et l'on trouve la même chose dans Porphyre [d] ; mais le fait n'est point du tout vraisemblable, puisque cet oiseau a la langue fourchue. Belon, qui ne l'avait ouï chanter qu'en automne, temps auquel il n'a que son petit ramage, et non l'accent brillant et affectueux du grand chant des amours, vante pourtant la beauté de sa voix en la comparant à celle du rossignol [e]. Lui-même, comme il paraît par son récit, a cru que le rouge-gorge était le même oiseau que le rossignol de muraille; mais, mieux instruit ensuite, il les distingua par leurs habitudes aussi bien que par leurs couleurs [f]. Celles du rouge-gorge sont très-simples : un manteau du même brun que le dos de la grive lui couvre tout le dessus du corps et de la tête; l'estomac et le ventre sont blancs ; le roux orangé de la poitrine est moins vif dans la femelle que dans le mâle; ils ont les yeux noirs, grands et même expressifs, et le regard doux ; le bec est faible et délié tel que celui de tous les oiseaux qui vivent principalement d'insectes; le tarse, très-menu, est d'un brun clair, ainsi que le dessus des doigts, qui sont d'un jaune pâle par-dessous. L'oiseau adulte a cinq pouces neuf lignes de longueur et huit pouces de vol ; le tube intestinal est long

de nouveaux besoins se faisaient sentir, ils allaient frapper à la fenêtre avec leur bec, on leur donnait la liberté, et ils s'en allaient jusqu'à l'hiver prochain. » (Note de M. Hébert.)

a. J'ai vu chez un de mes amis un rouge-gorge à qui on avait ainsi donné asile au fort de l'hiver, venir se poser sur l'écritoire tandis qu'il écrivait; il chantait des heures entières, d'un petit ramage doux et mélodieux.

b. « Vive da quattro e cinque anni (apparemment dans l'état de domesticité), e tal' volta più, « secundo la diligensa con che è tenuto. Volendolo allevare di nido si richiede che habbi ben « spuntate le penne, governandolo o sia nidiace, o boscareccio, coll' istessa regola dal russi- « gnuolo. » Olina, p. 16.

c. Page 93.

d. Lib. iii, *de Abstin. animal.*

e. « Elle s'en retourne aux villes dès la fin de septembre, auquel temps elle chante si mélo-dieusement, qu'on ne l'estime guère moins bien chanter que le rossignol fait au printemps. » Belon. — En plusieurs endroits on appelle le rouge-gorge *rossignol d'hiver.*

f. « Le rossignol de muraille apparoît au printemps dedans les villes et villages, et fait ses petits dans les pertuis, lorsque la gorge-rouge s'en est allée au bois. » Belon, *Nat. des Oiseaux,* page 348.

d'environ neuf pouces ; le gésier, qui est musculeux, est précédé d'une dilatation de l'œsophage; le cœcum est très-petit, et quelquefois nul dans certains individus. En automne, ces oiseaux sont très-gras, leur chair est d'un goût plus fin que celui de la meilleure grive, dont elle a le fumet, se nourrissant des mêmes fruits, et surtout des alises.

LA GORGE-BLEUE. [a]*

Par la proportion des formes, par la grandeur et la figure entière, la gorge-bleue semble n'être qu'une répétition du rouge-gorge; elle n'en diffère que par le bleu brillant et azuré qui couvre sa gorge, au lieu que celle de l'autre est d'un rouge orangé; il paraît même que la nature ait voulu démontrer l'analogie entre ces deux oiseaux jusque dans leurs différences ; car au-dessous de cette plaque bleue on voit un cintre noir et une zone d'un rouge orangé qui surmonte le haut de la poitrine : cette couleur orangée reparaît encore sur la première moitié des pennes latérales de la queue; de l'angle du bec passe par l'œil un trait de blanc roussâtre : du reste, les couleurs, quoique un peu plus sombres, sont les mêmes dans la gorge-bleue et dans le rouge-gorge. Elle en partage aussi la manière de vivre; mais en rapprochant ces deux oiseaux par les ressemblances, la nature semble les avoir séparés d'habitation; le rouge-gorge demeure au fond des bois, la

a. *Phœnicurus pectore cœruleo*. Frisch, édit. de Berlin, 1733, avec deux belles figures, pl. 19, l'une de l'adulte, l'autre du petit. — *Phœnicurus alter*. Jonston, *Avi.*, avec une figure empruntée de Gessner, tab. 45. — *Sylvia gulâ cœruleâ; thorace ex albo variegato*. Klein, *Avi*, p. 77, nº 111, 2. — *Motacilla pectore cœruleo, maculâ flavescente albedine cincta. Fauna Suecica*, Linnæus, nº 220. — « Motacilla pectore ferrugineo, fasciâ cœruleâ, rectricibus fuscis versus « bazim ferrugineis..... » *Motacilla Suecica*. Linnæus, *Syst. nat.*, édit. X, g. 99, sp. 24. *Avis Carolina. Idem*, édit. VI, g. 82, sp. 7. — *Motacilla Pyrenaïca, cinerea, jugulo et pectore cœsiis*. Barrère, *Ornithol.*, class. 3, g. 19, sp. 6. — *Wegflecklin*. Gessner, *Avi.*, p. 796, avec une figure méconnaissable, *idem. Icon. avi.*, p. 51. — Aldrovande, t. II, p. 749, avec la figure copiée de Gessner. — Willughby, *Ornithol.*, p. 160. — *Ruticilla wegflecklin*. Ray, *Synops. Avi.*, p. 78, nº a, 5. — *Rossignol de mur* ou *rouge-queue à gorge bleue*. Edwards, t. I, p. 28, avec une figure exacte de la femelle que Klein désigne, page 80, nº 24 de l'*Ordo avium*, sous le nom de *Sylvia seu ruticilla gutture albo, zonâ cœruleâ fimbriato*. — « Ficedula supernè cinereo « fusca, infernè sordidè griseo-rufescens; tæniâ supra oculos sordidè albo-rufescente; collo « inferiore splendidè cœruleo maculâ in medio argentatâ insignito; tæniâ transversâ in pectore « nigrâ; rectricibus binis intermediis in medio fusco nigricantibus, circa margines griseis, « lateralibus in exortu rufis, in apice nigricantibus. » *Cyanecula*. Brisson, *Ornithol.*, t. III, p. 413 et p. 416. La femelle donnée sous le nom de *gorge-bleue de Gibraltar* est désignée par la phrase suivante : « Ficedula supernè fusca, marginibus pennarum dilutioribus, infernè « alba, tænia infra oculos dilutè cœrulea; collo inferiore tæniâ transversâ lunulatâ cœrleâ « insignito : rectricibus binis intermediis obscurè fuscis, lateralibus in exortu rufis, in apice « nigricantibus. » *Cyanecula Gibraltariensis*. — Le *gorge-bleue* se nomme en latin moderne, *cyanecula*; en allemand, *wegflecklin*, suivant Gessner; *blau-kelein*, selon Klein et Frisch; en suédois, *carls-vogel*, Linnæus.

* *Motacilla suecica* (Linn.). — Genre *Becs-Fins*, sous-genre *Rubiettes* (Cuv.).

gorge-bleue se tient à leurs lisières, cherchant les marais, les prés humides, les oseraies et les roseaux ; et avec le même instinct solitaire que le rouge-gorge, elle semble avoir pour l'homme le même sentiment de familiarité, car après toute la belle saison passée dans ces lieux reculés, au bord des bois voisins des marécages, ces oiseaux viennent, avant leur départ, dans les jardins, dans les avenues, sur les haies, et se laissent approcher assez pour qu'on puisse les tirer à la sarbacane.

Ils ne vont point en troupes, non plus que les rouges-gorges, et on en voit rarement plus de deux ensemble. Dès la fin de l'été, les gorges-bleues se jettent, dit M. Lottinger, dans les champs semés de gros grains ; Frisch nomme les champs de pois comme ceux où elles se tiennent de préférence, et prétend même qu'elles y nichent ; mais on trouve plus communément leur nid sur les saules, les osiers et les autres arbustes qui bordent les lieux humides : il est construit d'herbes entrelacées à l'origine des branches ou des rameaux.

Dans le temps des amours, le mâle s'élève droit en l'air, d'un petit vol, en chantant ; il pirouette et retombe sur son rameau avec autant de gaieté que la fauvette, dont la gorge-bleue paraît avoir quelques habitudes ; elle chante la nuit, et son ramage est très-doux, suivant Frisch ; M. Hermann [a], au contraire, nous dit qu'il n'a rien d'agréable : opposition qui peut se concilier par les différents temps où ces deux observateurs ont pu l'entendre, la même différence pouvant se trouver au sujet de notre rouge-gorge pour quelqu'un qui n'aurait ouï que son cri ordinaire, et non le chant mélodieux et tendre du printemps, ou son petit ramage des beaux jours de l'automne.

La gorge-bleue aime autant à se baigner que le rouge-gorge, et se tient plus que lui près des eaux ; elle vit de vermisseaux et d'autres insectes, et dans la saison de son passage elle mange des baies de sureau [b]. On la voit par terre aux endroits marécageux, cherchant sa nourriture et courant assez vite en relevant la queue, le mâle surtout, lorsqu'il entend le cri de la femelle, vrai ou imité.

Les petits sont d'un brun noirâtre, et n'ont pas encore de bleu sur la gorge ; les mâles ont seulement quelques plumes brunes dans le blanc de la gorge et de la poitrine, comme on peut le voir dans la figure enluminée, n° 610, fig. 3, qui représente la jeune gorge-bleue avant sa première mue. La femelle ne prend jamais cette gorge bleue tout entière ; elle n'en porte qu'un croissant ou une bande au bas du cou, telle qu'on peut la voir dans la fig. 2 de la même planche ; et c'est sur cette différence et sur la figure d'Edwards, qui n'a donné que la femelle [c], que M. Brisson fait une seconde

a. Docteur et professeur en médecine et en histoire naturelle à Strasbourg, qui a bien voulu nous communiquer quelques faits de l'histoire naturelle de cet oiseau.

b. Frisch.

c. Tome I, page 28, planche 28.

espèce de sa *gorge-bleue de Gibraltar*[a], d'où apparemment l'on avait apporté la femelle de cet oiseau.

Entre les mâles adultes, les uns ont toute la gorge bleue, et vraisemblablement ce sont les vieux, d'autant que le reste des couleurs et la zone rouge de la poitrine paraissent plus foncés dans ces individus; les autres, en plus grand nombre, ont une tache, comme un demi-collier, d'un beau blanc, dont Frisch compare l'éclat à celui de l'argent poli[b]; c'est d'après ce caractère que les oiseleurs du Brandebourg ont donné à la gorge-bleue le nom d'*oiseau à miroir*.

Ces riches couleurs s'effacent dans l'état de captivité, et la gorge-bleue mise en cage commence à les perdre dès la première mue. On la prend au filet comme les rossignols, et avec le même appât[c]. Dans la saison où ces oiseaux deviennent gras, ils sont, ainsi que tous les petits oiseaux à chair délicate, l'objet des grandes pipées : ceux-ci sont néanmoins assez rares et même inconnus dans la plupart de nos provinces; on en voit au temps du passage, dans la partie basse des Vosges, vers Sarrebourg, suivant M. Lottinger; mais un autre observateur nous assure que ces oiseaux ne remontent pas jusque dans l'épaisseur de ces montagnes au midi; ils sont plus communs en Alsace, et quoique généralement répandus en Allemagne et jusqu'en Prusse, nulle part ils ne sont bien communs, et l'espèce paraît beaucoup moins nombreuse que celle du rouge-gorge; cependant elle s'est assez étendue. Au nom que lui donne Barrère[d], on peut croire que la gorge-bleue est fréquente dans les Pyrénées; nous voyons par la dénomination de la seconde espèce *prétendue* de M. Brisson, que cet oiseau se trouve jusqu'à Gibraltar. Nous savons d'ailleurs qu'on le voit en Provence, où le peuple l'appelle *cul-rousset-bleu*, et on le croirait indigène en Suède au nom que lui donne M. Linnæus[e]; mais ce nom mal appliqué prouve seulement que cet oiseau fréquente les régions du Nord; il les quitte en automne pour voyager et chercher sa nourriture dans des climats plus doux : cette habitude ou plutôt cette nécessité est commune à la gorge-bleue et à tous les oiseaux qui vivent d'insectes et de fruits tendres.

a. Ornithologie, t. II, p. 416.

b. Apparemment M. Linnæus se trompe en donnant cette couleur comme un blanc terne et jaunâtre : « Macula flavescente albedine cincta. » *Fauna Suecica.*

c. Le ver de farine.

d. Motacilla Pyrenaïca. Ornithol., class. 3, g. 19, sp. 6.

e. Motacilla Suecica. Syst. nat., édit. X, g. 99, sp. 24. *Avis Carolina*, édit. VI, g. 82, sp. 7; et en suédois, *carls-vogel.*

OISEAU ÉTRANGER

QUI A RAPPORT AU ROUGE-GORGE ET A LA GORGE-BLEUE.

LE ROUGE-GORGE BLEU DE L'AMÉRIQUE SEPTENTRIONALE. [a] [*]

Notre rouge-gorge est un oiseau trop faible et de vol trop court pour avoir passé en Amérique par les mers; il craint trop les grands hivers pour y avoir pénétré par les terres du Nord; mais la nature a produit dans ces vastes régions une espèce analogue et qui le représente, c'est le rouge-gorge bleu qui se trouve dans les parties de l'Amérique septentrionale, depuis la Virginie, la Caroline et la Louisiane, jusqu'aux îles Bermudes. Catesby nous en a donné le premier la description; Edwards a représenté cet oiseau, et tous deux conviennent qu'il faut le rapporter au rouge-gorge d'Europe comme espèce très-voisine [b]. Nous l'avons fait représenter dans nos planches enluminées, n° 390 ; il est un peu plus grand que le rouge-gorge, ayant six pouces trois lignes de longueur, et dix pouces huit lignes de vol. Catesby remarque qu'il vole rapidement et que ses ailes sont longues [c]; la tête, le dessus du corps, de la queue et des ailes sont d'un très-beau bleu, excepté que la pointe de l'aile est brune; la gorge et la poitrine sont d'un jaune de rouille assez vif; le ventre est blanc. Dans quelques individus, tel que celui que Catesby a représenté, le bleu de la tête enveloppe aussi la gorge; dans les autres, comme celui d'Edwards et celui de nos planches enluminées, figure 1, qui est le mâle, le roux couvre tout le devant du corps jusque sous le bec. La femelle, n° 2 de la même planche, a les couleurs plus ternes, le bleu mêlé de noirâtre; les petites pennes de l'aile de cette dernière couleur et frangées de blanc : au reste, cet oiseau est d'un naturel très-doux [d], et ne se nourrit que d'insectes; il fait son nid dans les trous d'arbres : différence de mœurs peut-être suggérée par celle

a. *Rouge-gorge de la Caroline.* Catesby, t. I, p. 147, avec une belle figure, pl. 47. — *Rouge-gorge bleu.* Edwards, t. I, p. 24, avec une figure moins bonne que celle de Catesby. — *Sylvia gulâ cœruleâ; Rubecula Americana cœrulea.* Klein, *Avi.*, p. 77, n° 3. — *Idem*, p. 80, n° 21. *Sylvia thorace rubro, supero corpore et caudâ cœruleis.* — *Motacilla suprà cœrulea, subtùs tota rubra. Sialis.* Linnæus, *Syst. nat.*, édit. X, g. 99, sp. 25. — Les Anglais de la Caroline l'appellent *blew bird*, l'oiseau bleu. — « Ficedula supernè splendidè cærulea, infernè « rufa : ventre candido; gutture rufo, maculis cæruleis vario; remigibus cæruleis; apice fuscis; « rectricibus cæruleis, supernè saturatiùs, infernè dilutiùs. » *Rubecula Carolinensis cœrulea.* Brisson, *Ornithol.*, t. III, p. 423.

b. « M. Catesby has call'd his bird, *Rubecula Americana*; which his a proper name « enough, since both his bird and mine are certainly of that genus, of which the robin-red- « breast is a species. » Edwards.

c. Cet oiseau vole fort vite, ses ailes étant très-longues; en sorte que le faucon le poursuit en vain. Catesby, *Hist. nat. de la Caroline*, t. I, p. 47.

d. Catesby.

[*] *Motacilla sialis* (Linn.). — Genre et sous-genre *id.*

du climat où les reptiles plus nombreux forcent les oiseaux à éloigner leurs nichées. Catesby assure que celui-ci est très-commun dans toute l'Amérique septentrionale. Ce naturaliste et Edwards sont les seuls qui en aient parlé, et Klein ne fait que l'indiquer d'après eux [a].

LE TRAQUET. [b] [*]

Cet oiseau, très-vif et très-agile, n'est jamais en repos : toujours voltigeant de buisson en buisson, il ne se pose que pour quelques instants, pendant lesquels il ne cesse encore de soulever les ailes pour s'envoler à tous moments : il s'élève en l'air par petits élans, et retombe en pirouettant sur lui-même. Ce mouvement continuel a été comparé à celui du *traquet d'un moulin,* et c'est là, suivant Belon, l'origine du nom de cet oiseau [c].

Quoique le vol du traquet soit bas et qu'il s'élève rarement jusqu'à la cime des arbres, il se pose toujours au sommet des buissons et sur les branches les plus élancées des haies et des arbrisseaux, ou sur la pointe des tiges du blé de Turquie dans les champs et sur les échalas les plus hauts dans les vignes ; c'est dans les terrains arides, les landes, les bruyères et les prés en montagne qu'il se plaît davantage, et où il fait entendre plus sou-

a. Klein, *Avi.*, p. 77, n° 111, 3 ; p. 80, n° 21.

b. *Rubetra.* Aldrovande, *Avi.*, t. II, p. 739, avec deux figures aussi peu reconnaissables l'une que l'autre, la première prise de Belon, l'autre de l'auteur. — Jonston, *Avi.*, p. 87, avec les deux figures d'Aldrovande, pl. 45. — *Rubetra, rubicola.* Charleton, *Exercit.*, p. 79, n° 7. *Idem, Onomast.*, p. 91, n° 7. — *Œnanthe tertia.* Sibbald, *Scot. illustr.*, part. II, lib. III, p. 18. — *Œnanthe nostra tertia.* Willughby, *Ornithol.*, p. 169, avec une bonne figure, pl. 41. — Ray, *Synops. Avi.*, p. 76, n° a, 4. — *Traquet, groulard.* Belon, *Hist. nat. des Oiseaux,* p. 360. *Idem, Portrait d'oiseaux,* p. 92. — Albin, t. I, p. 48, avec une figure mal coloriée, pl. 52. — « Ficedula supernè nigricante et rufescente varia, infernè rufa ; gutture dilutè rufes-« cente (Fœmina) nigro, marginibus pennarum in apice rufescentibus (Mas) ; tæniâ infra « gutture transversâ albidâ ; maculâ in alis candidâ ; rectricibus nigricantibus, apicis margine « albo-rufescente, oris exterioribus extimæ (Mas), omnium (Fœmina), albo rufescentibus... » *Rubetra.* Brisson, *Ornithol.*, t. III, p. 428. — En grec, Βατις ; en italien, *barada,* et aux environs de Bologne, *piglia-mosche ;* en Angleterre, *stone-smich, stone-chatter* et *moor-titling,* suivant Ray et Willughby ; *mortetter, blackberry-eater, black-cap,* suivant Charleton ; *tracas,* en Bourgogne ; *tourtrac,* à Semur ; *martelot* aux environs de Langres ; ce dernier nom paraît dériver de son cri *ouistra-ouistratra,* dont la répétition successive et assez subite représente les coups d'un petit marteau ; *groullard,* suivant Belon, « pour ce, dit-il, qu'il groulle sans cesse, « et grouller est à dire se remuer. » Il ajoute que les habitants des environs de Metz le nomment *semetro :* nous ne retrouvons plus dans le pays de trace de cette dénomination.

c. « Il y a un petit oysillon différent en son genre de tous autres ; on le voit se tenir sur les haultes summités des buissons, et remuer toujours les aelles, et pour ce qu'il est ainsi inconstant on l'a nommé un *traquet....* et comme un traquet de moulin n'a jamais repos pendant que la meule tourne, tout ainsi cet oiseau inconstant remue toujours ses aelles. » Belon, *Nat. des Oiseaux,* p. 360.

* *Motacilla rubicola* (Linn.). — Genre *Becs-Fins,* sous-genre *Traquets.*

vent son petit cri *ouistratra* d'un ton couvert et sourd [a]. S'il se trouve une tige isolée ou un piquet au milieu du gazon dans ces prés, il ne manque pas de se poser dessus, ce qui donne une grande facilité pour le prendre; un gluau placé sur un bâton suffit pour cette chasse bien connue des enfants.

D'après cette habitude de voler de buisson en buisson sur les épines et les ronces, Belon, qui a trouvé cet oiseau en Crète et dans la Grèce comme dans nos provinces [b], lui applique le nom *batis, oiseau de ronces*, dont Aristote ne parle qu'une seule fois [c], en disant qu'il vit de vermisseaux. Gaza a traduit *batis* par *rubetra*, que tous les naturalistes ont rapporté au traquet [d], d'autant que *rubetra* pourrait aussi signifier oiseau rougeâtre [e], et le rouge-bai de la poitrine du traquet est sa couleur la plus remarquable. Elle s'étend en s'affaiblissant jusque sous le ventre; le dos, sur un fond d'un beau noir, est nué par écailles brunes, et cette disposition de couleurs s'étend jusqu'au-dessus de la tête [f], où cependant le noir domine; ce noir est pur sous la gorge, quoique traversé très-légèrement de quelques ondes blanches, et il remonte jusque sous les yeux. Une tache blanche sur le côté du cou confine au noir de la gorge et au rouge bai de la poitrine; les pennes de l'aile et de la queue sont noirâtres, frangées de brun ou de roussâtre clair; sur l'aile près du corps est une large ligne blanche, et le croupion est de cette même couleur; toutes ces teintes sont plus fortes et plus foncées dans le vieux mâle que dans le jeune; la queue est carrée et un peu étalée; le bec est effilé et long de sept lignes; la tête assez arrondie et le corps ramassé; les pieds sont noirs, menus et longs de dix lignes; il a sept pouces et demi de vol, et quatre pouces dix lignes de longueur totale : dans la femelle, la poitrine est d'un roussâtre sale; cette couleur, se mêlant à du brun sur la tête et le dessus du corps, a du noirâtre sur les ailes, et se fond dans du blanchâtre sous le ventre et à la gorge, ce qui rend le plumage de la femelle triste, décoloré et beaucoup moins distinct que celui du mâle.

a. « In ericetis victitat et valde querula est. » Willughby, *Ornithol.*, p. 170.

b. On le voit tout aussi bien en Crète et en Grèce, comme en France et en Italie. Belon, *Nat. des Oiseaux*, p. 360.

c. *Hist. animal.*, lib. viii, cap. iii.

d. « Il me semble, le voyant si fréquent en tous lieux, que c'est celui qu'Aristote, au troisième chapitre du huitième livre des *Animaux*, nomme en sa langue *batis*, signifiant qu'on pourrait bien dire *roncette;* car *batis* en grec est ce qu'on dit en latin *rubus*, et en français une ronce. Gaza, tournant ce mot, a dit en latin *rubetra*. Notre conjecture est que le traquet, hantant toujours sur les ronces, vit de verms, ne mangeant aucun fruit. » Belon, *loco citato*.

e. Dans cette idée, ce nom paraît plus approprié au traquet; car Aldrovande observe l'équivoque du mot *rubetra* dans le sens d'oiseau de ronces appliqué à cet oiseau, y en ayant plusieurs autres qui se posent comme lui sur les ronces; et ce nom d'oiseau de ronces ayant effectivement été donné par Longolius à la *miliaire*, qui est l'ortolan, et par d'autres à la petite grive.

f. « On lui voit le dessus de la tête noir comme au pivoine, qui fut cause que l'ayons quelquefois soupçonné *melancoryphus*, joint que ce qui nous augmentoit l'opinion, est que le vulgaire, au mont Ida de Crète, le nomme *melancocephali*. » Belon, *loc. cit.*

Le traquet fait son nid dans les terrains incultes, au pied des buissons, sous leurs racines ou sous le couvert d'une pierre[a]; il n'y entre qu'à la dérobée, comme s'il craignait d'être aperçu; aussi ne trouve-t-on ce nid que difficilement[b]; il le construit dès la fin de mars[c]. La femelle pond cinq ou six œufs d'un vert bleuâtre, avec de légères taches rousses peu apparentes, mais plus nombreuses vers le gros bout; le père et la mère nourrissent leurs petits de vers et d'insectes qu'ils ne cessent de leur apporter; il semble que leur sollicitude redouble lorsque ces jeunes oiseaux s'élancent hors du nid; ils les rappellent, les rallient, criant sans cesse *ouistratra;* enfin, ils leur donnent encore à manger pendant plusieurs jours. Du reste, le traquet est très-solitaire, on le voit toujours seul, hors le temps où l'amour lui donne une compagne[d]. Son naturel est sauvage et son instinct paraît obtus : autant il montre d'agilité dans son état de liberté, autant il est pesant en domesticité; il n'acquiert rien par l'éducation[e]; on ne l'élève même qu'avec peine et toujours sans fruit[f]. Dans la campagne il se laisse approcher de très-près, ne s'éloigne que d'un petit vol sans paraître remarquer le chasseur; il semble donc ne pas avoir assez de sentiment pour nous aimer ni pour nous fuir. Ces oiseaux sont très-gras dans la saison et comparables, pour la délicatesse de la chair, aux bec-figues;

a. « Le *pied-noir* (traquet) fait son nid dans des endroits cachés; j'en ai trouvé un collé contre une roche, à deux pieds de terre, dans lequel il y avait cinq petits couverts d'un duvet noir. Ce nid était caché par un houx, et le père et la mère ne s'épouvantaient pas des bestiaux qui en approchaient; mais ils criaient beaucoup de dessus des arbres prochains lorsque j'y allais. » (Note communiquée par M. le marquis de Piolenc.)

b. « Ils font leur nid si finement et y vont et en sortent si secrètement, qu'on a moult grand peine à le trouver. Il fait grand nombre de petits, lesquels il abèche des animaux en vie. » Belon, *Nat. des Oiseaux*, p. 360. — « Le nid du traquet est très-difficile à découvrir, parce que les détours qu'il fait, soit pour en sortir, soit pour y entrer, surtout dans le temps où il a des petits, en rendent la recherche presque toujours infructueuse ou inutile. Il n'y entre jamais qu'après avoir passé au travers de quelques buissons du voisinage, et, lorsqu'il en sort, il file de même dans les buissons jusqu'à une petite distance. On imaginerait, en voyant cet oiseau entrer brusquement dans une broussaille et ayant dans le bec un ver ou un insecte, qu'il porte à ses petits, que son nid doit se trouver dans cet endroit, mais on y cherche en vain, et ce n'est qu'au pied des buissons voisins qu'on peut espérer de le trouver. » (Note communiquée par le sieur Trécourt.)

c. Nid trouvé à Montbard le 30 mars.

d. « Il ne vole guère en compagnie, ains se tient toujours seul, sinon au temps qu'il fait ses petits, qu'ils s'accouplent mâle et femelle. » Belon, *Nat. des Ois.*, p. 360. — « Raro gregatim « volat, semper solitaria degens. » Aldrovande, t. II, p. 739; du reste, il n'en parle que d'après Belon.

e. « Le traquet est réfléchi. Ayant ouvert la cage à un de ces oiseaux dans un jardin, au milieu des arbrisseaux et au grand soleil, il vola bientôt sur la porte ouverte, et de là regarda plus d'une minute autour de lui avant de prendre sa volée; sa défiance fut si grande, qu'elle suspendit en lui l'amour de la liberté. » (Note communiquée par M. Hébert.)

f. « Les traquets sont sauvages, on les élève avec peine. Ceux que j'ai nourris avaient l'air pesant; quelquefois ils avaient des mouvements brusques, mais ils ne sortaient de leur état d'assoupissement que pour un instant; ils sautaient de temps en temps sur quelque chose d'élevé, et y faisaient entendre à plusieurs reprises, en agitant les ailes et la queue, leur cri de *trac, trac.* » (Note communiquée par M. de Querhoënt.)

cependant ils ne vivent que d'insectes, et leur bec ne paraît point fait pour
toucher aux graines. Belon et Aldrovande ont écrit que le traquet n'est
point un oiseau de passage, cela est peut-être vrai pour la Grèce et l'Italie,
mais il est certain que dans les provinces septentrionales de France il prévient les frimas et la chute des insectes, car il part dès le mois de septembre.

Quelques personnes rapportent à cette espèce l'oiseau nommé en Provence *fourmeiron*, qui se nourrit principalement de fourmis [a]. Le fourmeiron
paraît solitaire et ne fréquente que les masures et les décombres : on le voit,
quand il fait froid, se poser au-dessus des tuyaux des cheminées comme
pour se réchauffer [b]. A ce trait nous rapporterions plutôt le fourmeiron au
rossignol de muraille qu'au traquet, qui se tient constamment éloigné des
villes et des habitations [c].

Il y a aussi en Angleterre, et particulièrement dans les montagnes du Der-
byshire, un oiseau que M. Brisson a appelé le *traquet d'Angleterre* [d]. Ray dit
que cette espèce semble particulière à cette île ; Edwards a donné les figures
exactes du mâle et de la femelle [e], et Klein en fait mention sous le nom de
rossignol à ailes variées [f]. En effet, le blanc qui marque non-seulement les
grandes couvertures, mais aussi la moitié des petites pennes les plus près
du corps, fait dans l'aile de cet oiseau une tache beaucoup plus étendue
que dans notre traquet commun. Du reste, le blanc couvre tout le devant
et le dessous du corps, forme une tache au front, et le noir s'étend de là
sur le dessus du corps jusqu'au croupion qui est traversé de noir et de blanc ;
les pennes de la queue sont noires, les deux plus extérieures blanches en
dehors et les grandes pennes de l'aile brunes. Tout ce qui est de noir dans
le mâle est dans la femelle d'un brun verdâtre terni ; le reste est blanc de
même ; dans l'un et l'autre le bec et les pieds sont noirs : ce traquet est de

a. « Le fourmeiron se place à l'ouverture de la fourmilière, de façon qu'il la bouche entièrement avec son corps, et que les fourmis, pressées de sortir, s'embarrassent dans ses plumes ;
alors il prend l'essor, et va déposer, en secouant ses plumes sur un terrain uni, toute la provision dont il est chargé ; alors la table est mise pour lui, et il mange à son aise tout le gibier de
sa chasse. Il est lui-même bon à manger. » (Note de M. Guys, de Marseille.)

b. Suivant MM. Guys et de Piolenc ; mais le dernier, en attribuant cette habitude au fourmeiron, la juge étrangère aux traquets ; et voici là-dessus ce qu'il nous marque : « Je n'ai pas
ouï dire qu'ils aimassent à se chauffer ; je crois même m'être aperçu qu'ils s'éloignent des four-
neaux que l'on fait dans les champs pour brûler le gazon, ce qui indiquerait que la fumée leur
déplaît. » Voyez l'article du *rossignol de muraille.*

c. « On le voit communément en tous lieux, mais il ne vient jamais par les haies des villages
ne des villes. » Belon , *Nat. des Oiseaux*, p. 360.

d. « Ficedula supernè nigra , infernè alba ; uropygio albo et nigro variegato ; maculâ in syn-
« cipite candida, in alis albâ ; remigibus minoribus exteriùs albis, interiùs nigris, extimâ
« exteriùs albâ (Mas), supernè sordidè fusco virescens , infernè alba ; maculâ in alis albo
« flavicante ; remigibus exterioribus albo-flavicantibus, interiùs nigricantibus, rectricibus nigri-
« cantibus, extimâ exteriùs albo fimbriatâ, » le Traquet d'Angleterre. Brisson , t. III , p. 436.

e. Nat. hist. of Birds, t. I , p. 30.

f. Luscinia alis variegatis. Klein , *Avi.*, p. 52 , n° 12.

la grosseur du nôtre, quoiqu'il paraisse particulier à l'Angleterre, et même aux montagnes de Derby, il faut néanmoins qu'il s'en éloigne dans la saison du passage, car on a vu quelquefois cet oiseau dans la Brie.

On trouve l'espèce du traquet depuis l'Angleterre [a] et l'Écosse [b], jusqu'en Italie et en Grèce; il est très-commun dans plusieurs de nos provinces de France. La nature parait l'avoir reproduit dans le Midi sous des formes variées. Nous allons donner une notice de ces traquets étrangers, après avoir décrit une espèce très-semblable à celle de notre traquet, et qui habite nos climats avec lui.

LE TARIER. [c] [*]

L'espèce du tarier, quoique très-voisine de celle du traquet [d], doit néanmoins en être séparée, puisque toutes deux subsistent dans les mêmes lieux sans se mêler, comme en Lorraine, où ces deux oiseaux sont communs et vivent séparément : on les distingue à des différences d'habitudes, autant qu'à celles du plumage. Le tarier se perche rarement et se tient le plus

a. Willughby.

b. Sibbald , *Scot. illustr.*

c. « Motacilla nigricans, superciliis albis, maculâ alarum albâ , gulâ flavescente. » Linn., *Fauna Suec.*, n° 218. *Rubetra. Idem, Syst. nat.*, édit. VI , g. 82 , sp. 5. — *Idem, Syst. nat.*, édit. X, g. 99, sp. 18. — *OEnanthe secunda.* Willughby, *Ornithol.*, p. 168. — *OEnanthe secunda nostra, seu rubicola.* Ray, *Synops. avi.*, p. 76 , n° a, 3. — *Curruca major altera.* Frisch , avec une belle figure, tab. 22. — *Sylvia petrarum.* Klein, *Avi.*, p. 78 , n° 11. — *Montanellus Bononiensium.* Aldrovande, t. II, p. 735 , avec une figure peu reconnaissable. — *Muscicapa quarta.* Jonston, *Avi.*, p. 87. — *Muscipeta tertia.* Schwenckfeld, *Avi. Siles.*, p. 307. — *Muscipeta quarta Jonstoni.* Rzaczynski, *Auctuar. Hist. nat. Polon.*, p. 397. — *Passerculi genus solitarium.* Gessner, *Icon. avi.*, p. 50 , avec une mauvaise figure ; la même, *Avi.*, sous le nom de *avicula parva.* — *Tarier.* Belon, *Nat. des Oiseaux*, p. 361. — « Ficedula supernè « nigricante et rufescente varia infernè rufescens; ventre albo rufescente; tæniâ supra oculos « candidâ; gutture albo; maculâ duplici in alis candidâ; rectricibus lateralibus primâ medie- « tate albis , alterâ nigricantibus, apice margine griseo-rufescente ; extimâ exteriùs fim- « briatâ. » *Rubetra major sive rubicola.* Brisson, *Ornithol.*, t. III, p. 432. — Le tarier se nomme en Angleterre, *whinchat;* en Allemagne, *flugen-stakerle, flugen-stakerlin, todten-vogel;* en Silésie , *noessel-fincke.*

d. « L'on trouve un autre oysillon de la grandeur du traquet, différent à tous autres oyseaux, en mœurs, en vol et en façon de vivre et de faire son nid, que les habitants de Lorraine nomment un *tarier,* vivant par les buissons comme le traquet, ayant le bec gresle et propre à vivre de mouches et vermines comme le dessusdit (le traquet). Ses ongles, jambes et pieds sont noirs, mais le reste du corps tire au pinçon montain; car il a une tache blanchette au travers de l'aelle, comme le pinçon et le traquet; toutefois son bec et sa manière de vivre ne permettent pas qu'on le mette entre les montains; parquoi ne l'avons voulu séparer du tra-quet..... Le mâle a des taches sur le dos et autour du col , et la tète comme la grive, et les extrémités des aelles et de la queue quelque peu phénicées , comme au montain; mais il est moins moucheté, somme que prétendons qu'il soit espèce de traquet. » Belon, *Nat. des Oiseaux*, page 361.

* *Motacilla rubetra* (Linn.). — Genre et sous-genre *id.*

souvent à terre sur les taupinières, dans les terres en friches, les paquis élevés à côté des bois ; le traquet, au contraire, est toujours perché sur les buissons, les échalas des vignes, etc. Le tarier est aussi un peu plus grand que le traquet ; sa longueur est de cinq pouces trois lignes ; leurs couleurs sont à peu près les mêmes, mais différemment distribuées ; le tarier a le haut du corps coloré de nuances plus vives, une double tache blanche dans l'aile, et la ligne blanche depuis le coin du bec s'étend jusque derrière la tête[a] ; une plaque noire prend sous l'œil et couvre la tempe, mais sans s'étendre, comme dans le traquet, sous la gorge, qui est d'un rouge-bai clair ; ce rouge s'éteint peu à peu et s'aperçoit encore sur le fond blanc de tout le devant du corps ; le croupion est de cette même couleur blanche, mais plus forte et grivelée de noir ; tout le dessus du corps, jusqu'au sommet de la tête, est taché de brun sur un fond noir ; les petites pennes et les grandes couvertures sont noires. Willughby dit que le bout de la queue est blanc : nous observons au contraire que les pennes sont blanches, dans leur première moitié, depuis la racine ; mais ce naturaliste lui-même remarque des variétés dans cette partie du plumage du tarier, et dit qu'il a vu quelquefois les deux pennes du milieu de la queue noires avec un bord roux, et d'autres fois bordées de même sur un fond blanc. La femelle diffère du mâle en ce que ses couleurs sont plus pâles, et que les taches de ses ailes sont beaucoup moins apparentes. Elle pond quatre ou cinq œufs d'un blanc sale piqueté de noir ; du reste, le tarier fait son nid comme le traquet ; il arrive et part avec lui, partage son instinct solitaire, et paraît même d'un naturel encore plus sauvage ; il cherche les pays de montagne, et dans quelques endroits on a tiré son nom de cette habitude naturelle. Les oiseleurs bolonais l'ont appelé *montanello*[b] ; les noms que lui appliquent Klein et Gessner marquent son inclination pour la solitude dans les lieux rudes et sauvages[c]. Son espèce est moins nombreuse que celle du traquet[d] ; il se nourrit, comme lui, de vers, de mouches et d'autres insectes ; enfin le tarier prend beaucoup de graisse dès la fin de l'été, et alors il ne le cède point à l'ortolan pour la délicatesse.

a. Willughby, *Ornithol.*, p. 168.
b. Montanello, montanaro. Aldrovande, t. II, p. 735.
c. Sylvia petrarum. Klein, *Avi.*, p. 78, n° 11. *Passerculi genus solitarium.* Gessner, *Icon. avi.*, p. 50.
d. « C'est un oiseau rare à trouver, et quasi aussi difficile à prendre comme le traquet. » Belon, *Nat. des oiseaux*, p. 361.

OISEAUX ÉTRANGERS

QUI ONT RAPPORT AU TRAQUET ET AU TARIER.

I. — LE TRAQUET OU TARIER DU SÉNÉGAL. [a]*

Cet oiseau est de la grandeur du tarier, et paraît se rapporter plus exactement à cette espèce qu'à celle du traquet; il a en effet, comme le premier,
la double tache blanche sur l'aile, et point de noir à la gorge; mais il n'a
pas, comme lui, la plaque noire sous l'œil, ni les grandes couvertures de
l'aile noires; elles sont seulement tachetées de cette couleur sur un fond
brun : du reste, les couleurs sont à peu près les mêmes que dans le tarier
ou le traquet; seulement elles sont plus vives sur toute la partie supérieure
du corps; le brun du dos est d'un roux plus clair, et les pinceaux noirs y
sont mieux tranchés. Cette agréable variété règne du sommet de la tête
jusque sur les couvertures de la queue; les pennes moyennes de l'aile sont
bordées de roux, les grandes de blanc, mais plus légèrement : toutes sont
noirâtres. Les couleurs, plus nettes au-dessus du corps dans ce traquet du
Sénégal que dans le nôtre, sont au contraire plus ternes sous le corps, seulement la poitrine est légèrement teinte de rouge fauve entre le blanc de la
gorge et celui du ventre. Cet oiseau a été apporté du Sénégal par M. Adanson.

II. — LE TRAQUET DE L'ÎLE DE LUÇON. [b]**

Ce traquet est à peine aussi grand que celui d'Europe, mais il est plus
épais et plus fort; il a le bec plus gros et les pieds moins menus; il est tout
d'un brun noir, excepté une large bande blanche dans les couvertures de
l'aile, et un peu de blanc sombre sous le ventre. La femelle pourrait, par
ses couleurs, être prise pour un oiseau d'une tout autre espèce; un roux
brun lui couvre tout le dessous du corps et le croupion; cette couleur perce
encore sur la tête à travers les ondes d'une teinte plus brune qui se renforce sur les ailes et la queue, et devient d'un brun roux très-sombre. Ces
oiseaux ont été envoyés de l'île de Luçon, où M. Brisson dit qu'on les appelle
maria-capra.

a. « Ficedula saturatè fusca; remigibus interioribus rufis; rectricibus nigris, lateralibus
« apice albis, » *Rubetra Senegalensis*, le traquet du Sénégal. Brisson, *Ornit.*, t. III, p. 441.
b. « Ficedula fusco nigricaus, maculâ in alis candidà; tectricibus caudæ superioribus et in
« ferioribus albis; rectricibus nigricantibus (Mas) supernè fusca, infernè fusco-rufescens;
« gutture ad albidum vergente; uropygio et tectricibus caudâ superioribus dilutè rufis, infe
« rioribus sordidè albo-rufescentibus; rectricibus fuscis (Fœmina), » le Traquet de l'île de
Luçon. Brisson, *Ornithol.*, t. III, p. 442.

 * *Motacilla fervida* (Linn.). — *Œnanthe fervida* (Vicill.).
 ** *Motacilla caprata* (Linn.). — Genre et sous-genre *id.* (Cuv.).

III. — AUTRE TRAQUET DES PHILIPPINES.[*]

Cet oiseau est représenté, n° 185, fig. 1 de nos planches enluminées[a]. Il est d'un noir encore plus profond que le mâle de l'espèce précédente ; il a la taille plus grande, ayant près de six pouces, et la queue plus longue que tous les autres traquets ; il a aussi le bec et les pieds plus forts ; la tache blanche de l'aile perce seule dans le fond noir à reflets violets de tout son plumage.

IV. — LE GRAND TRAQUET DES PHILIPPINES. [b][**]

Ce traquet, plus grand que le précédent, a un peu plus de six pouces de longueur ; sa tête et sa gorge sont d'un blanc lavé de rougeâtre et de jaunâtre par quelques taches. Un large collier d'un rouge de tuile lui garnit le cou ; sous ce collier une écharpe d'un noir bleuâtre ceint la poitrine, se porte sur le dos et s'y coupe, en chaperon assez court, par deux grandes taches blanches jetées sur les épaules ; du noir à reflets violets achève de faire le manteau sur tout le dessus du corps jusqu'au bout de la queue de cet oiseau ; ce noir est coupé dans l'aile par deux petites bandes blanches, l'une au bord extérieur vers l'épaule, l'autre à l'extrémité des grandes couvertures ; le ventre et l'estomac sont du même blanc rougeâtre que la tête et la gorge ; le bec, qui a sept lignes de longueur, et les pieds épais et robustes, sont couleur de rouille. M. Brisson dit que les pieds sont noirs, apparemment que ce caractère varie ; les ailes étant pliées s'étendent jusqu'au bout de la queue, au contraire de tous les autres traquets, où les ailes en couvrent à peine la moitié.

V. — LE FITERT OU LE TRAQUET DE MADAGASCAR. [c][***]

M. Brisson a donné la description de cet oiseau, et nous l'avons trouvée très-exacte en la vérifiant sur un individu envoyé au Cabinet du Roi ; cet

---

a. « Ficedula supernè nigricans, marginibus pennarum nigro-violaceis, infernè nigro-vio-« lacea, castaneo in imo ventre admixto; capite et collo nigro-violaceis : maculâ in alis can-« didâ; tectricibus caudæ inferioribus dilutè castaneis; rectricibus splendidè nigricantibus, » le Traquet des Philippines. Brisson, *Ornithol.*, t. III, p. 444.

b. « Ficedula supernè nigro-violacea, infernè sordidè albo-rufescens ; capite sordidè albo « rufescente ; collo inferiùs et ad latera dilutè castaneo; pectore cinereo fusco; maculâ in alis « sordidè albâ; rectricibus nigro-viridescentibus, lateralibus interiùs nigris, extimâ exteriùs « sordidè albo-rufescente, » le grand Traquet des Philippines. Brisson, *Ornithol.*, t. III, p. 446.

c. « Ficedula supernè nigra, pennis in apice rufescente fimbriatis, infernè albâ ; pectore rufo, « maculâ in alis candidâ; rectricibus nigris, » le Traquet de Madagascar. Brisson, *Ornithol.*, t. III, p. 439.

[*] *Motacilla fulicata* (Linn.). — Genre et sous-genre *id.* (Cuv.).

[**] *Motacilla philippensis* (Linn.). — Genre et sous-genre *id.* (Cuv.).

[***] *Motacilla sibilla* (Linn.).

auteur dit qu'on l'appelle *fitert* à Madagascar, et qu'il chante très-bien ; ce qui semblerait l'éloigner du genre de nos traquets, à qui on ne connait qu'un cri désagréable, et auxquels cependant il faut convenir que le fitert appartient par plusieurs caractères qu'on ne peut méconnaître. Il est un peu plus gros que le traquet d'Europe : sa longueur est de cinq pouces quatre lignes ; la gorge, la tête, tout le dessus du corps jusqu'au bout de la queue sont noirs ; on voit seulement au dos et aux épaules quelques ondes roussâtres ; le devant du cou, l'estomac, le ventre, sont blancs ; la poitrine est rousse ; le blanc du cou tranche entre le noir de la gorge et le roux de la poitrine, et il forme un collier ; les grandes couvertures de l'aile les plus près du corps sont blanches, ce qui fait une tache blanche sur l'aile ; un peu de blanc termine aussi les pennes de l'aile du côté intérieur, et plus à proportion qu'elles sont plus près du corps.

VI. — LE GRAND TRAQUET. *

C'est avec raison que nous appelons cet oiseau *grand traquet* : il a sept pouces un quart du bout du bec à l'extrémité de la queue, et six pouces et demi du bout du bec jusqu'au bout des ongles ; le bec est long d'un pouce, il est sans échancrures ; la queue, d'environ deux pouces, est un peu fourchue ; l'aile pliée en couvre la moitié ; le tarse a onze lignes ; le doigt du milieu sept, celui de derrière autant, et son ongle est le plus fort de tous. M. Commerson nous a laissé la notice de cet oiseau sans nous indiquer le pays où il l'a vu ; mais la description que nous en donnons ici pourra servir à le faire reconnaître et retrouver par les voyageurs. Le brun est la couleur dominante de son plumage ; la tête est variée de deux teintes brunes ; un brun clair couvre le dessus du cou et du corps ; la gorge est mêlée de brun et de blanchâtre ; la poitrine est brune ; cette couleur est celle des couvertures de l'aile et du bord extérieur des pennes, leur intérieur est mi-parti de roux et de brun, et ce brun se retrouve à l'extrémité des pennes de la queue, et couvre la moitié de celles du milieu ; le reste est roux et le dehors des deux plumes extérieures est blanc ; le dessous du corps est roussâtre.

VII. — LE TRAQUET DU CAP DE BONNE-ESPÉRANCE. **

M. de Roseneuvetz a vu au cap de Bonne-Espérance un traquet qui n'a pas encore été décrit par les naturalistes. Il a six pouces de longueur ; le bec noir, long de sept lignes, échancré vers la pointe ; les pieds noirs ; le tarse long d'un pouce ; tout le dessus du corps, y compris le haut du cou et de la

* *Motacilla magna* (Linn).
** *Sylvia sperata* (Lath.). — *Œnanthe sperata* (Vieill.).

tête, est d'un vert très-brun; tout le dessous du corps est gris, avec quelques teintes de roux; le croupion est de cette dernière couleur; les pennes et les couvertures de l'aile sont brunes, avec un bord plus clair dans la même couleur; la queue a vingt-deux lignes de longueur, les ailes pliées la recouvrent jusqu'au milieu; elle est un peu fourchue; les deux pennes du milieu sont d'un brun noirâtre; les deux latérales sont marquées obliquement de brun sur un fond fauve, et d'autant plus qu'elles sont plus extérieures. Un autre individu de la même grandeur, rapporté également du cap de Bonne-Espérance par M. de Roseneuvetz, et placé au Cabinet du Roi, n'est peut-être que la femelle du précédent. Il a tout le dessus du corps simplement brun noirâtre; la gorge blanchâtre et la poitrine rousse : nous n'avons rien appris des habitudes naturelles de ces oiseaux; cependant cette connaissance seule anime le tableau des êtres vivants et les présente dans la véritable place qu'ils occupent dans la nature. Mais combien de fois dans l'histoire des animaux n'avons-nous pas senti le regret d'être ainsi bornés à donner leur portrait et non pas leur histoire! cependant tous ces traits doivent être recueillis et posés au bord de la route immense de l'observation comme sur les cartes des navigateurs sont marquées les terres vues de loin, et qu'ils n'ont pu reconnaître de plus près.

VIII. — LE CLIGNOT OU TRAQUET A LUNETTE. *

Un cercle d'une peau jaunâtre, plissée tout autour des yeux de cet oiseau, et qui semble les garnir de lunettes, est un caractère si singulier qu'il suffit pour le distinguer. M. Commerson l'a rencontré sur la rivière de la Plata, vers Montévidéo, et les noms qu'il lui donne sont relatifs à cette conformation singulière de l'extérieur de ses yeux [a]. Il est de la grandeur du chardonneret, mais plus épais de corps; sa tête est arrondie, et le sommet en est élevé; tout son plumage est d'un beau noir, excepté la tache blanche dans l'aile qui l'assimile aux traquets : cette tache s'étend largement par le milieu des cinq premières pennes, et finit en pointe vers l'extrémité des six, sept et huitième. Dans quelques individus on voit aussi du blanc aux couvertures inférieures de la queue, dans les autres elles sont noires comme le reste du plumage; l'aile pliée n'atteint qu'à la moitié de la queue, qui est longue de deux pouces, carrée lorsqu'elle est fermée, et formant, quand elle s'étale, un triangle presque équilatéral; elle est composée de huit pennes égales; le bec est droit, effilé, jaunâtre à la partie supérieure, légèrement fléchi en crochet à l'extrémité; la langue est membraneuse, taillée en flèche à double pointe; les yeux sont ronds avec l'iris jaune et la pru-

---

a. *Perspicillarius, nictitarius, lichenops*; Clignot.

* *Motacilla perspicillata* (Linn.). — *Œnanthe perspicillata* (Vieill.).

nelle bleuâtre. Cette singulière membrane, qui fait cercle à l'entour, n'est apparemment que la peau même de la paupière nue et plus étendue qu'à l'ordinaire, et par conséquent assez ample pour former plusieurs plis ; c'est du moins l'idée que nous en donne M. Commerson lorsqu'il la compare à du lichen ridé [a], et qu'il dit que les deux portions de cette membrane frangée par les bords se rejoignent quand l'oiseau ferme les yeux ; on doit remarquer de plus dans l'œil de cet oiseau la membrane clignotante qui part de l'angle intérieur ; les pieds et les doigts, assez menus, sont noirs ; le doigt de derrière est le plus gros, et il est aussi long que ceux du devant, quoiqu'il n'ait qu'une seule articulation, et son ongle est le plus fort de tous. Cet oiseau aurait-il été produit seul de son genre et isolé au milieu du nouveau continent? c'est du moins le seul de ces régions qui nous soit connu comme ayant quelque rapport avec nos traquets ; mais ses ressemblances avec eux sont moins frappantes que le caractère qui l'en distingue, et que la nature lui a imprimé comme le sceau de ces régions étrangères qu'il habite.

LE MOTTEUX,

ANCIENNEMENT VITREC, VULGAIREMENT CUL-BLANC. [b][*]

Cet oiseau, commun dans nos campagnes, se tient habituellement sur les mottes dans les terres fraîchement labourées, et c'est de là qu'il est appelé

[a]. « Crispatur in margine fimbriata (membrana circum-ocularis) eodem planè modo ac ea « lichenis species quæ veterum tectorum tegulas lateritias obsidet. Oculis conniventibus , hæc « membrana horizontaliter deprimitur, et utraque medietate collimat. Ita ut trans ejusdem « rimam, avis, si lubet, aliquatenus perspicere possit. Præterea adest membrana, nictitans, « ex interiore oculi cantho deducenda, pellucida, subtilissima. »

[b]. En grec, 'Οίνάντη , suivant Belon ; en latin , *vitiflora* ; en italien , *culo bianco* ; en anglais, *white-tail*, *fallow-smiter*, *wheat-ear*, *horse-match* ; en suédois, *stensguetta* ou *stensgwaetta* , selon M. Linnæus ; en Sologne, *traîne-charrue, garde-charrue, tourne-motte, casse-motte* ou *motteux* ; *trotte-chemin*, aux environs de Romorantin ; en Beauce, *artile, arguille, moterelle* ; et ses petits, *mottereaux* (Salerne). — *Œnanthe.* Gessner, *Avi.*, p. 629.—Jonston, *Avi.*, p. 88. — Linnæus , *Syst. nat.*, édit. VI, g. 82, sp. 4. — *Œnanthe sive vitiflora.* Aldrov., *Avi.*, t. II , p. 762 , avec une mauvaise figure. — Ray, *Synops.*, p. 75 , n° a, 1. — Willughby, *Ornithol.*, p. 168 , avec la figure empruntée d'Aldrovande , pl. 41. — *Œnanthe Aristotelis; vitiflora seu vitifera.* Charleton , *Exercit.*, p. 97, n° 13. *Idem , Onomast.*, p. 91, n° 13. — *Sylvia buccis nigris.* Klein , *Avi.*, p. 78 , n° 9. — « Motacilla dorso cano , fronte albâ , oculo- « rum, regionibus nigris. » Linnæus, *Fauna Suec.*, n° 217. — « Motacilla dorso cano, fronte « albâ, oculorum fasciâ nigrâ, » *Œnanthe. Idem , Syst. nat.*, édit. X, g. 79, sp. 17. — *Curruca major pectore subluteo.* Frisch , avec deux belles figures , l'une du mâle, l'autre de la femelle. — *Cul-blanc* ou *vitrec.* Belon, *Nat. des oiseaux*, p. 352, avec une mauvaise figure. *Idem. Portrait d'oiseaux* , p. 88. — *Coul-blanc.* Albin, t. I, p. 49, avec une figure très-mal

[*] *Motacilla œnanthe* (Linn.). — Le *motteux* ou *cul-blanc.* — Genre **Becs-Fins**, sous-genre *Traquets* (Cuv.).

motteux; il suit le sillon ouvert par la charrue pour y chercher les vermis-seaux dont il se nourrit; lorsqu'on le fait partir, il ne s'élève pas, mais il rase la terre d'un vol court et rapide, et découvre en fuyant la partie blanche du derrière de son corps, ce qui le fait distinguer en l'air de tous les autres oiseaux, et lui a fait donner par les chasseurs le nom vulgaire de *cul-blanc*[a]; on le trouve aussi assez souvent dans les jachères et les friches, où il vole de pierre en pierre, et semble éviter les haies et les buissons sur lesquels il ne se perche pas aussi souvent qu'il se pose sur les mottes.

Il est plus grand que le tarier et plus haut sur ses pieds, qui sont noirs et grêles; le ventre est blanc, ainsi que les couvertures inférieures et supé-rieures de la queue, et la moitié à peu près de ses pennes, dont la pointe est noire; elles s'étalent quand il part, et offrent ce blanc qui le fait remar-quer; l'aile dans le mâle est noire, avec quelques franges de blanc rous-sâtre; le dos est d'un beau gris cendré ou bleuâtre; ce gris s'étend jusque sur le fond blanc; une plaque noire prend de l'angle du bec, se porte sous l'œil et s'étend au delà de l'oreille; une bandelette blanche borde le front et passe sur les yeux. La femelle n'a pas de plaque ni de bandelette; un gris roussâtre règne sur son plumage, partout où celui du mâle est gris cendré; son aile est plus brune que noire, et largement frangée jusque des-sous le ventre; en tout elle ressemble autant ou plus à la femelle du tarier qu'à son propre mâle; et les petits ressemblent parfaitement à leurs père et mère dès l'âge de trois semaines, temps auquel ils prennent leur essor.

Le bec du motteux est menu à la pointe et large par sa base, ce qui le rend très-propre à saisir et avaler les insectes sur lesquels on le voit courir, ou plutôt s'élancer rapidement par une suite de petits sauts[b]; il est toujours à terre, si on le fait lever il ne s'éloigne pas et va d'une motte à l'autre, toujours d'un vol assez court et très-bas, sans entrer dans les bois ni se percher jamais plus haut que les haies basses ou les moindres buissons : posé, il balance sa queue et fait entendre un son assez sourd, *titreû, titreû,* et c'est peut-être de cette expression de sa voix qu'on a tiré son nom de *vitrec* ou *titrec;* et toutes les fois qu'il s'envole il semble aussi prononcer assez distinctement et d'une voix plus forte *far-far, far-far;* il répète ces deux cris d'une manière précipitée.

coloriée du mâle; et t. III, p. 23, avec une figure aussi mauvaise, sous le nom de *femelle du cou-blanc.* — « Ficedula supernè grisea, fulvo adumbrata, infernè rufescens; syncipite et « tæniâ supra oculos albo-rufescentibus (tæniâ infra oculos, Mas); rectricibus primâ medietate « albis, alterâ nigricantibus, vitiflora, » le Cul-blanc *ou* Vitrec *ou* Motteux. Brisson, *Ornithol.,* t. III, p. 449.

a. « Tout le dessous du ventre, comme aussi dessous et dessus le croupion, et partie de la queue sont blancs, dont il a prins le surnom de *cul-blanc.* Belon, *Nat. des Ois.,* p. 352.

b. « Ils courent moult vite sur la terre..... Son manger est tant de vermis de terre que de chenilles qu'il trouve sur les herbes. Il suit communément les charrues et le labourage pour manger les vermines qu'il trouve en la terre renversée du soc. » Belon, *Nat. des Oiseaux,* page 352.

Il niche sous les gazons et les mottes dans les champs nouvellement labourés, ainsi que sous les pierres dans les friches, auprès des carrières, à l'entrée des terriers quittés par les lapins [a], ou bien entre les pierres des petits murs à sec dont on fait les clôtures dans les pays de montagnes; le nid, fait avec soin, est composé en dehors de mousse ou d'herbe fine, et de plumes ou de laine en dedans; il est remarquable par une espèce d'abri placé au-dessus du nid et collé contre la pierre ou la motte sous laquelle tout l'ouvrage est construit; on y trouve communément cinq à six œufs [b], d'un blanc bleuâtre clair, avec un cercle au gros bout d'un bleu plus mat. Une femelle, prise sur ses œufs, avait tout le milieu de l'estomac dénué de plumes, comme il arrive aux couveuses ardentes; le mâle affectionné à cette mère tendre, lui porte pendant qu'elle couve des fourmis et des mouches; il se tient aux environs du nid, et lorsqu'il voit un passant il court ou vole devant lui, faisant de petites poses comme pour l'attirer, et quand il le voit assez éloigné il prend sa volée en cercle et regagne le nid.

On en voit des petits dès le milieu de mai, car ces oiseaux, dans nos provinces, sont de retour dès les premiers beaux jours vers la fin de mars [c]; mais s'il survient des gelées après leur arrivée ils périssent en grand nombre, commé il arriva en Lorraine en 1767 [d]; on en voit beaucoup dans cette province, surtout dans la partie montagneuse; ils sont également communs en Bourgogne et en Bugey, mais en Brie on n'en voit guère que sur la fin de l'été [e] : en général, ils préfèrent les pays élevés, les plaines en montagnes et les endroits arides. On en prend grand nombre sur les dunes, dans la province de Sussex, vers le commencement de l'automne, temps auquel cet oiseau est gras et d'un goût délicat : Willughby décrit cette petite chasse que font dans ces cantons les bergers d'Angleterre [f]; ils coupent des gazons et les couchent en long à côté et au-dessus du creux qui reste en place du gazon enlevé, de manière à ne laisser qu'une petite tranchée, au milieu de laquelle est tendu un lacet de crin. L'oiseau entraîné par le double motif de chercher sa nourriture dans une terre fraîchement ouverte, et de se cacher dans la tranchée, va donner dans ce piége; l'apparition d'un épervier et même l'ombre d'un nuage suffit pour l'y précipiter, car on a remarqué que cet oiseau timide fuit alors et cherche à se cacher [g].

Tous s'en retournent en août et septembre, et l'on n'en voit plus dès la fin de ce mois; ils voyagent par petites troupes, et du reste ils sont assez solitaires; il n'existe entre eux de société que celle du mâle et de la femelle.

a. « In cuniculorum foraminibus desertis nidificat. » Willughby, p. 568.
b. Belon.
c. M. Lottinger.
d. *Idem.*
e. M. Hébert.
f. *Ornithologie*, p. 168.
g. Albin, t. I, p. 49.

Cet oiseau a l'aile grande [a], et quoique nous ne lui voyions pas faire beaucoup d'usage de sa puissance de vol, apparemment qu'il l'exerce mieux
dans ses migrations ; il faut même qu'il l'ait déployée quelquefois, puisqu'il
est du petit nombre des oiseaux communs à l'Europe et à l'Asie méridionale, car on le trouve au Bengale [b], et nous le voyons en Europe depuis
l'Italie [c] jusqu'en Suède [d].

On pourrait le reconnaître par les seuls noms qui lui ont été donnés en
divers lieux : on l'appelle dans nos provinces *motteux, tourne-motte, brise-
motte et terrasson*, de ses habitudes de se tenir toujours à terre et d'en
habiter les trous, de se poser sur les mottes, et de paraître les frapper en
secouant sa queue. Les noms qu'on lui donne en Angleterre désignent également un oiseau des terres labourées et des friches, et un oiseau à croupion
blanc [e]; mais le nom grec *œnanthe*, que les naturalistes, d'après la conjecture de Belon, ont voulu unanimement lui appliquer, n'est pas aussi caractéristique ni aussi approprié que les précédents. La seule analogie du mot
œnanthe à celui de *vitiflora*, et de celui-ci à son ancien nom *vitrec*, a déterminé Belon à lui appliquer celui d'*œnanthe* [f], car cet auteur ne nous
explique pas pourquoi ni comment on l'a dénommé *oiseau de fleur de vigne*
(œnanthe). Il arrive d'ailleurs avant le temps de cette floraison de la vigne,
il reste longtemps après que la fleur est passée ; il n'a donc rien de commun avec cette fleur de la vigne. Aristote ne caractérise l'oiseau *œnanthe*
qu'en donnant à son apparition et à son départ les mêmes temps qu'à l'arrivée et à l'occultation du coucou [g].

M. Brisson compte cinq espèces de ces oiseaux : 1° le *cul-blanc* [1] ; 2° le

---

[a]. **M. Brisson** dit que la première des pennes de l'aile est extrêmement courte ; mais la plume
qu'il prend pour la première des grandes pennes n'est que la première des grandes couvertures,
implantées sous la première penne et non à côté.

[b]. Edwards, préface, page 12. *Wheat-ear.*

[c]. « Quæ culo bianco apud nos appellatur prorsus quidem descriptioni Bellonii correspondet. »
Aldrovande, *Avi.*, t. II, p. 762. — « Italis circa Ferrariam avis quædam culo bianco appellatur
« vulgò, quæ vermibus, muscis, et aliis insectis vescitur, ut audio, et degit in agris prociscis. »
Gessner, p. 604.

[d]. Linnæus, *Fauna Suecica*, n° 217.

[e]. *Wheat-ear, fallow-smiter, white-tail.*

[f]. « Si ce n'eust esté que l'avons veu voler par-dessus les buissons de Crète, n'eussions osé
« l'affermer avoir quelque nom ancien, et de fait ne lui en trouvons aucun plus convenable
« que de le nommer en grec *œnanthe*, que Gaza tourne en latin *vitiflora*, qui est appellation
« conforme à ce que les François le dient un *vitrec*. » Belon, *Nat. des oiseaux*, p. 352.

[g]. « Cuculus immutatur colore et vocem nimis explanat, cùm se abditurus est, quod facere
« exortu caniculæ solet ; apparere autem incipit ab ineunte vere ad ejus syderis ortum. Abditur
« et ea quam œnantham quidem appellant, ac si vitifloram dixeris, exortu ejusdem syderis,
« occasu verò apparet. Vitat enim interdum frigora, alias æstum. » Aristote, *Hist. animal.*,
lib. ix, cap. xlix. Pline parle de même de l'occultation de l'œnanthe (lib. x, cap xxix). Et le
P. Hardouin sur ce passage est si éloigné de croire que le cul-blanc soit l'œnanthe, qu'il pense
que c'est un oiseau de nuit.

[1]. Jeune *motteux*, mâle.

cul-blanc gris [1], qu'il ne distingue de l'autre que par cette épithète, quoique le premier soit également gris ; la différence prise d'après M. Linnæus, qui en fait une espèce particulière [a], consiste en ce qu'il a de petites ondes de blanchâtre à travers le gris teint de fauve qui les couvre également tous deux. M. Brisson ajoute une autre petite différence dans les plumes de la poitrine, qui sont, dit-il, piquetées de petites taches grises ; et dans celles de la queue, dont les deux du milieu n'ont point de blanc, quoique les autres en aient jusqu'aux trois quarts ; mais les détails minutieux de ces petites nuances de couleurs feraient aisément plusieurs espèces d'un seul et même individu ; il suffirait pour cela de les prendre un peu plus près ou un peu plus loin du temps de la mue [b]. Ce n'est point saisir la touche de la nature que de la considérer ainsi ; les coups de pinceau dont elle se joue à la superficie fugitive des êtres ne sont point le trait de burin fort et profond dont elle grave à l'intérieur le caractère de l'espèce.

3° Après le cul-blanc gris, M. Brisson fait une troisième espèce du *cul-blanc cendré* [c][2] ; mais les différences qu'il indique sont trop légères pour les séparer l'un de l'autre, d'autant plus que l'épithète de *cendré*, loin d'être distinctive, convient pleinement au cul-blanc commun, dont celui-ci ne sera qu'une simple variété. Voilà donc trois prétendues espèces qu'on peut réduire à une seule. Mais la quatrième et la cinquième espèce données de même par M. Brisson ont des différences plus sensibles, savoir : le *motteux* ou *cul-blanc roussâtre* [d], et le *motteux* ou *cul-blanc roux*.

Le *motteux* ou *cul-blanc roussâtre* [3], qui fait la quatrième espèce de M. Brisson, est un peu moins gros que le motteux commun, et n'a que six pouces trois lignes de longueur ; la tête, le devant du corps et la poitrine sont d'un blanchâtre mêlé d'un peu de roux ; le ventre et le croupion sont d'un blanc plus clair ; le dessus du cou et du dos est roussâtre clair ; on pourrait aisément prendre cet oiseau pour la femelle du cul-blanc commun, s'il

a. « Motacilla pectore abdomineque pallido, rectricibus exteriùs albis, dorso undulato. » *Fauna Suecica*, n° 219. — « Motacilla subtus pallida, rectricibus introrsum albis, dorso undu- « lato. » Linnæus, *Syst. nat.*, éd. X, gen. 99, sp. 17, variet. 1.

b. Des petits culs-blancs, pris le 20 mai, avaient le dessus du corps brouillé de **roussâtre** et de brun ; les plumes du croupion sont blanchâtres, rayées légèrement de noir ; la gorge et le dessous du corps roux, pointillé de noir, toute cette livrée tombe à la première mue.

c. « Ficedula supernè cinereo-alba, griseo-fusco admixto, infernè alba ; uropygio griseo « fusco ; collo inferiore albo rufescente ; syncipite candido ; macula infra oculos nigrâ ; rectri- « cibus binis intermediis primâ medietate albis, alterâ nigricantibus, lateralibus albis, nigri- « cante terminatis, tribus utrimque extimis in apice albido fimbriatis. » *Vitiflora cinerea*, le cul-blanc cendré. Brisson, *Ornithol.*, t. III, p. 454.

d. Ficedula alba ; vertice dorso superiore et pectore dilutè rufescentibus ; tæniâ per oculos « nigrâ ; rectricibus duabus intermediis nigris, lateralibus albis, utrimque versùs apicem nigro « fimbriatis. » *Vitiflora rufescens*, le cul-blanc roussâtre. Brisson, *Ornithol.*, t. III, p. 457.

1. Jeune femelle du *motteux*, après la mue.

2. Mâle de l'espèce du *motteux*, au printemps.

3. *Saxicola aurita* (Temm.). — Espèce distincte.

ne se trouvait des individus avec le caractère du mâle, la bande noire sur la tempe, du bec à l'oreille : ainsi nous croyons que cet oiseau doit être regardé comme une variété dont la race est constante dans l'espèce du motteux. On le voit en Lorraine, vers les montagnes, mais moins fréquemment que le motteux commun [a] ; il se trouve aussi aux environs de Bologne en Italie ; Aldrovande lui donne le nom de *strapazzino* [b]. M. Brisson dit aussi qu'il se trouve en Languedoc, et qu'à Nîmes on le nomme *reynauby*.

La cinquième espèce donnée par M. Brisson est le *motteux* ou *cul-blanc roux* [c][1] ; le mâle et la femelle ont été décrits par Edwards [d] ; ils avaient été envoyés de Gibraltar en Angleterre. L'un de ces oiseaux a non-seulement la bande noire du bec à l'oreille, mais aussi toute la gorge de cette couleur, caractère qui manque à l'autre, dont la gorge est blanche et les couleurs plus pâles ; le dos, le cou et le sommet de la tête sont d'un roux jaune ; la poitrine, le haut du ventre et les côtés sont d'un jaune plus faible ; le bas-ventre et le croupion sont blancs ; la queue est blanche, frangée de noir, excepté les deux pennes du milieu, qui sont entièrement noires ; celles de l'aile sont noirâtres, avec leurs grandes couvertures bordées de brun clair. Cet oiseau est à peu près de la grosseur du motteux commun. Aldrovande [e], Willughby [f] et Ray [g] en parlent également sous le nom d'*œnanthe altera*. On peut regarder cet oiseau comme une espèce voisine du motteux commun, mais qui est beaucoup plus rare dans nos provinces tempérées.

OISEAUX ÉTRANGERS QUI ONT RAPPORT AU MOTTEUX.

I. — LE GRAND MOTTEUX OU CUL-BLANC DU CAP DE BONNE-ESPÉRANCE. [*]

M. de Roseneuvetz nous a envoyé cet oiseau, qui n'a été décrit par aucun naturaliste : il a huit pouces de longueur ; son bec a dix lignes, sa

a. M. Lottinger.

b. Aldrovande. *Avi.*, t. II, p. 764.

c. « Ficedula rufo flavescens ; uropygio et imo ventre albis (genis et gutture nigris, Mas) ; « (tæniâ per oculos nigrâ gutture albo, Fœmina) ; rectricibus duabus intermediis nigris, late- « ralibus albis nigro fimbriatis. » *Vitiflora rufa*, le cul-blanc roux. Brisson. *Ornithol.*, t. III, p. 459.

d. The red or russet-colour'd, wheat-ear. Edwards, *Hist. of Birds*, p. 31. — « Motacilla « ferruginea, areâ oculorum, alis, caudâque fuscâ, rectricibus extimis latere albis. » *Mota- cilla Hispanica.* Linnæus, *Syst. nat.*, édit. X, gen. 99, sp. 16.

e. Avi., t. II, p. 763.

f. Ornithol., p. 168.

g. Synops., p. 76, n° 2. C'est le *sylvia, seu nigricilla gutture nigro, nigrisque alis, corpore æruginoso* de Klein, *Avi.*, p. 80, n° 26.

1. *Motacilla stapazina* (Linn.). — *Saxicola stapazina* (Temm.).

* *Motacilla hottentola* (Linn.). *Œnanthe hottentota* (Vieill.).

queue treize, et le tarse quatorze ; il est, comme l'on voit, beaucoup plus grand que le motteux d'Europe ; le dessus de la tête est légèrement varié de deux bruns dont les teintes se confondent ; le reste du dessus du corps est brun fauve jusqu'au croupion, où il y a une bande transversale de fauve clair ; la poitrine est variée, comme la tête, de deux bruns brouillés et peu distincts ; la gorge est d'un blanc sale ombré de brun ; le haut du ventre et les flancs sont fauves ; le bas-ventre est blanc sale, et les couvertures inférieures de la queue fauve clair ; mais les supérieures sont blanches, ainsi que les pennes, jusqu'à la moitié de leur longueur ; le reste est noir : terminé de blanc sale, excepté les deux intermédiaires, qui sont entièrement noires et terminées de fauve ; les ailes, sur un fond brun, sont bordées légèrement de fauve clair aux grandes pennes, et plus légèrement sur les pennes moyennes et sur les couvertures.

II. — LE MOTTEUX OU CUL-BLANC BRUN VERDATRE. *

Cette espèce a été rapportée comme la précédente, du cap de Bonne-Espérance, par M. de Roseneuvetz ; elle est plus petite, l'oiseau n'ayant que six pouces de longueur ; le dessus de la tête et du corps est varié de brun noir et de brun verdâtre : ces couleurs se marquent et tranchent davantage sur les couvertures des ailes : cependant les grandes, comme celles de la queue, sont blanches ; la gorge est d'un blanc sale ; ensuite on voit un mélange de cette teinte et de noir sur le devant du cou ; il y a de l'orangé sur la poitrine, qui s'affaiblit vers le bas du ventre ; les couvertures inférieures de la queue sont tout à fait blanches ; les pennes sont d'un brun noirâtre, et les latérales sont terminées de blanc. Cet oiseau a, plus encore que le précédent, tous les caractères de notre motteux commun, et l'on ne peut guère douter qu'ils n'aient à peu près les mêmes habitudes naturelles.

III. — LE MOTTEUX DU SÉNÉGAL. **

Celui représenté dans nos planches enluminées, n° 583, fig. 1, est un peu plus grand que le motteux de nos contrées, et ressemble très-exactement à la femelle de cet oiseau, en se figurant néanmoins la teinte du dos un peu plus brune, et celle de la poitrine un peu plus rougeâtre : peut-être aussi l'individu sur lequel a été gravée la figure était, dans son espèce, une femelle.

* *Motacilla aurantia* (Linn.). *Œnanthe aurantia* (Vieill.).
** *Motacilla leucorhoa* (Linn.). — *Œnanthe leucorhoa* (Vieill.). Genre *Becs-Fins*, sous-genre *Traquets* (Cuv.).

FIN DU TOME SIXIÈME.

TABLE DES MATIÈRES

DU TOME SIXIÈME.

PAR BUFFON.

PAR GUENEAU DE MONTBEILLARD.

L'Étourneau, le Troupiale.

Le Commandeur, le Cassique.

Le Merle bleu, Le Merle.

La Mainate de Gentin.

Le Saxicole. Le Merle.

Le Gros bec. Le Bec croisé.

_ Le Cardinal huppé ; le Grivelin.

Le Minérvée ; le pic noir.

N° 118

_ La Sentinelle, la Pie-grièche

_ La Perruche, la Linotte

N° 116

Le Cabaret. Le Bengali.

Le Sénégale. Le Serevan. Le Maïa.

Le Pinson d'Ardenne. Le Pinson.

La Veuve à collier d'or. La Veuve en feu.

Le Verdenin. Le Chardonneret.

Le Grand Vangara. La Houpette.

Le Diable enrhumé.—Le Siffleur.

Le Jaseur.—L'Ortolan._

Le Bruant. Le Proyer.

Le Bouvreuil. Le Colicu.

Le Coq de Roche.

Le Tangara, le Roi des Fourmilliers.

Le Grand Biffore. L'Elegante.

Le Tinamou. Le Mayoua.

Le Savana, Le Gobe-Mouche.

1. Moucherolle huppé. 2. Moucherolle brun.

Le Cujelier, l'Alouette.

La Lulu, le Cochevis.

Le Rossignol de muraille; Le Rossignol.

La Rouge gorge; La Fauvette; La Rouge queue.